ABAQUS在水力压裂模拟中的应用

——基础理论与实例详解

潘林华　王海波　魏娟明　贺甲元　李凤霞　编著

中国石化出版社

内 容 提 要

本书分为8章，主要包括基础理论介绍、CAE基本使用方法和实例详解等3方面内容。简要介绍了ABAQUS软件的发展历史、功能模块、文件类型、常用使用命令，详细介绍了INP输入文件组成、模拟过程中警告和错误信息提示以及改正方法、部分本构模型与理论方法。针对水力压裂过程中关注的力学问题进行了详细的实例介绍，包括模型建立、网格划分、材料赋值、分析步与边界条件设置以及作业输出设置等方面。

本书配有大量插图，读者能够准确了解ABAQUS软件模拟流程和相关功能设置，快速掌握ABAQUS有限元软件模拟方法；可供从事水力压裂模拟研究以及岩土力学领域模拟研究工作的广大读者学习和参考。

图书在版编目(CIP)数据

ABAQUS在水力压裂模拟中的应用：基础理论与实例详解 / 潘林华等编著 .—北京：中国石化出版社，2021.7

ISBN 978-7-5114-6380-7

Ⅰ.①A… Ⅱ.①潘… Ⅲ.①有限元分析-应用软件-应用-水力压裂-数值模拟 Ⅳ.①TE357.1-39

中国版本图书馆CIP数据核字（2021）第139125号

中国石化出版社出版发行

地址:北京市东城区安定门外大街58号

邮编:100011　电话:(010)57512500

发行部电话:(010)57512575

http://www.sinopec-press.com

E-mail:press@sinopec.com

北京柏力行彩印有限公司印刷

全国各地新华书店经销

*

787×1092毫米16开本36.75印张753千字

2021年11月第1版　2021年11月第1次印刷

定价:358.00元

前　言

水力压裂技术为油气开发特别是非常规油气开发的重要增产措施。水力压裂过程中，地面压裂泵车将具有一定黏度的压裂液注入井底，在井底形成高压直至储层岩石破裂形成压裂裂缝并持续延伸扩展。水力压裂裂缝起裂和扩展过程中，牵涉的力学包括流体力学(包括渗流力学)、固体力学、断裂力学和热力学等多个学科，不同类型的力学响应相互耦合与相互影响。整体来说，储层力学特征、天然裂缝或层理分布、压裂液参数和压裂施工参数等对压裂裂缝扩展具有重要影响。

针对水力压裂的模拟主要包括室内实验方法和数值模拟方法。室内实验方法无法完全考虑储层特征、应力状态以及施工流程等，实现大尺度试件压裂模拟难度大。数值模拟方法是研究水力压裂的重要手段之一，利用数值模拟方法可方便地研究压裂对套管变形、地应力的影响以及压裂裂缝扩展过程。常用的数值模拟方法包括常规有限元法、扩展有限元法、边界元法、颗粒元法等。ABAQUS 有限元软件由于其强大的非线性功能、丰富的本构模型和单元类型，在油气领域特别是在水力压裂模拟中的应用越来越广泛。利用 ABAQUS 软件可进行压裂过程中套管变形、地应力变化(包括压裂与返排)、压裂起裂和裂缝扩展等多种模拟。为了更好地模拟水力压裂裂缝扩展过程，ABAQUS 软件针对性地形成了适合水力压裂裂缝扩展模拟的 Cohesive 粘结单元和扩展有限元(XFEM)模拟方法，极大地推动了 ABAQUS 软件在水力压裂模拟中的应用。

本书针对 ABAQUS 软件在水力压裂模拟中的应用问题，进行了相关基础理论、使用方法和实例的详细介绍。本书的主要特色如下：①基础理论与实例并重。书中既详细介绍了水力压裂模拟中的基础理论和软件界面的使用方法，又详细介绍了相关的应用实例。本书既可作为 ABAQUS 初学者的学习教材，又可作为有一定软件基础的 ABAQUS 用户的参考书。②重点突出。本书针对 ABAQUS 模拟过程中的警告和错误信息提示以及相应的改正方法、INP 输入文件的组成以及 Cohesive 粘结单元的构建进行了详细的介绍，方便 ABAQUS 软件用户快速提升模拟水平。③实例详解模块化。所有的实例依据 ABAQUS/CAE 建模流程进行讲解，相应地针对形成的 INP

文件输入功能命令和设置进行介绍，方便用户进行学习和后续自主通过INP输入文件进行相关的设置与模型修改。④结构清晰。本书依据水力压裂模拟过程中的重点关注问题进行介绍，不同的内容单独分章节介绍与讲解，方便读者阅读。

本书共计8章，具体的章节内容如下：第1章简要介绍了ABAQUS软件的发展历史、主要功能模块、文件类型、常用使用命令、INP输入文件组成、模拟过程中的警告和错误信息提示以及在水力压裂模拟中的应用领域；第2章详细介绍了ABAQUS软件在水力压裂模拟中常用的材料本构模型(包括线弹性本构模型、摩尔-库伦本构模型、扩展的Drucker-Prager本构模型以及节理材料本构模型)、流固耦合理论和水力压裂模拟方法；第3章介绍了ABAQUS/CAE软件界面的基本使用方法以及模拟设置流程；第4章介绍了利用ABAQUS软件模拟单轴压缩实验、巴西劈裂实验和断裂韧性实验的数值模拟方法与模型构建流程；第5章简要介绍了射孔套管应力变化模拟流程；第6章详细介绍了裸眼完井、直井套管螺旋射孔完井和水平井多段分簇射孔压裂起裂模拟方法，并针对水平井多段分簇压裂的起裂压力变化进行了分析，评价了天然裂缝或层理对起裂压力的影响；第7章针对Cohesive粘结单元水力压裂裂缝扩展模拟进行粘结单元插入方法介绍，介绍了二维Cohesive粘结单元裂缝扩展模型和三维Cohesive粘结单元裂缝扩展模型的流程与设置；利用三维Cohesive粘结单元模型研究了单一裂缝扩展、水平井多簇裂缝扩展以及多水平缝裂缝扩展规律；第8章介绍了三维扩展有限元(XFEM)单一裂缝扩展模型和二维两井同步压裂裂缝扩展模型的设置流程。

全书章节统筹安排及统稿由潘林华负责；第1章和第2章由王海波执笔，第3章由李凤霞执笔，第4章由魏娟明执笔，第5章和第8章由贺甲元执笔，第6章和第7章由潘林华执笔。

本书编写过程中参考了许多国内外ABAQUS软件相关的专著材料、科技论文以及网络资料，在此对提供帮助的各位作者表示诚挚的感谢。

ABAQUS软件功能强大，相关的模拟设置相对复杂，不同的功能设置可能存在多种模拟设置方法，书中可能存在部分模拟设置不合理现象。同时由于时间仓促以及编者的水平有限，书中错误和纰漏之处在所难免，敬请广大读者朋友批评指正。

目录

CONTENTS

第1章 ABAQUS 简介/1

1.1 总体介绍/1
1.2 发展历史/1
1.3 功能模块/2
1.4 文件类型/6
1.5 各类型文件的三个生成阶段/9
1.6 坐标系与单位系统/11
1.7 ABAQUS 运行命令/12
1.8 INP 输入文件主要构成/15
1.9 常见警告信息与错误信息/30
1.10 ABAQUS 帮助指南/45
1.11 ABAQUS 在压裂改造中的应用/46
1.12 小结/52

第2章 基础理论/53

2.1 线弹性模型/53
2.2 摩尔-库伦模型/58
2.3 扩展的德鲁克-普拉格模型/62
2.4 节理材料模型/80
2.5 多孔介质理论/83
2.6 流-固耦合理论/86
2.7 Cohesive 粘结单元模拟方法/99
2.8 扩展有限元(XFEM)法/112
2.9 小结/121

第3章 ABAQUS/CAE 基本使用方法/122

3.1 基本界面/122
3.2 ABAQUS/CAE 功能模块/124
3.3 小结/183

第 4 章　岩石力学模拟/184
4.1　单轴压缩实验数值模拟/184
4.2　巴西劈裂测试数值模拟/209
4.3　断裂韧性模拟/247
4.4　小结/275

第 5 章　射孔套管应力变化模拟/276
5.1　模型说明/276
5.2　模型构建/277
5.3　模拟计算/315
5.4　小结/319

第 6 章　水力压裂裂缝起裂模拟/320
6.1　裸眼完井起裂模拟/320
6.2　直井套管完井螺旋射孔起裂模拟 /349
6.3　水平井“多段分簇”压裂起裂/388
6.4　小结/416

第 7 章　水力压裂裂缝扩展 Cohesive 粘结单元模拟/417
7.1　Cohesive 粘结单元嵌入方法/417
7.2　二维 Cohesive 粘结单元模拟/426
7.3　三维 Cohesive 粘结单元模拟/458
7.4　小结/511

第 8 章　水力压裂裂缝扩展 XFEM 模拟/512
8.1　三维扩展有限元裂缝扩展/512
8.2　二维同步压裂裂缝扩展/549
8.3　小结/577

参考文献/578

第1章 ABAQUS 简介

1.1 总体介绍

ABAQUS 软件为 DS SIMULIA Suite 软件系统的重要组成部分，是工程模拟领域计算功能超级强大的软件系统和有限元分析行业的领军者之一。ABAQUS 软件包含丰富的材料本构模型和单元类型(单元类型超过 400 种)、具有强大而丰富的分析类型，既可进行常规线性特征问题模拟，又可针对几何非线性、材料非线性和接触非线性的组合非线性复杂特征问题进行模拟分析，还可进行电磁问题模拟分析。ABAQUS 软件的主要分析类型包括静态应力/位移分析、动态分析、非线性动态应力/位移分析、黏弹性/黏塑性响应分析、热传导分析、退火成型过程分析、质量扩散分析、准静态分析、耦合分析、海洋工程结构分析、瞬态温度/位移耦合分析、疲劳分析、水下冲击分析、设计灵敏度分析等，基本可满足常见的模拟分析需求。

ABAQUS 软件除了内置的各种功能、材料本构模型、单元类型以及分析类型外，还具备强大的用户子程序接口以满足特殊模拟需求，主要包括材料本构、单元类型、载荷设置、边界条件、初始场变量、接触面摩擦、场变量、孔隙比等子程序，用户可根据需要进行各种子程序编制并嵌入软件以满足特殊的模拟分析需求。软件还具有丰富的第三方软件接口，能够与第三方软件例如 EDEM、Hypermesh、FLUENT、STAR-CCM+等进行联合仿真模拟，实现多场耦合问题以及复杂问题的联合模拟研究。ABAQUS 还提供了一个广泛的、全面的有限元建模交互 GUI 界面，界面依据模拟分析流程采用模块化设置，具有良好的人机交互性，用户可快速进行模型构建和模拟分析。

由于其材料本构、单元类型与分析类型的多样性，以及强大的用户子程序接口和第三方软件接口，ABAQUS 软件在国内外的应用非常广泛。自从 ABAQUS 引入国内后，国内使用 ABAQUS 软件的用户越来越多，使用范围越来越广泛，应用领域包括土木建筑、动力机械、汽车工业、电子电器、航空航天、风电能源等方面。在石油领域，ABAQUS 软件在岩石力学模拟、地应力分析、工具校核、压裂起裂与裂缝扩展、海洋工程、储气库分析等方面都有相关的应用。近年来，ABAQUS 在石油领域的应用范围和用户数量大幅度增加，极大地推动了 ABAQUS 在石油领域的应用与发展。

1.2 发展历史

1978 年，Hibbitt、Karlsson 和 Sorensen 博士创立的最初的 HKS 公司(后更名为 ABAQUS 公司)正式推出 ABAQUS 有限元模拟软件，随后 ABAQUS 软件逐步发展成为全球最著名的有限元模拟软件之一。

2005 年，ABAQUS 公司被法国达索公司(Dassault)收购，ABAQUS 软件于 2007 年更名为 SIMULIA 软件系统，成为达索公司的重要品牌之一。

ABAQUS 软件进行推广应用后，从最初的软件源代码现场编译安装版本，逐步发展到现在的 DS SIMULIA Suite 2021 版本。从前期的常规有限元力学软件逐步发展成为多功能软件系统。软件主要包括 DS SIMULIA Tosca(流体/结构)、DS SIMULIA FE-safe(有限元模型的 FE 安全疲劳建模)、DS SIMULIA Isight(可视化的灵活的仿真流程搭建平台)和 SIMULIA ABAQUS 软件等，每个部分都有其独特的功能和应用范围，其中 SIMULIA ABAQUS 软件一直为 SIMULIA 软件系统的核心模块。

ABAQUS 6.8 版本公布了基于孔隙压力/应力 Cohesive 粘结单元水力压裂裂缝扩展模拟方法后，后期逐步进行了 Cohesive 水力压裂扩展模拟方法的更新和完善，从最初的二维平面 Cohesive 粘结单元模拟，逐步发展到 DS SIMULIA Suite 2016 版本推出的可考虑交叉裂缝模拟的 Cohesive 粘结单元快速嵌入工具，从而可实现复杂压裂裂缝模拟。除了能采用 Cohesive 粘结单元进行水力压裂裂缝扩展模拟外，ABAQUS 6.9 版本推出了扩展有限元(XFEM)数值模拟模块，后期进行了扩展有限元模拟方法的发展和完善，形成了扩展有限元水力压裂模拟方法。该模拟方法无须预设压裂裂缝单元与裂缝扩展方向，可方便地评价水力压裂裂缝扩展方向和扩展特征。

1.3 功能模块

初期的 ABAQUS 软件已发展形成了 DS SIMULIA Suite 软件系统，软件系统具有多个不同类型的模拟分析模块，但是 SIMULIA ABAQUS 模块一直为软件的重要组成部分。水力压裂方面相关的应用和模拟研究主要采用 SIMULIA ABAQUS 有限元模拟模块进行模拟分析，后面主要介绍 SIMULIA ABAQUS 软件相关的功能和应用。

SIMULIA ABAQUS 软件被认为是功能最强的有限元模拟软件之一。由于 SIMULIA ABAQUS 软件强大的分析能力和模拟复杂系统的可靠性，它在各个领域都有广泛的应用，既能够模拟结构复杂的固体力学问题，又能模拟工程材料、热传导、声学等问题。

SIMULIA ABAQUS 软件的主要模块包括 ABAQUS/CAE、ABAQUS/Standard 和 ABAQUS/Explicit 三个模块，ABAQUS/CAE 为前后处理模块，ABAQUS/Standard 为通用隐式模块，ABAQUS/Explicit 为动态显式分析模块。除了以上三个主要模块外，SIMULIA ABAQUS 软件系统还包括 ABAQUS/Aqua、ABAQUS/Design 和 ABAQUS/CFD(新版本不包含该模块)等其他模块，每个模块都有其独特的功能和特点。

下面简要介绍其主要模块的功能。

1.3.1 ABAQUS/CAE

ABAQUS/CAE 为 SIMULIA ABAQUS 软件的前后处理模块，主要功能包括数值模型构建和模拟结果显示。ABAQUS/CAE 模块为 SIMULIA ABAQUS 软件的核心模块之一，CAE 将各种类型的建模处理方法、后处理显示功能与处理手段集成于 CAE 界面的各个模块、模型树和工具箱区，形成了全面的、广泛交互的建模环境和功能强大的软件界面。ABAQUS/CAE 模块可直观方便地进行模型构建、模拟计算提交与模拟结果后处理，适用于各类型用户进行数值模型建立与结果后处理分析。ABAQUS/CAE 模块的主要功能包括几何模型建立、网格划分、材料属性赋值、模型组装、接触建立、分析步建立、边界和载荷条件施加、作业创建等。ABAQUS/CAE 两个非常重要的功能为几何模型构建和网格划分。

ABAQUS/CAE 几何模型的建立有三种形式：

（1）自身模块几何模型构建。主要采用 ABAQUS/CAE 模块自身的 Part 功能模块进行“特征”参数化几何模型建立。几何模型的构建方式与 Pro/E 软件的几何模型建立方式基本一致，用户可通过拉伸、旋转、放样等方式建立几何模型，主要利用 CAE/Part 功能模块的 GUI 界面进行交互式几何模型建立。

（2）第三方几何模型导入。对于几何特征复杂的模拟模型，用户可利用第三方建模软件进行几何模型构建，可降低几何模型的构建难度，缩短模型构建时间。几何模型构建完成后，将模型导出形成 ABAQUS/CAE 模块能够识别和读取的几何模型文件，从 ABAQUS/CAE Part 功能模块中导入生成几何特征模型。几何模型可通过 AUTO CAD、SolidWorks、Pro/E、CATIA 等软件进行构建，CAE 能够识别的几何模型的文件类型包括 . sat、. igs、. iges、. vda、. stp、. step、. catdata、. exp、. enf 等，用户可根据第三方模型构建软件的特点进行几何模型文件输出。

（3）Python 脚本语言几何模型创建。ABAQUS 软件所用的标准化脚本语言为 Python，利用 Python 脚本语言可进行相关的几何模型的建立。

ABAQUS/CAE 的网格划分有四种方式：

（1）自身模块网格划分。对于几何特征相对简单的模型，可采用 ABAQUS/CAE 的 Mesh 功能模块进行不同形状的网格划分，依据几何模型进行网格种子布置后进行网格划分。网格形状包括二维模型的三角形和四边形，三维模型的四面体、六面体和楔形体等。

（2）第三方软件网格划分。对于几何特征复杂的模型，利用 ABAQUS/CAE 的 Mesh 功能模块网格划分难度大，可通过第三方网格划分软件导入几何模型后进行相应的网格划分，导出形成能够导入 ABAQUS/CAE 的格式文件，生成的部件为自由化孤立网格部件，导入的网格模型无几何特征信息。

（3）INP 输入文件或 ODB 结果文件导入。将已经生成的 INP 输入文件或 ODB 结果文件导入 ABAQUS/CAE 中，生成模型所需的网格部件。利用此方法导入的网格部件，模型中无几何模型特征，部件为自由化孤立网格部件。

（4）Python 脚本语言网格划分。若采用 Python 脚本语言进行几何模型构建，用户还可采用 Python 脚本语言进行部件网格划分，依据模型的几何特征利用 Python 语言进行部件剖分、网格种子设置和网格划分等设置。

ABAQUS/CAE 前处理建模的主要作用是形成 ABAQUS/Standard、ABAQUS/Explicit 和其他求解模块所需的计算模型，形成相应的 INP 输入文件或其他文件可提交至模拟器后台进行模拟运算和模拟监控。ABAQUS/CAE 的后处理功能支持 ABAQUS 软件 ODB 结果文件可视化的所有功能，并且对计算结果的显示和处理提供了范围很广的选择。除了通常的云图、等值线图和动画显示之外，还可以用列表、曲线等其他常用工具来显示模拟结果。

1.3.2 ABAQUS/Standard

ABAQUS/Standard 模块为软件的通用模拟计算模块，是针对静态和低速动力学问题的通用求解器，可求解各个领域的线性和非线性问题，主要用于求解静态的应力/位移、瞬态动力学应力/位移、瞬态或稳态热传导、瞬态或稳态质量扩散等问题。ABAQUS/Standard 模块适合于模拟与模型振动频率相比响应周期较长、使用显式动力学求解效率很低、具有适度非线性的研究问题。

为了提升模拟计算效率、缩短计算时间，ABAQUS/Standard 模块除了包含多种新颖的求解技巧以提升计算模拟速度外，还有基于并行 CPU 和 GPU 计算的各类型求解算法，针对各种复杂模型和网格数量巨大的模型可大幅度降低求解时间。

1.3.3 ABAQUS/Explicit

ABAQUS/Explicit(显式积分)模块主要用于特殊用途模拟的分析，采用显式动力有限元列式，适用于高度非线性动力学和准静态分析、完全耦合瞬态-位移分析、声固耦合分析等问题模拟，例如爆炸和爆燃压裂、物品跌落等瞬时动态事件，同时对加工成型过程中改变接触条件的高度非线性问题和大变形问题模拟分析也非常高效和精确。

ABAQUS/Explicit 模块为模拟广泛的动力学问题和准静态问题提供精确、强大和高效的有限元求解技术。ABAQUS/Explicit 模块高效处理接触问题和其他非线性的能力使其成为求解许多非线性准静态问题的有效工具。ABAQUS/Explicit 模块同样可进行基于多 CPU 和 GPU 的并行计算，大幅度提升计算速度。

由于 ABAQUS/Explicit 和 ABAQUS/Standard 模块各自具备的优点，两个模块引领着有限元高级非线性模拟技术的发展方向。ABAQUS/Standard 模块的计算结果可以作为初始状态用于后续的 ABAQUS/Explicit 模拟分析。同样，ABAQUS/Explicit 模块计算结果也可以继续用于后续的 ABAQUS/Standard 模拟分析。将两个模块相结合和集成可进行各种复杂的力学问题的求解与分析。

ABAQUS/Standard 模块和 ABAQUS/Explicit 模块的选择主要取决于模拟问题的类型和性质。对于静态与准静态、光滑的非线性、渗流/应力等问题，选用 ABAQUS/Standard 模块进行模拟计算更加快速有效。对于大变形、复杂接触、模拟短暂或瞬时动态、波的传播等问题，采用 ABAQUS/Explicit 模块分析能够获得更好的模拟效果。

对于同样的模拟，ABAQUS/Explicit 模块的另一个优点是需要的磁盘空间和内存远远小于 ABAQUS/Standard 模块。对于需要比较两个模块计算成本的问题，能节省大量的磁盘空间和内存使得 ABAQUS/Explicit 模块更具有吸引力。

从 ABAQUS/Standard 模块和 ABAQUS/Explicit 模块从网格加密模拟分析的成本角度来看，使用 ABAQUS/Explicit 显式计算方法，模拟机时消耗与单元数量成正比，并且大致与最小单元的尺寸成反比。由于网格加密增加了单元的数量和减小了最小单元的尺寸，网格细划大幅度增加了计算成本。ABAQUS/Explicit 显式计算方法可以很直接地预测随着网格细划带来的成本增加，但对 ABAQUS/Standard 隐式方法来说，模拟成本预测是非常困难的，困难主要来自单元连接和求解成本间的关系，而在 ABAQUS/Explicit 显式方法中不存在这种关系。对于 ABAQUS/Standard 隐式方法，经验表明，许多问题的计算成本大致与自由度数目的平方成正比。若模型网格相对均匀，随着模型尺寸的增长，ABAQUS/Explicit 显式方法比 ABAQUS/Standard 隐式法更能节省计算成本。将两种模拟方法对比发现，在模型网尺寸较小时，ABAQUS/Standard 隐式方法的计算成本更小，而随着模型网格尺寸增大到一定程度后，ABAQUS/Explicit 显式方法的计算成本反而更小。

1.3.4 其他模块

ABAQUS/CAE 模块、ABAQUS/Standard 模块和 ABAQUS/Explicit 模块为 SIMULIA ABAQUS 软件的核心模块，用户可进行相关的模型构建与模拟分析。其他模块的介绍如下。

ABAQUS/Viewer 后处理模块：ABAQUS/Viewer 为 ABAQUS/CAE 的子模块，其实就是 ABAQUS/CAE 模块中的 Visualization 的功能模块，主要用于 ABAQUS 软件计算模拟结果的可视化、模拟结果图件或曲线的输出。ABAQUS/Viewer 模块相关的功能同样在 ABAQUS/CAE 模块中能够实现，实现模拟结果的显示与结果输出。

ABAQUS/Aqua 海洋平台模块：ABAQUS/Aqua 是用于海洋工程相关的模拟分析的一个附加模块，该模块需要附加在 ABAQUS/Standard 模块中应用，主要用于模拟分析洋流、海浪和风载荷对海洋结构的影响，例如海上平台、轮船在波浪载荷条件下的运移。该模块既可进行海洋工程方面的静态载荷模拟，又可进行动态载荷模拟分析。

ABAQUS/CFD 流体分析模块：ABAQUS 6.10 和以后版本中引入流体动力学(CFD)求解模块(新版本已无该模块)，ABAQUS/CFD 模块基于混合间断有限元法/有限体积法(FVM)和有限单元法(FEM)，可以解决模型结构的层流和湍流流动问题、热对流传导问题、复杂变形网格欧拉方法流体流动问题。ABAQUS/CFD 模块的引入可以在 ABAQUS/CAE 里方便地实现 ABAQUS/Standard、ABAQUS/Explicit 与 ABAQUS/CFD 的耦合，实现真正意义上的非线性流-固耦合或热-固耦合模拟。

ABAQUS/ATOM 优化分析模块：集成了拓扑优化(Topo)和形状优化(Shape)分析模块，提供 ABAQUS/CAE 界面下的结构优化分析能力，结构优化使模型结构组件轻量化并满足结构强度和耐久性的要求。该模块通过不断修改最初模型中指定优化区域的单元材料属性，从分析模型中删除/增加单元而获得满足设计目标的最优结构轮廓。

ABAQUS/CM 模块：ABAQUS/CM 是专业的复合材料建模工具，可在建模初始阶段考虑铺层的工艺性能，确保复合材料铺层在工艺上的可行性，避免后期在研发周期上因重新设计而增加成本。目前，由 CMA 得到的空间不断变化的纤维方向和铺层厚度可直接提供给非线性隐式算法和显示求解器，实现真实的仿真计算。模拟过程中在每个单元产生铺层角度，真实反映了仿真和实际纤维结构，确保计算达到前所未有的真实性。

ABAQUS/WCM 缠绕复合材料模块：通过 ABAQUS 的缠绕丝建模器(WCM)，用户可以创建拥有详细规范结构外形和缠绕设计参数的模型，可进行沿纤维方向应力和应变的后处理。应用连续体或壳单元可创建轴对称或三维模型。用户可自定义界面来快速定义缠绕外形，进行几何和网格的创建。

ABAQUS/Design 设计灵敏度分析模块：ABAQUS/Design 为 ABAQUS/Standard 的补充附加模块，主要用于设计灵敏度分析(SDA)。设计灵敏度对于理解空间变化及预测设计改变的影响非常有用。设计灵敏度可作为再设计和基于梯度的优化提供基础。ABAQUS/Design 提供全量和增量的设计灵敏度分析工时，增量公式适合于分析路径相关的解，设计灵敏性分析的结果可用于 ABAQUS/View 查看。

ABAQUS 电磁分析模块：ABAQUS 6.12 开始单独列出电磁分析模块，该模块同样依附于 ABAQUS/CAE 模块中，电磁场分析模型的信息可在 ABAQUS/CAE 模块中进行几何模型创建、材料与截面属性赋值、载荷和边界条件设置、分析步创建、作业输出与结果可视化等设置。电磁模块主要用于模拟分析结构的压电效应、电导过程、电磁过程，进行耦合的压电、热电以及辐射分析，模拟线性和非线性、瞬态和稳态等特征。

1.4 文件类型

在模型构建、模拟计算和相应的前后处理过程中，ABAQUS 软件会生成一系列相应的文件，用于保存模型参数、计算结果和过程记录等，各个模块产生的文件如图 1-1 所示。ABAQUS 软件在模型建立、模拟计算和结果后处理过程中可能产生十几种类型文件，部分文件可能在 ABAQUS 运行过程中产生但运行结束后自动删除，此类型文件称为临时文件。部分文件在 ABAQUS 软件运行与计算后永久保留于磁盘上，此类型文件称为永久性文件。

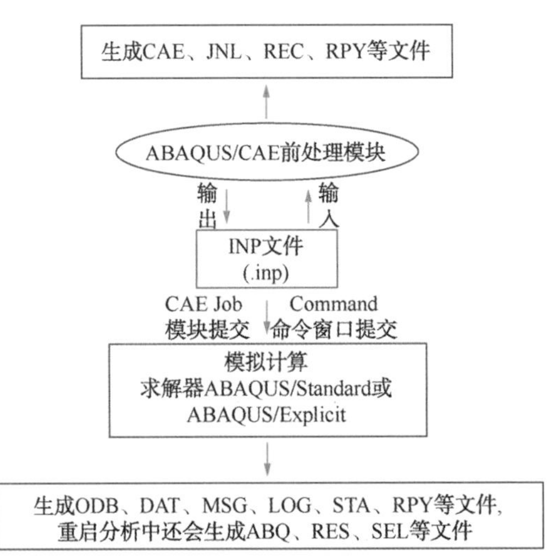

图 1-1　ABAQUS 各模块与文件类型的关系

ABAQUS 主要的文件类型和相应的介绍如下。

1. 数据库文件

ABAQUS 软件的数据库文件有两种，分别为 CAE 模型文件(.cae)和 ODB 结果文件(.odb)，两种格式的文件都可利用 ABAQUS/CAE 模块直接打开。

1）CAE 模型文件(.cae)

CAE 模型文件(.cae)为 ABAQUS/CAE 模型构建与参数保存文件，CAE 模型文件(.cae)是 ABAQUS/CAE 模型记录的专有文件，文件只能通过 ABAQUS/CAE 打开。CAE 模型文件(.cae)主要记录模型的构建与设置信息，主要包括几何形状特征、材料属性、模型组合状态、分析步类型、边界条件、网格划分、模型优化和模拟计算设置等主要信息，同时也包括模型的点集合、单元集合和面集合以及初始条件等信息。

2）ODB 结果文件(.odb)

ODB 结果文件(.odb)是 ABAQUS 软件模拟计算产生的结果保存文件，ODB 结果文件(.odb)为二进制文件，主要记录和保存模拟过程中单元和节点信息以及模拟计算获得的结果参数，结果参数的类型与模型的设置相关。ODB 结果文件(.odb)是模拟过程中模拟计算的记录文件，主要用于模型后处理与分析，文件可由 ABAQUS/CAE 或 ABAQUS/Viewer 打开，可利用结果文件生成相应的结果云图、特征曲线等。

2. INP 输入文件(.inp)

INP 输入文件(.inp)是 ABAQUS 软件模拟计算的输入性文本文件，又可称为任务文件。ABAQUS/Standard 和 ABAQUS/Explicit 模拟分析都可通过 INP 输入文件(.inp)进行模拟提交。ABAQUS 早期的版本中没有 ABAQUS/CAE 模块软件 GUI 界面，只能通过 INP 输入文件进行模型构建与模拟计算。INP 输入文件为文本文件，可用记事本、写字板、Editplus、UltraEdit 等文本编辑工具打开。INP 输入文件(.inp)包含了模拟计算所需的所有信息和特征，主要包括节点坐标、单元数据、材料属性、分析步、边界条件、初始条件等信息，文件既可由 ABAQUS/CAE 的 Job 模块生成，也可由用户依据 INP 输入文件(.inp)的语法格式进行编写(类似编程)。INP 输入文件可通过 ABAQUS/Command 命令窗口进行模拟计算作业提交并运行计算，也可导入 ABAQUS/CAE 软件界面形成模型并进行编辑与更改。

3. 结果文件

ABAQUS 的结果文件分为三类，分别为 FIL 文件、PSR 文件和 SEL 文件。

1）FIL 文件(.fil)

FIL 文件(.fil)为结果文件，是可被其他应用程序读入的分析结果数据格式文件，可供第三方软件进行后处理结果显示。

2）PSR 文件(.psr)

PSR 文件(.psr)为参数化分析要求输出的结果文件，该文件为文本格式文件。

3）SEL 文件(.sel)

SEL 文件(.sel)为结果选择文件，仅用于 ABAQUS/Explicit 模块模拟分析过程，为模型的重启分析所需的文件。

4. MDL 文件

MDL 文件(.mdl)为模型文件，是在 ABAQUS/Standard 和 ABAQUS/Explicit 中进行

数据检查后生成的文件，在 Analysis 和 Continue 指令下被读入并重写，主要用于模型重启动分析。

5. DAT 文件

DAT 文件(. dat)为数据输出文件，是一种文本文件，记录模型预处理信息和输出数据信息。DAT 文件(. dat)通常包含模型数据的检查信息，如关键词、边界条件、网格质量、接触、迭代等各类型信息，同时检查模型是否存在错误，包括关键词、材料类型、约束条件、单元类型等。DAT 文件(. dat)可利用记事本等文本编辑软件打开，进行模型设置、警告和错误等信息查找。同时，DAT 文件(. dat)也可存放用户设定的输出结果。

ABAQUS/Explicit 模块的分析结果不会写入 DAT 文件(. dat)中。

6. 信息文件

ABAQUS 的信息文件主要包括 MSG 文件(. msg)、IPM 文件(. ipm)、PRT 文件(. prt)和 PAC 文件(. pac)四种。

1) MSG 文件(. msg)

MSG 文件(. msg)是计算过程的详细记录，包括计算分析过程中的平衡迭代次数、计算步长、计算时间、警告信息以及相应的异常计算参数等。MSG 文件(. msg)可通过文本编辑软件打开，用户可以了解运算中的异常参数、零主元(Zero pivot)、负特征值(Negative eigenvalue)、过约束(Overconstraint Checks)、严重不连续迭代(SDI)与平衡迭代(EI)等导致不收敛的因素。

2) IPM 文件(. ipm)

IPM 文件(. ipm)为内部过程信息文件，从启动 ABAQUS/CAE 建模分析时开始写入，记录了从 ABAQUS/CAE 到 ABAQUS/Standard 或 ABAQUS/Explicit 的过程日志。

3) PRT 文件(. prt)

PRT 文件(. prt)为模型部件信息文件，包含模型部件与装配信息，为重启动分析时所需。

4) PAC 文件(. pac)

PAC 文件(. pac)包含模型信息，仅用于 ABAQUS/Explicit 模块，为重启动分析时所需。

7. 状态文件

状态文件主要包括 STA 文件(. sta)、STT 文件(. stt)和 ABQ 文件(. abq)。

1) STA 文件(. sta)

STA 文件(. sta)是状态文件，包含分析计算过程信息，主要包含各增量步的概要信息，如当前分析步、当前增量步、当前增量步长、迭代次数等，在计算过程中打开该文件可以知道计算进度。

2) STT 文件(. stt)

STT 文件(. stt)是 ABAQUS 自动生成的临时状态文件，主要用于 ABAQUS 重启分析，计算过程中 ABAQUS 会对其进行读写操作。计算结束后，如计算中没有指定重启动输出，STT 文件(. stt)会自动消失。

3）ABQ 文件(.abq)

ABQ 文件(.abq)仅用于 ABAQUS/Explicit 模块分析，记录分析过程、继续和恢复命令，为重启动分析所需的文件。

8. 保存命令文件

保存命令文件主要包括 RPY 文件(.rpy)、JNL 文件(.jnl)和 REC 文件(.rec)。

1）RPY 文件(.rpy)

在 ABAQUS/CAE 建模过程中，ABAQUS 会自动生成后缀为 rpy 的文件，该文件中包含 CAE 建模过程中的命令，每次使用 ABAQUS/CAE 建模都会记录一次操作中几乎所有的 ABAQUS/CAE 命令。如果一个目录下已经存在 RPY 文件，ABAQUS 会自动增加一个数字后缀加以区别，如 ABAQUS.rpy.1、ABAQUS.rpy.2 等。RPY 文件(.rpy)可用记事本类型的文件打开。

2）JNL 文件(.jnl)

JNL 文件(.jnl)为 ABAQUS 日志文件，记录了建模过程中的每个操作所对应的 ABAQUS/CAE 命令，可用于复制已存储的 ABAQUS/CAE 模型文件。

3）REC 文件(.rec)

REC 文件(.rec)包含用于恢复内存中模型数据库的 ABAQUS/CAE 命令。

9. 日志文件

LOG 文件(.log)是 ABAQUS 的日志文件，包含各模块的起始时间和终止时间信息，可以用记事本类型的软件打开。

10. 重启动文件

RES 文件(.res)为 ABAQUS 重启动文件，包含重启动所必需的模型信息，在 Step 功能模块中定义相关参数。

11. 临时文件

临时文件主要包括 LCK 文件(.lck)和 ODS 文件(.ods)。

1）LCK 文件(.lck)

LCK 文件(.lck)的存在是为了避免对结果数据库文件同时进行写入操作。当计算结束时或结果数据库文件关闭后，该文件自动消失。一般来说，用户无须理会，但当由于停电等意外因素造成计算非正常终止之后，若需重新提交运算，需将该文件手工删除。

2）ODS 文件(.ods)

ODS 文件(.ods)为场输出变量的临时操作运算结果，运行后自动删除。

12. 脚本文件

PSF 脚本文件(.psf)为用户定义 Parametric study 时需要创建的文件。

1.5 各类型文件的三个生成阶段

不同的文件类型具有不同的功能和用途，不同的使用阶段产生不同类型的文件。依据模型构建与模拟计算，各类型文件的生成主要由以下三个阶段生成。

1. 建模阶段

建模阶段主要使用的文件包括 CAE 模型文件(.cae)、INP 输入文件(.inp)或 RPY 文件(.ryy)等，ABAQUS/CAE 主要采用交互式模型建立模式，最终形成完整的数据文件。采用 ABAQUS/CAE 模块进行模型构建相对简单方便，初学者可依据步骤进行 ABAQUS/CAE 各个功能模块的设置与处理。同时，对于 ABAQUS/CAE 不支持的部分功能可采用关键字编辑(Edit keywords)进行编辑，模型建立的最终目标是形成可模拟分析的 INP 输入文件。利用 ABAQUS/CAE 模块建模过程中会形成相应的 RPY 文件(.rpy)，记录建模的过程和相关的模型参数。用户可针对 RPY 文件(.rpy)进行修改，更改形成 Python 类型的文件，然后直接导入 ABAQUS/CAE 模块形成新的 CAE 模型文件(.cae)。熟悉 ABAQUS 软件 INP 输入文件(.inp)语法的使用者，可直接编写 INP 输入文件(.inp)，形成能够模拟计算的 INP 输入文件(.inp)，然后通过 ABAQUS Command 命令框提交至 ABAQUS/Standard 和 ABAQUS/Explicit 模块进行模拟计算。

2. 模拟分析阶段

模型模拟分析阶段主要通过 ABAQUS/Standard 和 ABAQUS/Explicit 模块进行模型矩阵求解与结果分析，该阶段可能生成各种不同类型的文件，主要包括 ODB 结果文件(.odb)、DAT 文件(.dat)、MSG 文件(.msg)、STA 文件(.sta)等。

其中，ODB 结果文件(.odb)为 ABAQUS/Standard 和 ABAQUS/Explicit 模拟的结果文件，是模拟的最终目标文件。ODB 结果文件(.odb)中的输出参数可作为后续规律研究和分析的依据。CAE 模型文件(.cae)或 INP 输入文件(.inp)设定的相关分析步过程、时间以及相关结果参数全部记录在 ODB 结果文件(.odb)中，结果文件的后处理过程中可根据需要进行相关结果显示与参数输出，方便后续的结果和规律分析。

在模拟计算检测分析(Data Check)过程中，DAT 文件(.dat)是了解模型错误或警告信息的重要文件。DAT 文件(.dat)包含模型预处理过程中的全部信息，文件中可能存在许多警告信息(Warning)，部分警告信息并不代表模型存在问题，可以不用修改模型。若 DAT 文件(.dat)中出现错误信息(Error)，说明模型的设置或参数选择等存在严重错误，无法进行分析计算，此时必须根据错误信息提示对模型设置或参数选择等进行修改，然后重新提交分析。

若采用 ABAQUS/Standard 模块进行模拟分析，模拟计算过程中可适时查看 Msg 文件(.msg)，如果文件中出现警告信息(Warning)或错误信息(Error)，则表明模型设置存在一定问题，需要进行修改或完善。MSG 文件(.msg)还会显示每个分析步(Step)、增量步(Increment)和迭代步(Iteration)的详细信息。如果分析过程出现错误或不收敛，警告(Warning)和错误(Error)信息是查找模型错误或不收敛原因的重要线索。

若采用 ABAQUS/Explicit 模块分析，应查看 STA 文件(.sta)中的分析过程信息。同样地，应根据其中的警告信息或错误信息来找出模型中存在的问题，并加以改正。

3. 结果处理阶段

模拟计算完成后，ODB 结果文件(.odb)是最重要的结果文件，用户可根据结果文件进行相关的云图、矢量图或曲线的输出。

1.6 坐标系与单位系统

1.6.1 坐标系

ABAQUS 软件的默认坐标系为直角坐标系，用户可根据需要定义任意的、满足右手笛卡尔法则的局部坐标系，相应的坐标轴为 X 轴、Y 轴和 Z 轴。采用直角坐标系能方便地进行几何模型构建、材料方向定义、载荷施加以及场变量输出。对于轴对称单元，ABAQUS 采用的坐标系为柱状坐标系，相应的坐标轴为 R 轴和 Z 轴。

与坐标系统对应的还包括自由度，对于直角坐标系，模型的自由度主要包括 X 方向自由度（平移自由度）、Y 方向自由度（平移自由度）、Z 方向自由度（平移自由度）、绕 X 轴旋转的自由度、绕 Y 轴旋转的自由度、绕 Z 轴旋转的自由度。除了运动自由度以外，还包括孔隙压力、温度等其他自由度。同时，用户还可根据需要定义特殊自由度。

对于轴对称单元来说，柱状坐标系相对应的自由度分别为 R 方向自由度、Z 方向自由度、绕 Z 轴旋转的自由度、R–Z 平面的旋转自由度等。

ABAQUS 软件中的自由度采用 1、2、3 等阿拉伯数字表示，例如数字 1 表示 X 方向自由度、数字 2 表示 Y 方向自由度、数字 3 表示 Z 方向位移自由度、数字 4 表示绕 X 轴旋转自由度、数字 8 表示孔隙压力自由度、数字 10 表示温度自由度。用户使用最多的是 1~6 的位移自由度，其他的自由度由于用户构建的模型研究目标不同，自由度的选择具有一定的差异性，一个模型中不可能包含所有的自由度，部分自由度无效或无法定义。

ABAQUS 除了全局坐标系外，还可定义局部坐标系，局部坐标系的定义有三种，每种都有其功能和用途。

1. 节点自由度局部坐标系

使用“ * Transform”定义节点自由度的局部坐标系，用于定义边界条件、载荷或约束方程等设置。

2. 材料特性相关的局部坐标系

使用“ * Orientation”定义的局部坐标系，主要用于定义材料特征、钢筋截面、耦合约束等。

3. 局部直角坐标系

使用“ * system”定义的局部直角坐标系。

1.6.2 单位系统

ABAQUS 软件的模型变量本身无具体的单位概念，通过矩阵求解和计算得到的变量结果，理论上没有物理意义。ABAQUS 软件的部分变量是通过其他变量进行计算获得的，每个变量的单位都必须保持统一性和一致性，保证计算结果单位的协调。ABAQUS 软件没有固定的单位系统，建模过程中模型的几何参数、材料属性数据、边界条件与载荷、初始场变量数据的输入只要保持一致性和统一即可。在一般条件下，

ABAQUS 软件采用国际单位制，输入和输出的变量与数据都依据国际单位进行处理。若输入与输出采用国际单位制以外的单位，需要进行各个基本变量的单位转化，保证各个变量的单位系统统一。ABAQUS 软件部分主要变量常用的单位系统如表 1-1 所示。

表 1-1　ABAQUS 软件单位对应关系

量	SI 单位	SI 单位	US 单位	US 单位
长度	m	mm	ft	in
力	N	N	lbf	lbf
质量	kg	tonne	slug	lbf · s^2/in
时间	s	s	s	s
应力	Pa(N/m^2)	MPa	lbf/ft^2	psi(lbf/in^2)
能量	J	mJ	ft · lbf	in · lbf
密度	kg/m^3	tonne/mm^3	slug/ft^3	lbf · s^2/in^4

ABAQUS 虽然没有明确各个输入输出变量或参数的单位，但是一旦确定了某些参数或变量的单位，其他参数的单位必须与之相对应。例如若长度单位使用 m，则力、质量和时间的单位必须为 N、kg 和 s，相应的密度单位是 kg/m^3，应力和弹性模量的单位是 N/m^2(Pa)。用户在建模过程中需确定模型的单位制，明确各个输入输出参数的单位和参数值。对于大部分模型来说，使用国际单位制即可，可以避免单位转化带来的麻烦。ABAQUS 软件帮助文档中的许多例子采用的单位不是国际单位，用户学习和借鉴的过程中必须注意区分例子的单位制。

1.7　ABAQUS 运行命令

ABAQUS 软件的运行有两种方式，一种是通过 ABAQUS 软件提供的交互式窗口与功能执行各种操作，另外一种是通过命令窗口键入各种命令来进行 ABAQUS 的各种操作。ABAQUS 提供了多种类型的命令语句来执行相关模拟计算和功能界面。下面主要介绍一下 ABAQUS/Standard、ABAQUS/Explicit、ABAQUS/CAE 和 ABAQUS/Viewer 相关的执行命令。

运行 ABAQUS/Standard 和 ABAQUS/Explicit 的相关命令如下：

```
ABAQUS  job =job-name
        [analysis | datacheck | parametercheck | continue | convert ={select |
        odb | state | all} | recover |
        syntaxcheck | information ={environment | local | memory | release
        | support | system | all}]
        [input =input-file ]
        [user ={source-file | object-file }]
        [oldjob =oldjob-name ]
        [fil ={append | new }]
```

[**globalmodel** = {*results file-name* | *output database file-name* }]
[**cpus** =*number-of-cpus*]
[**parallel** = {domain | loop }]
[**domains** =*number-of-domains*]
[**dynamic_load_balancing**]
[**mp_mode** = {mpi | threads }]
[**standard_parallel** = {all | solver }]
[**gpus** =*number-of-gpgpus*]
[**memory** =*memory-size*]
[**interactive** | **background** | **queue** = [*queue-name*] [**after** =*time*]]
[**double** = {explicit | both | off | constraint }]
[**scratch** =*scratch-dir*]
[**output_precision** = {single | full }]
[**resultsformat** = {odb | sim | both }]
[**field** = {odb | sim | exodus | nemesis }]
[**history** = {odb | sim | csv }]
[**port** =*co-simulation port-number*]
[**host** =*co-simulation hostname*]
[**csedirector** =*co-simulation engine director host*: *port-number*]
[**timeout** =*co-simulation timeout value in seconds*]
[**unconnected_regions** = {yes | no }]

上述命令中黑体字为可进行的操作选项关键字，其在命令语句中先后顺序不限，带下划线的字符为相应操作的默认选项，方括号[ ]中的操作为可选操作选项，根据模型的需要进行选择；括号[ ]和{ }内的 | 表示分隔的选项相互排斥，只能选择其中的一个选项；斜体字符表示选项需由使用者赋值，各个操作选项间需用空格分隔，同时命令关键字支持简写，例如 Interactive 可简写成 Int。

常用的相关关键词的含义和解释如下。

（1）Job 关键词。Job 关键词为用户必填选项，用户必须填写形成的模拟计算的任务名称，计算产生的所有文件都以任务名称开头，例如 job = job - 1。如果采用 ABAQUS/Standard 模块进行模拟计算，则模拟计算产生的文件自动命名为 job-1. odb、job-1. dat、job-1. msg、job-1. sta 等文件。

（2）Analysis 关键词。Analysis 选项部分包括 analysis | datacheck | parametercheck | continue | convert 等多种类型，模拟分析过程中可根据需要进行选择。ABAQUS 默认进行 analysis 分析，表示 ABAQUS 将进行完整的计算分析。如需进行 datacheck 等其他分析，需要专门进行设置。

（3）Input 关键词。Input 选项的赋值为 INP 输入文件的名称，文件名称既可带后缀名(. inp)，也可不带后缀名(. inp)，ABAQUS 根据文件名自动进行后缀 . inp 文件的搜索并读取。如果命令语句中不包含 input = 文件名 . inp 选项，ABAQUS 会根据 job = 文件名选项进行相应的 INP 文件的搜索。若软件设置的工作目录文件夹下面未搜索到

job 选项赋值的文件名称，则 ABAQUS Command 会提示“input file:”，提示进一步输入需要计算的 INP 输入文件名称。

（4）User 关键词。User 为模拟计算用户子程序选项，User 子程序文件可包含文件路径和后缀。

（5）Interactive 关键词。若命令语句中输入 interactive 命令关键词，ABAQUS 会将模拟计算过程中的一些信息输出至 ABAQUS Command 命令窗口中。ABAQUS/Standard 会将部分 LOG 文件中的信息输出至命令窗口中，ABAQUS/Explicit 会将部分 STA 和 LOG 文件的信息输出到命令窗口。通过命令窗口显示的内容，用户可大致了解模拟的进展情况。

（6）Background 关键词。若命令语句中包括 background 命令语句，计算将在后台进行，该选项为默认选项。

（7）Cpus 关键词。Cpus 选项为模拟计算过程中 CPU 线程使用选项，用户可根据模拟计算电脑或服务器的 CPU 线程数量进行选择，ABAQUS 默认使用的线程数量为 1。随着计算机硬件的不断发展，CPU 的线程数量越来越多，CPUS 选项成为必须设置的选项之一。

（8）Gpus 关键词。GPUS 选项主要针对 ABAQUS/Standard 直接解法(direct solver)形成的模拟加速方式，该选项主要针对具有 GPU 硬件的电脑或服务器进行设置。若该选项命令未设置，ABAQUS 的 GPU 加速不会激活。

相关命令更进一步的介绍参考 ABAQUS documentation→ABAQUS Analysis User's Guide→Introduction，Spatial Modeling，and Execution→Job Execution。

ABAQUS/CAE 相关的命令如下：

ABAQUS CAE [database =*database-file*]
[replay =*replay-file*]
[recover =*journal-file*]
[startup =*startup-file*]
[script =*script-file*]
[noGUI =[*noGUI-file*]]
[noenvstartup]
[noSavedOptions]
[noSavedGuiPrefs]
[noStartupDialog]
[custom =*script-file*]
[guiTester =[*GUI-script*]]
[guiRecord]
[guiNoRecord]

Database 选项为指定的要打开的模型数据文件的名称或计算结果文件名称，若文件为模型文件，文件名称的后缀 .cae 可带可不带。若文件名称为计算结果文件，文件名称后缀包含 .odb。命令语句中不包含 database 选项，则 ABAQUS 命令只会打开 ABAQUS/CAE 用户界面，用户可通过 GUI 界面来进行文件打开和相关的处理工作。

Replay 选项指定了带有 ABAQUS/CAE 建模操作命令，形成的文件的后缀为 . rpy。采用该选项后，ABAQUS/CAE 界面启动后会自动建模。

相关命令更进一步的介绍参考 ABAQUS documentation→ABAQUS Analysis User's Guide→Introduction, Spatial Modeling, and Execution→ABAQUS/CAE execution。

ABAQUS/Viewer 相关的命令如下：

```
ABAQUS Viewer  [database =database-file ]
               [replay =replay-file ]
               [startup =startup-file ]
               [script =script-file ]
               [noGUI =[noGUI-file]]
               [noenvstartup]
               [noSavedOptions]
               [noSavedGuiPrefs]
               [noStartupDialog]
               [custom =script-file ]
               [guiTester =[GUI-script]]
               [guiRecord]
               [guiNoRecord]
```

ABAQUS/Viewer 的相关命令与 ABAQUS/CAE 的相关命令类似，相关命令只能用于结果文件显示。相关命令更进一步的介绍参考 ABAQUS documentation→ABAQUS Analysis User's Guide→Introduction, Spatial Modeling, and Execution→ABAQUS/Viewer execution。

1.8 INP 输入文件主要构成

INP 输入文件(. inp)是一种纯文本文件，为 ABAQUS/CAE 前处理构建的模型与求解器(ABAQUS/Standard 或 ABAQUS/Explicit 等)间的数据传递的桥梁。INP 输入文件(. inp)主要包括计算模型相关的节点坐标、单元组成、材料参数、实例组装、分析步、边界条件、结果输出等相关参数与设置以及部分设置的注释行等。INP 输入文件(. inp)的数据结构组成如图 1-2 所示，INP 输入文件(. inp)的数据主要包括部件(Part)数据块、组装(Assembly)数据块、分析步(Step)数据块和其他数据块等。每个数据块都有其特定的内容和数据，每个数据块都有其相应的先后顺序和特定的关键词。

根据图 1-2 所示的 INP 输入文件的主要构成，INP 输入文件(. inp)主要包含三层信息：第一层为整个模型层，包括模型所有的数据体和设置；第二层包括部件(Part)数据块、组装(Assembly)数据块、分析步(Step)数据块、其他数据块等；第三层主要为部件(Part)数据块中的不同部件(Part)数据块、组装(Assembly)数据块中的实例(Instance)数据块。同时，分析步(Step)数据块中可能包括多个分析步(Step)数据块。

在 INP 输入文件的模型数据块中，不同的数据块都有一定的顺序和位置，排在最前面的是部件(Part)数据块。部件(Part)数据块可以有多个，表示不同的部件(Part)节点坐标和网格单元组成。部件(Part)数据块后为组装(Assembly)数据块，它将部件(Part)映射形成实例(Instance)进行组装，模拟计算过程中主要针对组装(Assembly)数据块中的实例的相关参数进行计算。组装(Assembly)数据块中可以包含多个实例(Instance)数据块，实例(Instance)数据块为部件(Part)数据块在组装(Assembly)数据块中的映射，部件(Part)数据块中的部件(Part)可以只映射一个实例(Instance)，也可以映射多个实例(Instance)。如果利用 ABAQUS/CAE 建立的部件(Part)没有进行 Assembly 组装映射，INP 输入文件中不会写入该部件的节点网格单元信息。组装(Assembly)数据块后面为其他数据块，主要包括材料参数、边界条件、初始场变量等。INP 输入文件最后的数据块为分析步(Step)数据块，主要包括模型的分析步类型、计算时间、输出参数、控制参数等，部分模型可能包含多个分析步(Step)数据块。

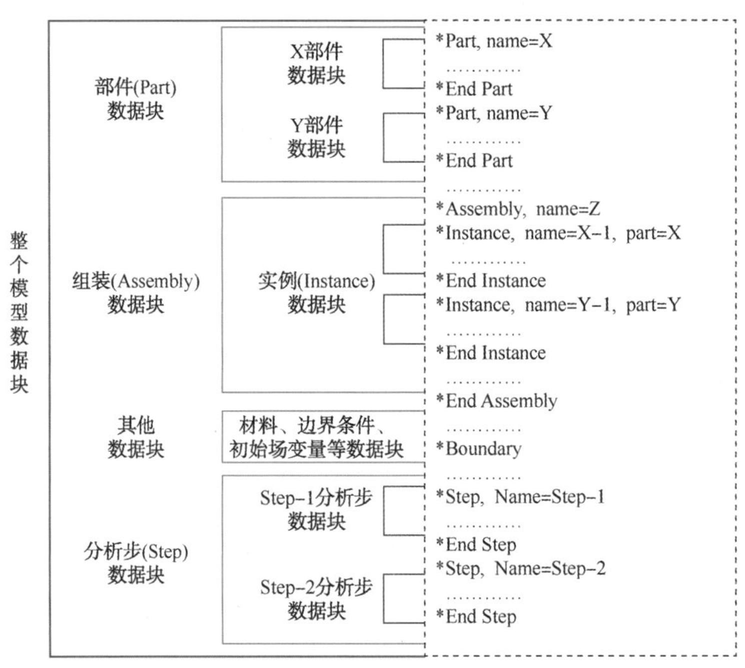

图 1-2　INP 输入文件(.inp)数据组成

INP 输入文件主要的语法格式如下所示。

1. 关键词行

INP 输入文件的关键词行必须以“*”开始，后面紧跟不同含义和类型的关键词，关键词后可以包含若干必需的或可选的参数以及参数值。关键词后面如果有参数，参数与关键词间、不同参数间必须用“,”隔开，参数后面如果有参数值，需要用“=”进行赋值。

关键词行中的空格可以忽略，关键词和参数对大小写不区分。同时，部分关键词可以简写，只要 ABAQUS 的模拟器能够识别和区分即可。关键词行每行的字符数不能超过 256 个字符，如果参数数量多或名字过长，可以跨行延续，但必须用“,”连接。有些关键词对此还有进一步的规定，如 *element 每个数据行包含的节点数不超过 15 个，*nset 和 *elset 每个数据行包含的数据不超过 16 个。

2. 数据行

关键词后面一般包含有数据行，数据行必须紧随关键词行后面，并与关键词行相匹配。对于数据行，每行的数据包括空格在内不超过 256 个字符，不同的数据间必须用“,”分隔开，若数据超过 256 个字符，可以续行。单个数字的浮点数最多可占用 20 个字符，整数可占用 10 个字符。

关键字行后面可以包含许多与之相关的数据行。其中行数最多的可能为 Part 数据块中的节点和单元数据，节点关键词和单元关键词后需全部表达出单元的所有节点的坐标和所有单元的节点编号与排列方式。

3. 注释行

注释行主要针对部分关键词、参数或数据进行简要的解释与说明，注释行开头必须添加两个或两个以上的“* *”。用户采用 INP 输入文件进行模型构建或参数设置时可利用注释行进行简要说明，方便 INP 输入文件的阅读与理解。

在 INP 输入文件编写或修改过程中，部分数据块可直接从其他符合 INP 输入文件格式要求的文本文件引用。引用数据文件(* include file)可以包含输入文件的任何内容，它本身也可以进一步引用其他数据文件。引用数据文件的格式必须与直接数据文件的格式保持一致。

* include, input=<文件名称>

下面根据 INP 输入文件的数据构成进行 INP 输入文件组成和语法方面的简要说明，INP 输入文件例子说明如下：

****

* Heading

** “ * Heading”为 INP 输入文件开头关键词。

** 接下来可以用一行或多行来写下此模型的标题和相关信息。

** Job name: LIZI-11 Model name: Model-1

** 注释行，INP 输入文件命名为 LIZI-11，模型名字为：Model-1

* Preprint, echo=NO, model=NO, history=NO, contact=NO

** Preprint 可设置在 DAT 文件(* .dat)中记录的内容。ABAQUS 默认：* Preprint, echo=NO, model=NO, history=NO, contact=NO，内容为：在 DAT 文件中不记录对 INP 文件的模拟过程，以及详细的模型和历程数据。

****

** PARTS

** 注释行说明进入部件(Part)数据块。

* Part, name=P-1

** “ * Part”表示进入部件(Part)数据块的关键词，进入 P-1 部件(Part)数据块，“name=P-1”表示部件(Part)名称为 P-1。

* Node

** “ * Node”表示单元节点坐标关键词，数据行中将进行 P-1 部件的节点坐标表征。

1, 2., 2., 20.

2,　　　　2.,　　　　1.,　　　　20.
3,　　　　2.,　　　　0.,　　　　20.
4,　　　　2.,　　　　-1.,　　　　20.
……………
525,　　　　-2.,　　　　-2.,　　　　0.

** "*Node"关键词的数据行，表示P-1部件单元节点坐标值，节点数据行一般为多行。单元节点坐标必须包含模拟计算部件网格所有节点坐标。

** 若P-1部件部分节点坐标缺失，软件会默认缺失的单元节点坐标为(0，0)或(0，0，0)，计算过程中可能由于节点坐标位置引起单元错误，从而造成计算错误。

** 节点坐标数据行中，第1列为节点编号，第2列~第4列为节点坐标值，其中第2列为节点X方向坐标，第3列为节点Y方向坐标，第4列为节点Z方向坐标。若模型为二维模型，则无第4列Z方向坐标。每一列间数据必须采用","隔开。

*Element, type=C3D8R

** "*Element"为P-1部件的单元组成关键词。"type=C3D8R"表示单元类型，本例网格单元类型为C3D8R，表示为8节点六面体线性减缩积分单元。

** 单元的类型需根据实际需求进行选取，ABAQUS有丰富的单元库，用户可根据需要进行单元类型的选取。

1, 106, 107, 112, 111,　1,　2,　7,　6
2, 107, 108, 113, 112,　2,　3,　8,　7
3, 108, 109, 114, 113,　3,　4,　9,　8
4, 109, 110, 115, 114,　4,　5,　10,　9
5, 111, 112, 117, 116,　6,　7,　12,　11
…………
320, 519, 520, 525, 524, 414, 415, 420, 419

** P-1部件单元节点编号数据行，数据行一般为多行。在某一部件(Part)数据块中，单元组成必须包含该部件所有的网格单元，可以一次或多次进行定义。若部分网格单元组成数据缺失，可能产生模型网格不连续或形成缺口。

** 本例的单元类型为C3D8R，代表三维六面体8节点单元，组成每个单元的节点数量为8个。数据行的第1列为网格单元编号，第2列~第9列为单元的节点编号，节点的坐标为前面的"*Node"关键词下面的数据坐标。与节点数据行的表征类似，所有网格单元的数据列间必须采用","隔开。

*Nset, nset=P-1, generate

** "*Nset"为节点集合关键词，"nset=P-1"表示节点集合名称，"generate"表示节点编号具有等差规律性，采用等差增量形式表征节点编号。

1,　525,　1

** 节点集合数据行，第1个数字1为起始节点编号，525为结束节点编号，第3个数字1为节点编号增量。

*Elset, elset=P-1, generate

** "*Elset"单元集合关键词，"elset =P-1"表示单元集合名称，"generate"表

示单元编号具有等差规律性，采用增量形式表征单元编号。

1， 320， 1

** 单元集合数据行，第1个数字1为起始单元编号，第2个数字320为结束单元编号，第3个数字1为单元编号增量。

** Section：P-1

** P-1部件的材料截面属性设置注释行。

* Solid Section，elset=P-1，material=P-1

** "* Solid Section"为实体截面属性赋值关键词，不同维度和类型的材料有不同类型的截面属性关键词。"elset=P-1"表示进行材料截面属性赋值的单元集合，"material=P-1"表示截面的材料参数名称P-1。

1

** 表示截面参数，不同的材料类型和单元类型具有不同的截面参数设置。

* End Part

** "* End Part"为部件(Part)数据块描述完成的关键词，与前面的"* Part，name=P-1"关键词相对应，表示P-1部件(Part)数据块表征结束。

****

* Part，name=P-2

** "* Part"为部件(Part)数据块关键词，"name=P-2"表示该部件名称为P-2。

** 在ABAQUS建模过程中，若模型需要建立多个Part部件，不同的部件(Part)需要映射至组装(Assembly)数据块中，在组装(Assembly)数据块中进行相应的实例(Instance)组装，部件间可通过接触、绑定或耦合等方式产生相互作用。

* Node

** P-2部件单元节点，表征方式与前面部件P-1完全一致。

```
    1,        1.,        1.,        5.
    2,        1.,        0.5,       5.
    3,        1.,        0.,        5.
    4,        1.,       -0.5,       5.
    5,        1.,       -1.,        5.
…………
  275,       -1.,       -1.,        0.
```

** 单元节点坐标数据行。不同部件的单元节点编号可以与其他部件相同，也可以不同。

* Element，type=C3D8R

** "* Element"为P-2部件单元组成关键词，单元类型为C3D8R，相关的表征方式与前面的P-1部件完全一致。

```
1,  56,  57,  62,  61,  1,  2,  7,  6
2,  57,  58,  63,  62,  2,  3,  8,  7
3,  58,  59,  64,  63,  3,  4,  9,  8
```

4,　59,　60,　65,　64,　4,　5,　10,　9
5,　61,　62,　67,　66,　6,　7,　12,　11
6,　62,　63,　68,　67,　7,　8,　13,　12
………………
160, 269, 270, 275, 274, 214, 215, 220, 219

** P-2 部件相关单元的节点组成，其表征方式与前面的 P-1 部件完全一致。

* Nset, nset=P-2, generate

** "* Nset"为节点集合关键词，"nset=P-2"表示节点集合名称，"generate"表示节点编号具有等差规律性，采用等差增量形式表征集合节点编号。

1,　275,　1

** 起始节点编号，终止节点编号，等差值。

* Elset, elset=P-2, generate

** "* Elset"单元集合关键词，"elset =P-2"表示单元集合名称，"generate"表示单元编号具有等差规律性，采用增量形式表征集合单元编号。

1,　160,　1

** 起始单元编号，终止单元编号，等差值。

** Section: P-2

** 部件 P-2 材料截面属性赋值设置，截面名称为 P-2。

* Solid Section, elset=P-2, material=P-2

** 关键词"* Solid Section"表示实体截面属性，"elset=P-2"表示赋予截面属性的单元集合，"material=P-2"表示截面的材料参数名称 P-2。

1,

* End Part

** P-2 部件(Part)数据块的表征结束。

****

** ASSEMBLY

** 部件(Part)数据块的相关数据描述与表征完成后，进入组装(Assembly)数据块，将部件(Part)数据块中的部件映射至组装(Assembly)数据块中形成实例(Instance)，组装(Assembly)数据块主要由实例(Instance)数据块组成。

* Assembly, name=Assembly

** "* Assembly"为进入组装(Assembly)数据块关键词，表示 INP 输入文件相关的描述进入组装(Assembly)数据块。"name=Assembly"表示组装(Assembly)数据块的名称，在组装(Assembly)数据块中包含实例(Instance)数据块。

* Instance, name=P-1-1, part=P-1

** "* Instance"为实例(Instance)数据块关键词，"name=P-1-1"表示映射的实例(Instance)名称为 P-1-1，"part=P-1"表示映射的部件(Part)为 P-1。

** 将 P-1 部件(Part)映射形成 P-1-1 实例，映射的部件为非独立部件，所以实例(Instance)数据块中无相关的节点和单元集合。

* End Instance

** “ * End Instance” 表示 P-1-1 实例(Instance)数据块表征结束。

* Instance, name=P-2-1, part=P-2

** 与前面的 P-1-1 实例(Instance)数据块表征相同，将 P-2 部件(Part)映射形成实例(Instance)数据块。

** 若模型含有多个部件，需要通过多次映射将所需的部件映射至组装(Assembly)数据块中。

0., 2., 19.

0., 2., 19., -1.00000001268805,
2., 19., 89.9999992730282

** 表示移动或转动相关的坐标系，实例进行了旋转或移动。

* End Instance

** “ * End Instance” 表示 P-2-1 实例(Instance)数据块表征结束。

** 将模型所需的部件(Part)映射进入组装(Assembly)数据块后，可根据需要进行相关的节点集合、单元集合、面集合设置，方便后续操作和设置。

* Nset, nset=ENCAST, instance=P-1-1

** 组装(Assembly)数据块中节点集合设置，节点集合名称为 ENCAST，相应的定义与前面所述的基本一样，“instance=P-1-1” 表示该集合源自 P-1-1 实例(Instance)。

101, 102, 103, 104, 105, 206, 207, 208, 209, 210, 311, 312, 313, 314, 315, 416
417, 418, 419, 420, 521, 522, 523, 524, 525

** 集合节点编号，由于节点集合的节点编号不具有等差规律性，集合列举了该集合所有的节点编号。每行的节点编号数量不能超过 16 个，超过 16 个后需换行。

* Elset, elset=Boun-1, instance=P-1-1

** 组装(Assembly)数据块网格单元集合设置，单元集合名称为 Boun-1，相应的定义与前面所述的基本一样，“instance=P-1-1” 表示该集合源自 P-1-1 实例。

77, 78, 79, 80, 157, 158, 159, 160, 237, 238, 239, 240, 317, 318, 319, 320

** 网格单元编号，由于选取的单元编号不具有等差规律性，数据行列举了所有的单元编号。每行的单元编号数量不能超过 16 个，超过 16 个后需换行。

* Nset, nset=P-1, instance=P-1-1, generate

** 组装(Assembly)数据块节点集合设置，节点集合名称为 P-1，集合源自 P-1-1 实例，集合节点编号具有等差规律性。

1, 525, 1

* Elset, elset=P-1, instance=P-1-1, generate

** 组装(Assembly)数据块单元集合，单元集合名称为 P-1，“instance=P-1-1” 表示集合源自 P-1-1 实例，“generate” 表示单元编号具有等差排列规律性，采用等差排列方式表述。

1, 320, 1

** 起始单元编号，终止单元编号，等差值。

* Nset，nset=P-2，instance=P-2-1，generate

** 组装(Assembly)数据块节点集合，节点集合名称为 P-2，“instance=P-2-1”表示集合源自 P-2-1 实例，“generate”表示节点编号具有等差规律性，采用等差排列方式进行描述。

1， 275，   1

** 起始接节点编号，终止节点编号，等差值。

* Elset，elset=P-2，instance=P-2-1，generate

** 组装(Assembly)数据块单元集合，单元集合名称为 P-2，“instance=P-2-1”表示集合源自 P-2-1 实例，“generate”表示单元编号具有等差规律性，采用等差排列方式表述。

1， 160，   1

** 起始接单元编号，终止单元编号，等差值。

* Elset，elset=_S-1_S6，internal，instance=P-1-1，generate

** 面集合 S-1 的单元集合设置，“internal”表示实例内部面，“instance=P-1-1”表示集合源自 P-1-1 实例，“generate”表示单元编号具有等差规律性，采用等差数列表征。

1， 317，   4

** 起始单元编号，终止单元编号，等差值。等差值 4 表示每 4 个编号选择一个单元。

* Surface，type=ELEMENT，name=S-1

** “ * Surface”为面集合关键词，“type=ELEMENT”为面集合的类型，ABAQUS 默认的面集合类型为 ELEMENT，即面集合由单元构成。“name=S-1”为面集合名称。

_S-1_S6，S6

** 单元集合名称，面名称。

** 定义 Surface 数据块的格式为：* Surface，Type=面的类型，Name=面的名称。

**   构成面的集合 1，名称 1。

**   构成面的集合 2，名称 2。

**   ……。

* Elset，elset=_S-2_S5，internal，instance=P-2-1

** 面集合 S-2 的单元集合，与前面的面集合 S-1 类似，单元集合不连续或无规律，采用全部单元编号表征单元集合。

37， 38， 39， 40， 77， 78， 79， 80，117，118，119，120，157，158，159，160

* Surface，type=ELEMENT，name=S-2

** P-2-1 实例(Instance)S-2 面集合设置。

_S-2_S5，S5

* Elset，elset=_S-3_S3，internal，instance=P-2-1

** S-3 面集合的单元集合设置，名称为_S-3_S3。

1, 2, 3, 4, 41, 42, 43, 44, 81, 82, 83, 84, 121, 122, 123, 124

*Surface, type=ELEMENT, name=S-3

**实例(Instance)P-2-1面集合设置，名称为S-3。

_S-3_S3, S3

**Constraint: Constraint-1

**实例(Instance)P-1-1与实例(Instance)P-2-1间约束创建。

*Tie, name=Constraint-1, adjust=yes

**“*Tie”为P-1-1实例(Instance)和P-2-1实例(Instance)间绑定设置的关键词，主要功能是将两个实例(Instance)绑定在一起。

S-2, S-1

**表示“Tie”绑定设置的两个面集合。

*End Assembly

**“*End Assembly”表示组装(Assembly)数据块表征结束。

****

**MATERIALS

**定义材料参数，可针对不同的部件或区域定义材料参数，该部分内容可以置于组装(Assembly)数据块中或组装数据块之后。

*Material, name=P-1

**“*Material”为定义材料参数关键词，“name=P-1”为定义的材料名称，材料名称为P-1。

*Elastic

**“*Elastic”为材料弹性参数定义关键词。

2.0e+10, 0.2

**P-1材料的弹性模量和泊松比参数值，弹性模量为2.0×10^{10} Pa，泊松比为0.2。

*Material, name=P-2

**P-2的材料参数定义。

*Elastic

**“*Elastic”为材料弹性参数定义关键词。

5.0e+10, 0.15

**P-2材料的弹性模量和泊松比参数值，弹性模量为5.0×10^{10} Pa，泊松比为0.15。

****

**BOUNDARY CONDITIONS

**模型边界条件设置注释行。

**Name: B1 Type: Symmetry/Antisymmetry/Encastre

**边界条件类型注释行，“B1”为边界条件名称，“Type: Symmetry/Antisymmetry/Encastre”为边界条件类型。

* Boundary

** “ * Boundary”为边界条件关键词。

Boun-1，ENCASTRE

** “Boun-1”为节点集合，边界条件设置时，需要设置的边界节点既可是节点集合，也可是单个节点编号。“ENCASTRE”表示边界条件类型，约束所有自由度(固支边界条件)。

** 边界条件既可以被创建于初始分析步中，也可以被创建在后续模拟分析步中。

** 边界条件若在不同的分析步发生变化，需要在不同分析步数据块中进行针对性的设置。

****

** STEP：Step-1

** 进入分析步注释行，表示后面为分析步(Step)数据块，后续的命令和设置描述主要针对模拟分析步进行设置，分析步(Step)数据块需置于整个模型数据块的最后。

* Step，name=Step-1

** “ * Step”为分析步关键词，“name=Step-1”为分析步名称，分析步(Step)设置需要根据分析步的类型进行设置和选择。ABAQUS 软件可根据模拟需要设定多个分析步，每个分析步设置包含的内容基本一致。

* Static

** “ * Static”为常规静态分析步关键词。

0.1，1.，1e-05，0.1

** 数据行为分析步时间设置，分别为初始增量步时间、总时间、最小增量步时间、最大增量步时间。

** LOADS

** 模拟载荷加载设置注释行。

** Name：Load-1　Type：Pressure

** 载荷类型注释行，载荷名称为 Load-1，载荷类型为面载荷(Pressure)。

* Dsload

** “ * Dsload”面载荷关键词，主要用于定义作用面上的均匀载荷。

S-3，P，5e+07

** “S-3”为面集合名称，“P”表示压力载荷，“5e+07”表示压力值。

** OUTPUT REQUESTS

** 模拟结果输出变量设置注释行。

* Restart，write，frequency=0

** 重启动设置，“frequency=0”表示不输出用于重启动分析的数据。

** FIELD OUTPUT：F-Output-1

** 场变量输出注释行。

* Output，field，frequency=2

** “ * Output”为输出关键词，“field”表示场变量数据输出，场变量输出主要用于相关云图的绘制，“frequency=2”表示每两个增量步(inc)保存结果数据。

*Node Output

**“Node Output”为节点结果变量输出关键词。

CF, RF, U

**“CF, RF, U”输出的节点变量名称。

*Element Output, directions=YES

**“*Element Output”为单元变量输出关键词,“directions=YES”表示输出变量方向至结果文件。

ENER, LE, MVF, PE, S, PEEQ

**“ENER, LE, MVF, PE, S, PEEQ”为输出的单元变量名称。

**HISTORY OUTPUT: H-Output-1

**计算历程变量数据输出,主要用于相关曲线图的绘制。

*Output, history, frequency=2

**模拟结果输出设置。“*Output”为输出关键词,“history”表示历程数据输出,历程变量输出主要用于绘制相关曲线图,分析模拟过程中的变量与时间变化关系。“frequency=2”表示每两个增量步保存数据。

*Energy Output

**“*Energy Output”为历程能量输出关键词,关键词后面可以设置需要输出的能量类型。

ALLAE, ALLCD, ETOTAL

**“ALLAE, ALLCD, ETOTAL”为不同类型的能量变量。

*End Step

**“*End Step”为 Step-1 分析步设置完成关键词,单个分析步(Step)数据块表征结束。

****

ABAQUS/CAE 模型中若包含多个部件(Part)并进行相应的实例(Instance)映射时,若不进行特殊设置,每个部件的节点和单元编号都从 1 开始进行编号,也就是说每个部件(Part)都存在部分相同的从 1 开始的节点和单元编号。在部件(Part)数据块中进行集合设置时,在某一具体部件数据块定义的集合为该部件的集合,无须专门表明部件名称。但在组装(Assembly)数据块中进行相关的集合设置时,需要专门指定相应映射的实例(Instance)名称。对于不同实例中的集合名称,用户需尽量采用不同的名称表示,避免后期设置过程中出现混乱。为了避免集合设置混乱问题,用户可以进行相关设置,将不同部件的节点和单元重新编号,INP 输入文件中不显示部件数据块和组装数据块信息。主要有以下三种设置方法:

(1) 修改环境变量文件 ABAQUS_v6.env。启动 ABAQUS/CAE 之前,找到安装目录文件夹下的 ABAQUS_v6.env 文件,利用文本编辑软件打开 ABAQUS_v6.env 文件,在文本中添加 cae_no_parts_input_file=ON 后保存。该方法对软件所有模型 INP 输入文件输出有效,若想恢复原来的输出格式,需要将参数中的 ON 改成 OFF。

(2) CAE 软件界面设置。在 ABAQUS/CAE 前处理模块中,可以在菜单栏 model→edit attributes→model(默认名称)→勾选☑Do not use parts and assemblies in input files。

该方法只对当前进行了相应的功能修改和保存的模型有效，其他的模型需要进行重新设置。

（3）使用 Python 脚本命令。在 ABAQUS/CAE 运行过程中，单击窗口左下角的 >>> 按钮，进入 Python 脚本命令输入界面，输入 mdb. models [modelName]. setValues(noPartsInputFile=ON)，则模型输出 INP 输入文件时，不包括部件和组装数据块信息。该方法只对当前输入命令的 ABAQUS/CAE 进程有效，别的 ABAQUS/CAE 进程或重新启动 ABAQUS/CAE 后需要重新输入。

进行上述任意一种设置后，在 INP 输入文件中不单独显示部件(Part)和组装(Assembly)数据块。上面的例子在相同参数条件下的 INP 输入文件显示如下：

与前面的 INP 文件例子相比，进行了不使用“Do not use parts and assemblies in input files”设置后，INP 输入文件中没有明确的 Part 数据块和 Assembly 数据块。同时相应的节点、单元和面集合源自哪个部件(Part)或实例(Instance)，具体的差异读者可进行对比和分析。相应的关键词和数据行的说明不再赘述。

```
************************************************************
*Heading
**Job name: LIZ-22 Model name: Model-1
**Generated by: ABAQUS/CAE 6.14
*Preprint, echo=NO, model=NO, history=NO, contact=NO
**PART INSTANCE: P-1-1
**注释行提示实例名称为 P-1-1，但后续没有相应的部件(Part)数据块或组装(Assembly)数据块描述与表征。
************************************************************
*Node
**P-1-1 实例(Instance)的节点坐标表征，后续数据行与前面的表达方式完全一致。
      1,         2.,         2.,         20.
      2,         2.,         1.,         20.
      3,         2.,         0.,         20.
      4,         2.,        -1.,         20.
      5,         2.,        -2.,         20.
    ...          ...         ...         ...
    525,        -2.,        -2.,          0.
**P-1-1 实例有 525 个节点，与前面 P-1 部件的节点坐标完全一致。
*Element, type=C3D8R
**P-1-1 实例(Instance)单元组成表征，与前面的 P-1 部件数据块中表征完全一致。
  1, 106, 107, 112, 111,  1,  2,  7,  6
  2, 107, 108, 113, 112,  2,  3,  8,  7
  3, 108, 109, 114, 113,  3,  4,  9,  8
```

```
  4, 109, 110, 115, 114,   4,   5,   10,   9
  5, 111, 112, 117, 116,   6,   7,   12,   11
  6, 112, 113, 118, 117,   7,   8,   13,   12
…………
320, 519, 520, 525, 524, 414, 415, 420, 419
```

**P-1-1实例单元组成表征，总计320个单元。

*Nset，nset=P-1-1_P-1，generate

**节点集合设置，相当于前面P-1部件数据块中的节点集合设置，节点集合名称“nset=P-1-1_P-1”中的“P-1-1_”表示节点集属于P-1-1实例(Instance)。

```
  1,   525,     1
```

*Elset，elset=P-1-1_P-1，generate

**单元集合名称“elset=P-1-1_P-1”中的“P-1-1_”表示单元集属于P-1-1实例(Instance)。

```
  1,   320,     1
```

**Section：P-1

**部件P-1材料截面属性赋值。

*Solid Section，elset=P-1-1_P-1，material=p-1

**与前面显示部件和组装信息的表征基本一致，只是区域集合设置具有差异性。

```
1
*******************************************************
```

**PART INSTANCE：P-2-1

**P-2-1实例(Instance)表征注释行。

```
*System
 0.,        2.,        19.,        1.,        2.,        19.
 0.,        2.,        18.
```

**P-2-1实例旋转设置的局部坐标系。

*Node

**P-2-1实例(Instance)节点坐标，节点编号从526开始，承接前面的P-1-1实例的节点编号。

```
   526,          1.,          1.,          5.
 …………
   800,         -1.,         -1.,          0.
```

*Element，type=C3D8R

**P-2-1实例(Instance)单元组成，单元编号从321开始，承接前面的P-1-1实例的单元编号。

```
321, 581, 582, 587, 586, 526, 527, 532, 531
322, 582, 583, 588, 587, 527, 528, 533, 532
323, 583, 584, 589, 588, 528, 529, 534, 533
324, 584, 585, 590, 589, 529, 530, 535, 534
```

325, 586, 587, 592, 591, 531, 532, 537, 536

………………

480, 794, 795, 800, 799, 739, 740, 745, 744

*Nset, nset=P-2-1_P-2, generate

**实例 P-2-1 相关节点或单元集合设置，相当于前面的 P-2 部件(Part)数据块中的集合设置，基本与前面一致，但是不显示集合源自实例的信息。

526, 800, 1

*Elset, elset=P-2-1_P-2, generate

321, 480, 1

**Section: P-2

**P-2 部件材料截面属性设置，与前面基本一致。

*Solid Section, elset=P-2-1_P-2, material=P-2

1,

*System

*Nset, nset=Boun

**相关的节点集合、单元集合以及面集合设置，相当于前面组装(Assembly)数据块中的集合设置，不再进行单独介绍。

101, 102, 103, 104, 105, 206, 207, 208, 209, 210, 311, 312, 313, 314, 315, 416

417, 418, 419, 420, 521, 522, 523, 524, 525

*Elset, elset=ENCAST

77, 78, 79, 80, 157, 158, 159, 160, 237, 238, 239, 240, 317, 318, 319, 320

*Nset, nset=P-1, generate

1, 525, 1

*Elset, elset=P-1, generate

1, 320, 1

*Nset, nset=P-2, generate

526, 800, 1

*Elset, elset=P-2, generate

321, 480, 1

*Elset, elset=_S-1_S6, generate

1, 317, 4

*Surface, type=ELEMENT, name=S-1

_S-1_S6, S6

*Elset, elset=_S-2_S5

357, 358, 359, 360, 397, 398, 399, 400, 437, 438, 439, 440, 477, 478, 479, 480

*Surface, type=ELEMENT, name=S-2

```
_S-2_S5, S5
*Elset, elset=_S-3_S3
321, 322, 323, 324, 361, 362, 363, 364, 401, 402, 403, 404, 441, 442,
443, 444
*Surface, type=ELEMENT, name=S-3
_S-3_S3, S3
** Constraint: Constraint-1
** P-1-1 实例与 P-2-1 实例间约束设置，与前面的设置完全一致。
*Tie, name=Constraint-1, adjust=yes
S-2, S-1
*********************************************************
** MATERIALS
** 材料截面设置，与前面的完全一致，不再赘述。
*Material, name=P-1
*Elastic
2e+10, 0.2
*Material, name=P-2
*Elastic
5e+10, 0.15
** BOUNDARY CONDITIONS
** 边界条件设置，与前面的设置表征完全一致。
** Name: B1 Type: Symmetry/Antisymmetry/Encastre
*Boundary
Boun, ENCASTRE
*********************************************************
** STEP: Step-1
** 分析步数据块设置，与前面的分析步数据块表征完全相同，不再赘述。
*Step, name=Step-1, nlgeom=NO
*Static
0.1, 1., 1e-05, 0.1
** LOADS
** Name: Load-1   Type: Pressure
*Dsload
S-3, P, 5e+07
** OUTPUT REQUESTS
*Restart, write, frequency=0
** FIELD OUTPUT: F-Output-1
*Output, field, frequency=2
*Node Output
```

```
CF, RF, U
*Element Output, directions=YES
ENER, LE, MVF, PE, S, PEEQ
**HISTORY OUTPUT: H-Output-1
*Output, history, frequency=2
*Energy Output
ALLAE, ALLCD, ALLDMD
*End Step
**分析步(Step)数据块结束。
```

****

1.9 常见警告信息与错误信息

ABAQUS 在模型检查(Data Check)和模拟分析(Analysis)过程中若发现模型的设置不合理或设置错误，会在 DAT 文件(.dat)、MSG 文件(.msg)或 LOG 文件(.log)中写入相应的警告信息(Warning Message)或错误信息(Error Message)。模型检查和模拟分析过程中一旦出现错误信息，模拟计算会自动停止。出现警告信息时，ABAQUS 会依据警告信息的类型和警告产生的影响进行修正和处理，若 ABAQUS 自身能够对警告信息所述的设置进行处理和修正，则模拟计算能够正常运行。若 ABAQUS 无法修正不合理设置，则会在 DAT 文件(.dat)或 MSG 文件(.nsg)中提示错误信息(Error Message)，模拟终止计算。

1.9.1 DAT 文件

DAT 文件(.dat)是 ABAQUS 软件在模型检查(Data Check)过程中形成的数据文件，DAT 文件(.dat)中的部分错误信息(Error Message)提示主要来源于 INP 输入文件修改过程中产生的错误，用户在 INP 输入文件修改过程中应该依据建模的要求和 INP 文件语法要求进行相应的设置与修改。DAT 文件中的警告信息往往是对模型不合理设置的提示。

1. 常见警告信息(Warning Message)

1) 自由度警告

(1) 模型自由度无效，边界条件设置将被自动忽略。

模型检查(Data check)过程中相关的警告信息(Warning Message)显示如下：

****

***WARNING: DEGREE OF FREEDOM 3 IS NOT ACTIVE ON NODE 1 INSTANCE PART-1-1. THIS BOUNDARY CONDITION IS IGNORED.

***WARNING: BOUNDARY CONDITIONS ARE SPECIFIED ON INACTIVE DOF OF 14 NODES. THE NODES HAVE BEEN IDENTIFIED IN NODE SET WARNNODEBCINACTIVEDOF.

****

上述警告信息产生的主要原因是边界条件设置节点区域上定义了耦合约束或绑定

约束等，定义的相关自由度设置将被忽略，从而不将警告中所显示的自由度设置赋予模型进行模拟计算。

(2) 模型不包含设置的自由度，因此无法被约束。

模型检查(Data check)过程中相关的警告信息(Warning Message)显示如下：

****

*** WARNING：DEGREE OF FREEDOM 8 IS NOT ACTIVE IN THIS MODEL AND CAN NOT BE RESTRAINED.

****

警告信息产生的主要原因可能是定义的自由度与模型不匹配，即使定义也无法起作用。例如，在上述警告信息中，若采用的是二维平面应变或三维实体应力模型，不考虑孔隙压力相关的流-固耦合作用，那么此时，即使定义了孔隙压力自由度8，模拟计算过程中也无法进行孔隙压力自由度约束。

2）初始场变量设置警告

同一初始场变量的设置区域重复设置，造成部分区域同类型的初始场变量具有两个或多个值，导致设置同类型初始场变量值不唯一。

模型检查(Data check)过程中相关的警告信息(Warning Message)显示如下：

****

*** WARNING：INITIAL CONDITIONS ARE NOT UNIQUELY DEFINED FOR NODE 1959. IF INITIAL CONDITIONS ARE ALL SPECIFIED EITHER ON NODE SETS OR ON NODE LABELS，THE LAST DEFINITION WILL BE USED. HOWEVER，IF INITIAL CONDITIONS ARE SPECIFIED ON BOTH NODE SETS AND NODE LABELS，THE VALUE SPECIFIED ON THE NODE SET WILL TAKE PRECEDENCE OVER THAT SPECIFIED ON THE NODE LABEL.

*** WARNING：INITIAL CONDITIONS ARE NOT UNIQUELY DEFINED FOR NODE 1960. IF INITIAL CONDITIONS ARE ALL SPECIFIED EITHER ON NODE SETS OR ON NODE LABELS，THE LAST DEFINITION WILL BE USED. HOWEVER，IF INITIAL CONDITIONS ARE SPECIFIED ON BOTH NODE SETS AND NODE LABELS，THE VALUE SPECIFIED ON THE NODE SET WILL TAKE PRECEDENCE OVER THAT SPECIFIED ON THE NODE LABEL.

*** WARNING：THE INITIAL CONDITIONS DEFINED ON 2 NODES ARE NOT UNIQUE. THE NODES HAVE BEEN IDENTIFIED IN NODE SET WARNNODEICDEF.

****

对于部分复杂模型，不同区域的同一个初始场变量值可能具有差异性，需要进行多次设置。在多次区域或集合选择过程中，选择的区域或集合可能具有节点或单元的重复，导致重复区域同类型的场变量重复设置，从而产生上述警告或类似的警告。

3）计算模型网格质量警告

在模型网格划分过程中，网格种子布置、网格种子数量不合理或模型过于复杂，导致模型划分的网格质量差。在模拟过程中，质量较差的网格可能造成网格单元扭曲变形大。

模型检查(Data check)过程中相关的警告信息(Warning Message)显示如下：

****

***WARNING: 105 ELEMENTS ARE DISTORTED. EITHER THE ISOPARAMETRIC ANGLES ARE OUT OF THE SUGGESTED LIMITS OR THE TRIANGULAR OR TETRAHEDRAL QUALITY MEASURE IS BAD. THE ELEMENTS HAVE BEEN IDENTIFIED IN ELEMENT SETWARNELEMDISTORTED.

****

对于部分复杂模型，网格质量差可能导致计算过程中部分网格单元变形太大。同时，模型的参数设置不合理，也可能导致模型网格的变形太大，从而导致无法进行下一步的分析和计算。

4）单元类型与输出结果参数不匹配

不同类型模型的计算结果既存在相同的变量参数，但同时也包含独有的、具有差异性的输出参数。因此，模型可能存在选取的单元类型、分析步类型等与计算结果输出参数不匹配问题，该类型警告信息不影响模型分析计算，模型会自动忽略。

模型检查(Data check)过程中相关的警告信息(Warning Message)显示如下：

****

***WARNING: OUTPUT REQUEST SDEG IS NOT AVAILABLE FOR THE MATERIAL FOR ELEMENT TYPE CPE4P.

****

2. 常见错误信息(Error Message)

DAT 文件(.dat)中的错误信息会直接导致模型检查无法通过，无法进入正式的模拟分析(Analysis)过程。计算模型必须依据错误信息进行相应的修改，然后重新提交计算分析。DAT 文件中所提示的错误信息可能是在利用 ABAQUS/CAE 模块进行模型构建的过程中产生的，也可能是在进行 INP 输入文件修改过程中产生的。整体来说，针对不同的错误信息，需要进行针对性的修改和完善。

1）材料属性设置错误

（1）材料截面属性赋值缺失。

该错误信息的产生主要有以下几个原因：一是部分单元未进行材料属性赋值，主要原因是材料属性赋值过程中部分单元或部件未进行材料赋值；二是关键词缺失，采用 INP 输入文件编写或修改过程中，没有“*Solid Section”“*Shell Section”“*Cohesive Section”等关键词，相应的材料并未进行材料赋值。材料属性赋值缺失产生的错误，会在 ODB 结果文件中形成相应的单元集合，方便用户进行修改。

模型检查(Data check)过程中，相关的错误信息(Error Message)显示：

****

***ERROR: 1050 ELEMENTS HAVE MISSING PROPERTY DEFINITIONS. THE ELEMENTS HAVE BEEN IDENTIFIED IN ELEMENT SET ERRELEMMISSINGSECTION.

****

材料截面属性赋值缺失，除了在 DAT 文件中有错误提示外，在 ODB 结果文件(.odb)中也会形成相应的缺失材料截面赋值的单元集合，用户可根据形成的单元集合显示进行材料截面属性赋值修改。

(2) 材料数据值设置错误。

材料数据值设置错误主要包括模型数据不合理或表征错误，模型数据不合理表示输入的模型数据值不在模型合理的范围内。

例如进行材料的弹性模量和泊松比数据设置时，若将泊松比的材料设置为 0.6，如下所示：

```
************************************************************
*Material, name=ROCK
*Elastic
2.2e+10, 0.6
************************************************************
```

模型检查(Data check)过程中，相关的错误信息(Error Message)显示如下：

```
************************************************************
***ERROR: AN INVALID POISSONS RATIO VALUE HAS BEEN SPECIFIED.
THE POISSONS RATIO MUST BE LESS THAN THE VALUE OF .5
************************************************************
```

对于常规的材料来说，材料的泊松比值一般小于 0.5。若常规模型的泊松比值超过 0.5，模型检查过程中会产生错误。该错误信息表示材料输入了无效的泊松比参数，主要原因是输入的材料的泊松比超过 0.5。

模型修改过程中，需要依据材料的泊松比参数进行设置，针对岩石材料，泊松比设置为 0.2 后，该错误信息就会消失。

```
************************************************************
*Material, name=ROCK
*Elastic
2.2e+10, 0.2
************************************************************
```

在 INP 输入文件编写过程中进行数据输入时，若模型数据的格式存在问题，模型检查过程中也会显示错误信息提示。

例如在下面进行弹性模量和泊松比参数输入过程中，材料 ROCK 的泊松比输入参数为(0.2.)，如下所示：

```
************************************************************
*Material, name=ROCK
*Elastic
2.2e+10, 0.2.
************************************************************
```

模型检查过程中，相关的错误信息显示如下：

```
************************************************************
***ERROR: INVALID FLOAT VALUE
LINE IMAGE: 2.2e+10, 0.2.
************************************************************
```

此错误表示 0. 2. 为无效的浮点数值，简单地说就是 0. 2. 不是合规的浮点数输入方式。

针对模型的泊松比参数进行如下修改，模型相关的错误信息就会消失。

****

*Material, name=ROCK

*Elastic

2. 2e+10, 0. 2

****

针对这种数据格式错误问题，ABAQUS/CAE 软件界面输入过程中一般会自动提示错误，提醒用户进行更正。该错误主要由 INP 输入文件(. inp)在修改或编制过程中产生。

(3) 模型截面属性与单元类型不匹配。

在 ABAQUS/CAE 模块模型构建或 INP 输入文件修改过程中，可能产生模型与材料截面属性不匹配的错误，例如构建二维压裂裂缝扩展模型，储层基质单元的材料截面属性一般为"*Solid Section"，若采用"*Shell Section"截面属性可能产生错误。

(4) 材料参数位置错误。

在 INP 输入文件编写或修改过程中，可能存在参数型关键词位置错误，位置错误会导致模型错误而无法运行计算。

例如，模型材料参数设置的单元弹性模量和泊松比的数据一般采用单独的关键词输入(*ELASTIC)，该关键词需单独成行，不能置入其他关键词或参数之后。若位置错误，将造成模型错误。若弹性模量和泊松比的关键词位置如下：

****

*Material, name=ROCK, Elastic

2. 2e+10, 0. 2

****

模型检查过程中，相关的错误信息显示如下：

****

***ERROR: UNKNOWN PARAMETER ELASTIC.

LINE IMAGE: *Material, name=ROCK, Elastic

****

该错误信息显示无法识别"ELASTIC"参数，弹性模量和泊松比值"2. 2e+10, 0. 2"同样无法识别，模型需要针对弹性模量设置进行修正。

修正后的关键词位置如下：

****

*Material, name=ROCK

*Elastic

2. 2e+10, 0. 2

****

2) 关键词编写错误

在 INP 输入文件编写或修改、ABAQUS/CAE 模块进行 Keyword 编辑过程中，非常容易犯关键词编写错误的毛病。关键词的编写错误可能是关键词单词拼写错误或部分关键词简写造成的错误。ABAQUS 部分关键词简写可能能够识别而不会提示错误信息，但是大部分关键词不能简写。

（1）关键词或参数拼写错误。

下面针对储层岩石渗透系数设置进行拼写错误简单讲解。实际渗透系数的关键词为“Permeability”，如果将关键词输成“Permebility ”，相关的渗透系数的设置如下所示：

```
****************************************************************
*Permebility, specific=9800
1.0e-7, 0.1
****************************************************************
```

模型检查过程中，相关的错误信息显示如下：

```
****************************************************************
***ERROR: UNKNOWN KEYWORD "PERMEBILITY". THE KEYWORD MAY BE MISSPELLED, OBSOLETE, OR INVALID.
****************************************************************
```

错误信息显示未知的“Permebility”关键词，可能是由于拼写错误、过时或无效造成的无法识别关键词。

模型针对渗透系数进行如下修改，将“Permebility”改成“Permeability”，正确的显示如下：

```
****************************************************************
*Permeability, specific=9800
1.0e-7, 0.1
****************************************************************
```

（2）关键词简写造成的错误。

ABAQUS 中的关键词部分简写能够识别，但是大部分简写可能无法识别，无法识别简写的关键词就可能在 DAT 文件(.dat)中提示错误信息。

下面针对单元类型定义的关键词采用简化编写，编写的关键词如下：

```
****************************************************************
*Elem, type=CPE4P
  1,   2120,   2121,   21026,   28400
  2,   2624,   21439,   21440,   2623
  3,   2620,   21447,   21448,   2619
  4,   2616,   21455,   21456,   2615
  5,   2614,   21459,   21460,   2613
  6,   2611,   21464,   22771,   2610
……………………
****************************************************************
```

模型检查过程中，相关的错误信息显示如下：

****

*** ERROR: AMBIGUOUS KEYWORD DEFINITION "ELEM".

****

该错误信息表示关键词“Elem”定义不明确，无法识别关键词。

针对上述错误，将单元关键词全拼输入(Element)，修改后相应的错误提示就会消失，修改的关键词如下：

****

```
*Element , type=CPE4P
 1,   2120,   2121,   21026,   28400
 2,   2624,   21439,   21440,   2623
 3,   2620,   21447,   21448,   2619
 4,   2616,   21455,   21456,   2615
 5,   2614,   21459,   21460,   2613
 6,   2611,   21464,   22771,   2610
........................
```

****

(3) 关键词位置错误。

有些关键词有特定的顺序，如果位置错误可能导致模拟计算出现错误信息。

例如下面的模型进行地应力平衡的分析步设定，如果将“ *Geostatic”关键词置于“ *step, nlgeom=yes, unsymm=yes”之前，如下所示：

****

```
** STEP: Step-1
*Geostatic
*step, nlgeom=yes, unsymm=yes
```

****

模型检查过程中，相关的错误信息显示如下：

****

*** ERROR: IN KEYWORD *GEOSTATIC, FILE "5CU-1. INP", LINE 209313: THE KEYWORD IS MISPLACED. IT CAN BE SUBOPTION FOR THE FOLLOWING KEYWORD(S)/LEVEL(S): STEP

****

该错误信息显示关键词“ *GEOSTATIC”位置错误，该关键词是 STEP 关键词的子项。

在模拟过程中，模拟分析步类型必须置于“ *step”关键词之后，真正的关键词的位置顺序如下：

****

```
** STEP: Step-1
*step, nlgeom=yes, unsymm=yes
*Geostatic
```

```
**************************************************************
```

在有些材料参数设置过程中，部分关键词的位置和顺序可以随便调换。例如如下针对 Cohesive 单元的材料参数设置，关键词“＊Material，name=N-FRACTURE”后面的相关材料参数的关键词和数据行可以进行相应的调整，调整过程中每一项关键词后面的数据行都要一起改变顺序。

```
**************************************************************
*Material, name=N-FRACTURE
*Elastic, type=TRACTION
1.2e+13, 1.2e+13, 1.2e+13
*Density
2600.,
*Damage Initiation, criterion=QUADS
0.5E6, 18.0e+6, 18.0e+6
*Damage Evolution, type=ENERGY, mixed mode behavior=BK, power=2.284
15, 80., 80.
*FluidLeakoff
5.0e-12, 5.0e-12
*Gap Flow
5.0e-5,
**************************************************************
```

上面的相应的材料参数可调整成下面的设置，ABAQUS/Standard 能够进行关键词和参数识别，并不会出错，也不会造成模型材料参数的变化。

```
**************************************************************
*Material, name=N-FRACTURE
*Damage Initiation, criterion=QUADS
0.5E6, 18.0e+6, 18.0e+6
*Damage Evolution, type=ENERGY, mixed mode behavior=BK, power=2.284
15, 80., 80.
*Density
2600.,
*Elastic, type=TRACTION
1.2e+13, 1.2e+13, 1.2e+13
*FluidLeakoff
5.0e-12, 5.0e-12
*Gap Flow
5.0e-5,
**************************************************************
```

（4）关键词前没有“＊”。

关键词前面如果没有“＊”，ABAQUS 会忽略缺失“＊”号的语句，且不会给出提示。

下面的例子关键词“Permeability”前无“＊”，相关的参数输入如下：

＊＊＊

＊Material，name=ROCK

＊Elastic

2.2e+10，0.2

Permeability，specific=9800

5.0e-7，0.1

＊＊＊

模型检查过程中，相关的错误信息显示如下：

＊＊＊

＊＊＊ERROR：IN KEYWORD ＊ELASTIC，FILE "5CU-1.INP"，LINE 209272：ODBERROR：TABULAR DATA FOR AT LEAST ONE OPTION OR SUBOPTION HAS EITHER BLANK OR ZERO VALUED ROW(S).

＊＊＊NOTE：DUE TO AN INPUT ERROR THE ANALYSIS PRE-PROCESSOR HAS BEEN UNABLE TO INTERPRET SOME DATA. SUBSEQUENT ERRORS MAY BE CAUSED BY THIS OMISSION.

＊＊＊ERROR：MATERIAL OPTIONS USING DISTRIBUTIONS CAN ONLY HAVE A SINGLE DATA LINE.

＊＊＊

错误信息提示显示关键词“Permeability”前面缺失“＊”，ABAQUS 会忽略“Permeability，specific=9800”语句，后面的“1.0e-7，0.1”数据行会认为是“＊Elastic”关键词的数据行，分析过程中会产生错误信息。

修改后的模型如下显示：

＊＊＊

＊Material，name=ROCK

＊Elastic

2.2e+10，0.2

＊Permeability，specific=9800

5.0e-7，0.1

＊＊＊

（5）关键词参数错误。

不同关键词的参数有其特定的意义，关键词参数必须与关键词相对应。

下面针对弹性模量的关键词参数进行的设置，“type=TRACTION”设置于关键词“＊Elastic”后面，但是“type=TRACTION”主要针对 Cohesive 粘结单元设置。该材料的设置主要是实体单元的材料，若参数类型输入错误，模型计算过程中同样会出现错误信息。

＊＊＊

＊Material，name=ROCK

*Elastic, type=TRACTION

2.2e+10, 0.2

****

模型检查过程中，相关的错误信息显示如下：

****

*** ERROR: *ELASTIC, TYPE = TRACTION CANNOT BE USED WITH ELEMENT 1. IT CAN BE USED ONLY WITH COHESIVE ELEMENTS.

***NOTE: DUE TO AN INPUT ERROR THE ANALYSIS PRE-PROCESSOR HAS BEEN UNABLE TO INTERPRET SOME DATA. SUBSEQUENT ERRORS MAY BE CAUSED BY THIS OMISSION.

****

错误信息显示“*ELASTIC, TYPE=TRACTION”不适用于选择的单元，只能用于 Cohesive 粘结单元。

针对模型进行如下修改，模型相应的错误提示信息消失。

****

*Material, name=ROCK

***Elastic**

2.2e+10, 0.2

****

(6) 关键词与参数间缺“,”。

关键词和参数间、数据与数据间需要用“,”隔开，若缺乏“,”，即使中间存在空格，ABAQUS 会认为关键词后面参数为关键词，或将不同数据识别为一个数据，从而产生错误。

下面所示的是定义材料的渗透系数，定义渗透系数需要定义重力参数，渗透系数关键词与重力参数间需要用“,”分隔，若没有“,”分隔，输入如下：

****

***Permeability specific=9800**

5.0e-7, 0.1

****

模型检查过程中，相关的错误信息显示如下：

****

***ERROR: Unknown keyword "permeabilityspecific=9800". The keyword may be misspelled, obsolete, or invalid.

***NOTE: DUE TO AN INPUT ERROR THE ANALYSIS PRE-PROCESSOR HAS BEEN UNABLE TO INTERPRET SOME DATA. SUBSEQUENT ERRORS MAY BE CAUSED BY THIS OMISSION.

****

在模型检查过程中，ABAQUS 会认为“Permeability specific”为一个关键词“Permeabilityspecific”，从而造成关键词拼写、过时或无效的错误。

针对该错误，进行如下修改，相应的错误就会消失。

****

```
*Permeability, specific=9800
1.0e-7, 0.1
```

****

3）网格质量引发的错误

模型的网格质量对计算结果精度具有重要影响，当模型网格质量较差时，模型计算过程中可能造成错误。

常见的网格质量问题引起的错误信息如下：

****

*** ERROR: THE VOLUME OF 2 ELEMENTS IS ZERO, SMALL, OR NEGATIVE. CHECK COORDINATES OR NODE NUMBERING, OR MODIFY THE MESH SEED. IN THE CASE OF A TETRAHEDRON THIS ERROR MAY INDICATE THAT ALL NODES ARE LOCATED VERY NEARLY IN A PLANE. THE ELEMENTS HAVE BEEN IDENTIFIED IN ELEMENT SET ERRELEMVOLSMALLNEGZERO.

****

模型的错误信息表示单元网格体积为零、很小或为负值，建议检查节点坐标或修改网格单元种子。产生的原因可能有以下几个方面：用户在编写 INP 输入文件过程中产生单元的节点编号顺序错误，无法形成正确的单元；网格划分存在问题，利用 ABAQUS/CAE 或其他软件进行网格划分时，部分区域网格质量差；计算过程中单元节点坐标位置改变影响网格质量，例如 Interaction 约束过程中采用接触或绑定时造成的面单元节点坐标变化。

4）初始场变量设置错误

进行岩土方面的数值模拟时，常需要定义初始孔隙比、初始饱和度、初始地应力、初始孔隙压力和初始地应力等场变量。在初始场变量设置过程中，有些场变量采用节点集合设置，有些场变量采用单元集合设置。在采用 INP 输入文件进行初始场变量设置过程中，集合类型的选择错误也会产生错误信息。

例如下面的 INP 输入文件场变量设置时，针对孔隙比、孔隙压力、饱和度设置选取的集合为节点集合，针对初始应力设置采用的是单元集合。若进行孔隙压力设置时，错误地选择了单元集合“ROCK-ELE”，错误设置如下：

****

```
*Initial Conditions, TYPE=RATIO
ROCK-NODE, 0.1
*Initial Conditions, TYPE=PORE PRESSURE
ROCK-ELE, 30e6
MID, 30e6
*initial conditions, type=saturation
ROCK-NODE, 1
*Initial Conditions, type=STRESS
```

ROCK-ELE, -35.0e+06, -30.0e6

****

模型检查过程中，相关的错误信息显示如下：

****

*** ERROR: AN INITIAL CONDITION HAS BEEN SPECIFIED ON NODE SET ROCK-ELE. THIS NODE SET IS NOT ACTIVE IN THE MODEL.

LINE IMAGE: ROCK-ELE, 30e6

*** NOTE: DUE TO AN INPUT ERROR THE ANALYSIS PRE-PROCESSOR HAS BEEN UNABLE TO NTERPRET SOME DATA. SUBSEQUENT ERRORS MAY BE CAUSED BY THIS OMISSION

****

上面的错误显示初始条件已经在节点集合“ROCK-ELE”上指定，但是模型中的节点集不活跃，其实是不存在。同时，上面的错误向用户指明了错误的位置。

针对上面的错误，将“ROCK-ELE”修改为“ROCK-NODE”后，模型的错误就会消失。

****

*Initial Conditions, TYPE=RATIO

ROCK-NODE, 0.1

*Initial Conditions, TYPE=PORE PRESSURE

<u>**ROCK-NODE,**</u> **30e6**

MID, 30e6

*initial conditions, type=saturation

ROCK-NODE, 1

*Initial Conditions, type=STRESS

ROCK-ELE, -35.0e+06, -30.0e6

****

用于进行初始场变量设置时，需要了解每个场变量使用的集合类型。

5）其他错误

（1）节点或单元集合不存在。

在进行INP输入文件设置时，如果需要选取单元集合或节点集合，相应的集合需要在INP输入文件中提前定义。若没有提前定义，模拟分析过程中就会出现错误信息。

下面显示的错误为进行载荷定义时，选取的节点集合不存在引起的错误。

****

*** ERROR: IN KEYWORD *CLOAD, FILE C-1.INP, LINE 14565: UNKNOWN ASSEMBLY NODE SET C-NODE.

****

在ABAQUS/CAE中或利用INP输入文件进行模型参数设置时，经常需要使用到集合，为了减少由于集合设置引起的错误，用户在进行参数设置前，应提前做好相应的集合设置，这样可提升参数设置的效率，减少错误的产生。

(2) 存在空行。

INP 文件修改过程中，容易形成空行，空行的存在也会造成错误。

例如弹性模量数据输入后形成了空行。

```
*****************************************************************
*Material, name=ROCK
*Elastic
2.2e+10, 0.2

*Permeability, specific=9800
1.0e-7, 0.1
*****************************************************************
```

模型检测过程中，相关的错误信息显示如下：

```
*****************************************************************
***ERROR: THE INDEPENDENT VARIABLES MUST BE ARRANGED IN ASCENDING ORDER. THIS ERROR MAY HAVE BEEN CAUSED BY A POSSIBLE EMPTY LINE ON THE DATACARDS IN THE PROPERTY DEFINITION.
LINE IMAGE: *** ERROR: MODULUS OF ELASTICITY MAY NOT BE ZERO FOR ISOTROPIC ELASTICITY
*****************************************************************
```

ABAQUS 会认为空行为“*Elastic”关键词的数据行，由于空行没有数据，同时数据格式也无法与弹性模量数据对应，因此模型检查过程中会提示数据行错误。

INP 输入文件修改只要删掉空行，由模型空行造成的错误就会消失。

```
*****************************************************************
*Material, name=ROCK
*Elastic
2.2e+10, 0.2
*Permeability, specific=9800
1.0e-7, 0.1
*****************************************************************
```

(3) 磁盘空间不足。

在模型的计算过程中，若计算电脑工作目录所在的磁盘存储空间不足，导致模拟计算结果就无法保存，计算过程中会提示错误信息，然后终止计算。

模拟过程中相应的错误信息提示如下：

```
*****************************************************************
***ERROR: UNABLE TO COMPLETE FILE WRITE. CHECK THATSUFFICIENT DISK SPACE IS AVAILABLE. FILE IN USE AT FAILURE IS HYDRAULIC-INJECT.STT.
或者
***ERROR: SEQUENTIAL I/O ERROR ON UNIT 23, OUT OF DISK SPACE OR DISK QUOTA EXCEEDED.
*****************************************************************
```

1.9.2 MSG文件

模型在模拟计算(Analysis)过程中，如果模型存在问题，则会在ABAQUS的MSG文件(.msg)中显示警告或错误信息，部分警告信息可能导致模型不收敛。

主要的警告信息和错误信息说明如下：

1. 数值奇异(Numerical Singularity)

出现数值奇异警告时，最常见的原因是模型中出现了不确定的刚体位移，意思为不确定的或无限大的刚体位移。在常规静态分析过程中，必须对模型的所有部件都定义足够的约束条件，保证节点不会出现平动或/和转动的不确定的刚体位移。动态分析过程中不要求约束刚体位移。同时，若模型出现过约束，MSG文件中也可能产生数值奇异的警告信息。

模型出现数值奇异时，一般的警告信息如下所示：

```
**********************************************************************
***WARNING: SOLVER PROBLEM. NUMERICAL SINGULARITY WHEN PROCESSING NODEXX D.O.F. 2 RATIO = 1.39199E+014.
***WARNING: SOLVER PROBLEM. NUMERICAL SINGULARITY WHEN PROCESSING NODE XX D.O.F. 3 RATIO = 4.56354E+014.
**********************************************************************
```

对于三维模型，每个节点都有3个平动自由度和3个转动自由度；对于二维模型，模型的每个节点有2个平动自由度和1个转动自由度。在模型分析过程中，必须保证每个节点所有的平动和转动自由度上都有足够的约束，避免出现不确定的刚体位移，否则会在MSG文件上出现数值奇异的警告信息。这些警告信息可能导致模型不收敛，即使收敛，模拟的结果也可能不准确。

出现了刚体位移时，应仔细检查模型的边界条件、约束和接触等是否约束每个实例的刚体平移和转动。如果利用接触或摩擦进行刚体位移约束，可以在接触设置过程中设置微小的过盈量，以保证在分析过程中快速建立接触关系，另外还可以施加临时边界条件用于模拟分析。

2. 零主元(Zero Pivot)和过约束(Overconstraint Checks)

零主元常常意味着模型过约束，对一些常见的过约束，ABAQUS会自动去除不需要的约束条件。该类型警告信息一般不会出现于DAT文件(.dat)中，主要出现于MSG文件(.msg)中。当模型中出现过约束且无法解决过约束问题时，MSG文件中就会出现零主元和过约束警告信息。如果模型存在过约束问题，分析过程中会在ODB结果文件(.odb)中创建一个过约束的点集合，打开结果文件可以观察出现过约束的节点位置。

常见的零主元警告和过约束的警告信息提示如下：

```
**********************************************************************
***WARNING: SOLVER PROBLEM. ZERO PIVOT WHEN PROCESSING NODE 80 INSTANCE PART-1-1 D.O.F. 1.
***WARNING: SOLVER PROBLEM. ZERO PIVOT WHEN PROCESSING
```

D. O. F. 2 OF 9 NODES. THE NODES HAVE BEEN IDENTIFIED IN NODE SET WARN-NODESOLVPROBZEROPIV_2_1_1_1_1.

* * * WARNING: SOLVER PROBLEM. ZERO PIVOT WHEN PROCESSING D. O. F. 3 OF 40 NODES. THE NODES HAVE BEEN IDENTIFIED IN NODE SET WARN-NODESOLVPROBZEROPIV_3_1_1_1_1.

*** WARNING: OVER CONSTRAINT CHECKS: NODE 33848 INSTANCE AR-1 IS A DEPENDENT NODE IN A *TIE OPTION. BOTH NODE 33848 INSTANCE AR-1 AND ITS ASSOCIATED *TIE INDEPENDENT NODES ARE ALSO PART OF A SLAVE SURFACE IN A CONTACT INTERACTION. IF ALL THESE NODES ARE IN CONTACT DURING THE ANALYSIS AN OVERCONSTRAINT WILL OCCUR. IN THAT CASE, THE CONTACT CONSTRAINTS AT NODE 33848 INSTANCE AR-1 WILL NOT BE ENFORCED.

****

3. 负特征值(Negative Eigenvalue)

模型模拟过程中出现的负特征值主要是由刚体位移、单元异常、材料异常特性等造成的，出现负特征值不一定意味着模型有错误，只要此警告不是出现在增量步的最后一次迭代，模拟结果就没有问题。在模拟分析过程中，模型需要多次迭代才能收敛时，随着迭代的进行，模型中的负特征值数量可能逐步减少直至收敛。

常见的负特征值的警告信息如下所示：

****

*** WARNING: THE SYSTEM MATRIX HAS 7 NEGATIVE EIGENVALUES.

EXPLANATIONS ARE SUGGESTED AFTER THE FIRST OCCURRENCE OF THIS MESSAGE.

* * * WARNING: THE SYSTEM MATRIX HAS 5 NEGATIVE EIGENVALUES. EXPLANATIONS ARE SUGGESTED AFTER THE FIRST OCCURRENCE OF THIS MESSAGE.

*** WARNING: THE SYSTEM MATRIX HAS 2 NEGATIVE EIGENVALUES.

EXPLANATIONS ARE SUGGESTED AFTER THE FIRST OCCURRENCE OF THIS MESSAGE.

****

4. 模型不收敛

对于计算模型不收敛，MSG 文件(. msg)中会出现以下错误信息：

****

*** ERROR: TOO MANY ATTEMPTS MADE FOR THIS INCREMENT; ANALYSIS TERMINATED.

或

* * * ERROR: TIME INCREMENT REQUIRED IS LESS THAN THE MINIMUM SPECIFIED.

或

*** ERROR: TOO MANY INCREMENTS NEEDED TO COMPLETE THE STEP.

****

不收敛错误提示只是简单地说明模型无法收敛，并没有说明具体原因。出现上述的不收敛错误提示，可针对性地进行最小时间步增量、迭代次数等设置，对于部分模型有一定的效果，但是针对大部分模型，出现此类型的错误表明模型具有一定的设置问题，需要认真检查模型的材料参数、边界条件、约束等，确保模型设置的正确性。

1.10 ABAQUS 帮助指南

ABAQUS 软件拥有详细的帮助文档，帮助文档有本地安装版本和网络在线版本，其中本地安装版本包括 HTML 网页版本和 PDF 版本。HTML 网页版本能够方便地搜索和查看相关的内容，为用户的主要使用版本。

ABAQUS 2016 版本之后软件名称更改为 DS SIMULIA Suite 软件系列，相应的帮助文档的界面改变较大。图 1-3 为 ABAQUS 2016 的帮助文档界面，帮助文档界面只有 ABAQUS 软件部分的帮助文档。2016 之后软件版本改动较大，新增了 FE-SAFE、TOSAC FLUID 等功能模块，相应的帮助文档的界面变化较大，图 1-4 为 DS SIMULIA Suite 2018 版本的帮助文档。

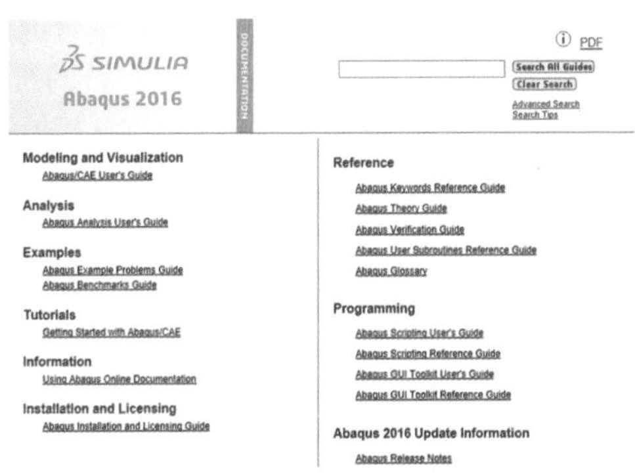

图 1-3 ABAQUS 2016 帮助指南向导页

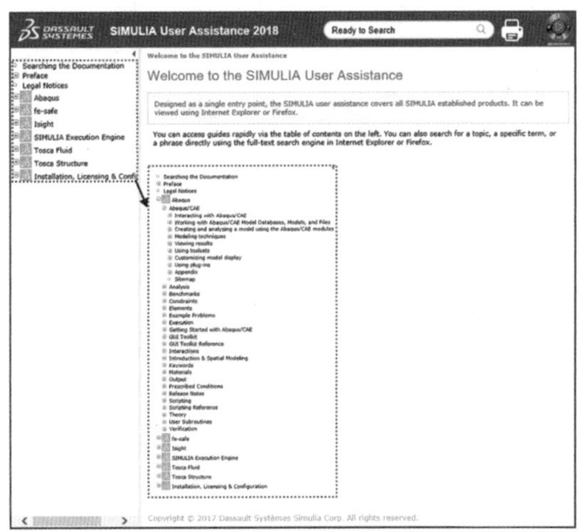

图 1-4 DS SIMULIA Suite 2018 帮助文档向导页

ABAQUS 软件的帮助文档主要包括 ABAQUS/CAE 用户指南(Abaqus/CAE User's Guide)、ABAQUS 分析用户指南(Abaqus Analysis User's Guide)、ABAQUS 工程实例指南(Abaqus Example Problems Guide)、ABAQUS 基准校正指南(Abaqus Benchmarks Guide)、ABAQUS 关键词参考指南(Abaqus Keywords Reference Guide)、ABAQUS 理论指南(Abaqus Theory Guide)、ABAQUS 验证指南(Abaqus Verification Guide)、ABAQUS 用户子程序参考指南(Abaqus User Subroutines Reference Guide)、ABAQUS 术语指南(Abaqus Glossary)、ABAQUS 脚本用户指南(Abaqus Scripting User's Guide)、ABAQUS 脚本参考指南(Abaqus Scripting Reference Guide)、ABAQUS 工具箱用户指南(Abaqus GUI Toolkit User's Guide)、ABAQUS 工具箱参考指南(Abaqus GUI Toolkit Reference Guide)、ABAQUS 接口用户指南(Abaqus Interface for Moldflow User's Guide)等部分。2016 版本后软件帮助文档界面构成略有变化，但整体构成基本类似。

1.11 ABAQUS 在压裂改造中的应用

水力压裂改造主要通过压裂车组将压裂液和支撑剂经过压裂管柱和井筒(包括套管完井井筒或裸眼完井井筒)注入井底，具有一定黏度的压裂液流体在井底憋压形成高流体压力，当井底的流体压力超过储层最小主应力和岩石的抗拉强度时，地层岩石产生破裂并形成压裂裂缝。随着压裂液流体持续不断地注入，压裂裂缝不断沿高度方向和长度方向扩展延伸，最终形成一定改造范围的压裂裂缝。

钻完井设计过程中一般需要考虑套管和井口的承压能力，综合储层应力、岩性和深度等优选套管类型，同时套管的优选还需要考虑射孔对套管的影响。在压裂改造过程中，压裂起裂压力和延伸压力可为压裂施工设备选择、压裂材料优化和施工参数优化提供参考。压裂裂缝延伸形态决定了压裂改造效果，同时压裂起裂与延伸还与地应力特征和岩性相关。压裂改造需要重点考虑储层岩性变化规律和地应力特征，评价压裂起裂和裂缝扩展情况。对于压裂改造来说，压裂井型、射孔参数、岩石力学特征、孔隙压力、储层物性、施工参数等压裂起裂和裂缝扩展具有重要影响。

下面简要介绍一下 ABAQUS 软件在水力压裂研究过程中的主要应用。

1.11.1 岩石力学实验模拟

油气储层的岩石力学特征为储层岩石的基本性质，不同类型储层岩石力学差异性大。压裂改造过程中常用的岩石力学参数主要包括弹性模量、泊松比、抗拉强度、断裂韧性、剪切强度等，岩石力学特征对压裂起裂和裂缝形态的影响非常重要。

常规的岩石力学参数主要由室内实验测试或测井解释获得，利用不同的室内实验可获取储隔层不同类型的岩石力学参数，但储隔层岩石受沉积和构造的影响，岩石试件中可能包含溶洞、天然裂缝和层理等缺陷，利用实验测试很难定量描述天然裂缝等缺陷对弹性模量、抗压强度等岩石力学参数的影响。岩石力学实验测试需要进行实验试件准备、实验测试和模拟结果的处理分析，整体耗时长、成本高，同时岩石力学实验过程中会造成岩石力学试件破坏，实验结果的可重复性差。因此，国内外针对岩石力学实验测试进行了不同类型的数值模型构建，主要的数值模拟方法包括常规有限元法、扩展有限元法、颗粒元法等，数值模型的优势在于：模拟条件、材料参数可适时调整，相关的天然裂缝和层理分布角度、尺度和力学参数可根据需要进行设置，可定量分析天然裂缝等缺陷对岩石力学性能的影响。

ABAQUS 软件自身具有多种类型的岩土本构模型，包括扩展的 Drucker-Prager 本构模型、Mohr-Coulomb 本构模型等。除了自身的本构模型外，ABAQUS 具有材料本构方面的用户子程序接口，用户可根据需要编制与岩土方面相关的材料本构程序嵌入 ABAQUS 软件进行模拟分析。用户可选择或编制相应的材料本构模型，结合 Cohesive 粘结单元或扩展有限元模拟方法，依据岩石力学实验流程，进行岩石力学实验数值模拟分析。模拟输出相关的位移、反作用力、应力等场变量结果参数或历程结果参数，可进行弹性模量、泊松比、抗压强度、抗拉强度等力学参数的计算，同时利用数值模拟可方便地观测岩石力学实验过程中的试件破坏过程、破坏区域和破坏类型。利用模型可模拟单轴/三轴压缩测试、巴西劈裂测试、断裂韧性测试、剪切强度测试等实验类型，获取不同类型的岩石力学参数。同时可模拟天然裂缝、层理或溶洞等缺陷对力学性能的影响，定量分析其力学特征变化规律，降低不可控的岩石内部缺陷的影响。

1.11.2 地应力场反演

在水力压裂改造过程中，近井筒周围的地应力方位和大小对压裂裂缝起裂位置与起裂压力具有重要影响。井筒中远端储层的地应力大小和方向往往决定了压裂裂缝扩展方向以及复杂网状裂缝能否形成，对于压裂改造范围和改造效果的影响不可忽视。储层地应力特征主要包括现今初始地应力特征、钻井和压裂以及开发过程中的地应力变化规律，采用数值模拟方法可方便地进行各个阶段的地应力特征模拟和分析。地应力反演主要包括初始地应力反演和压裂开发过程中的地应力场反演。

1. *初始地应力场反演*

初始地应力场反演主要研究现今地应力的区域变化情况，分析现今构造条件和储层岩石力学特征条件下的地应力变化规律。现今地应力场的研究对于分析构造运动、储隔层区域分布和岩石力学特征对地应力场的影响具有重要意义。同时，现今地应力场的研究还可用于天然裂缝的分布预测。初始地应力场反演通常采用有限元多元线性回归方法，主要依据储层的构造特征和属性特征，建立与储层特征相近或相似的几何模型，利用模型内部局部控制点应力，通过多元线性回归方式来确定模型的位移或应力边界条件值；确定边界条件后，进行模型整体地应力计算，确定模型的区域地应力分布特征。利用地应力反演方法可确定区域地应力分布特征，获取研究区域的地应力值和地应力方向，同时可分析构造变化、天然裂缝、断层和构造运动等对初始地应力分布的影响。

通过采用有限元方法进行储层初始地应力场反演计算，整体的反演分析逻辑性强、理论依据充分，为常用的地应力场反演方法之一。地应力场反演方法获得的地应力场分布和地应力值可为后期钻井、压裂和开发过程中的地应力变化提供基础参考。

初始地应力场反演的主要流程包括目标区域储隔层岩石力学性质确定、单点目标井地应力确定、几何模型构建、不同边界条件工况条件下模拟计算、回归系数确定、结果分析等步骤。ABAQUS 进行初始地应力场反演与常规的地应力场反演流程完全一致。

2. 压裂过程中地应力模拟

压裂改造过程中随着大量压裂液流体和固体支撑剂的注入，压裂层位岩石被泵注的压裂液致裂形成压裂裂缝。在压裂裂缝起裂和扩展过程中，压裂裂缝周围岩石的地应力和孔隙压力发生明显的变化，地应力方向可能发生转变。同时，形成的压裂裂缝造成了目标层位岩石的不连续，地应力状态可能形成大幅度的转变。压裂后支撑剂堆积于压裂裂缝中，支撑剂的存在也会对裂缝面的应力状态产生重要影响。

随着水平井大规模多簇压裂改造方式的应用，压裂改造过程中近井筒和压裂裂缝周围的地应力状态复杂多变，加上天然裂缝或层理等因素的影响，对于压裂改造引起的地应力变化规律研究，常规的解析方法预测难度大。采用有限元数值模拟方法，构建压裂改造过程的有限元模型，可适时模拟压裂改造过程中液体注入、裂缝起裂与扩展、支撑剂嵌入等对裂缝周围的地应力状态的影响。

ABAQUS 模拟压裂过程中的地应力变化规律，可采用裂缝扩展模型进行模拟，同时也可采用适时改变裂缝波及区域的力学性能进行地应力模拟，模拟压裂液注入和裂缝扩展过程中储层的地应力场变化规律特征。

3. 开发过程中的地应力分析

在油气井开发过程中，油气井需要采出大量的油气或水，流体的采出导致储层内部的孔隙压力下降，孔隙压力下降导致地层有效应力上升，可能导致地应力方向发生改变。开发过程中大量的油气井同时开发且各井的采出程度具有一定的差异性，导致区域的地应力变化具有一定的差异性。

开发区块进行井网开发过程中，具有不同的井网类型，井网包括采出井和注水井，存在区域性的流体采出和注入。在流体的采出和注入过程中，不同井周边区域储隔层的地应力变化规律与采出程度、流体流动优势区域和注入井的注入量等相关。利用有限元数值模拟方法进行开发过程中不同井的采出和注入过程中的应力场模拟研究，可明确油气井采出、注水井注入等对区块区域地应力的影响，研究成果可为区域油气井井网布置、井网加密和二次改造开发等提供理论依据。

采用 ABAQUS 软件，构建包含注采井网的地应力模拟模型，可研究多井注入采出对孔隙压力和有效应力的影响，研究不同井网、井距和注采量条件下的地应力变化情况。模拟过程中可采用线弹性或弹塑性模型模拟注采过程中储层弹塑性变形特征，分析储层的位移变化规律。

在采用 ABAQUS 进行地应力场研究特别是三维初始地应力场研究时，几何模型的构建是地应力场模拟的难点。ABAQUS 现有的建模功能无法构建复杂的地质模型，用户需要通过第三方软件来进行地质模型的构建，几何地质模型构建完成后，可利用第三方软件或 ABAQUS 软件进行网格划分。若采用第三方软件进行地质模型网格划分，需要将划分好的网格转变成 ABAQUS 能够识别的网格文件，以保证网格模型能够导入 ABAQUS 软件。

1.11.3 套管损伤模拟

钻井与压裂改造都需要进行套管强度校核，优选适合储层和压裂改造工艺需求的套管类型，防止钻井、压裂改造和开发过程中发生套管变形损伤，影响压裂与开发施工。虽然下入套管前会对套管强度进行分析，选择满足强度要求的套管类型，但是在实际施工与开发过程中，由于储层地应力、射孔、液体腐蚀和储层岩石错位滑动等因素的影响，套管可能产生大幅度变形损伤，从而影响施工和开发。套管的变形损伤的影响因素主要包括地质因素、工程因素、腐蚀因素和井身结构等，多种因素导致局部套管变形量超过套管的极限值，导致套管发生损伤。

1. 压裂过程中套管强度校核

在套管射孔完井压裂过程中，套管强度是压裂改造需要关注的参数之一。套管射孔后孔眼处会发生应力集中，对套管强度具有一定程度的影响。在压裂施工过程中，套管的受力主要包括外部储层和水泥环的地应力、套管内的流体压力等。不同位置的受力特征除了受到储层应力和流体压力的影响外，还与套管的几何尺寸、射孔等相关，导致套管不同位置的应力存在差异性。

采用 ABAQUS 软件进行套管强度校核模拟，可方便地模拟不同的地层条件、压裂流体压力、射孔参数、套管参数等条件下的套管应力特征。根据套管不同位置的 Mises 应力特征可进行套管强度校核分析。

套管强度校核对于优选套管钢级以及套管尺寸、优化射孔参数等具有一定的指导作用。套管强度校核可结合实验测试进行多因素分析，尽可能考虑可能引起套管损坏的因素，研究结果更加准确与可靠。

2. 开发过程中的套管强度分析

在油气井开发过程中，套管损坏现象相对较普遍，套管的损坏对于油气井开发和井下设备检修具有非常大的影响。在油气井开发过程中，由于区块进行注水或油气采出，地应力特征复杂多变，套管周围的地应力变化可能导致套管损坏。开发过程中的套管强度分析需要综合考虑套管强度、储层地质特征和地应力特征，以及套管结垢等对套管强度的影响。

采用 ABAQUS 软件进行开发过程中的套管强度分析时，除了采用线弹性本构模型外，还可采用 Drucker-Prager 本构模型、Mohr-Coulomb 本构模型，研究塑性变形对套管强度的影响。模型还可建立断层、天然裂缝或胶结弱面等特征，模拟开发过程中断层、天然裂缝或胶结弱面滑移等对套管强度的影响。

3. 储层蠕变或错动套管损坏分析

蠕变一般发生在泥页岩储层，泥页岩遇水后吸水软化，岩石的胶结强度逐步降低甚至消失，同时泥页岩吸水后发生体积膨胀，泥页岩体积膨胀对套管产生额外的外挤作用，从而使套管产生大变形或错断。部分油气储层的上部或下部隔层存在盐膏层，盐膏层极易发生蠕变变形，蠕变变形对套管产生挤压作用从而挤毁套管。部分储层层位岩石间存在胶结弱面，在压裂或开发过程中，胶结弱面受应力变化、地层构造运动或地震作用的影响，胶结弱面可能发生滑移错动，相应的胶结弱面位置的套管可能发生错动变形而产生套损。

ABAQUS 具有各种类型的岩石本构模型，可模拟岩石水化强度变化、岩石蠕变作用，同时结合相应的载荷作用，可模拟油气井储层岩石蠕变、层位错动作用对套管变形的影响，明确套管变形或损坏的机理。

1.11.4 压裂起裂模拟

油气井压裂改造包括裸眼完井压裂、直井射孔压裂和水平井多段分簇压裂等多种完井方式，不同的完井方式压裂过程中起裂方式和起裂压力差异性较大。压裂起裂研究主要包括室内实验测试和数值模拟方法，利用大尺度真三轴裂缝扩展实验测试可研究不同完井方式、射孔方式、射孔参数和井型条件下的起裂压力和起裂位置，但采用实验方法成本高、实验时间长、实验结果易受岩石试件的非均质性影响。室内实验采用的试件尺度较小，无法过多地考虑射孔孔眼，实验结果与现场施工具有一定差异性。采用实验方法无法考虑储层孔隙压力作用，无法研究储层孔隙压力对起裂压力和起裂位置的影响，同时采用实验方法无法准确地确定起裂点位置。

数值模拟方法是研究水力压裂起裂的重要补充，采用数值模拟方法，能够方便考虑各种完井方式、钻井井型、射孔参数和天然裂缝等条件，能够更加真实地模拟储层和施工条件下的起裂过程，分析起裂压力和起裂位置变化规律。采用数值模拟方法，研究成本相对较低、模拟计算速度快，能够考虑天然裂缝、孔隙压力等对起裂压力和起裂位置的影响。

ABAQUS 软件可考虑套管、水泥环、储隔层、射孔等几何因素，构建不同完井方式、射孔参数和井型条件的流-固耦合作用的压裂起裂模型，可研究的因素包括完井方式(裸眼或射孔)、地应力、孔隙压力、岩石力学特征、射孔参数(相位角、方位角、射孔孔径、射孔深度、射孔孔数、射孔簇数、射孔簇间距)、天然裂缝等。同时，储层本构模型除了采用线弹性模型外，还可采用 Drucker-Prager 本构模型、Mohr-Coulomb 本构模型，研究起裂过程中近井筒附近的储层岩石塑性变形情况。

1.11.5 压裂裂缝扩展模拟

压裂过程中储层岩石发生起裂后，随着压裂液流体的持续注入，裂缝会不断扩展并形成一定尺度的压裂裂缝。压裂裂缝的形态与储层物性特征、储层力学特征、地应力特征、天然裂缝分布、液体性能和施工参数等相关。压裂裂缝扩展规律研究是国内外压裂改造研究的重点，针对压裂改造进行了大量的研究，主要研究方法包括室内实验、数值模拟和解析分析法。

解析分析法能够根据压裂改造特征进行简单的裂缝形态分析，明确压裂改造过程中的裂缝扩展规律。采用解析分析方法求解速度快，但是解析方法相对精度较低，无法精确地模拟压裂裂缝展布特征。对于天然裂缝发育的页岩等非常规油气储层，压裂改造过程中可能形成复杂的网状裂缝，天然裂缝分布对压裂裂缝形态具有重要影响，采用解析分析法模拟复杂裂缝扩展难度大。

室内实验采用储层钻井取心、储层露头或人造岩心，结合实际水力压裂施工参数与施工流程，进行大尺度真三轴压裂裂缝扩展物理模拟，可研究储层类型、岩石力学特征、地应力特征、天然裂缝、完井方式、射孔参数和施工参数等对压裂裂缝扩展规律的影响。压裂裂缝扩展实验测试的实验试件一般小于1.0m，实验试件尺度与现场差异性大，需要采用相似准则进行井筒参数、射孔参数、施工参数等参数推导，确定小尺度实验试件条件下的实验条件和模拟参数。实验条件虽然采用相似准则推导，但是由于实验试件尺度和实验仪器的限制，室内实验仍具有一定的局限性，难以真实地模拟压裂改造条件下的裂缝扩展特征。针对天然裂缝发育的储层，小尺度实验试件的天然裂缝分布与实际压裂过程中的天然裂缝的分布具有很大的差异性，复杂裂缝的扩展规律可能与实际压裂裂缝扩展形态差异性大。

由于室内实验具有一定的研究局限性，数值模拟技术越来越多地应用于压裂改造裂缝扩展研究。随着计算机硬件技术的不断进步、模拟方法的不断完善，国内外发展形成了越来越多的压裂裂缝扩展模拟技术。特别是近年来，页岩大规模体积压裂技术的出现，国内外针对复杂裂缝扩展问题进行了大量的研究，明确了页岩复杂裂缝扩展的规律。目前主要的压裂改造裂缝扩展模拟方法主要包括常规有限元法(CFEM)、扩展有限元法(XFEM)、边界元法(BEM)、离散元法(DDM)。近年来，国内外学者还形成了无单元法(EFM，element-free method)、相场法(PFM，phase field method)和数值流形法(NMM，numerical manifold method)等进行裂缝扩展模拟。每种数值模拟方法都有一定的适应性和局限性。

ABAQUS软件针对水力压裂裂缝扩展模拟形成了常规有限元法和扩展有限元法，两种模拟方法都有优缺点。常规有限元法采用常规实体单元+Cohesive粘结单元组合进行压裂裂缝扩展模拟，利用常规实体单元模拟储层基质渗流、应力与位移变化特征，预设Cohesive粘结单元模拟压裂裂缝。采用常规实体单元+Cohesive粘结单元可方便地模拟流-固耦合作用下的压裂裂缝扩展模拟，但是采用Cohesive粘结单元模拟水力压裂裂缝扩展，需要提前预置粘结单元，裂缝扩展的方向与形态易受粘结单元的分布的影响。前期采用Cohesive粘结单元主要用于平直压裂裂缝模拟，实体单元表面预置平直Cohesive粘结单元表征裂缝，主要用于研究力学特征、地应力和施工参数对平直裂缝形态的影响。随着ABAQUS软件的不断完善和使用者的研究，逐步发展形成了复杂的Cohesive粘结单元插入方法，现在可进行全域网格Cohesive粘结单元的插入，可考虑天然裂缝分布特征，实现复杂压裂裂缝扩展模拟。采用Cohesive粘结单元进行复杂压裂裂缝扩展模拟，特别是全域Cohesive粘结单元的压裂裂缝扩展模拟，由于大量的Cohesive粘结单元的存在，计算模型的收敛性较差，需要进行相应的收敛性设置以确保模型的运行计算。

ABAQUS软件最初的扩展有限元法无法考虑水力压裂裂缝扩展，随着扩展有限元的发展，形成了可以考虑水力压裂裂缝扩展的扩展有限元方法。扩展有限元法除了预设初始裂缝或缺陷外，不需要提前预设模拟过程中的压裂裂缝。扩展有限元法模拟压裂裂缝扩展只能模拟单条或多条压裂裂缝扩展，无法模拟压裂裂缝相交的情况，因此，采用扩展有限元法无法模拟天然裂缝发育的复杂压裂裂缝的扩展规律。

1.12 小结

本章主要介绍了 ABAQUS 软件的发展历程、软件模块、坐标系和单位系统等信息，重点介绍了 ABAQUS/CAE、ABAQUS/Standard 和 ABAQUS/Explicit 模块的功能和使用范围。结合模型构建和模拟计算简要介绍了 ABAQUS 形成的文件类型和功能。基于具体的例子讲解了 INP 输入文件的主要组成和含义，可为 INP 输入文件的手动编写和修改提供基本的参考。结合模拟过程中 DAT 文件和 MSG 文件中可能出现的警告和错误信息，介绍了模拟过程中常见的警告和错误信息类型以及产生的原因。结合水力压裂工艺以及模拟需求，简要介绍了 ABAQUS 软件在水力压裂方面的应用范围。

第2章

基础理论

ABAQUS 软件自身包含多种不同类型的材料本构和单元类型，具有适合地下岩土流-固耦合分析和水力压裂裂缝扩展方面的理论模型。

下面简要介绍 ABAQUS 在水力压裂改造中常用的本构模型、基础理论和模拟分析理论。

2.1 线弹性模型

ABAQUS 软件的材料库包括多种弹性理论模型，主要包括线弹性、次弹性、多孔弹性、超弹性、黏弹性等多种弹性模型。

水力压裂裂缝扩展模拟过程中为了增加模型的收敛性、缩短模拟计算时间、提升模拟效率，应用最多的是线弹性理论模型。下面针对线弹性本构模型进行简要介绍。

2.1.1 线弹性材料表征

对于线弹性材料，总应力与总弹性应变间存在线性关系，具体的关系表达式如下：

$$\sigma = D^{el}\varepsilon^{el} \tag{2-1}$$

式中，σ 为总应力(“真” 应力或有限应变问题中的柯西应力)；D^{el} 为四阶弹性张量；ε^{el} 为总弹性应变(有限弹性问题中的对数应变)。

对于弹性应变很大的模型不能采用线弹性材料模型定义材料弹性属性特征，需要采用超弹性模型代替线弹性本构模型。即使针对有限应变问题，采用线弹性模型时模型的弹性应变也应较小(一般小于 5%)。

根据材料线弹性属性特征对称面数量，不同的材料可以归类成各向同性材料(每个点有无数个对称平面)或各向异性材料(材料节点没有对称平面)。部分材料每个节点属性包含有限个对称面，例如，正交各向异性材料的每个材料点具有两个正交对称面。四阶弹性张量的独立组成部分的项数取决于材料的对称属性。如果材料为各向异性材料，必须使用局部坐标设置以用于定义各向异性方向。

2.1.2 各向同性弹性材料

各向同性弹性是指各个方向的弹性性质不会因方向的不同而有所变化的特性，即某一材料在不同的方向所测得的性能数值完全相同，亦称均质性。

各向同性弹性材料为最简单的线性弹性形式，其应力-应变关系表征如下所示：

$$
\begin{pmatrix} \varepsilon_{11} \\ \varepsilon_{22} \\ \varepsilon_{33} \\ \gamma_{12} \\ \gamma_{13} \\ \gamma_{23} \end{pmatrix} = \begin{bmatrix} 1/E & -\nu/E & -\nu/E & 0 & 0 & 0 \\ -\nu/E & 1/E & -\nu/E & 0 & 0 & 0 \\ -\nu/E & -\nu/E & 1/E & 0 & 0 & 0 \\ 0 & 0 & 0 & 1/G & 0 & 0 \\ 0 & 0 & 0 & 0 & 1/G & 0 \\ & 0 & 0 & 0 & 0 & 0 \end{bmatrix} \begin{pmatrix} \sigma_{11} \\ \sigma_{22} \\ \sigma_{33} \\ \sigma_{12} \\ \sigma_{13} \\ \sigma_{23} \end{pmatrix} \tag{2-2}
$$

材料的线弹性行为特征可完全通过材料弹性模量 E 和泊松比 ν 来表征。材料的剪切模量 G 的表达式为 $G=E/[2(1+\nu)]$。如果模型有模拟需要，相关的弹性参数可以考虑成温度或其他预定义场函数关系进行设置。

在 ABAQUS/Standard 模块中，均质实体连续单元可通过分步定义其空间变化的各向同性弹性行为。分步定义必须包含默认的弹性模量 E 和泊松比 ν 参数。如果使用了分布定义，则不能通过温度或其他场变量来定义弹性参数。

对于各向同性线弹性材料，材料参数需在某一范围内保证矩阵方程的稳定性。材料的稳定性准则要求包括：$E>0$，$G>0$ 且 $-1<\nu<0.5$。材料的泊松比接近 0.5 时，则表示材料几乎接近不可压缩。除了平面应力情况(包括膜和壳体材料)、梁或桁架等模型外，在 ABAQUS/Standard 模块中需要使用“杂交”单元进行模拟表征。在 ABAQUS/Explicit 模块的模拟计算过程中会产生高频噪声，从而导致稳定增量时间极小。

在 ABAQUS/Standard 模块中，建议对泊松比 ν 大于 0.495 的线弹性材料采用实体连续混合单元，以避免出现模型收敛性问题。如果泊松比大于 0.495 而不采用混合单元，分析过程中将产生错误。模拟计算过程中，可以使用“非混合不可压缩”诊断控制将错误降级成警告信息。

2.1.3 正交各向异性弹性材料工程常数表征

正交各向异性线弹性材料是指通过材料任意一点都存在三个相互垂直的对称面，垂直于对称面的方向称为弹性主方向。在弹性主方向上，材料的弹性特征是相同的，平行于弹性主方向的坐标轴为弹性主轴或材料主轴。

正交各向异性线弹性材料特征可方便地通过工程常数(Engineering constants)进行定义与表征，主要包括 3 个与材料主方向相关的弹性模量 E_1、E_2、E_3，泊松比 ν_{12}、ν_{13}、ν_{23}，剪切模量 G_{12}、G_{13}、G_{23}。通过弹性参数结合下面的矩阵可定义弹性柔度参数，材料的应力-应变关系表征如下：

$$
\begin{pmatrix} \varepsilon_{11} \\ \varepsilon_{22} \\ \varepsilon_{33} \\ \gamma_{12} \\ \gamma_{13} \\ \gamma_{23} \end{pmatrix} = \begin{bmatrix} 1/E_1 & -\nu_{21}/E_2 & -\nu_{31}/E_3 & 0 & 0 & 0 \\ -\nu_{12}/E_1 & 1/E_2 & -\nu_{32}/E_3 & 0 & 0 & 0 \\ -\nu_{13}/E_1 & -\nu_{23}/E_2 & 1/E_3 & 0 & 0 & 0 \\ 0 & 0 & 0 & 1/G_{12} & 0 & 0 \\ 0 & 0 & 0 & 0 & 1/G_{13} & 0 \\ 0 & 0 & 0 & 0 & 0 & 1/G_{12} \end{bmatrix} \begin{pmatrix} \sigma_{11} \\ \sigma_{22} \\ \sigma_{33} \\ \sigma_{12} \\ \sigma_{13} \\ \sigma_{23} \end{pmatrix} \tag{2-3}
$$

ν_{ij}值具有泊松比的物理解释，表示材料的 i 方向受力过程中 j 方向产生的横向应变。通常来说，ν_{ij}不等于 ν_{ji}，两者的相互关系为 $\nu_{ij}/E_i=\nu_{ji}/E_j$。若研究需要，此类工程常数可设置为温度或其他预定义场变量的函数。

在 ABAQUS/Standard 模块中，可通过使用分步定义为均匀实体连续单元以定义空间变化正交各向异性弹性行为。分步定义必须包含弹性模量和泊松比的默认值。若使用分步定义，弹性参数则不能使用与温度或其他预定义场变量相关的函数关系。

对于正交各向异性弹性材料，其稳定性需要满足如下关系：

$$E_1,\ E_2,\ E_3,\ G_{12},\ G_{13},\ G_{23}>0 \tag{2-4}$$

$$|\nu_{12}|<(E_1/E_2)^{1/2} \tag{2-5}$$

$$|\nu_{13}|<(E_1/E_3)^{1/2} \tag{2-6}$$

$$|\nu_{23}|<(E_2/E_3)^{1/2} \tag{2-7}$$

$$1-\nu_{12}\nu_{21}-\nu_{23}\nu_{32}-\nu_{31}\nu_{13}-2\nu_{21}\nu_{32}\nu_{13}>0 \tag{2-8}$$

当不等式(2-8)左边接近零时，材料体现出不可压缩特征。弹性参数满足 $\nu_{ij}/E_i=\nu_{ji}/E_j$ 关系式。同时，上述不等式(2-5)、不等式(2-6)和不等式(2-7)约束可表达为：

$$|\nu_{21}|<(E_2/E_1)^{1/2} \tag{2-9}$$

$$|\nu_{31}|<(E_3/E_1)^{1/2} \tag{2-10}$$

$$|\nu_{32}|<(E_3/E_2)^{1/2} \tag{2-11}$$

2.1.4 横观各向同性弹性材料表征

横观各向同性材料指材料表示在某一平面内的各方向弹性性质相同，而垂直于此面方向的力学性质是不同的，具有这种性质的物体被称为横观各向同性材料。

横观各向同性材料是正交各向异性的一种特殊子类，其特征在于材料的每一个点所在的平面上的各向同性。默认假设 1-2 平面为每个点的各向同性平面，横观各向同性要求 $E_1=E_2=E_p$，$\nu_{31}=\nu_{32}=\nu_{tp}$，$\nu_{13}=\nu_{23}=\nu_{pt}$，$G_{12}=G_{23}=G_t$。横观各向同性弹性材料的应力-应变关系式简化如下：

$$\begin{pmatrix}\varepsilon_{11}\\ \varepsilon_{22}\\ \varepsilon_{33}\\ \gamma_{12}\\ \gamma_{13}\\ \gamma_{23}\end{pmatrix}=\begin{bmatrix}1/E_p & -\nu_p/E_p & -\nu_{tp}/E_t & 0 & 0 & 0\\ -\nu_p/E_p & 1/E_p & -\nu_{tp}/E_t & 0 & 0 & 0\\ -\nu_{pt}/E_p & -\nu_{pt}/E_p & 1/E_t & 0 & 0 & 0\\ 0 & 0 & 0 & 1/G_p & 0 & 0\\ 0 & 0 & 0 & 0 & 1/G_t & 0\\ 0 & 0 & 0 & 0 & 0 & 1/G_t\end{bmatrix}\begin{pmatrix}\sigma_{11}\\ \sigma_{22}\\ \sigma_{33}\\ \sigma_{12}\\ \sigma_{13}\\ \sigma_{23}\end{pmatrix} \tag{2-12}$$

式中，p 和 t 分别表示“平面内”和“横切向”。ν_{tp}的物理意义为法向平面内的应力产生的平面内的各向同性应变。ν_{pt}的物理意义为各向同性平面内的应力产生的垂直于各向同性平面的横向应变。一般来说，$\nu_{tp}\neq\nu_{pt}$，两个泊松比的关系式为 $\nu_{tp}/E_t=\nu_{pt}/E_p G_p=E_p/[2(1+\nu_p)]$，相应总的独立变量为 5 个。

在 ABAQUS/Standard 模块中，可通过使用分步定义为均匀实体连续单元以定义空间变化横观各向同性弹性行为。分步定义必须包含弹性模量和泊松比的默认值。若使用分步定义，弹性常数则不能使用与温度或其他预定义场变量相关的函数关系。

在横观各向同性弹性材料条件中，横观各向同性弹性的参数稳定性关系如下：

$$E_p,\ E_t,\ G_p,\ G_t>0 \tag{2-13}$$

$$|\nu_p|<1 \tag{2-14}$$

$$|\nu_{pt}|<(E_p/E_t)^{1/2} \tag{2-15}$$

$$|\nu_{pt}|<(E_t/E_p)^{1/2} \tag{2-16}$$

$$1-\nu_p^2-\nu_{tp}\nu_{pt}-2\nu_p\nu_{tp}\nu_{pt}>0 \tag{2-17}$$

2.1.5 平面应力正交各向异性表征

在平面应力条件下，例如壳体单元模型中，定义平面应力正交各向异性只需定义E_1、E_2、ν_{12}、G_{12}、G_{13}和G_{23}值。在ABAQUS软件所有的平面应力单元模型中，1-2平面为默认的平面应力的平面。因此，在平面应力条件下，$\sigma_{33}=0$。模型参数中，剪切模量G_{13}和G_{23}为不可或缺的定义参数，因为在壳体模拟中的横向剪切变形计算需要使用这两个参数。泊松比ν_{21}值可通过公式$\nu_{21}=(E_2/E_1)\nu_{12}$计算获得。在平面应力-应变条件下，应变和应力之间的表达式如下所示：

$$\begin{Bmatrix}\varepsilon_1\\ \varepsilon_2\\ \gamma_{12}\end{Bmatrix}=\begin{bmatrix}1/E_1 & -\nu_{12}/E_1 & 0\\ -\nu_{12}/E_1 & 1/E_1 & 0\\ 0 & 0 & 1/G_{12}\end{bmatrix}\begin{Bmatrix}\sigma_{11}\\ \sigma_{22}\\ \sigma_{12}\end{Bmatrix} \tag{2-18}$$

在ABAQUS/Standard模块中，可通过使用分步定义为均匀实体连续单元以定义空间变化平面应力正交各向异性弹性行为。分步必须包含弹性模量和泊松比的默认值。若使用分步定义，弹性常数则不能使用与温度或其他预定义场变量相关的函数关系。

平面应力正交各向异性弹性材料的稳定性需满足如下关系式：

$$E_1,\ E_2,\ G_{12}>0 \tag{2-19}$$

$$|\nu_{12}|<(E_1/E_2)^{1/2} \tag{2-20}$$

2.1.6 正交各向异性弹性材料的刚度矩阵表征

正交各向异性弹性材料中的线弹性特征能通过9个独立弹性刚度系数定义，同时可定义为温度或其他预定义场变量的函数。材料的应力-应变关系如下：

$$\begin{pmatrix}\sigma_{11}\\ \sigma_{22}\\ \sigma_{33}\\ \sigma_{12}\\ \sigma_{13}\\ \sigma_{23}\end{pmatrix}=\begin{bmatrix}D_{1111} & D_{1122} & D_{1133} & 0 & 0 & 0\\ & D_{2222} & D_{2233} & 0 & 0 & 0\\ & & D_{3333} & 0 & 0 & 0\\ & sym & & D_{1212} & 0 & 0\\ & & & & D_{1313} & 0\\ & & & & & D_{2323}\end{bmatrix}\begin{pmatrix}\varepsilon_{11}\\ \varepsilon_{22}\\ \varepsilon_{33}\\ \varepsilon_{12}\\ \varepsilon_{13}\\ \varepsilon_{23}\end{pmatrix}=[D^{el}]\begin{pmatrix}\varepsilon_{11}\\ \varepsilon_{22}\\ \varepsilon_{33}\\ \varepsilon_{12}\\ \varepsilon_{13}\\ \varepsilon_{23}\end{pmatrix} \tag{2-21}$$

上述矩阵中，刚度系数的定义形式如下所示：

$$D_{1111}=E_1(1-\nu_{23}\nu_{32})Y \tag{2-22}$$

$$D_{2222}=E_2(1-\nu_{13}\nu_{31})Y \tag{2-23}$$

$$D_{3333}=E_3(1-\nu_{12}\nu_{21})Y \tag{2-24}$$

$$D_{1122}=E_1(\nu_{21}+\nu_{31}\nu_{23})Y=E_2(\nu_{12}+\nu_{32}\nu_{13})Y \tag{2-25}$$

$$D_{1133}=E_1(\nu_{31}+\nu_{21}\nu_{32})Y=E_3(\nu_{13}+\nu_{12}\nu_{23})Y \tag{2-26}$$

$$D_{2233}=E_2(\nu_{32}+\nu_{12}\nu_{31})Y=E_3(\nu_{23}+\nu_{21}\nu_{13})Y \tag{2-27}$$

$$D_{1212}=G_{12} \tag{2-28}$$

$$D_{1313}=G_{13} \tag{2-29}$$

$$D_{2323}=G_{23} \tag{2-30}$$

式(2-22)~式(2-27)中，Y 的表达式如下：

$$Y=\frac{1}{1-\nu_{12}\nu_{21}-\nu_{23}\nu_{32}-\nu_{31}\nu_{13}-2\nu_{21}\nu_{32}\nu_{13}} \tag{2-31}$$

当材料的刚度系数(D_{ijkl})直接给定时，ABAQUS 需要在平面应力条件下针对 σ_{33} 进行约束限制，设定 $\sigma_{33}=0$ 以简化材料刚度矩阵。

在 ABAQUS/Standard 模块中，可通过使用分步定义为均匀实体连续单元以定义空间变化的正交各向异性弹性行为。分步必须包含弹性模量和泊松比的默认值。若使用分步定义，弹性常数则不能使用与温度或其他预定义场变量相关的函数关系。

由材料稳定性产生的刚度系数的限制条件如下：

$$D_{1111},\ D_{2222},\ D_{3333},\ D_{1212},\ D_{1313},\ D_{2323}>0 \tag{2-32}$$

$$|D_{1122}|<(D_{1111}D_{2222})^{1/2} \tag{2-33}$$

$$|D_{1133}|<(D_{1111}D_{3333})^{1/2} \tag{2-34}$$

$$|D_{2233}|<(D_{2222}D_{3333})^{1/2} \tag{2-35}$$

$$\det(D^{el})>0 \tag{2-36}$$

上面关系式的最终形式为：

$$D_{1111}D_{2222}D_{3333}+2D_{1122}D_{1133}D_{2233}-D_{2222}D_{1133}^2-D_{1111}D_{2233}^2-D_{3333}D_{1122}^2>0 \tag{2-37}$$

上述刚度系数形式的限制条件等同于“工程常数”形式的限制和约束。当式(2-37)左边接近零时，材料将产生不可压缩行为特征。

2.1.7 完全各向异性弹性材料刚度矩阵表征

对于完全各向异性弹性材料，材料的应力与应变关系的表征需要 21 个刚度矩阵参数。相应的应力-应变关系如下：

$$\begin{pmatrix}\sigma_{11}\\ \sigma_{22}\\ \sigma_{33}\\ \sigma_{12}\\ \sigma_{13}\\ \sigma_{23}\end{pmatrix}=\begin{bmatrix}D_{1111} & D_{1122} & D_{1133} & D_{1111} & D_{1112} & D_{1123}\\ & D_{2222} & D_{2233} & D_{2212} & D_{2213} & D_{2223}\\ & & D_{3333} & D_{3312} & D_{3313} & D_{3323}\\ & sym & & D_{1212} & D_{1213} & D_{1223}\\ & & & & D_{1313} & D_{1323}\\ & & & & & D_{2323}\end{bmatrix}\begin{pmatrix}\varepsilon_{11}\\ \varepsilon_{22}\\ \varepsilon_{33}\\ \varepsilon_{12}\\ \varepsilon_{13}\\ \varepsilon_{23}\end{pmatrix}=[D^{el}]\begin{pmatrix}\varepsilon_{11}\\ \varepsilon_{22}\\ \varepsilon_{33}\\ \varepsilon_{12}\\ \varepsilon_{13}\\ \varepsilon_{23}\end{pmatrix} \tag{2-38}$$

当材料的刚度系数(D_{ijkl})直接给定时，ABAQUS 需要在平面应力条件下针对 σ_{33} 进行约束限制，设定 $\sigma_{33}=0$ 以简化材料刚度矩阵。

在 ABAQUS/Standard 模块中，可通过使用分步定义为均匀实体连续单元以定义空间变化的完全各向异性弹性行为。分步定义必须包含弹性模量和泊松比的默认值。若使用分步定义，弹性常数则不能使用与温度或其他预定义场变量相关的函数关系。

2.2 摩尔-库伦模型

1773 年提出的摩尔-库伦(Mohr-Coulomb)模型是描述岩土特别是土体剪切破坏行为的重要准则，在岩土工程领域应用广泛。该模型准则认为岩土材料发生剪切破坏时，破坏面不仅与剪切应力有关，而且与正应力也有很大关系。破坏面位置不是剪切应力方向，而是沿剪切应力与正应力共同作用的最不利的位置。摩尔-库伦模型的主要参数主要由力学实验确定。

2.2.1 应用范围

摩尔-库伦塑性本构模型的主要应用范围和功能如下：

(1) 可用来模拟经典的摩尔-库伦屈服准则的材料行为；

(2) 可考虑材料的各向同性硬化和/或软化；

(3) 使用在具有子午应力平面上具有双曲线形状，并且在偏应力平面上具有分段椭圆形状的光滑流动势；

(4) 需与线弹性模型相结合使用；

(5) 可与 Rankin 面(拉伸截止)准则同步使用，以此限制靠近拉伸区域的载荷承载能力；

(6) 可用于岩土工程领域的设计应用来模拟单调加载的材料响应特征。

2.2.2 塑性屈服准则

摩尔-库伦屈服面是两种屈服准则的复合：一是剪切失效，也就是熟知的摩尔-库伦屈服面；二是拉伸截止屈服准则，主要采用 Rankine 面进行表征。

1. 摩尔-库伦屈服准则

摩尔-库伦屈服准则假设：在材料的任一点上，当剪切应力达到与相同的平面内法向应力线性相关值时，也就是说剪切应力达到材料的抗剪强度时，该点材料发生破坏。材料的剪切强度与剪切面的正应力成线性相关。摩尔-库伦模型基于最大主应力和最小主应力平面上的屈服处的应力状态绘制摩尔圆，屈服破坏线为摩尔圆相切的直线，如图 2-1 所示。

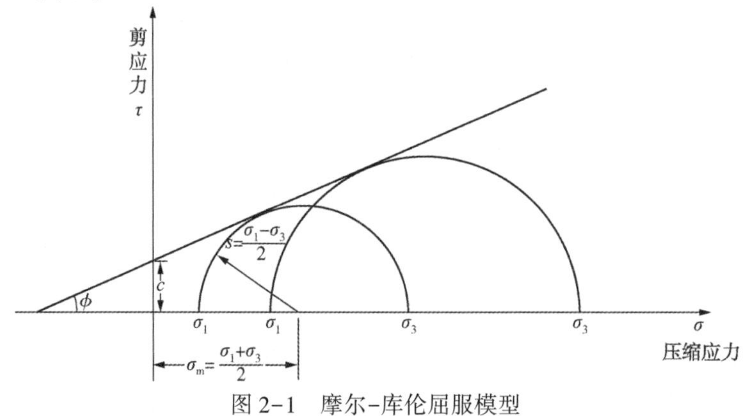

图 2-1 摩尔-库伦屈服模型

摩尔-库伦模型定义如下：

$$\tau=c-\sigma\tan\phi \tag{2-39}$$

式中，τ 为剪切强度；σ 为正应力(压缩过程中为负值)；c 为材料的内聚力；ϕ 为材料的内摩擦角。

从摩尔圆中可获得如下关系式：

$$\tau=s\cos\phi \tag{2-40}$$

$$\sigma=\sigma_{m}+s\sin\phi \tag{2-41}$$

替换 τ 和 ϕ 变量，两边同时乘以 $\cos\phi$ 并进行简化，摩尔-库伦模型表达式如下：

$$s+\sigma_{m}\sin\phi-c\cos\phi=0 \tag{2-42}$$

式中，$s=\frac{1}{2}(\sigma_1-\sigma_3)$，表示为最大主应力和最小主应力差的 1/2，即为最大剪应力；$\sigma_{m}=\frac{1}{2}(\sigma_1+\sigma_3)$，表示为最大主应力和最小主应力的平均值。

对于一般应力状态模型，摩尔-库伦模型可以简写为 3 个应力变量的方程形式，表达方式如下：

$$F=R_{mc}q-p\tan\phi-c=0 \tag{2-43}$$

式中，

$$R_{mc}(\Theta,\ \phi)=\frac{1}{\sqrt{3}\cos\phi}\sin\left(\Theta+\frac{\pi}{3}\right)+\frac{1}{3}\cos\left(\Theta+\frac{\pi}{3}\right)\tan\phi \tag{2-44}$$

式中，ϕ 为摩尔-库伦屈服面在子午面($p-R_{mc}q$)平面上的斜率[如图 2-2(a)所示]，也就是材料的内摩擦角。内摩擦角通常设置为温度或预设的场变量相关的函数。c 为材料的内聚力，Θ 为广义剪应力方位角，该参数定义为：

$$\cos(3\Theta)=\left(\frac{r}{q}\right)^3 \tag{2-45}$$

式中，$p=-\frac{1}{3}trace(\sigma)$ 为等效压应力；$q=\sqrt{\frac{3}{2}(S:S)}$ 为 Mises 等效应力；$r=\left(\frac{9}{2}S.S:S\right)^{\frac{1}{3}}$ 为偏应力第三变量；$S=\sigma+pI$ 为偏应力。

图 2-2(a)所示的是当 $\Theta=0$ 时的子午面中的拉伸截止面。一般来说，材料的内摩擦角范围为 $0<\phi<90°$，当 $\phi=0°$时，摩尔-库伦模型可以简化为与压力无关的具有完美六边形偏量平面的 Tresca 模型。当 $\phi=90°$时，摩尔-库伦模型可以简化为与压力无关的三角形偏量平面和 $R_{mc}=\infty$ 的“拉伸截止” Rankine 模型(此时描述的摩尔-库伦模型是不允许使用的)。材料的内摩擦角控制着 π 应力平面上屈服面形状，如图 2-2(b)所示。

对于各向同性内聚力硬化模型假定的摩尔-库伦屈服面硬化特征，硬化曲线须将内聚力屈服应力表征成塑性应变、温度或预定义场变量等相关的函数。在定义有限应变条件下的相关性时，“真”(柯西)应力和相应的对数应变值应当给出，模拟过程中可选择拉伸截止硬化或软化曲线。

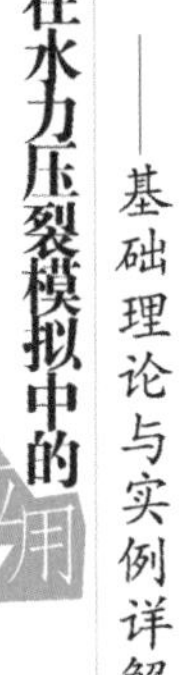

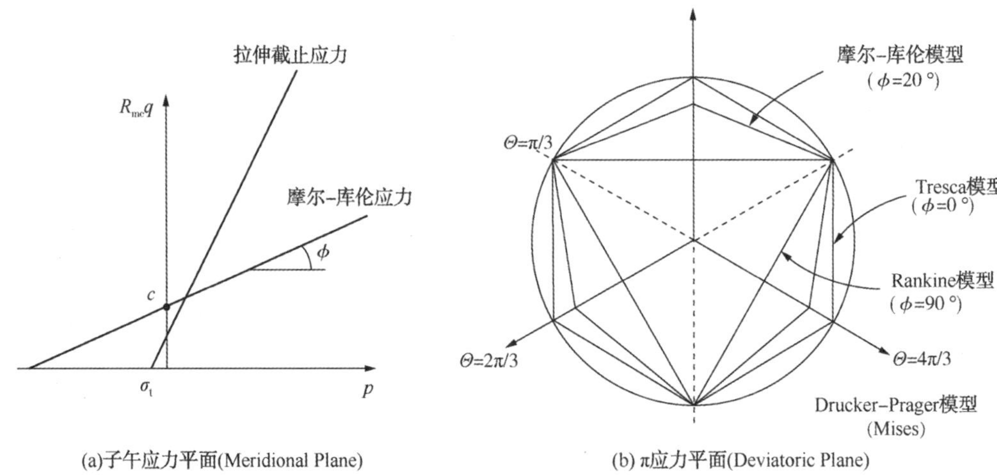

图 2-2　子午应力面和 π 应力平面中的摩尔-库伦屈服面和拉伸截止屈服面

2. Rankine 面

在 ABAQUS 中，拉伸截止采用 Rankine 面进行表征，变量公式表达式如下：

$$F_t = R_r(\Theta)q - p - \sigma_t(\bar{\varepsilon}_t^{pl}) = 0 \tag{2-46}$$

式中，$R_r(\Theta) = (2/3)\cos\Theta$，$\sigma_t$ 为 Rankine 面软化或硬化的拉伸截止阈值参数，σ_t 可表示为拉伸等效塑性应变$\bar{\varepsilon}_t^{pl}$ 的函数。

2.2.3　流动势函数

1. 摩尔-库伦屈服面的流动势函数

摩尔-库伦准则的流动法则可定义为：

$$d\varepsilon^{pl} = \frac{d\bar{\varepsilon}^{pl}}{g}\frac{\partial G}{\partial \sigma} \tag{2-47}$$

式中，$g = \frac{1}{c}\sigma : \frac{\partial G}{\partial \sigma}$。

传统的摩尔-库伦模型的屈服面存在尖角导致塑性流动方向不唯一，从而引起数值计算烦琐和收敛缓慢问题。为了避免上述问题，摩尔-库伦屈服面的流动势函数 G，采用子午应力平面中的双曲线函数以及 Menétrey 和 Willam(1995 年)提出的 π 应力平面中的光滑椭圆函数，其形状在子午应力面上为双曲线，在 π 应力平面上为椭圆形。双曲线型流动势函数的控制方程如下：

$$G = \sqrt{(\partial c|_0 \tan\psi)^2 + (R_{mw}q)^2} - p\tan(\psi) \tag{2-48}$$

式中：

$$R_{mw}(\Theta, e) = \frac{4(1-e^2)\cos^2\Theta + (2e-1)^2}{2(1-e^2)\cos\Theta + (2e-1)\sqrt{4(1-e^2)\cos^2\Theta + 5e^2 - 4e}} R_{mc}\left(\frac{\pi}{3}, \phi\right) \tag{2-49}$$

$$R_{mc}\left(\frac{\pi}{3}, \phi\right) = \frac{3-\sin\phi}{6\cos\phi} \tag{2-50}$$

式中，ψ 为高围压条件下 $p-R_{mw}q$ 平面中的剪胀角，可以定义成温度、预定义场

变量的函数关系式；$c|_0$ 为初始内聚屈服应力，$c|_0=c|_{\bar{\varepsilon}^{pl}=0}$。

$\grave{o}$ 为子午面上的偏心率，用于定义双曲线函数逼近渐近线的速率。当 ε 趋近于零时，流动势函数在子午面上趋于一条直线，ABAQUS 中的默认值为 0.1。

e 为 π 应力平面上的偏心率，主要控制 π 平面上 $\Theta=0\sim\frac{\pi}{3}$ 的塑性面的形状，等于沿延伸子午应力面（$\Theta=0$）的切应力与沿压缩子午面 $\left(\Theta=\frac{\pi}{3}\right)$ 的切应力比值，用于描述偏向平面的“外圆角”。ABAQUS 中偏心率的默认值为 0.1。

在默认情况下，偏心率的计算公式为：

$$e=\frac{3-\sin\phi}{3+\sin\phi} \tag{2-51}$$

偏心率的计算公式需要与流动势函数和 π 应力平面中的三轴拉伸和压缩中的屈服面进行匹配。另外，ABAQUS 允许用户将偏心率作为独立的材料参数。此时，用户可直接进行其参数设置。

椭圆函数的凸性和光滑性要求 $1/2<\phi\leqslant1$。偏心率的上限为 $e=1.0$（或者 $\phi=0°$，若没有指定偏心率 e），此时 $R_{mw}(\Theta,\ e=1)=R_{mc}\left(\frac{\pi}{3},\ \phi\right)$，此时描述的是 π 应力平面上的 Mises 圆。偏心率的下限为 $e=1/2$（或者 $\phi=90°$，若没有指定偏心率 e），$R_{mw}(\Theta,\ e=1/2)=2R_{mc}\left(\frac{\pi}{3},\ \phi\right)\cos\Theta$，此时描述的是偏向面上的 Rankine 三角形（在摩尔-库伦模型中不允许出现这种极限情况）。

采用子午应力平面中的双曲线函数以及 Menétrey 和 Willam 提出的 π 应力平面中的光滑椭圆函数的流动势函数，其流动势函数是连续和光滑的，能确保其流动方向是唯一定义的。子午应力面包含一系列的双曲势函数曲线，如图 2-3 所示。π 应力平面中的流动势函数的形状如图 2-4 所示。

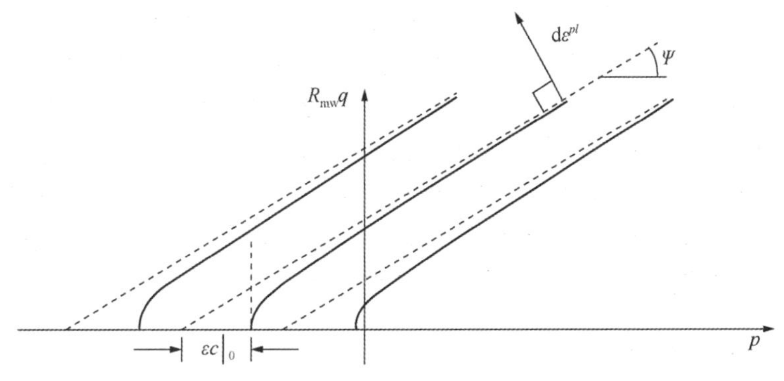

图 2-3　子午应力面流动势函数形状

2. Rankine 面上的流动势函数

通过针对早期 Menétrey-Willam 流动势函数的完善和改进，Rankine 面上的流动势与其近乎相似，其流动势函数表征如下：

$$G_t=\sqrt{(\grave{o}_t\sigma_t|_0)^2+(R_tq)^2}-p \tag{2-52}$$

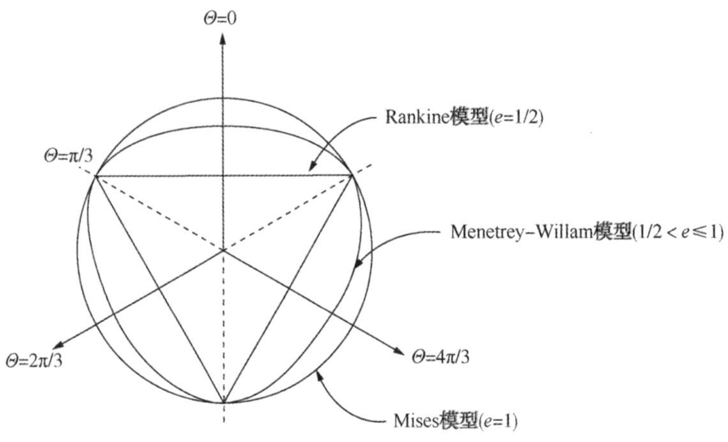

图 2-4　π 应力平面流动势函数形状

其中，

$$R_t(\Theta,\ e_t)=\frac{1}{3}\frac{4(1-e_t^2)\cos^2\Theta+(2e_t-1)^2}{2(1-e_t^2)\cos\Theta+(2e_t-1)\sqrt{4(1-e_t^2)\cos^2\Theta+5e_t^2-4e_t}} \tag{2-53}$$

式中，$\sigma_t|_0$ 为拉伸截止的初始值；δ_t 为子午偏心率，与前面所定义的 δ 相似；e_t 为偏心率。在 ABAQUS 中，ε_t 和 e_t 分别取值 0.1 和 0.6。

3. 非关联流动

由于塑性流动通常是关联的，因此使用摩尔-库伦模型通常需要采用不对称矩阵存储和求解方案。

2.3　扩展的德鲁克-普拉格模型

德鲁克-普拉格(Drucker-Prager)模型，又称作广义米赛斯(Von Mises)模型，模型修正了摩尔-库伦模型的屈服面存在不光滑的尖角，造成模拟过程中容易产生奇异点和收敛困难等问题。不同于摩尔-库伦模型，德鲁克-普拉格模型的屈服面的三维形状为光滑圆锥体，在 π 应力平面上为圆形，求导处光滑连续，收敛性更好，德鲁克-普拉格模型的应用越来越广泛。由于德鲁克-普拉格模型与传统的摩尔-库伦模型的极限承载力具有差异性，ABAQUS 针对经典的德鲁克-普拉格模型进行改进和扩展，扩展的德鲁克-普拉格模型的屈服面在 π 应力平面上的形状不再为圆形。屈服面在子午应力平面上包括线性模型、双曲线模型和指数模型。

2.3.1　应用范围

扩展的 Drucker-Prager 模型主要用于以下模拟：

(1) 用于模拟典型的颗粒状土壤和岩石等且具备屈服与围压相关(随着围压增大，材料变强)的摩擦材料。整体来说，围压越大，材料的强度越高。

(2) 用于模拟压缩屈服强度大于拉伸屈服强度的材料，例如复合材料、高分子材料。

（3）允许各向同性硬化或软化的材料。

（4）允许非弹性行为产生的体积变化，定义非弹性应变流动法则时，允许同时发生非弹性剪胀和非弹性剪切。

（5）针对具有长期非弹性变形特征的材料可以考虑蠕变特征。

（6）可模拟与应变率敏感相关的材料，例如高分子材料。

（7）可与弹性材料模型联合使用。在 ABAQUS/Standard 模块中，如果没有定义蠕变，则可以与多孔弹性材料模型联合使用。

（8）在 ABAQUS/Explicit 模块中，能够与流体状态方程联合使用，描述材料的流体动力学响应。

（9）可以与渐进损伤失效模型联合使用，以指定材料的损伤起裂准则和损伤演化准则，允许材料刚度渐进退化并移除网格单元。

2.3.2 屈服准则

该类模型的屈服准则主要基于子午应力面上的屈服面形状，屈服面的形状包括线性形式、双曲线形式以及常规的指数形式。屈服面的形状如图 2-5 所示，三种相关的屈服准则后续进行详细的介绍。

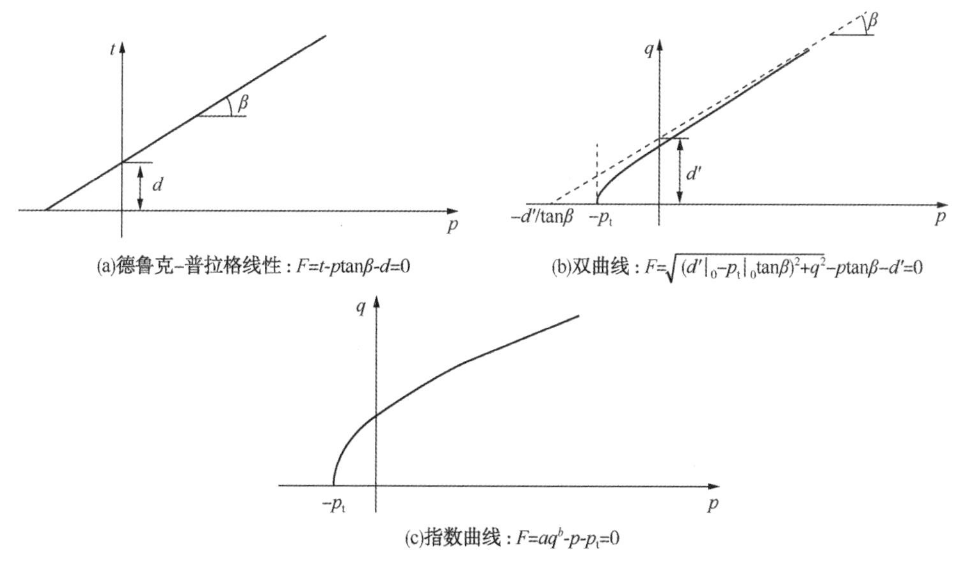

(a)德鲁克–普拉格线性：$F=t-p\tan\beta-d=0$

(b)双曲线：$F=\sqrt{(d'|_0-p_t|_0\tan\beta)^2+q^2}-p\tan\beta-d'=0$

(c)指数曲线：$F=aq^b-p-p_t=0$

图 2-5　子午应力面的屈服面

为了能够匹配三轴拉伸和压缩过程中的屈服值、与之相关的 π 应力平面中的非弹性流动、膨胀角和摩擦角，德鲁克–普拉格线性模型［见图 2-5(a)］提供了一个 π 应力平面中的可能非圆形屈服面。输入数据参数能够定义子午应力面和 π 应力平面中的屈服面和流动面的形状以及其他的非弹性行为特征。提供的一系列简单理论的原始德鲁克–普拉格模型在线性模型中仍然有效，但是线性模型不能与摩尔–库伦模型完全匹配。

双曲线［见图 2-5(b)］和一般指数曲线［见图 2-5(c)］模型采用 π 应力平面中的米赛斯应力截面。在子午应力面中，两种曲线模型都采用双曲线流动势函数，通常也意味着遵循非关联流动法则。

模型的使用选择在很大程度上取决于分析类型、材料种类、可用于模型参数校准的实验数据和材料所能经历的围压值等因素。常见的数据或源自不同围压的三轴实验测试数据，或源于经过内聚力、内摩擦角或三轴拉伸实验测试校准过的测试数据。如果提供了三轴压缩实验数据，首先必须在使用前进行材料参数的校准。线性模型假设偏应力与压应力间存在线性关系，导致线性模型与三轴实验数据的匹配精度不够而受到限制。尽管双曲线模型制定了高围压条件下与线性模型类似的假设，但在低围压条件下双曲线模型偏应力与压应力间存在非线性关系，此时双曲线模型与三轴压缩实验测试结果有更好的匹配性。双曲线模型可以用于包含有三轴压缩和三轴拉伸数据的脆性材料，对于岩石类的材料是常用的模型。三种屈服准则模型中最通用的是指数曲线模型，该模型准则在匹配三轴压缩测试数据方面具有最大的灵活性。ABAQUS 软件可从三轴压缩实验数据中直接确定该模型所需的材料参数，通过采用最小二乘法拟合来达到最小化应力误差的目的。

对于已经采用内聚力和内摩擦角方面的实验数据进行校准过的实例，可以采用线性模型进行模拟。若材料参数源自提供给摩尔-库伦模型的参数，需要进行必要的转化以满足德鲁克-普拉格模型的参数需求。线性模型主要用于材料大部分区域为压应力的条件。若拉伸应力非常显著，则应当提供静水围压拉伸实验数据并选取双曲线模型。

2.3.3 硬化与硬化率相关性

对于颗粒材料来说，上述三种模型经常被当成失效面使用。在某种意义上说，当材料的应力达到屈服值后，材料展现出不受限制的流动，材料的这种行为称为完美塑性。模型若考虑了各向同性硬化特征，塑性流动将导致屈服面的所有应力方向均匀地改变尺寸。硬化模型适用于涉及整体塑性应变或者在整个分析过程中每个点的应变在应变空间中基本上处于同一方向的情况。模型既可设置为各向同性的“硬化”模型，也可以定义为应变软化或先硬化后软化的模型。

随着模型应变率增加，许多材料会体现屈服强度增加特征。当应变率在每秒 0.1~1.0 时，硬化特征对于许多高分子材料非常重要。对于每秒 10~100 的应变速率(高能动态事件或制造过程的特征)而言，硬化作用特征非常重要。对于粒状材料来说，材料的硬化效果通常不太重要。用等效应力 $\overline{\sigma}$ 描述具有塑性变形的屈服面的损伤演变，可以选择单轴压缩屈服应力、单轴拉伸屈服应力或剪切(内聚)屈服应力。

若硬化定义通过单轴压缩屈服应力定义(σ_c)，则：

$$\overline{\sigma}=\sigma_c(\overline{\varepsilon}^{pl},\ \dot{\overline{\varepsilon}}^{pl},\ \theta,\ f_i) \tag{2-54}$$

若硬化定义通过单轴拉伸屈服应力定义(σ_t)，则：

$$\overline{\sigma}=\sigma_t(\overline{\varepsilon}^{pl},\ \dot{\overline{\varepsilon}}^{pl},\ \theta,\ f_i) \tag{2-55}$$

若硬化定义通过内聚力定义(d)，则：

$$\overline{\sigma}=d(\overline{\varepsilon}^{pl},\ \dot{\overline{\varepsilon}}^{pl},\ \theta,\ f_i) \tag{2-56}$$

式中，$\dot{\overline{\varepsilon}}^{pl}$ 为等效塑性应变率，针对德鲁克-普拉格模型的定义如下：

若通过单轴压缩定义硬化时，则：

$$\dot{\bar{\varepsilon}}^{pl}=|\dot{\varepsilon}_{11}^{pl}| \tag{2-57}$$

若通过单轴拉伸定义硬化时，则：

$$\dot{\bar{\varepsilon}}^{pl}=\dot{\varepsilon}_{11}^{pl} \tag{2-58}$$

若通过纯剪切定义硬化时，则：

$$\dot{\bar{\varepsilon}}^{pl}=\dot{\bar{\gamma}}^{pl}/\sqrt{3} \tag{2-59}$$

针对双曲线和指数曲线，德鲁克–普拉格模型定义的等效塑性应变如下：

$$\dot{\bar{\varepsilon}}^{pl}=\frac{\sigma:\dot{\varepsilon}^{pl}}{\bar{\sigma}} \tag{2-60}$$

式中，$\bar{\varepsilon}^{pl}=\int_0^t\dot{\bar{\varepsilon}}^{pl}\mathrm{d}t$ 为等效塑性应变；θ 为温度；f_i，$i=1$，2，…为预定义的场变量。

$\bar{\sigma}(\bar{\varepsilon}^{pl}, \dot{\bar{\varepsilon}}^{pl}, \theta, f_i)$ 函数相关参数包括硬化以及硬化率相关效应，材料参数可直接通过表格形式输入，或基于屈服应力比值与材料参数静态关联输入。

此处描述的率相关性最适合 ABAQUS/Standard 模块中等速度至高速事件分析。在低变形率条件下，时间相关的非弹性变形在蠕变模型得到了更好的体现。使用德鲁克–普拉格材料模型时，ABAQUS 允许用户通过定义等效塑性应变值的方式来指定初始应变。

1. 表格形式直接输入

测试数据以屈服应力值对应不同等效塑性应变速率下等效塑性应变的表格输入，每个应变率一张表。压缩数据通常可用于岩土材料，而拉伸数据通常可用于高分子材料。

2. 屈服应力比

可以假定应变率特征是可分离的，因此在所有应变率下，应力–应变相关性都存在相似性：

$$\bar{\sigma}=\sigma^0(\bar{\varepsilon}^{pl}, \theta, f_i)R(\dot{\bar{\varepsilon}}^{pl}, \theta, f_i) \tag{2-61}$$

式中，$\sigma^0(\bar{\varepsilon}^{pl}, \theta, f_i)$ 为静态应力–应变特征，$R(\dot{\bar{\varepsilon}}^{pl}, \theta, f_i)$ 为非零应变率下的屈服应力与静态屈服应力之比[$R(0, \theta, f_i)=1.0$]。

ABAQUS 提供了两种定义 R 的方法：指定超应力幂律或直接定义变量 R 为 $\dot{\bar{\varepsilon}}^{pl}$ 的表格函数。

1）超应力幂律形式

Cowper–Symonds 超应力幂律函数具有以下形式：

$$\dot{\bar{\varepsilon}}=D\,(R-1)^n \quad 对应\ \bar{\sigma}\geqslant\sigma^0 \tag{2-62}$$

式中，$D(\theta, f_i)$ 为温度或其他预定义场变量的材料参数。

2）表格函数形式

当 R 直接输入，输入与等效塑性应变率 $\dot{\bar{\varepsilon}}^{pl}$、温度 θ 和其他预定义场变量 f_i 相关的函数表格。

3. Johnson-Cook 率相关性

Johnson-Cook 率相关性形式如下：

$$\dot{\bar{\varepsilon}}=\dot{\bar{\varepsilon}}_0\exp\left(\frac{1}{C}(R-1)\right) \quad 对应\ \bar{\sigma}\geqslant\sigma^0 \tag{2-63}$$

式中，$\dot{\bar{\varepsilon}}_0$ 和 C 为不依赖于温度和预定义场变量的材料常数。

2.3.4 应力不变量

应力屈服面利用两个不变式定义为等效压力应力，等效压应力表示如下：

$$p=-\frac{1}{3}\text{trace}(\sigma) \tag{2-64}$$

Mises 等效应力定义如下：

$$q=\sqrt{\frac{3}{2}(\boldsymbol{S}:\boldsymbol{S})} \tag{2-65}$$

式中，$\boldsymbol{S}$ 为偏应力，定义如下：

$$\boldsymbol{S}=\sigma+p\boldsymbol{I} \tag{2-66}$$

另外，线性模型采用偏应力的第三不变量：

$$r=\left(\frac{9}{2}\boldsymbol{S}:\boldsymbol{S}\right)^{\frac{1}{3}} \tag{2-67}$$

2.3.5 线性德鲁克-普拉格模型

线性德鲁克-普拉格(Drucker-Prager)模型根据三个应力不变量进行设置，在 π 应力平面中提供了可能为非圆形的屈服面，以匹配三轴拉伸和三轴压缩过程中的不同屈服值、相关的非弹性流动以及单独的剪胀角和摩擦角。

1. 屈服准则

线性德鲁克-普拉格模型屈服准则如下：

$$F=t-p\tan\beta-d=0 \tag{2-68}$$

式中：

$$t=\frac{1}{2}q\left[1+\frac{1}{K}-\left(1-\frac{1}{K}\right)\left(\frac{r}{q}\right)^2\right] \tag{2-69}$$

式中，$\beta(\theta, f_i)$为 $p-t$ 应力面上线性屈服面的斜率，一般与材料的内摩擦角相关；d 为材料的内聚力；$K(\theta, f_i)$为三轴拉伸屈服应力与三轴压缩屈服应力比值，用于控制相关屈服面上的中间主应力值(如图 2-6 所示)。

通过单轴压缩定义硬化时，线性屈服准则排除了内摩擦角 $\beta>71.5°$($\tan\beta>3$)的情况。$\beta>71.5°$的材料在实际情况中不大可能出现。

当 $K=1$、$t=q$ 时，表示屈服面在 π 应力平面上为 Von Mises 圆。此时，三轴拉伸和三轴压缩的屈服应力相同。为了使屈服面保持外凸形状，需要 $0.778\leqslant K\leqslant1.0$。

材料的内聚力 d 以及与之相关的输入数据格式表示如下：

若通过单轴压缩屈服应力 σ_c 定义硬化，则：

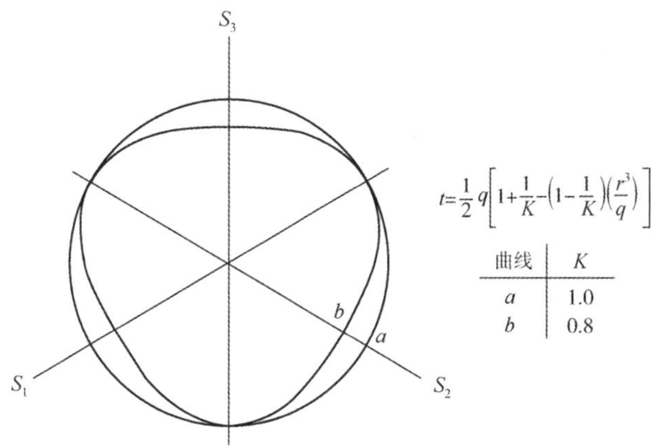

图 2-6 π 应力平面线性模型的典型屈服/流动面

$$d=\left(1-\frac{1}{3}\tan\beta\right)\sigma_c \tag{2-70}$$

若通过单轴拉伸屈服应力 σ_t 定义硬化，则：

$$d=\left(\frac{1}{K}+\frac{1}{3}\tan\beta\right)\sigma_t \tag{2-71}$$

若通过内聚力定义硬化，则：

$$d=\frac{\sqrt{3}}{2}\tau\left(1+\frac{1}{K}\right) \tag{2-72}$$

2. 塑性流动

塑性流动势函数的表达公式如下：

$$G=t-p\tan\psi \tag{2-73}$$

式中，$\psi(\theta, f_i)$ 为 $p-t$ 平面的剪胀角，ψ 在 $p-t$ 平面的几何解释如图 2-7 所示。通过单轴压缩定义硬化时，流动准则要求剪胀角不能大于 71.5°（$\tan\psi \leqslant 3.0$）。剪胀角大于 71.5°的情况在实际材料中不大可能出现。

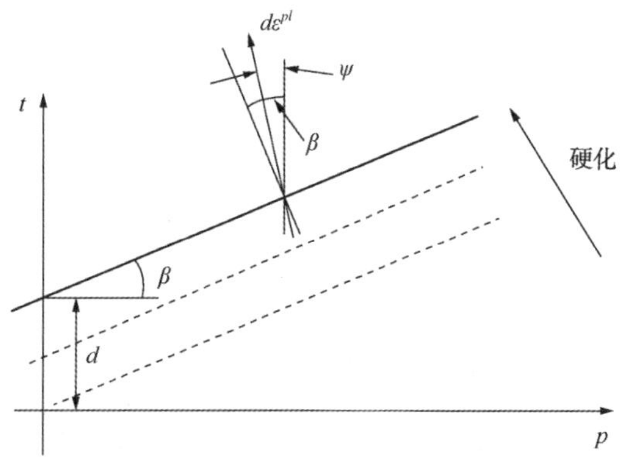

图 2-7 线性德鲁克-普拉格模型：$p-t$ 平面上的屈服面和流动方向

对于颗粒材料来说，线性模型在 $p-t$ 平面上通常采用非关联流动法则。从某种意义上说，假定流动法则为 π 应力平面上的屈服面法向，但是与 $p-t$ 平面的 t 轴呈 ψ 角度，通常 $\psi<\beta$，相应的示意图如图 2-7 所示。相关的流动法则结果源自 $\psi=\beta$ 设定结果，通过设定 $\psi=\beta$ 和 $K=1$，可得到原始的德鲁克-普拉格模型。当模型应用于聚合物材料时，假设非关联流动，若 $\psi=0$，非弹性变形不可压缩；如果 $\psi\geqslant 0$，则材料是可膨胀的。因此，ψ 称为膨胀角。

3. 非关联流动

非关联流动意味着材料的刚度系数矩阵是不对称的，因此，ABAQUS/Standard 模块中应当使用非对称矩阵的存储和求解策略。若内摩擦角 β 与膨胀角 ψ 之间差异性不大，并且模型形成非弹性变形区域且受到限制时，材料刚度矩阵的对称近似值可能会给出可接受的收敛速度，并且可能不需要采用非对称矩阵方案。

2.3.6 双曲线和通用指数模型

双曲线模型和通用指数模型主要根据前面的第一和第二应力变量形式写出。

1. 双曲线屈服准则

德鲁克-普拉格双曲线屈服准则的屈服面如图 2-8 所示，为 Rankine（拉伸截止）的最大拉应力状态和高围压条件下的线性德鲁克-普拉格应力状态的连续组合，其函数形式表示如下：

$$F=\sqrt{l_0^2+q^2}-p\tan\beta-d'=0 \tag{2-74}$$

式中，$l_0=d'|_0-p_t|_0\tan\beta$，$p_t|_0$ 为初始静水拉伸强度；$d'(\bar{\sigma})$ 为硬化参数；$d'|_0$ 为 d' 的初始值；$\beta(\theta, f_i)$ 为高围压应力条件下的内摩擦角，如图 2-8 所示。

硬化参数 $d'(\bar{\sigma})$ 能够从如下测试数据中得到：

若通过单轴压缩屈服应力 σ_c 定义硬化时，则：

$$d'=\sqrt{l_0^2+\sigma_c^2}-\frac{\sigma_c}{3}\tan\beta \tag{2-75}$$

若通过单轴拉伸屈服应力 σ_t 定义硬化时，则：

$$d'=\sqrt{l_0^2+\sigma_t^2}-\frac{\sigma_t}{3}\tan\beta \tag{2-76}$$

若通过内聚力 d 定义硬化时，则：

$$d'=\sqrt{l_0^2+d^2} \tag{2-77}$$

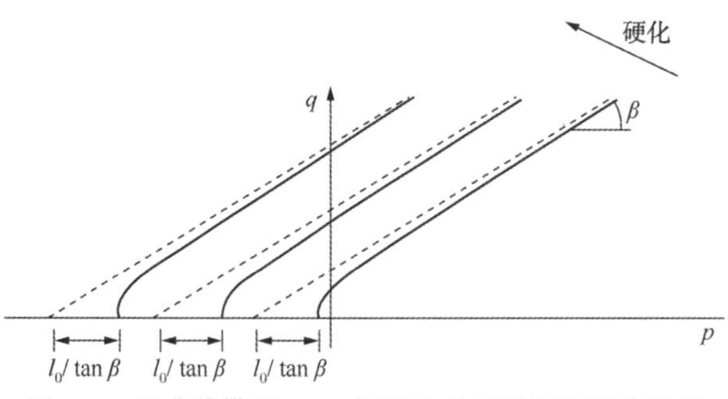

图 2-8　双曲线模型：p-q 平面上的屈服面和硬化特征

2. 通用指数屈服准则

通用指数屈服准则提供了此类模型中最通用的屈服准则，屈服函数的形式表征如下：

$$F=aq^{b}-p-p_{\rm t} \tag{2-78}$$

式中，$\alpha(\theta,\ f_i)$和$b(\theta,\ f_i)$为与塑性变形无关的材料参数；$p_{\rm t}(\overline{\sigma})$为代表材料静水拉伸强度的硬化参数。

$p_{\rm t}(\overline{\sigma})$与输入测试数据的关系如下：

若通过单轴压缩屈服应力$\sigma_{\rm c}$定义硬化时，则：

$$p_{\rm t}=a\sigma_{\rm c}^{b}-\frac{\sigma_{\rm c}}{3} \tag{2-79}$$

若通过单轴拉伸屈服应力$\sigma_{\rm t}$定义硬化时，则：

$$p_{\rm t}=a\sigma_{\rm t}^{b}-\frac{\sigma_{\rm t}}{3} \tag{2-80}$$

若通过内聚力d定义硬化时，则：

$$p_{\rm t}=ad^{b} \tag{2-81}$$

各向同性硬化假设模型的a和b参数为与应力相关的常数，其描述如图2-9所示，a和b参数可直接给定。若不同围压条件下的三轴实验数据可用，ABAQUS软件的德鲁克-普拉格模型将根据三轴实验测试结果确定a、b值。

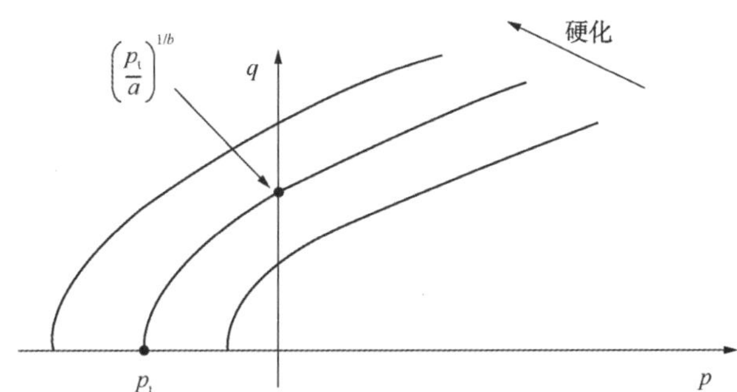

图2-9　通用指数模型：$p-q$面上的屈服面和硬化特征

1）塑性流动

$$G=\sqrt{(\overline{\delta\sigma}\,|_{0}\tan\psi)^{2}+q^{2}}-p\tan\psi \tag{2-82}$$

式中，$\psi(\theta,\ f_i)$为高围压条件下测得的$p-q$面上的剪胀角；$\overline{\sigma}\,|_{0}=\overline{\sigma}\,|_{\bar{\varepsilon}^{pl}=0,\dot{\bar{\varepsilon}}^{pl}=0}$为初始屈服应力，取自用户定义的德鲁克-普拉格硬化数据；δ为偏心距，用于定义趋势渐近线的速率（随着偏心距趋向于零，流动势函数趋向于直线）。ABAQUS为δ提供了合适的默认值，其值取决于所使用的屈服应力值。

连续和光滑的塑性流动势函数，能够确保流动方向定义的唯一性。在高围压应力条件下，势函数接近线性德鲁克-普拉格流动势函数的渐近线，并与90°的静水压力轴相交。图2-10所示的是一系列子午应力面上的双曲线流动势函数曲线。在π应力平面上，流动势函数曲线为Von Mises应力圆。

对于双曲线模型，若剪胀角ψ和内摩擦角β值不同，则$p-q$平面中的流动势是非关联的。当$\beta=\psi$且$d'\,|_{0}/\tan\beta-p_{\rm t}\,|_{0}=\overline{\delta\sigma}\,|_{0}$，双曲线模型$p-q$平面中的流动势为相关联流动。默认的假设条件为$\delta=(d'\,|_{0}-p_{\rm t}\,|_{0}\tan\beta)/(\overline{\sigma}\,|_{0}\tan\beta)$，若流动势函数为双曲

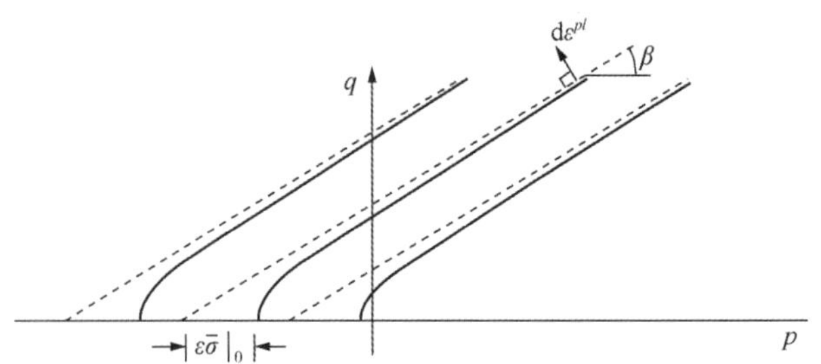

图 2-10　p-q 平面上双曲线流动势函数族

线模型，则恢复相关联流动条件为 $\psi=\beta$。

针对通用指数模型的流动势函数，p-q 平面中的流动势总是非关联的。默认的流动势函数的偏心量 $\delta=0.1$，意味着该材料在很大的围压值范围内具有几乎相同的膨胀角。δ 值的增大将为流动势函数提供更大的曲率，表明随着围压的减小，膨胀角会大幅度增加。若材料承受低围压，δ 值明显小于默认值，可能会导致收敛性问题，因为流动势与 p 轴相交的区域的流动势的局部曲率非常小。

2）非关联流动

非关联流动意味着材料的刚度系数矩阵是不对称的，因此，应当在 ABAQUS/Standard 模块中使用不对称矩阵存储和求解方法。如果双曲模型的内摩擦角 β 与剪胀角 ψ 值差异性较小、模型产生非弹性变形的区域有限，材料刚度矩阵的对称近似值可能会给出可接受的收敛速度，并且可能不需要非对称矩阵方案。

2.3.7　渐进损伤与失效

在 ABAQUS/Explicit 中，德鲁克-普拉格模型可以与韧性金属的渐进损伤和失效联合使用。此功能允许指定单个或多个损伤起裂准则，包括韧性、剪切、成形极限图（FLD）、应力成形极限图（FLDS）、Müschenborn-Sonne 成形极限（MSFLD）准则。材料产生初始损伤后，材料刚度会根据指定的损伤演变响应逐渐退化，模型提供了两种失效后的选择，包括作为结构材料破坏或开裂后直接从网格中直接删除失效单元。渐进损伤模型允许材料刚度的平滑退化，使之更适合准静态和动态情况。

2.3.8　三轴实验数据匹配

岩土类材料的力学参数一般可通过三轴实验测试获得［见图 2-11（a）］。在实验测试过程中，样品所受的围压保持不变，在某一个方向施加拉伸或压缩载荷，即可获得的典型不同围压条件下的应力-应变曲线。典型的应力-应变曲线如图 2-11（b）所示。

为了校准模型的屈服参数，用户可根据需要确定每条应力-应变曲线的屈服点用于校准模型。例如，如果用户希望校准初始屈服面，则应当选取每条应力-应变曲线中最初偏离弹性行为的点。或者，如果用户希望校准最终的屈服面，则应当选取每条应力-应变曲线中的最高应力点。

在不同的围压作用下，应力-应变关系曲线中得到的数据点绘于子午应力面上（线性模型为 p-t 平面，双曲线模型和通用指数模型为 p-q 平面），即可确定和校准屈服面的形状与位置。屈服面示意图如图 2-12 所示，该面可用于定义理想塑性模型的失效面。

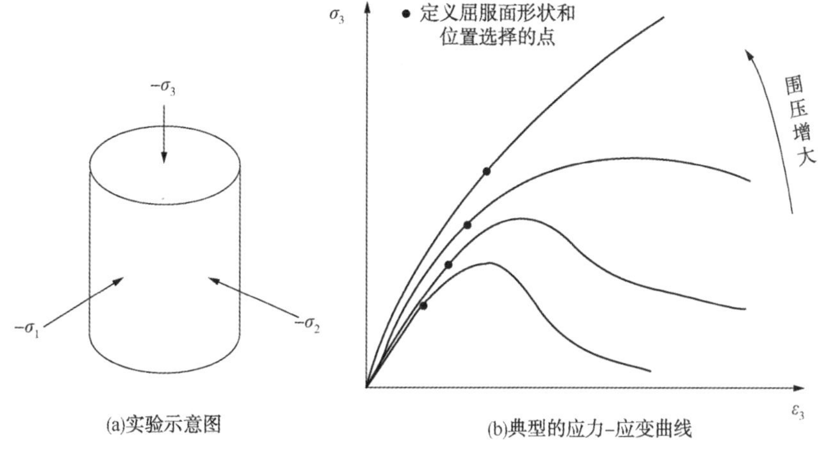

图 2-11　典型岩土材料在不同围压条件下三轴实验的应力-应变曲线

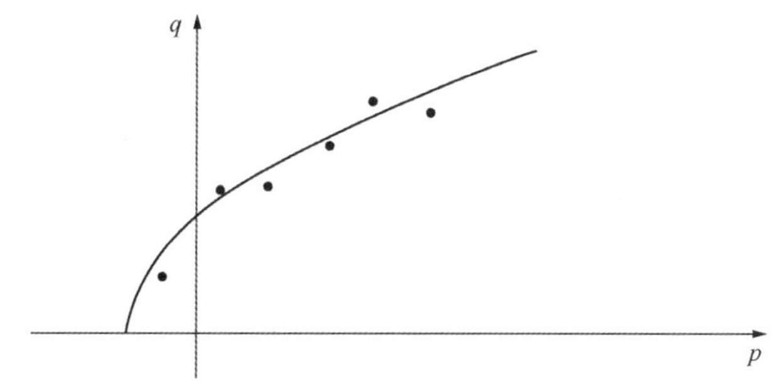

图 2-12　子午应力面的屈服面

各向同性硬化同样可应用于模型中，此时需要采用硬化数据来完成校准。各向同性硬化模型的塑性流动引起屈服面的尺寸均匀改变。换言之，图 2-12 中描述的应力-应变曲线中只有一条曲线能够表征硬化。应该选择在预期的载荷条件范围内最准确的表示硬化的曲线(通常是压力-应力的平均预期值的曲线)。

如前所述，岩土材料通常可以使用两种类型的三轴测试数据。在三轴压缩测试过程中，样品除受到围压作用力外，还有附加的压缩应力沿某一方向叠加。因此，所有的主应力为负值，同时 $0\geqslant\sigma_1=\sigma_2\geqslant\sigma_3$[见图 2-13(a)]，$\sigma_1$、$\sigma_2$ 和 σ_3 分别为最大主应力、中间主应力和最小主应力。拉伸作用示意图如图 2-13(b)所示。

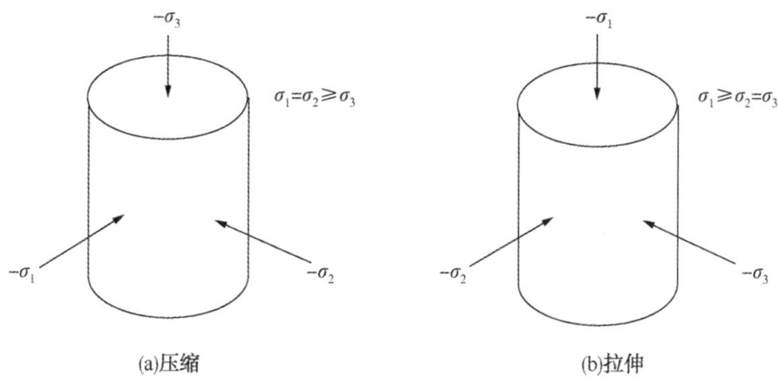

图 2-13　三轴压缩和拉伸实验示意图

应力不变量表征如下：

$$p=-\frac{1}{3}(2\sigma_1+\sigma_3) \tag{2-83}$$

$$q=\sigma_1-\sigma_3 \tag{2-84}$$

$$r^3=-(\sigma_1-\sigma_3)^3 \tag{2-85}$$

$$t=q=\sigma_1-\sigma_3 \tag{2-86}$$

三轴压缩实验测试的结果可以绘制于子午应力面中，如图 2-12 所示。

1. 线性模型

通过三轴压缩测试结果拟合的最佳直线可为线性德鲁克-普拉格模型提供内摩擦角 β 和内聚力 d 值。在线性德鲁克-普拉格模型中，三轴拉伸数据同样需要定义 K 值。在三轴拉伸过程中，样品围压保持不变，然后在拉伸方向降低压缩压力，此时，$0\geqslant\sigma_1\geqslant\sigma_2=\sigma_3$。

此时，应力不变量如下所示：

$$p=-\frac{1}{3}(\sigma_1+2\sigma_3) \tag{2-87}$$

$$q=\sigma_1-\sigma_3 \tag{2-88}$$

$$r^3=(\sigma_1-\sigma_3)^3 \tag{2-89}$$

此时，

$$t=\frac{q}{K}=\frac{1}{K}(\sigma_1-\sigma_3) \tag{2-90}$$

在式(2-90)中，可将实验测试结果数据绘制于 p-q 面上，并通过线性拟合获得最优的 K 值。三轴压缩和拉伸拟合线需交于 p 轴上的同一点，同一 p 值条件下的三轴拉伸和压缩的 q 值比即为 K 值，如图 2-14 所示。

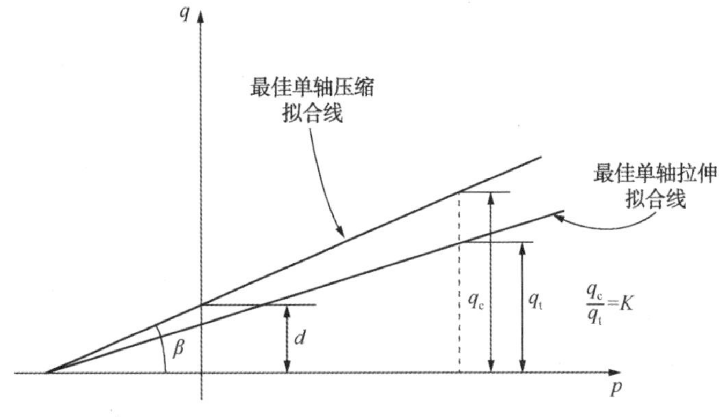

图 2-14　线性模型：三轴压缩和拉伸数据拟合

2. 双曲线模型

通过对高围压条件下的三轴压缩实验数据的线性拟合，可确定双曲线模型的参数 β 和 d'值，拟合方法与线性模型一致。通过静水压力条件下的三轴拉伸实验数据可进行双曲线模型的校准，从而定义 $p_t|_0$ 值。

3. 通用指数模型

基于子午应力面上的给定的三轴压缩数据，ABAQUS 软件中的 Drucker-Prager 可确定指数模型中所需的实验参数 a、b 和 p_t 等数据，参数可根据不同围压条件下的三轴实验数据进行“最佳拟合”确定。拟合过程中采用最小二乘拟合，使应力的相对误差最小，从而获得最佳的 a、b 和 p_t 值。参数确定过程中允许对所有三个参数进行校准。或者，如果某些参数已知，则仅对其余参数进行校准。这种拟合方法在参数较少时非常有效，此时用户可能希望拟合得到最优的直线($b=1$，此时模型更接近于线性德鲁克-普拉格模型)。如果低围压条件下的三轴压缩实验数据不可靠或实验数据缺乏，例如可能经常出现无黏性材料，可采用部分参数校准。在这种情况下，如果指定 p_t 值并且仅校准 a、b 值，则可以获得更好的拟合度。

数据必须以主应力形式给出，分别为 $\sigma_1(=\sigma_2)$ 和 σ_3，其中 σ_1 和 σ_2 为围压值，σ_3 为加载方向的应力值。ABAQUS 中约定拉应力为正，压应力为负。每个三轴压缩实验测试都必须输入一组(两个)主应力值，并尽可能多地输入数据点以提升拟合效果。

指数模型若仅考虑材料的塑性面(理想塑性)，则不需要设置德鲁克-普拉格硬化行为，根据实验校准的静水压力拉伸强度 p_t 将作为失效破坏应力。但是，若德鲁克-普拉格模型参数中考虑了硬化的同时又考虑了三轴测试数据，校准后的 p_t 将会被忽略，此时 p_t 值将直接从硬化数据中采用差值获得。

2.3.9 摩尔-库伦模型与德鲁克-普拉格模型参数匹配

部分情况下用户可能无德鲁克-普拉格模型所需的实验数据，而只有摩尔-库伦模型的内聚力和内摩擦角数据，此时在 ABAQUS 软件中最简单的方式就是直接采用摩尔-库伦模型，但是某些条件下必须采用德鲁克-普拉格模型代替摩尔-库伦模型(比如考虑率相关性)，需要根据摩尔-库伦模型换算德鲁克-普拉格模型所需的参数，从而完成摩尔-库伦模型与德鲁克-普拉格模型参数匹配。

摩尔-库伦模型主要是基于材料失效时的最大和最小主应力所作的摩尔圆提出的，破坏线为摩尔圆相切的直线(如图 2-15 所示)。

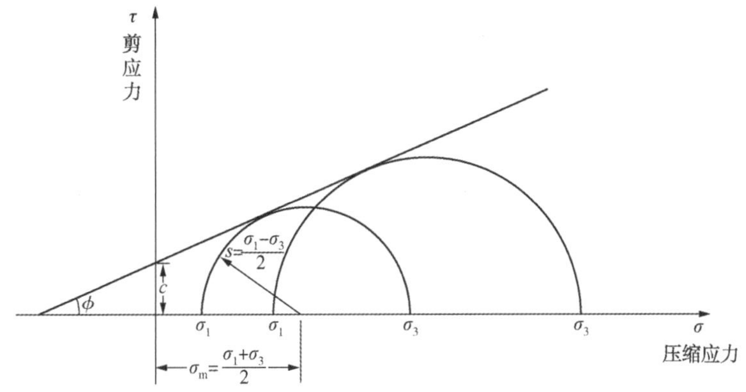

图 2-15 摩尔-库伦屈服模型

摩尔-库伦模型的定义如下：

$$\tau=c-\sigma\tan\phi \tag{2-91}$$

式中，σ 为负的压应力。通过摩尔圆可得：

$$\tau = s\cos\phi \tag{2-92}$$

$$\sigma = \sigma_m + s\sin\phi \tag{2-93}$$

式(2-91)替换 τ 和 σ，等式两边同时乘以 $\cos\phi$，模型可简化为：

$$s + \sigma_m \sin\phi - c\cos\phi = 0 \tag{2-94}$$

式中，$s = \frac{1}{2}(\sigma_1 - \sigma_3)$，为最大主应力与最小主应力差值的 1/2，即最大剪应力；$\sigma_m = \frac{1}{2}(\sigma_1 + \sigma_3)$，为最大主应力与最小主应力的平均值。

摩尔-库伦模型假定失效与中间主应力值无关，德鲁克-普拉格模型则不然。典型的岩土材料的破坏通常包括对中间主应力少量的相关性，但是通常认为摩尔-库伦模型对于大多数应用来说足够准确，此模型在 π 应力平面中具有顶点(见图 2-16)。

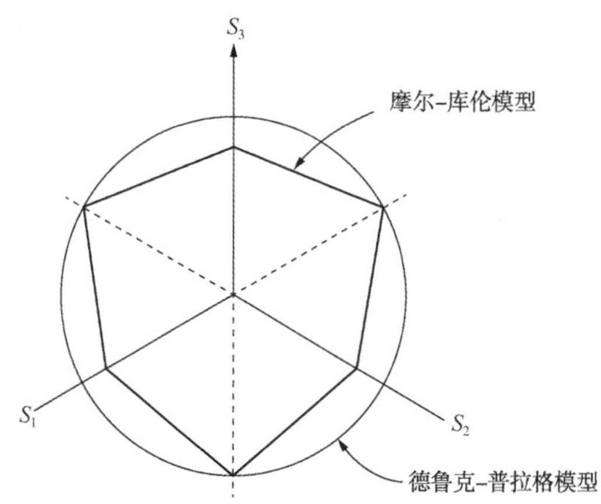

图 2-16　摩尔-库伦模型 π 应力平面中屈服面

由于摩尔-库伦模型的屈服面上存在尖角，意味着只要应力状态中有两个相等的主应力，应力的微小改变甚至无改变都可能导致流动方向发生大幅度改变。ABAQUS 目前还无法提供可用的模型表征这种行为，即使在摩尔-库伦模型中流动势函数也是光滑的。在涉及库伦力等类似的材料分析和计算时，该限制通常不是关键问题，但是可能会限制模型的计算精度特别是局部化流动很重要的情况。

1. 平面应变匹配响应

在岩土工程中经常会遇到平面应变问题，因此，有必要建立适于平面流动及破坏响应的模型参数。下面给出的转化过程是针对线性德鲁克-普拉格模型的，但同样适用于高围压应力的双曲线模型。

根据线性德鲁克-普拉格模型流动势函数定义的塑性应变增量表示如下：

$$d\varepsilon^{pl} = d\bar{\varepsilon}^{pl} \frac{1}{\left(1 - \frac{1}{3}\tan\psi\right)} \frac{\partial}{\partial\sigma}(t - p\tan\psi) \tag{2-95}$$

式中，$d\bar{\varepsilon}^{pl}$ 为等效塑性应变增量，若仅在单一平面进行转换，取 $K=1$，从而有 $t=q$，继而：

$$d\varepsilon^{pl} = d\bar{\varepsilon}^{pl} \frac{1}{\left(1-\frac{1}{3}\tan\psi\right)} \left(\frac{\partial q}{\partial \sigma} - \tan\psi \frac{\partial p}{\partial \sigma}\right) \tag{2-96}$$

采用主应力时，公式表述如下：

$$d\varepsilon_1^{pl} = d\bar{\varepsilon}^{pl} \frac{1}{\left(1-\frac{1}{3}\tan\psi\right)} \left(\frac{1}{2q}(2\sigma_1 - \sigma_2 - \sigma_3) + \frac{1}{3}\tan\psi\right) \tag{2-97}$$

$d\varepsilon_2^{pl}$ 和 $d\varepsilon_3^{pl}$ 可参照 $d\varepsilon_1^{pl}$ 进行类似的表征。若假定 1 方向为平面应变方向，则有 $d\varepsilon_1^{pl}=0$，则：

$$\sigma_1 = \frac{1}{2}(\sigma_2 + \sigma_3) - \frac{1}{3}\tan\psi q \tag{2-98}$$

利用上述限定方程，在平面应变状态下，q 和 p 可由主应力 σ_2 和 σ_3 表示，即：

$$q = \frac{3\sqrt{3}}{2\sqrt{9-\tan^2\psi}}(\sigma_2 - \sigma_3) \tag{2-99}$$

$$p = -\frac{1}{2}(\sigma_2 + \sigma_3) + \frac{\tan\psi}{2\sqrt{3(9-\tan^2\psi)}}(\sigma_2 - \sigma_3) \tag{2-100}$$

德鲁克–普拉格屈服面也可用主应力 σ_2 和 σ_3 表示，即：

$$\frac{9-\tan\beta\tan\psi}{2\sqrt{3(9-\tan^2\psi)}}(\sigma_2 - \sigma_3) + \frac{1}{2}\tan\beta(\sigma_2 + \sigma_3) - d = 0 \tag{2-101}$$

在(2，3)平面中，摩尔–库伦模型的屈服面表示如下：

$$\sigma_2 - \sigma_3 + \sin\phi(\sigma_2 + \sigma_3) - 2c\cos\phi = 0 \tag{2-102}$$

通过比较可得：

$$\sin\phi = \frac{\tan\beta\sqrt{3(9-\tan^2\psi)}}{9-\tan\beta\tan\psi} \tag{2-103}$$

$$c\cos\phi = \frac{\sqrt{3(9-\tan^2\psi)}}{9-\tan\beta\tan\psi}d \tag{2-104}$$

以上给出了平面应变中摩尔–库伦材料参数和线性德鲁克–普拉格材料参数间的匹配与转化。考虑流动势函数的两种极端情况，即关联流动 $\psi=\beta$，非膨胀流动 $\psi=0$，相关的流动势函数如下：

关联流动 $\psi=\beta$，则：

$$\tan\beta = \frac{\sqrt{3}\sin\phi}{\sqrt{1+\frac{1}{3}\sin^2\phi}} \tag{2-105}$$

$$\frac{d}{c} = \frac{\sqrt{3}\cos\phi}{\sqrt{1+\frac{1}{3}\sin^2\phi}} \tag{2-106}$$

非膨胀流动 $\psi=0$，则：

$$\tan\beta = \sqrt{3}\sin\phi \tag{2-107}$$

$$\frac{d}{c}=\sqrt{3}\cos\phi \tag{2-108}$$

以上两种特例，σ_c^0 可由下式计算获得：

$$\sigma_c^0=\frac{1}{1-\frac{1}{3}\tan\beta}d \tag{2-109}$$

两种方法间的差异随着内摩擦角的增加而增加，对于某些典型材料的内摩擦角，结果差异性不大，如表 2-1 所示。

表 2-1　德鲁克-普拉格模型和摩尔-库伦模型的平面应变匹配转换

摩尔-库伦内摩擦角 ϕ	关联流动		非膨胀流动	
	德鲁克-普拉格内摩擦角 β	d/c	德鲁克-普拉格内摩擦角 β	d/c
10°	16.7°	1.70	16.7°	1.70
20°	30.2°	1.60	30.6°	1.63
30°	39.8°	1.44	40.9°	1.50
40°	46.2°	1.24	48.1°	1.33
50°	50.5°	1.02	53.0°	1.11

2. 三轴实验响应匹配

对于内摩擦角较小的材料，摩尔-库伦模型与德鲁克-普拉格模型参数匹配的另一种方式是使两种模型在三轴压缩和拉伸测试中提供相同的失效定义。下面的匹配仅适用于线性德鲁克-普拉格模型，因为只有线性模型才允许在三轴压缩和拉伸过程中定义不同的屈服值。

由主应力重新描述的摩尔-库伦模型定义如下：

$$\sigma_1-\sigma_3+(\sigma_1+\sigma_3)\sin\phi-2c\cos\phi=0 \tag{2-110}$$

使用三轴压缩和拉伸实验结果的应力不变量 p、q 和 r，线性德鲁克-普拉格模型可用下式进行表征。

三轴压缩时：

$$\sigma_1-\sigma_3+\frac{\tan\beta}{2+\frac{1}{3}\tan\beta}(\sigma_1+\sigma_3)-\frac{1-\frac{1}{3}\tan\beta}{1+\frac{1}{6}\tan\beta}\sigma_c^0=0 \tag{2-111}$$

三轴拉伸时：

$$\sigma_1-\sigma_3+\frac{\tan\beta}{\frac{2}{K}-\frac{1}{3}\tan\beta}(\sigma_1+\sigma_3)-\frac{1-\frac{1}{3}\tan\beta}{\frac{1}{K}-\frac{1}{6}\tan\beta}\sigma_c^0=0 \tag{2-112}$$

对于所有的(σ_1, σ_3)，要使上述方程与摩尔-库伦模型的控制方程一致，需要进行以下设置：

$$K=\frac{1}{1+\frac{1}{3}\tan\beta} \tag{2-113}$$

通过摩尔-库伦模型和线性德鲁克-普拉格模型对比，可得：

$$\tan\beta=\frac{6\sin\phi}{3-\sin\phi} \tag{2-114}$$

$$\sigma_c^0=2c\frac{\cos\phi}{1-\sin\phi} \tag{2-115}$$

根据上述方程，可得：

$$K=\frac{3-\sin\phi}{3+\sin\phi} \tag{2-116}$$

三轴压缩和拉伸实验获得的β、K和σ_c^0值可为线性德鲁克-普拉格模型和摩尔-库伦模型的参数匹配提供支撑。

线性德鲁克-普拉格模型中一般要求$K\geqslant 0.778$以保证屈服面外凸。根据式(2-116)可得，$\phi\leqslant 22°$。实际中的许多材料的摩尔-库伦内摩擦角大于此值，在这种情况下，一种方法是选择$K=0.778$，然后计算获得β和σ_c^0值。该方法仅能与三轴压缩相关的模型匹配转换，同时提供了失效与中间主应力无关的最接近的近似值。如果ϕ值明显大于22°，德鲁克-普拉格模型与摩尔-库伦模型的参数拟合效果差。因此，一般不建议使用德鲁克-普拉格模型进行匹配转换，建议直接采用摩尔-库伦模型。

2.3.10 线性德鲁克-普拉格蠕变模型

具有塑性变形特征的岩土材料经典的"蠕变"行为，在ABAQUS/Standard模块中能够依据德鲁克-普拉格模型进行定义。材料的蠕变与塑性变形密切相关(通过蠕变流动势函数和实验测试数据来定义)。因此，材料定义过程中必须包含德鲁克-普拉格塑性参数和德鲁克-普拉格硬化参数。

在模拟过程中，材料的蠕变和塑性可同时被激活，此时需要采用耦合方式求解所得方程。如果仅模拟蠕变过程(无率相关的塑性变形)，应当在德鲁克-普拉格硬化定义时提供较大的屈服应力值，此时材料采用德鲁克-普拉格模型模拟发生蠕变而不产生屈服。采用线性德鲁克-普拉格蠕变模型时，必须定义偏心率值，初始屈服应力和偏心率两者都会影响蠕变势函数。该模型仅限于偏应力平面上为Von Mises应力圆的线性模型($K=1$，不考虑第三应力不变量的影响)，并且只能与线弹性模型联合使用。

德鲁克-普拉格模型定义的蠕变行为仅在岩土固结、温度-位移耦合和瞬态准静态过程中有效。

1. 蠕变方程

蠕变势函数为双曲线函数，类似于塑性流动势采用的双曲线和常用的指数可塑性模型。若在ABAQUS/Standard模块中定义了材料的蠕变特性，则线性德鲁克-普拉格塑性模型将也采用双曲线流动势函数。因此，如果采用两种分析同时进行，一种模型的蠕变未被激活，而另外一种模型的蠕变被激活但是没有产生蠕变流动，那么两种分析模拟获得塑性变形存在差异性，蠕变未被激活的模型采用线性塑性流动势函数，而蠕变激活的模型采用双曲线流动势函数。

2. 等效蠕变面和等效蠕变应力

通过等效蠕变应力测量结果，应力点存在蠕变等值面且具有相同的蠕变"强度"。

当材料发生塑性变形时，期望得到的结果是等效蠕变面和屈服面重合。因此，可通过均匀缩小屈服面来定义等效蠕变面。在 $p-q$ 面中，蠕变面平移转化平行于屈服面，如图 2-17 所示。

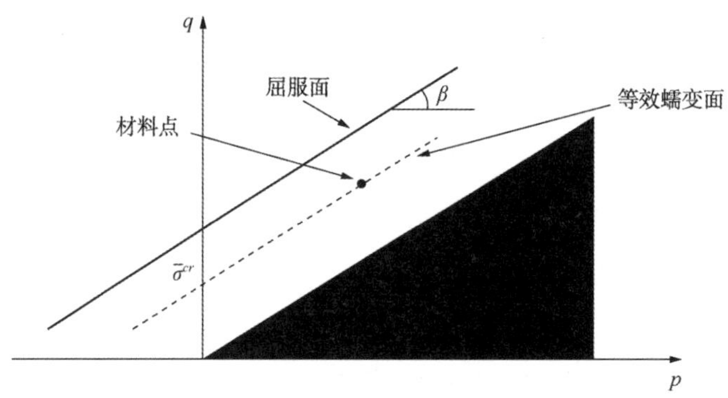

图 2-17　剪切应力定义的等效蠕变应力

ABAQUS/Standard 模块定义材料的蠕变特性时，要求其数据格式和硬化参数的格式一致，等效蠕变应力 $\bar{\sigma}^{cr}$ 可根据不同的实验测试数据进行表征。

若蠕变根据单轴压缩应力 σ_c 定义时，蠕变应力表示如下：

$$\bar{\sigma}^{cr}=\frac{(q-p\tan\beta)}{\left(1-\frac{1}{3}\tan\beta\right)} \tag{2-117}$$

若蠕变根据单轴拉伸应力 σ_t 定义时，蠕变应力表示如下：

$$\bar{\sigma}^{cr}=\frac{(q-p\tan\beta)}{\left(1+\frac{1}{3}\tan\beta\right)} \tag{2-118}$$

若蠕变根据内聚力 d 定义时，蠕变应力表示如下：

$$\bar{\sigma}^{cr}=(q-p\tan\beta) \tag{2-119}$$

图 2-17 明确了当材料受到剪切力(应力为 d)作用时如何确定等效点的方法。根据该方法可知，在 $p-q$ 平面上中存在一个圆锥形空间，该空间内无蠕变变形，因为该空间内的等效蠕变应力为负值。

3. 蠕变流动

ABAQUS/Standard 模块中的蠕变应变率遵循与塑性应变率相同的双曲线流动势函数(见图 2-9)，则有：

$$G^{cr}=\sqrt{(\delta\bar{\sigma}\mid_0\tan\psi)^2+q^2}-p\tan\psi \tag{2-120}$$

式中，$\psi(\theta, f_i)$ 为高围压下 $p-q$ 面上剪胀角；$\bar{\sigma}\mid_0=\bar{\sigma}\mid_{\bar{\varepsilon}^{pl}=0,\dot{\bar{\varepsilon}}^{pl}=0}$ 为初始屈服应力，数据来自用户指定的德鲁克-普拉格硬化数据；δ 为偏心率常数，用于定义双曲函数趋势渐近线的速率(当偏心率趋向零时，蠕变势函数趋向于直线)。

下面介绍如何为偏心率 δ 确定合适的默认值。蠕变流动势函数为连续和光滑的，能确保蠕变流动方向为唯一定义的。在高围压作用条件下，蠕变势函数趋近于线性德鲁克-普拉格流动势函数的逼近线，势函数逼近线与静水压力轴相交且呈 90°角。子午应力平面上的双曲线流动势函数族如图 2-10 所示，蠕变流动势函数在 π 应力面上为

Von Mises 圆。

默认的蠕变流动势函数的偏心率为 0.1(δ=0.1)，此时意味着材料在很大的围压范围内具有几乎相同的剪胀角。蠕变流动势函数偏心率 δ 增加将导致蠕变流动势函数曲率的增加，同样也意味着随着围压降低而剪胀角增加。材料受到低围压作用时，则偏心率 δ 值明显小于默认值，可能导致收敛性问题，因为与 p 轴相交的局部蠕变势函数曲率变化过快。

如果材料的蠕变特性是通过压缩测试来确定的，则对于非常低的应力值可能会出现数值问题。

4. 非关联流动

非关联流动的使用不同于等效蠕变面，意味着材料的刚度系数矩阵是不对称的。因此，应当针对性地采用不对称矩阵的存储和求解策略。如果材料的内摩擦角 β 和剪胀角的差值不大，并且模型的非弹性变形区域受到限制，则材料刚度矩阵的对称近似值可能会给出可接受的收敛速度，并且可能无须采用非对称矩阵方案。

5. 蠕变准则指定

在 ABAQUS/Standard 模块中，蠕变行为的定义通过指定等效“单轴行为”-蠕变“定律”来完成。在许多实际情况下，因为蠕变定律通过实验数据拟合后蠕变形式非常复杂，用户可通过编制子程序进行蠕变“准则”定义。ABAQUS 提供了一些简单情况的数据输入方法，包括幂律定律模型和修正的 Singh-Mitchell 定律。

6. 时间硬化形式的幂律模型

时间硬化形式的幂律模型方程如下：

$$\dot{\bar{\varepsilon}}^{cr}=A\left(\bar{\sigma}^{cr}\right)^{n}t^{m} \tag{2-121}$$

式中，$\dot{\bar{\varepsilon}}^{cr}$ 为等效蠕变应变率，若等效蠕变应力通过单轴压缩数据来定义，则 $\dot{\bar{\varepsilon}}^{cr}=|\dot{\varepsilon}_{11}^{cr}|$；若等效蠕变应力通过单轴拉伸数据来定义，则 $\dot{\bar{\varepsilon}}^{cr}=\dot{\varepsilon}_{11}^{cr}$；若等效蠕变应力通过纯剪切参数来定义，则 $\dot{\bar{\varepsilon}}^{cr}=\dot{\gamma}^{cr}/\sqrt{3}$，式中 $\dot{\gamma}^{cr}$ 为工程剪切蠕变应变参数；$\bar{\sigma}^{cr}$ 为等效蠕变应力；t 为总时间或蠕变时间；A、n 和 m 为用户定义的与温度和场变量相关蠕变材料参数。

7. 应变硬化形式的幂律模型

作为上述幂律定律的“时间硬化”的替代形式，可以使用相应的“应变硬化”形式进行硬化表征，具体表征方程如下：

$$\dot{\bar{\varepsilon}}^{cr}=\left(A\left(\bar{\sigma}^{cr}\right)^{n}\left[(m+1)\bar{\varepsilon}^{cr}\right]^{m}\right)^{\frac{1}{m+1}} \tag{2-122}$$

式中，A 和 n 必须为正，$-1\leqslant m\leqslant 0$。

8. 时间相关的行为

在时间硬化能力幂律模型和 Singh-Mitchell 定律模型中，可以使用总时间或蠕变时间。总时间是所有常规分析步骤中的累积时间。蠕变时间是材料蠕变行为时间与相关过程时间的总和。如果使用了总时间，则建议对于分析过程中未激活蠕变的任何步骤，应使用比蠕变时间小的步长，可避免在后续步骤中更改硬化行为。

9. 数值模拟难点

上述蠕变准则的单位选择，对于典型的蠕变应变率材料的 A 值可能非常小。若 A

$<10^{-27}$，则可能在材料的计算过程中形成错误从而导致数值模拟困难。因此，在计算蠕变应变增量时应使用另一种单位制来避免此类困难。

10. 蠕变积分

ABAQUS/Standard 提供了蠕变和膨胀行为分析的显式和隐式时间积分方式。时间积分方案的选择取决于分析类型，根据分析类型指定参数。

2.4 节理材料模型

节理模型为摩尔-库伦模型的扩展，在摩尔-库伦模型中添加节理面，节理面遍布于模型之中。

2.4.1 应用范围

节理材料模型假设与应用如下：

(1) 为包含高密度的平行节理面的材料提供简单的连续模型，其中平行节理系统具有特定的方向，例如沉积岩；

(2) 假设特定方向的节理间距与模型域中的特征尺寸相比足够接近，从而可以将节理通过弥散的方式置入连续的滑移系统中；

(3) 提供每个节理系统中节理的张开或摩擦滑动(此处的“系统”是在材料计算点处沿特定方向的节理方向)判断准则；

(4) 假设当某个点的所有节理均闭合时，材料是线弹性和各向同性(各向同性线性弹性行为必须包含在材料定义中)。

2.4.2 节理系统定义

定义某一特定的节理 a 的法向向量为 $\boldsymbol{n}_a$，定义 $\boldsymbol{t}_{a\alpha}$，$\alpha=1$，2 为节理表面的正交向量，局部应力分量为穿过节理的压应力，定义如下：

$$p_a \overset{\text{def}}{=} \boldsymbol{n}_a \cdot \sigma \cdot \boldsymbol{n}_a \tag{2-123}$$

穿过节理面的剪切应力如下：

$$\tau_{a\alpha} = \boldsymbol{n}_a \cdot \sigma \cdot \boldsymbol{t}_{a\alpha} \tag{2-124}$$

式中，σ 为应力张量，定义的剪切应力值如下：

$$\tau_a = \sqrt{\tau_{a\alpha}\tau_{a\alpha}} \tag{2-125}$$

穿过节理的局部应变分量为法向应变：

$$\varepsilon_{an} = \boldsymbol{n}_a \cdot \varepsilon \cdot \boldsymbol{n}_a \tag{2-126}$$

节理面 α 方向的剪切应变：

$$\gamma_{a\alpha} = \boldsymbol{n}_a \cdot \varepsilon \cdot \boldsymbol{t}_{a\alpha} + \boldsymbol{t}_{a\alpha} \cdot \varepsilon \cdot \boldsymbol{n}_a \tag{2-127}$$

式中，ε 为应变张量。

针对应变进行分解，则：

$$\mathrm{d}\varepsilon = \mathrm{d}\varepsilon^{el} + \mathrm{d}\varepsilon^{pl} \tag{2-128}$$

式中，$\mathrm{d}\varepsilon$ 为总应变率；$\mathrm{d}\varepsilon^{el}$ 为弹性应变率；$\mathrm{d}\varepsilon^{pl}$ 为非弹性(塑性)应变率。

假设有多个节理系统被激活，则：

$$d\varepsilon^{pl} = \sum_i d\varepsilon_i^{pl} \tag{2-129}$$

2.4.3 节理张开/闭合

节理材料模型主要用于压缩应力状态的应用，当垂直于节理的应力由压应力转变为张应力时，模型中的节理张开。此时，材料节理面法向的刚度系数立即转变为零。ABAQUS/Standard 模块中使用基于应力的节理张开准则，而节理的闭合则基于应变进行监控。当穿过节理 a(节理面法向)计算的压应力不再为正时，则节理系统 a 张开：

$$p_a \leqslant 0 \tag{2-130}$$

此时，假定该材料相对于穿过节理系统的直接应变没有弹性刚度。张开的节理会在某一点上形成各向异性弹性响应。只要满足以下条件，节理系统可能一直保持张开状态。

$$\varepsilon_{an(ps)}^{el} \leqslant \varepsilon_{an}^{el} \tag{2-131}$$

式中，ε_{an}^{el} 为穿过节理系统的直接弹性变形分量；$\varepsilon_{an(ps)}^{el}$ 为平面应力模型中穿过节理的计算的直接弹性应变分量，计算公式如下：

$$\varepsilon_{an(ps)}^{el} = -\frac{\nu}{E}(\sigma_{a1}+\sigma_{a2}) \tag{2-132}$$

式中，E 为材料的弹性模量；ν 为材料的泊松比；σ_{a1} 和 σ_{a2} 为节理面的直接应力。

σ_{a1} 与 σ_{a2} 由下式得到：

$$\boldsymbol{\sigma}_{a\alpha} = \boldsymbol{t}_{a\alpha} \cdot \boldsymbol{\sigma} \cdot \boldsymbol{t}_{a\alpha} \tag{2-133}$$

张开节理系统的剪切响应特征由剪切力残余系数 f_{sr} 来控制，代表节理张开后保留的弹性剪切模量的分数($f_{sr}=0$ 意味着节理张开无剪切刚度，$f_{sr}=1$ 对应张开节理的剪切刚度，f_{sr} 可以使用两个极值之间的任何值)。

当节理张开时，节理的剪切行为体现脆性特征，主要取决于节理张开的剪切力残余系数。对于节理所受的围压较小或存在明显的拉伸行为的区域，节理系统可能在迭代过程中经历一系列张开或闭合状态的转变，通常这种行为表现为振荡的全局残余应力。此时，产生相关的不连续行为可能导致收敛速度非常慢。因此，一般禁止采用此种求解方法。当针对多个节理系统模拟时，该类型的收敛问题更可能发生。

当节理往复张开和闭合导致收敛性困难时，可以通过阻止节理张开来改善收敛性。在这种情况下，节理始终具有弹性刚度。当节理的张开和闭合仅限于模型的较小区域时，此功能最为有用。

2.4.4 压缩节理滑移

节理系统 a 在压缩作用下，压缩节理面的剪切失效滑移准则如下：

$$f_a = \tau_a - p_a \tan\beta_a - d_a = 0 \tag{2-134}$$

式中，τ_a 为作用在节理面上的剪切作用力；p_a 为垂直节理面的法向作用力；β_a 为节理系统 a 的内摩擦角；d_a 为节理系统 a 的内聚力。相关的表示如图 2-18 所示。若 $f_a<0$ 时，节理系统 a 不发生剪切滑移；若 $f_a=0$，节理系统 a 发生剪切滑移。

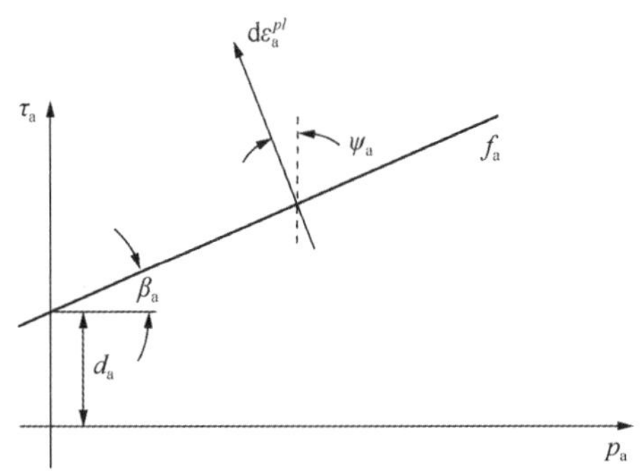

图 2-18　节理系统材料剪切模型

节理系统的非弹性应变控制方程如下：

$$d\gamma_{a\alpha}^{pl} = d\bar{\varepsilon}_a^{pl} \frac{\tau_{a\alpha}}{\tau_a} \cos\psi_a \tag{2-135}$$

$$d\gamma_{an}^{pl} = d\bar{\varepsilon}_a^{pl} \sin\psi_a \tag{2-136}$$

式中，$d\gamma_{a\alpha}^{pl}$ 为节理 α 方向的非弹性剪切应变率（$\alpha=1$、2，为节理面上的正交方向）；$d\bar{\varepsilon}_a^{pl}$ 为非弹性应变率值；$\tau_{a\alpha}$为作用在节理面上的剪切应力张量；ψ_a 为节理系统的剪胀角（$\psi_a=0$ 时，节理上产生纯剪切流动；$\psi_a>0$ 时，节理滑移时引起剪胀）；$d\varepsilon_{an}^{pl}$ 为垂直于节理面法向的非弹性应变率。

为了增加来自不同节理系统的塑性流动贡献，节理 a 的塑性应变率张量可表示为：

$$d\varepsilon_a^{pl} = d\varepsilon_{an}^{pl} \boldsymbol{n}_a \boldsymbol{n}_a + d\gamma_{a\alpha}^{pl} (\boldsymbol{n}_a \boldsymbol{t}_{a\alpha} + \boldsymbol{t}_{a\alpha} \boldsymbol{n}_a) \tag{2-137}$$

在某一点上，不同节理系统的滑动是独立的，意味着其中一个节理系统的滑动不会改变同一点上任何其他节理系统的破坏准则或剪胀角。节理模型单次最多可设置三个不同的节理系统。

模型中某点处不同的节理系统的滑移是独立的，意味着一个方向的节理系统的滑移失效不会改变同一位置其他节理系统的失效准则或剪胀角等参数。材料节理描述最多可包含 3 个方向，节理的方向的设置可参考用户定义的局部坐标系来进行设置，应力和应变分量的输出是全局方向，除非材料的截面定义中也使用局部坐标系。

上面所述的 β_a、ψ_a 和 d_a 参数可采用与温度或其他预定义场变量相关表格形式指定每种节理的参数。

2.4.5　块失效

除节理系统之外，节理材料模型还包括基于德鲁克-普拉格破坏准则的块状材料破坏机制：

$$q - p\tan\beta_b - d_b = 0 \tag{2-138}$$

式中，$q \overset{def}{=} \sqrt{\frac{3}{2}S:S}$ 为 Mises 等效偏应力，$S \overset{def}{=} \sigma + pI$ 为偏应力，$p \overset{def}{=} -\frac{1}{3}I:\sigma$ 为等效压力；β_b 为块状材料的内摩擦角角；d_b 为块状材料的内聚力。具体如图 2-19 所示。

若满足上述失效准则，块状材料的非弹性流动定义如下：

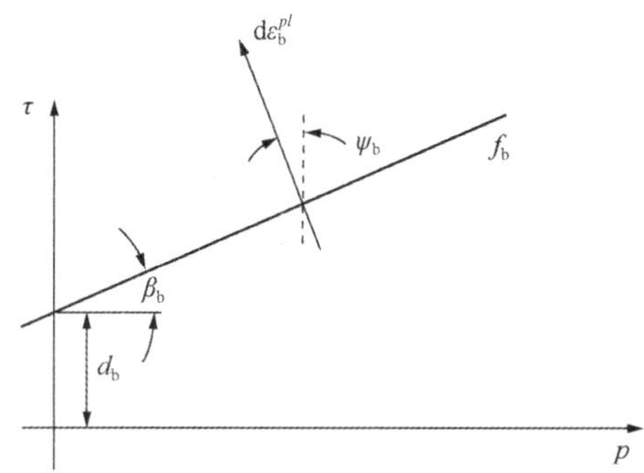

图 2-19　块状材料失效模型

$$d\varepsilon_b^{pl}=d\bar{\varepsilon}_b^{pl}\frac{1}{1-\frac{1}{3}\tan\psi_b}\frac{\partial g_b}{\partial\sigma} \tag{2-139}$$

式中，$g_b=q-p\tan\psi_b$ 为块状材料的流动势函数；$d\bar{\varepsilon}_b^{pl}$ 为非弹性应变率值（$d\bar{\varepsilon}_b^{pl}=|(d\varepsilon_b^{pl})_{11}|$为 1 方向的单轴压缩应变率）；$\psi_b$ 为块状材料的剪胀角。

块状失效模型是德鲁克-普拉格模型的简化版本，块体失效系统独立于节理系统，因此块体非弹性流动不会改变任何节理系统的特征。

若定义了块状失效材料，必须指定节理材料的力学行为，用于定义与块体材料失效行为相关的参数。上面所述的 β_b、ψ_b 和 d_b 参数可采用与温度或其他预定义场变量相关表格形式指定。

若材料节理系统中 $\psi\neq\beta$，无论节理面或块状材料是否关联，块状材料的塑性流动都是非关联的，意味着材料刚度系数矩阵不对称。因此，分析过程中需要采用非对称矩阵求解策略，特别是预计可能形成大范围塑性流动区域以及剪胀角 ψ 和内摩擦角 β 间的差值较大的模型。若剪胀角 ψ 和内摩擦角 β 差值不大，采用矩阵的对称逼近策略可提供可接受的平衡方程收敛速度，总方案的求解成本较低。因此，定义节理材料特征地，模型不会自动调用非对称矩阵求证策略，需要针对性地进行设置。

2.5　多孔介质理论

ABAQUS/Standard 可依据模拟需要进行流体填充的多孔介质材料指定与设置，流体扩散/应力耦合分析过程中需采用多孔介质材料。

针对多孔介质主要考虑的材料属性包括渗透性、多孔介质体积模量、吸附性、凝胶溶胀、吸湿溶胀等。对于土壤或岩石等多孔介质，可以定义固体颗粒和渗透流体的热膨胀。

2.5.1　渗透性

渗透性为特定的某种润湿性流体通过多孔介质材料过程中，单位面积上的体积流量与有效流体压力梯度间的关系。ABAQUS/Standard 中采用渗透系数表征多孔介质材料的渗透性。润湿性流体指定有效应力/扩散分析、Forchheimer 定律分析渗透系数与流体流动速度的函数关系时，需要指定多孔介质材料的渗透系数。多孔介质材料的渗透系数可以是各向同性、正交各向异性或完全各向异性，并且可以作为孔隙比、饱和度、温度或其他预定义场变量函数给出。

1. Forchheimer 定律

根据 Forchheimer 定律，流体的高流速具有降低多孔介质材料有效渗透系数的效果，会“阻塞”连通孔隙结构中的流体流动。随着多孔介质中流体流动速度降低，Forchheimer 定律近似于著名的达西(Darcy)定律。因此，在 ABAQUS/Standard 达西定律的设定过程中可以忽略与 Forchheimer 定律相关的设置。

Forchheimer 定律方程表征如下：

$$\boldsymbol{f}(1+\beta\sqrt{\boldsymbol{v}_{\mathrm{w}}\cdot\boldsymbol{v}_{\mathrm{w}}})=-\frac{k_{\mathrm{s}}}{\gamma_{\mathrm{w}}}\boldsymbol{k}\cdot\left(\frac{\partial u_{\mathrm{w}}}{\partial\boldsymbol{x}}-\rho_{\mathrm{w}}\mathrm{g}\right) \tag{2-140}$$

式中，$\boldsymbol{f}=sn\boldsymbol{v}_{\mathrm{w}}$，为多孔介质材料中单位面积上的润湿性流体体积流量(润湿性流体的有效速度)；s 为孔隙流体饱和度(多孔介质完全饱和介质时，$s=1$；多孔介质完全干燥介质时，$s=0$)，饱和度计算公式为 $s=\frac{\mathrm{d}V_{\mathrm{w}}}{\mathrm{d}V_{\mathrm{v}}}$；$n$ 为多孔介质材料孔隙度，计算公式为 $n=\frac{\mathrm{d}V_{\mathrm{v}}}{\mathrm{d}V}$；$e$ 为多孔介质材料的孔隙比，计算公式为 $e=\frac{\mathrm{d}V_{\mathrm{v}}}{\mathrm{d}V_{\mathrm{g}}+\mathrm{d}V_{\mathrm{t}}}$；$\mathrm{d}V_{\mathrm{w}}$ 为多孔介质材料孔隙中润湿流体体积；$\mathrm{d}V_{\mathrm{v}}$ 为多孔介质材料的孔隙体积；$\mathrm{d}V_{\mathrm{g}}$ 为多孔介质固体材料的颗粒体积；$\mathrm{d}V_{\mathrm{t}}$ 为多孔介质材料中残留润湿性液体体积；$\mathrm{d}V$ 为多孔介质材料总体积；$\boldsymbol{v}_{\mathrm{w}}$ 为孔隙中的流体流速；$\beta(e)$ 为取决于材料孔隙比的“速度系数”；$k_{\mathrm{s}}(s)$ 为润湿性流体渗透系数与饱和度间的关系系数，$s=1.0$ 时 $k_{\mathrm{s}}=1.0$；ρ_{w} 为孔隙流体密度；γ_{w} 为润湿性流体相对密度；x 为位置坐标；g 为重力加速度；$\boldsymbol{k}(e,\ \theta,\ f_{\beta})$ 为完全饱和介质的渗透系数，其为孔隙比 e、温度 θ 或其他预定义场变量函数；u_{w} 为润湿性流体孔隙压力。

2. 渗透系数

多孔介质材料的渗透系数具有不同的定义方式，用户应该谨慎定义渗透系数输入参数，使其与 ABAQUS/Standard 中使用的定义一致。

ABAQUS/Standard 模块块中渗透系数定义公式如下：

$$\bar{\boldsymbol{k}}=\frac{k_{\mathrm{s}}}{1+\beta\sqrt{\boldsymbol{v}_{\mathrm{w}}\cdot\boldsymbol{v}_{\mathrm{w}}}}\boldsymbol{k} \tag{2-141}$$

Forchheimer 定律方程的同样可如下表示：

$$\boldsymbol{f}=-\frac{\bar{\boldsymbol{k}}}{\gamma_{\mathrm{w}}}\cdot\left(\frac{\partial u_{\mathrm{w}}}{\partial\boldsymbol{x}}-\rho_{\mathrm{w}}\mathrm{g}\right) \tag{2-142}$$

完全饱和的渗透系数 $\boldsymbol{k}$ 可从低速流体条件下的实验测试获得，$\boldsymbol{k}$ 可被定义成孔隙比 e 和/或温度的函数。多孔介质材料的孔隙比 e 可从孔隙度 n 获得，关系式为 $e=n/(1-n)$。取决于是否要模拟各向同性、正交各向异性或者完全各向异性的渗透率，可能需要多达 6 个变量来定义完全饱和的渗透率。

渗透系数其他定义如下：部分研究者将 ABAQUS/Standard 中的渗透系数 $\bar{\boldsymbol{k}}(LT^{-1})$

定义为水力传导性，其渗透系数定义为：

$$K=\frac{v}{g}\frac{k_s}{\left(1+\beta\sqrt{\boldsymbol{v}_w\cdot\boldsymbol{v}_w}\right)}\boldsymbol{k}=\frac{v}{g}\overline{\boldsymbol{K}} \tag{2-143}$$

式中，v 为润湿性流体的运动黏度(流体的动力黏度与质量密度的比值)；g 为重力加速度值；$\boldsymbol{K}$ 的维度为 L^2(或达西)，若以该种形式提供多孔介质材料的渗透系数，则必须对其进行转换，以便在 ABAQUS/Standard 中使用 K 的适当值。

3. 渗透系数指定

在 ABAQUS/Standard 中，渗透系数可以是各向同性、正交各向异性或完全各向异性，对于非各向同性渗透系数，需要使用局部坐标以指定材料的方向。

1）各向同性材料

ABAQUS/Standard 中的各向同性材料的渗透系数只需定义每一个孔隙比值相对应的完全饱和的渗透系数值。

2）正交各向异性材料

ABAQUS/Standard 中定义正价各向异性材料的渗透系数需要指定每一个孔隙比值相对应的 3 个完全饱和的渗透系数值(K_{11}、K_{22}和 K_{33})。

3）完全各向异性材料

ABAQUS/Standard 中定义完全各向异性材料的渗透系数需要指定每一个孔隙比值相对应的 6 个完全饱和的渗透系数值(K_{11}、K_{22}、K_{33}、K_{12}、K_{13}和 K_{23})。

4. 流体速度系数

ABAQUS/Standard 中默认假定$\beta=0$，意味着采用达西定律。若使用 Forchheimer 定律($\beta>0$)，则需要采用表格形式定义 $\beta(e)$值。

5. 饱和度相关性

在 ABAQUS/Standard 中，可通过指定 k_s 以定义渗透系数 $\bar{k}$ 与饱和度 s 的相关性，ABAQUS/Standard 中默认定义：当 $s<1.0$ 时，$k_s=s^3$；当 $s\geqslant1.0$ 时，$k_s=1.0$。表格定义 $k_s(s)$必须指定 $s\geqslant1.0$ 时的 $k_s=1.0$。

6. 润湿液体比重指定

在 ABAQUS/Standard 中，即使分析过程中不考虑润湿性液体的质量，也必须正确指定流体的相对密度 γ_w。

2.5.2 多孔介质材料体积模量

流-固耦合模拟过程中，若考虑固体颗粒的可压缩性或渗透流体的可压缩性，模拟溶胀凝胶时必须定义多孔介质的体积模量。用户可以指定固体颗粒的体积模量和流体的体积模量，或将体积模量作为温度或其他预定义场变量的函数。如果忽略任何一个模量或将其设置为零，则假定材料的该相完全不可压缩。

2.5.3 吸附性

若定义部分饱和度条件下的吸湿/干燥特征、分析润湿液体流量和多孔介质应力的耦合等问题，需要定义材料的吸附性。

当总的流体孔隙压力 u_w 转变成负值时，多孔介质材料转变成部分饱和。负的孔隙压力 u_w 代表存在毛细管力效应。众所周知，当 $u_w<0$ 时，饱和度在一定程度上取决于毛细管压力 $-u_w$。

2.6 流-固耦合理论

2.6.1 有效应力

在 ABAQUS/Standard 模块中，针对多孔介质材料建模的常规方法是将多孔介质考虑为多相材料，并采用有效应力原理描述其应力、渗流行为特征。多孔介质材料建模可考虑两种流体的存在，一种是认为相对或完全不可压缩的润湿性流体，另外一种是相对可压缩的气体。多孔介质系统的一个例子是含有地下水的土壤，当介质部分饱和时，两种流体都存在于一个点上。当介质完全饱和时，介质孔隙会被润湿液完全填充。dV 为单元体积，由一定体积的固体材料组成，dV_g 为孔隙体积，dV_v 为润湿性流体体积，$dV_w \leq dV_v$ 表示若被驱动时流体可在介质中自由移动。在某些多孔介质系统中也可能存在大量的束缚的润湿性流体 dV_t。

若节点的总应力为 σ 由润湿性流体的平均压应力和有效应力组成，u_w 为润湿性流体压力，u_a 为其他流体的平均压应力，$\bar{\sigma}^*$ 为有效应力，则有效应力相关的表达式表征如下：

$$\bar{\sigma}^* = \sigma + [\chi u_w + (1-\chi) u_a] I \tag{2-144}$$

模型有效应力分量以拉应力为正，但是 u_w 和 u_a 为压应力值。χ 为取决于饱和度和液/固体系表面张力系数。当介质完全饱和时，$\chi = 1.0$，非饱和的介质中 $0.0 \leq \chi \leq 1.0$。

假定作用在整个模型的非润湿性流体的压力是恒定的，不随时间变化且足够小，那么可忽略其压力值以简化模型。此时，要求非润湿性流体能够充分地自由扩散以通过多孔介质，从而使压力 u_a 值永远不会超过介质边界处施加的压力，模型在整个模拟过程中的压力保持恒定。假设非润湿性流体从平衡方程中省略相应的载荷项且 u_a 值对多孔介质的变形的影响足够小，可从上述的假设方程中删除 u_a 值。简化后的有效应力方程如下：

$$\bar{\sigma}^* = \sigma + \chi u_w \mathrm{I} \tag{2-145}$$

在模型存在束缚流体情况下，假设有效应力由束缚流体和多孔材料的相对体积加权的两个分量组成：

$$\bar{\sigma}^* = (1-n_t)\bar{\sigma} - n_t \bar{p}_t \mathrm{I} \tag{2-146}$$

式中，$\bar{\sigma}$ 为多孔介质骨架上的有效应力；$\bar{p}_t$ 为束缚流体压力；n_t 为束缚流体体积与总孔隙体积的比值。

假设多孔介质的本构响应包括流体和土壤颗粒的简单体积弹性关系，以及岩土骨架的本构理论，该理论被定义为历程应变和岩土温度的函数：

$$\bar{\sigma} = \bar{\sigma}(\text{历程应变，温度和状态变量}) \tag{2-147}$$

多孔介质材料的孔隙度 n 为孔隙体积与总体积的比值：

$$n\overset{\text{def}}{=}\frac{\mathrm{d}V_{\mathrm{v}}}{\mathrm{d}V}=1-\frac{\mathrm{d}V_{\mathrm{g}}}{\mathrm{d}V}-\frac{\mathrm{d}V_{\mathrm{t}}}{\mathrm{d}V} \tag{2-148}$$

使用上标^0 表示参考值，可以将当前的孔隙度表示为：

$$\begin{aligned} n &= 1-\frac{\mathrm{d}V_{\mathrm{g}}}{\mathrm{d}V_{\mathrm{g}}^0}\frac{\mathrm{d}V^0}{\mathrm{d}V}\frac{\mathrm{d}V_{\mathrm{g}}^0}{\mathrm{d}V^0}-\frac{\mathrm{d}V_{\mathrm{t}}}{\mathrm{d}V} \\ &= 1-J_{\mathrm{g}}J^{-1}(1-n^0-n_{\mathrm{t}}^0)-n_{\mathrm{t}} \end{aligned} \tag{2-149}$$

所以，式(2-149)可表示如下：

$$\frac{1-n-n_{\mathrm{t}}}{1-n^0-n_{\mathrm{t}}^0}=\frac{J_{\mathrm{g}}}{J} \tag{2-150}$$

式中，$J\overset{\text{def}}{=}\left|\frac{\mathrm{d}V}{\mathrm{d}V^0}\right|$为当前的介质体积与参考介质体积之比；$J_{\mathrm{g}}\overset{\text{def}}{=}\left|\frac{\mathrm{d}V_{\mathrm{g}}}{\mathrm{d}V_{\mathrm{g}}^0}\right|$为当前颗粒体积与参考颗粒体积比值；$n_{\mathrm{t}}\overset{\text{def}}{=}\frac{\mathrm{d}V_{\mathrm{t}}}{\mathrm{d}V}$为当前单位体积中的束缚润湿性流体体积。

ABAQUS 一般采用孔隙比 $e\overset{\text{def}}{=}\mathrm{d}V_{\mathrm{v}}/(\mathrm{d}V_{\mathrm{g}}+\mathrm{d}V_{\mathrm{t}})$代替孔隙度，转换关系推导如下：

$$e=\frac{n}{1-n}n=\frac{e}{1+e},\quad 1-n=\frac{1}{1+e} \tag{2-151}$$

饱和度 s 为自由(未被束缚)的润湿性流体体积与孔隙体积的比值：

$$s\overset{\text{def}}{=}\frac{\mathrm{d}V_{\mathrm{w}}}{\mathrm{d}V_{\mathrm{v}}} \tag{2-152}$$

某点的自由润湿性流体的体积比如下：

$$n_{\mathrm{w}}\overset{\text{def}}{=}\frac{\mathrm{d}V_{\mathrm{w}}}{\mathrm{d}V}=sn \tag{2-153}$$

当前单位孔隙体积中总的润湿性流体的体积(自由流体+束缚性流体)如下：

$$n_{\mathrm{f}}=sn+n_{\mathrm{t}} \tag{2-154}$$

2.6.2 多孔介质材料平衡状态方程离散

时间点 t 时，基于虚功原理的平衡方程表示如下：

$$\int_{\mathrm{V}}\sigma : \delta\varepsilon\mathrm{d}V=\int_{\mathrm{S}}t\cdot\delta\boldsymbol{v}\mathrm{d}S+\int_{\mathrm{V}}\hat{f}\cdot\delta\boldsymbol{v}\mathrm{d}V \tag{2-155}$$

式中，$\delta\boldsymbol{v}$ 为虚速度场；$\delta\boldsymbol{\varepsilon}\overset{\text{def}}{=}\mathrm{sym}(\partial\delta\boldsymbol{v}/\partial\boldsymbol{x})$为虚变形率；$\sigma$ 为真(柯西)应力；t 为单位面积面作用力；$\hat{f}$为单位体积作用力，$\hat{f}$常包括润湿性流体的质量。

$$f_{\mathrm{w}}=(sn+n_{\mathrm{t}})\rho_{\mathrm{w}}g \tag{2-156}$$

式中，ρ_{w} 为润湿性流体的密度，g 为重力加速度，一般假定为常数和固定方向。为简单起见，体积力$\hat{f}$仅考虑干燥介质的质量。因此，该方程可表示为：

$$\int_{\mathrm{V}}\sigma : \delta\varepsilon\mathrm{d}V=\int_{\mathrm{S}}t\cdot\delta\boldsymbol{v}\mathrm{d}S+\int_{\mathrm{V}}f\cdot\delta\boldsymbol{v}\mathrm{d}V+\int_{\mathrm{V}}(sn+n_{\mathrm{t}})\rho_{\mathrm{w}}g\cdot\delta\boldsymbol{v}\mathrm{d}V \tag{2-157}$$

式中，f 为不考虑润湿性流体质量的体积力。

在有限元模型中，通过引入差值函数可将平衡方程近似离散成有限个方程，用来表示离散的符号的上标符号代表节点的数量($\boldsymbol{v}^N$)，并对上标采用求和约定，差值函数基于材料骨架坐标进行假设(“拉格朗日”公式)。

虚拟速度场表示如下：

$$\delta v = N^N \delta \boldsymbol{v}^N \tag{2-158}$$

式中，$N^N(S_i)$为基于材料坐标(S_i)定义的差值函数。

虚变形率定义如下：

$$\delta \varepsilon = \beta^N \delta \boldsymbol{v}^N \tag{2-159}$$

在最简单的情况下：

$$\beta^N = \mathrm{sym}\left(\frac{\partial \delta N^N}{\partial x}\right) \tag{2-160}$$

基于虚功原理方程的离散形式如下：

$$\delta \boldsymbol{v}^N \int_V \beta^N : \sigma \mathrm{d}V = \delta \boldsymbol{v}^N \left[\int_S N^N \cdot t\mathrm{d}S + \int_V N^N \cdot f\mathrm{d}V + \int_V (sn + n_t)\rho_w N^N g\mathrm{d}V \right] \tag{2-161}$$

式中，$\delta \boldsymbol{v}^N$ 假设为独立的，方程左侧为 $\delta \boldsymbol{v}^N$ 的共轭矩阵，称为内力矩阵 I^N，则：

$$I^N \overset{\mathrm{def}}{=} \int_V \beta^N : \sigma \mathrm{d}V \tag{2-162}$$

同样方程右侧为外力矩阵 P^N，可表示为：

$$P^N \overset{\mathrm{def}}{=} \int_S N^N \cdot t\mathrm{d}S + \int_V N^N \cdot f\mathrm{d}V + \int_V (sn + n_t)\rho_w N^N \cdot g\mathrm{d}V \tag{2-163}$$

选择每个 $\delta \boldsymbol{v}^N$ 非零值依次表示平衡方程，即内力和外力平衡，即：

$$I^N - P^N = 0 \tag{2-164}$$

离散后的平衡方程结合后面的多孔介质中润湿性流体相的连续性状态方程定义为多孔介质材料的状态方程。当采用隐式积分时，每个时间增量步结束后的平衡方程被记录，除了最简单的情况外，平衡方程都是非线性的。方程常采用牛顿法用于求解，同样，有时会造成系统小的线性扰动(例如振动小的问题)。上述考虑意味着需要构建系统的雅可比矩阵，该矩阵定义方程中每项相对于离散问题基本变量的变化，x^N 为节点坐标(或者等效的 $x^N \sim X^N$ 的位移)，u_w^N 为润湿性流体的节点处的压力。象征性地定义一个术语变体，f 简化为 $\mathrm{d}f$，表示如下：

$$\mathrm{d}f \overset{\mathrm{def}}{=} \frac{\partial f}{\partial x^N}\mathrm{d}x^N + \frac{\partial f}{\partial u_w^P}\mathrm{d}u^P \tag{2-165}$$

根据离散方程(2-164)变化，$\mathrm{d}P^N$ 项产生了质量矩阵(对于 d′Alembert 力)和雅可比矩阵中的载荷刚度矩阵。与润湿性流体重量有关的载荷刚度项如下：

$$-\int_V \frac{1}{J}\mathrm{d}[J(sn + n_t)\rho_w] N^N \cdot g\mathrm{d}V \tag{2-166}$$

式中，$J \overset{\mathrm{def}}{=} \left|\frac{\mathrm{d}V}{\mathrm{d}V^0}\right|$ 为当前体积与参考体积比。

$\mathrm{d}I^N$ 表示如下：

$$\mathrm{d}I^N = \mathrm{d}\int_V \beta^N : \sigma \mathrm{d}V = \int_V \left[\frac{1}{J}\beta^N : \mathrm{d}(J\sigma) + \sigma : \mathrm{d}\beta^N\right]\mathrm{d}V \tag{2-167}$$

式(2-167)右边第一项 d($J\sigma$)表示节点孔隙流体压力值变化引起的有效应力变化。从连续的意义(在求解变量的空间离散化之前)来说，该项由有效应力原理和材料的本构假设定义，下面将对其进行详细讨论。

由于有效应力 $\bar{\sigma}$ 通常存储为与空间方向相关的分量，因此在增量过程中材料的旋转必须包含在方程中，假设应力的变化为：

$$\mathrm{d}(J\sigma)=\mathrm{d}^{\nabla}[J(1-n_{\mathrm{t}})\bar{\sigma}]-\mathrm{d}(Jn_{\mathrm{t}}\bar{p}_{\mathrm{t}}\mathrm{I})+J(\mathrm{d}\Omega\cdot\sigma+\sigma\cdot\mathrm{d}\Omega^{T})-\mathrm{d}(J\chi u_{\mathrm{w}})\mathrm{I} \tag{2-168}$$

式中，$\mathrm{d}^{\nabla}(\overline{J\sigma})$ 为与材料本构响应相关的有效应力的变化(由应变或其他状态变量的变化引起)；$\mathrm{d}\Omega \overset{\mathrm{def}}{=} \mathrm{asym}(\partial \mathrm{d}x/\partial x)$ 为材料旋转。

多孔介质中应力的雅可比矩阵为：

$$\mathrm{d}I^{N}=\int_{\mathrm{V}}\left[\frac{1}{J}\beta^{N}:\{\mathrm{d}^{\nabla}[J(1-n_{\mathrm{t}})\bar{\sigma}]-\mathrm{d}(Jn_{\mathrm{t}}\bar{p}_{\mathrm{t}}\mathrm{I})\}+\sigma:(\mathrm{d}\beta^{N}+2\beta^{N}\cdot\mathrm{d}\Omega)-\right.$$

$$\left.\beta^{N}:\mathrm{I}\left(\chi+u_{\mathrm{w}}\frac{\mathrm{d}\chi}{\mathrm{d}u_{\mathrm{w}}}\right)\mathrm{d}u_{\mathrm{w}}-\beta^{N}:J\chi u_{\mathrm{w}}I:\mathrm{d}\varepsilon\right]\mathrm{d}V \tag{2-169}$$

式中，$\mathrm{d}\varepsilon \overset{\mathrm{def}}{=} \mathrm{sym}(\partial \mathrm{d}x/\partial x)$ 为应变率，所以：

$$\frac{\mathrm{d}J}{J}=\mathrm{trace}(\mathrm{d}\varepsilon)=I:\mathrm{d}\varepsilon \tag{2-170}$$

2.6.3 多孔介质材料本构特征

ABAQUS/Standard 中多孔介质材料通常被认为由固体物质、包含液体或气体的孔隙以及附着在固体物质上的束缚流体的混合物组成。多孔介质材料的力学行为包括液体和固体物质对局部压力的响应以及整个材料对有效应力的响应。

1. 流体响应

对于系统中的流体(孔隙中的自由流体和束缚流体)，进行以下假设：

$$\frac{\rho_{\mathrm{w}}}{\rho_{\mathrm{w}}^{0}}\approx1+\frac{u_{\mathrm{w}}}{K_{\mathrm{w}}}-\varepsilon_{\mathrm{w}}^{th} \tag{2-171}$$

式中，ρ_{w} 为流体密度；ρ_{w}^{0} 为参考流体密度；$K_{\mathrm{w}}(\theta)$ 为流体体积模量；$u_{\mathrm{w}}/K_{\mathrm{w}}$ 和 $\varepsilon_{\mathrm{w}}^{th}$ 假设很小。

$\varepsilon_{\mathrm{w}}^{th}$ 的表达方式如下：

$$\varepsilon_{\mathrm{w}}^{th}=3\alpha_{\mathrm{w}}(\theta-\theta_{\mathrm{w}}^{0})-3\alpha_{\mathrm{w}}|_{\theta^{I}}(\theta^{I}-\theta_{\mathrm{w}}^{0}) \tag{2-172}$$

式中，$\varepsilon_{\mathrm{w}}^{th}$ 为温度变化引起的流体体积膨胀；$\alpha_{\mathrm{w}}(\theta)$ 为流体的温度膨胀系数；θ 为当前温度值；θ^{I} 为多孔介质中节点的初始温度；θ_{w}^{0} 为温度膨胀的参考温度。

2. 固体颗粒响应

假设多孔介质材料中的固体颗粒在压力下具有局部力学响应，则其表达式为：

$$\frac{\rho_{\mathrm{g}}}{\rho_{\mathrm{g}}^{0}}\approx1+\frac{1}{K_{\mathrm{g}}}\left(su_{\mathrm{w}}+\frac{\bar{p}}{1-n-n_{\mathrm{t}}}\right)-\varepsilon_{\mathrm{g}}^{th} \tag{2-173}$$

式中，$K_{\mathrm{g}}(\theta)$ 为固体物质的体积模量；s 为润湿性流体的饱和度。

$\varepsilon_{\mathrm{g}}^{th}$ 表示如下：

$$\varepsilon_{\mathrm{g}}^{th}=3\alpha_{\mathrm{g}}(\theta-\theta_{\mathrm{g}}^{0})-3\alpha_{\mathrm{g}}|_{\theta^{I}}(\theta^{I}-\theta_{\mathrm{g}}^{0}) \tag{2-174}$$

式中，ε_g^{th} 为固体颗粒的温度体积热应变；$\alpha_g(\theta)$ 为固体物质的温度体积膨胀系数；θ_g^0 为参考温度点的膨胀系数；$|1-\rho_g/\rho_g^0|$假定非常小。

区分固体颗粒材料的 K_g 和 α_g 值是非常重要的，总体上，多孔介质将表现出比所指示的 K_g 要软得多(并且通常不可恢复)的本构行为，并且还将显示出不同的热膨胀特征。固体颗粒本构的差异性主要受固体颗粒的不规则接触、流体的部分饱和以及孔隙中的可压缩气体和不可压缩液体混合物的综合影响。

3. 流体截留

流体的截留与指定材料中吸收流体并溶胀成“凝胶”的特定材料有关，该特征的简单模型将溶胶理想化为半径为 r_a 的单个球体颗粒体积。Tanaka 和 Fillmore(1979 年)研究表明，当这种材料的单个球体完全暴露于流体时，其半径变化可建模为：

$$r_a = r_a^f - \sum_N \alpha_N \exp\left(-\frac{t}{\tau_N}\right) \tag{2-175}$$

式中，r_α^f 为 $t\to\infty$ 时完全膨胀的半径；N、α_N 和 τ_N 为材料参数。因此，模型可以简化为，

$$r_\alpha = r_\alpha^f - \alpha_1 \exp\left(-\frac{t}{\tau_1}\right)。$$

等效半径溶胀率的表达形式如下：

$$\dot{r}_\alpha = \frac{r_\alpha^f - r_\alpha}{\tau_1} \tag{2-176}$$

当凝胶颗粒仅部分暴露于流体(在不饱和体系中)时，合理的假设是根据饱和度来降低溶胀率。此外，假设仅当周围介质的饱和度超过凝胶的有效饱和度时，凝胶才会膨胀，其表达式为 $1-[(r_\alpha^f)^3-(r_\alpha)^3]/[(r_\alpha^f)^3-(r_\alpha^{dry})^3]$。式中，$r_\alpha^{dry}$ 为完全干燥的凝胶颗粒的半径，简单线性的表达式如下：

$$\dot{r}_\alpha = \frac{r_\alpha^f - r_\alpha}{\tau_1}\left[s-1+\left(\frac{(r_\alpha^f)^3-(r_\alpha)^3}{(r_\alpha^f)^3-(r_\alpha^{dry})^3}\right)\right] \tag{2-177}$$

式中，$\langle f\rangle = f$ 若 $f>0$

$\langle f\rangle = 0$ 其他条件。

颗粒堆积和膨胀可能导致凝胶颗粒接触，此时，可用于吸收和截留流体的表面会减少，直至除固体颗粒之外的凝胶颗粒占据了整个体积，则必须完全忽略截留流体。对于每单位参考体积的 k_α 凝胶颗粒，凝胶颗粒产生接触前(面心立方排列)可以达到的最大半径为：

$$r_\alpha^t \overset{def}{=} \left(\frac{n^0 J}{4\sqrt{2}\kappa_\alpha}\right)^{\frac{1}{3}} \tag{2-178}$$

当有效凝胶颗粒半径达到如下条件时，孔隙体积完全被凝胶和固体物质占据：

$$r_\alpha^s = \left(\frac{3\,n^0 J}{4\pi\,\kappa_\alpha}\right)^{\frac{1}{3}} \tag{2-179}$$

因此，凝胶溶胀行为被进一步修改为：

$$\dot{r}_\alpha = \frac{r_\alpha^f - r_\alpha}{\tau_1}\left[s-1+\left(\frac{(r_\alpha^f)^3-(r_\alpha)^3}{(r_\alpha^f)^3-(r_\alpha^{dry})^3}\right)\right]\left[1-\left(\frac{r_\alpha - r_\alpha^t}{r_\alpha^s - r_\alpha^t}\right)^2\right] \tag{2-180}$$

因此，在无压力的介质中，假定截留的流体量为：

$$dV_t = h_t dV^0 \tag{2-181}$$

式中，$h_t \overset{\text{def}}{=} \frac{4}{3}\pi(r_\alpha^3-(r_\alpha^{\text{dry}})^3)\kappa_\alpha$，$r_\alpha(J,\ s)$为积分方程(2-180)中定义的。

当多孔介质材料处于应力状态下，截留的流体可以在压力作用下产生压缩。此时，假设：

$$dV_t = \left(1-\frac{u_w}{K_w}+\varepsilon_w^{th}\right)h_t dV^0 \tag{2-182}$$

和

$$n_t = \frac{dV_t}{dV} = \frac{h_t}{J}\left(1-\frac{u_w}{K_w}+\varepsilon_w^{th}\right) \tag{2-183}$$

将其与式(2-171)结合使用，而忽略相对小的项，则：

$$J\frac{\rho_w}{\rho_w^0} \approx h_t \tag{2-184}$$

假设在初始状态下，凝胶颗粒的有效饱和度与周围介质的饱和度相同，则 r_α^0 可表示如下：

$$r_\alpha^0 = [(r_\alpha^f)^3-((r_\alpha^f)^3-(r_\alpha^{\text{dry}})^3)(1-s^0)]^{\frac{1}{3}} \tag{2-185}$$

含有凝胶颗粒的包裹流体的本构行为由弹性体积关系给出：

$$\bar{p}_t = -K_w(\bar{\varepsilon}_{\text{vol}}-\varepsilon_w^{th}) \tag{2-186}$$

式中，$\bar{p}_t$ 为凝胶流体中的平均压力应力；$\bar{\varepsilon}_{\text{vol}}$为有效体积应变。

4. 有效应变

根据式(2-173)可以看到，体积应变$-u_w/K_g+\varepsilon_g^{th}$ 包括了多孔介质材料中由于孔隙压力作用在固体颗粒和温度膨胀引起的部分总体积应变。另外，多孔介质材料中的流体截留可能引起附加的体积变化率：

$$1+\frac{dV_t-dV_t^0}{dV^0} = 1+Jn_t-n_t^0 \tag{2-187}$$

最终，$\varepsilon^{ms}(s)$为饱和驱动的水汽膨胀应变，代表在孔隙部分饱和流体条件下固体骨架的体积膨胀，水汽膨胀可以是各向同性的或各向异性的。多孔介质中剩余部分的应变表示如下：

$$\bar{\varepsilon} \overset{\text{def}}{=} \varepsilon+\left(\frac{1}{3}\left(\frac{su_w}{K_g}-\varepsilon_g^{th}\right)-\frac{1}{3}\ln(1+Jn_t-n_t^0)\right)\mathrm{I}-\varepsilon^{ms}(s) \tag{2-188}$$

$\bar{\varepsilon}$ 表示是假定的、修改的多孔介质中有效应力的应变，也就是说，我们假设 $\bar{\sigma}=\bar{\sigma}$($\bar{\varepsilon}$、$\theta$ 和状态变量等的历程)。

基于这个假设，使用式(2-184)，可以将有效应力和孔隙压力变量的变化率表示为有效应力的 Jaumann 变化率，如下所示：

$$d^{\nabla}(J(1-n_t)\bar{\sigma}) = J(1-n_t)\bar{D}:\left(d\varepsilon+\left(\frac{s}{3K_g}+\frac{u_w}{3K_g}\frac{d_s}{du_w}+\frac{h_t}{3K_w(1+Jn_t-n_t^0)}\right)Idu_w-\frac{d\varepsilon^{ms}}{d_s}\frac{d_s}{du_w}du_w\right)$$

$$\mathrm{d}(Jn_t\bar{p}_tI)=Jn_tK_wII:\left(\mathrm{d}\varepsilon+\left(\frac{s}{3K_g}+\frac{u_w}{3K_g}\frac{d_s}{\mathrm{d}u_w}+\frac{h_t}{3K_w(1+Jn_t-n_t^0)}\right)I\mathrm{d}u_w-\frac{\mathrm{d}\varepsilon^{ms}}{d_s}\frac{d_s}{\mathrm{d}u_w}\mathrm{d}u_w\right) \tag{2-189}$$

式中，$\bar{D}$ 为模型力学本构的刚度矩阵，不同类型力学模型的刚度矩阵表征具有差异性。

同样，对于滞留在凝胶颗粒中的流体的有效应力可表示为：

$$\begin{aligned}\mathrm{d}I^N=\int_V\Big[&\beta^N:\{(1-n_t)\bar{D}+n_tK_wII\}:\mathrm{d}\varepsilon-\beta^N:\left(\left(\chi+u_w\frac{\mathrm{d}\chi}{\mathrm{d}u_w}\right)I\right.\\&-\left(\frac{s}{3K_g}+\frac{u_w}{3K_g}\frac{d_s}{\mathrm{d}u_w}+\frac{h_t}{3K_w(1+Jn_t-n_t^0)}\right)\{(1-n_t)\bar{D}+n_tK_wII\}:I\\&\left.+\frac{d_s}{\mathrm{d}u_w}\{(1-n_t)\bar{D}+n_tK_wII\}:\frac{\mathrm{d}\varepsilon^{ms}}{d_s}\right)\mathrm{d}u_w\\&+\sigma:(\mathrm{d}\beta^N+2\beta^N\cdot\mathrm{d}\Omega)-\beta^N:I\chi u_wI:\mathrm{d}\varepsilon\Big]\mathrm{d}V\end{aligned} \tag{2-190}$$

基于方程(2-169)可得：

$$\int_V\rho_w[\mathrm{d}V_w+\mathrm{d}V_t]=\int_V\rho_w[n_w+n_t]\mathrm{d}V \tag{2-191}$$

$$\frac{\mathrm{d}}{\mathrm{d}t}\left(\int_V\rho_w(n_w+n_t)\mathrm{d}V\right)=\int_V\frac{1}{J}\frac{\mathrm{d}}{\mathrm{d}t}[J\rho_w(n_w+n_t)]\mathrm{d}V \tag{2-192}$$

$$-\int_V\rho_wn_w\boldsymbol{n}\cdot\boldsymbol{v}_w\mathrm{d}S \tag{2-193}$$

$$\int_V\frac{1}{J}\frac{\mathrm{d}}{\mathrm{d}t}[J\rho_w(n_w+n_t)]\mathrm{d}V=-\int_S\rho_wn_wn\cdot v_w\mathrm{d}S \tag{2-194}$$

$$\frac{1}{J}\frac{\mathrm{d}}{\mathrm{d}t}[J\rho_w(n_w+n_t)]+\frac{\partial}{\partial\boldsymbol{x}}\cdot(\rho_wn_wv_w)=0 \tag{2-195}$$

2.6.4 润湿性流体相连续性状态方程

ABAQUS/Standard 提供了针对特殊情况下多孔介质流体流动的功能，与介质中存在相对不可压缩的润湿性流体有关，多孔介质孔隙结构中可以全部或部分地被该液体饱和。当多孔介质仅部分饱和时，其余孔隙将充满另一种流体。

湿润性流体可以吸附于介质中的某些固体颗粒上，并因此而被其捕获。附着在固体颗粒上的一定体积的捕获流体形成“凝胶”。

通过将有限元网格连接到固相颗粒，可以在 ABAQUS 中近似模拟多孔介质，流体可以在网格中流动。因此，对于润湿性流体来说，需要一个描述流体流动的连续性方程，保证在一个点上存储的流体质量的增加速率与在该时间增量内流入/流出该点的液体的质量速率相等。流体的连续性状态方程以变体形式编写，作为有限元逼近的基础。引入达西定律或 Forchheimer 定律可以描述流体在多孔介质中的流动。通过孔隙结构中润湿性流体的压力作为插值在单元上的节点变量(自由度 8)，在有限元模型中近似满足连续性方程。通过使用向后 Euler 逼近，可以及时对方程进行积分。对于节点变量而言，用于求解非线性与耦合问题、平衡方程和连续性方程的牛顿迭代求解需要关于节点变量连续性的综合变化的总导数。

考虑一定体积条件下包含的固体颗粒量固定，在当前条件下，此体积占用表面 S 的空间为 V，在参考设置中的占用空间为 V^0。润湿性流体可以流过该体积：在任何时候都可以记录这种“游离”流体(在压力的作用下可以流动的流体)的体积 V_w。润湿性流体也可能由于被凝胶吸收而束缚于孔隙体积中，束缚性流体的体积为 V_t。

控制体积中润湿性流体的总质量为：

$$\int_V \rho_w [\mathrm{d}V_w + \mathrm{d}V_t] = \int_V \rho_w (n_w + n_t)\mathrm{d}V \tag{2-196}$$

式中，ρ_w 为流体的质量密度。

润湿性流体质量随时间的变化率：

$$\frac{\mathrm{d}}{\mathrm{d}t}\left[\int_V \rho_w (n_w + n_t)\mathrm{d}V\right] = \int_V \frac{1}{J}\frac{\mathrm{d}}{\mathrm{d}t}[J\rho_w(n_w + n_t)]\mathrm{d}V \tag{2-197}$$

单位时间穿过固体介质表面并进入的润湿性流体的质量为：

$$-\int_S \rho_w n_w \boldsymbol{n}\cdot \boldsymbol{v}_w \mathrm{d}S \tag{2-198}$$

式中，$\boldsymbol{v}_w$ 为润湿性流体相对于固相的平均流动速度(渗流速度)；$\boldsymbol{n}$ 为面 S 的外法向。

将通过整个表面 S 上的流体质量与体积 V 内流体质量的变化率相加，即可得出润湿性流体质量连续性方程：

$$\int_V \frac{1}{J}\frac{\mathrm{d}}{\mathrm{d}t}[J\rho_w(n_w + n_t)]\mathrm{d}V = -\int_S \rho_w n_w \boldsymbol{n}\cdot \boldsymbol{v}_w \mathrm{d}S \tag{2-199}$$

使用散度定理并且由于体积是任意的，因此提供了逐点方程，即：

$$\frac{1}{J}\frac{\mathrm{d}}{\mathrm{d}t}[J\rho_w(n_w+n_t)]+\frac{\partial}{\partial \boldsymbol{x}}\cdot(\rho_w n_w \boldsymbol{v}_w) = 0 \tag{2-200}$$

方程的弱形式为：

$$\int_V \delta u_w \frac{1}{J}\frac{\mathrm{d}}{\mathrm{d}t}[J\rho_w(n_w + n_t)]\mathrm{d}V + \int_V \delta u_w \frac{\partial}{\partial \boldsymbol{x}}\cdot(\rho_w n_w \boldsymbol{v}_w)\mathrm{d}V = 0 \tag{2-201}$$

式中，δu_w 为任意的连续的变分场变量，参考体积条件下的状态方程如下所示：

$$\int_V^0 \delta u_w \frac{\mathrm{d}}{\mathrm{d}t}[J\rho_w(n_w + n_t)]\mathrm{d}V^0 + \int_V^0 \delta u_w J\frac{\partial}{\partial \boldsymbol{x}}\cdot(\rho_w n_w \boldsymbol{v}_w)\mathrm{d}V^0 = 0 \tag{2-202}$$

在 ABAQUS/Standard 中，此连续性状态方程通过向后 Euler 公式进行近似集成，从而得出：

$$\int_V^0 \delta u_w \{[J\rho_w(n_w + n_t)]_{t+\Delta t} - [J\rho_w(n_w + n_t)]_t\}\mathrm{d}V^0 + \Delta t\int_V \delta u_w \left[\frac{\partial}{\partial \boldsymbol{x}}\cdot(\rho_w n_w \boldsymbol{v}_w)\right]_{t+\Delta t}\mathrm{d}V^0 = 0 \tag{2-203}$$

当前体积条件下，则：

$$\int_V \delta u_w \{[\rho_w(n_w + n_t)]_{t+\Delta t} - \frac{1}{J_{t+\Delta t}}[J\rho_w(n_w + n_t)]_t\}\mathrm{d}V + \Delta t\int_V \delta u_w \left[\frac{\partial}{\partial \boldsymbol{x}}\cdot(\rho_w n_w \boldsymbol{v}_w)\right]_{t+\Delta t}\mathrm{d}V = 0 \tag{2-204}$$

散度定理方程写成如下形式：

$$\int_V \left[\delta u_w\left(\frac{\rho_w}{\rho_w^0}(n_w+n_t)-\frac{1}{J}\left(\frac{\rho_w}{\rho_w^0}[J(n_w+n_t)]\right)_t\right)-\Delta t\frac{\rho_w}{\rho_w^0}n_w\frac{\partial\delta u_w}{\partial \boldsymbol{x}}\cdot \boldsymbol{v}_w\right]dV$$

$$+\Delta t\int_S \delta u_w\frac{\rho_w}{\rho_w^0}n_w n\cdot \boldsymbol{v}_w dS=0 \tag{2-205}$$

通过参考流体的密度对方程进行归一化。

由于 $n_w=sn$，即：

$$\int_V \left[\delta u_w\left(\frac{\rho_w}{\rho_w^0}(sn+n_t)-\frac{1}{J}\left(\frac{\rho_w}{\rho_w^0}[J(sn+n_t)]\right)_t\right)-\Delta t\frac{\rho_w}{\rho_w^0}sn\frac{\partial\delta u_w}{\partial \boldsymbol{x}}\cdot \boldsymbol{v}_w\right]dV$$

$$+\Delta t\int_S \delta u_w\frac{\rho_w}{\rho_w^0}snn\cdot v_w dS=0 \tag{2-206}$$

1. 本构特征

多孔介质材料中孔隙流体的流动特征主要采用达西定律和 Forchheimer 定律进行表征，达西定律主要用于低速流体流动描述，而 Forchheimer 定律常用于涉及高速流动的情况。达西定律指出，在均质条件下，润湿性流体通过介质单位面积的体积流量 $sn\boldsymbol{v}_w$ 与测压两端的测压水头梯度成负比例关系（Bear，1972），具体的表征方式如下：

$$sn\boldsymbol{v}_w=-\hat{k}\cdot\frac{\partial\psi}{\partial\boldsymbol{x}} \tag{2-207}$$

式中，$\hat{k}$ 为多孔介质的渗透系数，ψ 为测压水头，定义如下：

$$\psi\overset{\text{def}}{=}z+\frac{u_w}{g\rho_w} \tag{2-208}$$

式中，z 为某个基准点上方的高程；g 为重力加速度值，作用方向与高程 z 方向相反。

另外，Forchheimer 定律指出，测压水头梯度的负值与润湿性流体通过介质单位面积的体积流量的二次函数有关（Desai，1975），表达方式如下：

$$sn\boldsymbol{v}_w(1+\beta\sqrt{\boldsymbol{v}_w\cdot\boldsymbol{v}_w})=-\hat{k}\cdot\frac{\partial\psi}{\partial\boldsymbol{x}} \tag{2-209}$$

式中，$\beta(x, e)$ 为"速度系数"（Tariq，1987），非线性渗透系数的定义主要取决于多孔介质材料的孔隙比。随着流体速度趋近于零时，Forchheimer 定律趋近于达西定律。因此，若 $\beta=0$ 时，两种流量定律是相同的。

$\hat{k}$ 可以是各向异性的，并且是材料的饱和度和孔隙比的函数。$\hat{k}$ 具有速度单位（长度/时间）特征。有些学者将 $\hat{k}$ 定义为水力传导系数（Bear，1972），其定义为：

$$\hat{K}=\frac{\upsilon}{g}\frac{1}{(1+\beta\sqrt{\boldsymbol{v}_w\cdot\boldsymbol{v}_w})}\hat{k} \tag{2-210}$$

式中，υ 为流体的运动黏度（流体动力黏度与其密度比）。

假设 g 为大小和方向不变的常数，因此：

$$\frac{\partial\psi}{\partial\boldsymbol{x}}=\frac{1}{g\rho_w}\left(\frac{\partial u_w}{\partial\boldsymbol{x}}-\rho_w g\right) \tag{2-211}$$

式中，$g\overset{\text{def}}{=}-g\partial z/\partial\boldsymbol{x}$ 为重力加速度（假定 ρ_w 随位置缓慢变化）。

在多相流系统中，特定流体的渗透系数取决于所考虑的多相流体的饱和度和多孔介质的孔隙度。假定这些因素的相关性是可分离的，因此：

$$\hat{k}=k_s k \tag{2-212}$$

式中，$k_s(s)$为饱和度相关的系数，$k_s(1)=1.0$；$k(x, e)$为完全饱和条件下的渗透系数。

函数$k_s(s)$能够通过用户子程序进行自定义。Nguyen 和 Durso(1983)实验测试发现，流体在通过部分饱和介质的稳定流动过程中，渗透率随s^3改变。因此，默认定义$k_s=s^3$。

引入流体流动本构定律的质量连续性方程[式(2-206)]可表示如下：

$$\begin{aligned}&\int_V\left[\delta u_w\left(\frac{\rho_w}{\rho_w^0}(sn+n_t)-\frac{1}{J}\left[\frac{\rho_w}{\rho_w^0}J(sn+n_t)\right]_t\right)\right.\\&\left.+\Delta t\frac{k_s}{\rho_w^0 g(1+\beta\sqrt{\boldsymbol{v}_w\cdot\boldsymbol{v}_w}}\frac{\partial\delta u_w}{\partial x}\cdot k\cdot\left(\frac{\partial u_w}{\partial\boldsymbol{x}}-\rho_w g\right)\right]dV\\&+\Delta t\int_S\delta u_w\frac{\rho_w}{\rho_w^0}sn\boldsymbol{n}\cdot\boldsymbol{v}_w dS=0\end{aligned}\tag{2-213}$$

2. 流体和固体颗粒体积应变

在多孔介质材料的本构特征中讨论了颗粒的变形特征，根据式(2-173)可得：

$$\frac{\rho_g}{\rho_g^0}=\frac{1}{J_g}\approx1+\frac{1}{K_g}\left(u_w+\frac{p}{1-n-n_t}\right)-\varepsilon_g^{th}\tag{2-214}$$

联合式(2-150)且忽略量小的一阶项，可获得：

$$n\approx1-n_t+\frac{\bar{p}}{K_g}+\frac{1}{J}(1-n^0-n_t^0)\left(\frac{u_w}{K_g}-\varepsilon_g^{th}-1\right)\tag{2-215}$$

根据式(2-171)且再次忽略量小的二阶项，可得：

$$\begin{aligned}\frac{\rho_w}{\rho_w^0}n\approx&1-n_t-\frac{1}{J}(1-n^0-n_t^0)+\frac{\bar{p}}{K_g}+u_w\left(\frac{1-n_t}{K_w}+\frac{(1-n^0-n_t^0)}{J}\left(\frac{1}{K_g}-\frac{1}{K_w}\right)\right)\\&-(1-n_t)\varepsilon_w^{th}+\frac{1}{J}(1-n^0-n_t^0)(\varepsilon_w^{th}-\varepsilon_g^{th})\end{aligned}\tag{2-216}$$

式(2-216)与式(2-183)联合，再次近似于一阶项，可得：

$$\begin{aligned}\frac{\rho_w}{\rho_w^0}n\approx&1-\frac{1}{J}(1-n^0-n_t^0+h_t)+\frac{\bar{p}}{K_g}+u_w\left(\frac{1}{K_w}+\frac{(1-n^0-n_t^0)}{J}\left(\frac{1}{K_g}-\frac{1}{K_w}\right)\right)\\&-\varepsilon_w^{th}+\frac{1}{J}(1-n^0-n_t^0)(\varepsilon_w^{th}-\varepsilon_g^{th})\end{aligned}\tag{2-217}$$

3. 饱和度

因为u_w测量的是润湿性流体中的压力，而忽略了介质中其他流体相的压力，若$u_w>0$，则表示多孔介质完全饱和；若u_w值为负值，则表示多孔介质中存在毛细作用。$u_w<0$表示在一定的饱和度范围内多孔介质中存在$-u_w$的毛细管力。典型的形式如图2-20所示：

可以将饱和度的范围表示为$s^\alpha\leqslant s\leqslant s^e$，其中$s^\alpha(u_w)$为吸湿发生的极限值($\dot{s}>0$)，

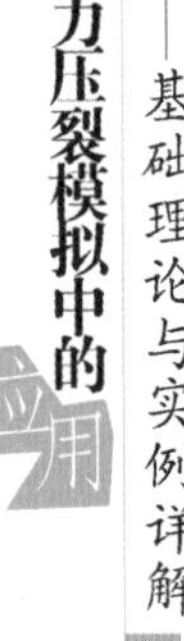

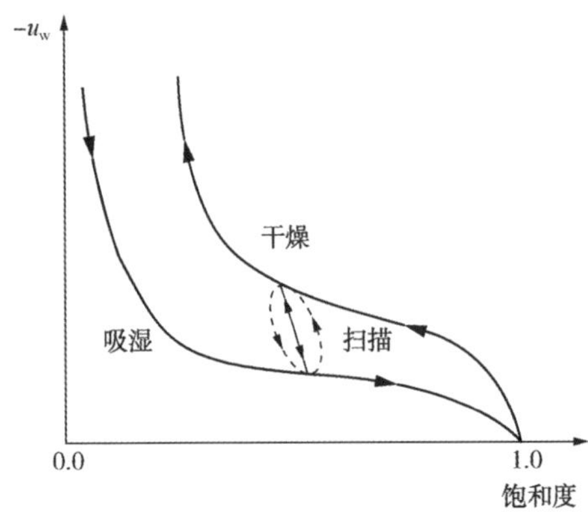

图 2-20　典型的液体吸湿和干燥行为

$s^e(u_w)$为干燥发生的极限值($\dot{s}<0$)。假定这种关系是唯一且可逆的，吸湿和干燥可写成$u_w^\alpha(s)$和$u_w^e(s)$的关系式。同样还假设某些润湿性流体将始终存在于介质中，即$s>0$。

Bear(1972)研究认为吸湿和干燥间的过渡是沿着“扫描”曲线发生的，反之亦然。可用一条直线近似它们，如图 2-20 所示。

根据图 2-20 对应的实际数据，如果润湿性流体压力超出其值允许的范围，则将饱和度视为状态变量，饱和度可能适时变化。假定流体饱和度在时间点 t，$s|_t$为已知的，必须满足如下约束：

$$s|_t=1.0,\ 若\ u_w>0.0$$

$$s^\alpha(u_w|_t)\leqslant s|_t\leqslant s^e(u_w|_t),\ 其他条件 \tag{2-218}$$

初始假设$s|_{t+\Delta t}=s|_t$，求解$u_w|_{t+\Delta t}$的连续性方程，$s|_{t+\Delta t}$可从如下方式获得：

若$u_w|_t>0.0$，则：

$$s|_{t+\Delta t}=1.0,\ \ \dot{s}=0.0 \tag{2-219}$$

否则若$u_w|_t>u_w^\alpha(s_t)$，则：

$$s|_{t+\Delta t}=s^a(u_w|_{t+\Delta t}),\ \ \frac{\mathrm{d}s}{\mathrm{d}u_w}=\frac{\mathrm{d}s^a}{\mathrm{d}u_w}|_{u_w|_{t+\Delta t}} \tag{2-220}$$

否则若$u_w|_t<u_w^e(s_t)$，则：

$$s|_{t+\Delta t}=s^e(u_w|_{t+\Delta t}),\ \ \frac{\mathrm{d}s}{\mathrm{d}u_w}=\frac{\mathrm{d}s^e}{\mathrm{d}u_w}|_{u_w|_{t+\Delta t}} \tag{2-221}$$

其他条件：

$$s|_{t+\Delta t}=s|_t+\frac{\mathrm{d}s}{\mathrm{d}u_w}|_s\Delta u_w,\ \ \frac{\mathrm{d}s}{\mathrm{d}u_w}=\frac{\mathrm{d}s}{\mathrm{d}u_w}|_s \tag{2-222}$$

式中，$\mathrm{d}s/\mathrm{d}u_w|_s$为扫描线的斜率，演化规律如图 2-21 所示：

4. 雅克比矩阵

连续性方程的雅可比行列式可从式(2-213)相对于 x 和随时间 $t+\Delta t$ 的 u_w 变化获得。

首先考虑表面积分，表面积分描述分为穿过表面流体质量流速$\rho_w sn\boldsymbol{n}\cdot\boldsymbol{v}_w$和描述润湿性流体压力$u_w$两个部分。因此，该项对雅可比行列式的唯一作用是积分的变化，由描述的流体质量流速部分引起的表面积变化可以被忽略。

式(2-213)剩余的部分可表征为：

$$\int_V\frac{1}{J}\left[\delta u_w\mathrm{d}\left(J\frac{\rho_w}{\rho_w^0}(sn+n_t)\right)+\frac{\Delta t}{\rho_w^0 g}\mathrm{d}\left\{\frac{Jk_s}{(1+\beta\sqrt{\boldsymbol{v}_w\cdot\boldsymbol{v}_w})}\frac{\partial\delta u_w}{\partial\boldsymbol{x}}\cdot k\cdot\left(\frac{\partial u_w}{\partial\boldsymbol{x}}-\rho_w g\right)\right\}\right]\mathrm{d}V \tag{2-223}$$

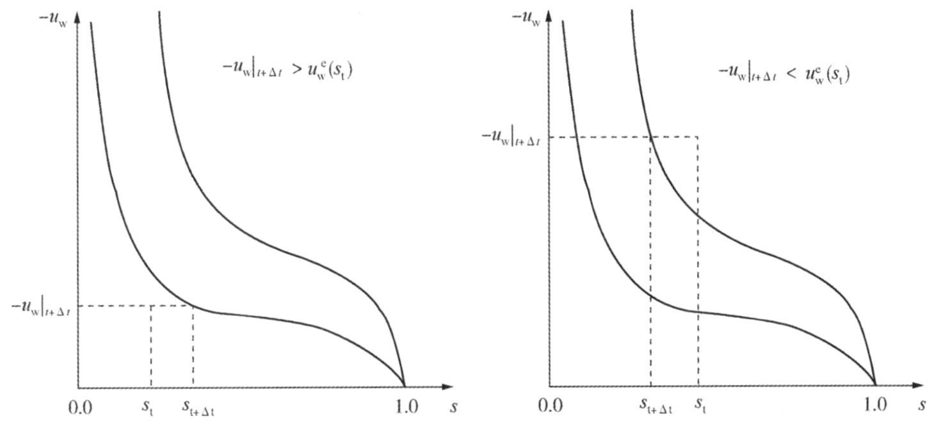

图 2-21　非饱和条件下饱和度演化曲线

根据式(2-217)，可得：

$$J\frac{\rho_w}{\rho_w^0}sn \approx s\left[J(1+\frac{p}{K_g}+\frac{u_w}{K_w}-\varepsilon_g^{th})-1+n^0+n_t^0-h_t+u_w(1-n^0-n_t^0)\left(\frac{1}{K_g}-\frac{1}{K_w}\right)\right.$$
$$\left.+(1-n^0-n_t^0)(\varepsilon_w^{th}-\varepsilon_g^{th})\right] \tag{2-224}$$

最后，忽略部分小的影响因素，可得：

$$\mathrm{d}\left(J\frac{\rho_w}{\rho_w^0}sn\right)=s\left[-\frac{J}{3K_g}I: \overline{D}+JI\right]: \mathrm{d}\varepsilon$$
$$+\left[\frac{\mathrm{d}s}{\mathrm{d}u_w}(J-1+n^0+n_t^0-h_t)-\frac{sJ}{9K_g}I: \overline{D}: I\left(\frac{1}{K_g}+\frac{h_t}{K_w(1+h_t-n_t^0)}\right)\right.$$
$$\left.+\frac{s}{K_w}(J-1+n^0+n_t^0)+\frac{s}{K_g}(1-n^0-n_t^0)\right]\mathrm{d}u_w \tag{2-225}$$

根据式(2-184)可得 $J(\beta_w/\beta_w^0)n_t \approx h_t$，该项对雅克比行列式无贡献。

最后，在非线性 Forchheimer 流量定律的一般情况下，渗透率项的雅可比行列式相当复杂，在此仅编写了反映达西定律($\beta=0$)的线性流动形态的方程。方程表征如下：

$$\mathrm{d}\left[Jk_s\frac{\partial\delta u_w}{\partial x}\cdot k\cdot\left(\frac{\partial u_w}{\partial x}-\rho_w g\right)\right]=$$
$$Jk_s\frac{\partial\delta u_w}{\partial x}\cdot k\cdot\left(\frac{\partial u_w}{\partial x}-\rho_w g\right)I: \mathrm{d}\varepsilon+J\frac{\mathrm{d}k_s}{\mathrm{d}s}\frac{\mathrm{d}s}{\mathrm{d}u_w}\frac{\partial\delta u_w}{\partial x}\cdot k\cdot\left(\frac{\partial u_w}{\partial x}-\rho_w g\right)\mathrm{d}u_w-$$
$$Jk_s\frac{\partial\delta u_w}{\partial x}\cdot\frac{\partial \mathrm{d}x}{\partial x}\cdot k\cdot\left(\frac{\partial u_w}{\partial x}-\rho_w g\right)-Jk_s\frac{\partial\delta u_w}{\partial x}\cdot k\cdot\left(\frac{\partial u_w}{\partial x}\cdot\frac{\partial \mathrm{d}x}{\partial x}\right)^T+Jk_s\frac{\partial\delta u_w}{\partial x}\cdot k\cdot\frac{\partial \mathrm{d}u_w}{\partial x}+$$
$$Jk_s\frac{\partial\delta u_w}{\partial x}\cdot\frac{\mathrm{d}k}{\mathrm{d}e}\cdot\left(\frac{\partial u_w}{\partial x}-\rho_w g\right)\frac{1}{(1-n)^2}\left\{\frac{1}{K_g}I: \overline{D}:\right.$$
$$\left[-\frac{1}{3}\mathrm{d}\varepsilon+\left(\frac{1}{J}(1-n^0-n_t^0)+n_t\right)I: \mathrm{d}\varepsilon-\left(\frac{1}{9K_g}+\frac{h_t}{9K_g(1+h_t-n_t^0)}\right)I\mathrm{d}u_w\right]$$
$$\left.+\frac{(1-n^0-n_t^0)}{JK_g}\mathrm{d}u_w+\frac{n_t}{K_w}\mathrm{d}u_w\right\} \tag{2-226}$$

使用上述推导结果提供了连续性方程的雅可比行列式，表征如下：

$$
\begin{aligned}
&\int_{V}\left[\delta u_{w}\left\{s\left[-\frac{1}{3K_{g}}\boldsymbol{I}:\ \overline{\mathrm{D}}+\boldsymbol{I}\right]:\ \mathrm{d}\varepsilon\right.\right.\\
&\quad+\left[\frac{\mathrm{d}s}{\mathrm{d}u_{w}}\frac{1}{J}(J-1+n^{0}+n_{t}^{0}-h_{t})-\frac{s}{9K_{g}}\boldsymbol{I}:\ \overline{D}:\ \boldsymbol{I}\left(\frac{1}{K_{g}}+\frac{h_{t}}{K_{w}(1+h_{t}-n_{t}^{0})}\right)\right.\\
&\quad\left.\left.+\frac{s}{JK_{w}}(J-1+n^{0}+n_{t}^{0})+s\frac{1-n^{0}-n_{t}^{0}}{JK_{g}}\right]\mathrm{d}u_{w}\right\}\\
&\quad+\Delta t\frac{k_{s}}{\rho_{w}^{0}}\left\{\frac{\partial\delta u_{w}}{\partial x}\cdot\left[k\cdot\left(\frac{\partial u_{w}}{\partial x}-\rho_{w}g\right)\boldsymbol{I}\right.\right.\\
&\quad\left.+\frac{\mathrm{d}k}{\mathrm{d}e}\cdot\left(\frac{\partial u_{w}}{\partial x}-\rho_{w}g\right)\frac{1}{(1-n)^{2}}\left(-\frac{1}{3K_{g}}I:\ \overline{D}+\left(\frac{1}{J}(1-n^{0}-n_{t}^{0})+n_{t}\right)I\right)\right]:\ \mathrm{d}\varepsilon\\
&\quad+\frac{\partial\delta u_{w}}{\partial x}\cdot\mathrm{k}\cdot\frac{\partial\mathrm{d}u_{w}}{\partial x}\\
&\quad+\left[\frac{1}{k_{s}}\frac{\mathrm{d}k_{s}}{\mathrm{d}s}\frac{\mathrm{d}s}{\mathrm{d}u_{w}}\frac{\partial\delta u_{w}}{\partial x}\cdot\mathrm{k}\cdot\left(\frac{\partial u_{w}}{\partial x}-\rho_{w}g\right)\right.\\
&\quad+\frac{1}{(1-n)^{2}}\frac{\partial\delta u_{w}}{\partial x}\cdot\frac{\mathrm{d}k}{\mathrm{d}e}\cdot\left(\frac{\partial u_{w}}{\partial x}-\rho_{w}g\right)\left(\frac{\boldsymbol{I}:\ D:\ \boldsymbol{I}}{9K_{g}}\left(-\frac{1}{K_{g}}-\frac{h_{t}}{K_{w}(1+h_{t}-n_{t}^{0})}\right)\right.\\
&\quad\left.\left.+\frac{n_{t}}{K_{w}}+\frac{1-n^{0}+n_{t}^{0}}{JK_{g}}\right)\right]\mathrm{d}u_{w}\\
&\quad\left.\left.-\left(\frac{\partial\delta u_{w}}{\partial x}\cdot\frac{\partial\mathrm{d}x}{\partial x}\cdot\mathrm{k}\cdot\left(\frac{\partial u_{w}}{\partial x}-\rho_{w}g\right)+\frac{\partial\delta u_{w}}{\partial x}\cdot\mathrm{k}\cdot\left(\frac{\partial u_{w}}{\partial x}\cdot\frac{\partial\mathrm{d}x}{\partial x}\right)^{T}\right)\right\}\right]\mathrm{d}V
\end{aligned}
\tag{2-227}
$$

2.6.5 耦合扩散/变形的求解策略

孔隙流体扩散和固体颗粒基质变形的控制方程如下：

平衡方程：

$$K^{MN}\bar{c}_{\delta}^{N}-L^{MP}\bar{c}_{\delta}^{N}=P^{M}-I^{M} \tag{2-228}$$

孔隙流体流动方程：

$$(\hat{B}^{MQ})^{T}\bar{\upsilon}^{M}+\hat{H}^{QP}\bar{u}^{P}=Q^{Q} \tag{2-229}$$

有两种常用的手段求解耦合方程组，一种方法是先求解式(2-228)方程，然后使用获得的结果求解式(2-229)方程，相应的结果反过来又反馈到式(2-228)方程中，以查看求解结果改变(如果有)。求解过程中一直持续到迭代获得的结果差异性可忽视为止。这是式(2-228)和式(2-229)方程组耦合系统求解的交错方法。第二种方法是直接求解耦合方程组，直接方法在 ABAQUS/Standard 中使用，因为它甚至在严重的非线性情况下也能快速收敛。

首先在孔隙流体流动方程中引入时间积分算子，积分算子的选择是简单的一步式方法：

$$\bar{\delta}_{t+\Delta t}^{N}=\bar{\delta}_{t}^{N}+\Delta t\left[(1-\zeta)\bar{\upsilon}_{t}^{N}+\zeta\overline{\upsilon}_{t+\Delta t}\right] \tag{2-230}$$

式中，$0 \leqslant \zeta \leqslant 1$，为了确保数值稳定性，一般取 $\zeta=1$，所以：

$$\bar{v}_{t+\Delta t}=\frac{1}{\Delta t}(\bar{\delta}^N_{t+\Delta t}-\delta_t) \tag{2-231}$$

时间 $t+\Delta t$ 点的孔隙流体的流动方程如下：

$$(\hat{B}^{MQ})^T\delta^M_{t+\Delta t}+\Delta t\,\hat{H}^{QP}\bar{c}^P_u=\Delta t Q^Q_{t+\Delta t}+(\hat{B}^{MQ})^T\delta^M_t \tag{2-232}$$

采用牛顿线性化，流体流动方程可变为：

$$-(B^{MQ})^T\bar{c}^M_\delta-\Delta t H^{QP}\bar{c}^P_u=\Delta t[-Q^Q_{t+\Delta t}+(\hat{B}^{MQ})^T\bar{v}^M_{t+\Delta t}+\hat{H}^{QP}u^P_{t+\Delta t}] \tag{2-233}$$

耦合系统方程求解如下：

$$K^{MN}c^N_\delta-L^{MP}\bar{c}^P_u=P^M-I^M \tag{2-234}$$

和

$$-(B^{MQ})^T\bar{c}^M_\delta-\Delta t H^{QP}\bar{c}^P_u=R^Q \tag{2-235}$$

式中，

$$R^Q=\Delta t[-Q^Q_{t+\Delta t}+(\hat{B}^{MQ})^T\bar{v}^M_{t+\Delta t}+\hat{H}^{QP}u^P_{t+\Delta t}] \tag{2-236}$$

上述方程构成了 ABAQUS/Standard 中耦合流动/变形解中时间步长迭代解的基础。通常，方程组的矩阵是不对称的。对称性的缺乏是由几何形状变化、渗透系数与孔隙比的相关性、部分饱和情况下的饱和度变化和总的孔隙流体的重力载荷等多种影响造成的。

在默认情况下，ABAQUS/Standard 在所有稳态或部分饱和耦合分析中采用非对称方程求解器；在其他情况下，默认使用对称求解器。在后一种情况下，如果几何形状非线性或渗透率变化的影响显著，或者如果进行了总孔隙压力(相对于多余孔隙压力)分析，则建议用户激活非对称求解器。

2.7 Cohesive 粘结单元模拟方法

2.7.1 线弹性牵引-分离行为

ABAQUS 软件中提供了一种粘结单元(Cohesive element)用于模拟失效，粘结单元可用于模拟裂缝扩展行为、材料缺陷等。利用 Cohesive 粘结单元模拟需要提前预设单元，裂缝的失效位置需要提前预设，对于失效位置不确定的模型模拟难度大。

Cohesive 粘结单元采用牵引-分离(Traction-Separation)模式，单元初始损伤和损伤演化前假设为线弹性特征，线弹性特征可用于材料截面上的名义应力和名义应变相关的弹性本构矩阵表征。名义应力为每个积分点处的应力分量除以初始本构面积，而名义应变为每个积分点处的牵引量除以初始本构厚度。若指定了 Cohesive 粘结单元材料的牵引-分离响应特征，则默认的单元的初始本构厚度为 1.0，确保名义应变等于单元的分离值(单元顶面和底面的相对位移值)。用于牵引-分离响应的本构厚度通常不同于几何厚度(几何厚度接近或等于零)。

假设 t 为名义牵引应力矢量，包括三个应力分量(二维模型为两个分量)t_n、t_s 和 t_t(若为三维模型)，分别表示一个法向应力张量和两个切向应力张量，相应的位移牵引

位移量分别为 δ_n、δ_s 和 δ_t。结合 Cohesive 粘结单元的初始厚度 T_0，单元的名义应变量可如下表示：

$$\varepsilon_n=\frac{\delta_n}{T_0},\ \varepsilon_s=\frac{\delta_s}{T_0},\ \varepsilon_t=\frac{\delta_t}{T_0} \tag{2-237}$$

式中，ε_n、ε_s、ε_t 分别为 Cohesive 粘结单元法向、第一切向和第二切向产生的应变量；δ_n、δ_s 和 δ_t 分别为 Cohesive 粘结单元法向、第一切向和第二切向产生的位移量；T_0 为 Cohesive 粘结单元本构厚度(Cohesive 粘结单元计算参数，一般情况下与 Cohesive 粘结单元上下表面实际厚度不同)。

在 Cohesive 粘结单元出现损伤前，其承受的应力与相应的应变满足线弹性关系，其表达式如下：

$$t=\begin{Bmatrix} t_n \\ t_s \\ t_t \end{Bmatrix}=K\cdot\varepsilon=\begin{bmatrix} K_{nn} & K_{ns} & K_{nt} \\ K_{ns} & K_{ss} & K_{st} \\ K_{nt} & K_{st} & K_{tt} \end{bmatrix}\cdot\begin{Bmatrix} \varepsilon_n \\ \varepsilon_t \\ \varepsilon_s \end{Bmatrix}=E\varepsilon \tag{2-238}$$

式中，t 为 Cohesive 粘结单元承受的应力矢量；t_n、t_s、t_t 分别为 Cohesive 粘结单元法向(垂直于 Cohesive 粘结单元上下表面的方向)、第一切向(Cohesive 粘结单元局部坐标系，即与 Cohesive 粘结单元节点定义方式有关的 1 方向)和第二切向(Cohesive 粘结单元局部坐标系的 2 方向，在二维情况下不存在)承受的应力；K 为 Cohesive 粘结单元的弹性刚度矩阵。

弹性刚度矩阵针对牵引力矢量和分离位移矢量的所有分量间提供了完全耦合行为，并且可定义与温度和/或初始预定义场变量相关的函数。如果需要设置法向分量和剪切分量间不耦合行为，则需将弹性矩阵中的非对角项设置为零。对于非耦合的牵引-分离行为，可以指定压缩系数，可以确保压缩刚度等于指定的压缩系数乘以拉伸刚度 E_{nn}。该系数仅影响沿法向分离的牵引响应，剪切行为不受影响。

对于非耦合行为过程，要求 $E_{nn}>0$、$E_{ss}>0$、$E_{tt}>0$。对于耦合行为特征，本构的稳定性要求如下：

$$E_{ns}<\sqrt{E_{nn}E_{ss}} \tag{2-239}$$

$$E_{st}<\sqrt{E_{ss}E_{tt}} \tag{2-240}$$

$$E_{nt}<\sqrt{E_{nn}E_{tt}} \tag{2-241}$$

$$\det\begin{bmatrix} E_{nn} & E_{ns} & E_{nt} \\ E_{ns} & E_{ss} & E_{st} \\ E_{nt} & E_{st} & E_{tt} \end{bmatrix}>0 \tag{2-242}$$

用 Cohesive 粘结单元模拟材料的损伤失效，在材料未损伤之前，Cohesive 粘结单元的几何厚度一般为零，导致 Cohesive 粘结单元的应变计算将产生奇异。为了消除应变计算奇异性，采用本构厚度 T_0 取代 Cohesive 粘结单元的实际几何厚度，用于 Cohesive 粘结单元的应变计算和相应的应力计算，一般定义 $T_0=1$，Cohesive 粘结单元的应变与相应的位移在数值上相等。

2.7.2 材料特性解释

通过研究长度为 L 的桁架的位移 δ 与弹性刚度系数 E、初始面积 A 和轴向载荷 P

之间的关系，可更好地帮助理解 Cohesive 粘结单元牵引-分离模型的材料参数，例如界面刚度系数：

$$\delta=\frac{PL}{AE} \tag{2-243}$$

式(2-243)可用如下方程来表示：

$$\delta=\frac{S}{K} \tag{2-244}$$

式中，$S=P/A$ 为名义应力；$K=E/L$ 为名义应力与位移相关的系数。

同样，假设密度为 ρ，则桁架的质量如下：

$$M=\rho AL=\bar{\rho}A \tag{2-245}$$

上述方程表明实际长度 L 可用 1.0 代替(以确保位移和应变相同)，特别是采用真实桁架长度的刚度 $K=(E/L)$ 和密度 $\bar{\rho}=(\rho L)$。密度表示每单位面积的质量，而不是每单位体积的质量。

上面的假设和处理方式同样适用于初始厚度为 T_c 的 Cohesive 粘结单元，若 Cohesive 粘结单元材料的刚度为 E_a 和密度 ρ_c，则 Cohesive 粘结单元的刚度(与名义牵引力和名义应变相关)可表示为 $E_c=(E_a/T_c)T_o$，粘结单元的密度可表示为 $\bar{\rho}_c=(\rho_c T_c)$。如前所述，模型的本构厚度 T_o 与实际厚度无关，用于根据牵引力与分离力的对响应建模的本构厚度的默认选择为 1.0，在这种条件下，名义应变相应地等于位移分量。当 Cohesive 粘结单元的本构厚度人为设置为 1.0 时，在理想条件下，应该分别设置 E_c 和 ρ_c(如果需要)参数作为材料的刚度和密度，参数可根据粘结单元的真实厚度计算获得。

上述提供了一种依据 Cohesive 粘结单元材料参数特性以估算 Cohesive 粘结单元牵引-分离行为的一种方法。当 Cohesive 粘结单元的厚度趋近于零时，上面方程意味着刚度趋近于无穷大而密度趋近于零，此时刚度系数经常被选择作为罚函数。过大的罚函数刚度可能不利于 ABAQUS/Explicit 模块中的稳定时间增量或导致 ABAQUS/Standard 模块的运算结果呈现病态。ABAQUS/Explicit 模块中的稳定时间增量提供了有关选择 Cohesive 粘结单元的刚度和密度的建议，以使稳定时间增量不会受到不利影响。

2.7.3 ABAQUS/Explicit 模拟与速率相关的牵引-分离行为

ABAQUS/Explicit 模块中可使用时域黏弹性参数来模拟具有牵引-分离弹性的粘结单元的率相关行为，法向和两个剪切名义牵引力的演化方程采用以下形式：

$$t_n=t_n^0(t)+\int_0^t \dot{k}_R(s)t_n^0(t-s)\mathrm{d}s \tag{2-246}$$

$$t_s=t_s^0(t)+\int_0^t \dot{g}_R(s)t_s^0(t-s)\mathrm{d}s \tag{2-247}$$

$$t_t=t_t^0(t)+\int_0^t \dot{g}_R(s)t_t^0(t-s)\mathrm{d}s \tag{2-248}$$

式中，$t_n^0(t)$、t_s^0、t_t^0 分别为 t 时间一个法向和两个切向的瞬时名义牵引力；函数 $g_R(t)$ 和 $k_R(t)$ 分别代表无因次剪切方向和法向的松弛模量。

用户还可以将时域黏弹性参数与下一节所述的渐进式破坏和破坏模型相结合，允许在初始弹性响应(损伤开始之前)以及损伤演化期间对率相关行为进行建模。

2.7.4 Cohesive 粘结单元的损伤模型

ABAQUS/Standard 模块和 ABAQUS/Explicit 模块中都可以对 Cohesive 粘结单元的渐进式损伤和失效方式进行建模，Cohesive 粘结单元的响应特征根据牵引-分离进行定义。相比之下，只有 ABAQUS/Explicit 模块允许对使用常规材料建模的 Cohesive 粘结单元进行渐进式损伤和失效建模，粘结单元的牵引-分离响应的损伤表征与常规材料的定义相同，允许作用于同一材料的多种损伤机制的组合。每种失效机制均由三部分组成——初始损伤准则、损伤演化规律和完全损伤失效单元达到完全受损状态时选择元素移除(或删除)的方法。尽管牵引-分离响应和常规材料相同，但如何定义各种参数的许多细节却有所不同。因此，下面详细介绍了用于牵引-分离响应的损伤建模方式。

如上所述，Cohesive 粘结单元在初始损伤前假定为线弹性行为特征，但是一旦达到初始损伤准则后，材料会根据用户定义的损伤演化规律产生初始损伤。图 2-22 所展示的是一种典型的牵引-分离响应的失效机理，若初始损伤准则指定后没有定义相关的损伤演化准则，ABAQUS 会仅出于输出目的进行初始损伤评价，但 Cohesive 粘结单元不会产生损伤演化(不会发生损坏)。同时，Cohesive 粘结单元在纯压缩作用下不会受到损伤。

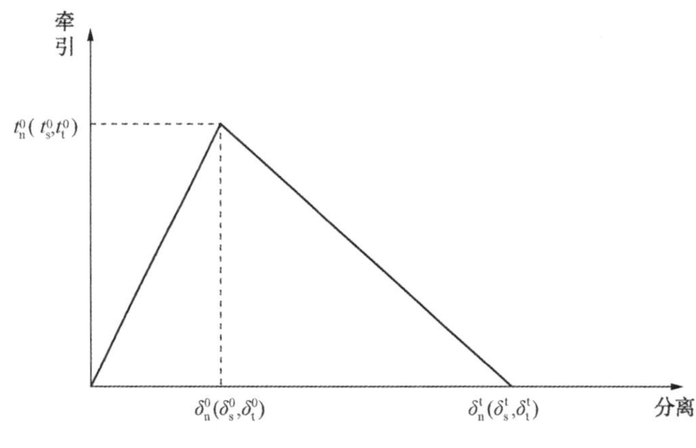

图 2-22 典型牵引-分离曲线

1. *初始损伤准则*

顾名思义，初始损伤是材料开始损伤退化响应的开始，当单元的应力和/或应变满足用户设定的某些初始损伤准则时，Cohesive 粘结单元材料开始进行损伤退化。下面进行几种可用的初始损伤准则的介绍。当满足设定的初始损伤准则时，每种初始损伤准则有一个输出变量判断是否达到了初始损伤准则，其值大于等于 1.0 表示已经满足设定的初始损伤准则，初始损伤准则不具备相关的损伤演化定律效果仅用于输出。因此，用户能够使用初始损伤准则评估材料失效的倾向，而无须建立损伤模型。

在下面的讨论中，t_n^0、t_s^0 和 t_t^0 代表当变形完全垂直于单元面或仅在第一或第二剪切方向上变形时的最高的名义应力。同样，ε_n^0、ε_s^0 和 ε_t^0 代表当变形完全垂直于单元面或仅在第一或第二剪切方向上变形时的最高的名义应变。初始的本构厚度 $T_0=1$，名义应变分量等于 Cohesive 粘结单元顶底面的相对位移分量 δ_n、δ_s 和 δ_t。符号〈〉表示 Cohesive 粘结单元承受纯压应力压缩变形不会出现损伤。

1）最大名义应力损伤准则

最大名义应力损伤准则假设当任意一个方向承受的应力达到 Cohesive 粘结单元设置的临界应力时，Cohesive 粘结单元开始产生损伤，相应的损伤准则表达式为：

$$\max\left\{\frac{\langle t_n\rangle}{t_n^0},\ \frac{t_s}{t_s^0},\ \frac{t_t}{t_t^0}\right\}=1 \tag{2-249}$$

式中，t_n、t_s 和 t_t 为 Cohesive 粘结单元的名义法向应力、第一切向名义切向应力和第二切向名义切向应力。

2）最大名义应变损伤准则

最大名义应变损伤准则假设当任意一个方向产生的应变达到其临界应变值时，Cohesive 粘结单元开始形成损伤，其表达式为：

$$\max\left\{\frac{\langle \varepsilon_n\rangle}{\varepsilon_n^0},\ \frac{\varepsilon_s}{\varepsilon_s^0},\ \frac{\varepsilon_t}{\varepsilon_t^0}\right\}=1 \tag{2-250}$$

式中，ε_n、ε_s 和 ε_t 为 Cohesive 粘结单元的名义法向应变、第一切向名义切向应变和第二切向名义切向应变。

3）二次应力损伤准则

二次应力损伤准则假设当三个方向承受的应力与其对应临界应力的比值的平方和达到 1 时，Cohesive 粘结单元开始发生损伤，其表达式为：

$$\left\{\frac{\langle t_n\rangle}{t_n^0}\right\}^2+\left\{\frac{t_s}{t_s^0}\right\}^2+\left\{\frac{t_t}{t_t^0}\right\}^2=1 \tag{2-251}$$

4）二次应变损伤准则

二次应变损伤准则假设当三个方向产生的应变与其对应临界应变的比值的平方和达到 1 时，Cohesive 粘结单元开始形成损伤，其表达式为：

$$\left\{\frac{\langle \varepsilon_n\rangle}{\varepsilon_n^0}\right\}^2+\left\{\frac{\varepsilon_s}{\varepsilon_s^0}\right\}^2+\left\{\frac{\varepsilon_t}{\varepsilon_t^0}\right\}^2=1 \tag{2-252}$$

2. 损伤演化

一旦 Cohesive 粘结单元材料满足设置的初始损伤准则后，设置的损伤演化准则主要用于描述材料刚度退化速率。

损伤变量标量 D 代表材料的整体损伤，并考虑所有损伤演化机制的综合作用。损伤变量的初始值为零，如果模型中定义了损伤演化并形成了损伤，随着加载的继续进行，D 逐渐由 0 演变成 1.0。牵引-分离的应力分量受下列损伤的影响：

$$t_n=\begin{cases}(1-D)\cdot\overline{t}_n,\ \overline{t}_n\geqslant 0\\ \overline{t}_n,\ \text{单元承受压应力}\end{cases} \tag{2-253}$$

$$t_s=(1-D)\cdot\overline{t}_s \tag{2-254}$$

$$t_t=(1-D)\cdot\overline{t}_t \tag{2-255}$$

式中，$\bar{t}_n$、$\bar{t}_s$和$\bar{t}_t$分别为Cohesive粘结单元法向、第一切向和第二切向在当前应变下按照未损伤前线弹性牵引-分离准则预测得到的应力，t_n、t_s和t_t为三个对应方向实际承受的应力。

为了描述Cohesive粘结单元上法向变形和剪切变形共同作用下的损伤演化，引入了有效位移进行表征(Camanho和Davila，2002)，其定义如下：

$$\delta_m = \sqrt{\langle \delta_n \rangle^2 + \delta_s^2 + \delta_t^2} \tag{2-256}$$

1）混合模式定义

模拟内聚区变形场的混合模式量化了法向变形和剪切变形的相对比例，ABAQUS软件有三种混合模式，其中有两种基于能量进行计算，另一种基于牵引力与位移进行计算。用户在依据损伤演化准则指定演化模式时，可以选择其中一种方式。用G_n、G_s和G_t分别代表法向、第一和第二剪切方向上的牵引力及其共轭相对位移所做的功，并定义$G_T = G_n + G_s + G_t$，基于能量的模式混合定义如下：

$$m_1 = \frac{G_n}{G_T} \tag{2-257}$$

$$m_2 = \frac{G_s}{G_T} \tag{2-258}$$

$$m_3 = \frac{G_t}{G_T} \tag{2-259}$$

上面定义的三个变量中只有两个是独立的。定义$G_S = G_s + G_t$以表示由剪切力和相应的相对位移分量所做功为总功的一部分。ABAQUS要求用户将与损伤演化相关的材料属性指定为$m_2 + m_3 (= G_S / G_T)$(或等效地为$1 - m_1$)和$m_3 / (m_2 + m_3)(= G_t / G_S)$的函数。

ABAQUS基于积分点当前状态的变形(非累积的能量)或基于历程变形量(累积的能量)来计算上述能量值。前一种方法在混合模式模拟中很有用，在该模式中，主要的能量耗散来源于内聚区破坏而产生的新失效面，通常采用线性弹性断裂力学方法充分描述此类问题。后一种方法提供了一种混合模式的替代方法，在其他重要的能量耗散机制控制总体结构响应的情况下可能很有用。

基于牵引应力分量的混合模式相应定义为：

$$\psi_1 = \left(\frac{2}{\pi}\right) \cdot \tan^{-1}\left(\frac{\tau}{\langle t_n \rangle}\right) \tag{2-260}$$

$$\psi_2 = \left(\frac{2}{\pi}\right) \cdot \tan^{-1}\left(\left| \frac{t_t}{t_s} \right| \right) \tag{2-261}$$

式中，$\tau = \sqrt{t_s^2 + t_t^2}$为有效剪切力。上面定义中使用的角度量度(在通过因子$2/\pi$进行归一化之前)如图2-23所示。

根据不同的能量和牵引力定义的混合模式比可能与常规方式完全不同。在纯法向变形能量方面，能量与法向力和剪切力无关，在纯法向上能量为$G_n \neq 0$且$G_s = G_t = 0$。特别地，对于具有耦合的牵引-分离行为的材料，对于纯法向变形作用，法向牵引力和剪切牵引力都可不为零。对于这种情况，基于能量的混合模式的定义将意味着纯法向变形，而基于牵引力的定义建议将法向变形与剪切变形混合。

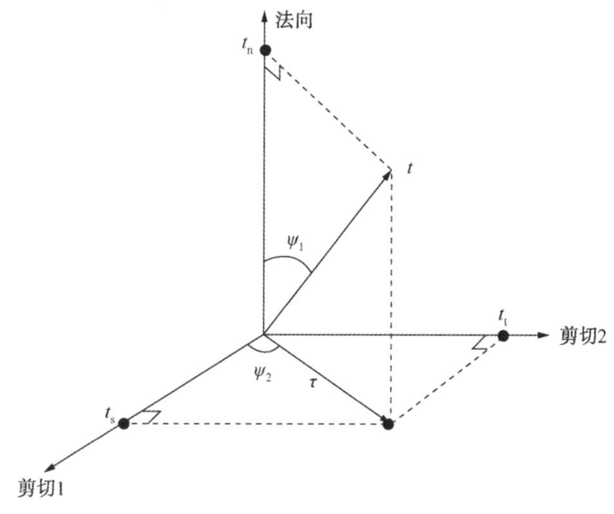

图 2-23　基于牵引力的混合模式表征

当基于累积能量定义混合损伤模式时，可能会在混合模式中引入人为设置路径，可能与基于线弹断裂力学的预测不一致。若首先在 Cohesive 粘结单元连接界面以纯法向变形模式加载后卸载，然后再以纯剪切变形模式加载，则基于上述加载变形路径末端的累积能量的混合模式比评估为(假定剪切变形仅在局部坐标 1 方向) $G_n \neq 0$ 和 $G_s \neq 0$。另外，在上述变形路径的末端，基于非累积能量的混合模式的能量 $G_n = 0$、$G_s \neq 0$。

2) 损伤演化定义

损伤演化的定义由两部分组成，第一部分涉及确定完全破坏时的有效位移 δ_m^f 相对于破坏开始时的有效位移 δ_m^o 的关系，或由于失效而产生的能量耗散 G^c(如图 2-24 所示)。

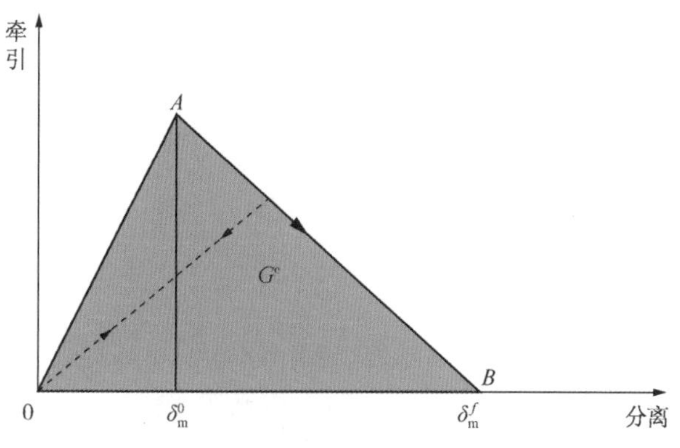

图 2-24　线性损伤模式

损伤演化定义的第二个组成部分为初始失效和完全失效之间定义损伤变量 D 的演化本质，可以通过线性或指数软化定律，直接以有效位移、有效位移与损伤的关系的表格形式来指定损伤变量 D。

图 2-25 是表示具有各向同性剪切特性的牵引-分离行为的混合模式中的初始损伤

和损伤演化相关性示意图，该图显示了在垂直轴上的牵引力以及在两个水平轴上的法向和剪切距离的大小。两个垂直坐标平面中的无阴影三角形分别表示在纯法向变形和纯剪切变形下的响应。

所有中间垂直平面(包含垂直坐标轴)表示在不同混合模式下的损伤响应特征。损伤演化参数与混合模式的相关性可以以表格形式定义，或者在基于能量的定义的情况下以解析方式定义。本节稍后将讨论根据混合模式指定损伤演化数据的方式。

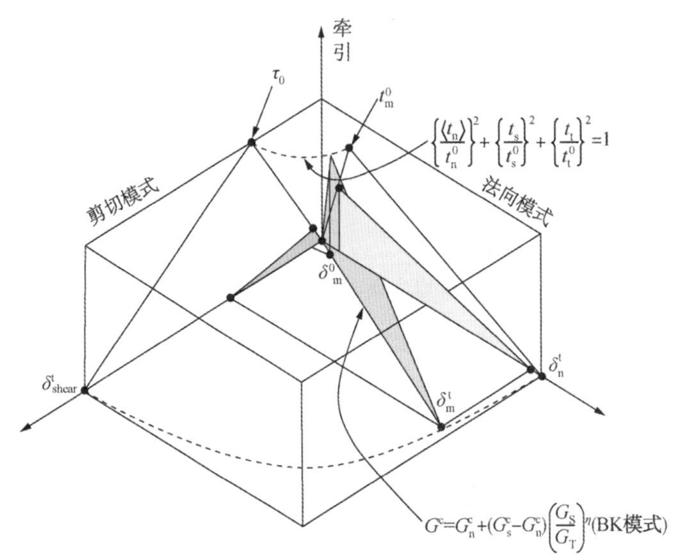

图 2-25 Cohesive 粘结单元中混合模式响应示意图

如图 2-24 所示，随着卸载造成的初始损伤假定发生在线性朝向牵引-分离平面的原点，重新加载随着卸载过程中同样沿着相同的路径，直至达到软化包络线(线 *AB*)。一旦达到软化包络线后，进一步的重新加载将遵循图 2-24 所示的包络线的箭头方向。

3）基于有效位移的损伤演化

用户可以采用混合模式的表格函数形式、温度和/或预定义场变量函数形式指定 $\delta_m^f-\delta_m^o$ 值(完全失效的有效位移为 δ_m^f，产生初始损伤的有效位移值为 δ_m^o，如图 2-26 所示)。此外，用户可以选择线性或指数软化定律来定义损伤变量 *D* 的演化(初始损伤至完全失效间)，损伤变量作为超过初始损伤后有效位移的函数。另外，可以通过以有效位移和初始损伤后的 $\delta_m-\delta_m^o$ 值的表格函数、混合模式、温度或预定义场变量的函数等直接指定损伤变量值 *D*。

(1) 线弹性损伤演化。对于线性软化，ABAQUS 使用的损伤演化变量 *D* 的简化形式表达式由 Camanho 和 Davila 提出，相应的表达式如下：

$$D=\frac{d_m^f(d_m^{max}-d_m^0)}{d_m^{max}(d_m^f-d_m^0)} \tag{2-262}$$

式中，d_m^{max} 为加载过程中单元达到的最大位移幅值；d_m^f 为单元完全破坏时的位移幅值；d_m^0 为单元初始损伤时的位移幅值。

(2) 指数形式损伤演化。指数形式刚度退化准则(见图 2-26)的损伤变量的计算公式为：

$$D=1-\left\{\frac{d_{\mathrm{m}}^{0}}{d_{\mathrm{m}}^{\max}}\right\}\cdot\left\{1-\frac{1-\exp\left(-\alpha\left(\frac{d_{\mathrm{m}}^{\max}-d_{\mathrm{m}}^{0}}{d_{\mathrm{m}}^{f}-d_{\mathrm{m}}^{0}}\right)\right)}{1-\exp(-\alpha)}\right\} \tag{2-263}$$

式中，α 为无量纲材料参数，用于定义损伤演化速率；$\exp(x)$为指数函数。

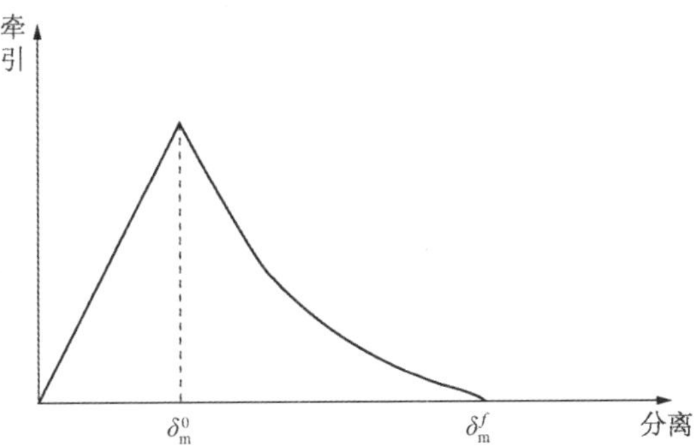

图 2-26　指数形式损伤演化

（3）表格形式损伤演化。对于采用表格模式设置材料软化特征，损伤变量参数 D 可直接采用表格形式表征。损伤演化参数 D 必须指定初始损伤的有效位移以及与位移相关的损伤值的表格函数、混合模式、温度和/或其他预定义场变量相关的函数。

4）基于能量的损伤演化

可以根据损伤过程所耗散的能量(也称为断裂能量)来定义损伤演化，断裂能等于牵引-分离曲线下的面积。将断裂能指定为材料属性，然后选择线性或指数函数定义软化行为。ABAQUS 将确保线性或指数损伤响应下的面积等于断裂能。

断裂能与混合模式的相关性可以直接以表格形式或通过使用如下所述的形式来指定。当使用解析形式时，假定混合模式比是根据能量来定义的。

（1）表格形式。定义断裂能量相关性的最简单方法是直接将其指定为表格形式的混合模式函数。

（2）幂律形式。断裂能与混合模式相关性可以基于幂律断裂准则来定义。幂律准则指出，混合模式条件下的失效由单个模式(法向和两个剪切方向)引起失效所需能量的幂律准则相互作用控制，控制方程如下：

$$\left\{\frac{G_{\mathrm{n}}}{G_{\mathrm{n}}^{C}}\right\}^{a}+\left\{\frac{G_{\mathrm{s}}}{G_{\mathrm{s}}^{C}}\right\}^{a}+\left\{\frac{G_{\mathrm{t}}}{G_{\mathrm{t}}^{C}}\right\}^{a}=1 \tag{2-264}$$

当上面的方程条件满足时，混合模式的裂缝能量 $G^{C}=G_{\mathrm{T}}$，换言之，即：

$$G^{C}=1/\left(\left\{\frac{m_{1}}{G_{\mathrm{n}}^{C}}\right\}^{a}+\left\{\frac{m_{2}}{G_{\mathrm{s}}^{C}}\right\}^{a}+\left\{\frac{m_{3}}{G_{\mathrm{t}}^{C}}\right\}^{a}\right)^{1/a} \tag{2-265}$$

用户可指定 G_{n}^{C}、G_{s}^{C} 和 G_{t}^{C} 值，分别是指在法向、第一和第二剪切方向上引起失效所需的临界断裂能。

（3）Benzeggagh-Kenane(BK)模式损伤演化。当沿纯第一和第二剪切方向的变形过程中的临界断裂能相同时（$G_{\mathrm{s}}^{C}=G_{\mathrm{t}}^{C}$），Benzeggagh-Kenane 断裂准则(Benzeggagh 和 Kenane，1996)非常有用，具体的表达式如下：

$$G_n^C+(G_s^C-G_n^C)\left\{\frac{G_s}{G_T}\right\}^\eta=G^C \tag{2-266}$$

式中，$G_S=G_s+G_t$，$G_T=G_n+G_s$，η 为材料参数，用户可指定 G_n^C、G_s^C 和 η 值。

（4）线性损伤演化。对于线性软化模式（见图 2-24），ABAQUS 采用损伤演化变量 D 表征如下：

$$D=\frac{\delta_m^f(\delta_m^{max}-\delta_m^0)}{\delta_m^{max}(\delta_m^f-\delta_m^0)} \tag{2-267}$$

式中，δ_m^{max} 为加载过程中单元达到的最大位移值；δ_m^f 为初始损伤有效位移值，$\delta_m^f=2G^C/T_{eff}^0$；$\delta_m^0$ 为单元初始损伤时的位移幅值。

（5）指数损伤演化。ABAQUS 中采用指数损伤软化来描述损伤演化变量 D 表征如下：

$$D=\int_{\delta_m^0}^{\delta_m^f}\frac{T_{eff}}{G^C-G_0}\mathrm{d}\delta \tag{2-268}$$

式中，T_{eff}为等效应力；δ 为 Cohesive 粘结单元产生的位移；G_0 为 Cohesive 粘结单元初始起裂时的弹性能量。在这种条件下，单元发生初始损伤后牵引力可能不会立即下降。

5）表格函数形式定义混合模式损伤演化

如前所述，定义损伤演化的数据可采用混合模式的表格函数形式来进行定义。下面分别针对基于断裂能量和牵引力的混合模式损伤演化模式定义。在下面的讨论中，假设损伤演化是根据能量来定义的，对于基于有效位移的演化定义也可以做出类似的设置。

（1）基于能量的复合损伤模式。图 2-27 为断裂能混合模式损伤行为设置的示意图。基于能量的复合损伤模型的定义，在具有各向异性剪切行为的三维变形状态条件下，断裂能 G^C 必须定义为 m_2+m_3 和$[m_3/(m_2+m_3)]$的函数。$m_2+m_3=G_s/G_t$ 为剪切总变形比例值，而$[m_3/(m_2+m_3)]=G_t/G_s$ 为在第二剪切方向上总剪切变形比例值。

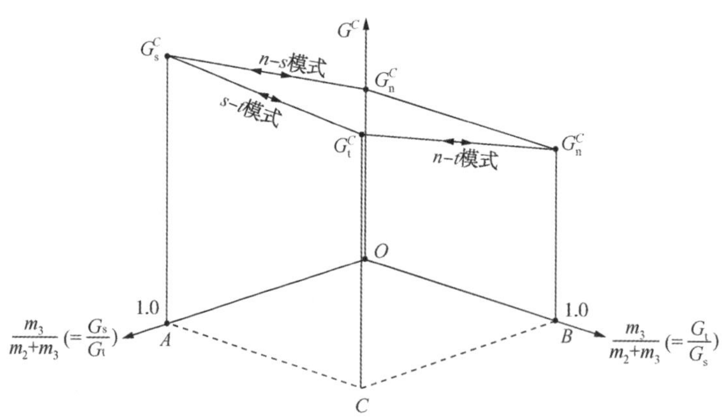

图 2-27　断裂能随混合模式变化示意图

在图 2-27 中，G_n^C、G_s^C 和 G_t^C 分别表示纯法向断裂能、第一剪切方向和第二剪切方向上的剪切断裂能。标记为“模式 n-s”“模式 n-t”和“模式 s-t”的线显示了在第一方向上的纯法向和纯剪切、在第二方向上的纯法向和纯剪切以及在第一和第二方向上的纯剪切的行为过渡。总的来说，G^C 必须指定为[$m_3/(m_2+m_3)$]的值固定时与 m_2+m_3 的函数。在下面的讨论中，将对应于固定[$m_3/(m_2+m_3)$]后相关 G^C 与 m_2+m_3 对应的数据集合称为数据块。

以下准则可用于根据模式混合来定义断裂能：

对于二维问题，G^C 仅需要被定义为 m_2 的函数（此时 $m_3=0$），对应的[$m_3/(m_2+m_3)$]数据列必须留空。因此，基本上只需要一个“数据块”。

对于具有各向同性剪切响应的三维问题，剪切行为的断裂能是 m_2+m_3 值而不是单个的 m_2 或 m_3 值。因此，在这种情况下，单一的数据块也足以根据混合模式的函数形式来定义裂缝断裂能。

大部分情况的三维问题主要考虑各向异性剪切特征，往往需要多个数据块。如上所述，每个数据块应当包含在[$m_3/(m_2+m_3)$]值固定情况下的 G^C 与 m_2+m_3 对应关系。在每个数据块中，m_2+m_3 值的变化范围为 0~1.0。$m_2+m_3=0$ 条件表示纯法向模式，但[$m_3/(m_2+m_3)$]$\neq 0$ 无法达到（仅在图 2-27 图中 OB 线上的 O 点为纯法向变形）。但是，在将断裂能作为混合模式的函数的表格定义中，这一点仅用于设定一个限制条件，以确保从法向变形和剪切变形的各种组合中获得纯法向状态时的断裂能的连续变化。因此，在每个“数据块”中的第一个数据点的断裂能必须始终设置为等于纯正态变形模式下的断裂能（G_n^C）。

(2) 基于牵引力的混合模式。断裂能需要以表格形式表征 G^C 与 ψ_1 和 ψ_2 对应关系，因此，G^C 需要指定当 ψ_2 为不同的固定值时与 ψ_1 的函数关系。在这种条件下，数据块相应地为固定的 ψ_2 值条件下的 G^C 与 ψ_1 一系列数据。在每个数据块中，ψ_1 可从 0（纯法向变形）至 1.0（纯剪切变形）变化。一个重要的限制是针对 $\psi=1$ 时每个数据块必须指定相同断裂能，确保了在牵引向量接近法线方向时断裂所需的能量不取决于牵引向量在剪切面上的投影方向。

(3) 激活多重准则的损伤评估。当针对同一材料采用多重初始损伤准则和相关的损伤演化定义时，每种定义的损伤演化具有相应的损伤变量 d_i，其中下标 i 代表定义的第 i 个损伤准则。总的损伤变量 D 基于单个的 d_i 进行计算。

6) 最大损伤退化和删除单元选择

用户可以控制 ABAQUS 如何处理受到严重破坏的 Cohesive 粘结单元，默认情况下的单元的总损伤变量的上限值为 $D_{max}=1$。用户可以控制 Cohesive 粘结单元达到最大损伤值后的处理情况。具体的处理情况介绍如下：

在默认情况下，一旦单元整体的损伤变量达到最大值 D_{max} 并且所有的材料点未处于压缩应力状态，Cohesive 粘结单元除了孔隙压力 Cohesive 粘结单元外，可以选择去除（删除）。

或者，用户可指定 Cohesive 粘结单元达到完全损伤 D_{max} 后选择保留失效的 Cohesive 粘结单元，Cohesive 粘结单元继续保留在模型中。在这种情况下，单元的拉伸或剪切方向的刚度系数保持为常数（刚度系数降低至初始刚度系数的 $1-D_{max}$ 倍）。如果 Cohesive 粘结单元即使在拉伸或剪切力完全失效后也必须抵抗周围组件的互穿，则此选择是合适的。在 ABAQUS/Explicit 中，通过单元截面设置线性和二次体积黏性系数参数至零，以此抑制 Cohesive 粘结单元体积黏性系数。

7）非耦合横向剪切响应

非耦合横向剪切响应可以定义可选的线性弹性横向剪切行为 Cohesive 粘结单元尤其是损伤发生后提供额外的附加稳定性保障，假定横向剪切行为与常规材料响应无关，并且不会遭受任何破坏。

8）ABAQUS/Standard 黏性规则化

在 ABAQUS/Standard 模块中，材料模型表现出的软化行为和刚度系数退化经常导致隐式分析过程中的收敛困难，克服收敛性问题的常规技术是采用本构方程的规则化的黏性系数，从而引起软化材料的剪切刚度矩阵在足够小的时间增量内转变成正值。

可以通过在 ABAQUS/Standard 中使用黏性系数来规范牵引-分离行为特征，该方法是允许应力超出牵引-分离行为设置的限制。规则化过程涉及使用黏性刚度退化变量 D_v，相应的方程定义如下：

$$\dot{D}_v=\frac{1}{\mu}(D-D_v) \tag{2-269}$$

式中，μ 为代表黏性系统弛豫时间的黏性系数；D 为在无黏骨架模型中的退化变量。

黏性材料的损伤响应为：

$$t=(1-D_v)\bar{t} \tag{2-270}$$

使用黏性系数较小（与特征时间增量相比较小）的黏性正则化通常有助于提高模型在软化状态下的收敛速度，而不会影响结果。

2.7.5 Cohesive 粘结单元间隙内流体的本构响应

1. 定义孔隙流体流动特性

图 2-28 中描绘了 Cohesive 粘结单元中孔隙流体的流动模式。流体流动类型包括：Cohesive 粘结单元间隙内的切向流动，可利用牛顿或幂律流体模型进行表征；Cohesive 粘结单元的法向流动，能够反映结块和结垢引起的阻力。

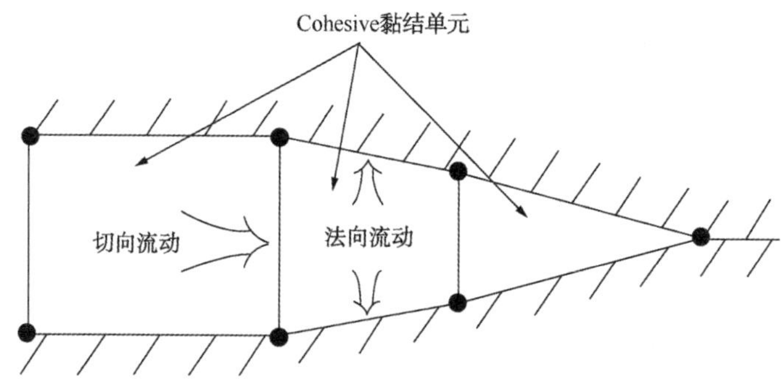

图 2-28 Cohesive 粘结单元中的流体流动示意图

模型假定流体不可压缩，相关公式基于流体连续性状态方程表征，且表征方式考虑了裂缝的切向和法向流动以及 Cohesive 粘结单元的张开速率。

2. 指定流体流动特性

用户可以分别分配切向流和法向流属性。

1）切向流动

默认情况下，Cohesive 粘结单元内没有切向流动的孔隙流体，为允许 Cohesive 粘结单元内的切向流动，需要结合孔隙流体材料定义裂缝流动特性。

（1）牛顿流体。对于牛顿流体，体积流率密度矢量由以下表达式给出：

$$qd = -k_t \nabla p \tag{2-271}$$

式中，k_t 为切向渗透系数(流体流动)；∇p 为沿 Cohesive 粘结单元的压力梯度；d 为 Cohesive 粘结单元开度。

ABAQUS 中间隙张开度 d 定义如下：

$$d = t_{curr} - t_{orig} + g_{init} \tag{2-272}$$

式中，t_{curr} 和 t_{orig} 分别为当前和原始 Cohesive 粘结单元的几何厚度；g_{init} 为初始张开度，默认值为 0.002。

ABAQUS 根据 Reynold 方程定义切向渗透率或流动阻力：

$$k_t = \frac{d^3}{12\mu} \tag{2-273}$$

式中，μ 为流体黏度。用户同样可指定 k_t 的上限。

（2）幂律流体。在幂律流体的情况下，流体的本构关系定义如下：

$$\tau = K\dot{\gamma}^{\alpha} \tag{2-274}$$

式中，τ 为流体剪切力；$\dot{\gamma}$ 为剪切应变率；K 为流体稠度；α 为幂律系数。

ABAQUS 将切向体积流量密度定义为：

$$qd = -\left(\frac{2\alpha}{1+2\alpha}\right)\left(\frac{1}{K}\right)^{\frac{1}{\alpha}}\left(\frac{d}{2}\right)^{\frac{1+2\alpha}{\alpha}} \| \nabla p \|^{\frac{1-\alpha}{\alpha}} \nabla p \tag{2-275}$$

2）法向流动

用户可通过定义来获取孔隙材料的流体法向滤失系数，该系数定义了 Cohesive 粘结单元的中间节点和它们相邻的表面节点间的压力-流量关系。流体滤失系数可以解释为 Cohesive 粘结单元表面上有限材料层的渗透率，如图 2-29 所示。

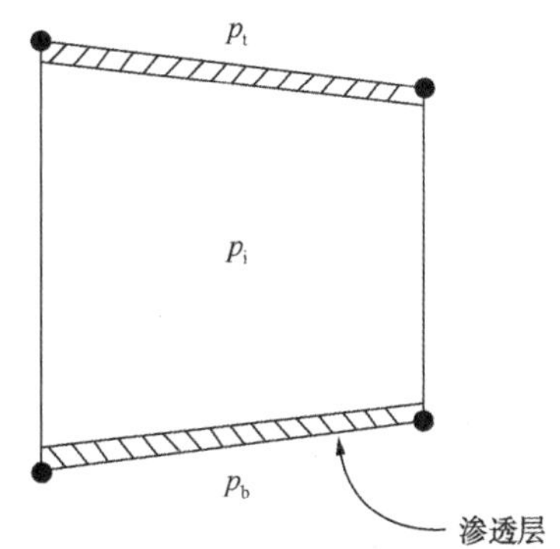

图 2-29 Cohesive 粘结单元可滤层滤失系数示意图

裂缝中法向流动定义为：

$$\begin{aligned} q_t &= c_t(p_i - p_t) \\ q_b &= c_t(p_i - p_b) \end{aligned} \tag{2-276}$$

式中，q_t 和 q_b 分别为流入顶部和底部表面的流量；p_i 为中间面的压力；p_t 和 p_b 为顶部和底部面的孔隙压力。

用户可选择性地定义滤失系数与温度或其他预定义场变量的函数关系，同时还可通过子程序来进行定义。

3）切向和法向流动组合

表 2-2 显示了切向流和法向流的允许组合以及每种组合的效果。

表 2-2　流动特性定义组合的影响

项　目	法向流动被定义	未定义法向流动
切向流动被定义	对切向和法向流动进行建模	切向流动建模。仅当闭合单元时，才需要在 Cohesive 粘结单元中的相对节点之间强制执行孔隙压力连续性。否则，表面在法线方向上是不可渗透的
未定义切向流动	法向流动建模	切向流未建模。孔隙压力连续性总是在 Cohesive 粘结单元中的相对节点之间强制执行

3. 初始张开单元

当张开的 Cohesive 粘结单元进行裂缝中流体驱动时，用户可将一个或多个粘结单元设置为初始张开单元，因为切向流动仅能在张开的 Cohesive 粘结单元中才能流动。需要用户设置初始张开粘结单元作为初始条件。

4. 使用非对称矩阵存储和解决方案

孔隙压力 Cohesive 粘结单元存储矩阵不对称，因此，可能需要非对称矩阵存储和解决方案以提高收敛性。

5. 其他注意事项

在某些情况下，使用 Cohesive 粘结单元流体属性和属性值可能会影响解决方案。

1）大系数值

用户必须确保切向渗透系数或滤失系数不能过大，如果任意系数比相邻的连续单元的高许多数量级，则可能产生矩阵调节问题，从而导致求解结果奇异或不可靠。

2）用于总孔隙压力模拟

若使用总孔隙压力公式，并且静水压力梯度对 Cohesive 粘结单元张开间隙中的切向流动有重大贡献，则定义切向流动特性可能会导致结果不准确。如果将重力分布载荷施加到模型中的所有单元，则将调用总孔隙压力公式。如果静水压力梯度(重力矢量)垂直于 Cohesive 粘结单元，则结果将是准确的。

2.8　扩展有限元(XFEM)法

2.8.1　基本原理

1999 年，美国西北大学 Beleytachko 提出了扩展有限元法(Extended Finite Element Method，XFEM)，该方法为更方便地进行裂缝扩展和材料缺陷等问题的模拟，对传统有限元法进行了重大改进。扩展有限元法的核心思想是，独立于单元网格外扩充带有不连续性质的形函数来代表计算区域内的裂缝或材料缺陷。在计算过程中，不连续场的描述完全独立于网格边界，在处理断裂或不连续问题时有较好的优越性。利用扩展有限元法，可以方便地模拟裂缝的任意路径扩展问题，还可模拟带有孔洞或夹杂非均质材料的研究。扩展有限元法的模拟示意图如图 2-30 所示，在常规有限元模式的基础上，通过添加不连续的位移函数来表征裂缝存在。利用水平集法确定裂缝穿透单元和裂缝尖端单元，确定需要改进的裂缝穿透单元节点、裂缝尖端单元节点，对裂缝穿透单元和裂缝尖端单元分别采用不同的位移不连续函数，以此表征裂缝对计算单元的

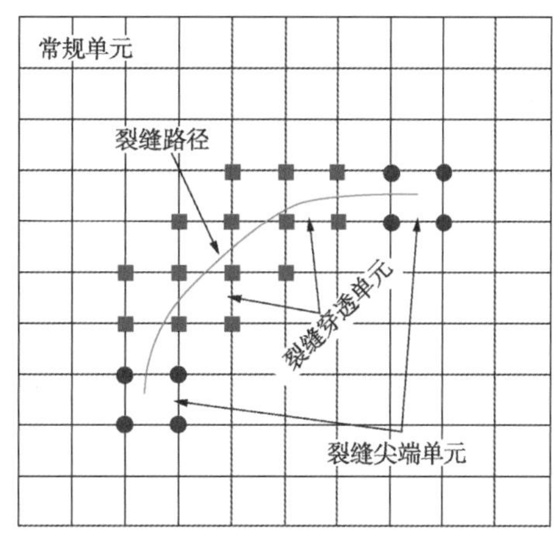

图 2-30 扩展有限元法的模拟示意图

影响。无裂缝穿过的常规单元采用常规有限元法进行模拟计算。

为了进行裂缝断裂分析，利用水平集法确定裂缝尖端单元和裂缝穿透单元后，进行不连续位移函数的构建。位移不连续函数通常由捕获裂缝尖端周围的奇点的近尖端渐近函数和代表跨裂缝表面位移跳跃的不连续函数组成，单元的位移矢量函数的近似值为：

$$u = \sum_{I=1}^{N} N_I(x)\left[u_{\mathrm{I}} + H(x)a_{\mathrm{I}} + \sum_{\alpha=1}^{4} F_{\alpha}(x)\ b_{\mathrm{I}}^{\alpha}\right] \tag{2-277}$$

式中，u_{I} 为常规有限元解的连续单元相关的节点位移矢量；I 为单元全部节点数量；N_I 为单元节点的形函数；$H(x)$ 为裂缝穿透单元不连续跳跃 Heaviside 函数；a_{I} 为裂缝穿透单元附加自由度；$F_{\alpha}(x)$ 为裂缝尖端单元附加函数；b_{I}^{α} 为裂缝尖端单元附加自由度。

不同位置的单元的裂缝示意图如图 2-31 所示。

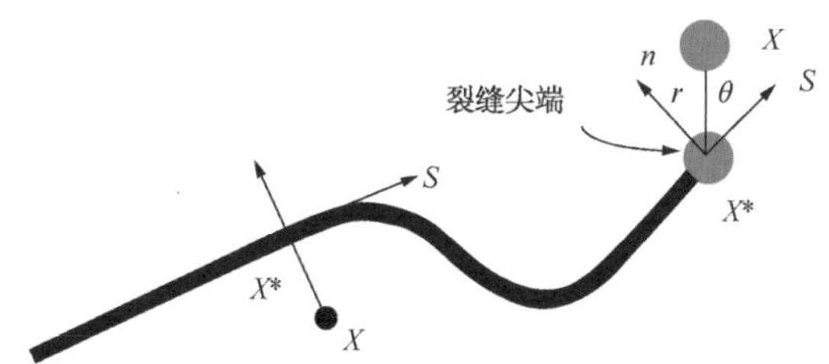

图 2-31 平滑裂缝的法向和切向坐标的示意图

对于二维裂缝扩展，若单元被裂缝完全穿透，则单元节点在常规自由度的基础上增加 2 个自由度；如果单元处于裂缝尖端，单元每个节点增加 8 个自由度；如果单元节点同时属于尖端单元节点和裂缝穿透单元节点，则优先属于尖端单元节点。对于不受裂缝影响的单元节点，每个节点的自由度不变。

(1) 常规无裂缝单元。如果单元的所有节点都没有被裂缝影响，位移场的计算采用常规有限元计算，式(2-277)的方括号中只有第 1 项，其他两项为零。如果单元中有节点被裂缝影响，位移场的计算方法式(2-277)的方括号中含有第 2 项和第 3 项。

(2) 裂缝完全穿透的单元。对于被裂缝完全穿透的单元，采用阶跃函数(Heaviside 函数)体现裂缝穿透单元的不连续位移场，式(2-277)中方括号内含有第 1 项和第 2 项。第 1 项为常规有限元的连续项，第 2 项为裂缝穿透单元的不连续项，采用阶跃函数表征。穿透单元的位移场为连续部分与不连续部分之和，阶跃函数其取值规则如下所示：

$$H(X)=\begin{cases}1 & (X-X^{*})\cdot n\geqslant 0\\ -1 & \text{其他条件}\end{cases} \tag{2-278}$$

式中，X 为所考察的节点；X^* 为离 X 最近的裂缝上的点；n 为 x^* 处的单位外法向量。

(3) 裂缝尖端单元。对于裂缝尖端所在的单元的位移场函数式(2-277)方括号中第1项和第3项之和，裂缝尖端单元的不连续函数如下所示：

$$F_{\alpha}(x)=\left[\sqrt{r}\sin\frac{\theta}{2},\ \sqrt{r}\cos\frac{\theta}{2},\ \sqrt{r}\sin\theta\sin\frac{\theta}{2},\ \sqrt{r}\sin\theta\cos\frac{\theta}{2}\right] \tag{2-279}$$

式中，r、θ 为裂缝尖端单元局部坐标系中的极坐标值。

上述函数跨越了弹性静力学的渐近裂缝尖端函数，$\sqrt{r}\sin\frac{\theta}{2}$考虑了裂缝面造成的不连续性。渐进裂缝尖端函数的采用不仅不限于各向同性弹性材料的裂缝扩展，还可以用于不同材料界面裂缝扩展表征和弹塑性幂律硬化的裂缝表征模拟。但是，三种不同类型的材料模拟，需要根据裂缝位置和非弹性变形程度来定义不同形式的渐进裂缝尖端函数。

在上述三种情况下，根据裂缝位置和非弹性材料变形程度，需要定义不同形式的渐近裂缝尖端函数。Sukumar(2004)、Sukumar 和 Prevost(2003)、Elguedj(2006)分别在其研究论文中讨论了渐近裂缝尖端函数的表征形式。

通过建模来精确描述裂缝尖端奇点，需要不断追踪裂缝扩展的位置，裂缝扩展过程中需要精确地跟踪裂缝的传播位置。追踪过程相对烦琐，因为裂缝奇异点取决于非各向同性材料的裂缝位置。因此，仅在 ABAQUS/Standard 中模拟稳定裂缝扩展时才需要考虑渐进奇异函数。

ABAQUS 软件使用下面两种方法对动态裂缝进行建模模拟。

1. 使用 Cohesive 分割方法和虚拟节点进行动态裂缝建模

扩展有限元法框架内的一种裂缝动态扩展模拟的替代方法是基于牵引-分离的 Cohesive 特征建模，ABAQUS/Standard 中使用该方法来模拟裂缝的产生和扩展，它是一种非常常见的交互建模功能，可用于脆性或延性断裂模拟建模。ABAQUS/Standard 中可用的其他的裂缝产生和扩展功能都是基于 Cohesive 分割或基于表面的 Cohesive 特征进行模拟的。与基于 Cohesive 粘结单元方法需要预定义裂缝扩展路径不同，基于扩展有限元法的 Cohesive 分割方法可用于模拟裂缝沿任意方向、块状材料相关的路径等裂缝扩展。对于块状材料来说，因为裂缝扩展不依赖于网格中的单元边界，在这种情况下，不需要进行裂缝近尖端渐近奇异性计算，而仅考虑裂缝跨越单元的位移变化情况。因此，裂缝必须一次在整个块状单元上传播，以避免需要对应力奇异性特征进行建模。

ABAQUS 通过引入叠加在初始真实节点上的虚拟节点表征裂缝单元的不连续性，其原理示意图如图 2-32 所示。当单元为完整的常规单元(单元上没有裂缝)时，每个虚拟节点都完全被相应的真实节点约束。当单元被裂缝穿透时，穿透的裂缝单元会被分割成两部分，每一部分由真实节点和虚拟节点组合形成，组合方式取决于裂缝方向(裂缝穿透单元的方式)，每个虚拟节点和对应的真实节点不再绑定在一起，而是可分开移动。

裂缝张开分离值主要受 Cohesive 准则控制直至裂缝单元上的 Cohesive 强度值为零，虚拟节点和真实节点能够独立移动。为了构建一套完整的差值，属于真实域 Ω_0

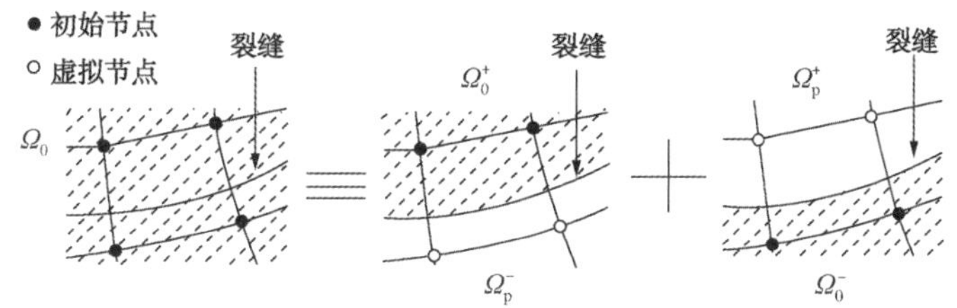

图 2-32　虚拟节点方法原理

的部分裂缝单元将扩展到虚拟域 Ω_p 部分，然后采用虚拟域 Ω_p 节点的自由度对真实域 Ω_0 的位移进行差值。位移场的跳跃是通过简单的积分从真实节点的侧面到裂缝区域实现，即 Ω_0^+ 和 Ω_0^-。该方法提供了一种有效且有吸引力的工程方法，Song(2006)和 Remmers(2008)已将其用于模拟固体多条裂缝的产生和扩展。通过研究和模拟证明，如果单元网格足够精细，模拟精度几乎与网格尺度无关。

2. 水力压裂裂缝扩展模型

上面介绍的虚拟节点的 Cohesive 分割法也可以扩展为对水力压裂驱动裂缝扩展建模模拟，在这种情况下，每个裂缝单元的边缘引入具有孔隙压力自由度的附加虚拟节点以模拟裂缝单元表面内的流体流动，并与叠加在原始实节点上的虚拟节点结合，以表征模型的位移和孔隙压力的不连续性。每个非裂缝单元边缘的虚拟节点都不会被激活，直到该单元边缘与压裂裂缝相交。压裂裂缝单元中孔隙流体的流动方式如图 2-33 所示，假定流体不可压缩，裂缝穿透和裂缝尖端单元表面的切向和法向保持流体流动连续性。裂缝单元表面的流体压力有助于裂缝单元中黏性段的牵引-分离行为表征，从而可以对水力压裂液压驱动裂缝扩展进行建模。

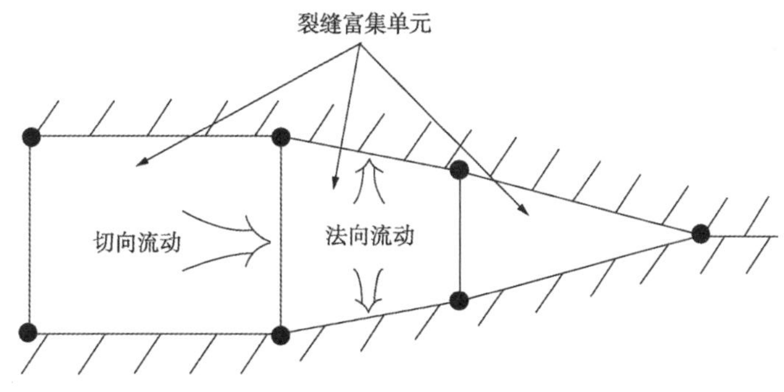

图 2-33　扩展有限元法裂缝单元流体流动示意图

3. 基于线弹性断裂力学(LEFM)和虚拟节点原理的动态裂缝建模

在扩展有限元法框架内对动态裂缝建模的另一种替代方法是基于线弹性断裂力学原理的建模方法，该方法更适合于脆性材料的裂缝扩展问题。类似于上述基于扩展有限元法的 Cohesive 分割方法，裂缝尖端不考虑近端渐近奇异性，而仅考虑位移穿过单元的位移跳跃情况。因此，每一步的裂缝扩展必须在整个单元上传播，以避免需要对应力奇异性进行建模。裂缝尖端处的应变能释放速率基于改进的虚拟裂缝闭合技术计算，该技术已用于对于已知且部分粘结的表面分层特征进行建模。基于扩展有限元法的线弹性断裂力学方法可用于模拟块状材料中沿任意裂缝和控制路径裂缝扩展传播，而无须在模型中预先设置裂缝路径。

该方法的建模技术与上述基于扩展有限元法的 Cohesive 分割方法非常相似，在满足破裂准则时，引入虚拟节点来表示裂缝单元的不连续性。当等效应变能释放速率超过裂缝尖端单元尖端处的临界应变能释放速率时，真实节点和相应的虚拟节点将分离，牵引力以相等且相反的力承载在裂缝单元的两个表面。牵引力在两个表面间呈线性下降，其消散的应变能等于引发分离所需的临界应变能或裂缝扩展所需的临界应变能，具体取决于指定的虚拟裂缝闭合技术或增强的虚拟裂缝闭合准则。

基于扩展有限元法的线弹性断裂力学原理的模拟方法还可用于直接循环的低循环疲劳分析，模拟承受多次临界循环载荷的离散裂缝扩展。基于上述改进的虚拟裂缝闭合技术，计算出裂缝单元中裂缝尖端处的断裂能释放速率。使用 Paris 定律以表征裂缝起裂和裂缝扩展，该定律将断裂能释放速率与裂缝扩展速率相关联，如图 2-34 所示。该方法已被用来模拟在亚临界循环载荷下沿着已知的和部分粘结绑定的表面进行的渐进分层失效。但是，与该方法不同，基于扩展有限元法的线弹性断裂力学方法可用于模拟疲劳裂缝沿着块状材料任意的、依赖于解的路径传播。

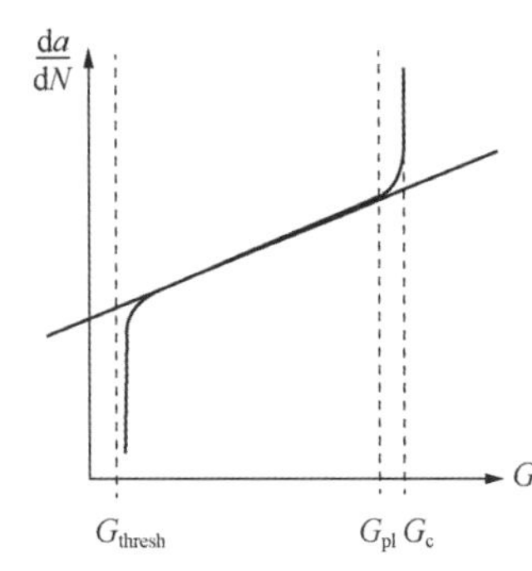

图 2-34　Paris 准则控制的疲劳裂缝产生

4. 使用水平集法描述几何不连续

因为不需要单元网格符合裂缝几何形状，扩展有限元法模拟处理裂缝的一项重要进展是对裂缝几何形状的描述。水平集法是一种用于分析和计算界面运动的强大数值技术，非常适合于扩展有限元法裂缝追踪，并且可以对任意裂缝扩展进行建模而无须重新网格化。

水平集法把裂缝表示成函数 $\phi(x(t),\ t)$ 的零水平函数集，例如，一个裂缝界面 $\gamma(t)\subset R^2$ 可以表示函数 $\phi(x,\ t)$：$R^2\times R\to R$ 的水平集曲线：

$$\gamma(t)=\{x\in R^2:\ \varphi(x,\ t)=0\} \tag{2-280}$$

$\gamma(t)$ 的演化由 $\varphi(x(t),\ t)$ 对时间 t 的倒数来决定：

$$\begin{aligned}&\varphi_t+F\|\nabla\varphi\|=0\\&\varphi(x,\ t=0)\end{aligned} \tag{2-281}$$

式中，F 为在裂缝 $x\in\gamma(t)$ 处的法向扩展速度。

裂缝界面函数 φ 可以定义为：

$$\varphi(x,\ t)=\pm\min_{x_\gamma\in\gamma(t)}\|x-x_\gamma\| \tag{2-282}$$

式中，φ 为计算模型中单元节点到裂缝界面垂直距离函数，通过计算单元节点到裂缝界面的距离，可以确定单元节点与裂缝的位置关系。如果节点处于裂缝界面的上方，则 φ 大于零，为正；如果节点处于裂缝下方，相应的则 φ 小于零，为负。

裂缝的水平集函数要求比裂缝界面函数高一维，这样的话，水平集法会增大模拟计算的存储量和计算量，这是水平集法追踪裂缝技术的一个缺陷。

下面以二维模型进行简单的水平集法说明。二维裂缝模型的建立，需要建立 2 个水平集函数来确定裂缝的位置及动态变化过程：①裂缝面水平集函数，利用$\Psi(x, t)$函数表征；②裂缝波前水平集函数，利用函数$\varphi_i(x, t)$表示，主要用来确定裂缝的尖端。在裂缝尖端，$\varphi_i(x, t)$函数和$\Psi(x, t)$相互垂直。裂缝表征方式示意图如图 2-35 所示。

如图 2-35 所示，裂缝尖端的两个波前水平集函数φ_i将整个计算模型分为左、中、右三部分，若单元节点位于在两个波前水平集函数的中间区域，则$\varphi<0$；如果在外侧，则$\varphi>0$；裂缝面的水平集函数$\psi=0$，若单元节点位于裂缝上部，则$\psi=1$；若单元节点位于裂缝下部，则$\psi=-1$。

利用水平集函数对单元节点进行循环，计算单元中每个节点到裂缝尖端的φ值，并计算出单元内$\varphi_{\max}$和$\varphi_{\min}$值；同时计算出单元内的每个节点到裂缝的ψ值，找出每个单元内的$\psi_{\max}$和$\psi_{\min}$值。

若$\varphi_{\max}<0$和$\varphi_{\min}<0$，而且$\psi_{\max}\psi_{\min}\leqslant 0$时，可以确定该单元被裂缝完全穿透，需要通过跳跃函数$H(x)$进行加强；若$\varphi_{\max}\varphi_{\min}<0$且$\psi_{\max}\psi_{\min}\leqslant 0$时，可以确定该单元属于裂缝尖端单元，需采用裂缝尖端位移函数进行改进；若$\psi_{\max}\psi_{\min}\geqslant 0$，不需要考虑单元节点的$\varphi$值，无论$\varphi$值的正负，该单元都属于常规计算单元。

在裂缝扩展过程中，裂缝每扩展一步，都需要重新形成水平集函数Ψ和φ_i，水平集函数的重新构建必须以裂缝扩展的步长Δa和裂缝扩展角度θ_c为基础。重新建立水平集函数的过程如图 2-36 所示。

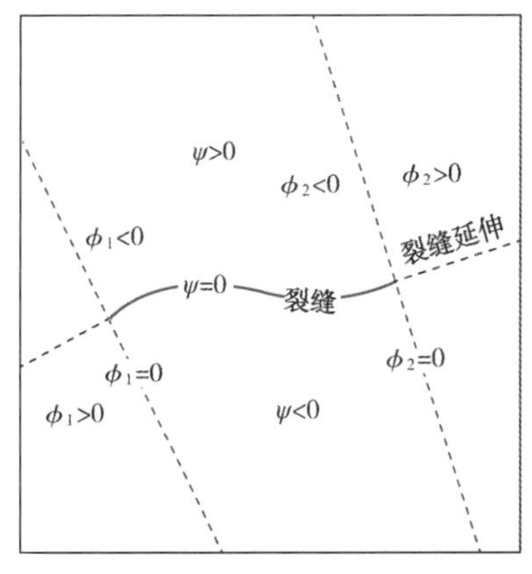

图 2-35　水平集函数裂缝表征示意图

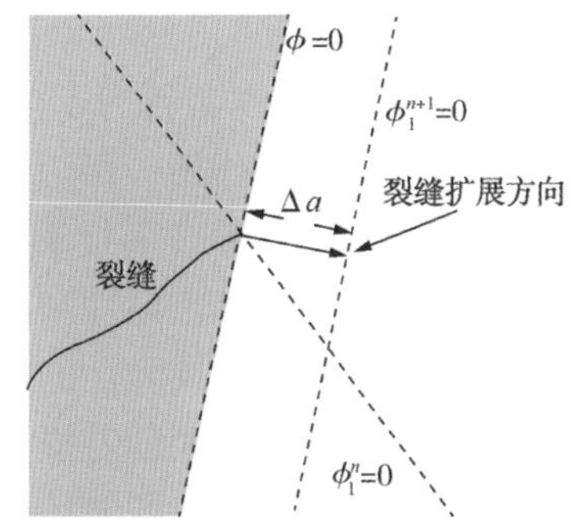

图 2-36　裂缝扩展示意图

2.8.2　裂缝扩展特征和属性定义

在扩展有限元法的使用过程中，用户需要指定一个扩展特征属性，一个或多个预先设置的裂缝或缺陷区域且可与一个裂缝特征相关联。另外，分析过程中一个或多个裂缝或缺陷可在没有任何初始缺陷的情况下在裂缝特征区域发生起裂，但是，只有当相同时间增量步中多个单元同时满足损伤起裂标准时，多条裂缝才能满足单一的裂缝扩展特征。否则，除非裂缝特征中的所有预先设置的裂缝都已扩展至所定义的裂缝区域的边界，其他裂缝才可以集结。如果在某一分析中希望相继在不同地方出现裂缝，那么在模型中需要定义多个扩展特征。只有当单元被裂缝分割时，扩展自由度才会被激活。在实际分析中，只有应力/位移固体连续单元才可以施加裂缝扩展属性。

1. 裂缝扩展属性定义

用户可以选择对任意固定裂缝或沿任意与求解相关的离散裂缝扩展进行建模。前者要求裂缝尖端周围的单元采用渐进函数模拟位移函数的奇异性，而裂缝穿过的单元需要采用跳跃函数。后者采用 Cohesive 分割方法或线性弹性断裂力学方法结合虚拟节点进行联合使用。上述两种方法相互排斥，用户只能选择其中一种。

2. 裂缝特征名称定义

用户必须为任意扩展特征(例如裂缝)分配名称。此名称可用于定义裂缝表面的初始位置，识别裂缝轮廓并输出、激活或取消激活裂缝扩展分析以及生成裂缝单元面。

3. 扩展区域确定

用户必须将裂缝或缺陷的扩展过程与模型区域相关联的区域，在指定区域内，单元的自由度才可能被富集。该区域应包括当前与裂缝相交的单元以及随着裂缝扩展而可能与裂缝相交的单元。

4. 裂缝面定义

随着裂缝在模型的扩展，在分析过程中与裂缝相交的所有扩展单元上会生成代表裂缝两个方面的裂缝表面。用户必须将扩展特征的名称与单元表面相关联。

5. 使用小位移滑动原理定义破裂单元表面的接触

采用线弹性断裂力学方法建立固定裂缝或活动裂缝相交的单元，则假定该裂缝单元的弹性内聚强度为零。因此，当裂缝表面接触时，裂缝表面的压缩行为完全由上述选项定义。对于采用 Cohesive 黏性方法的动态裂缝模拟更为复杂。裂缝分离涉及牵引-分离的内聚性以及裂缝表面的压缩性。在接触面法线方向上，控制裂缝表面间压缩行为的压力-闭合关系与内聚行为不产生相互作用，因为它们各自描述了在不同接触状态下裂缝表面间的相互作用。压力-超闭合关系仅在“闭合”裂缝时才能控制裂缝扩展行为。仅当裂缝“张开”(不接触)时，内聚力行为才有助于产生接触法向应力。

如果剪切方向单元的弹性黏性刚度系数未形成损伤时，假定 Cohesive 黏性行为有效。假定任何的切向滑移为纯弹性的，且在单元上产生弹性内聚力抵抗。如果定义了损伤，则剪切应力的内聚作用随着损伤发展而开始下降。一旦达到最大损伤退化，则内聚力的剪切应力贡献为零。若激活裂缝面的摩擦模型，裂缝面间可产生剪切应力。

2.8.3 基于 XFEM 的 Cohesive 黏性行为

基于扩展有限元法的 Cohesive 黏性特性用于裂缝扩展分析，相应的准则及模拟特征以及牵引-分离本构行为和 Cohesive 粘结单元模拟方法非常相似，主要包括线弹性牵引-分离模型、初始损伤准则和损伤演化准则。

1. 线弹性牵引-分离行为

ABAQUS 中可用的牵引-分离模型假定起裂或失效前体现出线弹性特征，载荷加载至一定范围内发生起裂和损伤演化。线弹性行为可用弹性本构矩阵来表示，该矩阵将法向应力和剪切应力与裂缝单元的法向应力和剪切应力相关联。

名义牵引应力矢量 t 包括 t_n、t_s 和 t_t(三维问题)，分别为法向牵引应力和剪切牵引应力。相应的分离行为可由 δ_n、δ_s 和 δ_t 来表示，弹性行为可通过如下显示：

$$t=\begin{Bmatrix}t_n\\t_s\\t_t\end{Bmatrix}=\begin{bmatrix}K_{nn}&0&0\\0&K_{ss}&0\\0&0&K_{tt}\end{bmatrix}\begin{Bmatrix}\delta_n\\\delta_s\\\delta_t\end{Bmatrix}=K\delta \tag{2-283}$$

模拟过程中的法向和切向刚度分量相互不耦合，纯法向分离本身不会在剪切方向上产生内聚力，纯法向分离为零时剪切滑移不会在法向上产生任何内聚力。

K_{nn}、K_{ss}和K_{tt}根据扩展有限元的裂缝单元的弹性特征计算，在裂缝区域中指定材料的弹性属性以地应力足够的弹性刚度系数和牵引-分离行为。

2. 损伤模型

扩展有限元的损伤模型允许用户模拟裂缝单元的退化和最终的损伤失效行为，失效机制包括两个要素：一是损伤起裂准则，二是损伤演化准则。裂缝单元损伤前的响应为线性特征，一旦满足设置的损伤起裂准则，裂缝单元会根据用户设置的损伤演化定律发生损伤演化。图2-37显示了一种典型的线性和非线性牵引-分离响应特征失效机理，裂缝单元在纯压缩作用条件下不会产生损伤破坏。

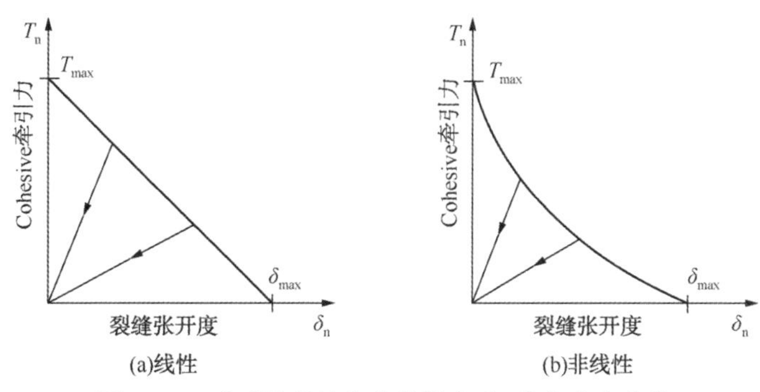

图2-37　典型的线性和非线性牵引-分离响应曲线

在用于常规材料的通用框架内定义了对裂缝元素内聚行为的牵引-分离响应的损伤，但是与具有牵引-分离行为的Cohesive内聚力单元不同，用户可不必在裂缝单元中指定未损坏的牵引-分离行为。

3. 裂缝扩展以及扩展方向

具有Cohesive粘结单元响应特征的裂缝单元达到起裂准则后开始损伤退化，当单元的应力或应变满足指定的损伤准则时，裂缝单元开始进行损伤退化。起裂可基于以下ABAQUS/Standard内置损伤起裂准则进行设置，主要包括最大主应力准则、最大主应变准则、最大名义应力准则、最大名义应变准则、二次名义应力准则和二次名义应变准则。另外，用户可通过UDMGINI子程序进行损伤起裂准则自定义。

当裂缝起裂准则f值在给定公差内达到1.0时，在平衡增量后引入附加裂缝或延长现有裂缝的裂缝长度：$1.0\leq f\leq 1.0+f_{tol}$。用户可指定公差系数$f_{tol}$，若$f>1.0+f_{tol}$，模拟过程中将缩减时间增量步从而满足裂缝起裂标准，默认的公差系数f_{tol}为0.05。

裂缝方向指定：当指定了最大主应力或最大主应变起裂准则，裂缝单元满足起裂准则时，新的裂缝单元方向始终与最大主应力/主应变方向正交。但当采用其他起裂准则时，新的裂缝单元方向必须指定是与单元局部1方向或2方向正交。在默认情况下，裂缝方向与单元局部的1方向正交。如果用户采用自定义的起裂准则，则可以在

UDMGINI 子程序中定义裂缝平面或裂缝线的法向方向。

4. 裂缝起裂准则

1）最大主应力准则

最大主应力准则定义如下：

$$f=\left\{\frac{\langle \sigma_{max} \rangle}{\sigma^{o}_{max}}\right\} \tag{2-284}$$

式中，σ^{o}_{max}为材料允许的最大主应力；〈 〉为 Macaulay 括号（如果 $\sigma_{max}<0$，则 $\langle \sigma_{max} \rangle =0$；如果$\langle \sigma_{max} \rangle \geqslant 0$，则$\langle \sigma_{max} \rangle =\sigma_{max}$）。Macaulay 括号通常用于表示纯压缩应力状态不会引发损坏。当最大主应力比值（如上面的表达式中定义）达到 1.0 时，假定材料开始发生损伤。

2）最大主应变准则

最大主应变准则定义为：

$$f=\left\{\frac{\langle \varepsilon_{max} \rangle}{\varepsilon^{o}_{max}}\right\} \tag{2-285}$$

式中，ε^{o}_{max}为材料允许的最大主应变；Macaulay 括号表示纯压缩应变不会引发损坏。当最大主应变比值（如上表达式中所定义）达到 1 时，假定材料开始发生损伤。

3）最大名义主应力准则

最大名义主应力准则定义为：

$$f=\max\left\{\frac{\langle t_{n} \rangle}{t^{o}_{n}},\ \frac{t_{s}}{t^{o}_{s}},\ \frac{t_{t}}{t^{o}_{t}}\right\} \tag{2-286}$$

式中，名义牵引应力矢量 t 包括三个变量（二维模型包括两个），t_n 表示可能裂缝面的法向名义应力，t_s 和 t_t 表示可能裂缝面的切向名义应力，裂缝面的方向与单元局部 1 方向或局部 2 方向正交；t^{o}_{n}、t^{o}_{s} 和 t^{o}_{t} 为材料允许的最大名义应力值；符号〈 〉为 Macaulay 括号，Macaulay 括号用于表示纯压缩应力状态不会引发损伤。当三个方向中的某一最大名义应力比值（如上表达式中所定义）达到 1 时，假定材料开始损坏。

4）最大名义应变准则

最大名义应变准则定义为：

$$f=\max\left\{\frac{\langle \varepsilon_{n} \rangle}{\varepsilon^{o}_{n}},\ \frac{\varepsilon_{s}}{\varepsilon^{o}_{s}},\ \frac{\varepsilon_{t}}{\varepsilon^{o}_{t}}\right\} \tag{2-287}$$

当某一方向的最大应变比值（如上表达式中所定义）达到 1 时，假定材料开始发生破坏。

5）二次名义应力准则

二次名义应力准则定义为：

$$f=\left\{\frac{\langle t_{n} \rangle}{t^{o}_{n}}\right\}^{2}+\left\{\frac{t_{s}}{t^{o}_{s}}\right\}^{2}+\left\{\frac{t_{t}}{t^{o}_{t}}\right\}^{2} \tag{2-288}$$

当二次相互作用函数值达到 1 时，假定材料开始发生破坏。

6）二次名义应变准则

二次名义应变准则定义为：

$$f=\left\{\frac{\langle \varepsilon_n \rangle}{\varepsilon_n^o}\right\}^2+\left\{\frac{\varepsilon_s}{\varepsilon_s^o}\right\}^2+\left\{\frac{\varepsilon_t}{\varepsilon_t^o}\right\}^2 \tag{2-289}$$

当二次相互作用函数值达到1时，假定材料开始发生损伤。

7）用户自定义设置

用户可利用子程序UDMGINI定义多种起裂损伤机制，可通过起裂准则f_{indexi}表示一种起裂破坏机制，也可定义多种起裂机制，但是裂缝单元的实际起裂破坏主要取决于最严重的损伤起裂机制。

$$f=\max\{f_{index1}, f_{index2}\cdots f_{indexn}\} \tag{2-290}$$

假定在上面表达式中定义的f值达到1时，假定材料开始发生损坏破坏。

5. 损伤演化准则

损伤演化定律描述了一旦达到相应的起裂准则，裂缝单元的内聚刚度下降。描述损伤演化的一般框架在概念上类似于基于表面的内聚行为中的损伤演化特征。

标量损伤变量D表示裂缝表面与裂缝单元边界的交点处的平均总损伤，该值初始值为0。如果定义了损伤演化模型，则在损坏开始后进一步加载时，损伤变量D从0单调演变为1.0。法向应力和剪应力分量受以下因素影响：

$$t_n=\begin{cases}(1-D)T_n, & T_n\geqslant 0\\ T_n & \text{其他情况(压缩刚度系数无损伤)}\end{cases} \tag{2-291}$$

$$t_s=(1-D)T_s \tag{2-292}$$

$$t_t=(1-D)T_t \tag{2-293}$$

式中，T_n、T_s和T_t为当前无损伤时弹性牵引-分离行为法向和切向应力张量。

为了描述裂缝单元的法向和切向分离组合下的损伤演化，将有效分离量定义如下：

$$\delta_m=\sqrt{\langle \delta_n \rangle^2+\delta_s^2+\delta_t^2} \tag{2-294}$$

6. 裂缝表面流体流动的本构响应

裂缝中流体流动的特征与Cohesive黏聚力单元模拟水压致裂的本构模型完全一致，主要包括流体的切向流动、法向流动本构方程。

2.9 小结

结合水力压裂模拟需求，进行了线弹性材料、摩尔-库伦材料、扩展的Drucker-Prager材料、节理材料等本构模型以及多孔介质理论与流-固耦合理论的介绍。基于水力压裂扩展模拟需求以及ABAQUS软件的功能，进行了Cohesive粘结单元模拟方法和扩展有限元法的水力压裂裂缝扩展模拟理论介绍，可为用户提供基本的理论参考。

第 3 章

ABAQUS/CAE 基本使用方法

ABAQUS/CAE 是 ABAQUS 软件建模与模拟计算的 GUI 交互式图形界面，使用图形界面能够方便地进行几何模型构建、材料赋值、部件组装、分析步设置、部件或实例网格划分、载荷和边界条件设置、接触设置、作业创建等相关建模设置。ABAQUS/CAE 依据建模的流程分成固定的建模功能模块，建模过程完全流程化，能够保证用户方便快捷地进行模型构建。

ABAQUS/CAE 界面的启动有两种方式：一是命令窗口启动，命令启动采用 DOS 界面或 ABAQUS/Command 命令窗口输入 ABAQUS CAE，即可启动 ABAQUS/CAE；二是采用快捷方式启动，查找 ABAQUS/CAE 软件的快捷方式，点击后会弹出 ABAQUS/CAE 软件的启动界面。

下面简要介绍一下 ABAQUS/CAE 软件界面的主窗口的组成和功能模块。

3.1 基本界面

ABAQUS 有限元分析软件进行模拟计算的流程主要包括 3 个部分：前处理、模拟计算和后处理输出。ABAQUS 软件的 CAE 界面主要进行模型前处理设置，前处理设置主要包括几何部件建立、材料赋值、部件组装、分析步建立、网格划分、相互作用设置、载荷与边界设置、作业提交等步骤，主要包括 ABAQUS/CAE 模块建模、Python 语言建模或 INP 模型导入等方式，在 ABAQUS/CAE 中依据软件界面设定的步骤进行前处理设置或模拟分析。ABAQUS/CAE 图形界面如图 3-1 所示，软件界面主要包括模型树、标题栏、菜单栏、环境栏、工具栏、视图区、信息或命令提示区、工具箱区、提示区等。

1. 标题栏

标题栏显示当前的 ABAQUS 软件版本和前处理模型名称。

2. 菜单栏

菜单栏包括 Part、Property、Assembly、Step、Interaction、Load、Mesh 等各个功能模块的菜单目录与功能目录，在菜单栏中可进行几乎所有的功能调用。

3. 环境栏

环境栏包括 Part、Property、Assembly、Step、Interaction、Load、Mesh 等各个功能模块的切换与显示，用户可通过环境栏的 Module 功能的下拉菜单进行 Part 模块等功能模块的切换；若在 Part 功能模块、Property 功能模块和 Mesh 功能模块中有多个部件时，可通过环境栏中的 Part 下拉菜单进行显示部件的选择，选择部件后会在视图区显

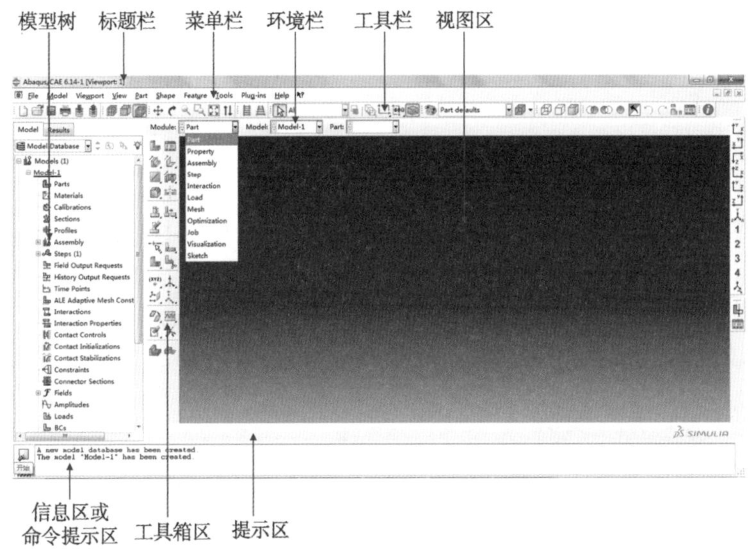

图 3-1 ABAQUS/CAE 主窗口组成部分

示其选择的部件。

4. 工具栏

ABAQUS/CAE 用于模型新建与保存、部件显示、编辑等各个工具的快捷图标，可通过菜单栏视图(View)→工具栏(Toolbars)进行相关的工具显示设置。工具栏主要包括以下几个方面：(1)新建模型与保存模型；(2)视图区部件或实例的视图平移、视图旋转、视图缩放、视图循环显示；(3)网格显示、网格种子显示；(4)部件或实例选择方式与高亮设置；(5)视图区部件或实例渲染方式设置；(6)信息查询；(7)视图区部件、实例或集合布尔运算显示设置；(8)视图区部件、实例或集合颜色显示设置；(9)部件、实例或集合视图显示设置；(10)结果场变量名称显示选择。

5. 模型树

模型树用于模型的概略显示，类似 Pro/E、SolidWorks 等相关软件的模型树，可以进行部分编辑和管理，可实现菜单栏、工具栏和环境栏中的大部分功能，主要功能如下：(1)显示当前模型的构成；(2)对模型进行相关操作或修改，例如修改部件或实例名称、创建集合等；(3)相关的查询设置。

6. 视图区

视图区用于显示部件、模型或集合；显示边界条件设置或其他如接触、绑定等相互作用设置。

7. 工具箱区

工具箱区是 ABAQUS/CAE 各个模块进行设置和处理的快捷工具，用户可通过相关的快捷按钮进行设置，各个模块的快捷工具具有一定的差异性。部分快捷图标右下角有黑色小三角标记，表示快捷按钮下隐藏其他同类型的快捷按钮。

8. 提示区

提示区用于提示建模过程中操作，确认部分操作。

9. 信息区或命令提示区

信息区或命令提示区用于显示状态信息和警告，信息区可以转化为命令提示区，

通过点击 [icon] 或 [icon] 进行切换。

下面简要介绍一下 ABAQUS/CAE 的主要功能模块。

3.2 ABAQUS/CAE 功能模块

ABAQUS/CAE 的各个功能模块主要依据 ABAQUS 的建模流程进行模块化设置，主要包括 Part、Property、Assembly、Step、Interaction、Load、Mesh、Job 和 Visualization 等功能模块。部分版本有拓扑优化(Optimization)模块，该模块在水力压裂模拟应用较少，在此不进行介绍。

3.2.1 Part 功能模块

Part 功能模块主要用于模型几何部件的创建或第三方软件建立的几何模型导入。ABAQUS 创建几何部件的方式有三种，包括 ABAQUS/CAE 创建、第三方 CAD 几何模型导入和利用 Python 脚本语言完成建模。部分简单模型可利用 ABAQUS/CAE 快速地进行相应的几何模型建立，不规则或复杂的模型可利用第三方 CAD 软件(例如 AUTO CAD、SolidWorks 或 Pro/ENGINEER)进行建模，然后导出成 ABAQUS 能够识别的文件类型后导入 ABAQUS/CAE 软件中，同时，也可利用 Python 语言进行脚本语言操作完成建模。

在 Part 功能模块中构建几何部件时，首先点击左侧工具箱区快捷按钮 [icon] (Create Part)或菜单栏 Part→Create…，进入部件创建(Create Part)对话框，进行部件的模型空间维度(Model Space)、类型(Type)、基本特征(Base Feature)和画布尺寸(Approximate size)的设置，设置完成后点击 Continue 按钮，进入 Part 功能模块的草图(Sketch)界面，如图 3-2(a)所示。草图界面中可依据模型特征进行相应的线框的绘制，草图界面的左侧为草图绘制工具箱区，草图绘制过程中相关的设置都能通过左侧工具箱区进行绘制，左侧工具箱区的快捷按钮功能如图 3-2(b)所示。主要包括以下几个部分。

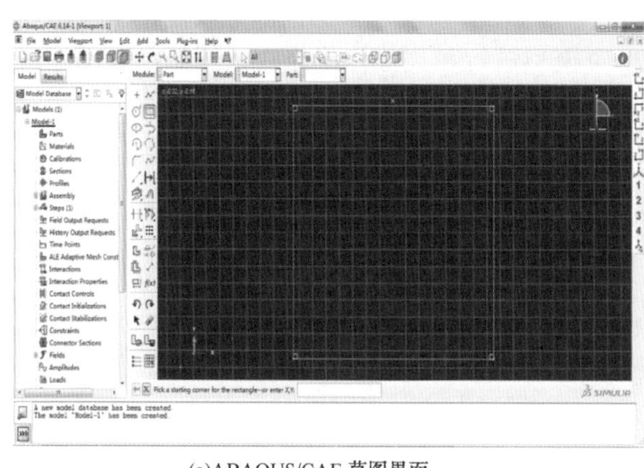

(a)ABAQUS/CAE 草图界面

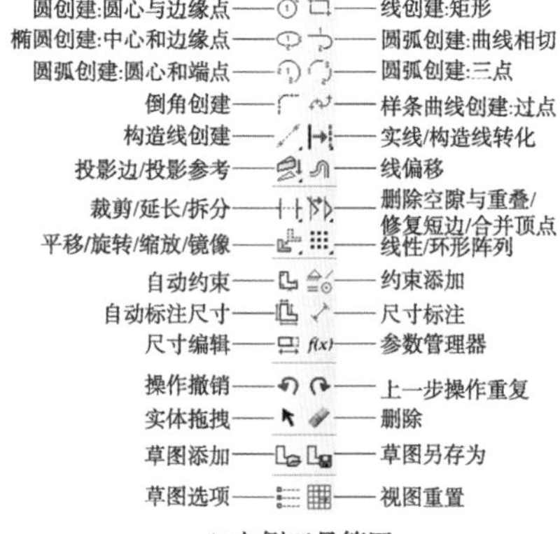

(b)左侧工具箱区

图 3-2 ABAQUS/CAE 草图(Sketch)绘制界面

1. 点和线的创建

点和线的创建主要包括孤立点创建 ＋（Create Isolated Point）、连接线创建（Create Line：Connected）、圆创建（Create Circle：Center and Perimeter）、矩形创建（Create Lines：Rectangle（4 Lines））、椭圆创建（Create Ellipse：Center and Perimeter）、与曲线相切圆弧创建（Create Arc：Tangent to Adjacent Curve）、三点圆弧创建（Create Arc：Thru 3 Points）、圆心和两端点圆弧创建（Create Arc：Center and 2 Endpoints）等。

为了辅助画图，草图左侧工具箱区还有构造线创建（Create Construction：Oblique Line Thru 2 Point、Horizontal Line thru Point、Vertical Line thru Point、Line at a Angle、Circle）、实线/构造线转化（Set as Construction）、线偏移（Offset curves）、平移/旋转/缩放/镜像（Translate/Rotate/Scale/Mirror）、线性/环形阵列（Linear Pattern/Radial Pattern）等。

2. 尺寸约束与修改

尺寸约束与修改主要包括自动约束（Auto－Constrain）、裁剪/延长/拆分（Auto－Trim/Trim/extend/split）、约束添加（Add Constrain）、尺寸自动标注（Auto－Dimension）、尺寸标注（Add Dimension）、尺寸编辑（Edit Dimension Value）等。

3. 整体编辑

整体编辑主要包括最后一步撤销操作（Undo Last Action）、重做上一操作（Redo Last Action）、实体拖拽（Drag Entities）、删除（Delete）等。

除了上述主要的工具外，草图工具箱区中还有草图选项设置（Sketcher Options，图标为），具体的界面如图 3-3 所示。草图选项设置主要进行草图界面相关的显示、编辑和尺寸等方面的设置，方便草图编辑。

(a)通用选项　(b)尺寸选项　(c)约束选项　(d)图片选项

图 3-3　草图选项（Sketcher Options）

草图界面中通过左侧工具箱区快捷按钮和菜单栏里的命令可实现几何模型创建、编辑和部件剖面轮廓草图的管理等功能，ABAQUS 草图绘制的模型特征包括点、线和面，几何特征都是二维的。如果想形成三维部件，需要在草图界面中绘制二维模型后进行拉伸、旋转和扫略等步骤。

若模拟的部件为二维模型，则可直接在草图中进行二维的点、线和面绘制直接生成二维部件。

图 3-4 为 Part 功能模块界面[见图 3-4(a)]和左侧的工具箱区快捷按钮[见图 3-4(b)]，图 3-4(b)中包含一系列的部件创建与部件修改、几何编辑功能的快捷方式。

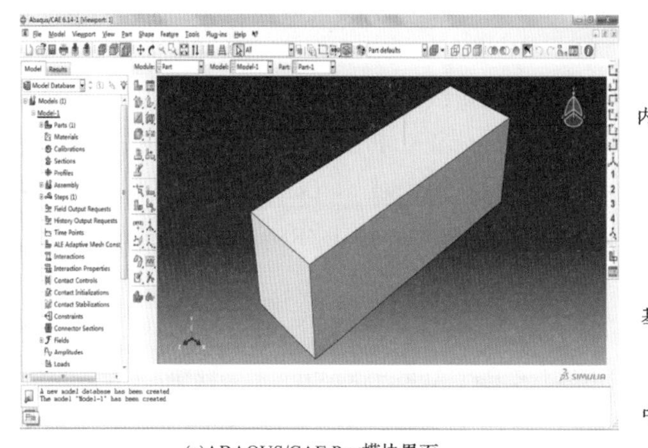

(a)ABAQUS/CAE Part模块界面

(b)左侧工具箱区

图 3-4　ABAQUS/CAE Part 功能模块

主要的快捷按钮的功能包括以下几个部分：

1. 部件创建

对于简单的、形状规则的部件利用部件创建(Create Part)功能进行几何模型的构建，对于部分略为复杂的、形状规则的部件可以分次进行创建，首先建立部件的部分特征，然后利用创建实体(Create Solid)[包括拉伸方式实体创建(Create Solid：Extrude)、旋转方式实体创建(Create Solid：Revolve)、扫略方式实体创建(Create Solid：Sweep)、放样方式实体创建(Create Solid：Loft)、基于壳方式实体创建(Create Solid：From Shell)]、壳创建(Create Shell)[包括拉伸方式壳创建(Create Shell：Extrude)、旋转方式壳创建(Create Shell：Revolve)、扫略方式壳创建(Create Shell：Sweep)、放样方式壳创建(Create Shell：Loft)、平面方式壳创建(Create Shell：Planer)、源自实体方式壳创建(From solid)]、线创建(Create Wire)[主要包括平面方式线创建(Create Wire：Planar)、点对点方式线创建(Create Wire：Point to Point)、两线间圆角创建(Create Wire：Between 2 Wires)、通过选取边方式线创建(Create Wire：From selected edges)]等功能在创建的部分部件的基础上进一步进行创建以形成所需的部件。

对于部分部件需要不同形状的挖孔或切割时，可利用切削创建(Create Cut)功能进行部件的加工，主要包括拉伸方式切削创建(Create Cut：Extrude)、旋转方式切削创建(Create Cut：Revolve)、扫略方式切削创建(Create Cut：Sweep)、放样方式切削创建(Create Cut：Loft)、圆孔方式切削创建(Create Cut：Circular Hole)。

除了进行上述模型部件构建外，还可以进行模型倒角创建设置，包括倒圆角(Create Round or Fillet)和倒直角(Create Chamfer)。

2. 部件编辑

针对上述构建的几何部件可进行相应的修改、禁用和删除等设置，主要包括特征编辑(Edit Feature)、特征重生成(Regenerate Features)、特征禁用(Suppress Feature)、特征恢复(Resume Feature)、特征删除(Delete Feature)。可进行部件的相关的修改和抑制。

3. 部件剖分

主要针对实体、面和线进行剖分(Partition)。

(1) 实体剖分(Partition Cell)：主要包括定义切割平面方式实体剖分(Partition Cell：Define Cutting Plane)、基准平面方式实体剖分(Partition Cell：Use Datum Plane)、延伸面方式实体剖分(Partition Cell：Extend Face)、拉伸/扫略边方式实体剖分(Partition Cell：Extrude/Sweep edges)、使用N边方式实体剖分(Partition Cell：Use N-sided Patch)、草图平面分区方式实体剖分(Partition Cell：Sketch Planar Partition)。

(2) 面剖分(Partition Face)：主要包括草图方式面剖分(Partition Face：Sketch)、两点间最短直线方式面剖分(Partition Face：Use Shortest Path Between 2 Points)、基准面方式面剖分(Partition Face：Use Datum Plane)、与两条边平行的曲线路径方式面剖分(Partition Face：Use Curved Path Normal To 2 Edges)、延伸另一个面方式面剖分(Partition Face：Extend Another Face)、与其他面相交方式面剖分(Partition Face：Intersect By Other Faces)、投影边方式面剖分(Partition Face：Project Edges)。

(3) 边剖分(Partition Edge)：主要包括按位置指定参数方式边剖分(Partition Edge：Specify Parameter by Location)、输入参数方式边剖分(Partition Edge：Enter Parameter)、选择中点或基准点方式边剖分(Partition Edge：Select Midpoint/Datum Point)、基准平面方式边剖分(Partition Edge：Use Datum Plane)。

4. 基准点轴面坐标系创建

(1) 基准点创建：主要包括坐标输入方式基准点创建(Create Datum Point：Enter Coordinates)、一点偏移方式基准点创建(Create Datum Point：Offset From Point)、两点确定中点方式基准点创建(Create Datum Point：Midway Between 2 Points)、从两条边偏移方式基准点创建(Create Datum Point：Offset From 2 Edges)、输入参数方式基准点创建(Create Datum Point：Enter Parameter)、点投影到平面方式基准点创建(Create Datum Point：Project Point On Face/Plane)、点投影到边或基准轴方式基准点创建(Create Datum Point：Project Point On Edge/Datum Axis)。

(2) 基准面创建：主要包括主平面偏移方式基准面创建 (Create Datum Plane: Offse From Principal Plane)、已有平面偏移方式基准面创建 (Create Datum Plane: Offse From Plane)、三点方式基准面创建 (Create Datum Plane: 3 Points)、一线一点方式基准面创建 (Create Datum Plane: Line and Point)、点和法线方式基准面创建 (Create Datum Plane: Point and Normal)、已有平面旋转方式基准面创建 (Create Datum Plane: Rotate From Plane)。

(3) 基准轴创建：主要包括主轴方式基准轴创建 (Create Datum Axis: Principal Axis)、两平面交线方式基准轴创建 (Create Datum Axis: Intersection of 2 Planes)、直边方式基准轴创建 (Create Datum Axis: Straight Edge)、两点方式基准轴创建 (Create Datum Axis: 2 Points)、圆柱轴方式基准轴创建 (Create Datum Axis: Normal To Plane, Thru Point)、过一点垂直平面方式基准轴创建 (Create Datum Axis: Parallel To Line, Thru Point)、圆上三点方式基准轴创建 (Create Datum Axis: 3 Points on cycle)、已有线旋转方式基准轴创建 (Create Datum Axis: Rotate From Line)。

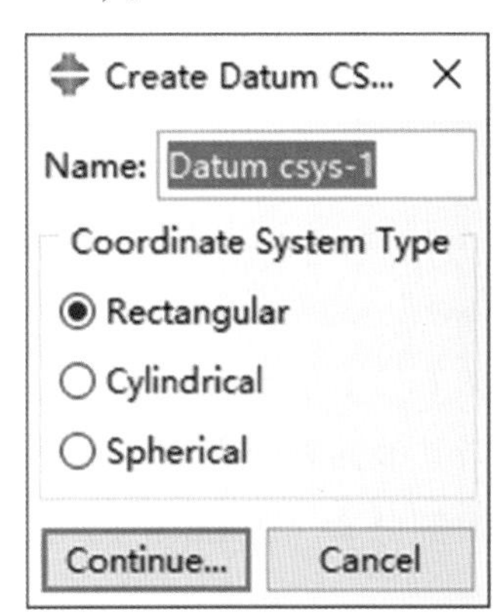

图 3-5 基准坐标系类型

(4) 基准坐标系创建：主要包括三点坐标方式基准坐标系创建 (Create Datum CSYS: 3 Points)、已有坐标系偏移方式基准坐标系创建 (Create Datum CSYS: Offset From CSYS)、两条线方式基准坐标系创建 (Create Datum CSYS: 2 Lines)。基准坐标系创建的类型选择如图 3-5 所示，基准坐标系类型包括直角坐标系、柱状坐标系和球体坐标系。

5. 几何编辑

几何编辑 (Geometry Edit) 主要包括部件转化、面编辑和边编辑等。部件转变为解析部件 (Convert to Analytical) 和转变为精确部件 (Convert to Precise)、面编辑主要包括删除面 (Remove Faces)、边覆盖面 (Cover Edges)、面替代 (Replaces Faces)、小面修复 (Repair Small Faces) 等。边编辑主要包括边缝合 (Stitch)、边修复 (Repair Small Edges)、边合并 (Merge Edges) 等。

3.2.2 Property 功能模块

Property 功能模块主要针对部件进行模型材料本构选择与参数输入、模型截面选择与截面属性赋值等设置，为模型模拟计算的不可或缺的设置。功能模块界面如图 3-6(a) 所示，模块左侧工具箱区如图 3-6(b) 所示。左侧工具箱区的功能快捷方式最重要的功能为材料创建 (Create Material)、截面创建 (Create Section)、截面赋值 (Assign Section) 设置。

其他的功能还包括复合层创建 (Create Composite Layup)、材料方向指派 (Assign

Material Orientation)、梁方向/桁架切向指派(Assign Beam Orientation/ Assign Beam/ Truss Tangent)、剖面创建(Create Profile)、蒙皮创建(Create Skin)等。

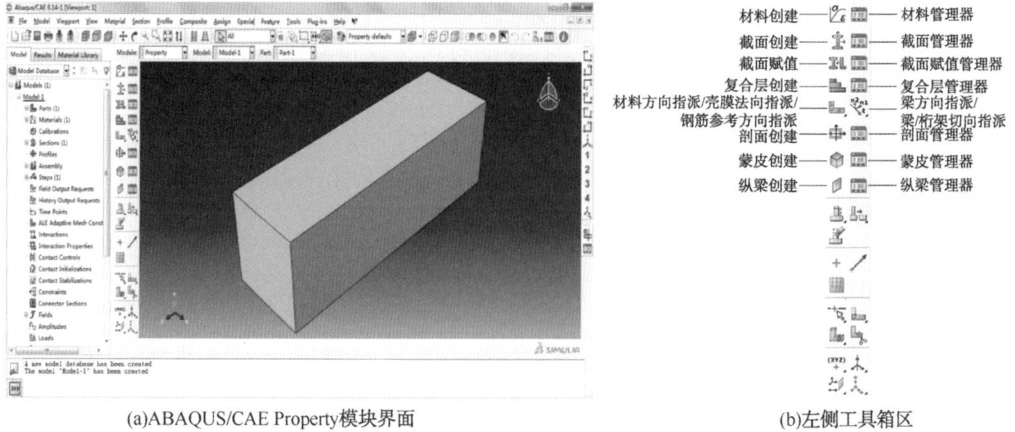

(a)ABAQUS/CAE Property模块界面　　(b)左侧工具箱区

图 3-6　ABAQUS/CAE Property 功能模块

1. 材料参数编辑(Edit Material)

点击左侧工具箱区快捷按钮 (Create Material)或菜单栏 Material→Create…，进入材料参数编辑(Edit Material)对话框，相应的对话框如图 3-7 所示。

(a)通用(General)参数　　(b)力学(Mechanical)参数　　(c)热学(Thermal)参数

(d)电/磁(Electrical/Magnetic)参数　　(e)其他(Other)参数

图 3-7　材料参数编辑(Edit Material)对话框

根据图 3-7 所示的材料编辑对话框，ABAQUS 软件材料参数输入主要包括通用(General)参数、力学(Mechanical)参数、热学(Thermal)参数、电/磁(Electrical/Magnetic)参数、其他(Other)参数等 5 个部分，点击相应的模块后显示下拉菜单，每个下拉菜单都有其相对应的材料参数类型，具体的材料参数和类型如下。

1）通用(General)参数

界面如图 3-7(a)所示，主要包括密度(Density)、非独立变量(Depvar)、正则化(Regularization)、用户自定义材料(User Material)、用户自定义场(User Defined Field)、用户输出变量(User Output Variables)。

2）力学(Mechanical)参数

界面如图 3-7(b)所示，主要进行材料弹塑性参数、损伤失效参数设置，主要包括弹性参数(Elasticity)、塑性参数(Plasticity)、延性金属塑性损伤参数(Damage for Ductile Metals)、牵引-分离准则损伤参数(Damage for Traction Separation Laws)、纤维增强复合材料损伤参数(Damage for Fiber-Reinforced Composites)、弹性体损伤参数(Damage for Elastomers)、塑性变形参数(Deformation Plasticity)、阻尼参数(Damping)、膨胀参数(Expansion)、脆性裂缝参数(Brittle Cracking)、状态方程(EOS)、黏性参数(Viscosity)。

(1）弹性参数(Elasticity)。主要进行弹性本构模型的选择与参数设置，包括弹性参数(Elastic)、超弹性参数(Hyperelastic)、超弹泡沫(Hyperfoam)、低密度泡沫(Low Density Foam)、亚弹性(Hypoelastic)、多孔弹性参数(Porous Elastic)、黏弹性参数(Viscoelastic)等。

(2）塑性参数(Plasticity)。主要进行不同类型的塑性本构模型的选择与参数设置，主要包括常规塑性变形(Plastic)、Cap 塑性(Cap Plasticity)、铸铁塑性(Cast Iron Plasticity)、黏土塑性(Clay Plasticity)、混凝土损伤塑性(Concrete Damaged Plasticity)、混凝土弥散开裂(Concrete Smeared Cracking)、可压碎泡沫(Crushable Foam)、德鲁克-普拉格(Drucker-Prager)、摩尔-库伦塑性(Mohr Coulomb Plasticity)、多孔金属塑性(Porous Metal Plasticity)、软岩石塑性(Soft Rock Plasticity)、蠕变(Creep)、膨胀(Swelling)、黏性(Viscous)。

(3）延性金属塑性损伤参数(Damage for Ductile Metals)。主要针对具有金属类型的塑性损伤进行相关的材料本构类型选择和参数设置，主要包括延性损伤(Ductile Damage)、Johnson-Cook 损伤(Johnson-Cook Damage)、剪切损伤(Shear Damage)、FLD 损伤(FLD Damage)、FLSD 损伤(FLSD Damage)、M-K 损伤(M-K Damage)、MSFLD 损伤(MSFLD Damage)。

(4）牵引-分离准则损伤参数(Damage for Traction Separation Laws)。主要针对牵引-分离损伤进行相关的损伤类型选择和参数设置，主要包括二次应变损伤(Quade)、最大应变损伤(Maxe)、二次应力损伤(Quads)、最大应力损伤(Maxs)、最大主应变损伤(Maxpe)、最大主应力损伤(Maxps)。

3）热学(Thermal)

界面如图 3-7(c)所示，主要包括传导率(Conductivity)、生热(Heat Generation)、非弹性热比例(Inelastic Heat Fraction)、Joule 热比例(Joule Heat Fraction)、相变潜热

(Latent Heat)、比热(Specific Heat)。

4) 电/磁(Electrical/Magnetic)

界面如图 3-7(d)所示，主要包括：电导率(Electrical Conductivity)、绝缘(介电常数)[Dielectric(Electrical Permittivity)]、压电系数(Piezoelectric)、磁导率(Magnetic Conductivity)。

5) 其他(Other)

界面如图 3-7(e)所示，主要包括声学介质(Acoustic Medium)、质量扩散(Mass Diffusion)、孔隙流体(Pore Fluid)和垫圈(Gasket)。

(1) 孔隙流体(Pore Fluid)。主要进行相关的渗透系数、饱和度、流体吸附特征和液体滤失等相关的设置，主要包括凝胶(Gel)、吸湿膨胀(Moisture Swelling)、渗透系数(Permeability)、孔隙流体热膨胀(Pore Fluid Expansion)、孔隙介质体积模量(Porous Bulk Moduli)、吸附(Sorption)、流体滤失(Fluid Leakoff)、裂缝流体切向流动(Gap Flow)。

(2) 质量扩散(Mass Diffusion)。主要包括扩散率(Diffusivity)、溶解度(Solubility)等设置。

(3) 垫圈(Gasket)。主要包括垫圈厚度(Gasket Thickness Behavior)、垫圈横向弹性剪切系数(Gasket Transverse Shear Elastic)、垫圈膜弹性参数(Gasket Membrane Elastic)。

6) 用户自定义设置

除了 ABAQUS 软件中默认的材料模型和参数设置外，用户可以通过编写子程序开发自定义材料本构模型，用户子程序一般采用 Fortran 语言编制。用户可根据自身的研究需求，进行相应的材料本构、力学行为的 Fortran 语言的编写，形成适合特殊研究需求的子程序。

ABAQUS 材料子程序的主要的模式如下：

```
*****************************************************************
SUBROUTINE UMAT(STRESS, STATEV, DDSDDE, SSE, SPD, SCD,
    1 RPL, DDSDDT, DRPLDE, DRPLDT,
    2 STRAN, DSTRAN, TIME, DTIME, TEMP, DTEMP, PREDEF, DPRED, CM-
NAME,
    3 NDI, NSHR, NTENS, NSTATV, PROPS, NPROPS, COORDS, DROT,
PNEWDT,
    4 CELENT, DFGRD0, DFGRD1, NOEL, NPT, LAYER, KSPT, JSTEP, KINC)
CCC 子程序固定接口，包括子程序名称、固定的变量名称等。
    INCLUDE 'ABA_ PARAM. INC'
C
    CHARACTER * 80 CMNAME
    DIMENSION STRESS(NTENS), STATEV(NSTATV),
    1 DDSDDE(NTENS, NTENS), DDSDDT(NTENS), DRPLDE(NTENS),
    2 STRAN(NTENS), DSTRAN(NTENS), TIME(2), PREDEF(1), DPRED(1),
    3 PROPS(NPROPS), COORDS(3), DROT(3, 3), DFGRD0(3, 3), DFGRD1
```

```
(3, 3),
    4 JSTEP(4)

    user coding to define DDSDDE, STRESS, STATEV, SSE, SPD, SCD
    and, if necessary, RPL, DDSDDT, DRPLDE, DRPLDT, PNEWDT

    RETURN
    END
*****************************************************************
```

2. 截面创建(Create Section)

在材料参数选择与设置完成后，用户还需要进行材料截面属性创建，指定材料的截面类型以及定义相关的参数后才能赋值于部件上。在截面创建过程中，用户需要进行材料参数选择，即用户截面创建前设置的材料参数类型。在实际模拟过程中，许多模型的材料参数可能相同，但截面却存在差异性的情况。例如相同材料和类型，可能选择三维或二维模型，此时截面的性质就是决定模型的计算的重要因素。

点击左侧工具箱区快捷按钮 (Create Section)或菜单栏 Section→Create…，进入截面创建(Create Section)对话框，截面创建对话框如图 3-8 所示。ABAQUS 软件主要包括 4 种主要的截面类型，分别为实体(Solid)截面、壳(Shell)截面、梁(Beam)截面和其他(Other)截面。下面介绍一下每种截面包含的内容。

1) 实体(Solid)截面

实体(Solid)截面类型如图 3-8(a)所示，主要包括均质(Homogeneous)、广义平面应变(Generalized plane strain)、欧拉(Eulerian)、复合材料(Composite)。常用的截面类型主要是均质截面类型。

2) 壳(Shell)截面

壳(Shell)截面类型如图 3-8(b)所示，主要包括均质(Homogeneous)、复合材料(Composite)、膜(Membrane)、表面(Surface)、通用壳刚度(General Shell Stiffness)。

3) 梁(Beam)截面

梁(Beam)截面类型如图 3-8(c)所示，主要包括梁(Beam)、桁架(Truss)。

4) 其他(Other)截面

其他(Other)截面类型如图 3-8(d)所示，主要包括垫圈(Gasket)、粘结单元(Cohesive)、声学无限(Acoustic infinite)、声学界面(Acoustic interface)等截面类型。

截面类型必须与单元类型相匹配，若定义的截面类型与单元类型不吻合，可能会出现错误。

用户进行材料截面种类和类型选择后，点击截面创建(Create Section)对话框左下角 Continue 按钮，进入截面编辑(Edit Section)对话框。对话框中主要进行材料选择与具体的参数设置。材料选择须与所选取的截面类型一致，相关的截面参数设置时，部分参数用户根据需要进行设置，部分参数采用默认的设置即可。材料选择和截面参数设置完成后，点击截面编辑(Edit Section)左下角的 OK 按钮即完成相关的截面参数编辑设置。

(a)实体(Solid)截面　(b)壳(Shell)截面　(c)梁(Beam)截面　(d)其他(Other)截面

图 3-8　截面创建(Create Section)对话框

图 3-9 所示的是壳截面创建(Create Section)与截面编辑(Edit Section)设置例子，截面创建(Create Section)对话框如图 3-9(a)所示，截面种类(Category)选择壳截面(Shell)、类型(Type)选择均质(Homogeneous)后，点击对话框左下角 Continue 按钮，进行下一步的截面编辑(Edit Section)设置[见图 3-9(b)和图 3-9(c)]。在截面编辑(Edit Section)对话框中，基本(Basic)界面设置如图 3-9(b)所示，材料(Material)选择 Material-1，对于壳(Shell)截面，重要的截面设置参数主要为壳的厚度，壳的厚度(Thickness)选择壳面厚度值(Value)输入数值 0.02。高级(Advance)设置如图 3-9(c)所示，一般选择默认设置即可。当壳截面编辑(Edit Section)设置完成后，点击左下角的 OK 按钮，完成壳截面的设置。

(a)截面类型选择　(b)截面参数设置(Basic)　(c)截面参数设置(Advanced)

图 3-9　壳(Shell)截面设置

图 3-10 所示的是针对 Cohesive 粘结单元截面创建(Create Section)与截面编辑(Edit Section)设置例子。Cohesive 粘结单元的截面种类(Category)选择其他截面(Other)、类型(Type)选择粘结(Cohesive)[见图 3-10(a)]后，点击对话框左下角 Continue 按钮，进入下一步的 Cohesive 单元的截面编辑(Edit Section)对话框[见图 3-10(b)]，同样需要选择 Cohesive 单元的材料选择，材料名称(Material)选择 Material-1 后，进行单元响应特征(Response)、初始厚度(Initial thickness)设置。响应特征(Response)选择牵引-分离(Traction-Separation)行为特征。对于 Cohesive 单元，初始后厚度的设置选择有 3 种方式，分别为使用默认分析(Use analysis default)、使用节点坐标定义(Use nodal coordinate)和指定厚度值(Specify)，对于零厚度的 Cohesive 单元，常用的选择方式是用户直接指定初始厚度，即第 3 个选项，指定厚度为 1.0。

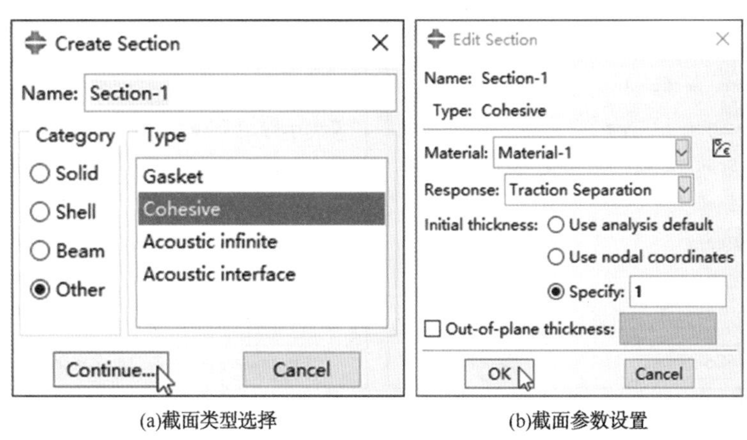

图 3-10　Cohesive 粘结单元截面设置

初始厚度的指定方式与 Cohesive 粘结单元材料的刚度系数具有一定的比例关系，用户选择不同方式的 Cohesive 粘结单元的初始厚度计算方式，相应的 Cohesive 粘结单元的刚度系数值存在一定差异性。

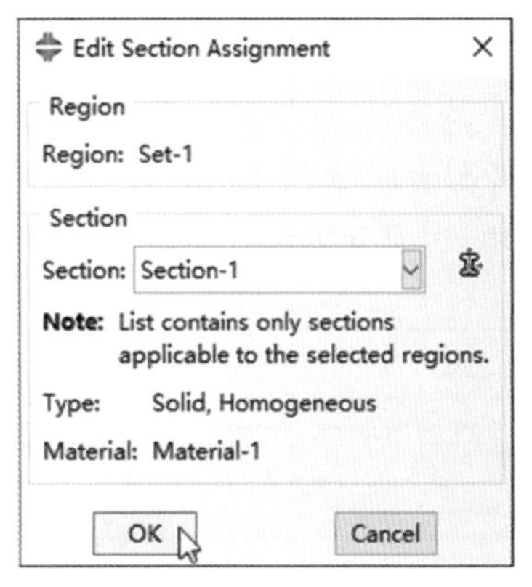

图 3-11　截面属性赋值编辑(Assin Section Assignment)

3. 截面属性赋值(Assign Section)

材料参数设置和截面创建完成后，需要针对不同的部件或区域进行截面属性赋值，完成模型部件的材料截面赋值。具体设置流程如下：

点击左侧工具箱区快捷按钮(Assign Section)或菜单栏 Assign→Section，通过视图区选择全部部件或部件的部分区域，或通过选取部件区域的相关几何集合或单元集合后，点击左下角提示区的 Done 按钮，然后进入截面赋值编辑(Edit Section Assignment)对话框(见图 3-11)，选择相应的截面属性(Section)后，点击 OK 按钮完成截面属性赋值，材料赋值后就会变成绿色，如图 3-6(a)中视图区的部件颜色所示。

3.2.3 Assembly 功能模块

部件(Part)构建完成后，需要将部件映射至 Assembly 模块中，形成相应的实例(Instance)并进行组装，方便在分析步(Step)、相互作用(Interaction)、载荷(Load)等功能模块中进行下一步的处理与设置。Assembly 模块中装配实例全部由 Part 功能模块构建的部件映射而来。同一个部件可单次映射实例，也可根据需要进行多次映射，按模拟需求形成多个映射实例。Assembly 模块中有多个映射实例时，所有实例在同一个局部坐标系下，可能需要依据坐标系进行实例位置和角度的调整，形成模拟所需的模型实例。即使模型只有一个部件，也必须通过 Assembly 功能模块进行映射，建立实例与部件的映射关系。

Assembly 功能模块的界面如图 3-12(a)所示，左侧工具箱区快捷按钮如图 3-12(b)所示。左侧工具箱区快捷按钮主要包括实例创建(Create Instance)、线性阵列(Linear Pattern)、环形阵列(Radial Pattern)、实例平移(Translate Instance)、实例旋转(Rotate Instance)、平移到(Translate To)、约束创建[包括平行面方式约束创建(Create Constraint: Parallel Face)、共面方式约束创建(Create Constraint: Face to Face)、平行边方式约束创建(Create Constraint: Parallel Edges)、共边方式约束创建(Create Constraint: Edge to Edge)、共轴方式约束创建(Create Constraint: Coaxial)、共点方式约束创建(Create Constraint: Coincident Point)、平行坐标系方式约束创建(Create Constraint: Parallel Csys)]、实体合并/切割(Merge/cut Instance)。其他的工具按钮与 Part 功能模块或 Property 功能模块基本类似，在此不再进行具体介绍。

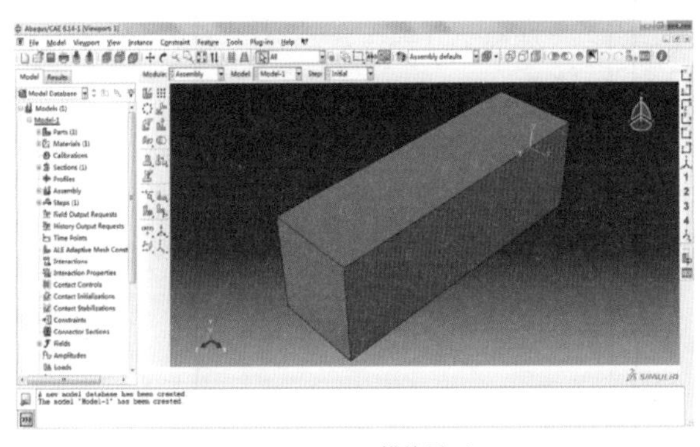

(a)ABAQUS/CAE Assembly模块界面

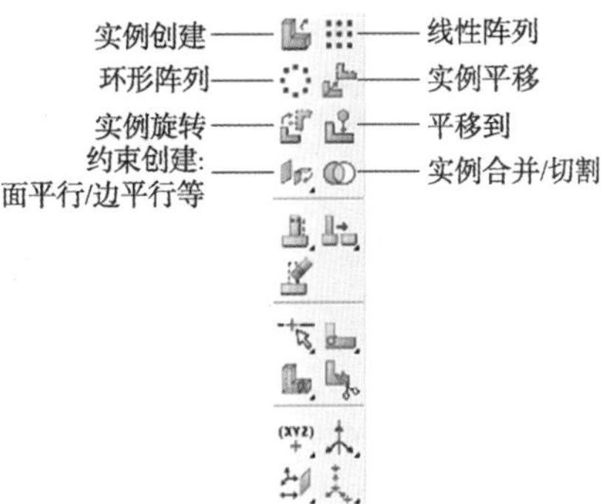

(b)左侧工具箱区

图 3-12 ABAQUS/CAE Assembly 功能模块

下面简要介绍一下几个常用的工具箱区按钮的功能。

1. 实例创建(Create Instance)

主要功能是将部件(Part)映射至 Assembly 功能模块形成实例(Instance)，点击左侧工具箱区快捷按钮(Create Instance)或菜单栏 Instance→Create…，进入实例创建(Create Instance)对话框[见图 3-13(a)]。主要的设置包括两个部分：

一是创建的实例来源(Create Instances from)，创建的实例来源可以是前面部件模块中建立的部件，也可调用其他模型的装配实例作为子装配。一般来说，用户常用的来源为部件，来源于创建的部件。

二是“独立[Dependent(Mesh on Part)]”与“非独立[Independent(Mesh on Instance)]”设置，对于构建的结构化部件，实例类型(Instance Type)可选择非独立或独立，如果选择“非独立”类型，映射的实例不能进行相关的网格划分(Mesh)、分割(Partition)等操作，需要在部件模块、材料模块或网格模块的界面中进行相关分割等操作，网格的划分只能在Mesh功能模块的部件界面中进行。如果选择“独立”(Independent)选项，表示实例是对部件的有效复制，用户可在实例上进行相关的网格划分和剖分等操作。

同一个部件进行多次映射时，每次映射的实例类型(Instance Type)必须一致，要么全部为“非独立”，要么全部为“独立”，否则就会出现实例类型需一致的警告(见图3-13)，导致无法完成多个实例的映射。

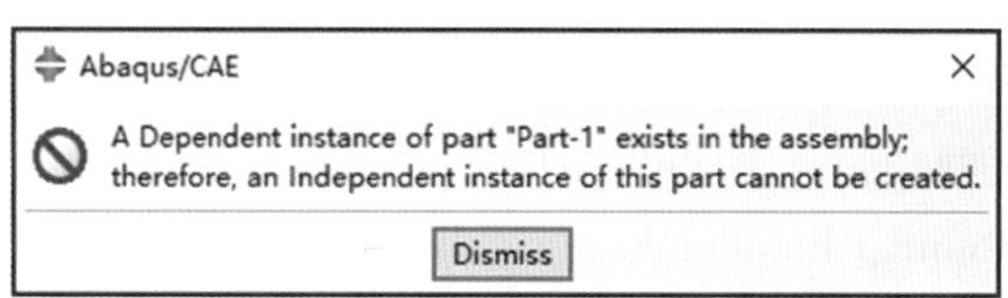

图3-13　实例类型不一致警告

当实例的来源为自由化孤立网格部件或已经完成网格划分的部件时，实例类型(Instance Type)选项中无“独立”选项，实例的类型只能为“非独立”。图3-14(a)为划分网格后的部件实例映射对话框，图3-14(b)为自由化孤立网格部件映射对话框。

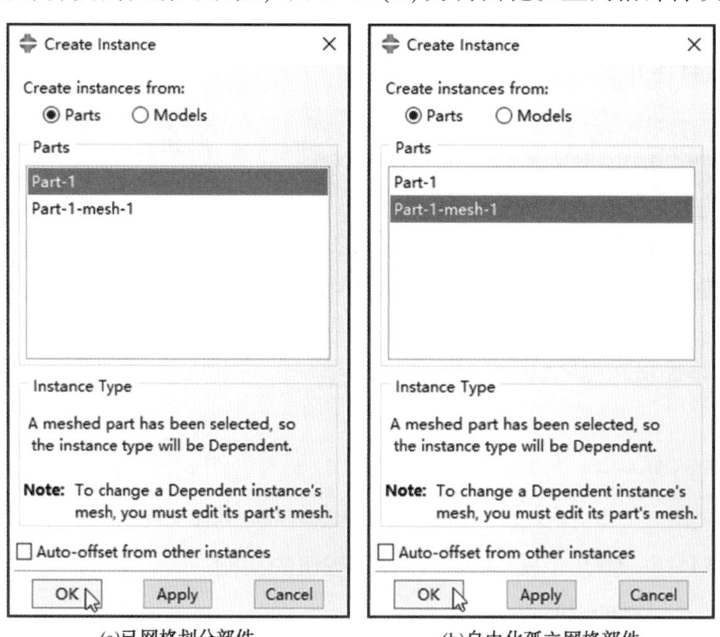

图3-14　实例创建(Create Instance)对话框

2. 实例阵列(Linear Pattern/ Radial Pattern)

若模型的实例较多且呈线性或环形排列时，通过实例创建(Create Instance)形成一个实例(Instance)后，可采用线性阵列(Linear Pattern)、环形阵列(Radial Pattern)功能进行复制形成多个规则排列的实例，用户可根据需要进行选择排列的间距、数量、角度等参数。

(1) 线性阵列设置。点击左侧工具箱区快捷按钮(Linear Pattern)或菜单栏 Instance→Linear Pattern，在视图区选择相应的实例(Instance)或点击右下角提示区 Instances... 按钮进入实例选择(Instance Selection)对话框中选择需要进行阵列的实例，然后点击左下角提示区的 Done 按钮，进入线性模式(Linear Pattern)对话框[见图 3-15(a)]，Direction 1 表示 X 方向、Direction 2 表示 Y 方向，相应的 Number 输入实例的数量，Offset 输入实例间的距离。相应的设置完成后点击 OK 按钮完成设置。对话框中默认勾选的 Preview 表示预览本次设置后的实例的排列。

(2) 环形阵列设置。点击左侧工具箱区快捷按钮(Radial Pattern)按钮或菜单栏 Instance→Radial Pattern，选择需要进行实例阵列排列的实例后(选择方式与上述线性阵列设置相同)，点击左下角提示区的 Done 按钮，进入环形阵列(Radial Pattern)对话框[见图 3-15(b)]，对话框中数量(Number)表示阵列后的实例数量，总角度(Total Angle)表示全部实例排列的角度。

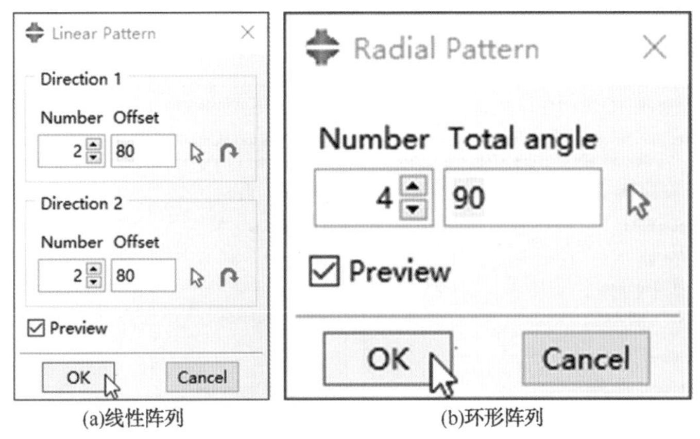

(a)线性阵列 (b)环形阵列

图 3-15 实例阵列设置

3. 实例移动与旋转(Translate Instance、Rotate Instance)

映射的实例(Instance)需要调整位置或角度时，可通过实例平移(Translate Instance)、实例旋转(Rotate Instance)、平移到(Translate To)、约束创建(Create Constraint:)等按钮进行相应的位置调整。对于多个实例的模型，应用较多的功能为实例平移(Translate Instance)、实例旋转(Rotate Instance)功能。

(1) 实例平移。点击左侧工具箱区快捷按钮(Translate Instance)或菜单栏 Instance→Translate，在视图区选择需要平移的实例(选择方式与上述线性阵列设置相同)，点击左下角提示区的 Done 按钮后，可在视图区的实例部件上选择平移的起始点坐标或在左下角提示区输入坐标，确定后在视图区选择平移终点的坐标或在左下角提示区输入终点坐标，终点坐标确定后，选择平移的实例按照设置的坐标完成实例平移。

（2）实例旋转。点击左侧工具箱区快捷按钮 (Rotate Instance)或菜单栏 Instance→Rotate，在视图区选择需要平移的实例(选择方式与上述的线性阵列设置相同)，点击左下角提示区的 Done 按钮后，首先通过坐标输入或在视图区点选择确定旋转轴(the axis of rotation)，然后输入旋转角度(Angle of rotation)，设置完成后点击左下角提示区的 OK 按钮完成实例的旋转。

4. 实例合并与切割(Merge/Cut Instance)

主要针对多个实例进行类似布尔运算的合并或切割操作，通过合并或切割可将多个实例组合成一个部件和实例，具体的设置如下：

点击左侧工具箱区快捷按钮 (Merge/cut Instance)或菜单栏 Instance→Merge/Cut…，进入实例合并/切割(Merge/Cut Instance)对话框，包括合并(Merge)或切割(Cut)设置，对话框如图 3-16 所示。实例合并的对话框如图 3-16(a)所示，可依据需要进行几何(Geometry)、单元(Mesh)或两种类型(Both)的实例的合并，合并过程中可选择抑制(Suppress)或删除(Delete)原来映射的实例(Instance)，同时可以选择保留(Retain)或去除(Remove)实例间相交的边界(Intersection Boundary)。同时若某个实例含有多余的集合部分，可采用另外的实例，调整相应的切割实例的位置，然后采用切割实体(Cut Instance)进行切割操作，界面如图 3-16(b)所示，同样可选择抑制(Suppress)或删除(Delete)原来映射的实例(Instance)。

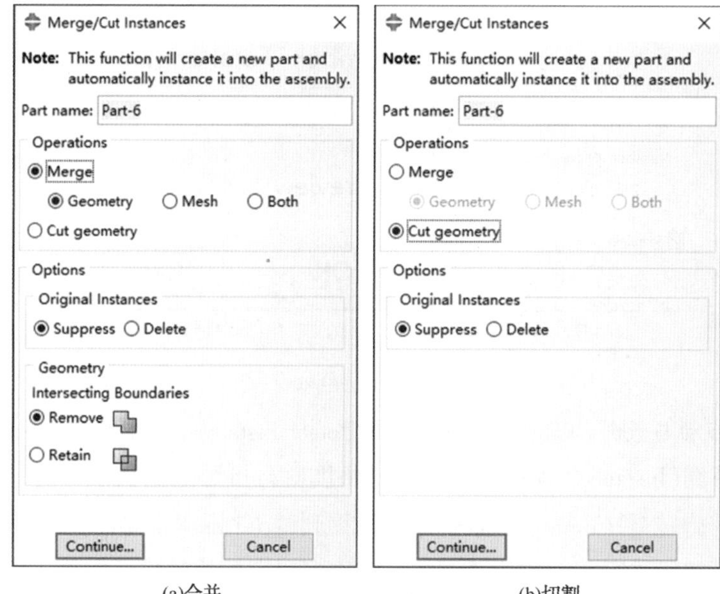

(a)合并　　(b)切割

图 3-16　实例合并/切割(Merge/Cut Instance)

3.2.4　Step 功能模块

ABAQUS/Step 功能模块主要用于分析步创建(Create Step)、场变量输出创建(Create Field Output)和历程变量输出创建(Create History Output)、控制求解过程、监测与诊断、重启动等设置。不同类型的分析步都有其特定的用途和功能，分析步的设置与模型材料参数、单元类型等设置相匹配，同时不同的分析步相关的结果输出参数具有一定的差异性。

Step 功能模块界面如图 3-17(a)所示，左侧工具箱区快捷按钮如图 3-17(b)所示，主要包括分析步创建(Create Step)、场变量输出创建(Create Field Output)和历程变量输出创建(Create History Output)。

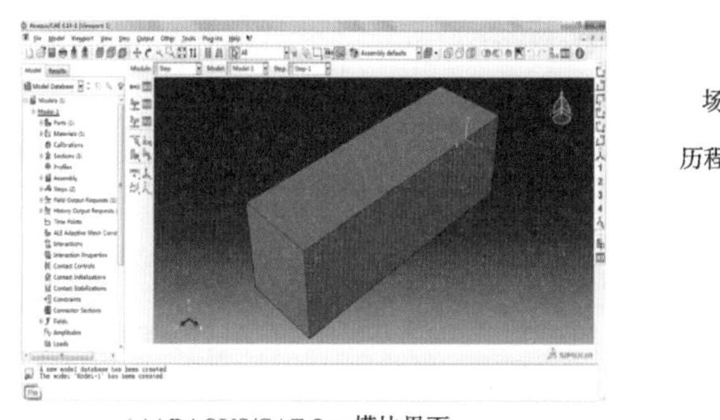

(a)ABAQUS/CAE Step模块界面

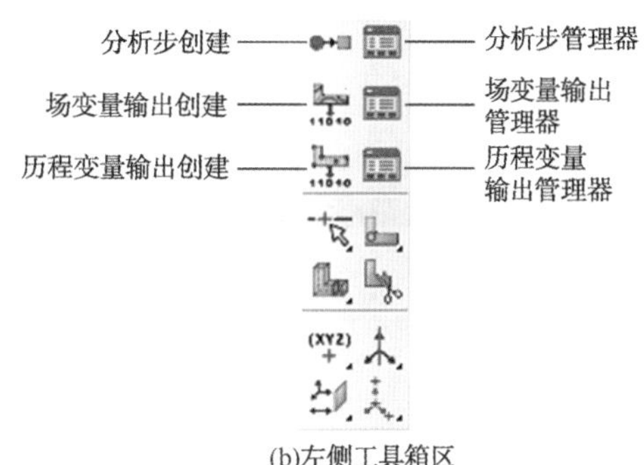

(b)左侧工具箱区

图 3-17　ABAQUS/CAE Step 功能模块

1. 分析步创建(Create Step)

每个模型都必须设置相应的分析步，分析步可以是一个，也可是多个，用户可根据模拟需求进行选择性设置。用户进行分析步创建与设置时，分析步的类型需要与模拟过程相匹配。设置多个分析步时，不同的分析步有一定顺序，例如进行水力压裂裂缝扩展模拟分析时，必须先设置地应力(Geostatic)平衡分析步，然后再设置土固结(Soils)分析步，两个分析步顺序不能颠倒。

每个模型进行分析步设置时，第一个分析步(Step)前都有一个默认初始分析步(Initial)，该分析步没有模拟计算的过程，可用于初始边界条件、初始场变量以及相互作用的设置。初始分析步是唯一且不可删除和编辑的，用户定义分析步过程中不用考虑初始分析步定义和设置。

分析步创建(Create Step)的设置流程如下：点击左侧工具箱区快捷按钮 ●→□ (Create Step)或菜单栏 Step→Create…，进入分析步创建(Create Step)对话框，对话框如图 3-18 所示，选择合适的分析步类型(Procedure Type)后，点击对话框左下角 Continue 按钮，进入分析步编辑(Edit Step)对话框，在该对话框中进行分析步总时间、最大最小增量步时间和初始增量步时间、分析步最大增量步数量等设置和输入，同时进行相关的几何非线性、计算稳定性、求解方法、矩阵存储方法方面的设置。

软件的分析步类型主要包括两大类，一是通用分析步(General)，二是线性摄动分析步(Linear Perturbation)。通用分析步既可用于线性分析，也可用于非线性分析。线性摄动分析步只能用于线性分析。

(1) 通用分析步(General)。通用分析步类型相关的具体分析步名称如图 3-18(a)所示，主要有温度-位移耦合(Coupled temp-displacment)、热-电耦合(Coupled thermal-electric)、热-电-结构耦合(Coupled thermal-electrical-structural)、直接循环(Direct cyclic)、隐式动力(Dynamic, Implicit)、显式动力(Dynamic, Explicit)、温度-位移显式动力(Dynamic, Temp-disp Explicit)、地应力(Geostatic)、热传递(Heat transfer)、质量扩散(Mass diffusion)、土固结(Soils)、静力(通用)(Static General)、静态

Riks(Static Risks)、黏性(Visco)等分析步。

(2) 线性摄动(Linear Perturbation)分析步。线性摄动类型的主要分析步名称如图3-18(b)所示，主要包括屈曲(Buckle)、频率(Frequency)、直接稳态动力学(Steady-state dynamic, Direct)、子结构生成(Substructure generation)等分析步。

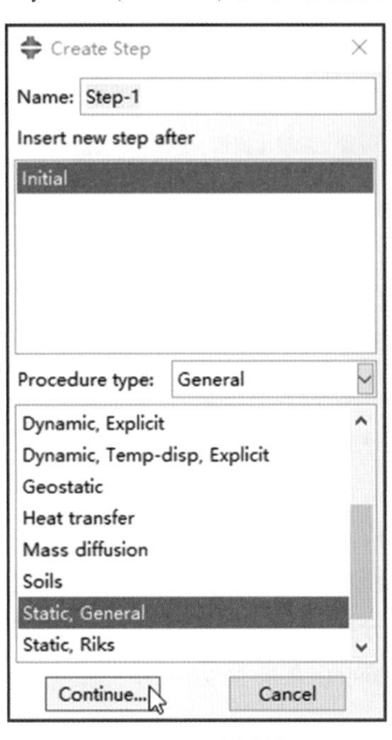

(a)通用分析步

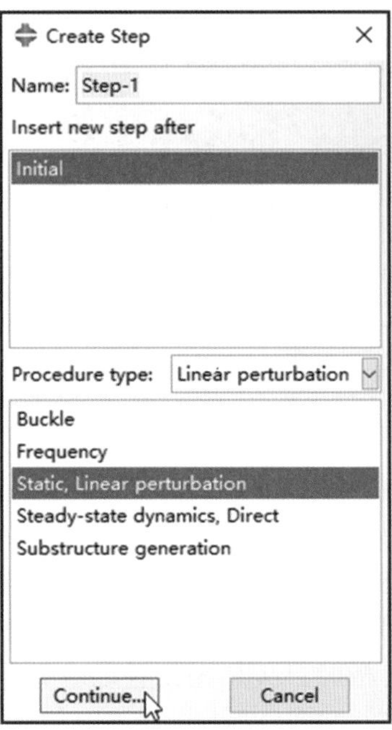

(b)线性摄动分析步

图3-18　分析步创建(Create Step)

针对通用分析步，一般需要进行每个分析步时间以及分析步增量、几何非线性、求解技术等方面的选择与设置，需要根据分析步的类型设置合理的参数。

2. 场变量输出创建(Create Field Output)

分析步定义完成后，ABAQUS软件会默认形成一个场变量结果输出的设置，用户可根据需要进行修改。具体的修改流程如下：

点击左侧工具箱区快捷按钮(Create Field Output)右侧的按钮(Field Output Manager)或菜单栏Output→Field Output Requests→Manager，进入场变量输出管理器(Field Output Requests Manager)对话框(如图3-19所示)，用户可根据需要进行输出变量的输出设置。点击对话框右侧Edit按钮，进入场变量输出对话框(Field Output Request)，如图3-20所示。

每个分析步(Step)不同增量步的场变量模拟结果可输出至ODB结果文件(.odb)中，方便后期进行模拟结果的观测与分析。每种类型的分析步在模拟计算过程中可能获得大量的场变量数据，同时不同类型的分析步可能有独特的模拟场变量数据，用户可根据需要进行相应的场变量输出设置。相关的场变量输出对话框如图3-20所示，输出设置主要包括输出区域(Domain)、频率(Frequency)和输出场变量名称(Output Variable)。每个分析步用户都可进行相应的输出变量设置。

在图3-20所示的场变量输出对话框中，对于输出区域，用户可选择整个模型

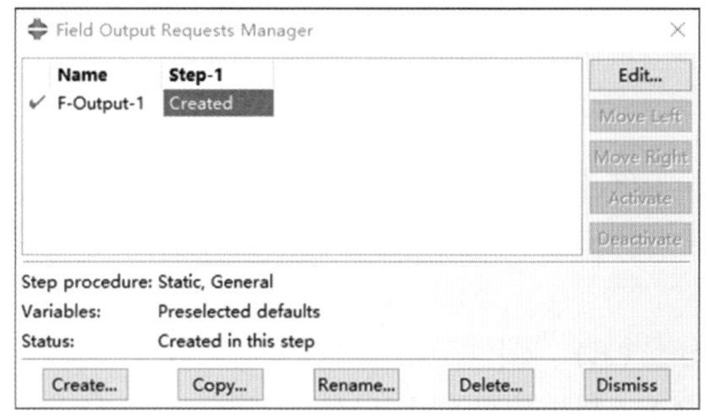

图 3-19 场变量输出管理器(Field Output Requests Manager)

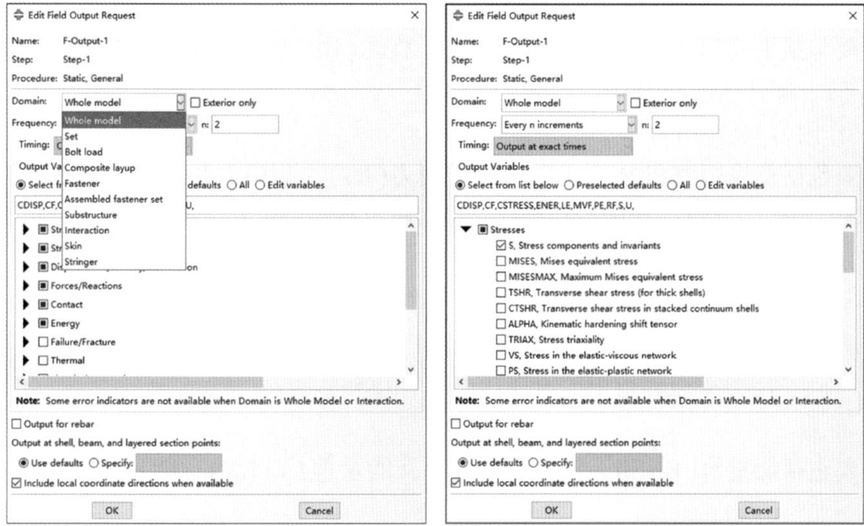

(a)输出区域选择　　　　(b)场变量输出参数设置

图 3-20 场变量输出编辑(Edit Field Output Request)对话框

(Whole model)、集合(Set)以及一些特定属性的输出，例如接触(Interaction)、弹簧(Springer)等。ABAQUS 默认的输出区域为整个模型区域，但用户可根据需要进行选择。

用户也可以进行模拟结果保存频率(Frequency)设置，选择结果保存的频率。ABAQUS 默认每个增量步都进行保存，即在频率(Frequency)中的设置中 n 为 1，对于某些输出变量多、分析步增量步多的结果文件，可选择完成多个增量步模拟后进行保存。例如 n 选择 2，即每完成 2 个增量步模拟后保存一次结果文件，中间的结果不保存至结果文件中，可大幅度降低 ODB 结果文件(.odb)的大小。

场变量输出选择一般要根据研究需求和分析步的类型进行选择，部分输出的场变量为不同类型的分析步或分析模型独有，例如水平集 phi(PHILSM)为扩展有限元独有的输出变量，若没有采用扩展有限元模型，即使选择输出该变量，模拟结果文件中也会默认去除该变量。ABAQUS 会默认根据分析步类型输出常见的变量，例如应力分量和不变量(S)、Mises 应力(MISES)、平移和转动(U)、平移(UT)、旋转(UR)等，对于默认特定的输出变量，需要用户进行自主选择。

ABAQUS 总的输出场变量，主要包括 14 个部分，每个部分的输出变量参数如下所示。

1）应力

主要包括应力分量和不变量(S)、Mises 应力(MISES)、最大 Mises 等效应力(MISESMAX)、横向剪切应力(TSHR)、弹塑性中的应力(PS)等。

2）应变

主要包括总应变分量(E)、塑性应变分量(PE)、等效塑性应变(PEEQ)、最大等效塑性应变(PEEQMAX)、塑性应变(PEMAG)、弹性应变分量(EE)、非弹性应变分量(IE)、对数应变分量(LE)等。

3）位移/速度/加速度

主要包括平移和转动(U)、平移(UT)、旋转(UR)、平移和转动速度(V)、平移速度(VT)、旋转速度(VR)等。

4）作用力/反作用力

主要包括反作用力和力矩(RF)、反作用力(RT)、集中力和力矩(CF)、合力和合力矩(TF)、体力(BF)、压强载荷(P)、静水压力载荷(HP)、剪切力向量(TRSHR)。

5）接触

主要包括接触应力(CSTRESS)、表面接触应力/剪应力边缘(CSTRESSETOS)、接触阻尼应力(CDSTRESS)、接触位移(CDISP)、接触作用力(CFORCE)、接触状态(CSTATUS)、压力渗透分析中的流体压力(PPRESS)。

6）能量

主要包括能量值(ENER)、单元中的所有能量值(ELEN)、能量密度分量(ELEDEN)。

7）破坏/断裂

主要包括受压损伤(DAMAGEC)、拉伸损伤(DAMAGET)、剪切损伤(DAMAGESHR)、基质拉伸损伤(DAMAGEMT)、基质压缩损伤(DAMAGEMC)、损伤因子(SDEG)、线弹簧 J 积分应力强度因子(JK)、应变能释放速率(ENRRT)、损伤初始准则(DMICRT)、缝合面刚度下降率(CSDMG)、缝合面最大拉伸损伤起始判断依据(CSMAXSCRT)、缝合面最大位移损伤起始判断依据(CSMAXUCRT)、缝合面二次拉应力损伤起始判断依据(CSQUADSCRT)、缝合面二次位移损伤起始判断依据(CSQUADUCRT)、水平集 phi(PHILSM)、磅级(PSILSM)。

8）热学

主要包括节点温度(NT)、单元温度(TEMP)、电流导致的热流量(SJD)。

9）电/磁

主要包括电势(EPOT)、电势梯度矢量和值(EPG)、集中节点电荷(CECHG)、电反应流(RECUR)、集中电流(CECUR)、单位面积电流(ECD)、电流量矢量和大小(EFLX)。

10）多孔介质/流体

主要包括空体积分数(VVF)、相对密度(RD)、质量流量(MFL)、总质量流(MFLT)。

11）体积/厚度/坐标

主要包括积分截面体积（SVOL）、几何元素集（EVOL）、积分点体积（IVOL）、截面厚度（STH）、当前节点坐标（COORD）。

12）出错标记

主要包括接触压力和剪应力错误标志（CSTRESSERI）。

13）状态/场/用户/时间

主要包括依赖于解的状态变量（SDV）、预定义场变量（FV）、预定义质量流速（MFR）、用户定义的输出变量（UVARM）、状态变量（某些失效和塑性模型；VUMAT）（STATUS）、单元状态（EACTIVE）、XFEM 单元状态（STATUSXFEM）。

14）体积分量

主要包括马氏体分数（MVF）。

用户除了可修改 ABAQUS 默认的场变量输出设置外，还可以新建部分实例或区域的场变量输出，具体操作流程如下：

点击左侧工具箱区快捷按钮（Create Field Output）或菜单栏 Output→Field Output Requests→Create…，或点击 Field Output Requests Manager 对话框左下角创建（Create）按钮，进入场变量创建（Create Field）对话框。对话框中进行场变量输出名称（Name）输入和分析步（Step）选择后点击 Continue 按钮进入场变量输出设置（Edit Field Output Request）对话框，用户可根据需要进行新的输出场变量设置，设置完成后点击 OK 按钮完成新的场变量输出设置。

3. 历程变量输出创建（Create History Output）

历程变量输出主要是将不同时间增量步条件下的部分场变量以及其他变量输出，方便用户查看变量与时间的变化关系，主要显示为变量与时间的曲线，其设置与场变量输出基本类似。

定义完分析步（Step）后，ABAQUS 会默认形成一个历程变量输出设置，用户可根据需要进行修改。具体的修改流程如下：

点击左侧工具箱区快捷按钮（Create History Output）右侧的按钮（History Output Manager）或菜单栏 Output→History Output Requests→Manager，进入历程变量输出管理器（History Output Requests Manager）对话框（如图 3-21 所示），点击对话框右上角 Edit 按钮，可进入历程变量输出对话框（Edit History Output Request），用户可依据需要进行相关历程变量的输出设置。

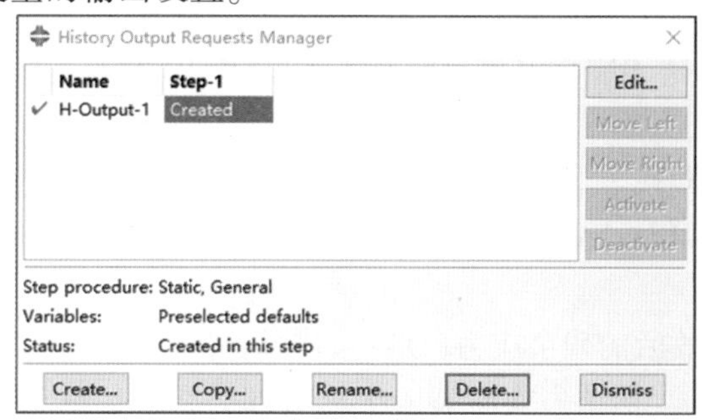

图 3-21 历程变量输出管理器（History Output Requests Manager）

历程变量输出对话框如图3-22所示，主要包括输出区域(Domain)、频率(Frequency)和输出变量名称(Output Variable)。历程变量的输出设置与场变量的输出设置基本一致。

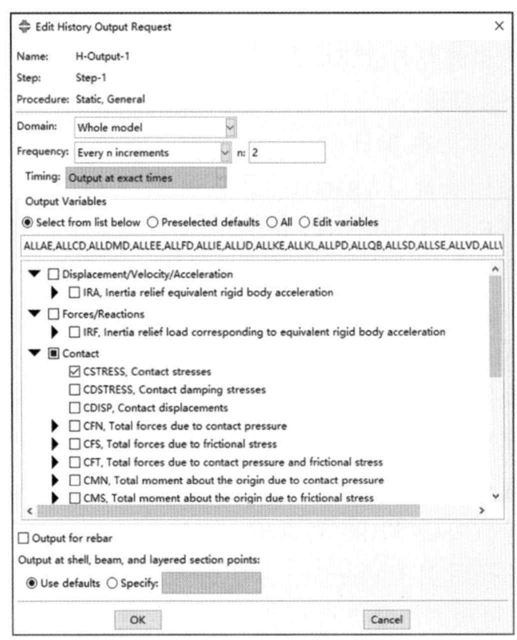

图3-22 历程变量输出编辑(Edit History Output Request)对话框

主要的历程变量输出的变量参数如下。

1）位移/速度/加速度

主要包括惯性释放等同于刚体加速度(IRA)。

2）作用力/反作用力

主要包括惯性适合载荷对应于同等刚体加速度(IRF)。

3）接触

主要包括接触应力(CSTRESS)、接触阻尼应力(CDSTRESS)、接触位移(CDISP)、接触应力导致的合力(CFN)、摩擦应力导致的合力(CFS)、摩擦应力和接触应力导致的合力(CFT)、由接触压强引起的绕原点的总力矩(CMN)、由摩擦应力引起的绕原点的总力矩(CMS)、由接触压强和摩擦应力引起的绕原点的总力矩(CMT)、总接触面积(CAREA)、接触压力的合力中心(XN)、摩擦应力的合力中心(XS)、接触压力和摩擦力的合力中心(XT)、压力渗透分析中的流体压力(PPRESS)。

4）能量

主要包括 ALLAE、ALLCD、ALLDMD、ALLEE、ALLFD、ALLIE、ALLJD、ALLKE、ALLKL、ALLPD、ALLQB、ALLSE、ALLSD、ALLVD、ALLWK、ETOTAL。

5）破坏/断裂

主要包括粘结失效后的残余应力(DBS)、粘结失效的时间(DBT)、剩余的失效粘结应力百分比(DBSF)、粘结失效时裂缝尖端后部的张开位移(OPENBC)、粘结失效时的临界应力(CRSTS)、应变能释放速率(ENRRT)、粘结状态(BDSTAT)、缝合面的刚度下降率(CSDMG)、缝合面最大拉伸损伤起始判断依据(CSMAXSCRT)、缝合面最大位移损伤起始判断依据(CSMAXUCRT)、缝合面二次拉应力损伤起始判断依据(CSQUADSCRT)、缝合面二次位移损伤起始判断依据(CSQUADUCRT)。

6) 热学

主要包括电流导致的热流量(SJD)、电流导致的热流量乘以面积(SJDA)、按时间积分的 SJD(SGDT)。

7) 电/磁

主要包括单位面积电流(ECD)、ECD 乘以面积(ECDA)、按时间积分的 ECD(ECDT)、ECDT 乘以面积(ECDTA)。

8) 体积/厚度/坐标

主要包括惯性释放参考点的当前坐标(IRX)、关于一个参考点的惯性释放旋转惯量(IRRI)、惯性释放质量(IRMASS)。

9) 质心运动

主要包括模型或区域的当前质量(MASS)。

3.2.5 Interaction 功能模块

ABAQUS 软件与其他数值模拟软件一样，模拟过程中无法自动判断实例间和实例不同区域的相互作用关系。不同实例间必须依据需要或可能发生的相互作用定义相互作用模式和参数，只有定义了相互作用关系才能在模拟过程中判断和使用相互作用关系。若实例内部区域在模拟过程中也可能产生相互作用，也需要提前设置相互作用关系。

实例间和实例内部的相互作用关系需要提前设置，用户需要根据模拟实例的运动特征、实例间关系、变形特征、耦合特征、电磁热相互作用等预判相互作用关系并进行相关的设置。

实例的相互作用关系设置在 Interaction 功能模块中设置，模块如图 3-23(a)所示，左侧工具箱区主要的快捷按钮如图 3-23(b)所示。相互作用关系设置主要包括相互作用创建(Create Interaction)、相互作用属性创建(Create Interaction Property)、约束创建(Create Constraint)、接触对查找(Find Contact Pairs)、连接器创建(Connector Builder)、连接指派创建(Create Connector Assignment)、连接截面创建(Create Connector Section)、线条特征创建(Create Wire Feature)、捆绑创建(Create Fasteners)、参考点创建(Create Reference)等。

1. 相互作用创建(Create Interaction)

一个模型中可以设置多个相互作用关系，包括实例间或实例内部，可以通过相互作用管理器查看或修改相互作用设置情况。相互作用关系是针对分析步进行设立的，可以针对某个分析步设立特殊的相互作用。多个相互作用设置条件下的相互作用管理器对话框如图 3-24 所示，部分相互作用可设置于初始分析步(Initial)中。设置完成后，设置的相互作用关系默认自动延续进入后续的分析步，但后续的分析步无法改动相互作用的主要设置。若设置的相互作用希望在后续的分析步中不起作用，选择相互作用管理器对话框中相互作用与分析步对应的表格位置，然后点击对话框右侧的

(a)ABAQUS/CAE Interaction模块界面

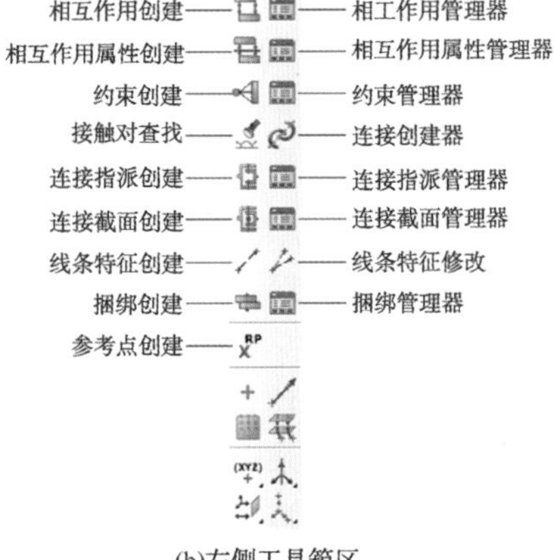

(b)左侧工具箱区

图 3-23 ABAQUS/CAE Interaction 功能模块

Deactive按钮，则该相互作用在该分析步和后续的分析步中不再起作用。例如，图 3-24中显示的 Int-1 相互作用，用户不希望该设置在 Step-2 和 Step-3 中起作用，则选择该相互作用与 Step-2 对应的表格，然后点击 Deactive 按钮。该格的相互作用状态显示由 Propagated 转变成 Inactive，表示设置未激活，模拟过程中 Int-1 相互作用在 Step-2 和 Step-3 分析步中不起作用。若希望重新激活该相互作用关系，选择相应的格后，需要点击右侧的 Activate 按钮。Int-1 相互作用设置在 Step-2 中设置未激活，在后续的 Step-3 中如果希望起作用，在 Int-1 中无法重新激活，需要重新建立新的相互作用。若希望建立的相互作用关系不在前面的分析步中起作用，则在设置过程中直接选择需要该相互作用关系起作用的起始分析步，例如 Int-2 相互作用关系从 Step-1 分析步开始起作用、Int-3 相互作用关系从 Step-2 开始起作用。

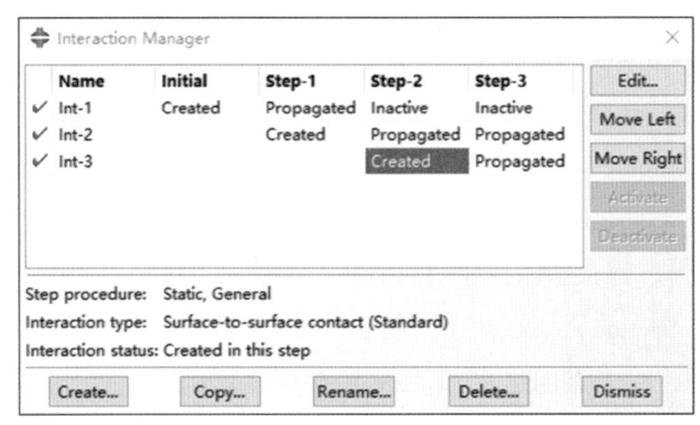

图 3-24 相互作用管理器(Interaction)

相互作用创建(Create Interaction)设置流程如下：

点击左侧工具箱区快捷按钮(Create Interaction)或菜单栏 Interaction→Create…，进入相互作用创建(Create Interaction)对话框，用户可进行相互作用名称(Name)设置以及相关的分析步(Step)选择。用户针对初始分析步(Initial)的设置对话框如图 3-25(a)所示，主要包括：通用接触[General contact(Standard)]、表面与表面接触[Surface-to-surface(Standard)]、自接触[Self-contact(Standard)]、流体腔(Fluid cavity)、流体交换(Fluid exchange)、XFEM 裂缝扩展(XFEM crack growth)、循环对称[Cyclic symmetry (Standard)]、弹性基础(Elastic foundation)、激励器/传感器(Actuator/Sensor)。

针对具体分析步的相互作用设置如图 3-25(b)所示，具体的分析步条件下设置的相互作用类型与初始分析步具有一定的差异性，用户可针对性地进行选择和设置。

(a)初始分析步

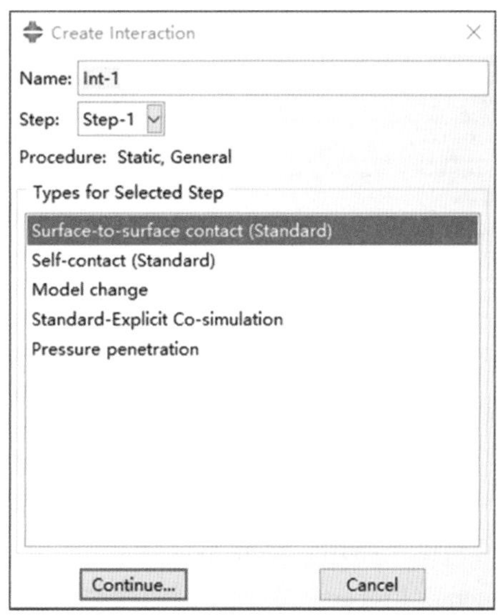

(b)分析步Step-1

图 3-25 相互作用创建(Create Interaction)对话框

在常规的力学模拟过程中，用户常用的相互作用主要包括通用接触[General contact(Standard)]、表面与表面接触[Surface-to-surface(Standard)]、自接触[Self-contact(Standard)]、XFEM 裂缝扩展(XFEM crack growth)等相互作用类型。

通用接触(General contact)相互作用设置对话框如图 3-26(a)所示，主要包括接触区域(Contact Domain)、属性赋值(Attribute Assignments)两个部分，其中接触区域可以通过提前设置的面集合进行接触面(Selected surface Paris)设置，也可选择实例的所有面(All * with self)设置为接触区域，模拟过程中根据各个表面的位置自动搜索接触。接触属性赋值主要包括接触属性(Contact Properties)、接触面属性(Surface Properties)、接触方式(Contact Formula)等方面，其中接触属性主要进行接触属性选择(必须选项)，其相关的参数设置主要在相互作用属性(Create Interaction Property)创建中进行相关的接触参数设置。其他的参数可根据需要进行设置。通用接触只能在初始分析步(Initial)中设置。

表面与表面接触(Surface-to-surface)相互作用设置对话框如图 3-26(b)所示，对话框中首先需要选择的接触主面(Master surface)和从面(Slave Surface)，接触面根据需要确定离散方法(Discretization method)。离散方法包括面对面(Surface to surface)和点对面(Node to surface)，用户还需要选择或新建接触属性(Contact Interaction Property)。主要的参数设置完成后，用户还可以进行接触调节、接触控制等设置，提升接触模拟的收敛性。

实例表面自接触(Self-contact)相互作用设置对话框如图 3-26(c)所示，主要需要选择实例上的可能产生接触的面(Surface)，接触面确定后选择接触属性，还可进行其他的相关接触设置，例如接触控制(Contact Controls)、接触追踪(Contact tracking)等。

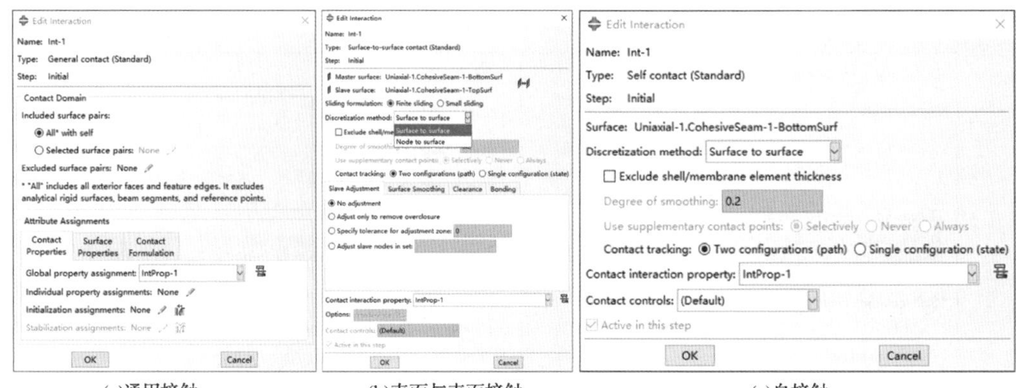

(a)通用接触　　(b)表面与表面接触　　(c)自接触

图 3-26　各类型接触设置

2. 相互作用属性创建(Create Interaction Property)

定义相互作用(Interaction)前或相互作用设置过程中，需要进行相互作用属性(Interaction Property)设置，例如接触面的切向作用和法向作用设置等。相互作用属性创建流程如下：

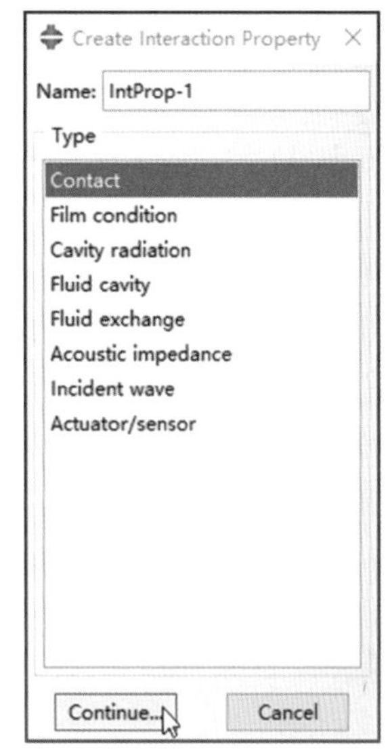

图 3-27　创建相互作用属性(Create Interaction Property)对话框

点击左侧工具箱区快捷按钮(Create Interaction Property)或菜单栏 Interaction→Property→Create…，进入相互作用属性创建(Create Interaction Property)对话框(见图 3-27)，对话框中设置主要包括接触(Contact)、膜条件(Film condition)、空腔辐射(Cavity radiation)、流体腔(Fluid cavity)、流体交换(Fluid exchange)、声学阻抗(Acoustic impedance)、入射波(Incident wave)、激励器/传感器(Actuator/Sensor)。

对于 ABAQUS 力学模拟来说，接触(Contact)属性设置经常使用，用户可能使用频率较高，在图 3-27 对话框中选择 Contact 后点击 Continue 按钮，进入接触(Contact)属性编辑对话框(见图 3-28)，主要包括接触面的力学参数(Mechanical)设置[见图 3-28(a)]、接触面温度(Thermal)参数设置[见图 3-28(b)]和接触面电(Electrical)相关参数设置[见图 3-28(c)]。

点击三种参数设置的下拉式菜单，点击后会出现多种不同类型的参数设置，用户常用的主要是力学参数(Mechanical)设置，力学参数设置主要包括切向力学特征(Tangential Behavior)、法向力学特征(Normal Behavior)、阻尼(Damping)、损伤(Damage)、断裂准则(Fracture

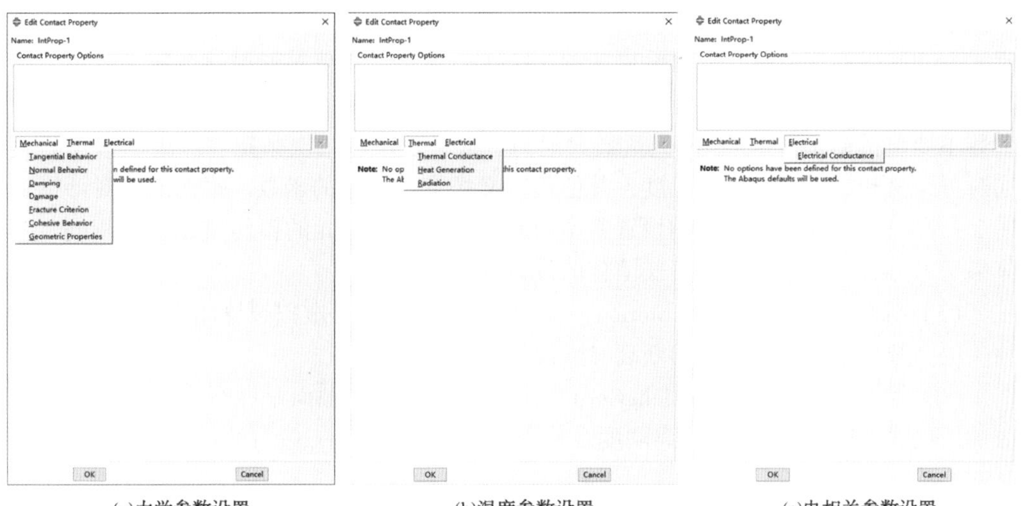

(a)力学参数设置　(b)温度参数设置　(c)电相关参数设置

图 3-28　接触属性编辑(Edit Contact Property)对话框

Criterion)、黏性特征(Cohesive Behavior)和几何属性(Geometric Properties)。

(1) 切向力学特征(Tangential Behavior)：接触面切向力学特征选择如图 3-29(a)所示，切向力学特征主要定义相关的摩擦滑移行为，主要包括切向无摩擦(Frictionless)、罚函数摩擦(Penalty)、静摩擦-动摩擦指数衰减(Static-Kinetic Exponential Decay)、粗糙(Rough)、拉格朗日乘子系数(仅限 Standard)[Lagrange Multiplier (Standard)]、用户自定义(User-difined)。用户可根据自身研究需要选择相应的模式和参数，同时也可进行自定义编程设置。

(2) 法向力学特征(Normal Behavior)：接触面法向力学特征设置如图 3-29(b)，主要包括过盈应力和约束执行方法的设置，法向方向存在硬接触(“Hard” Contact)、指数接触(Exponential)、线性接触(Linear)、表格接触(表格输入压力与过盈量的关系)(Tabular)、标量因子(Scale Factor)等设置模式，其中硬接触表示接触面间的接触压力大小不受限制。接触压力变为零或负值时，接触面可产生分离，模拟过程中会解除相应的接触约束。指数接触、线性接触、表格接触为软接触，接触过程中会定义压力与过盈量的关系，以降低接触变化速度。每种模式具有对应的约束执行方式(Constraint enforcement method)设置，用户可根据需要进行选择和设置。

(3) 阻尼(Damping)：阻尼系数设置对话框如图 3-29(c)所示，阻尼系数在 ABAQUS/Standard 模块中，有助于确定接触力和刚度，通常应仅在无法获得稳定接触解决方案的情况下使用，这是允许 ABAQUS/Standard 中的接触表面之间传递黏性压力和剪切应力的最佳方法。使用接触控件逐步指定阻尼可降低由于突然违反接触约束而导致的收敛困难(在某些涉及接触的搭扣和屈曲问题中很常见)。阻尼系数在 ABAQUS/Explicit 中可用于降低求解噪声。在默认情况下，少量黏性接触阻尼用于 ABAQUS/Explicit 中的软接触和函数接触设置。

在 ABAQUS/Standard 模块中，阻尼系数为接触面间隙量的函数。在 ABAQUS/Explicit 中，当表面接触时，阻尼系数将保持在指定的恒定值，否则将保持在零。阻尼系数可以定义为比例常数(压力单位除以速度)，或者定义为临界阻尼的无单位比例值。

（4）损伤(Damage)：主要包括Cohesive黏性接触设置的初始损伤定义和损伤演化定义，初始损伤定义相应的对话框如图3-29(d)所示，主要是通过接触属性的设置模拟接触面的黏性特征。接触行为特征与Cohesive粘结单元的行为特征基本类似。输入参数主要包括初始损伤准则(包括最大应力、最大位移、二次张拉、二次位移量等)，同时可定义初始损伤准则与温度、其他预定义场变量相关的函数。损伤演化对话框如图3-29(e)所示，损伤演化的设置基本与Cohesive粘结单元的损伤演化设置相同，具体参考Cohesive粘结单元的损伤演化的设置方法。

（5）断裂准则(Fracture Criterion)：断裂准则主要进行虚拟裂缝闭合技术(VCCT)相关的参数设置，进行相关的断裂参数设置。

（6）黏性特征(Cohesive Behavior)：主要用于模拟接触面黏性行为特征，描述失效前后的黏性行为、牵引-分离刚度系数等，对话框如图3-29(f)所示。

(a)切向接触方式　(b)法向接触方式　(c)阻尼系数

(d)损伤-初始损伤准则　(e)损伤-损伤演化准则　(f)Cohesive黏性设置

图3-29　接触属性设置

3. 约束创建(Create Constraint)

点击左侧工具箱区快捷按钮(Create Constraint)或菜单栏Constraint→Create…，进入约束创建(Create Constraint)对话框(见图3-30)，对话框中的主要功能包括绑定(Tie)、刚体(Rigid body)、显示体(Display body)、耦合(Coupling)、调整点(Adjust-points)、MPC约束(MPC constraint)、壳-实体耦合(shell-to-solid coupling)、内置区域(Embedded region)、方程(Equation)。

如果接触面间始终紧密接触不发生相对移动或接触状态对模型影响较小，或者两个面之间本来没有接触行为只是考虑建模分成两个实例或部分，用户可以考虑将接触设置为绑定(Tie)。根据图3-30的对话框选择绑定(Tie)，点击左下角Continue按钮，进入约束编辑(Edit Constraint)对话框。绑定约束编辑对话框如图3-31所示，主要包括绑定面选择(包括主面Master surface和从面Slave surface)、离散化方法(Discretization method)、位置公差(Position Tolerance)等设置。

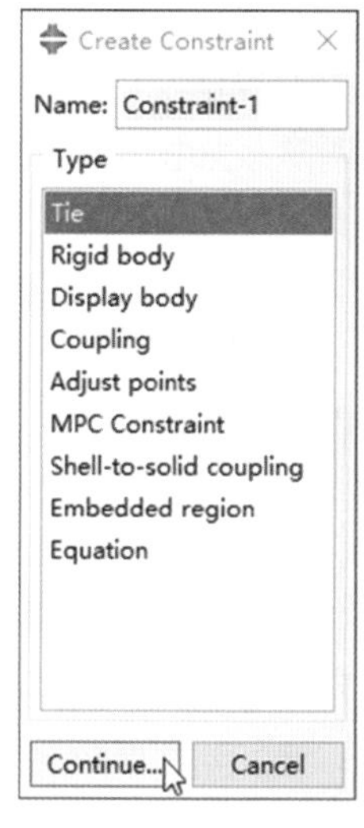

图 3-30　约束创建
(Create Constraint)对话框

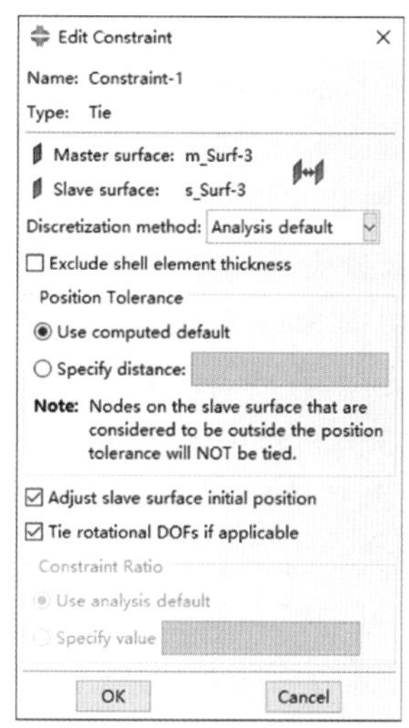

图 3-31　绑定约束编辑
(Edit Constraint)对话框

3.2.6　Load 功能模块

所有的计算模型都需要设定相关的边界、载荷等条件用于模拟分析，相关的设置主要包括边界条件、载荷、初始条件等。相应的模块界面如图 3-32(a)所示，左侧工具箱区快捷按钮如图 3-32(b)所示。

如图 3-32(b)所示，左侧工具箱区快捷按钮主要包括载荷创建(Create Load)、边界条件创建(Create Boundary)、初始场变量创建(Create Predefined Field)和载荷工况创建(Create Load Case)4 种。下面简要介绍一下 4 种情况的主要功能。

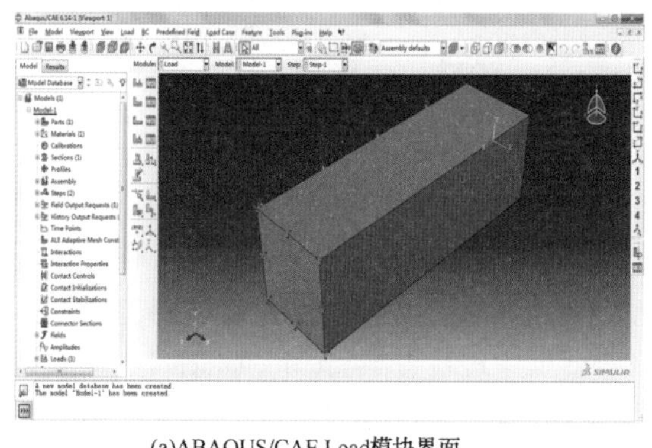

(a)ABAQUS/CAE Load模块界面

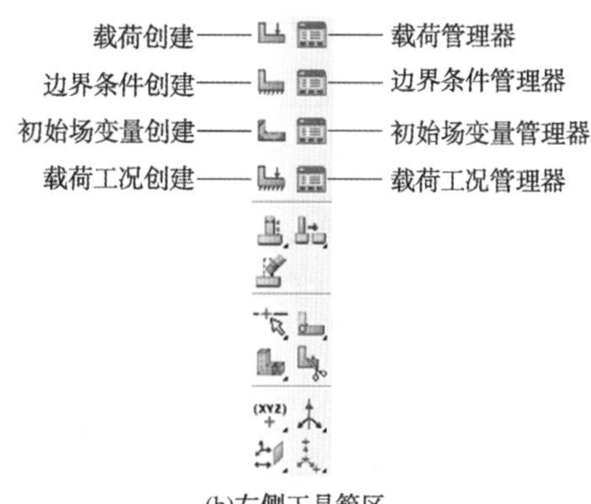

(b)左侧工具箱区

图 3-32　ABAQUS/CAE Load 功能模块

1. 载荷创建(Create Load)

一般来说，每个分析步(Step)都有针对性的载荷加载，部分模型可能需要设置多个分析步，每个分析步的载荷与边界条件可能具有差异性。每个分析步创建的载荷具有延续性，用户不特别指定时，载荷一直保持加载状态，如果后续某一分析步需要抑制或更改某一载荷，则需进行专门设置与指定。模型若针对多个分析步设置了不同的载荷，载荷管理器中就会显示不同分析步对应的载荷。多分析步和多载荷设置完成后，载荷管理器(Load Manager)对话框中会显示载荷的设置情况(见图 3-33)，在载荷管理器(Load Manager)对话框中可进行分析步的加载调整。如图 3-33 所示的载荷管理器，3 个分析步加载了 3 个载荷，每种载荷加载顺序不同。Load-1 载荷若希望在 Step-1 和 Step-2 分析步加载，而在 Step-3 分析步中不起作用，在载荷管理器中选中横向 Load-1 和纵向 Step-3 对应的表格位置，选中后点击对话框左下角的 Deactive 按钮，设置后 Load-1 在 Step-3 分析步下的位置由 Propagated 转变为 Inactive，此时 Load-1 在 Step-3 分析步中不起作用。若用户想修改 Load-1 载荷在 Step-3 中继续加载，在选定对应的位置后，点击对话框右下角的 Activate 按钮，Load-1 载荷在 Step-3 分析步的载荷加载状态由 Inactive 转变为 Propagated。针对多个分析步设置的载荷，载荷的起始分析步可进行左移或右移调整，改变载荷作用的起始分析步。例如 Load-3 分析设置从 Step-3 分析步起作用，用户希望该载荷从 Step-2 开始加载，可选择 Load-3 和 Step-3 对应的格后，点击对话框右侧左上角的 Move Left 按钮，Load-3 分析步就会向右移动一格，从 Step-3 分析加载转变为 Step-2 分析步加载。同样 Load-2 从 Step-2 开始起作用，用户可选择 Load-2 和 Step-2 对应的表格，然后点击对话框右侧的 Move Right 按钮，Load-2 由 Step-2 移动至 Step-3 分析步中。

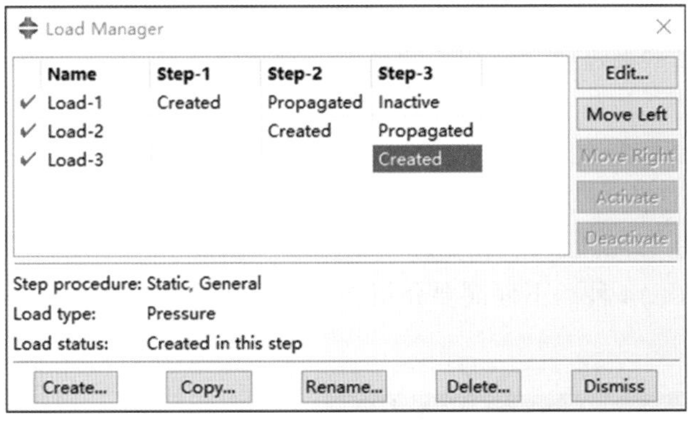

图 3-33　载荷管理器(Load Manager)

载荷创建(Create Load)设置的流程如下：

点击左侧工具箱区快捷按钮(Create Load)或菜单栏 Load→Create…，同时也可点击载荷管理器(Load Manager)对话框左下角的 Create 按钮，进入载荷创建(Create Load)对话框，如图 3-34 所示。用户可在对话框中进行力学类(Mechanical)、电磁类(Electrical/Magnetic)和其他(Other)等多种类型的载荷加载设置。下面简要介绍一下载荷的种类和类型。

1）力学(Mechanical)载荷

对话框如图 3-34(a)所示，载荷类型主要包括集中力(Concentrated force)、力矩(Moment)、压强(Pressure)、壳体边载荷(Shell edge load)、表面载荷(surface traction)、管道压力(Pipe pressure)、体力(Body force)、线载荷(Line load)、重力(Gravity)、螺栓载荷(Bolt load)、广义平面应变(Generalized plane strain)、旋转体力(Rotational body force)、科氏力(Coriolis force)、连接作用力(Connector force)、连接力

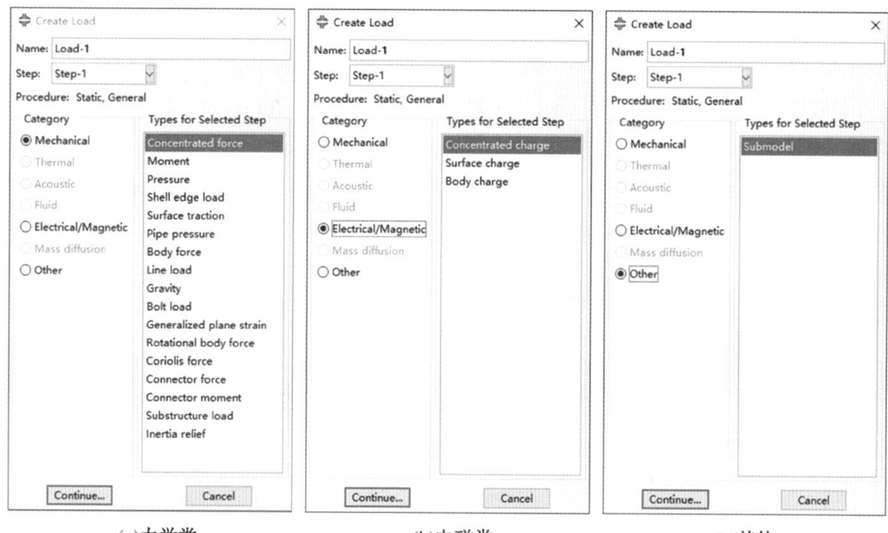

(a)力学类　　(b)电磁类　　(c)其他

图 3-34　载荷创建(Create Load)对话框

矩(Connector moment)、子结构载荷(substructure Load)、惯性释放(Inertia relief)。

2) 电磁类(Electrical/Magnetic)载荷

对话框如图 3-34(b)所示，主要包括集中电荷(Concentrated charge)、表面电荷(Surface charge)、体电荷(Body charge)。

3) 其他(Other)载荷

对话框如图 3-34(c)所示，主要包括子模型(Submodel)。

温度(Thermal)、声学(Acoustic)、流体(Fluid)和质量扩散(Mass Diffusion)等部分载荷在 ABAQUS/Standard 和 ABAQUS/Explicit 模块中无法使用，因此相应的载荷设置也无法进行设置。

2. 边界条件创建(Create Boundary Condition)

边界条件创建与前面所述的载荷创建(Create Load)设置类似，用户可针对多分析步进行边界条件设置。图 3-35 为多分析步、多边界条件下的边界条件管理器(Boundary Condition Manager)对话框，在多分析步条件下，边界条件可进行边界条件的设置与管理，用户可参考前面的载荷设置与管理进行设置。

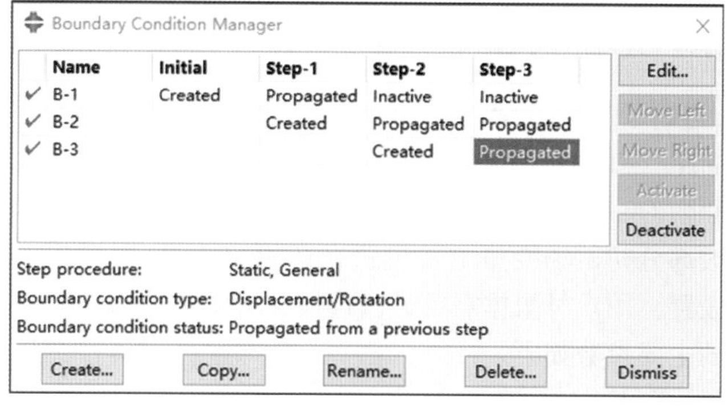

图 3-35　边界条件管理器(Boundary Condition Manager)

边界条件创建(Create Boundary Condition)的主要流程如下：

点击左侧工具箱区快捷按钮 (Create Boundary Condition)或菜单栏 BC→Create…，同时用户也可点击边界条件管理器(Boundary Condition Manager)对话框左下角的 Create 按钮，进入边界条件创建(Create Boundary Condition)对话框，如图 3-36所示。用户可在对话框中进行力学类(Mechanical)、电磁类(Electrical/Magnetic)和其他(Other)等多种类型的边界条件设置。下面简要介绍一下载荷的种类和类型。

1）力学类(Mechanical)

对话框如图 3-36(a)所示，主要包括对称/反对称/完全固定(Symmetry/Antisymmetry/Encastre)、位移/转角(Displacement/Rotation)、速度/角速度(Velocity/Angular velocity)、连接位移(Connector displacement)、连接速度(Connector velocity)。

2）电磁类(Electric/Magnetic)

对话框如图 3-36(b)所示，主要包括电势(Electric potential)。

3）其他(Other)

对话框如图 3-36(c)所示，主要包括温度(Temperature)、孔隙压力(Pore pressure)、流体气蚀区压力(Fluid cavity pressure)、连接物质流动(Connector material flow)、子模型(Submodel)。

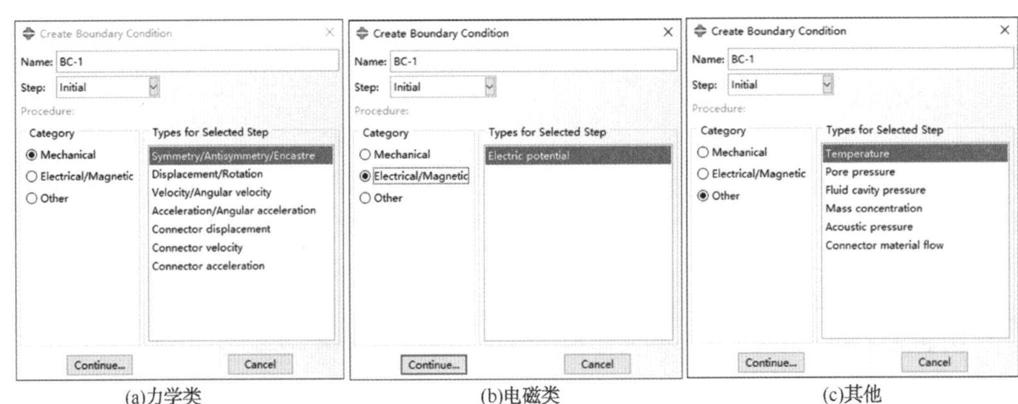

图 3-36　边界条件创建(Create Boundary Condition)对话框

3. *初始场变量创建(Create Predefined Field)*

点击左侧工具箱区快捷按钮 (Create Predefined Field)或菜单栏 Predefined Field→Create…，进入初始场变量创建(Create Predefined Field)，对话框如图 3-37 所示。在 ABAQUS/Standard 和 ABAQUS/Explicit 模块中，主要的场变量包括力学(Mechanical)和其他(Other)。流体(Fluid)初始场变量在上述两个模块中无法使用，在此不进行介绍。大部分初始场变量主要设置在初始(Initial)分析步，部分变量可以在后续的分析步中设置，用户可根据需要进行选择。力学类(Mechanical)和其他(Other)两种初始场变量的主要参数如下。

1）力学(Mechanical)

对话框如图 3-37(a)所示，主要包括速度(Velocity)、应力(Stress)、地应力(Geostatic stress)、硬化(Hardening)。

2) 其他(Other)

对话框如图 3-37(b)所示，主要包括温度(Temperature)、材料指派(Materialassignment)、初始状态(Initial state)、饱和度(Saturation)、孔隙比(Void ratio)、孔隙压力(Pore pressure)、流体气蚀区压力(Fluid cavity pressure)。

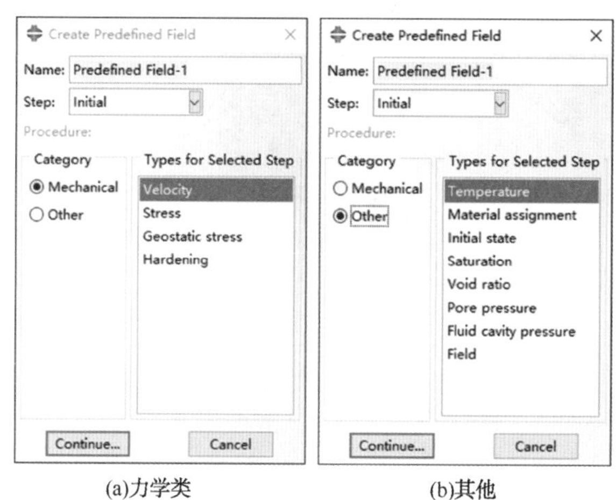

(a)力学类　　(b)其他

图 3-37　初始场变量创建(Create Predefined Field)对话框

4. 载荷工况创建(Create Load Case)

用户可以在静态扰动、稳态动力学直接求解、基于 SIM 的稳态动力学分析中定义载荷和工况，工况定义不会传播到后续分析步中。工况定义中只能指定以下类型的设置：边界条件、集中载荷、分布式载荷、分布表面载荷、基于惯性的载荷、基本运动等。与其他扰动分析一样，多载荷工况分析将包括先前一般步骤(基本状态)的非线性影响。下面的分析不支持载荷工况分析：特定载荷情况重新启动分析、使用全局分析中第一个载荷工况以外的结果进行子结构建模、导入和传输结果、循环对称性分析、轮廓积分、设计敏感性分析。若设置的分析步不支持载荷工况分析，会出现图 3-38 所示的警告提示。

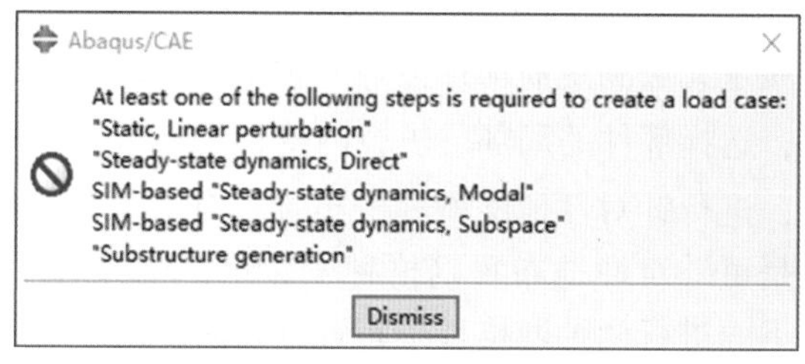

图 3-38　创建载荷工况警告

3.2.7 Mesh 功能模块

ABAQUS 的 Mesh 功能模块的主要功能是将未网格离散化的部件或实例进行网格

剖分，形成离散网格体，设置网格单元类型。Mesh 功能模块的界面如图 3-39(a)所示，左侧工具箱区快捷按钮如图 3-39(b)所示。快捷按钮主要包括网格单元种子布置、网格划分、网格划分控制、网格质量检测和网格单元类型选择等。

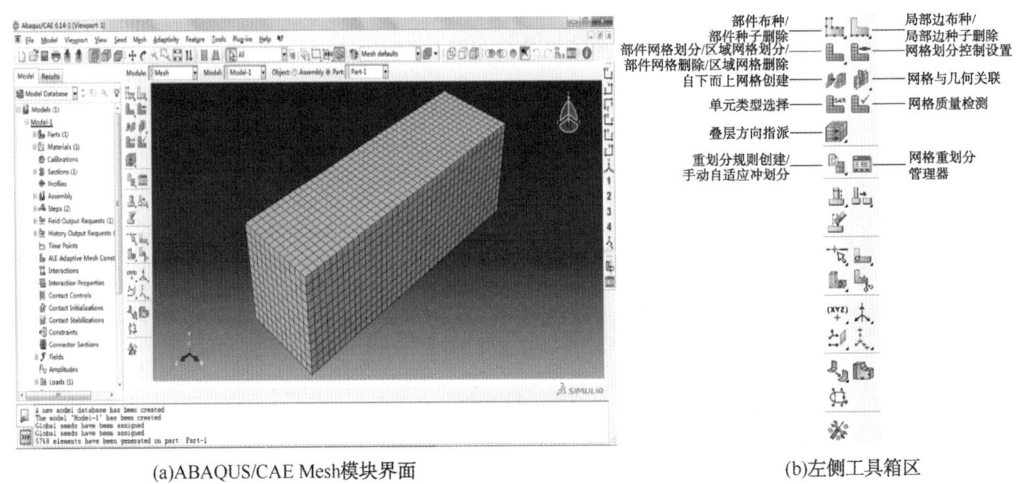

(a)ABAQUS/CAE Mesh模块界面　　(b)左侧工具箱区

图 3-39　ABAQUS/CAE Mesh 功能模块

在 Mesh 功能模块中进行网格划分时，Mesh 功能模块的环境栏中有 Assembly 和 Part 两种显示设置(Module: Mesh　Model: Model-1　Object: ○ Assembly ◉ Part: Part-1)。部分设置条件下用户可在 Assembly 显示条件下针对映射的实例(Instance)进行网格种子布置和网格划分，部分设置条件下用户可在部件(Part)显示条件下进行部件网格种子布置和网格单元划分。两种划分方式基本一致，本例主要针对部件(Part)显示条件下的网格划分介绍。

网格划分的步骤主要包括定义网格种子布置、网格划分和网格单元类型选择，下面简要介绍一下网格划分的流程和方法。

1. 网格种子布置(Seed)

定义网格密度和尺寸有两种主要的方法：一是全域网格尺寸定义，通过部件网格布种(Seed Part)功能，针对整体部件进行大致的网格尺寸或密度定义，该方法使用简单，但是有时网格质量无法满足需求；另外一种是局部网格尺寸定义，采用边布种(Seed Edges)功能，选择部件的局部边进行网格种子布置，该方法可根据部件边的长度和网格布置需求，进行针对性地网格种子布置。对于复杂部件，采用边布种方式工作量相对较大，但是可针对性地布置网格种子数量，可针对性地布置网格加密区，从而提升网格质量。下面进行两种网格种子布置方法的介绍。

1) 全域网格尺寸(Global Seeds)定义

在 Mesh 功能模块中，点击左侧工具箱区快捷按钮(Seed Part)或菜单栏 Seed→Part…，进入全域网格种子布置(Global Seeds)对话框。全域网格种子(Global Seeds)布置的对话框如图 3-40 所示，主要包括全域网格尺寸(Approximate global size)、曲率控制(Curvature control)、最小尺寸控制(Minimum size control)等部分。

(1) 全域网格尺寸(Approximate global size):主要用于设置部件(Part)的整体网格尺寸,设置网格尺寸值后,划分的网格尺寸接近该值。在实际网格划分过程中,ABAQUS 会根据部件的几何特征和网格划分技术进行自动调整,使网格划分更加合理。网格尺寸的确定需要根据部件尺寸、网格数量和网格质量进行确定,操作过程中可能进行多次尝试以获得最优的网格数量和网格质量。

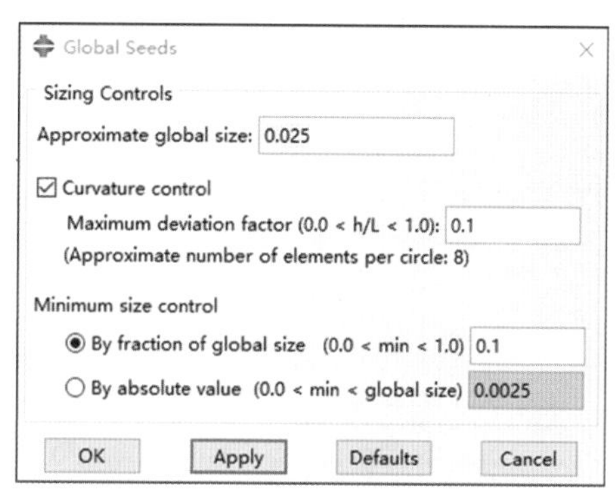

图 3-40 全域网格单元种子布置(Global Seeds)对话框

(2) 曲率控制(Curvature control):网格种子尺寸与曲率相结合共同控制网格单元种子的分布特征。主要的设置参数为最大偏差系数(Maximum deviation factor)设置,定义网格的边与曲率边的最大偏差 h 与单元的边长度 L 的比值,最大偏差系数越小,曲边上的网格数量越多。ABAQUS 软件默认的最大偏差系数为 0.1,用户可根据部件的尺寸和需要进行修改,同时也可以不选择该控制选项。

(3) 最小尺寸控制(Minimum size control):用于控制网格的最小尺寸,主要有两种控制方法,一是通过全域网格尺寸的比例控制最小网格尺寸,设置最小比例值,一般为 0~1.0。二是输入最小网格尺寸绝对值,该值的范围为 0 至全域网格尺寸。

采用全域网格尺寸定义的网格种子,可以整体删除,也可以直接采用同样的方式进行尺寸修改或者采用局部网格尺寸定义修改部件的部分边。

2) 局部边网格尺寸定义(Seed Edges)

对于部分形状复杂或部分区域需要进行网格加密的部件,采用全域网格种子布置可能导致网格质量较差或无法进行针对性的网格加密,因此需要采用其他网格种子布置方式。ABAQUS 可以采用局部边网格尺寸定义,针对部件的边进行单独网格尺寸设置。具体的设置流程如下:

点击左侧工具箱区快捷按钮(Seed Edges)或菜单栏 Seed→Edges…,在视图区选择需要进行网格种子布置的边后,点击左下角提示区的 Done 按钮,进入局部边种子布置(Local Seeds)对话框,相应的对话框如图 3-41 所示,主要包括基本(Basic)设置和约束(Constraint)设置。基本设置对话框如图 3-41(a)和图 3-41(b)所示,主要功能为确定部件局部边的网格种子数量,有两种布种方式:一是通过尺寸(By size)设置[见图 3-42(a)],该方式主要设置边上的网格种子的尺寸,其设置方式与全域种子布置方式基本一致,选择的边的网格种子尺寸相同;二是通过数量(By number)设置,直接设置部件局部边的网格种子数量,选择的边的网格种子数量相同。针对所选的边进行网格种子布置时,还有网格种子偏移(Bias)设置选择,用户可根据需要进行选取边的网格种子向一边偏移(Single)、向两端偏移或两端向中间偏移(Double)、不偏移(none),具体的偏移值和偏移方向的确定可根据需要具体设置。约束设置界面中有 3 种约束方式[见图 3-42(c)],分别为 Allow the number of elements to increase or decrease、Allow the number of elements to increase only、Do not allow the number of elements to change。用户可根据需要选择约束方式。

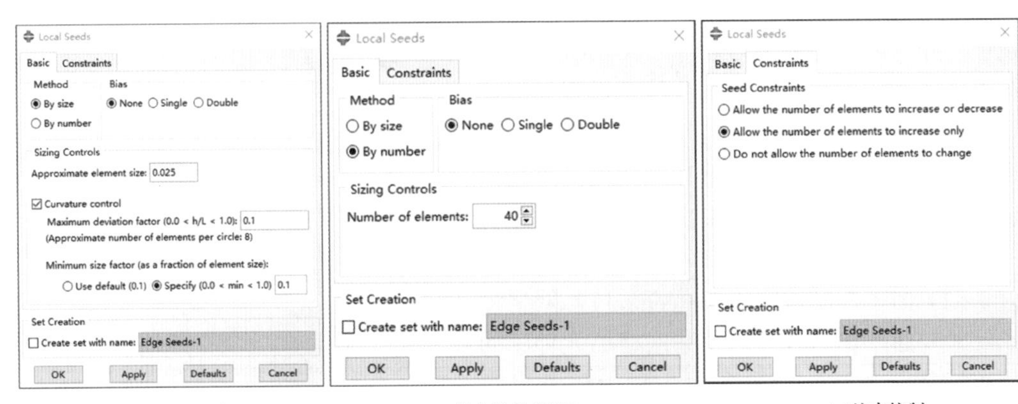

(a)基本设置(尺寸)　　(b)基本设置(数量)　　(c)约束控制

图 3-41　局部边种子布置(Local Seeds)设置

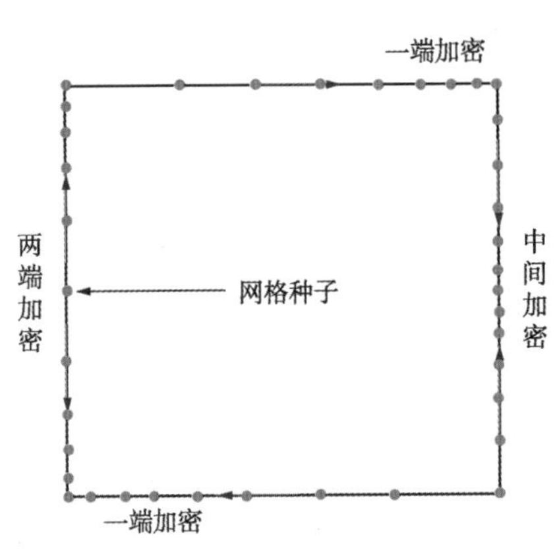

图 3-42　网格种子加密示意图

使用局部边种子(Seed Edges)方式进行部件网格种子设置时，若需要在选择的边上定义不均匀的网格种子，可进行相应的偏移设置。ABAQUS 软件部件边网格种子偏移示意图如图 3-42 所示，包括两种偏移方式：一是沿单一方向网格种子偏移，图 3-42 所示的上、下边表示的是单一方向网格种子偏移，箭头方向为网格种子偏移加密的方向；二是两端或中间加密，图 3-42 左侧边表示网格种子两端加密，中间网格种子稀疏，右侧边表示中间网格种子加密，两端网格种子稀疏。

由于使用局部边定义网格种子尺寸有定义网格单元种子尺寸和定义边网格种子数量两种方法，相应的定义偏移设置具有一定差异。若网格种子数量设置采用尺度定义(By size)方法，对话框如图 3-43(a)所示，布置方式(Method)选择 By size，选择偏移(Bias)类型为单一方向(Single)或两个方向(Double)后，定义网格种子的尺寸控制参数(Sizing Controls)，需要输入最小网格种子尺寸(Minimum size)和最大网格种子尺寸(Maximum size)，同时还可通过偏移方向(Flip bias)改变加密的方向。若网格种子数量设置采用网格种子数量(By number)方法，相应的设置对话框如图 3-43(b)所示，网格种子布置方式选择 By number，同时可选择偏移(Bias)类型为单一方向(Single)或两个方向(Double)后，尺寸控制参数(Sizing Controls)除了输入选择边的网格数量(Number of elements)外，还可输入偏移系数(Bias Ratio)，偏移系数为大于 1 的数值。同时，用户也可通过偏移方向翻转(Flip bias)进行选择边的偏移方向的转变。

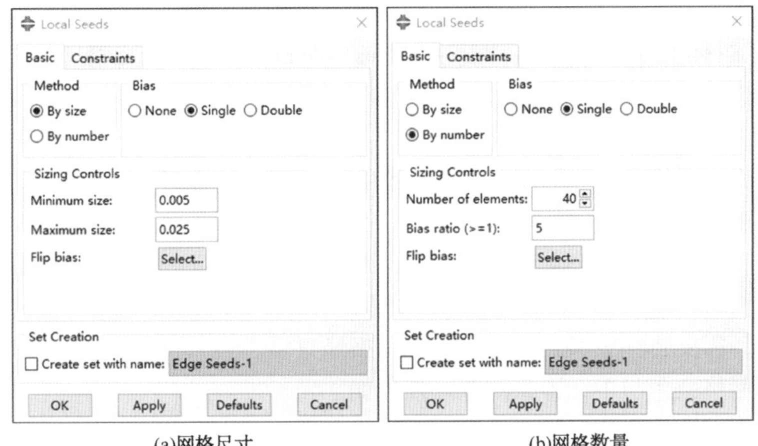

(a)网格尺寸　　(b)网格数量

图 3-43　边种子偏移设置方式

2. 网格划分控制(Mesh Controls)

部件(Part)网格划分前需要对部件进行网格形状(Element Shape)与划分技术(Technique)设置，主要包括单元形状(Element Shape)、网格划分技术(Technique)和网格划分算法(Algorithm)选择。相关的设置流程如下：

点击左侧工具箱区快捷按钮(Assign Mesh Controls)或菜单栏 Mesh→Controls…，在视图区选择全部部件(Part)或部分部件区域(Region)后，点击左下角提示区 Done 按钮，进入网格划分控制(Mesh Controls)对话框，网格划分控制主要方式包括二维和三维模型控制。二维模型网格划分控制(Mesh Controls)界面如图 3-44(a)所示，三维模型的网格划分控制界面如图 3-44(b)所示。

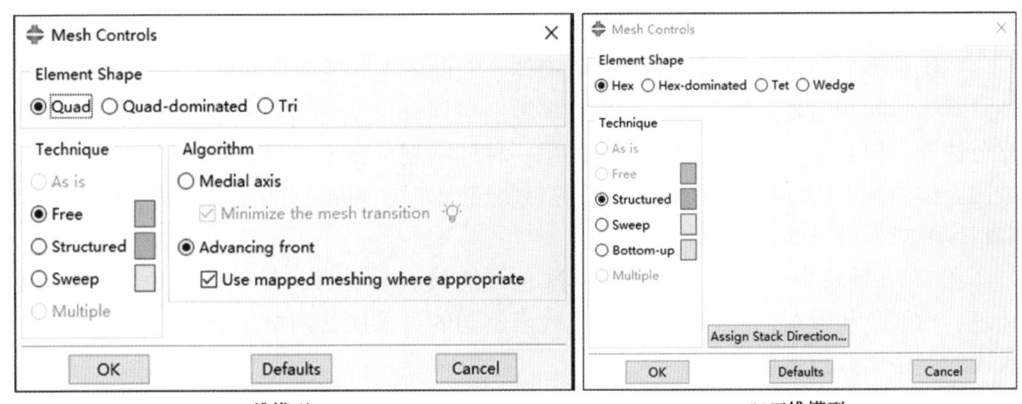

(a)二维模型　　(b)三维模型

图 3-44　网格划分控制(Mesh Controls)

网格划分控制的主要设置和参数设置如下。

1) 网格单元形状(Element Shape)

针对二维模型，具体的网格形状有四边形和三角形，部件网格划分过程中的网格单元形状(Element Shape)有四边形(Quad)、四边形主导(Quad-dominated)和三角形(Tri)等三种网格形状方式。

针对三维模型，具体的网格形状有六面体、四面体、楔形体三种形状，部件划分过程中有六面体(Hex)、六面体主导(Hex - dominated)、四面体(Tet)和楔形体(Wedge)等四种网格单元形状供选择。

2）网格划分技术(Technique)

自由网格技术(Free)：自由网格技术为相对灵活的网格划分技术，不需要预先设置网格形状。使用自由网格技术时，二维模型的可采用四边形、四边形主导和三角形等网格形状，包括所有的网格形状。三维模型采用自由网格技术时，只能选用四面体网格。

结构化网格技术(Structured)：结构化网格技术需要预先设置的网格图案应用于特定模型拓扑，需要将预定义的形状规则的网格经过适当变形转移到需要网格划分的区域。结构化网格技术与单元形状的匹配性性如下：

二维模型，网格形状包括四边形、四边形主导、三角形。

三维模型，网格形状包括六面体或六面体主导。

采用结构化网格技术时，需要部件形状相对规则。对于某些不规则的部件，可以通过面或实体的剖分，将不规则形状转变成相对规则的形状再采用结构化网格技术。

扫略网格技术(Sweep)：扫略网格技术先在线或面上创建网格单元，然后将网格节点沿某一路径逐层进行复制至目标边或面。扫略路径可以是直线、样条曲线、圆弧线、其他曲线等，若扫略路径为直线或样条曲线，则产生的网格叫拉伸扫略网格。若扫略路径是圆弧线，产生的网格叫旋转扫略网格。

使用扫略网格技术对面划分网格时，要求该面必须可以从一条源边沿扫略路径扫略至目标边。源边和目标边均为面的边，该面可以是拉伸曲面、旋转曲面、扫略曲面、平面等。

对于扫略网格技术可采用的网格形状：

二维模型，可采用的网格形状为四边形、四边形主导等网格形状。

三维模型，可采用的网格形状为六面体、六面体主导或楔形网格形状类型。

对于形状相对规则的部件，可采用多种网格划分技术，用户可根据需要进行网格划分选择。但对于部分部件可能只能采用一种网格划分技术，最常见的是采用三角形或四面体的自由网格技术。用户选择网格划分技术时，可根据部件的形状、研究需求和精度要求等进行综合考虑与选择。

在 Mesh 模块中，不同部件的显示颜色可能具有差异性，显示的颜色包括绿色、黄色、粉红色和橙黄色四种，每种颜色代表不同的可采用的网格划分技术。不同颜色代表的网格划分技术如下所示：

绿色，表示能够用结构化网格划分技术生成网格的区域；

黄色，表示能够用扫略网格划分技术生成网格的区域；

粉红色，表示能够用自由网格技术生成网格的区域；

橙黄色，表示不能使用默认的单元类型生成网格的区域，部件须通过剖分直至全部区域转变成上述三种颜色。

3）网格划分算法(Algorithm)

网格划分算法(Algorithm)是与网格形状(Element Shape)、网格划分技术(Technique)息息相关的，不同的网格形状和网格划分技术具有不同的网格划分算法。网格划分算法主要有两种。一是中轴算法(Medial axis)，首先将要划分网格的区域分解成若干个简单区域，然后采用上述的算法对各区域进行网格划分。中轴算法对形状简单的区域网格划分速度较快。通过最小化网格过渡(Minimize the mesh transition)设置可提高网格划分质量。二是进阶算法(Advancing front)，网格划分过程中首先在部件或区域的边界处生成所设置形状的网格单元，然后再向内部扩散。

中轴算法和进阶算法都有其适用范围，用户可根据部件形状特征进行选择。二维模型不同网格形状和网格划分技术对应的算法如图 3-45 所示，三维模型不同网格形状和网格划分技术对应的算法如图 3-46 所示。

(a)四边形自由网格 (b)四边形结构网格 (c)四边形扫略网格

(d)四边形主导自由网格 (e)四边形主导结构网格 (f)四边形主导扫略网格

(g)三角形自由网格 (h)三角形结构网格

图 3-45 二维模型不同网格形状和网格技术条件可选的网格算法

3. 网格划分(Mesh)

部件(Part)进行网格单元种子布置、网格划分控制技术设置等处理完成后，下一步工作就是部件全部区域或部分区域网格划分，最终目标是实现部件全部区域网格划分。网格划分可采用全部部件网格划分(Mesh Part)或局部网格划分(Mesh Region)，同时划分好的网格也可以进行网格删除，包括部件网格删除(Delete Part Native Mesh)和区域网格删除(Delete Region Native Mesh)。

对于部分形状相对复杂、网格单元种子布置不合理或网格控制选择不合理的部件，网格划分过程中可能会出现错误网格或部分区域网格无法划分的情况，用户需要根据部件的几何特征进行合理的网格种子布置、网格形状选择或网格划分技术调整。

(a)六面体结构网格

(b)六面体扫略网格

(c)六面体自底向上网格

(d)六面体主导结构网格

(e)六面体主导扫略网格

(f)六面体主导自底向上网格

(g)四面体自由网格

(h)楔形扫略网格

图 3-46　三维模型不同网格形状和网格技术条件可选的网格算法

如果针对部件进行全域网格划分，点击左侧工具箱区快捷按钮 (Mesh Part) 或菜单栏 Mesh→Part…，点击左下角提示区 Yes 按钮(OK to mesh the part? Yes No)，即可进行部件全域网格划分。

如果针对部件的部分区域进行网格划分，长按左侧工具箱区快捷按钮 (Mesh Part) 直至出现隐藏的按钮，选择局部区域网格划分 (Mesh Region) 或菜单栏 Mesh→Region…，在视图区选择需要进行网格划分的区域后，点击左下角提示区

Done 按钮，即可进行局部区域网格划分。

若用户想删除部件的网格，长按左侧工具箱区快捷按钮直至出现隐藏的按钮，选择删除部件原生网格按钮（Delete Part Native Mesh）或删除区域原生网格按钮（Delete Region Native Mesh），进行全域或部分区域的网格删除。

4. 网格质量检测（Verify mesh）

对于已经完成网格划分的部件，需要进行网格质量检测（Verify mesh），查看部件网格质量情况。具体的设置如下：

点击左侧工具箱区快捷按钮（Verify mesh）或菜单栏 Mesh→Verify…，进入网格质量检测（Verify Mesh）对话框，如图 3-47～图 3-49 所示。网格质量检测的主要指标包括网格的形状指标（Shape Metrics）和尺寸指标（Size Metrics）。对于不同的网格形状，两种指标的参数类型和参数值具有一定的差异性，用户可根据需要进行对比。

不同维度和网格形状的网格质量检测标准具有一定差异性，不同类型网格的形状系数不同。六面体网格质量检测的相关指标如图 3-47 所示，四面体网格网格的质量检测指标如图 3-48 所示，两种类型的网格单元在形状指标（Shape Metrics）方面具有一定差异性，四面体网格比六面体网格多一个形状系数指标（Shape Factor）。二维的四边形网格质量检测标准如图 3-49 所示，四边形网格质量检测标准基本上与六面体网格质量检测标准一致。

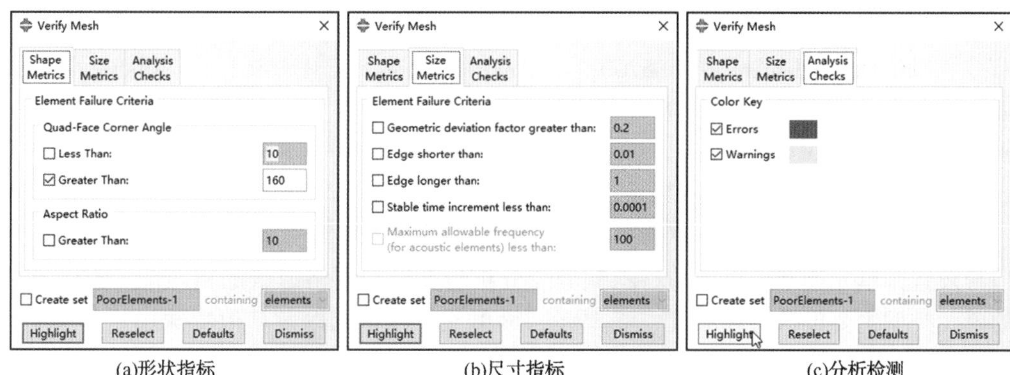

(a)形状指标　(b)尺寸指标　(c)分析检测

图 3-47　六面体网格质量检测

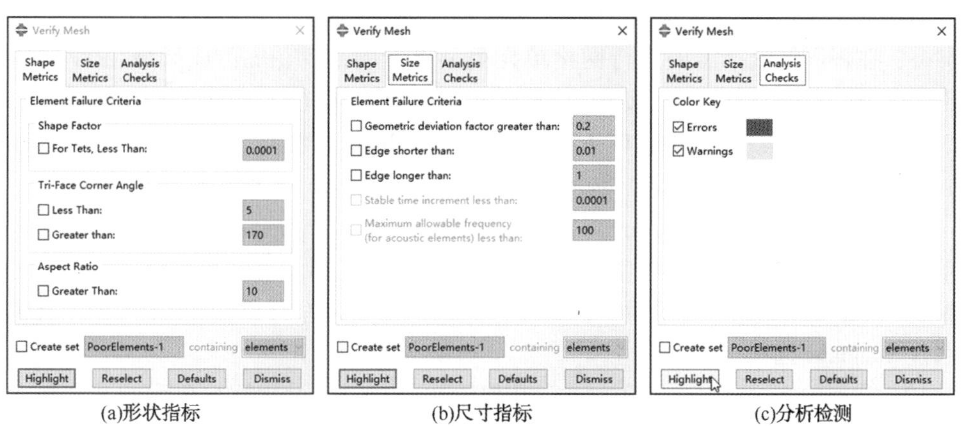

(a)形状指标　(b)尺寸指标　(c)分析检测

图 3-48　四面体网格质量检测

(a)形状指标

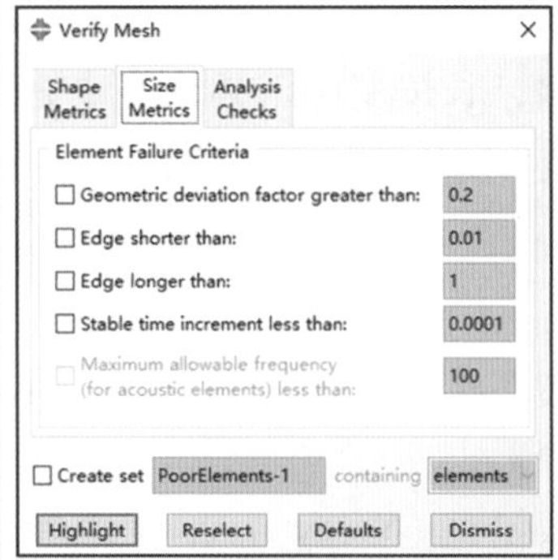

(b)尺寸指标

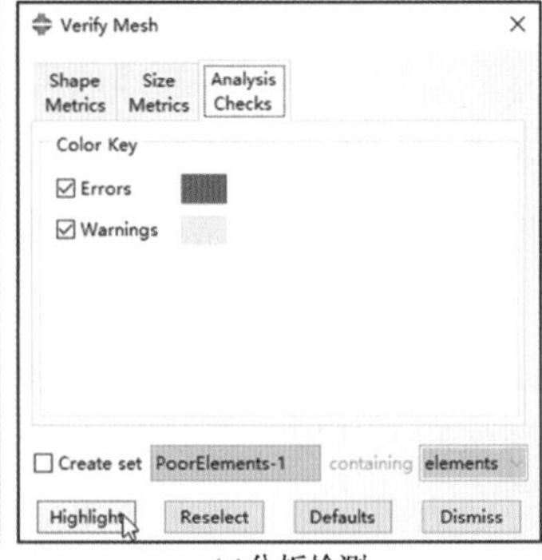

(c)分析检测

图 3-49　四边形网格质量检测

点击网格质量检测(Verify Mesh)对话框下部的 Highlight 按钮后，就会形成相应的检测结果，若部件的网格有错误单元(Errors)，错误单元在视图区显示紫色，若有警告单元(Warning)，则在视图区显示黄色，同时可针对网格质量较差的单元创建相应的单元集合，方便后期进行处理。

同时，在信息提示区会生成如下的提示信息，主要包括总单元数、错误单元数量/比例、警告单元数量/比例。提示区具体的网格质量检测结果显示如下：

****

Part：Part-1

Number of elements ：　5760，　Analysis errors：　0（0%），　Analysis warnings：　0（0%）

****

5. 单元类型选择(Assign Element Type)

当网格划分完成后，用户需要根据模拟需求进行网格单元类型(Element Type)选择与设置，单元类型选择须与材料截面、分析步类型和网格形状等相匹配。ABAQUS 的单元类型主要包括实体单元、壳单元、梁单元、膜单元以及其他特殊用途的单元。ABAQUS 单元类型选择需要解决以下问题：单元类型的选择、积分方式的选择、单元控制设置。

点击左侧工具箱区快捷按钮 (Assign Element Type)或菜单栏 Mesh→Element Type…，在视图区选择需要进行网格单元类型设置的部件(Part)或区域(Region)后，点击左下角提示区的 Done 按钮，进入单元类型选择(Element Type)对话框(见图 3-50)，对话框主要包括单元库(Element Library)类型、几何阶次(Geometric Order)、单元族(Family)类型、单元控制(Element Controls)选项卡等部分。

(1) 单元库(Element Library)类型：ABAQUS 有针对 Standard 模块和 Explicit 模块的单元类型选项，两个模块的单元几何阶次和单元族不同。单元类型的选择须与分析步类型匹配，若采用 Explicit 模块进行模拟分析，则单元库选择 Explicit 选项，其他情况选择 Standard 选项。

(2) 几何阶次(Geometric Order)：几何阶次主要用于设置网格单元的节点数和积分点数，主要包括线性单元(Linear)和二次单元(Quadratic)。

(3) 单元族(Family)类型：对于 Standard 模块，可选择的单元簇类型包括三维应力(3D Stress)、声学(Acoustic)、粘结单元(Cohesive)、带孔压的粘结单元(Cohesive Pore Pressure)、连续壳(Continuum Shell)、连续实体壳(Continuum Solid Shell)、温度-位移耦合(Coupled Temperature - Displacement)、耦合的温度-孔隙压力单元(Coupled Temperature-pore pressure)、柱坐标(Cylindrical)、垫圈(Gasket)、热传递(Heat Transfer)、压电(Piezoelectric)、孔隙流体/应力(Pore Fluid/Stress)、热电(Thermal Electric)、温度-电-结构(Thermal Electrical Structural)。

对于 Explicit 模块，可选择的单元簇类型包括三维应力(3D Stress)、声学(Acoustic)、粘结单元(Cohesive)、连续壳(Continuum Shell)、温度-位移耦合(Coupled Temperature-Displacement)。

(4) 单元控制设置：单元控制主要用于设置积分点数量、单元黏性参数、沙漏参数、缩减积分等控制。

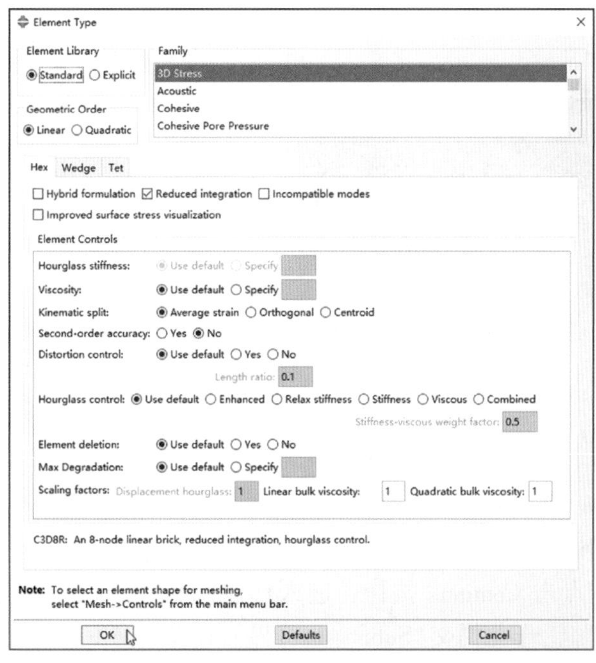

图 3-50 单元类型选择(Assign Element Type)对话框

针对不同模拟需求，用户可根据需要进行选择：

(1) 如果需要得到的是节点应力或关注模型的应力变化，尽量不要选用线性减缩积分单元。

(2) 如果使用线性减缩积分单元，应注意避免出现沙漏模式，常采用网格加密来解决。

(3) 在定义了接触和弹塑性材料的区域后，不要使用 C3D20、C3D8R、C3D10 等二次单元。

(4) 完全积分单元容易出现剪切闭锁和体积闭锁问题，一般情况下尽量避免使用。

(5) 对于 ABAQUS/Standard 分析，如果能够划分四边形或六面体网格，建议尽量使用非协调单元(如 C3D8I)，同时注意保证关键部位的单元形状是规则的。

(6) 如果无法划分六面体网格，则应使用修正的二次四面体单元(C3D10M)，它适用于接触和弹塑性问题，只是计算代价较大。

(7) 有些适用于 ABAQUS/Standard 分析的单元类型不能用于 ABAQUS/Explicit 分析中(例如非协调单元)。

3.2.8 Job 功能模块

ABAQUS/CAE 通过 Part 功能模块、Property 功能模块、Assembly 功能模块、Load 功能模块、Mesh 功能模块等完成模型主要参数设置后，需要在 Job 功能模块中进行作业创建(Create Job)或 INP 输入文件的输出。切换到 Job 功能模块后[见图 3-51(a)]，根据需要进行模型作业和计算文件的创建，Job 功能模块左侧工具箱区快捷按钮如图 3-51(b)所示，主要包括作业创建、自适应过程创建、协同运行创建、优化进程创建等设置。

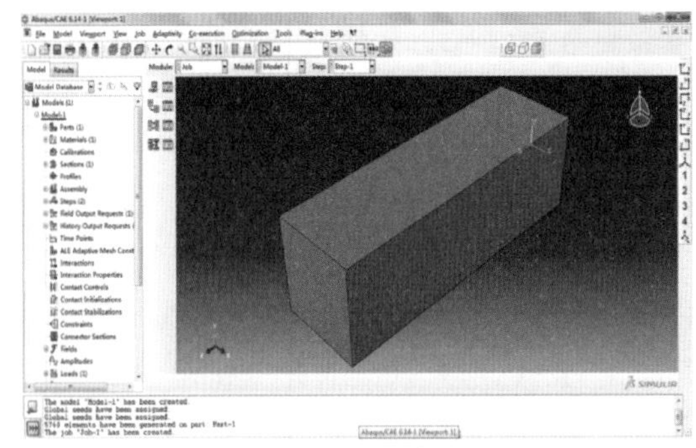

(a)ABAQUS/CAE Job模块界面

作业创建——作业管理器
自适应过程创建——自适应过程管理器
协同运行创建——协同运行管理器
优化进程创建——优化进程管理器

(b)左侧工具箱区

图 3-51 ABAQUS/CAE Job 功能模块

点击图 3-51(a)所示的左侧工具箱区快捷按钮(Create Job)或菜单栏 Job→Create…，进入作业创建(Create Job)对话框，对话框如图 3-52(a)所示，分析工作名称(Name)输入 Lizi，点击 Continue 按钮，进入作业编辑(Edit Job)对话框[见图 3-52(b)~图 3-52(f)]。①作业提交(Submission)界面如图 3-52(b)所示，可以设置作业的类型(Job Type)，分别包括完全分析(Full analysis)、恢复模拟(Recover Explicit)、重启动(Restart)，运行模式(Run Mode)一般默认的即可，提交时间(Submit Time)可以一般选择 Immediately。②通用设置(General)界面如图 3-52(c)所示，主要将一些参数或变量输出至 INP 输入文件或模拟的信息文件中，同时也可以设置模拟计算结果文件的类型。③内存设置(Memory)界面如图 3-52(d)所示，主要进行模拟计算内存设置，主要包括两种方式：一是设置与模拟计算机的内存比例(Percent of physical memory)，设置模拟计算的最大内存；二是直接设置内存大小[Megabytes(MB)和 Gigabytes(GB)]，直接设置内存大小需要考虑模拟计算机本身内存的大小，设置的内存不能大于模拟计算机的物理内存值。④并行计算(Parallelization)设置界面如图 3-52(e)所示，主要进行 CPU 线程数量和是否选用 GPU 计算设置，在 ABAQUS/Explicit 模块中无法使用 GPU 进行加速计算。⑤精度选择(Precision)界面如图 3-52(f)，用户可进行单双精度选择。设置完成后，点击 OK 按钮完成作业创建设置。

(a)作业创建(Create Job)对话框　　(b)作业编辑提交(Submission)界面

(c)作业编辑通用设置(General)界面　　(d)作业编辑内存(Memory)界面

(e)作业编辑并行计算(Parallelization)界面　　(f)作业编辑精度选择(Precision)界面

图 3-52　作业参数设置(Edit Job)对话框

作业创建(Create Job)设置完成后，点击左侧工具箱区快捷按钮(Create Job)右侧的按钮(Job Manager)，进入作业管理器(Job Manager)对话框，如图 3-53 所示。对话框中可进行模型检查(Data Check)、模拟重启(Continue)、作业模拟提交

(Submit)、模拟监视(Monitor)、模拟结果(Results)、模拟中断(Kill)，在 ABAQUS/CAE 中进行模型的合理性检查和模拟计算。同时也可将模型输出为 INP 输入文件(.inp)，文件输出后进行相关的参数修改和模拟计算。

1. INP 输入文件输出(Write Input)

用户若希望采用 ABAQUS/Command 命名窗口进行模拟计算或希望在 INP 输入文件中进行参数修改后再提交模拟计算，用户可将设置好的模型或需要进行参数修改的模型在 Job 功能模块中进行 INP 输入文件的输出。在 INP 输入文件输出之前可进行 INP 文件不显示部件(Part)和组装(Assembly)信息设置(用户根据需要和个人习惯)，设置后可以点击图 3-53(a)对话框中左侧的 INP 文件写入(Write Input)按钮或菜单栏 Job→Write Input→设置的 Inp 文件名称输出 INP 输入文件。INP 输入文件为文本文件，用户可打开文件进行针对性的修改后，采用 ABAQUS/Command 命令窗口进行模拟计算。

2. 数据检查(Data Check)

作业创建(Create Job)完成后，用户可进行模型的合理性检查(Data Check)。用户点击图 3-53(a)中的左侧的数据检查(Data Check)按钮进行模型合理性检查；检查过程中可点击模拟监视(Monitor)按钮，进入模拟监视对话框[见图 3-53(b)]，寻找模型的警告(Warning)或错误(Error)信息。若模型存在问题，用户可切换到前面的各个功能模块进行模型修改和完善。

3. 模拟重启(Continue)

若数据检查(Data Check)过程中没有问题，模型数据检查完成后，可点击图 3-53(a)中左侧的 Continue 按钮，进行模型下一步的模拟计算。模拟计算过程中，可点击图 3-53(a)中左侧的模拟监视按钮，检查模拟分析的进展情况和是否存在问题。

4. 模拟提交(Submit)

模型建立完成后，用户可直接点击提交(Submit)按钮进行模型数据检查(Data Check)和模拟重启(Continue)(若模型无错误信息)两个步骤。若模型存在错误(Error)信息，则完成模型数据检查后将停止后续的模拟计算，若数据检查无错误信息，则检查完成后可直接进入模拟计算。模拟提交后，用户可通过模拟监视对话框查看模型的警告(Warning)或错误(Error)信息。

5. 模拟监视(Monitor)

模拟监视对话框如图 3-53(b)所示，主要用于显示数据检查和模拟分析过程中的警告或错误信息、显示模拟进度(包括分析步、增量步、迭代次数、不连续迭代次数、增量步时间、分析步时间、总时间)。

6. 模拟结果(Results)

模拟计算过程中，用户可点击图 3-53(a)右侧模拟结果(Results)按钮，进入 Visualization 功能模块，进行计算结果观察与结果数据的输出。

7. 模拟中断(Kill)

通过 Job 功能模块进行模拟计算时，用户希望停止模拟计算，则可点击图 3-53(a)右侧的模拟中断(Kill)按钮，可强行停止模型计算。

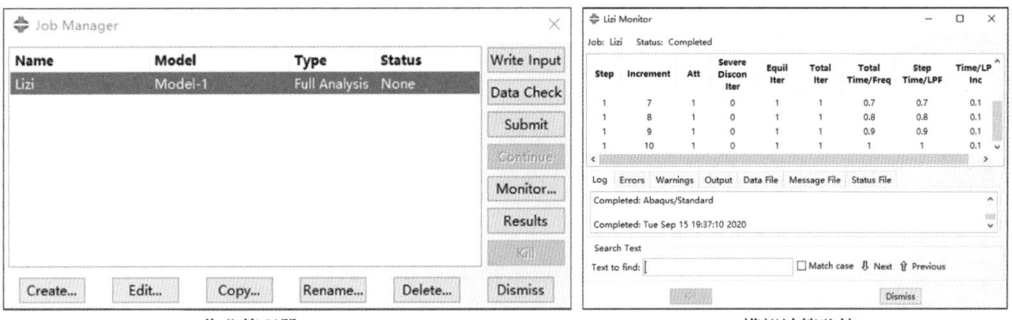

(a)作业管理器　　　　(b)模拟计算监控

图 3-53　作业管理器(Job Manager)和模拟监控(Monitor)

3.2.9　Visualization 功能模块

Visualization 功能模块主要用于模拟结果的观测和结果图件输出，根据前面所述，若通过 ABAQUS/CAE 的 Job 功能模块直接进行模拟计算，则可点击图 3-53(a)右侧的模拟结果(Results)按钮，进入 Visualization 功能模块。若用户通过 ABAQUS Command 命令窗口进行 INP 输入文件的模拟计算，用户可在打开 ABAQUS/Viewer 模块或 ABAQUS/CAE 模块后，选择需要打开的 ODB 结果文件(.odb)观察模拟结果。若采用 ABAQUS/CAE 模块打开 ODB 结果文件，用户需要在打开文件的对话框中选择 ODB 结果文件(.odb)类型。用户打开 ODB 文件后，显示的即是 Visualization 功能模块。Visualization 功能模块总体界面如图 3-54(a)所示，左侧工具箱区按钮如图 3-54(b)所示。

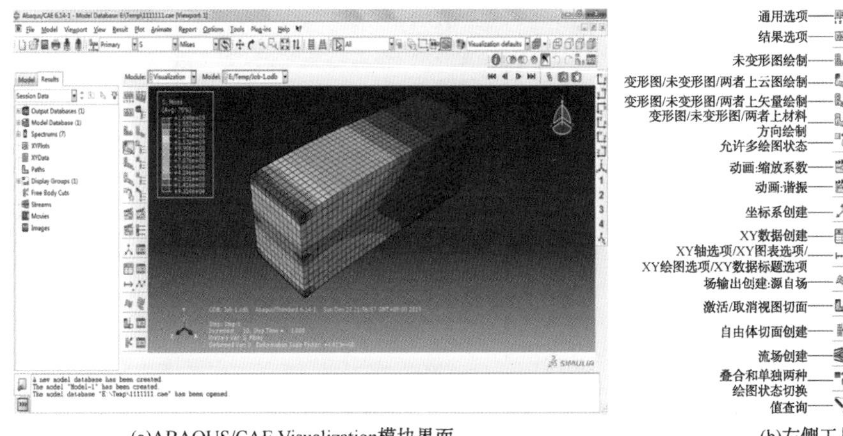

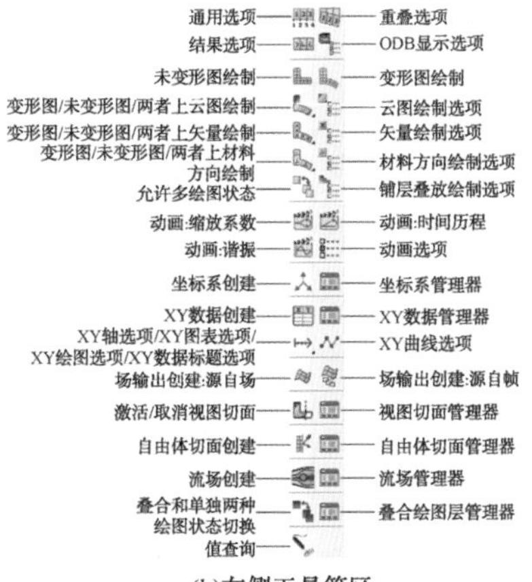

(a)ABAQUS/CAE Visualization模块界面　　　　(b)左侧工具箱区

图 3-54　ABAQUS/CAE Visualization 功能模块

根据图 3-54(b)所示的工具箱区按钮，工具主要包括通用选项(Common Options)、结果选项(Results Options)、重叠选项(Superimpose Options)、变形图绘制(Plot Deformed Shape)、变形图/未变形图/两者相结合云图绘制(Plot Contours on Deformed Shape)、变形图/未变形图/两者相结合矢量图绘制(Plot Symbols on Deformed Shape)、动画输出(Animate)、XY 曲线创建(Create XY Data)等设置。常

用的设置主要包括通用选项设置、云图绘制设置、矢量图绘制设置、动画设置和 XY 曲线创建设置等。

1. 通用选项设置(Common Plot Options)

通用选项设置主要针对图形绘制显示进行相关基本设置，主要包括基本信息(Basic)、颜色与风格(Color & Style)、标签(Labels)、法线(Normals)和其他(Other)等界面。

在 Visualization 功能模块界面，点击左侧工具箱区快捷按钮(Common Plot Options)或菜单栏 Options→Common Plot，进入通用选项设置(Common Plot Options)对话框(见图 3-55)。

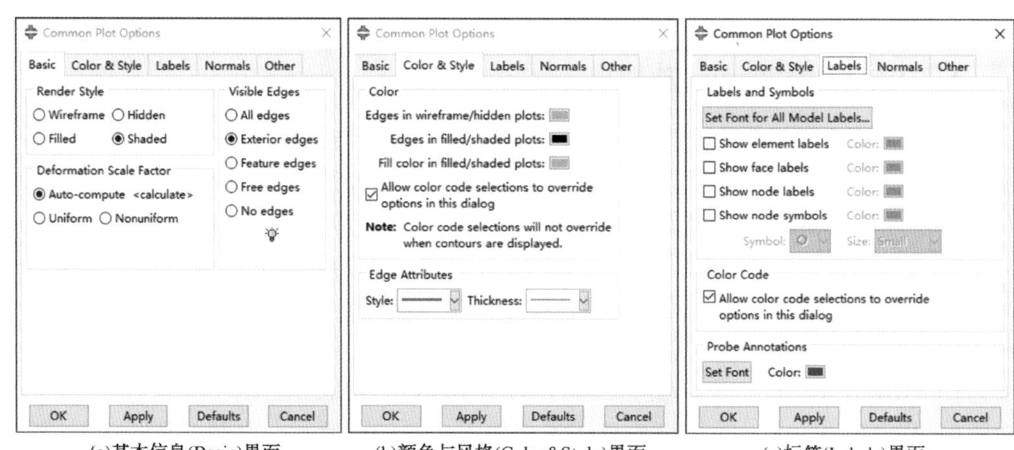

(a)基本信息(Basic)界面　(b)颜色与风格(Color&Style)界面　(c)标签(Labels)界面

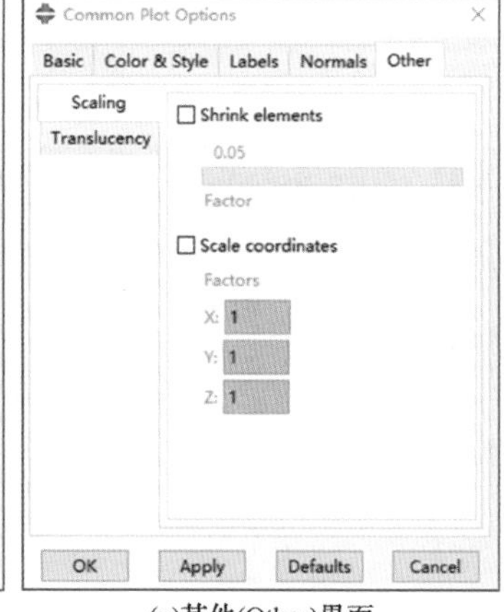

(d)法线(Normal)界面　(e)其他(Other)界面

图 3-55　通用选项设置(Common Plot Options)对话框

(1) 基本信息(Basic)界面。基本信息对话框如图 3-55(a)所示，主要包括渲染方式(Render Style)、变形缩放系数(Deformation Scale Factor)和可见边(Visible Edges)设置：①渲染方式(Render Style)主要进行相关云图绘制的显示风格设置，主要包括线框(Wireframe)、消隐(Hidden)、填充(Filled)和阴影(Shaded)。②变形缩放系数(Deformation Scale Factor)主要用于结果变形缩放控制。缩放系数越大，模型的变形特征显示越明显，能更方便地观测运动或变形趋势。主要包括自动计算(Auto-compute)、一致(Uniform)和不一致(Nonuniform)，变形缩放常采用自动计算。用户若选择一致，模型变形缩放系数各个方向一致，需要用户根据显示手动设置。用户若采用不一致设置，X、Y、Z 方向的变形缩放系数可单独进行设置，不同方向的缩放系数可不相同，用户可根据显示需要进行设置。③可见边(Visible Edges)设置主要用于选择是否显示部件的边，包括网格边、模型外边界特征边等，用户可根据显示需要进行选择。

(2) 颜色与风格(Color & Style)界面。颜色与风格界面如图 3-55(b)所示，一般采用默认设置即可。

(3) 标签(Labels)界面。标签界面如图 3-55(c)所示，主要用于单元、节点或面的编号显示，用户可根据需求进行相关的编号显示。

(4) 法线(Normals)界面。法线界面如图 3-55(d)所示，主要用于显示单元和面上的法线。

(5) 其他(Other)界面。其他界面如图 3-55(e)所示，用户可进行单元显示比例的缩放(Scaling)和显示结果的透明度(Translucency)设置。

针对图 3-55(a)所示的不同可见边(Visible Edges)设置条件下结果显示如图 3-56 所示，其中全部边显示[见图 3-56(a)]与内部边显示[见图 3-56(b)]结果显示基本一致，模型的几何边和网格边都在云图中显示。特征边显示[见图 3-56(c)]与自由边[见图 3-56(d)]结果显示一致，模型所有边不显示条件下的结果显示如图 3-56(e)所示，模型不显示相关几何边或网格边。

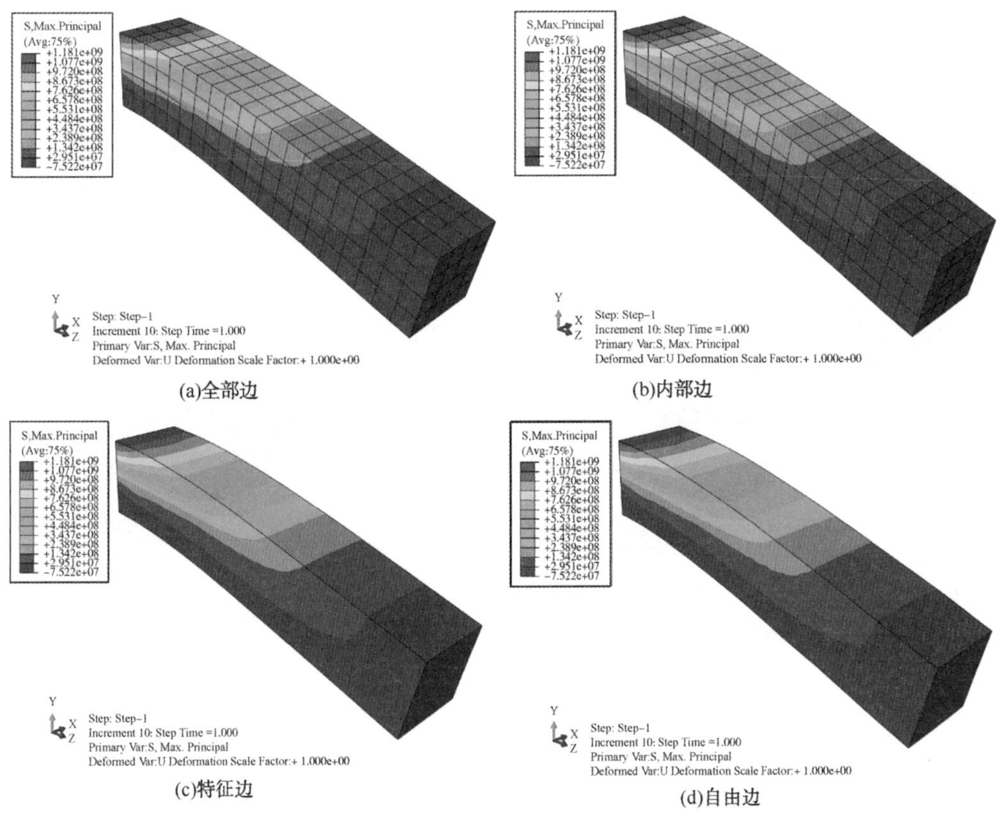

(a)全部边　(b)内部边　(c)特征边　(d)自由边

图 3-56　不同显示边设置条件下的结果显示

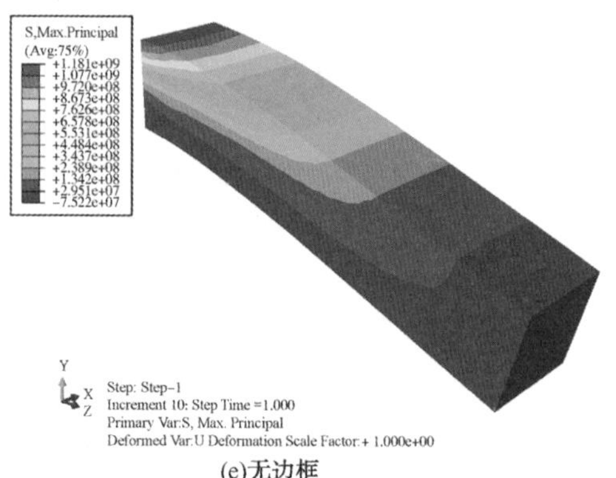

(e)无边框

图 3-56 不同显示边设置条件下的结果显示(续)

针对图 3-55(e)所示的不同透明度设置条件下的结果显示如图 3-57 所示，透明度参数设置范围为 0.0~1.0，透明度系数 0.0 表示结果显示完全透明，1.0 表示结果完全不透明。透明度 0.25 设置显示如图 3-57(a)所示，基本能够观测模型内部的应力变化情况。透明度 0.50 条件下的结果显示如图 3-57(b)所示，透明度 0.75 设置如图 3-57(c)，透明度设置 1.0 条件下的结果显示如图 3-57(d)所示。

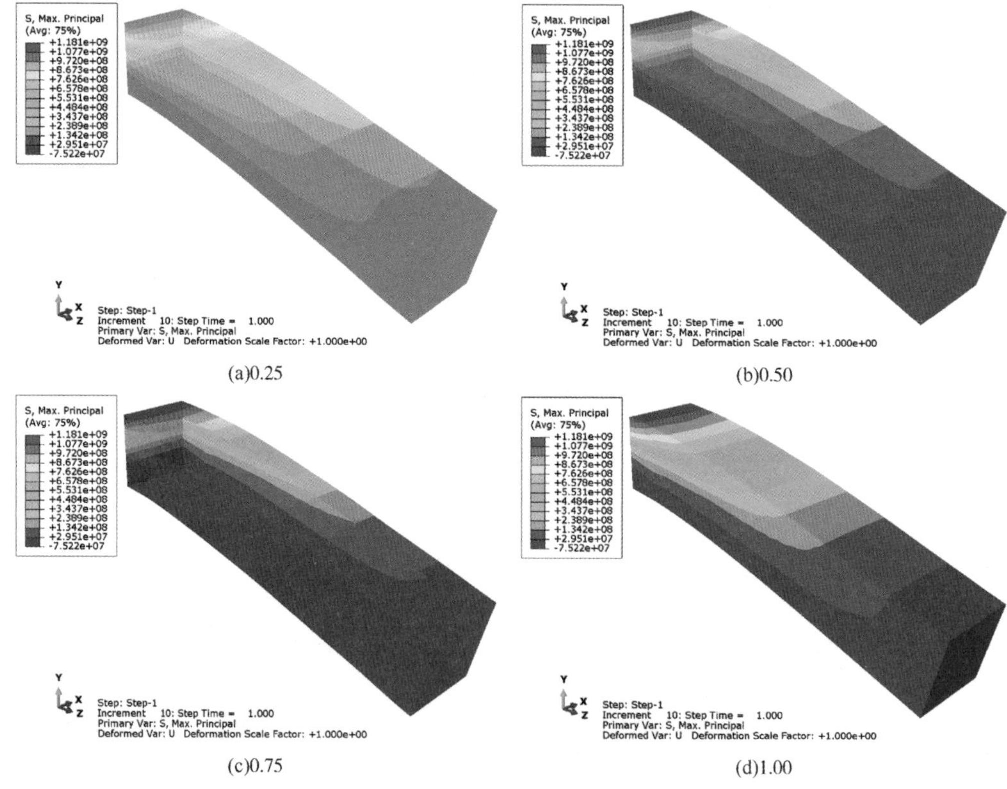

(a)0.25 (b)0.50

(c)0.75 (d)1.00

图 3-57 不同透明度设置条件下的结果

2. 云图绘制选项设置(Contour Plot Options)

云图绘制选项设置主要用于视图区云图显示设置，主要包括显示方式、图例、颜色、参数边界以及其他设置等。云图绘制选项设置对话框如图 3-58 所示，主要包括基本(Basic)界面、颜色与风格(Color & Style)界面、边界(Limits)界面和其他(Other)等界面。

（1）基本信息(Basic)界面。基本信息(Basic)界面如图 3-58(a)所示，主要包括云图类型(Contour Type)、云图显示间隔(Contour Interval)和云图显示方式(Contour Method)，其中云图类型可选择线(Line)、彩条(Banded)、Quilt 图和等值表面(Isosurface)等。用户可根据模拟结果进行选择，常用的主要是彩条。云图显示间隔设置方式主要包括连续(Continous)和离散(Discrete)两种方式，若选用离散方式，可调节右侧的 8 ，进行显示颜色数量选择，对于部分结果，间隔类型可进行自定义设置。云图显示方式包括纹理映射(Texture Mapped)和 Tessellated。

（2）颜色与风格(Color & Style)界面。颜色与风格界面如图 3-58(b)所示，主要包括模型边(Models Edges)、显示颜色云谱(Spectrum)、线(Line)和阴影/等值面(Banded/Isosurface)等设置。模型边界(Model Edges)主要进行各类型显示云图条件下显示线的颜色设置。显示颜色云谱主要进行显示颜色图谱的选择，主要包括 Rainbow、Black to white、Blue to Red、Reversed Rainbow 等多种颜色图谱，用户根据需求进行选择。线(Line)主要用于设置云图线的线型和宽度。

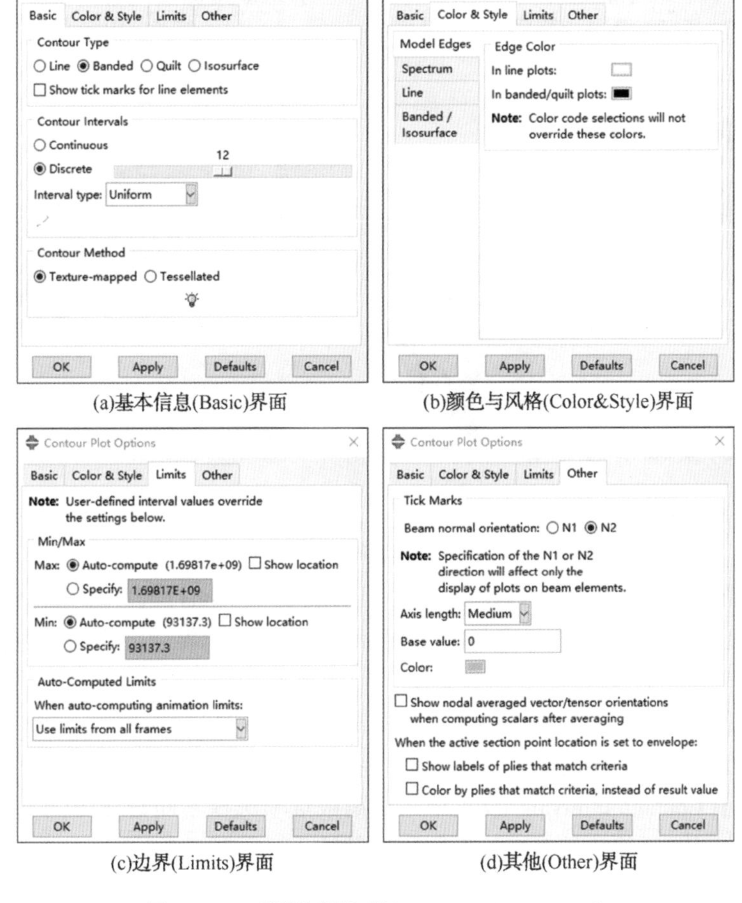

(a)基本信息(Basic)界面 (b)颜色与风格(Color&Style)界面

(c)边界(Limits)界面 (d)其他(Other)界面

图 3-58 云图绘制选项(Contour Plot Options)

(3) 边界(Limits)界面。边界界面如图 3-58(c)所示，主要进行视图区显示结果最大值和最小值边界条件的设置。用户可采用自动计算显示，也可以设置最大或/和最小值，同时可勾选最大值和最小值的位置显示，确定场变量最大/最小值位置。

(4) 其他(Other)界面。其他界面如图 3-58(d)所示，主要进行梁截面法线方向指定。

针对图 3-58(a)界面中不同云图类型(Contour Type)设置条件下的结果云图显示如图 3-59 所示，图 3-59(a)为线(Line)显示，图 3-59(b)为彩条(Banded)显示，图 3-59(c)为 Quilt 图显示，图 3-59(d)为等值表面(Isosurface)显示。

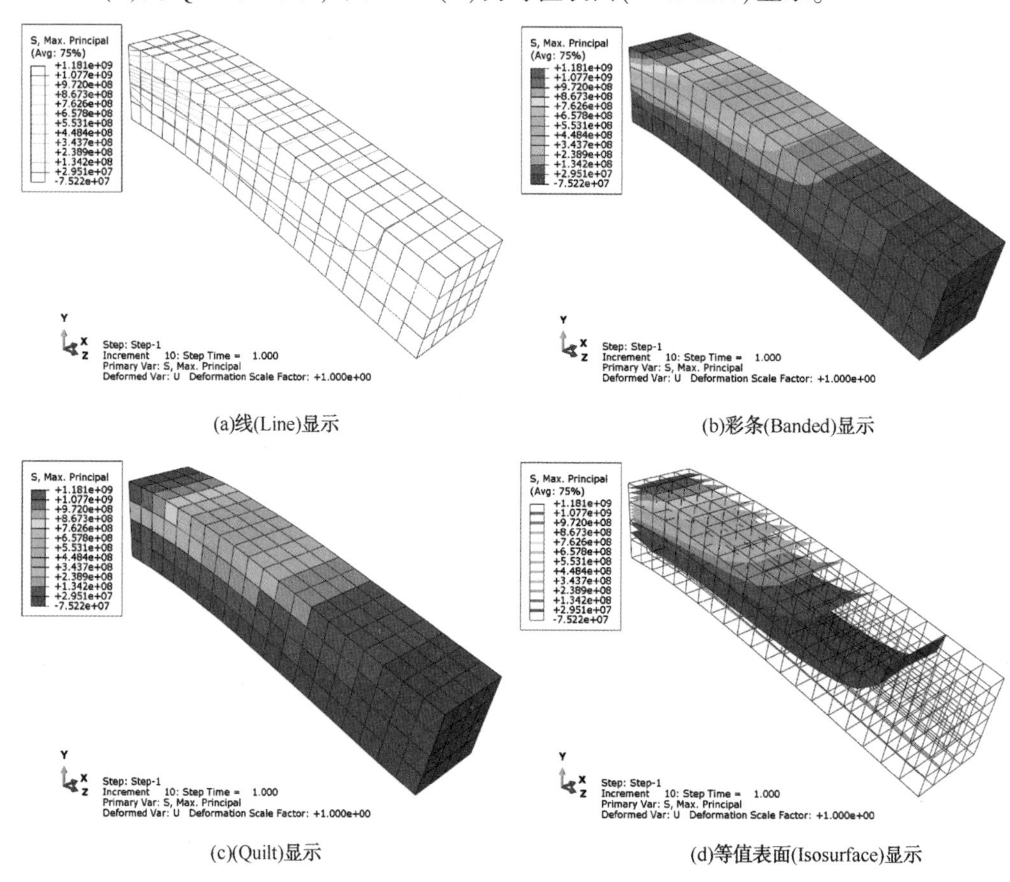

(a)线(Line)显示

(b)彩条(Banded)显示

(c)(Quilt)显示

(d)等值表面(Isosurface)显示

图 3-59 不同云图类型(Contour Type)显示

云图间隔(Contour Intervals)设置中采用连续(Continuous)选择如图 3-60 所示，云图间隔采用连续设置，结果云图的不同颜色间没有明显的界面，不同颜色间采用平滑方式显示。

云图间隔(Contour Intervals)设置中采用离散(Discrete)选择如图 3-61 所示，采用离散设置，可以设置图例的显示颜色数量，各个结果颜色间有明显的界面。

云图间隔(Contour Intervals)设置中采用离散选项选择不同数量图例颜色如图 3-62 所示，采用的图例颜色数量越多，不同区域的结果显示越明确。

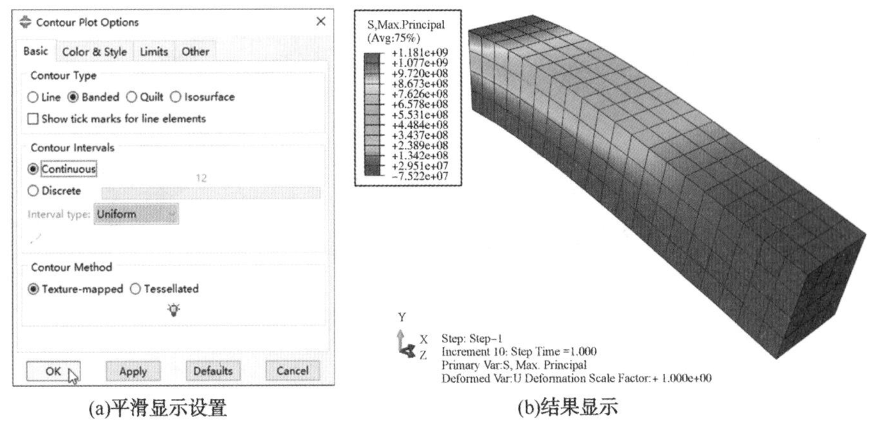

(a)平滑显示设置　　(b)结果显示

图 3-60　平滑显示设置

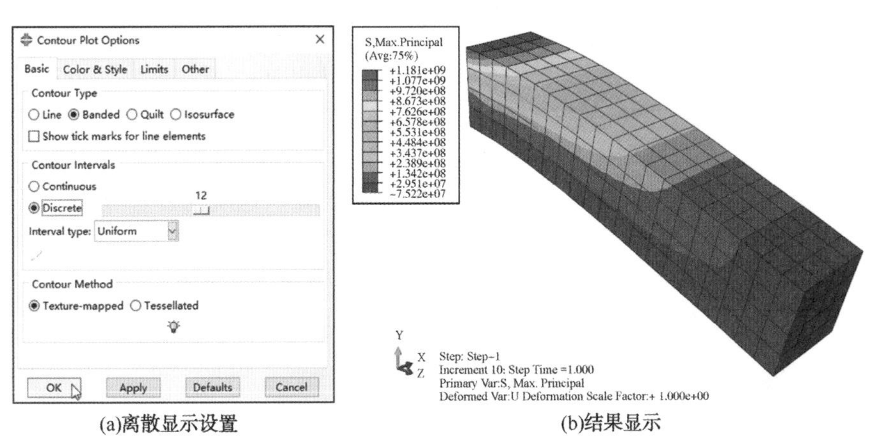

(a)离散显示设置　　(b)结果显示

图 3-61　离散显示设置

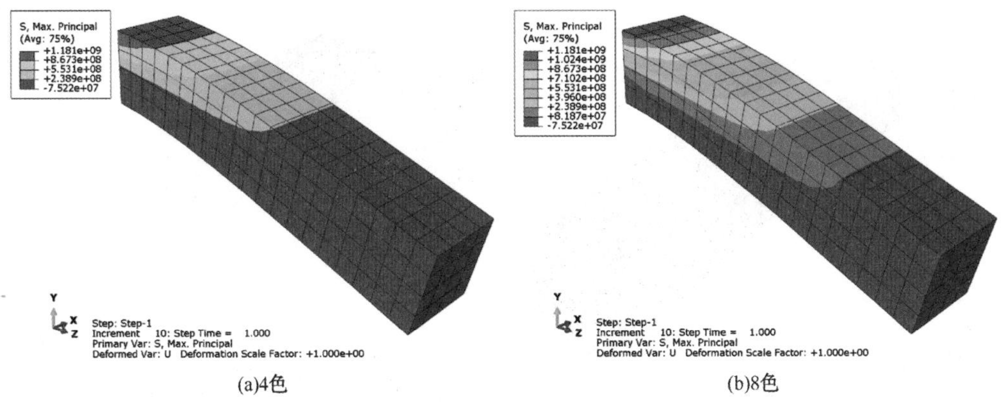

(a)4色　　(b)8色

图 3-62　离散颜色显示数量设置

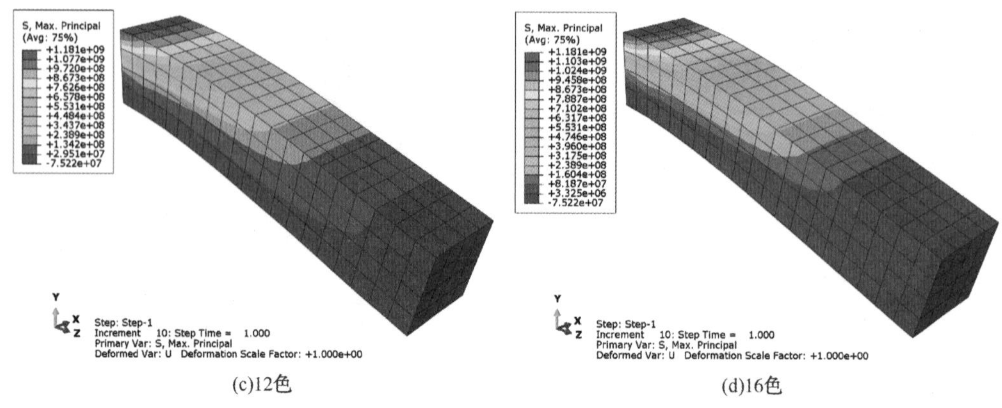

(c)12色　　　　(d)16色

图 3-62　离散颜色显示数量设置(续)

云图绘制选项设置(Contour Plot Options)对话框可进行云图显示颜色和类型的选择，具体操作如下：点击左侧工具箱区快捷按钮(Contour Plot Options)或菜单栏 Options→Contour…，进入云图绘制选项设置(Contour Plot Options)对话框，点击颜色与风格(Color & Style)按钮进入颜色与风格设置界面，点击颜色谱(Spectrum)按钮进入设置界面(见图 3-63)，在界面中可选择相关的颜色显示设置。

图 3-63　离散颜色显示数量设置

颜色与显示风格主要包括 Rainbow、Reversed Rainbow、Black to white、White to black、Blue to red、Red to blue 等设置，不同颜色显示设置后的结果云图显示如图 3-64所示。

云图绘制选项设置(Contour Plot Options)对话框可进行极值的显示设置，可设置相关的最大最小值的位置显示(Show location)。

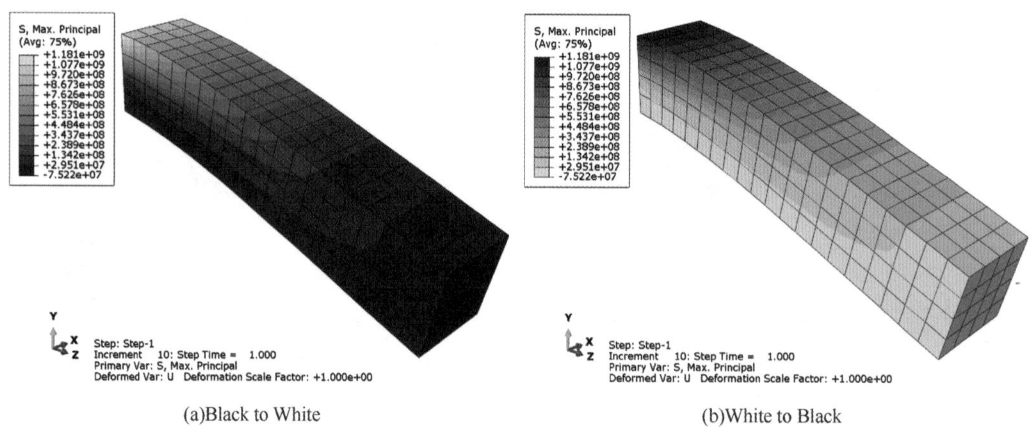

(a)Black to White　　　　(b)White to Black

图 3-64　不同云图颜色显示

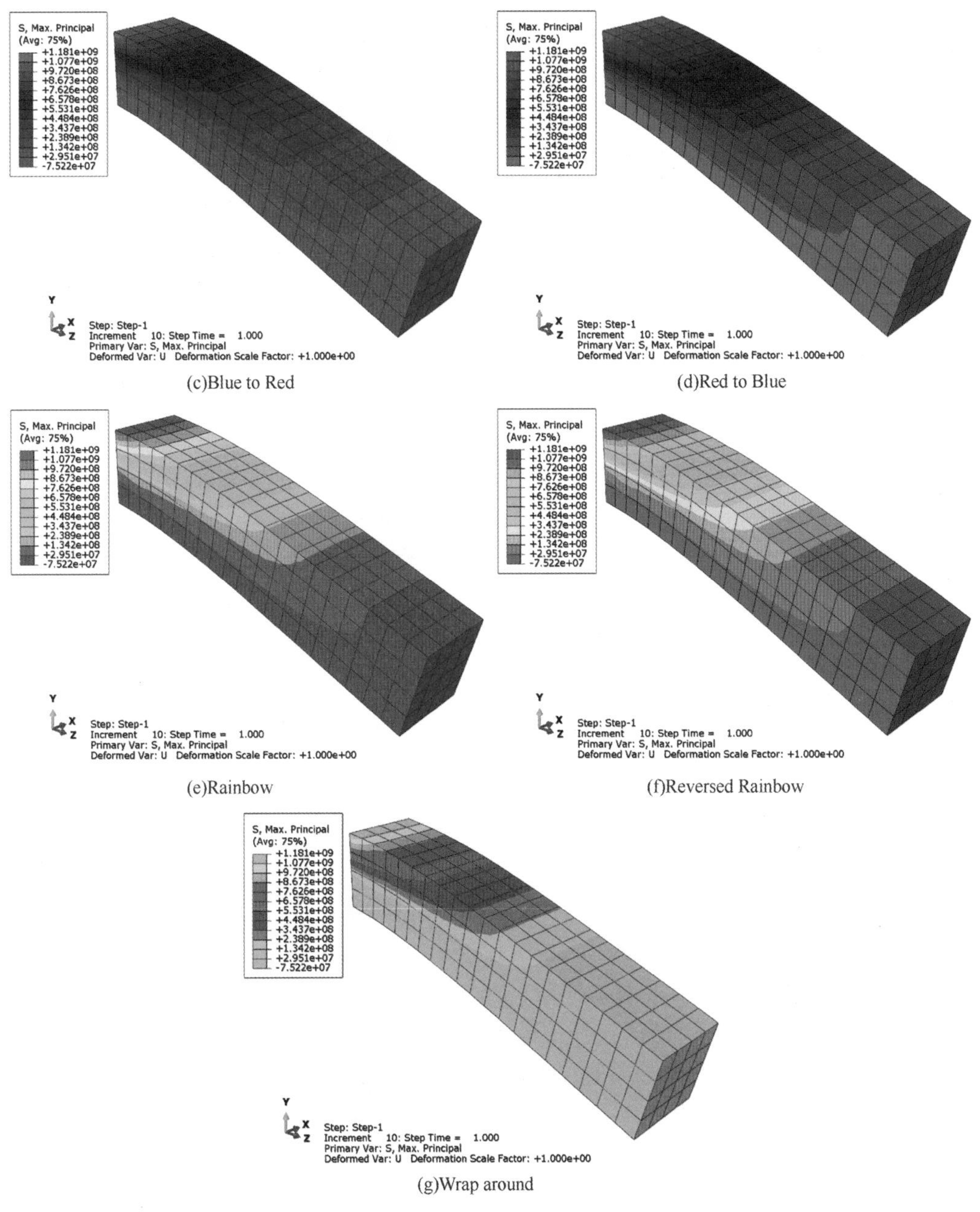

(c)Blue to Red

(d)Red to Blue

(e)Rainbow

(f)Reversed Rainbow

(g)Wrap around

图 3-64　不同云图颜色显示(续)

在云图绘制选项设置(Contour Plot Options)对话框边界(Limits)界面中，最小/最大(Min/Max)选项中选择指定(Specify)，根据结果显示并输入相关的最大或最小值(见图 3-65)，点击 OK 或 Apply 按钮后，超过设置的最大值的区域显示灰色，低于最小值的区域显示黑色[见图 3-65(b)]。

在云图绘制选项设置(Contour Plot Options)对话框边界(Limits)界面中，最小/最大(Min/Max)选项中勾选显示位置(Show location)选项[见图 3-66(a)]，视图区结果显示最大值或最小值的位置[见图 3-66(b)]。

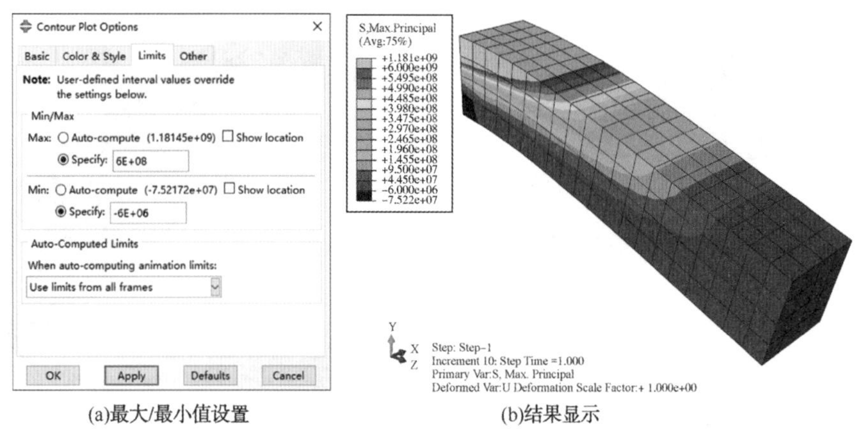

(a)最大/最小值设置　　　　(b)结果显示

图 3-65　最大/最小值显示设置

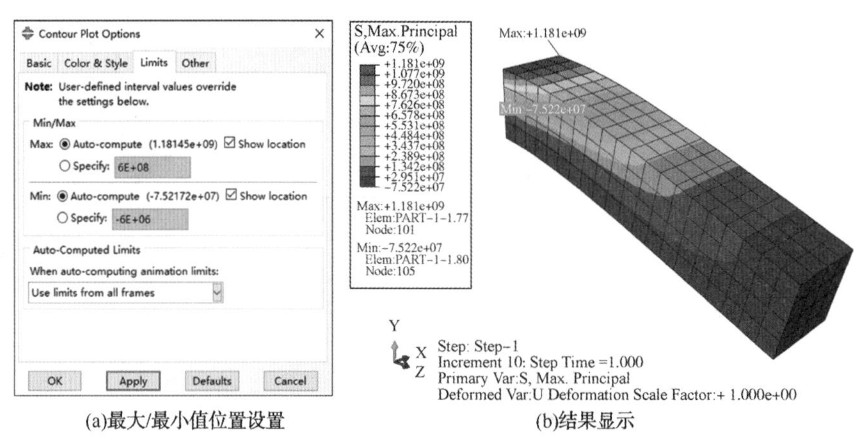

(a)最大/最小值位置设置　　　　(b)结果显示

图 3-66　最大/最小值位置显示设置

3. 矢量绘制选项(Symbol Plot Options)

矢量绘制选项主要用于位移、应变、应力和相互作用力矢量方向显示设置。

点击左侧工具箱区快捷按钮(Symbol Plot Options)或菜单栏 Options→Symbol Plot，进入矢量绘制选项(Symbol Plot Options)对话框(见图 3-67)，主要包括颜色与风格(Color & Style)界面、边界(Limits)界面与法线(Normals)界面。

(1) 颜色与风格(Color & Style)界面。颜色与风格(Color & Style)界面如图 3-67(a)和图 3-67(b)所示，主要包括矢量(Vector)和张量(Tensor)设置。矢量设置过程中视图区模型显示结果云图的同时显示矢量方向(矢量的长度与值相关)，张量设置时只在视图区显示矢量的方向。用户可根据模型和需求进行显示设置。

(2) 边界(Limits)界面。矢量图结果边界(Limits)界面如图 3-67(c)所示，主要针对通过矢量显示结果值的矢量图进行最大/最小值显示设置。

(3) 标签(Labels)界面。标签(Labels)界面如图 3-67(d)所示，主要进行矢量显示的结果值大小显示。

进行相关的设置后，某一例子的最大/最小主应力矢量方向显示如图 3-68 所示，矢量图只显示了主应力矢量的方向，并未显示矢量值。

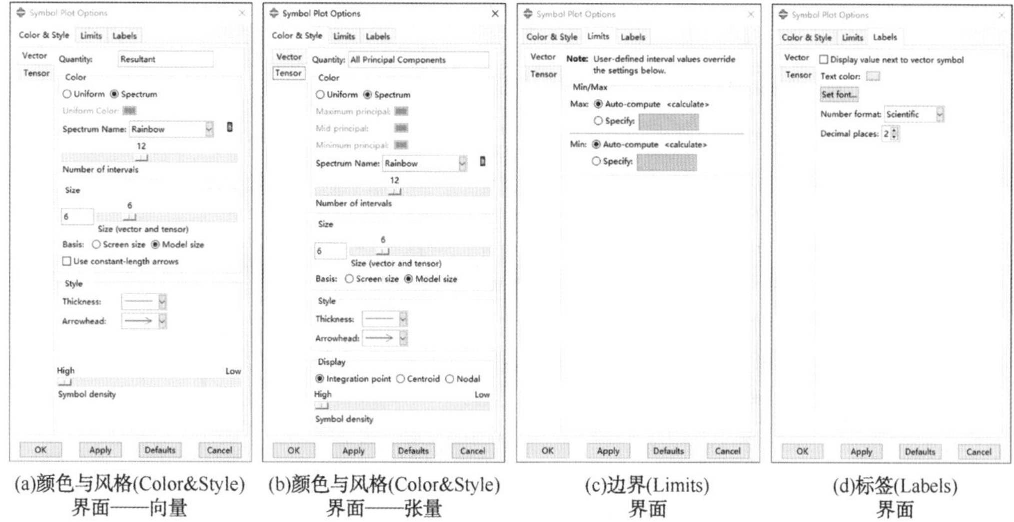

(a)颜色与风格(Color&Style)界面——向量　(b)颜色与风格(Color&Style)界面——张量　(c)边界(Limits)界面　(d)标签(Labels)界面

图 3-67　矢量绘制选项(Symbol Plot Options)对话框

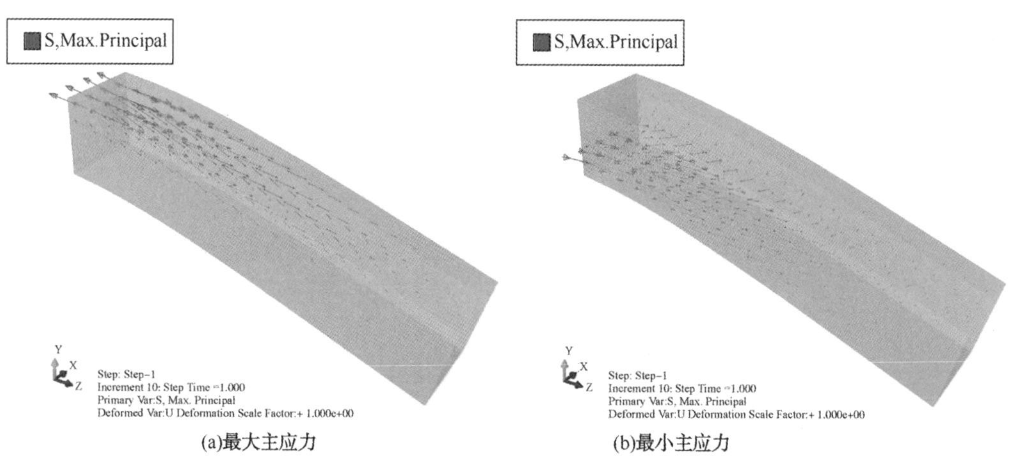

(a)最大主应力　(b)最小主应力

图 3-68　最大/最小主应力矢量方向显示

4. XY 数据创建(Create XY Data)

XY 数据创建主要用于历程变量输出创建、场变量输出创建、路径相关场变量的 XY 数据输出等设置，还可进行相关的 XY 数据操作与编辑等。

1) 历程变量输出

历程变量 XY 数据输出设置如图 3-69 所示，点击左侧工具箱区快捷按钮(Create XY Data)，进入 XY 数据创建对话框[见图 3-69(a)]，选择 ODB 历程变量输出(ODB history output)，点击 Continue 按钮，进入历程变量输出(History Output)设置对话框[见图 3-69(b)]，选择相关的历程变量后，点击 Plot 按钮，生成的与模拟时间相关的曲线如图 3-69(c)所示。

同时用户可点击 3-69(b)对话框中的 Save as…按钮，保存历程变量结果曲线数据，保存完成后点击菜单栏 Tools→XY Data→Manager，进入 XY 数据管理器(XY Data Manager)对话框[见图 3-70(a)]，点击 Edit 按钮进入 XY 数据编辑(Edit XY Data)对话框[见图 3-70(b)]，用户可进行数据拷贝或编辑。

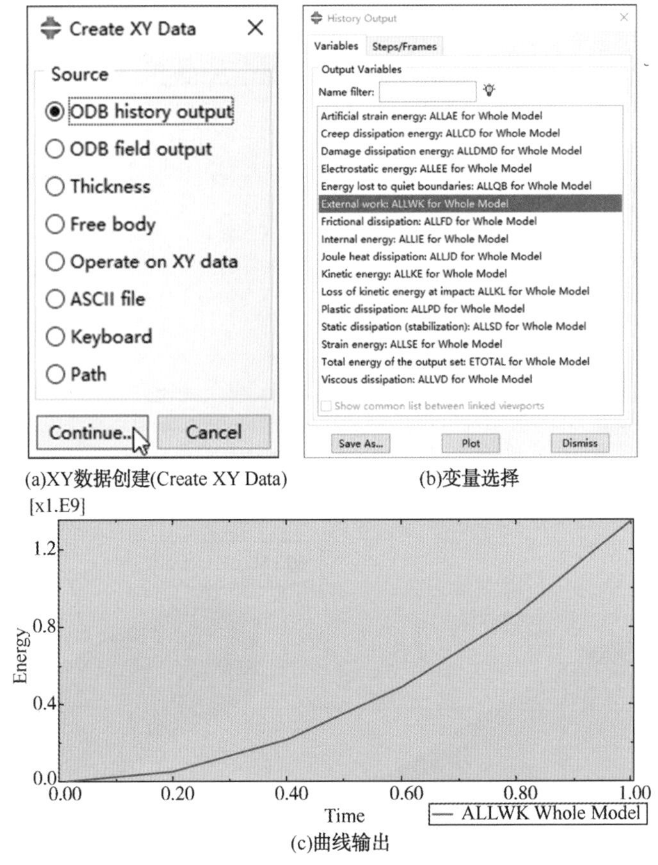

(a)XY数据创建(Create XY Data)　　(b)变量选择

(c)曲线输出

图 3-69　历程变量输出

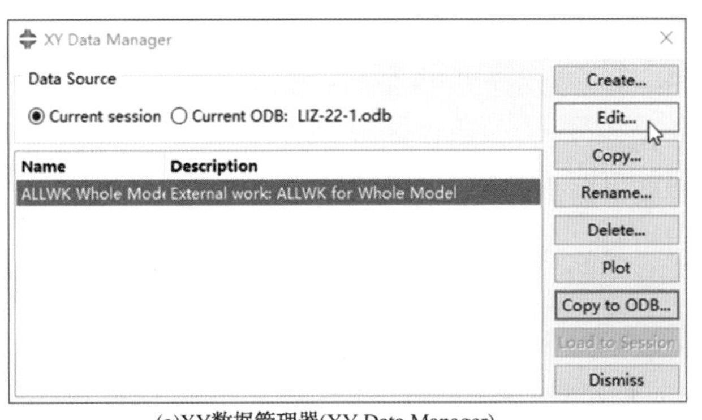

(a)XY数据管理器(XY Data Manager)

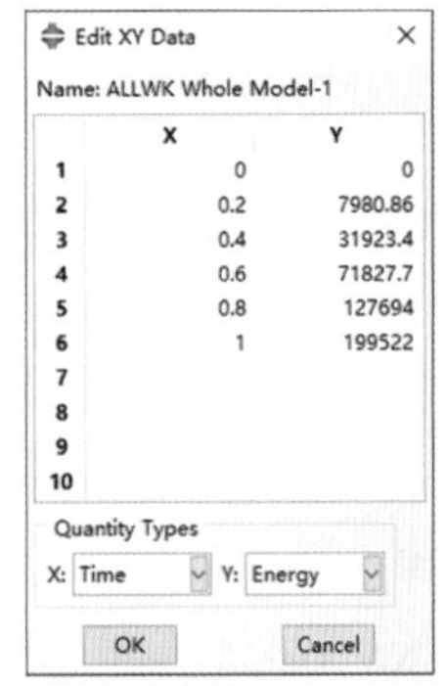

(b)XY数据编辑(Edit XY Data)

图 3-70　历程变量数据编辑

2）场变量输出

在 XY 数据创建(Create XY Data)对话框中选择 ODB 场变量输出(ODB field output)选项[见图 3-71(a)]，点击 Continue 按钮，进入结果场变量 XY 数据输出(XY Data from ODB Field Output)对话框，在变量(Variables)界面进行变量选择[见图 3-71

(b)]，不同的变量需要进行变量结果位置选择(Position)，变量选择完成后，进行单元/节点(Elements/Nodes)选择[见图 3-71(c)]，可选择建立的单元或节点集合，也可在视图区直接选择单元或节点，选择如图 3-71(d)所示的单元后，点击图 3-71(c)的 Plot 按钮，视图区显示单元的结果随模拟时间的变化曲线[见图 3-71(e)]。

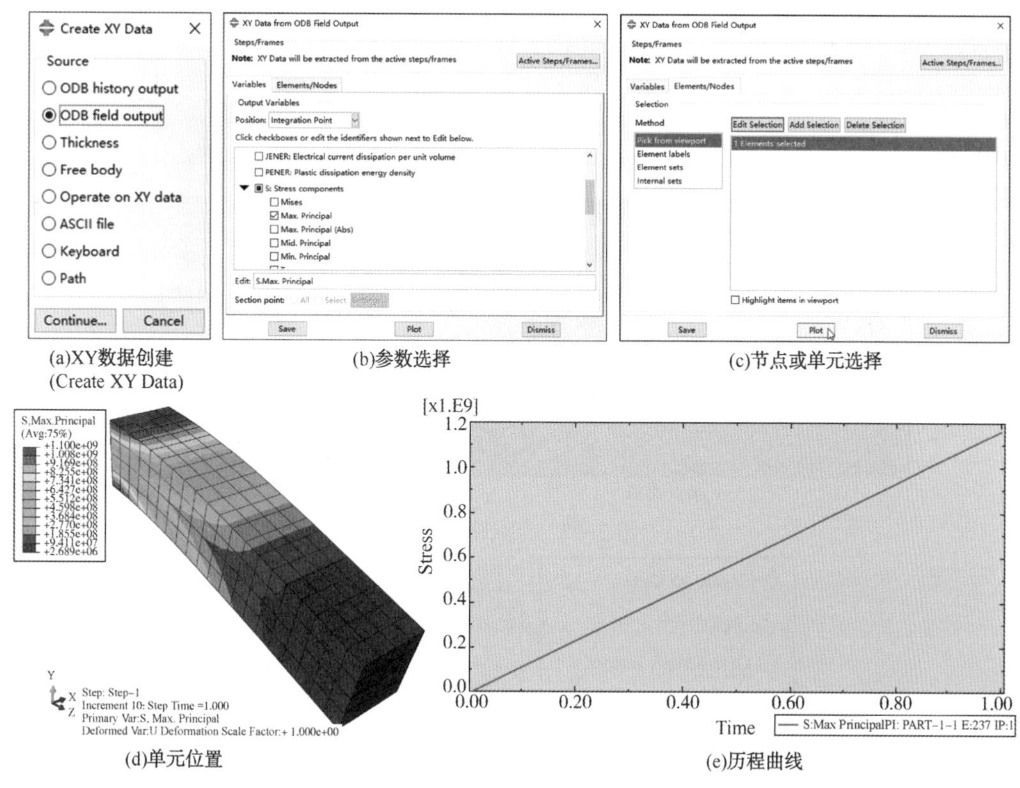

(a)XY数据创建(Create XY Data)　(b)参数选择　(c)节点或单元选择

(d)单元位置　(e)历程曲线

图 3-71　场变量历程曲线输出

3) 不同位置变量变化曲线输出

(1) 路径节点选择。点击菜单栏 Tools→Path→Create，进入路径创建(Create Path)对话框[见图 3-72(a)]，可进行节点、几何点、边以及圆环等选择。本例选择 Node list 后，点击 Continue 按钮，进入节点路径编辑(Edit Node List Path)对话框[见图 3-72(b)]，可在视图区进行节点选择，也可采用模型构建过程中建立的节点集合。本例采用在视图区选择节点，在节点路径编辑(Edit Node List Path)对话框点击 Add before 或 Add After 按钮后，在视图区的模型上选择需要显示的节点。本例选择的节点如图 3-72(c)所示，节点选择完成后点击左下角提示区的 Done 按钮，再一次进入节点路径编辑(Edit Node List Path)对话框[见图 3-72(d)]，点击 OK 按钮完成路径节点的选择。

(2) 数据创建。在 XY 数据创建(Create XY Data)对话框中选择路径(Path)选项[见图 3-73(a)]，点击 Continue 按钮，进入路径 XY 数据输出(XY Data from Path)对话框[见图 3-73(b)]，路径(Path)选择前面创建的 Path-1，点击 Plot 按钮即可生成不同位置的曲线[见图 3-73(c)]。

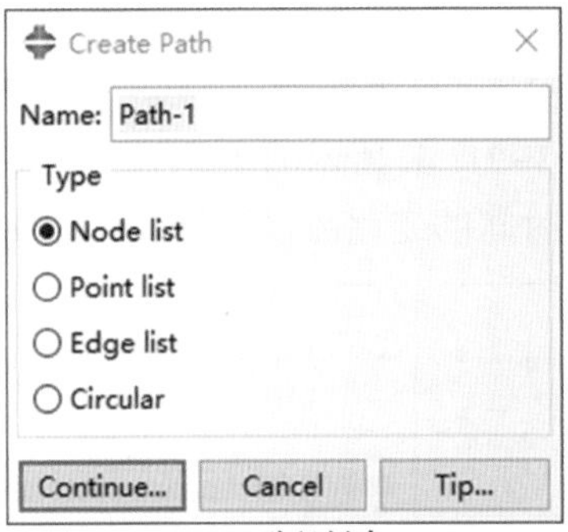

(a)路径创建 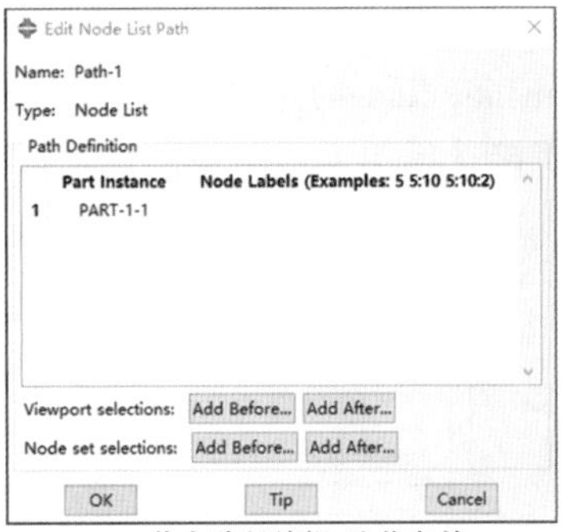　　(b)节点路径编辑(选节点前)

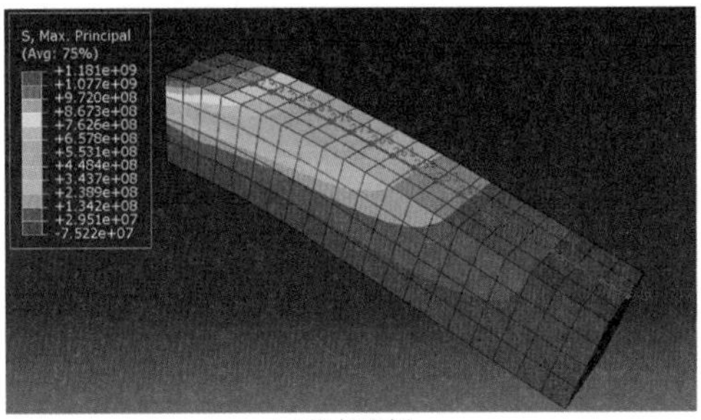

(c)节点选择 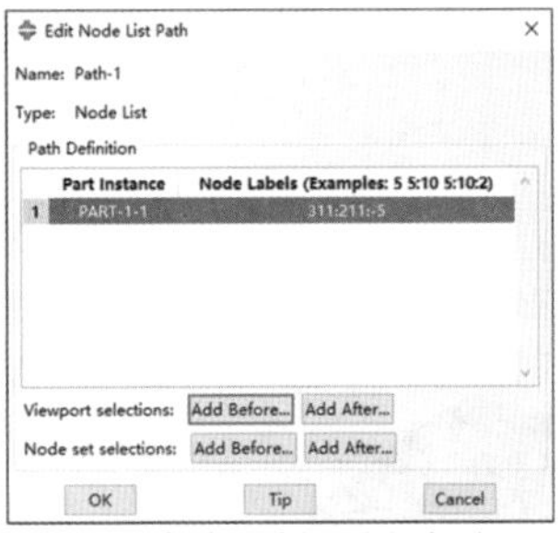　　(d)节点路径编辑(选节点后)

图 3-72　节点路径创建

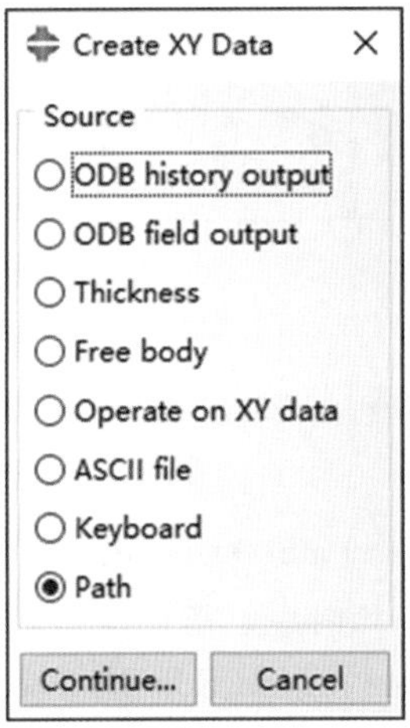

(a)XY数据创建(Create XY Data) 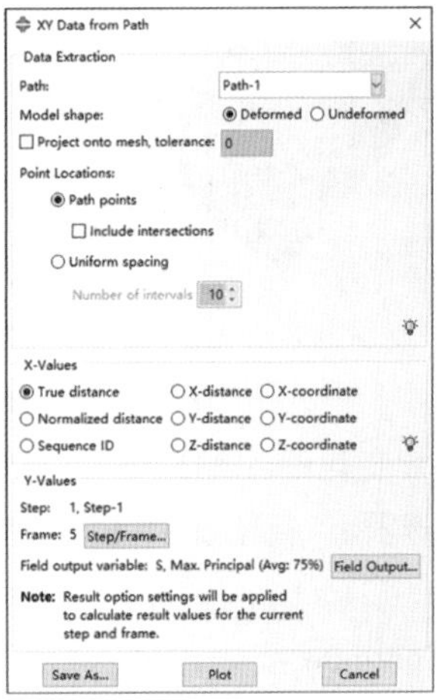　　(b)路径曲线创建

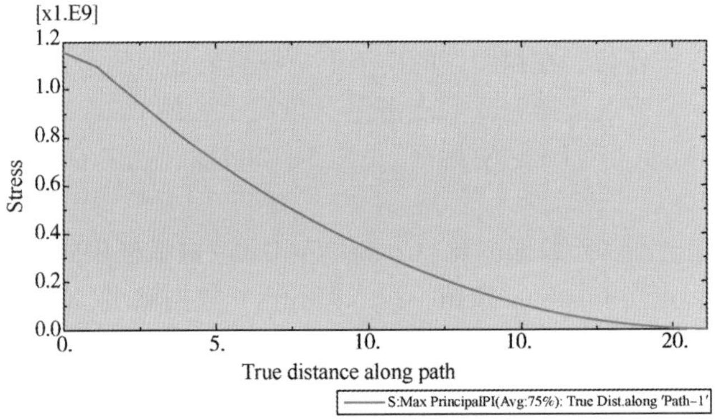

(c)生成的路径曲线

图 3-73　路径结果曲线输出

同样，用户可点击 3-73(b)对话框中的 Save as…按钮，保存历程变量结果曲线数据，保存完成后点击菜单栏 Tools→XY Data→Manager，进入 XY 数据管理(XY Data Manager)对话框[见图 3-74(a)]，点击 Edit 按钮进入 XY 数据编辑(Edit XY Data)对话框[见图 3-74(b)]，用户可进行数据拷贝或编辑。

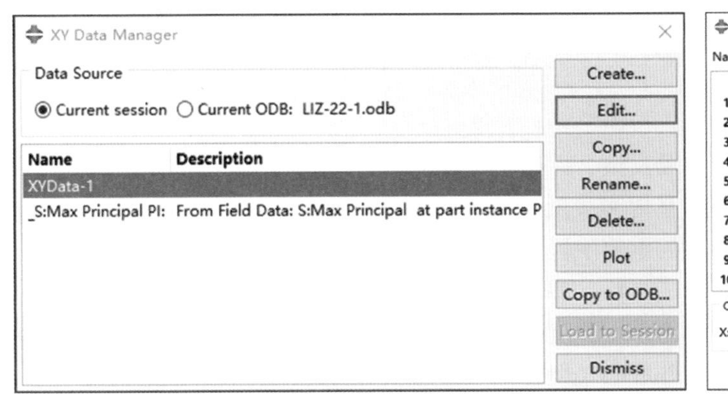

(a)XY数据管理器(XY Data Manager)

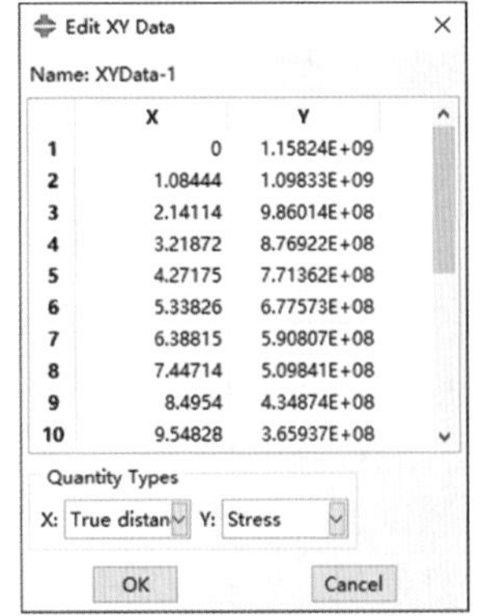

(b)路径数据

图 3-74 路径变量数据输出

3.3 小结

针对 ABAQUS/CAE 的前处理建模流程与后处理结果分析功能，结合 CAE 的 GUI 软件界面进行了 ABAQUS/CAE 软件部件构建、网格划分、材料赋值、实例组装、分析步设置、相互作用、载荷与边界条件加载、作业创建等功能模块的介绍，针对模拟结果观测和结果输出进行了显示和输出设置介绍。

第 4 章

岩石力学模拟

岩石力学参数为地应力场反演、井壁稳定性分析、压裂起裂和裂缝扩展模拟过程中不可或缺的参数，目前有室内实验测试与地球物理声波测井解释两种手段。室内实验测试是获得岩石力学参数的重要手段，为了获取力学参数，需要进行大量的室内实验，整体实验耗时长、实验成本高。室内实验类型包括单轴/三轴压缩测试、巴西劈裂测试、剪切强度测试等，力学实验测试过程中一般会破坏岩石试件，导致试件无法重复使用。实验试件依赖钻井取心，但在油气储层钻井过程中，井下取心难度大、成本高，无法大量获取实验测试所需的岩心试件，因此无法进行大量的力学实验测试以评价储层力学特征。对于天然裂缝或层理缝发育储层，实验试件加工难度大，可能无法获取室内实验所需的试件。同时，室内实验测试结果易受试件结构缺陷、天然裂缝、层理缝等影响，无法定量描述天然裂缝、层理缝以及试件缺陷等因素对弹性模量、泊松比、抗压强度等力学性能的影响。为了更好地研究岩石力学变化规律，部分学者构建了岩石力学实验测试数值模型，采用数值模拟方法研究天然裂缝、层理缝、地应力以及实验条件等对抗压强度、弹性模量、泊松比、抗拉强度、断裂韧性以及剪切强度等力学参数的影响。

单轴/三轴压缩测试、巴西劈裂测试以及断裂韧性测试为获取储层岩石力学参数的基础实验，下面针对单轴压缩实验测试、巴西劈裂实验测试和断裂韧性实验测试数值模拟流程进行讲解。

4.1 单轴压缩实验数值模拟

4.1.1 问题说明

单轴压缩实验测试主要用于获取岩石的单轴抗压强度、弹性模量、泊松比等参数，评价压缩过程中岩石破坏形态，为力学实验测试中非常重要的测试方式。常规单轴压缩实验一般采用圆柱体试件，试件直径主要包括 25.4mm、38.0mm、50.0mm 等 3 种尺度，试件的高度与直径比值一般为 2.0~2.5。

图 4-1　单轴压缩数值模拟示意图

本例主要针对储层岩石单轴压缩实验测试进行数值模型构建与模拟分析，利用数值模拟方法模拟单轴压缩实验过程，获得模拟过程中的相关参数，从而计算抗压强度、弹性模量、泊松比等参数。数值模型部件为圆柱体，圆柱体直径 25.4mm、高度 50mm。数值模型模拟示意图如图 4-1 所示，模拟采用三维模型，模型试件的下端固定，上端通过位移载荷加载直至试件破坏。模型包括基质和一条层理缝，采用 Drucker-Prager 材料本构模拟块状基质，利用 Cohesive 粘结单元模拟层理裂缝。层理缝与上端位移加载方向角度为 45°。模拟模型的几何参数、材料参数和载荷设置等均采用标准国际单位制。

数值模型的力学参数如表 4-1 所示，主要包括块状基质的力学参数和层理缝的力学参数，块状基质的力学参数包括弹性模量、泊松比、抗压强度、抗拉强度、内摩擦角、剪胀角等参数，层理缝的力学参数包括层理缝弹性刚度系数、抗拉强度、剪切强度、断裂能等参数。用户可根据实际模拟需要设置相应的模拟参数和选择 Drucker-Prager 本构模型的输入参数。

表 4-1　模型力学参数与模拟参数

序号	参数名称	数值	序号	参数名称	数值
1	储层基质密度/(kg/m^3)	2500	7	层理缝刚度系数/×10^{10}	4200
2	基质弹性模量/×10^{10}Pa	4.2	8	层理缝抗拉强度/×10^{6}Pa	1.0
3	基质泊松比(无因次)	0.2	9	层理缝剪切强度/×10^{6}Pa	50.0
4	基质抗压强度/×10^{6}Pa	72.0	10	层理缝法向断裂能/J	10
5	基质内摩擦角/(°)	34.0	11	层理缝切向断裂能/J	25
6	基质剪胀角/(°)	32.0	12	位移加载速率/(m/s)	0.005

依据 ABAQUS 软件的建模和模拟流程，模型模拟主要包括模型构建、模拟分析和结果输出等步骤。其中最重要的步骤为模型构建，主要包括几何模型构建、网格划分、分析步设置、边界条件加载、作业创建等步骤。

4.1.2　模型构建

模型构建主要依据实验试件尺度构建相应的几何模型，然后依据需要进行相应的网格划分以及零厚度 Cohesive 粘结单元嵌入。几何模型构建和网格划分后，进行材料属性赋值、部件组装、分析步设置、载荷设置和作业创建等步骤。

4.1.2.1　Part 功能模块

1. 部件创建

打开 ABAQUS/CAE 程序，程序默认的功能模块为 Part 功能模块，在 Part 功能模块中主要进行几何部件的构建与相关的剖分设置。具体的设置流程如下：

点击左侧工具箱区快捷按钮 (Create Part) 或菜单栏 Part→Create…，进入部件创建(Create Part)对话框[见图 4-2(a)]，部件名称(Name)输入 Rock，部件空间(Modeling Space)选择三维(3D)，类型(Type)选择可变形(Deformable)，基本特征(Base Feature)中的形状(Shape)中选择实体(Solid)和拉伸(Extrusion)，画布尺寸(Approximate size)输入 0.1[表示草图(Sketch)画布的尺寸为 0.1m×0.1m]。部件创建(Create Part)相关设置完成后，点击对话框左下角 Continue 按钮，进入草图界面(Sketch)进行试件端面几何尺寸绘制。

模拟模型为圆柱体试件，试件的端面为圆形。首先在草图(Sketch)界面进行二维圆形绘制，圆形的半径为 0.0127m，然后采用拉伸(Extrusion)方式形成圆柱体，拉伸距离为 0.05m。

在草图界面(Sketch)中进行二维圆形端面绘制流程如下：

点击左侧工具箱区快捷按钮 (Create Circle：Center and Perimeter)，左下角提示区输入圆心坐标位置(0，0)，然后输入圆周上的任意一点坐标。为了方便后续的模型处理，圆周上的点坐标输入(0.0127，0)，绘制的圆形半径为 0.0127m。

圆形端面绘制完成后，退出圆形绘制命令，点击左下角提示区 Done 按钮，进入基本拉伸编辑(Edit Base Extrusion)对话框[见图 4-2(b)]，对话框中深度(Depth)选项输入 0.05(表示实体拉伸的距离为 0.05m)，其他设置采用默认设置，点击基本拉伸编辑对话框左下角 OK 按钮，退出草图(Sketch)编辑对话框，形成拉伸的圆柱体部件。绘制的圆柱体的直径 25.4mm×高度 50.00mm，具体的几何部件如图 4-2(c)所示。

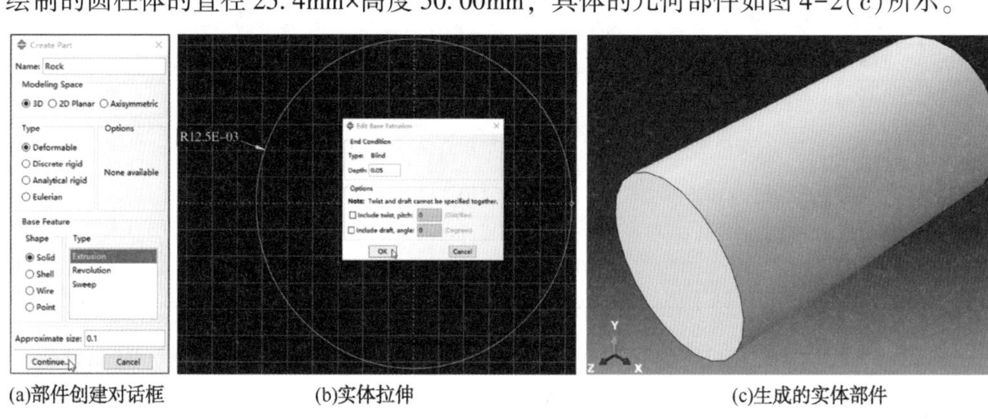

(a)部件创建对话框　(b)实体拉伸　(c)生成的实体部件

图 4-2　Rock 实体部件构建

2. 部件剖分

圆柱体 Rock 部件几何模型构建完成后，为了方便后期网格划分、零厚度 Cohesive 单元嵌入等设置，需要提前对 Rock 部件进行体剖分(Partition Cell)。

具体的剖分设置方式和流程如下。

1）端面“十”字实体剖分

点击左侧工具箱区快捷按钮 (Partition Cell：Define Cutting Plane)，左下角提示区选择 3 Points（How do you want to specify the plane? Point & Normal　3 Points　Normal To Edge），然后依次选取 Rock 部件上的 3 个点(3 个点形成一个体剖分的平面)，选择的 3 个点位置如图 4-3(a)所示。相关的点选择完成后，点击左下角提示区的 Create Partition 按钮，完成部件端面 X 方向的体剖分，第一次体剖分后的部件如图 4-3(b)所示。

X 方向的体剖分完成后继续进行 Y 方向的部件体剖分。再次点击左侧工具箱区快捷按钮 (Partition Cell：Define Cutting Plane)，视图区中选取第一次体剖分后的两个部件实体(Cells)[见图 4-3(b)]后，点击左下角提示区 Done 按钮后，在左下角提示区进行体剖分(Partition Cell)平面方式选择（How do you want to specify the plane? Point & Normal　3 Points　Normal To Edge），选择点和法向线(Point&Normal)方式(由一个点和一条法向的垂直面确定体剖分面)，选择 4 号点后选择第一次剖分后端面过圆心的紫色直线[见图 4-3(c)]，点击左下角提示区的 Create Partition 按钮，完成 Y 方向的部件剖分，第二次体剖分后的部件如图 4-3(d)所示。

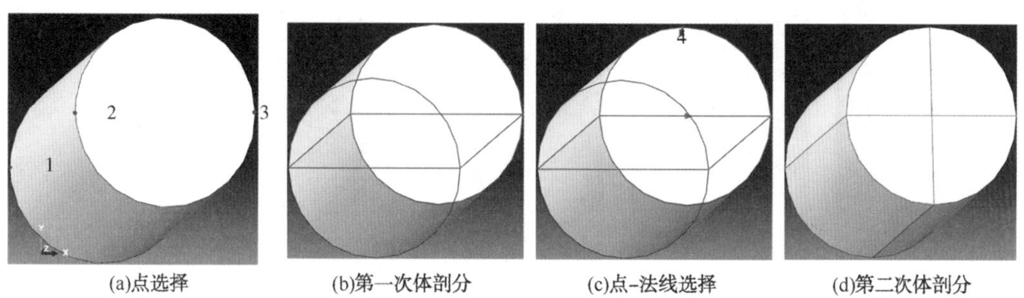

(a)点选择 (b)第一次体剖分 (c)点-法线选择 (d)第二次体剖分

图 4-3 部件端面体剖分

2) 层理缝位置体剖分

部件端面的体剖分完成后，需要进一步进行层理缝位置的体剖分，方便后续嵌入粘结单元。主要的剖分流程如下。

(1) 基准点绘制。

基准点的绘制主要用于确定层理缝位置，为体剖分提供辅助点，方便层理缝位置的体剖分设置。具体的操作步骤如下：

长按左侧工具箱区快捷按钮 (Create Datum Point: Enter Coordinate)，直至出现不同基准点创建方式( )，选择 (Create Datum Point: Offset From Point)，在视图区中 Rock 部件上选取需要偏移的基准点后[见图 4-4(a)]，在左下角提示区输入偏移的相对坐标(0, 0, -0.0125)(Offset (X, Y, Z): 0.0,0.0,-0.0125)，确认坐标后生成如图 4-4(b)所示的基准点。

(2) 层理缝位置体剖分。

利用前面绘制的基准点(Datum Point)和高度方向边的中点，利用 3 点法针对 Rock 部件进行体剖分设置，完成部件层理缝位置的体剖分。具体的操作流程如下：

点击左侧工具箱区快捷按钮 (Partition Cell: Define Cutting Plane)，左下角提示区选择 3 Points 剖分面确定方式，在视图区选择所有剖分后的部件实体，然后选取剖分面上的 3 个点(包括前面创建的基准点)，选择的 3 个点如图 4-4(c)所示，点击左下角提示区的 Create Partition 按钮，此时即完成了 45°层理缝位置的体剖分设置。层理缝的中心位置为试件的内部中心位置，完成层理缝位置的体剖分后的部件如图 4-4(d)所示。

4.1.2.2 Mesh 功能模块

由于需要在 Rock 部件中嵌入零厚度的粘结单元(Cohesive 单元)，部件网格划分后利用相关的网格编辑功能嵌入相应的零厚度的 Cohesive 单元，然后在 Property 功能模块中进行基质单元和粘结单元的材料截面属性赋值。因此，在部件几何构建和剖分完成后，先进行 Rock 部件网格划分，将 ABAQUS/CAE 功能界面切换至 Mesh 功能模块。

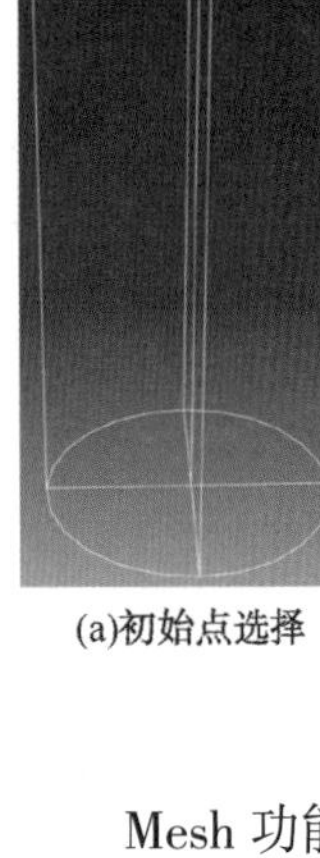
(a)初始点选择

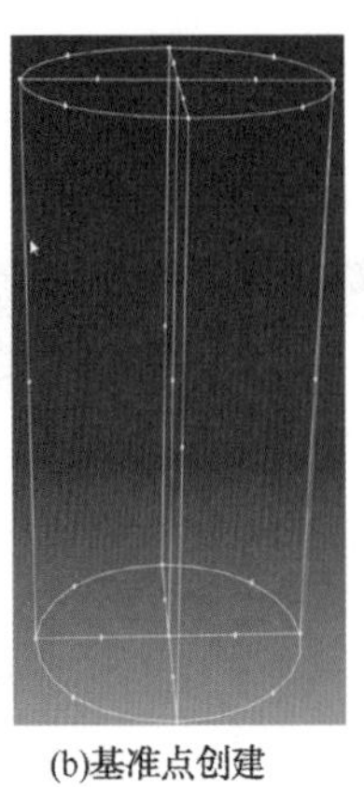
(b)基准点创建

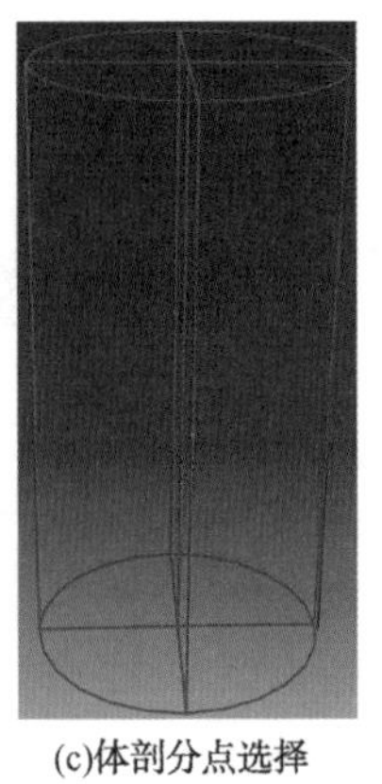
(c)体剖分点选择

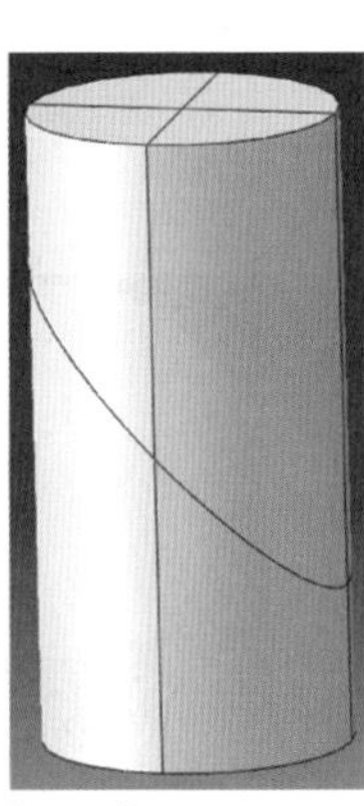
(d)层理面体剖分后试件

图 4-4　基准点确定与部件剖分

Mesh 功能模块主要包括网格种子布置、网格划分控制、网格划分、网格质量检测、单元类型选择等步骤，其中网格种子布置和网格划分控制的设置顺序可根据需要进行，用户可先进行网格种子布置，也可先进行网格划分控制。本例首先选择进行网格划分控制。

1. 网格划分控制

网格划分前需要进行网格划分控制（Assign Mesh Controls），对于三维部件来说，网格形状（Element Shape）主要包括六面体（Hex）、以六面体为主导的混合体（Hex-dominated）、四面体（Tex）和楔形体（Wedge）等 4 种网格形状。每种网格形状的计算精度具有一定差异性，一般情况下选择六面体（Hex）网格的模型计算精度相对较高。模型网格形状的选择与模型的几何形状相关，有些部件形状复杂，无法采用六面体网格进行网格划分，只能选择其他网格形状。

本例进行了部件相关体剖分（Partition Cell）后，ABAQUS 自动默认的网格形状和划分技术为六面体结构化网格技术。为了确认其设置，点击左侧工具箱区快捷按钮（Assign Mesh Controls）或菜单栏 Mesh→Control…，在视图区选择需要进行网格划分控制的 Rock 部件实体后，点击左下角提示区的 Done 按钮，进入网格划分控制（Mesh Controls）对话框。对话框中默认的单元形状（Element Shape）为六面体形状，划分技术为结构化网格划分技术（Structure）。点击对话框左下角的 OK 按钮，完成网格划分控制设置。

2. 网格种子布置

网格种子布置为确定网格的尺寸，Mesh 模块里含有两种网格种子布置方式，一种是全域网格种子布置，另外一种是局部网格种子布置。

本例模型形状简单，可采用全域网格单元种子（Global Seeds）布置设置。具体设置步骤如下：

点击左侧工具箱区快捷按钮（Seed Part）或菜单栏 Seed→Part…，进入全域种子（Global Seeds）对话框，根据部件尺寸输入相对合适的网格中的尺寸。本例在大约全域尺寸（Approximate global size）中输入 0.0012，表示网格节点间的距离为 0.0012m，此方法为网格种子尺度的粗略布置，其他设置采用默认设置即可，然后点击对话框左下角的 OK 或 Apply 按钮，完成全域网格种子布置。此时网格种子的分布基本为均匀状态。

3. 网格划分

网格种子布置和网格划分控制设置完成后，下一步可进行 Rock 部件网格划分。点击左侧工具箱区快捷按钮（Mesh Part）或菜单栏 Mesh→Part…，然后点击左下角提示区 OK to mesh the part? Yes No 中的 Yes 按钮，即可完成部件的网格划分。部件完成网格划分后的网格分布如图 4-5(a)所示。

采用全域网格划分，特别是针对结构化的网格划分部件，极容易出现网格划分的节点与种子布置的节点位置和数量不统一的情况。一般来说，只要无网格质量问题，用户可以忽略其差异性。本例在高度方向的网格节点的分布与种子节点分布的差异性大，如图 4-5(b)所示。

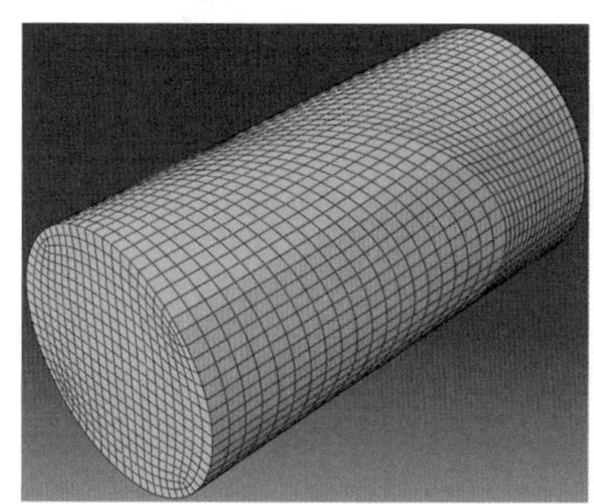

(a)网格化后的部件

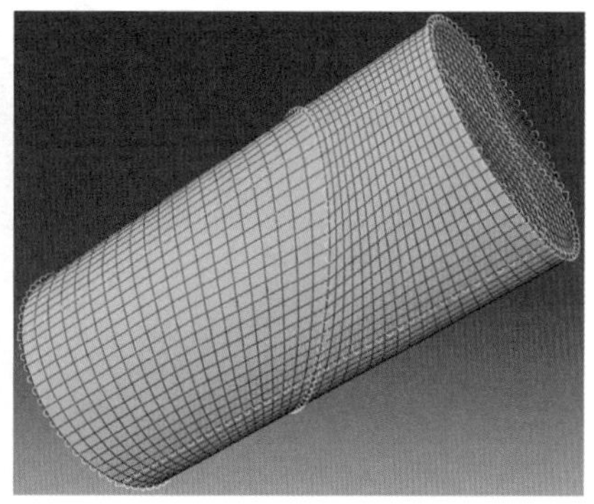

(b)网格与种子布置的差异性

图 4-5　Rock 部件网格划分

注意：网格划分分为全域网格划分和局部网格划分，两者划分具有一定的差异性。(1)选择全域网格划分技术，具体流程如下：点击左侧工具箱区快捷按钮(Mesh Part)或菜单栏 Mesh→Part…，点击左下角提示区的 Yes 按钮完成部件的全部区域的网格划分。采用全域网格划分无须在视图区选择部件区域。(2)选择局部网格划分技术的设置流程如下：长按左侧工具箱区快捷按钮(Mesh Part)，直至出现隐藏的按钮()，选择(Mesh Region)，同样可点击菜单栏 Mesh→Region…，选择局部网格划分技术后，在视图区选择需要进行局部网格划分的区域，点击左下角提示区的 Done 按钮，完成视图区选择的部件区域的网格划分。

4. 网格质量检测

Rock 部件网格划分(Mesh)完成后，需要进行网格质量检测，了解部件网格的生成质量，具体的操作流程如下：点击左侧工具箱区快捷按钮(Verify Mesh)或菜单栏 Mesh→Verify…，在视图区选择需要进行网格检测的部件，点击左下角提示区的 Done 按钮，进入网格质量检测(Verify Mesh)对话框，网格质量检测标准用户在对话框的形状标准(Shape Metric)界面和尺寸标准(Size Metric)界面进行相关的参数设置，一般情况下采用默认的标准参数即可。

点击网格质量检测(Verify Mesh)对话框左下角的 Highlight 按钮，ABAQUS 的网格质量检测(Verify)功能针对部件网格单元的进行网格质量检查，模型的网格可能会出现警告(Warning)或错误(Error)单元。在一般情况下，模型出现部分警告单元不会影响模型计算分析。若出现错误的网格单元，需要进行网格重划分。Rock 部件的网格的质量分布情况如图 4-6 所示。同时，界面的信息显示区也会显示总网格单元的数量、分析后的错误单元数量和比例、分析后警告单元的数量和比例。

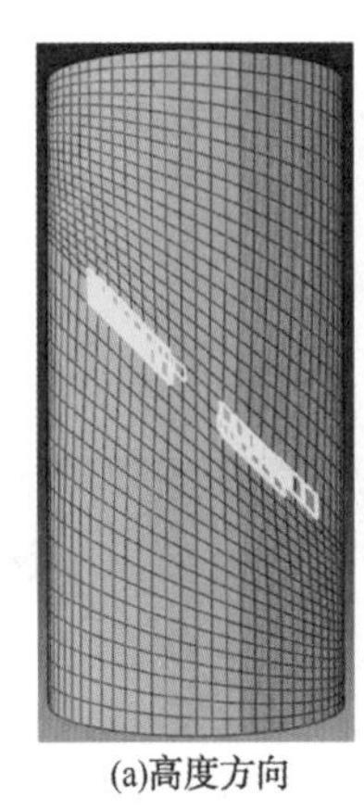

(a)高度方向

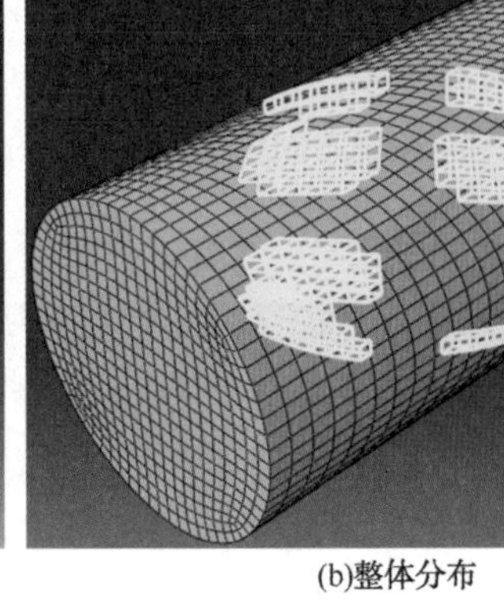

(b)整体分布

图 4-6　单元网格质量

注意：部件生成网格后，建议立即进行部件网格质量检测(Verify Mesh)，及时了解部件的网格质量，避免网格质量导致后续模拟分析错误。

5. 零厚度层理缝单元嵌入

1）部件层理缝位置面集合设置

通过 ABAQUS/CAE GUI 界面上部工具栏(Display Group Manager)中相关的设置按钮，采用布尔运算暂时隐藏 Rock 部件上部的部分实体(Cell)，上部实体隐藏后的部件如图 4-7(a)所示。相关的面集合设置流程如下：

点击菜单栏 Tools→Surface→Create…，进入面集合创建(Create Surface)对话框[见图 4-7(b)]，面集合名称(Name)输入 Bedding-plane，类型(Type)选择几何(Geometry)，点击对话框左下角 Continue 按钮后，在视图区的部件上进行面集合的选择。由于要选取的面为部件的内部面，需要在工具栏长按(Select From All Entities)按钮，直至出现后，选择(Select From Interior Entities)后，在视图区选择层理缝所在的面[见图 4-7(c)]，点击左下角提示区的 Done 按钮，提示区会出现如下选项 Choose a side for the shell or internal faces: Brown Purple Both sides Flip a surface。用户可点击褐色(Brown)或紫色(Purple)选择面集的方向。本例选择褐色或紫色都可，本次选择的方向是紫色，点击提示区的 Purple 按钮，如图 4-7(d)所示。

2）零厚度层理缝单元插入

Bedding-plane 面集合建立好后，利用第三方零厚度粘结单元插入插件或 ABAQUS 自带的粘结单元插入功能，在 Bedding-plane 面集合位置嵌入零厚度的粘结单元用于模拟零厚度的层理缝。

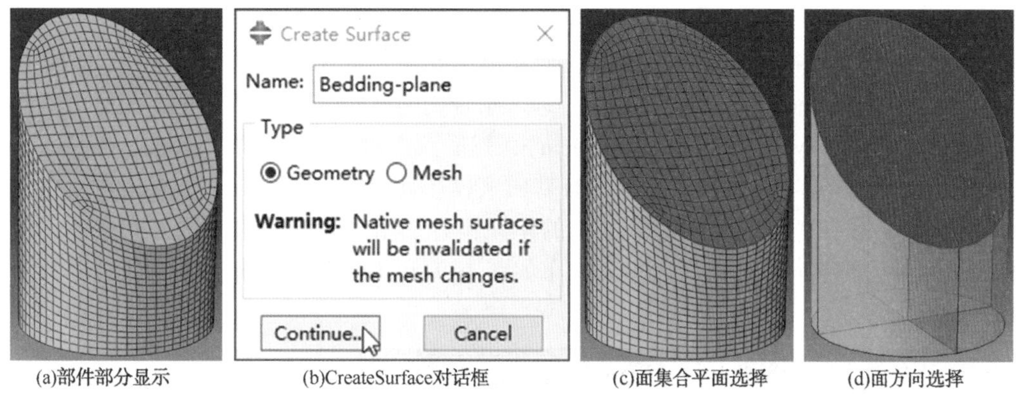

(a)部件部分显示　(b)CreateSurface对话框　(c)面集合平面选择　(d)面方向选择

图 4-7　面集合设置

3）单元类型转化

Rock 部件插入零厚度的粘结单元后的部件如图 4-8(a)所示，插入零厚度粘结单元后，原有的部件单元依然为结构化网格单元，而插入的粘结单元为自由化独立网格单元，为了方便后期模型的设置，可将结构网格单元转化成自由化独立网格单元。

具体设置方法如下：

点击菜单栏 Mesh → Create Mesh Part …，左下角提示区会出现 Mesh part name: Rock-mesh-1 OK，用户可进行新形成的自由化独立网格部件名称重新设置，同时也可用默认的部件名称，名称确定后点击左下角提示区 OK 按钮，部件全部转变为自由化独立网格部件。本次新形成的部件名称采用默认设置，新部件名称为 Rock-mesh-1[见图 4-8(b)]，部件内部红色的网格为零厚度的层理缝单元。后续的材料赋值、部件映射都采用新形成的 Rock-mesh-1 部件。

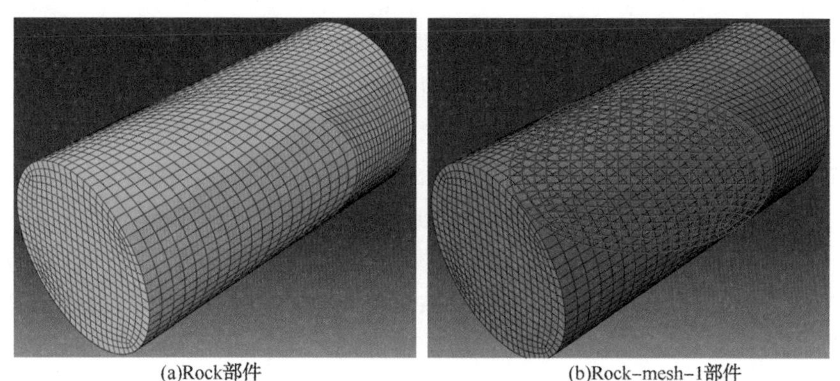

(a)Rock部件　(b)Rock-mesh-1部件

图 4-8　部件类型转化

6. 单元类型选择

1）单元集合设置

在 Mesh 功能模块中生成了自由化独立网格部件 Rock-mesh-1 后，可提前进行不同单元类型或材料类型的单元集合设置，方便后续操作。本例主要包括两个部分，一是岩石基质，二是零厚度层理缝单元，用户可将两种单元进行分别的单元集合设置。

首先通过 (Display Group Manager)中的布尔运算方式隐藏 Cohesive 单元，视图区只显示岩石基质实体单元。

点击菜单栏 Tools→Set→Create…，进入集合创建(Create Set)对话框，集合名称输入 ROCK，类型(Type)选择单元(Element)，然后点击对话框左下角 Continue 按钮，在视图区选择 Cohesive 单元隐藏后的所有基质实体单元[见图 4-9(a)]，点击左下角提示区的 Done 按钮，形成名称为 ROCK 的单元集合。用上述同样的方法，完成零厚度 Cohesive 单元的单元集合设置，单元分布如图 4-9(b)所示，Cohesive 单元集合名称为 BEDDING。

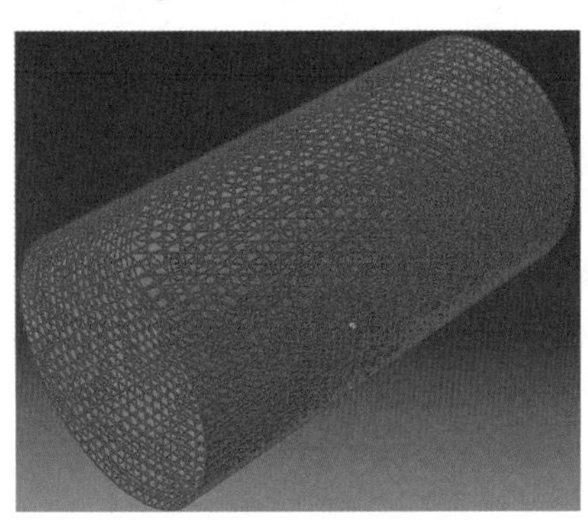

(a)ROCK单元集合

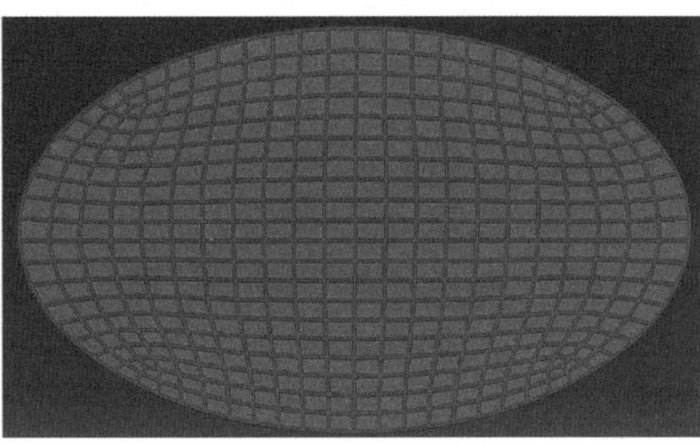

(b)BEDDING单元集合

图 4-9　岩石基质 ROCK 集合和层理缝 BEDDING 集合单元分布

2）单元类型选择

单元集合设置完成后，可进行单元类型(Element Type)的选择，选择与模型模拟需求和材料参数相匹配的单元类型。主要设置步骤如下：

点击左侧工具箱区快捷按钮 (Assign Element Type)或菜单栏 Mesh→Element Type…，点击右下角提示区的集合 Sets... 按钮，进入区域选择(Region Selection)对话框，选择 BEDDING 单元集合，点击区域选择(Region Selection)对话框左下角的 Continue 按钮进入单元类型(Element Type)对话框[见图 4-10(a)]，进行层理缝单元类型的选择，单元库(Element Library)选择 Standard，单元族(Family)选择粘结单元(Cohesive)，单元控制(Element Controls)中单元的黏性系数(viscosity)值设置为 0.0005，其他默认设置，点击 OK 按钮完成设置。本次模拟的粘结单元不考虑孔隙流体与应力耦合，因此单元类型 COH3D8。

参照上述步骤，继续完成 ROCK 单元类型的设置，在区域选择(Region Selection)选择 ROCK 单元集合，选择完成后点击区域选择对话框 Continue 按钮，进入单元类型(Element Type)选择对话框[见图 4-10(b)]，岩石基质单元类型选择为三维应力(3D Stress)，其他参数按默认设置即可，单元库(Element Library)选择 Standard，几何阶次(Geometric Order)选择 Linear，单元默认选择缩减积分单元，单元的类型为 C3D8R。

注意：部件网格划分完成后，大部分部件单元默认的单元类型为三维应力(3D Stress)或二维平面应力单元(Plane Stress)，其他的单元类型都需要用户进行针对性的选择与设置。

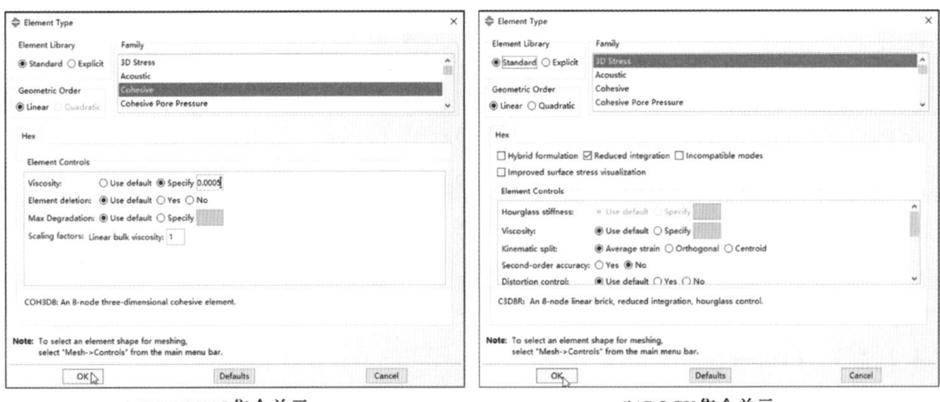

(a)BEDDING集合单元　　(b)ROCK集合单元

图 4-10　单元类型选择

设置的层理缝粘结单元在 INP 输入文件中的显示如下：单元类型为 COH3D8，单元为 8 节点类型单元。

```
********************************************************************
*Element, type=COH3D8
**Element 为粘结单元类型设置关键词，"type=COH3D8"表示单元类型为COH3D8，该单元类型为 8 节点单元。
16537,   507,   508,    24,    23, 18364, 18363, 18362, 18361
**16537 为单元编号，该类型单元为 8 节点编号，507，508，24，23，18364，18363，18362，18361 为该单元的节点编号，后续的完全一样。
16538,   508,   509,    25,    24, 18363, 18366, 18365, 18362
16539,   509,   510,    26,    25, 18366, 18368, 18367, 18365
16540,   510,   511,    27,    26, 18368, 18370, 18369, 18367
16541,   511,   512,    28,    27, 18370, 18372, 18371, 18369
..............................
16958,  1435,   149,   148,  1434, 18818, 18819, 18817, 18816
16959,  1357,  1348,  1435,  1422, 18735, 18719, 18818, 18799
16960,  1348,   150,   149,  1435, 18719, 18716, 18819, 18818
********************************************************************
```

ROCK 岩石基质单元类型在 INP 输入文件中的显示如下：单元类型为 C3D8R，单元为 8 节点应力单元。

```
********************************************************************
*Element, type=C3D8R
*"*Element"为 ROCK 基质单元类型设置关键词，"type=C3D8R"表示单元类型为 C3D8R，表示三维应力 8 节点缩减积分单元。
     1,   766,   767,  5731,  5380, 18361, 18362, 18363, 18364
**"1"为 Rock 基质单元编号，该类型单元为 8 节点，766，767，5731，5380，18361，18362，18363，18364 为该单元的节点编号，后续的完全一样。
```

2,　767,　768,　5732,　5731, 18362, 18365, 18366, 18363
3,　768,　769,　5733,　5732, 18365, 18367, 18368, 18366
....
16533, 16935, 16934, 16710, 16711, 18357, 18358, 17080, 17079
16534, 16934, 16933, 16709, 16710, 18358, 18359, 17081, 17080
16535, 16933, 16932, 16708, 16709, 18359, 18360, 17082, 17081
16536, 16932,　2010,　2000, 16708, 18360,　2009,　1991, 17082
****

4.1.2.3 Property 功能模块

Rock-mesh-1 部件单元类型选择和设置完成后，将功能模块切换至 Property 功能模块，环境栏中 Part 选项中下拉菜单选择 Rock-mesh-1 部件，视图区显示 Rock-mesh-1 自由化孤立网格部件。

在该模块中进行 ROCK 岩石基质和 BEDDING 层理缝单元的材料属性赋值设置。由于模型为了建立层理缝粘结单元，在 Mesh 功能模块中生成了自由化独立网格部件 Rock-mesh-1，后续的材料赋值主要使用 Rock-mesh-1 部件进行赋值，后续的实例映射也使用 Rock-mesh-1 部件，前期的 Rock 结构化部件不再进行任何设置。

1. 材料参数设置

模型包括两种材料，一是 ROCK 岩石基质材料，二是 BEDDING 层理缝单元。下面依次介绍两种材料的设置过程。

1）ROCK 岩石基质

点击左侧工具箱区快捷按钮 (Create Material) 或菜单栏 Material→Create…，进入材料编辑(Edit Material)对话框，材料名称(Name)输入 ROCK，然后依次进行密度(Density)设置[见图 4-11(a)]、弹性参数(Elasticity)设置[见图 4-11(b)]和 Drucker-Prager 模型参数设置[见图 4-11(c)]、应力硬化参数设置[见图 4-11(d)]。具体的参数设置如下：密度 2500kg/m^3、弹性模量 4.2×10^{10}Pa、泊松比 0.2、内摩擦角 34°、流动系数 1.0、剪胀角 32°、基质抗压强度 7.2×10^{7}Pa 等。对于模型的参数，用户可根据需要进行选择和设置。

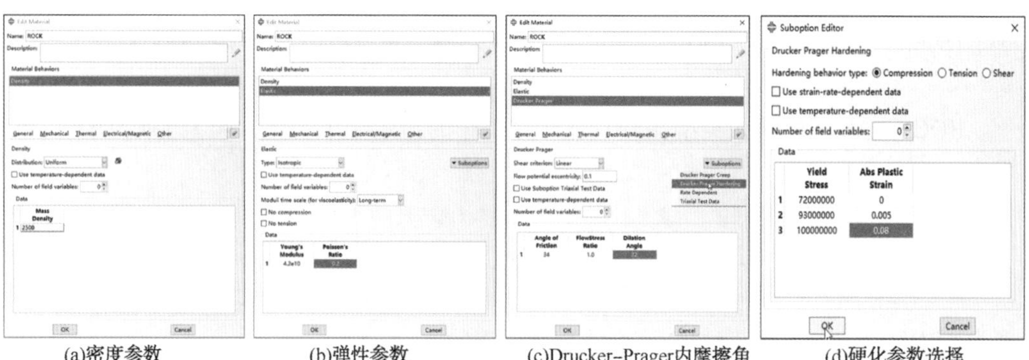

(a)密度参数　(b)弹性参数　(c)Drucker-Prager内摩擦角　(d)硬化参数选择

图 4-11　ROCK 岩石基质材料设置

ROCK 岩石基质材料参数在 INP 输入文件中的显示如下：

```
*****************************************************************
  * Material, name=ROCK
  ** Rock 岩石基质材料设置，“ * Material”为材料设置关键词，材料名称为ROCK。
  * Density
 2500.,
  ** 基质材料的密度 2500kg/m³。
  * Elastic
 4.2e+10, 0.2
  ** 岩石基质材料的弹性模量 4.2×10^10 Pa、泊松比 0.2。
  * Drucker Prager
  ** “ * Drucker Prager”本构模型关键词。
 34., 1., 32.
  ** Drucker Prager 本构模型内摩擦角为 34°、流动系数 1.0、剪胀角 32°。
  * Drucker Prager Hardening
 7.2e+07,       0.
 10.3e+07, 0.005
 12.3e+08,    0.08
  ** Drucker Prager 模型软化参数，抗压强度 7.2×10^7 Pa，随着压缩应力的增加，材料的变形大幅度增加。
*****************************************************************
```

2）BEDDING 层理缝单元

按照上述方法，针对零厚度的 BEDDING 层理缝单元进行材料参数设置，粘结单元的材料参数主要包括密度、弹性刚度参数、初始损伤和损伤演化参数等部分。

层理面材料名称（Name）输入 BEDDING，表示该种材料为层理缝单元的材料，BEDDING 单元材料参数设置与前面的基质单元材料参数设置存在较大的差异性。输入的材料参数包括密度［见图 4-12（a）］、刚度系数［见图 4-12（b）］、损伤起裂准则［见图 4-12（c）］、损伤演化准则［见图 4-12（d）］等。针对粘结单元材料弹性刚度系数，材料刚度系数主要输入法向和两个切向的刚度系数，首先在弹性参数输入界面［见图 4-12（b）］，类型（Type）选择牵引（Traction），输入材料的 3 个方向的刚度系数。初始损伤准则设置，参数选择如图 4-12（c）所示，选择二次应力损伤准则（Quads Damage），同时定义了初始损伤参数后，还需要设置损伤演化（Damage Evolution），在图 4-12（c）界面中点击 Suboptions 下拉菜单选择损伤演化（Damage evolution），弹出如图 4-12（d）对话框，采用 BK 能量法则进行损伤演化（Damage Evolution）定义。

相应的 BEDDING 层理缝单元的材料参数如下：密度 $2500kg/m^3$、弹性刚度参数 $4.2\times10^{13}Pa$、抗拉强度 $1.0\times10^{6}Pa$、剪切强度 $5.0\times10^{7}Pa$、法向断裂能 10J、切向断裂能 25J。对于模型的参数，用户可根据需要进行选择和设置。

BEDDING 层理缝单元的材料参数在 INP 输入文件中的显示如下：

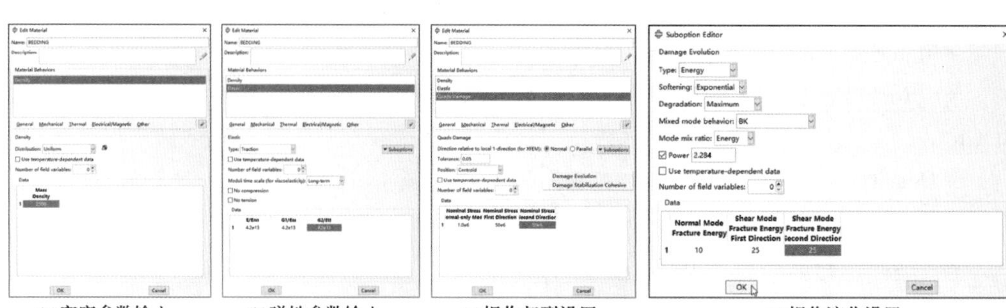

(a)密度参数输入　(b)弹性参数输入　(c)损伤起裂设置　(d)损伤演化设置

图 4-12　BEDDING 层理缝单元材料设置

****

* Material，name=BEDDING

** 层理缝单元材料名称为 BEDDING

* Density

2500.，

** 材料密度 2500kg/m^3。

* Elastic，type=TRACTION

4.2e+13，4.2e+13，4.2e+13

** 材料考虑各向同性，刚度系数 4.2×10^{13}Pa。

* Damage Initiation，criterion=QUADS

1.5e+06，5e+07，5e+07

** 初始损伤准则定义，采用二次应力损伤准则，法向初始损伤应力 1.5×10^{6}Pa，两个切向初始损伤应力 5.0×10^{7}Pa。

* Damage Evolution，type = ENERGY，softening = EXPONENTIAL，mixed mode behavior=BK，power=2.284

10.，25.，25.

** 损伤演化定义，采用 BK 能量损伤演化准则，软化采用指数软化方式，法向断裂能为 10J，两个切向断裂能为 25J。

****

2. 截面创建

材料参数设置完成后，需要进行材料截面选择与设置，根据需要选择相应的材料截面类型。具体的操作流程如下：

点击左侧工具箱区快捷按钮(Create Section)或菜单栏 Section→Create…，进入截面创建(Create Section)对话框，如图 4-13(a)所示。截面名称(Name)输入 ROCK，截面种类(Category)选择实体(Solid)，设置完成后点击 Continue 按钮，进入截面编辑(Edit Section)对话框[见图 4-13(b)]，选择材料 ROCK，点击 OK 按钮完成 ROCK 材料的截面属性设置。

同样点击左侧工具箱区快捷按钮(Create Section)或菜单栏 Section→Create…，进入截面创建(Create Section)对话框，进行 BEDDING 层理缝单元的截面属性设置，对话框如图 4-14(a)所示，截面名称(Name)输入 BEDDING，种类(Category)选择其他(Other)，类型(Type)选择 Cohesive，点击 Continue 按钮进入截面编辑(Edit Section)对话框[见图 4-14(b)]，材料选择前面设置 BEDDING 材料，相应的响应特征选择牵引-分离(Traction Separation)，初始厚度(Initial thickness)选择指定(Specify)，宽度值输入 1.0。完成相关的设置后，点击 OK 按钮完成 BEDDING 截面属性的设置。

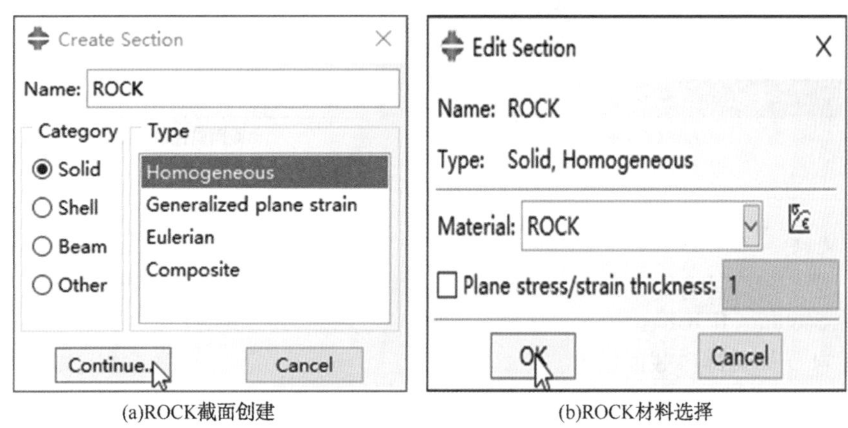

(a)ROCK截面创建 (b)ROCK材料选择

图 4-13 ROCK 岩石基质材料截面设置

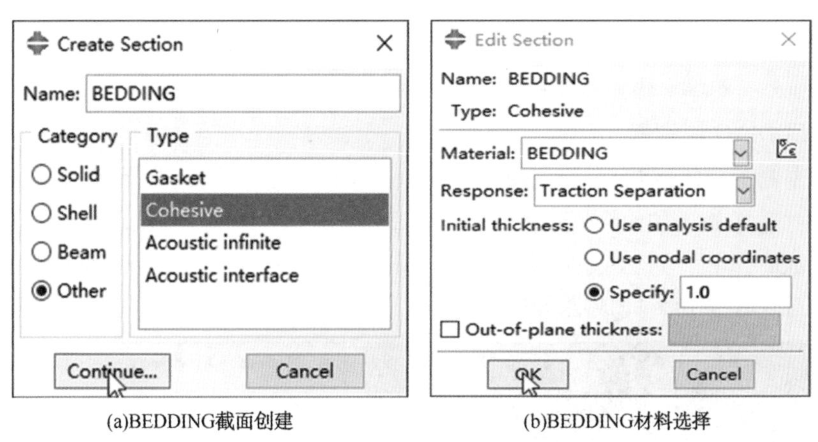

(a)BEDDING截面创建 (b)BEDDING材料选择

图 4-14 BEDDING 层理缝单元材料截面设置

3. 截面属性赋值

1) ROCK 岩石基质

点击左侧工具箱区快捷按钮(Assign Section)或菜单栏 Assign→Section，点击右下角提示区 Sets... 按钮，进入区域选择(Region Selection)对话框，选择 ROCK 单元集，集合显示如图 4-15(a)所示。区域选择后点击 Continue 按钮后，进入截面赋值编辑(Edit Section Assignment)对话框[见图 4-15(b)]，截面选择设置的 ROCK 后，点击 OK 按钮完成基质的材料截面赋值。

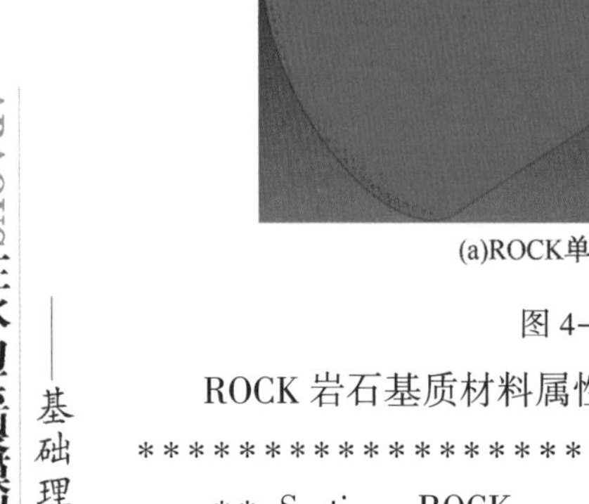

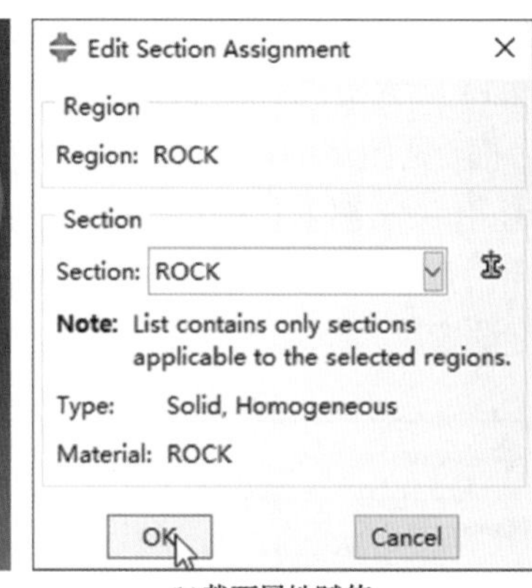

(a)ROCK单元选择　　(b)截面属性赋值

图 4-15　ROCK 岩石基质材料截面属性赋值

ROCK 岩石基质材料属性赋值在 INP 中的显示如下：

****

** Section：ROCK

** 岩石基质材料截面设置。

* Solid Section，elset=Rock-mesh-1-1_ ROCK，material=ROCK

** 截面属性赋值，“ * Solid Section”为实体截面单元赋值关键词，集合选择 Rock -mesh-1-1_ ROCK，材料选择 ROCK。

,

** 截面的平面应力与应变厚度比值采用默认设置。

****

2）BEDDING 层理缝

点击左侧工具箱区快捷按钮（Assign Section）后，在区域选择（Region Selection）对话框中，选择 BEDDING 单元集合，集合显示如图 4-16（a）所示。区域选择对话框点击 Continue 按钮，进入截面赋值编辑（Edit Section Assignment）对话框［见图 4-16（b）］，点击 OK 按钮，完成层理缝截面属性赋值。

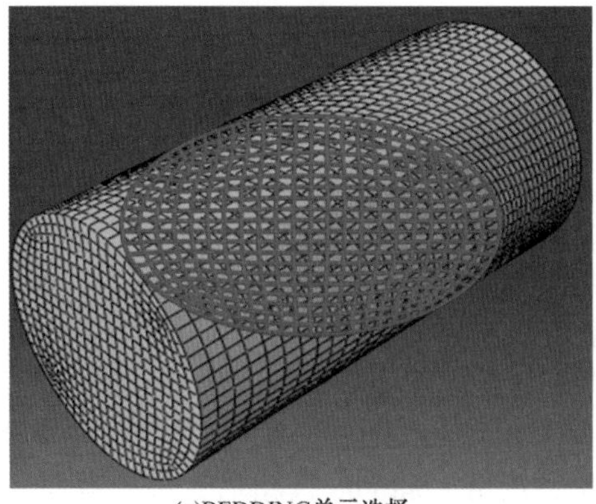

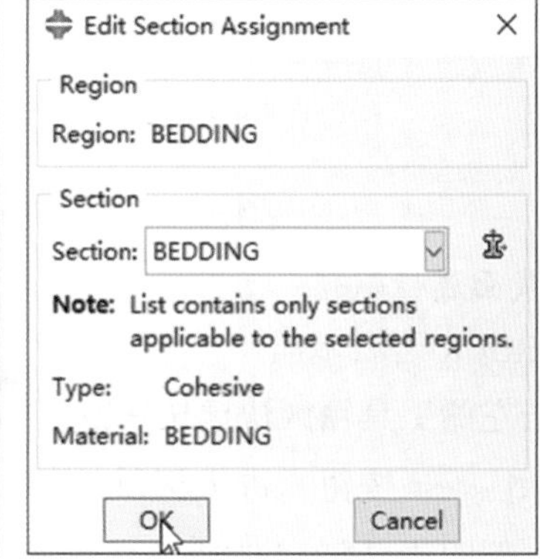

(a)BEDDING单元选择　　(b)截面属性赋值

图 4-16　BEDDING 层理缝单元材料截面属性赋值

BEDDING 层理缝单元材料属性赋值在 INP 输入文件中的显示如下：

****

** Section：BEDDING

** 层理缝单元截面属性赋值设置。

* Cohesive Section，elset=Rock-mesh-1-1_ BEDDING，controls=EC-1，material=BEDDING，response=TRACTION SEPARATION，thickness=SPECIFIED

** 截面属性赋值，“ * Cohesive Section” 为层理缝单元截面单元赋值关键词，集合选择 Rock-mesh-1-1_ BEDDING，材料选择 BEDDING，响应特征选择牵引-分离（TRACTION SEPARATION），厚度进行指定。

1.，

** 零厚度的 Cohesive 单元初始厚度设置为 1.0。

****

4.1.2.4 Assembly 功能模块

材料属性赋值完成后，将界面切换至 Assembly 功能模块，进行 Rock-mesh-1 部件的实例（Instance）映射与其他操作。具体的实例映射设置如下：

点击左侧工具箱区快捷按钮 （Create instance）或菜单栏 Instance→Create…，进入实例创建（Create Instance）对话框，选择 Rock-mesh-1 部件。由于部件（Part）为自由化孤立网格部件，选择 Rock-mesh-1 部件进行映射时，创建实例（Create Instance）对话框中的实例类型（Instance Type）中没有非独立 Dependent（Mesh on part）和独立 Independent（Mesh on instance）选项。在创建实例（Create Instance）对话框中选择 Rock-mesh-1 部件后，点击 OK 按钮创建实例映射，形成的实例名称为 Rock-mesh-1-1。

在 Assembly 功能模块中可根据需要建立相关的节点集合、单元集合或面集合，方便后期模型设置。本例相关的集合设置如图 4-17（a）所示，集合主要包括基质节点集合（ROCK-NODE）、岩石基质单元集合（ROCK-ELE）、层理缝单元集合（BEDDING-ELE）、上部位移加载边界条件节点集合（DISP-LOAD）以及下部固定边界条件节点集合（BOUNDARY-DOWN）。其中 BOUNDARY-DOWN 节点集合如图 4-17（b）所示，DISP-LOAD 节点集合如图 4-17（c）所示，BEDDING-ELE 单元集合如图 4-17（d）所示。

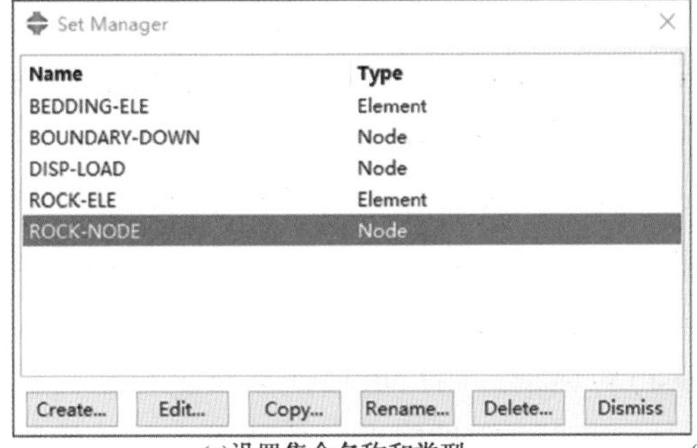

(a)设置集合名称和类型

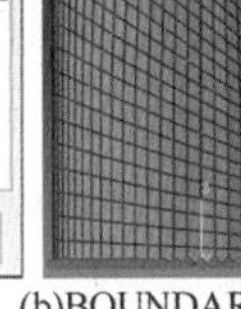

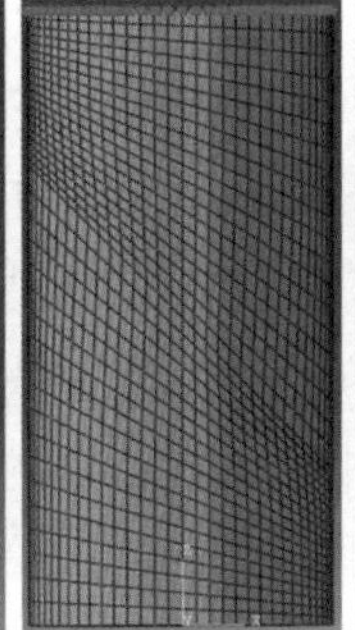

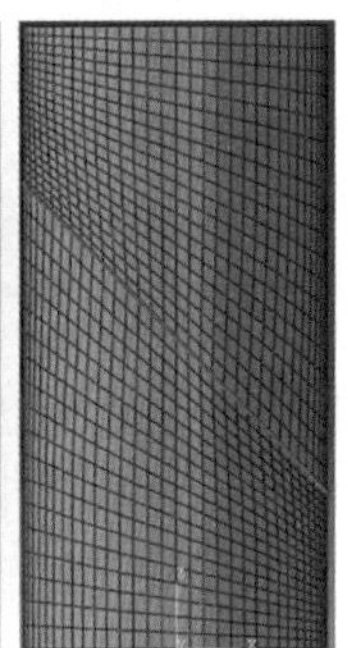

(b)BOUNDARY-DOWN (c)DISP-LOAD (d)BEDDING-ELE

图 4-17 集合设置

4.1.2.5　Step 功能模块

Assembly 功能模块相关的设置完成后，将 ABAQUS/CAE 功能模块切换至 Step 功能模块。Step 功能模块中主要进行分析步创建(Create Step)、场变量输出(Field Output Request)和历程变量输出(History Output Requests)设置。

1. 分析步创建

点击左侧工具箱区快捷按钮 (Create Step)或菜单栏 Step→Create…，进入分析步创建(Create Step)对话框[见图 4-18(a)]，第一个分析步前 ABAQUS 默认生成初始(Initial)分析步，后续的分析步必须也只能建立于初始(Initial)分析步之后。分析步创建(Create Step)对话框中分析步名称(Name)输入 LOAD-DISP，类型(Procedure type)选择通用静态分析(Static，General)，点击 Continue 按钮进入分析步编辑(Edit Step)对话框。分析步编辑(Edit Step)对话框中有 3 个界面，分别为基本(Basic)界面、增量步(Incrementation)界面和其他(Other)界面。本例基本(Basic)界面如图 4-18(b)所示，采用默认设置即可。增量步(Incrementation)界面如图 4-18(c)所示，类型(Type)选择自动(Automatic)，最大增量步数量(Maximum number of increment)输入 500，表示分析步最大增量步数为 500，超过 500 即停止模拟计算。增量步尺度(Increment size)中初始增量步时间(Initial)设置为 0.01，最小增量步时间(Minimum)输入 1.0×10^{-8}，最大增量步时间(Maximum)输入 0.01。其他(Other)界面中采用默认设置即可[见图 4-18(d)]。设置完成后，点击左下角的 OK 按钮完成分析步创建设置。

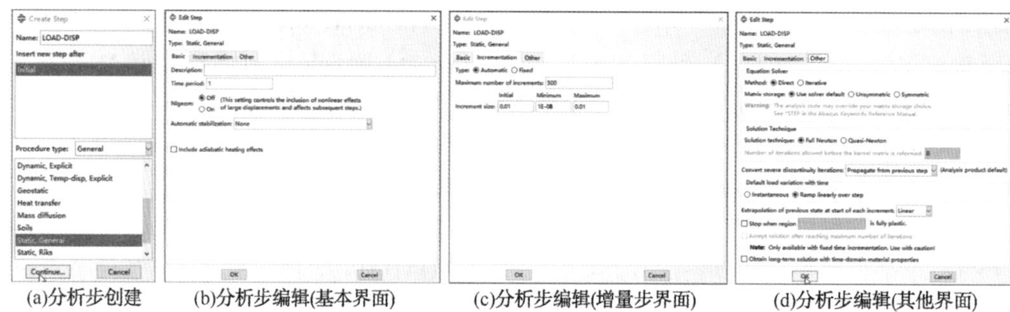

(a)分析步创建　(b)分析步编辑(基本界面)　(c)分析步编辑(增量步界面)　(d)分析步编辑(其他界面)

图 4-18　分析步设置

2. 场变量输出设置

ABAQUS 针对每一个分析步都会自动形成默认的结果变量输出设置，可以输出常规的相关参数，用户可针对自身的输出要求进行相关参数输出设置，既可新建参数设置，也可修改默认的设置。本例针对默认的输出设置进行修改。

点击左侧工具箱区快捷按钮 (Field Output Manager)或菜单栏 Output→Field Output Requests→Manager，进入场变量输出编辑管理器(Field Output Requests Manager)对话框，选择设置的 LOAD-DISP 分析步后，点击右上角的 Edit 按钮，进入场变量输出编辑设置(Edit Field Output Request)对话框。用户可根据需要进行相关输出参数的设置。本例输出的主要参数包括应力、应变、塑性应变、位移等，具体的场变量输出参数见后续的 INP 输入文件显示。

注意：不同的单元类型输出的场变量类型可能存在差异性，相关的场变量输出过程中，用户可进行统一设置，选择需要输出的所有单元类型的场变量；模拟过程中，程序会将某一单元类型不匹配的场变量结果作为警告信息忽略，用户可不理会相关的警告信息提示。同时用户可针对不同类型的单元进行单独的场变量输出设置，针对不同单元类型选择相应的场变量输出。

3. 历程变量输出设置

ABAQUS 针对每一个分析步同样会默认形成历程变量输出设置，用户可针对性地进行设置。点击左侧工具箱区快捷按钮 (History Output Requests Manager)或菜单栏 Output→History Output Requests→Manager，进入历程变量输出管理器(History Output Requests Manager)对话框[见图 4-19(a)]，选择 LOAD-DISP 分析步后，点击对话框右上角 Edit 按钮，进入历程变量输出设置(Edit History Output Request)对话框[见图 4-19(b)]，用户可根据需要进行相关输出参数设置。本例子主要输出的节点集合 DISP-LOAD 的 Z 方向的位移和反作用力[见图 4-19(b)]。

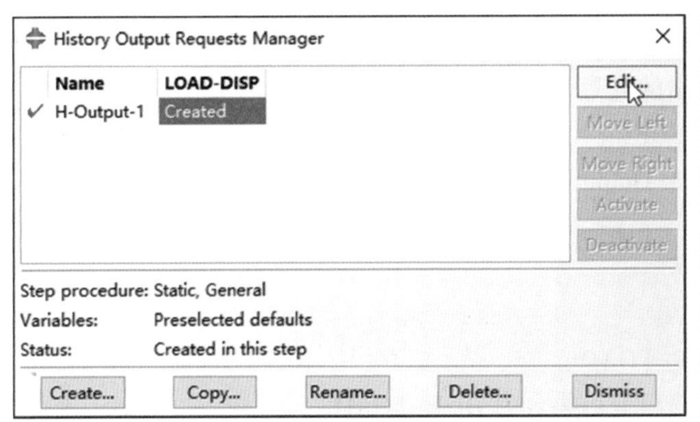

(a)历程变量输出管理器

(b)历程变量输出设置对话框

图 4-19 历程变量输出设置

设置的分析步、场变量和历程变量输出设置在 INP 输入文件中文本显示如下：

****

** STEP：LOAD-DISP

**分析步创建注释行，分析步名称为 LOAD-DISP。

*Step, name=LOAD-DISP, nlgeom=YES, inc=500

**“*Step”为分析步设置关键词，分析步名称为 LOAD-DISP，几何非线性开启，分析步最大增量步数设为 500。

*Static

**分析步类型为静态(Static)。

0.0005, 1., 1e-08, 0.0005

**分析步时间设置，初始增量步时间 0.0005，分析步总时间 1.0，最小增量步时间 1×10^{-8}，最大增量步时间 0.0005。

……………………………

**相关的边界条件和载荷设置。

```
** OUTPUT REQUESTS
```
** 变量输出。

```
* Restart, write, frequency=0
```
** 重启动分析设置。

```
** FIELD OUTPUT: F-Output-1
* Output, field
```
** 场变量输出。

```
* Node Output
```
** 节点场变量输出。

```
CF, RF, U
```
** 输出变量为 CF, RF, U。

```
* Element Output, directions=YES
```
** 单元场变量输出。

```
EEQUT, LE, MVF, PE, PEEQ, PEMAG, S, SEQUT, TE, TEEQ, TEVOL, SDEG
```
** 单元场变量输出，输出的变量为 EEQUT, LE, MVF, PE, PEEQ, PEMAG, S, SEQUT, TE, TEEQ, TEVOL, SDEG。

```
** HISTORY OUTPUT: H-Output-1
```
** 历程变量输出提示行。

```
* Output, history
```
** 历程变量输出。

```
* Node Output, nset=DISP-LOAD
```
** 节点历程变量输出，输出节点集合为 DISP-LOAD。

```
RF3, U3
```
** 输出历程变量为 RF3, U3。

```
* End Step
```
** 分析步设置结束。

```
*****************************************************************
```

4.1.2.6 Load 功能模块

将 ABAQUS/CAE 切入到 Load 功能模块，进行相应的边界条件（Boundary Condition）或载荷（Load）参数设定。

1. 下部端面边界条件设置

点击左侧工具箱区快捷按钮 (Create Boundary Conditions) 或菜单栏 BC→Create…，进入边界条件创建（Create Boundary Condition）对话框［见图 4-20（a）］，边界条件名称（Name）输入 BOUNDARY-DOWN，分析步（Step）选择初始分析步（Initial），分析步可选的边界类型（Types for Selected Step）选择位移/旋转（Displacement/Rotation），点击对话框左下角 Continue 按钮。在右下角提示区点击 Sets... 按钮，进入区域选择（Region Selection）对话框，选择 BOUNDARY-DOWN 节点集合［见图 4-20（b）］，边界条件区域位置分布如图 4-20（c）所示，点击区域选择对话框 Continue 按

钮，进入边界条件编辑(Edit Boundary Condition)对话框[见图 4-20(d)]，在对话框中选择 U1、U2 和 U3 方向边界设置，设置完成后点击 OK 按钮完成边界条件设置。

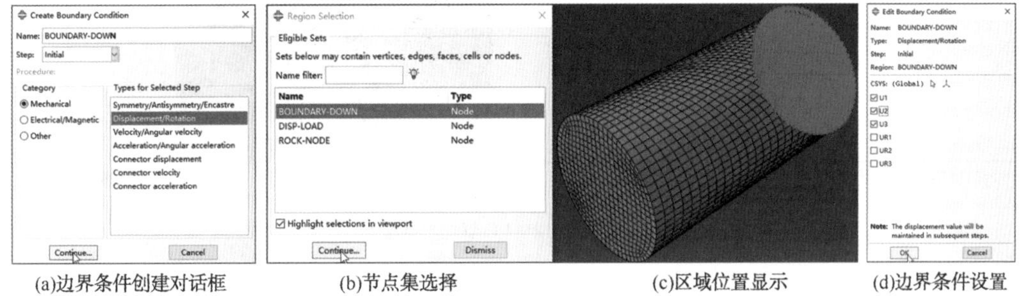

(a)边界条件创建对话框 (b)节点集选择 (c)区域位置显示 (d)边界条件设置

图 4-20 BOUNDARY-DOWN 边界设置

2. 上端位移载荷设置

下端端面位移边界条件设置完成后，进行上部端面位移载荷加载设置。位移载荷加载设置前进行时间与幅值的曲线设置。

1）位移加载幅值曲线(Amplitude)设置

点击菜单栏 Tools→Amplitude→Create…，进入幅值曲线创建(Create Amplitude)对话框[见图 4-21(a)]，幅值曲线名称(Name)输入 DISP，在对话框中类型(Type)选择表格形式(Tabular)，设置完成后点击 Continue 按钮，进入幅值曲线编辑(Edit Amplitude)对话框[见图 4-21(b)]，在对话框中输入时间与幅值的表格数据，表格参数输入完成后点击 OK 按钮。

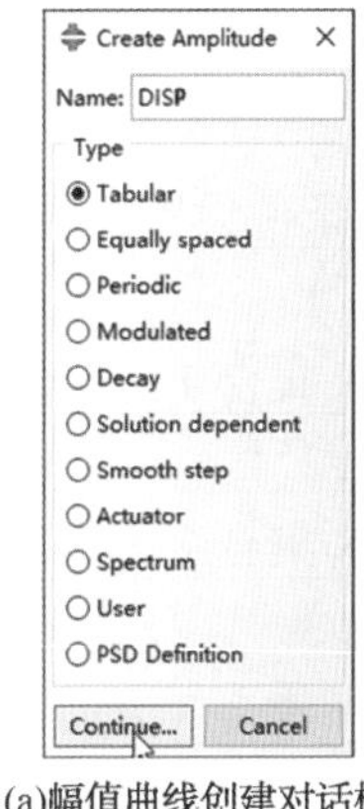

(a)幅值曲线创建对话框

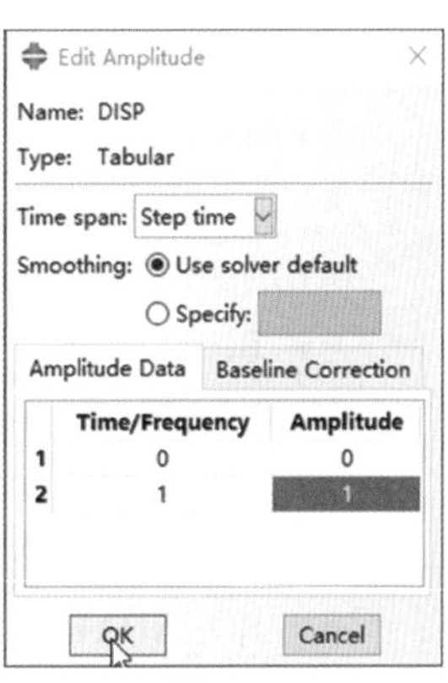

(b)数值输入

图 4-21 表格形式幅值曲线设置

2）位移载荷边界条件设置

点击左侧工具箱区快捷按钮（Create Boundary conditions）或菜单栏 BC→Create…，进入边界条件创建(Create Boundary Condition)对话框[见图 4-22(a)]，边界条件名称(Name)输入 LOAD-DISP，分析步(Step)选择 LOAD-DISP 分析步，种类(Categorg)选择力学(Mechanical)分析步可选的边界类型(Types for Selected Step)选择位移/旋转(Displacement/Rotation)，点击对话框左下角 Continue 按钮，进行边界条件设置区域选择，点击右下角提示区 Sets... 按钮，进入区域选择(Region Selection)对话框，选择 DISP-LOAD 节点集合[见图 4-22(b)]，节点集合位置如图 4-22(c)所示，点击区域选择对话框 Continue 按钮，进入边界条件编辑(Edit Boundary Condition)对话框[见图 4-22(d)]，在对话框中选择 U1、U2 和 U3 方向边界设置，U3 方向输入位移-0.005m，幅值曲线(Amplitude)选择 DISP，设置完成后点击 OK 按钮，完成位移加载边界条件设置。

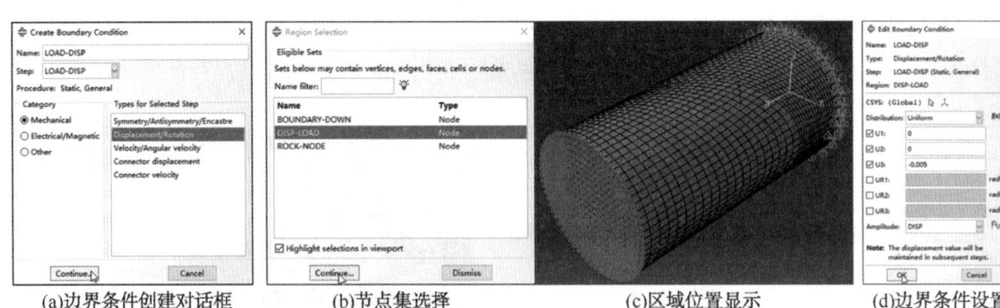

(a)边界条件创建对话框　(b)节点集选择　(c)区域位置显示　(d)边界条件设置

图 4-22　DISP-LOAD 边界设置

注意：位移边界条件加载过程中，在初始分析步(Initial)中只能施加固定位移边界条件，位移值只能设置为零。如果需要设置非零的位移边界条件，只能设置于具体的模拟分析步中。

设置的边界条件在 INP 输入文件中的显示如下：

```
***************************************************************
** Name: BOUNDARY-DOWN Type: Displacement/Rotation
**下部端面边界条件，边界条件设置于初始分析步(Initial)中。
*Boundary
** "*Boundary"边界条件设置关键词。
BOUNDARY-DOWN, 1, 1
** BOUNDARY-DOWN 集合 1 方向固定。
BOUNDARY-DOWN, 2, 2
** BOUNDARY-DOWN 集合 2 方向固定。
BOUNDARY-DOWN, 3, 3
** BOUNDARY-DOWN 集合 3 方向固定。
***************************************************************
** BOUNDARY CONDITIONS
** Name: LOAD-DISP Type: Displacement/Rotation
**上端位移载荷边界条件设置，边界条件设置位于 Step= LOAD-DISP 分析步中。
*Boundary, amplitude=DISP
**边界条件设置关键词，加载幅值曲线选择 DISP。
DISP-LOAD, 1, 1
** DISP-LOAD 集合 1 方向固定。
DISP-LOAD, 2, 2
** DISP-LOAD 集合 2 方向固定。
DISP-LOAD, 3, 3, -0.005
**DISP-LOAD 集合 3 方向加载位移为-0.005m。
***************************************************************
```

4.1.2.7　Job 功能模块

根据模型进行了相应的设置后，进入 Job 功能模块进行相关的作业(Job)设置(见

图 4-23)。

点击左侧工具箱区快捷按钮 (Create Job)或菜单栏 Job→Create…，进入作业创建(Create Job)对话框，对话框如图 4-23(a)所示，作业名称(Name)输入 Uniaxial-lizi，点击 Continue 按钮，进入作业编辑(Edit Job)对话框，在作业编辑对话框中完成作业设置。

(a)作业创建　　(b)作业管理器

图 4-23　作业创建与管理设置

4.1.3　模拟计算

作业创建(Create Job)完成后，用户可在作业管理器(Job Manager)对话框[见图 4-23(b)]点击 Submit 按钮进行模拟计算。模拟过程中，用户可通过模拟监视(Monitor)对话框检查模型模拟计算情况，包括警告(Warning)和错误(Error)信息、分析步时间、模拟计算迭代情况等。

用户也可在作业管理器中点击 Write Input 按钮输出 INP 输入文件，INP 文件的名称为 Uniaxial-lizi，用户可使用 ABAQUS/Command 命令窗口提交模拟计算作业。

模拟计算过程完成后，用户可直接点击图 4-23(b)中的模拟结果(Results)按钮进入 Visualization 功能模块进行结果观测。若采用 ABAQUS/Command 命令窗口模拟计算，用户可打开 ABAQUS/Viewer 或 ABAQUS/CAE 模块后加载模拟计算形成的 OBD 结果文件(.odb)进行结果观测与分析。

1. 场变量结果

本例计算获得的岩石基质的部分模拟计算结果如图 4-24~图 4-31 所示，其中图 4-24~图 4-28显示了模拟的岩石基质的高度方向中间截面位置在不同模拟时间点的位移、等效塑性应变、应力变化情况。

图 4-24 所示的为岩石基质高度方向中间位置截面的位移幅值云图，图 4-25 所示的为岩石基质高度方向中间位置截面的 U3 方向(Z 方向)位移值云图。可以发现，层理缝单元破坏前和完全破坏点，基质单元的位移变化相对连续，但是完全破坏后层理缝上下两部分会产生不连续位移。

图 4-26 所示的为岩石基质高度方向中间位置截面的等效塑性应变云图，可以发现，层理缝单元破坏前和完全破坏点，岩石基质单元的等效塑性应变分布相对连续且值相对较小，但是完全破坏后层理缝位置的等效塑性应变大幅度增加。

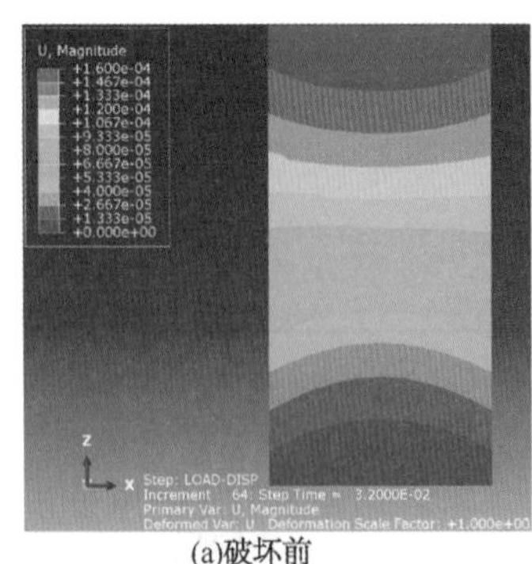

(a)破坏前

(b)最高点

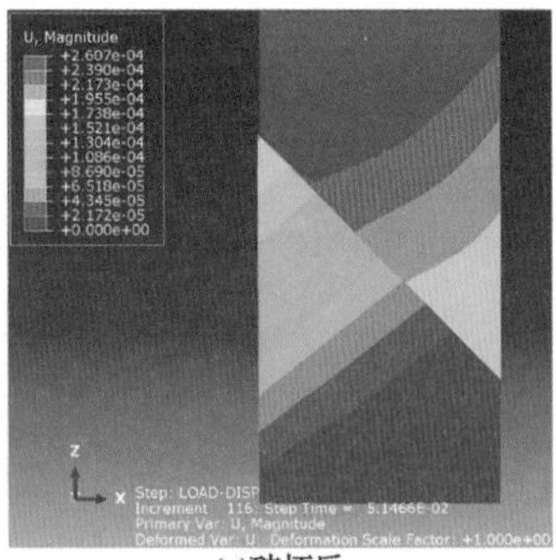

(c)破坏后

图 4-24　中间基质最大位移值云图

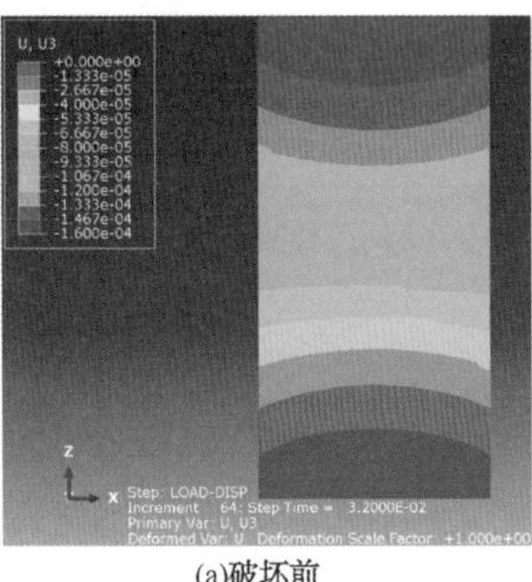

(a)破坏前

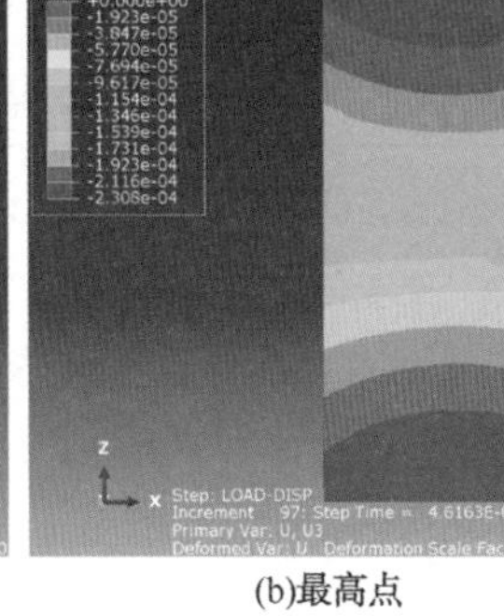

(b)最高点

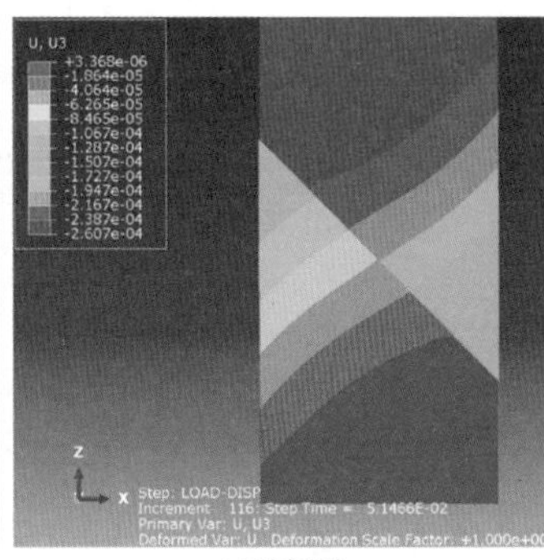

(c)破坏后

图 4-25　中间基质 Z 方向位移值云图

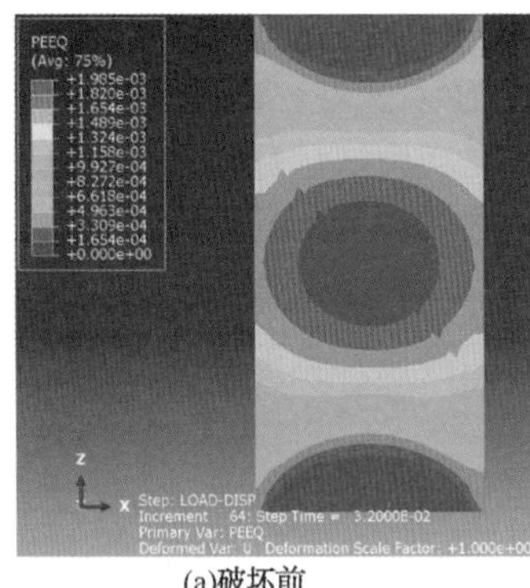

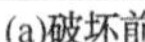

(a)破坏前

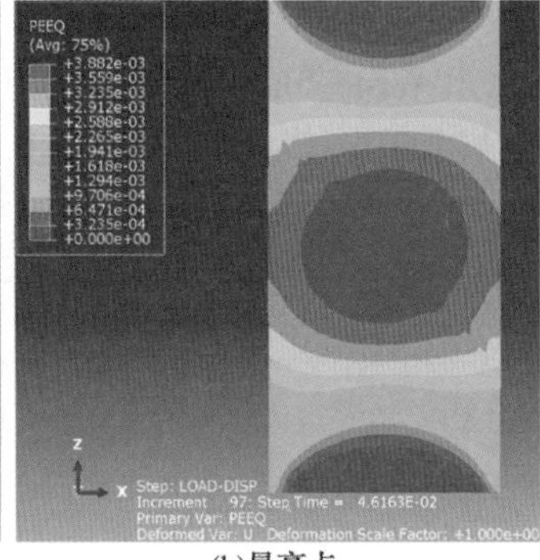

(b)最高点

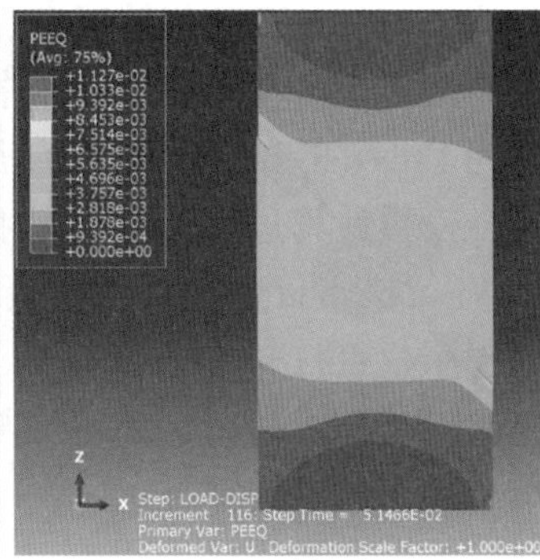

(c)破坏后

图 4-26　中间基质等效塑性应变云图

图 4-27、图 4-28 所示的为岩石基质高度方向中间位置截面的应力变化云图，图 4-27为最大主应力云图，图 4-28 为最小主应力云图。

图 4-29 所示的是中间层理缝 Cohesive 单元的损伤变量变化云图。模拟时间 3.2×10^{-2}s 时中间层理缝的损伤变量(SDEG)如图 4-29(a)所示，破坏前层理缝 Cohesive 单元的损伤变量为零。轴向应力最高点位置的层理缝 Cohesive 单元的损伤变量(SDEG)如图 4-29(b)所示，Cohesive 单元的中部损伤变量值达到完全损伤值，但是四周的损伤变量值接近零。随着位移加载的继续进行，全部层理缝 Cohesive 单元将达到完全损伤，损伤变量(SDEG)如图 4-29(c)所示。

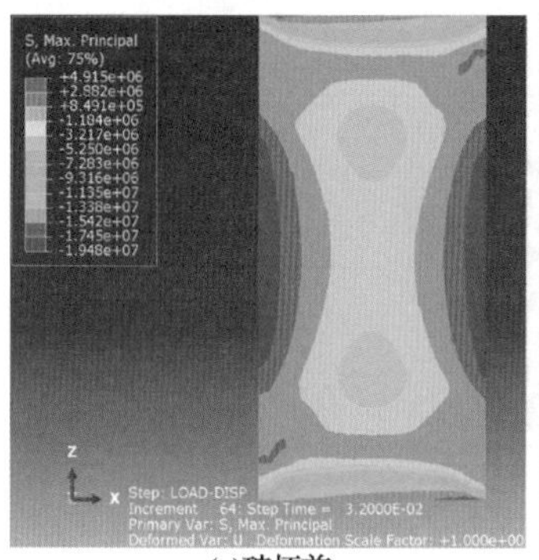

(a)破坏前

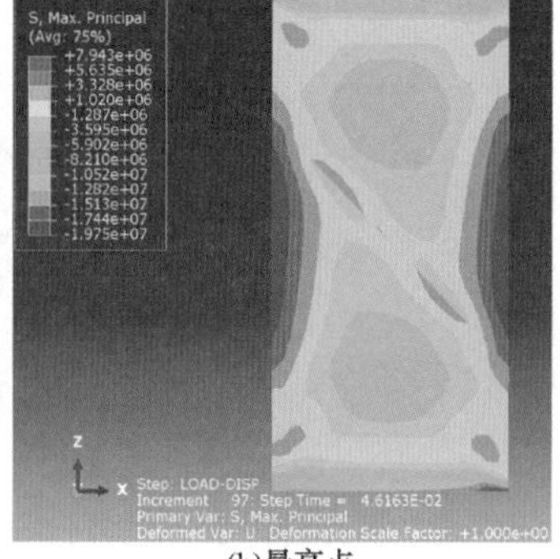

(b)最高点

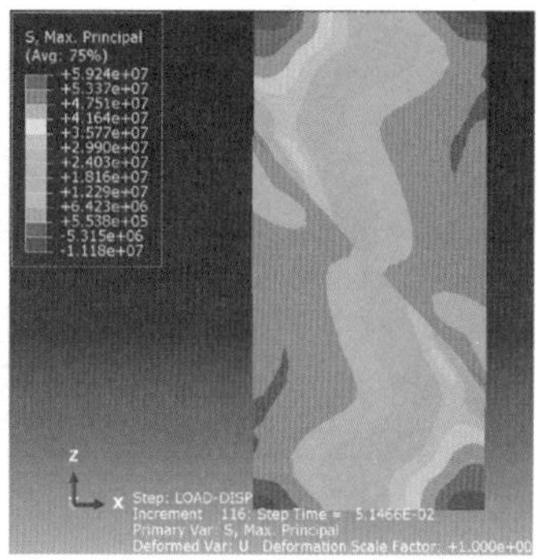

(c)破坏后

图 4-27 中间基质最大主应力值云图

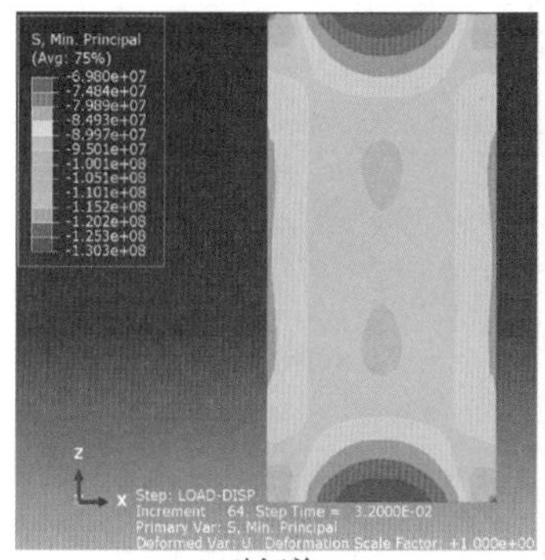

(a)破坏前

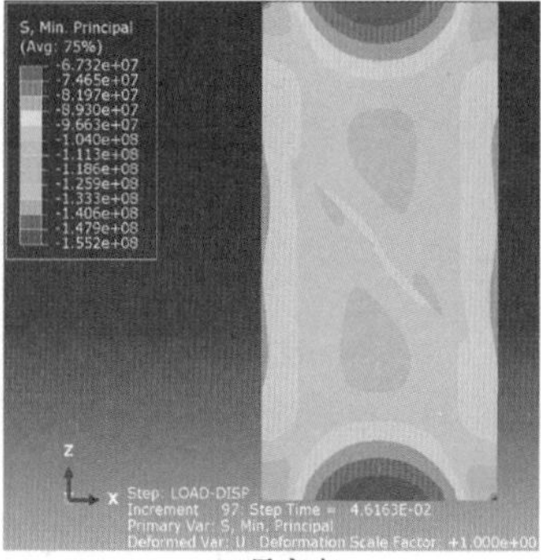

(b)最高点

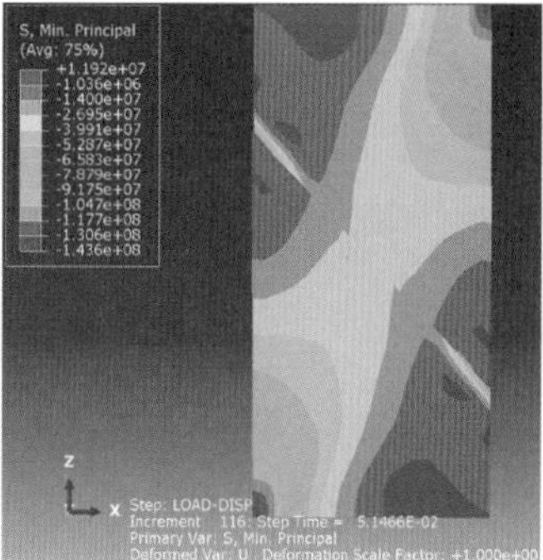

(c)破坏后

图 4-28 中间基质最小主应力值云图

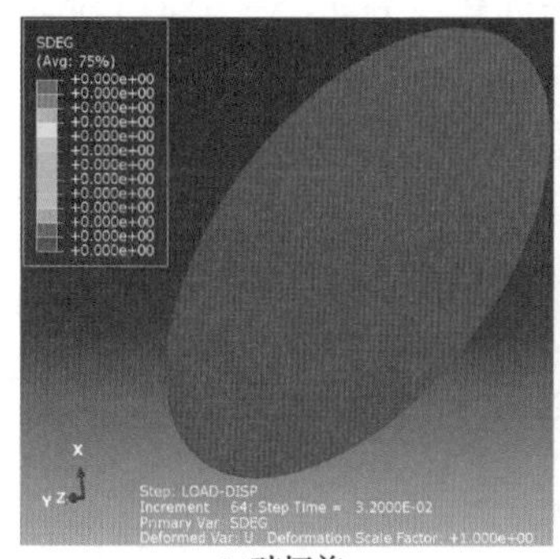

(a)破坏前

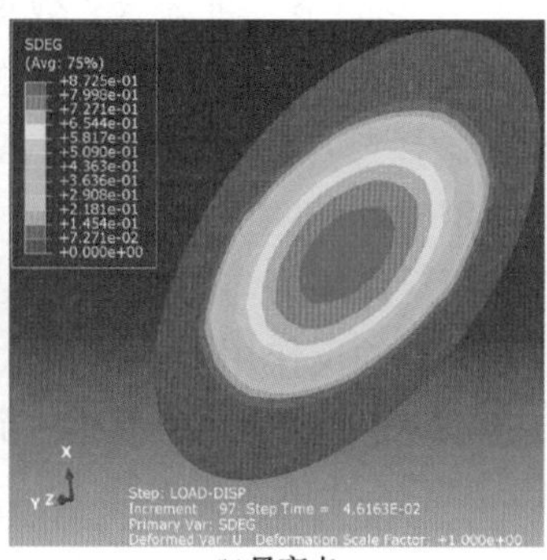

(b)最高点

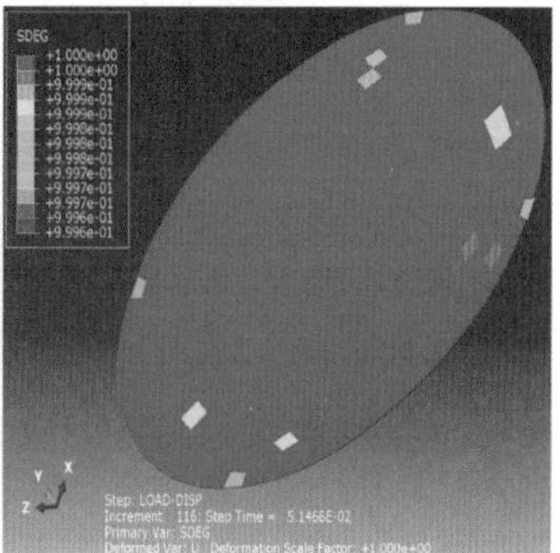

(c)破坏后

图 4-29 层理缝损伤变量云图

图 4-30、图 4-31 所示是层理缝 Cohesive 单元层理面的最大主应力和最小主应力变化云图。当层理缝 Cohesive 单元达到完全损伤时，Cohesive 单元的最大主应力云图如图 4-30(c)所示，完全损伤后 Cohesive 单元的最大主应力接近零。

当层理缝 Cohesive 单元达到完全损伤时，Cohesive 单元的最小主应力云图如图 4-31(c)所示，完全损伤后 Cohesive 单元的最小主应力大幅度降低。

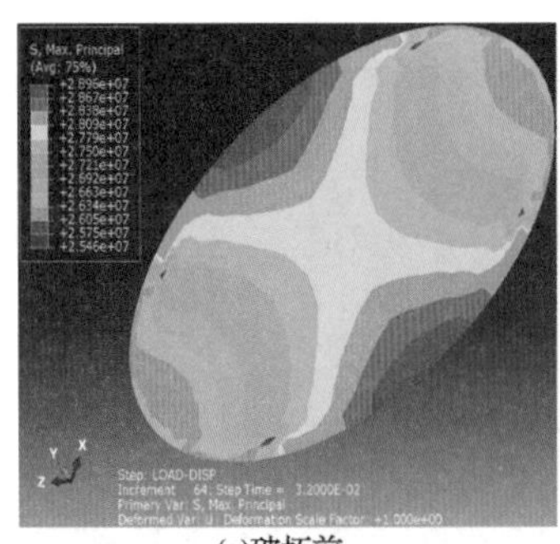
(a)破坏前

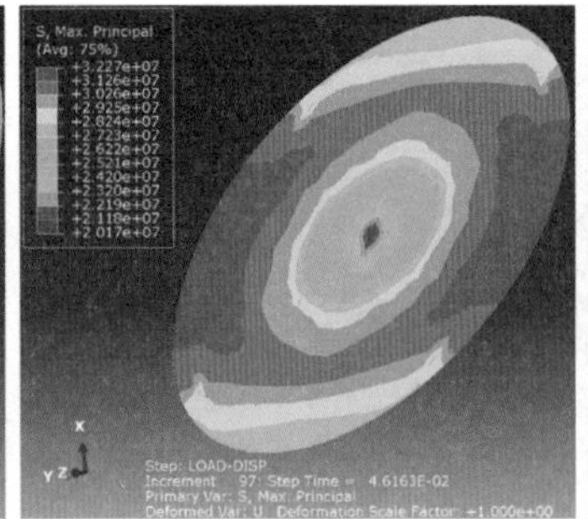
(b)最高点

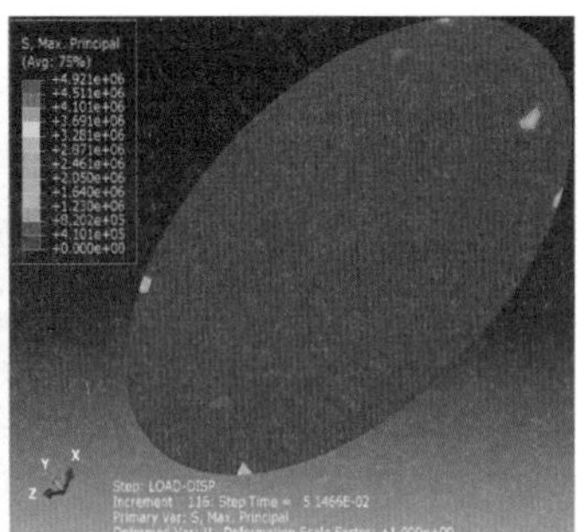
(c)破坏后

图 4-30　层理缝最大主应力云图

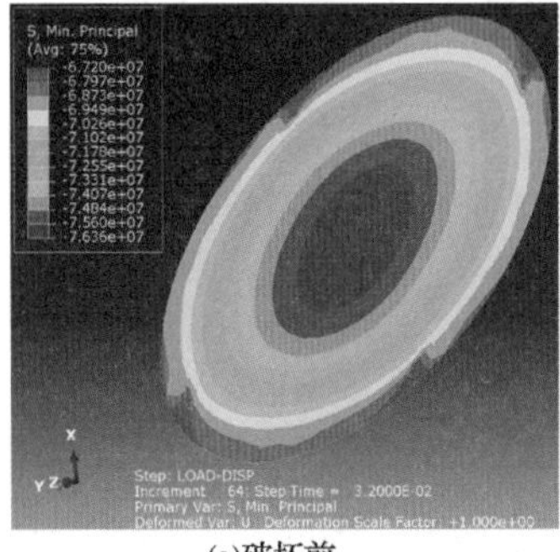
(a)破坏前

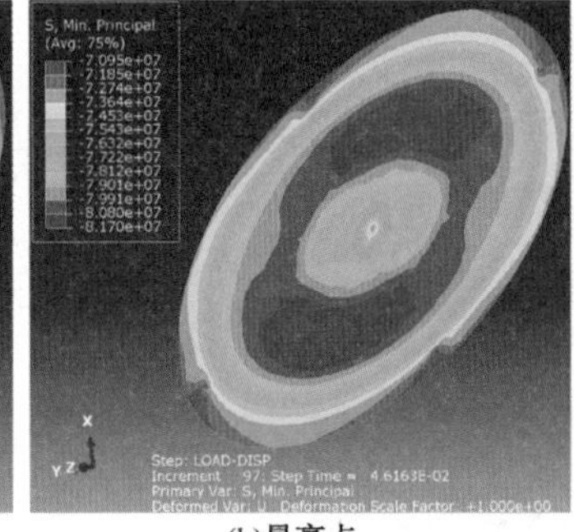
(b)最高点

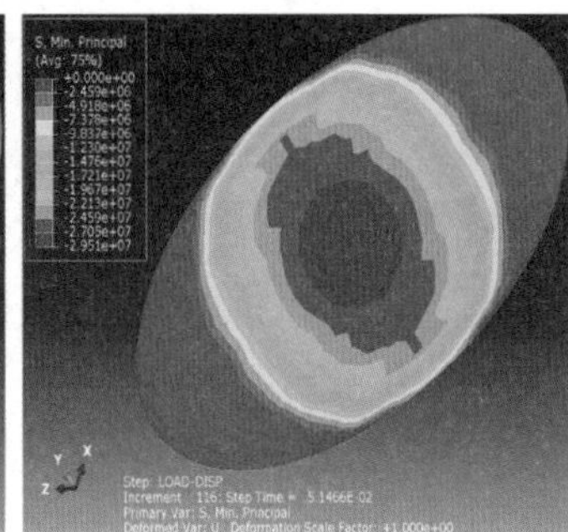
(c)破坏后

图 4-31　层理缝最小主应力云图

2. 历程变量输出

为了获得位移加载过程中上部端面的轴向应力变化情况，可利用前面历程变量输出设置的 DISP-LOAD 集合的反作用力与 Z 方向的位移值，根据 DISP-LOAD 集合的所有节点的反作用力相加后除以端面面积，从而获取加载的轴向应力。

点击菜单栏 Tools→XY Data→Create…，进入 XY 数据创建(Create XY Data)对话框，选择 ODB 历程变量输出(ODB History output)后，点击 Continue 按钮，进入历程变量输出(History Output)对话框，选择节点集合 DISP-LOAD 的 Z 方向反作用力历程变量后，点击 Plot 按钮，绘制与模拟时间相关的曲线。

图 4-32(a)所示的部分节点的反作用力与时间的关系曲线如图 4-32(b)所示，随着位移加载的不断增加，大部分节点的反作用力达到最大值后快速下降，整体变化趋势与单轴压缩实验测试的应力-应变曲线变化趋势基本一致。

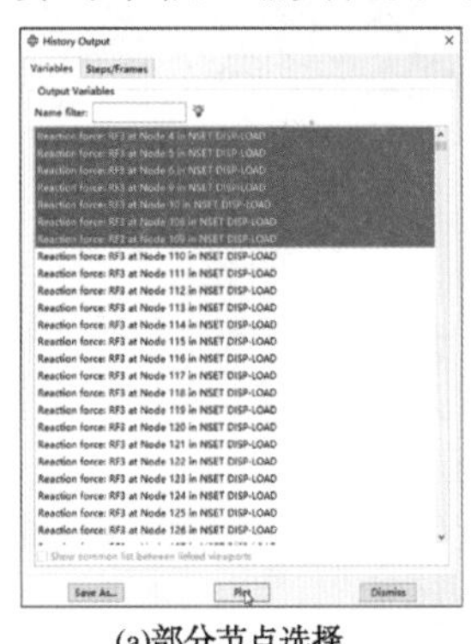
(a)部分节点选择

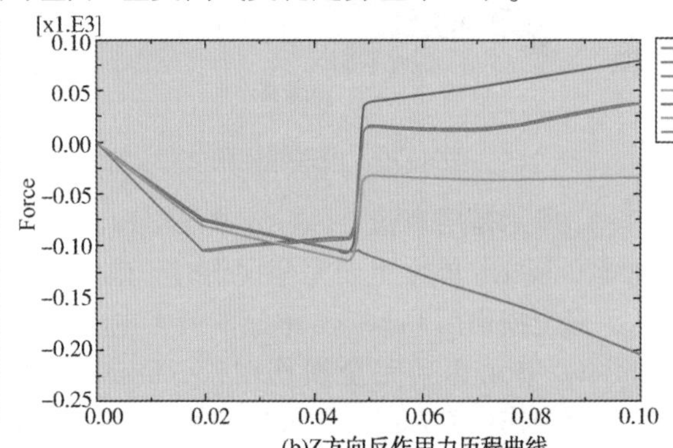

(b)Z方向反作用力历程曲线

图 4-32　DISP-LOAD 集合部分节点历程场变量曲线

利用 DISP-LOAD 集合的所有节点的反作用力与时间的关系曲线，计算获得应力-应变曲线如图 4-33 所示。

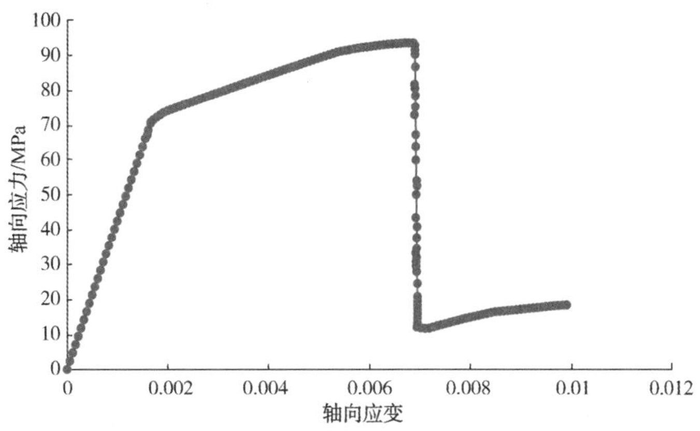

图 4-33　轴向应变与轴向应力关系曲线

4.2　巴西劈裂测试数值模拟

4.2.1　问题说明

巴西劈裂实验是获得岩石抗拉强度的重要手段，利用巴西圆盘试件进行劈裂测试，可获取加载应力与时间的关系曲线，利用计算公式可获得岩石抗拉强度值。利用数值模拟方法，构建巴西劈裂实验的数值模型，可研究相应的力学参数、试件尺寸、实验条件等对抗拉强度的影响。

本例巴西劈裂实验数值模型示意图如图 4-34 所示，数值模型为三维圆盘模型，圆盘的外直径为 38mm，厚度 20mm，中部挖出一条宽度 0.025mm、长度 5.0mm 的贯穿型裂缝。上下和左右的小尺度加载和固定的压头直径为 2.0mm，压头采用刚体设置，上部和下部压头主要用于模拟的位移加载，形成上下的压力，左侧和右侧的压头主要用于辅助固定试件，以增加模型的收敛性。

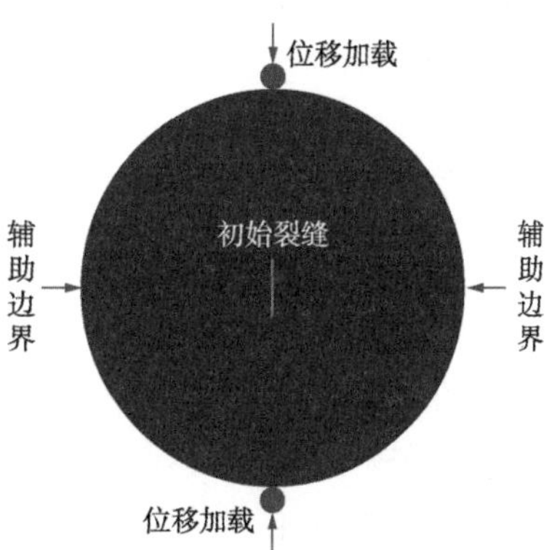

图 4-34　巴西劈裂数值模拟示意图

模型不考虑实验过程中的岩石塑性变形的影响，选择线弹性各向同性本构模型，采用扩展有限元法(XFEM)模拟实验过程中的裂缝扩展过程，模拟过程中获取上下压头的反作用力用于计算试件的抗拉强度值。

数值模型的单位采用国际单位体系，数值模型相应的材料参数如表 4-2 所示，模型参数主要包括岩石试件的密度、弹性模量、泊松比、抗拉强度、断裂能等参数，相关的压头采用刚体设置，无须设置相关的材料参数。本例主要为介绍模拟流程，用户实际模拟过程中可尝试采用岩土类的本构模型进行模拟，研究塑性变形特征对抗拉强度的影响。

表 4-2 巴西劈裂数值模拟材料参数

序号	参数名称	数值	序号	参数名称	数值
1	密度/(kg/m^3)	2500	4	抗拉强度/×10^{6}Pa	2.0
2	弹性模量/×10^{10}Pa	4.2	5	剪切强度/×10^{6}Pa	2.0
3	泊松比(无因次)	0.25	6	位移失效极限值/m	0.0005

4.2.2 模型构建

ABAQUS/CAE 程序启动后，用户可针对需要进行相应的模型设置，主要包括部件几何模型构建、材料赋值、网格划分、部件映射与组装、分析步设置、边界条件与载荷设置、实例间相互作用、作业创建和模拟计算等步骤。

具体的构建和设置步骤如下所示。

4.2.2.1 Part 功能模块

数值模型的部件主要包括岩石试件、加载和辅助固定压头等 5 个部件，其中 4 个压头尺度相同，在 Part 模块中构建一个几何模型即可。

1. *岩石部件构建*

点击左侧工具箱区快捷按钮(Create Part)或点击菜单栏 Part→Create…，进入部件创建(Create Part)对话框[见图 4-35(a)]，部件名称(Name)输入 Rock，部件空间(Modeling Space)选择三维(3D)，类型(Type)选择可变形(Deformable)，基本特征(Base feature)选择实体(Solid)、拉伸(Extrusion)，草图幕布大约尺寸(Approximate Size)根据部件尺寸输入 0.1(表示画布的尺寸为 0.1m×0.1m)。相应的选择和设置完成后，点击对话框左下角 Continue 按钮，进入草图(Sketch)界面。

1) 圆形创建

在草图界面点击左侧工具箱区快捷按钮(Create Circle: Center and Perimeter)，左下角提示区输入圆心坐标(0, 0)(Pick a center point for the circle--or enter X,Y: 0,0)，然后输入圆周上的一个坐标(0, 0.019)(Pick a perimeter point for the circle--or enter X,Y: 0,0.019)，绘制的圆形如图 4-35(b)所示，圆的半径为 0.019m，退出圆形绘制命令。

2) 中间内部裂缝构建

利用左侧工具箱区快捷按钮(Create Lines: Connected)、(Create Circle: Center and Perimeter)、(Offset curves)等命令，进行中间裂缝的几何特征构建，相应的辅助线如图 4-35(c)所示。利用左侧工具箱区快捷按钮(Auto-Trim)和(Delete)进行多余几何线的修剪与删除，修剪与删除后的端面几何图形如图 4-35(d)所示。

3) 实体部件拉伸

在草图区域退出相关的设置后，点击左下角提示区 Done 按钮，进入基本拉伸编辑(Edit Base Extrusion)对话框[见图 4-35(e)]，对话框中拉伸深度(Depth)输入 0.02

(表示模型的厚度为0.02m)，设置完成后点击对话框OK按钮，完成实体拉伸设置。拉伸后的部件如图4-35(f)所示。

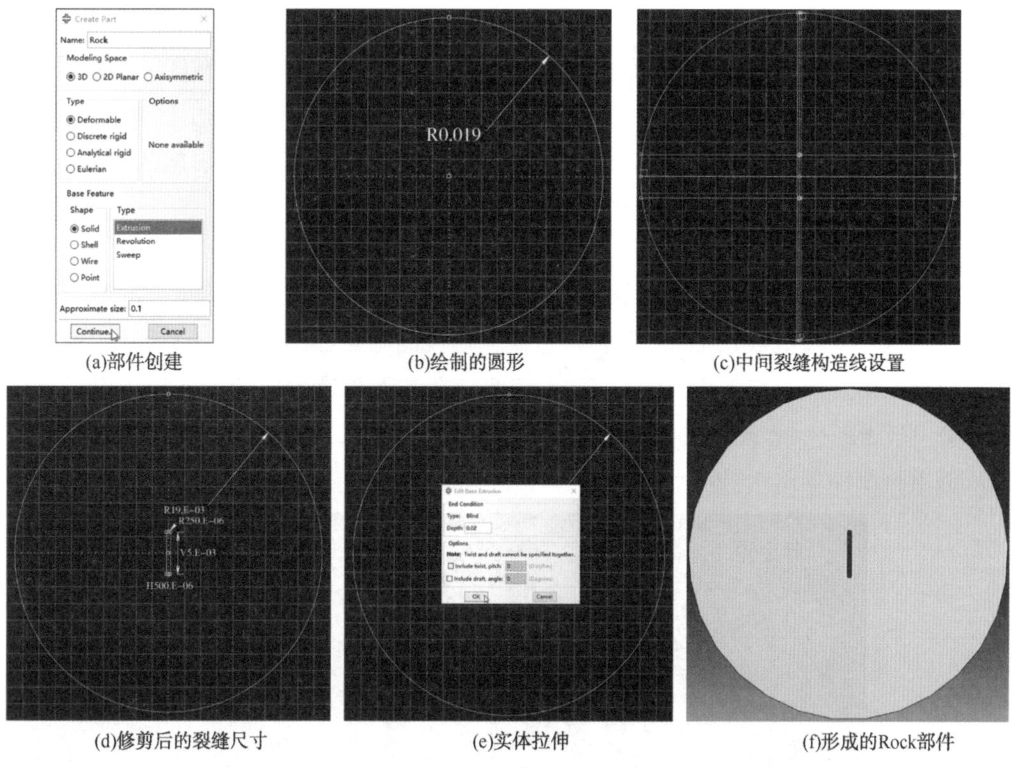

(a)部件创建 (b)绘制的圆形 (c)中间裂缝构造线设置

(d)修剪后的裂缝尺寸 (e)实体拉伸 (f)形成的Rock部件

图4-35 Rock部件创建

2. 压头部件构建

由于压头为钢制部件，与岩石部件相比，其强度和刚度远大于岩石基质。因此，本例模型将压头部件简化成刚体，从而增加模型的收敛性。压头简化为解析刚体(Analytical rigid)，对于三维解析刚体来说，需要采用线框绘制后拉伸形成三维壳面解析刚体。

具体的绘制流程如下：

1) 圆形构建

在Part功能模块中，点击左侧工具箱区快捷按钮(Create Part)或菜单栏Part→Create…，进入部件创建(Create Part)对话框[见图4-36(a)]，部件名称(Name)输入Indenter，部件空间(Modeling Space)选择三维(3D)，类型(Type)选择解析刚体(Analytical rigid)，基本特征(Base feature)选择拉伸壳面(Extruded Shell)，草图幕布大约尺寸(Approximate Size)根据部件尺寸输入0.01(表示草图画布的尺寸为0.01m×0.01m)。相应的设置完成后，点击部件创建(Create Part)对话框左下角的Continue按钮进入草图(Sketch)绘制界面。在草图绘制界面点击左侧工具箱区快捷按钮(Create Circle: Center and Perimeter)，输入圆心坐标(0, 0)，然后输入圆周上的一个坐标(0, 0.001)。由于拉伸解析刚体的圆弧截面的角度需要小于180°，构建的圆需要修剪成角度小于180°的圆弧。

2）辅助线构建

长按左侧工具箱区快捷按钮（Create Construction：Oblique Line thru 2 Points）直至显示隐藏的其他命令按钮，选择按钮（Create Construction：line at a angle），通过角度和点绘制构造线，在左下角提示区输入角度（Angle）－1（Angle: -1），然后在草图区选取圆心点或在左下角提示区输入（0，0，0）坐标，形成角度359°的构造线。再次点击按钮，输入角度181°，输入（0，0，0）坐标，形成角度181°的构造线，构造线主要用于辅助处理。

3）图形修剪

点击草图左侧工具箱区快捷按钮（Auto-Trim）进行多余线的修剪，同时点击左侧工具箱区快捷按钮（Delete）删掉构造线，形成的圆弧如图4-36（b）所示，退出相关的修剪编辑。点击左下角提示区Done按钮，在左下角提示区的拉伸输入设置框中输入0.02（Extrusion depth (for display only): 0.02），形成相关的三维壳面解析刚体，生成的解析刚体如图4-36（c）所示。

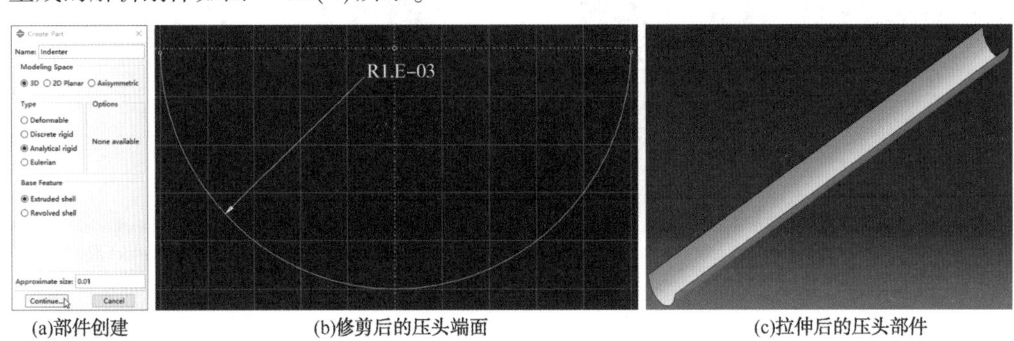

(a)部件创建 (b)修剪后的压头端面 (c)拉伸后的压头部件

图4-36 Indenter部件创建

3. 部件剖分

岩石试件与压头接触的区域为应力集中区域，需要进行网格加密，增加模型的计算精度和提升接触设置的收敛性。

1）Rock部件体剖分

Rock部件创建完成后，需要针对部件进行相应的体剖分，方便后期网格划分、接触设置。具体的剖分布置如下：

在Part模块下，在环境栏（Part Model: Model-1 Part: Rock）位置的Part选项中，点击下拉菜单，选择Rock部件，视图区显示Rock部件。

通过左侧工具箱区快捷按钮（Create Datum Point：Offset From Point）和（Partition Cell：Define Cutting Plane），进行Rock部件的体剖分设置，方便后续的网格划分和相关的设置。剖分的后的Rock部件如图4-37所示。

2）压头部件面剖分

在环境栏中Part选项中选择Indenter部件（Module: Part Model: Model-1 Part: Indenter），在视图区显示Indenter压头部件，方便后续的剖分（Partition）设置和参考点（Reference Point）设置。

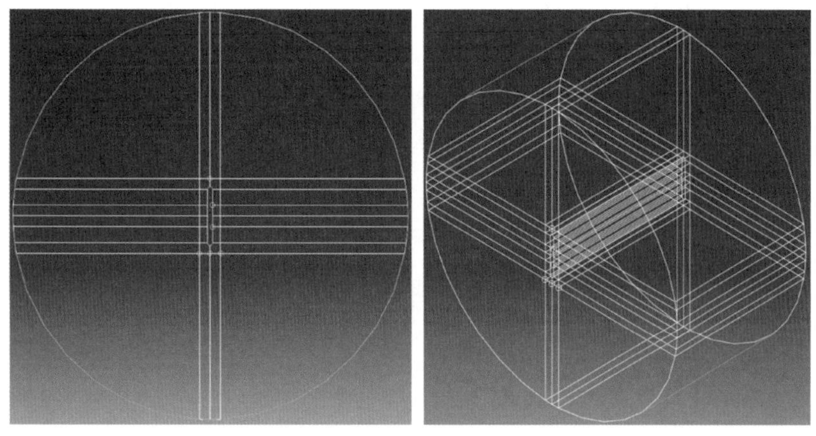

图 4-37　体剖分后的 Rock 部件

点击左侧工具箱区快捷按钮 (Partition Face: Use Shortest Path Between 2 Points)，进行相关的压头面剖分设置，剖分前的压头(Indenter) 部件如图 4-38(a) 所示，剖分后的压头部件如图 4-38(b) 所示。

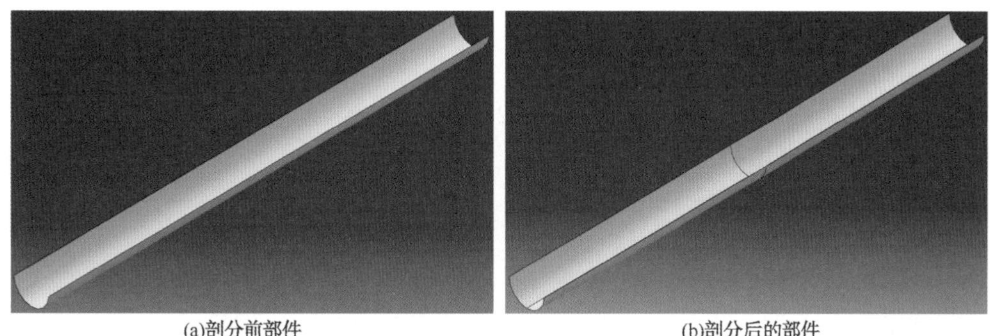

(a)剖分前部件　　(b)剖分后的部件

图 4-38　压头部件面剖分

4. 刚体参考点创建

点击菜单栏 Tools→Reference Point…，然后点击视图区压头部件中部圆弧圆心位置创建参考点，创建的参考点如图 4-39 所示，后续的位移边界与载荷加载至参考点上。

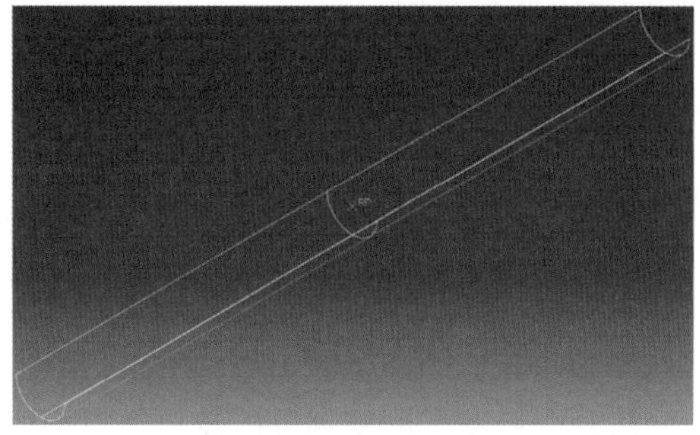

图 4-39　刚体参考点设置

注意：解析刚体上无法直接加载位移载荷或边界条件，只能加载至参考点上，因此，部件创建完成后，需要创建参考点。

相关的参考点坐标在 INP 输入文件中的显示如下：

****

** 由于 Indenter 部件映射了 4 个实例，每个实例的参考点坐标位置不同，每个实例的参考点坐标都需要单独表征。

```
*Node
  38945,           0.,  -6.12323421e-20,           0.
** Indenter-1 实例的参考点坐标。
*Nset, nset=Indenter-1-RefPt_
38945,
** Indenter-1 实例的参考点集合。
*Node
  38946,           0.,  -6.12323421e-20,           0.
** Indenter-2 实例的参考点坐标。
*Nset, nset=Indenter-2-RefPt_
38946,
** Indenter-2 实例的参考点集合。
*Node
  38947,           0.,  -6.12323421e-20,           0.
** Indenter-3 实例的参考点坐标。
*Nset, nset=Indenter-3-RefPt_
38947,
** Indenter-3 实例的参考点集合。
*Node
  38948,           0.,  -6.12323421e-20,           0.
** Indenter-4 实例的参考点坐标。
*Nset, nset=Indenter-4-RefPt_
38948,
** Indenter-4 实例的参考点集合。
```

****

4.2.2.2 Mesh 功能模块

部件构建以及相关体剖分完成后，切换至 Mesh 功能模块，在该模块中进行相关网格划分。

模型创建了 Rock 和 Indenter 两个部件，但是 Indenter 部件为解析刚体，不需要进行网格划分与单元类型选择等步骤。因此，在 Mesh 功能模块中，只需要针对 Rock 部件进行网格种子布置、网格划分控制和网格划分以及单元类型选择等步骤。

注意：解析刚体无须进行网格划分。

1. 网格种子布置

在 Mesh 功能模块下，在环境栏位置 Mesh Model: Model-1 Object: ○ Assembly ◉ Part: Rock

的 Part 选项中，选择 Rock 部件，视图区显示 Rock 部件。

点击左侧工具箱区快捷按钮 (Seed Edges)或菜单栏 Seed→Edges…，在视图区选择如图 4-40(a)所示的边，点击左下角提示区 Done 按钮，进入局部边种子(Local Seeds)对话框[见图 4-40(b)]。网格种子布置方式(Method)选择按数量(By number)，偏移(Bias)选择无偏移(None)，种子尺寸控制(Sizing Controls)中网格单元数量(Number of elements)输入 4，其他采用默认设置，设置完成后点击 OK 按钮完成设置。

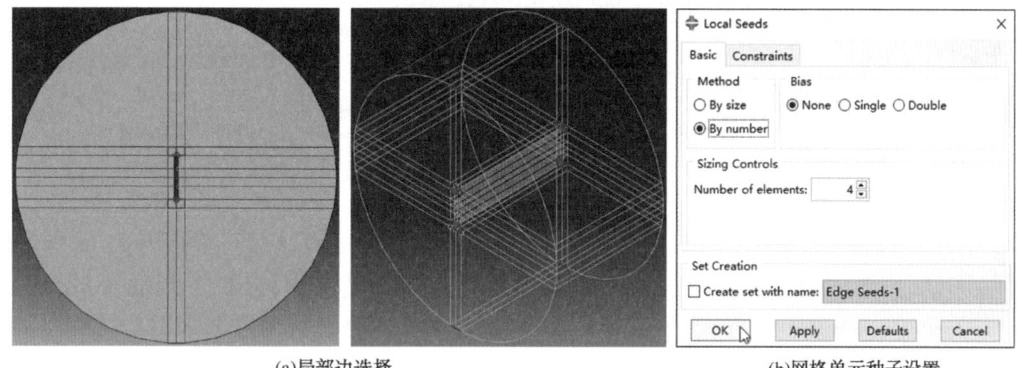

(a)局部边选择 (b)网格单元种子设置

图 4-40 裂缝上下尖端局部边网格种子设置

同样采用局部边种子布置方法，对图 4-41(a)中所示的边进行网格种子布置，边选择完成后进入局部边种子设置对话框[见图 4-41(b)]，采用与图 4-40 相同的网格种子布置。

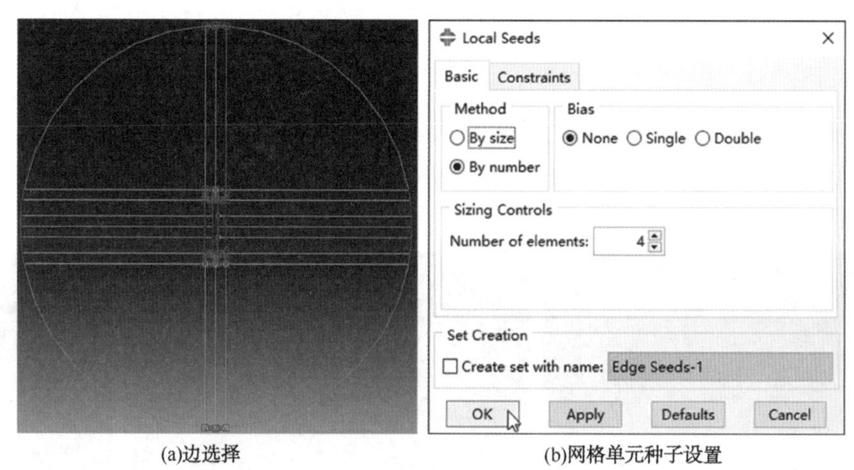

(a)边选择 (b)网格单元种子设置

图 4-41 裂缝左右两侧局部边网格种子设置

试件厚度方向的边同样采用局部边种子设置，部件厚度方向的边选择如图 4-42(a)所示，局部边选择完成后点击左下角提示区的 Done 按钮，进入局部边种子(Local Seeds)设置对话框[见图 4-42(b)]。网格种子采用均匀布置，布种方式(Method)选择按数量(By number)，不考虑网格种子偏移设置，偏移(Bias)选择无偏移(None)，种子尺寸控制(Sizing Controls)中单元数量(Number of elements)输入 15，其他采用默认设置，设置完成后点击 OK 按钮完成设置。

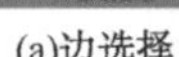

(a)边选择

(b)边种子参数设置

图 4-42　厚度方向边种子设置

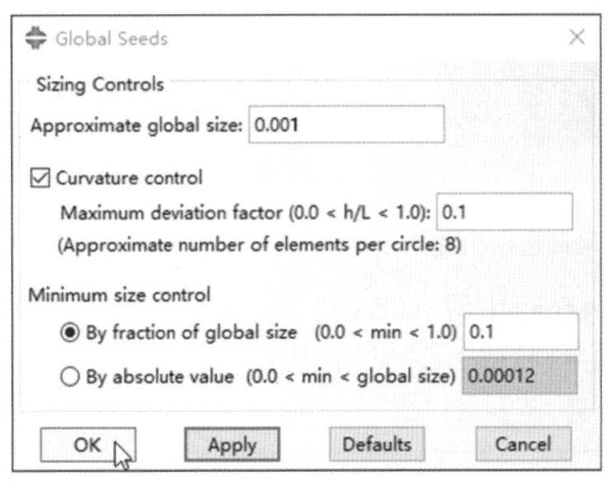

图 4-43　全域网格种子设置

部件其他区域的边采用全域种子(Global Seeds)进行设置，其他未进行局部边种子网格设置的边都采用全域网格种子布置。点击左侧工具箱区快捷按钮(Seed Part)或菜单栏 Seed→Part…，进入全域种子设置(Global Seeds)对话框(见图 4-43)，尺寸控制(Sizing Controls)下面的全域尺寸(Approximate Global Size)输入尺寸参数 0.001，其他采用默认设置，设置完成后点击 OK 按钮完成设置。

全部边进行网格种子布置后的部件如图 4-44 所示，网格种子为局部边设置与区域设置相结合方式，其中紫色网格单元种子采用局部边网格种子，白色网格种子采用区域网格种子设置。中间裂缝所在的边的局部网格种子分布如图 4-44(c)所示。

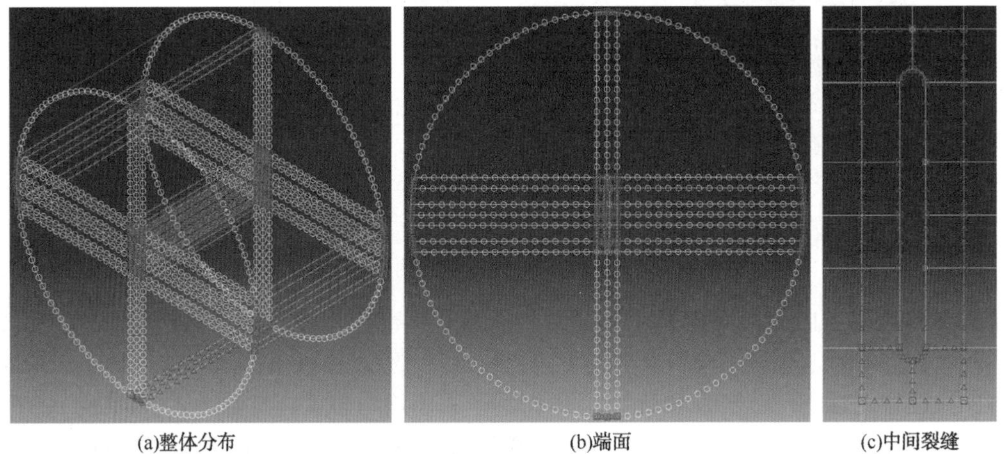

(a)整体分布　　(b)端面　　(c)中间裂缝

图 4-44　Rock 部件网格种子分布图

2. 网格划分控制

Rock 部件全部边的网格种子设置完成后，部件或区域网格划分前，需要进行网格划分控制设置，确定网格形状和网格划分技术。具体的操作流程如下：

点击左侧工具箱区快捷按钮(Assign Mesh Controls)或菜单栏 Mesh→Controls…，在视图区选择 Rock 部件所有实体(Cells)，点击左下角提示区的 Done 按钮，进入网格划分控制(Mesh Controls)对话框，单元形状(Element Shape)选择六面体(Hex)，网格划分技术(Technique)选择结构化网格(Structured)，设置完成后点击对话框左下角的 OK 按钮，完成 Rock 部件的网格划分控制设置。

3. 网格划分

网格种子设置完成后，采用全域网格划分技术进行 Rock 部件的网格划分，具体的设置流程如下：点击左侧工具箱区快捷按钮(Mesh Part)或菜单栏 Mesh→Part…，点击左下角提示区 Yes 按钮(OK to mesh the part? Yes No)，完成 Rock 部件的全域网格划分。Rock 部件网格划分后的网格如图 4-45 所示。

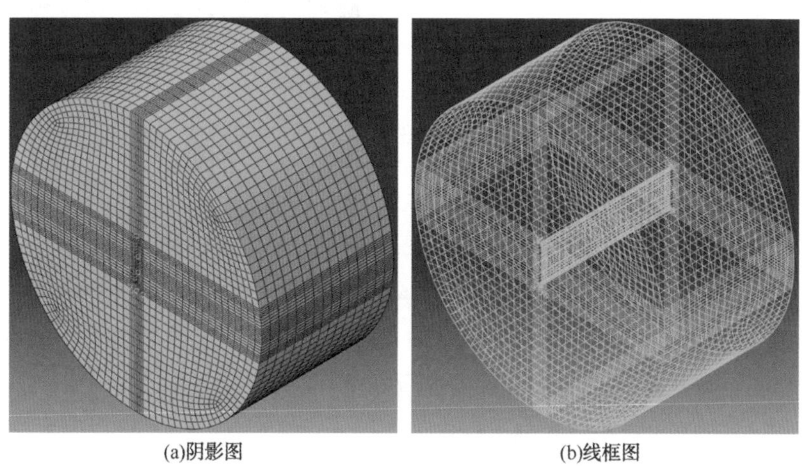

(a)阴影图　(b)线框图

图 4-45　网格划分后的 Rock 部件

4. 网格质量检测

网格划分完成后，需要进行网格质量检测，了解部件网格的质量，具体流程如下：点击左侧工具箱区快捷按钮(Verify Mesh)或菜单栏 Mesh→Verify…，在视图区选择 Rock 部件，点击左下角提示区 Done 按钮，进入网格质量检测(Verify Mesh)对话框，相关的设置采用默认设置。点击对话框左下角的 Highlight 按钮，视图区未高亮显示的紫色或黄色网格，表明部件没有错误(Error)或警告(Warnings)单元。

同时，信息提示区也会显示相应的网格检测结果信息，信息如下：

```
*******************************************************
  Part: Rock
  Hex elements:    34920
    Max angle on Quad faces > 160:    0 (0%)
    Average max angle on quad faces:    96.77,    Worst max angle on quad faces:    148.99
   Number of elements :    34920,    Analysis errors:    0 (0%),    Analysis warn-
```

ings: 0 (0%)

** 显示错误(Error)单元和警告(Warning)单元的比例都为0。

****

5. 单元类型选择

点击左侧工具箱区快捷按钮 (Assign Element Type)或菜单栏 Mesh→Element Type…,在视图区选择 Rock 部件全部实体后,点击左下角提示区 Done 按钮,进入单元类型(Element Type)设置对话框(见图 4-46),单元库(Element Library)选择 Standard,单元族(Family)选择三维应力(3D Stress),单元控制选项六面体(Hex)界面下勾选缩减积分(Reduced Integration),其他的参数采用默认设置即可,点击 OK 按钮完成设置。选择三维应力单元的单元代号为 C3D8R——三维8节点线性块状缩减积分单元。

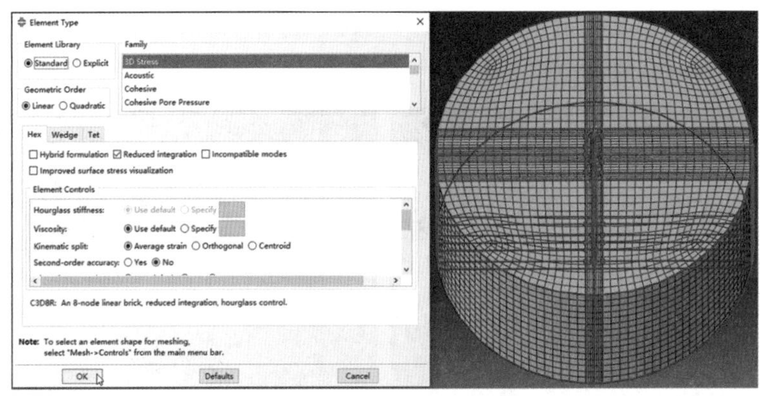

图 4-46 部件单元类型选择

单元节点与类型在 INP 输入文件的显示如下:

****

*Node

** 部件节点坐标。

1, 0.00100000005, -0.00100000005,   0.

** 分别表示节点编号、X 方向坐标、Y 方向坐标和 Z 方向坐标。

2, 0.0189736653, -0.00100000005,   0.

3, 0.0189736653, -0.00100000005, 0.0199999996

4, 0.00100000005, -0.00100000005, 0.0199999996

5, 0.0188348088, -0.00249999994,   0.

6, 0.0188348088, -0.00249999994, 0.0199999996

7, 0.00100000005, -0.00249999994, 0.0199999996

8, 0.00100000005, -0.00249999994,   0.

……………………………………

38935, -0.0132252118, -0.0118197352, 0.0160000008

38936, -0.013234023, -0.0118321106, 0.0173333324

38937, -0.013238336, -0.0118476721, 0.0186666679

38938, -0.0126282601, -0.0115021048, 0.0106666675
38939, -0.0126426965, -0.0115179531, 0.012000001
38940, -0.0126620755, -0.0115348175, 0.0133333346
38941, -0.0126831857, -0.011551436, 0.0146666681
38942, -0.0127034262, -0.0115704304, 0.0160000008
38943, -0.0127203697, -0.0115959644, 0.0173333324
38944, -0.0127363587, -0.0116243809, 0.0186666679

** 部件累计38944个节点。

* Element, type=C3D8R

** "*Element"单元组成设置关键词，单元类型为C3D8R，表示三维8节点缩减积分应力单元。

1, 1, 97, 1941, 158, 226, 2501, 13745, 2417

** 分别表示单元编号与组成该单元的节点编号。

2, 97, 98, 1942, 1941, 2501, 2502, 13746, 13745
3, 98, 99, 1943, 1942, 2502, 2503, 13747, 13746
4, 99, 100, 1944, 1943, 2503, 2504, 13748, 13747
5, 100, 101, 1945, 1944, 2504, 2505, 13749, 13748
6, 101, 102, 1946, 1945, 2505, 2506, 13750, 13749
7, 102, 103, 1947, 1946, 2506, 2507, 13751, 13750
8, 103, 104, 1948, 1947, 2507, 2508, 13752, 13751
……………………………

34913, 35811, 36355, 35820, 35781, 36166, 38938, 36239, 35795
34914, 36355, 36352, 35819, 35820, 38938, 38939, 36240, 36239
34915, 36352, 36349, 35818, 35819, 38939, 38940, 36241, 36240
34916, 36349, 36346, 35817, 35818, 38940, 38941, 36242, 36241
34917, 36346, 36343, 35816, 35817, 38941, 38942, 36243, 36242
34918, 36343, 36340, 35815, 35816, 38942, 38943, 36244, 36243
34919, 36340, 36337, 35814, 35815, 38943, 38944, 36245, 36244
34920, 36337, 13712, 13672, 35814, 38944, 13744, 13671, 36245

** 累计单元数量34920个。

****

由于Identer部件无须网格划分，Rock部件完成相关的网格划分和单元类型设置后，进入其他模块进行相关的设置。

4.2.2.3 Property 功能模块

Rock部件网格划分与相关的设置完成后，将ABAQUS/CAE界面切换至Property功能模块，该功能模块主要进行Rock部件材料属性设置与截面赋值。

注意：Identer部件为解析刚体，无须进行材料设置与材料属性赋值。

材料模块主要包括材料参数设置、材料截面创建和材料截面属性赋值等步骤，具体的操作流程如下。

1. 材料参数设置

材料参数主要针对 Rock 部件的力学参数进行相关的设置，主要包括力学参数、损伤参数等。

点击左侧工具箱区快捷按钮(Create Material)或菜单栏 Material→Create…，进入材料编辑(Edit Material)对话框，材料名称(Name)输入 Rock。输入的材料参数主要包括密度、弹性模量与泊松比、初始损伤准则、损伤演化准则以及黏性控制参数等。具体设置如下：

(1) 通用参数。点击材料编辑对话框通用(General)→密度(Density)，显示密度输入界面，输入 2500[见图 4-47(a)]。

(2) 力学参数。点击材料编辑对话框力学(Mechanical)→弹性参数(Elasticity)→弹性(Elastic)，对话框下部出现弹性模量和泊松比的输入窗口[见图 4-47(b)]，输入弹性模量(Young's Modulus)4.2×10^{10}，泊松比(Poisson's Ratio)输入 0.25。

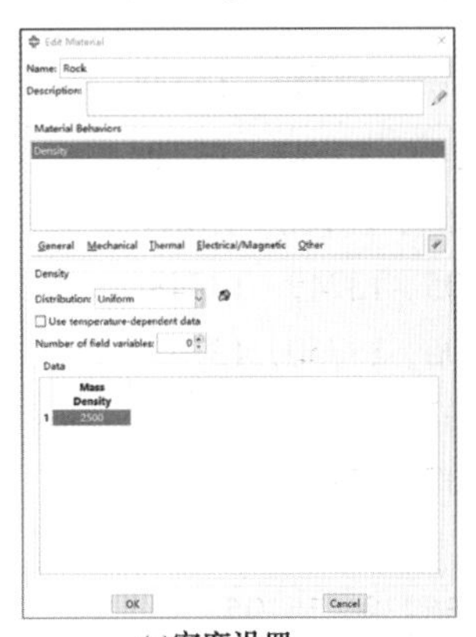

(a)密度设置

(b)弹性参数设置

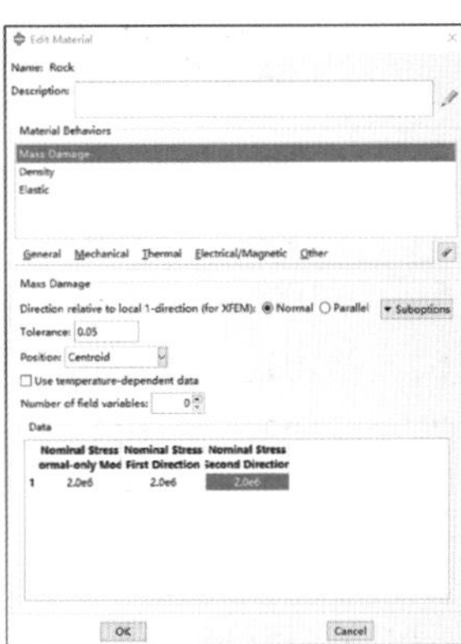

(c)起裂设置

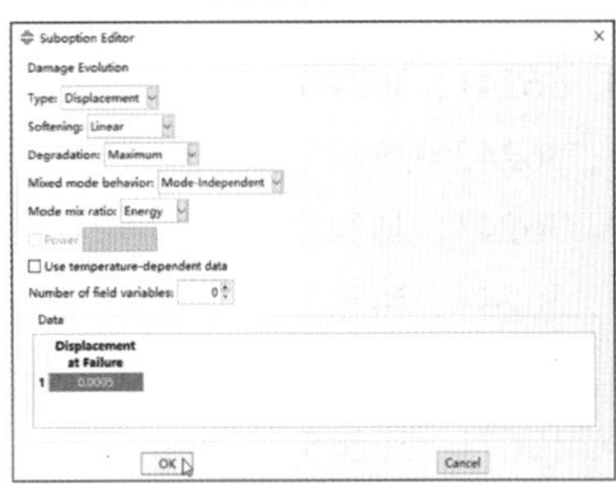

(d)损伤演化设置

(e)黏性参数设置

(f)设置完成的参数

图 4-47 Rock 材料参数设置

(3) 损伤参数。点击材料编辑对话框力学(Mechanical)→牵引-分离损伤准则(Damage for Traction Separation Laws)→最大应力损伤(Maxs Damage)，下部弹出输入表格后输入 2.0×10^6、2.0×10^6 和 2.0×10^6[见图 4-47(c)]。在二次应力损伤(Maxs Damage)设置窗口下，点击对话框中间右边的子选项(suboption)→损伤演化(Damage Evolution)，进入子选项对话框[见图 4-47(d)]，在选项框中设置相关的选项，类型(Type)选择位移(Displacement)，软化(Softening)选择线性形式(Linear)，退化(Degradation)选择最大(Maximum)损伤退化，混合模式行为(Mixed mode behavior)选择模态独立(Mode-Independent)，模态混合比例(Mode Mix Ratio)选择能量(Energy)。失效位

移(Displacement at Failure)表格中输入0.0005。在最大应力损伤(Quads Damage)设置窗口下，点击对话框中间右边的子选项(Suboption)→黏聚力损伤稳定(Damage Stabilization Cohesive)，进入损伤黏性系数设置对话框[见图4-47(e)]，黏性系数输入0.005。设置完成后点击OK按钮完成损伤演化设置。

所有参数设置完成后如图4-47(f)所示。

Rock部件的材料参数在INP输入文件的中显示如下：

```
************************************************************
** MATERIALS
*Material, name=Rock
** “*Material”材料设置关键词，材料名称为Rock。
*Density
** “*Density”材料密度关键词。
2500.,
** 材料密度值2500kg/m³。
*Elastic
** “*Elastic”弹性模量关键词。
4.2e+10, 0.22
** 材料弹性模量4.2×10^10Pa，泊松比0.22。
*Damage Initiation, criterion=MAXS
** “*Damage Initiation”材料初始损伤设置关键词，初始损伤准则(criterion)采用最大主应力起裂方式。
2.0e+06, 2.0e+06, 2.0e+06
** 初始损伤应力设置，法向应力2×10^6Pa、切向应力2×10^6Pa。
*Damage Evolution, type=DISPLACEMENT
** “*Damage Evolution”损伤演化设置关键词，采用最大位移损伤淡化准则。
0.0005, 0., 0.
** 最大失效位移值设置为0.0005。
*Damage Stabilization
** “Damage Stabilization”损伤黏性系数设置。
0.005
** 损伤黏性系数设置为0.005。
************************************************************
```

2. 截面创建

Rock部件的材料设置完成后，需要依据Rock部件的单元和几何类型进行材料截面属性创建，具体的设置流程如下：

点击左侧工具箱区快捷按钮(Create Section)或菜单栏Section→Create…，进入截面创建(Create Section)设置对话框[见图4-48(a)]，名称(Name)输入Rock，种类(Category)选择实体(Solid)，类型(Type)选择各向同性(Homogeneous)，设置完成后点击对话框左下角Continue按钮，进入截面编辑(Edit Section)，对话框如

图 4-48(b)所示，选择前述设置的 Rock 材料，其他采用默认设置，设置完成后点击 OK 按钮。

(a)截面创建对话框 (b)截面编辑

图 4-48 ROCK 截面创建

3. 截面属性赋值

在 Property 功能模块下，在环境栏中 Property Model: Model-1 Part: Rock，Part 选项选择 Rock 部件，视图区显示 Rock 部件。

点击左侧工具箱区快捷按钮(Assign Section)或菜单栏 Assign→Section，在视图区选择 Rock 部件的全部实体(Cells)[见图 4-49(a)]，点击左下角提示区 Done 按钮，进入材料截面赋值(Edit Section Assignment)对话框[见图 4-49(b)]，选择材料截面 Rock，然后点击对话框左下角的 Done 按钮，完成设置。Rock 部件截面属性赋值后，部件颜色由灰色转变成绿色，赋值后 Rock 部件如图 4-49(c)所示。

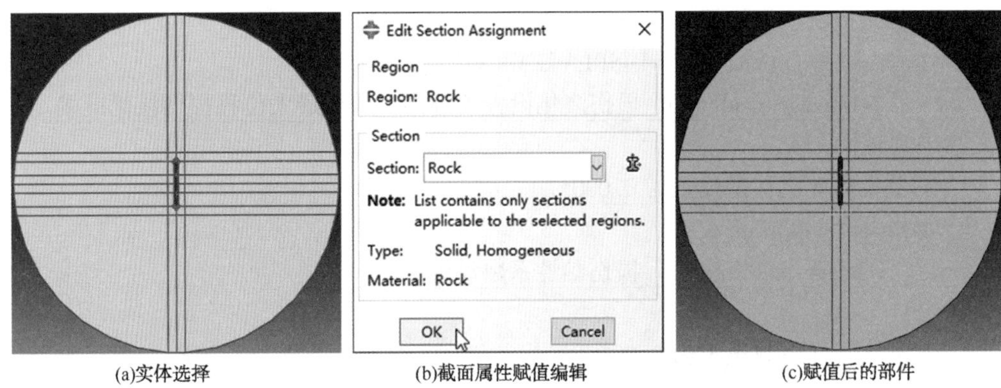

(a)实体选择 (b)截面属性赋值编辑 (c)赋值后的部件

图 4-49 截面属性赋值设置

材料属性赋值在 INP 输入文件的显示如下：

****

** Section: Rock

** Rock 部件材料截面赋值。

* Solid Section, elset=Rock-1_ Rock, material=Rock

** "* Solid Section"实体截面设置关键词，单元集合为 Rock-1_ Rock，材料选

择 Rock。

,

＊＊平面应力与应变率采用默认值。

＊＊

注意：Indenter 部件为解析刚体部件，不需要进行相关的材料参数设置与材料赋值；Rock 部件的材料属性赋值完成后，进行其他步骤的设置。

4.2.2.4 Assembly 功能模块

Assembly 功能模块主要是建立部件(Part)与实例(Instance)间的连接，点击环境栏 Module 的下拉菜单，选择 Assembly 后进入 Assembly 功能模块。需要映射一个 Rock 部件的实例和 4 个 Indenter 部件实例。

1. 实例创建

在 Assembly 功能模块中，点击左侧工具箱区快捷按钮(Create Instance)或菜单栏 Instance→Create…，进入实例创建(Create Instance)对话框。

在对话框中[见图 4-50(a)]，首先选择 Rock 部件，由于部件(Part)映射前进行了部件剖分与网格划分，所以实例类型只能为非独立实例(Dependent)，点击对话框下部的 OK 按钮，完成 Rock 部件的映射，映射形成的 Rock-1 实例如图 4-50(b)所示。

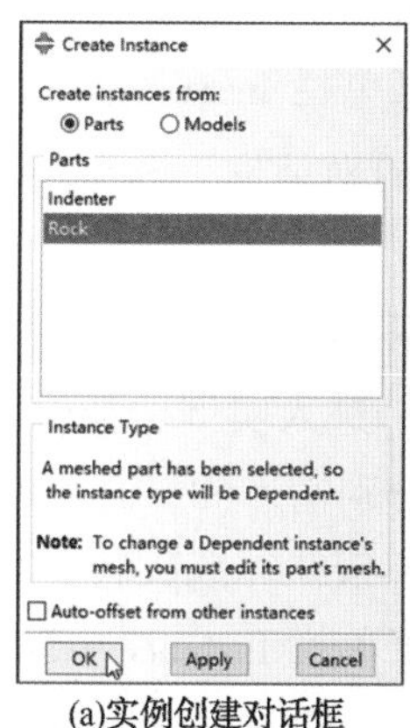

(a)实例创建对话框

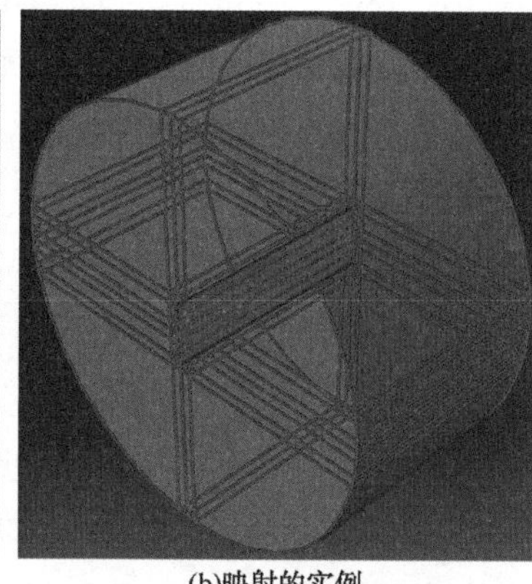
(b)映射的实例

图 4-50　Rock 部件实例映射

在实例创建(Create Instance)对话框中，继续选择 Indenter 部件[见图 4-51(a)]，部件选择非独立实例(Dependent)，点击对话框的 Apply 按钮，一次只能映射一个 Indent 实例。映射的 Indenter 实例如图 4-51(b)所示。

注意：由于模型包括 4 个 Indenter 实例，需要针对 Indenter 部件进行 4 次映射，从而形成 4 个实例，4 个实例名称采用部件名称+编号形式，4 个实例的名字分别对应 Indenter-1、Indenter-2、Indenter-3、Indenter-4。

Rock 部件和 Indenter 部件映射完成后，5 个实例的位置如图 4-51(b)所示，Indenter 实例都处于中心(0, 0)位置，需要根据模型试件与压头的位置关系调整压头的位置。具体操作流程如下：

(1) 上部压头。点击左侧工具箱区快捷按钮(Translate Instance)或菜单栏

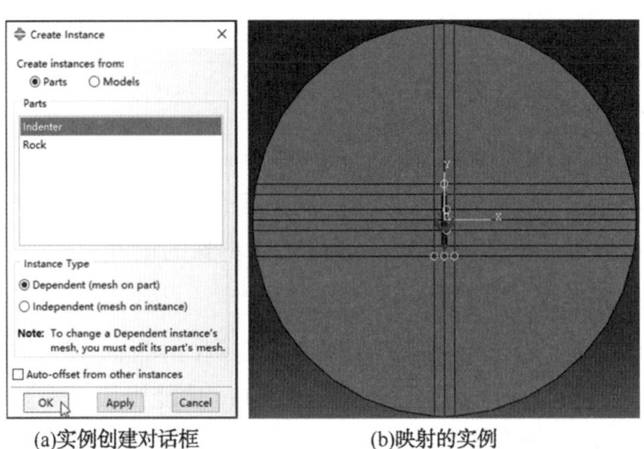

(a)实例创建对话框　　(b)映射的实例

图 4-51　Indenter 压头部件映射

Instance→Translate，点击右下角提示区 Instances...，进入实例选择(Instance Selection)对话框，选择 Indenter-1 实例进行平移至 Rock-1 实例的上部预定位置。

(2) 下部压头。①实例旋转。点击左侧工具箱快捷按钮 (Rotate Instance)或菜单栏 Instance→Rotate，点击右下角提示区 Instances...，进入实例选择(Instance Selection)对话框，选择 Indenter-2 实例，在左下角的提示区分别输入(0，0，0)和(0，0，1)形成旋转轴后，输入旋转角度 180°，点击提示区的 OK 按钮完成旋转。②实例平移。点击左侧工具箱区快捷按钮 (Translate Instance)或菜单栏 Instance→Translate，点击右下角提示区 Instances...，进入实例选择(Instance Selection)对话框，选择 Indenter-2 实例进行平移至 Rock-1 实例的下部预定位置。

(3) 左侧压头。①实例旋转。点击左侧工具箱快捷按钮 (Rotate Instance)或菜单栏 Instance→Rotate，点击右下角提示区 Instances...，进入实例选择(Instance Selectio)对话框，选择 Indenter-3 实例，在左下角的提示区分别输入(0，0，0)和(0，0，1)形成旋转轴后，输入旋转角度-90°，点击提示区的 OK 按钮完成旋转。②实例平移。点击左侧工具箱区快捷按钮 (Translate Instance)或菜单栏 Instance→Translate，点击右下角提示区 Instances...，进入实例选择(Instance Selection)对话框，选择 Indenter-3 实例进行平移至 Rock-1 实例的左侧预定位置。

(4) 右侧压头。右侧压头的旋转与平移与左侧压头的设置基本相同，只是旋转角度为顺时针 90°。

全部压头旋转与平移后的模型的各个实例如图 4-52 所示。

注意：对于多个实例模型，在 Assembly 功能模块中映射后，采用实例平移(Translate Instance)与实例旋转(Rotate Instance)是将实例移动至其合适位置的主要手段。

为了方便后续的设置，需要在实例上设置相应的点集合、单元集合和面集合。

2. 节点与单元集合(Set)设置

为方便后期相关的边界条件、载荷和 XFEM 设置，用户可进行相关的几何集合的设置。具体的设置如下：点击菜单栏 Tools→Set→Create…，进入集合创建(Create Set)对话框，对话框中输入集合名称(Name)，类型(Type)选择几何(Geometry)后，在视

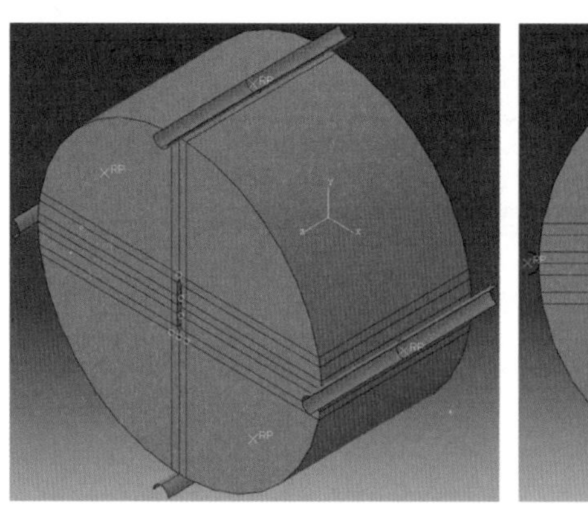
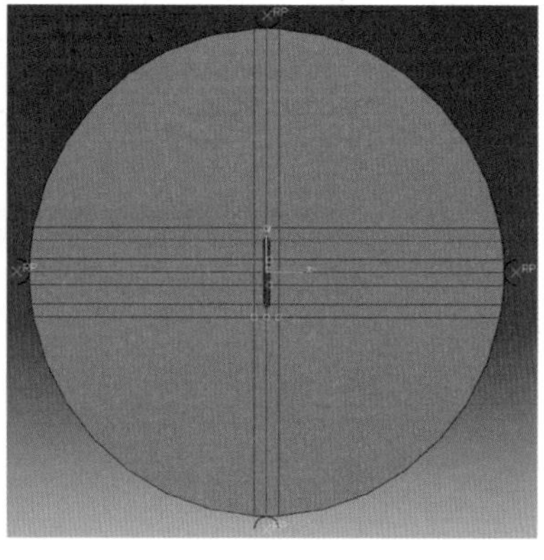

图 4-52　映射的实例

图区选择相关的区域后，点击左下角提示区的 Done 按钮完成集合设置。

岩石试件的集合设置如图 4-53 所示，主要用于 XFEM 区域选择设置。

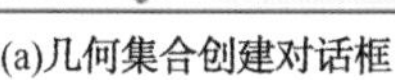
(a)几何集合创建对话框

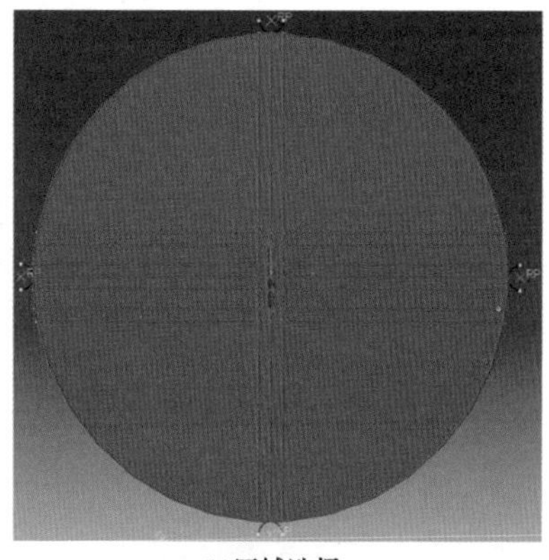
(b)区域选择

图 4-53　Rock 集合设置

上部压头参考点的集合设置如图 4-54 所示，主要用边界位移载荷设置。

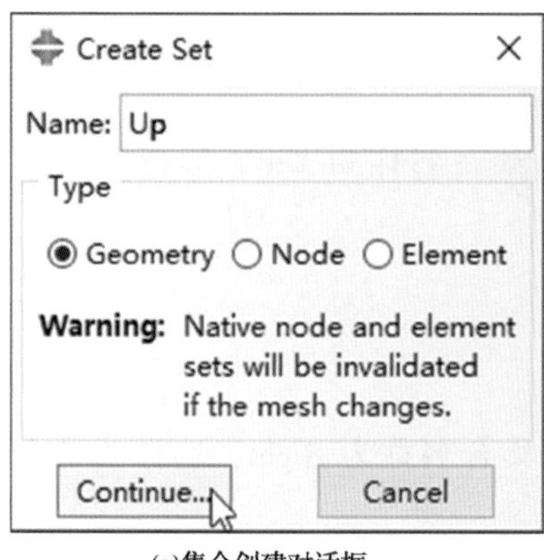

(a)集合创建对话框

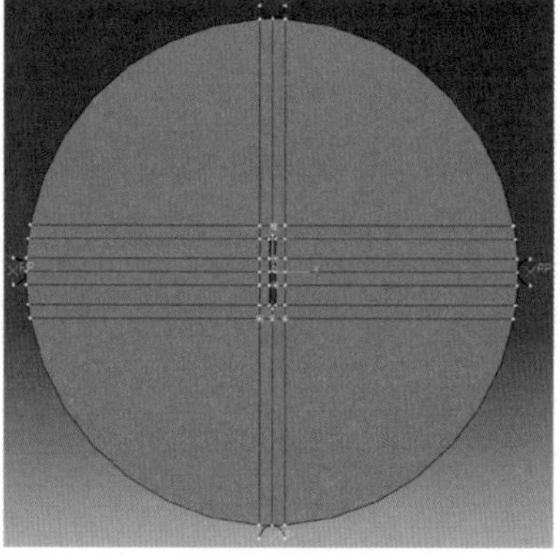
(b)集合位置选择

图 4-54　上部压头集合设置

模型设置的全部集合如图 4-55 所示，主要是 Rock 试件的集合、四个压头的参考点的点集合，主要用于后续相关的设置与分析。

图 4-55　实例全部集合

设置的相关集合在 INP 输入文件中的显示如下：

****

*Nset, nset=Up

**“*Nset”节点集合设置关键词，集合名称为 Up，选择的是上部压头参考点。

38948,

**节点编号。

*Nset, nset=Down

**“*Nset”节点集合设置关键词，集合名称为 Down，选择的是下部压头参考点。

38947,

**节点编号。

*Nset, nset=Left

**“*Nset”节点集合设置关键词，集合名称为 Left，选择的是左侧压头参考点。

38946,

**节点编号。

*Nset, nset=Right

**“*Nset”节点集合设置关键词，集合名称为 Right，选择的是右侧压头参考点。

38945,

**节点编号。

*Nset, nset=Rock, generate

** “ * Nset”节点集合设置关键词，集合名称为 Rock，节点为 Rock 部件的全部节点。

1,　38944,　　1

** 节点编号，节点编号连续，等差数列表示，1 为起始节点编号，38944 为终止节点编号，1 为等差数列差值。

* Elset, elset=Rock, generate

** “ * Elset”单元集合设置关键词，集合名称为 Rock，单元为全部部件的单元。

1,　34920,　　1

** 单元编号，单元编号连续，等差数列表示，1 为起始单元编号，38944 为终止单元编号，1 为等差数列差值。

****

3. 面集合设置

面集合设置主要用于建立压头与中间岩石的接触，主要包括上部、下部、左侧和右侧压头的面集合以及与压头可能接触的岩石试件面。

上部压头面集合：点击菜单栏 Tools→Surface→Create…，进入面集合创建(Create Surface)对话框[见图 4-56(a)]，面集合名称(Name)输入 Up-1，类型(Type)选择几何(Geometry)，点击对话框 Continue 按钮，然后在视图区选择面[见图 4-56(b)]，点击左下角提示区的 Done 按钮，点击左下角提示区选择紫色(Purole)方向的面(Choose a side for the shell or internal faces: Brown Purple)，表示选择外侧紫色的面集合。

(a)面集合创建对话框　　(b)面位置选择

图 4-56　Up-1 面集合设置

试件上部压头接触面集合：点击菜单栏 Tools→Surface→Create…，进入创建面集合(Create Surface)对话框[见图 4-57(a)]，面集合名称(Name)输入 Up-2，类型(Type)选择几何(Geometry)，点击对话框 Continue 按钮，然后在视图区选择面[见图 4-57(b)]，选择后点击左下角提示区的 Done 按钮完成面集合设置。

除了上部和下部压头的面集合外，还包括左侧和右侧的压头相关的面集合设置，创建的所有的面集合如图 4-58 所示。

Create Surface
Name: Up-2
Type
Geometry Mesh
Warning: Native mesh surfaces will be invalidated if the mesh changes.
Continue... Cancel

(a)面集合创建对话框

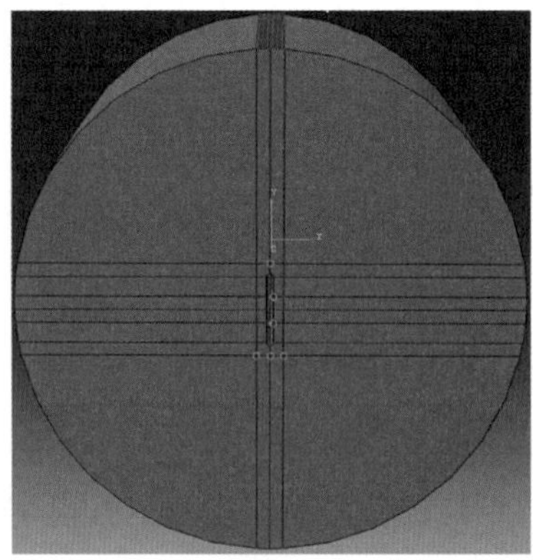

(b)面位置选择

图 4-57　试件上部压头接触面集合(Up-2)

Surface Manager

Name	Type
Down-1	Geometry
Down-2	Geometry
Left-1	Geometry
Left-2	Geometry
Right-1	Geometry
Right-2	Geometry
Up-1	Geometry
Up-2	Geometry

Create...　Edit...　Copy...　Rename...　Delete...　Dismiss

图 4-58　创建的全部面集合

相关的面集合在 INP 输入文件的中显示如下:

****

*Surface, type=CYLINDER, name=Indenter-1_ Up-1

** "*Surface"面集合关键词,"type=CYLINDER"表示三维刚体表面,在垂直平面方向无限延伸,面集合的名称为 Indenter-1_ Up-1。

0., 0.02, 0.01, 100., 0.02, 0.01

0., 0.02, -99.99

** 表面相关的坐标。

*Surface, type=CYLINDER, name=Indenter-2_ Down-1

** 与 Indenter-1_ Up-1 类似,面集合的名称为 Indenter-1_ Down-1。

0., -0.02, 0.01, -100., -0.02, 0.01

0., -0.02, -99.99

** 表面相关的坐标。

*Surface, type=CYLINDER, name=Indenter-3_ Right-1

```
**刚体表面 Indenter-3_ Right-1。
0.02, 0., 0.01, 0.02, -100., 0.01
0.02, 0., -99.99
*Surface, type=CYLINDER, name=Indenter-3_ Left-1
**刚体表面 Indenter-3_ Left-1。
-0.02, 0., 0.01, -0.02, 100., 0.01
-0.02, 0., -99.99
****************************************************************
*Elset, elset=_ Up-2_ S5
**面集合 Up-2 的单元集合。
16261, 16262, 16263, 16264, 16265, 16266, 16267, 16268, 16269, 16270,
16271, 16272,
…………
19339, 19340, 19341, 19342, 19343, 19344, 19345, 19346, 19347, 19348,
19349, 19350
*Surface, type=ELEMENT, name=Up-2
_ Up-2_ S5, S5
** Up-2 面集合。
*Elset, elset=_ Down-2_ S6
**面集合 Down-2 的单元集合。
17551, 17566, 17581, 17596, 17611, 17626, 17641, 17656, 17671, 17686,
17701, 17716,
……………………
27181, 27196, 27211, 27226, 27241, 27256, 27271, 27286
*Surface, type=ELEMENT, name=Down-2
_ Down-2_ S6, S6
** Down-2 面集合。
*Elset, elset=_ Left-2_ S1
3901, 3902, 3903, 3904, 3905, 3906, 3907, 3908, 3909, 3910, 3911, 3912,
3913, 3914,
…………
908, 7909, 7910, 7911, 7912, 7913, 7914, 7915, 7916, 7917, 7918, 7919, 7920
*Surface, type=ELEMENT, name=Left-2
_ Left-2_ S1, S1
*Elset, elset=_ Right-2_ S4
1098, 1116, 1134, 1152, 1170, 1188, 1206, 1224, 1242, 1260, 1278, 1296,
1314, 1332,
…………
5904, 5922, 5940, 5958, 5976, 5994, 6012, 6030, 6048, 6066, 6084, 6102, 6120
```

```
*Surface, type=ELEMENT, name=Right-2
_Right-2_S4, S4
*******************************************************************
```

4.2.2.5 Step 功能模块

根据模型特征，本例主要采用静态模拟分析，将 ABAQUS/CAE 切换至 Step 功能模块。

1. 分析步创建

点击左侧工具箱区快捷按钮 (Create Step) 或菜单栏 Step→Create…，进入分析步创建(Create Step)对话框[见图 4-59(a)]，分析步名称(Name)采用默认名称 Step-1，分析步类型(Procedure type)选择 General→(Static，General)，点击 Continue 按钮，进入分析步编辑(Edit Step)对话框[见图 4-59(b)和图 4-59(c)]，总时间(Time Period)设置 1.0，几何非线性(Nlgeon)选择开启(On)，设置对话框如图 4-59(b)所示。最大增量步数量(Maximum Number of Increment)输入 2000，时间增量步设置初始增量步时间(Initial)0.001、最小增量步时间(Minimum) 1×10^{-16}、最大增量步时间(Maximum)0.001[见图 4-59(c)]，设置完成后点击对话框的 OK 按钮。

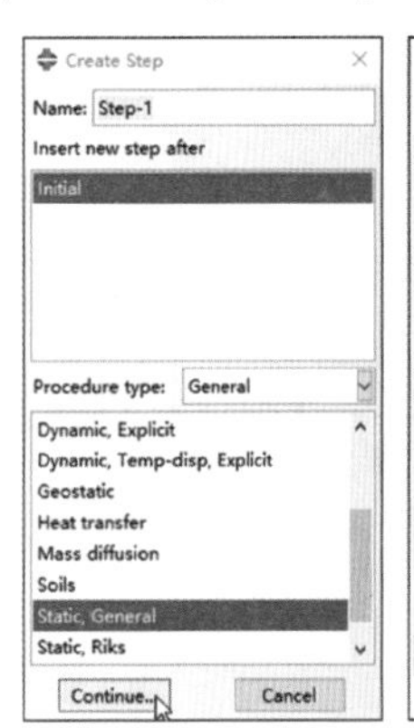

(a)分析步创建

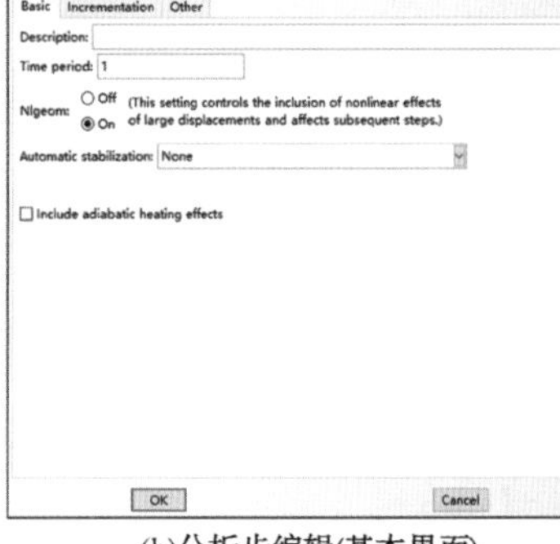

(b)分析步编辑(基本界面)

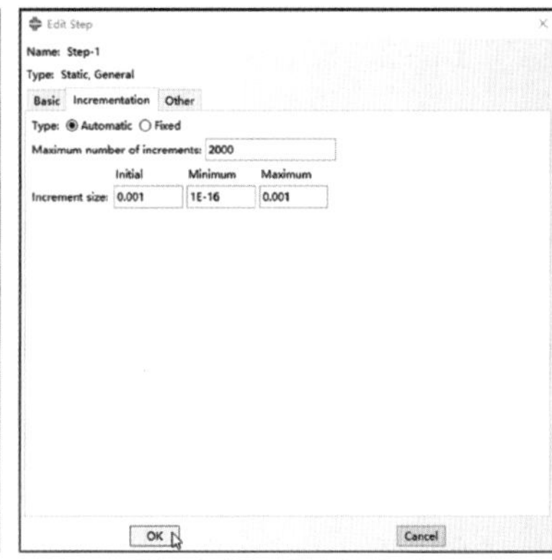

(c)分析步编辑(增量步设置界面)

图 4-59 分析步创建

注意：采用 XFEM 进行三维裂缝扩展模拟过程中，极易产生不收敛问题，因此，分析步的最小增量步时间可设置成极小值，这样在某些时间点能够实现模型的收敛。

2. 场变量输出

点击左侧工具箱区快捷按钮 (Field Output Manager) 或菜单栏 Output→Field Output Requests→Manager，进入场变量输出管理器(Field Output Requests Manager)对话框，选择默认的 F-Output-1 场变量输出，点击对话框右上角 Edit 按钮，进入场变量输出编辑(Edit Field Output Requests)对话框，选择整个模型场变量输出(Domain 选择 Whole Model)、输出频率(Frequency)设置每个增量步输出(n 为 1)，输出变量(Output Variables)选择相应的应力、应变、反向作用力、扩展有限元表征等变量。相关的场变量类型见后续的 INP 文本介绍中。

3. 历程变量输出

点击左侧工具箱区快捷按钮 (History Output Manager) 或菜单栏 Output→History

Output Requests→Manager，进入历程变量输出管理器(Field Output Requests Manager)对话框[见图 4-60(a)]，点击右上角 Edit 按钮，进历程变量输出编辑(Edit History Output Request)对话框[见图 4-60(b)]，在对话框中区域(Domain)中选择集合(Set)，集合的名称为 Up，频率(Frequency)选择 Every n increments，频率 n 选择 1。输出变量选择 RF2，相关的设置完成后，点击对话框的 OK 按钮。相关的历程变量输出见后续的 INP 输入文件文本介绍中。

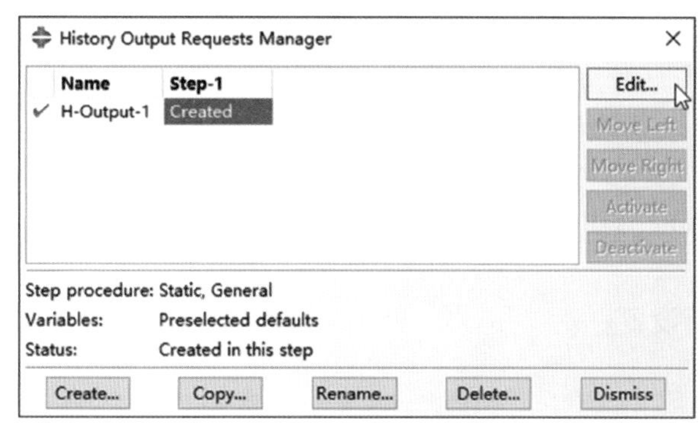

(a)历程场变量输出管理器

(b)历程场变量输出设置

图 4-60 历程变量输出设置

4. 收敛性设置

由于 XFEM 裂缝扩展和接触模拟过程中，容易产生不连续迭代或收敛性差等问题，因此需要进行相关的求解控制设置。

点击菜单栏 Other→General Solution Controls→Edit→Step-1，进入分析步的迭代控制前会出现相应的警告信息，点击 Continue 按钮，进入通用求解控制器(General Solution Controls Editor)对话框(见图 4-61)，相关的设置主要包括收敛性控制来源，选择指定(Specify)，在 Time 选项中勾选不连续分析(Discontinuous analysis)[见图 4-61(a)]，增量步控制设置在最大迭代次数输入 25[见图 4-61(b)]。

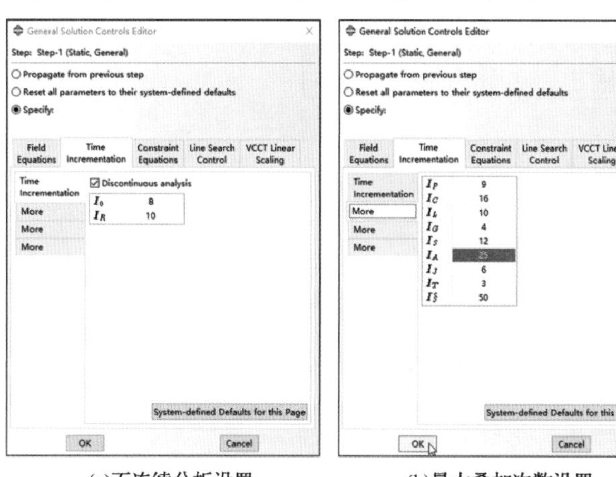

(a)不连续分析设置　　(b)最大叠加次数设置

图 4-61 求解控制设置

相关的分析步设置、场变量输出与历程变量输出设置在 INP 输入文件的显示如下：

****

** STEP：Step-1

** 位移加载分析步设置。

* Step，name=Step-1，nlgeom=YES，inc=2000

** "*Step" 为分析步创建关键词，分析步名称为 Step-1，几何非线性开启，最大增量步步数设置为 2000。

* Static

** "*Static" 为静态分析步设置关键词。

0.001，1.，1e-16，0.001

** 分别表示初始增量步时间、总时间、最小增量步时间、最大增量步时间。

………………

** 相关的边界条件和载荷设置。

** CONTROLS

* Controls，reset

** 求解控制设置，"*Controls" 模拟控制关键词。

* Controls，analysis=discontinuous

** 非连续性分析设置。

* Controls，parameters=time incrementation

，，，，，，，25，，，

** 单个增量步最大迭代次数为 25 次。

** OUTPUT REQUESTS

** 结果输出设置。

* Restart，write，frequency=0

** 分析步重启设置，不进行重启设置。

** FIELD OUTPUT：F-Output-1

** 结果场变量输出，名称为 F-Output-1。

* Output，field

** 场变量输出设置。

* Node Output

** 节点场变量输出。

PHILSM，PSILSM，RF，U

** 节点变量参数类型。

* Element Output，directions=YES

** 单元场变量输出，选择包括方向。

E，LE，S

** 单元场变量类型。

** HISTORY OUTPUT：H-Output-1

** 历程变量输出，名称为 H-Output-1。

* Output, history

** 历程变量输出关键词与参数。

* Node Output, nset=Up

** 节点输出，集合名称为 Up。

RF2,

** 历程变量参数。

* End Step

****

4.2.2.6 Interaction 功能模块

由于模型包括一个 Rock 实例和 4 个 Indenter 实例，实例间需要通过相互作用设置进行耦合。相互作用(Interaction)功能模块主要进行接触面属性设置、接触面设置以及 XFEM 设置等。

1. 接触属性创建

1) Rock-Indenter 接触属性设置

点击左侧工具箱区快捷按钮(Create Interaction Property)或菜单栏 Interaction→Property→Create…，进入相互作用属性创建(Create Interaction Property)对话框[见图 4-62(a)]，相互作用名称(Name)输入 Rock-Indenter，对话框中选择接触(Contact)类型后点击 Continue 按钮，进入接触属性编辑(Edit Contact Property)对话框[见图 4-62(b)、图 4-62(c)]，接触属性设置主要选择力学(Mechanical)的切向(Tangential Behavior)和法向接触(Normal Behavior)设置，切向作用的选择和设置如图 4-62(b)和图 4-62(c)所示，切向考虑摩擦作用，摩擦系数设置为 0.10。法向作用设置为硬接触("Hard" Contact)。

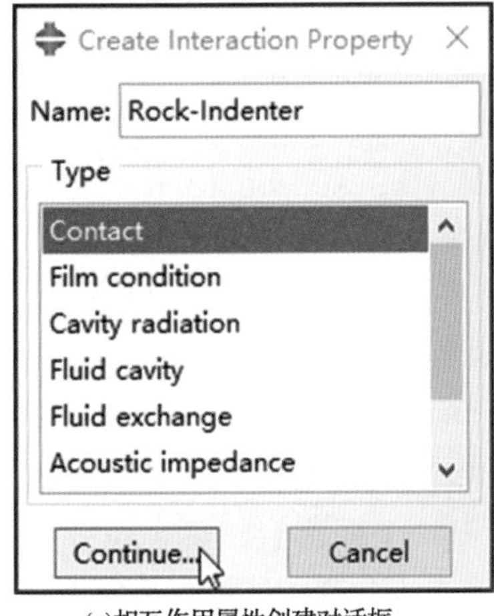

(a)相互作用属性创建对话框

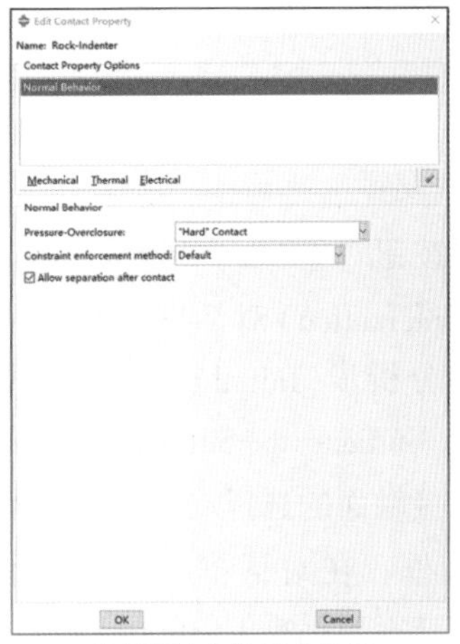

(b)接触属性编辑(法向作用)

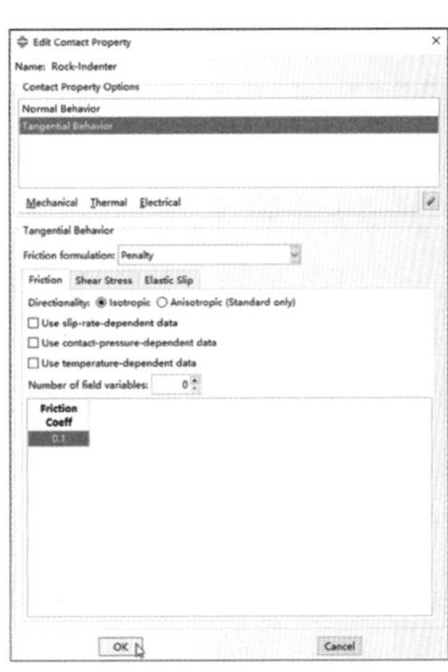

(c)接触属性编辑(切向作用)

图 4-62 Rock-Indenter 接触属性设置

Rock-Indenter 接触属性在 INP 输入文件中的显示如下：

****

* Surface Interaction, name=Rock-Indenter

** “ * Surface Interaction” 接触属性关键词，名称为 Rock-Indenter。

1.,

* Friction, slip tolerance=0.005

** “ * Friction” 接触切向摩擦关键词。

0.10,

** 摩擦系数为 0.10。

* Surface Behavior, pressure-overclosure=HARD

** 法向作用设置采用硬接触(HARD)。

****

2）破坏裂缝间接触属性设置

除了裂缝面间的摩擦系数不同外，裂缝间的接触属性设置与 Rock-Indenter 接触属性设置完全一致，裂缝面间的摩擦系数设置为 0.15。

Fracture 接触属性在 INP 输入文件中的显示如下：

****

* Surface Interaction, name=Fracture

** “ * Surface Interaction” 接触属性关键词，名称为 Fracture。

1.,

* Friction, slip tolerance=0.005

** “ * Friction” 接触切向摩擦关键词。

0.15,

** 摩擦系数为 0.15。

* Surface Behavior, pressure-overclosure=HARD

** 法向作用设置采用硬接触(HARD)。

****

2. 相互作用创建

1）上部压头与试件接触设置

点击左侧工具箱区快捷按钮 (Create Interaction) 或菜单栏 Interaction→Create…，进入相互作用创建(Create Interaction)对话框[见图 4-63(a)]，输入名称(Name)为 Up，分析步(Step)选择初始分析步(Initial)，可选的相互作用类型选择(Types for Selected Step)选择面对面接触[Surface-to-Surface Contact(Standard)]，点击对话框左下角 Continue 按钮，然后进行接触面的选择。点击右下角提示区 Surfaces... 按钮，进入区域选择(Region Selection)对话框，在对话框中选择主面 Up-1 面集合，集合位置如图 4-63(b)所示。点击区域选择对话框 Continue 按钮，在左下角提示区进行从面类型选择(← X Choose the slave type: Surface Node Region)，选择面(Surface)，点击 Surface 按钮后，再次进入区域选择(Region Selection)对话框，选择 Up-2 面集合，位置如图 4-63(c)所示，点击 Continue 按钮，进入相互作用编辑(Edit Interaction)对话框[见图 4-63(d)]。相关的设置如下：①滑移类型(Sliding formulation)选择小位移移动(Small Sliding)；②离散方式(Discreretization Method)选择面对面(Surface to Surface)；③勾选排除壳面/

膜厚度(Exclude Shell/Membrane Element Thickness)；④从面调整(Slave Adjustment)选择不调整(No Adjustment)；⑤相互作用接触属性(Contact Interaction Property)选择 Rock-Identer。设置完成后，点击 OK 按钮完成设置。

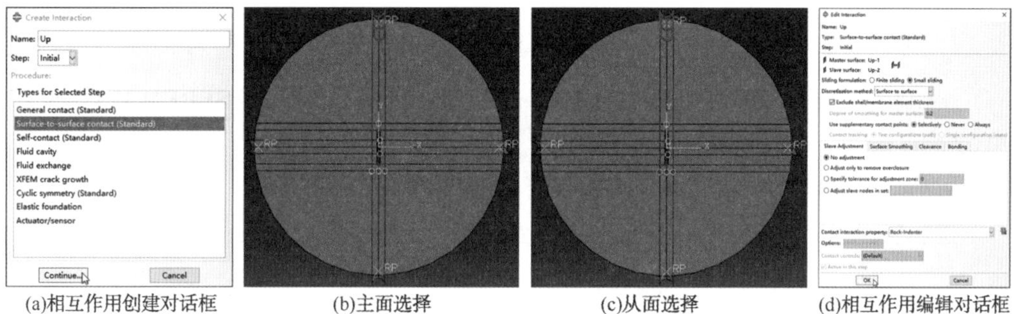

(a)相互作用创建对话框　(b)主面选择　(c)从面选择　(d)相互作用编辑对话框

图 4-63　上部压头与试件相互作用设置

2）下部压头与试件接触设置

下部压头的接触设置与上部压头的接触设置一致。相互作用创建(Create Interaction)对话框中接触名称(Name)输入 Down。区域面集合选择方面，接触的主面选择 Down-1 面集合(下部压头面集合)，从面选择 Down-2 面集合。在相互作用编辑(Edit Interaction)对话框中，相关的设置与图 4-63(d)完全相同，设置完成后点击 OK 按钮完成设置。

3）左侧压头与试件接触设置

左侧压头的接触设置与上部压头的设置完全一致。接触名称(Name)输入 Left，相关主面选择 Left-1 面集合(左侧压头面集合)，从面选择 Left-2 面集合，其他的设置采用与图 4-63(d)完全相同的设置。

4）右侧压头与试件接触设置

右侧压头的接触设置与上部压头的设置完全一致。接触名称(Name)输入 Right，相关主面选择 Right-1 面集合(右侧压头面集合)，从面选择 Right-2 面集合，其他的设置采用与图 4-63(d)完全相同的设置。

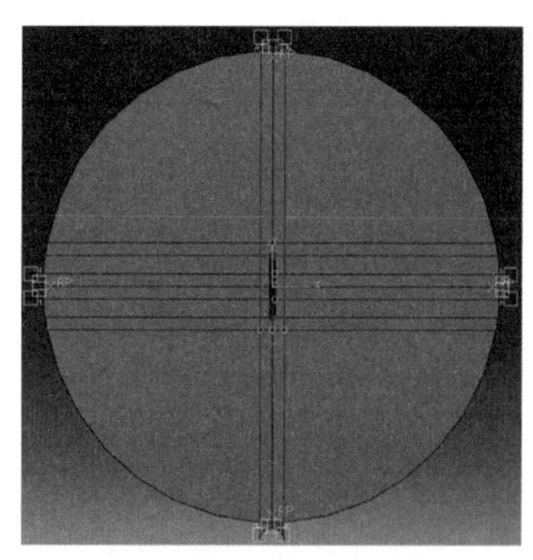

图 4-64　接触设置后模型

全部接触设置完成后，模型如图 4-64 所示。

```
****************************************************************
** INTERACTIONS
** Interaction: Up
** 上部压头接触面设置。
*Contact Pair, interaction=Rock-Indenter, small sliding, type=SURFACE TO SURFACE, no thickness
```

** “*Contact Pair”接触对设置关键词，接触面属性选择 Rock-Indenter，滑移类型为小位移滑动(Small Sliding)，接触离散方式采用面对面离散方式(Surface to Surface)，no thickness 表示接触无厚度，通过排除壳面/膜厚度(Exclude Shell/Membrane

Element Thickness)进行设置，后续的相关设置完全一致。

Up-2, Indenter-1_ Up-1

** Up-2 为接触设置的从面，Indenter-1_ Up-1 为接触设置的主面。

** Interaction: Down

** 下部压头接触面设置。

* Contact Pair, interaction = Rock-Indenter, small sliding, type = SURFACE TO SURFACE, no thickness

Down-2, Indenter-2_ Down-1

** Down-2 为接触设置的从面，Indenter-2_ Down-1 为接触设置的主面。

** Interaction: Left

** 左侧压头接触面设置。

* Contact Pair, interaction = Rock-Indenter, small sliding, type = SURFACE TO SURFACE, no thickness

Left-2, Indenter-3_ Left-1

** Left-2 为接触设置的从面，Indenter-3_ Left-1 为接触设置的主面。

** Interaction: Right

** 右侧压头接触面设置。

* Contact Pair, interaction = Rock-Indenter, small sliding, type = SURFACE TO SURFACE, no thickness

Right-2, Indenter-4_ Right-1

** Right-2 为接触设置的从面，Indenter-4_ Right-1 为接触设置的主面。

****

3. XFEM 创建

点击菜单栏 Special→Create……，进入裂缝创建(Create Crack)对话框[见图 4-65(a)]，名称(Name)输入 Fracture，类型(Type)选择 XFEM，点击 Continue 按钮进行区域选择设置，点击右下角提示区 Sets... 按钮，进入区域选择(Region Selection)对话框，选择 Rock 集合[见图 4-65(b)]后点击 Continue 按钮，进入裂缝编辑(Edit Crack)对话框[见图 4-65(c)]，裂缝编辑(Edit Crack)对话框中勾选允许裂缝扩展(Allow Crack Growth)，同样勾选指定接触属性(Specify Contact Property)后，选择 Fracture 接触属性，设置完成后点击 OK 按钮完成设置。设置 XFEM 后的模型实例如图 4-65(d)所示。

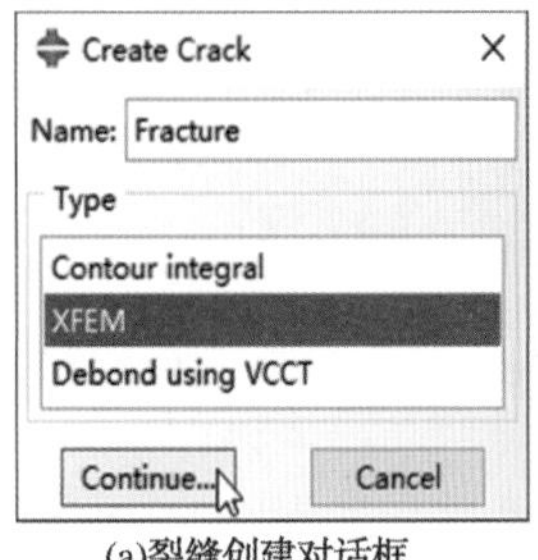

(a)裂缝创建对话框

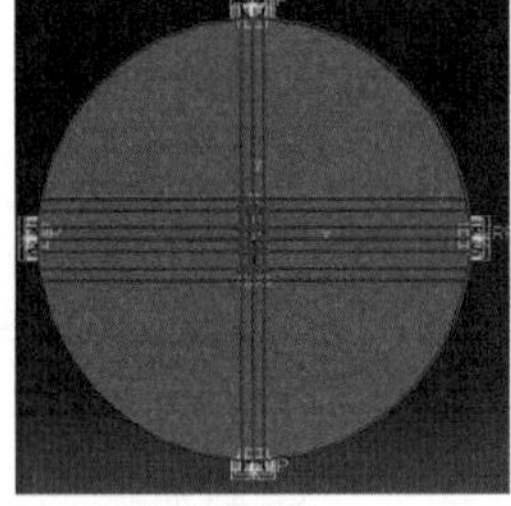
(b)区域选择

(c)裂缝编辑对话框

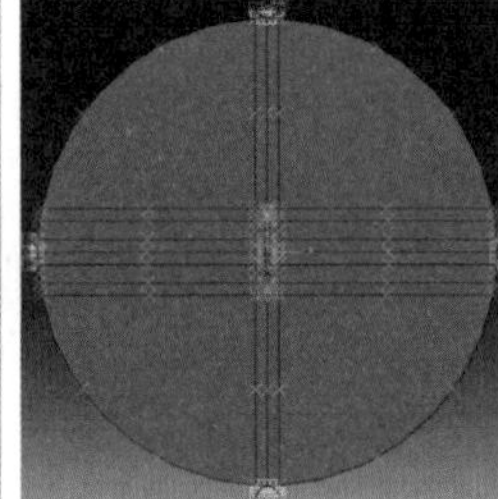
(d)XFEM设置后的实例

图 4-65　XFEM 裂缝扩展方式设置

相关的 XFEM 设置在 INP 输入文件中的显示如下：

****

*Enrichment, name=Fracture, type=PROPAGATION CRACK, elset=Rock, interaction=Fracture

**"*Enrichment"为 XFEM 设置关键词，XFEM 的名称为 Fracture，类型为 PROPAGATION CRACK，集合选择 Rock，相关的接触属性选择 Fracture 面接触属性。

****

4.2.2.7 Load 功能模块

Load 功能模块主要进行模型的边界条件与载荷设置，将界面由 Interaction 功能模块切换至 Load 功能模块。

1. 边界条件设置

1）上部压头固定边界

点击左侧工具箱区快捷按钮 (Create Boundary Condition)或菜单栏 BC→Create…，进入边界条件创建(Create Boundary Condition)对话框[见图 4-66(a)]，名称(Name)输入 Up，分析步(Step)选择初始分析步(Initial)，边界种类(Category)选择力学边界(Mechanical)，分析步可选的边界类型(Types for Selected Step)选择位移/旋转(Displacement/Rotation)，然后点击对话框左下角 Continue 按钮，进行边界条件区域的选择。点击右下角提示区 Sets... 按钮，进入区域选择(Region Selection)对话框[见图 4-66(b)]，在对话框中选择 Up 集合后点击 Continue 按钮，进入边界条件编辑(Edit Boundary Condition)对话框[见图 4-66(c)]，边界条件选择 U1、U2、U3、UR1、UR2、UR3，点击 OK 按钮，完成边界条件设置。

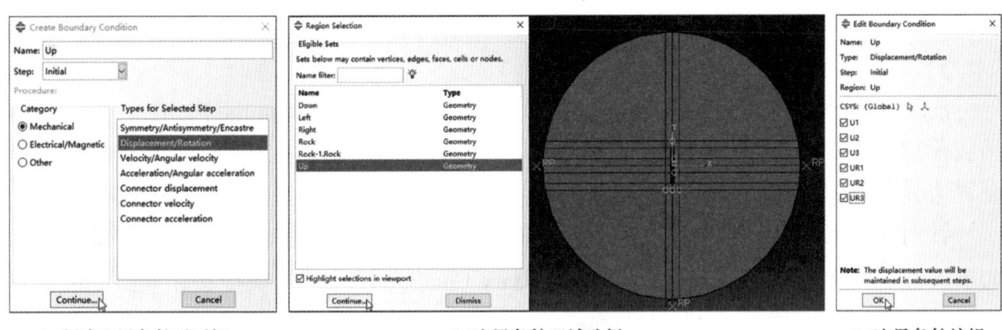

(a)创建边界条件对话框　(b)边界条件区域选择　(c)边界条件编辑

图 4-66　上部压头边界条件设置

2）下部压头固定边界

下部压头的边界条件设置与上部压头的设置基本一致。边界条件的名称(Name)输入 Down，边界条件选择 U1、U2、U3、UR1、UR2、UR3，完成下部压头边界条件设置。

3）左侧压头固定边界

同样点击左侧工具箱区快捷按钮 (Create Boundary Condition)或菜单栏 BC→Create…，进入边界条件创建(Create Boundary Condition)对话框[见图4-67(a)]，名称(Name)输入Left，分析步(Step)选择初始分析步(Initial)，种类(Category)选择力学边界(Mechanical)，分析步可选的类型(Types for Selected Step)选择位移/旋转(Displacement/Rotation)，然后点击对话框左下角Continue按钮后，点击右下角提示区 Sets... 按钮，进入区域选择(Region Selection)对话框[见图4-67(b)]，在对话框中选择Left集合后点击Continue按钮，进入边界条件编辑(Edit Boundary Condition)对话框[见图4-67(c)]，边界条件选择U2、U3、UR1、UR2、UR3，点击OK按钮，完成边界条件设置。X方向的位移边界不进行设置。

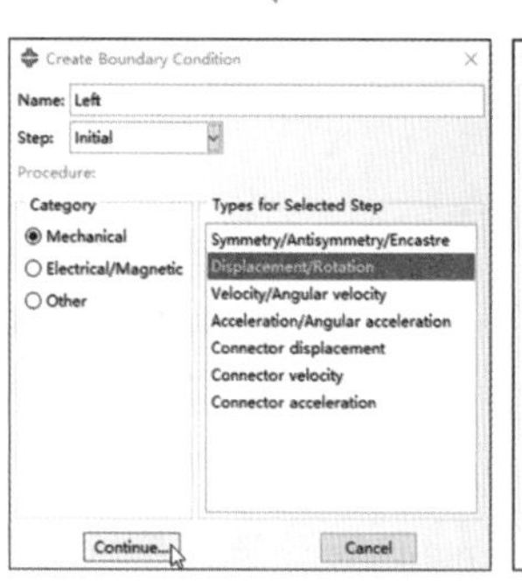

(a)创建边界条件对话框

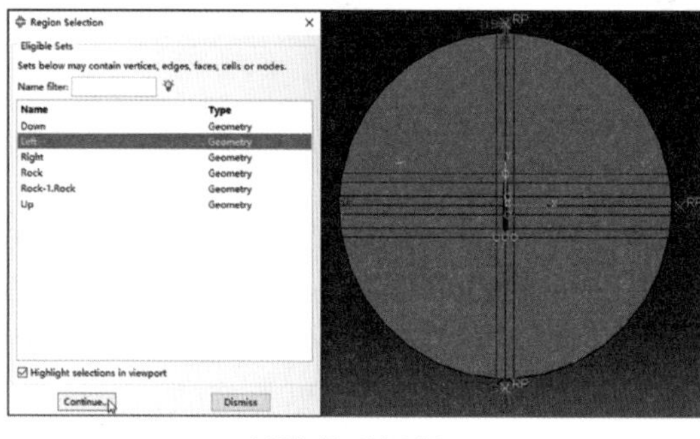

(b)边界条件区域选择

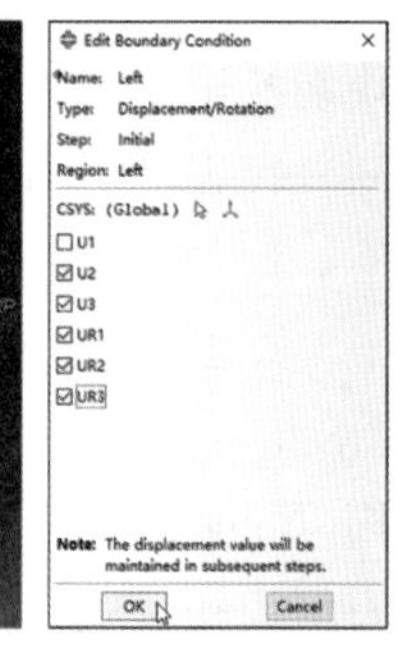

(c)边界条件编辑

图4-67　左侧压头边界条件设置

4）右侧压头固定边界

右侧压头的边界条件设置与左侧压头的设置完全一致。边界条件的名称(Name)输入Right，区域选择(Region Selection)对话框中选择Right集合，边界条件选择U2、U3、UR1、UR2、UR3。

5）上部压头位移载荷加载

前面上下压头的边界条件设置主要针对的是初始分析步(Initial)，在上下压头位移载荷加载模拟分析步中，需要进行Y方向位移载荷加载设置，针对前面初始分析步设置边界条件进行修改。

针对Step-1分析步进行位移载荷设置，通过压头添加位移载荷。具体的设置流程如下：点击左侧工具箱区(Create Boundary Condition)右侧的快捷按钮(Boundary Condition Manager)或菜单栏BC→Manager，进入边界条件管理器(Boundary Condition Manager)对话框[见图4-68(a)]，选择如图所示的Up边界条件Step-1的表格后，点击右上角Edit按钮，进入边界条件编辑(Edit Boundary Condition Manager)对话框[见图4-68(b)]，U2边界条件输入位移参数-0.0025，表示Y轴负方向，其他默认设置，设置完成后点击OK按钮完成设置。

6）下部压头位移载荷加载

针对Step-1分析步下部压头的加载设置如图4-69所示，设置流程与上部压头的基本一致，位移加载量设置0.0025，表示位移载荷为Y轴的正方向。

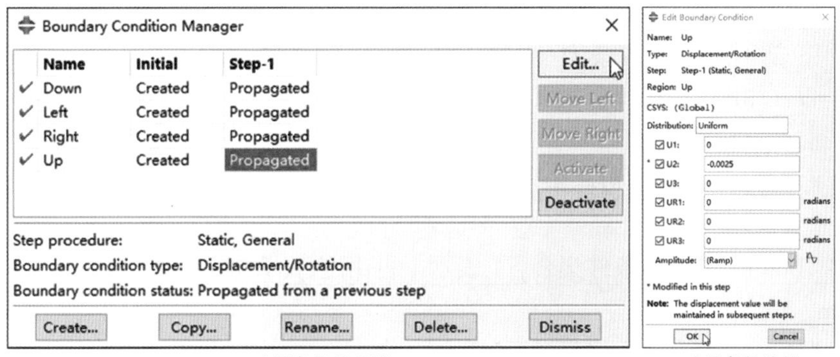

(a)边界条件管理器　　(b)边界条件编辑

图 4-68　上部压头 Step-1 分析步位移载荷加载设置

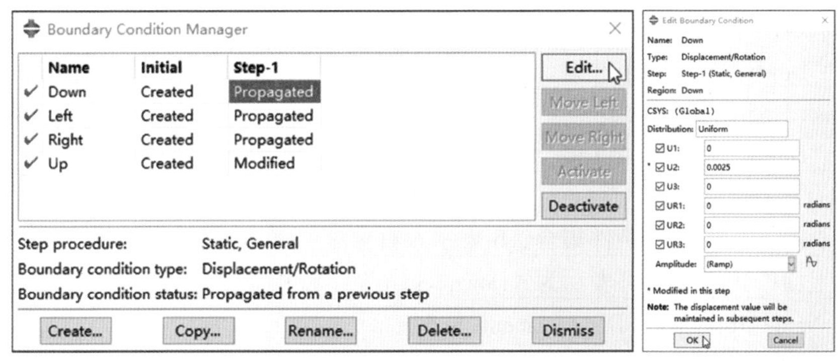

(a)边界条件管理器　　(b)边界条件编辑

图 4-69　下部压头 Step-1 分析步位移载荷加载设置

全部边界条件设置完成后，边界条件管理器(Boundary Condition Manager)显示的边界条件如图 4-70(a)所示，边界条件设置后的模型如图 4-70(b)所示。

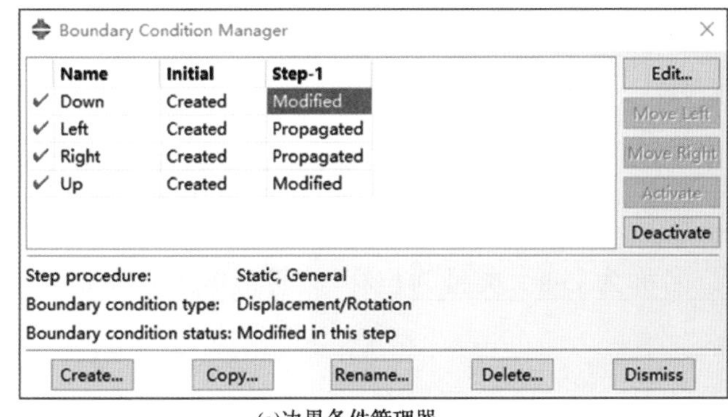

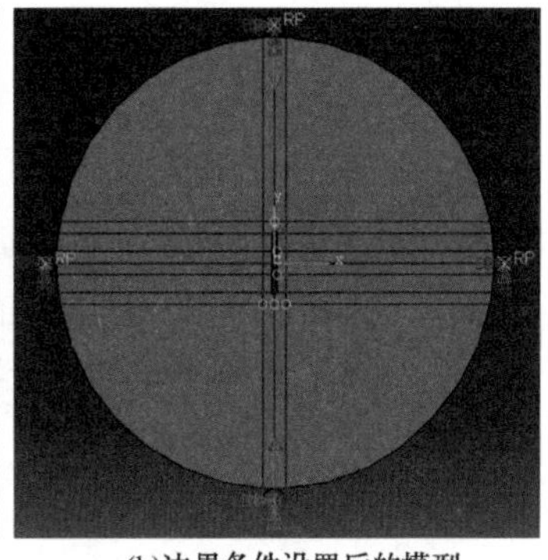

(a)边界条件管理器　　(b)边界条件设置后的模型

图 4-70　边界条件设置整体显示

初始分析步(Initial)的边界条件设置在 INP 输入文件的显示如下：

****

** BOUNDARY CONDITIONS

**边界条件设置。

** Name: Down Type: Displacement/Rotation

** 下部压头边界条件设置，边界条件名称 Down，类型为位移旋转(Displacement/Rotation)。

* Boundary

** "* Boundary"为边界条件设置关键词。

Down, 1, 1

** "Down"为边界条件集合，1 表示 1 自由度(X 方向)。

Down, 2, 2

** "Down"为边界条件集合，2 表示 2 自由度(Y 方向)。

Down, 3, 3

** "Down"为边界条件集合，3 表示 3 自由度(Z 方向)。

Down, 4, 4

** "Down"为边界条件集合，4 表示 4 自由度(XY 方向)。

Down, 5, 5

** "Down"为边界条件集合，5 表示 5 自由度(XZ 方向)。

Down, 6, 6

** "Down"为边界条件集合，6 表示 6 自由度(YZ 方向)。

** 上面的边界条件可表示为"Down, 1, 6"，将相应的边界条件联合设置。

** Name: Up Type: Displacement/Rotation

** 上部压头边界条件设置，边界条件名称 UP，类型为位移/旋转(Displacement/Rotation)，相关的设置与下部压头完成一致。

* Boundary

Up, 1, 1

Up, 2, 2

Up, 3, 3

Up, 4, 4

Up, 5, 5

Up, 6, 6

** Name: Left Type: Displacement/Rotation

** 左侧压头边界条件设置，名称为 Left，类型为位移/旋转(Displacement/Rotation)。

* Boundary

Left, 2, 2

Left, 3, 3

Left, 4, 4

Left, 5, 5

Left, 6, 6

** 边界条件设置为 2~6 方向 5 个自由度，1 自由度(X 方向)不设置边界限定，可进行平移。

** Name: Right Type: Displacement/Rotation

** 右侧压头边界条件设置，名称为 Right，类型为位移/旋转(Displacement/Rotation)，相关的设置与左侧压头完全一致。

* Boundary

Right, 2, 2

Right, 3, 3

Right, 4, 4

Right, 5, 5

Right, 6, 6

****

Step-1 分析步的边界条件设置在 INP 输入文件的显示如下：

****

** BOUNDARY CONDITIONS

** 边界条件设置。

** Name: Up Type: Displacement/Rotation

** 边界条件设置于 Step-1 分析步中，为初始分析步设置的 Up 边界条件修改，主要针对 Y 方向进行位移载荷加载，其他设置不变。

* Boundary

Up, 2, 2, -0.0025

** "Up"为边界条件的集合，2 表示 2 自由度(Y 方向)，-0.0025 表示 2 自由度的位移，Y 负方向位移。

** Name: Down Type: Displacement/Rotation

** 与前面 Step-1 分析步的上部压头位移加载设置完全相同，只是位移加载方向为 Y 正方向。

* Boundary

** " * Boundary"边界条件关键词。

Down, 2, 2, 0.0025

** "Down"为边界条件的集合，2 表示 2 自由度(Y 方向)，0.0025 表示 2 自由度的位移，Y 正方向位移。

****

2. 左右压头附加载荷设置

左侧和右侧压头 X 方向未施加边界条件设置，试件裂缝扩展过程中，可能会对左侧和右侧压头产生 X 方向的挤压作用，从而造成左侧和右侧压头产生 X 方向的刚体位移，影响模型的收敛性。因此，针对左侧和右侧压头可施加一个非常小的载荷值以降低左侧和右侧的刚体位移。

(1) 右侧压头集中力设置。点击左侧工具箱区快捷按钮(Create Load)或菜单栏 Load→Create…，进入载荷创建(Create Load)对话框[见图 4-71(a)]，载荷名称(Name)输入 Right，分析步(Step)选择 Step-1，分析步可选的载荷类型(Types for Selected Step)选择集中力(Concentrated force)，设置完成后点击 Continue 按钮，在右下角提示区点击 Sets... 按钮，进入区域选择(Region Selection)对话框选择 Right 集合[见图 4-71(b)]，随后点击 Continue 按钮进入载荷编辑(Eidt Load)对话框[见图 4-71(c)]，对话框中 CF1 输入-0.005(表示 X 负方向)，CF2 输入 0.0，CF3 输入 0，其他采用默认设置，设置完成后点击 OK 按钮完成设置。

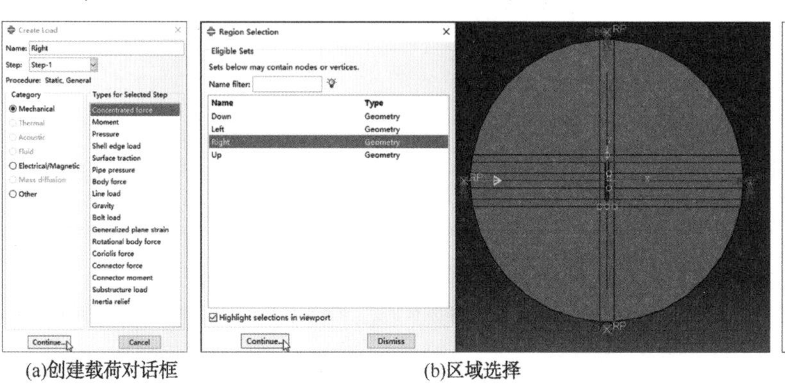

图 4-71　右侧压头载荷设置

(2) 左侧压头集中力设置。左侧压头的集中力设置与右侧压头的集中力载荷设置完全相同，只是集中力的方向为 X 正方向。

进行位移边界条件与载荷设置后，边界条件和载荷显示如图 4-72 所示。

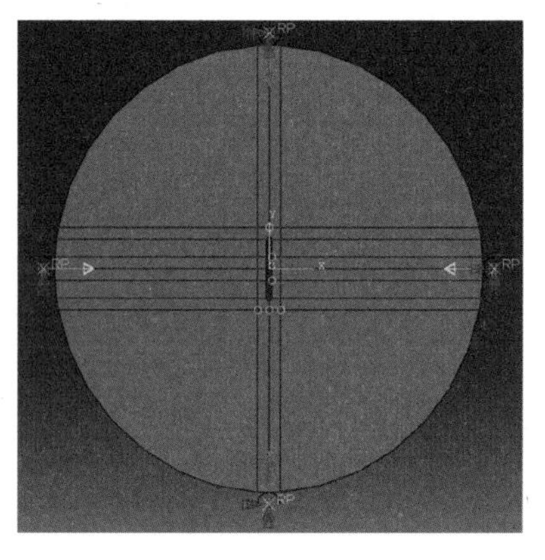

图 4-72　载荷设置后的模型

注意：相关的载荷条件设置只能设置于具体的分析步中，不能设置于初始分析步(Initial)。针对本例上部压头和下部压头的位移边界条件设置，无须在初始分析步中进行边界条件设置，直接在 Step-1 分析步进行相关的边界条件设置即可。

Step-1 分析步中的载荷设置在 INP 输入文件中的显示如下：

****

** LOADS

**载荷设置。

** Name：Right　Type：Concentrated force

**载荷名称为 Right，类型为集中载荷。

*Cload

**“*Cload”为集中载荷关键词。

Right，1，-0.005

**“Right”表示载荷加载的集合，“1”表示 X 方向，“-0.005”表示 X 负方向加载 0.005N。

** Name：Left　Type：Concentrated force

**载荷名称为 Left，类型为集中载荷。

```
* Cload
** " * Cload" 为集中载荷关键词。
Left, 1, 0.005
** "Left" 表示载荷加载的集合, "1" 表示 X 方向, "0.005" 表示 X 正方向加载 0.005N。
**************************************************************
```

4.2.2.8 Job 功能模块

根据模拟流程进行了相应的设置后，进入 Job 功能模块进行相关的作业(Job)设置。

在 Job 功能模块中，进行相应的作业创建(Create Job)设置，形成作业(Job)名称并进行模拟计算，具体的设置流程如下：

点击左侧工具箱区快捷按钮(Create Job)或菜单栏 Job→Create…，进入作业创建(Create Job)对话框，作业名称(Name)输入 Brazil-3d-1，点击 Continue 按钮，进入作业编辑(Edit Job)对话框，所有参数采用默认参数即可，设置完成后，点击 OK 按钮，完成作业编辑设置。

点击菜单栏 Model→Edit Attributes→Model-1，进入模型属性编辑(Edit Model Attributes)对话框所示，勾选 INP 文件中不使用部件和组装信息(Do not use parts and assemblies input files)，其他采用默认设置，点击 OK 按钮完成设置。模型的 INP 输入文件中不使用部件和组装的相关信息。

点击左侧工具箱区快捷按钮(Job Manager)或菜单栏 Job→Manager…，进入作业管理器(Job Manager)对话框，点击对话框右侧提交按钮(Submit)按钮，进入模拟计算。用户也可点击 Write Input 命令，输出名字为 Brazil-3d-1 的 INP 输入文件，输出文件后利用 ABAQUS/Command 命令窗口进行计算。

4.2.3 模拟计算

模拟计算完成后，利用 ABAQUS/CAE 或 ABAQUS/Viewer 模块进行模拟结果的显示，输出相关的模拟结果。

模拟过程中起裂前的试件端面的主应力云图如图 4-73 所示，发生起裂后试件端面的三向主应力云图如图 4-74 所示。

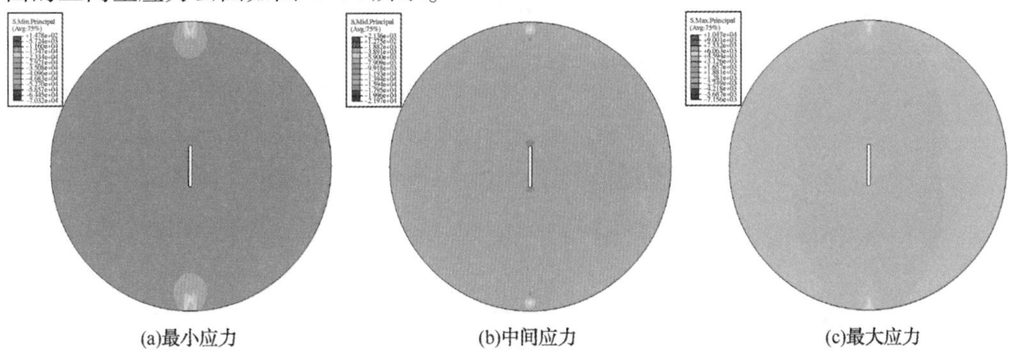

(a)最小应力　　(b)中间应力　　(c)最大应力

图 4-73　起裂前试件端面应力云图

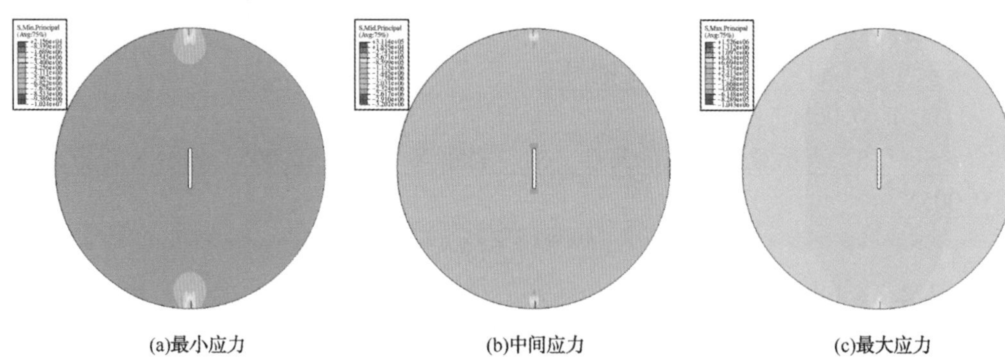

(a)最小应力　(b)中间应力　(c)最大应力

图 4-74　起裂后试件端面应力云图

压头加载至一定位移值后，试件与上下压头接触的位置开始起裂形成小范围的裂缝。形成裂缝后，试件整体的三向主应力与 XYZ 方向的应力分布如图 4-75 所示。

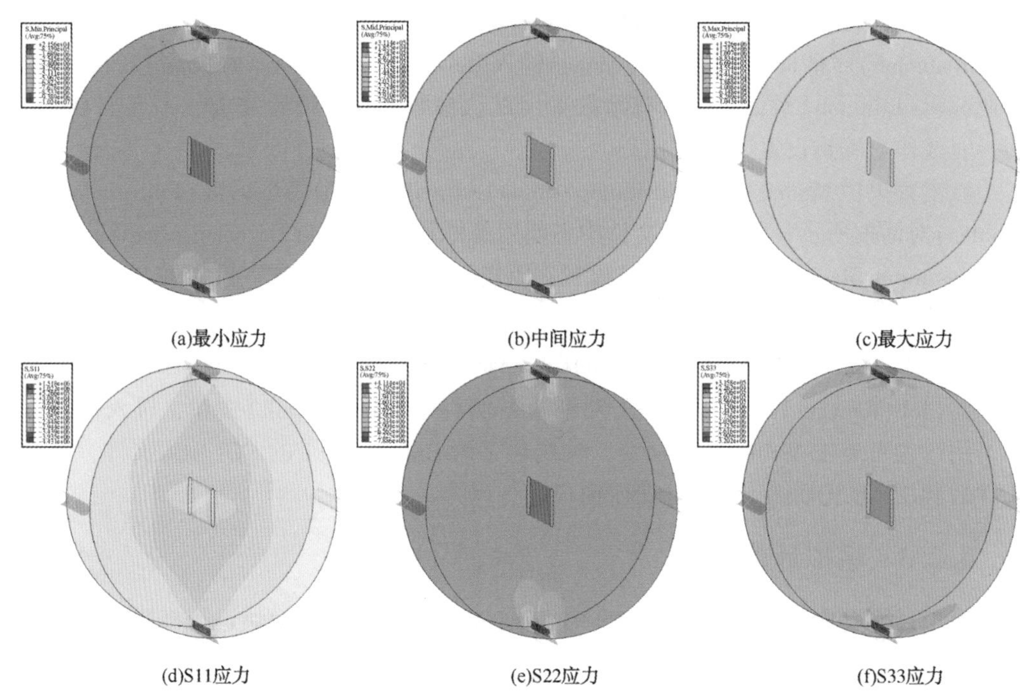

(a)最小应力　(b)中间应力　(c)最大应力

(d)S11应力　(e)S22应力　(f)S33应力

图 4-75　起裂后试件整体应力云图

起裂后试件的位移云图分布如图 4-76 所示。

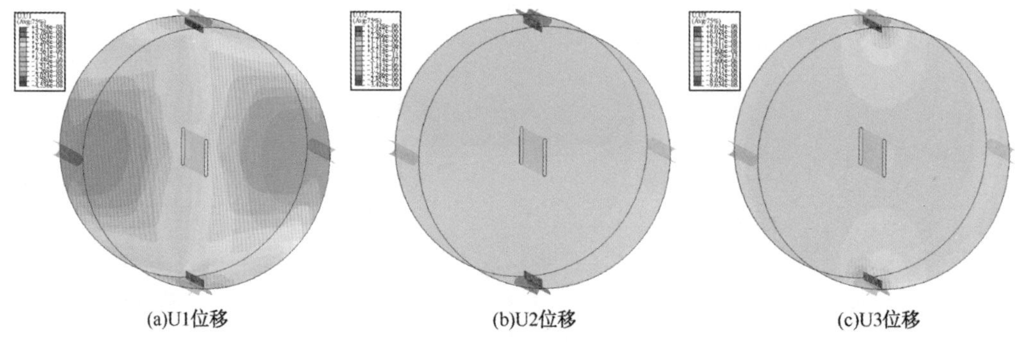

(a)U1位移　(b)U2位移　(c)U3位移

图 4-76　起裂后试件整体位移变化云图

随着上下压头的加载位移的不断增加，裂缝的扩展范围逐步增加。当裂缝扩展至试件直径的1/2左右的时候，试件的三向主应力与XYZ方向的应力如图4-77所示。

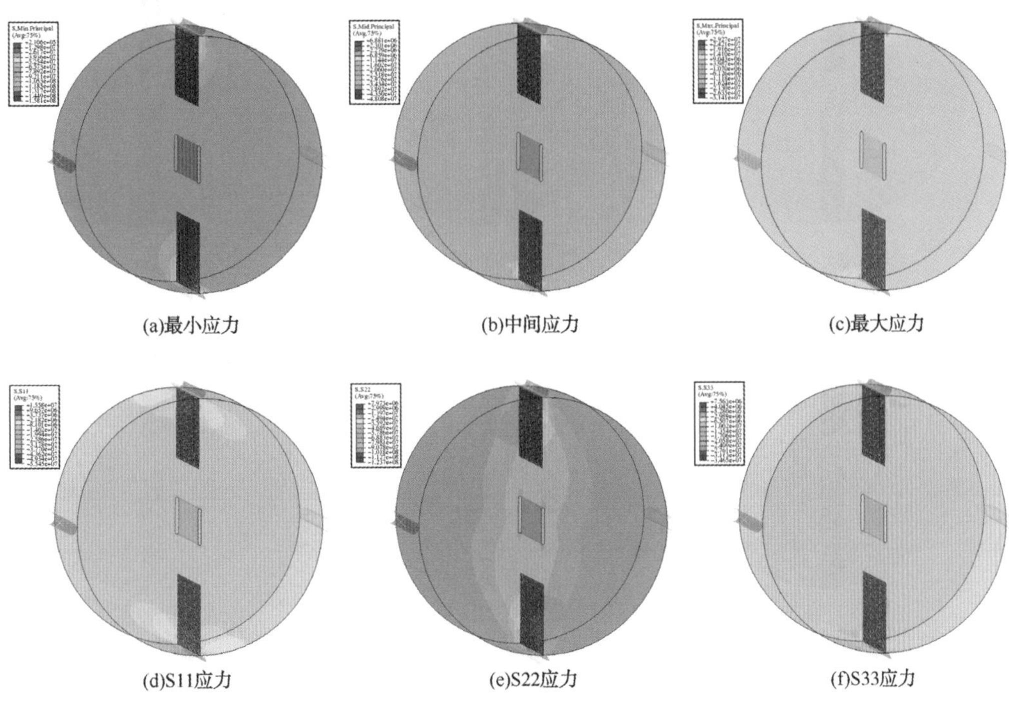

(a)最小应力　(b)中间应力　(c)最大应力

(d)S11应力　(e)S22应力　(f)S33应力

图4-77　扩展中期试件整体应力云图

相关的XYZ方向的试件位移分布云图如图4-78所示。

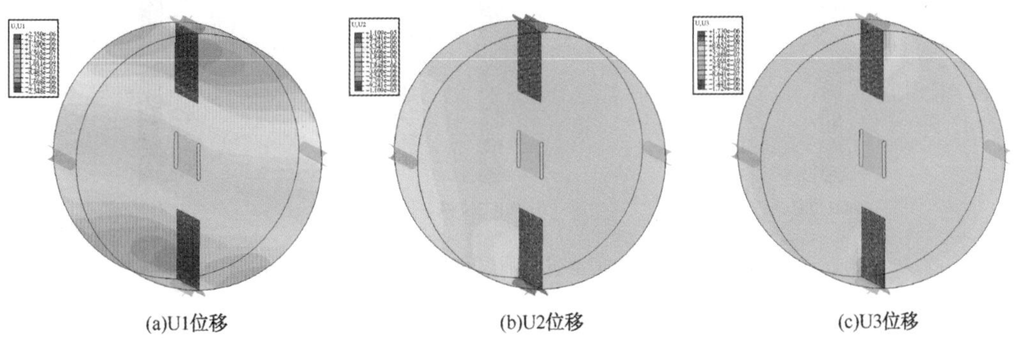

(a)U1位移　(b)U2位移　(c)U3位移

图4-78　扩展中期试件整体位移变化云图

裂缝完全贯穿试件后，试件的三向主应力与XYZ方向的应力云图如图4-79所示。

相关的位移变化云图如图4-80所示。

上下压头的Y方向的反作用力历程曲线如图4-81(a)所示，相关的位移历程曲线如图4-81(b)所示，利用反作用力曲线的最大压力值，可进行抗拉强度值等力学参数计算。

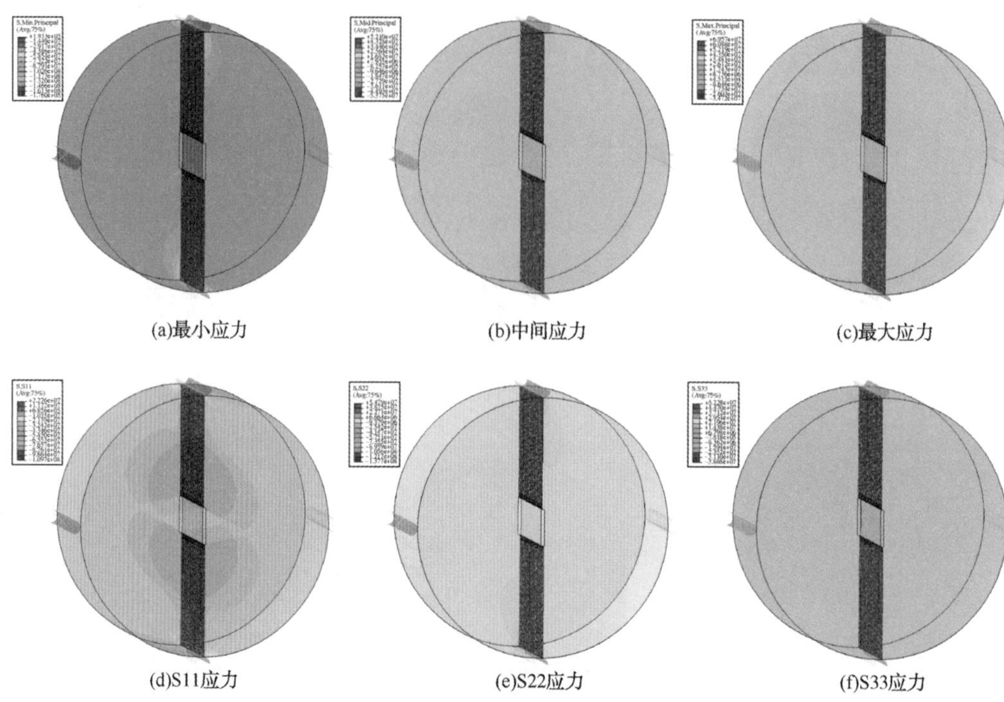

图 4-79　裂缝完全贯穿后试件整体应力云图

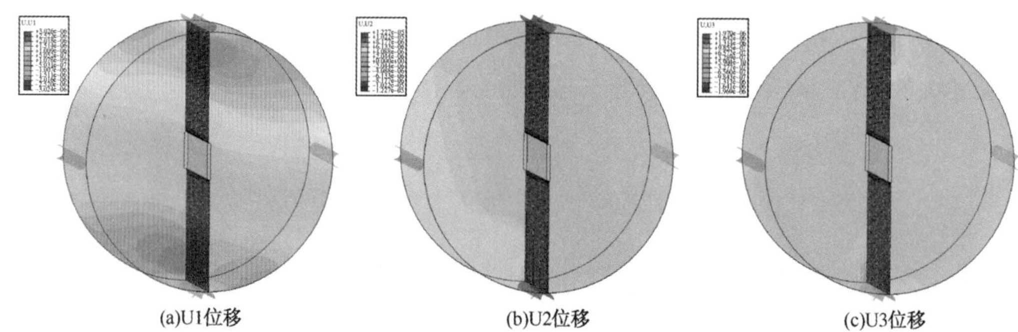

图 4-80　裂缝完全贯穿后试件整体位移变化云图

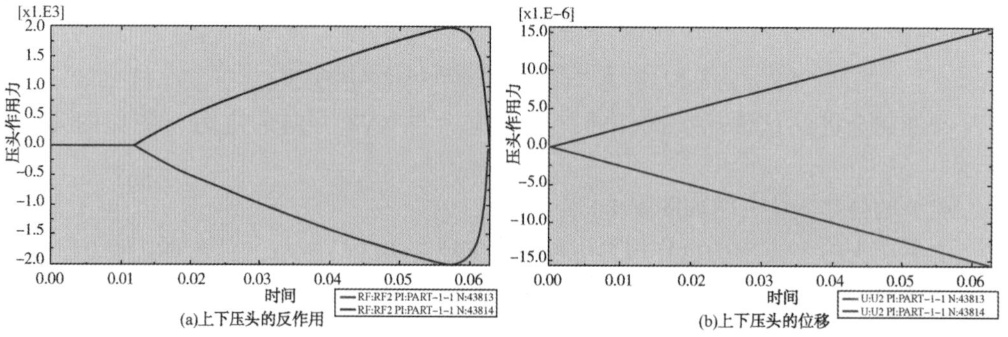

图 4-81　压头作用力和位移历程曲线

4.3 断裂韧性模拟

4.3.1 问题说明

测量岩石断裂韧性值的方法有巴西圆盘法、三点弯曲法、水压致裂法等多种方法。每种方法都需要在室内加工成规则试件，借助适当的加载设备在规定的加载速率下测定试件破坏时某截面上的极限应力，以此计算岩石试件的断裂韧性值。三点弯曲法为测量岩石断裂韧性的重要方法之一，将试件加工成长方体后在试件中部切割一条初始裂缝，将试件置于实验平台上加载至破坏。实验过程中记录压头压力值与时间的关系，利用曲线的最大压力值计算试件的断裂韧性值。本例的模拟示意图如图4-82所示，试件置于下部垫块上，上端中间位置安装压头进行加载直至试件发生破坏。模型的高度0.05m、长度0.2m、宽度0.05m，初始裂缝位于试件的中心位置，初始裂缝的长度为0.01m。

模型采用二维平面应变模型，二维试件的尺寸为长度0.2m、宽度0.05m，上部压头和下部垫块采用二维线框部件进行模拟，压头和垫块的直径为0.01m。

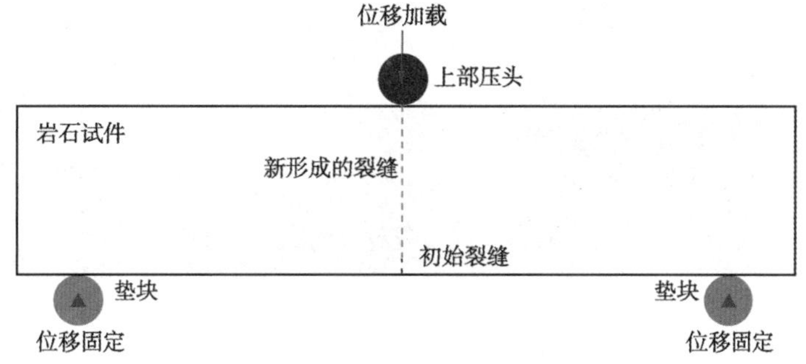

图4-82 断裂韧性模拟示意图

模型的材料参数如表4-3所示。上部压头和下部垫块采用刚体模型，无须进行材料参数设置。模型的材料参数只有岩石基质试件力学参数，主要包括弹性模量、泊松比、抗拉强度和断裂能等参数。

表4-3 巴西劈裂数值模拟材料参数

序号	参数名称	数值	序号	参数名称	数值
1	密 度/(kg/m^3)	2500	5	剪切强度/×10^{6}Pa	5.0
2	弹性模量/×10^{10}Pa	4.2	6	法向断裂能/J	25
3	泊松比(无因次)	0.22	7	切向断裂能/J	25
4	抗拉强度/×10^{6}Pa	5.0			

4.3.2 模型构建

4.3.2.1 Part 功能模块

模拟模型主要由岩石试件、下部垫块和上部压头等部件组成，模型下部垫块尺寸与上部压头完全一致，只是位置和方向存在一定的差异性。因此，模型部件构建过程中，只需建立岩石试件和上部压头部件。下部垫块尺寸与上部压头完全一致，只需在Assembly 功能模块中将上部压头部件映射成下部垫块后，进行下部垫块实例的平移与旋转至预定位置即可。

具体的模型构建步骤如下。

1. 部件构建

1）岩石试件

点击左侧工具箱区快捷按钮（Create Part）或菜单栏 Part→Create…，进入部件创建（Create Part）对话框［见图 4-83（a）］，部件名称（Name）输入 Rock，模型空间（Modeling Space）选择二维平面（2D Planar），类型（Type）选择可变形（Deformable），基本特征选择壳（Shell），草图尺寸（Approximate size）输入 0.3，设置完成后点击 Continue 按钮进入草图界面。在草图界面中绘制如图 4-83（b）所示的长方形。

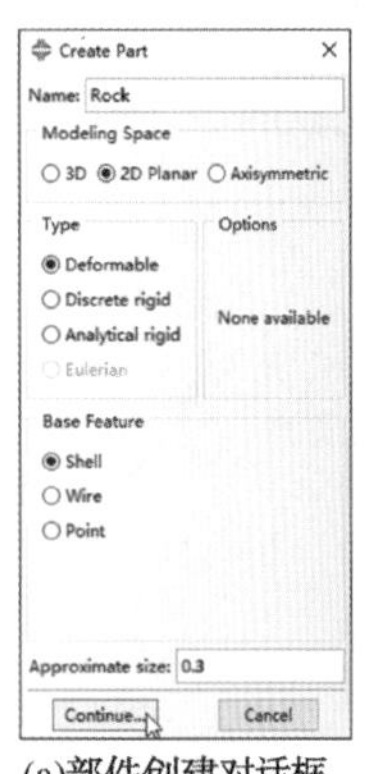

(a)部件创建对话框

0.2

H

0.05

(b)部件草图

图 4-83　岩石部件创建

部件二维草图绘制完成后，退出长方形绘制后，点击左下角提示区的 Done 按钮。二维部件如图 4-84 所示。

图 4-84　形成的 Rock 部件

2）下部垫块和上部压头

下部垫块与上部压头部件的建立步骤如下：

点击左侧工具箱区快捷按钮（Create Part）或菜单栏 Part→Create…，进入部件创建（Create Part）对话框，对话框设置如图 4-85（a）所示，部件名称（Name）输入 An-Down-Disp，模型空间（Modeling Space）选择二维平面（2D Planar），类型选择解析刚体（Analytical rigid），基本特征只有线（Wire），画布尺寸空间（Approximate size）输入

0.05(表示画布的尺寸为 0.05m×0.05m)，设置完成后点击 Continue 按钮，进入草图(Sketch)界面。

在草图界面中进行压头部件框线的绘制，线框的设置与 4.2.1 节中相关的设置基本类似，只是绘制完成后不需要进行拉伸设置，绘制完成的压头部件二维曲线如图 4-85(b)所示。压头的半径为 0.005m，绘制完成点击左下角提示区的 Done 按钮，完成部件的构建，构建上部压头和下部垫块的二维线框部件如图 4-85(c)所示。

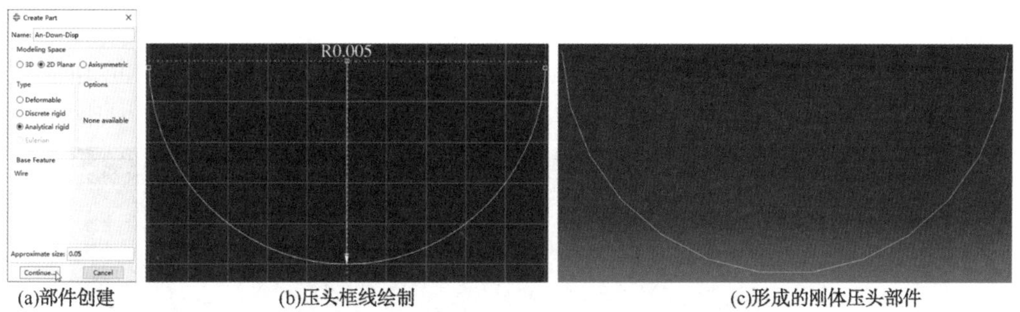

(a)部件创建　(b)压头框线绘制　(c)形成的刚体压头部件

图 4-85　刚体压头部件构建

3) XFEM 辅助线

模型考虑初始裂缝，XFEM 模型的初始裂缝在 CAE 中需要提前构建二维线或三维壳面，利用二维线、三维壳面与扩展有限元的裂缝扩展区域进行相切组合以形成初始裂缝。

对于二维模型，XFEM 初始裂缝需要设置二维辅助线，模拟的初始裂缝的长度为 0.01m。新部件创建对话框如图 4-86(a)所示。设置完成后，在草图界面中绘制垂直的 0.01m 的直线，退出草图后形成 XFEM 辅助线[见图 4-86(b)]。

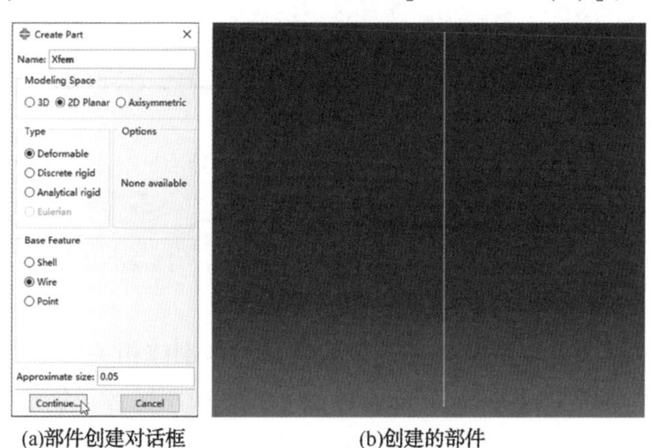

(a)部件创建对话框　(b)创建的部件

图 4-86　XFEM 辅助线部件构建

2. Rock 部件面剖分

模型设置完成后，视图区显示的部件为 XFEM 部件，点击环境栏“Part:”右侧的下拉菜单选择 Rock 部件(Module: Part　Model: Model-1　Part: Rock)，选择完成后在视图区显示 Rock 部件。

岩石试件与上部压头或下部垫块接触的位置区域、初始裂缝导致的裂缝扩展区域为应力集中区域。为了提升模拟精度，接触区域可进行相关的网格加密处理。网格加密处理前需要进行部件面剖分，具体的剖分流程如下：

点击左侧工具箱区快捷按钮 (Partition Face：Sketch)，在视图区选择部件后，点击左下角提示区的 Done 按钮，进入草图(Sketch)界面，在草图(Sketch)界面中利用左侧工具箱区快捷按钮 (Create Lines：Connected)、 (Auto-Trim)进行剖分线绘制，绘制的剖分线如图 4-87(a)所示。相关的设置和线的尺寸在图中有标注，用户可根据需要进行修改。

相关的草图(Sketch)绘制完成后，退出相关的命令，点击左下角提示区的 Done 按钮，退出草图绘制，完成部件的面剖分。面剖分后的 Rock 部件如图 4-87(b)所示。

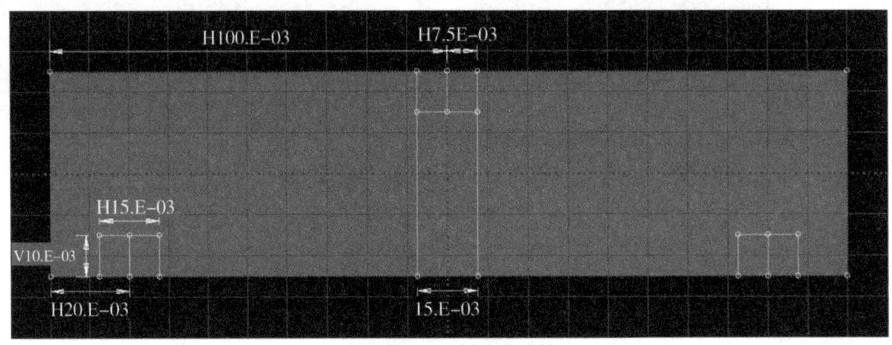

(a)草图界面面剖分线绘制

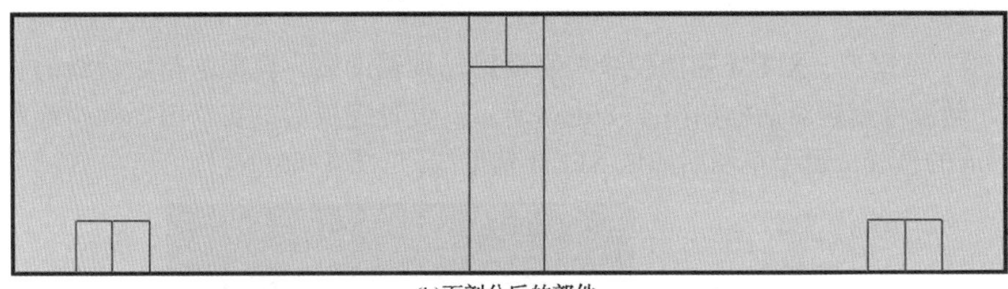

(b)面剖分后的部件

图 4-87 Rock 部件面剖分

3. 下部垫块和压头部件参考点创建

在环境栏中“Part:”右侧下拉菜单选项选择 An-Down-Disp，视图区显示 An-Down-Disp 部件。

刚体部件形成后，需要在 Part 功能模块中添加与刚体相关的参考点，具体的设置流程如下：点击菜单栏 Tools→Reference Point…，在视图区选择创建的圆弧圆心位置，创建参考点(Reference Point)，创建的参考点如图 4-88 所示，后续的边界条件和位移载荷加载至参考点上。

4.3.2.2 Mesh 功能模块

本例模型虽然构建了 Rock 部件、XFEM 辅助线部件和 An-Dwon-disp 部件，其中 An-Dwon-disp 部件为解析刚体，XFEM 部件为扩展有限元裂缝扩展设置的辅助线，这两个部件不需要进行网格划分。因此，Mesh 功能模块中只需对 Rock 部件进行网格划分与单元类型选择。具体的设置流程如下：

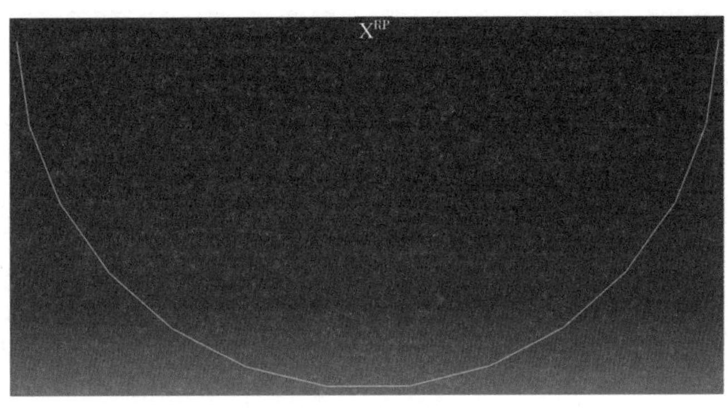

图 4-88　刚体参考点设置

在 Mesh 功能模块环境栏中（Module: Mesh Model: Model-1 Object: ○Assembly ◉Part: Rock）选择“Part:”选项，点击下拉菜单后选择 Rock 部件，视图区显示 Rock 部件。

1. 网格种子布置

根据模型特征，Rock 部件与下部垫块和上部压头接触位置为应力集中区域，需要进行网格加密。

根据需要，首先针对加密区域局部边进行网格种子设置。在视图区选择部件如图 4-89(a)所示的局部边，点击左下角提示区 Done 按钮，进入局部边种子(Local Seeds)设置对话框[见图 4-89(b)]，选择的边采用单方向偏移(Bias)设置。部分边的偏移方向可能与实际需要不一致，需要进行偏移方向改变。点击 Flip bias 右侧的 Select... 按钮，在视图区选择需要偏移方向改变的边，选择完成后点击左下角提示区的 Done 按钮，前面所选的边的偏移方向就会发生 180°偏转，最终选择边的偏移方向如图 4-89(a)所示。局部边种子网格设置对话框如图 4-89(b)所示，偏移系数(Bias ratio)设置为 5.0，网格单元种子数量设置为 20，设置完成后点击 OK 按钮完成设置。

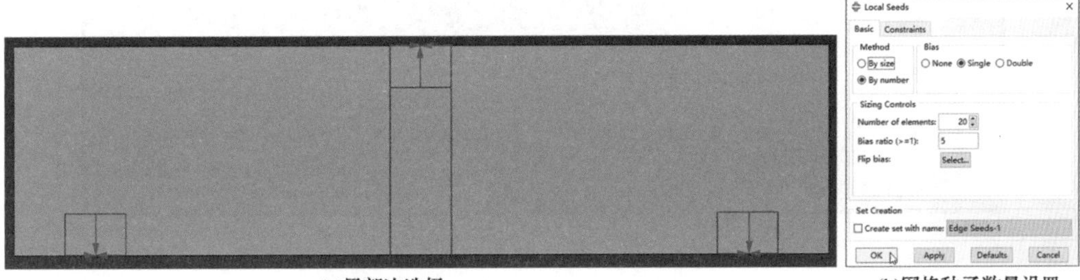

(a)局部边选择　　(b)网格种子数量设置

图 4-89　局部边种子布置

其他的边都采用局部边种子布置方法进行网格种子设置，全部边进行网格种子布置后，网格种子的分布如图 4-90 所示，模型接触区域和裂缝扩展区域采用局部网格加密。

注意：对于部件局部区域网格单元加密，部件剖分、局部边种子设置以及局部边网格种子偏移设置为实现局部网格单元加密的重要方式，用户可根据模型的几何特征、网格需求进行相关的选择和加密。

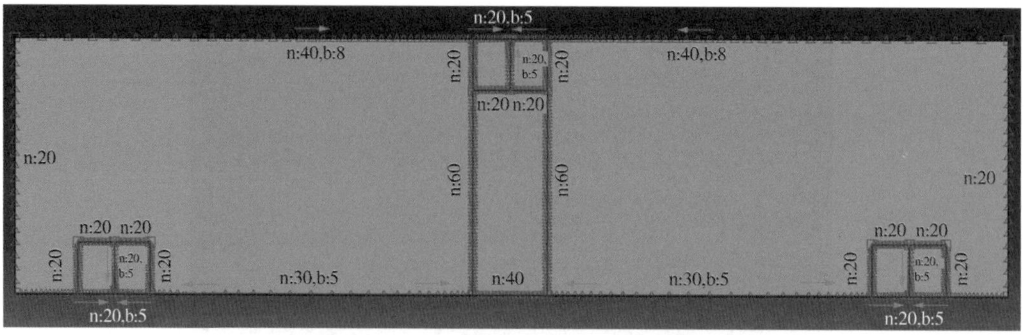

图 4-90　Rock 部件总体网格种子布置

2. 网格划分控制

点击左侧工具箱区快捷按钮 (Assign Mesh Controls) 或菜单栏 Mesh→Controls…，在视图区选择 Rock 部件，点击左下角提示区 Done 按钮，进入网格划分控制 (Mesh Controls) 对话框。模型的网格选择四边形 (Quad)，划分技术 (Technique) 选择自由网格 (Free)，算法 (Algorithm) 选择进阶算法 (Advancing Front)，设置完成后点击 OK 按钮，完成网格控制设置。

3. 网格划分

网格种子布置和网格划分技术设置完成后，进行 Rock 部件的网格划分，具体的操作流程如下：

模型网格划分采用全域网格划分方法，点击左侧工具箱区快捷按钮 (Mesh Part) 或菜单栏 Mesh→Part…后，点击左下角提示区的 Done 按钮，完成 Rock 部件的网格划分。Rock 部件的网格划分如图 4-91 所示，裂缝扩展区域、上部压头接触区域、下部垫块接触区域的网格尺度远低于其他区域。

图 4-91　Rock 部件网格分布

4. 网格质量检测

点击左侧工具箱区快捷按钮 (Verify Mesh) 或菜单栏 Mesh→Verify…，在视图区选择 Rock 部件，点击左下角提示区的 Done 按钮，进入网格质量检测 (Verify Mesh) 对话框，点击对话框左下角的 Highlight 按钮进行网格单元质量检测。若部件存在错误 (Errors) 单元或警告 (Warning) 单元，视图区的部件会显示不同的颜色。

点击 Highlight 按钮后，网格质量检测结果信息会在信息区显示检测结果。Rock 部件的网格质量检测结果显示如下：

****

Part：Rock

Quad elements: 11007

Max angle on Quad faces > 160: 0 (0%)

Average max angle on quad faces: 102.38, Worst max angle on quad faces: 141.26

Number of elements : 11007, Analysis errors: 0 (0%), Analysis warnings: 0 (0%)

****

5. 单元类型选择

点击左侧工具箱区快捷按钮 (Assign Element Type) 或菜单栏 Mesh→Element Type…，在视图区选择 Rock 部件的全部区域，点击左下角提示区的 Done 按钮，进入单元类型 (Element Type) 选择对话框 (见图 4-92)。单元库 (Element Library) 选择 Standard，几何阶次 (Geometric Order) 选择线性 (Linear)，族 (Family) 选择平面应变 (Plane Strain)，单元控制选项中去掉勾选缩减积分 (Reduced integration) 选项，单元类型为 CPE4(若为缩减积分单元，单元类型为 CPE4R)。单元类型选择设置完成后，点击对话框左下角的 OK 按钮。

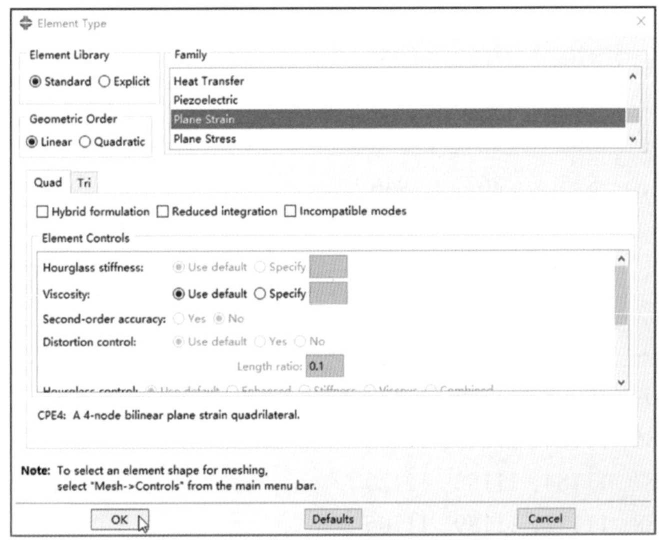

图 4-92 单元类型选择

模型相关的节点与单元在 INP 输入文件中的显示如下：

****

*Node

** “*Node” 为节点坐标表示关键词。

1, 0.0874999985, 0.

** 节点坐标，分别表示节点编号、X 坐标、Y 坐标。

2, 0.0874999985, 0.00999999978

3, 0.0799999982, 0.00999999978

4, 0.0799999982, 0.

```
    5, 0.0724999979, 0.00999999978
    6, 0.0724999979,             0.
    7, 0.00749999983, 0.0399999991
    8, 0.00749999983, 0.0500000007
........................
  11190, -0.0832726285, 0.00591019681
  11191, -0.0841162056, 0.00508116279
  11192, -0.0834363177, 0.00529931718
  11193,   -0.08354076, 0.00595759647
```

**模型总计 11193 个节点。

****

```
*Element, type=CPE4
```

**“*Element”为单元组成关键词，单元类型为 CPE4，表示 4 节点平面应变单元。

```
  1,   870,   26,   27,   871
```

**单元组成，分别表示单元编号、1 节点、2 节点、3 节点、4 节点。

```
  2,    26,   870,   916,    25
  3,   872,    28,    29,   884
  4,   951,   869,   929,   996
  5,   909,   835,   867,   946
  6,   873,    33,    34,   876
  7,   794,   820,   819,   793
  8,   817,   844,   842,   816
........................
11002, 10909, 10908, 11176, 11177
11003, 11186, 11184, 11043, 11006
11004, 11187, 11184, 11186, 11120
11005, 11188, 11132, 11189, 11106
11006, 11193, 11187, 11120, 11138
11007, 11129, 11119, 11142, 11191
```

**模型总计 11007 个单元。

****

4.3.2.3 Property 功能模块

1. 材料参数设置

点击左侧工具箱区快捷按钮(Create Material)或菜单栏 Material→Create…，进入材料编辑(Edit Material)对话框(见图 4-93)，材料名称(Name)输入 Rock，输入的材料参数主要包括密度、弹性模量与泊松比、初始损伤与损伤演化准则。密度设置如图 4-93(a)所示，模型的密度为 2500kg/m^3。模型的弹性模量与泊松比设置如图 4-93

(b)所示，弹性模量 4.2×10^{10}Pa，泊松比 0.22。初始损伤采用二次应力损伤准则与损伤演化采用能量准则[见图 4-93(c)]，相关法向抗拉强度 5×10^{6}Pa，第二切向和第三切向方向剪切强度 5×10^{6}Pa。损伤演化(Damage Evolution)采用 BK 能量损伤演化准则，法向断裂能为 25J，第二切向和第三切向断裂能为 25J，同时设置黏性系数提升模型的收敛性。

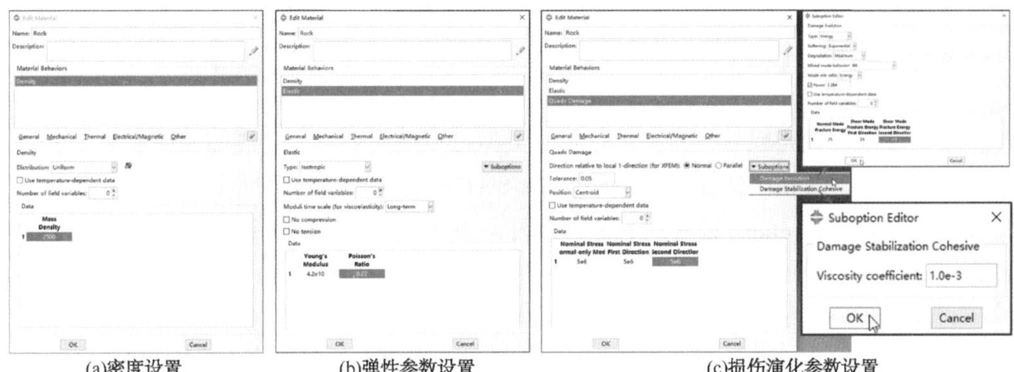

(a)密度设置　(b)弹性参数设置　(c)损伤演化参数设置

图 4-93　Rock 材料参数设置

Rock 部件的材料参数在 INP 输入文件中的显示如下：

＊＊＊

＊＊ MATERIALS

＊＊材料参数设置。

＊Material, name=Rock

＊＊“＊Material”为材料参数表征关键词，材料名称为 Rock。

＊Density

＊＊“＊Density”为密度关键词。

2500.,

＊＊密度设置 2500kg/m^3。

＊Elastic

＊＊“＊Elastic”为模型弹性参数关键词。

4.2e+10, 0.22

＊＊弹性模量 4.2×10^{10}Pa、泊松比为 0.22。

＊Damage Initiation, criterion=QUADS

＊＊“＊Damage Initiation”为起裂设置关键词，起裂准则为二次应力复合准则(QUADS)。

5e+06, 5e+06, 5e+06

＊＊三向起裂应力。

＊Damage Evolution, type = ENERGY, softening = EXPONENTIAL, mixed mode behavior=BK, power=2.284

＊＊“＊Damage Evolution”损伤演化关键词，类型为能量准则(ENERGY)，软化准则采用指数软化(EXPONENTIAL)，混合类型为 BK，能量系数为 2.284。

25., 25., 25.

** 三向断裂能参数。

* Damage Stabilization

** “ * Damage Stabilization”损伤稳定系数设置关键词。

1e-03

** 损伤稳定系数设置 0.001。

****

2. 截面创建

材料参数设置完成后，需要依据单元类型进行截面创建，具体的截面创建如下：

点击左侧工具箱区快捷按钮 (Create Section)或菜单栏 Section→Create…，进入截面创建(Create Section)设置对话框[见图 4-94(a)]，截面名称(Name)输入 Rock，种类(Category)选择实体(Solid)，类型(Type)选择各向同性(Homogeneous)。设置完成后，点击对话框左下角 Continue 按钮，进入截面编辑(Edit Section)对话框，对话框如图 4-94(b)所示。选择前述设置的 Rock 材料，设置完成后点击 OK 按钮。

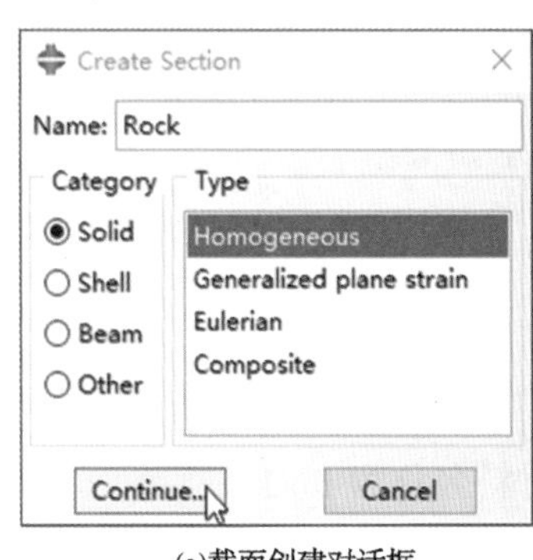

(a)截面创建对话框

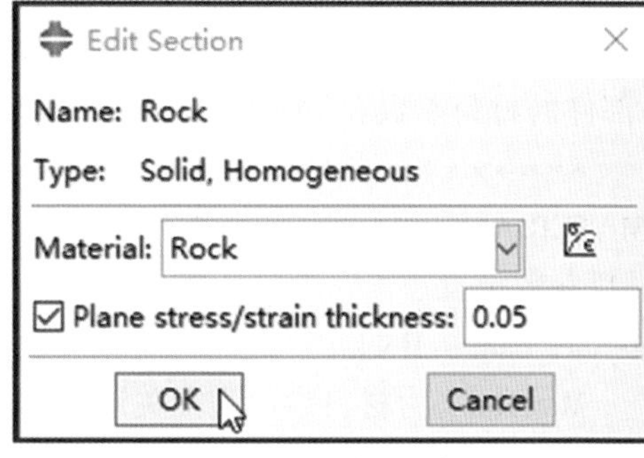

(b)截面编辑对话框

图 4-94　Rock 截面创建

3. 截面属性赋值

在环境栏中(Property Model: Model-1 Part: Rock)Part 选项中选择 Rock 部件，视图区显示 Rock 部件。

点击左侧工具箱区快捷按钮 (Assign Section)或菜单栏 Assign→Section，在视图区选择 Rock 部件的全部区域，点击左下角提示区的 Done 按钮，进入材料截面赋值(Assign Section Assignment)对话框[见图 4-95(a)]，选择材料截面 Rock，点击对话框左下角的 Done 按钮，完成设置。截面赋值后的部件如图 4-95(b)所示。

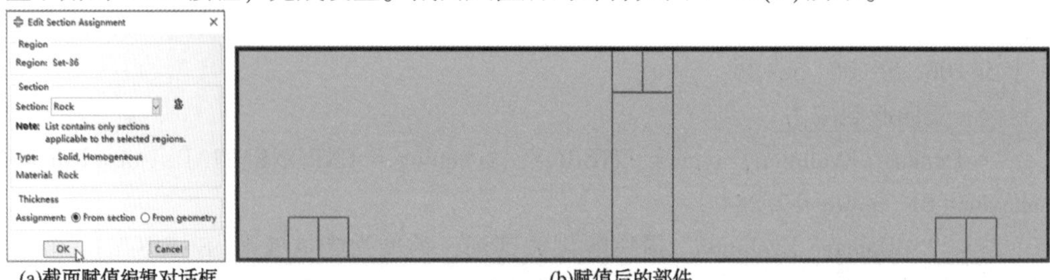

(a)截面赋值编辑对话框　(b)赋值后的部件

图 4-95　Rock 部件截面属性赋值

Rock 部件的材料截面属性赋值在 INP 输入文件中显示如下：

```
*************************************************************
** Section: Rock
** 截面设置，截面名称为 Rock。
*Solid Section, elset=Rock, material=Rock
** “*Solid Section”为截面设置关键词，截面设置的集合区域为 Rock，材料名称选择 Rock。
0.05,
** 材料截面厚度 0.05。
*************************************************************
```

4.3.2.4 Assembly 功能模块

1. 实例映射

进入 Assembly 功能模块后，点击左侧工具箱区快捷按钮(Create Instance)或菜单栏 Instance→Create…，进入实例创建(Create Instance)对话框(见图 4-96)。

在对话框中，首先选择 Rock 部件[见图 4-96(a)]，由于部件(Part)映射前进行了网格划分，所以实例类型只能为非独立实例(Dependent)，点击对话框下部的 Apply 按钮，完成 Rock 部件的映射，映射的实例(Instance)名称为 Rock-1。

在对话框中，继续选择 An-Down-Disp 部件[见图 4-96(b)]，部件选择非独立实例(Dependent)，3 次点击对话框的 Apply 按钮，映射 3 个 An-Down-Disp 实例(Instance)，实例(Instance)名称分别为 An-Down-Disp-1、An-Down-Disp-2、An-Down-Disp-3。

继续在对话框中 Parts 选项中选择 Xfem 部件[见图 4-96(c)]，选择非独立实例(Dependent)，点击对话框的 OK 按钮，形成的实例(Instance)名称为 Xfem-1。

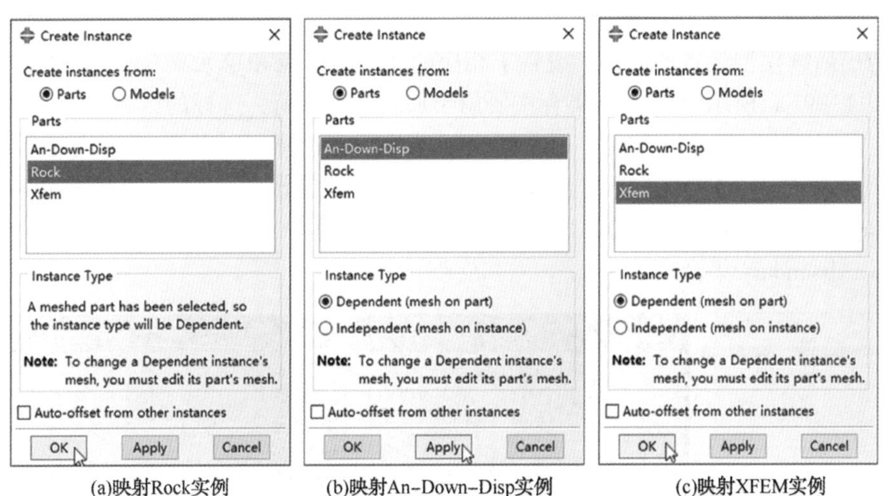

(a)映射Rock实例　(b)映射An-Down-Disp实例　(c)映射XFEM实例

图 4-96　实例映射(Instance)

注意：映射多个实例时，实例类型必须统一，要么全部为“非独立”实例，要么全部为“独立”实例。

映射的所有实例(Instance)分布如图 4-97 所示，其中实例(Instance)An-Down-

Disp-1、实例(Instance)An-Down-Disp-2、实例(Instance)An-Down-Disp-3 需要进行平移或旋转，将上部压头和下部垫块平移至预定位置。

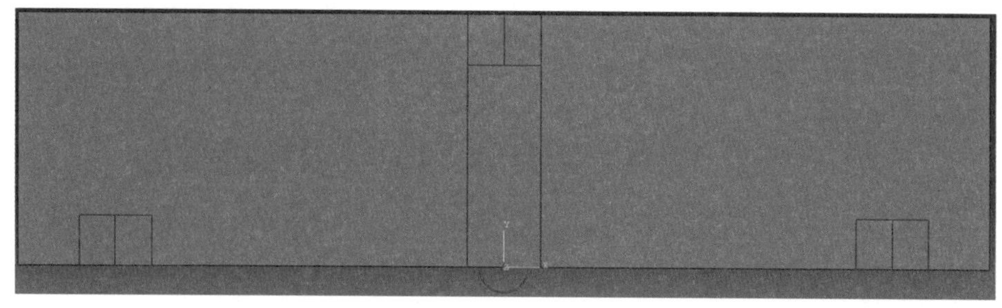

图 4-97　映射的所有实例分布

利用左侧工具箱区快捷按钮 (Translate Instance)和 (Rotate Instance)，进行一系列的实例平移和旋转操作，将下部垫块和上部压头移动至预定位置，最终的实例分布如图 4-98 所示。

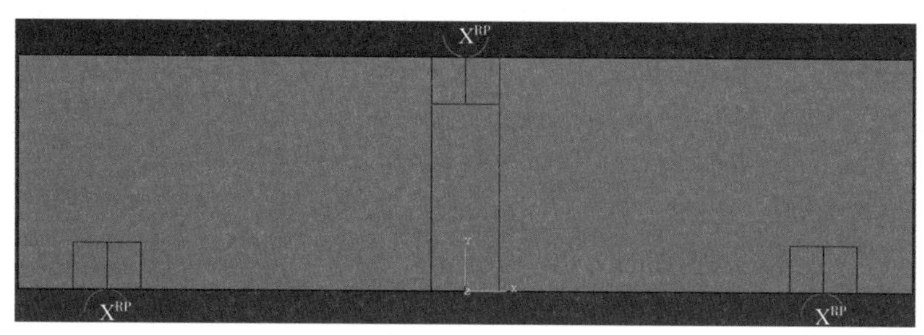

图 4-98　旋转和平移后的实例分布

2. 节点与单元集合设置

为了后续模型设置的需要，设置了相应的几何、节点和单元集合，相应的集合设置如图 4-99(a)所示。Disp-1 集合主要用于加载位移载荷，选择的区域为上部压头参考点。Down-boundary 集合主要用于固定下端垫块，选择区域为下部垫块的参考点。Rock 几何集合和 XFEM 几何集合用于 XFEM 裂缝扩展设置。Disp-1 集合和 Down-boundary 集合的分布如图 4-99(b)所示，上部参考点为 Disp-1 集合，下部两个参考点为 Down-boundary 集合。

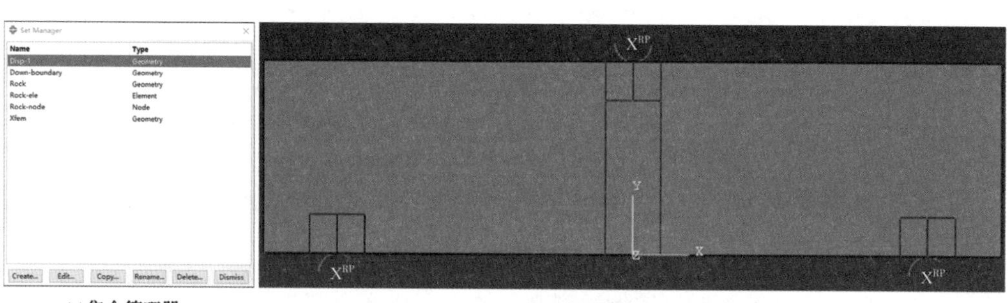

(a)集合管理器　　(b)Disp-1和Down-boundary集合

图 4-99　模型设置的几何、节点和单元集合设置

相关的集合在INP输入文件中的显示如下：

****

*Nset, nset=Disp-1

**上部压头参考点集合。

11196,

**上部压头参考点节点。

*Nset, nset=Down-boundary

**下部垫块参考点集合。

11194,

**下部垫块参考点节点。

*Nset, nset=Down-boundary

**下部垫块参考点集合。

11195,

**下部垫块参考点节点。

*Nset, nset=Rock, generate

**Rock 节点集合。一般集合类型选择几何(Geometry)，模型会形成节点集合和单元集合。

1,   11193,   1

**集合节点编号，等差排列，起点节点编号为1，终点节点编号为11193，差值为1。

*Elset, elset=Rock, generate

**Rock 单元集合。

1,   11007,   1

**集合单元编号，等差排列，起点节点编号为1，终点节点编号为11007，差值为1。

****

3. 面集合设置

相关的面集合的设置主要用于试件与上部压头间、试件与下部垫块间的接触设置，相关的面集合设置如下：

点击菜单栏 Tools→Surface→Create…，进入面集合创建(Create Surface)对话框。在对话框中，面集合名称输入Down-An-1，类型(Type)选择几何(Geometry)，点击对话框Continue按钮，然后在视图区选择边面[见图4-100(a)]，点击左下角提示区的Done按钮，视图区和提示区会提示选择面的方向[见图4-100(b)]，点击左下角提示区选择黄色(← X Choose a side for the edges: Magenta Yellow)，表示选择外部面(黄色箭头)完成Down-An-1面集合设置。

同样进行与Down-An-1相对应的Rock实例接触面的Down-Rock-1面集设置，选择如图4-100(c)所示。

采用同样方法，进行另外一个下部垫块和上部压头与试件间的面集合设置，设置的所有面集合如图4-101所示。

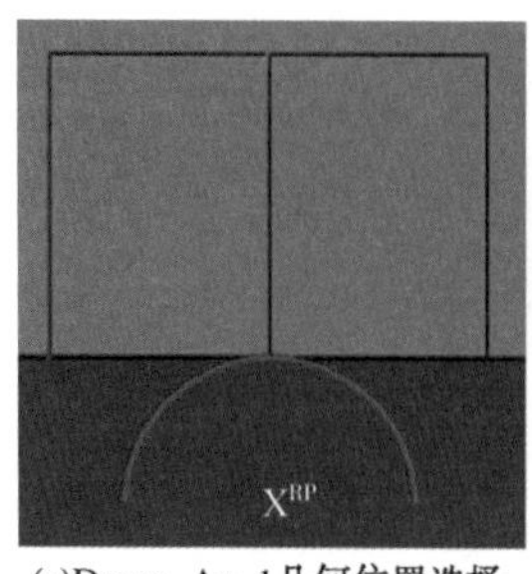
(a)Down-An-1几何位置选择

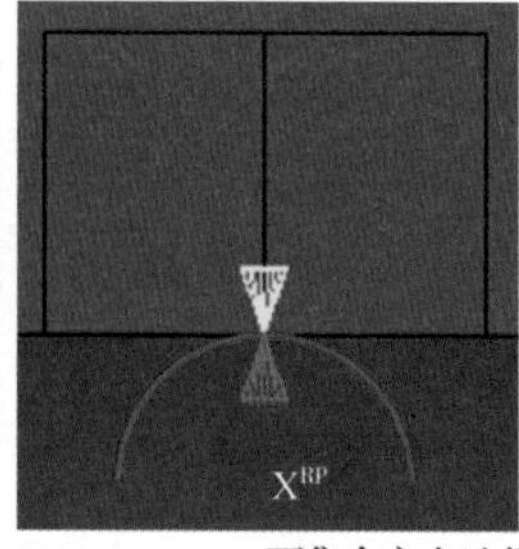
(b)Down-An-1面集合方向选择

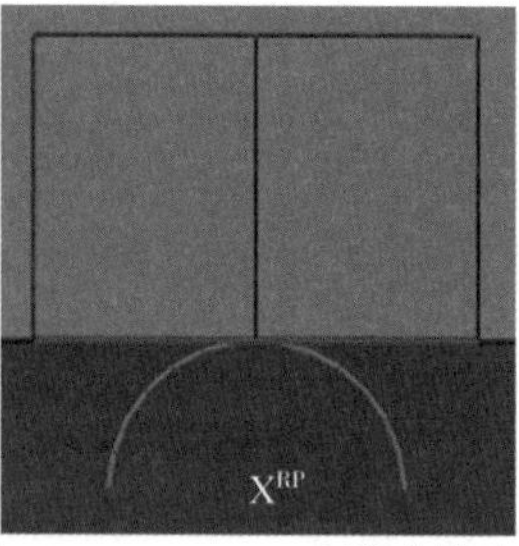
(b)Down-Rock-1面集合设置

图 4-100　Down-An-1 和 Down-Rock-1 面集合设置

Surface Manager

Name	Type
Down-An-1	Geometry
Down-An-2	Geometry
Down-Rock-1	Geometry
Down-Rock-2	Geometry
Up-An-1	Geometry
Up-Rock-1	Geometry

Create...　Edit...　Copy...　Rename...　Delete...　Dismiss

图 4-101　面集合设置

设置的全部面集合的分布如图 4-102 所示。

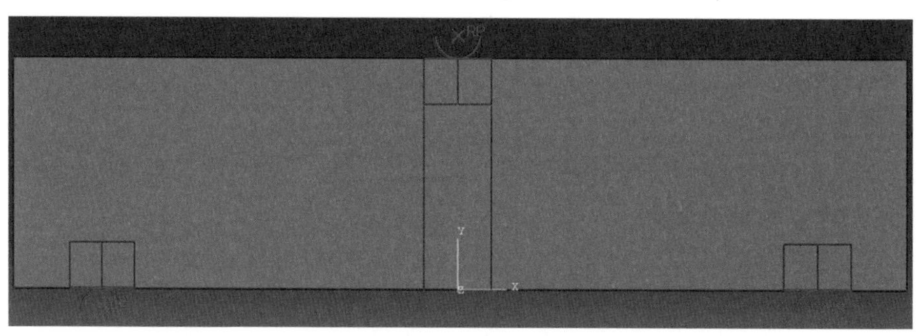

图 4-102　全部面集合分布

注意：可变形部件和刚体部件的面集合表征方式具有差异性，针对可变形部件的面集合主要通过单元或节点方式来进行表征，而刚体的面集合主要依据其几何参数进行表征。

相关的面集合在 INP 输入文件中的显示如下：

```
*************************************************************
 *Elset, elset=_Down-Rock-1_S4
```

<u>** Down-Rock-1 面集合 S4 方向的单元集合设置。</u>

7269, 7274, 7275, 7276, 7277, 7278, 7279, 7280, 7281, 7282, 7283, 7284, 7451

*Elset, elset=_Down-Rock-1_S1

<u>** Down-Rock-1 面集合 S1 方向的单元集合设置。</u>

7270, 10611, 10612, 10613, 10614, 10615, 10683, 10831, 10883

*Elset, elset=_Down-Rock-1_S2

<u>** Down-Rock-1 面集合 S2 方向的单元集合设置。</u>

7324, 7326, 7343, 7346, 7505, 7524, 10595

*Elset, elset=_Down-Rock-1_S3

<u>** Down-Rock-1 面集合 S3 方向的单元集合设置。</u>

10597, 10616, 10617, 10618, 10619, 10620, 10621, 10622, 10659, 10872, 10873

*Surface, type=ELEMENT, name=Down-Rock-1

<u>** Down-Rock-1 面集合设置，类型为 ELEMENT。</u>

_Down-Rock-1_S4, S4

_Down-Rock-1_S1, S1

_Down-Rock-1_S2, S2

_Down-Rock-1_S3, S3

<u>** 面集合相关的单元集合。</u>

*Elset, elset=_Down-Rock-2_S2

35, 72, 74, 91, 94, 121, 215, 481

*Elset, elset=_Down-Rock-2_S1

52, 482, 484, 485, 486, 487, 523, 624, 643, 695

*Elset, elset=_Down-Rock-2_S4

57, 58, 59, 60, 61, 62, 63, 64, 65, 66, 67, 254

*Elset, elset=_Down-Rock-2_S3

436, 483, 488, 489, 490, 491, 492, 493, 494, 692

*Surface, type=ELEMENT, name=Down-Rock-2

<u>** Down-Rock-2 面集合设置。</u>

_Down-Rock-2_S2, S2

_Down-Rock-2_S1, S1

_Down-Rock-2_S4, S4

_Down-Rock-2_S3, S3

*Elset, elset=_Up-Rock-1_S2

850, 4401, 4437, 4439, 4451, 4619, 4620, 4635

*Elset, elset=_Up-Rock-1_S3

857, 858, 859, 874, 877, 880, 883, 885, 886, 916, 1120

*Elset, elset=_Up-Rock-1_S1

868, 870, 872, 881, 882, 943, 1055, 1123, 4418

*Elset, elset=_ Up-Rock-1_ S4
4422, 4423, 4424, 4425, 4426, 4427, 4428, 4429, 4430, 4431, 4432, 4632
*Surface, type=ELEMENT, name=Up-Rock-1
** Up-Rock-1 面集合设置。
_ Up-Rock-1_ S2, S2
_ Up-Rock-1_ S3, S3
_ Up-Rock-1_ S4, S4
_ Up-Rock-1_ S1, S1
*Surface, type=SEGMENTS, name=An-Down-Disp-1_ Up-An-1
** Up-An-1 刚体面集合设置，类型为 SEGMENTS。
START, 0.00499695413512015, 0.054825502517194
**起始点坐标。
CIRCL, -0.00499695413508843, 0.0548255025162856, 0., 0.055
** "CIRCL"表示表面集合为圆弧段，后续 4 个数值表示终止点坐标和圆弧圆心坐标。
*Surface, type=SEGMENTS, name=An-Down-Disp-2_ Down-An-2
** Down-An-2 刚体面集合设置，类型为 SEGMENTS。
START, 0.0750030458648799, -0.00482550251719395
CIRCL, 0.0849969541350884, -0.00482550251628559, 0.08, -0.005
*Surface, type=SEGMENTS, name=An-Down-Disp-3_ Down-An-1
** Down-An-1 刚体面集合设置，类型为 SEGMENTS。
START, -0.0849969541351202, -0.00482550251719395
CIRCL, -0.0750030458649116, -0.00482550251628559, -0.08, -0.005
****

4.3.2.5 Step 功能模块

1. 分析步创建

点击左侧工具箱区快捷按钮 (Create Step) 或菜单栏 Step→Create…，进入分析步创建(Create Step)对话框[见图 4-103(a)]，分析步类型(Procedure type)选择通用静态(Static, General)后点击 Continue 按钮，进入分析步编辑(Edit Step)对话框[见图 4-103(b)和图 4-103(c)]，设置完成后点击对话框的 OK 按钮。

2. 场变量输出设置

点击左侧工具箱区快捷按钮 (Field Output Manager) 或菜单栏 Output→Field Output Requests→Manager，进入场变量输出管理器(Field Output Requests Manager)对话框，选择默认的 F-Output-1 场变量输出，点击对话框右上角 Edit 按钮，进入场变量输出编辑(Edit Field Output Requests)对话框，选择整个模型场变量输出(Domain 选

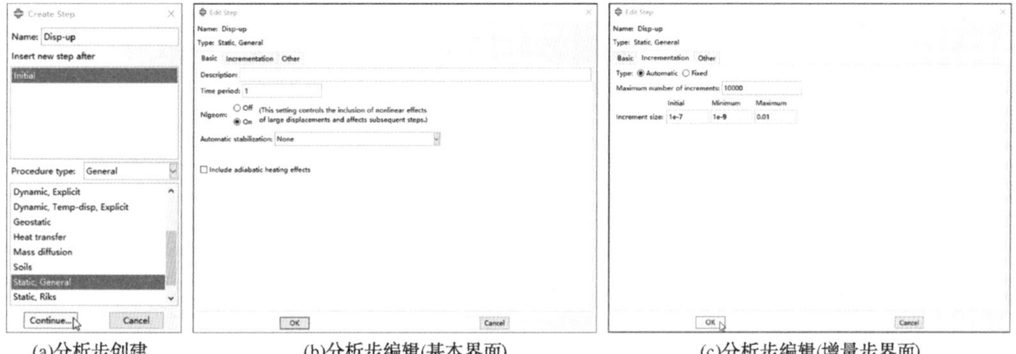

(a)分析步创建　(b)分析步编辑(基本界面)　(c)分析步编辑(增量步界面)

图 4-103　分析步设置

择 Whole Model)、输出频率(Frequency)，设置每个增量步输出(n 为 1)，输出变量(Output Variables)选择相应的应力、应变、反向作用力、扩展有限元表征等变量。相关的场变量输出类型见后续 INP 输入文件的文本显示。

3. 历程变量输出设置

点击左侧工具箱区快捷按钮 (History Output Manager)或菜单栏 Output→History Output Requests→Manager，进入历程变量输出管理器(Field Output Requests Manager)对话框[见图 4-104(a)]，点击右上角 Edit 按钮，进入历程变量输出管理器(Edit History Output Request)对话框[见图 4-104(b)]，对话框中的区域(Domain)选择集合(Set)，集合的名称为 Disp-1，频率(Frequency)选择 Every n increments，频率 n 选择 1，输出变量选择 U1、U2、RF1 和 RF2。相关设置完成后，点击对话框的 OK 按钮。

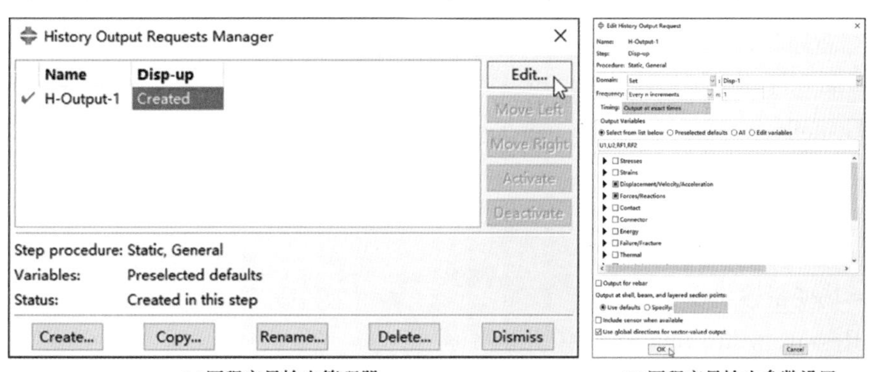

(a)历程变量输出管理器　(b)历程变量输出参数设置

图 4-104　历程变量输出设置

4. 收敛性设置

模拟过程中采用面接触设置传递压头与试件间、垫块与试件间的应力与位移，模拟过程中极易不收敛，分析步设置过程中需要进行收敛性控制设置，主要包括非连续性设置、迭代次数设置等。具体的操作流程如下：

点击菜单栏 Other→General Solution Controls→Edit→Disp-up，进入 Disp-up 分析步的迭代控制前会出现相应的警告信息，点击 Continue 按钮，进入通用求解控制器(General Solution Controls Editor)对话框，选择指定(Specify)，在时间增量步(Time Incrementation)选项中勾选不连续分析(Discontinuous analysis)[见图 4-61(a)]，增量步

控制设置的最大迭代次数输入 25[见图 4-61(b)]。

模型分析步设置以及相关的场变量和历程变量的输出在 INP 输入文件中的显示如下：

****

** STEP：Disp-up

**分析步设置注释行，分析步名称为 Disp-up。

*Step, name=Disp-up, nlgeom=YES, inc=10000

**“*Step”分析步设置关键词，分析步名称为 Disp-up，几何非线性(nlgeom)开启，总增量步数设置为 10000。

*Static

**“*Static”静态分析步关键词。

1e-07, 1., 1e-09, 0.01

**参数分别表示初始增量步时间、增量步总时间、最小增量步时间、最大增量步时间。模型的初始增量步时间 1.0×10^{-7}s、总增量步时间 1.0s、最小增量步时间 1.0×10^{-9}s、最大增量步时间 0.01s。模型的最小增量步时间可设置更小，增加模型的收敛性。

……………………

**相关的边界条件和载荷条件设置。

** CONTROLS

*Controls, reset

**模拟控制设置，“*Controls”模拟控制关键词。

*Controls, analysis=discontinuous

**非连续性分析控制设置。

*Controls, parameters=time incrementation

, , , , , , , , 25, , ,

**单个增量步的最大迭代次数设置，最大迭代次数由 5 次增加至 25 次。

** OUTPUT REQUESTS

**场变量输出设置。

*Restart, write, frequency=0

**重启分析设置，frequency=0 表示不启动重启分析。

** FIELD OUTPUT：F-Output-1

**场变量输出设置。

*Output, field

**“*Output”变量输出关键词，“field”表示场变量。

*Node Output

**“*Node Output”节点场变量输出。

PHILSM, PSILSM, RF, U

**节点变量为 PHILSM, PSILSM, RF, U。

*Element Output, directions=YES

```
** “ * Element Output”单元场变量输出，场变量方向设置为 Yes。
E, S
** 场变量名称为 E, S
** HISTORY OUTPUT: H-Output-1
** 历程场变量输出。
* Output, history
** “ * Output”变量输出关键词，“history”表示历程变量输出设置。
* Node Output, nset=Disp-1
** “ * Node Output”节点历程场变量输出，集合名称为 Disp-1。
RF1, RF2, U1, U2
** 集合 Disp-1 输出的历程场变量参数为 RF1, RF2, U1, U2。
* End Step
*******************************************************
```

4.3.2.6 Interaction 功能模块

1. 接触属性设置

接触属性包括下部垫块与试件间、上部压头与试件间以及裂缝间的接触属性设置，相关的接触属性设置如下：

点击左侧工具箱区快捷按钮(Create Interaction Property)或菜单栏 Interaction→Property→Create…，进入相互作用属性创建(Create Interaction Property)对话框[见图 4-105(a)]，相互作用名称输入 Rock-An，对话框中选择接触(Contact)后点击 Continue 按钮，进入接触属性编辑(Edit Contact Property)对话框[见图 4-105(b)]。接触属性设置主要选择力学(Mechanical)的切向(Tangential Behavior)和法向接触(Normal Behavior)设置，切向考虑摩擦作用，摩擦系数设置为 0.25；法向作用(Normal Behavior)设置为硬接触(“Hard” Contact)。

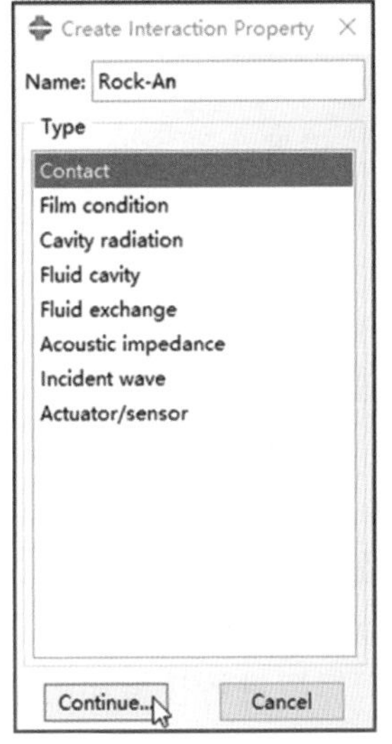

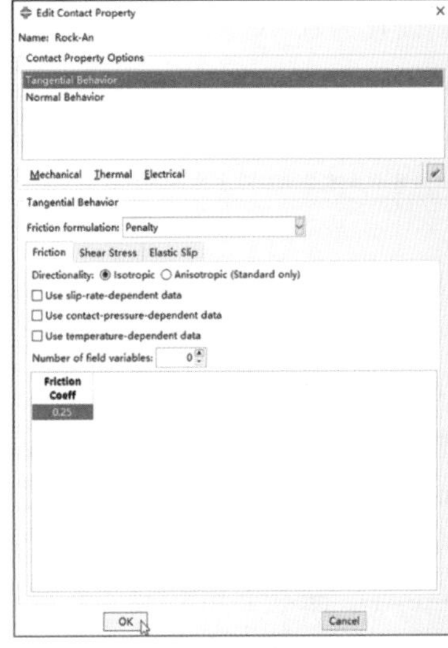

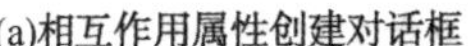
(a)相互作用属性创建对话框 (b)接触属性编辑

图 4-105 Rock-An 接触属性设置

采用相同的方法进行裂缝间接触设置，相互作用属性创建(Create Interaction Property)对话框中，相互作用名称输入 Fracture，对话框中选择接触(Contact)后点击 Continue 按钮，进入接触属性编辑(Edit Contact Property)对话框，相关的设置与图 4-105(b)所示的属性设置基本一致，只是裂缝面间的摩擦系数设置为 0.3。

接触属性设置在 INP 输入文件中的显示如下：

****

```
** INTERACTION PROPERTIES
** 相互作用属性。
* Surface Interaction, name=Rock-An
** 压头/垫块与试件接触属性设置，名称为 Rock-An。
1.,
* Friction, slip tolerance=0.005
** 切向摩擦系数设置。
0.25,
** 摩擦系数设置为 0.25。
* Surface Behavior, pressure-overclosure=HARD
** 压头/垫块与试件间法向设置为硬接触。
* Surface Interaction, name=Fracture
** "* Surface Interaction"为裂缝面相互作用属性设置关键词，名称为 Fracture，表示形成的裂缝间的相互作用关系。
1.,
** 默认的参数。
* Friction, slip tolerance=0.005
** "* Friction"摩擦系数关键词，表示切向相互作用。
0.3,
** 摩擦系数设置为 0.3。
* Surface Behavior, pressure-overclosure=HARD
** "* Surface Behavior"裂缝法向作用属性，设置为硬接触。
```

****

2. 接触设置

利用相互作用创建(Create Interaction)设置进行下部垫块和上部压头与试件间接触作用设置，保证 3 个部件能够产生应力和位移传递。

点击左侧工具箱区快捷按钮 (Create Interaction)或菜单栏 Interaction→Create…，进入相互作用创建(Create Interaction)对话框[见图 4-106(a)]，名称(Name)输入 Rock-An-1，分析步(Step)选择初始分析步(Initial)，分析步可选的相互作用类型选择(Types for Selected Step)选择面对面接触[Surface-to-surface contact (Standard)]，点击对话框左下角 Continue 按钮，然后进行接触面的选择。点击右下角提示区 Surfaces... 按钮，进入区域选择(Region Selection)对话框，在对话框中选择主面 Down-An-1 后，点击 Continue 按钮，在左下角提示区进行从面类型选择

（ ← X Choose the slave type: Surface Node Region ），点击 Surface 按钮后，再次进入区域选择（Region Selection）对话框，选择 Down-Rock-1 面集合，点击 Continue 按钮，进入相互作用编辑（Edit Interaction）对话框[见图 4-106（b）]，设置完成后点击 OK 按钮，完成 Rock-An-1 接触面设置。

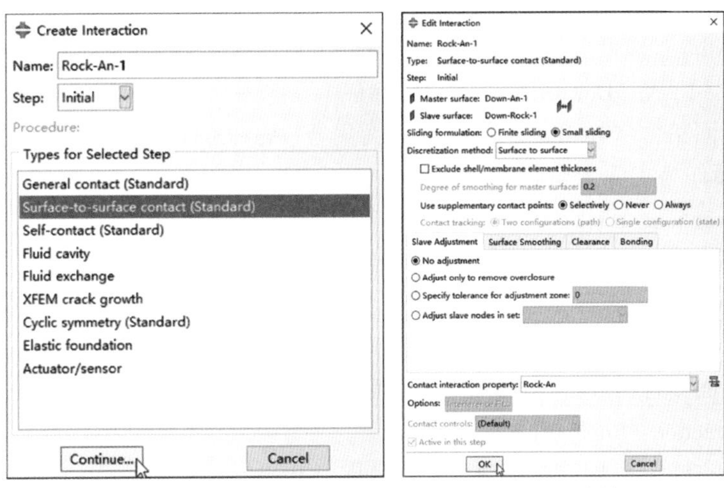

(a)相互作用创建对话框　　(b)相互作用参数设置

图 4-106　Rock-An-1 相互作用设置

利用相同的方法，创建 Rock-An-2 和 Rock-Disp 接触设置，相应的设置如图 4-107所示。

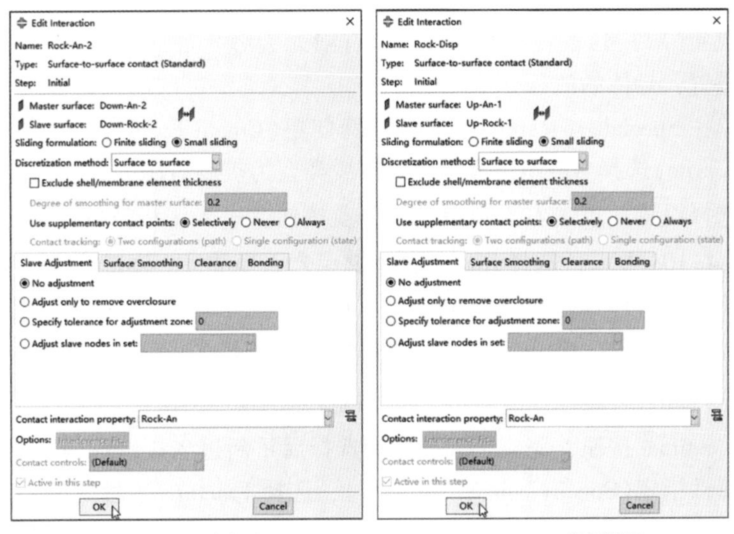

(a)Rock-An-2接触设置　　(b)Rock-Disp接触设置

图 4-107　Rock-An-2 和 Rock-Disp 接触设置

压头与试件间的接触设置在 INP 输入文件中显示如下：

```
******************************************************
** INTERACTIONS
```

** 相互作用设置。

** Interaction: Rock-Disp

** 上部压头与试件接触设置，名称为 Rock-Disp。

* Contact Pair, interaction=Rock-An, small sliding, type=SURFACE TO SURFACE

** “ * Contact Pair”接触对设置关键词，相互作用属性选择 Rock-An，滑移类型选择 small sliding，离散方式选择面对面接触。

Up-Rock-1, An-Down-Disp-3_ Up-An-1

** 从面面集合(Up-Rock-1)，主面面集合(An-Down-Disp-3_ Up-An-1)，一般选择刚体面作为主面。

** Interaction: Rock-An-1

** 下部左侧压头与试件接触设置，名称为 Rock-An-1。

* Contact Pair, interaction=Rock-An, small sliding, type=SURFACE TO SURFACE

Down-Rock-1, An-Down-Disp-2_ Down-An-1

** 从面面集合(Down-Rock-1)，主面面集合(An-Down-Disp-2_ Down-An-1)。

** Interaction: Rock-An-2

** 下部右侧压头与试件接触设置，名称为 Rock-An-2。

* Contact Pair, interaction=Rock-An, small sliding, type=SURFACE TO SURFACE

Down-Rock-2, An-Down-Disp-1_ Down-An-2

** 从面面集合(Down-Rock-2)，主面面集合(An-Down-Disp-1_ Down-An-2)。

****

3. XFEM 设置

扩展有限元(XFEM)设置主要进行扩展有限元裂缝扩展区域、初始裂缝、裂缝间相互作用的设置，具体的流程如下：

点击菜单栏 Special→Create…，进入裂缝创建(Create Crack)对话框[见图 4-108(a)]，类型(Type)选择 XFEM，表示裂缝扩展类型为扩展有限元，点击 Continue 按钮后进行区域选择设置。点击右下角提示区 Sets... 按钮，进入区域选择(Region Selection)对话框[见图 4-108(b)]，选择 Rock 集合(储层岩石基质)，点击 Continue 按钮，进入裂缝编辑(Edit Crack)对话框[见图 4-108(c)]。在对话框中勾选裂缝方向(Crack Location)(☑Crack location:)，然后点击旁边的区域编辑按钮( )后，再次点击右下角提示区的 Sets... 按钮，进入区域选择(Region Selection)对话框[见图 4-108(d)]，选择 XFEM 集合，点击 Continue 按钮，完成裂缝方位的选择后重新进入裂缝编辑对话框，同时勾选裂缝接触属性指定(Specify contact property)，选择 Fracture 接触属性。设置完成后，点击 OK 按钮，完成 XFEM-1 的相关设置。

注意：扩展有限元的初始裂缝的形成，采用二维线或三维壳面与裂缝扩展区域进行切割，组合形成初始裂缝的最简单方式；辅助线面与裂缝扩展区域切割后，软件自动根据线面与相切单元的切割方式计算节点与初始裂缝的垂直距离。

进行 XFEM 设置后，实例如图 4-109 所示。

XFEM 设置在 INP 输入文件中的显示如下：

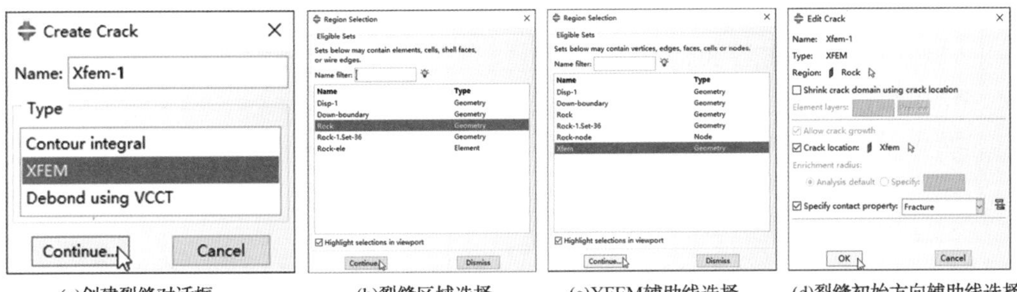

(a)创建裂缝对话框　(b)裂缝区域选择　(c)XFEM辅助线选择　(d)裂缝初始方向辅助线选择

图 4-108　XFEM 设置

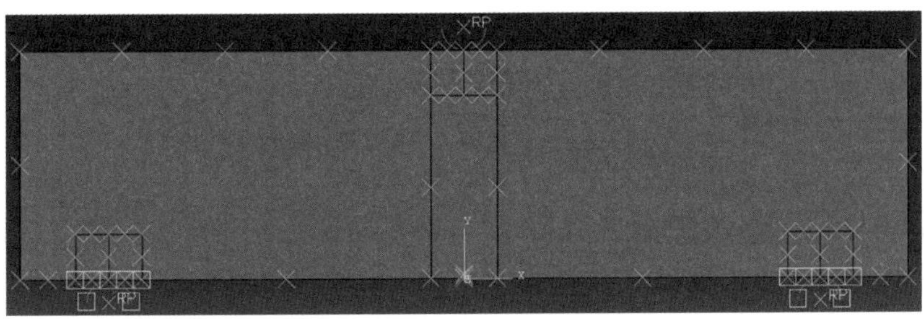

图 4-109　XFEM 设置后的实例

****

∗Enrichment, name=Xfem-1, type=PROPAGATION CRACK, elset=Rock, interaction=Fracture

∗∗"∗Enrichment" XFEM 设置关键词，XFEM 设置的名称为 Xfem-1，类型为裂缝扩展，设置的区域集合为 Rock，裂缝间的相互作用属性选择 Fracture。

****

∗Initial Conditions, type=ENRICHMENT

∗∗"∗Initial Conditions" 初始条件，类型为 XFEM 的初始裂缝。

5754, 1, Xfem-1, 0.000248092, 0.000142654

5754, 2, Xfem-1, 0.000297276, -0.000235554

5754, 3, Xfem-1, -7.69203e-05, -0.000254575

5754, 4, Xfem-1, -0.000113719, 0.000120374

∗∗初始裂缝尖端单元，每个单元有 4 个节点。

4972, 1, Xfem-1, 0.000339819

4972, 2, Xfem-1, -3.82311e-05

4972, 3, Xfem-1, -7.69203e-05

4972, 4, Xfem-1, 0.000297276

∗∗初始裂缝穿透单元。

5627, 1, Xfem-1, 1e-06

5627, 2, Xfem-1, -3.82311e-05

5627, 3, Xfem-1, 0.000339819

5627, 4, Xfem-1, 0.000375

＊＊初始裂缝穿透单元。

5703，1，Xfem-1，-3.82311e-05

5703，2，Xfem-1，1e-06

5703，3，Xfem-1，-0.000375

5703，4，Xfem-1，-0.000410327

＊＊初始裂缝穿透单元。

＊＊

4.3.2.7 Load 功能模块

根据模型特征，模型的边界条件主要包括下部垫块的和上部压头的边界条件设置，下部垫块采用完全边界条件固定方式，垫块不能移动与转动，上部压头在初始分析步(Initial Step)不进行设置，主要在 Disp-up 分析步施加负 Y 方向的位移载荷，通过接触作用往试件中部添加作用力直至模拟完成。

1. 下部垫块边界条件设置

点击左侧工具箱区快捷按钮 (Create Boundary Condition)或菜单栏 BC→Create…，进入边界条件创建(Create Boundary Condition)对话框，如图 4-110(a)所示。边界条件名称(Name)输入 Down-Boundary，分析步(Step)选择初始分析步(Initial)，种类(Category)选择力学(Mechanical)，可选的边界条件类型(Typesfor Selected Step)选择对称/反对称/固定(Symmetry/Antisymmetry/Encastre)。设置完成后，点击 Continue 按钮，点击右下角提示区 Sets... 按钮，进入区域选择(Region Selection)对话框[见图 4-110(b)]，选择 Down-Boundary 集合后(集合包括左右两个垫块的参考点)，点击 Continue 按钮，进入边界条件编辑(Edit Boundary Condition)对话框[见图 4-110(c)]，对话框中选择 ENCASTRE(U1＝U2＝U3＝UR1＝UR2＝UR3＝0)，点击 OK 按钮完成设置。

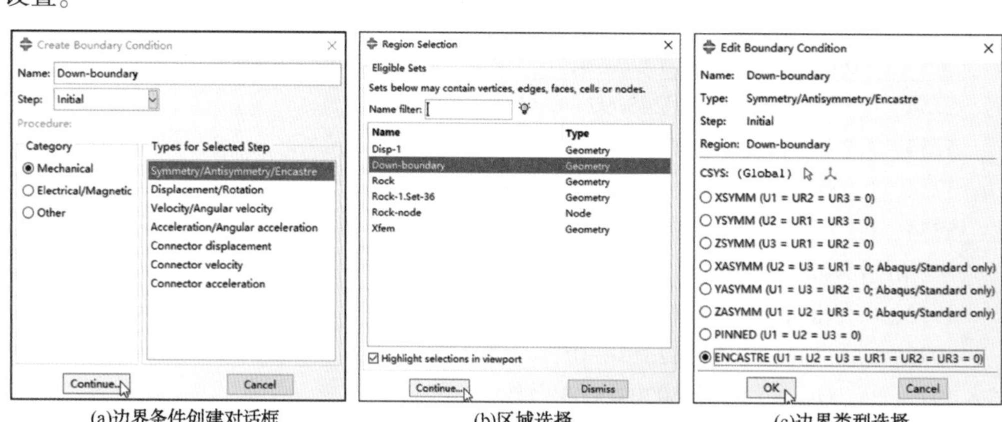

(a)边界条件创建对话框　(b)区域选择　(c)边界类型选择

图 4-110　下部垫块边界条件设置

2. 上部压头位移载荷边界条件设置

上部压头的位移载荷边界条件设置如图 4-111 所示，边界条件创建(Create Boundary Condition 对话框如图 4-111(a)所示。边界条件名称(Name)输入 Disp-Up，起始分析步(Step)选择 Disp-up，类型选择位移/旋转(Displacement/Rotation)，点击

Continue 按钮后，点击右下角提示区 Sets... 按钮，进入区域选择（Region Selection）对话框[见图 4-111(b)]，在对话框中选择 Disp-1 集合，点击 Continue 按钮，进入边界条件编辑（Edit Boundary Condition），进行相应的边界条件设置，相关的设置如图 4-111(c)所示。边界勾选 U1、U2 和 UR3，U2 方向设置位移值-0.005、U1 和 UR1 输入 0，其他采用默认设置，设置完成后点击 OK 按钮完成设置。

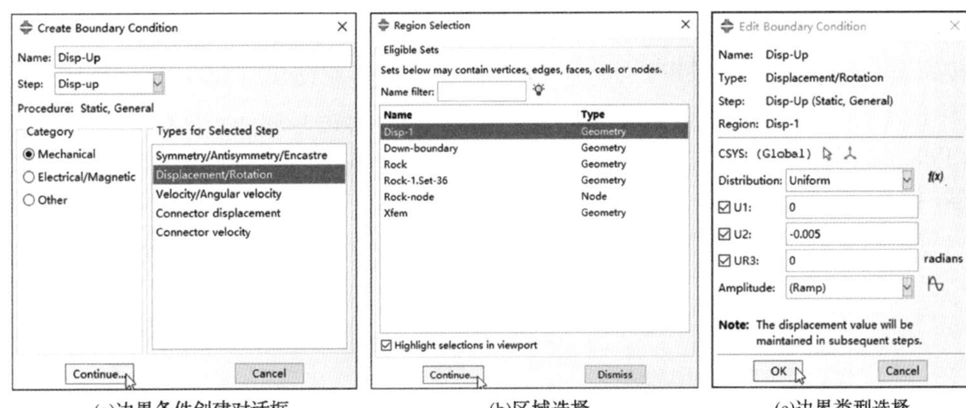

(a)边界条件创建对话框　(b)区域选择　(c)边界类型选择

图 4-111　上部压头位移加载边界条件设置

下部垫块边界条件在 INP 输入文件中的显示如下：

```
********************************************************
** BOUNDARY CONDITIONS
**边界条件设置。
** Name: Down-boundary Type: Symmetry/Antisymmetry/Encastre
**下部垫块边界条件设置，边界条件名称为 Down-boundary，边界条件为初始分析步(Initial)中的边界条件设置，类型为 Symmetry/Antisymmetry/Encastre。
*Boundary
** "*Boundary"边界条件设置关键词。
Down-boundary, ENCASTRE
**集合名称，边界条件类型。
********************************************************
```

上部压头边界条件在 INP 输入文件中的显示如下：

```
********************************************************
** BOUNDARY CONDITIONS
** Name: Disp-Up Type: Displacement/Rotation
**上部压头边界条件设置，边界条件名称为 Disp-Up，边界条件为 Disp-up 分析步中的边界条件设置，类型为 Displacement/Rotation。
*Boundary
Disp-1, 1, 1
**1 自由度固定。
Disp-1, 2, 2, -0.005
```

**2 自由度设置位移-0.005。

Disp-1, 6, 6

**6 自由度固定。

****

4.3.2.8 Job 功能模块

在 Job 功能模块中，进行相应的作业创建(Create Job)设置。点击左侧工具箱区快捷按钮(Create Job)或菜单栏 Job→Create…，进入作业创建(Create Job)对话框[见图 4-112(a)]，作业名称(Name)输入 Fracture-t-1，点击 Continue 按钮，进入作业编辑(Edit Job)对话框。在对话框中，除了在并行(Parallezation)面板中勾选使用多个处理器(Use multiple processs)，输入线程数量 10[见图 4-112(b)]，用户可根据需要进行设置。其他采用默认参数即可，设置完成后，点击 OK 按钮，完成作业编辑设置。

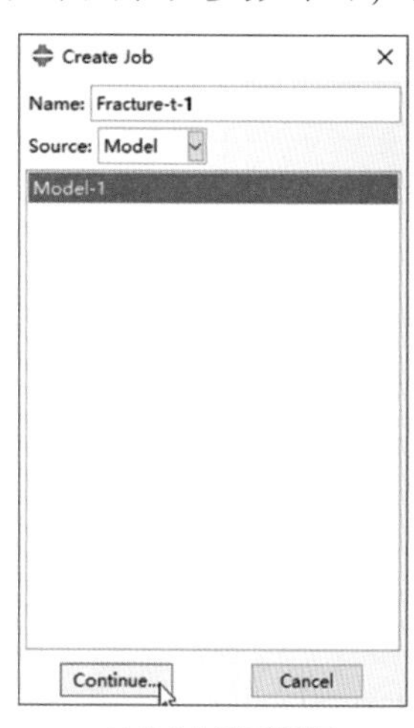

(a)作业创建对话框

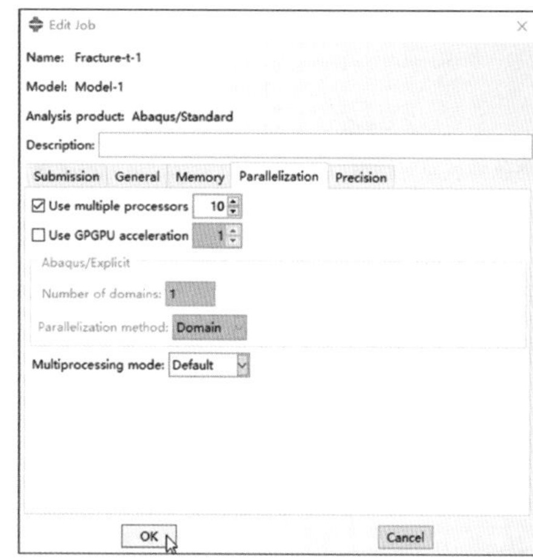

(b)作业编辑

图 4-112 作业创建与设置

4.3.3 模拟计算

作业设置完成后，点击左侧工具箱区快捷按钮(Job Manager)，进入作业管理器(Job Manager)对话框，点击对话框右侧 Submit 按钮，进入模拟计算。用户也可利用 ABAQUS/Command 命令窗口进行计算。

模拟阶段主要包括裂缝起裂前、起裂过程中、完全贯穿等阶段，加载起裂前阶段的上部压头加载位移较小，初始裂缝尖端的应力状态不满足起裂准则。随着加载的不断进行，初始裂缝尖端的应力满足设置的起裂准则后，初始裂缝开始扩展延伸，压头持续施加向下的位移，形成的裂缝持续扩展直至裂缝完全贯穿试件，裂缝贯穿试件后，进一步加载位置导致形成的裂缝的宽度增加。

1. 裂缝起裂前阶段

初始裂缝起裂前阶段试件的主应力云图如图 4-113 所示，试件的最大主应力分布云图如图 4-113(a)所示，试件的初始裂缝尖端产生了较大的拉应力集中区域。试件最小主应力分布云图如图 4-113(b)所示。

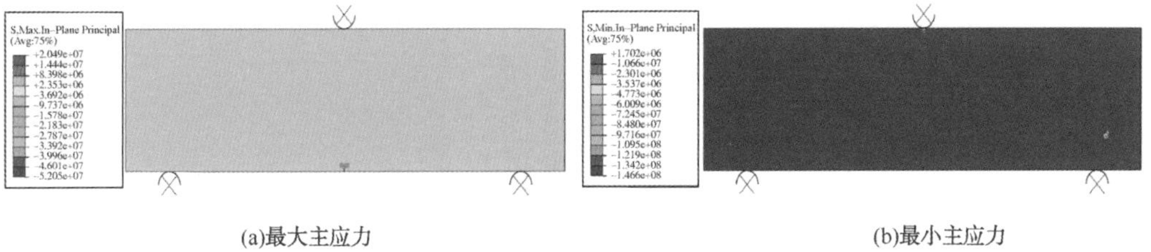

(a)最大主应力　　(b)最小主应力

图 4-113　起裂前试件应力云图

初始裂缝起裂前阶段试件的位移变化云图如图 4-114 所示，位移变化基本对称或反对称。

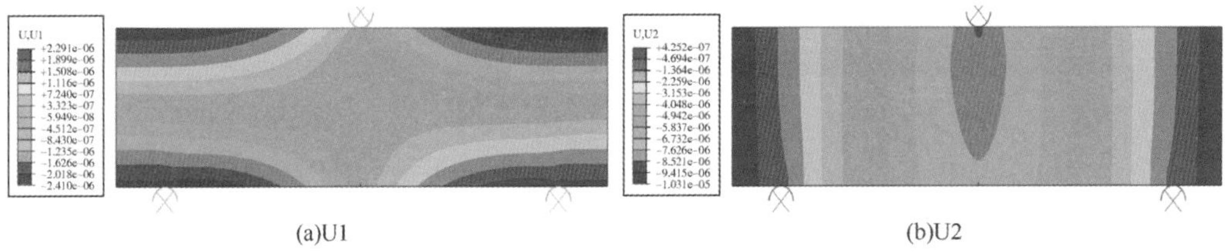

(a)U1　　(b)U2

图 4-114　起裂前试件位移云图

2. 裂缝扩展中期

裂缝扩展中期的试件的应力云图如图 4-115 所示，随着裂缝长度的增加，裂缝周围拉应力区域大幅度增加。

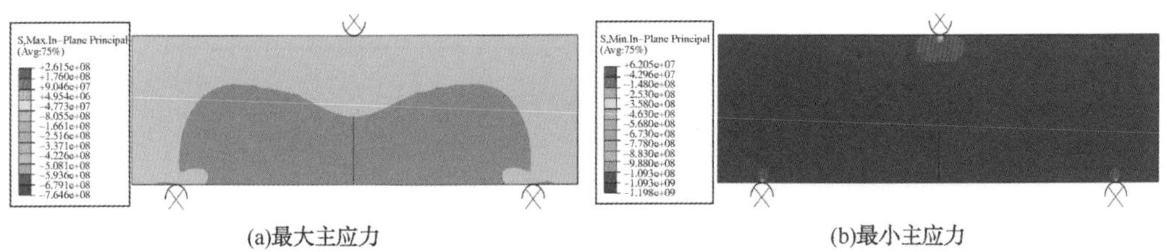

(a)最大主应力　　(b)最小主应力

图 4-115　扩展中期试件应力云图

裂缝扩展中期的试件的位移变化云图如图 4-116 所示，位移变化的规律与起裂前阶段基本一致，呈对称/反对称分布。

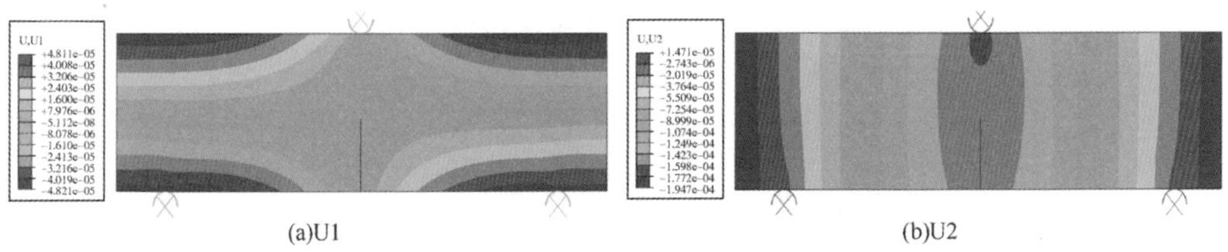

(a)U1　　(b)U2

图 4-116　扩展中期试件位移变化云图

3. 裂缝接近贯穿试件

裂缝接近贯穿试件的应力变化云图如图 4-117 所示。

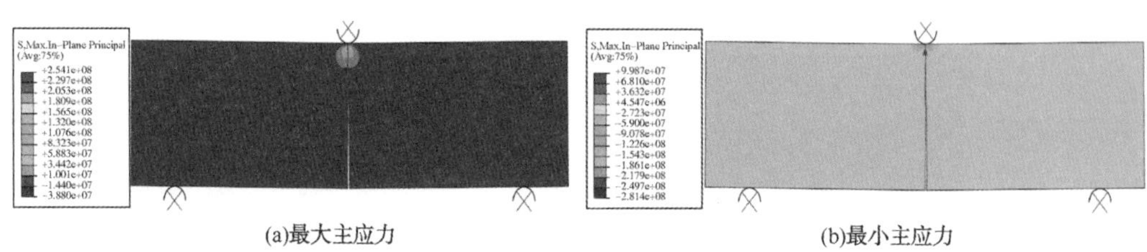

(a)最大主应力　　(b)最小主应力

图 4-117　裂缝接近贯穿试件应力云图

裂缝接近贯穿试件的位移变化云图如图 4-118 所示。

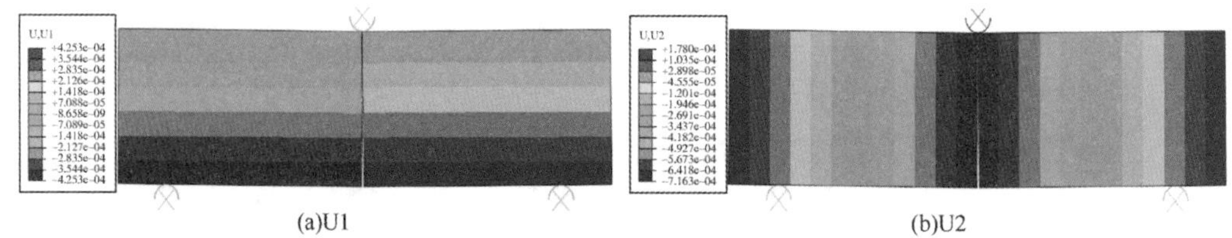

(a)U1　　(b)U2

图 4-118　裂缝接近贯穿试件位移值变化云图

4. 压头作用力历程曲线

上部压头作用力历程曲线如图 4-119 所示，根据作用力曲线发现，上部压头的 Y 方向的最大反作用力时间点为 0.0712490s，此时 Y 方向的反作用力如图 4-120 所示，此时并不是初始起裂时间点。根据裂缝扩展情况，此时在高度方向已经扩展延伸至裂缝高度方向的 1/2 左右。

同时，根据上部压头的 Y 方向的反作用力曲线可计算模型的断裂韧性参数。

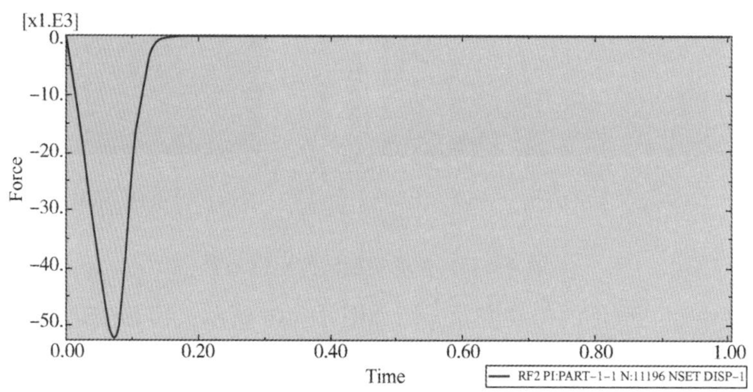

图 4-119　上部压头位移加载点反向作用力

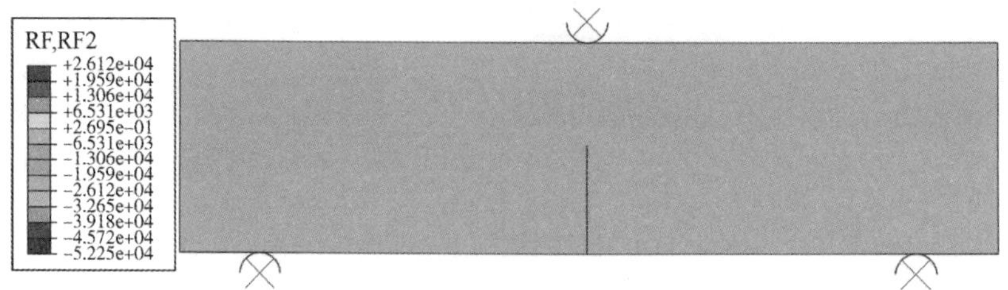

图 4-120　上部压头 Y 方向反作用最大时试件的整体反作用力云图

上部压头 Y 方向作用力最大时，模型的应力云图如图 4-121 所示。

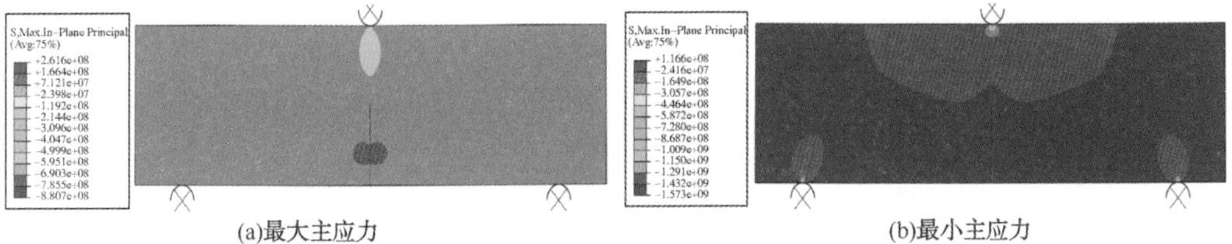

(a)最大主应力　(b)最小主应力

图 4-121　上部压头 Y 方向反作用最大时试件应力云图

上部压头 Y 方向反作用力最大时，模型的位移变化云图如图 4-122 所示。

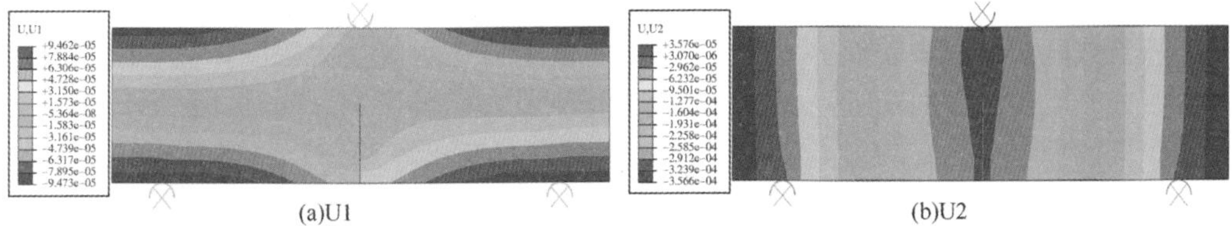

(a)U1　(b)U2

图 4-122　上部压头 Y 方向反作用力最大时试件位移变化云图

4.4　小结

本章详细讲解了包含层理缝的单轴压缩数值模型、巴西劈裂模型和断裂韧性模拟数值模型的构建方法和参数设置，后续用户可根据模拟方法进行更为复杂模型的构建，例如全域 Cohesive 单元的单轴或三轴压缩模拟、包含天然裂缝或层理的巴西劈裂模型或断裂韧性模拟模型。

第 5 章 射孔套管应力变化模拟

套管强度校核是钻完井与压裂过程中套管类型与参数选择的重要依据，套管强度需要满足抗压和抗挤强度等需求。常规的套管强度校核主要针对未射孔的套管进行校核，压裂或开发过程中套管射孔后，射孔处的套管强度可能会大幅度降低。因此，针对压裂或开发过程中的套管强度校核还需考虑射孔参数的影响。同时，套管长期处于一定深度的储层中，储层地应力、孔隙压力、岩石变形等对套管强度具有一定的影响，套管的变形和强度变化还具备时间效应。

本章简要介绍射孔套管在储层岩石中的应力变化特征模拟，具体的模型构建和模拟流程如下。

5.1 模型说明

本例主要模拟储层应力条件下射孔套管的应力变化特征，分析射孔套管各个位置的应力变化规律。本例的模拟示意图如图 5-1 所示，模型考虑储层岩石、水泥环和射孔套管，其中水泥环和储层岩石不考虑射孔，主要模拟储层岩石在初始地应力条件下压裂载荷对套管应力变化的影响。模型的主要说明如下：

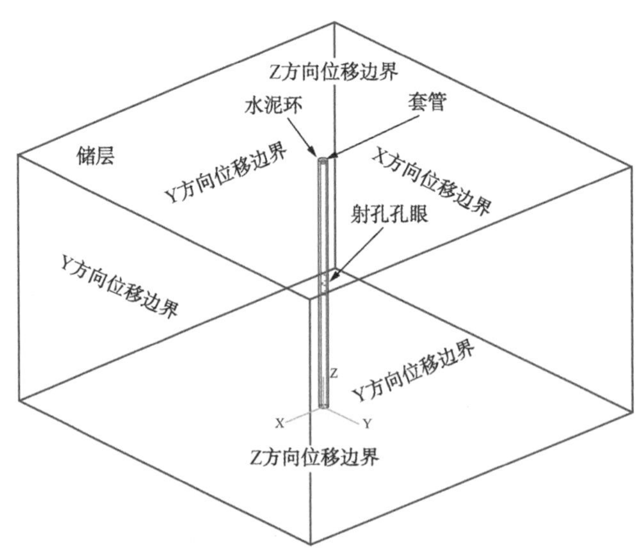

图 5-1　套管强度分析模拟示意图

（1）储层岩石、水泥环和套管进行单独的几何模型构建，不同部件间接触位置采用带强度的接触设置，可考虑储层岩石与水泥环间、水泥环与套管间相互间张开或滑移运动。(2)储层岩石施加初始三向地应力，地应力为压应力。不考虑孔隙压力作用与流-固耦合作用。(3)模型外边界条件采用位移边界条件固定，外边界作用面的法向采用位移边界条件固定，其他自由度不固定。(4)模拟过程中，套管和射孔孔眼内表面施加面载荷压力以模拟水力压裂加压过程，通过加压分析套管和水泥环等应力变化情况。(5)套管、水泥环和储层岩石全部部件采用线弹性本构模型，只考虑弹性模量和泊松比参数，不考虑储层和套管的塑性变形特征。(6)射孔孔眼只考虑套管，储层和水泥环中不考虑射孔孔眼特征。

模型的计算参数如表 5-1 所示，主要包括模型的几何特征参数、力学性能参数、射孔参数和地应力参数等。几何特征参数包括储层外部长宽高、套管尺寸、水泥环尺寸，射孔参数包括射孔孔眼直径、方位角、相位角、射孔段长度、孔眼数量，力学参数主要包括储层岩石、水泥环和套管的弹性模量与泊松比，三向地应力为总地应力，不考虑孔隙压力。

表 5-1 计算模型的几何参数和裂缝参数

参数名称	数值	参数名称	数值
储层几何尺寸(长×宽×高)/m	10.0	套管密度/(kg/m^3)	7800.0
	10.0	套管弹性模量/10^{11}Pa	2.11
	10.0	套管泊松比(无因次)	0.26
套管内径/m	0.12136	水泥环密度/(kg/m^3)	2500
套管壁厚/m	0.00917	水泥环弹性模量/10^9Pa	9.0
水泥环内径/m	0.1397	水泥环泊松比(无因次)	0.25
水泥环厚度/m	0.04	储层环密度/(kg/m^3)	2600
射孔相位角/(°)	60.0	储层弹性模量/10^{10}Pa	4.2
射孔方位角/(°)	0.0	储层泊松比(无因次)	0.18
射孔段长度/m	1.0	水平最大主应力/10^7Pa	4.5
射孔孔数/个	16	水平最小主应力/10^7Pa	4.0
射孔孔眼直径/m	0.01	垂向应力/10^7Pa	5.0

5.2 模型构建

本例数值模型构建的难点在于几何模型构建、网格划分前的体剖分设置、部件网格划分。不同的难点问题需采用不同的处理方式，例如针对模型的几何特征构建问题，需要采用第三方 CAD 绘图软件进行几何模型的构建，构建包含螺旋射孔孔眼的套管、水泥环与储层部件。

5.2.1 Part 功能模块

本例不同部件的力学参数、材料属性以及几何特征具有差异性，模型部件包括储层、水泥环和套管，其中套管部件包含螺旋射孔孔眼，螺旋射孔孔眼套管的几何特征在 ABAQUS/CAE 中构建难度大。因此，几何模型需采用第三方 CAD 软件构建，储层岩石、水泥环和套管部件的几何特征构建完成后，将几何模型输出为 ABAQUS/CAE

软件能够识别和导入的文件格式。几何模型构建完成后并导出为 ABAQUS/CAE 能识别的文件后（本例的文件名为 Casing-1. Sat），将文件拷贝至 ABAQUS 的工作目录文件夹中，方便后期进行几何模型的导入。

注意：模型的导入包括草图导入、部件导入、组装导入和模型导入。(1)草图导入。主要针对第三方软件构建的模型导入形成二维草图，草图形成后进行后续的部件创建操作。(2)部件导入。部件导入主要针对第三方软件构建的几何模型，几何模型导入 Part 功能模块后形成模型部件，后续针对部件进行相关的材料赋值、组装以及分析步设置等步骤。(3)模型导入。模型导入主要针对 ABAQUS 软件的数据文件、结果文件以及 INP 输入文件直接导入 ABAQUS/CAE 中，同时也可用其他的有限元软件输入文件（例如 ANSYS 软件）进行模型导入。导入的模型往往只具有网格特征而不具几何特征，同时还可能包括模型的材料特征、分析步特征、实例组装等其他特征设置。

进入 ABAQUS/CAE GUI 界面后进行几何模型的导入，具体的流程如下：

点击菜单栏 File→Import→Part…，进入部件导入（Import Part）对话框[见图 5-2(a)]，对话框中可选择 Casing-1. Sat，选定后点击 OK 按钮，进入二进制 ACIS 文件创建部件（Create Part from ACIS File）对话框[见图 5-2(b)~图 5-2(d)]，对话框包括三个界面：(1)名称-修复（Name-Repair）界面如图 5-2(b)所示，部件的几何信息包括套管、水泥环和储层岩石，部件名称（Part Name）可先采用几何文件的名称，其他采用默认设置。(2)部件属性（Part Attribute）界面如图 5-2(c)所示，模型空间（Modeling Space）选择三维模型(3D)，类型（Type）选择可变形（Deformable）。(3)缩放（Scale）界面如图 5-2(d)所示，主要进行第三方软件的几何模型与 ABAQUS/CAE 模型的几何尺寸缩放。本例采用第三方软件进行模型构建时采用的尺度单位为 mm，导入 ABAQUS/CAE 后需要转变成 m 单位。因此导入过程中需要进行几何尺寸的转换，将 mm 单位模型转变为 m 单位模型。在缩放（Scale）界面中选择所有长度乘以（Multiple all length by），参数输入 0.001，导入模型时即可将 mm 单位模型转变成 m 单位模型，设置完成后点击 OK 按钮完成部件导入设置。

(a)几何部件文件选择

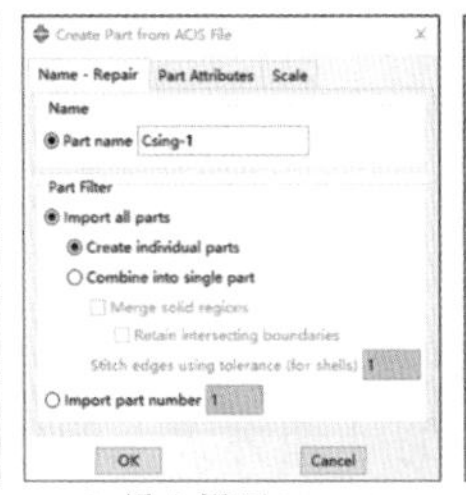

(b)导入设置(Name)

(c)导入设置(Attribute)

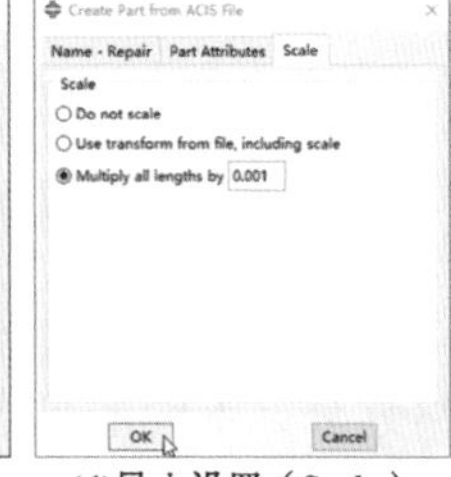

(d)导入设置（Scale）

图 5-2　部件导入设置

导入的套管部件如图 5-3 所示，其中图 5-3(a)为套管的阴影图、图 5-3(b)为套管的线框图，套管中部均匀分布螺旋射孔孔眼。

水泥环的阴影图如图 5-4 所示，储层岩石阴影图如图 5-5 所示。本例的水泥环部件和储层岩石部件的主要作用为包裹套管以及加载三向地应力，对套管射孔孔眼处的影响相对较小。因此，本例水泥环和储层岩石部件不考虑射孔孔眼，后续用户可根据需要构建水泥环和储层岩石包含射孔孔眼的模型。

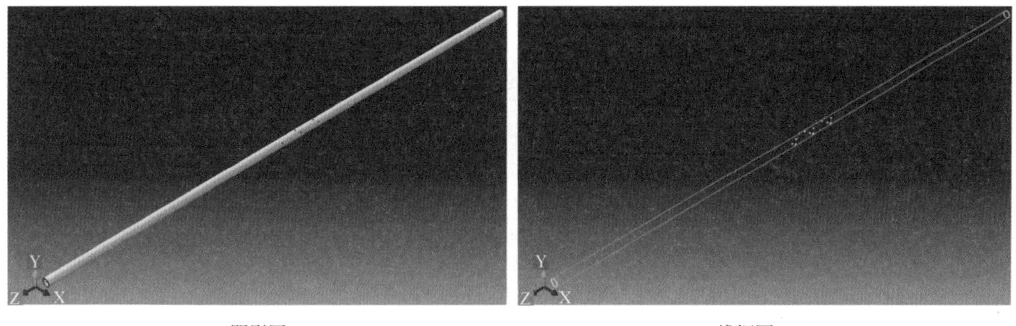

(a)阴影图　　(b)线框图

图 5-3　导入的套管部件

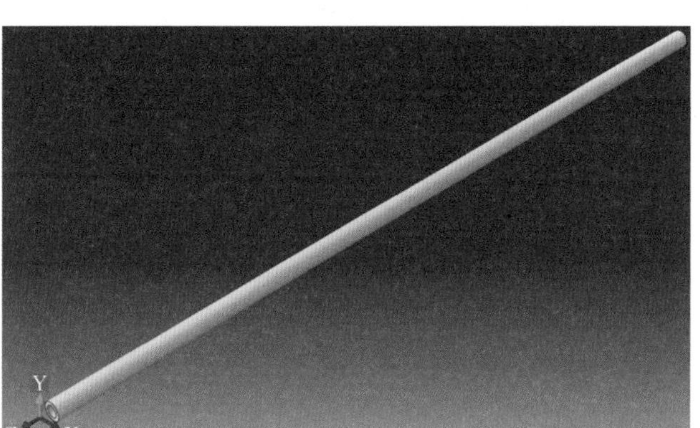

图 5-4　导入的水泥环部件

图 5-5　导入的储层岩石部件

导入的模型部件在左侧模型树的名称显示如图 5-6(a)所示，环境栏 Part 选项的部件名称显示如图 5-6(b)所示，默认的模型部件分别为 Casing-1-1、Casing-1-2、Casing-1-3。为方便后期分辨各个部件，可将导入的部件名称进行重新修改，具体流程如下：点击模型树 Model-1→Part(3)→Casing-1-1，选择部件后右击鼠标，选择 Rename 进行部件名称修改，具体的修改如图 5-7 所示，分别将部件的名称修改成 Casing、Cement 和 Rock。

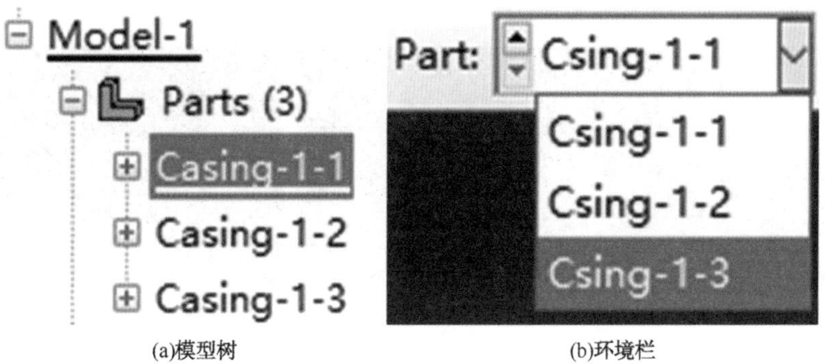

(a)模型树　　(b)环境栏

图 5-6　导入部件的初始名称

(a)套管名称　(b)水泥环　(c)Rock

图 5-7　部件名称修改

修改后的部件名称显示如图 5-8 所示。

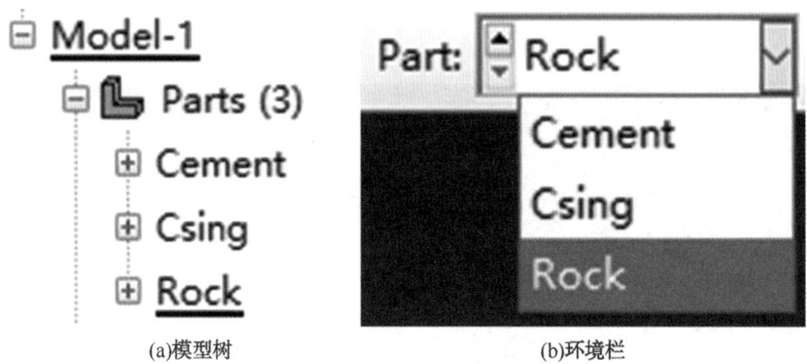

(a)模型树　(b)环境栏

图 5-8　修改后的部件名称

5.2.2　Mesh 功能模块

在网格划分过程中，部件的几何特征对网格质量具有重要影响。为了保证各个部件的网格质量与控制网格数量，需要针对性地进行部件体剖分。网格划分前需要依据各个部件的几何特征进行剖分，争取后续能够进行六面体网格划分。

在 Mesh 功能模块中，套管、水泥环和储层岩石部件的显示如图 5-9 所示，Rock 储层岩石部件如图 5-9(a)所示，Rock 部件显示为黄色，表明只能进行扫略网格划分，网格形状可为六面体或四面体。Cement 水泥环部件如图 5-9(b)所示，部件同样只能采用六面体或四面体扫略网格划分。Casing 套管部件显示如图 5-9(c)所示，部件颜色为褐色，表明部件无法采用六面体网格划分，可采用四面体网格划分。

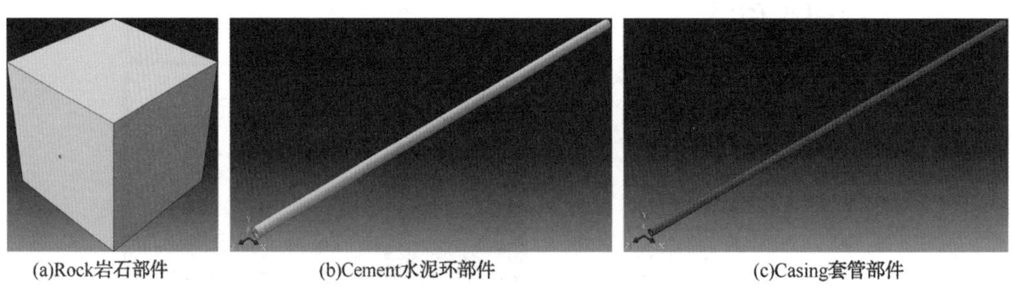

(a)Rock岩石部件　(b)Cement水泥环部件　(c)Casing套管部件

图 5-9　Mesh 模块部件

为了方便网格划分，需要针对 3 个部件进行体剖分，部件剖分后再进行网格划分工作。体剖分后的部件能够根据需要进行网格形状选择，针对性设置网格种子数量，可方便地进行局部网格加密设置。

由于模型包含套管(Casing)、水泥环(Cement)和储层岩石(Rock)3 个部件，在不同部件网格划分设置过程中，需要在环境栏 Part 选项中选择不同的部件，从而在视图区显示相应的部件。

5.2.2.1 Rock 部件

1. 部件剖分

在 Mesh 功能模块中，选择环境栏位置 Object 区域的 Part 选项，在 Part 选项中右侧的下拉菜单中选择 Rock 部件（Module: Mesh Model: Model-1 Object: ○Assembly ◉Part: Rock），从而在视图区显示 Rock 部件，方便后期针对 Rock 部件进行部件剖分。相关的剖分步骤和剖分方式如下：

(1) 端面面剖分。点击左侧工具箱区快捷按钮(Partition Face：Sketch)，在视图区选择 Rock 部件的上部或下部端面后点击左下角提示区的 Done 按钮，选择端面的任意一条边后，进入草图(Sketch)界面[见图 5-10(a)]，在草图(Sketch)界面中利用左侧工具箱区快捷按钮(Offset Curves)，进行中心井筒圆的线偏移，偏移的圆形尺寸如图 5-10(b)所示。退出偏移曲线(Offset Curves)命令后，点击左下角提示区的 Done 命令退出草图(Sketch)编辑，面剖分(Face Partition)后的部件如图 5-10(c)、图 5-10(d)所示，面剖分只是在端面上进行剖分。为了方便后期的网格划分，后续还需继续进行部件体剖分。

(a)草图界面

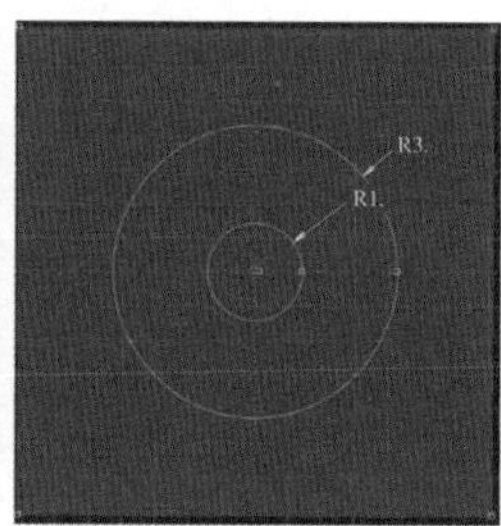

(b)圆形偏移

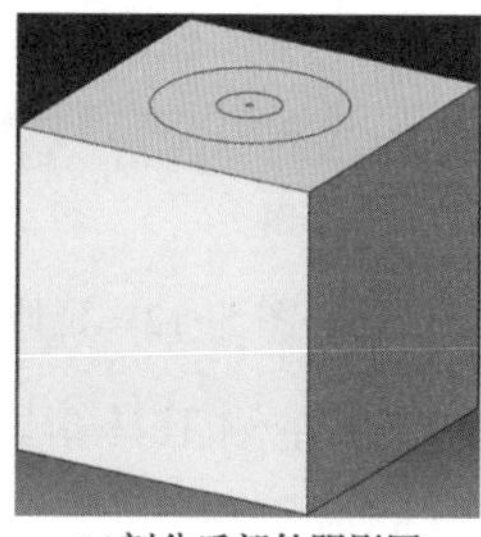

(c)剖分后部件阴影图

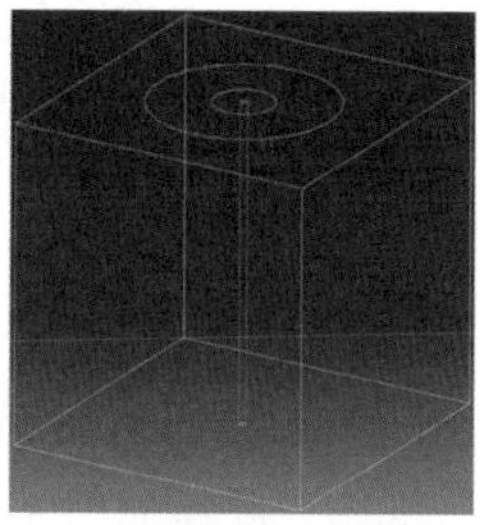

(d)剖分后部件线框图

图 5-10 Rock 部件端面面剖分(Partition Face)

(2) 部件体剖分。①延伸方式体剖分：图 5-10 所示的 Rock 部件端面面剖分后，需要进一步进行部件体剖分。根据前述的面剖分形成的端面的圆形线进行延伸方式体剖分，具体的体剖分的步骤如下：

长按左侧工具箱区快捷按钮(Partition Cell：Define Cutting Plane)，直至出现隐藏的功能按钮()，选择(Partition Cell：Extrude/Sweep Edges)，分别选择如图 5-11(a)所示的延伸圆形闭合边和剖分延伸方向、如图 5-11(b)所示的外部延伸圆圈边和延伸方向，根据步骤进行部件端面面剖分形成的圆圈边的延伸体剖分。

延伸体剖分后的部件如图 5-12 所示，此时部件的颜色依旧为黄色，表示无法进行结构化的六面体网格划分。

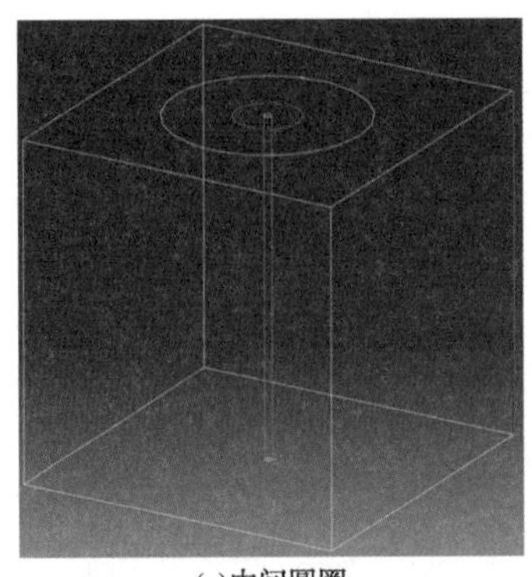
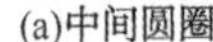

(a)中间圆圈

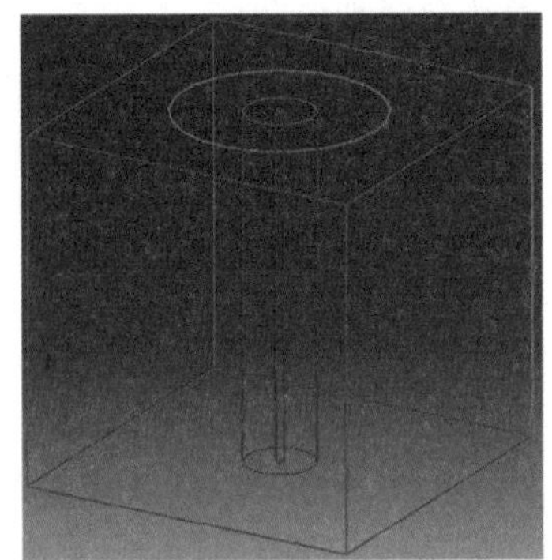

(b)外部圆圈

图 5-11　Rock 部件端面延伸体剖分(Partition Cell)

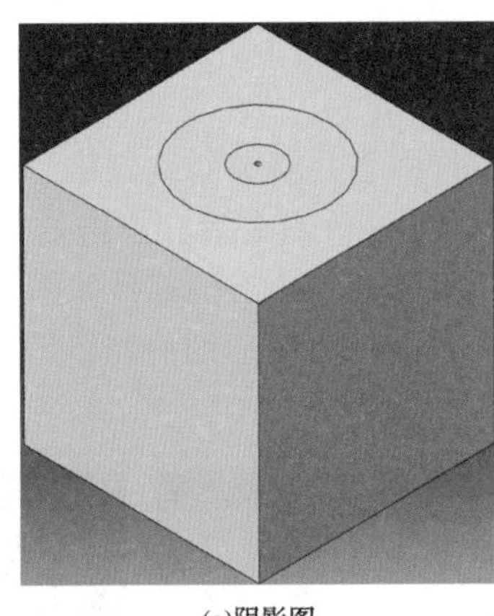

(a)阴影图

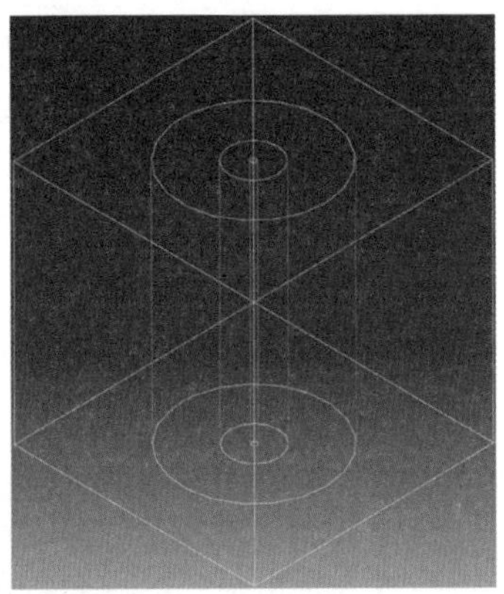

(b)线框图

图 5-12　延伸体剖分后的部件

②剖分面体剖分：点击左侧工具箱区快捷按钮 (Partition Cell：Define Cutting Plane)，选择如图 5-13(a)和图 5-13(b)所示的点和法线，确定体剖分的平面后进行部件体剖分。

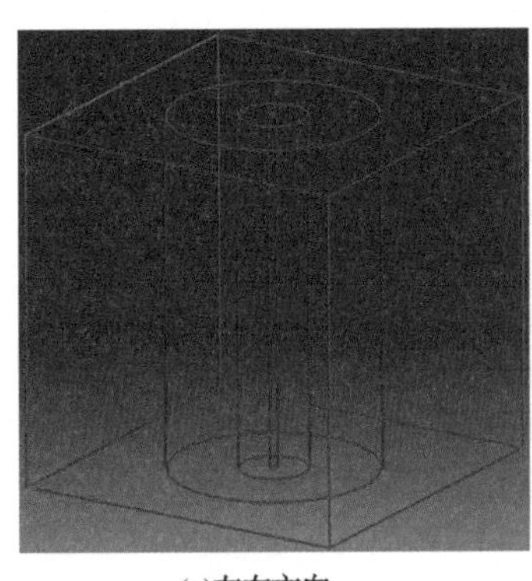

(a)左右方向

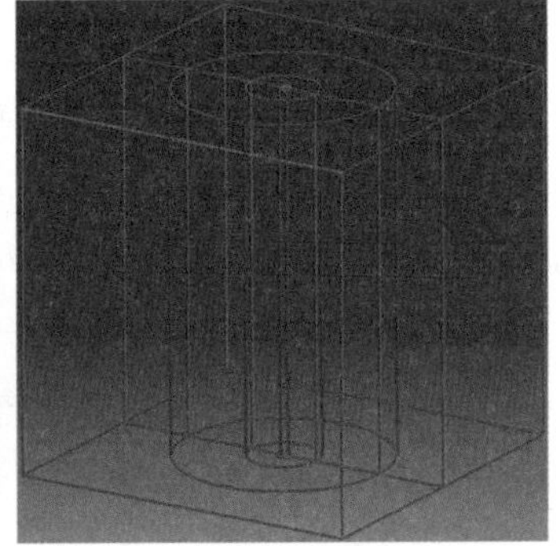

(b)前后方向

图 5-13　Rock 部件剖分面体剖分(Partition Cell)

Rock 部件完成体剖分后如图 5-14 所示，部件颜色为绿色，表示可进行结构化六面体网格划分。

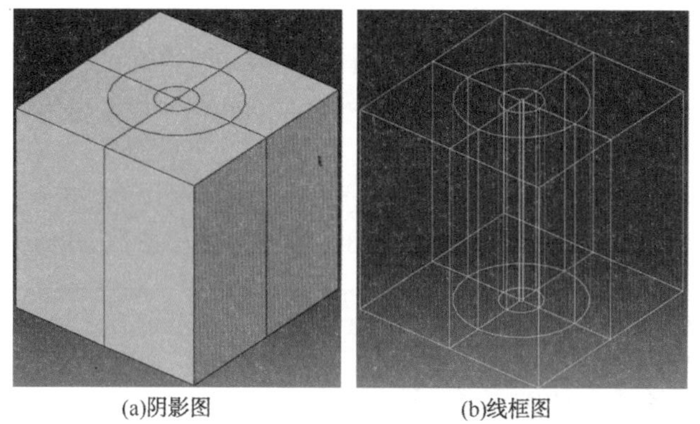

(a)阴影图　　(b)线框图

图 5-14　完成剖分后的 Rock 部件

2. 网格划分控制

部件选择结构化六面体网格，网格划分前需要进行网格划分控制(Mesh Controls)。具体的设置流程如下：

点击左侧工具箱区快捷按钮(Assign Mesh Controls)或菜单栏 Mesh→Controls…，在视图区选择 Rock 部件的全部实体(Cells)，点击左下角提示区 Done 按钮，进入网格划分控制(Mesh Controls)对话框，单元形状(Element Shape)选择六面体(Hex)，划分技术(Technique)选择结构化(Structured)，设置完成后点击 OK 按钮完成网格划分控制设置。

3. 网格种子布置

(1) 上下端面周向边：点击左侧工具箱区快捷按钮(Seed Edges)或菜单栏 Seed→Edges…，在视图区选择部件的周向边[见图 5-15(a)]，上下周向边显示如图 5-15(b)所示，局部边选择完成后点击左下角提示区 Done 按钮，进入局部边种子(Local Seeds)对话框[见图 5-15(c)]，边种子布置方式(Method)选择按数量(By number)，尺寸控制(Sizing Controls)选项中单元数量(Number of elements)输入 6，其他采用默认设置，设置完成后点击 OK 按钮完成周向边的网格种子布置。

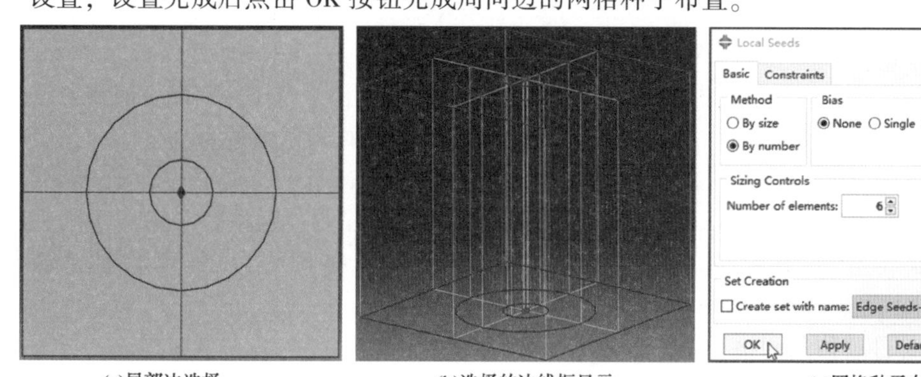

(a)局部边选择　　(b)选择的边线框显示　　(c)网格种子布置

图 5-15　上下端面周向边网格种子布置

（2）上下端面径向边：主要包括最内部径向边、中间径向边和外端径向边。具体的设置流程如下：

最内部径向边的边选择如图 5-16(a)所示，局部边种子(Local Seeds)网格种子布置如图 5-16(b)所示，网格采用网格种子数量控制，网格种子数量为 12，边种子采用井筒中心方向偏移加密，单方向偏移系数(Bias Ratio)设置为 5.0(表示近井筒方向局部网格加密)。

中间区域径向边的边选择如图 5-17(a)所示，局部边种子(Local Seeds)网格种子布置如图 5-17(b)所示，网格种子数量为 8，单方向偏移系数(Bias Ratio)设置为 3.0。

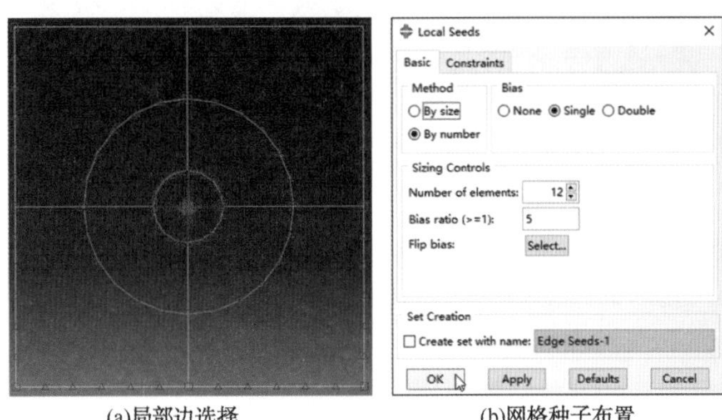

(a)局部边选择　(b)网格种子布置

图 5-16　内部径向边网格种子布置

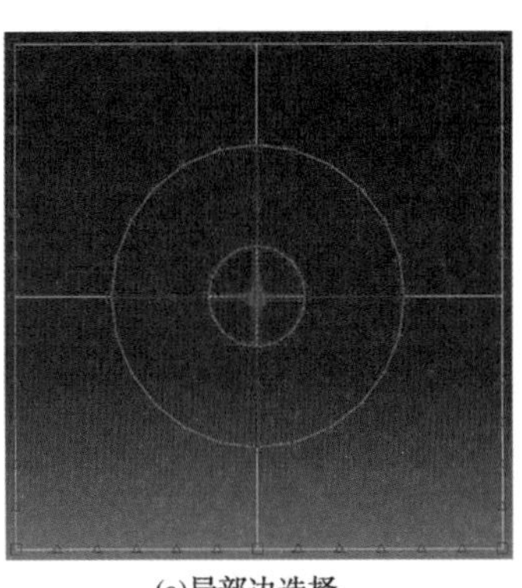

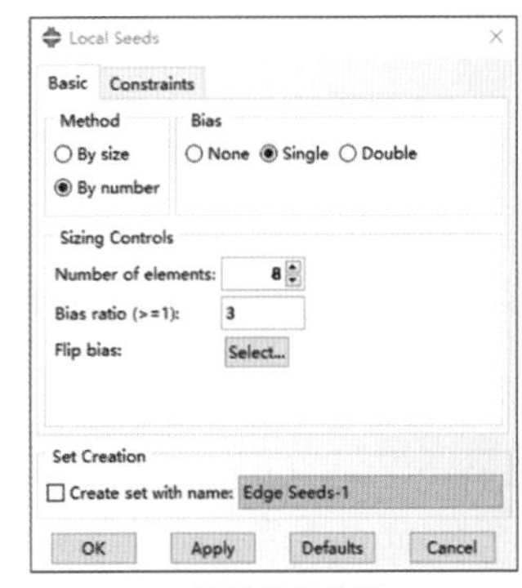

(a)局部边选择　(b)网格种子布置

图 5-17　中间径向边网格种子布置

端面外端径向边的边选择如图 5-18(a)所示，局部边种子(Local Seeds)网格种子布置如图 5-18(b)所示，网格种子采用均匀分布布置，网格种子数量为 5。

（3）高度方向局部边：高度方向边选择如图 5-19(a)所示，局部边种子(Local Seeds)网格种子布置如图 5-19(b)所示，网格采用数量控制，网格种子采用中间方向加密[偏移选项(Bias)选择对折(Double)]，种子偏移系数为 3，网格种子数量 20。

Rock 部件整体的网格种子分布如图 5-20 所示。

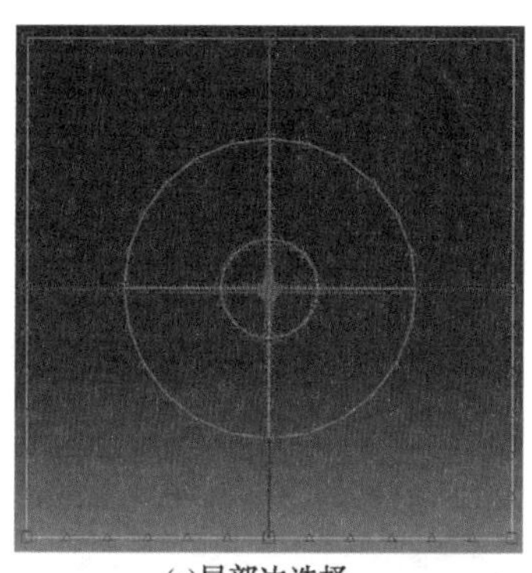

(a)局部边选择

(b)网格种子布置

图 5-18　外部径向边网格种子布置

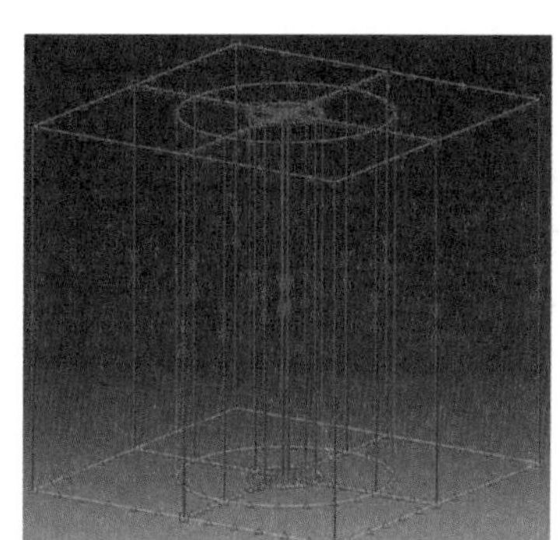

(a)局部边选择

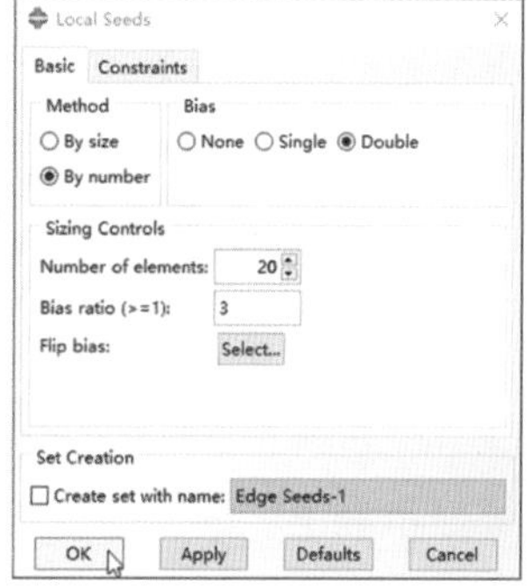

(b)网格种子布置

图 5-19　高度方向边网格种子布置

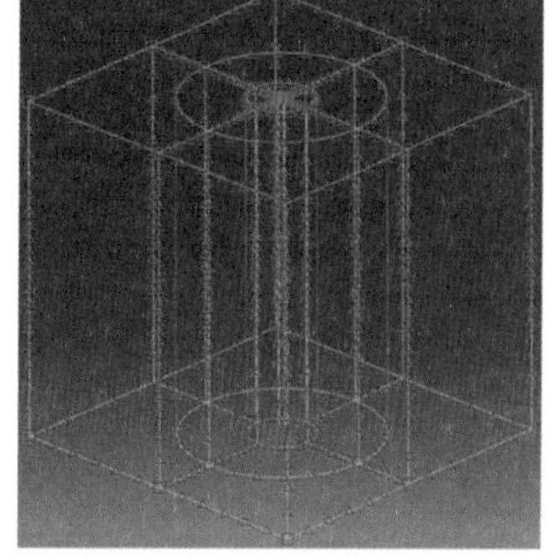

图 5-20　整体网格种子分布

4. 网格划分

网格划分采用全域部件网格划分技术，具体流程如下：

点击左侧工具箱区快捷按钮(Mesh Part)或菜单栏 Mesh→Part…，点击左下角提示区的 Yes 按钮(OK to mesh the part? Yes No)，完成 Rock 部件的网格生成，网格分布如图 5-21 所示，近井筒地带采用网格加密技术，网格数量相对较多。

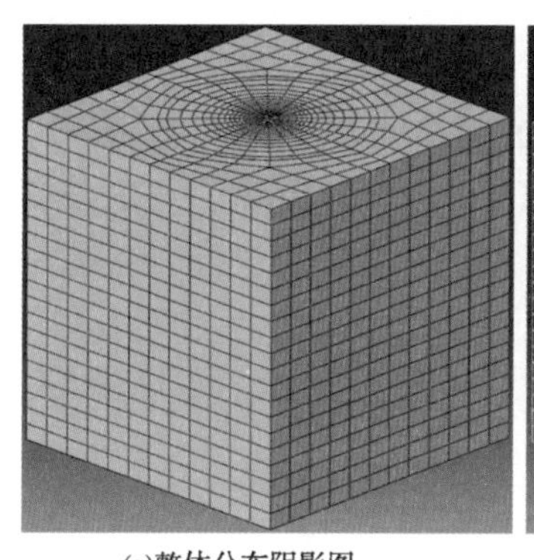

(a)整体分布阴影图

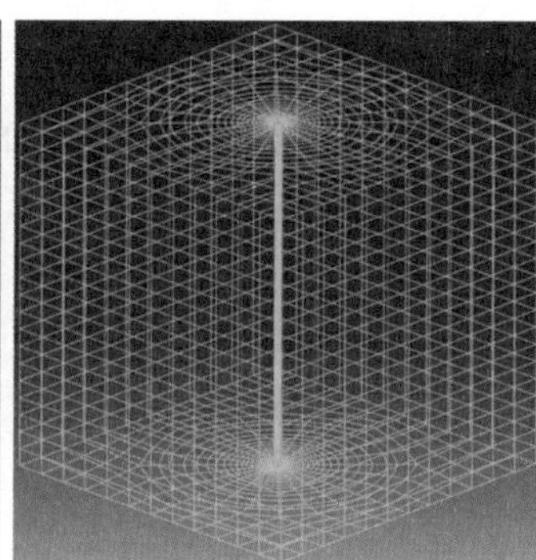

(b)整体分布线框图

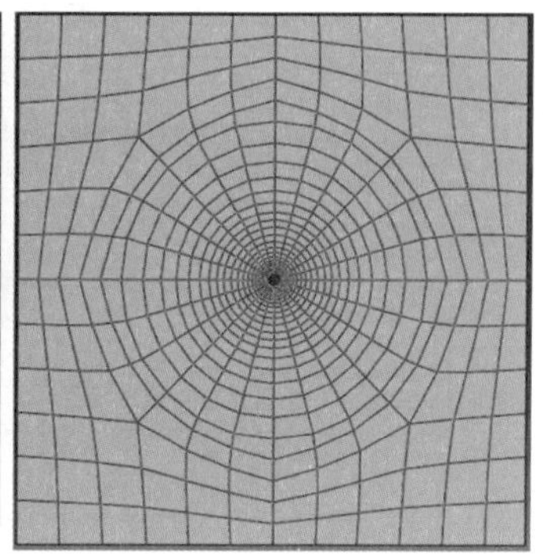

(c)端面网格种子分布

图 5-21　Rock 部件网格划分

5. 网格质量检测

点击左侧工具箱区快捷按钮 (Verify Mesh) 或菜单栏 Mesh→Verify…，在视图区选择全部部件实体，点击左下角提示区的 Done 按钮，进入网格质量检测 (Verify Mesh) 对话框[见图 5-22(a)]后点击 Highlight 按钮，网格质量检测结果如图 5-22(b) 所示。视图区模型显示有黄色的网格单元，根据信息提示区的显示结果表明，模型总的网格数量为 12720 个，警告 (Warning) 单元数量为 304 个，占比 2.38994%。

(a)网格质量检测

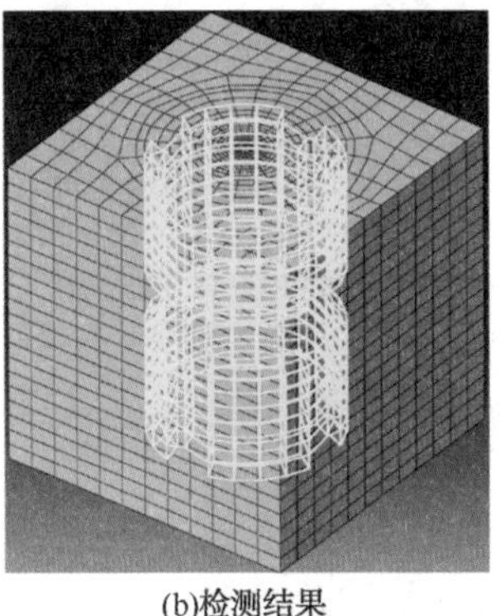
(b)检测结果

图 5-22 Rock 部件网格质量检测

信息提示区的单元检测结果显示如下：

****

Part: Rock

Hex elements: 12720

Max angle on Quad faces > 160: 0 (0%)

Average max angle on quad faces: 101.02, Worst max angle on quad faces: 151.24

Number ofelements : 12720, Analysis errors: 0 (0%), Analysis warnings: 304 (2.38994%)

****

6. 单元类型选择

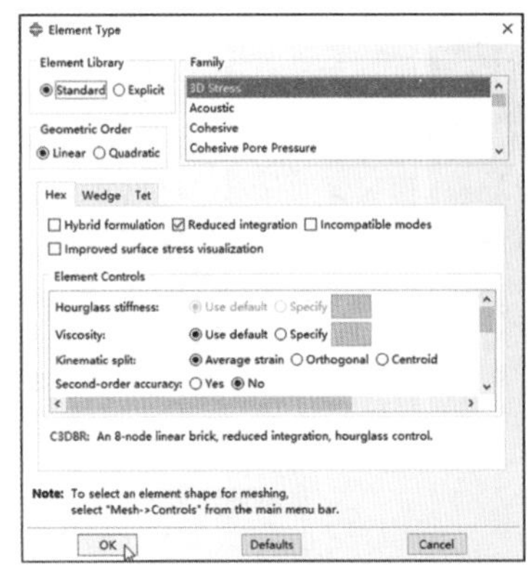

图 5-23 Rock 部件单元类型选择

点击左侧工具箱区快捷按钮 (Assign Element Type) 或菜单栏 Mesh→Element Type…，在视图区选择全部部件实体 (Cells)，点击左下角提示区 Done 按钮，进入单元类型 (Element Type) 对话框 (见图 5-23)，选择三维应力 (3D Stress) 单元，其他采用默认设置，点击 OK 按钮完成设置。

5.2.2.2 Cement 部件

Rock 部件的网格划分设置完成后，针对 Cement 部件进行相关的网格划分工作，在环境栏

Part 选项选择 Cement 部件(Module: Mesh Model: Model-1 Object: ○ Assembly ◉ Part: Cement),视图区显示 Cement 部件。

1. 部件体剖分

针对 Cement 部件进行端面体剖分,体剖分后的 Cement 部件如图 5-24 所示,部件颜色显示为绿色,表示可进行结构化六面体网格划分。用户也可针对高度方向中部区域进行体剖分,方便后续针对高度方向与套管射孔孔眼接触的位置区域进行网格加密。

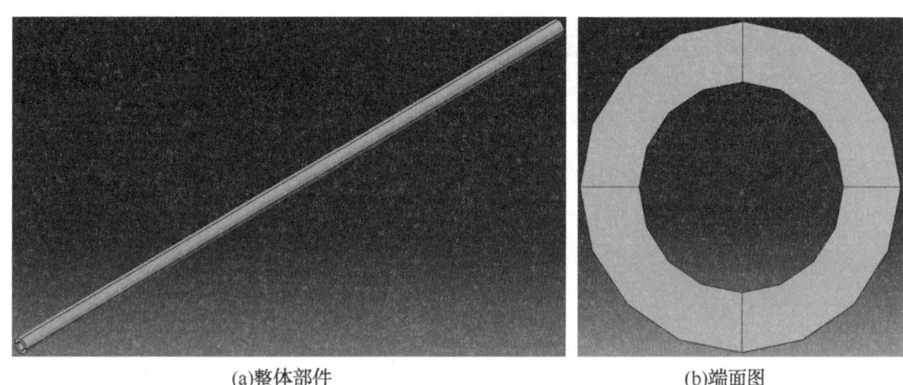

(a)整体部件　　(b)端面图

图 5-24　Cement 部件体剖分

2. 网格种子布置

Cement 部件上下端面径向边的网格种子布置如图 5-25 所示,边选择如图 5-25(a)所示,网格种子布置如图 5-25(b)所示,网格采用均匀分布,网格单元种子数量为 3。

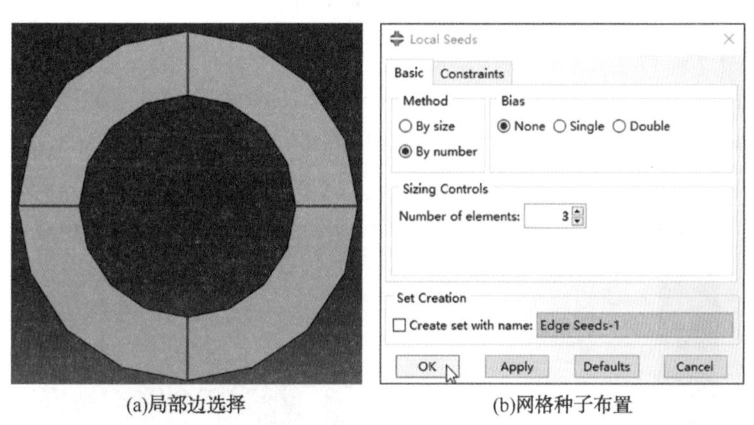

(a)局部边选择　　(b)网格种子布置

图 5-25　Cement 部件径向网格种子布置

Cement 部件上下端面的周向边的网格种子布置如图 5-26 所示,在视图区选择上下端面全部的周向边,边选择如图 5-26(a)所示,网格种子布置如图 5-26(b)所示,网格采用均匀分布,网格种子数量为 6。

Cement 部件高度方向边的网格种子布置如图 5-27 所示,边的选择如图 5-27(a)所示,网格种子布置如图 5-27(b)所示。网格采用中间局部加密设置,偏移(Bias)选

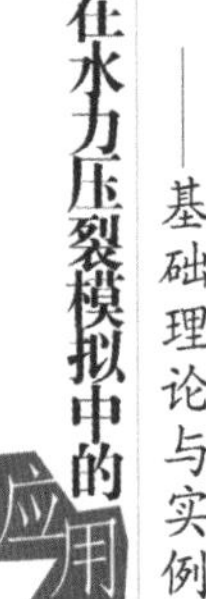

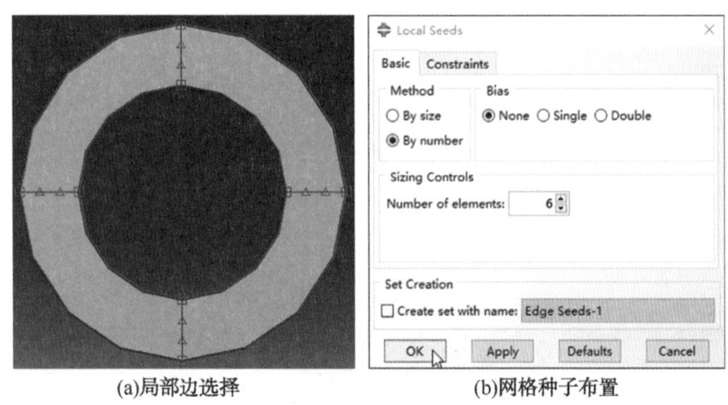

(a)局部边选择　　(b)网格种子布置

图 5-26　Cement 部件周向网格种子布置

项选择对折(Double)，网格种子的偏移系数设置为 5，网格种子数量设置为 20。

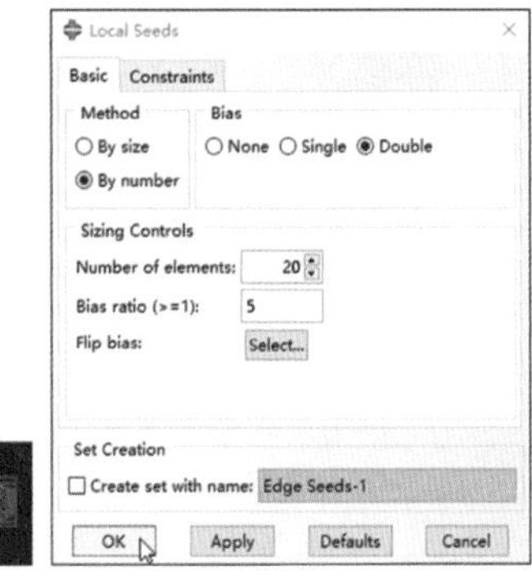

(a)局部边选择　　(b)网格种子布置

图 5-27　Cement 部件高度方向网格种子布置

3. 网格划分控制

Cement 部件采用结构化六面体网格，相关的 Cement 部件的网格划分控制设置如图 5-28 所示，网格形状(Element Shape)选择六面体(Hex)，划分技术(Technique)选择结构化(Structured)。

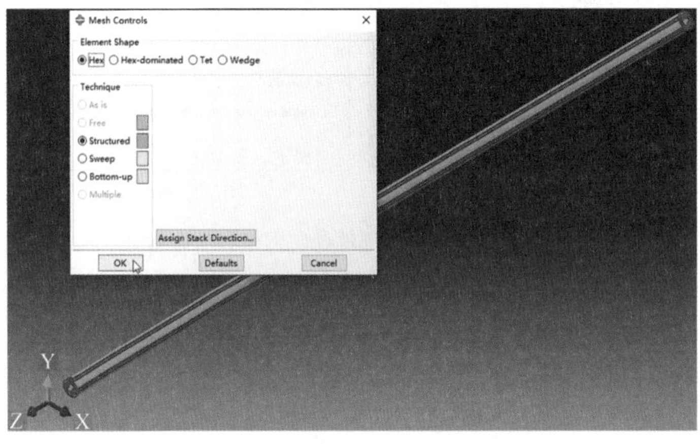

图 5-28　Cement 部件网格划分控制

4. 网格划分

Cement 部件网格划分采用全域部件网格划分，点击左侧工具箱区快捷按钮（Mesh Part），点击左下角提示区的 Yes 按钮，完成 Cement 部件的网格划分。部件的网格分布如图 5-29 所示。

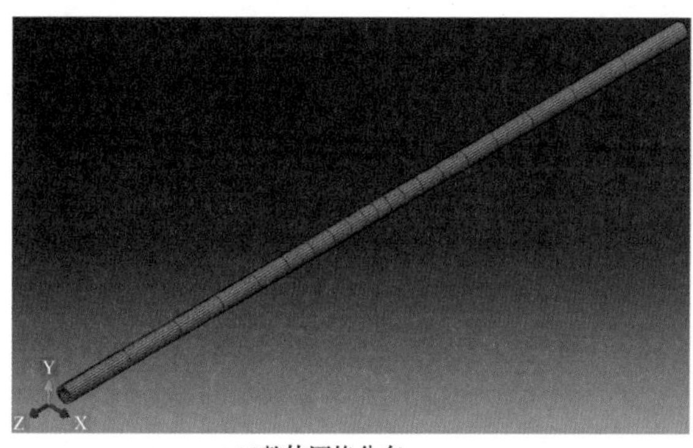

(a)整体网格分布　　(b)端面网格分布

图 5-29　Cement 部件网格划分

5. 网格质量检测

Cement 部件的网格质量检测结果如下所示：

****

Part：Cement

Hex elements：1440

Max angle on Quad faces > 160：0（0%）

Average max angle on quad faces：97. 50，Worst max angle on quad faces：97. 50

Number ofelements ：1440，Analysis errors：0（0%），Analysis warnings：0（0%）

****

6. 网格单元类型选择

Cement 部件采用与 Rock 部件完全相同的网格单元类型。

5. 2. 2. 3　Casing 部件

在环境栏中 Part 选项下拉菜单中选择 Casing，视图区显示 Casing 部件，然后针对 Casing 部件进行相关的网格划分与单元类型选择。

1. 部件体剖分

Casing 部件含有射孔孔眼，需要进行多次体剖分，确保部件能够采用六面体网格划分。

首先针对射孔孔眼进行体剖分，体剖分设置如图 5-30 所示。点击左侧工具箱区快捷按钮（Partition Cell：Define Cutting Plane），在视图区选择部件实体（Cells）后，点击左下角提示区 Done 按钮，提示区显示定义剖分面的方式（ How do you want to specify the plane? Point & Normal 3 Points Normal To Edge ），剖分平面确定方式选择三点（3 Points），在视图区选择孔眼周围的 3 个点[见图 5-30（a）]，点击左下角提示区的 Create Partition 按钮完成一次体剖分，体剖分后的孔眼如图 5-30（b）所示。采用多次体剖分设置针对射孔孔眼进行体剖分，多次体剖分后的射孔孔眼如图 5-30(c)所示。

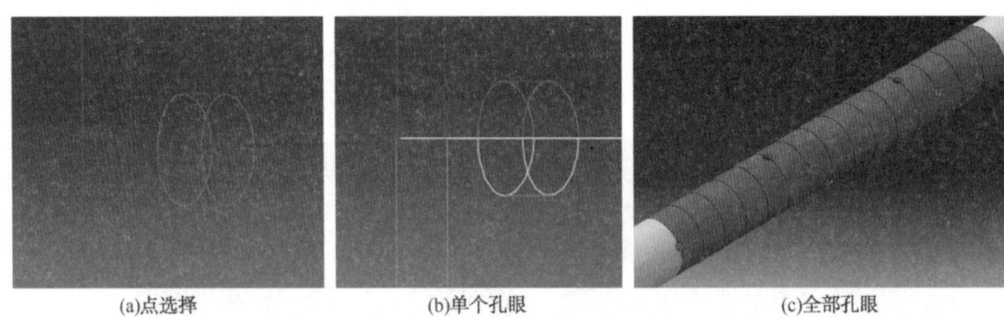

图 5-30 Casing 部件射孔孔眼位置体剖分

后续针对部件再次进行多次体剖分，体剖分后的部件如图 5-31(a)所示，其中射孔孔眼周围的部件特征如图 5-31(b)所示。

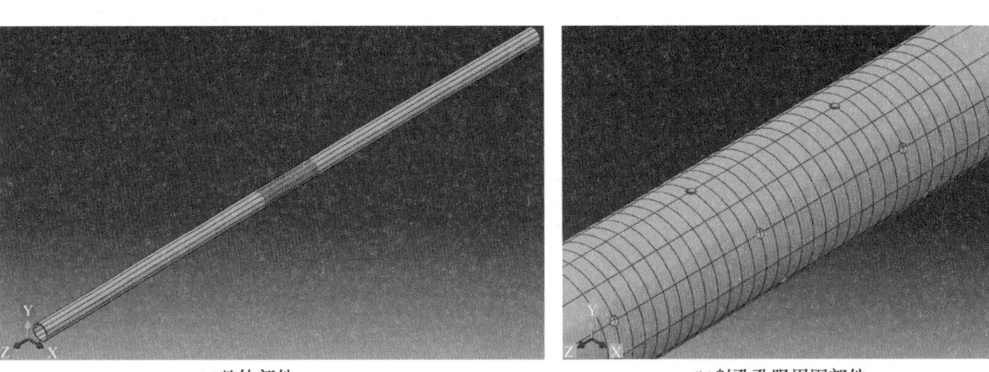

图 5-31 所有体剖分后的部件

注意：对于几何特征复杂部件，为了方便网格划分以及能够形成高质量的网格，进行网格划分前需要根据部件的几何特征进行面剖分和体剖分设置，保证模型能够方便地进行网格种子布置和网格划分。用户可根据部件的几何特征进行多次剖分尝试，形成最优的适合网格划分的几何特征。

2. 网格划分控制

Casing 部件的网格划分控制采用六面体(Hex)网格，划分技术(Technique)采用结构化网格划分技术。

3. 网格种子布置

利用上部工具栏快捷按钮 (Create Display Group)，在视图区选择性显示套管射孔孔眼周围的实体(Cells)。射孔孔眼周围的实体(Cells)如图 5-32 所示。

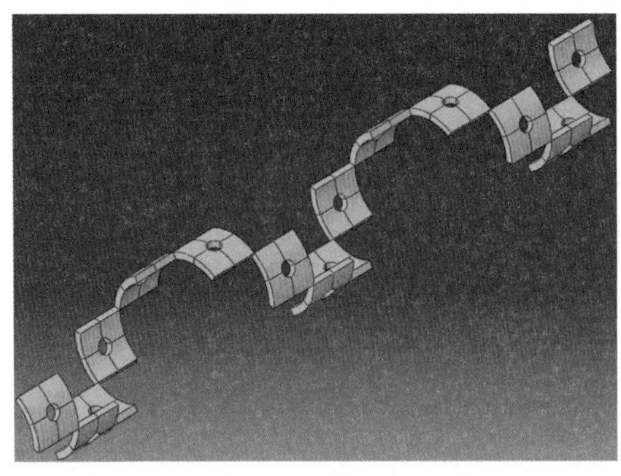

图 5-32 射孔孔眼周围实体(Cells)

射孔孔眼周向边网格种子设置如图 5-33 所示，点击左侧工具箱区快捷按钮(Seed Edges)或菜单栏 Seed→Edges…，在视图区选择射孔孔眼周向边[见图 5-33(a)]，点击左下角提示区 Done 按钮，进入局部边种子(Local Seeds)布置对话框[见图 5-33(b)]。射孔孔眼周向边网格种子采用均匀分布，网格种子数量 4，设置完成后点击 OK 按钮完成设置。

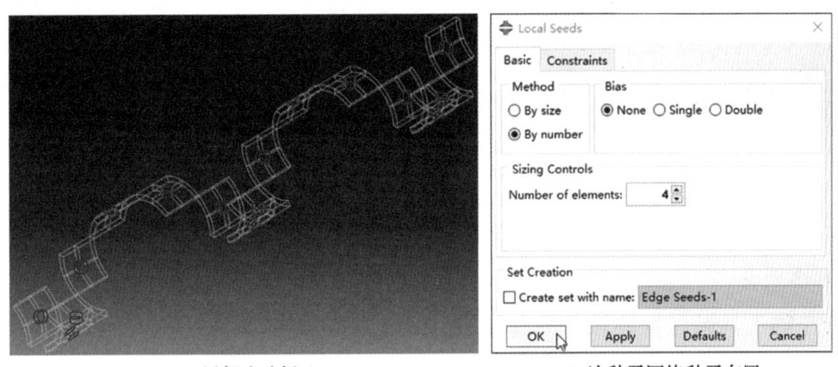

(a)局部边选择　　(b)边种子网格种子布置

图 5-33　射孔孔眼周向边网格种子设置

射孔孔眼径向边网格种子设置如图 5-34 所示，点击左侧工具箱区快捷按钮(Seed Edges)或菜单栏 Seed→Edges…，在视图区选择射孔孔眼径向边[见图 5-34(a)]，单个射孔孔眼局部边如图 5-34(b)所示，边选择后点击左下角提示区 Done 按钮，进入局部边种子(Local Seeds)布置对话框[见图 5-34(c)]。网格种子布置方式(Method)选择按数量(By Number)，偏移(Bias)选择单方向偏移(Single)，尺寸控制(Sizeing Controls)中单元数量(Number of Elements)输入 5，偏移系数(Bias Ratio)输入 3，设置完成后点击 OK 按钮完成设置。

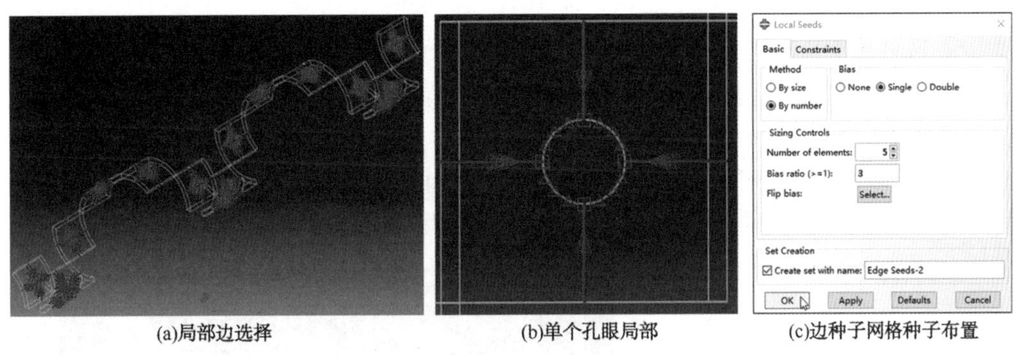

(a)局部边选择　　(b)单个孔眼局部　　(c)边种子网格种子布置

图 5-34　射孔孔眼径向边网格种子布置

套管的全部射孔孔眼网格种子分布如图 5-35(a)所示，单个射孔孔眼周围的网格种子分布如图 5-35(b)所示，套管端面的网格种子分布如图 5-35(c)所示。

注意：本例套管部件射孔孔眼区域的网格质量对于模拟精度具有重要影响，因此射孔孔眼区域的网格划分是套管网格划分的重点。网格种子布置时，可针对射孔孔眼周围的区域进行局部边网格种子布置后，采用区域网格划分(Mesh Region)方法进行射孔孔眼周围区域的网格划分，检查射孔孔眼周围的网格质量情况。若网格质量欠佳，可进行网格种子布置修改直至射孔孔眼周围的网格质量满足模拟需求。射孔孔眼周围的网格种子布置完成后，再进行其他局域边的网格种子布置。

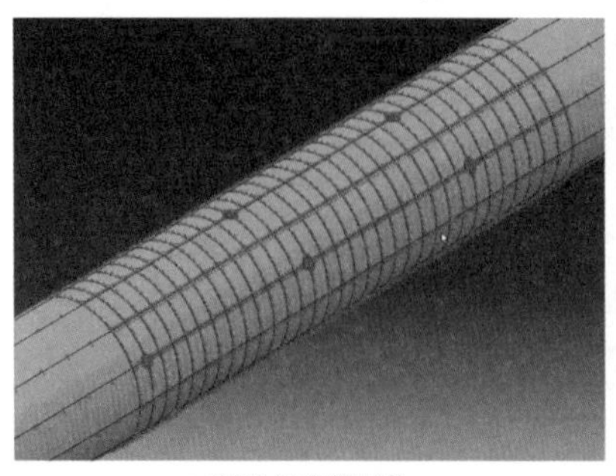
(a)射孔处套管整体

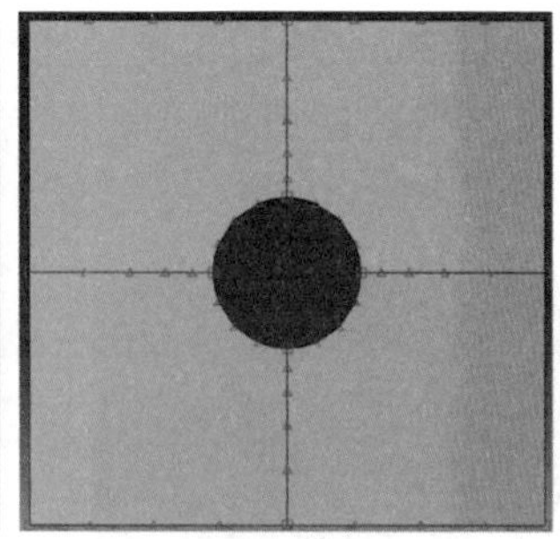
(b)单个孔眼

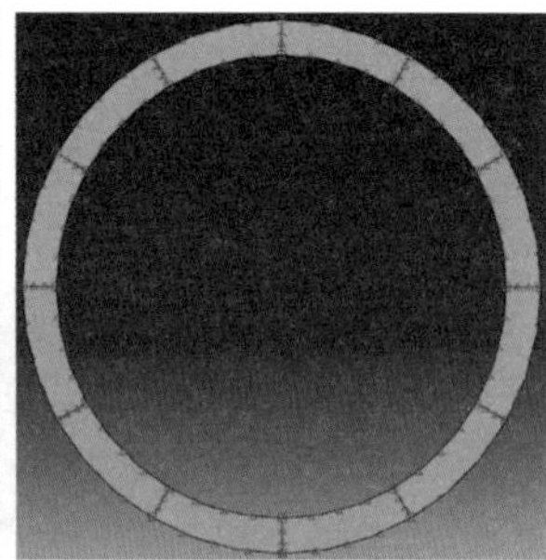
(c)套管端面

图 5-35 射孔孔眼周围网格种子分步

4. 网格划分

点击左侧工具箱区快捷按钮(Mesh Part)或菜单栏 Mesh→Part…后，点击左下角提示区 Yes 按钮，进行部件(Part)网格划分。部件整体分布如图 5-36(a)所示，射孔处套管的网格分布如图 5-36(b)所示，局部单个射孔孔眼处网格如图 5-36(c)所示。

(a)整体分布

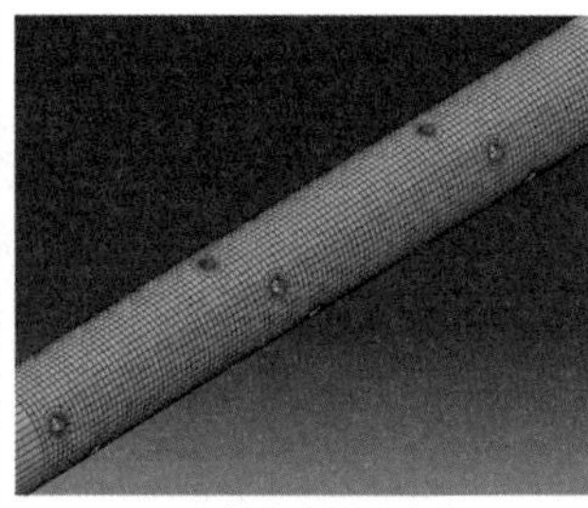
(b)射孔孔眼处套管

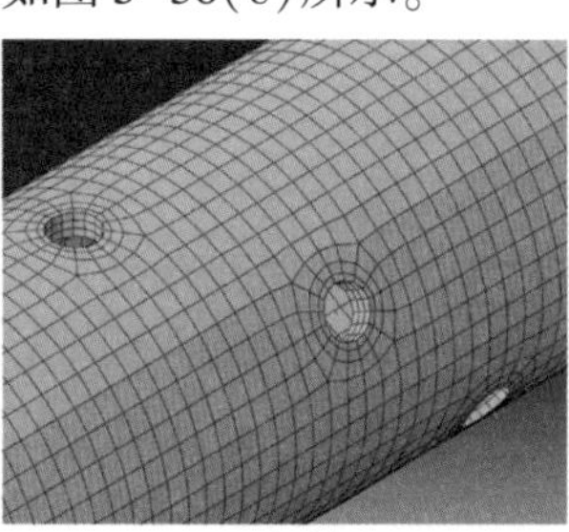
(c)局部射孔

图 5-36 套管网格分布

5. 网格质量检测

点击左侧工具箱区快捷按钮(Verify Mesh)或菜单栏 Mesh→Verify…，在视图区选择部件全部实体(Cells)，点击左下角提示区 Done 按钮，进入网格质量检测(Verify Mesh)对话框[见图 5-37(a)]，网格质量检测结果如图 5-37(b)所示。部件上下两端由于高度方向的网格种子数量布置较稀疏，导致套管上下两端的网格质量存在警告(Warning)单元。

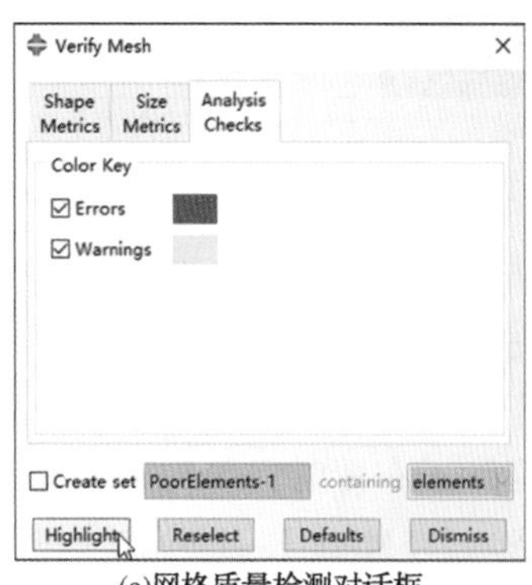

(a)网格质量检测对话框

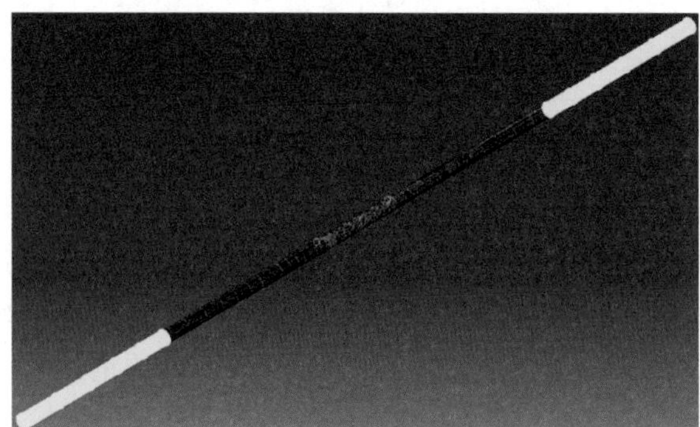
(b)结果分布

图 5-37 套管部件网格质量检测

6. 单元类型选择

套管部件的单元类型选择与水泥环部件和储层岩石部件完全一致，采用三维应力(3D Stress)单元，单元编号为 C3D8R。

3 个部件的节点和单元在 INP 输入文件中的显示如下：

```
***********************************************************************
** PART INSTANCE: Casing-1
**套管部件
*Node
**套管网格节点坐标显示。
      1, -0.0525504202, -0.0303399991,     5.53385019
**分别表示节点编号，X 方向、Y 方向和 Z 方向的节点坐标值。
      2, -0.0604918748, -0.0349249989,     5.53385019
      3, -0.0698499978,              0.,     5.53385019
      4, -0.0606799982,              0.,     5.53385019
........................
  34941, 0.00871827919, 0.0662219077,     5.45047522
  34942, 0.0255607013, 0.0617089942,     5.44213772
  34943, 0.0172873866, 0.0645174086,     5.44213772
  34944, 0.00871827919, 0.0662219077,     5.44213772
**套管部件累计节点数量为 34944 个。
*Element, type=C3D8R
**套管单元组成，单元类型为 C3D8R，表示三维 8 节点应力缩减积分单元。
1,    994,   8247, 24657,   8133,      1,    937,   8121,    946
**分别为单元编号、8 个节点编号。
2, 8247,   8248, 24658, 24657,    937,    938,   8122,   8121
3, 8248,   1014,   8190, 24658,    938,      2,    939,   8122
4, 8133, 24657, 24659,   8134,    946,   8121,   8123,    945
5, 24657, 24658, 24660, 24659,   8121,   8122,   8124,   8123
..............................
25723, 24652, 24653, 24656, 24655, 34940, 34941, 34944, 34943
25724, 24653,   8044,   8045, 24656, 34941, 24077, 24079, 34944
25725,   8055, 24654,   7483,    868, 24115, 34942, 22780, 7487
25726, 24654, 24655,   7484,   7483, 34942, 34943, 22778, 22780
25727, 24655, 24656,   7485,   7484, 34943, 34944, 22776, 22778
25728, 24656,   8045,    867,   7485, 34944, 24079, 7481, 22776
**套管部件累计 25728 个单元。
***********************************************************************
** PART INSTANCE: Cement-1
**水泥环部件。
```

* System
  -12.768226,   -0.011967,   0.,   -11.768226,   -0.011967,
    0.
** 局部坐标系。
* Node
** 水泥环网格节点坐标。
  34945,   12.7682266,   0.121816576,   10.
** 节点编号与前面的套管部件的节点编号连续，起始节点编号为34945。
  34946,   12.7682266, 0.121816576,   0.
  34947,   12.6583767, 0.0119665731,   0.
  34948,   12.6583767, 0.0119665731,   10.
  34949,   12.7682266, 0.0818165764,   0.
  ……………………………
  36955,   12.8485756, 0.0334960334,   6.04920483
  36956,   12.8485756, 0.0334960334,   6.45128918
  36957,   12.8485756, 0.0334960334,   6.93210697
  36958,   12.8485756, 0.0334960334,   7.50707579
  36959,   12.8485756, 0.0334960334,   8.19463062
  36960,   12.8485756, 0.0334960334,   9.01681805
** 水泥环部件累计2016个节点。
* Element, type=C3D8R
** 水泥环单元组成，单元类型为C3D8R。
25729, 35060, 35419, 36201, 35399, 34945, 34961, 35209, 35008
** 单元编号与前面的套管单元编号连续。数据行分别为单元编号、8个节点编号。
25730, 35419, 35420, 36202, 36201, 34961, 34962, 35210, 35209
25731, 35420, 35421, 36203, 36202, 34962, 34963, 35211, 35210
25732, 35421, 35422, 36204, 36203, 34963, 34964, 35212, 35211
25733, 35422, 35423, 36205, 36204, 34964, 34965, 35213, 35212
……………………………
27164, 36176, 36177, 35164, 35165, 36956, 36957, 35975, 35976
27165, 36177, 36178, 35163, 35164, 36957, 36958, 35974, 35975
27166, 36178, 36179, 35162, 35163, 36958, 36959, 35973, 35974
27167, 36179, 36180, 35161, 35162, 36959, 36960, 35972, 35973
27168, 36180, 35199, 34960, 35161, 36960, 36200, 35186, 35972
** 水泥环部件累计单元数量为1440个。
****
** PART INSTANCE: Rock-1
** 储层岩石部件。

```
*System
*Node
** 储层岩石网格节点坐标。
  36961,          0.,          5.,          0.
** 节点编号与前面的水泥环的节点编号连续。数据行分别表示节点编号和节点坐标。
  36962,          0.,          5.,          10.
  36963,          5.,          5.,          10.
  36964,          5.,          5.,          0.
………………………………
  51067, 0.0960773304,   0.35856548,   0.815011621
  51068, 0.0803201646,   0.299758941,  0.815011621
  51069, 0.0667077377,   0.248956665,  0.815011621
  51070, 0.0549481325,   0.205069214,  0.815011621
  51071, 0.0447891541,   0.1671554,    0.815011621
  51072, 0.0360129364,   0.134402111,  0.815011621
** 储层岩石累计 14112 个节点。
*Element, type=C3D8R
** 储层岩石单元组成，单元类型为 C3D8R。
27169, 37928, 37929, 42463, 42303, 37003, 37004, 37758, 37757
** 单元编号与前面水泥环单元编号连续，数据行分别表示单元编号和节点编号。
27170, 37929, 37930, 42464, 42463, 37004, 37005, 37759, 37758
27171, 37930, 37028, 37852, 42464, 37005, 36961, 37006, 37759
27172, 42303, 42463, 42465, 42304, 37757, 37758, 37761, 37760
27173, 42463, 42464, 42466, 42465, 37758, 37759, 37762, 37761
27174, 42464, 37852, 37853, 42466, 37759, 37006, 37007, 37762
………………………
39884, 39669, 39650, 37422, 37421, 51068, 51069, 42253, 42252
39885, 39650, 39631, 37423, 37422, 51069, 51070, 42254, 42253
39886, 39631, 39612, 37424, 37423, 51070, 51071, 42255, 42254
39887, 39612, 39593, 37425, 37424, 51071, 51072, 42256, 42255
39888, 39593, 37356, 36983, 37425, 51072, 42146, 37747, 42256
** 储层岩石累计单元数量 12719 个。
****************************************************************
```

5.2.3 Property 功能模块

根据部件特征和类型进行材料参数、截面特征与截面赋值设置，针对不同的部件进行相关的材料参数设置与赋值。

5.2.3.1 材料参数编辑

材料参数包括套管(Casing)、水泥环(Cement)和储层岩石(Rock)3 种不同的部件，每个部件的材料参数具有差异性，需要单独进行材料参数设置。具体的操作流程如下：

点击左侧工具箱区快捷按钮(Create Material)或菜单栏 Material→Create…，进入材料编辑(Edit Material)对话框，在对话框中输入材料名称，选择相关的材料参数类型和材料参数，设置完成后点击 OK 按钮完成设置。模型包含 3 种材料，需要针对 3 种材料进行单独的材料参数设置。

套管部件的材料参数设置如图 5-38 所示，材料密度 7800kg/m^3，弹性模量 2.11×10^{11}Pa，泊松比 0.26。水泥环部件的材料参数设置如图 5-39 所示，材料密度 2500kg/m^3，弹性模量 9.0×10^{9}Pa，泊松比 0.25。

(a)密度　　(b)弹性参数

图 5-38　套管材料参数

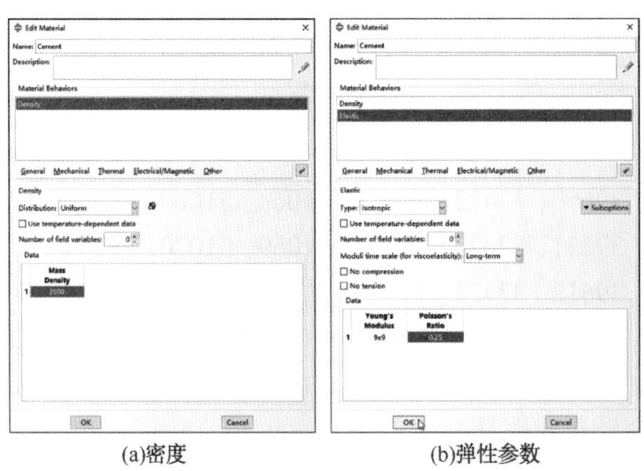

(a)密度　　(b)弹性参数

图 5-39　水泥环材料参数

储层岩石部件的材料的参数设置如图 5-40 所示，材料密度 2600kg/m^3，弹性模量 4.2×10^{10}Pa，泊松比 0.18。

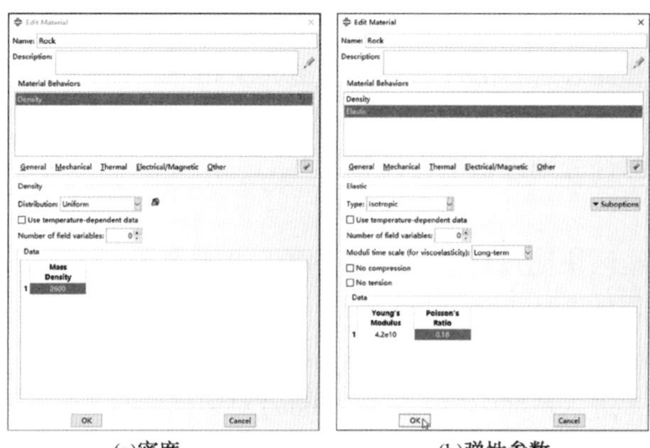

(a)密度　　(b)弹性参数

图 5-40　储层岩石部件的材料参数设置

套管、水泥环和储层岩石部件的材料参数在 INP 输入文件中的显示如下：

```
****************************************************************
*Material, name=Casing
** 套管部件材料参数，材料名称为 Casing，主要包括密度、弹性参数和泊松比。
*Density
** 套管密度。
7800.,
*Elastic
** 套管弹性参数。
2.11e+11, 0.3
****************************************************************
*Material, name=Cement
** 水泥环部件材料参数，材料名称为 Cement，主要包括密度、弹性参数和泊松比。
*Density
2500.,
*Elastic
9.0e+09, 0.25
****************************************************************
*Material, name=Rock
** 储层岩石部件材料参数，材料名称为 Rock，主要包括密度、弹性参数和泊松比。
*Density
2600.,
*Elastic
4.2e+10, 0.18
****************************************************************
```

5.2.3.2 截面创建

套管、水泥环和储层岩石部件的截面类型完全相同，都为三维实体类型截面，但是材料参数具有差异性，设置的截面须与材料参数一一对应。因此，需要针对套管、水泥环和储层岩石部件分别进行截面设置。

1. 套管

点击左侧工具箱区快捷按钮(Create Section)或菜单栏 Section→Create…，进入截面创建(Create Section)对话框[见图5-41(a)]，截面名称(Name)输入Casing，截面种类(Category)选择实体(Solid)，类型(Type)选择均质(Homogeneous)，设置完成后点击Continue按钮，进入截面编辑(Edit Section)对话框[见图5-41(b)]，材料(Material)选择Casing材料，设置完成后点击OK按钮完成套管材料截面设置。

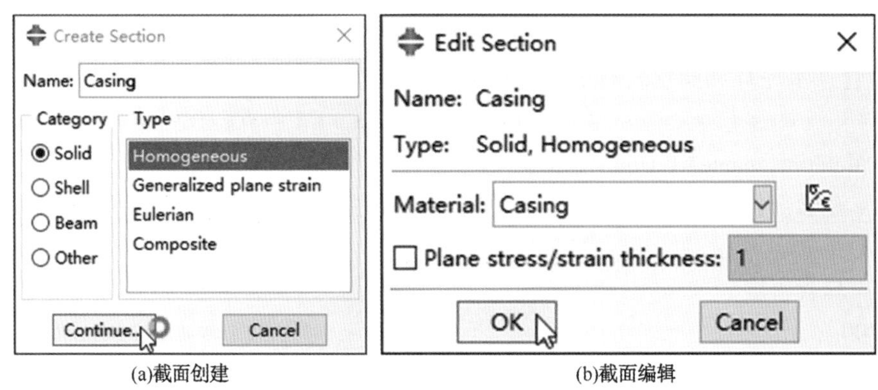

(a)截面创建　　(b)截面编辑

图5-41　套管部件截面创建

2. 水泥环

水泥环部件的截面设置如图5-42所示，截面创建(Create Section)对话框如图5-42(a)所示，截面名称(Name)输入Cement，截面编辑(Edit Section)如图5-42(b)所示。

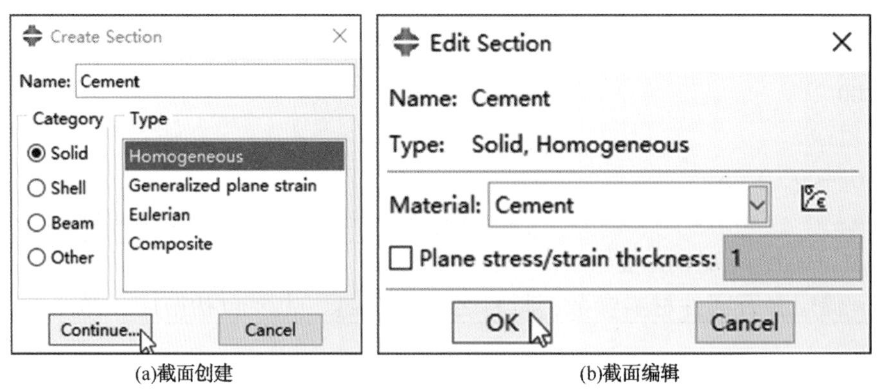

(a)截面创建　　(b)截面编辑

图5-42　水泥环部件截面创建

3. 储层岩石

储层岩石部件的截面设置如图5-43所示，截面创建对话框如图5-43(a)所示，截面名称为Rock，截面编辑(Edit Section)如图5-43(b)所示。

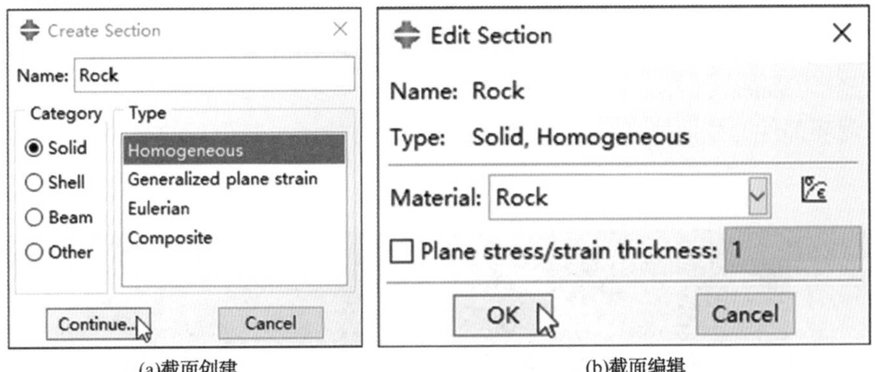

(a)截面创建　　(b)截面编辑

图 5-43　储层岩石部件截面创建

5.2.3.3　截面属性赋值

1. 套管

在环境栏 Part 选项右侧选择 Casing 部件（Module: Property　Model: Model-1　Part: Casing），视图区显示 Casing 部件。

点击左侧工具箱区快捷按钮（Assign Section）或菜单栏 Assign→Section…，在视图区选择 Casing 部件，点击左下角提示区 Done 按钮，进入截面属性赋值编辑（Edit Section Assignment）对话框[见图 5-44（a）]，选择设置好的 Casing 截面，设置完成后点击 OK 按钮完成设置，材料截面属性赋值后的套管部件如图 5-44（b）所示。

(a)截面赋值编辑　　(b)赋值后的部件

图 5-44　套管部件截面属性赋值

套管部件截面属性赋值后在 INP 输入文件中的显示如下：

****

** Section: Casing

** 套管部件截面属性赋值。

*Solid Section, elset=Casing-1_ Set-14, material=Casing

** 实体截面，选择的集合为 Casing-1_ Set-14，材料名称为 Casing。

,

****

2. 水泥环

点击环境栏 Part 部件右侧选择 Cement 部件(Module: Property Model: Model-1 Part: Cement),视图区显示 Cement 部件。

水泥环部件的截面属性赋值设置如图 5-45(a)所示，赋值后的部件如图 5-45(b)所示。

(a)截面赋值编辑

(b)赋值后的部件

图 5-45 水泥环部件截面属性赋值

水泥环部件截面属性赋值后在 INP 输入文件中的显示如下：

```
************************************************************
** Section：Cement
** 水泥环部件截面属性赋值，实体截面，材料名称为 Cement。
* Solid Section，elset=Cement-1_ Set-5，material=Cement
,
************************************************************
```

3. 储层岩石

点击环境栏 Part 部件右侧选择 Rock 部件(Module: Property Model: Model-1 Part: Rock),视图区显示 Rock 岩石部件。

储层岩石截面属性赋值设置如图 5-46 所示。

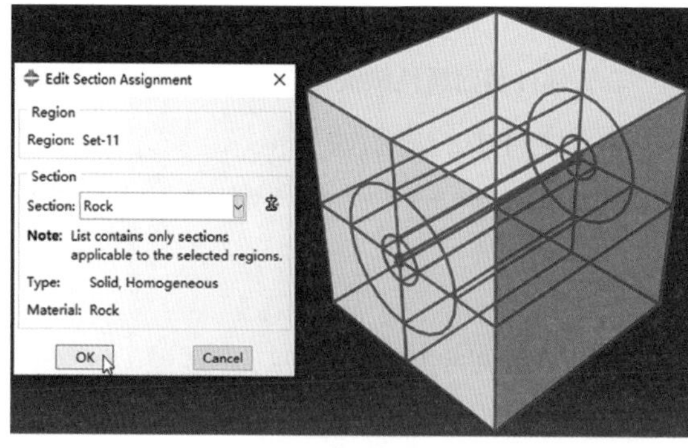

(a)截面编辑

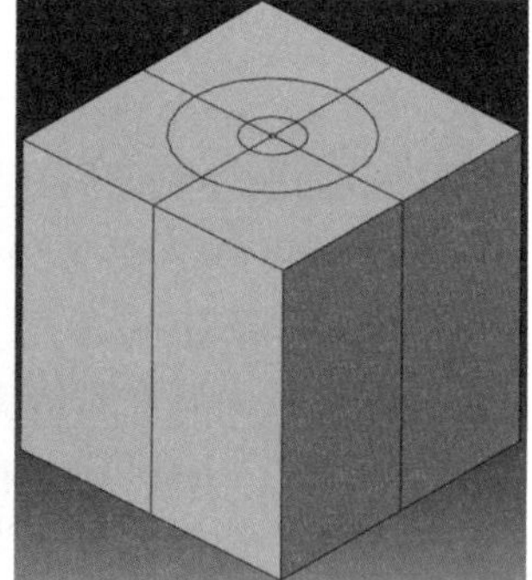

(b)赋值后的部件

图 5-46 储层岩石部件截面属性赋值

储层岩石部件截面属性赋值后在 INP 输入文件中的显示如下：

```
*******************************************************
** Section: Rock
** 储层岩石部件截面属性赋值，实体截面，材料名称为 Rock。
*Solid Section, elset=Rock-1_ Set-11, material=Rock
,
*******************************************************
```

5.2.4　Assembly 功能模块

Assembly 功能模块主要进行套管、水泥环和储层岩石部件的实例(Instance)映射与组装。通过第三方软件建模过程，各个部件的相对位置已经依据模型的实际位置进行了组装。因此，在 Assembly 功能模块中映射形成实例(Instance)后，各个实例的位置与实际模型的位置一致，无须进行实例位置调整。

Assembly 功能模块的主要设置流程如下。

1. 实例映射

点击左侧工具箱区快捷按钮 (Create Instance)或菜单栏 Instance→Create…，进入实例创建(Create Instance)对话框[见图 5-47(a)]，选择 Casing、Cement 和 Rock 部件(Part)，点击 OK 按钮，视图区映射 Casing-1、Cement-1 和 Rock-1 实例(Instance)，视图区的实例如图 5-47(b)所示。由于在第三方软件中进行了部件位置的调整，映射至 Assembly 功能模块中各个实例的位置完成依照模型设定的位置进行组合，实例部件的端面如图 5-47(c)所示。

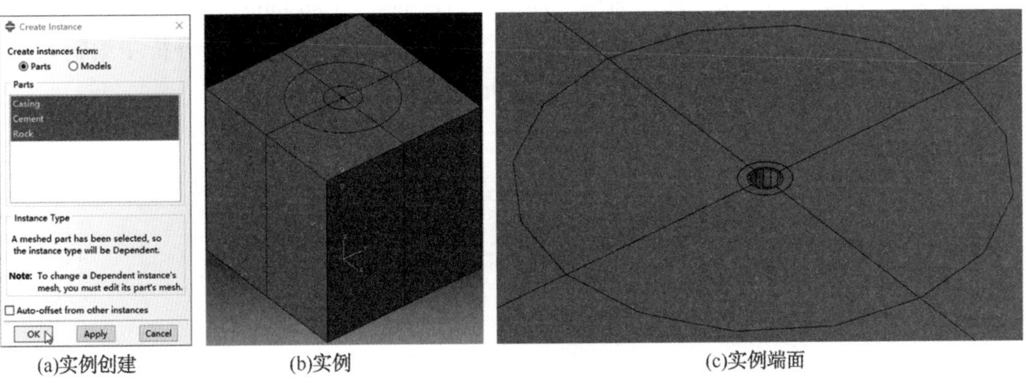

(a)实例创建　(b)实例　(c)实例端面

图 5-47　实例映射

2. 集合创建

为了方便后期进行设置，映射的实例进行了相关的几何、节点、单元和面集合创建，相关的几何、节点和单元集合设置如图 5-48 所示。U1、U2 和 U3 集合主要用于边界条件设置，Rock-ele 单元集合主要用于初始地应力场设置。

模型的面集合设置如图 5-49 所示，面集合设置主要用于套管与水泥环间、水泥环与储层岩石间的接触设置，以及套管内壁面与射孔孔眼壁面的压力加载。

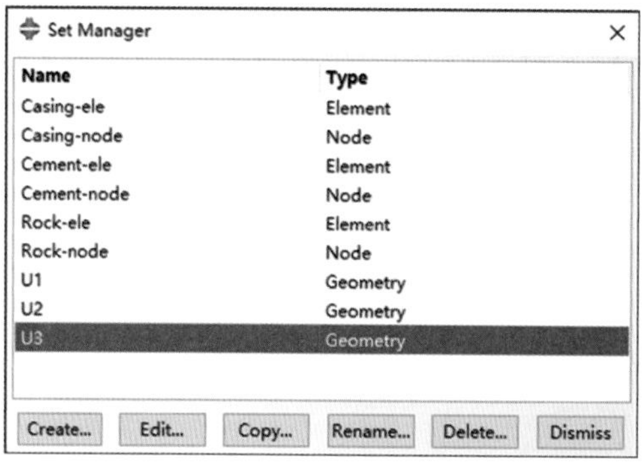

Name	Type
Casing-ele	Element
Casing-node	Node
Cement-ele	Element
Cement-node	Node
Rock-ele	Element
Rock-node	Node
U1	Geometry
U2	Geometry
U3	Geometry

图 5-48　几何、节点或单元集合设置

图 5-49　面集合设置

5.2.5　Step 功能模块

5.2.5.1　分析步创建

模型分析步包括地应力平衡分析步和井筒加载分析步，两种分析步的设置流程如下。

1. 地应力平衡分析步

地应力平衡分析步设置主要针对模型施加了初始地应力场后，进行地应力的平衡计算分析，实现地应力加载后的自动平衡。具体的操作步骤如下：

点击左侧工具箱区快捷按钮 (Create Step)或菜单栏 Step→Create…，进入分析步创建(Create Step)对话框[见图 5-50(a)]，分析步名称(Name)输入 Geostress-equ，分析步类型(Procedure type)选择通用、地应力(General、Geostatic)，设置完成后点击 Continue 按钮，进入分析步编辑(Edit Step)对话框[见图 5-50(b)]，分析步编辑采用默认设置，点击 OK 按钮完成地应力平衡分析步设置。

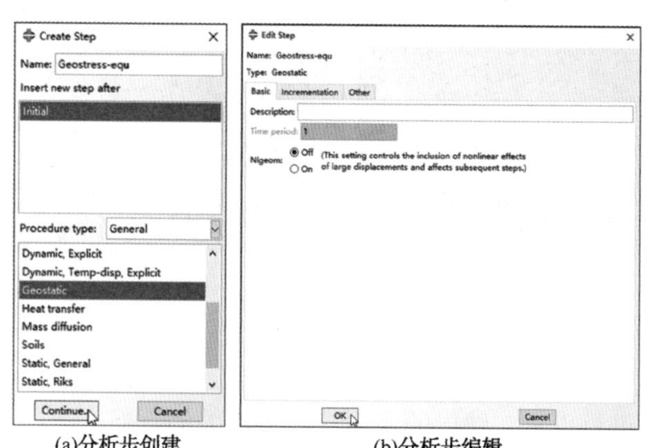

(a)分析步创建　　(b)分析步编辑

图 5-50　地应力平衡分析步设置

2. 套管和射孔孔眼压力加载分析步

套管和射孔孔眼压力加载分析步主要用于模拟压裂过程中压裂液对套管和射孔孔眼的水压作用引起的套管和水泥环等区域的应力变化特征。

套管和射孔孔眼压力加载分析步设置如图 5-51 所示，分析步创建(Create Step)对话框如图 5-51(a)所示，分析步名称(Name)输入 Casing-pressure，分析步类型选择通用、静态分析(Static, General)，设置完成后点击 Continue 按钮，进入分析步编辑(Edit Step)对话框[见图 5-51(b)、图 5-51(c)]。分析步编辑(Edit Step)的基本(Basic)界面如图 5-51(b)所示，时间(Time period)输入 100，增量步(Incrementation)界面如图 5-51(c)所示，最大增量步数量(Maximum number of increments)输入 1000，初始增量步时间(Initial)、最小增量步时间(Minimum)和最大增量步时间(Maximum)全部设置为 1.0，设置完成后点击 OK 按钮完成设置。

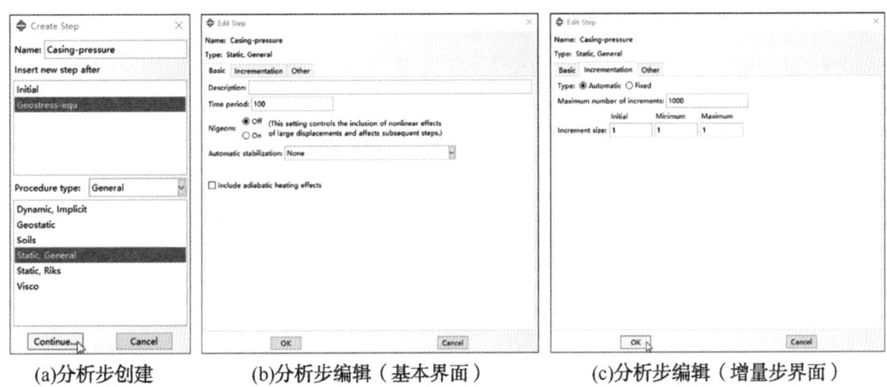

(a)分析步创建　(b)分析步编辑（基本界面）　(c)分析步编辑（增量步界面）

图 5-51　套管和射孔孔眼压力加载分析步设置

5.2.5.2　场变量输出设置

点击左侧工具箱区快捷按钮(Field Output Requests Manager)或菜单栏 Output→Field Output Requests→Manager，进入场变量输出管理器(Field Output Requests Manager)对话框[见图 5-52(a)]，选择 Gasing-pressure 分析步，点击右上角的编辑(Edit)按钮，进入场变量输出编辑(Edit Field Output Requests)对话框[见图 5-52(b)]，根据需要进行场变量输出设置，设置完成后点击 OK 按钮完成设置。输出的场变量类型具体见后面 INP 输入文件显示。

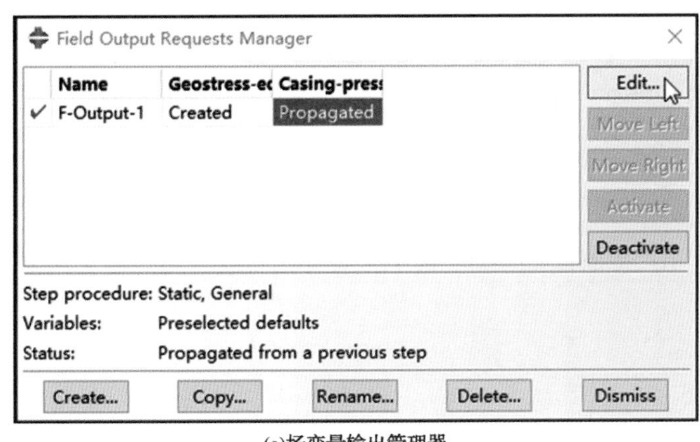

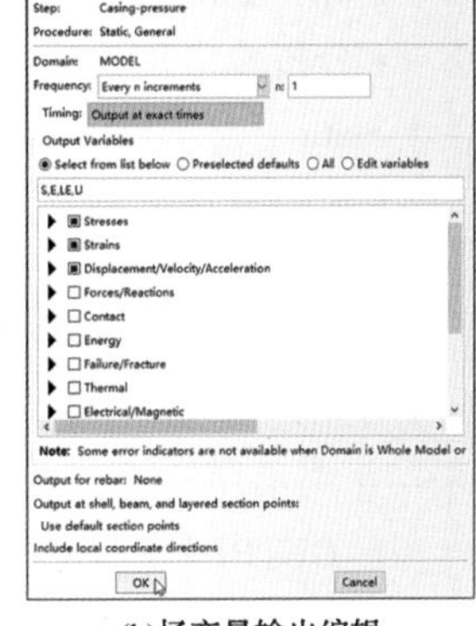

(a)场变量输出管理器　(b)场变量输出编辑

图 5-52　Gasing-pressure 分析步场变量输出设置

5.2.5.3 历程变量输出

历程变量变化输出采用默认设置。

相关的分析步设置在 INP 输入文件的中显示如下：

```
*************************************************************
** STEP: Geostress-equ
** 地应力平衡分析步。
* Step, name=Geostress-equ, nlgeom=NO
** 分析步设置，分析步名称为 Geostress-equ，几何非线性选择 NO。
* Geostatic
** "* Geostatic"为地应力平衡分析步关键词。
..................
** OUTPUT REQUESTS
** 变量输出。
* Restart, write, frequency=0
** 重启分析步设置，不进行重启分析步设置。
** FIELD OUTPUT: F-Output-1
** 场变量输出设置。
* Output, field, variable=PRESELECT
** 场变量默认输出。
** HISTORY OUTPUT: H-Output-1
** 历程变量输出设置。
* Output, history, variable=PRESELECT
** 历程变量默认输出。
* End Step
*************************************************************
** STEP: Casing-pressure
** 套管和射孔孔眼压力加载分析步。
* Step, name=Casing-pressure, nlgeom=NO, inc=1000
** 分析步名称为 Casing-pressure，几何非线性关闭，总增量步步数 1000。
* Static
** 通用静态分析。
1., 100., 1., 1.
** 初始增量步时间为 1.0、总时间为 100、最小增量步时间为 1.0、最大增量步时间为 1.0。
..................
** OUTPUT REQUESTS
** 变量输出。
* Restart, write, frequency=0
** 重启设置输出，默认情况下不启动重启分析步设置。
```

```
** FIELD OUTPUT: F-Output-1
** 场变量输出，场变量名称为F-Output-1。
*Output, field
** 场变量输出关键词。
*Node Output
** 节点场变量输出。
U,
** 节点变量输出为位移场变量U。
*Element Output, directions=YES
** 单元场变量输出，包括变量方向。
E, LE, S
** 单元场变量类型为E, LE, S。
** HISTORY OUTPUT: H-Output-1
** 历程变量输出，名称为H-Output-1。
*Output, history, variable=PRESELECT
** 历程变量默认输出。
*End Step
************************************************************
```

5.2.6 Interaction 功能模块

5.2.6.1 接触属性设置

1. 套管与水泥环

点击左侧工具箱区快捷按钮 (Create Interaction Property)或菜单栏 Interaction→Property→Create…，进入相互作用属性创建(Create Interaction Property)对话框[见图5-53(a)]，相互作用属性的类型(Type)选择接触(Contact)，设置完成后点击OK按钮，进入接触属性编辑(Edit Contact Property)对话框[见图5-53(b)~图5-53(j)]，在接触属性对话框中进行接触法向作用、切向作用、接触黏聚力、初始损伤和损伤演化设置。接触法向作用设置如图5-53(b)、图5-53(c)所示，法向接触采用硬接触(Hard Contact)。接触切向作用设置如图5-53(d)、图5-53(e)所示，切向作用采用摩擦设置，摩擦系数设置为0.15。接触面的损伤设置如图5-53(f)~图5-53(h)所示，包括初始损伤设置和损伤演化设置。初始损伤设置如图5-53(g)所示，初始损伤采用最大名义应力准则，初始损伤参数分别为1.0×10^7Pa、5.0×10^7Pa、5.0×10^7Pa。在损伤设置界面中，勾选指定损伤演化(Specify Damage evolution)后，需要进行损伤演化设置，损伤演化设置如图5-53(h)所示，损伤演化采用最大位移准则，最大失效位移值为0.0005。接触面黏聚力行为(Cohesive Behavior)设置如图5-53(i)、图5-53(j)所示，主要设置接触面刚度系数。设置完成后，点击OK按钮完成接触属性设置。

(a)相互作用属性创建

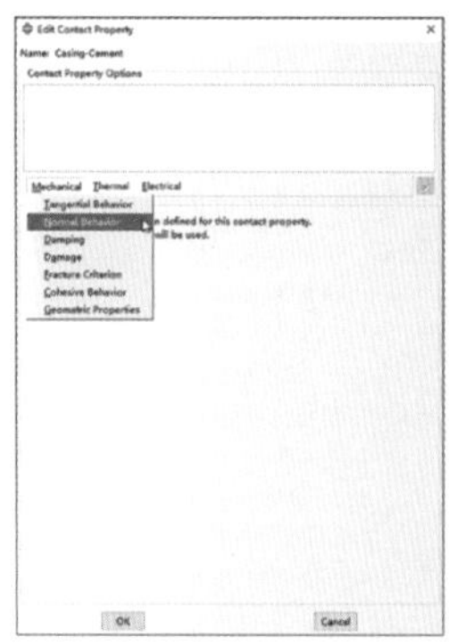

(b)法向作用选择

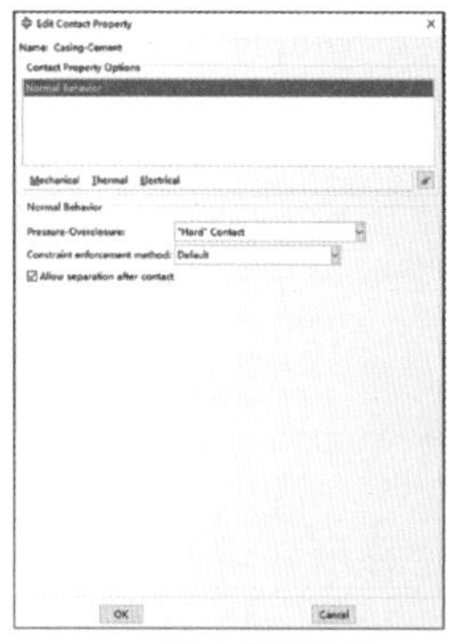

(c)法向作用设置

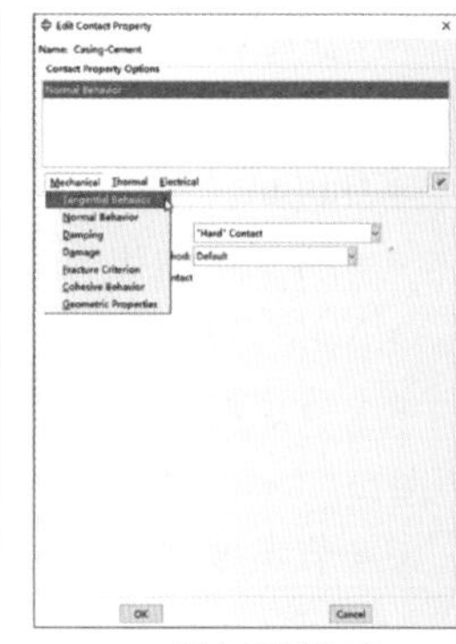

(d)切向作用选择

(e)切向作用参数设置

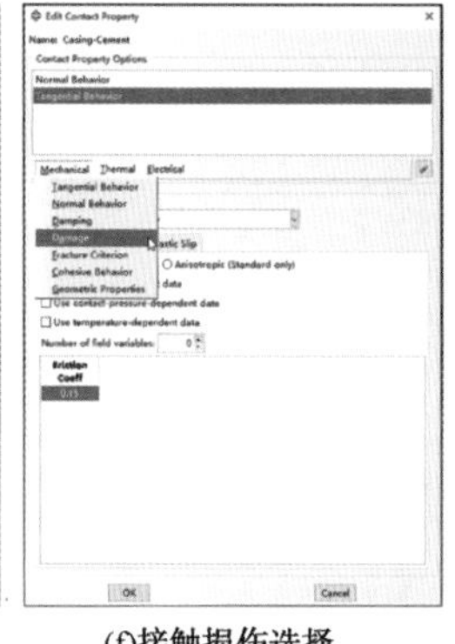

(f)接触损伤选择

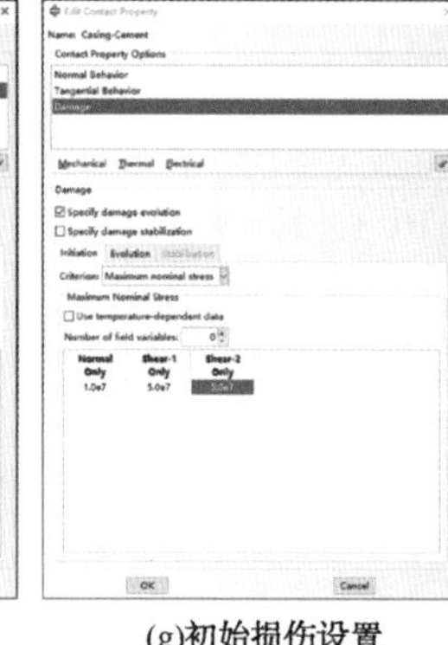

(g)初始损伤设置

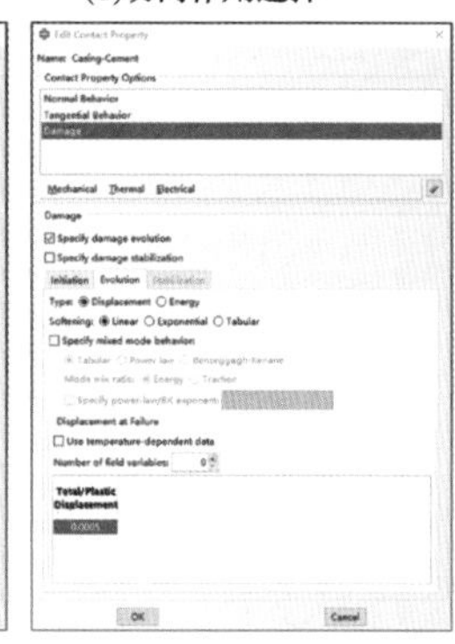

(h)损伤演化设置

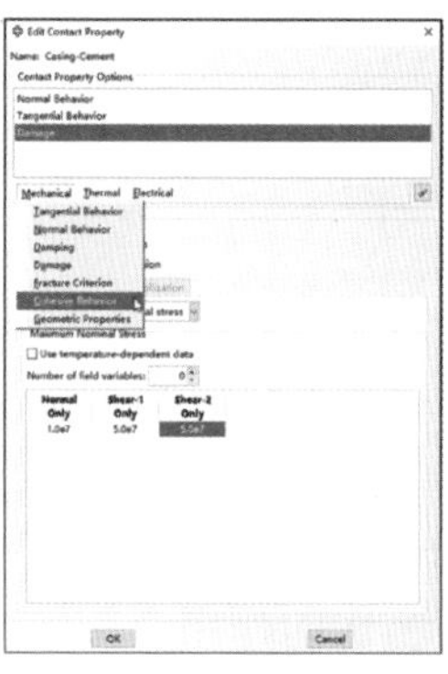

(i)黏聚力选择

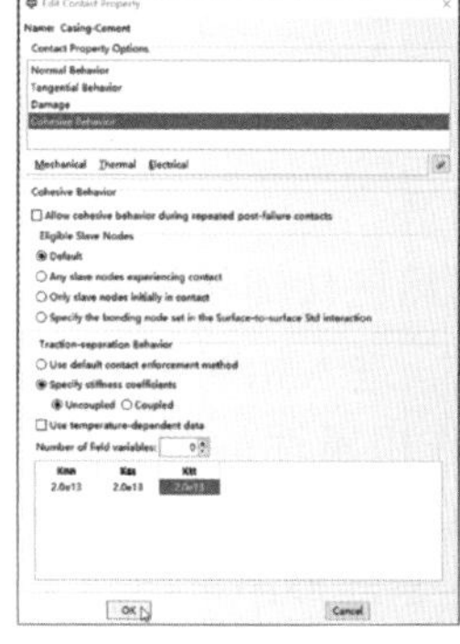

(j)黏聚力刚度系数设置

图 5-53　套管与水泥环接触属性设置

套管与水泥环接触属性设置在 INP 输入文件中的显示如下：

```
**************************************************************
** INTERACTION PROPERTIES
** 相互作用属性设置。
* Surface Interaction, name=Casing-Cement
** 套管与水泥环间接触属性设置，接触属性名称为 Casing-Cement。
1.,
* Friction, slip tolerance=0.005
0.15,
```

** 接触面切向方向摩擦系数设置为 0.15。
* Surface Behavior, pressure-overclosure = HARD
** 接触面法向方向设置为硬接触。
* Cohesive Behavior
** 接触面黏聚力刚度系数设置。
2e+13, 2e+13, 2e+13
* Damage Initiation, criterion = MAXS
** 接触面初始损伤准则设置，损伤准则采用最大名义应力准则。
1e+07, 5e+07, 5e+07
* Damage Evolution, type = DISPLACEMENT
** 接触面损伤演化设置，采用位移控制的损伤演化准则。
0.0005,
****

2. 水泥环与储层岩石

水泥环与储层岩石接触属性设置流程和套管与水泥环接触属性设置完全一致，摩擦系数设置为 0.2。具体的设置参数见下文 INP 输入文件显示。

水泥环与储层岩石接触属性设置在 INP 输入文件中的显示如下：

****
** INTERACTION PROPERTIES
** 接触属性设置。
* Surface Interaction, name = Cement-Rock
** 水泥环与储层岩石接触属性设置，接触属性名称为 Cement-Rock。
1.,
* Friction, slip tolerance = 0.005
** 接触面切向作用设置，采用摩擦属性设置，摩擦系数为 0.2。
0.2,
* Surface Behavior, pressure-overclosure = HARD
** 接触面法向作用设置，接触属性设置为硬接触。
* Damage Initiation, criterion = MAXS
** 接触面初始损伤准则设置，损伤准则采用最大名义应力准则。
6e+06, 5e+07, 5e+07
* Damage Evolution, type = DISPLACEMENT
** 接触面损伤演化设置，采用位移控制的损伤演化准则。
0.0005,
****

5.2.6.2 接触设置

1. 套管与水泥环

点击左侧工具箱区快捷按钮 (Create Interaction) 或菜单栏 Interaction→Create…,

进入相互作用创建(Create Interaction)对话框，如图 5-54(a)所示。相互作用名称(Name)输入 Casing-Cement，分析步(Step)选择初始分析步(Initial)，分析步可选择的类型(Types for Selected Step)选择面对面接触[Surface-to-surface contact(Standard)]，设置完成后点击 Continue 按钮，进行接触作用面选择。

接触面的选择包括主面的选择和从面的选择，首先进行主面选择，点击右下角提示区 Surfaces... 按钮，进入区域选择(Region Selection)对话框，对话框中选择 Casing-out面集合作为接触面的主面[见图 5-54(b)]，主面面集合选择后点击对话框 Continue 按钮，进行接触面从面的选择。点击左下角提示区 Surface 按钮(← X Choose the slave type: Surface Node Region)，再次进入区域选择(Region Selection)对话框，选择 Cement-in 面集合[见图 5-54(c)]，从面面集合选择完成后点击 Continue 按钮进入相互作用编辑(Edit Interaction)对话框[见图 5-54(d)]，滑移类型(Sliding formulation)选择小位移滑移(Small Sliding)，离散方式(Discretization Method)选择面对面方式(Surface to Surface)，勾选去除壳面/膜厚度(Exclude Shell/Membrane element thickness)选项，从面节点调整(Slave Adjustment)选择不调整(No Adjustment)，接触属性(Contact Interaction Property)选择 Casing-Cement，设置完成后点击 OK 按钮完成接触设置。

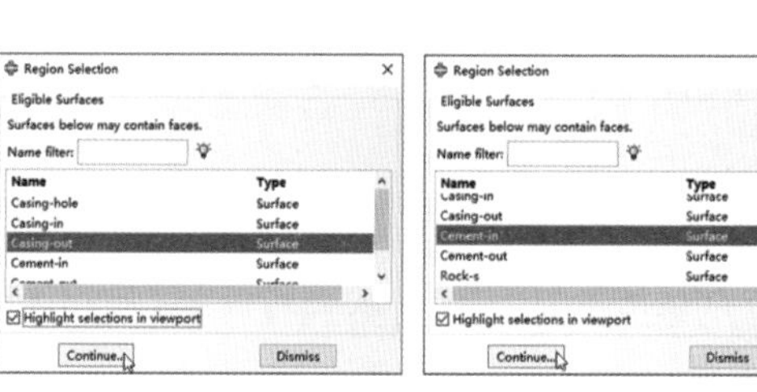

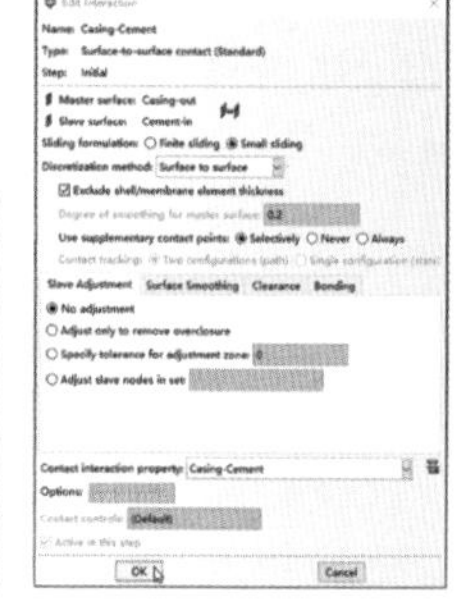

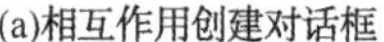

(a)相互作用创建对话框　(b)主面面集合选择　(c)从面面集合选择　(d)相互作用编辑

图 5-54　套管与水泥环接触设置

套管与水泥环接触设置在 INP 输入文件中的显示如下：

****

** Interaction: Casing-Cement

** 套管与水泥环相互作用设置。

*Contact Pair, interaction=Casing-Cement, small sliding, type=SURFACE TO SURFACE, no thickness

** 套管与水泥环接触设置，接触属性选择 Casing-Cement，滑移方式选择小位移滑动，离散方式选择面对面，去除壳/面厚度。

Cement-in, Casing-out

** 从面面集合(Cement-in)，主面面集合(Casing-out)。

****

2. *水泥环与储层岩石*

水泥环与储层岩石的接触设置和水泥环与套管接触作用设置完成一致，相互作用创建对话框中接触作用的名称(Name)输入 Cement-Rock。相互作用编辑(Edit Interaction)对话框的设置除了相互作用属性选择 Cement-Rock 外，其他设置与图 5-54(d)的设置完全一致。具体的设置见 INP 输入文件的显示。

水泥环与储层岩石接触设置在 INP 输入文件中的显示如下：

****

** Interaction：Cement-Rock

** 水泥环与储层岩石相互作用设置。

* Contact Pair，interaction = Cement-Rock，small sliding，type = SURFACE TO SURFACE，no thickness

** 水泥环与储层岩石接触设置，接触属性选择 Cement-Rock，滑移方式选择小位移滑动，离散方式选择面对面，去除壳/面厚度。

Rock-s，Cement-out

** 从面面集合(Rock-s)，主面面集合(Cement-out)。

****

5.2.7 Load 功能模块

Load 功能模块主要进行边界条件与载荷设置，其中边界条件主要采用位移边界条件设置，套管和射孔孔眼的载荷采用均匀面载荷设置。

5.2.7.1 边界条件设置

边界条件主要针对储层岩石的外部端面进行设置，具体设置如下。

1. X 方向

点击左侧工具箱区快捷按钮 (Create Boundary Condition)或菜单栏 BC→Create…，进入边界条件创建(Create Boundary Condition)对话框[见图 5-55(a)]，边界条件名称(Name)输入 U1-1，分析步(Step)选择初始分析步(Initial)，种类(Category)选择力学(Mechanical)，分析步可选的边界类型(Types for Selected Step)选择位移/旋转(Displacement/Rotation)，设置完成后点击 Continue 按钮后，点击右下角 Sets... 按钮进入区域选择(Region Selection)对话框，选择 U1 集合，U1 节点集合位置如图 5-55(b)所示，

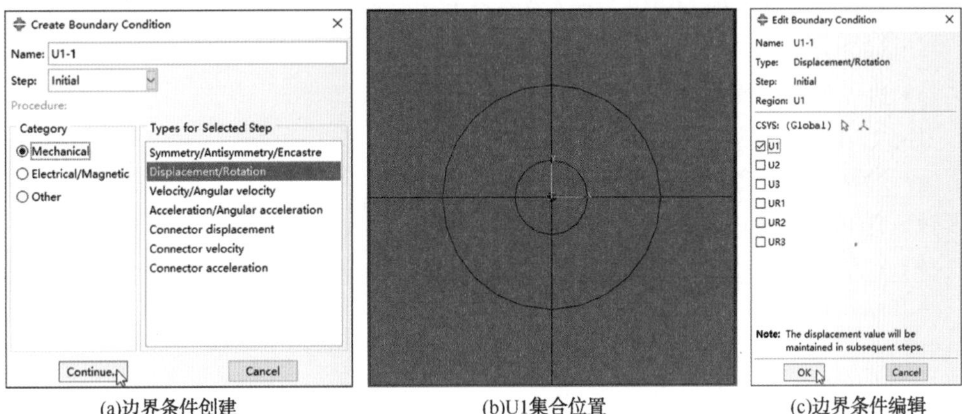

(a)边界条件创建 (b)U1集合位置 (c)边界条件编辑

图 5-55 X 方向位移边界条件设置

点击区域选择对话框左下角 Continue 按钮，进入边界条件编辑(Edit Boundary Condition)对话框[见图 5-55(c)]，选择 U1 方向，设置完成后点击 OK 按钮完成设置。

2. Y 方向

Y 方向的边界条件设置与 X 方向的边界条件设置完成一致。边界条件名称为 U2-1，边界条件编辑(Edit Boundary Condition)对话框中勾选 U2，表示 Y 方向边界条件固定。

3. Z 方向

Z 方向的边界条件设置如图 5-56 所示，边界条件创建(Create Boundary Condition)对话框如图 5-56(a)所示，边界条件名称(Name)输入 U3-1。边界条件设置的节点集合为 U3 集合，集合位置如图 5-56(b)所示。边界条件编辑(Edit Boundary Condition)对话框如图 5-56(c)所示，边界条件勾选 U3，表示 Z 方向位移固定。

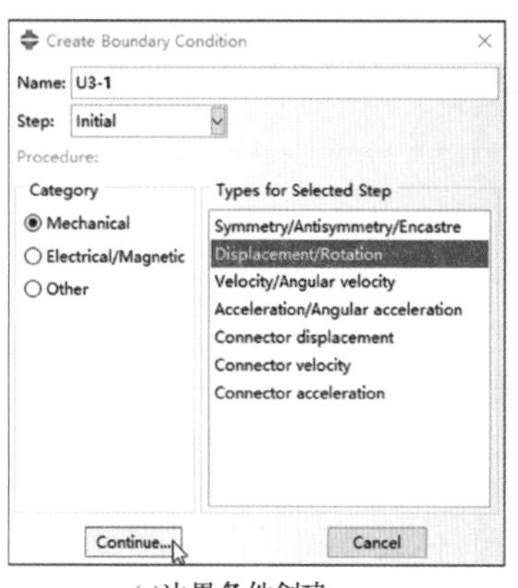

(a)边界条件创建

(b)U3集合位置

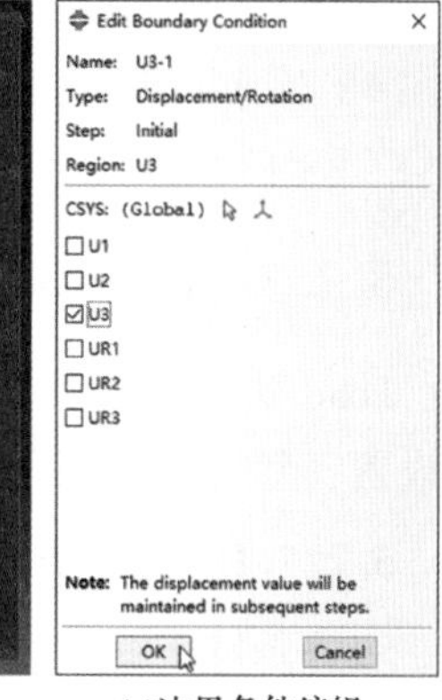

(c)边界条件编辑

图 5-56　Z 方向位移边界条件设置

边界条件在 INP 输入文件中的显示如下所示：

```
*****************************************************
** BOUNDARY CONDITIONS
**边界条件设置。
** Name: U1-1 Type: Displacement/Rotation
**X 方向边界条件，边界条件名称为 U1-1，类型为位移/旋转。
*Boundary
**边界条件设置关键词。
U1, 1, 1
**边界条件集合，自由度。
** Name: U2-1 Type: Displacement/Rotation
**Y 方向边界条件，边界条件名称为 U2-1，类型为位移/旋转。
*Boundary
U2, 2, 2
**边界条件集合，自由度。
** Name: U3-1 Type: Displacement/Rotation
**Z 方向边界条件，边界条件名称为 U3-1，类型为位移/旋转。
```

＊Boundary

U3，3，3

＊＊边界条件集合，自由度。

＊＊＊

5.2.7.2 初始场变量设置

模型采用初始地应力加载，需要进行初始场变量设置。具体的设置流程如下：

点击左侧工具箱区快捷按钮(Create Predefined Field)或菜单栏 Predefined Field→Create…，进入初始场变量创建(Create Predefined Field)对话框，如图 5-57(a)所示。初始场变量名称(Name)输入 Geostress，分析步(Step)选择初始分析步(Initial)，种类(Category)选择力学(Mechanical)，分析步可选的场变量种类(Type for Selected Step)选择应力(Stress)，设置完成后点击 Continue 按钮，点击右下角提示区 Sets... 按钮，进入区域选择(Region Selection)对话框[见图 5-57(b)]。集合名称选择 Rock-ele 单元集合，点击 Continue 按钮，进入初始场变量编辑(Edit Predefined Field)对话框[见图 5-57(c)]，Sigma11 输入-4.0×10^7Pa，Sigma22 输入-4.5×10^7Pa，Sigma33 输入-5.0×10^7Pa，Sigma12 输入 0，Sigma13 输入 0，Sigma23 输入 0，设置完成后点击 OK 按钮完成初始地应力设置。

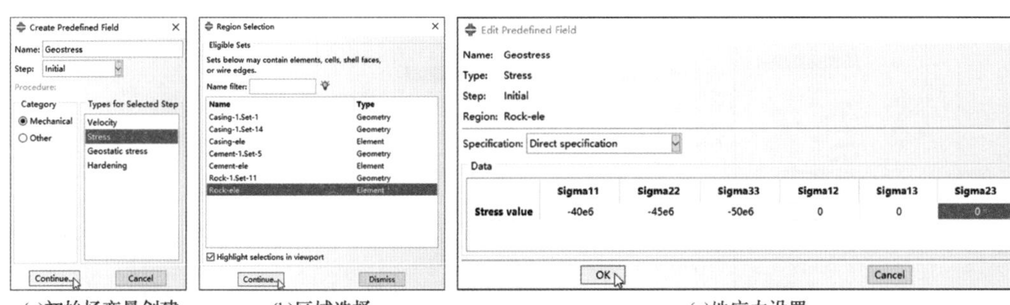

(a)初始场变量创建 (b)区域选择 (c)地应力设置

图 5-57 初始地应力场变量设置

注意：应力设置以拉为正，压为负；初始地应力场的设置除了直接采用应力(Stress)输入外，还可采用地应力(Geostatic Stress)方式进行输入，输入所选的模型区域的两个深度坐标位置和相关垂向应力值，同时输入横向系数，模拟过程中直接进行水平方向地应力的计算，形成水平最大和水平最小主应力值。

初始地应力场变量在 INP 输入文件中的显示如下：

＊＊＊

＊＊ PREDEFINED FIELDS

＊＊预定义初始场变量设置。

＊＊ Name：Geostress   Type：Stress

＊＊初始场变量名称为 Geostress，类型为应力。

＊Initial Conditions，type=STRESS

＊＊地应力初始场变量设置，类型为应力。

Rock-ele，-4e+07，-4.5e+07，-5e+07，0.，0.，0.

**单元集合与初始场变量值。

****

5.2.7.3 套管和射孔孔眼加载

两个分析步的压力载荷值不同，需要根据分析步进行套管内部和射孔孔眼压力载荷的设置。

1. 地应力平衡分析步

(1) 套管内部。点击左侧工具箱区快捷按钮 (Create Load)或菜单栏 Load→Create…，进入载荷创建(Create Load)对话框[见图 5-58(a)]，载荷名称(Name)输入 Casing-pressure，分析步(Step)选择 Geostress-equ，种类(Category)选择力学(Mechanical)，分析步可选的载荷类型(Types for Selected Step)选择压力(Pressure)，设置完成后点击 Continue 按钮，再点击右下角提示区 Sets... 按钮，进入区域选择(Region Selection)对话框[见图 5-58(b)]，选择 Casing-in 面集合后点击 Continue 按钮，进入载荷编辑(Edit Load)对话框[见图 5-58(c)]，载荷大小(Magnitude)输入 2.0×10^7Pa，其他采用默认设置，设置完成后点击 OK 按钮完成套管内部的面载荷设置。

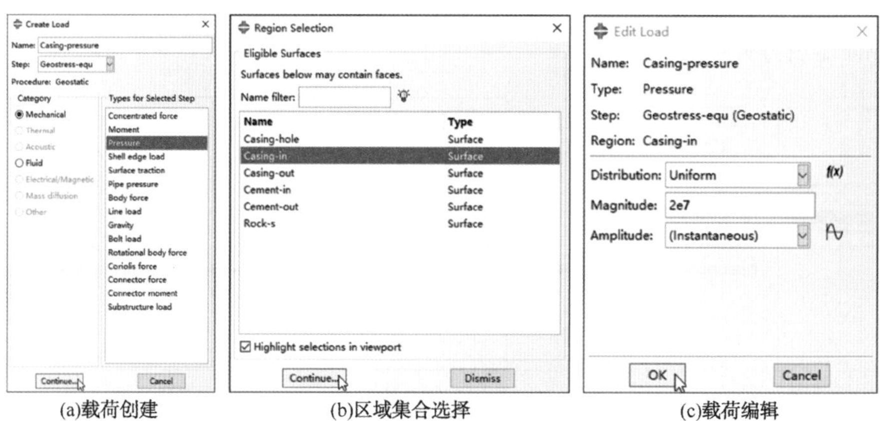

(a)载荷创建　　(b)区域集合选择　　(c)载荷编辑

图 5-58　地应力平衡分析步套管内部压力加载设置

(2) 套管射孔孔眼。套管射孔孔眼的面载荷设置如图 5-59 所示。

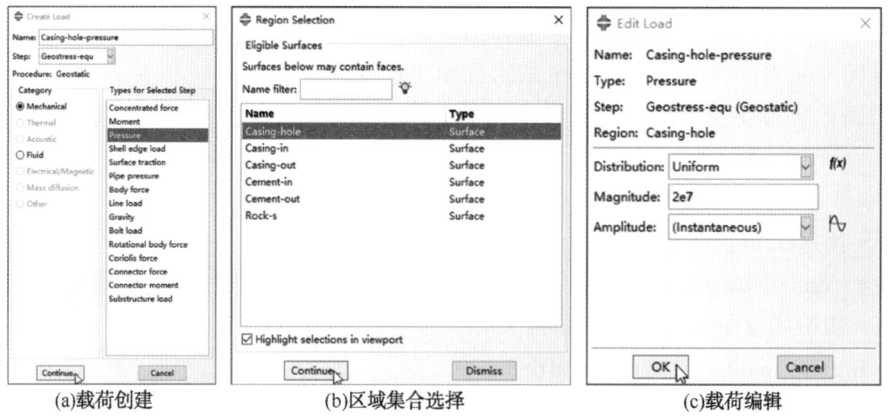

(a)载荷创建　　(b)区域集合选择　　(c)载荷编辑

图 5-59　地应力平衡分析步套管射孔孔眼压力加载设置

地应力平衡分析步的套管和射孔孔眼的压力加载设置在 INP 输入文件中的显示如下：

```
*****************************************************************
** LOADS
** 载荷设置。
** Name: Casing-hole-pressure   Type: Pressure
** 载荷名称为 Casing-hole-pressure，载荷类型为压力载荷。
* Dsload
** " * Dsload" 压力载荷设置关键词。
Casing-hole, P, 2e+07
** 载荷加载面集合，载荷类型，压力值。
** Name: Casing-pressure   Type: Pressure
** 载荷名称为 Casing-pressure，载荷类型为压力载荷。
* Dsload
Casing-in, P, 2e+07
*****************************************************************
```

2. 套管和射孔孔眼压力加载分析步

(1) 幅值曲线创建。进行压力加载分析步套管内部和射孔孔眼压力面载荷设置时，可设置幅值曲线，压力面载荷修改时选择加载幅值曲线，具体设置流程如下：

点击菜单栏 Tools→Amplitude→Create…，进入幅值曲线创建(Create Amplitude)对话框[见图 5-60(a)]，幅值曲线名称(Name)输入 Casing-pressure，类型(type)选择表格(Tabular)，设置完成后点击 Continue 按钮，进入幅值曲线编辑(Edit Amplitude)对话框，相关的幅值曲线设置如图 5-60(b)所示，设置完成后点击 OK 按钮。表格输入时，结合该分析步时间与最终的压力值，在时间 0.0 时，幅值设置为 0.16667，保证套管和射孔孔眼压力加载分析步开始时井筒和射孔的初始压力承接地应力平衡分析步压力终点值为 20.0MPa。

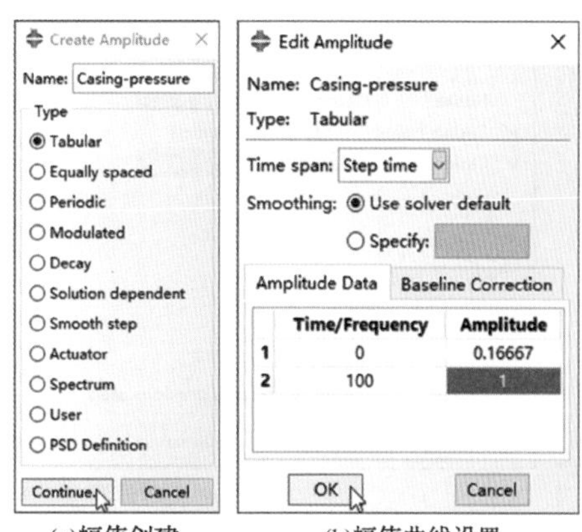

(a)幅值创建　(b)幅值曲线设置

图 5-60　压力加载幅值曲线创建

Casing-pressure 幅值曲线在 INP 输入文件中的显示如下：

```
*****************************************************************
* Amplitude, name=Casing-pressure
** " * Amplitude" 为幅值曲线创建关键词，名称为 Casing-pressure。
0.,          0.16667,          100.,          1.
** 分别表示时间、幅值、时间、幅值。
*****************************************************************
```

(2) 面载荷修改设置。需要针对套管内部和射孔孔眼单独进行面载荷修改设置，两种面载荷的最大压力值相同。具体的设置流程如下：

① 套管射孔孔眼：点击左侧工具箱区快捷按钮 (Load Manager) 或菜单栏 Load→Manager…，进入载荷管理器(Load Manager)对话框，如图 5-61(a)所示，选择 Casing-hole-pressure 载荷，分析步(Step)选择 Casing-pressure，点击右上角 Edit 按钮，进入载荷编辑(Edit Load)对话框，如图 5-61(b)所示，载荷最大幅值(Magnitude)输入 1.2×10^{8}Pa，幅值曲线(Magnitude)选择 Casing-pressure，设置完成后点击 OK 按钮。

Load Manager

	Name	Geostress-e	Casing-press
✓	Casing-hole-	Created	Propagated
✓	Casing-press	Created	Propagated

Edit... Move Left Move Right Activate Deactivate

Step procedure: Static, General
Load type: Pressure
Load status: Propagated from a previous step

Create... Copy... Rename... Delete... Dismiss

(a)载荷管理器

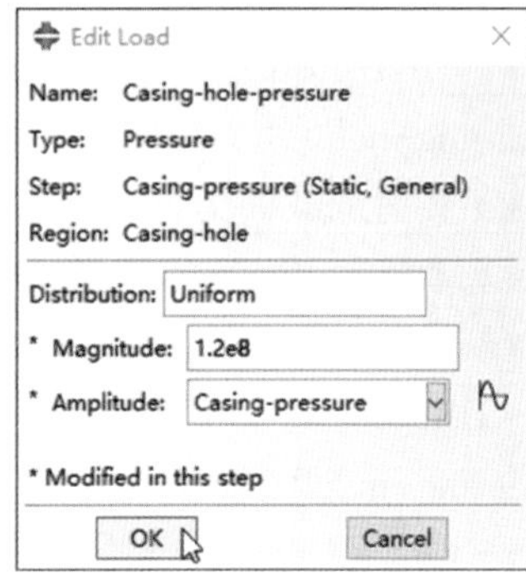

(b)载荷编辑

图 5-61　压力加载分析步套管射孔孔眼压力加载修改

② 套管内部：套管内部的面载荷修改如图 5-62 所示。

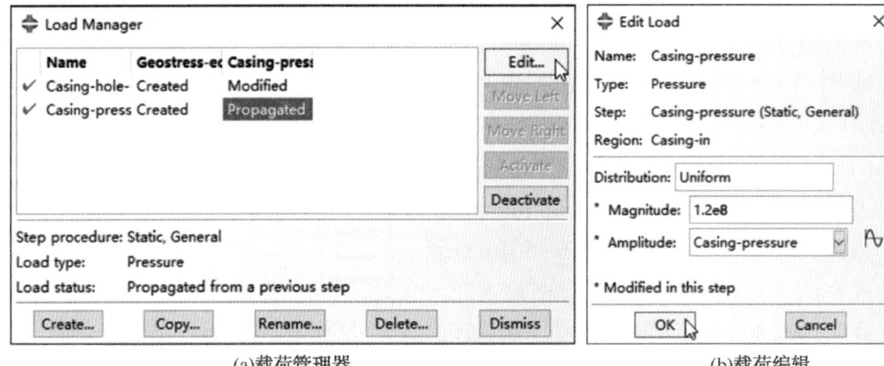

(a)载荷管理器　　　　(b)载荷编辑

图 5-62　压力加载分析步套管内部压力加载修改

套管和射孔孔眼压力加载分析步的套管和射孔孔眼的压力加载设置在 INP 输入文件中的显示如下：

****

** LOADS

** 载荷设置。

** Name: Casing-hole-pressure　Type: Pressure

** 载荷名称为 Casing-hole-pressure，载荷类型为压力载荷。

*Dsload, amplitude=Casing-pressure

** "*Dsload" 压力载荷设置关键词，压力根据幅值曲线 Casing-pressure 进行加载。

Casing-hole, P, 1.2e+08

** 分别表示加载表面面集合，载荷类型，压力值。

** Name：Casing-pressure Type：Pressure

** 载荷名称为 Casing- pressure，载荷类型为压力载荷。

* Dsload, amplitude=Casing-pressure

Casing-in, P, 1.2e+08

****

5.2.8 Job 功能模块

5.2.8.1 作业创建

点击左侧工具箱区快捷按钮 (Create Job)或菜单栏 Job→Create…，进入作业创建(Create Job)对话框，作业名称(Name)输入 Casing-strength-sti，点击 Continue 按钮进入作业编辑(Edit Job)对话框，点击 OK 按钮完成作业输出设置。

5.2.8.2 INP 输入文件文本输出

点击菜单栏 Model→Edit Attribute→Model-1，进入模型属性编辑(Edit Model Attribute)对话框，勾选 INP 输入文件中不使用部件和组装信息(Do not use parts and assemblies input files)，输出的 INP 输入文件中不体现部件(Part)和实例(Instance)信息。

点击左侧工具箱区快捷按钮 (Job Manager)或菜单栏 Job→Manager，进入作业管理器(Job Manager)对话框，点击右上角 Write Input 按钮，输出文件名为 Casing-strength-sti 的 INP 输入文件。

5.3 模拟计算

采用 ABAQUS/Command 命令窗口进行 INP 输入文件提交计算后，利用 ABAQUS/Viewer 模块进行结果文件的显示与相关图件的输出。具体的设置流程如下：

点击左侧工具箱区快捷按钮 (Common Options)或菜单栏 Options→Common，进入通用绘图选项(Common Plot Options)对话框，对话框中基本(Basic)界面的变形缩放系数(Deformation Scale Factor)选项中选择一致(Uniform)，变形放大值(Value)输入 1.0，可见边(Visible Edges)选项选择无可见边(No Edges)，模型的结果显示不显示网格和模型边界。

点击左侧工具箱区快捷按钮 (Plot Countors on Deformed Shape)，视图区显示相关的结果信息。

模型的结果显示须自行选择显示结果变量，具体流程如下：在环境栏 Primary 选项中选择 S 变量，相关的变量选择 Max. Principal(Primary S Max. Principa)，视图区结果显示最大主应力结果。不同时间点模型的最大主应力分布云图如图 5-63 所示。

环境栏结果变量选择 Min. Principal(Primary S Min. Principa)，视图区显示

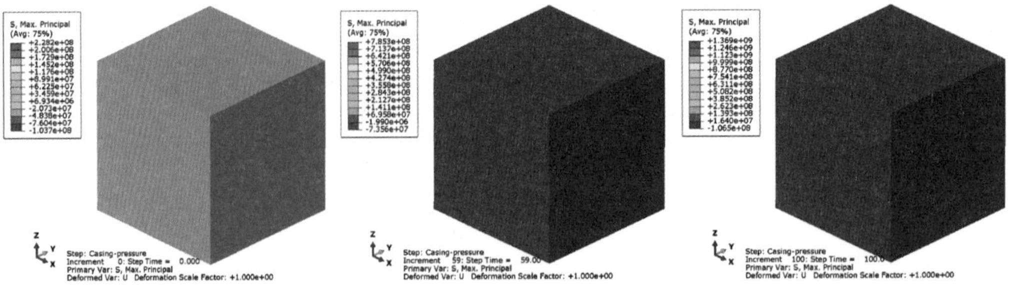

(a)0s　　(b)59s　　(c)100s

图 5-63　不同阶段模型最大主应力分布

最小主应力，不同模拟时间点模型的最小主应力如图 5-64 所示。

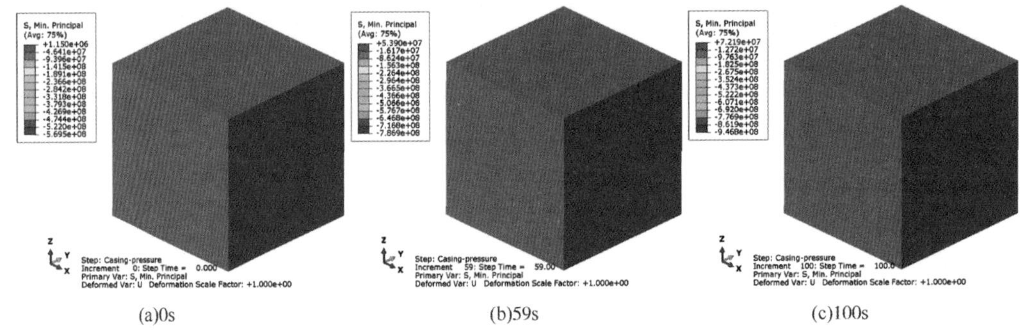

(a)0s　　(b)59s　　(c)100s

图 5-64　不同阶段模型最小主应力分布

在环境栏 Primary 选项中选择 U 变量，相关的变量选择 U1（Primary U U1），视图区结果 X 方向位移，不同时间点模型的 X 方向的位移分布云图如图 5-65 所示。

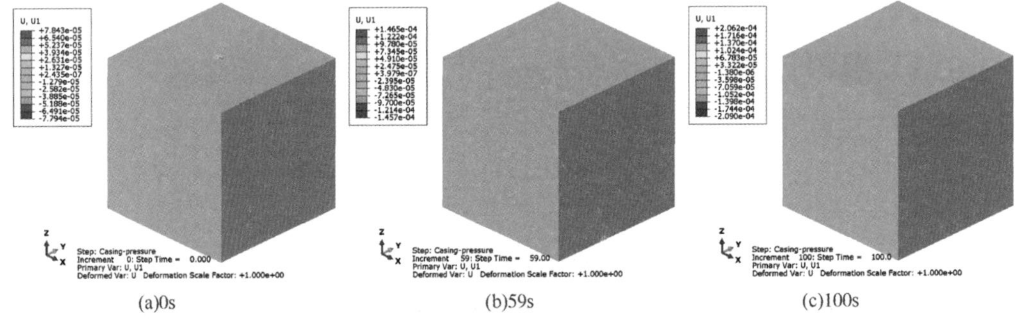

(a)0s　　(b)59s　　(c)100s

图 5-65　不同阶段模型 X 方向位移分布

环境栏结果变量选择 U2（Primary U U2），视图区显示 U2 方向位移，不同模拟时间点模型的 U2 位移云图如图 5-66 所示。

高度方向中部的最大主应力分布如图 5-67 所示。

高度方向中部的最小主应力分布如图 5-68 所示。

高度方向中部的 X 方向位移分布如图 5-69 所示。

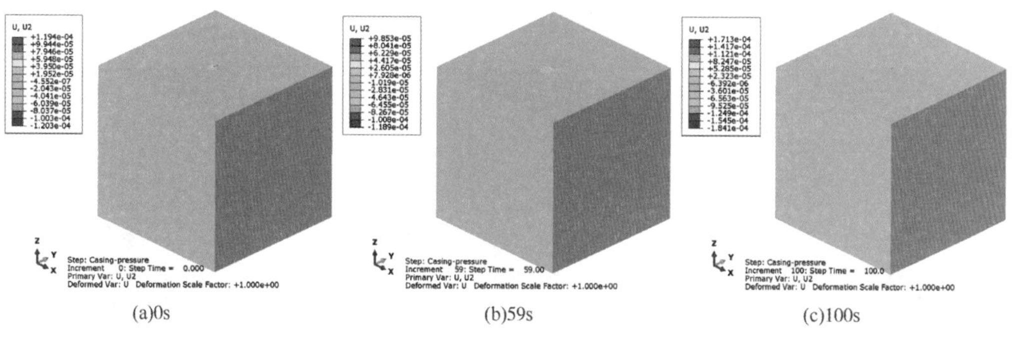

(a)0s (b)59s (c)100s

图 5-66 不同阶段模型 Y 方向位移分布

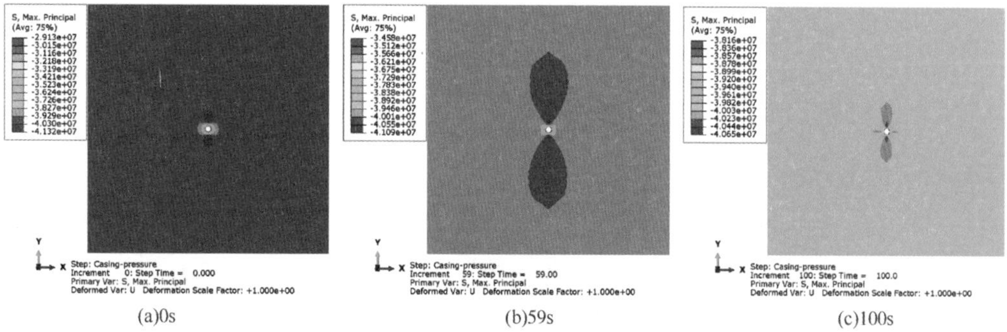

(a)0s (b)59s (c)100s

图 5-67 不同阶段高度方向中部最大主应力分布

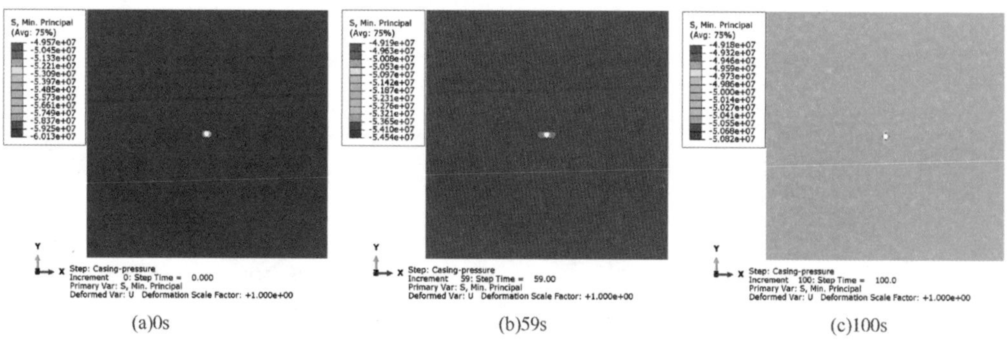

(a)0s (b)59s (c)100s

图 5-68 不同阶段高度方向中部最小主应力分布

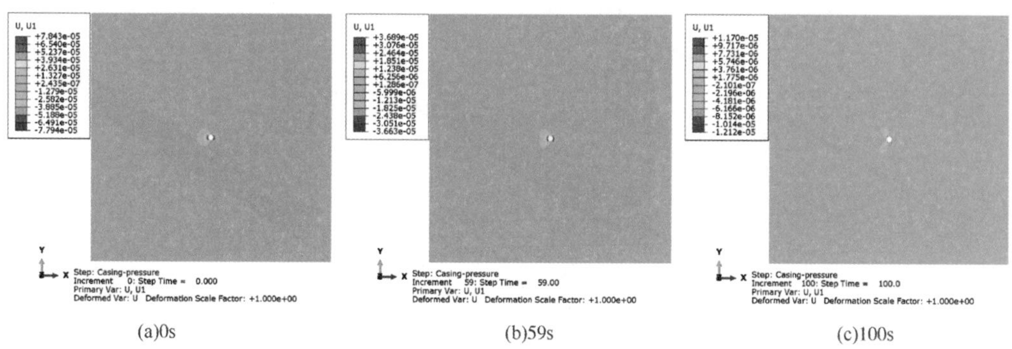

(a)0s (b)59s (c)100s

图 5-69 不同阶段高度方向中部 X 方向位移分布

高度方向中部的 Y 方向位移分布如图 5-70 所示。

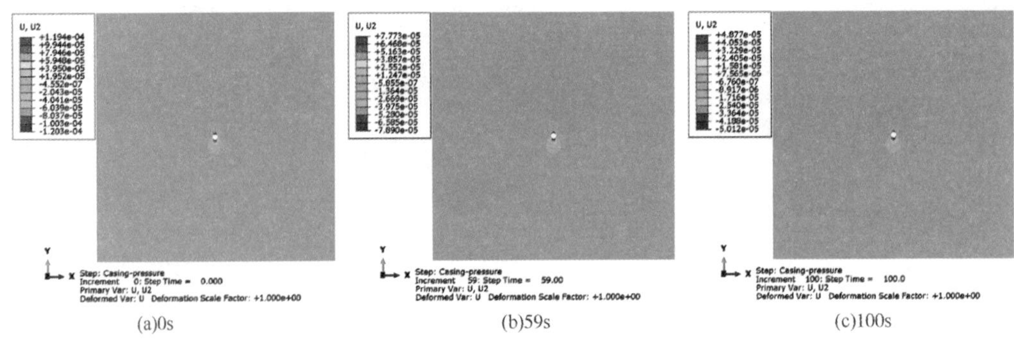

(a)0s (b)59s (c)100s

图 5-70 不同阶段高度方向中部 Y 方向位移分布

不同加载时间点套管的 Mises 应力如图 5-71~图 5-73 所示，根据 Mises 应力可进行套管强度判断，判断套管失效位置。

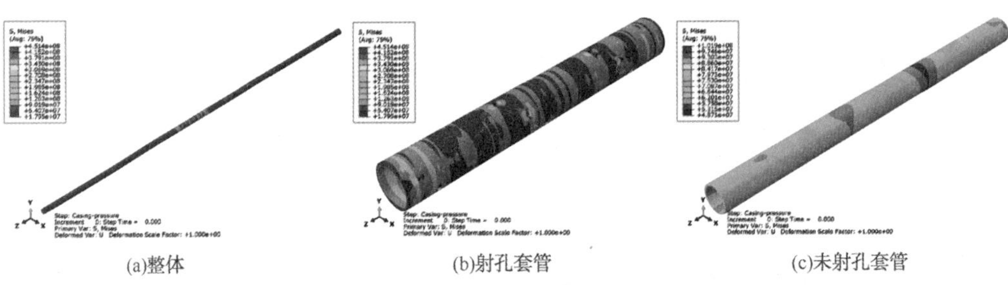

(a)整体 (b)射孔套管 (c)未射孔套管

图 5-71 未加载前套管 Mises 应力分布

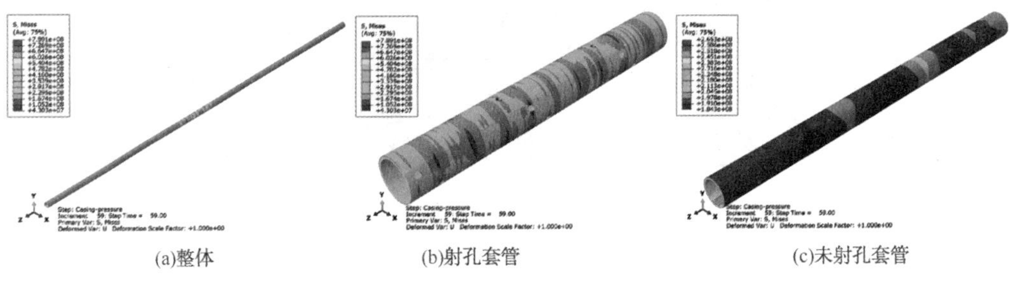

(a)整体 (b)射孔套管 (c)未射孔套管

图 5-72 加载 59s 套管 Mises 应力分布

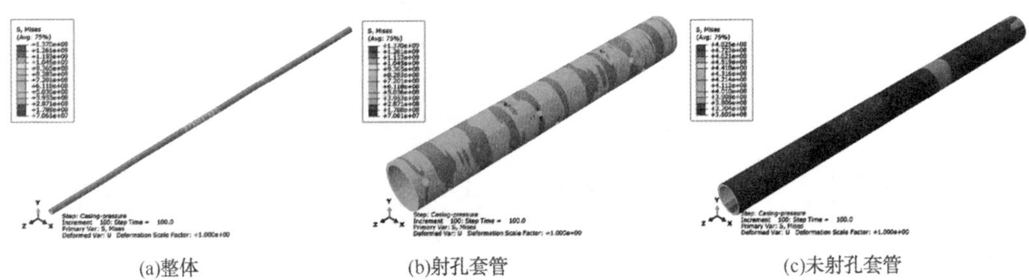

(a)整体 (b)射孔套管 (c)未射孔套管

图 5-73 加载 100s 套管 Mises 应力分布

5.4 小结

本章介绍了储层应力条件下套管的应力分析模型，利用套管应力模型可进行套管强度判断，评价储层参数、力学参数和射孔参数等对套管强度的影响。用户可根据实际地层条件采用蠕变模型或编制吸水弱化模型研究泥页岩吸水膨胀、岩石蠕变等对套管变形的影响。

第 6 章 水力压裂裂缝起裂模拟

油气大部分埋藏于千米以深的储层岩石中，由于重力作用以及挤压作用影响，储层岩石承受极大的地应力作用，地应力一般为压应力。在压裂过程中，井筒或射孔孔眼的流体压力需要克服储层地应力和岩石的强度作用，井筒或射孔孔眼周围的储层岩石才能发生起裂。在压裂起裂过程中，井底或射孔孔眼中的流体压力大幅度升高，部分压裂液体滤失进入储层岩石中，导致近井筒或射孔孔眼周围孔隙压力增加。孔隙压力的变化会导致岩石骨架有效应力的改变，有效应力的改变会反过来影响孔隙压力的重新分布，导致压裂起裂位置和起裂压力的预测难度较大。国内外针对压裂起裂问题进行了大量的研究，形成了室内实验、数值模拟和解析公式等多种预测方法，数值模拟方法为主要的研究方法之一。

压裂起裂数值模拟主要包括模型建立、模拟分析和结果处理等流程，模型建立主要包括几何模型构建、材料赋值、部件组装、分析步建立、边界条件与载荷创建、初始场变量条件设置、作业创建等步骤。模拟分析主要是将建立好的模型提交至 ABAQUS/Standard 模块和 ABAQUS/Explicit 模块进行模拟计算，明确压裂起裂过程中模型孔隙压力、有效应力和位移等场变量变化情况，获得井筒或射孔孔眼周围储层岩石的孔隙压力和有效应力变化特征。模拟计算完成后，利用 ABAQUS/Visualization 功能模块或 ABAQUS/Viewer 模块进行 ODB 结果文件(. odb)显示，输出相关的云图或曲线，确定压裂起裂位置和起裂压力。

目前，压裂改造井完井方式主要包括裸眼完井和套管固井完井，套管固井完井压裂改造前需要进行射孔穿透套管以确保压裂过程中压裂液流体进入储层。在井型方面，压裂改造井分为直井、定向井和水平井等。完井方式和井型以及储层类型对压裂起裂压力和起裂位置具有重要影响。本章主要针对直井裸眼完井、直井套管完井和水平井多段分簇射孔完井等 3 种完井方式压裂起裂模拟进行模型构建与结果输出流程介绍。

6.1 裸眼完井起裂模拟

6.1.1 问题说明

部分裂缝型油气储层采用直井裸眼完井压裂开发，压裂液从井口注入至目标层位裸眼井段后，井底流体压力超过地应力和岩石抗拉强度限制时，裸眼井周围储层岩石发生起裂，起裂位置和起裂压力主要由水平主应力方位、天然裂缝和储层物性等决定。本例主要进行裸眼完井条件下压裂起裂模拟，模型示意图如图 6-1(a)所示，模型外边界为长方体，长度 20m×宽度 20m×高度 10m。模型中心为圆形裸眼井筒，裸眼井筒的半径为 0.08m。模型采用单一均质线弹性本构模型，不考虑天然裂缝或层理影响。结合储层特征，模型采用流-固耦合模拟方法进行模拟，需要考虑地应力、孔隙压力的相互耦合作用。模型端面如图 6-1(b)所示，模型的外边界主要包括位移边界、孔隙压力边界，内部裸眼井筒边界为流体注入孔隙压力边界。除了孔隙压力边界外，裸眼井筒内部还有压裂流体对井筒壁面的均匀分布载荷。模型计算的初始场变量包括有效地应力、孔隙压力、孔隙比和饱和度等场变量类型，相关的参数需要结合储层特征进行设置。

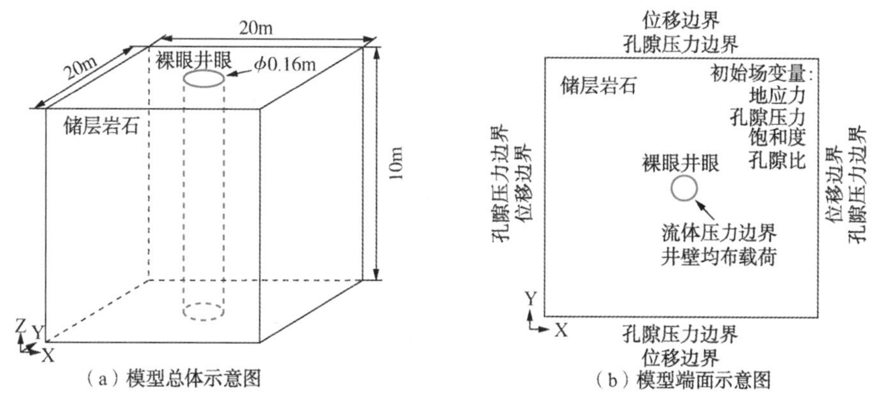

(a) 模型总体示意图　(b) 模型端面示意图

图 6-1　裸眼完井起裂模拟模型示意图

模型采用国际单位制进行建模与参数输入，模型尺寸单位为米。本例模拟计算的力学参数和材料参数如表 6-1 所示，模型的计算参数主要包括岩石弹性模量、泊松比、孔隙比、饱和度，地层应力包括地层孔隙压力、有效三向地应力等。

表 6-1　模型主要计算参数

序号	参数名称	数值	序号	参数名称	数值
1	储层密度/(kg/m^3)	2600	8	井筒膜单元弹性模量/Pa	0.1
2	弹性模量/$\times10^{10}$Pa	2.5	9	井筒膜单元泊松比(无因次)	0.4
3	泊松比(无因次)	0.15	10	孔隙压力/$\times10^{7}$Pa	2.0
4	储层抗拉强度/$\times10^{6}$Pa	4.0	11	水平最大主应力/$\times10^{7}$Pa	2.5
5	孔隙比/%	0.12	12	水平最小主应力/$\times10^{7}$Pa	2.0
6	渗透系数/($\times10^{-7}$m/s)	5.0	13	垂向主应力/$\times10^{7}$Pa	3.2
7	流体饱和度(无因次)	1.0	14	井筒最大加载压力/$\times10^{7}$Pa	8.0

6.1.2 模型建立

模型建立主要包括部件几何模型建立、材料属性赋值、网格划分、实例组装、分析步设置、边界条件与载荷加载、作业创建等步骤。为方便进行网格划分、载荷加载，模型建立与处理过程中需要进行部件剖分、单元与节点集合设置、面集合设置等。

6.1.2.1　Part 功能模块

点击进入 ABAQUS/CAE 软件界面后，默认模块为 Part 功能模块，利用该模块可进行几何部件建立、部件面剖分和体剖分等设置。

1. 部件建立

本例模拟裸眼完井压裂起裂过程，模型几何特征相对简单，可采用 ABAQUS/CAE 的 Part 功能模块直接进行部件几何模型构建。主要的构建步骤如下：

点击左侧工具箱区快捷按钮 (Create Part) 或菜单栏 Part→Create…，进入部件创建(Create Part)对话框[见图 6-2(a)]，部件名称(Name)输入 Rock，部件空间(Modeling Space)选择三维(3D)，类型(Type)选择可变形(Deformable)，基本特征(Base Feature)中形状(Shape)特征选择实体(Solid)，类型(Type)选择拉伸(Extrusion)，草图画布大约尺寸(Approximate Size)设置为 50.0(表示草图界面的尺寸为 50m×50m)，设置完成后点击 Continue 按钮，进入草图(Sketch)界面。

在草图(Sketch)界面中，利用左侧工具箱区快捷按钮 [Create Lines：Rectangle (4Lines)]，建立边长为 20.0m 的正方形。正方形中心位置采用左侧工具箱区快捷按钮 (Create Circle：Center and Perimeter) 或菜单栏 Add→Circle，创建半径为 0.08m 的圆形。草图界面创建的部件端面形状与尺寸如图 6-2(b) 所示。设置完成后，点击左下角提示区 Done 按钮，进入部件基本拉伸编辑(Edit Base Extrusion)对话框[见图 6-2(c)]，拉伸高度(Depth)输入 10(表示拉伸高度为 10.0m)，其他采用默认设置，设置完成后点击 OK 按钮完成部件创建。

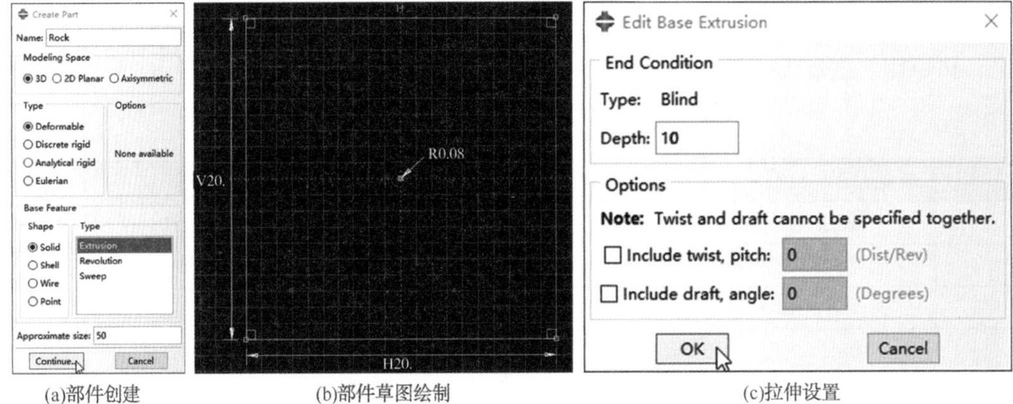

(a)部件创建　(b)部件草图绘制　(c)拉伸设置

图 6-2　Rock 部件创建设置

拉伸创建的 Rock 部件如图 6-3 所示[图 6-3(a)为部件的三维阴影图、图 6-3(b)为部件的三维线框图]，部件为长方体，长度和宽度为 20m、高度 10m，端部中部位置为半径 0.08m 的裸眼井筒。

2. 部件剖分

为了方便后期进行网格划分处理以及裸眼井筒周围的网格加密设置，Rock 部件网格划分前需要进行部件剖分。

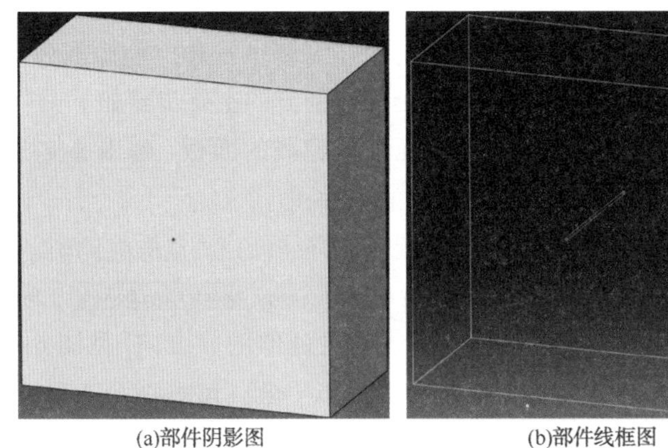
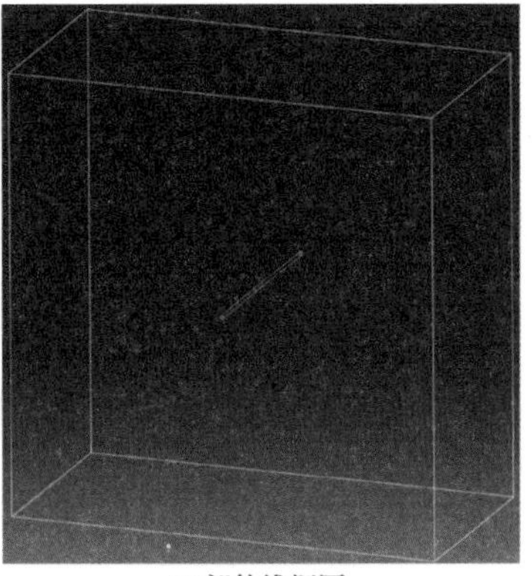

(a)部件阴影图　　(b)部件线框图

图 6-3　创建的 Rock 部件

1）面剖分

面剖分主要为后期延伸体剖分设置提供几何拉伸截面，辅助完成部件体剖分设置。

点击左侧工具箱区快捷按钮（Partition Face：Sketch），在视图区选取 Rock 部件上部或下部端面。端面选定后，点击左下角提示区的 Done 按钮（Select the faces to partition Sketch Origin: Auto-Calculate Done），依据左下角提示区显示信息（Select an edge or axis that will appear vertical and on the right），在视图区选取面上的一条边后直接进入 Sketch（草图）界面。在草图（Sketch）界面中利用左侧工具箱区快捷按钮（Offset Curves）进行中心圆线偏移，偏移距离分别为 1.5、4.5、7.5，端面完成偏移后的圆形尺寸如图 6-4（a）所示。偏移完成后退出线偏移命令，点击左下角提示区 Done 按钮，完成端面的面剖分设置。面剖分后的部件如图 6-4（b）、图 6-4（c）所示，面剖分只是在端面上形成了二维圆形线框，后续依据面剖分形成的线框进行延伸体剖分设置。

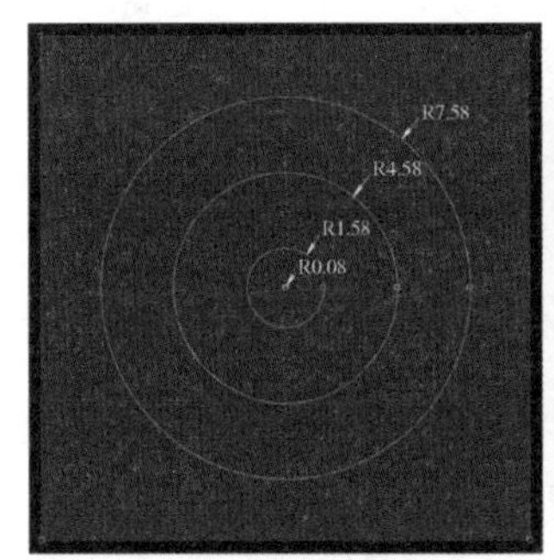

(a)草图界面线框偏移

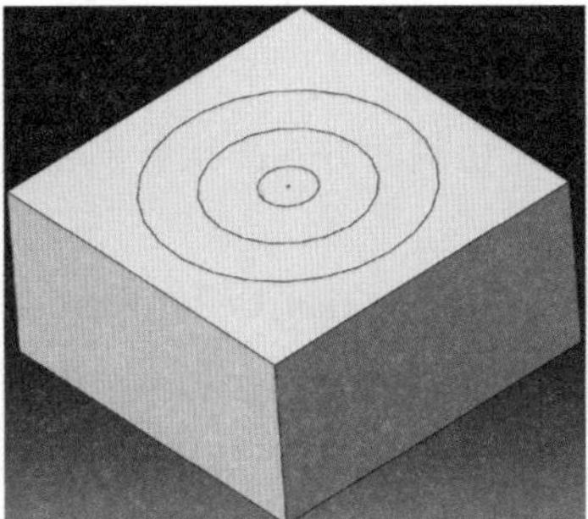

(b)面剖分后的部件(阴影图)

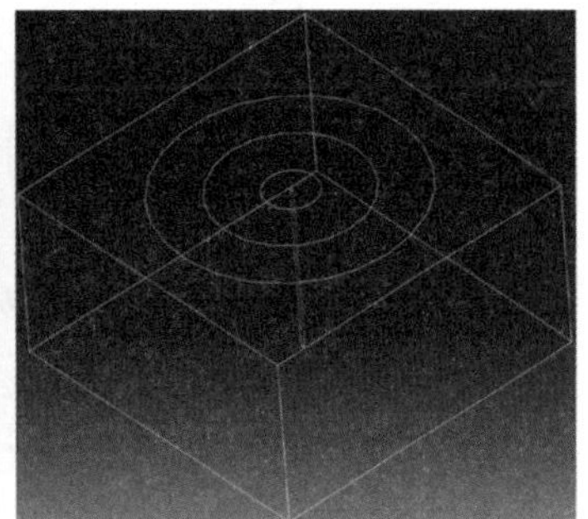

(c)面剖分后的部件(线框图)

图 6-4　部件端面面剖分

2）体剖分

面剖分形成的端面上的几何线主要为后续延伸体剖分提供拉伸几何边界。本例主要包括两种体剖分方式：一是针对前面面剖分形成的端面圆形几何特征线进行延伸体剖分，二是针对模型进行高度方向和端面进行切割体剖分。

(1) 延伸体剖分。

面剖分只是针对端面进行了几何面剖分，还需要进行相应的体剖分，将面剖分形成的几何特征贯穿至整个部件模型。部件延伸体剖分的主要步骤如下：

① 长按左侧工具箱区快捷按钮直至出现隐藏的面板( )，选择(Partition Cell：Extrude/Sweep Edges)体剖分方式。

② 选择前期面剖分形成的最内部的圆形后[见图6-5(a)]，点击左下角提示区的Done按钮。依据左下角提示区的提示信息(How do you want to sweep? Extrude Along Direction Sweep Along Edge)，点击Extrude Along Direction后选拉伸或延伸的方向线确定延伸剖分方向[见图6-5(a)中的带箭头的线]，若选择的线的箭头方向与延伸方向不一致，可点击左下角提示区的Flip按钮进行延伸方向反转。

③ 延伸方向确定后，点击左下角提示区Create Partition按钮(Partition definition complete Create Partition)，完成相应的部件延伸体剖分。第一次延伸体剖分的部件如图6-5(b)所示。

采用第一次延伸体剖分方法，进行第二次和第三次延伸体剖分，第三次延伸体剖分后的部件线框图如图6-5(c)所示。

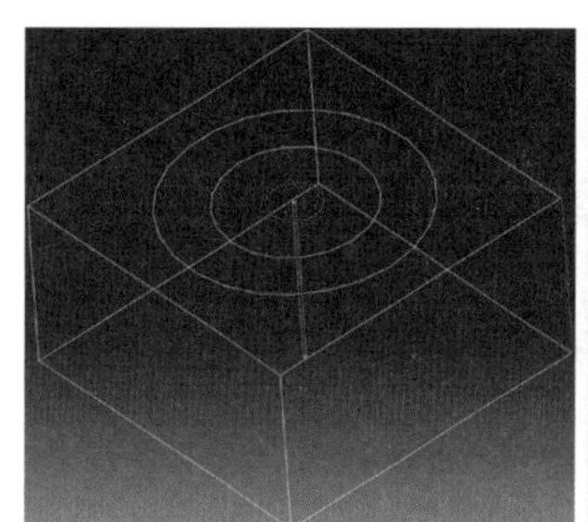
(a)面剖分边和延伸方向选择

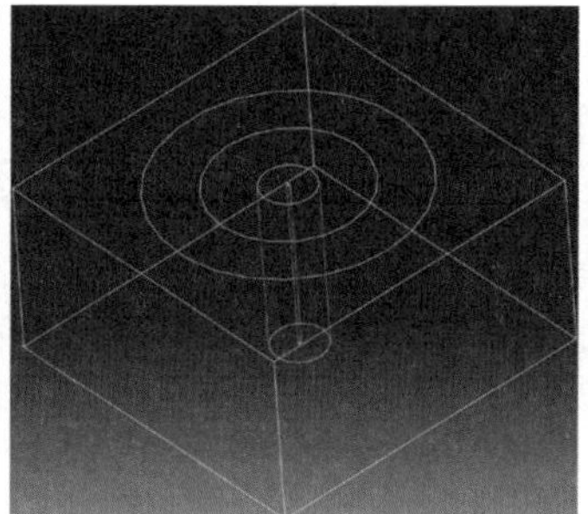
(b)第一次延伸体剖分后的部件

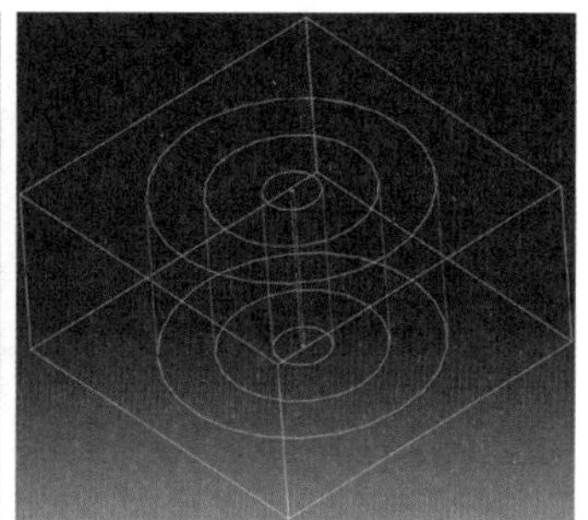
(c)第三次延伸体剖分后的部件

图6-5 部件延伸体剖分设置

(2) 端面体剖分。

延伸体剖分完成后，采用定义切割面方式再次针对部件进行体剖分，具体的步骤如下：

长按左侧工具箱区快捷按钮(Partition Cell：Extrude/Sweep Edges)直至出现隐藏的面板( )，选择(Partition Cell：Define Cutting Plane)体剖分方式，在视图区选取所有实体(Cells)后点击左下角提示区Done按钮，在左下角提示区选取Point & Normal (How do you want to specify the plane? Point & Normal 3 Points Normal To Edge)剖分方式后，在视图区部件上选取左边外边界中点后，然后选取左边或右边边线作为法线[见图6-6(a)]，边选取后点击左下角提示区Create Partition按钮，剖分后的部件如图6-6(b)所示。第一次端面体剖分设置完成后，进行二次端面体剖分，第二次端面体剖分后的部件线框图如图6-6(c)所示。

(3) 高度方向体剖分。

为方便后续的网格剖分与加密，针对高度方向进行相应的体剖分，将高度方向均

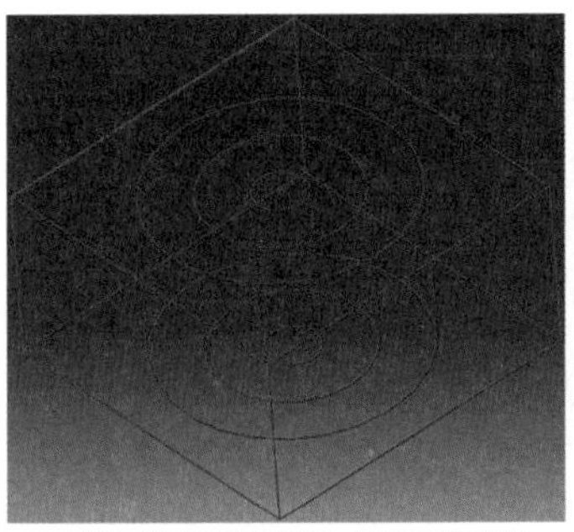
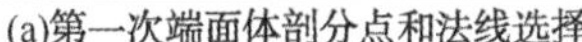
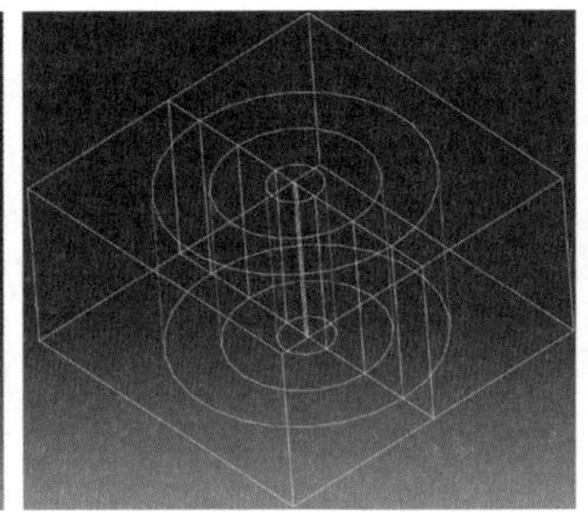

(a)第一次端面体剖分点和法线选择　(b)第一次端面体剖分后部件　(c)第二次端面体剖分后部件

图 6-6　部件端面体剖分

匀分为 4 部分，首先在高度中心点位置进行体剖分[见图 6-7(a)]，然后在上部实体(Cells)高度方向的中心点进行体剖分[见图 6-7(b)]，最后针对下部实体(Cells)高度中心点方向进行体剖分[见图 6-7(c)]。

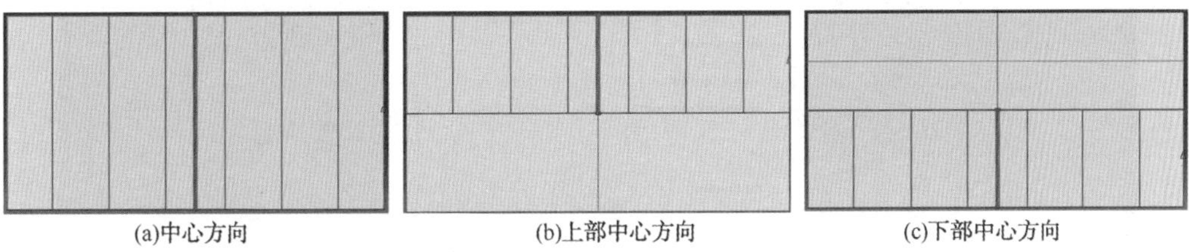

(a)中心方向　(b)上部中心方向　(c)下部中心方向

图 6-7　高度方向体剖分

完成全部体剖分设置后，Rock 部件如图 6-8 所示。

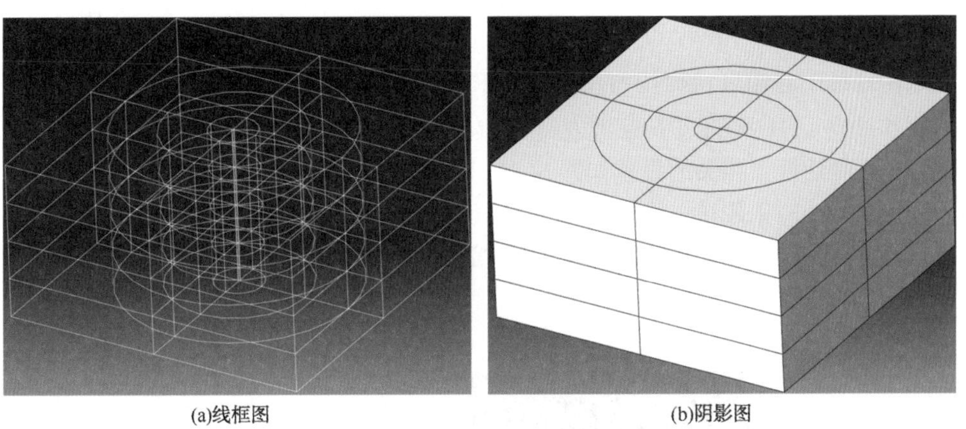

(a)线框图　(b)阴影图

图 6-8　体剖分后的部件

6.1.2.2　Mesh 功能模块

Mesh 功能模块主要根据模型的几何特征和研究需求进行网格划分、单元类型选择等设置。

1. 网格划分控制

点击左侧工具箱区快捷按钮(Assign Mesh Control)或菜单栏 Mesh→Control，在视图区选择需要进行网格划分设置的实体(Cells)后，点击左下角提示区的 Done 按钮，进入网格划分控制(Mesh Control)对话框。对话框中单元形状(Element Shape)选择六面体(Hex),划分技术(Technique)选择结构化(Structure),设置完成后点击OK按钮。

2. 网格种子布置

1)端面周向边网格种子布置

①点击左侧工具箱区快捷按钮 (Seed Edges)或菜单栏Seed→Edges,在视图区选取上下端面圆形局部边和外边界[见图6-9(a)],点击左下角提示区Done按钮进入局部边种子(Local Seeds)设置对话框。②局部边种子(Local Seeds)设置对话框如图6-9(b)所示,基本(Basic)界面中网格种子布置方式(Method)选择按数量(By number),偏移(Bias)选择无(None),尺寸控制(Sizing Controls)中的单元数量(Number of elements)输入20(表示选择边的网格单元数量为20)。输入完成后点击OK按钮,完成选取边的网格种子设置,设置完成后的网格种子分布如图6-9(c)所示。

(a)周向边选择 (b)网格种子设置 (c)周向边种子分布

图6-9 周向边网格种子设置

2)端面径向边网格单元种子布置

点击左侧工具箱区快捷按钮 (Seed Edges)或菜单栏Seed→Edges,在视图区选取如图6-10(a)所示的边,点击左下角提示区Done按钮,进入局部边种子(Local Seeds)布置对话框,相关的设置如图6-10(b)所示,考虑中间井眼位置局部加密,网格种子偏移(Bias)采用单一方向偏移,设置网格种子偏移(Bias)系数设置为5,单元数量(Number of elements)设置为20,设置完成后点击OK按钮完成设置。

采用同样的方法选择如图6-11(a)所示的径向边,局部网格种子布置如图6-11(b)所示。

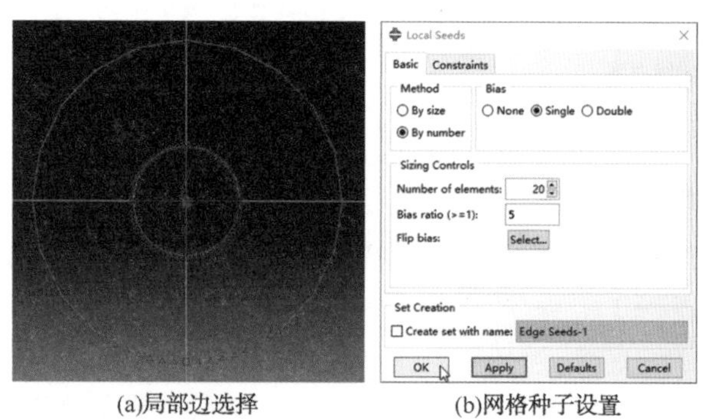

(a)局部边选择 (b)网格种子设置

图6-10 井眼与第二个圆间径向边网格种子布置

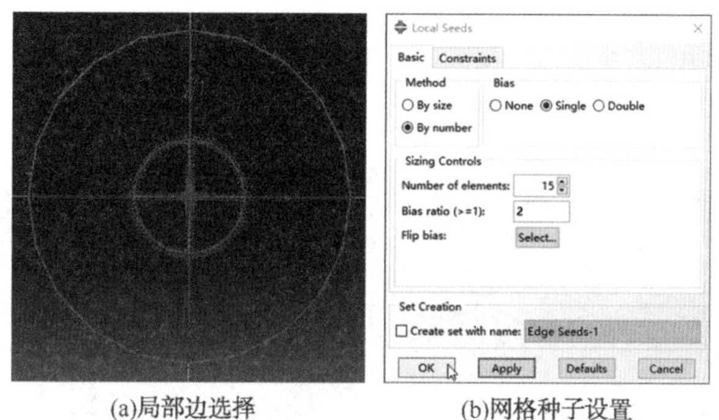

(a)局部边选择　　(b)网格种子设置

图 6-11　第二个圆与第三个圆间径向边网格种子布置

端面第三个圆与第四个圆间径向网格种子布置如图 6-12 所示，相关的局部边选择如图 6-12(a)所示，局部边种子布置如图 6-12(b)所示。

最外端径向边的网格种子设置如图 6-13 所示，高度方向选择的边如图 6-13(a)所示，局部边种子网格设置如图 6-13(b)所示，网格种子采用均匀分布，偏移(Bias)选择无(None)，单元数量(Number of elements)输入 5。

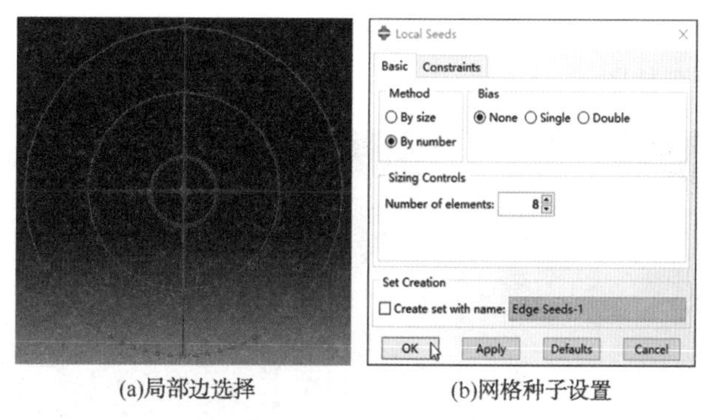

(a)局部边选择　　(b)网格种子设置

图 6-12　第三个圆与第四个圆间径向边网格种子布置

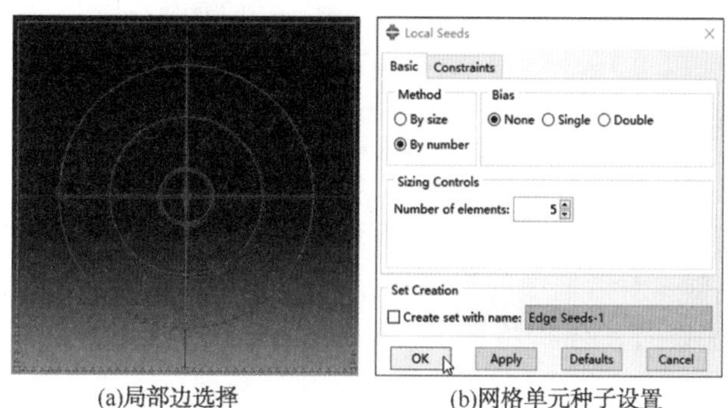

(a)局部边选择　　(b)网格单元种子设置

图 6-13　最外端径向边单元种子设置

3）高度方向网格种子布置

高度方向中间边网格种子局部边选择如图 6-14(a)所示，局部边种子(Local Seeds)对话框中单元数量(Number of elements)设置为 10，选择单一方向偏移，偏移系数(Bias)设置 2.0。

高度方向上下两端网格种子局部边选择如图 6-14(b)所示，局部边种子对话框中，网格种子偏移(Bias)选择无(None)，网格种子均匀分布，单元数量(Number of elements)设置为 8。

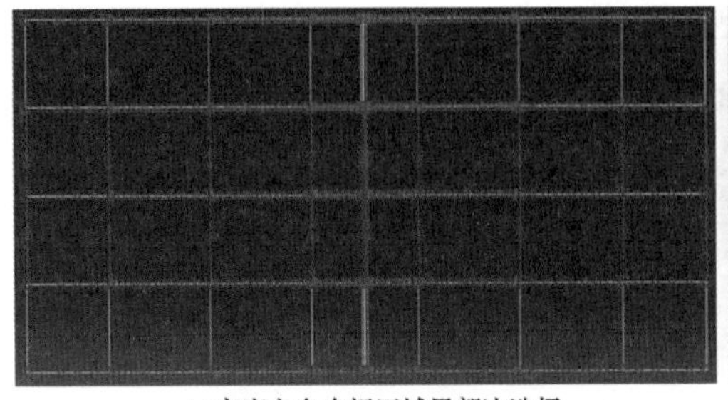

(a)高度方向中间区域局部边选择

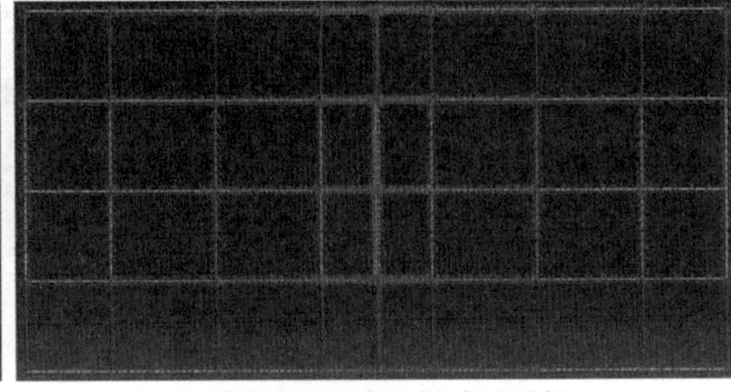

(b)高度方向两端区域局部边选择

图 6-14　高度方向网格种子布置局部边选择

3. 网格划分

网格种子布置和网格划分技术设置完成后，进行 Rock 部件网格划分。模型采用全域部件网格划分技术，点击左侧工具箱区快捷按钮 (Mesh Part)或菜单栏 Mesh→Part，点击左下角提示区的 Yes 按钮(OK to mesh the part? Yes No)，进行部件全域网格剖分，部件的网格分布如图 6-15 所示。

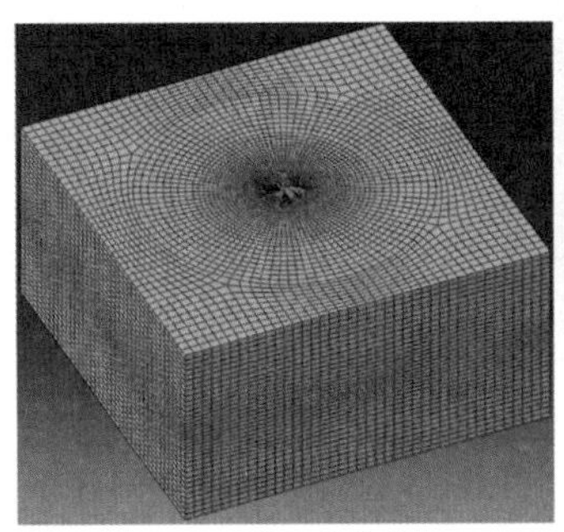

(a)网格整体分布

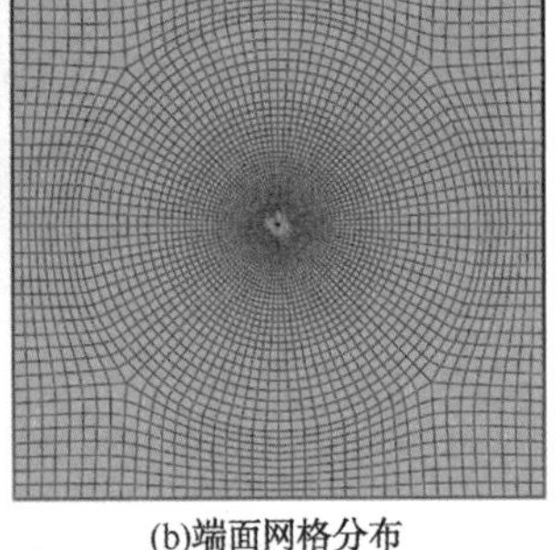

(b)端面网格分布

图 6-15　部件网格划分

4. 网格质量检测

点击左侧工具箱区快捷按钮 (Verify Mesh)或菜单栏 Mesh→Verify，在视图区选择 Rock 部件全部实体(Cells)后，点击左下角提示区的 Done 按钮，进入网格质量检测(Verify Mesh)对话框。对话框中的形状指标(Shape Metrics)、尺寸指标(Size Metrics)中的参数按照默认设置，分析检测界面(Analysis Checks)中勾选需要显示的警告(Warning)和错误(Errors)单元，然后点击 Highlight 按钮。若部件网格存在警告(Warnings)和错误(Errors)单元，视图区部件会显示相应的颜色。根据质量检测结果显示，部件存在 4 个网格质量略差的单元。

信息提示区的网格检测结果显示如下：

****

Part: Rock

Hex elements：188928

Max angle on Quad faces > 160：0（0%）

Average max angle on quad faces：93.46，Worst max angle on quad faces：139.97

Number of elements ：188928，Analysis errors：0（0%），Analysis warnings：4（0.00211721%）

****

5. 自由化孤立网格部件创建

为方便进行零厚度的壳面单元的嵌入，用户可将原有的结构化网格部件转变为自由化孤立网格部件以方便后续设置。具体操作流程如下：

点击菜单栏 Mesh→Create Mesh Part…，点击左下角提示区 OK 按钮（Mesh part name: Rock-mesh-1 OK），形成 Rock-mesh-1 部件，该部件为自由化孤立网格部件，形成的部件如图6-16所示。自由化孤立网格部件形成后，建立中间井筒面集合 Well-hole 和储层岩石 Rock 单元集合，方便后续模型设置。

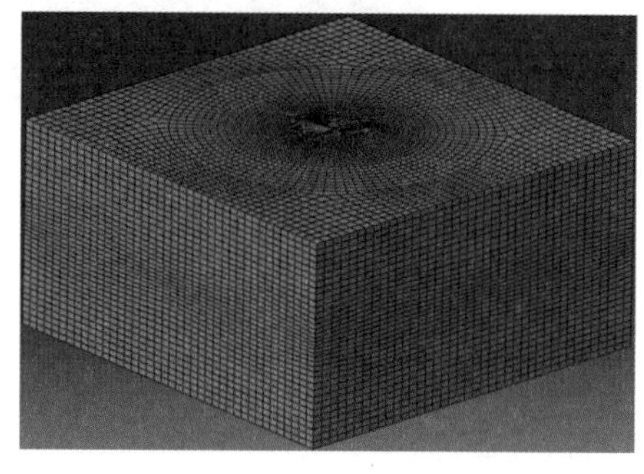

图6-16 新创建的自由化孤立网格部件

6. 井筒膜单元创建

点击左侧工具箱区快捷按钮（Edit Mesh）或菜单栏 Mesh→Edit，进入网格编辑（Edit Mesh）对话框，如图6-17(a)所示，种类(Category)选择网格(Mesh)，方法(Method)选择偏移壳面层创建[Offset(Create shell layers)]。选择完成后点击右下角提示区 Surfaces... 按钮，进入区域选择(Region Selection)对话框，选择 Well-hole 面集合，Well-hole 面集合分布如图6-17(b)所示。点击区域选择对话框中的 Continue 按钮，进入壳面层网格偏移(Offset Mesh-Shell Layers)对话框，如图6-17(c)所示，对话框中层数(Number of layers)输入1，初始位移偏移量[Specify initial offset(+/-)]输入0，勾选基础壳/面共节点(Share nodes with base shell/surface)选项保存偏移单元形成一个集合(Save offset elements to a set)选项，相应的集合名称(Set name)输入 Well-hole-mem，设置完成后点击 OK 按钮完成壳面膜单元的设置。

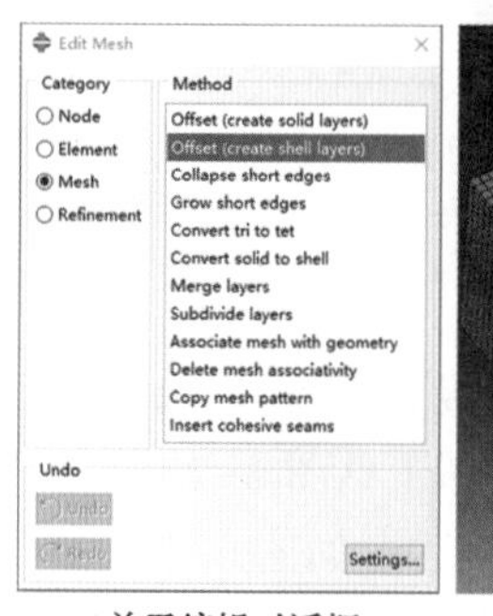

(a)单元编辑对话框

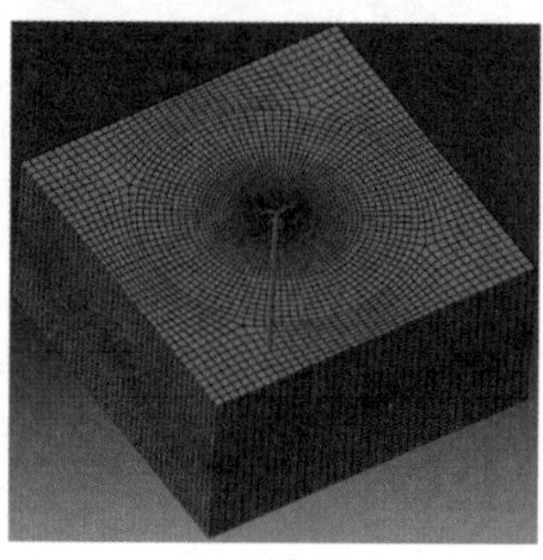

(b)面分布

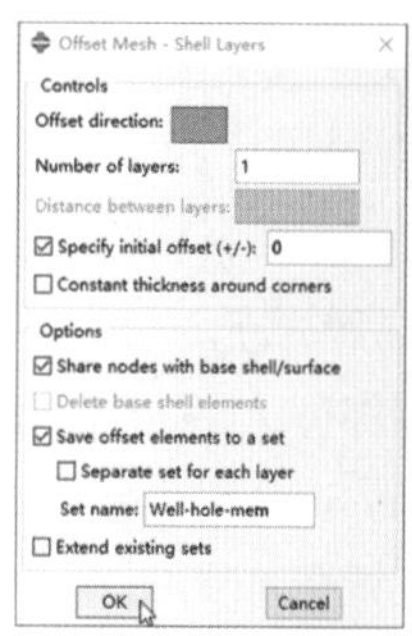

(c)膜单元参数设置

图6-17 井筒膜单元嵌入

嵌入的零厚度膜单元分布如图 6-18 所示。

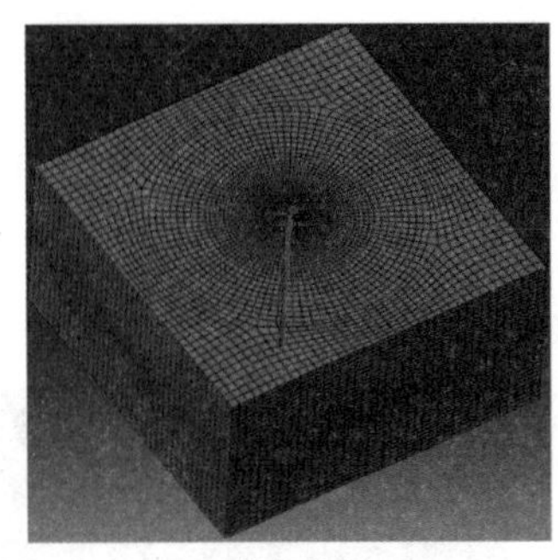

(a)整体分布

(b)井筒局部

图 6-18　嵌入的膜单元

7. 单元类型选择

形成的零厚度单元默认的单元类型为壳单元，需要在单元类型选择对话框中进行专门设置，选择膜单元(Membrane)类型。模型的单元类型包括储层岩石基质和裸眼井筒膜单元，具体的设置流程如下：

1）储层岩石基质

点击左侧工具箱区快捷按钮 (Assign Element Type)或菜单栏 Mesh→Element Type…，点击右下角提示区 Sets... 按钮，进入区域选择(Region Selection)对话框[见图 6-19(a)]，对话框中选择 Rock 单元集合，单元集合位置如图 6-19(b)所示。集合选择后点击区域选择对话框 Continue 按钮，进入单元类型(Element Type)对话框，如图 6-19(c)所示。单元簇中选择孔隙流体/应力(Pore Fluid/Stress)单元类型，其他采用默认设置，设置完成后点击 OK 按钮完成储层基质单元类型选择。

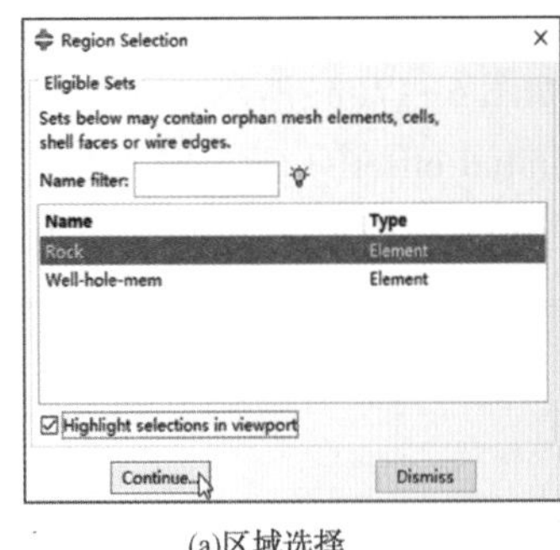

(a)区域选择

(b)集合位置

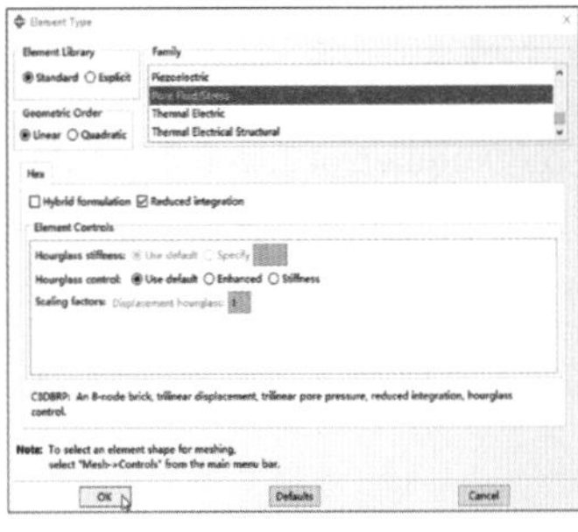

(c)单元类型选择

图 6-19　储层岩石基质单元类型选择

2）井筒膜单元

井筒内部嵌入的膜单元的单元类型(Element Type)设置如图 6-20 所示，区域选择(Region Selection)对话框中选择 Well-hole-mem 单元集合[见图 6-20(a)]，内部井筒膜单元的位置分布如图 6-20(b)所示，单元类型选择对话框如图 6-20(c)所示，单元类型选择膜单元(Membrane)，单元代号为 M3D4R。

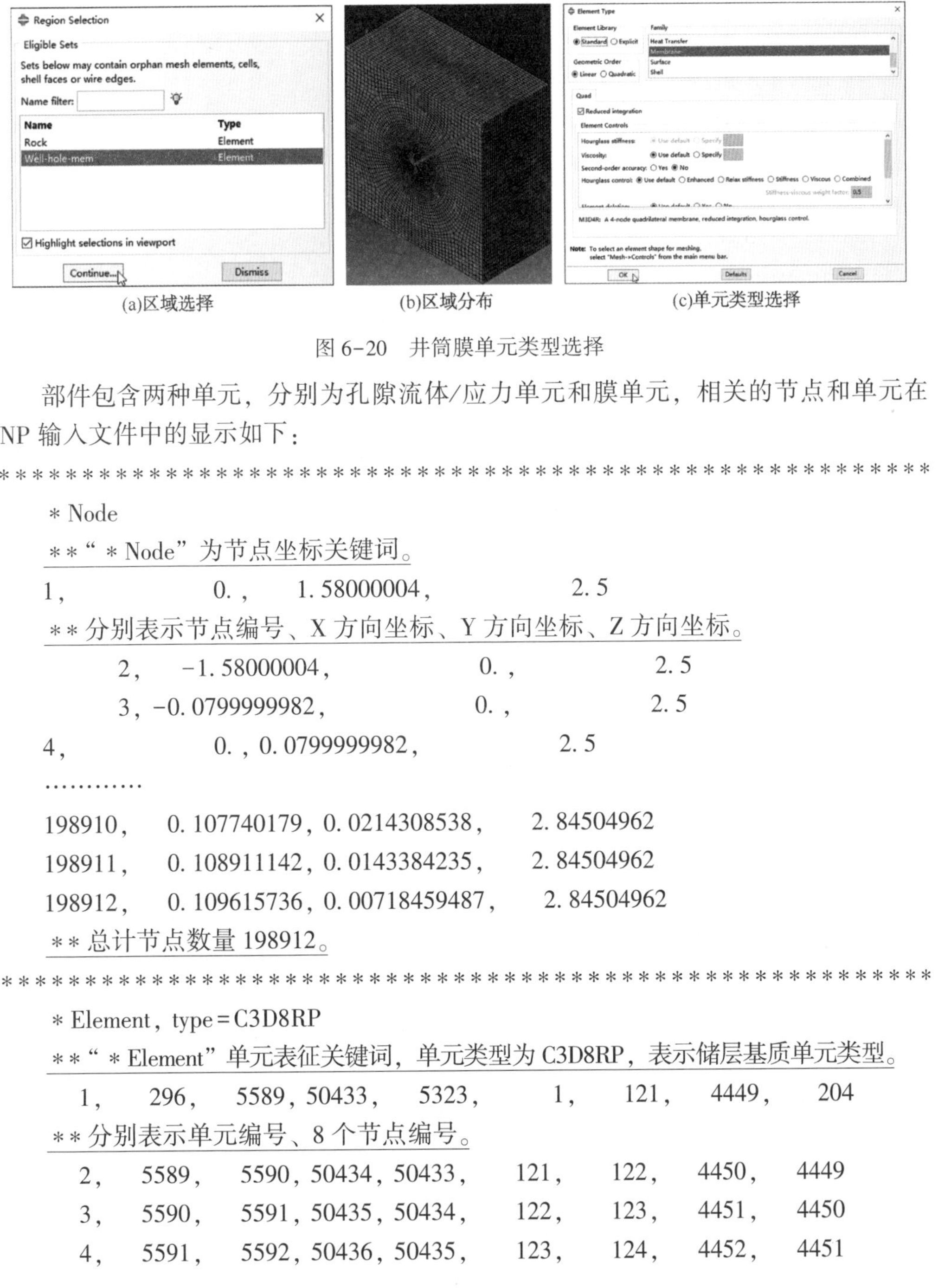

(a)区域选择　　(b)区域分布　　(c)单元类型选择

图 6-20　井筒膜单元类型选择

部件包含两种单元，分别为孔隙流体/应力单元和膜单元，相关的节点和单元在 INP 输入文件中的显示如下：

****

*Node

**“*Node”为节点坐标关键词。

1,　　0.,　　1.58000004,　　2.5

**分别表示节点编号、X 方向坐标、Y 方向坐标、Z 方向坐标。

2,　-1.58000004,　　0.,　　2.5

3,　-0.0799999982,　　0.,　　2.5

4,　　0.,　0.0799999982,　　2.5

…………

198910,　0.107740179,　0.0214308538,　2.84504962

198911,　0.108911142,　0.0143384235,　2.84504962

198912,　0.109615736,　0.00718459487,　2.84504962

**总计节点数量 198912。

****

*Element, type=C3D8RP

**“*Element”单元表征关键词，单元类型为 C3D8RP，表示储层基质单元类型。

1,　296,　5589,　50433,　5323,　1,　121,　4449,　204

**分别表示单元编号、8 个节点编号。

2,　5589,　5590,　50434,　50433,　121,　122,　4450,　4449

3,　5590,　5591,　50435,　50434,　122,　123,　4451,　4450

4,　5591,　5592,　50436,　50435,　123,　124,　4452,　4451

…………

188925,　198909,　198910,　50430,　50429,　28246,　28245,　2574,　2575

188926,　198910,　198911,　50431,　50430,　28245,　28244,　2573,　2574

188927,　198911,　198912,　50432,　50431,　28244,　28243,　2572,　2573

188928,　198912,　22198,　2067,　50432,　28243,　676,　20,　2572

**储层岩石基质累计 188928 个单元。

****

```
*Element, type=M3D4R
**井筒零厚度膜单元，单元代号为 M3D4R。
188929,    295,     4,    185,   5750
188930,   5750,   185,    184,   5751
188931,   5751,   184,    183,   5752
188932,   5752,   183,    182,   5753
………………
192381, 50429,   2575,   2574, 50430
192382, 50430,   2574,   2573, 50431
192383, 50431,   2573,   2572, 50432
192384, 50432,   2572,     20,  2067
**总计 3456 个膜单元。
```

****

6.1.2.3 Property 功能模块

1. 材料参数设置

部件的材料主要包括储层岩石基质和井筒膜单元，两种单元的材料属性差异性大，岩石基质的材料属性对计算结果具有重要影响。由于膜单元除了用于添加面载荷外，并无其他实际意义，需要降低膜单元力学性能对模拟结果的影响。因此，膜单元可采用极低的弹性力学参数以降低膜单元的力学影响。

1）储层岩石基质

点击左侧工具箱区快捷按钮(Create Material)或菜单栏 Material→Create…，进入材料编辑(Edit Material)对话框，材料名称(Name)输入 Rock(材料名称)，材料的密度 2600kg/m^3、弹性模量 2.5×10^{10}Pa、泊松比 0.18、孔隙比 0.12、渗透系数 5×10^{-7}m/s。具体的参数设置如图 6-21 所示，图 6-21(a)为密度设置，图 6-21(b)为弹性模量和泊松比设置，图 6-21(c)为渗透系数设置。

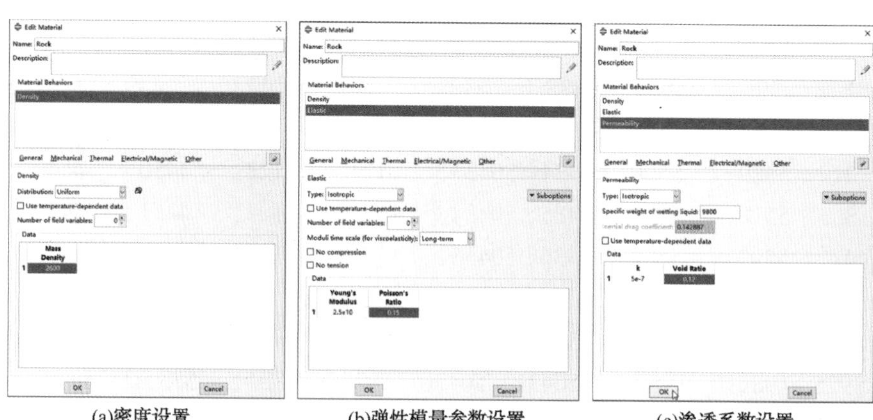

(a)密度设置　(b)弹性模量参数设置　(c)渗透系数设置

图 6-21　储层岩石基质材料参数设置

储层岩石基质的材料参数设置在 INP 输入文件中的显示如下：

```
************************************************************
*Material, name=Rock
**"*Material"为材料设置关键词，材料名称为 Rock。
*Density
**材料密度，可忽略。
2600.,
*Elastic
**弹性参数设置。
2.5e+10, 0.15
*Permeability, specific=9800.
**渗透系数设置。
5e-07, 0.12
************************************************************
```

2）井筒膜单元

井筒膜单元的材料参数只有弹性模量和泊松比，井筒膜单元采用超低弹性模量和高泊松比值。本例材料名称为 Well-hole-mem，材料弹性模量为 0.1，泊松比为 0.4。

井筒膜单元材料参数设置在 INP 输入文件中的显示如下：

```
************************************************************
*Material, name=Well-hole-mem
**井筒膜单元材料参数设置，材料名称为 Well-hole-mem。
*Elastic
0.1, 0.4
**采用非常小的弹性模量，高泊松比。
************************************************************
```

2. 截面创建

1）储层岩石基质

点击左侧工具箱区快捷按钮 (Create Section)或菜单栏 Section→Create…，进入截面创建(Create Section)对话框[见图 6-22(a)]，截面名称(Name)输入 Rock，种类(Category)选择实体(Solid)、类型(Type)选择均质(Homogeneous)。选择完成后点击截面创建对话框的 Continue 按钮，进入截面编辑(Edit Section)对话框[见图 6-22(b)]，材料名称选择 Rock 材料，其他采用默认设置，设置完成后点击 OK 按钮完成储层岩石基质的截面设置。

2）井筒膜单元

井筒膜单元的截面设置如图 6-23 所示，其中截面创建(Create Section)对话框如图 6-23(a)所示，截面名称(Name)输入 Well-hole-mem，相关的选择完成后点击对话框中的 Continue 按钮，进入截面编辑(Edit Section)对话框[见图 6-23(b)]，材料(Material)选择 Well-hole-mem，膜单元厚度(Membrane Thickness)输入 0.0001，其他采用默认设置，设置完成后点击 OK 按钮完成井筒膜单元的材料截面设置。

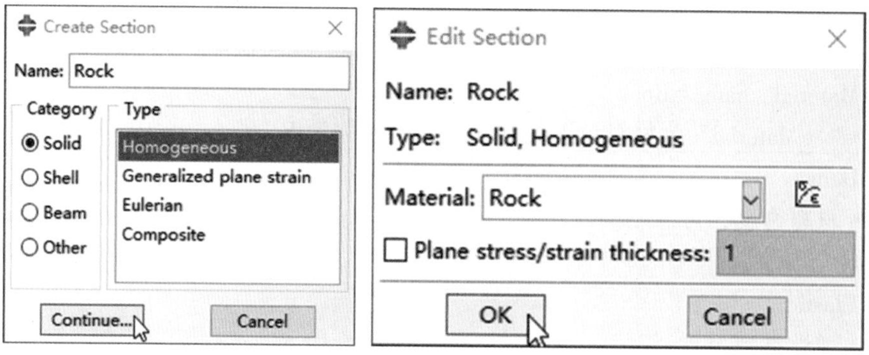

(a)截面创建　　(b)截面编辑

图 6-22　储层岩石基质单元截面设置

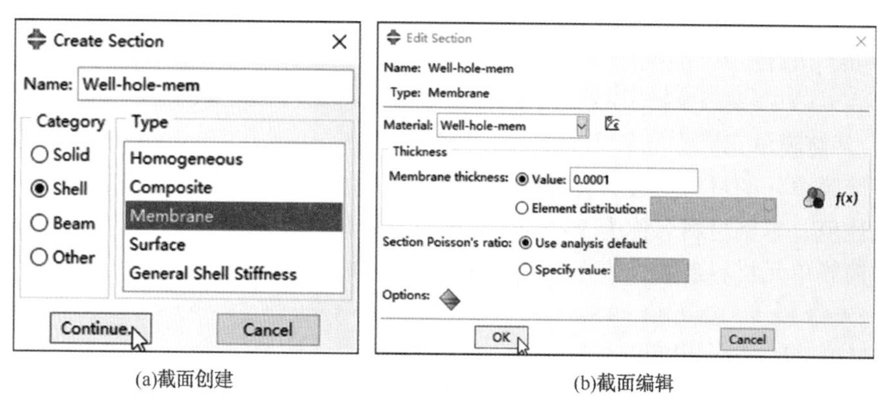

(a)截面创建　　(b)截面编辑

图 6-23　井筒膜单元截面设置

3. 截面属性赋值

材料参数和截面创建完成后，需要针对部件进行截面属性赋值，将截面和材料参数赋值给部件。本例通过部件创建形成了一个自由化孤立网格部件 Rock-mesh-1，并在井筒嵌入了零厚度的膜单元，后续全部针对 Rock-mesh-1 部件进行设置。首先通过环境栏中的部件选择显示设置，在视图区显示 Rock-mesh-1 部件，然后再进行材料截面属性赋值设置。

1）储层岩石基质

点击左侧工具箱区快捷按钮（Assign Section）或菜单栏 Assign→Section，点击右下角提示区的 Sets... 按钮，进入区域选择（Region Selection）对话框［见图 6-24（a）］，选择 Rock 单元集合，点击对话框左下角的 Continue 按钮，进入截面赋值编辑（Edit Section Assignment）对话框［见图 6-24（b）］，选择截面属性 Rock，点击 OK 按钮完成储层岩石的截面属性赋值。

2）井筒膜单元

与储层岩石基质的截面属性赋值方式类似，井筒膜单元的截面属性赋值如图 6-25 所示。

截面属性赋值后的 Rock-mesh-1 部件如图 6-26 所示。

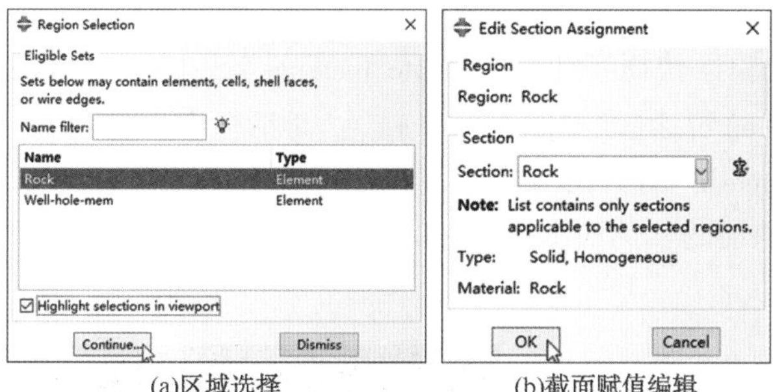

(a)区域选择　　　　(b)截面赋值编辑

图 6-24　储层岩石基质截面属性赋值

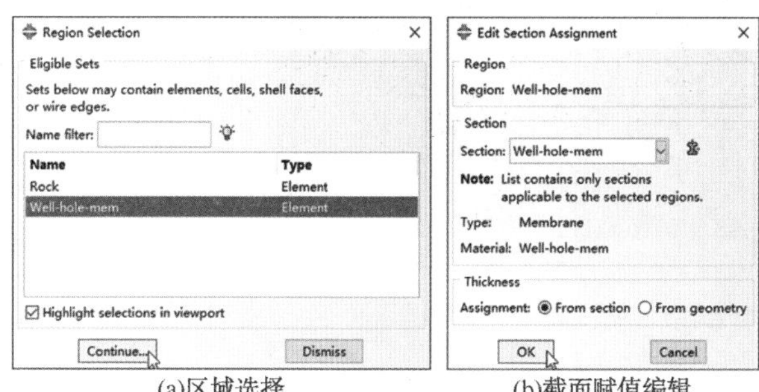

(a)区域选择　　　　(b)截面赋值编辑

图 6-25　井筒膜单元截面属性赋值

图 6-26　截面属性赋值后的部件

部件截面属性赋值在 INP 输入文件中的显示如下：

****

** Section：Rock

** 储层岩石基质截面属性赋值。

* Solid Section, elset=Rock-mesh-1-1_ Rock, material=Rock

** “Solid Section” 实体截面材料关键词，单元集合为 Rock-mesh-1-1_ Rock。

,

****

** Section：Well-hole-mem

** 井筒膜单元截面属性赋值。

* Membrane Section, elset=Rock-mesh-1-1_ Well-hole-mem, material=Well-hole-mem

** “ * Membrane Section” 膜单元材料关键词，单元集合为 Rock-mesh-1-1_ Well-hole-mem。

0.0001,

** 膜单元厚度为 0.0001m。

****

6.1.2.4　Assembly 功能模块

将 ABAQUS/CAE 切换到 Assembly 功能模块后，进行部件(Part)与实例(Instance)映射以及相关的集合设置。

1. 实例映射

点击左侧工具箱区快捷按钮（Create Instance）或 Instance→Create…，进入实例创建（Create Instance）对话框［见图 6-27（a）］，对话框中部件（Parts）选择新创建自由化独立网格 Rock-mesh-1 部件，选择后点击 OK 按钮，将生成的部件（Part）映射至实例（Instance）中，映射的实例如图 6-27（b）所示，实例（Instance）名称为 Rock-mesh-1-1。

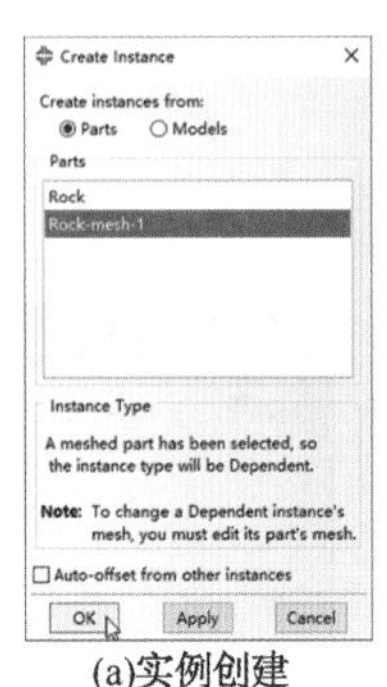

(a)实例创建

(b)映射后的实例

图 6-27　实例映射

2. 集合设置

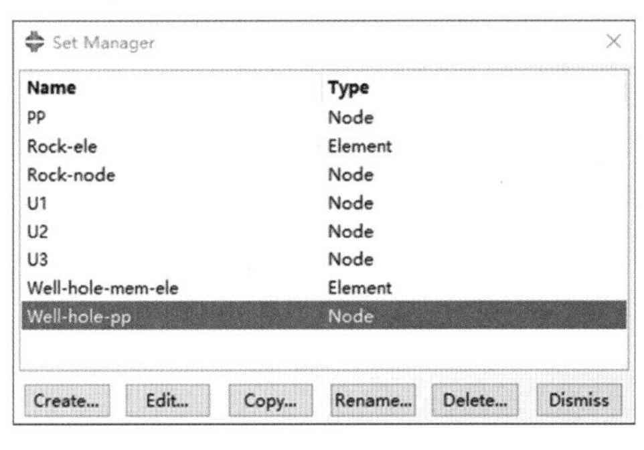

图 6-28　实例集合设置

为方便后续步骤设置，可以提前进行相关的节点集合、单元集合设置，本例设置的集合如图 6-28 所示，设置的集合主要用于边界条件、初始条件和结果输出等设置。

部分集合显示如图 6-29 所示，U1 集合主要用于设置 X 方向的位移边界约束，显示如图 6-29（a）所示；U2 集合主要用于 Y 方向位移边界条件设置，显示如图 6-29（b）所示；PP 集合主要用于设置孔隙压力边界，显示如图 6-29（c）所示；U3 节点集合如图 6-29（d）所示，主要用于 Z 方向的位移边界条件设置；Well-hole-mem-ele 单元集合如图 6-29（e）所示。

6.1.2.5　Step 功能模块

将 ABAQUS/CAE 切入到 Step 功能模块，进行相应的分析步定义、场变量和历程变量输出设置。模型进行起裂模拟分析包括两个分析步，一是地应力平衡分析步，二是起裂过程中的井筒压力加载分析步。井筒加压至某一阈值时井筒周围储层的最小主应力由压应力转变成拉应力状态。

1. 分析步创建

模型包括两个分析步：第一个分析步为地应力平衡分析步，初始地应力、孔隙压力加载后进行地应力平衡分析；第二个分析步为井筒压力加载分析步，模拟压力加载过程中储层岩石的应力、孔隙压力和基质变形的变化过程，通过裸眼井筒周围的应力值确定起裂压力和起裂位置。

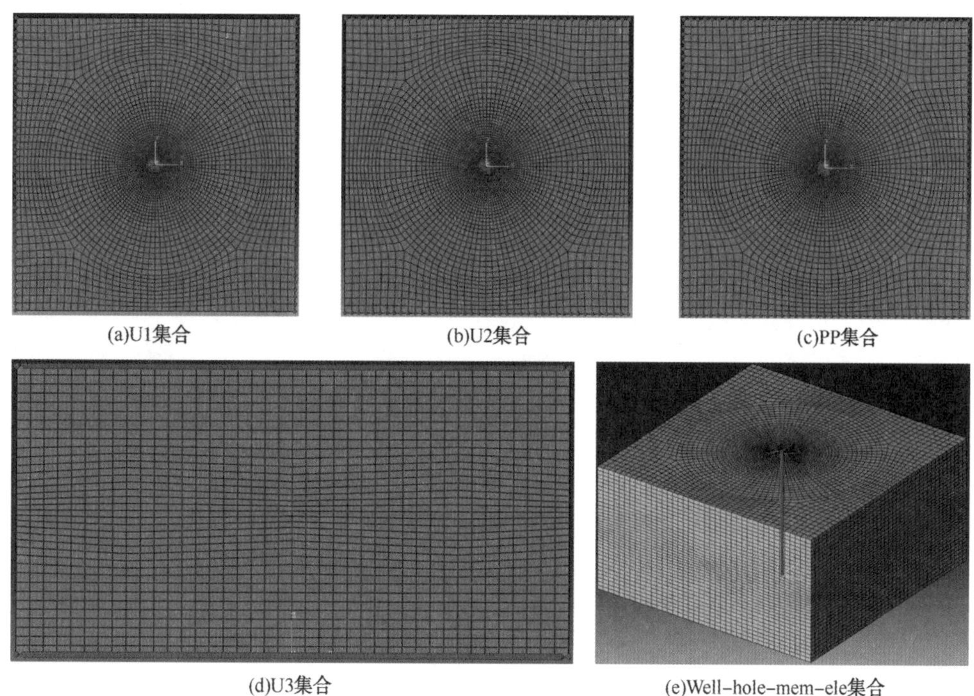

(a)U1集合　(b)U2集合　(c)PP集合

(d)U3集合　(e)Well-hole-mem-ele集合

图 6-29　部分集合显示

1）地应力平衡分析步

点击左侧工具箱区快捷按钮 ●→■（Create Step）或菜单栏 Step→Create…，进入分析步创建（Create Step）对话框，分析步名称（Name）输入 Geo-stress（用户可采用默认的名称 Step-1），分析步类型（Procedure type）选择地应力（Geostactic）。分析步类型选择后点击 Continue 按钮，进入分析步编辑（Edit Step）对话框，基本（Basic）设置界面中几何非线性（Nlgeom）选择开启（On），增量步（Incrementation）界面采用默认设置即可。其他（Other）界面中矩阵存储（Matrix storage）选项选择非对称（Umsymmetric），设置完成后点击 OK 按钮完成设置。

2）井筒压力加载分析步

井筒压力加载分析步采用流-固耦合分析，分析步创建（Create Step）对话框如图 6-30（a）所示，分析步名称（Name）输入 Hydraulic-Initation，分析步类型（Procedure type）选择土固结（Soils），设置完成后点击 Continue 按钮，进入分析步编辑（Edit Step）对话框，分析步编辑对话框如图 6-30（b）和图 6-30（c）所示。基本（Basic）界面如图 6-30（b）所示，孔隙流体响应（Pore fluid response）选择瞬态固结（Transient consolidation），模拟时间输入 1.0。几何非线性（Nlgeom）承接地应力平衡分析步默认开启。增量步（Incrementation）界面设置如图 6-30（c）所示，增量步类型（Type）选择自动（Automatic），最大增量步数量（Maximum number of increment）输入 200（表示分析步的最大增量步数量为 200），初始增量步时间、最小增量步时间和最大增量步时间都设置为 0.01，勾选每个增量步最大孔隙压力变化值（Max. pore pressure change per increment）并输入 9.0×10^{8}Pa。其他（Other）界面中矩阵存储（Matrix storage）选项选择非对称（Umsymmetric)，设置完成后点击 OK 按钮完成设置。

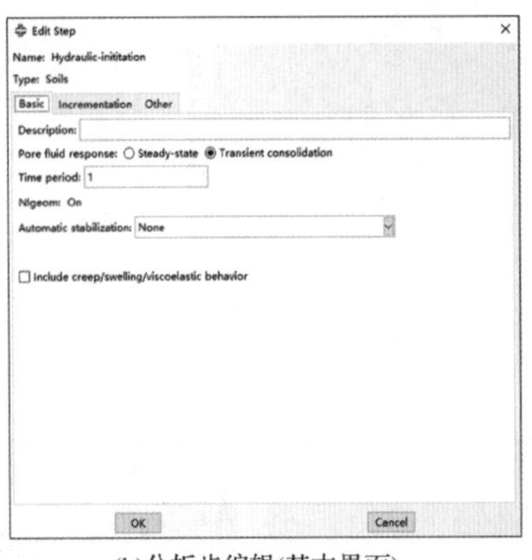

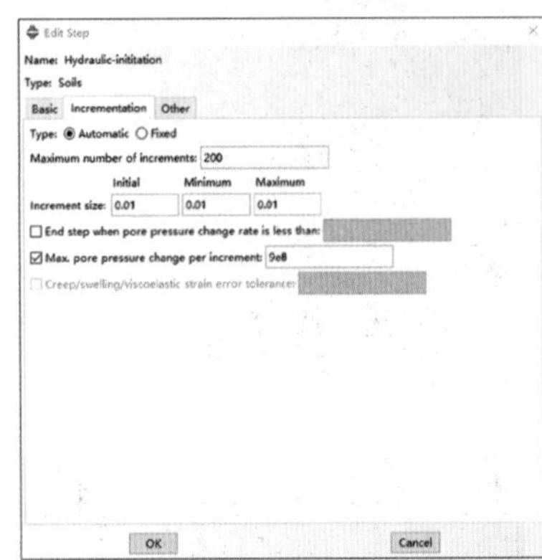

(a)分析步创建　(b)分析步编辑(基本界面)　(c)分析步编辑(增量步界面)

图 6-30　井筒压力加载分析步设置

2. 场变量输出设置

ABAQUS 分析步设置完成后，ABAQUS 会依据分析步的类型自动设置结果文件的场变量和历程变量输出，部分输出变量可能不是关注的重点，结果文件中可不输出，变量的输出可根据需要进行设置。具体的设置步骤如下：

点击左侧工具箱区快捷按钮 (Field Output Manager)或菜单栏 Output→Field Output Requests →Manager，进入场变量输出管理器(Field Output Requests Manager)对话框，双击 Geo-stress 分析步下部的已创建(Created)按钮，进入场变量输出编辑(Edit Field Output Request)对话框，用户根据需要进行相关的场变量输出设置。

第二个分析步默认沿用第一个分析步设置的场变量输出参数，因此，第二个分析步无须单独进行场变量输出设置。具体的场变量输出类型见后续 INP 输入文件显示。

3. 历程变量输出设置

历程变量输出采用默认输出设置即可。

分析步设置、场变量输出与历程变量输出设置在 INP 输入文件中的显示如下：

```
**********************************************************
** STEP: Geo-stress
** 地应力平衡分析步，分析步名称为 Geo-stress。
* Step, name=Geo-stress, nlgeom=YES, unsymm=YES
** 分析步相关的设置，分析步名称为 Geo-stress，几何非线性、非对称矩阵存储开启。
* Geostatic
** “ * Geostatic” 地应力平衡分析步的关键词。
........................
** OUTPUT REQUESTS
** 输出设置。
* Restart, write, frequency=0
** 重启分析步设置，不启动。
```

** FIELD OUTPUT：F-Output-1

** 场变量输出设置，场变量名称为 F-Output-1。

* Output, field

** 场变量输出设置关键词。

* Node Output

** 节点场变量输出。

CF, POR, RF, U

** 节点场变量输出参数为 CF、POR、RF、U。

* Element Output, directions = YES

** 单元场变量输出，变量方向选择输出。

LE, S, SAT, VOIDR

** 单元场变量输出参数为 LE、S、SAT、VOIDR。

** HISTORY OUTPUT：H-Output-1

** 历程变量输出，历程变量输出名称为 H-Output-1。

* Output, history, variable = PRESELECT

** 采用默认设置。

* End Step

****

** STEP：Hydraulic-inititation

** 井筒压力加载分析步设置，名称为 Hydraulic-inititation。

* Step, name = Hydraulic-inititation, nlgeom = YES, inc = 200, unsymm = YES

** 井筒压力加载分析步设置，名称为 Hydraulic-inititation，几何非线性、非对称矩阵存储开启，最大增量步步数为 200。

* Soils, consolidation, end = PERIOD, utol = 9e+08, creep = none

** "* Soils" 为岩土分析步关键词，"consolidation" 表示模拟岩土固结，"end = PERIOD" 表示对特定的时间进行固结分析，单个增量步最大孔隙压力变化值为 9.0×10^8 Pa。

……………………………

* Restart, write, frequency = 0

** 重启分析步不启动。

** FIELD OUTPUT：F-Output-1

** 场变量输出设置，名称为 F-Output-1。

* Output, field

** 场变量输出关键词。

* Node Output

** 节点场变量输出。

CF, POR, RF, U

** 节点场变量名称为 CF、POR、RF、U。

* Element Output, directions = YES

＊＊单元场变量输出，同时输出变量方向。

LE，S，SAT，VOIDR

＊＊单元场变量名称为 LE、S、SAT、VOIDR。

＊＊ HISTORY OUTPUT：H-Output-1

＊＊历程变量输出设置，名称为 H-Output-1。

＊Output，history，variable=PRESELECT

＊＊历程变量输出采用默认设置。

＊End Step

＊＊＊

6.1.2.6 Load 功能模块

点击状态栏将 ABAQUS/CAE 切入到 Load 功能模块界面，进行相应的位移边界条件、孔隙压力边界条件和初始场变量设置。

1. 边界条件设置

1）位移边界条件

位移边界条件主要包括模型 X、Y 和 Z 方向，具体设置如下。

（1）X 方向位移边界条件。

① 点击左侧工具箱区快捷按钮（Create Boundary Condition）或菜单栏 BC→Create…，进入边界条件创建（Create Boundary Condition）对话框［见图 6-31（a）］，边界名称（Name）输入 U1，分析步（Step）选择初始分析步（Initial），种类（Category）选择力学（Mechanical），分析步可选的边界类型（Types for selected Step）选择位移/旋转（Displacement/Rotation），设置完成后点击对话框左下角 Continue 按钮。②点击右下角提示区点击 Sets... 按钮，进入区域选择（Region Selection）对话框［见图 6-31（b）］，选择 U1 节点集合，节点显示如图 6-31（c）所示，点击区域选择对话框的 Continue 按钮进入边界条件编辑对话框。③边界条件编辑（Edit Boundary Condition）对话框［见图 6-31（d）］，只勾选 U1，其他默认设置，点击 OK 按钮完成 X 方向的位移边界条件设置。

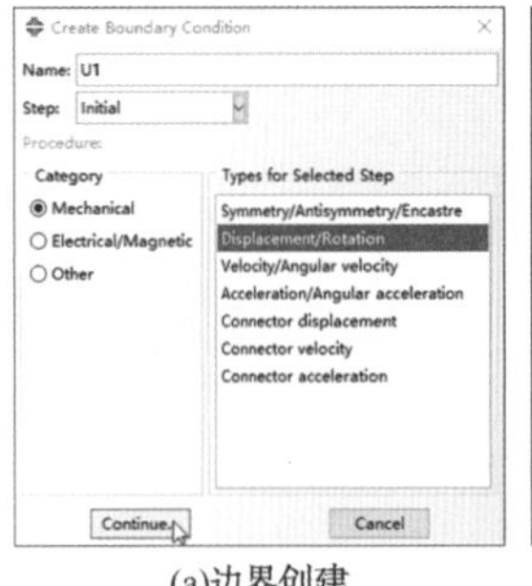

(a)边界创建

(b)区域选择

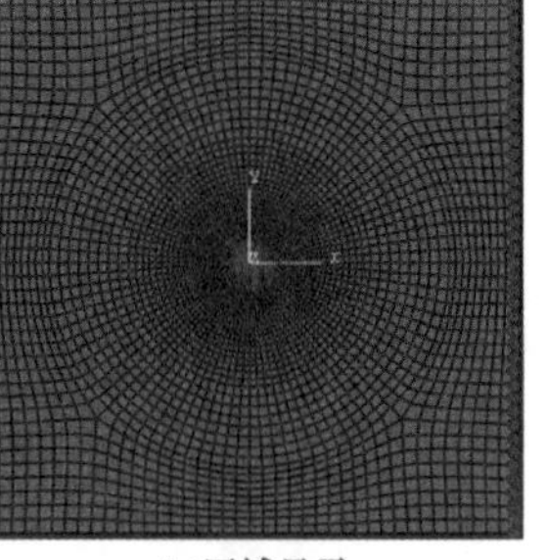

(c)区域显示

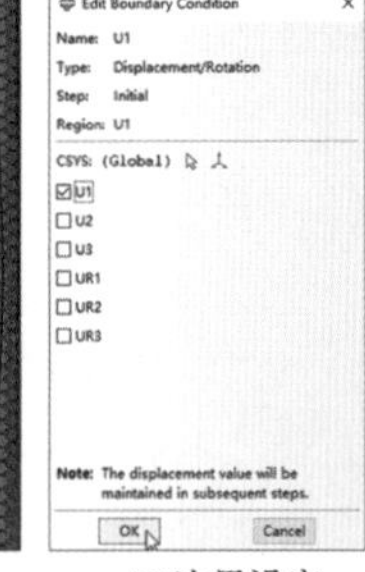

(d)边界设定

图 6-31　X 方向位移边界条件设置

（2）Y 方向位移边界条件。

Y 方向位移边界条件设置与 X 方向边界条件设置基本一致。在边界条件创建（Create Boundary Condition）对话框中，边界条件名称（Name）输入 U2。边界条件区域选择 U2 节点集合。边界条件编辑（Edit Boundary Condition）对话框中选择 U2 方向固定，设置完成后点击 OK 按钮完成设置。

（3）Z 方向边界条件。

Z 方向位移边界条件创建（Create Boundary Condition）对话框中边界条件名称（Name）输入 U3。区域选择（Region Selection）对话框中选择 U3 节点集合。边界条件编辑（Edit Boundary Condition）对话框中勾选 U3 位移方向，设置完成后点击 OK 按钮完成设置。

X、Y、Z 方向边界条件设置后，部件的边界条件显示如图 6-32 所示。

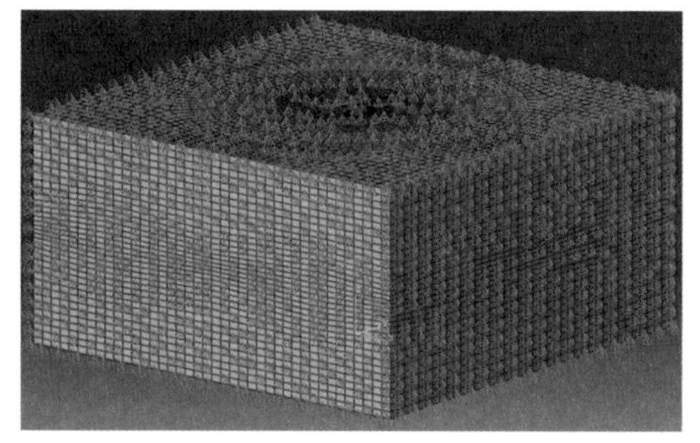

图 6-32　模型位移边界条件显示

2）孔隙压力边界

位移边界条件设置完成后，进行模型孔隙压力边界条件设置。孔隙压力边界条件主要设置于模型的四周与内部裸眼井筒，上下端面不设置孔隙压力边界条件。

（1）外部孔隙压力边界条件。

外部四周的孔隙压力边界条件主要用于模拟储层孔隙压力特征，孔隙压力值代表储层地层压力。在模拟过程中，当模型内部的孔隙压力大于外边界的孔隙压力值时，模型内部的流体通过孔隙压力边界流出。反之，流体通过孔隙压力边界进入模型。具体的设置流程如下：

点击左侧工具箱区快捷按钮（Create Boundary）或菜单栏 BC→Create…，进入边界条件创建（Create Boundary Condition）对话框[见图 6-33(a)]，边界名称（Name）输入 Pore-pressure-boundary，分析步（Step）选择 Geo-stress 分析步，种类（Category）选择其他（Other），分析步可选的边界类型（Types for Selected）选择孔隙压力（Pore Pressure），点击 Continue 按钮进行边界条件区域选择。点击右下角提示区 Sets... 按钮，进入区域选择（Region Selection）对话框[见图 6-33(b)]，选择 PP 节点集合，PP 节点集合的位置显示如图 6-33(c)所示，区域选择对话框点击 Continue 按钮，进入边界条件编辑（Edit Boundary Condition）对话框[见图 6-33(d)]，孔隙压力大小（Magnitude）选项中输入 2.0×10^7Pa，其他采用默认设置，设置完成后点击 OK 按钮完成设置。

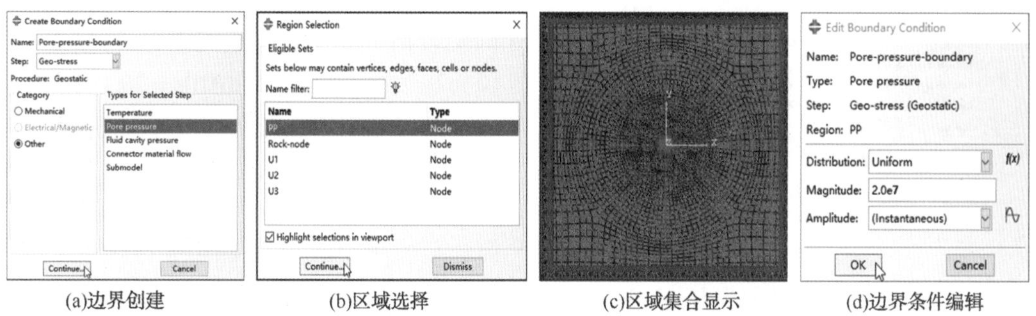

(a)边界创建　(b)区域选择　(c)区域集合显示　(d)边界条件编辑

图 6-33　外部孔隙压力边界条件设置

模型包括地应力平衡和井筒压力加载两个分析步，两个分析步模拟过程中的外边界的孔隙压力值不变，代表模拟过程中地层压力不变。

注意：孔隙压力边界条件必须设置于具体的分析步中，初始分析步(Initial)能够设置孔隙压力边界但无法设置具体的孔隙压力值。

(2) 裸眼井筒孔隙压力边界条件。

根据模型的分析步设置，地应力平衡分析步和井筒压力加载分析步井筒孔隙压力边界条件的孔隙压力值不同，需要根据两个分析步的井筒孔隙压力进行针对性设置，具体的设置步骤如下：

① 地应力平衡分析步。裸眼井筒孔隙压力边界设置如图 6-34 所示，孔隙压力边界名称(Name)为 Well-hole-pore-pressure[见图 6-34(a)]，孔隙压力节点集合选择 Well-hole-pp[见图 6-34(b)]，孔隙压力值设置 2.0×10^7Pa[见图 6-34(c)]，设置完成后点击 OK 按钮完成地应力平衡分析步的裸眼井筒孔隙压力边界设置。

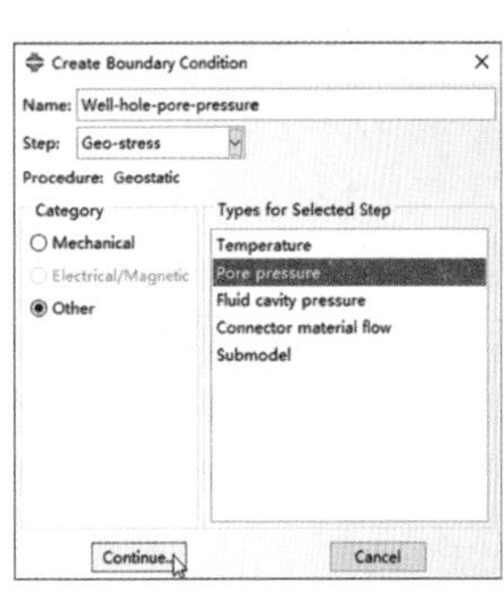

(a)边界创建

(b)区域选择

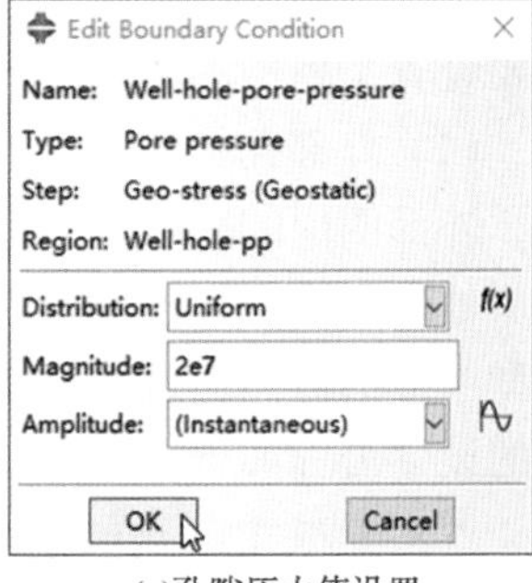

(c)孔隙压力值设置

图 6-34 裸眼井筒地应力平衡步孔隙压力边界设置

② 井筒压力加载分析步。在裸眼井筒进行流体压力加载过程中，压裂液与储层岩石直接接触，压裂液在接触位置产生孔隙压力，当井筒的流体压力大于地层孔隙压力时，部分流体会渗漏进入储层岩石中。模拟过程中，裸眼井筒的孔隙压力设置为流体注入压力，流体注入压力线性增加，本例考虑的最大注入压力为 8.0×10^7Pa。

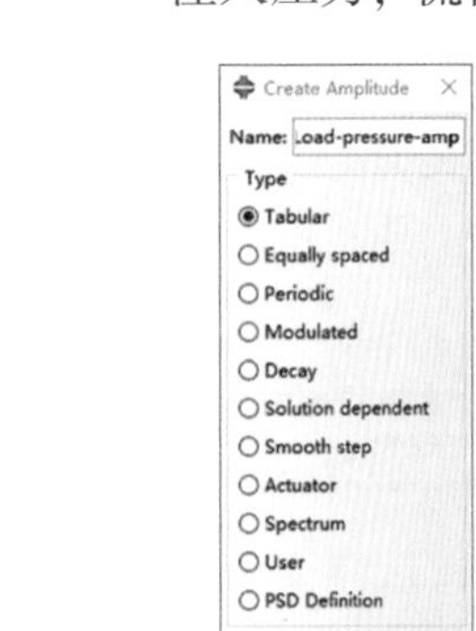

(a)幅值曲线创建

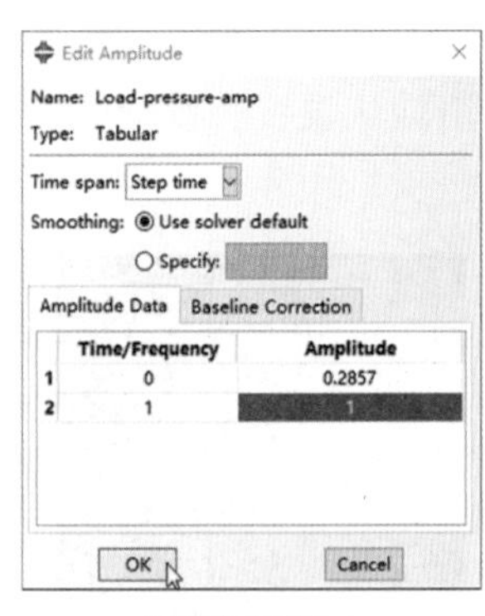

(b)幅值曲线输入

图 6-35 加载幅值曲线设置

a. 幅值曲线创建。裸眼井筒孔隙压力修改前，需要进行孔隙压力加载幅值曲线的创建，幅值曲线的设置如图 6-35 所示，幅值曲线采用表格形式[见图 6-35(a)]，时间为 0 时，孔隙压力的幅值设置为 0.2857(0.0857×80MPa = 20.0MPa)，表示在井筒压力加载分析步模拟过程中，井筒边界条件的初始孔隙压力为地应力平衡分析步的孔隙压力。在模拟过程中，井筒的孔隙压力边界以 20MPa 作为起始孔隙压力边界条件进行线性加载直至 80MPa。

设置的幅值曲线在 INP 输入文件中显示如下：

****

* Amplitude, name=Load-pressure-amp

**"* Amplitude"为幅值曲线设置关键词，名称为 Load-pressure-amp。

0.,　　0.2857,　　1.,　　1.

** 分别表示时间、曲线值，以此重复设置。

****

b. 井筒孔隙压力边界条件修改。幅值曲线设置完成后，进行井筒压力加载分析步的裸眼井筒孔隙压力边界条件的修改设置，将最大孔隙压力值修改成压力加载设计的最大值，压力加载过程依据设计的幅值曲线进行加载。具体流程如下：

点击左侧工具箱区快捷按钮 (Boundary Condition Manager) 或菜单栏 BC→Manager…，进入边界条件管理器(Boundary Condition Manager)对话框[见图 6-36(a)]，对话框中选择前面设置的 Well-hole-pp 边界条件，选择井筒压力加载分析步，点击右上角 Edit 按钮，进入边界条件编辑(Edit Boundary Condition)对话框[见图 6-36(b)]，孔隙压力最大值设置为 8.0×10^7 Pa，幅值曲线(Amplitude)选择前面设置的 Load-pressure-amp，设置完成后点击 OK 按钮完成设置。

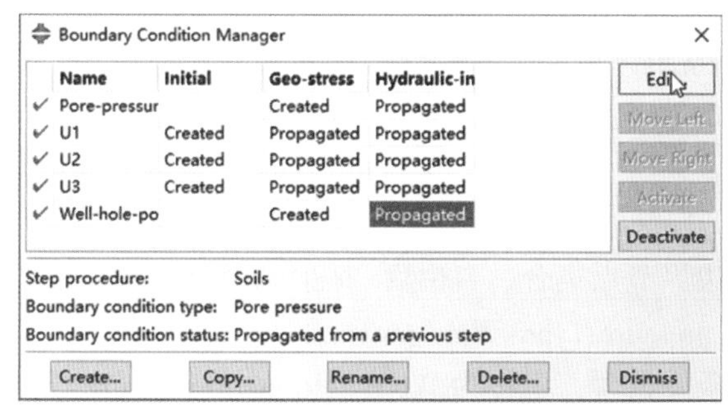

(a)边界条件管理器

(b)孔隙压力边界修改

图 6-36　井筒压力加载分析步裸眼井筒孔隙压力边界条件修改设置

进行孔隙压力边界条件设置后的部件如图 6-37 所示。

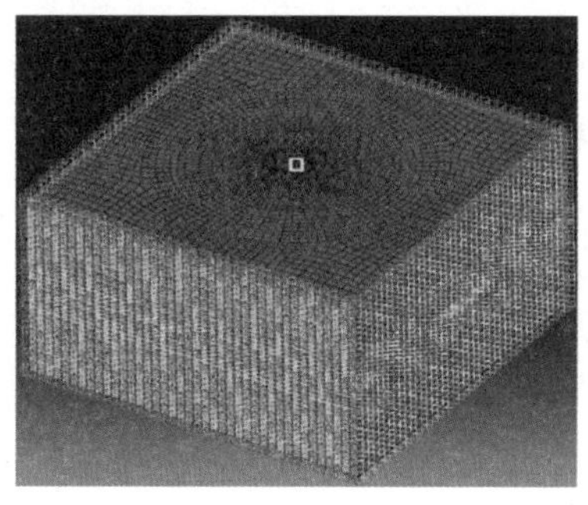

图 6-37　模型边界条件显示

边界条件在 INP 输入文件中的显示如下：

****

** BOUNDARY CONDITIONS

** 边界条件设置，边界条件主要设置于初始分析步(Initial)。

** Name: U1 Type: Displacement/Rotation

** X 方向位移边界条件，名称为 U1，类型为位移/旋转。

* Boundary

U1, 1, 1

** Name: U2 Type: Displacement/Rotation

** Y 方向位移边界条件，名称为 U2，类型为位移/旋转。

* Boundary

U2, 2, 2

** Name: U3 Type: Displacement/Rotation

** Z 方向位移边界条件，名称为 U3，类型为位移/旋转。

* Boundary

U3, 3, 3

****

** BOUNDARY CONDITIONS

** 地应力平衡分析步孔隙压力边界条件设置。

** Name: Pore-pressure-boundary Type: Pore pressure

** 外部边界孔隙压力边界条件设置，名称为 Pore-pressure-boundary。

* Boundary

PP_ PP_ , 8, 8, 2e+07

** 分别表示外部孔隙压力边界节点集合、自由度、孔隙压力值。

** Name: Well-hole-pore-pressure Type: Pore pressure

** 裸眼井筒孔隙压力边界条件设置，名称为 Well-hole-pore-pressure。

* Boundary

Well-hole-pp_ PP_ , 8, 8, 2e+07

** 分别表示裸眼井筒孔隙压力边界节点集合、自由度、孔隙压力值。

****

** BOUNDARY CONDITIONS

** 井筒压力加载分析步孔隙压力边界条件设置。

** Name: Well-hole-pore-pressure Type: Pore pressure

** 裸眼井筒孔隙压力设置。

* Boundary, amplitude=Load-pressure-amp

** "* Boundary" 边界条件关键词，加载幅值曲线为 Load-pressure-amp。

Well-hole-pp_ PP_ , 8, 8, 8e+07

** 裸眼井筒的最大孔隙压力值为 8.0×10^7Pa。

****

2. 初始场变量设置

主要初始场变量包括初始孔隙比、孔隙压力、饱和度、地应力，具体的设置流程如下。

1）孔隙比

点击左侧工具箱区快捷按钮（Create Predefined Field）或菜单栏 Predefined Field→Create…，进入初始场变量创建（Create Predefined Field）对话框[见图6-38(a)]，名称（Name）输入 Void，分析步（Step）选择初始分析步（Initial），种类（Category）选择其他（Other），分析步可选的场变量类型（Types for selected）选择孔隙比（Void ratio），选择完成后点击 Continue 按钮进行区域选择设置。点击右下角提示区 Sets... 按钮，进入区域选择（Region selection）对话框[见图6-38(b)]，选择 Rock-node 集合后点击 Continue 按钮，进入初始场变量编辑（Edit Predefined Field）对话框[见图6-38(c)]，在 Void ratio 选项中输入0.12，其他采用默认设置，点击 OK 完成储层岩石的初始孔隙比设置。

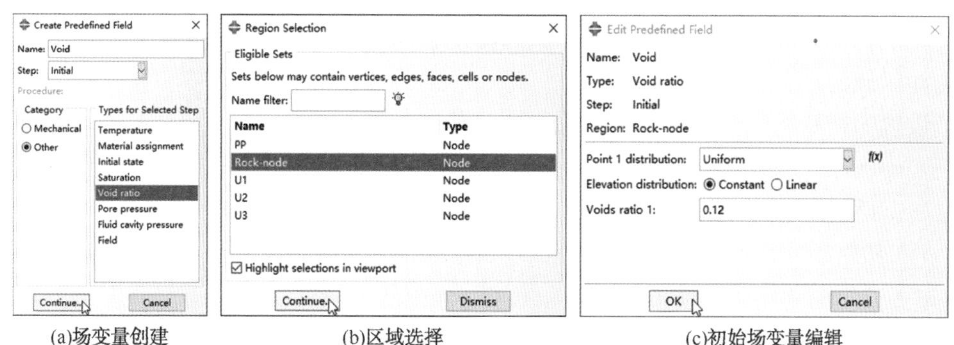

(a)场变量创建　　(b)区域选择　　(c)初始场变量编辑

图6-38　初始孔隙比设置

2）孔隙压力

点击左侧工具箱区快捷按钮（Create predefined Field）或菜单栏 Predefined Field→Create…，进入初始场变量创建（Create Predefined Field）对话框，场变量名称（Name）输入 Pore-pressure，分析步（Step）初始分析步选择（Initial），种类（Category）选择其他（Other），分析步可选的初始场变量（Types for Selected Step）选择孔隙压力（Pore Pressure），点击 Continue 按钮进行设置区域选择。点击右下角提示区 Sets... 按钮，进入区域选择（Region Selection）对话框，选择 Rock-node 点集后点击 Continue 按钮，进入初始场变量编辑（Edit Predefined Field）对话框，在孔隙压力（Pore Pressure）选项中输入 2.0×10^7，点击 OK 完成储层岩石初始孔隙压力设置。

3）饱和度

储层岩石的初始饱和度设置为1.0时，可不进行设置，默认的初始饱和度为1.0。

4）地应力

点击左侧工具箱区快捷按钮（Create Predefined Field）或菜单栏 Predefined Field→Create…，进入初始场变量创建（Create Predefined Field）对话框[见图6-39(a)]，名称（Name）输入 Geostress，分析步（Step）选择初始分析步（Initial），种类（Category）选择力学（Mechanical），分析步可选的初始场变量类型（Types for Selected）选择应力（Stress），点击 Continue 按钮后点击右下角提示区 Sets... 按钮，进入区域选择（Region Selection）对话框[见图6-39(b)]，选择 Rock-ele 单元集后点击 Continue 按钮，进入初

始场变量编辑(Edit Predefined Field)对话框[见图 6-39(c)]，在 Stress Value 中输入 -2.0×10^7、-2.5×10^7、-3.2×10^7、0、0、0，点击 OK 完成储层岩石初地应力设置。

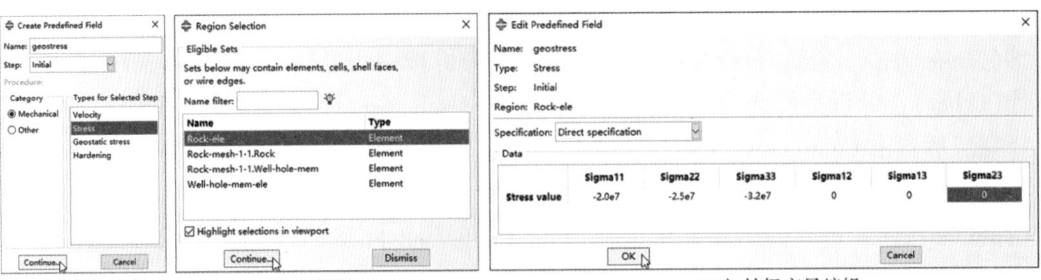

(a)场变量创建　(b)区域选择　(c)初始场变量编辑

图 6-39　初始地应力设置

注意：初始孔隙比、孔隙压力和饱和度设置选择区域的节点，初始应力场变量设置选择区域的单元。

设置的初始场变量在 INP 输入文件中的显示如下：

```
****************************************************************
** PREDEFINED FIELDS
**初始场变量设置。
** Name: Pore-pressure   Type: Pore pressure
**初始场变量名称为 Pore-pressure，初始场变量类型为孔隙压力。
*Initial Conditions, TYPE=PORE PRESSURE
**孔隙压力初始场变量设置。
Rock-node, 2e+07
**节点集合，孔隙压力值。
** Name: Sat   Type: Saturation
**初始场变量名称为 Sat，初始场变量类型为饱和度。
*Initial Conditions, type=SATURATION
**初始饱和度设置。
Rock-node, 1.
**节点集合，初始饱和度值。
** Name: Void   Type: Void ratio
**初始场变量名称为 Void，初始场变量类型为孔隙比。
*Initial Conditions, TYPE=RATIO
**初始孔隙比设置。
Rock-node, 0.12
**节点集合，初始孔隙比为 0.12。
** Name: geostress   Type: Stress
**初始场变量名称为 geostress，初始场变量类型为应力。
*Initial Conditions, type=STRESS
**初始地应力设置，初始场变量类型为 STRESS。
```

Rock-ele, -2e+07, -2.5e+07, -3.2e+07, 0., 0., 0.

** 单元集合为 Rock-ele，分别表示 X 方向、Y 方向、Z 方向、XY 方向、XZ 方向和 YZ 方向的初始地应力值。

****

3. 裸眼井筒面载荷加载设置

在压裂改造过程中，压裂液在井底憋压，压裂液对井筒壁面形成液压均布载荷。本例利用井筒膜单元来添加均布式载荷，通过在零厚度的膜单元上加载载荷来模拟压裂液对裸眼井壁的作用。针对单元的均布式载荷无法直接在 ABAQUS/CAE 中进行设置，需要通过关键词编辑或在 INP 输入文件中进行文本编辑，手动设置井筒膜单元的分布式载荷。具体的修改命令如下：

****

** 地应力平衡分析步井筒膜单元均布式载荷加载。

* Dload

** "* Dload" 均布式载荷加载关键词。

Well-hole-mem-ele, P, -2e7

** 井筒膜单元集合，P 为载荷类型，-2e7 为载荷值大小，负号表示压应力。

****

** 井筒压力加载分析步井筒膜单元均布式载荷加载。

* Dload, amplitude = Load-pressure-amp

** "* Dload" 均布式载荷加载关键词，加载的幅值曲线名称为 Load-pressure-amp。

Well-hole-mem-ele, P, -8e7

** 井筒膜单元集合，P 为载荷类型，-8e7 为载荷值大小，负号表示压应力。

****

6.1.2.7 Job 功能模块

模型构建完成后，需要在 Job 功能模块进行作业(Job)设置，方便后期进行模拟计算或 INP 输入文件的输出。具体的设置流程如下：

点击左侧工具箱区快捷按钮(Create Job)或菜单栏 Job→Create…，进入作业创建(Create Job)对话框，作业名称输入后点击 Continue 按钮进入作业编辑对话框，在作业编辑(Edit Job)对话框点击 OK 按钮完成作业设置。设置完成后，首先选择勾选模型属性编辑对话框中的 INP 文件中不使用部件与装配选项，然后点击左侧工具箱区快捷按钮(Job Manager)，进入作业管理器(Job Manager)对话框，点击 Write Input 按钮，将模型生成 INP 输入文本文件。

6.1.3 模拟计算

利用输出的 INP 输入文件通过 ABAQUS/Command 命令提交计算，计算完成后进行相关的模拟结果输出，输出的结果主要包括孔隙压力、应力等。根据应力转变(压应力转变为拉应力)可进行压裂起裂破坏判断，当储层岩石的拉应力大于岩石的抗拉强度时，可认为储层岩石发生破坏。

不同加载阶段的模型最大主应力分布(由于模型设置的压应力为负值，最大主应力为实际最小主应力值)如图6-40所示，随着加载压力的增加，模型井筒周围的最大主应力值逐步降低，压力加载至一定值时压应力转变成拉应力，加载时间0.6s时，井筒周围的最大主应力值为4.01×10^{6}Pa，假设储层岩石的抗拉强度为4.00×10^{6}Pa，此时可认为储层岩石发生拉伸破坏。随着加载的不断进行，拉应力值分布范围逐步扩大。

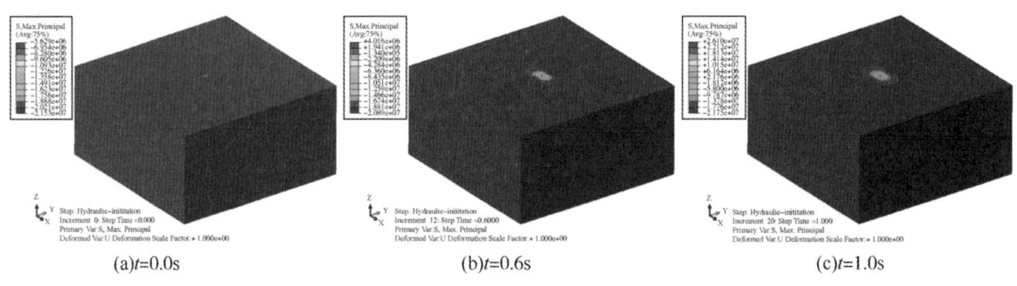
(a)t=0.0s　(b)t=0.6s　(c)t=1.0s

图6-40　最大主应力整体分布

不同加载阶段的模型中间主应力(压应力为负值)如图6-41所示，当加载至0.6s，模型发生起裂时，中间主应力值依然为负值(压应力)。随着加载的不断进行，中间主应力也可由压应力转变成拉应力[见图6-41(c)]。

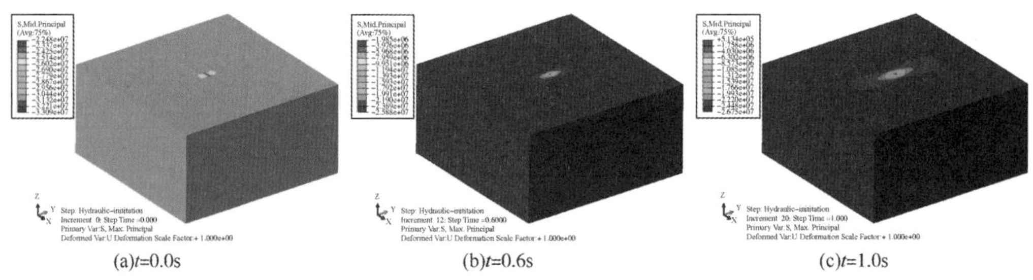
(a)t=0.0s　(b)t=0.6s　(c)t=1.0s

图6-41　中间主应力整体分布

不同加载阶段的模型最小主应力(由于模型设置的压应力为负值，最小主应力为实际最大主应力值)如图6-42所示。随着加载压力的增加，井筒周围的最小主应力逐步降低。

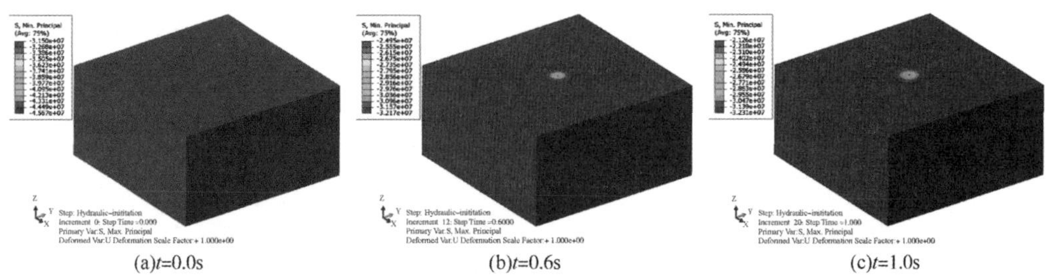
(a)t=0.0s　(b)t=0.6s　(c)t=1.0s

图6-42　最小主应力整体分布

井筒周围的三向主应力变化如图6-43~图6-45所示，三向应力改变主要发生在近井筒周围，变化趋势差异性大。

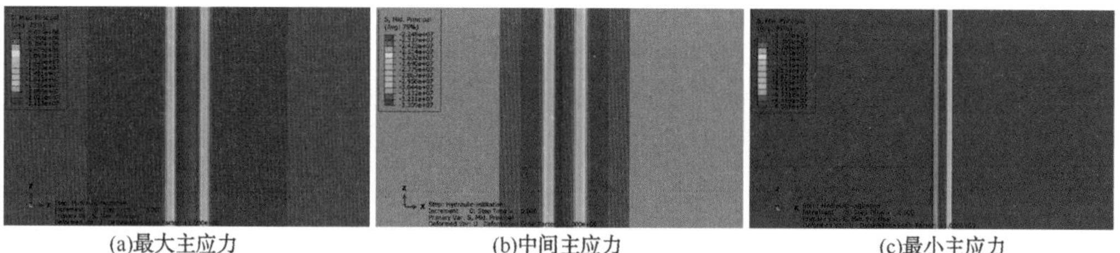

(a)最大主应力 (b)中间主应力 (c)最小主应力

图 6-43 初始阶段井筒周围的主应力分布

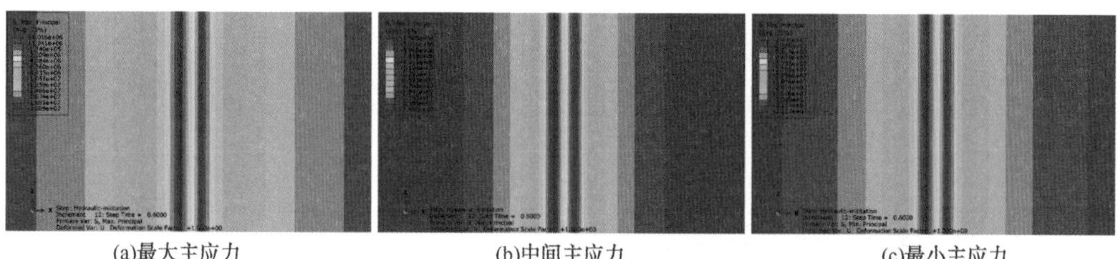

(a)最大主应力 (b)中间主应力 (c)最小主应力

图 6-44 加载 0.6s 阶段井筒周围的主应力分布

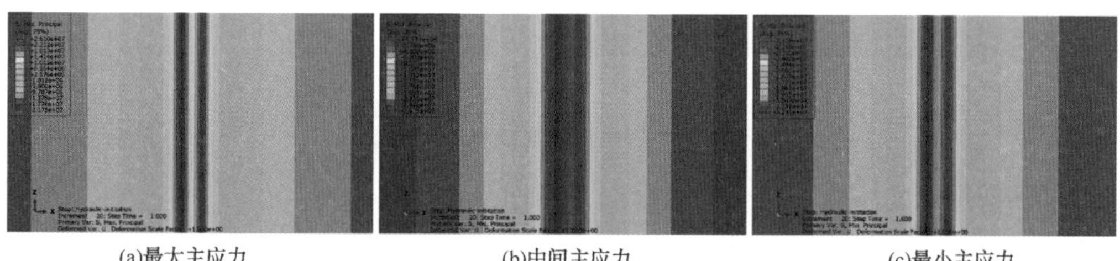

(a)最大主应力 (b)中间主应力 (c)最小主应力

图 6-45 加载 1.0s 阶段井筒周围的主应力分布

6.2 直井套管完井螺旋射孔起裂模拟

压裂改造常采用套管完井压裂，套管固井完井后，套管将储层与井筒隔离，射孔孔眼是井筒和储层唯一的流体通道。压裂射孔参数对压裂裂缝起裂具有重要影响，射孔参数主要包括射孔相位角、方位角、射孔孔密、射孔长度、射孔孔眼直径和射孔深度等。套管完井射孔压裂的起裂压力和起裂位置还与储层类型和天然裂缝等相关，射孔孔眼遇到天然裂缝，可能导致起裂压力大幅度降低。在套管固井射孔完井压裂过程中，压裂液注入井筒后，套管将储层与井筒分隔，压裂材料主要通过射孔孔眼进入储层。压裂液进入射孔孔眼后，在射孔孔眼周围形成高压。与裸眼完井起裂类似，当射孔孔眼的周向应力由压应力转变为拉应力且超过岩石的抗拉强度后，射孔孔眼位置发生起裂。螺旋射孔孔眼数量多，不同位置的射孔孔眼起裂压力和起裂位置差异性大。

6.2.1 问题说明

套管完井起裂模拟示意图如图 6-46(a)所示，压裂液通过套管注入至射孔孔眼，随着注入的压裂液不断增加，井筒和射孔孔眼的流体压力不断增大。井筒和射孔孔眼的流体压力增加导致射孔孔眼周围的应力状态发生转变，当射孔孔眼周围的应力由压应力转变为拉应力且超过储层岩石的抗拉强度时，射孔孔眼周围的储层岩石发生起裂并形成裂缝。模型的几何特征如图 6-46(b)所示，模型为立方体(立方体的边长为 10.0m)，中心为包含套管、水泥环和射孔孔眼的井筒。射孔孔眼采用 60°螺旋布孔，射孔深度为 1.0m。用户可根据真实的射孔情况进行模拟，但是射孔孔数的增加将导致模型网格数量的大幅度增加，用户可根据自身的计算机能力进行分析。

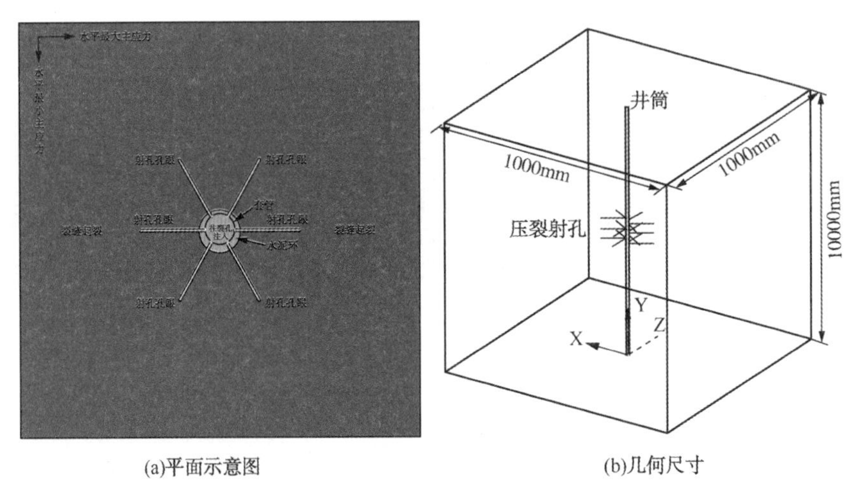

(a)平面示意图　　(b)几何尺寸

图 6-46　直井螺旋射孔起裂模拟示意图

本例采用正方体模型，模型的具体几何参数如表 6-2 所示，尺寸参数方面主要包括模型的外边界尺寸、套管内径与壁厚、水泥环内径与壁厚、射孔参数(射孔相位角、方位角、孔眼直径、孔眼分布等)。力学参数主要包括储层岩石、水泥环和套管的弹性模量与泊松比。物性参数主要包括孔隙比和渗透系数。地应力参数包括孔隙压力和三向地应力，三向地应力分为垂向应力、水平最大主应力和水平最小主应力。模拟过程中，用户可根据需要进行尺寸和参数的改变。

表 6-2　模型几何参数和计算参数

参数名称	数值	参数名称	数值
储层几何尺寸(长×宽×高)/m	10	射孔相位角/(°)	60
	10	射孔方位角/(°)	0
	10	射孔段长度/m	1.0
套管内径/m	0.1272	射孔孔数/个	16
套管壁厚/m	0.0092	射孔直径/mm	10
水泥环内径/m	0.1456	射孔孔眼深度/mm	100
水泥环厚度/m	0.04	水泥环泊松比(无因次)	0.25
套管弹性模量/$\times10^{11}$Pa	2.11	水泥环孔隙比(无因次)	0.1
套管泊松比(无因次)	0.21	水泥环渗透系数/($\times10^{-7}$m/s)	7.0
储层弹性模量/$\times10^{10}$Pa	3.5	射孔膜单元弹性模量/Pa	1.0

续表

参数名称	数值	参数名称	数值
储层泊松比(无因次)	0.21	射孔膜单元泊松比(无因次)	0.4
储层抗拉强度/$\times10^6$Pa	4.0	垂向主应力/$\times10^7$Pa	4.0
储层孔隙比(无因次)	0.12	水平最大主应力/$\times10^7$Pa	3.5
储层渗透系数/($\times10^{-7}$m/s)	5.0	水平最小主应力/$\times10^7$Pa	3.0
储层初始饱和度(无因次)	1.0	储层孔隙压力/$\times10^7$Pa	2.0
水泥环弹性模量/$\times10^9$Pa	9.0	最大加载压力/$\times10^8$Pa	1.0

6.2.2 模型建立

依据ABAQUS的软件特征和数值模型的特点，本例的模型建立主要分为Part功能模块、Mesh功能模块、Property功能模块、Assembly功能模块、Step功能模块、Load功能模块和Job功能模块等，每个功能模块的处理和设置步骤如下所示。

6.2.2.1 Part功能模块

对于螺旋射孔起裂模型来说，除了需要考虑储层、套管和水泥环等部分外，螺旋射孔的建立与处理是本模型的难点。螺旋射孔数量多，尺度与模型差异性大，网格划分难度大。ABAQUS/CAE模块进行螺旋射孔几何模型构建难度大，需要通过第三方建模软件建立相应的螺旋射孔孔眼几何模型，输出ABAQUS能够识别的文件导入ABAQUS/CAE中。Part功能模块主要进行几何模型的导入和前处理工作，为后续的步骤设置和处理服务。

1. 几何模型导入

本例依据实际压裂的套管尺寸、射孔参数和水泥环尺寸等进行几何模型建立，模型的参数包括套管内外径、水泥环内外径、储层尺寸。除了相应的储层数据外，相关的几何参数还包括射孔孔眼相位角、方位角、孔眼深度、孔眼直径和孔密等。

本例采用AUTO CAD软件进行几何模型构建，在软件中进行三维几何模型的构建，模型的长度单位为mm。几何模型构建完成后，将模型输出为SAT格式的数据模型，几何模型名称为Rock-cement-well.sat。

几何模型的导入流程如下：

将建立好的三维几何模型文件拷贝至ABAQUS/CAE的工作目录中，方便后期几何文件导入。进入ABAQUS/CAE软件界面后，在Part功能模块中点击菜单栏File→Import→Part…[见图6-47(a)]，进入部件导入(Import Part)对话框，如图6-47(b)所示，文件类型选择ACIS SAT(*.sat)，选择文件Rock-cement-well.sat几何文件后，点击OK按钮，进入ACIS文件部件创建(Create Part from ACIS File)对话框。

二进制ACIS文件部件创建对话框中进行几何部件导入Part功能模块前，需要进行相关的导入设置，主要包括名称-修复(Name-Repair)、部件属性(Part Attribus)和缩放(Scale)3个界面。名称-修复(Name Repair)界面和部件属性(Part Attributes)界面中的设置采用默认设置即可。缩放(Scale)界面中需要针对几何模型尺寸进行单位转化

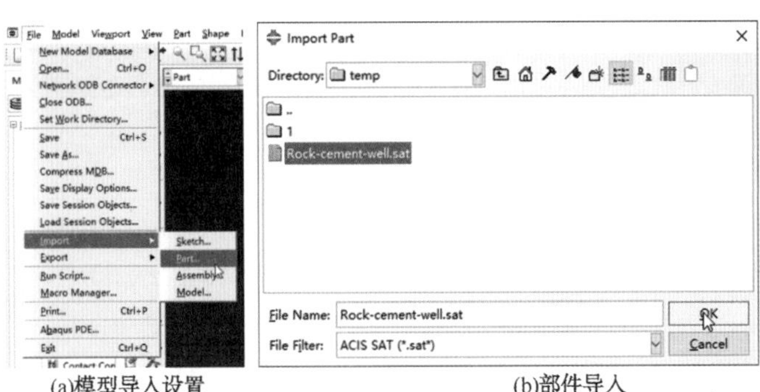

(a)模型导入设置　　(b)部件导入

图 6-47　几何模型导入

设置。本例利用 AUTO CAD 建立的几何模型单位为 mm，模型导入过程中需要将模型尺度转化成 m，需要在缩放(scale)设置中将所有长度乘以(Multiply Length By)对话框中输入的 0.001(现有的模型尺度缩小 0.001)，将 mm 尺度转化为 m 尺度。设置完成后点击 OK 按钮完成部件导入设置。

导入 ABAQUS/CAE Part 功能模块中的包含螺旋射孔的部件如图 6-48 所示，采用 CAD 建立的几何模型的特征完全导入 ABAQUS/CAE 中，模型的几何单位由 mm 转化成 m。中心位置为圆形井筒，井筒中部为螺旋射孔孔眼。

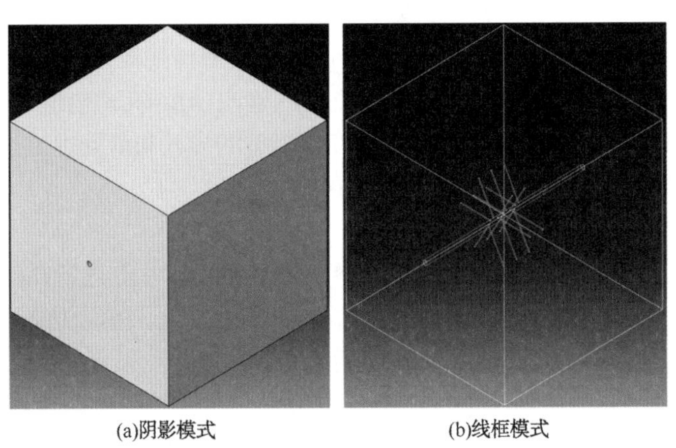
(a)阴影模式　　(b)线框模式

图 6-48　导入的部件显示

2. 部件体剖分

本例考虑套管与水泥环间、水泥环与储层间共用节点，第三方建模软件建模过程中将套管、水泥环和储层建为一个整体，模型材料赋值前根据套管与水泥环尺寸进行体剖分，形成套管、水泥环和储层实体(Cells)。几何模型部件导入 ABAQUS/CAE Part 功能模块后，利用延伸体剖分方式进行套管和水泥环剖分。同时，为了方便后期进行网格划分，还需要针对射孔周围的区域进行部件体剖分。

1) 套管、水泥环与储层岩石几何特征体剖分

(1) 端面面剖分：在模型上部或下部端面(Z 方向)进行面剖分(Partition Face)确定套管和水泥环的端面上的几何截面(根据套管和水泥环的厚度确定)，主要为后续的体剖分提供端面几何特征。端面面剖分具体步骤如下：

点击左侧工具箱区快捷按钮(Partition Face：Sketch)，选取上部或下部端面，端面选定后，点击左下角提示区的 Done 按钮(Select the faces to partition Sketch Origin: Auto-Calculate Done)后，根据左下角提示区信息显示(Select an edge or axis that will appear vertical and on the right)，在视图区选取端面的任意一条边后进入草图(Sketch)界面。

在草图(Sketch)界面中，利用左侧工具箱区快捷按钮(Offset Curves)进行中心圆形偏移，偏移的距离分别为套管壁厚和套管+水泥环的厚度，根据套管和水泥环的厚度确定套管和水泥环的截面[见图 6-49(a)]，点击左下角提示区的 Done 按钮退出草图(Sketch)界面。端面面剖分后的部件端面如图 6-49(b)所示。

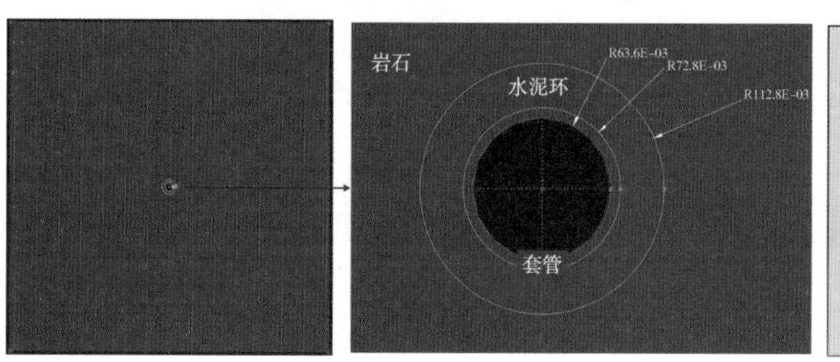

(a)端面草图面剖分

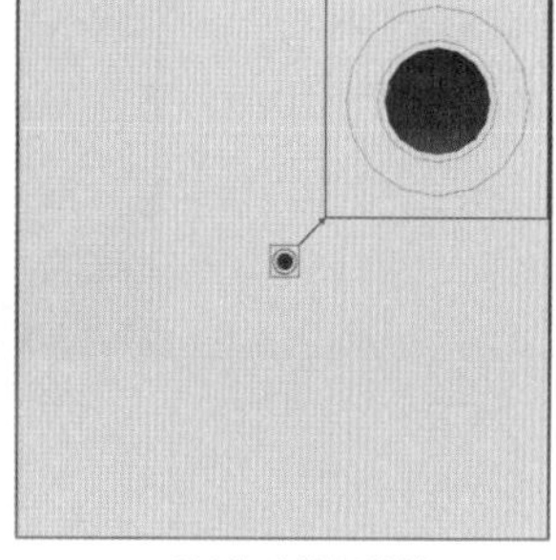

(b)面剖分后的部件端面

图 6-49　端面面剖分设置

面剖分(Partition Face)只是在部件的端面进行了二维面特征剖分，并不是针对三维套管和水泥环的体剖分，为了进一步确定套管和水泥环的形状与特征，后续还需要进行延伸体剖分。

(2) 延伸体剖分：套管和水泥环面剖分完成后，进行相应的延伸体剖分设置，明确套管和水泥环的位置区域。具体的体剖分步骤如下：

长按左侧工具箱区快捷按钮(Create Partition Cell：Define Cutting Plane)直至显示出隐藏的体剖分按钮( )，选择(Create Partition Cell：Extrude/Sweep Edges)，在视图区选择延伸体剖分的闭合环边后选择拉伸方向，完成体剖分端面边(套管)和延伸方向后的部件如图 6-50(a)所示，点击左下角提示区的 Done 按钮完成套管的体剖分。延伸体剖分后的部件如图 6-50(b)所示。

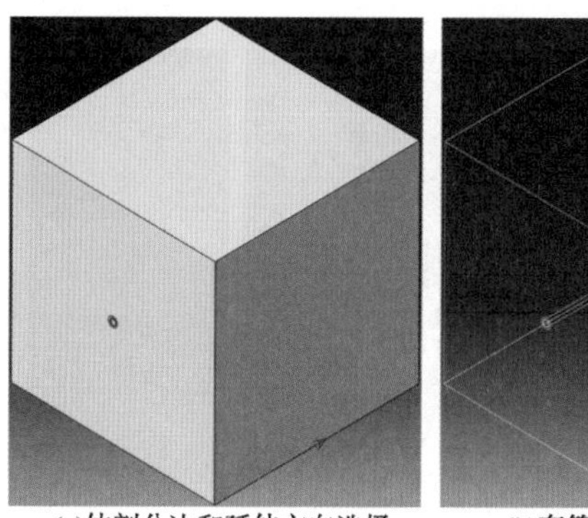

(a)体剖分边和延伸方向选择　　(b)套管体剖分后的部件

图 6-50　套管延伸体剖分设置

套管延伸体剖分完成后，按照上述方式进行水泥环几何特征的延伸体剖分，延伸端面(水泥环)和延伸方向设置如图 6-51(a)所示，设置完成后点击左下角提示区的 Done 按钮，完成水泥环的延伸体剖分。套管和水泥环体剖分后的模型如图 6-51(b)所示。进行套管和水泥环的体剖分后，可针对套管、水泥环和储层进行单独的材料和截面属性赋值。

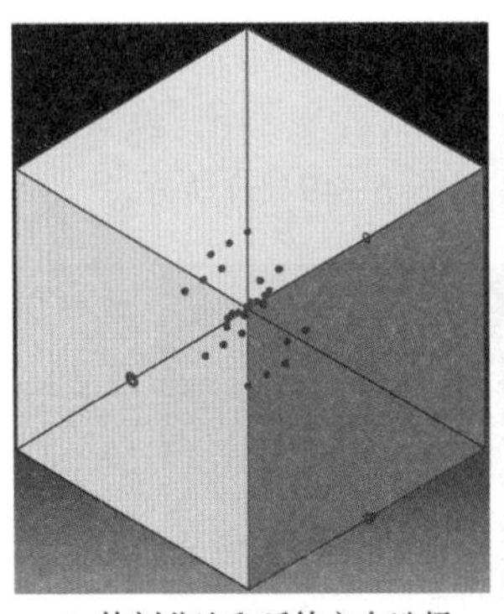

(a)体剖分边和延伸方向选择　(b)套管体剖分后的部件

图 6-51　水泥环延伸体剖分设置

2）网格划分辅助体剖分

螺旋射孔孔眼的存在会改变近井筒周围的地应力状态。在压裂改造起裂分析过程中，孔眼周围的应力变化对起裂位置和起裂压力具有重要影响。因此，射孔孔眼周围的网格类型和尺度，直接影响模拟分析的精度。本例针对射孔孔眼周围的应力变化和起裂模拟，模型采用精度较高的六面体网格，射孔孔眼周围需要进行网格加密。为了保证模型能够采用六面体网格和加密，需要对射孔孔眼周围的部件进行进一步的部件体剖分。本例的模型相对复杂，射孔孔眼分布和形态相对复杂，需要针对性地进行体剖分，保证模型网格顺利划分。

利用左侧工具箱区快捷按钮(Partition Cell：Define Cutting Plane)和(Partition Cell：Extrude/Sweep)命令，针对部件进行一系列的体剖分。由于剖分次数较多，在此不进行具体介绍。完成预定的全部体剖分设置后的部件如图 6-52 所示，体剖分完成后，可针对部件进行六面体网格划分，同时可方便针对螺旋射孔孔眼附近的储层进行网格加密。

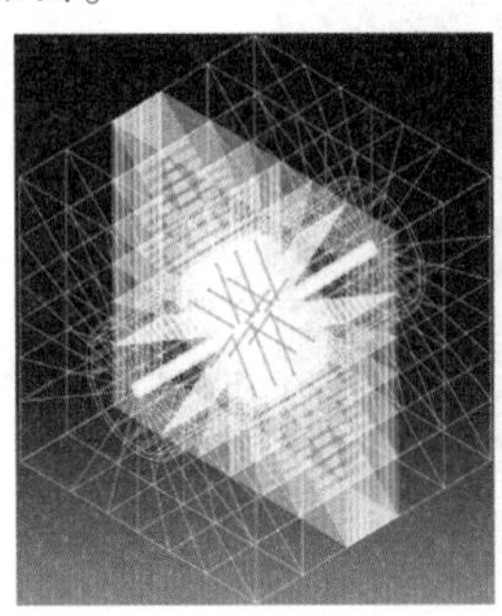

(a)部件整体

(b)体剖分后的部件端面

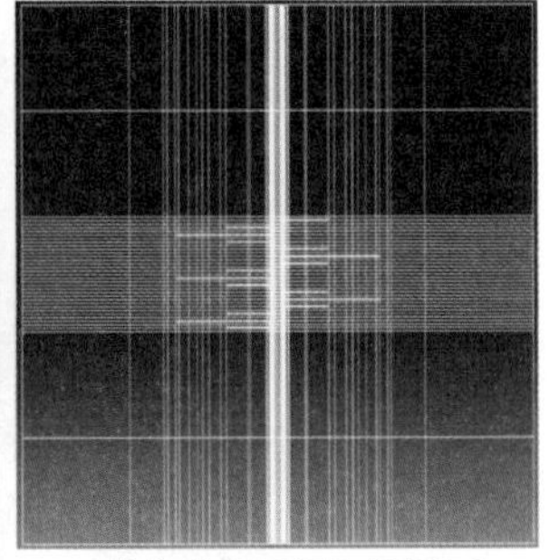

(c)体剖分后的部件高度方向

图 6-52　完成体剖分后的部件

体剖分后井筒周围的几何特征显示如图 6-53 所示，射孔孔眼周围进行了大量的体剖分设置，形成了多个实体单元(Cells)。

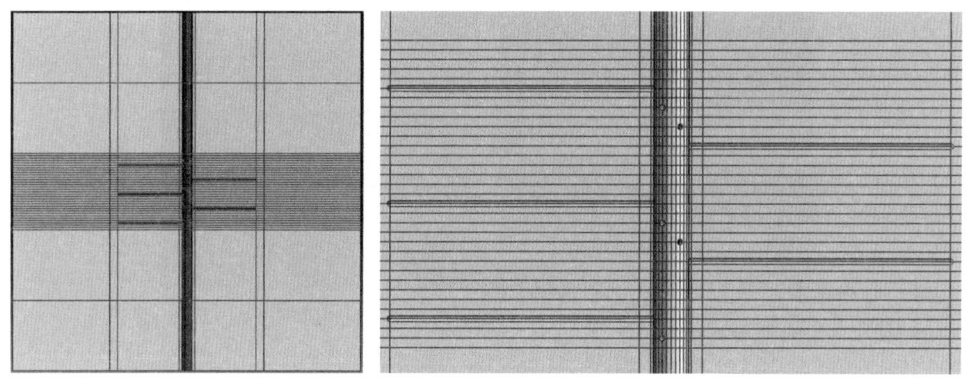

图 6-53 模型中轴线内部几何线框特征

6.2.2.2 Mesh 功能模块

部件相应的前处理完成后，需要对部件进行网格划分和单元类型选择，主要包括网格形状选择、网格种子设置、网格划分和单元类型选择等。

1. 网格划分控制

针对部件进行网格划分前需要进行网格划分控制，选择网格形状和网格划分技术，具体步骤如下：

点击左侧工具箱区快捷按钮(Assign Mesh Controls)或菜单栏 Mesh→Controls…，在视图区选择部件的全部实体(Cells)，点击左下角提示区的 Done 按钮，进入网格划分控制(Mesh Controls)对话框，单元形状(Element Shape)选择六面体(Hex)，网格划分技术(Technique)选择结构化(Structured)，设置完成后点击 OK 按钮完成设置。

2. 网格种子布置

网格种子布置为确定网格尺寸，Mesh 功能模块里面含有两种网格种子布置：一种是全域网格种子布置，另外一种是局部边网格种子布置。本例模型形态相对复杂，采用局部边网格种子布置，部件不同区域布置不同尺度的网格种子，射孔周围网格种子的尺度远小于其他区域。

本例网格种子全部采用局部边网格种子(Local Seeds)布置方式，局部边网格种子采用数量设置(By number)，根据需要进行均匀网格种子设置或偏移(Bias)网格种子布置。

部件的整体网格种子分布如图 6-54 所示，射孔孔眼方向进行局部网格加密设置，具体的网格种子设置过程不再赘述。

部件端部的网格种子分布如图 6-55 所示。部件高度方向的网格种子分布如图 6-56 所示。

中间井筒和射孔孔眼部分网格种子分布如图 6-57 所示。

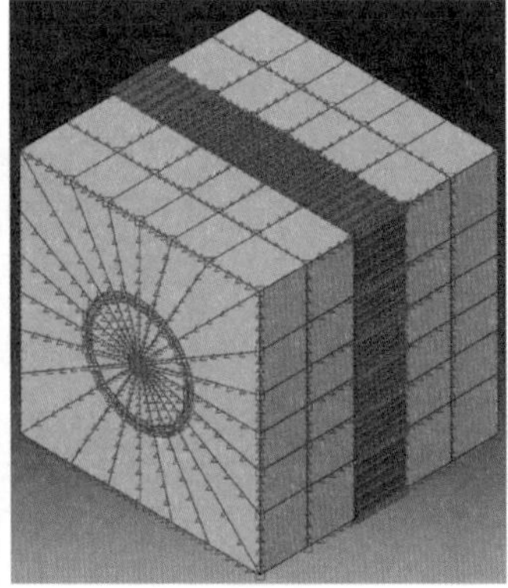

(a)线框图　　(b)阴影图

图 6-54　部件整体网格布置

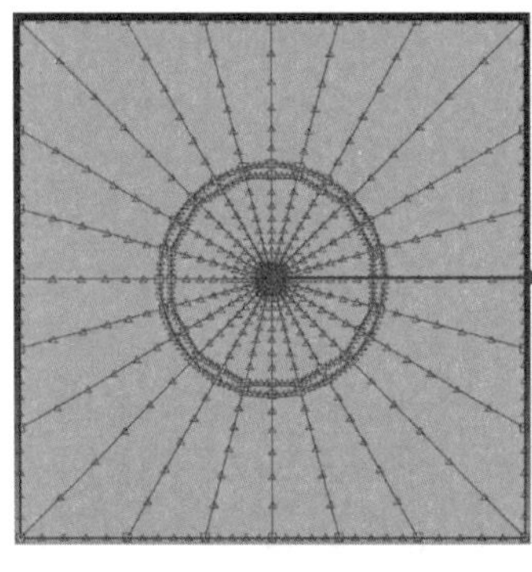

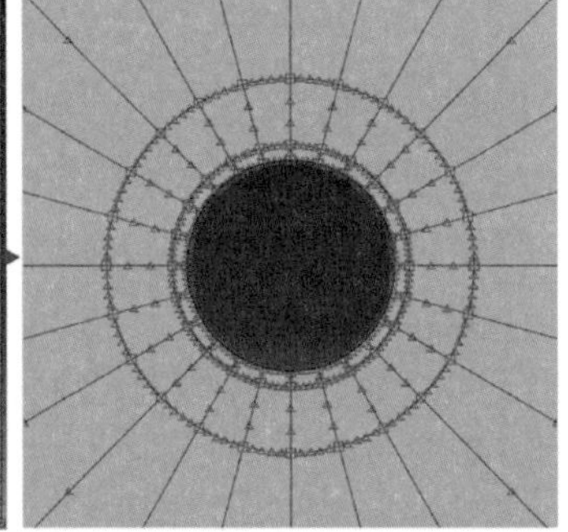

图 6-55　端面网格种子分布

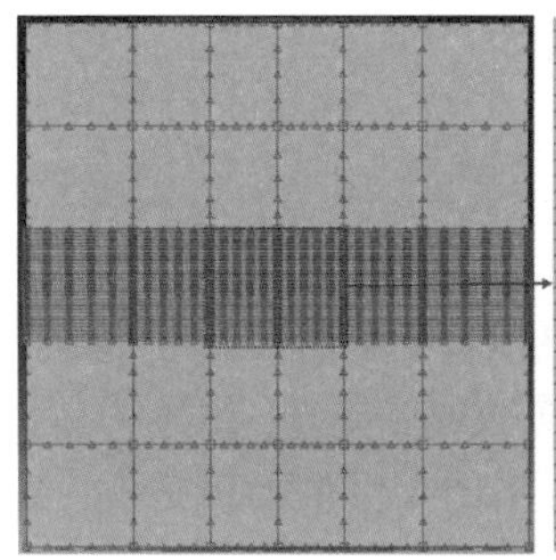

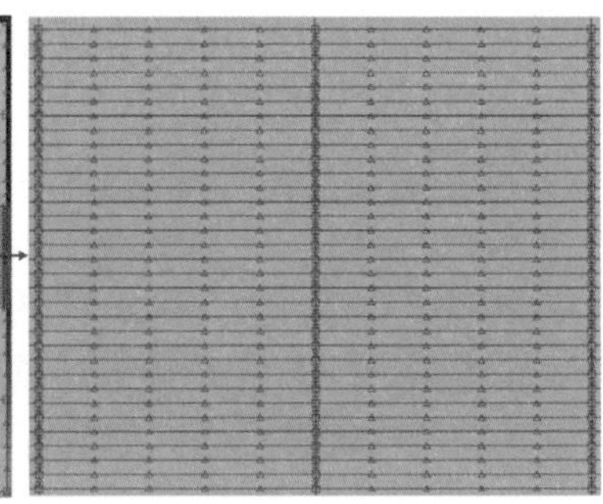

图 6-56　高度方向网格种子分布

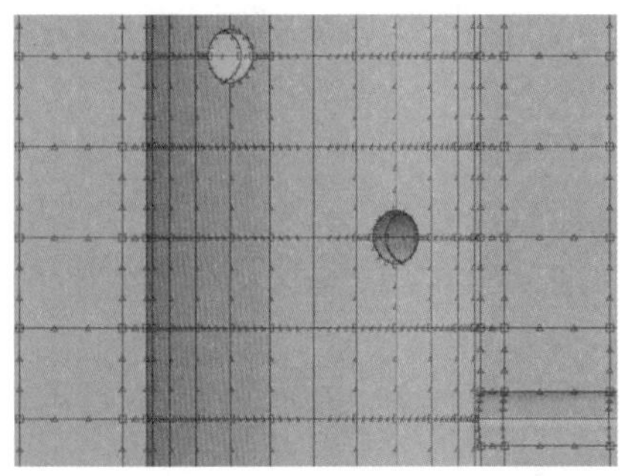

图 6-57　部件井筒和射孔孔眼部分网格种子分布

3. 网格划分

部件所有边的种子布置完成后，进行部件全域网格划分。具体流程如下：

点击左侧工具箱区快捷按钮 (Mesh Part) 或菜单栏 Mesh→Part…，点击左下角提示区 Yes 按钮（OK to mesh the part? Yes No），进行部件全域网格划分，部件的整体网格分布如图 6-58 所示。部件生成的网格数量为 332928 个，中间射孔区域网格数量为 281088 个，占整体模型网格数量的 84.4%。

图 6-58　网格整体分布

部件内部套管、水泥环和储层的网格分布如图 6-59 所示，套管射孔孔眼处的网格分布如图 6-59(a)所示，水泥环射孔处的网格分布如图 6-59(b)所示，部件 X 方向的中心轴线切面处的网格分布如图 6-59(c)所示。

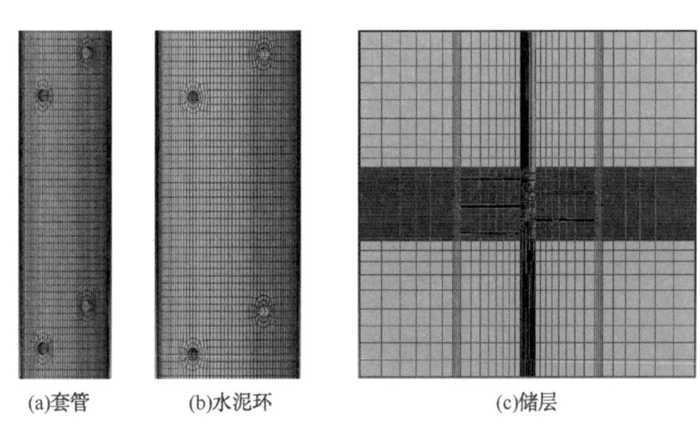

(a)套管　(b)水泥环　(c)储层

图 6-59　模型内部网格分布

4. 网格质量检测

部件网格划分完成后，需要进行网格质量检测。点击左侧工具箱区快捷按钮 (Verify Mesh)或菜单栏 Mesh→Verify…，在视图区选取部件后点击左下角提示区的 Done 按钮，进入网格质量检测(Verify Mesh)对话框[见图 6-60(a)]，对话框中有形状指标(Shape Metrics)、尺寸指标(Size Metrics)和分析检测(Analysis Check)3 个部分，前两个部分可进行相关的网格质量的检测参数设置，一般采用默认设置即可。第三个部分主要是针对网格质量的检测显示，主要包括错误(Errors)单元和警告(Warnings)单元。网格质量检测的结果如图 6-60(b)所示，射孔孔眼周围的储层的网格质量为警告(Warnings)单元，没有出现错误(Errors)单元。警告(Warnings)单元数量为 5047 个，占总网格单元数量的 1.51594%。

5. 单元和面集合设置

网格划分完成后，需要进行套管、水泥环和储层单元集合设定，主要包括套管、水泥环和储层岩石。

(a)网格质量检测

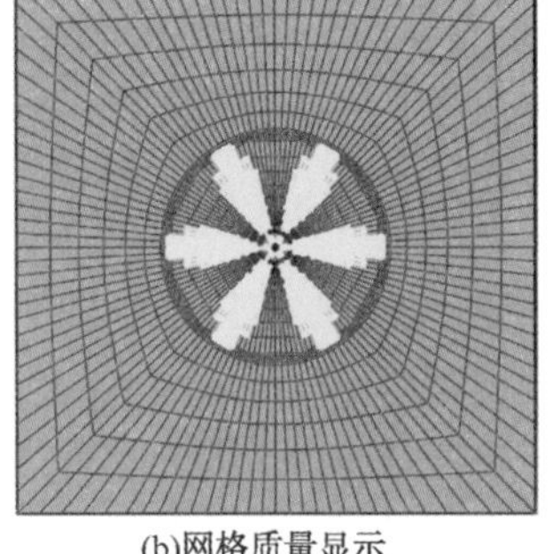

(b)网格质量显示

图 6-60　网格质量检测

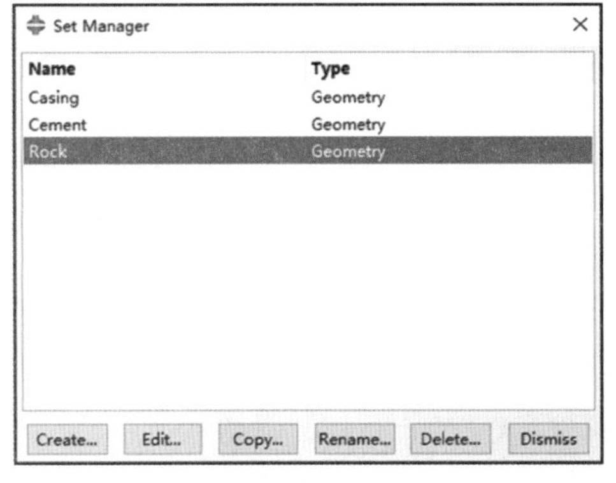

图 6-61　创建的单元集合

套管单元集建立步骤：点击菜单栏 tools → Set → Create …，进入集合创建(Create Set)对话框，对话框中集合名称(Name)输入 Casing、集合类型选择单元(Element)，设置完成后点击 Continue 按钮，在视图区选择套管集合区域。选定预设的区域后，点击左下角提示区 Done 按钮完成集合设置。

利用同样的方法完成水泥环和储层岩石的单元集合设置。本例设置的集合如图 6-61 所示，分别为套管(Casing)、水泥环(Cement)和储层岩石(Rock)的单元集合。

相应的集合显示如图 6-62 所示，图 6-62(a)为套管单元集合，图 6-62(b)为水泥环单元集合，图 6-62(c)为储层岩石单元集合。

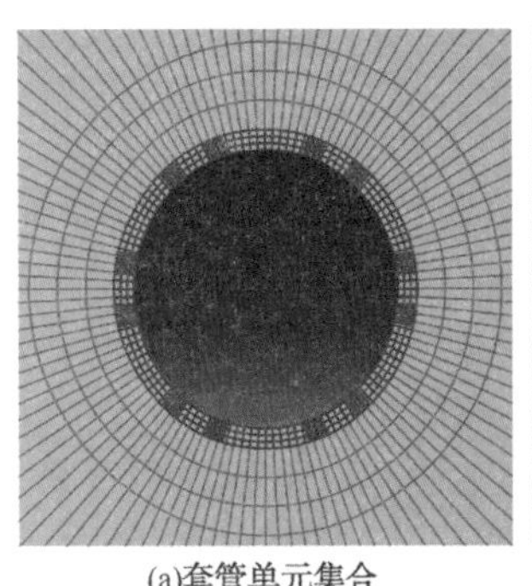

(a)套管单元集合

(b)水泥环单元集合

(c)储层岩石单元集合

图 6-62　部件集合设置

为了后续的处理，本例还需要进行射孔孔眼面集(Surface)设置。创建流程如下：点击菜单栏 tools→Surface→Create…，进入面集合创建(Create Surface)对话框，输入面集合名称、选择面集合类型后点击 Continue，在视图区选择面集合区域，再次点击左下角提示区 Done 按钮形成面集合。本例的面集合如图 6-63 所示，套管射孔孔眼面集合分布如图 6-63(b)所示，水泥环射孔孔眼面集合分布如图 6-63(c)所示。

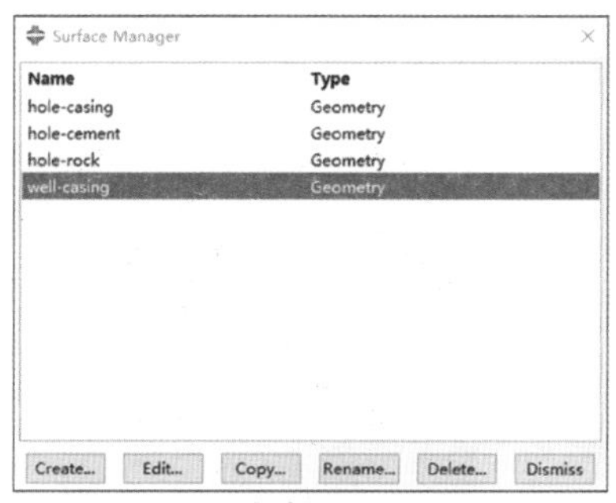

(a)面集合设置

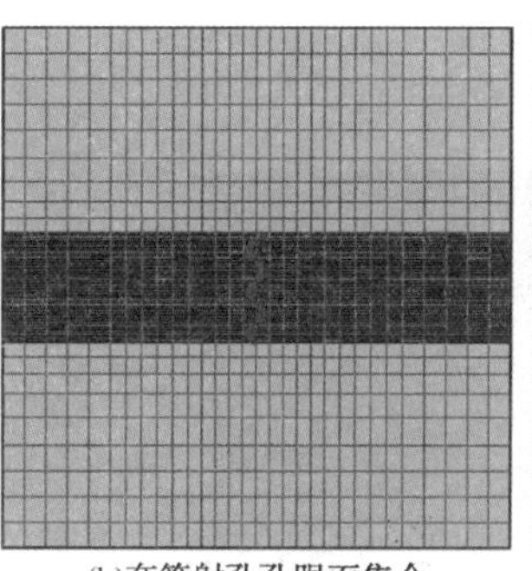

(b)套管射孔孔眼面集合

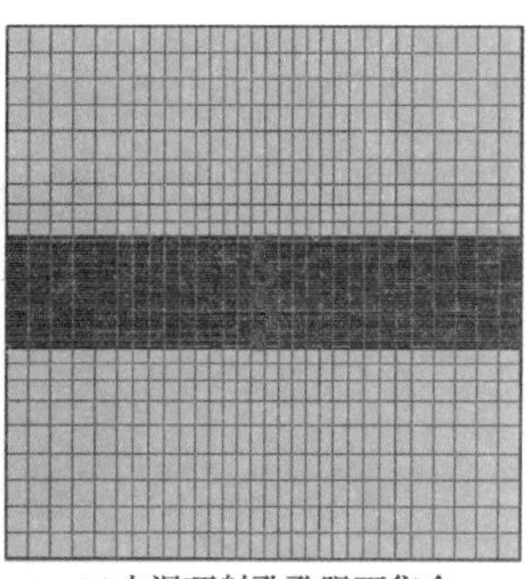

(c)水泥环射孔孔眼面集合

图 6-63 创建的面集合

6. 自由化孤立网格部件创建

为了方便后续的射孔孔眼膜单元嵌入，用户可将前面的网格划分后的部件转变成自由化孤立网格部件。具体流程如下：

在 Mesh 功能模块下，点击菜单栏 Mesh→Create Mesh Part…，在左下角提示区输入新形成的部件名称 ROCK，然后点击左下角提示区 Mesh part name（Mesh part name: ROCK OK）右侧的 OK 按钮，形成新的自由化孤立网格部件，如图 6-64 所示，网格的所有部分和结构化网格完全一致。

同时，前面设置的单元和面集合同样会映射至新形成的部件中。射孔孔眼的面集合如图 6-65 所示。

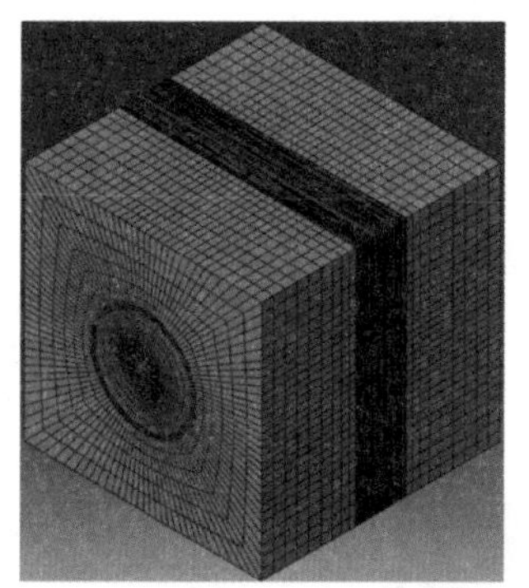

图 6-64 自由化孤立网格部件构建

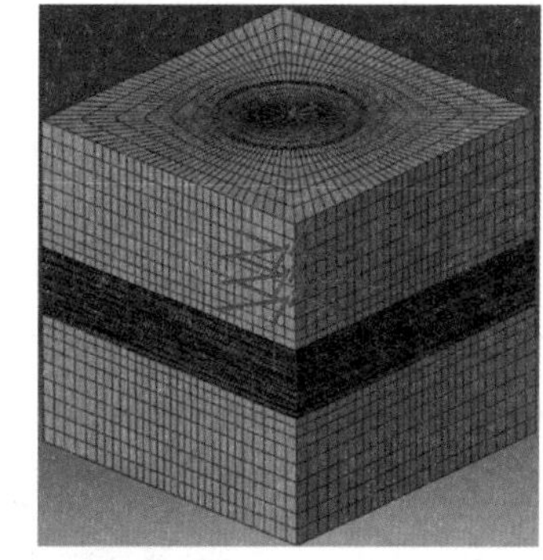

图 6-65 射孔孔眼面集合

7. 射孔孔眼膜单元创建

为了在射孔孔眼上添加压力载荷，需要在射孔孔眼上内壁面嵌入零厚度的膜单元，利用膜单元进行单元均布式载荷加载。具体的膜单元嵌入流程如下：

点击左侧工具箱区快捷按钮（Edit Mesh）或菜单栏 Mesh→Edit…，进入网格编辑（Edit Mesh）对话框[见图 6-66(a)]，种类（Category）选择网格（Mesh），方法（Method）选择偏移（创建壳面）[Offset（Create Shell Iayers）]后，进行壳单元嵌入区域选择，点击右下角提示区 Surfaces... 按钮，选取射孔孔眼全部面集后点击 Continue 按钮[见图 6-66(b)]，进入壳面层创建（Offset Mesh-shell Layers）对话框[见图 6-66(c)]，进行偏移壳面单元设置，单元层数为 1 层，偏移量为 0，壳面单元与孔眼处六面体单元共节点，创建壳面单元的集合为 hole-mem，设置完成后点击 OK 按钮完成设置。新形成的射孔孔眼膜单元如图 6-66(d)所示。

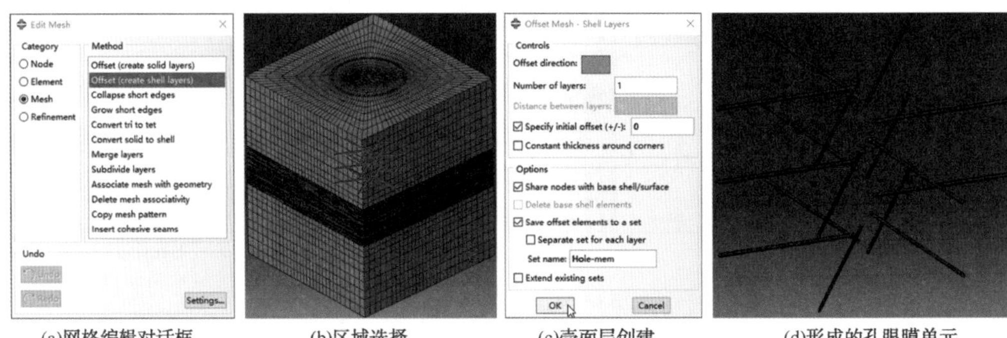

(a)网格编辑对话框　(b)区域选择　(c)壳面层创建　(d)形成的孔眼膜单元

图 6-66　射孔孔眼膜单元创建

自由化孤立网格部件形成后，后期主要利用该部件进行后续的相关设置，主要包括单元类型选择、材料赋值、实例映射、边界条件设置等。

8. 单元类型选择

单元类型选择：套管单元类型选择 C3D8R 或 C3D8 单元，水泥环和储层岩石选择 C3D8RP 或 C3D8P 单元，射孔孔眼附加膜单元选择 M3D4R 或 M3D4 单元。

1）套管单元类型选择

点击左侧工具箱区快捷按钮 (Assign Element Type)，点击右下角提示区 Sets... 按钮，进入区域选择(Region Selection)对话框[见图 6-67(a)]，对话框中选择 casing 单元集合，集合位置分布如图 6-67(b)所示，区域选择后点击对话框的 Continue 按钮进入单元类型(Element Type)对话框[见图 6-67(c)]，单元库(Element Library)选择 Standard，几何阶次(Geometric Order)选择线性(Linear)，单元族(Family)选择三维应力(3D Stress)，六面体(Hex)选项下面勾选缩减积分(Reduced integration)，单元属性控制(Element Controls)按单元默认选择。选择的单元代号为 C3D8R，表示八节点六面体线性单元，缩减积分，不包含孔隙压力。

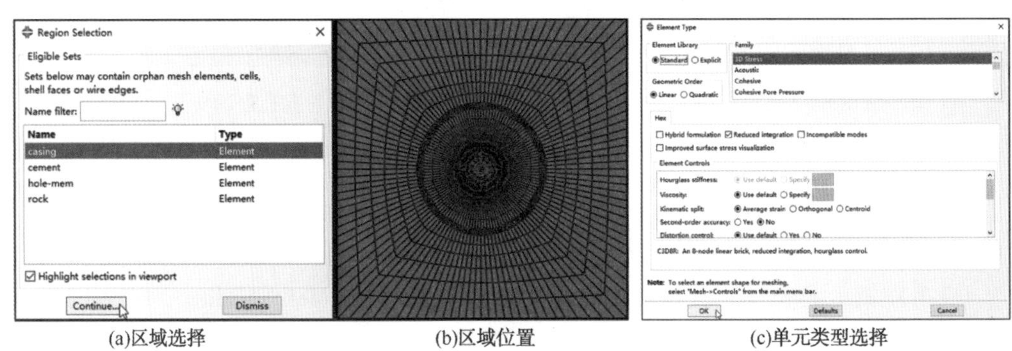

(a)区域选择　(b)区域位置　(c)单元类型选择

图 6-67　套管单元类型选择

2）水泥环单元类型选择

水泥环单元类型选择如图 6-68 所示，区域选择(Region Selection)对话框如图 6-68(a)所示，选择 cement 单元集合[见图 6-68(b)]，点击 Continue 按钮后进入单元类型(Element Type)对话框，如图 6-68(c)所示，单元族(Family)选择孔隙流体/应力(Pore Fluid/Stress)单元，六面体(Hex)选项下面勾选缩减积分(Reduced integration)，其他采用默认设置即可。选择的单元代号为 C3D8RP，表示八节点六面体单元、三向线性位移与孔隙压力，缩减积分。

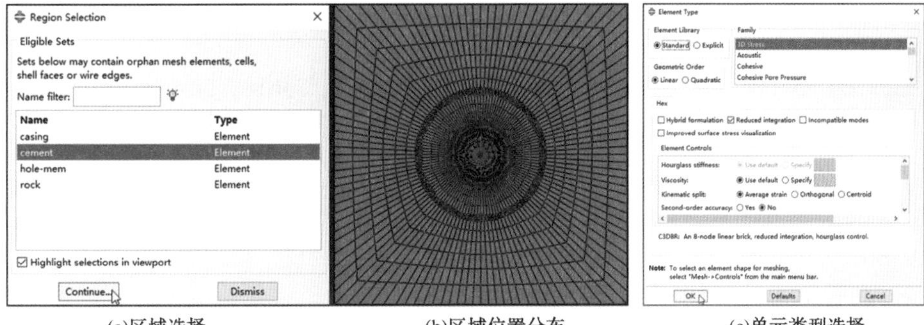

(a)区域选择　　(b)区域位置分布　　(c)单元类型选择

图 6-68　水泥环单元类型选择

3）储层单元类型选择

储层单元类型选择及参数设置与水泥环单元完全一致，单元代号为 C3D8RP。

4）孔眼膜单元类型选择

射孔孔眼膜单元的单元类型的区域选择(Region Selection)对话框中选择 hole-mem 单元集合。单元类型(Element Type)对话框中单元族(Family)选择膜单元(Membrane)，四边形选项下面勾选缩减积分(Reduced integration)，其他采用默认设置，设置完成后点击 OK 按钮完成孔眼膜单元设置。单元代号为 M3D4R，表示四节点四边形膜单元，缩减积分。

模型相关的节点与单元组成在 INP 输入文件中的显示如下：

****

*Node

**节点坐标。

1, -0.786882579, 0.786882579, 0.983349979

**分别表示节点编号、节点坐标。

2, -0.963730395, 0.556410015, 0.983349979

3, -2.5, 1.44337571, 0.983349979

4, -2.5, 2.5, 0.983349979

……………………………

351686, -0.878326595, 0.638779461, 3.02270007

351687, -0.845027864, 0.685047865, 3.02270007

351688, -0.809951246, 0.729876578, 3.02270007

**全部节点数量为 351688。

****

*Element, type=C3D8RP

**水泥环与储层岩石单元类型及组成，单元类型代号为 C3D8RP，表示三维八节点缩减积分孔隙压力/应力单元。

```
1,    5580,   56521, 207625,   56481,      1,    5537,   56441,    5554
```
** 分别表示单元编号、8 个节点编号。

```
2,   56521,   56522, 207626, 207625,   5537,   5538,   56442,   56441
3,   56522,   56523, 207627, 207626,   5538,   5539,   56443,   56442
4,   56523,   56524, 207628, 207627,   5539,   5540,   56444,   56443
……………………………
332926, 351686, 351687, 205815, 205814, 74621, 74618, 11598, 11599
332927, 351687, 351688, 205816, 205815, 74618, 74615, 11597, 11598
332928, 351688, 206079, 56169, 205816, 74615, 11583, 655, 11597
*********************************************************
*Element, type=C3D8R
```
** 套管单元类型与组成，单元类型代号为 C3D8R，表示三维八节点缩减节分应力单元。

```
12601, 7816,   63289, 214153, 63273, 241, 7793, 63257, 7800
```
** 单元编号以及 8 个节点的编号。

```
12602, 63289,   63290, 214154, 214153, 7793, 7794, 63258, 63257
12603, 63290, 7432, 62332, 214154, 7794, 194, 7412, 63258
12604, 63273, 214153, 214155, 63274, 7800, 63257, 63259, 7799
……………………………
332745, 201914, 55006, 55007, 201916, 351602, 207571, 207572, 351604
332746, 55010, 201915, 55009, 5421, 207592, 351603, 207556, 56433
332747, 201915, 201916, 55008, 55009, 351603, 351604, 207555, 207556
332748, 201916, 55007, 5420, 55008, 351604, 207572, 56427, 207555
*********************************************************
*Element, type=M3D4R
```
** 射孔孔眼膜单元类型与组成，单元类型代号为 M3D4R，表示三维四节点四面体缩减积分膜单元。

```
332929,   13738,   13739,   81782,   81781
```
** 单元编号以及 4 个节点编号。

```
332930,   13739,     865,   13740,   81782
332931,   13740,   13741,   81783,   81782
332932,   13741,     866,   13746,   81783
……………………………
337276, 207503, 207501,   56369,   56370
337277,   55041, 207504, 207503,   55040
337278, 207504, 207502, 207501, 207503
337279,   55041,    5425,   56424, 207504
337280, 207504,   56424,   56423, 207502
*********************************************************
```

6.2.2.3 Property 功能模块

Mesh 功能模块相关的网格划分和设置完成后，进入 Property 功能模块进行相关的材料设置与赋值。

1. 材料参数编辑

材料属性：模型的材料包括套管、水泥环、储层岩石和射孔孔眼膜单元。

1）套管

点击左侧工具箱区快捷按钮(Create Material)或菜单栏 Material→Create…，进入材料编辑(Edit Material)对话框，材料名称(Name)输入 Casing，点击 Mechanical→Elasticity→Elastic，输入套管的弹性模量和泊松比参数。本例套管的弹性模量为 2.11×10^{11}Pa，泊松比为 0.21。

套管材料参数设置在 INP 输入文件中的显示如下：

```
*******************************************************
*Material, name=casing
**套管材料设置。
*Elastic
**弹性参数设置。
2.11e+11, 0.21
**弹性模量、泊松比。
*******************************************************
```

2）水泥环

水泥环材料参数设置如图 6-69 所示，材料名称(Name)输入 Cement，对话框中点击 Mechanical→Elasticity→Elastic，输入水泥环的弹性模量(9.0×10^9Pa)和泊松比(0.25)，相关设置如图 6-69(a)所示。点击 Other→Pore Fluid→Permeability，进行水泥环的孔隙比和渗透系数的设定，液体重度输入 9800，水泥环的孔隙比为 0.10，渗透系数为 7.0×10^{-7}m/s，相关的设置如图 6-69(b)所示。

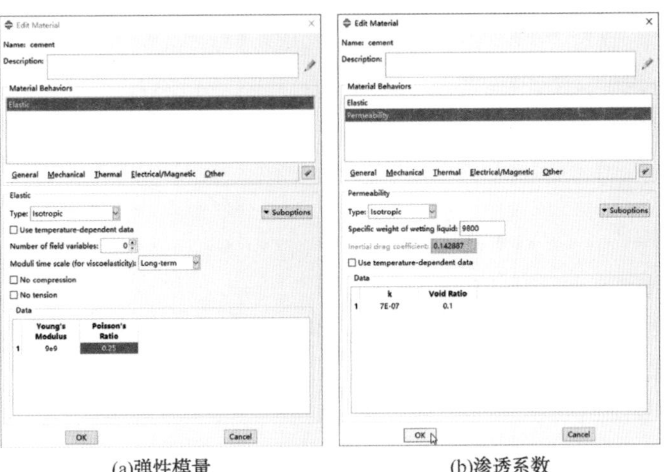

(a)弹性模量　　(b)渗透系数

图 6-69　水泥环材料参数设置

水泥环材料参数设置在 INP 输入文件中的显示如下：

```
*****************************************************
*Material, name=cement
**水泥环材料设置。
*Elastic
**弹性参数设置。
9e+09, 0.25
*Permeability, specific=9800.
**渗透系数材料设置。
7e-07, 0.1
*****************************************************
```

3）储层岩石

储层材料的设置方法与水泥环一致，相关的材料参数设置如下：储层的弹性模量为 3.5×10^{10}Pa，泊松比为 0.21，孔隙比为 0.12，渗透系数为 5.0×10^{-7}m/s。

储层岩石材料参数设置在 INP 输入文件中的显示如下：

```
*****************************************************
*Material, name=rock
**储层岩石材料参数设置。
*Elastic
3.5e+10, 0.21
*Permeability, specific=9800.
5e-07, 0.12
*****************************************************
```

4）射孔孔眼膜单元

孔眼膜单元的材料设置与套管一致。膜单元的弹性模量 1.0Pa，泊松比 0.30。

孔眼膜单元材料参数设置在 INP 输入文件中的显示如下：

```
*****************************************************
*Material, name=hole-mem
**孔眼膜单元材料设置。
*Elastic
1.0, 0.3
*****************************************************
```

2. 截面创建

材料参数设置完成后，套管、水泥环、储层岩石和射孔孔眼膜单元都需要单独进行截面属性设置。

1）套管

点击左侧工具箱区快捷按钮（Create Section）或菜单栏 Section→Create…，进入截面创建（Create Section）对话框［见图 6-70（a）］，截面名称（Name）输入 Casing，种类（Category）选择实体（Solid），类型（Type）选择均质（Homogeneous），设置完成

后点击 Continue 按钮，进入截面编辑(Edit Section)对话框[见图 6-70(b)]，材料名称(Material)选择 Casing 材料，其他采用默认设置，点击 OK 按钮完成套管材料截面设置。

(a)截面创建　(b)截面编辑

图 6-70　套管截面创建

2）水泥环

水泥环材料截面属性设置如图 6-71 所示，水泥环的截面创建(Create Section)如图 6-71(a)所示，截面名称输入 Cement，截面编辑(Edit Section)如图 6-71(b)所示。

(a)截面创建　(b)截面编辑

图 6-71　水泥环截面创建

3）储层岩石

储层岩石材料截面设置与水泥环截面设置类似，储层岩石材料的截面创建(Create Section)中材料名称(Name)输入 Rock，种类(Category)选择实体(Solid)，类型(Type)选择各向同性(Homogeneous)。截面编辑(Edit Section)对话框中材料(Material)选择 Rock 材料，其他采用默认设置。

4）射孔孔眼膜单元

点击左侧工具箱区快捷按钮 (Create Section)或菜单栏 Section→Create…，进入截面创建(Create Section)对话框[见图 6-72(a)]，种类(Category)选择壳(Shell)，类型(Type)选择膜(Membrane)，点击 Continue 按钮，进入截面编辑(Edit Section)对话框[见图 6-72(b)]，依据材料名称选择 Hole-mem 材料，膜(Membrane)单元的厚度(Membrane Thickness)输入 0.0001，点击 OK 按钮完成射孔孔眼膜单元截面设置。

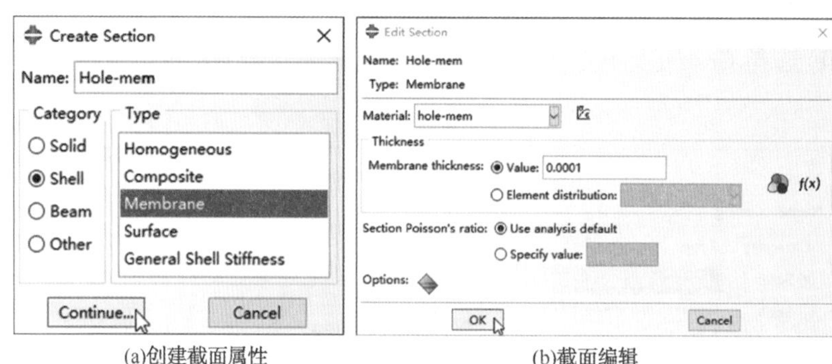

(a)创建截面属性　　(b)截面编辑

图 6-72　射孔孔眼膜单元截面创建

3. 截面属性赋值

材料参数设置和截面创建完成后，需要进行材料截面属性赋值。模型套管、水泥环、储层岩石等不同类型材料都在 ROCK 部件上，只是单元类型存在差异性，因此，需在 ROCK 部件上统一设置，不同材料的截面属性赋值选择不同的区域集合。

1）套管

点击左侧工具箱区快捷按钮 (Assign Section) 或菜单栏 Section→Create…后，再次点击右下角提示区 Sets... 按钮，进入区域选择 (Region Selection) 对话框[见图 6-73 (a)]选择 casing 单元集合[位置分布见图 6-73(b)]，选择后点击 Continue 按钮，进入截面赋值编辑 (Edit Section Assignment) 对话框[见图 6-73(c)]，选择创建的 Casing 截面，点击 OK 按钮完成套管截面属性赋值。

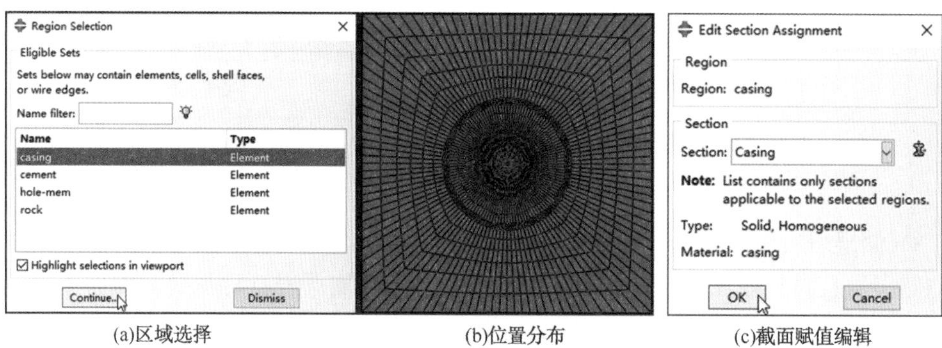

(a)区域选择　　(b)位置分布　　(c)截面赋值编辑

图 6-73　套管材料截面属性赋值

套管截面创建和截面属性赋值设置在 INP 输入文件中的显示如下：

```
****************************************************************
** Section: Casing
** 套管截面创建与截面属性赋值。
* Solid Section, elset=ROCK-1_ casing, material=casing
** 截面类型为实体截面，单元集合为 ROCK-1_ casing，材料为 casing。
,
****************************************************************
```

2）水泥环

水泥环材料截面属性赋值如图 6-74 所示，区域选择(Region Selection)如图 6-74(a)所示，单元集合位置分布如图 6-74(b)所示，截面赋值编辑(Edit Section Assignment)设置如图 6-74(c)所示。

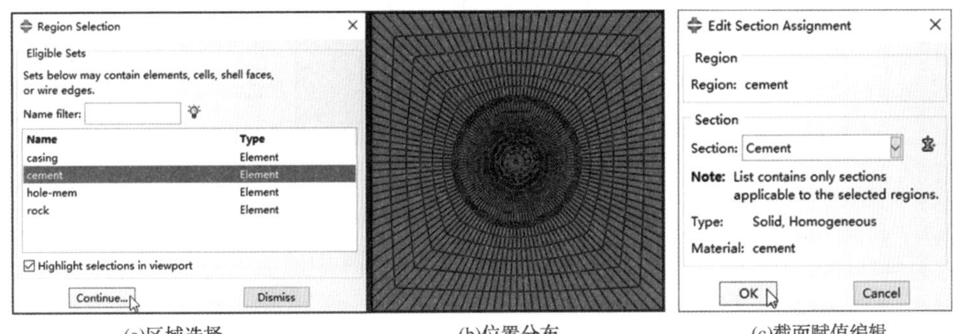

(a)区域选择 (b)位置分布 (c)截面赋值编辑

图 6-74 水泥环材料截面属性赋值

水泥环截面创建和截面属性赋值设置在 INP 输入文件中的显示如下：

```
*****************************************************************
** Section: Cement
** 水泥环截面创建与截面属性赋值。
* Solid Section, elset=ROCK-1_ cement, material=cement
** 截面类型为实体截面，单元集合为 ROCK-1_ cement，材料为 cement。
,
*****************************************************************
```

3）储层岩石

储层岩石材料截面属性赋值与套管、水泥环截面属性赋值类似。区域选择 rock 单元集合，截面赋值编辑(Edit Section Assignment)对话框中选择 Rock 截面。

储层岩石截面属性赋值设置在 INP 输入文件中的显示如下：

```
*****************************************************************
** Section: Rock
** 储层岩石截面创建与截面属性赋值。
* Solid Section, elset=ROCK-1_ rock, material=rock
** 截面类型为实体截面，单元集合为 ROCK-1_ rock，材料为 rock。
,
*****************************************************************
```

4）射孔孔眼膜单元

射孔孔眼膜单元材料截面属性赋值如图 6-75 所示，区域选择 hole-mem 单元集合[如图 6-75(a)所示]，单元位置如图 6-75(b)所示，截面赋值编辑(Edit Section Assignment)设置如图 6-75(c)所示。

(a)区域选择　(b)位置分布　(c)截面赋值编辑

图 6-75　射孔孔眼膜单元材料截面属性赋值

射孔孔眼膜单元截面属性赋值设置在 INP 输入文件中的显示如下：

```
*****************************************************************
** Section: Hole-mem
** 射孔孔眼膜单元截面属性赋值设置。
*Membrane Section, elset=ROCK-1_ hole-mem, material=hole-mem
** 截面类型为膜截面，单元集合为 ROCK-1_ hole-mem，材料为 hole-mem。
0.0001,
** 膜单元厚度为 0.0001。
*****************************************************************
```

6.2.2.4　Assembly 功能模块

将 ABAQUS/CAE 切换到 Assembly 功能模块后，进行模型的实例映射与集合设置。

1. 实例映射

点击左侧工具箱区快捷按钮 (Create Instance)或菜单栏 Instance→Create…，进入实例创建(Create Instance)对话框[见图 6-76(a)]，选择 ROCK 部件，点击 OK 按钮将 ROCK 部件映射至 Assembly 功能模块中，形成 ROCK-1 实例，映射的 ROCK-1 实例如图 6-76(b)所示。

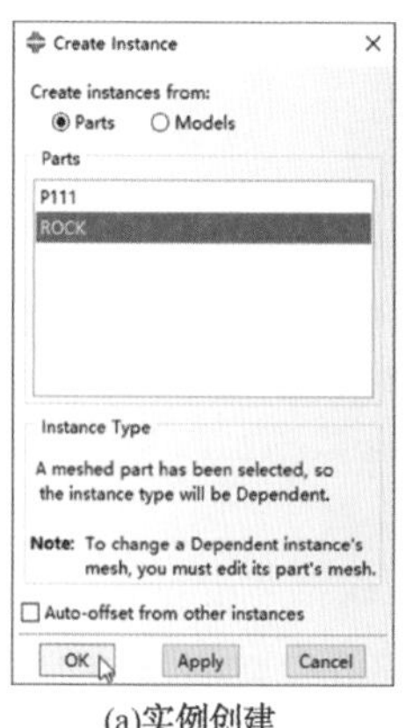

(a)实例创建　(b)映射的实例

图 6-76　实例映射

2. 集合设置

为了方便进行后续的边界条件、初始场变量等设置，需要建立与模型相关的节点/单元集合。创建好的节点或单元集合如图6-77所示。

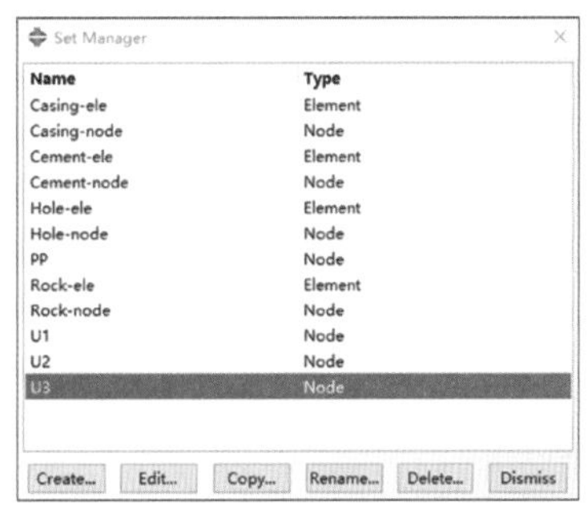

图6-77 创建的节点和单元集合

部分节点和单元集合位置如图6-78所示。

6.2.2.5 Step功能模块

将ABAQUS/CAE切入到Step功能模块，进行相应的分析步定义、场变量和历程变量参数输出设置。根据模型特征和模拟过程，压裂起裂模拟分析包括两个分析步：一是地应力平衡分析步，主要进行初始地应力和孔隙压力的平衡计算；二是井筒和射孔孔眼压力加载分析步，进行井筒和射孔孔眼的面载荷加载和射孔孔眼的孔隙压力边界条件加载，通过流-固耦合模拟分析，分析射孔孔眼处的应力变化特征。当部分射孔孔眼储层由压应力转变成拉应力，且拉应力值超过岩石的抗拉强度时，认为储层岩石发生起裂，根据此时的模拟时间对应的压力值确定起裂压力。

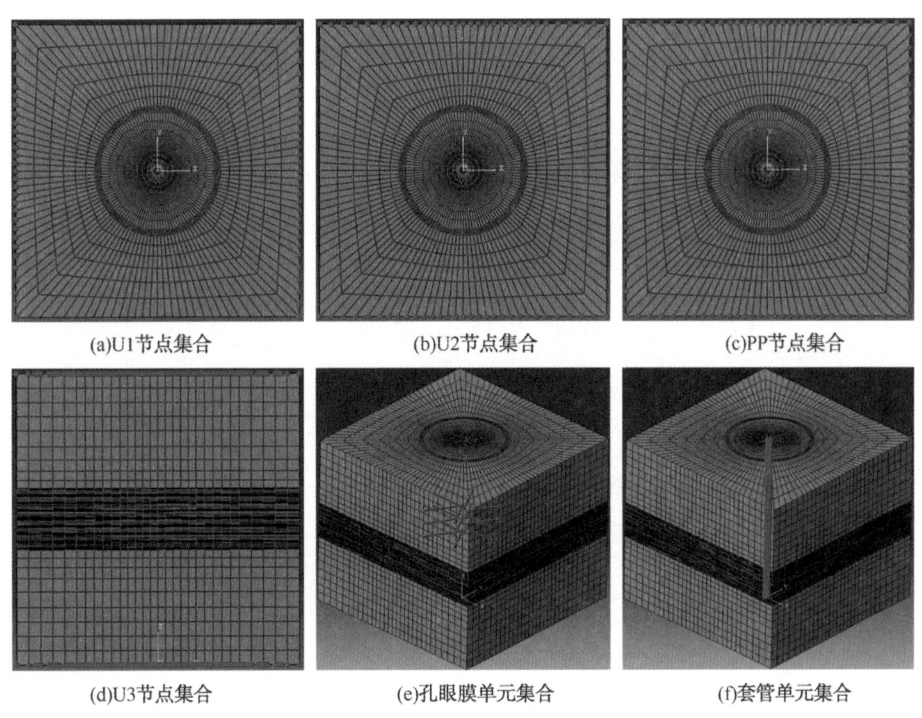

(a)U1节点集合 (b)U2节点集合 (c)PP节点集合

(d)U3节点集合 (e)孔眼膜单元集合 (f)套管单元集合

图6-78 部分单元和节点集合显示

1. 分析步创建

进行起裂模拟分析包括两个分析步，一是地应力平衡分析步，二是井筒和射孔孔眼压力加载分析步。

1）地应力平衡

点击左侧工具箱区快捷按钮 ⊶■（Create Step）或菜单栏Step→Create…，进入分析步创建（Create Step）对话框，分析步的名称（Name）可默认Step-1或输入分析步名称，分析步类型(Procedure Type)选择通用(General)，在其下部的分析步类型选择地应力(Geostatic)，点击 Continue 按钮，进入 Step-1 的分析步编辑(Edit Step)对话框。分析步编辑对话框包含 3 个界面：基本(Basic)界面中分析步时间(Time Period)与后续的时间增量步和时间设置有关，几何非线性(Nlgeom)选择开启(ON)；增量步(Incrementation)界面中选择默认的固定(Fixed)，最大增量步数量默认 100 即可；其他(Other)界面主要关于一些求解方法和求解矩阵的设置，选择非对称性矩阵存储，其他采用默认设置即可。

2）井筒和射孔孔眼压力加载

第二个分析步为流-固耦合分析步，其设置流程如下：

点击左侧工具箱区快捷按钮 (Create Step)或菜单栏 Step→Create…，进入分析步创建(Create Step)对话框[见图 6-79(a)]，分析步的名称可默认 Step-2 或输入分析步名称，分析步类型(Procedure Type)选择通用(General)，在其下部的分析步类型选择土固结(Soils)，点击 Continue 按钮，进入 Step-2 分析步编辑(Edit Step)对话框。该分析步同样包含 3 个界面。基本(Basic)界面[见图 6-79(b)]中流体响应(Pore Fluid Response)选择瞬态固结(Transient Consolidation)，模拟时间长度(Time Period)输入 1.0，几何非线性(Nlgeom)承接 Step-1 中的设置，取消考虑蠕变/膨胀/黏弹性行为(Include Creep/Swelling、Viscoelastic Behavior)设置。增量步(Incrementation)界面[见图 6-79(c)]中增量步类型(Type)选择自动(Automatic)，最大增量步数量(Maximum Number of Increments)默认 100 即可。时间增量步设置为：初始增量步(Initial)时间设置为 0.05，最小时间增量步时间(Minimum)设置为 0.05，最大增量步时间(Maximum)设置为 0.05，勾选单个增量步最大孔隙压力变化值(Max. Pore Pressure Change of Per Increment)，数值设为 9.0e7。其他(Other)界面选择非对称矩阵存储，其他按默认即可。

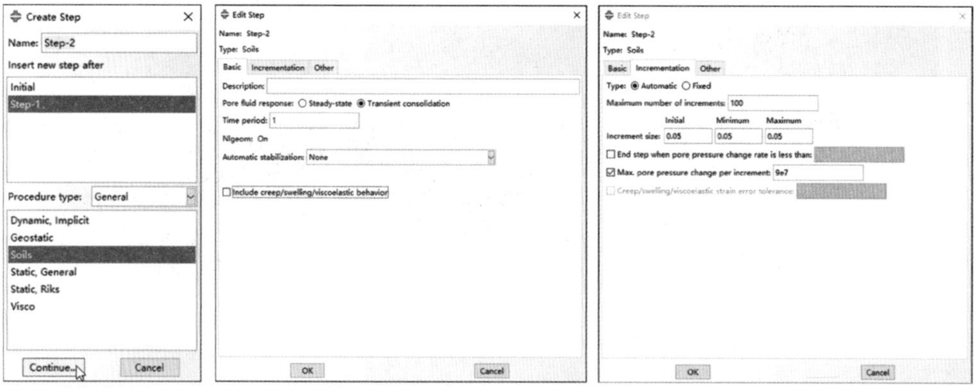

(a)分析步创建　(b)分析步编辑(基本界面)　(c)分析步编辑(增量步界面)

图 6-79　井筒和射孔孔眼压力加载分析步设置

2. 场变量输出设置

分析步设置完成后，ABAQUS 会自动形成针对分析步的场变量输出设置，用户可针对分析步类型、单元类型以及研究目标进行场变量的输出设置。

本例的场变量输出设置如下：

通过利用场变量输出管理器，选择 Step-1 分析步后，点击 Edit 按钮，进入默认的场变量输出编辑(Edit Field Output Requests)对话框，在对话框中进行场变量输出设置。本例输出的场变量包括 S、LE、U、Voird、POR 等。

Step-2 分析步默认延用 Step-1 分析步的场变量输出设置，无特殊要求无须进行重新设置。

注意：对于多分析步模型来说，可根据模型特征进行第一个分析步的场变量输出设置，后续分析步可延续第一个分析步的场变量输出设置，不用进行单独设置。

3. 历程变量输出设置

模型的历程变量采用默认设置。

相关的分析步设置与变量输出在 INP 输入文件中的显示如下：

```
*************************************************************
** STEP: Step-1
** 地应力平衡分析步，名称为 Step-1。
* Step, name=Step-1, nlgeom=YES, unsymm=YES
** 分析步名称为 Step-1，几何非线性和非对称矩阵存储开启。
* Geostatic
** " * Geostatic" 地应力平衡分析步关键词。
........................
** FIELD OUTPUT: F-Output-1
** 场变量输出，场变量名称为 F-Output-1。
* Output, field
** 场变量输出。
* Node Output
** 节点场变量输出。
POR, U
** 节点场变量输出参数为 POR、U。
* Element Output, directions=YES
** 单元场变量输出，输出场变量方向。
LE, S, VOIDR
** 单元场变量输出参数为 LE、S、VOIDR。
** HISTORY OUTPUT: H-Output-1
** 历程变量输出，场变量名称为 H-Output-1。
* Output, history, variable=PRESELECT
** 历程变量输出采用默认设置。
* End Step
*************************************************************
** STEP: Step-2
** 井筒和射孔孔眼压力加载分析步。
* Step, name=Step-2, nlgeom=YES, unsymm=YES
```

＊＊分析步设置，几何非线性和非对称矩阵存储开启。

＊Soils，consolidation，end=PERIOD，utol=9e+07，creep=none

＊＊土固结分析步设置，"end=PERIOD"表示对特定的时间进行固结分析，单个增量步允许的孔隙压力最大变化范围为 9.0×10^{7}Pa。

0.05，1.，0.05，0.05，

＊＊初始增量步时间 0.05、总时间 1.0、最小增量步时间 0.05、最大增量步时间 0.05。

……………………

＊＊ OUTPUT REQUESTS

＊＊场变量输出设置沿用地应力平衡分析步设置，与地应力平衡分析步完全一致。

＊Restart，write，frequency=0

＊＊ FIELD OUTPUT：F-Output-1

＊＊场变量输出。

＊Output，field

＊＊场变量输出。

＊Node Output

＊＊节点场变量输出。

POR，U

＊Element Output，directions=YES

＊＊单元场变量输出。

LE，S，VOIDR

＊＊ HISTORY OUTPUT：H-Output-1

＊＊历程变量输出。

＊Output，history，variable=PRESELECT

＊＊采用默认设置。

＊End Step

＊＊

6.2.2.6 Load 功能模块

将 ABAQUS/CAE 切入到 Load 功能模块，进行相应的边界条件、初始地应力、初始孔隙度、初始孔隙压力、压力加载等设定。

1. 边界条件设置

边界条件主要包括模型外部的位移边界条件与孔隙压力边界条件、射孔孔眼的孔隙压力边界条件。

1）位移边界条件

模型的位移边界条件主要在模型四周和上下端面进行设置，位移边界条件采用单方向位移固定设置，位移边界条件设置在初始分析步（Initial）中，后续的地应力平衡和井筒与射孔孔眼压力加载分析步沿用初始分析步设置的位移边界条件。模型的位移边界条件主要包括 X 方向、Y 方向和 Z 方向，具体设置流程如下：

① X 方向位移边界条件。点击左侧工具箱区快捷按钮 （Create Boundary

Condition)或菜单栏 BC→Create…，进入边界条件创建(Create Boundary Condition)对话框[见图 6-80(a)]，分析步(Step)选择初始分析步(Initial)，种类(Category)选择力学(Mechanical)，分析步可选的边界条件类型(Types for Selected Step)选择位移/转动(Displacement/Rotation)，选择和设置完成后点击 Continue 按钮，根据需要进行边界条件节点区域选择，点击右下角提示区 Sets... 按钮，进入区域选择(Region Selection)对话框[见图 6-80(b)]，对话框中选择 U1 节点集合[集合位置分布见图 6-80(c)]，点击 Continue 按钮，进入边界条件编辑(Edit Boundary Condition)对话框[见图 6-80(d)]，对话框中勾选 U1[见图 6-80(d)]，点击 OK，完成 X 方向的位移边界条件设置。

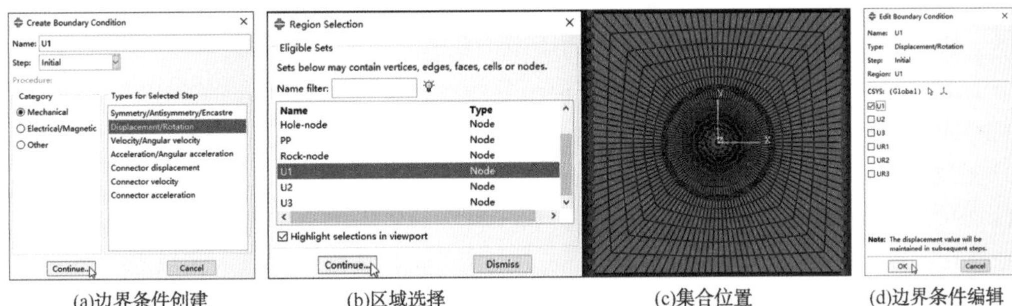

(a)边界条件创建 (b)区域选择 (c)集合位置 (d)边界条件编辑

图 6-80 X 方向位移边界条件设置

X 方向位移边界条件 INP 输入文件中的显示如下：

```
****************************************************************
** Name: U1 Type: Displacement/Rotation
** 边界条件名称为 U1，类型为位移/旋转。
* Boundary
U1, 1, 1
** 集合为 U1，自由度为 1。
****************************************************************
```

② Y 方向位移边界条件设置。Y 方向位移边界条件创建(Create Boundary Condition)对话框中边界条件名称输入 U2，Y 方向的边界条件设置的节点区域选择 U2 节点集合，边界条件编辑(Edit Boundary Condition)对话框中勾选 U2，表示 U2 方向位移边界条件固定。

Y 方向位移边界条件 INP 输入文件中的显示如下：

```
****************************************************************
** Name: U2 Type: Displacement/Rotation
** 边界条件名称为 U2，类型为位移/旋转。
* Boundary
U2, 2, 2
** 节点集合名称为 U2，自由度为 2。
****************************************************************
```

③ Z 方向位移边界条件设置。Z 方向的位移边界条件名称设置为 U3，边界条件区域节点集合选择 U3，边界条件自由度选项勾选 U3，表示 U3 自由度固定。

Z 方向位移边界条件 INP 输入文件中的显示如下：

****

** Name: U3 Type: Displacement/Rotation

**边界条件名称为 U3，类型为位移/旋转。

* Boundary

U3，3，3

**节点集合名称为 U3，自由度为 3。

****

2）孔隙压力边界

孔隙压力边界条件主要包括模型外边界和射孔孔眼两个位置的孔隙压力边界条件。孔隙压力边界需要设置于具体分析步中，具体的设置流程如下：

① 外边界孔隙压力边界。点击左侧工具箱区快捷按钮 (Create Boundary Condition)或菜单栏 BC→Create…，进入边界条件创建(Create Boundary Condition)对话框[见图 6-81(a)]，边界条件名称(Name)输入 Pore-pressure，分析步(Step)选择 Step-1，种类(Category)选择其他(Other)，分析步可选的边界类型(Types for Selected Step)选择孔隙压力(Pore Pressure)，设置完成后点击 Continue 按钮，进入区域选择(Region Selection)对话框[见图 6-81(b)]，对话框中选择 PP 点集合[见图 6-81(c)]，点击 Continue 按钮进入边界条件编辑(Edit Boundary Condition)对话框[见图 6-81(d)]，输入孔隙压力值 2.5×10^{7}Pa，点击 OK 完成外边界孔隙压力值设置。

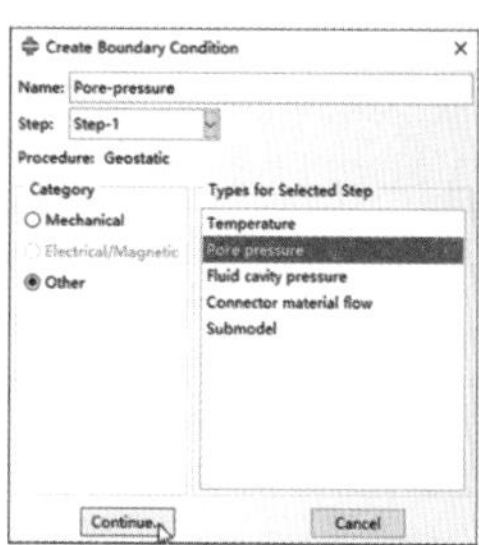

(a)边界条件创建

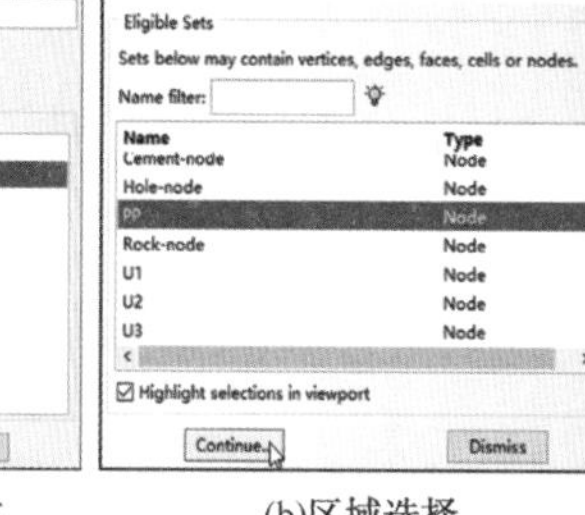

(b)区域选择

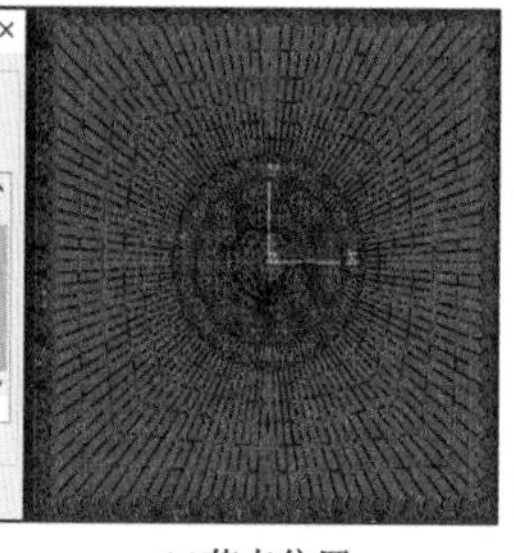
(c)节点位置

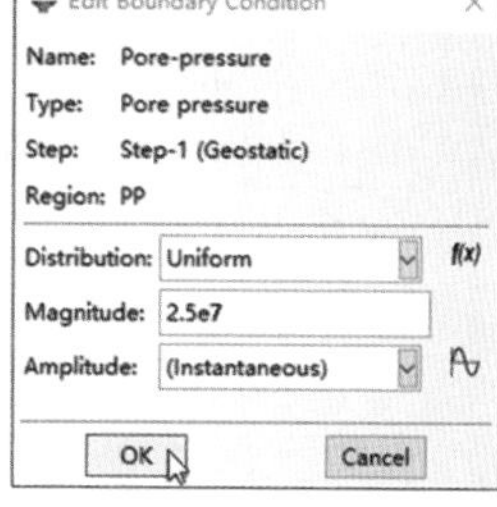

(d)边界条件编辑

图 6-81　外部边界孔隙压力边界设置

模型外边界孔隙压力边界条件 INP 输入文件中的显示如下：

****

** Name: Pore-pressure Type: Pore pressure

**外部储层孔隙压力边界，名称为 Pore-pressure，类型为孔隙压力。

* Boundary

PP_ PP_ ，8，8，2. 5e+07

**外边界节点集合，孔隙压力的自由度为 8，孔隙压力值为 2. 5×107Pa。

****

② 射孔孔眼孔隙压力边界。根据具体的压裂起裂模拟过程，地应力平衡分析步和井筒和射孔孔眼压力加载分析步的孔隙压力值不同，地应力平衡分析步设置完成后，需要进行压力加载分析步射孔孔眼孔隙压力边界条件的修改。具体的操作流程如下：

地应力平衡分析步。点击左侧工具箱区快捷按钮 (Create Boundary Condition)或菜单栏 BC→Create…，进入边界条件创建(Create Boundary Condition)对话框[见图6-82(a)]，边界条件名称(Name)输入 Pore-pressure-hole，分析步(Step)选择 Step-1，种类(Category)选择其他(Other)，分析步可选的边界类型(Types for Selected Step)选择孔隙压力(Pore Pressure)，设置完成后点击 Continue 按钮，进入区域选择(Region Selection)对话框[见图6-82(b)]，对话框中选择 Hole-node 节点集合[见图6-82(c)]，点击对话框的 Continue 按钮进入边界条件编辑(Edit Boundary Condition)对话框[见图6-82(d)]，输入孔隙压力值 2.0×10^{7}Pa，点击 OK 完成射孔孔眼孔隙压力值设置。

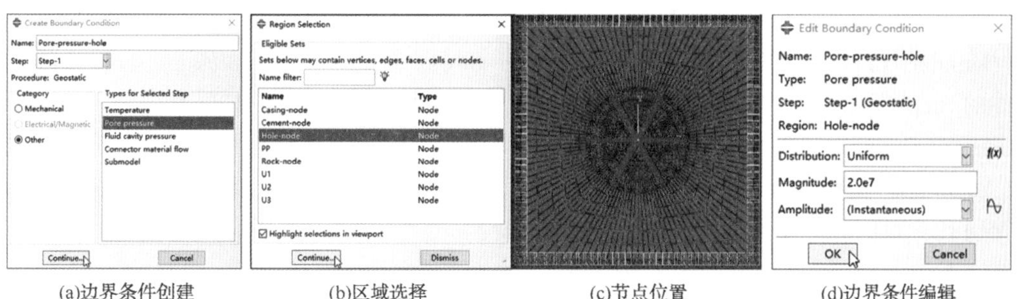

(a)边界条件创建　(b)区域选择　(c)节点位置　(d)边界条件编辑

图6-82　射孔孔眼孔隙压力边界设置(地应力平衡分析步)

地应力平衡分析步井筒射孔孔眼处孔隙压力边界条件 INP 输入文件中的显示如下：

```
****************************************************************
** Name: Pore-pressure-hole Type: Pore pressure
** 射孔孔眼处孔隙压力边界条件设置。
* Boundary
Hole-node_ PP_ , 8, 8, 2e+07
** 孔眼处节点集合，孔隙压力自由度为8，最终的孔隙压力值为2.0×10^7Pa。
****************************************************************
```

井筒与射孔孔眼压力流体加载分析步。根据前面设置的井筒射孔孔眼流体孔隙压力边界条件，在井筒与射孔孔眼流体压力加载过程中进行射孔孔眼的孔隙压力边界条件的修改设置，具体包括加载幅值曲线设置和孔隙压力边界条件修改。具体操作流程如下：

加载幅值曲线设置：点击菜单栏 Tools→Amplitude→Create…，进入幅值曲线创建(Create Amplitude)对话框[见图6-83(a)]，幅值名称(Name)输入 Hydraulic-pressure，类型(Type)选择表格(Tabular)，点击 Continue 按钮，进入幅值曲线编辑(Edit Amplitude)对话框[见图6-83(b)]。对话框中输入时间与加载幅值的关系为：时间为0时，输入幅值曲线0.2，表示压力加载分析步开始时，井筒射孔孔眼的初始孔隙压力值为 2.0×10^{7}Pa。

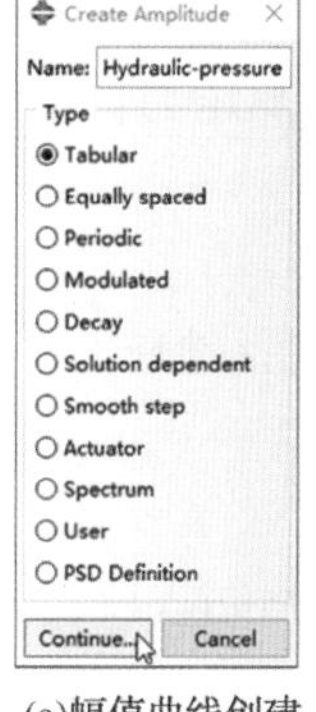

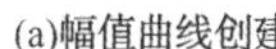

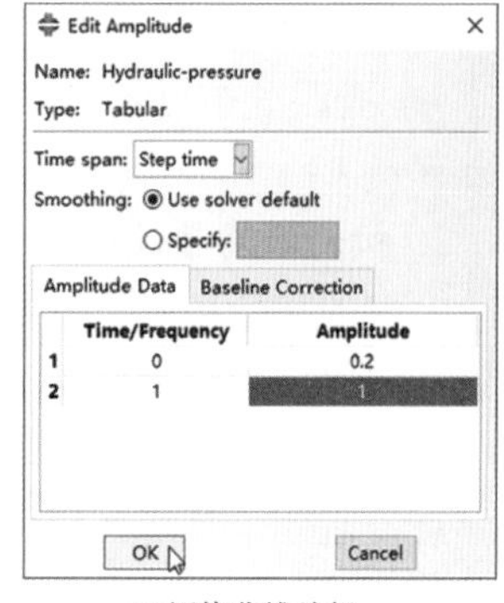

(a)幅值曲线创建　(b)幅值曲线编辑

图6-83　加载幅值曲线设置

加载幅值曲线设置的 INP 输入文件中的显示如下：

****

*Amplitude, name=Hydraulic-pressure

0.,　　　　　0.2,　　　　　1.,　　　　　1.

**分别表示时间与幅值曲线，时间 0.0 时，幅值 0.2；时间 1.0 时，幅值 1.0。

****

井筒与射孔孔眼压力加载分析步射孔孔眼孔隙压力修改：点击左侧工具箱区快捷按钮(Boundary Condition Manager)或菜单栏 BC→Manager…，进入边界条件管理器(Boundary Condition Manager)对话框[见图 6-84(a)]，选择 Pore-pressure-hole 边界条件的 Step-2 分析步，点击右上角 Edit 按钮，进入边界条件编辑(Edit Boundary Condition)对话框[见图 6-84(b)]，压力值(Magnitude)输入 1.0×10^8，幅值曲线(Amplitude)选择 Hydraulic-pressure，设置完成后点击 OK 按钮完成 Step-2 分析步的井筒射孔孔眼的孔隙压力设置。

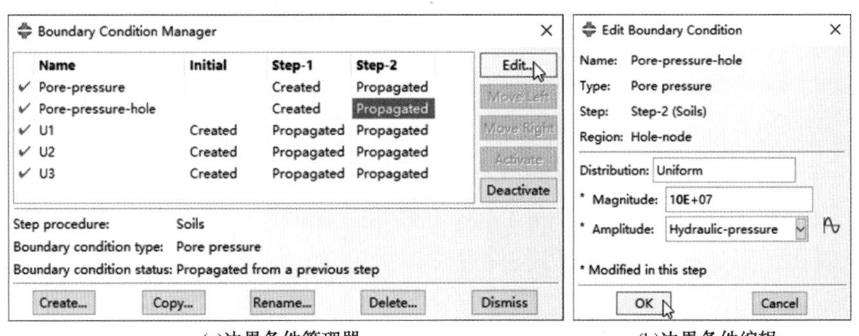

(a)边界条件管理器　　　　(b)边界条件编辑

图 6-84　射孔孔眼孔隙压力边界设置(井筒和射孔孔眼压力加载分析步)

井筒和射孔孔眼压力加载分析步中射孔孔眼孔隙压力修改后的边界条件 INP 输入文件中的显示如下：

****

*Boundary, amplitude=Hydraulic-pressure

**"*Boundary"边界条件关键词，幅值曲线名称为 Hydraulic-pressure。

Hole-node_ PP_ , 8, 8, 1e+08

**孔眼处节点集合，孔隙压力自由度为 8，最终的孔隙压力值为 1.0×10^8Pa。

****

2. 初始场变量设置

模型的初始场变量主要包括地应力、孔隙比、孔隙压力和饱和度等，每种初始场变量都需要单独进行设置。

1）初始地应力

点击左侧工具箱区快捷按钮(Create Predefined Field)或菜单栏 Predefined Field→Create…，进入初始场变量创建(Create Predefined Field)对话框[见图 6-85(a)]，分析步(Step)选择初始分析步(Initial)，种类(Category)选择力学(Mechanical)，场变量类型(Types for Selected Step)选择应力(Stress)，点击 Continue 后进行单元集合选择，

点击右下角提示区 Sets... 进入区域选择对话框[见图 6-85(b)]，在区域选择(Region Selection)中选择 Rock-ele 单元集合，单元集合分布如图 6-85(b)所示，点击区域选择对话框 Continue 按钮，进入场变量编辑(Edit Predefined Field)对话框[见图 6-85(c)]，指定(Specification)选择直接指定(Direct Specification)，Sigma11 输入-3.5e7，Sigma22 输入-3.0e7，Sigma33 输入-4.0e7，Sigma12、Sigma12 和 Sigma23 输入 0，点击 OK 按钮完成模型初始地应力场变量设置。

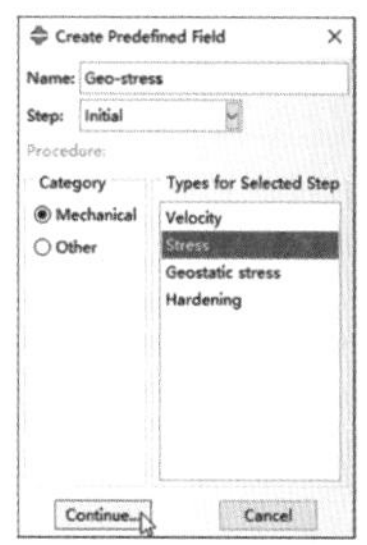

(a)初始场变量创建

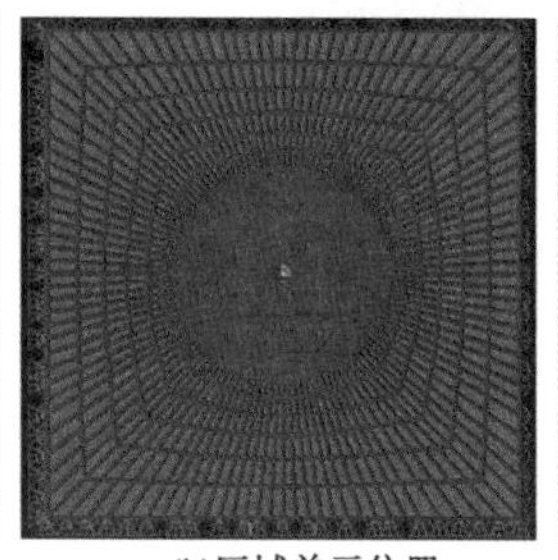
(b)区域单元位置

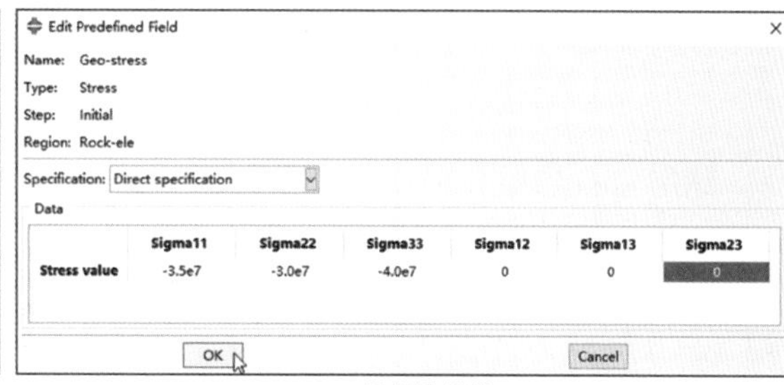

(c)场变量编辑

图 6-85　初始地应力设置

初始地应力场变量在 INP 输入文件中的显示如下：

****

** Name：Geo-stress　Type：Stress

**初始场变量名称为 Geo-stress，类型为应力。

*Initial Conditions，type=STRESS

**相关的关键词与参数设置。

Rock-ele，-3.5e+07，-3e+07，-4e+07，0.，0.，0.

**单元集合，X 方向应力值、Y 方向应力值、Z 方向应力值、XY 方向剪应力值、XZ 方向剪应力值、YZ 方向剪应力值。

****

2）初始孔隙比

模型的初始孔隙比主要包括储层岩石和水泥环，套管不采用流-固耦合模拟，无须进行初始孔隙比设置，具体设置流程如下：

① 储层岩石初始孔隙比场变量设置。点击左侧工具箱区快捷按钮 (Create Predefined Field)或菜单栏 Predefined Field→Create…，进入初始场变量创建(Create Predefined Field)对话框[见图 6-86(a)]，分析步(Step)选择初始分析步(Initial)，种类(Category)选择其他(Other)，分析步可选的类型(Types for Selected Step)选择孔隙比(Void ratio)，点击 Continue 按钮后，再次点击右下角提示区的 Sets... 按钮，进入区域选择(Region Selection)对话框[见图 6-86(b)]。在区域选择(Region Selection)对话框中选择 Rock-node 节点集合，如图 6-86(c)所示。点击区域选择对话框的 Continue 按钮进入初始场变量编辑(Edit Predefined Field)对话框，如图 6-86(d)所示，Void Ratio 1 输入 0.12，设置完成后点击 OK 按钮完成储层岩石的孔隙比设置。

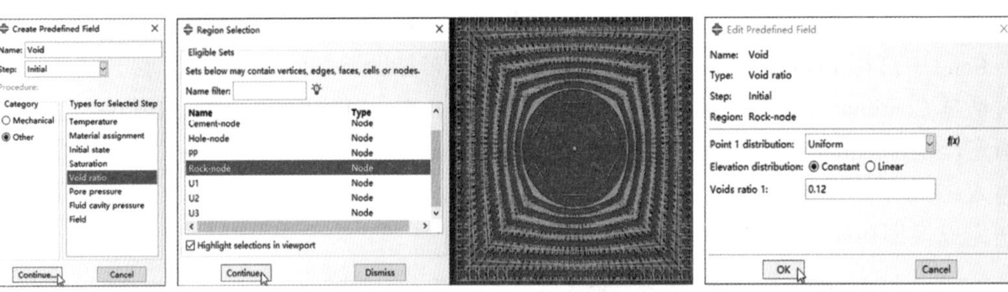

(a)初始场变量创建　(b)区域选择　(c)节点位置　(d)初始场变量编辑

图 6-86　储层岩石初始孔隙比设置

储层岩石初始孔隙比场变量在 INP 输入文件中的显示如下：

```
*********************************************************
** Name: Void   Type: Void ratio
** 储层岩石初始场变量名称为 Void，类型为孔隙比。
* Initial Conditions, TYPE=RATIO
Rock-node, 0.12
** 储层岩石节点集合，储层岩石孔隙比。
*********************************************************
```

② 水泥环初始孔隙比场变量设置。水泥环的初始孔隙比设置与储层岩石设置完全一致，水泥环的初始孔隙比设置为 0.10。

水泥环初始孔隙比场变量在 INP 输入文件中的显示如下：

```
*********************************************************
** Name: Void-cement   Type: Void ratio
** 水泥环场变量名称为 Void-cement，类型为孔隙比。
* Initial Conditions, TYPE=RATIO
cement-node, 0.1
** 节点集合为 cement-node，孔隙比为 0.1。
*********************************************************
```

3）初始饱和度

初始饱和度设置主要针对储层岩石进行初始饱和度设置，具体设置流程如下：

点击左侧工具箱区快捷按钮 (Create Predefined Field) 或菜单栏 Predefined Field →Create…，进入初始场变量创建(Create Predefined Field)对话框，对话框中初始场变量名称输入 Sat，种类(Category)选择其他(Other)，分析步可选的初始场变量类型(Types for Selected Step)选择饱和度(Saturation)。区域选择(Region Selection)对话框选择 Rock-node 节点集合。在初始场变量编辑(Edit Predefined Field)对话框中，饱和度(Saturation)选项输入 1.0，初始饱和度设置为 1.0。

储层岩石初始饱和度场变量在 INP 输入文件中的显示如下：

```
*********************************************************
** Name: Sat   Type: Saturation
** 场变量名称为 Sat，类型为饱和度。
```

```
*Initial Conditions, type=SATURATION
Rock-node, 1.
**初始饱和度场变量值设置为 1.0。
******************************************************************
```

4）初始孔隙压力

储层岩石的初始孔隙压力设置为 2.5×10^7Pa。

储层岩石初始孔隙压力场变量在 INP 输入文件中的显示如下：

```
******************************************************************
** Name: Pore-pressure    Type: Pore Pressure
**储层岩石的初始孔隙压力，类型为孔隙压力。
*Initial Conditions, TYPE= Pore Pressure
Rock-node, 2.5e+07
**初始孔隙压力为 2.5×10^7Pa。
******************************************************************
```

3. 载荷加载

1）套管面载荷

本例有两个分析步，两个分析步的载荷不同。地应力平衡分析步套管的面载荷为井底压力，本例设置的井底压力为 2.0×10^7Pa。井筒和射孔孔眼压力加载分析步主要为水力压裂过程中井底压力的加载过程，压力随着流体的注入不断增加，本例设置的最大压力为 1.0×10^8Pa。套管面载荷的加载流程如下：

① 地应力平衡分析步。点击左侧工具箱区快捷按钮 (Create Load) 或菜单栏 Load case→Create…，进入载荷创建(Create Load)对话框[见图 6-87(a)]，分析步(Step)选择 Step-1，种类(Category)选择力学(Mechanical)，分析步可选的类型(Types for Selected Step)选择压力(Pressure)，选择完成后点击 Continue 按钮进行加载区域选择。点击右下角提示区 Surface 按钮，进入区域选择(Region Selection)对话框[见图 6-87(b)]，选择面集合 casing-surface[见图 6-87(c)]，区域选择后点击 Continue 按钮进入载荷编辑(Edit Load)对话框[见图 6-87(d)]，分布方式(Distribution)选择一致(Uniform)，大小(Magnitude)输入 2.0e7，点击 OK 按钮完成套管内壁压力设置。

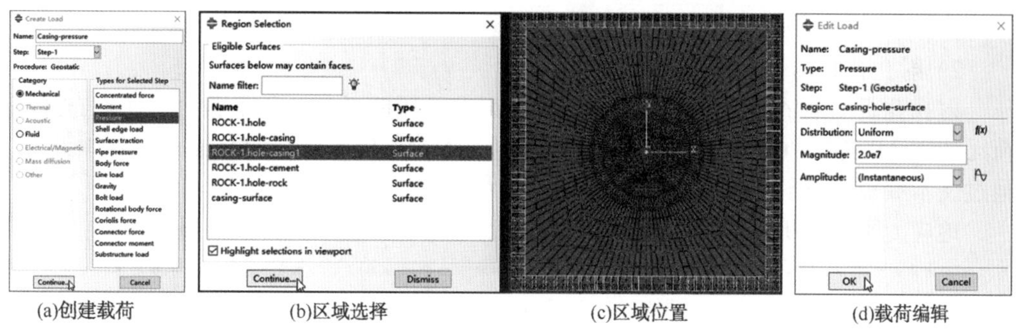

(a)创建载荷 (b)区域选择 (c)区域位置 (d)载荷编辑

图 6-87 套管面载荷设置(地应力平衡分析步)

地应力平衡分析步中套管表面的载荷设置在 INP 输入文件中的显示如下：

****

* Dsload

** 面均布式载荷设置。

casing-surface, P, 2e+07

** 套管表面面集合，P 表示均布式载荷，载荷值为 2.0×10^7Pa。

****

② 井筒和射孔孔眼压力加载分析步。点击左侧工具箱区快捷按钮 (Load Manager)或菜单栏 Load→Manager…，进入载荷管理器(Load Manager)对话框[见图 6-88(a)]，对话框中选择 Step-2 分析步，点击右上角的 Edit 按钮，进入载荷编辑(Edit Load)对话框[见图 6-88(b)]，对话框框中大小(Magnitude)输入 1.0×10^8Pa，幅值曲线(Amplitude)选择 Hydraulic-pressure，点击 OK 按钮完成设置。

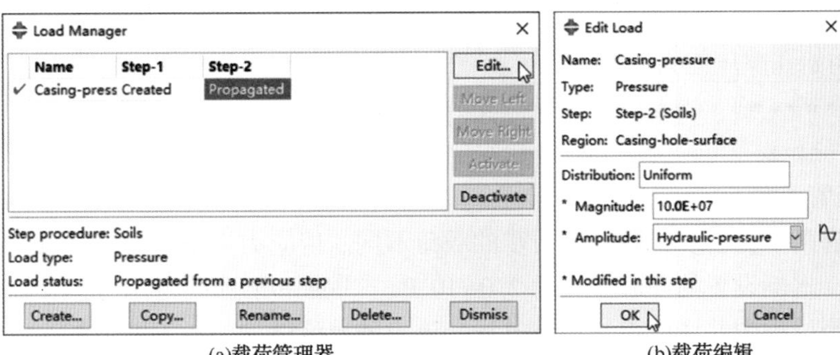

(a)载荷管理器　　(b)载荷编辑

图 6-88　套管面载荷设置(井筒和射孔孔眼压力加载分析步)

在井筒和射孔孔眼压力加载分析步中，套管表面的载荷设置在 INP 输入文件中的显示如下：

****

* Dsload, amplitude = Casing-pressure

** 井筒和射孔孔眼压力加载分析步套管表面均布载荷设置，幅值曲线为 Hydraulic-pressure。

casing-surface, P, 1e+08

** 最大载荷值为 1.0×10^8Pa。

****

2) 射孔孔眼均布式载荷

射孔孔眼的液体均布式压力通过嵌入的射孔孔眼膜单元进行加载，单元均布式载荷无法在 ABAQUS/CAE 中直接设置，需要通过关键词编辑或在 INP 输入文件中设置，通过文本编辑进行射孔孔眼膜单元的水力压力的加载设置。

地应力平衡分析步射孔孔眼表面的载荷设置在 INP 输入文件中的显示如下：

****

* Dload

** 单元均布式载荷设置。

hole-ele, P,　　-2e7

** 单元集合为 hole-ele，P 表示均布载荷，载荷值为 2.0×10^7Pa。

****

井筒和射孔孔眼压力加载分析步射孔孔眼表面的载荷设置在INP文件中的显示如下：

****

*Dload, amplitude=Hydraulic-pressure

**射孔孔眼膜单元均布式载荷设置，幅值曲线为Hydraulic-pressure。

hole-ele, P,   -10e7

**单元集合为hole-ele，P表示均布载荷，载荷值为1.0×10^{8}Pa。

****

6.2.2.7 Job功能模块

相关的分析步、载荷等设置完成后，切换至Job功能模块，进行作业创建设置。

作业名称(Name)为Helix-per-hydraulic-initation，作业编辑(Edit Job)对话框中采用默认设置，点击OK按钮完成作业创建。

点击菜单栏Model→Edit Attribute→Model-1，进入模型属性编辑(Edit model Attribute)对话框，对话框中勾选INP文件中不使用部件和装配。

点击左侧工具箱区快捷按钮(Job Manager)或菜单栏Job→Manager…，进入作业管理器(Job Manager)对话框，点击右上角Write Input按钮，输出名称为Helix-per-hydraulic-initation INP输入文件。

6.2.3 模拟计算

INP输入文件输出后利用ABAQUS/Command命令窗口提交计算，计算完成后进行结果输出与分析。

输出的结果文件变量主要包括应力、孔隙比、孔隙压力、饱和度和位移变量等参数，用户根据需要进行分析。

井筒和射孔孔眼压力加载分析步不同模拟阶段的孔隙压力变化如图6-89所示，图6-89(a)为加载0.25s后的孔隙压力，图6-89(b)为压力加载0.5s后的孔隙压力，图6-89(c)为加载0.75s后的孔隙压力，图6-89(d)为加载完成后的孔隙压力。

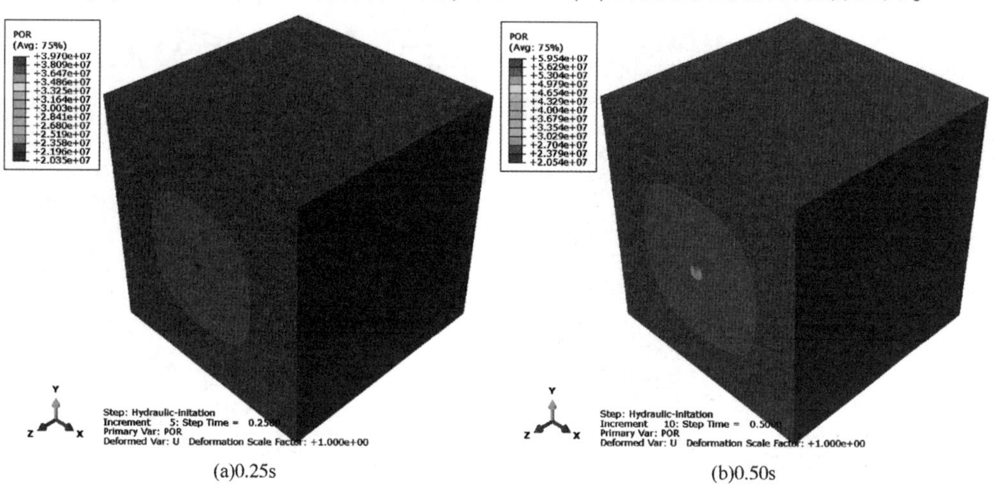

(a)0.25s (b)0.50s

图6-89 孔隙压力变化云图

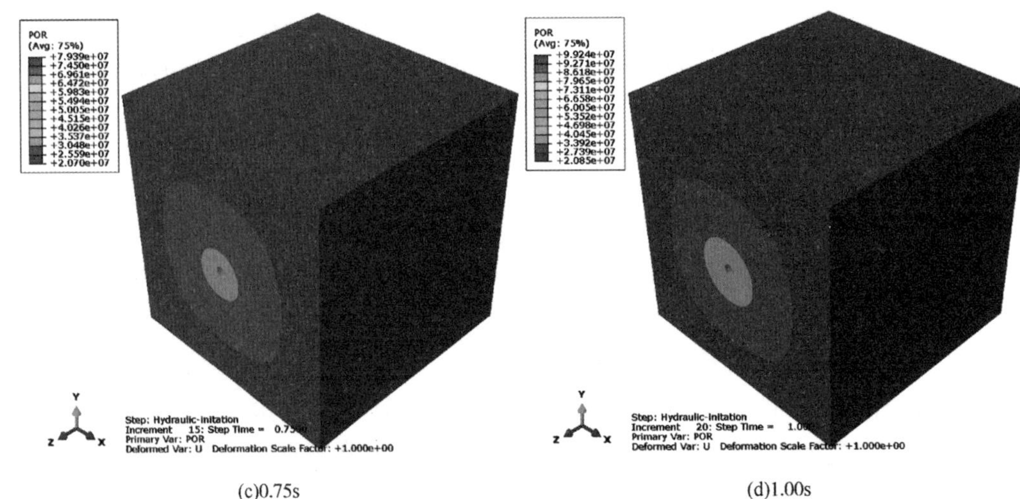

(c)0.75s　　(d)1.00s

图 6-89　孔隙压力变化云图(续)

相应的不同模拟阶段的最大主应力(实际最小主应力)变化云图如图 6-90 所示。

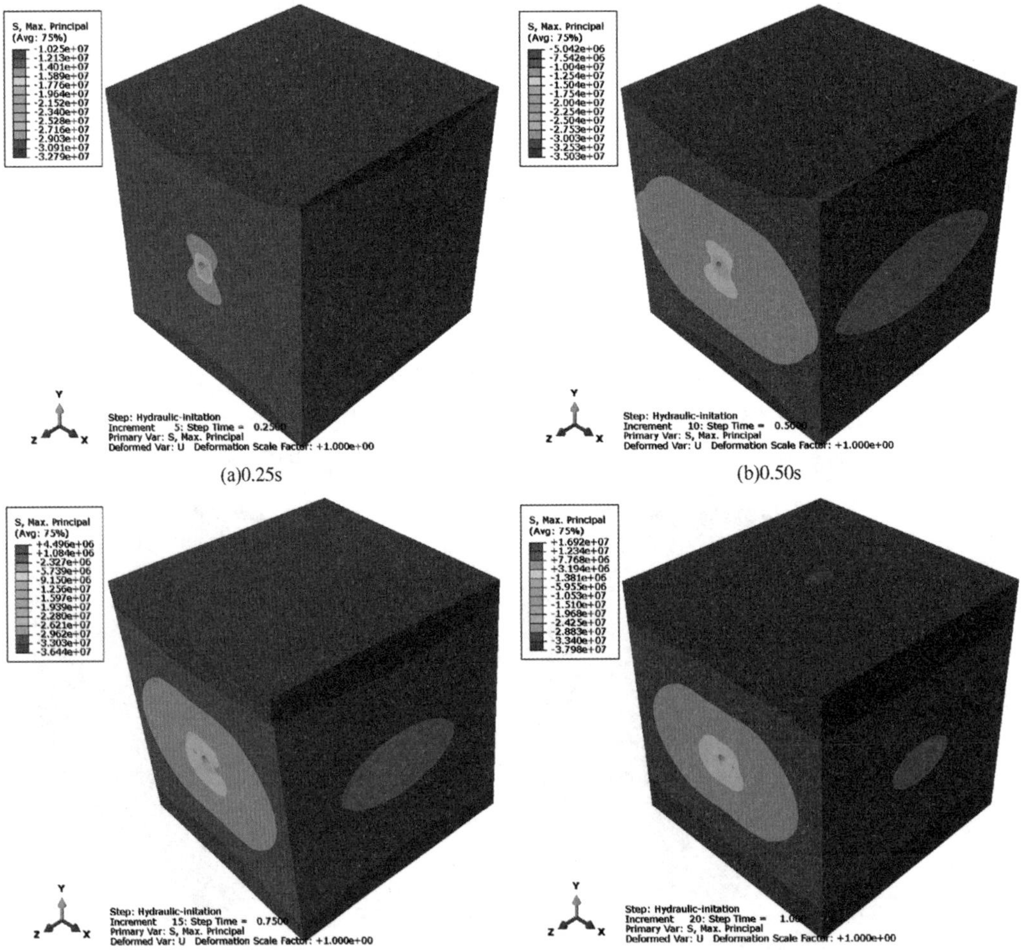

(a)0.25s　　(b)0.50s

(c)0.75s　　(d)1.00s

图 6-90　最大主应力变化云图

相应的不同模拟阶段的中间主应力变化云图如图 6-91 所示。

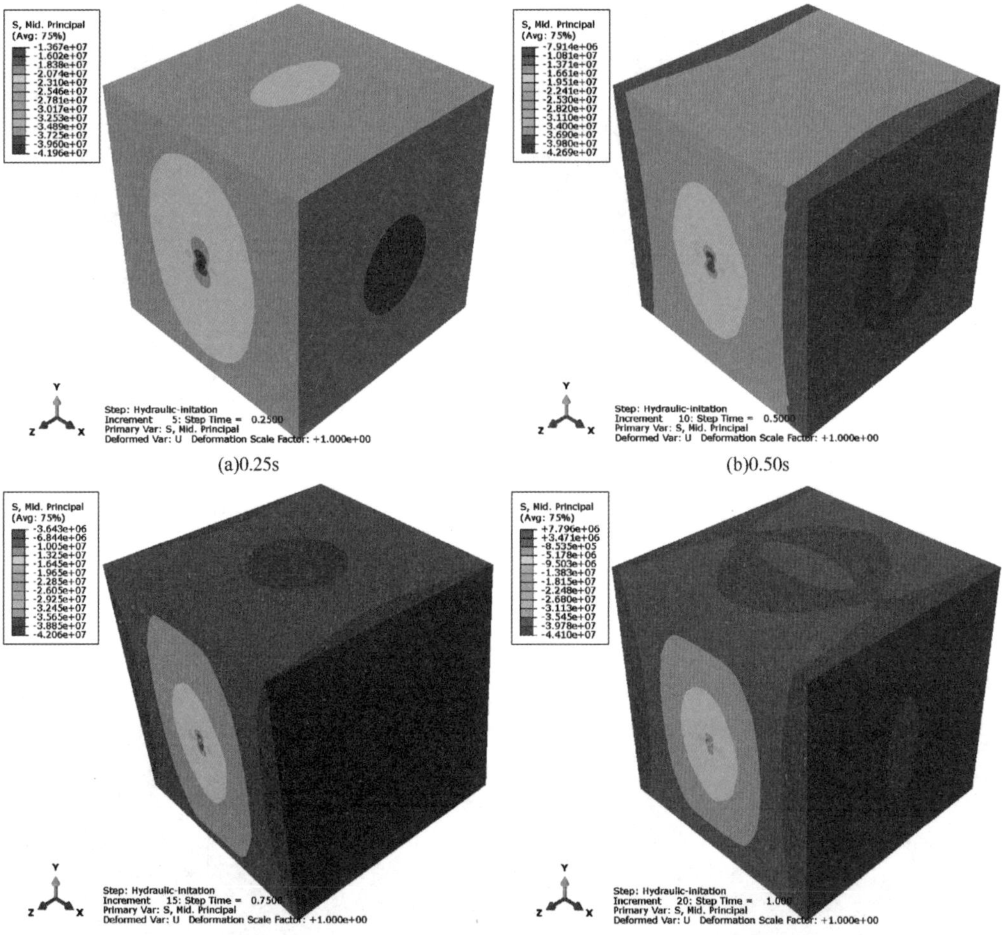

(a)0.25s

(b)0.50s

(c)0.75s

(d)1.00s

图 6-91 中间主应力变化云图

相应的不同模拟阶段的最小主应力(实际最大主应力)变化云图如图 6-92 所示。

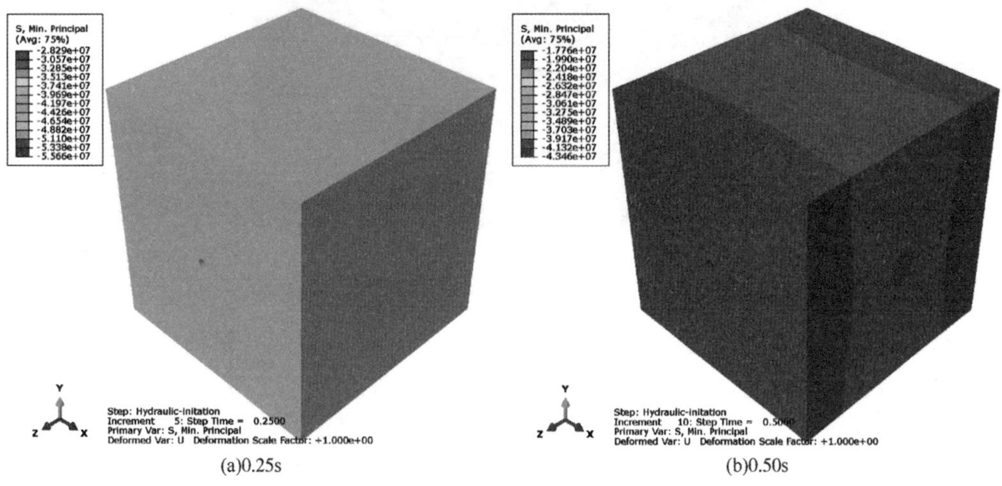

(a)0.25s

(b)0.50s

图 6-92 最小主应力变化云图

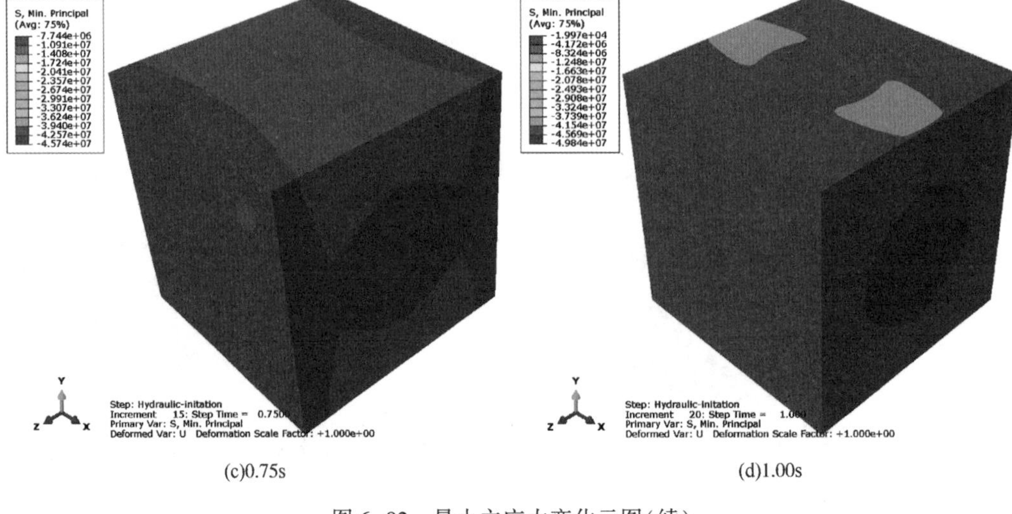

(c)0.75s　　(d)1.00s

图 6-92　最小主应力变化云图(续)

压裂起裂研究主要分析射孔孔眼周围的应力变化，依据应力变化特征可分析起裂位置。因此，射孔孔眼周围的应力变化为关注的重点。不同压力加载时间点的射孔孔眼周围的最大主应力(实际为最小主应力)、中间主应力和最小主应力(实际为最大主应力)分别如图 6-93~图 6-95 所示。

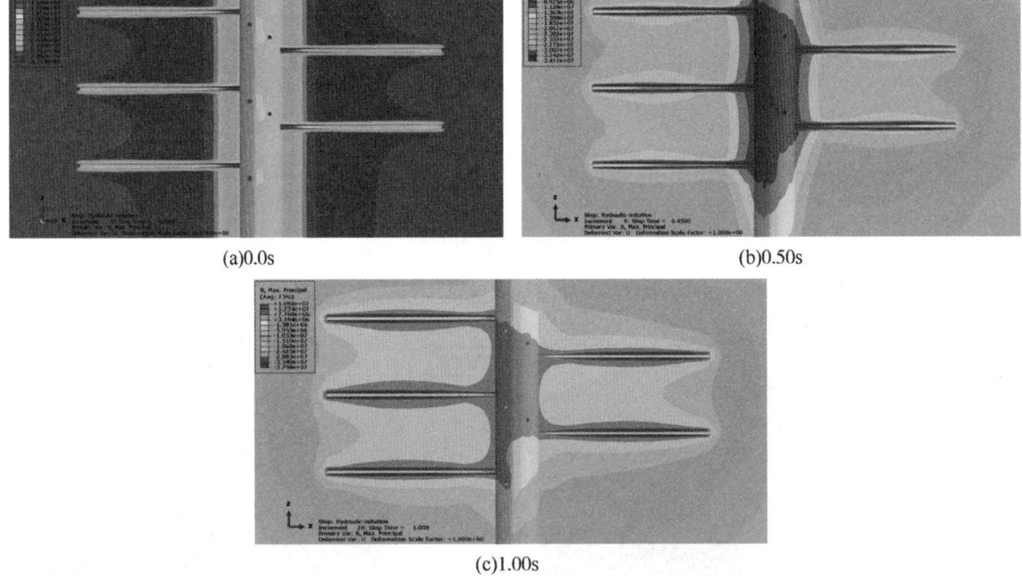

(a)0.0s　　(b)0.50s

(c)1.00s

图 6-93　射孔孔眼周围最大主应力变化云图

为了更好地观测射孔孔眼面的应力变化，用户可显示射孔孔眼面的最大主应力、中间主应力和最小主应力的分布情况，依据射孔孔眼面的主应力变化规律进一步确定起裂压力和起裂位置。

不同加载阶段射孔孔眼面的最大主应力分布如图 6-96 所示。

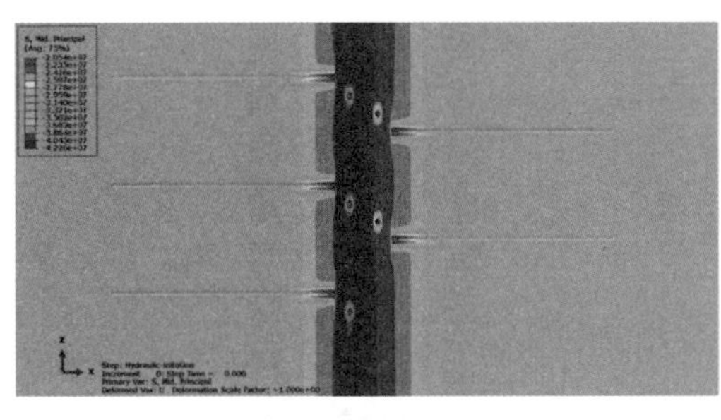

(a)0.0s

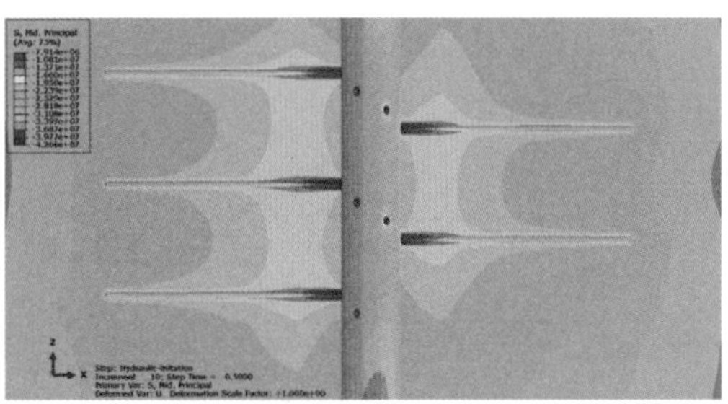

(b)0.50s

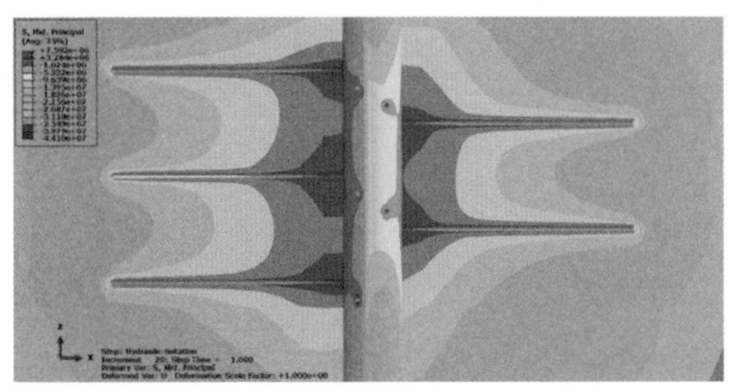

(c)1.00s

图 6-94　射孔孔眼周围中间主应力变化云图

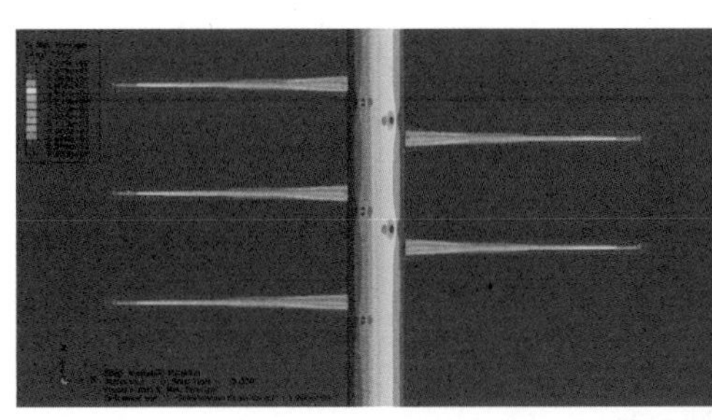

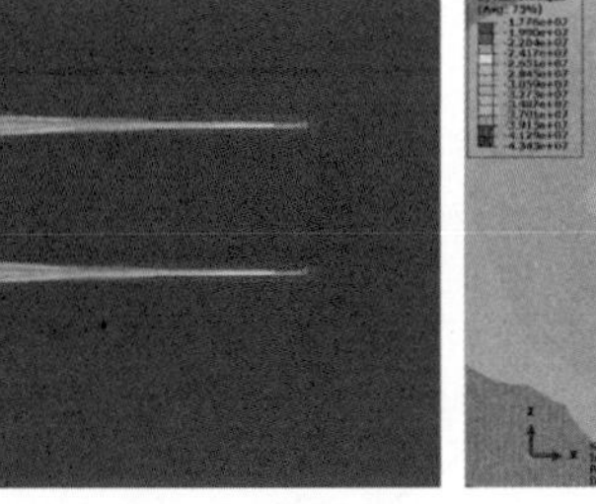

(a)0.0s

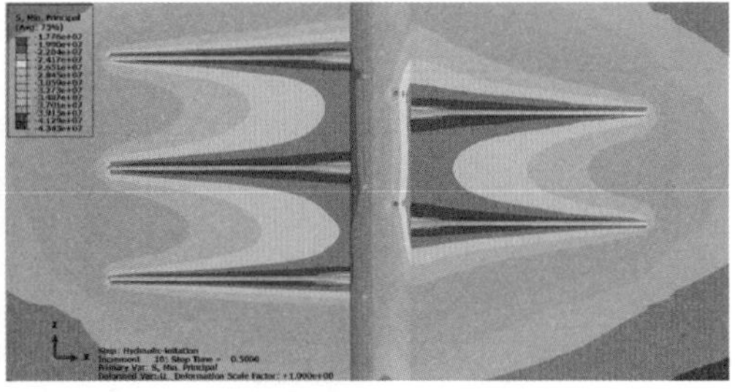

(b)0.50s

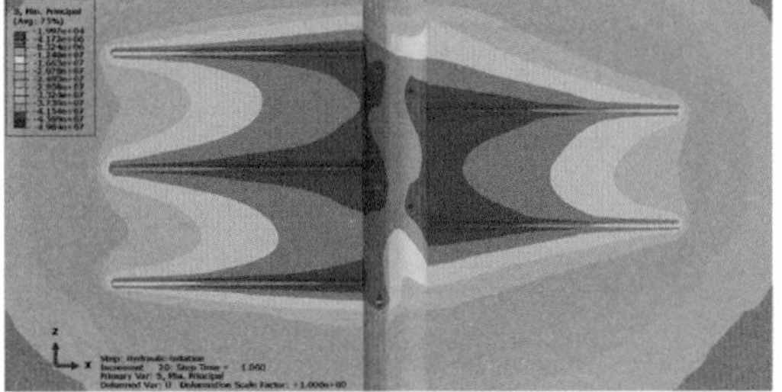

(c)1.00s

图 6-95　射孔孔眼周围最小主应力变化云图

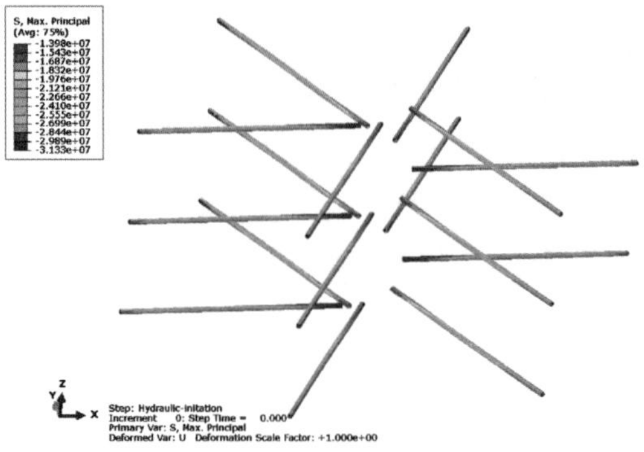

(a)0.0s

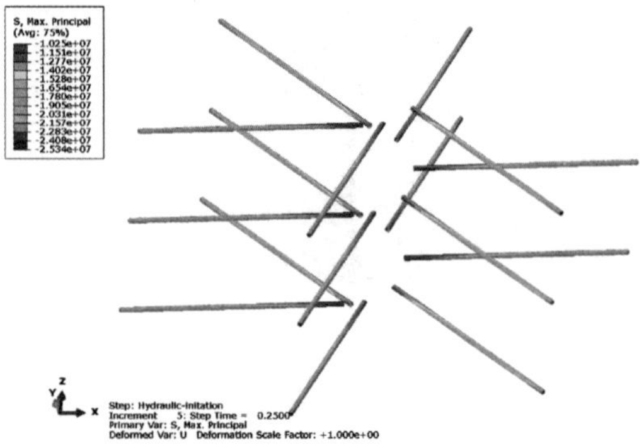

(b)0.25s

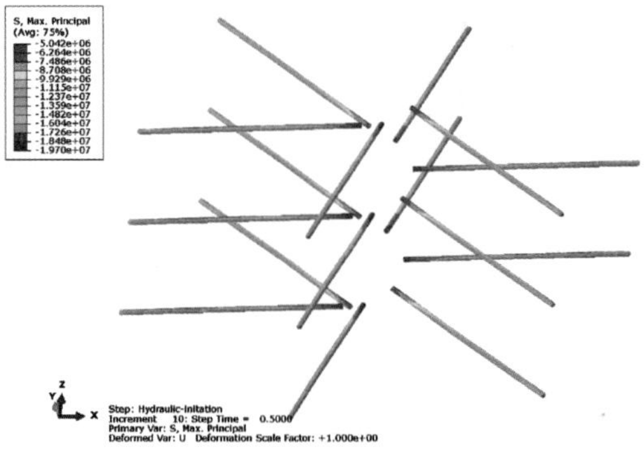

(c)0.50s

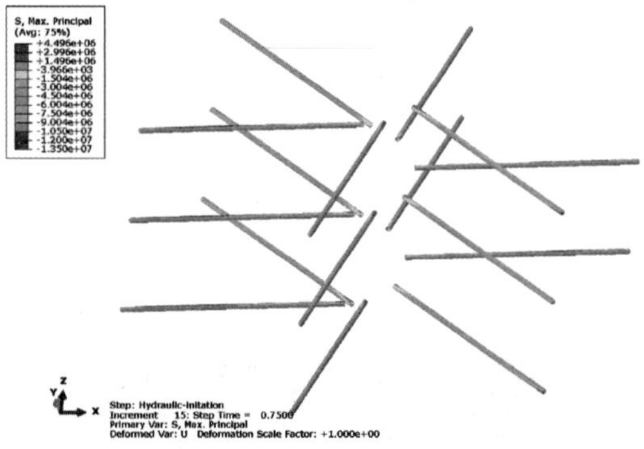

(d)0.75s

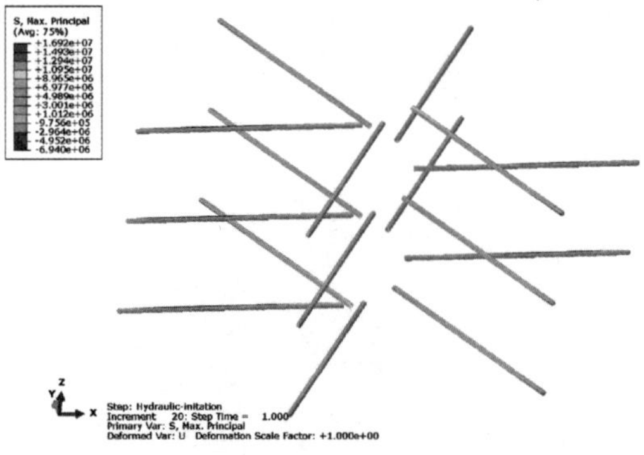

(e)1.00s

图 6-96　射孔孔眼面最大主应力变化云图

不同加载阶段射孔孔眼面的中间主应力分布如图 6-97 所示。

不同加载阶段射孔孔眼面的最小主应力分布如图 6-98 所示。

根据射孔孔眼面最大主应力(实际为最小主应力)变化特征，压力加载至 7.9×10^{7} Pa 时，射孔孔眼周围的压应力转变成拉应力，假设储层的抗拉强度为 4.0×10^{7}Pa，此时即可认为射孔孔眼周围发生起裂。

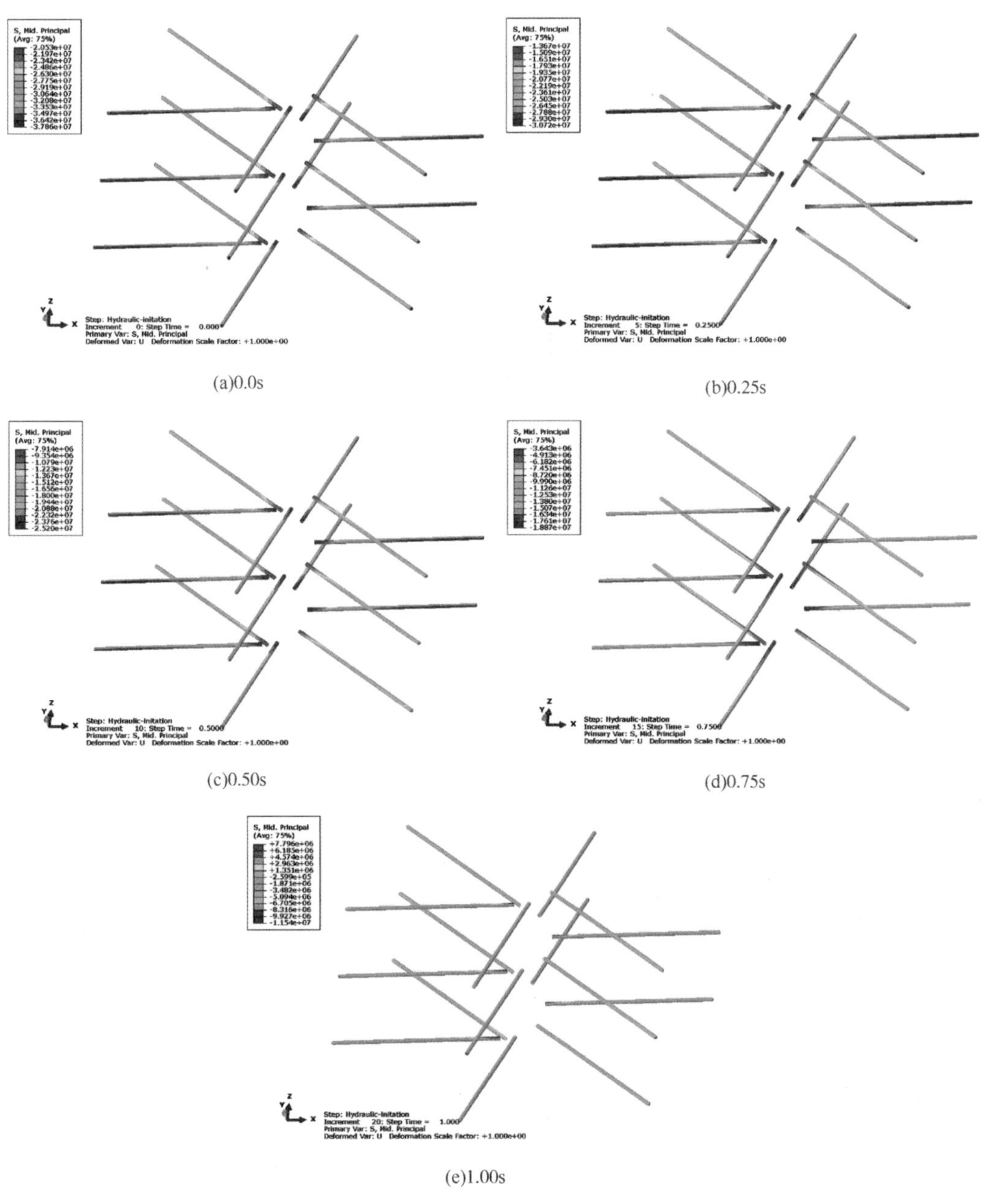

(a)0.0s　(b)0.25s　(c)0.50s　(d)0.75s　(e)1.00s

图 6-97　射孔孔眼面中间主应力变化云图

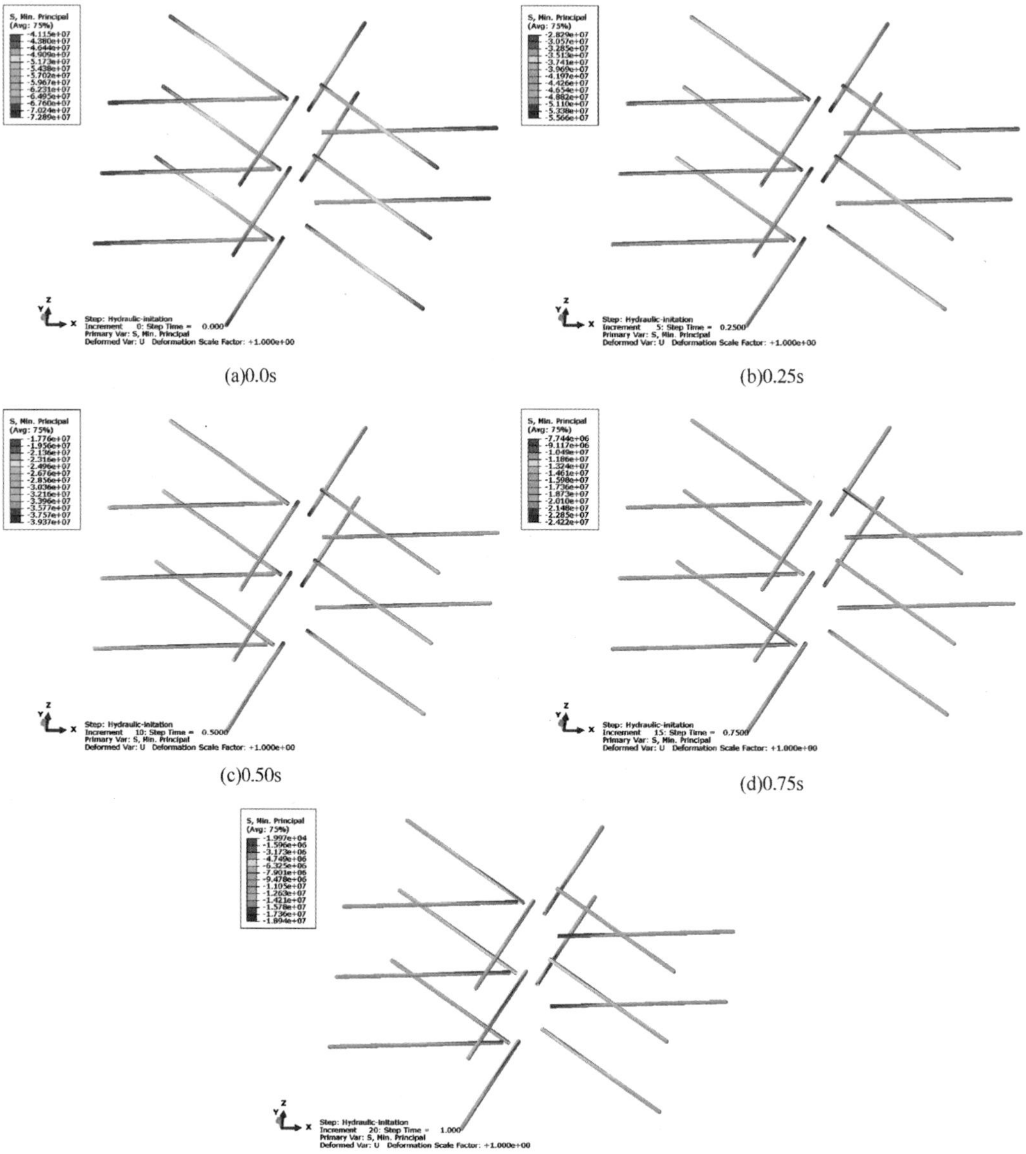

(a)0.0s

(b)0.25s

(c)0.50s

(d)0.75s

(e)1.00s

图 6-98　射孔孔眼面最小主应力变化云图

6.3　水平井“多段分簇”压裂起裂

非常规油气储层常采用水平井分段压裂开发，依据储层特征和压裂工艺，单段射多簇孔眼、多簇射孔孔眼对储层的应力状态造成影响。压裂过程中多簇射孔孔眼能否同时起裂并向前延伸是形成多簇裂缝的关键，因此研究多簇射孔起裂问题可为水平井分段压裂分段分簇提供理论依据。

6.3.1 问题说明

水平井分簇压裂起裂模拟需要综合考虑射孔、储层、套管和水泥环等特征，模型示意图如图 6-99 所示，模型外部为长方体，中间为套管、水泥环，射孔簇数为 3 簇。模型外部设置位移边界条件和孔隙压力边界，套管和射孔孔眼内部加载流体压力载荷，射孔孔眼还需加载流体注入的孔隙压力边界条件。

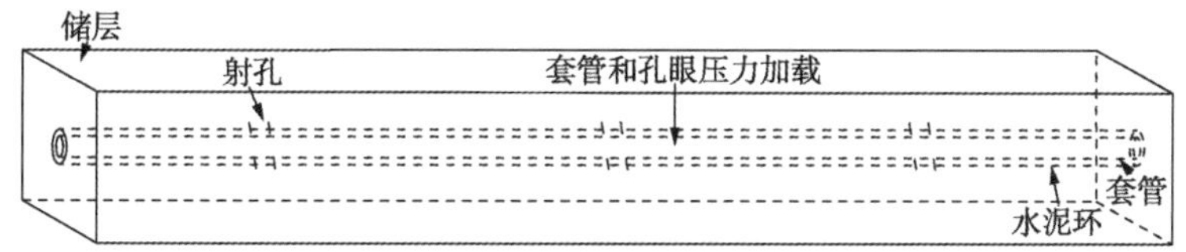

图 6-99　模型示意图

本例模型形状为采用长方体，采用国际单位制进行模拟，具体的模型几何参数如表6-3所示，主要包括模型尺寸、射孔参数、储层物性、力学参数等。在模型构建过程中，套管采用膜单元进行模拟，因此，几何模型井筒的内径为水泥环内径，后期通过嵌入零厚度的膜单元模拟套管。

表 6-3　模型几何参数和计算参数

参数名称	数值	参数名称	数值
储层几何尺寸(长×宽×高)/m	80.0	射孔簇数/簇	3.0
	10.0	射孔簇间距/m	25
	10.0	射孔孔眼数量/个	48
套管内径/m	0.1272	单簇射孔孔眼数量/个	16
套管壁厚/m	0.0092	总射孔长度/m	3.0
水泥环内径/m	0.1456	单簇射孔长度/m	1.0
水泥环厚度/m	0.04	射孔孔眼相位角/(°)	60
套管弹性模量/$\times10^{11}$Pa	2.11	射孔孔眼方位角/(°)	0.0
套管泊松比(无因次)	0.18	水泥环渗透系数/($\times10^{-8}$m/s)	2.0
储层弹性模量/$\times10^{10}$Pa	3.5	射孔孔眼直径/mm	10.0
储层泊松比(无因次)	0.21	射孔孔眼长度/mm	100.0
储层抗拉强度/$\times10^{6}$Pa	4.0	射孔膜单元弹性模量/Pa	1.0
储层孔隙比(无因次)	0.15	射孔膜单元泊松比(无因次)	0.45
储层渗透系数/($\times10^{-7}$m/s)	2.0	垂向主应力/$\times10^{7}$Pa	4.0
储层初始饱和度(无因次)	1.0	水平最大主应力/$\times10^{7}$Pa	3.5
水泥环弹性模量/$\times10^{9}$Pa	9.0	水平最小主应力/$\times10^{7}$Pa	3.0
水泥环泊松比(无因次)	0.25	储层孔隙压力/$\times10^{7}$Pa	2.5
水泥环孔隙比(无因次)	0.1	最大加载压力/$\times10^{8}$Pa	1.2

6.3.2 模型建立

6.3.2.1 Part 功能模块

模型为水平井分簇射孔压裂模型，射孔孔眼簇数为 3 簇，单簇射孔孔眼为螺旋射孔分布。模型几何特征无法在 ABAQUS/CAE 的 Part 功能模块中构建，需要采用第三方软件进行几何模型绘制。模型的几何特征绘制完成后，导出形成 ABAQUS/CAE 能够识别的文件后导入 ABAQUS/CAE 软件中。

1. 几何部件导入

几何模型采用第三方软件进行绘制，模型尺度单位为 mm，几何模型绘制完成后输出为 SAT 类型文件。将文件拷贝至 ABAQUS 的工作目录中，便于模型的导入。

点击菜单栏 File→Import→Part…，进入部件导入(Import Part)对话框，对话框中选择几何模型文件，选择后点击 OK 按钮，进入二进制 ACIS 文件部件创建(Create Part from ACIS File)对话框，从工作目录中进行 ACIS 文件的导入，文件选择 Model-Initation. sat。

二进制 ACIS 文件部件创建(Create Part from ACIS File)对话框中名称-修复(Name-Repair)界面和部件属性(Part Attribute)界面采用默认设置，缩放(Scale)界面中选择所有长度(Multiple all lengths by)选项，输入 0. 001，将 mm 尺度模型转变成 m 尺度几何模型。

导入的部件如图 6-100 所示，总计考虑 3 簇射孔孔眼，总计射孔孔眼数量为 48 个。

(a)线框图 (b)阴影图

图 6-100 导入后的部件

部件单簇射孔孔眼线框图如图 6-101 所示，单簇射孔采用 60°相位角螺旋射孔，单簇射孔 16 个。射孔孔眼端部采用圆滑处理，降低射孔孔眼端部的应力集中效应。

2. 部件剖分

利用左侧工具箱区快捷按钮(Partition Face：Sketch)和(Partition Cell：Extrude/Sweep Edges)功能进行水泥环的延伸体剖分，通过延伸体剖分形成水泥环实体(Cells)。体剖分后的部件端面如图 6-102 所示。

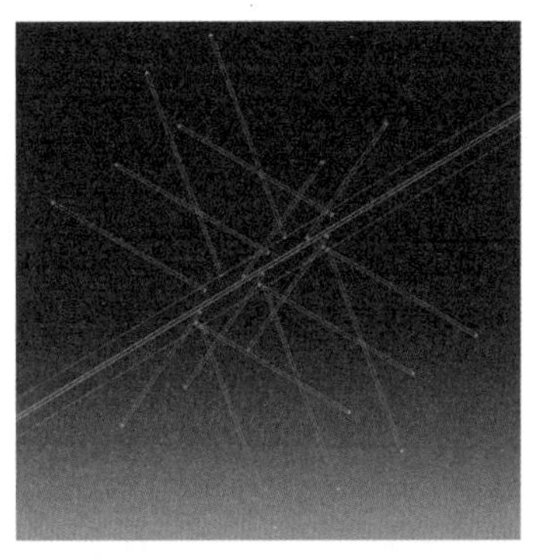

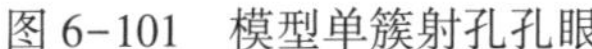
图 6-101　模型单簇射孔孔眼

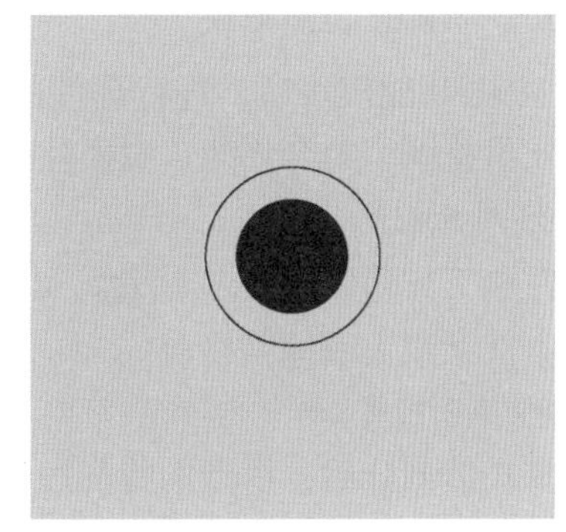

图 6-102　水泥环体剖分

为方便后期网格划分，水泥环剖分完成后再次利用左侧工具箱区快捷按钮(Partition Face：Sketch)、(Partition Cell：Extrude/Sweep Edges)、(Partition Cell：Define Cutting Plane)功能进行部件的各种体剖分。体剖分后的部件整体如图 6-103 所示。

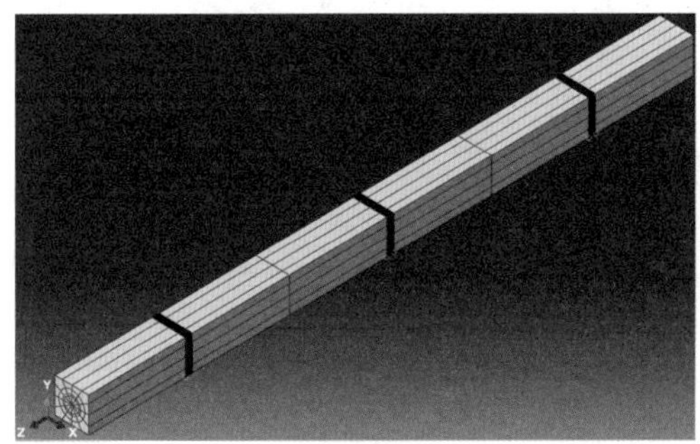

(a)阴影图

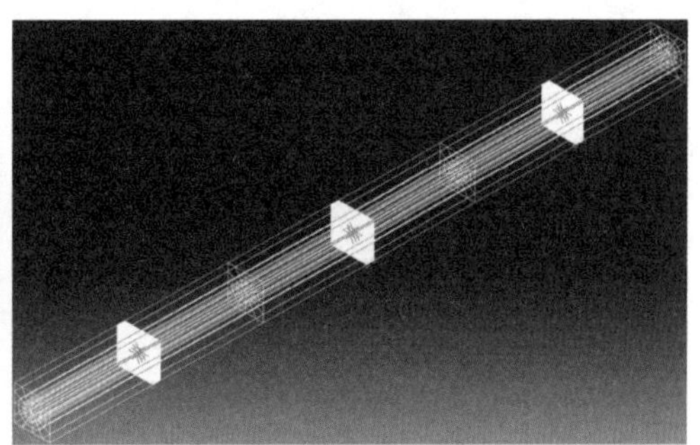

(b)线框图

图 6-103　完全剖分后的部件

体剖分后的部件端面剖分如图 6-104(a)所示，射孔簇附件的剖分形成的几何线特征如图 6-104(b)所示。

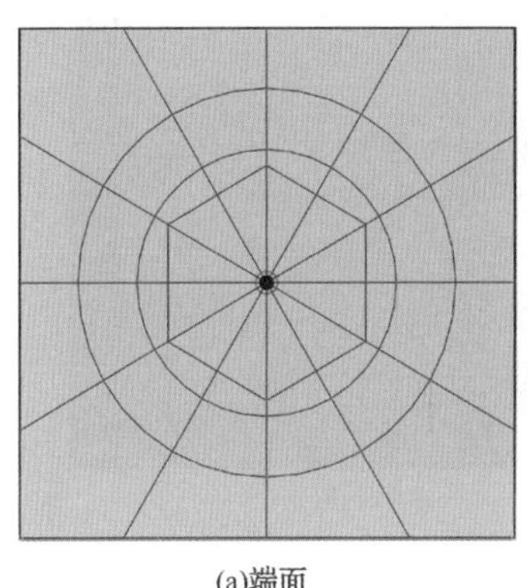

(a)端面

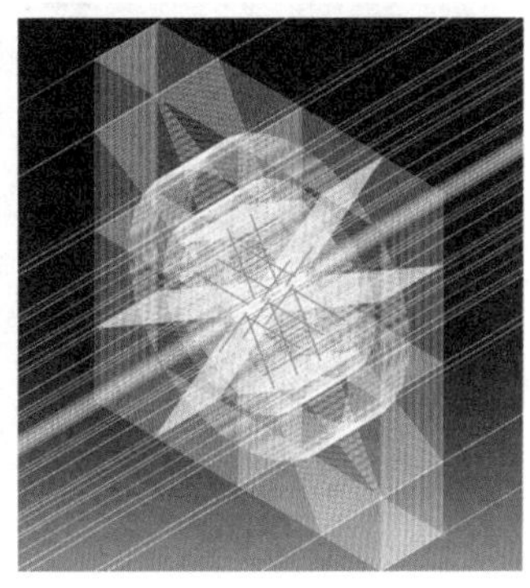

(b)射孔簇附近

图 6-104　部件局部显示

6.3.2.2 Mesh 功能模块

进入 Mesh 功能模块后，进行部件的网格划分控制、网格单元种子布置、网格划分、网格质量检测、集合创建、自由化孤立网格部件生成、网格类型选择等设置。

1. 网格划分控制

利用左侧工具箱区快捷按钮 (Mesh Controls) 进行整体部件的网格划分技术设置，部件全部采用六面体网格(Hex)，划分技术为结构化划分技术(Structured)。

2. 网格种子布置

进行多次体剖分后，模型的特征边较多，网格种子的布置可采用全域边和局部边种子相结合的布置方式，既可提升网格种子设置的效率，又可针对性地改善网格质量。具体的设置流程如下：

利用左侧工具箱区快捷按钮 (Seed Part) 和 (Seed Edges) 进行部件网格种子布置，部件的网格种子分布如图 6-105 所示，主要以局部边种子(Local Seeds)设置为主，以部件区域种子(Seed Part)设置为辅。

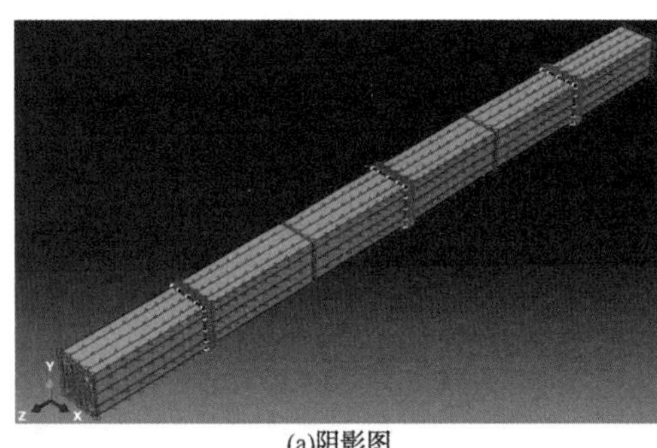

(a)阴影图

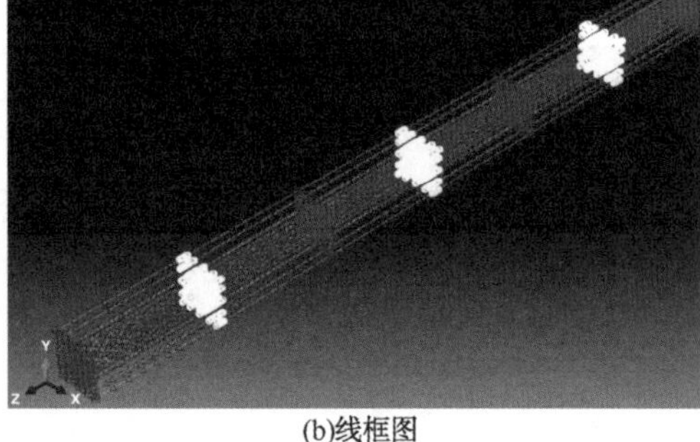

(b)线框图

图 6-105　部件网格划分技术设置

部件的局部区域网格种子如图 6-106 所示，部件端面的网格种子布置如图 6-106(a)所示，井筒周围进行网格加密。射孔孔眼周围的网格分布如图 6-106(b)所示，射孔孔眼周围的网格种子的数量远高于其他区域。

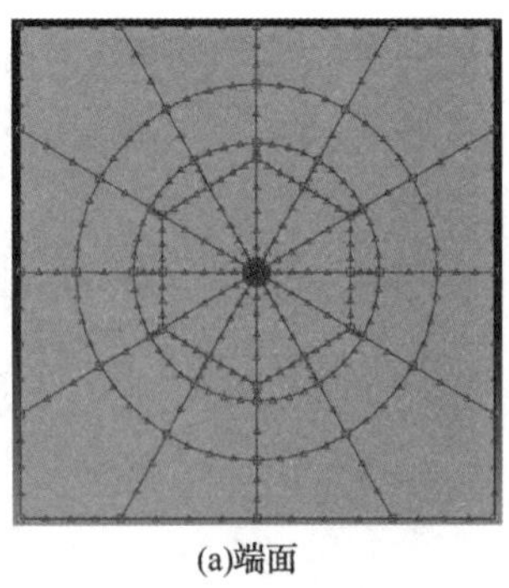

(a)端面

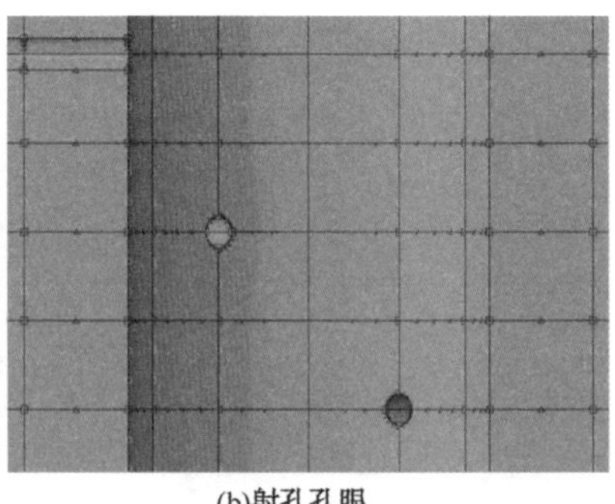

(b)射孔孔眼

图 6-106　部件局部网格单元种子分布

3. 网格划分

模型射孔区域需要进行网格加密，射孔区域的网格为模型的重点，用户可先利用局部网格划分功能进行射孔孔眼周围网格的划分，射孔孔眼周围的网格划分后用户可观测射孔孔眼周围的网格情况。同时，用户也可采用全域部件网格划分，进行整体部件的网格划分。部件网格划分后的部件如图6-107所示。

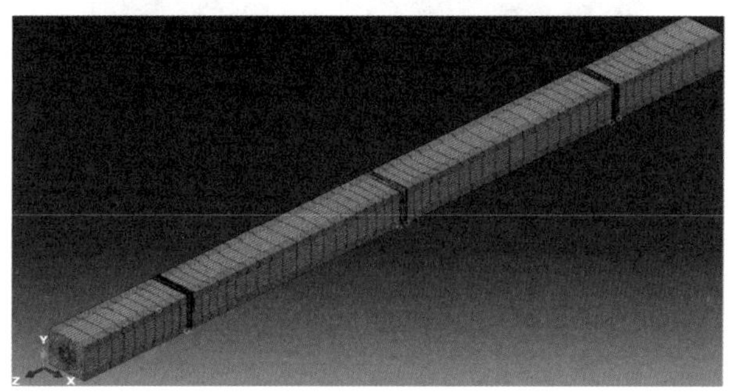

图6-107　部件整体网格分布

射孔段和射孔孔眼周围的网格分布如图6-108所示，射孔段的网格占整体部件的网格数量的80%以上。

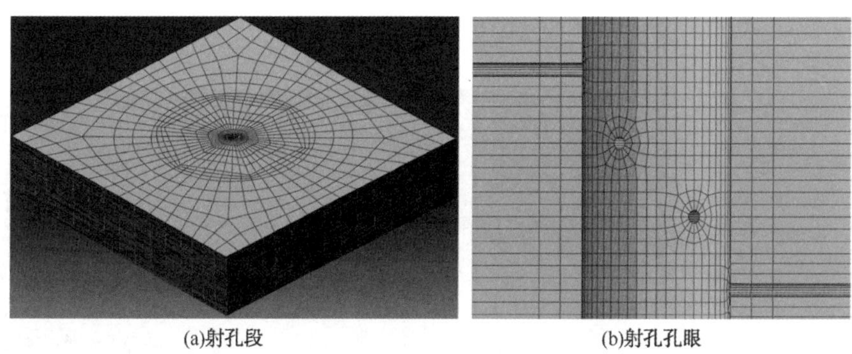

(a)射孔段　　(b)射孔孔眼

图6-108　射孔段网格分布

4. 网格质量检测

利用左侧工具箱区快捷按钮(Verify Mesh)或菜单栏Mesh→Verify…，在视图区选择部件实体(Cells)后点击左下角提示区的Done按钮，进入网格质量检测(Verify Mesh)对话框，进行部件网格质量检测。部件的网格质量检测结果如图6-109所示。由于进行部件整体网格数量控制，部分区域的网格存在警告(Warnings)单元，相关的网格检测结果显示如下：

```
*******************************************************************
Part: Model-initiation
Hex elements: 264576
  Max angle on Quad faces > 160: 13559 (5.1248%)
  Average max angle on quad faces: 107.98, Worst max angle on quad faces: 200.54
  Number ofelements : 264576, Analysis errors: 0 (0%), Analysis warnings: 22459 (8.48868%)
*******************************************************************
```

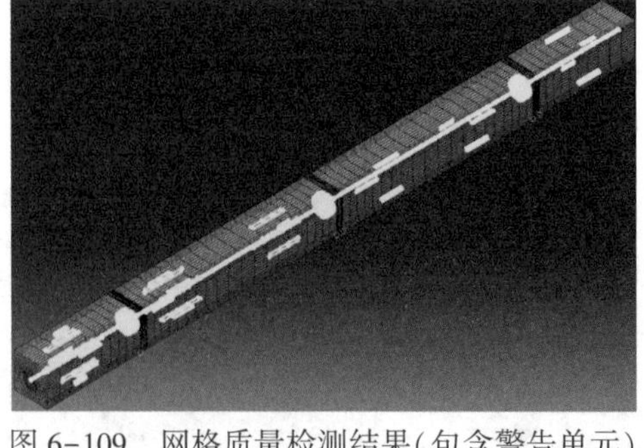

图 6-109　网格质量检测结果(包含警告单元)

5. 集合创建

为了方便后期进行材料属性赋值设置、膜单元网格嵌入等设置，模型可进行节点/单元和面集合设置。

1）节点/单元集合设置

点击菜单栏 Tools→Set→Create…，进入集合创建(Create Set)对话框，类型(Type)选择单元(Element)，进行水泥环(Cement 单元集合)和储层岩石(Rock 单元集合)集合创建。其中 Cement 单元集合的单元分布如图 6-110(a)所示，Rock 单元集合的单元分布如图 6-110(b)所示。

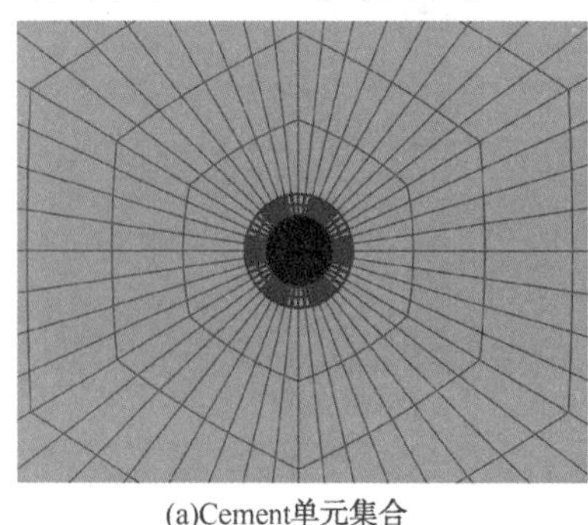

(a)Cement单元集合

(b)Rock单元集合

图 6-110　单元集合设置

2）面集合设置

为了方便后续的膜单元嵌入和射孔面结果的输出，针对井筒和射孔孔眼进行面集合设置，相关的面集合如图 6-111(a)所示，其中 Hole 面集合的分布如图 6-111(b)所示，Hole 面集合主要用于套管和射孔孔眼膜单元的嵌入。

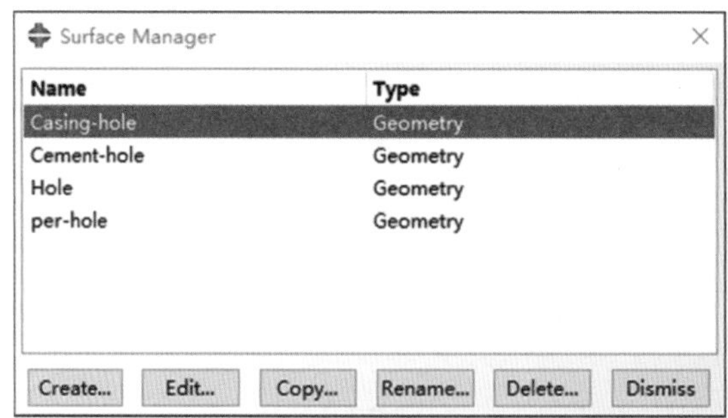

(a)面集合名称

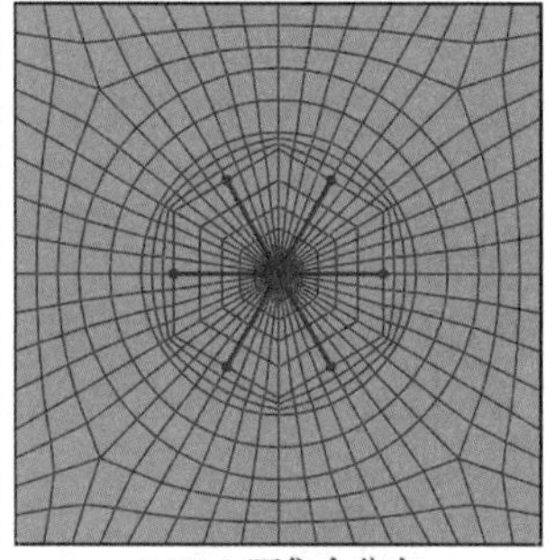

(b)Hole面集合分布

图 6-111　面集合设置

6. 自由化孤立网格部件生成

利用菜单栏 Create Mesh Part…命令，复制前期形成的结构化网格部件，结构化网格部件如图 6-112(a)所示，形成的自由化孤立网格部件如图 6-112(b)所示，形成的自由化孤立网格部件的命名为 Rock。后续相关的膜单元网格生成、材料赋值、实例映射都采用形成的自由化孤立网格部件 Rock。同时，前期在结构化部件建立的节点/单元集合与面集合同样会映射至 Rock 部件中。

(a)结构化部件

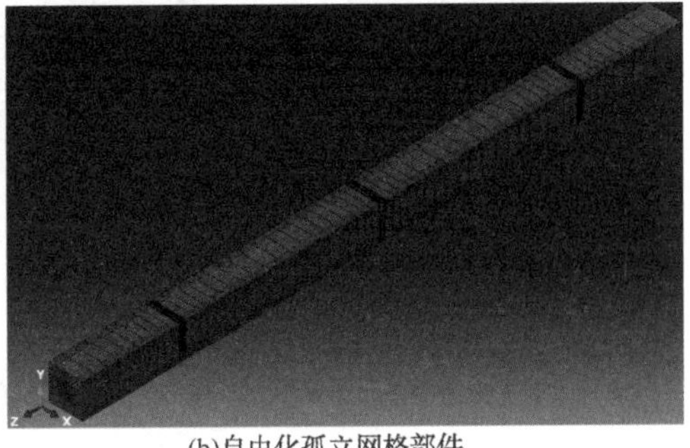

(b)自由化孤立网格部件

图 6-112　部件类型转化

7. 膜单元网格创建

利用左侧工具箱区快捷按钮 (Edit Mesh)进行膜单元网格的生成设置，具体设置流程如下：

点击左侧工具箱快捷按钮 (Edit Mesh)或菜单栏 Mesh→Edit，进入网格编辑(Edit Mesh)对话框[见图 6-113(a)]，种类(Category)选择网格(Mesh)方式(Method)选择偏移(创建壳面层)[Offset(Create shell layers)]，点击右下角提示区 Surfaces... 按钮，进入区域选择(Region Selection)对话框，选择 Hole 面集合，面集合分布如图 6-113(b)所示。面集合选定后点击区域选择对话框 Continue 按钮，进入壳面层-网格偏移(Offset Mesh-Shell Layers)对话框[见图 6-113(c)]，单元层数(Number of layers)输入 1，勾选指定初始偏移量(Specify initial offset)输入 0，勾选与壳面/表面共节点(Share nodes with base shell/surface)，保存偏移单元为集合(Save offset elements to a set)，同时集合名称(Set name)输入 Add-element，设置完成后点击 OK 按钮完成设置。

(a)网格编辑　(b)面选择　(c)壳面层-网格偏移设置

图 6-113　套管和射孔孔眼膜单元生成

新生成的膜单元如图 6-114 所示，包括井筒膜单元和射孔孔眼膜单元，整体分布如图 6-114(a)所示，其中某一射孔簇附近的膜单元如图 6-114(b)所示。

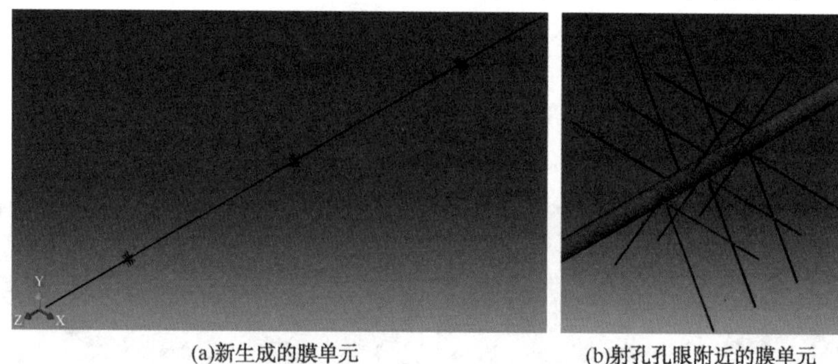

(a)新生成的膜单元　　(b)射孔孔眼附近的膜单元

图 6-114　新生成的膜单元

8. 膜单元网格集合创建

新形成的膜单元包括套管膜单元和射孔孔眼膜单元，两者的力学性能差异性大，需要单独进行膜单元集合创建，方便后期进行材料赋值。

创建的射孔孔眼膜单元集合名称为 Hole-per，集合类型为单元，集合网格分布如图 6-115(a)所示。创建的套管膜单元集合名称为 Casing，集合类型为单元，集合的网格单元分布如图 6-115(b)所示。

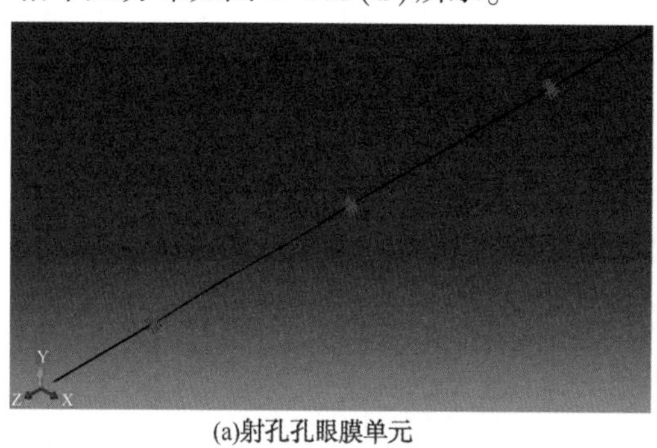

(a)射孔孔眼膜单元

(b)套管膜单元

图 6-115　膜单元集合设置

自由化孤立网格部件创建前建立的 Cement 单元集合和 Rock 单元集合同样存在于自由化孤立网格部件中，相关的部件分布如图 6-116 所示。

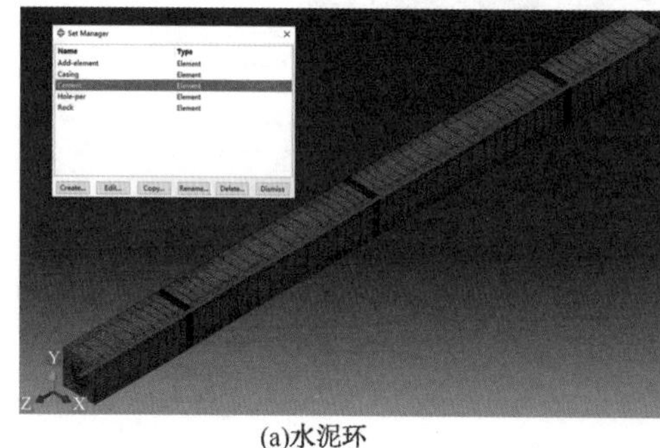

(a)水泥环

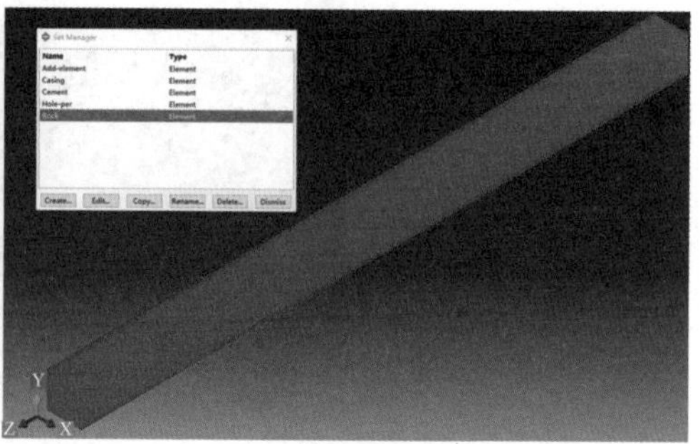

(b)储层岩石

图 6-116　网格集合设置

9. 单元类型选择

利用左侧工具箱区快捷按钮 (Assign Element Type) 或菜单栏 Mesh→Element Type…，进行单元类型选择。水泥环(集合名称为 Cement)和储层岩石(集合名称为 Rock)采用孔隙流体/应力(Pore Fluid/Stress)类型单元。套管(集合名称为 Casing)和射孔孔眼(Hole-per)膜单元选择膜单元(Membrane)类型。

模型节点与单元在 INP 输入文件中的显示如下：

```
*********************************************************
*Node
**节点坐标表征。
      1, -0.0951328874, 0.0549249984,    30.0000248
**分别表示节点编号、X 方向、Y 方向和 Z 方向坐标值。
      2, -0.109849997,            0.,    30.0000248
      3, -0.0698499978,           0.,    30.0000248
      4, -0.0604918748, 0.0349249989,    30.0000248
………………………
288741,    0.08264599, 0.0336149111,    75.5213547
288742, 0.0883217677, 0.0142221199,    75.5054855
288743, 0.0894350186, 0.00575348921,    75.5135269
288744, 0.0823651925,    0.034596391,    75.5103531
**模型总计节点数量为 288744 个。
*Element, type=C3D8RP
**储层岩石与水泥环单元，单元类型为孔隙流体/应力单元，单元代号为 C3D8RP。
1,   8342,   65897, 195145,   65879,      1,   8309,   65873,   8316
**分别表示单元编号，组成单元的节点编号。
2,   65897,   65898, 195146, 195145,   8309,   8310,   65874,   65873
3,   65898,   65899, 195147, 195146,   8310,   8311,   65875,   65874
4,   65899,   8352,   65888, 195147,   8311,      2,   8312,   65875
……………………………
264572, 288741, 195128, 195129, 288737, 194902,   65356,   65355, 194899
264573, 195139, 195142, 288740, 288737,   65865,   65866, 195130, 195129
264574, 195142, 65846, 195016, 288740, 65866, 8293, 65550, 195130
264575, 195073, 65861, 195144, 288741, 65637, 8303, 65864, 195128
264576, 288741, 195144, 195139, 288737, 195128, 65864, 65865, 195129
**储层岩石和水泥环单元数量为 264576。
*Element, type=M3D4R
**套管和射孔孔眼膜单元，膜单元为零厚度四节点单元，单元代号为 M3D4R。
264577,    8325,       4,    8315,    65924
264578,   65924,    8315,    8314,    65925
```

264579,　65925,　8314,　8313,　65926
264580,　65926,　8313,　3,　8351
264581,　8326,　8325,　65924,　65927
……………………
289724, 195144,　65861,　65860, 195143
289725, 195139, 195142,　65866,　65865
289726, 195142,　65846,　8293,　65866
289727,　65861, 195144,　65864,　8303
289728, 195144, 195139,　65865,　65864
**套管和射孔孔眼膜单元数量为25152个。

****

6.3.2.3 Property功能模块

1. 材料参数设置

利用左侧工具箱区快捷按钮(Create Material)菜单栏Material→Create…，进行不同材料的参数设置，主要包括射孔孔眼膜单元、套管、水泥环和储层岩石。

具体的参数设置如下：

射孔孔眼膜单元材料参数设置如图6-117(a)所示，膜单元的弹性模量1.0Pa，泊松比0.45。套管的材料参数设置如图6-117(b)所示，弹性模量2.1×10^{11}Pa，泊松比0.18。水泥环的材料参数设置如图6-117(c)所示，弹性模量9.0×10^{9}Pa，泊松比0.25，渗透系数2.0×10^{-8}m/s，孔隙比0.1。储层岩石的材料参数设置如图6-117(d)所示，弹性模量3.5×10^{10}Pa，泊松比0.21，渗透系数2.0×10^{-7}m/s，孔隙比0.15。

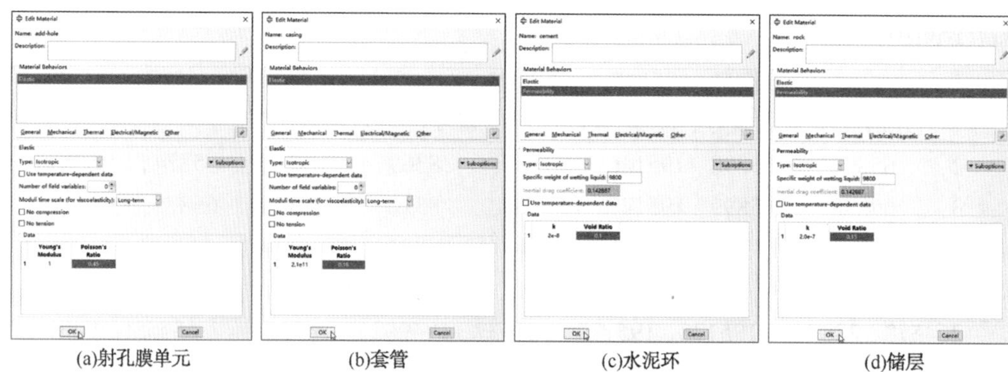

(a)射孔膜单元　(b)套管　(c)水泥环　(d)储层

图6-117　部件材料参数设置

材料参数在INP输入文件中的显示如下：

****

** MATERIALS
*Material, name=add-hole
**射孔孔眼膜单元材料参数设置。
*Elastic
1.0, 0.45

** 射孔孔眼膜单元主要用于添加均布式载荷，为降低膜单元对模拟结果的影响，射孔孔眼膜单元采用极低弹性模量、高泊松比。

```
*Material, name=casing
** 套管材料参数设置。
*Elastic
2.11e+11, 0.30
** 弹性模量与泊松比采用实际套管的参数值。
*Material, name=cement
** 水泥环材料参数设置。
*Elastic
9.0e+9, 0.25
** 弹性参数。
*Permeability, specific=9800.
2e-8, 0.1
** 渗透系数。
*Material, name=rock
** 储层岩石材料参数设置。
*Elastic
3.5e+10, 0.21
** 弹性参数。
*Permeability, specific=9800.
2e-07, 0.15
** 渗透系数。
**********************************************************
```

2. 截面创建

各个部分的材料参数设置完成后，需要进行材料截面创建设置，针对单元类型和材料类型形成针对性的截面。

1）射孔孔眼膜单元

射孔孔眼膜单元的截面创建如图 6-118 所示，射孔孔眼截面为零厚度的膜单元，因此截面的类型选择壳面中的膜单元，膜单元的厚度设置为 0.0001m。

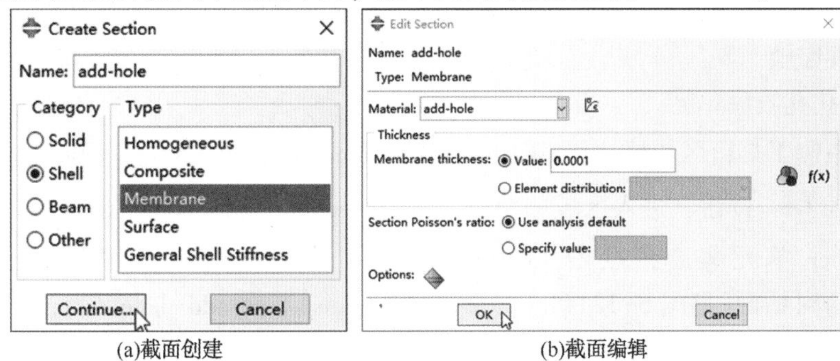

(a)截面创建 (b)截面编辑

图 6-118 射孔孔眼膜单元截面创建

2）套管

套管膜单元的截面创建如图 6-119 所示，膜单元的厚度设置为 0.012m，参考实际套管的厚度进行设置。

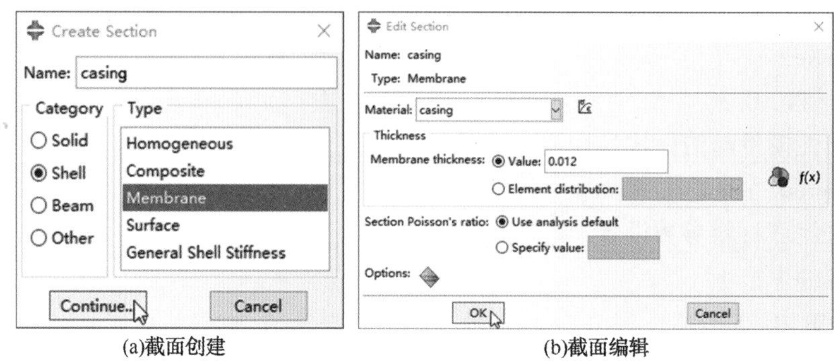

(a)截面创建　　(b)截面编辑

图 6-119　套管截面创建

3）水泥环

水泥环单元的截面创建如图 6-120 所示，水泥环为三维实体单元，截面种类选择实体(Solid)，类型选择均质(Homogeneous)。

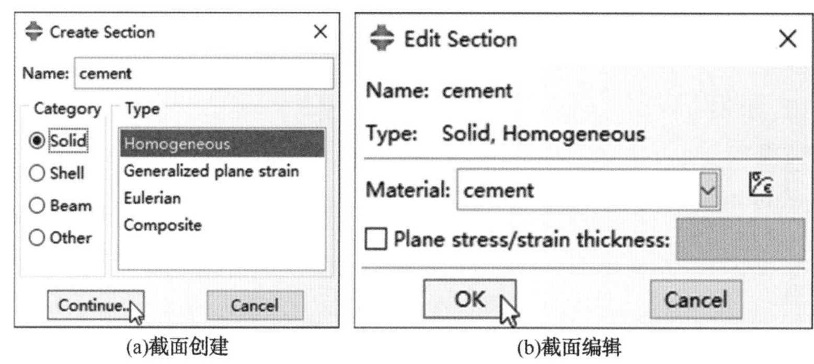

(a)截面创建　　(b)截面编辑

图 6-120　水泥环截面创建

4）储层岩石

储层单元的截面创建与水泥环的截面创建相同，截面名称为 rock，除了材料名称选择(材料选择 rock 材料)具有差异性外，其他的设置与水泥环截面设置完全相同。

3. 截面属性赋值

进行材料设置与截面设置后，需要将创建的截面赋值于实际的部件中，实现材料的截面属性赋值。

1）射孔孔眼膜单元

点击左侧工具箱区快捷按钮(Assign Section)或菜单栏 Assign→Section，点击右下角提示区 Sets... 按钮，进入区域选择(Region Selection)对话框[见图 6-121(a)]，选择 Hole-per 单元集合，点击 Continue 按钮，进入截面赋值编辑(Edit Section Assignment)对话框[见图 6-121(b)]，截面(Section)选择 add-hole，点击 OK 按钮完成截面属性赋值。

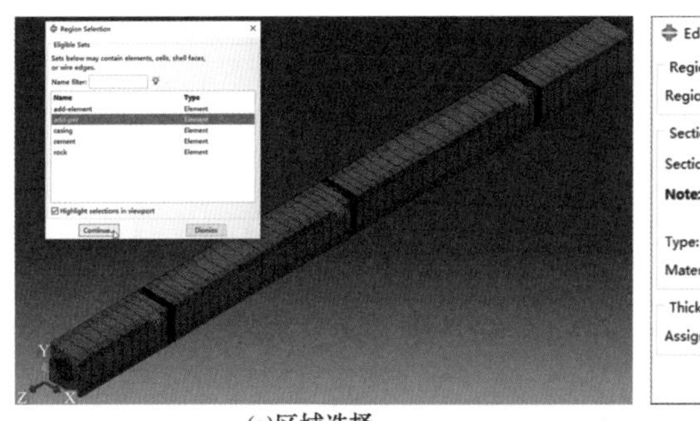

(a)区域选择

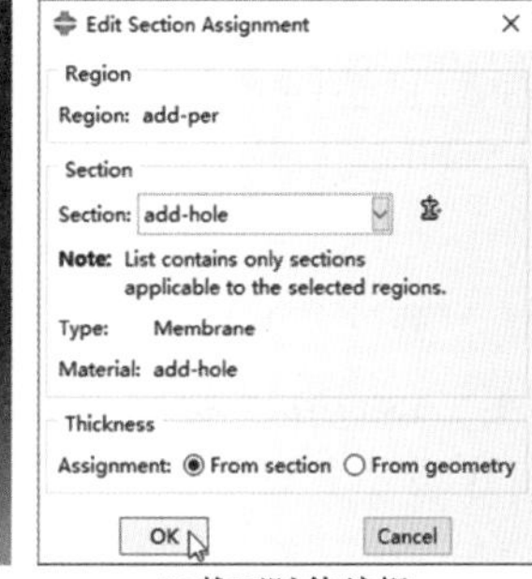

(b)截面赋值编辑

图 6-121 射孔孔眼膜单元截面属性赋值

2）套管

套管膜单元的截面属性赋值选择 casing 单元集合，截面(Section)选择 casing。

3）水泥环

水泥环单元的截面属性赋值选择 cement 单元集合，截面(Section)选择 cement。

4）储层岩石

储层岩石的截面属性赋值选择 rock 单元集合，截面(Section)选择 rock。

部件材料截面全部赋值后如图 6-122 所示。

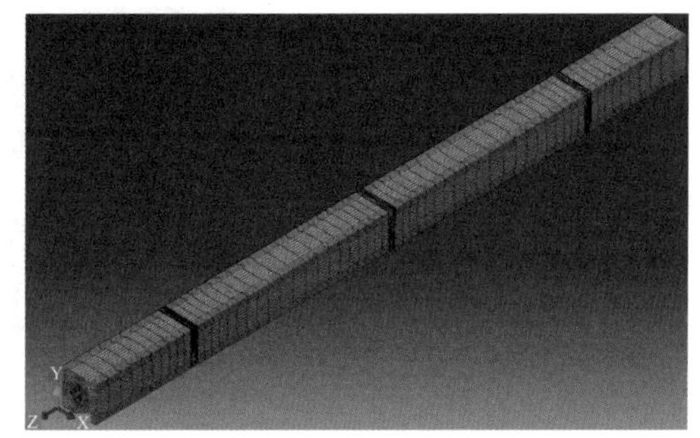

图 6-122 截面赋值后的部件

截面属性赋值设置在 INP 输入文件中的显示如下：

****

** Section：add-hole

** 射孔孔眼膜单元截面属性赋值。

* Membrane Section，elset=Rock-1_ Hole-per，material=add-hole

**“ * Membrane Section”为膜单元截面属性赋值关键词，集合名称为 Rock-1_ Hole-per，材料为 add-hole。

0.0001，

** 厚度为 0.0001。

** Section：casing

** 套管截面属性赋值。

* Membrane Section，elset=Rock-1_ Casing，material=casing

0.012，

** 厚度为 0.012。

** Section：cement

** 水泥环截面属性赋值。

* Solid Section，elset=Rock-1_ Cement，material=cement

，

** Section: rock

**储层岩石截面属性赋值。

*Solid Section, elset=Rock-1_ Rock, material=rock

,

****

6.3.2.4 Assembly 功能模块

1. 实例映射

点击左侧工具箱区快捷按钮(Create Instance)或菜单栏 Instance→Create…，进入实例创建(Create Instance)对话框[见图 6-123(a)]，选择创建的自由化孤立网格部件 Rock，点击 OK 按钮创建实例，创建的实例(Instance)名称为 Rock-1，形成的实例如图 6-123(b)所示。

(a)实例创建　　(b)形成的实例

图 6-123　实例映射

2. 集合创建

1）单元与节点集合

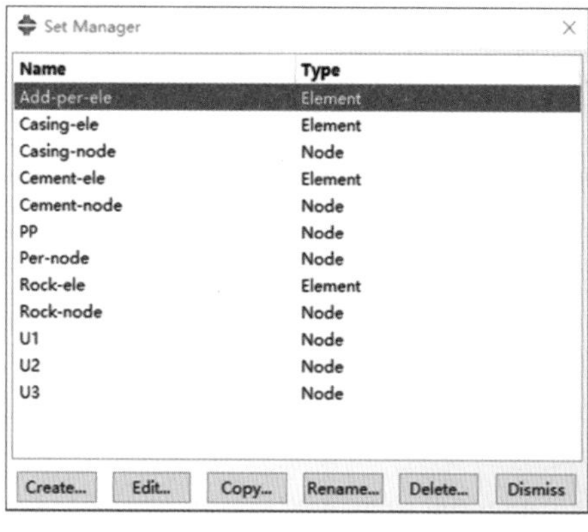

图 6-124　节点与单元集合

为了后续进行边界条件、初始场变量和载荷设置，用户可进行相关的节点集合和单元集合设置，创建的集合如图 6-124 所示，其中节点集合 U1、U2、U3 用于设置位移边界条件，PP 和 Per-node 用于孔隙压力边界条件设置，Rock-ele、Rock-node、Cement-node 用于初始场变量设置，Casing-ele 和 Add-per-ele 用于压力面载荷设置。

2）面集合

为了模拟计算后显示射孔孔眼的应力情况，用户可创建射孔孔眼面集合，创建的面集合如图 6-125 所示。

6.3.2.5 Step 功能模块

与前面 6.1 节和 6.2 节的例子类似，模拟过程分为两个分析步：首先是初始地应力、孔隙压力设置后进行地应力平衡分析步模拟，模拟地应力条件下的模型的平衡过

(a)储层岩石射孔孔眼

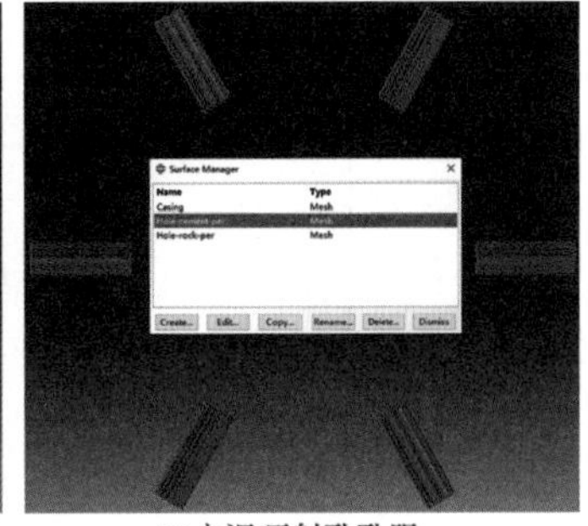
(b)水泥环射孔孔眼

图 6-125 射孔孔眼面集合

程；然后进行井筒和射孔孔眼压力加载分析步模拟，模拟井筒和射孔孔眼水力压裂加载过程中的模型的应力、位移以及孔隙压力等变化过程，根据最大主应力变化过程可分析起裂压力与起裂位置。

1. 分析步创建

1）地应力平衡

地应力平衡分析步除了施加储层相关初始条件外，井筒和射孔孔眼也要施加相关的应力和孔隙压力边界条件，根据实际井的井底压力特征，井底压力略小于储层孔隙压力。地应力平衡分析步设置的流程如下：

利用左侧工具箱区快捷按钮 (Create Step)或菜单栏 Step→Create…，进入分析步创建(Create Step)对话框，分析步名称(Name)采用默认的名称 Step-1，分析步类型(Procedure type)选择地应力(Geostatic)，选择完成后点击 Continue 按钮进入分析步编辑(Edit Step)对话框，相关的操作完成后点击 OK 按钮完成设置。

2）井筒和射孔孔眼压力加载

井筒和射孔孔眼压力加载分析步主要模拟压裂过程中往井筒注入流体憋压至压裂裂缝起裂的过程，井筒的压力主要包括压裂液流体产生的流体压力和射孔孔眼处的流压造成的孔隙压力。模拟过程中的流体压力和孔隙压力变化一致，两者共同对有效应力产生作用。井筒与射孔孔眼压力加载分析步设置流程如下：

井筒与射孔孔眼压力加载分析步设置如图 6-126 所示，分析步创建(Create Step)对话框如图 6-126(a)所示，分析步名称选择默认的名称 Step-2，分析步类型(Procedure type)选择土固结(Soils)，设置完成后点击 Continue 按钮进入分析步编辑对话框，分析步编辑(Edit Step)设置如图 6-126(b)和图 6-126(c)所示，分析步的总时间设置为 1.0，初始增量步时间为 0.05、最小增量步时间 0.05、最大增量步时间 0.05。分析步编辑的其他(Other)界面中矩阵存储采用非对称矩阵存储。

2. 场变量输出

点击左侧工具箱区快捷按钮 (Field Output Manager)或菜单栏 Output→Field Output Requests，进入场变量输出管理器(Field Output Requests Manager)对话框，选择 Step-1 分析步后点击右上角的编辑(Edit)按钮，进入场变量输出编辑(Edit Field Output Requests)对话框，在对话框中进行相关的场变量输出设置，设置完成后点击 OK 按钮完成设置。具体的场变量输出参数见后续的 INP 输入文件显示。

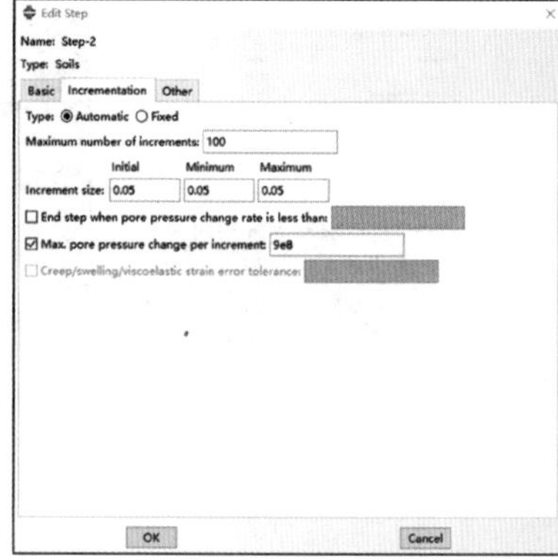

(a)分析步创建　　(b)分析步编辑(基本界面)　　(c)分析步编辑(增量步界面)

图 6-126　井筒与射孔孔眼压力加载分析步设置

3. 历程变量输出

历程变量输出采用默认设置。

相关的分析步设置在 INP 输入文件中的显示如下：

****

** STEP: Step-1

** 地应力平衡分析步，分析步名称为 Step-1。

* Step, name=Step-1, nlgeom=YES

** 分析步名称为 Step-1，几何非线性开启。

* Geostatic

** “ * Geostatic”地应力平衡分析关键词。

…………………………

* controls, analysis=discontinuous

** OUTPUT REQUESTS

** 场变量输出。

* Restart, write, frequency=0

** 分析步重启设置，默认设置。

** FIELD OUTPUT: F-Output-1

** 场变量输出，场变量名称为 F-Output-1。

* Output, field

** 场变量输出关键词。

* Element Output

** 单元场变量输出。

LE, SAT, VOIDR, S, E

** 单元场变量类型输出，输出的变量为 LE、SAT、VOIDR、S、E。

* Node Output

** 节点场变量输出。

CF, CFF, POR, RF, RVF, RVT, U

```
** 节点场变量类型输出，输出的变量为 CF、CFF、POR、RF、RVF、RVT、U。
* Output, history, variable=PRESELECT
** 历程变量输出采用默认设置。
* End Step
** Step-1 分析步结束。
*********************************************************
** STEP: Step-2
** 井筒压力加载分析步。
* Step, name=Step-2, nlgeom=YES, inc=10000
** 分析步名称为 Step-2，几何非线性开启，总增量步数为 10000。
* Soils, consolidation, end=PERIOD, utol=9e+08, creep=none
** " * Soils" 为土固结分析关键词。
0.05, 2., 0.05, 0.05,
初始增量步时间、总时间、最小增量步时间、最大增量步时间。
..............................
** OUTPUT REQUESTS
** 场变量输出。
* Restart, write, frequency=0
* Output, field
* Element Output
LE, SAT, VOIDR, S, E
* NODE OUTPUT
CF, CFF, POR, RF, RVF, RVT, U
* Output, history, variable=PRESELECT
** 历程变量输出采用默认设置。
* End Step
** Step-2 分析步结束。
*********************************************************
```

6.3.2.6 Load 功能模块

Load 功能模块设置主要包括位移边界条件、孔隙压力边界条件、初始场变量、套管面载荷和射孔孔眼均布式载荷等。

1. 边界条件

1）位移边界条件

位移边界条件主要包括模型外部 X、Y 和 Z 方向的位移边界条件设置，所有的位移边界条件选择初始分析步(Initial)，位移边界条件设置为单方向固定边界条件。

（1）X 方向位移边界条件。

X 方向的位移边界条件设置如图 6-127 所示，具体的设置流程如下：点击左侧工具箱区快捷按钮 (Create Boundary Condition) 或菜单栏 BC→Create…，进入边界条件创建(Create Boundary Condition)对话框[见图 6-127(a)]，边界条件名称(Name)输入 U1，分析步(Step)选择初始分析步(Initial)，种类(Category)选择力学(Mechanical)，分析步可选的边界类型(Types for Selected Step)选择位移/旋转(Displacement/Rotation)，设置完成后点击对话框 Continue 按钮进行边界条件区域选择。点击右下角提示区 Sets... 按钮，进入区域选择(Region Selection)对话框[见图 6-127(b)]，选择 U1 节点集合，节点集合如图 6-127(c)所示，节点集合选择后点击左下角 Continue 按钮，进入边界条件编辑(Edit Boundary Condition)对话框[见图 6-127(d)]，对话框中勾选 U1，表示 X 方向位移固定，设置完成后点击 OK 按钮完成 X 方向边界条件设置。

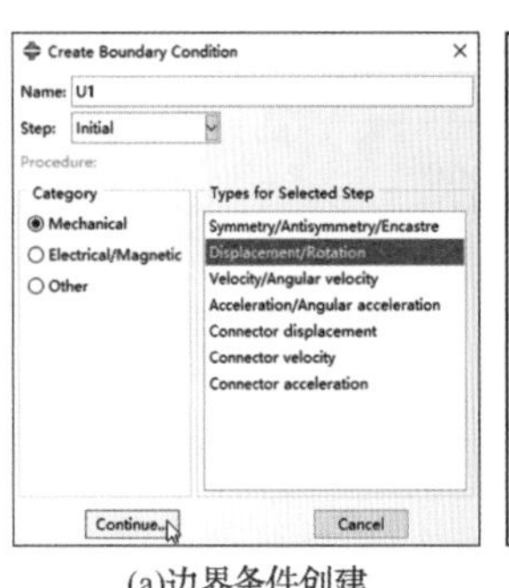

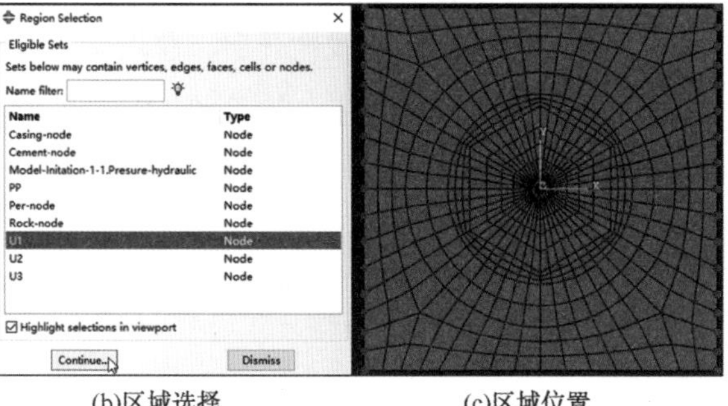

(a)边界条件创建　(b)区域选择　(c)区域位置　(d)边界条件编辑

图 6-127　X 方向位移边界条件设置

(2) Y 方向位移边界条件。

Y 方向的位移边界条件设置与 X 方向位移边界设置一致，边界条件名称设置为 U2，区域选择(Region Selection)对话框选择 U2 节点集合，边界条件编辑(Edit Boundary Condition)对话框勾选 U2 边界条件。

(3) Z 方向位移边界条件。

Z 方向的位移边界条件设置与 X 方向和 Y 方向位移边界条件一致，边界条件名称为 U3，集合选择 U3 节点集合，勾选 U3 边界条件。

位移边界条件设置在 INP 输入文件中的显示如下：

```
****************************************************
** Name: U1 Type: Displacement/Rotation
**X 方向位移边界条件设置。
*Boundary
U1, 1, 1
**X 方向位移固定。
** Name: U2 Type: Displacement/Rotation
**Y 方向位移边界条件设置。
*Boundary
U2, 2, 2
**Y 方向位移固定。
** Name: U3 Type: Displacement/Rotation
**Z 方向位移边界条件设置。
```

*Boundary
U3, 3, 3
**Z 方向位移固定。

****

2）孔隙压力边界条件

模型的孔隙压力边界条件包括外部孔隙压力边界和射孔孔眼孔隙压力边界条件，孔隙压力边界条件只能设置于具体的分析步中。

（1）外部孔隙压力边界条件。

模型外边界孔隙压力边界条件设置如图 6-128 所示，点击左侧工具箱区快捷按钮（Create Boundary Condition）或菜单栏 BC→Create…，进入边界条件创建（Create Boundary Condition）对话框［见图 6-128（a）］，边界条件名称（Name）输入 PP，种类（Category）选择其他（Other），可选的边界条件类型（Types for Selected Step）选择孔隙压力（Pore Pressure），设置完成后点击 Continue 按钮，点击右下角提示区 Sets... 按钮，进入区域选择（Region Selection）对话框［见图 6-128（b）］，选择 PP 节点集合［位置见图 6-128（c）］，点击 Continue 按钮进入边界条件编辑（Edit Boundary Condition）对话框［见图 6-128（d）］，孔隙压裂边界值设置为 2.5×10^7Pa，两个分析步维持不变。

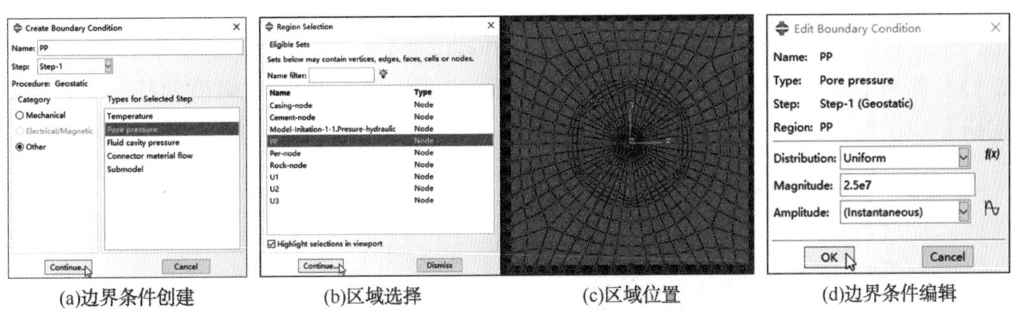

(a)边界条件创建 (b)区域选择 (c)区域位置 (d)边界条件编辑

图 6-128 外部孔隙压力边界条件设置

（2）射孔孔眼孔隙压力边界条件。

射孔孔眼的孔隙压力边界条件与井筒压力和压力加载过程中的压力值有关，两个分析步的孔眼孔隙压力值需差异化设置。

具体的操作流程如下：

① 加载幅值曲线设置。点击菜单栏 Tools→Amplitude→Create…，进入幅值曲线创建（Create Amplitude）对话框［见图 6-129（a）］，幅值曲线名称（Name）输入 Pressure-hole，选择表格（Tabular）后点击 Continue 按钮，进入幅值曲线编辑（Edit Amplitude）对话框［见图 6-129（b）］，分析步时间为 0 时，输入幅值 0.167，此时孔眼孔隙压力值为 2.0×10^7Pa，分析步时间

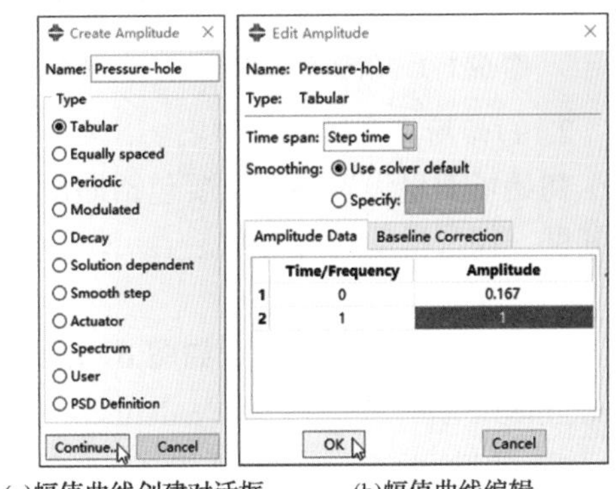

(a)幅值曲线创建对话框 (b)幅值曲线编辑

图 6-129 压力加载幅值曲线创建

1.0 时，幅值输入 1.0，设置完成后点击 OK 按钮完成设置。

② 孔眼孔隙压力设置。首先进行地应力平衡分析步的孔眼孔隙压力设置，射孔孔眼孔隙压力边界名称设置为 PP-per，相关的设置如图 6-130 所示，地应力平衡分析步孔眼孔隙压力设置 2.0×10^{7}Pa。

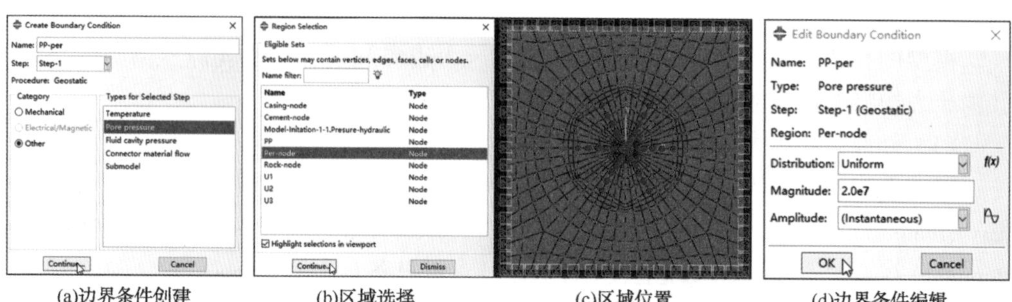

(a)边界条件创建　(b)区域选择　(c)区域位置　(d)边界条件编辑

图 6-130　射孔孔眼孔隙压力边界条件设置(地应力平衡分析步)

井筒与射孔孔眼压力加载分析步射孔孔眼的孔隙压力须与面载荷压力加载一致，具体设置流程如下：点击左侧工具箱区快捷按钮 (Boundary Condition Manager)或菜单栏 BC→Manager…，进入边界条件管理器(Boundary Condition Manager)对话框[见图 6-131(a)]，选择 PP-per 边界条件与 Step-2 分析步对应的表格，点击右上角 Edit 按钮，进入边界条件编辑(Edit Boundary Condition)对话框[见图 6-131(b)]，孔眼孔隙压力设置为 1.2×10^{8}Pa，幅值曲线(Amplitude)选择 Pressure-hole 幅值曲线，点击 OK 按钮完成设置。

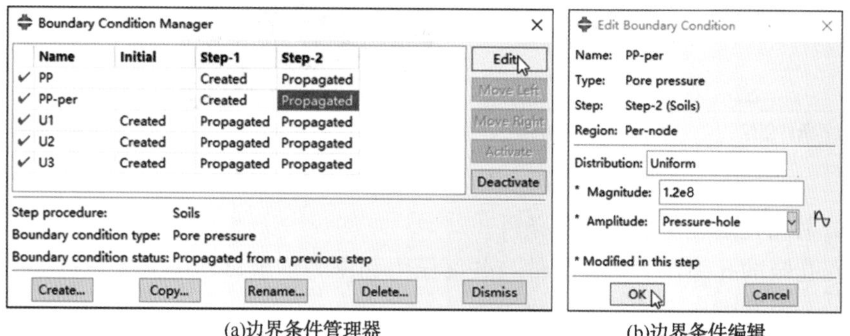

(a)边界条件管理器　(b)边界条件编辑

图 6-131　射孔孔眼孔隙压力边界条件设置(井筒与射孔孔眼压力加载平衡分析步)

2. 初始场变量

初始场变量设置参数主要包括储层孔隙压力、储层孔隙比、水泥环孔隙比、储层饱和度、储层地应力等参数。

1) 孔隙压力

储层初始孔隙压力设置如图 6-132 所示，点击左侧工具箱区快捷按钮 (Create Predefined Field)或菜单栏 Predefined Field→Create…，进入初始场变量创建(Create Predefined Field)对话框[见图 6-132(a)]，初始场变量名称(Name)输入 Pore-pressure，分析步(Step)选择初始分析步(Initial)，种类(Category)选择其他(Other)，分析步可选的类型(Types for the Selected Step)选择 Pore Pressure，设置完成后点击

Continue 按钮，进行初始场变量区域选择设置。点击右下角提示区 Sets... 按钮，进入区域选择(Region Selection)对话框[见图 6-132(b)]，节点集合选择 Rock-node[位置见图 6-132(c)]，点击区域选择对话框 Continue 按钮，进入初始场变量编辑(Edit Predefined Field)对话框[见图 6-132(d)]，孔隙压力输入 2.5×10^7Pa。

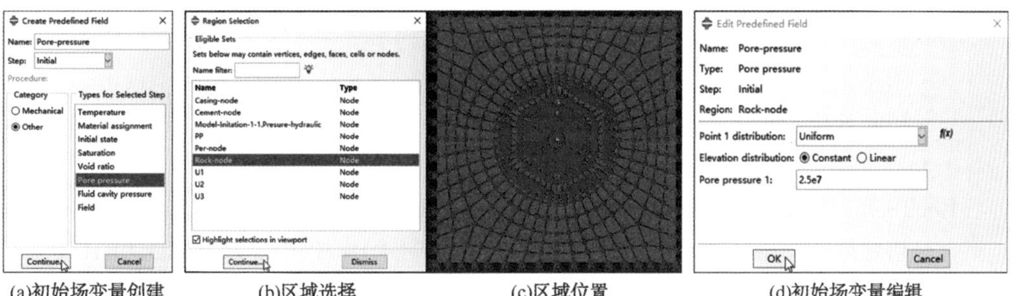

(a)初始场变量创建 (b)区域选择 (c)区域位置 (d)初始场变量编辑

图 6-132 孔隙压力初始场变量设置

2）储层岩石初始饱和度

储层岩石初始饱和度场变量名称为 Sat，节点集合选择 Rock-node，初始饱和度输入 1.0。

3）储层岩石初始孔隙比

储层岩石初始孔隙比场变量名称输入为 Void-rock，节点集合选择 Rock-node，初始饱和度输入 0.15。

4）水泥环初始孔隙比

水泥环初始孔隙比场变量名称为 Void-cement，节点集合选择 Cement-node，初始饱和度输入 0.10。

5）储层初始地应力

储层初始地应力初始场变量为 Geo-stress，集合选择 Rock-ele，初始地应力输入 -3.5×10^7Pa、-4.0×10^7Pa、-3.0×10^7Pa、0、0、0。

初始场变量在 INP 输入文件中的显示如下：

```
*******************************************************
 *Initial Conditions, TYPE=PORE PRESSURE
 **储层岩石初始孔隙压力场变量设置。
Rock-node, 2.5e+07
 **初始孔隙压力值为 2.5×10^7Pa。
 *Initial Conditions, type=SATURATION
 **储层岩石初始饱和度设置。
Rock-node, 1.
 **初始饱和度为 1.0。
 ** Name: Void-rock   Type: Void ratio
 **储层岩石初始孔隙比设置。
 *Initial Conditions, TYPE=RATIO
Rock-node, 0.15
```

** 储层岩石初始孔隙比为0.15。

** Name: Void-cement Type: Void ratio

** 水泥环初始孔隙比设置。

* Initial Conditions, TYPE=RATIO

cement-node, 0.10

** 水泥环初始孔隙比为0.10。

** Name: Geo-stress Type: Stress

** 初始地应力设置。

* Initial Conditions, type=STRESS

Rock-ele, -3.5e+07, -4e+07, -3e+07, 0., 0., 0.

** 初始地应力值为X方向 3.5×10^7Pa、Y方向 4.0×10^7Pa、Z方向 3.0×10^7Pa。

****

3. 水力压裂均布式面载荷加载

由于井筒和射孔孔眼都嵌入了零厚度膜单元，水力压裂形成均布压力可采用均布式单元载荷进行加载设置。单元均布式载荷无法利用功能命令进行加载，用户需要手动进行设置，针对不同的分析步进行单元面载荷添加。主要的设置方式有两种：一是在CAE模块中采用关键词进行编辑设置，另外一种是直接在INP输入文件中进行手动添加设置。本例的单元载荷采用INP输入文件修改设置。

1）地应力平衡分析步

地应力平衡分析步中需要添加套管和射孔孔眼的单元均布式载荷，两者的载荷大小完全相同，前面Assembly功能模块中设置的Add-per-ele和Casing-ele单元集合分别为射孔孔眼膜单元集合和套管膜单元集合，在INP文件中可利用这两个集合进行单元面载荷加载设置。利用文本编辑器打开形成的INP输入文件，地应力平衡分析步套管表面的载荷设置在INP文件中的显示如下：

****

* Dload

** "* Dload"为单元面载荷加载关键词。

Add-per-ele, P, -2.0e7

** 射孔孔眼膜单元，P表示均布式载荷类型，载荷值为 2.0×10^7Pa。

casing-ele, P, -2.0e7

** 套管膜单元，P表示均布式载荷类型，载荷值为 2.0×10^7Pa。

****

2）套管和射孔孔眼压力加载分析步

井筒和射孔孔眼压力加载分析步套管和射孔孔眼表面的载荷设置在INP文件中的显示如下：

****

* Dload, amplitude=Hydraulic-pressure

** "* Dload"为单元面载荷加载关键词，加载幅值曲线名称为Hydraulic-pressure。

Add-per-ele, P, -12.0e7

**射孔孔眼膜单元，P 表示均布式载荷类型，载荷值为 12.0×10^7Pa。

casing-ele, P, -12.0e7

**套管膜单元，P 表示均布式载荷类型，载荷值为 12.0×10^7Pa。

****

6.3.2.7 Job 功能模块

相关的设置完成后，进行作业创建设置。作业创建(Create Job)对话框中，作业名称设置为 Cluster-per-initation，设置完成后点击 Continue 按钮，进入作业编辑(Edit Job)对话框，所有设置均采用默认设置，点击 OK 按钮完成作业创建设置。

通过菜单栏 Model→Edit Attribute→Model-1，进入模型属性编辑(Edit Model Attribute)对话框，勾选 INP 文件不使用部件或组装信息(Do not use parts and Assemblies in input files)，点击 OK 按钮完成设置。

点击左侧工具箱区快捷按钮(Job Manager)，进入作业管理器(Job Manager)对话框，选择前期创建的作业(Job)后，点击 Write Input 按钮输出 INP 输入文件。

6.3.3 模拟计算

模型网格数量大，采用 ABAQUS/CAE 的 Job 功能模块提交计算容易形成假死状态，影响模拟计算速度。因此本例将 INP 输入文件导出后，利用 ABAQUS/Command 进行模拟计算，模拟计算过程中可通过 ABAQUS/CAE 或 ABAQUS/Viewer 程序适时检查模型的模拟计算情况。模拟计算完成后，利用 ABAQUS/CAE 或 ABAQUS/Viewer 打开相应的 ODB 结果文件(.odb)进行结果显示与输出设置。

模型模拟计算的应力与孔隙压力如图 6-133 所示，模型的整体的 Mises 应力如图 6-133(a)所示，最大主应力(实际为最小主应力)分布如图 6-133(b)所示，中间主应力如图 6-133(c)所示，孔隙压力如图 6-133(d)所示。

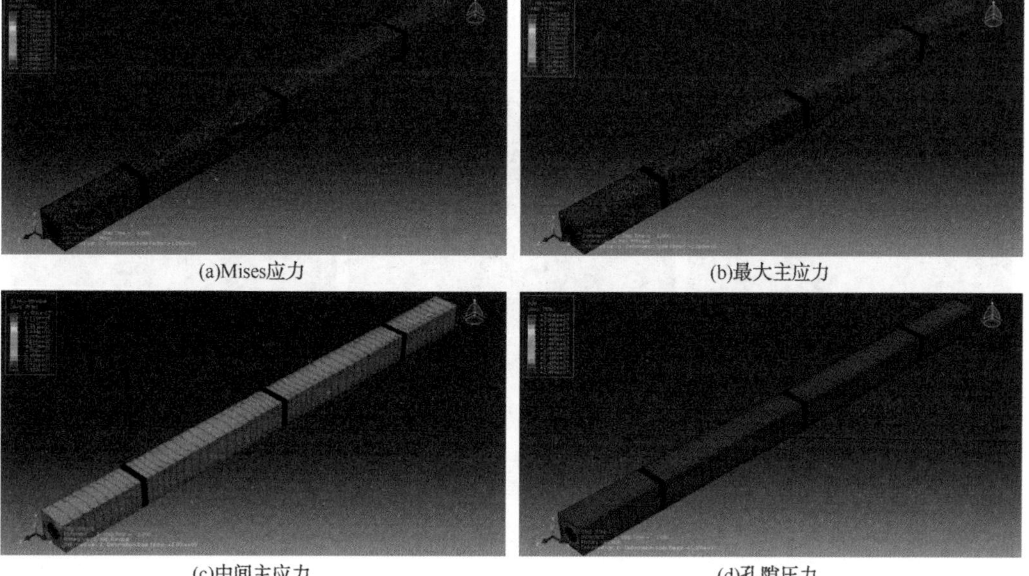

(a)Mises应力　(b)最大主应力

(c)中间主应力　(d)孔隙压力

图 6-133 应力与孔隙压力

对于水平井分簇压裂起裂模拟，射孔簇位置的应力是模拟关注的重点，某一射孔簇的应力和孔隙压力分布如图 6-134 所示，重点需要关注最大主应力(实际为最小主应力)和孔隙压力的变化规律。

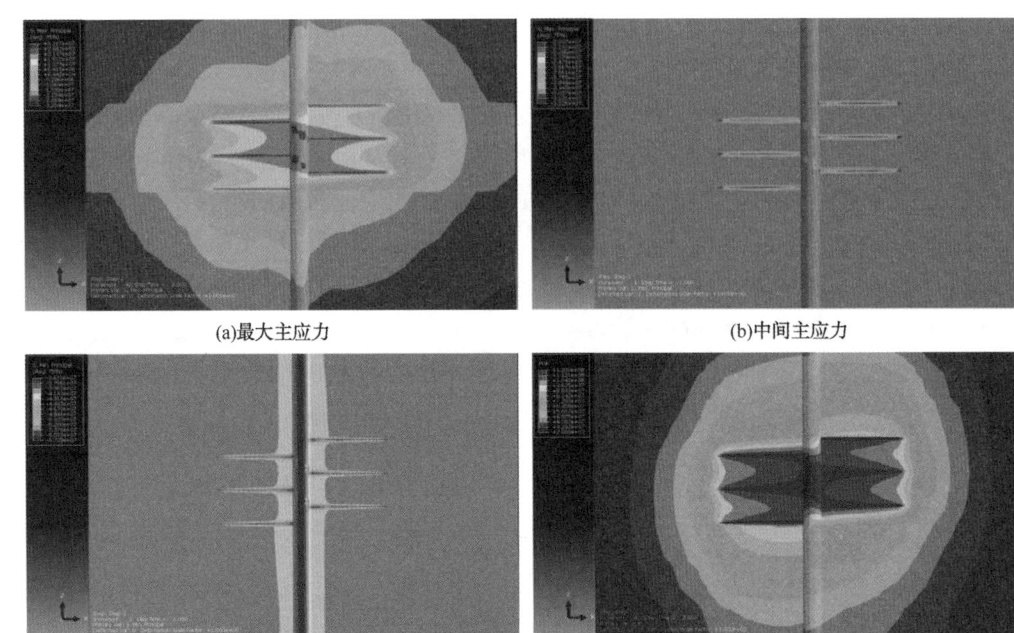

图 6-134　射孔簇与井筒周围应力与孔隙压力

3 簇射孔孔眼壁面的最大主应力(实际为最小主应力)分布如图 6-135 所示，随着射孔孔眼处和井筒的压力载荷的不断增加，射孔孔眼处的最大主应力(实际为最小主应力)压应力值逐步降低，加载至一定程度时，射孔孔眼壁面处的最大主应力逐步由压应力转变成拉应力。当拉应力超过岩石的抗拉强度时，可认为在射孔孔眼壁面处发生起裂。

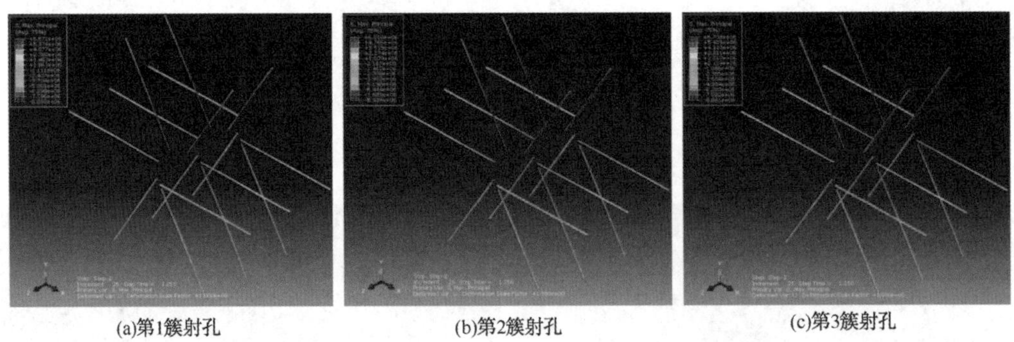

图 6-135　射孔孔眼壁面最大主应力(实际为最小主应力)

6.3.4　分簇压裂射孔起裂规律

利用前面的水平井多段分簇压裂起裂模型进行了射孔参数、储层参数、天然裂缝和水平层理条件下的起裂压力模拟。

6.3.4.1 射孔参数

1. 射孔深度

构建不同射孔深度的模型模拟了不同的射孔深度对起裂压力的影响，射孔深度增大，可以在一定程度上降低起裂压力，但是降低幅度有限；水平主应力差5.0MPa时，射孔深度从50cm增加到150cm，起裂压力只降低了3.0MPa，降低幅度为6.25%。

2. 射孔簇间距

不同的射孔簇间距条件下的起裂压力如图6-136所示，可以发现：射孔簇间距降低，起裂压力增加，因为射孔簇的间距降低，会加剧孔眼间的应力干扰，导致起裂压力增大，但是对总的起裂压力的影响不明显。射孔簇间距降低，对中间射孔簇的起裂压力影响最大，可能导致中间射孔簇不能起裂。

3. 射孔密度

射孔密度即单位井筒长度的射孔数目，射孔密度增大，井筒周围的应力释放的范围增大，会降低起裂压力。本例主要模拟60°螺旋射孔时射孔密度与起裂压力的关系曲线，如图6-137所示：射孔密度增大，起裂压力降低，这与常规的直井螺旋射孔压裂的规律是一致的。

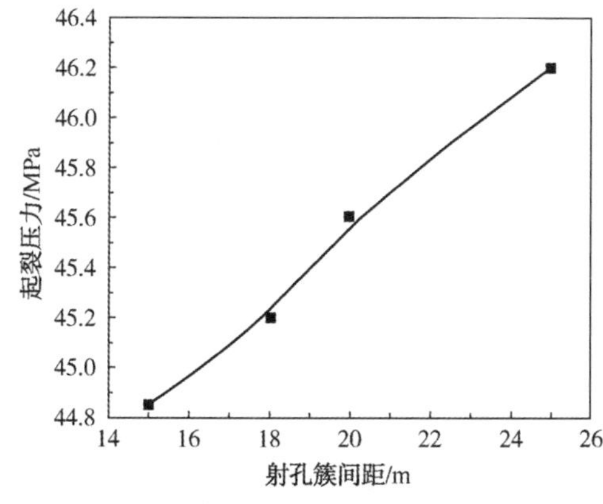

图6-136 射孔簇间距对起裂压力的影响

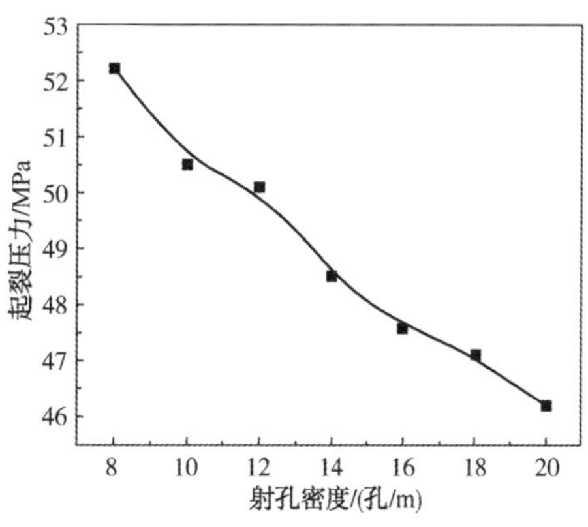

图6-137 起裂压力与射孔密度的关系

在压裂过程中，不能无限增大射孔密度，会对套管强度造成很大影响，特别是在页岩水平井压裂过程中，施工时间长、用液量大，支撑剂的磨蚀还可能进一步降低套管强度，因此，压裂过程中一定要选择合适的射孔密度。

6.3.4.2 储层应力

1. 水平主应力差

利用模型模拟了水平主应力差对起裂压力的影响，模拟过程中，水平最小主应力保持不变，改变水平最大主应力值，研究水平主应力差对起裂压力的影响。

不同水平主应力差条件下的起裂压力如图6-138所示，通过该图可以发现：水平主应力差增大，起裂压力增大，但是起裂压力的增加幅度与水平主应力差有关，总体增幅不大。

2. 孔隙压力

总应力不变，孔隙压力的改变会影响有效应力的大小，从而降低压裂的起裂压力。不同孔隙压力作用下的起裂压力如图 6-139 所示：总地应力不变，孔隙压力增大，储层起裂压力降低，孔隙压力增大 15.0MPa，起裂压力降低了 6.0MPa，降低幅度达到 14.0%。

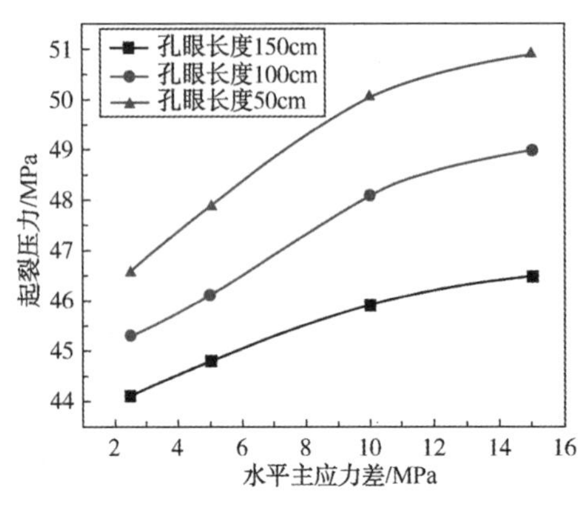

图 6-138　水平主应力差对起裂压力的影响

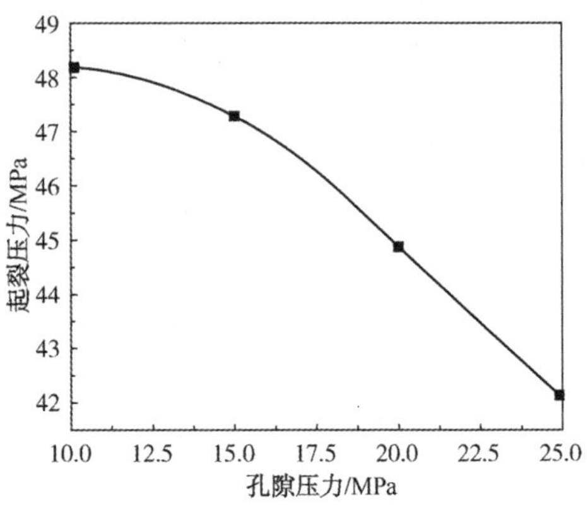

图 6-139　孔隙压力与起裂压力的关系

6.3.4.3　天然裂缝

水平主应力差较小时，天然裂缝的存在，可能导致天然裂缝附近岩石的水平最大和最小主应力方向发生转向，也会对井筒附近岩石的应力值产生影响，天然裂缝的存在会对起裂点和起裂压力产生影响。

在水平最大主应力方向天然裂缝分布条件下，天然裂缝方向与射孔孔眼的方向一致，只要天然裂缝穿过射孔孔眼，天然裂缝的存在能够降低起裂压力。本文采用损伤力学模拟天然裂缝的起裂，利用损伤系数判断天然裂缝是否开启，中间射孔簇的天然裂缝在初始阶段和起裂阶段的损伤系数如图 6-140 所示，初始阶段天然裂缝的损伤系数为零，如图 6-140(a)所示，表示天然裂缝没有开启；当孔眼和井筒的压力不断增大时，天然裂缝的损伤系数逐渐增大，天然裂缝开启，如图 6-140(b)所示。

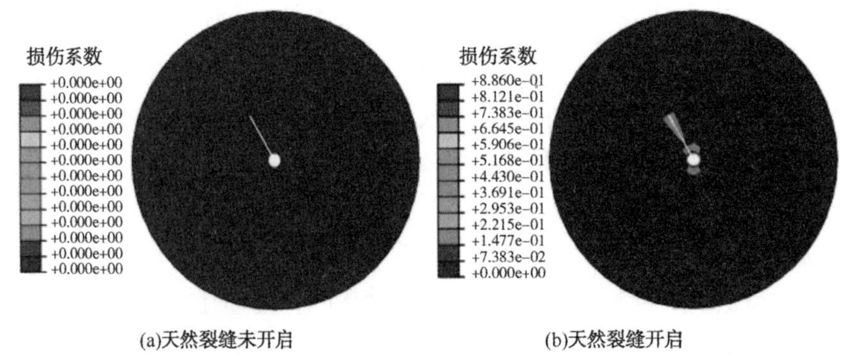

图 6-140　天然裂缝的开起情况

包含垂直于井筒天然裂缝储层的起裂压力如图 6-141 所示：压裂裂缝更容易沿天然裂缝起裂，与水平主应力差无关，天然裂缝能够降低起裂压力，降低幅度较大。本文模拟中，起裂压力最大降幅为4.5MPa。

在水平最小主应力方向天然裂缝分布条件下，天然裂缝穿过井筒和孔眼且方向垂直于水平最小主应力，压裂过程中起裂压力和起裂点与水平主应力差相关。不同水平主应力差条件下的起裂压力如图6-142所示：水平主应力差较小时，从天然裂缝穿过的孔眼处发生起裂，此时天然裂缝能降低起裂压力；水平主应力差增大，压裂裂缝沿天然裂缝方向起裂的难度增加，起裂点还是沿射孔孔眼的水平最大主应力方向起裂，和以前的起裂点相同，此时天然裂缝对于起裂压力的影响较小，不能降低起裂压力。

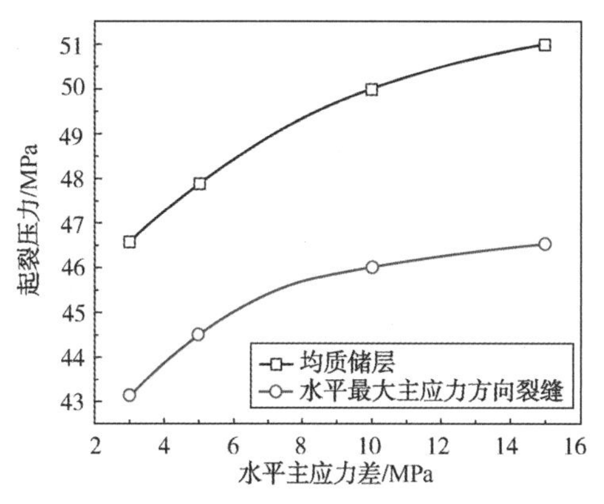

图6-141　天然裂缝对起裂压力的影响

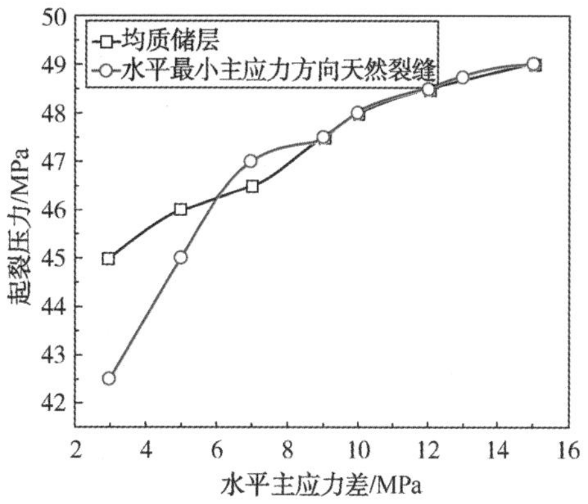

图6-142　天然裂缝对起裂压力的影响

天然裂缝的存在有助于复杂裂缝的产生，能降低储层起裂压力。天然裂缝的分布方向很重要，不同的天然裂缝角度起裂形成的裂缝可能会对后续的压裂裂缝的形态和加砂产生比较大的影响。

6.3.4.4　水平层理

页岩储层包含水平层理，水平层理的存在会对起裂点和起裂压力产生影响。在压裂过程中，水平层理可能张开，形成水平缝，水平层理能否张开与垂向主应力和水平最小主应力差值有关。

储层包含水平层理时，不同垂向主应力与水平最小主应力差值条件下的起裂压力如图6-143所示：应力差值较小时，压裂裂缝沿水平层理起裂，可能形成平直的水平裂缝，起裂压力较低；垂向主应力与水平最小主应力的差值大于8.0MPa时，压裂裂缝从孔眼根部起裂，裂缝的方向为水平最大主应力方向，起裂压力与不含水平层理条件下的起裂压力差别较小。

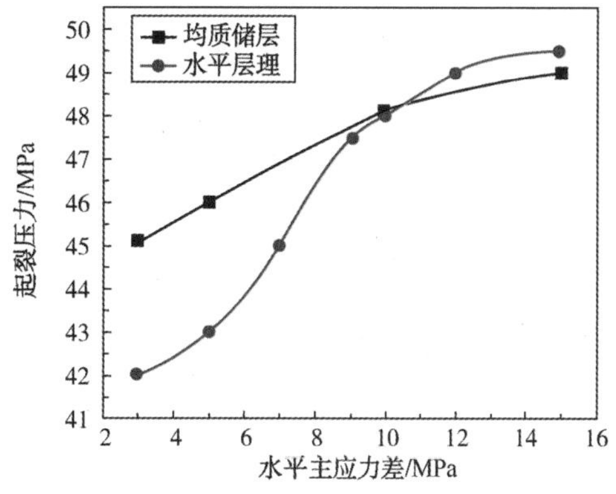

图6-143　水平层理对起裂压力的影响

水平层理的存在，可能导致水平裂缝的产生，这样会导致不同压裂段的裂缝相互沟通，对压裂的裂缝形态、压裂裂缝的效率产生巨大的影响。在压裂过程中，不可忽视水平层理的影响，必须综合评价水平层理能否张开，评价其对起裂点和压裂裂缝的影响。

6.4 小结

本章主要介绍了直井裸眼完井、直井套管射孔完井和水平井分簇射孔完井 3 种方式的起裂模拟模型。直井裸眼完井起裂模型相对简单，实际应用过程中一般需要考虑天然裂缝等储层非均质因素。直井套管射孔完井起裂模型和水平井套管分簇射孔完井起裂模型，需要进行复杂的部件体剖分设置以满足部件网格划分需求。射孔孔眼尺度与模型尺度相差较大，射孔孔眼位置附近需要进行局部网格加密，导致套管射孔孔眼完井起裂模型整体网格数量大，模型构建过程中可根据需要进行网格划分与设置以满足模拟需求。套管射孔完井压裂起裂模型可模拟储层参数、非均质性、射孔参数等对起裂压力和起裂位置的影响。

第 7 章

水力压裂裂缝扩展 Cohesive粘结单元模拟

水力压裂裂缝扩展模拟包括常规有限元元法、扩展有限元法、边界元法、颗粒元法等多种模拟手段，其中有限元+Cohesive 粘结单元模拟方法为模拟水力压裂裂缝扩展的重要手段之一。Cohesive 粘结单元模拟方法通过在储层基质单元边界上嵌入零厚度的 Cohesive 粘结单元，岩石实体单元模拟储层岩石的位移、有效应力、孔隙压力变化规律，Cohesive 粘结单元模拟压裂裂缝扩展尺度、流体压力和裂缝失效方式。水力压裂裂缝扩展过程是压裂裂缝与储层基质的耦合、孔隙压力与有效应力的动态耦合过程。在压裂裂缝扩展过程中，Cohesive 粘结单元将模拟压裂裂缝扩展过程获得的位移、应力和流体压力传递至周围的储层岩石单元，引起储层基质单元的孔隙压力、位移和应力的变化，同时储层基质单元的应力与孔隙压力变化反过来又影响压裂裂缝的扩展特征。Cohesive 粘结单元模拟水力压裂裂缝扩展的重点在于 Cohesive 粘结单元的创建，下面简要介绍 Cohesive 粘结单元的嵌入方法与模拟流程。

7.1 Cohesive 粘结单元嵌入方法

Cohesive 粘结单元一般为零厚度单元，零厚度单元无法采用常规网格划分方法进行构建，需要采用特殊的方法进行处理以形成模拟所需的单元。

Cohesive 粘结单元与其周围的储层基质单元的连接方式包括两种。一是将 Cohesive 粘结单元构建成单独部件，同样与 Cohesive 粘结单元连接的基质单元也构建成单独部件。部件组装过程中将储层基质单元部件、Cohesive 粘结单元部件根据需要进行组装。组装后在 Interaction 功能模块中，利用绑定设置将 Cohesive 粘结单元的外部面与储层基质单元的接触区域进行完全绑定。二是储层基质单元与 Cohesive 粘结单元共节点，无须采用绑定设置。在储层基质单元构建完成后，在需要预设 Cohesive 粘结单元的区域嵌入或编辑形成零厚度的 Cohesive 粘结单元。下面主要介绍储层基质与 Cohesive 粘结单元共节点的模型构建。

目前针对共节点的 Cohesive 粘结单元嵌入与设置方式主要有 3 种。

7.1.1 节点编辑法

节点编辑法主要用于简单 Cohesive 粘结单元的嵌入设置，需要用户将有厚度或高度的常规单元通过移动节点坐标方式，将单元裂缝宽度方向的对应节点坐标移动直至完全重合，从而形成零厚度的 Cohesive 粘结单元。

下面简要介绍二维模型和三维模型的节点编辑法形成零厚度 Cohesive 粘结单元的流程。

7.1.1.1 二维节点编辑

实例模型部件形状为二维正方形，部件尺寸如图 7-1(a)所示。部件(Part)构建完成后，利用草图(Sketch)面剖分方式或其他面剖分方式在部件中心位置形成剖分线。本例采用草图面剖分方式形成裂缝位置的剖分线[见图 7-1(b)]，面剖分后的部件几何特征如图 7-1(c)所示。

面剖分形成的中部剖分线主要用于后续网格划分和网格节点编辑，面剖分线形成的中间区域间距为 1.0m，后续将面剖分形成的中间区域划分成单层网格后处理成零厚度的 Cohesive 粘结单元。

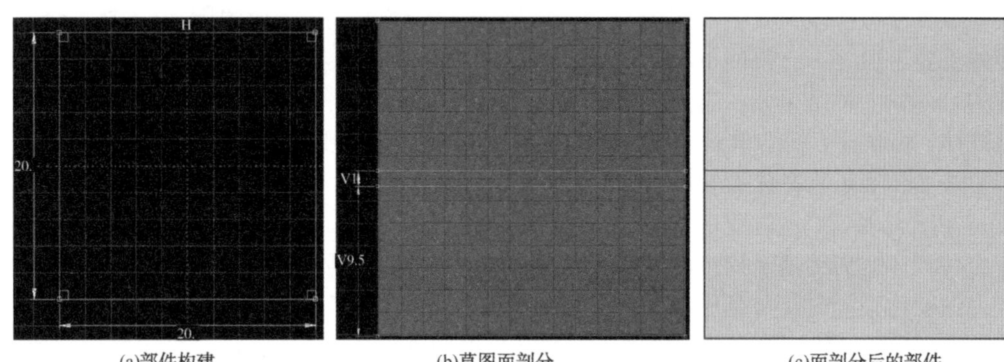

(a)部件构建　(b)草图面剖分　(c)面剖分后的部件

图 7-1　部件创建与剖分

部件面剖分完成后需要进行部件网格划分，部件网格单元种子分布如图 7-2(a)所示，其中面剖分中间区域宽度方向的网格种子数量设置为 1 个。网格种子设置完成后，进行网格划分控制设置。网格划分采用规则的结构化或扫略网格划分技术，确保面剖分形成的中间区域的单元形状为规则的正方形或长方形网格。设置完成后，进行部件(Part)网格划分，网格划分完成后的部件网格分布如图 7-2(b)所示，中间网格为后期需要进行节点编辑的网格，形状为完全规则的长方形。由于部件形成的网格无法直接进行网格节点编辑，为了进行网格节点编辑，需要将部件转变成自由化孤立网格部件，转变成自由化孤立网格部件如图 7-2(c)所示。

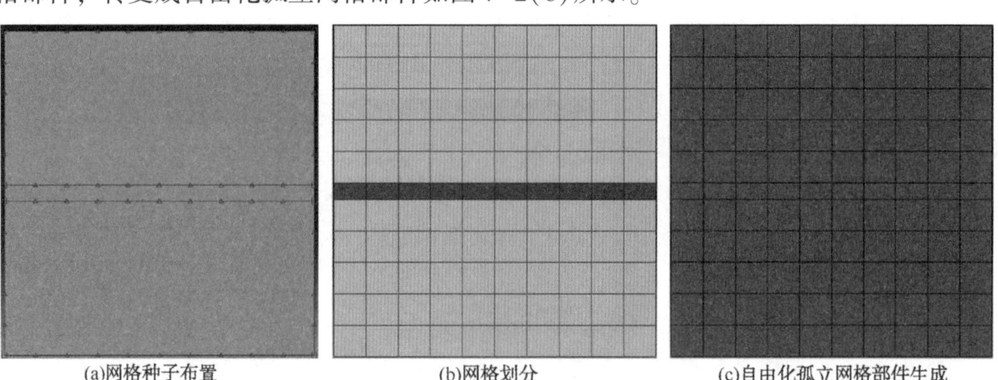

(a)网格种子布置　(b)网格划分　(c)自由化孤立网格部件生成

图 7-2　网格划分与部件重生成

利用形成的自由化孤立网格部件，进行相应的网格节点编辑(Edit Mesh)，将中间网格编辑成零厚度网格，具体操作流程如下：

点击左侧工具箱区快捷按钮 (Edit Mesh)或菜单栏 Mesh→Edit…，进入网格编辑(Edit Mesh)对话框[如图 7-3(a)所示]，类别(Category)选择节点(Node)，方法(Method)选择编辑(Edit)，在视图区选择需要进行节点编辑的节点。本例选择部件上半部分网格节点，节点的选择如图 7-3(b)所示，节点选择后点击左下角提示区的 Done 按钮进入节点编辑(Edit Nodes)对话框。节点编辑(Edit Nodes)对话框如图 7-3(c)所示。节点编辑(Edit Nodes)指定方法(Specification method)选择偏移(Offsets)，偏移量值设置如下：1 方向(X 方向)输入 0；2 方向(Y 方向)输入-1，-1 代表中间 Cohesive 粘结单元负 Y 方向的偏移距离。设置完成后，点击 OK 按钮完成设置。

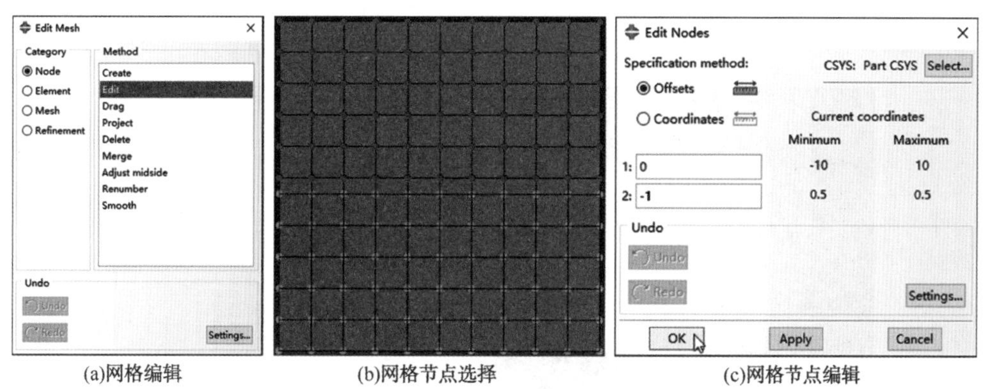

(a)网格编辑 (b)网格节点选择 (c)网格节点编辑

图 7-3 网格节点编辑

注意：部件网格节点编辑只能针对自由化孤立网格部件进行相关的节点创建、坐标编辑等操作。

节点编辑完成后形成的零厚度网格如图 7-4 所示。采用节点编辑方法，编辑前的网格距离为编辑的重要数据，若距离不正确，可能导致节点移动后，网格节点发生翻转，导致零厚度网格几何形状错误，无法进行相关的模拟计算。

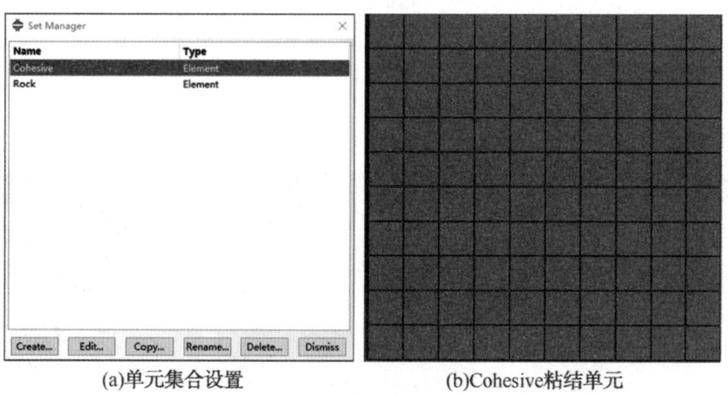

(a)单元集合设置 (b)Cohesive粘结单元

图 7-4 生成的零厚度单元

零厚度 Cohesive 粘结单元形成后，需要进行 Cohesive 粘结单元类型指定。对于 ABAQUS 6.14 以前的版本，需要在 INP 输入文件中进行设置以形成 Cohesive 粘结单元的中间孔隙压力节点。ABAQUS 6.14 后的版本，可直接在 ABAQUS/CAE Mesh 功能模块中进行单元类型选择，具体设置如下：

点击左侧工具箱区快捷按钮 (Assign Element Type)或 Mesh→Element Type…，在视图区直接进行网格选择或通过集合设置后利用区域选择(Region Selection)功能进行网格选择，节点编辑的区域选择后进入单元类型(Element Type)选择对话框，在对话框中选择孔隙压力 Cohesive 粘结单元(Cohesive Pore Pressure)，二维 Cohesive 粘结单元的单元类型代号为 COH2D4P。

7.1.1.2 三维节点编辑

三维例子为边长 20m 的立方体，部件草图尺寸与拉伸设置如图 7-5(a)所示。部件创建后利用 (Create Datum Point：Offset From Point)和 (Partition Cell：Define Cutting Plane)功能，在部件中心位置剖分形成 Cohesive 粘结单元区域，体剖分后的部件如图 7-5(b)所示，形成 Cohesive 粘结单元的区域厚度为 1.0m。

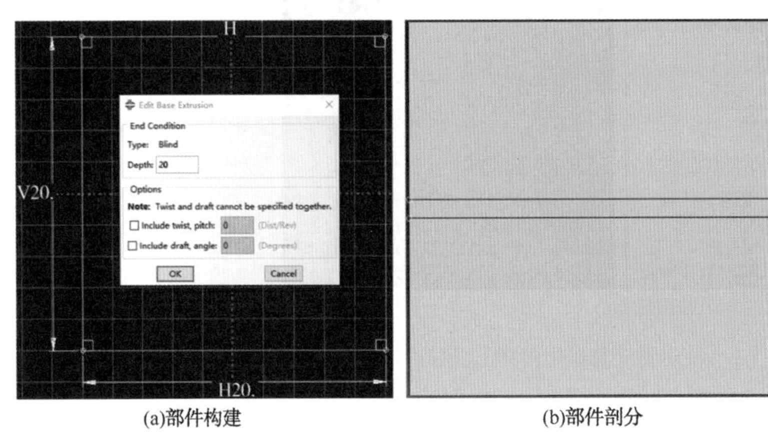

(a)部件构建 (b)部件剖分

图 7-5 部件生成

部件体剖分后进行部件网格划分，部件网格种子布置后的网格种子分布如图 7-6(a)所示，中间区域厚度方向的网格种子数量设置为 1。网格种子设置完成后进行网格划分技术设置，网格采用结构化六面体网格。设置完成后完成网格划分，网格分布如图 7-6(b)所示，中间区域网格为后期需要进行编辑的网格单元，网格形状为非常规则的长方体，所有网格的厚度为 1.0m。同样，需要将形成的结构化网格部件转变成自由化孤立网格部件，转变后的部件如图 7-6(c)所示。

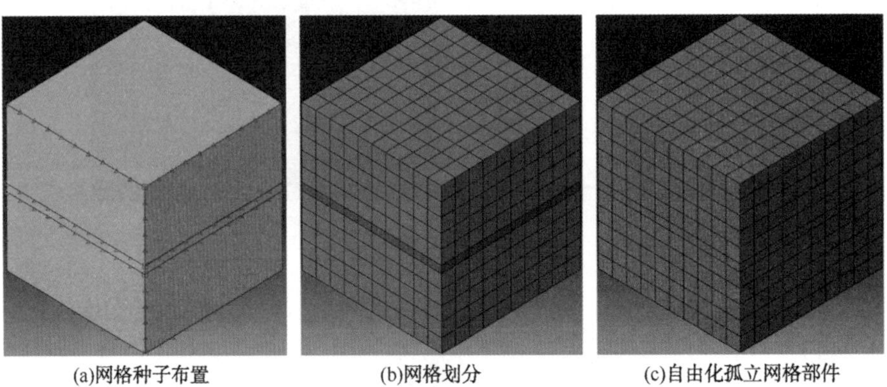
(a)网格种子布置 (b)网格划分 (c)自由化孤立网格部件

图 7-6 网格划分与部件重构

利用形成的自由化孤立网格部件进行相应的网格节点编辑，形成零厚度的三维网格单元。点击左侧工具箱区快捷按钮 (Edit Mesh)或菜单栏 Mesh→Edit…，进入网格编辑(Edit Mesh)对话框，如图 7-7(a)所示，种类(Category)选择节点(Node)，方法(Method)选择编辑(Edit)。节点偏移方式选择完成后，在视图区选择需要进行编辑的节点，节点选择如图 7-7(b)所示。节点选择后点击左下角提示区的 Done 按钮，进入节点编辑(Edit Nodes)对话框，如图 7-7(c)所示。节点编辑(Edit Nodes)指定方法(Specification method)选择偏移(Offsets)，偏移量值设置如下：1 方向(X 方向)输入 0；2 方向(Y 方向)输入-1，-1 代表中间网格负 Y 方向的移动距离；3 方向(Z 方向)输入默认为 0，点击 OK 按钮完成设置。

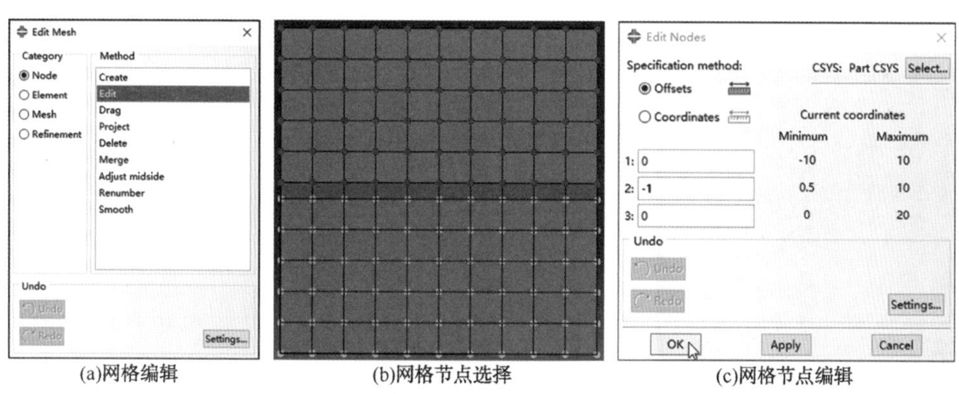

(a)网格编辑　(b)网格节点选择　(c)网格节点编辑

图 7-7　网格编辑

网格节点编辑后形成的三维零厚度单元的如图 7-8 所示。

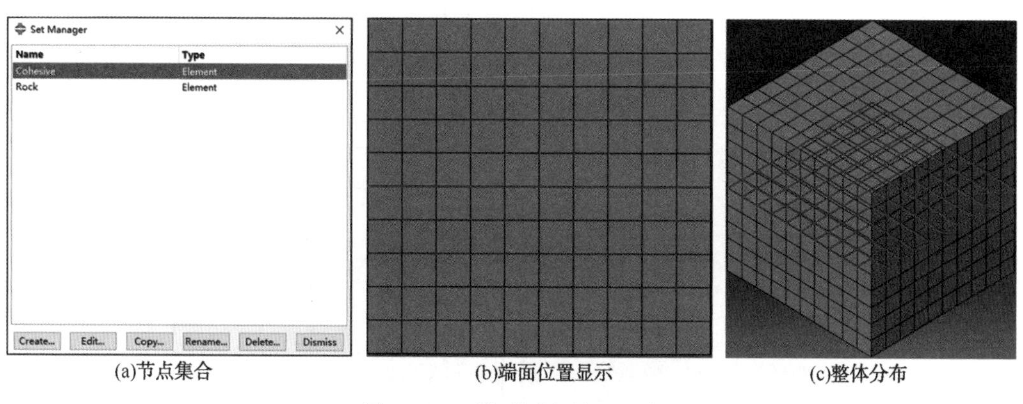

(a)节点集合　(b)端面位置显示　(c)整体分布

图 7-8　三维零厚度单元生成

三维零厚度 Cohesive 粘结单元形成后，同样需要利用 INP 输入文件修改或在 ABAQUS/CAE 中进行单元类型设置，将零厚度 Cohesive 粘结单元设置为孔隙压力 Cohesive 粘结单元(Cohesive Pore Pressure)。三维 Cohesive 粘结单元的单元类型代号为 COH3D8P，表示为三维 12 节点的单元，包含 8 个应力节点和 4 个孔隙压力节点。

7.1.2　直接嵌入法

ABAQUS 部分软件版本具有直接嵌入零厚度 Cohesive 粘结单元功能，能够在预定的位置嵌入零厚度 Cohesive 粘结单元。ABAQUS/CAE 软件自身的嵌入功能能够嵌入形成比节点编辑方法更复杂的 Cohesive 粘结单元，整体处理流程相对简单，只需要采用面剖分或体剖分形成嵌入单元预设路径位置。网格划分后，可通过相关的嵌入功能形成零厚度的 Cohesive 粘结单元。

7.1.2.1 二维模型

二维模型为边长 20m 的正方形，正方形部件构建后，需要进行面剖分，面剖分形成的几何特征边可为嵌入 Cohesive 粘结单元提供路径。本例部件的草图(Sketch)界面的面剖分如图 7-9(a)所示，面剖分后的部件如图 7-9(b)所示。根据面剖分结果，构建部件内部的面集合[见图 7-9(c)]，面集合主要为零厚度的 Cohesive 粘结单元的嵌入设置提供路径。

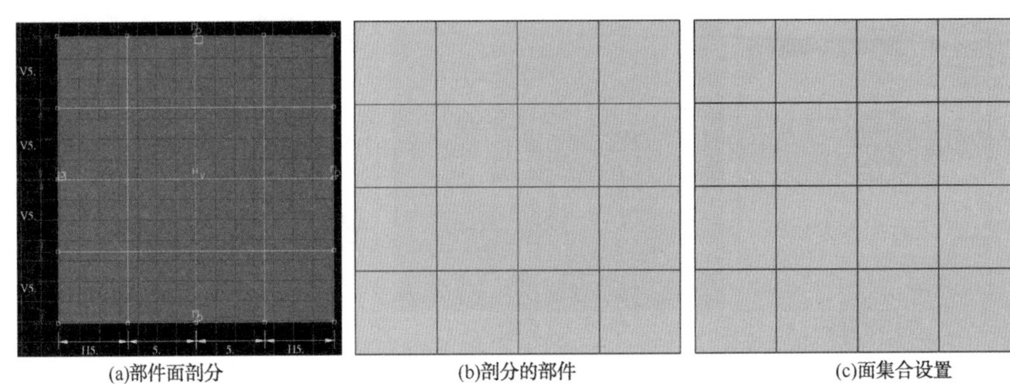

(a)部件面剖分　(b)剖分的部件　(c)面集合设置

图 7-9　部件面剖分与面集合设置

在 Mesh 功能模块进行网格划分、网格嵌入和单元类型选择等设置。部件网格种子布置如图 7-10(a)所示。网格种子布置完成后进行网格划分技术设置，然后进行网格划分，部件的网格分布如图 7-10(b)所示。

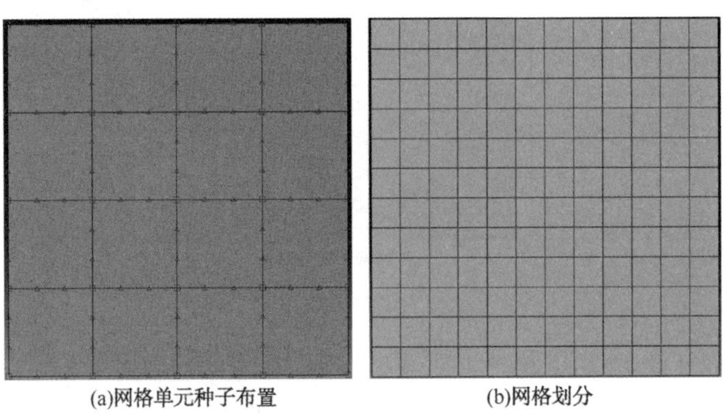

(a)网格单元种子布置　(b)网格划分

图 7-10　部件网格划分

在 Mesh 功能模块中利用网格编辑(Edit Mesh)中的 Cohesive 粘结单元层插入(Insert Cohesive Seams)功能，选择需要嵌入 Cohesive 粘结单元的路径(可在视图区选择，也可提前建立面集合)，确认插入预定位置的 Cohesive 粘结单元。本例嵌入的 Cohesive 粘结单元如图 7-11 所示。

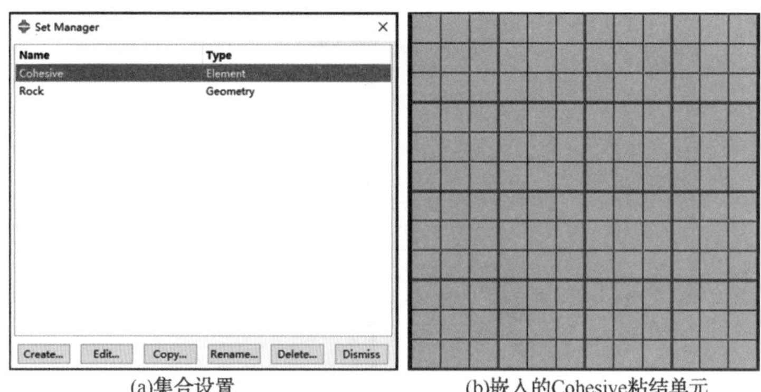

(a)集合设置　　(b)嵌入的Cohesive粘结单元

图 7-11　Cohesive 粘结单元嵌入

嵌入的零厚度 Cohesive 粘结单元默认的单元类型为带孔隙压力的 Cohesive 粘结单元，用户选择嵌入的 Cohesive 粘结单元后进入单元类型(Element Type)对话框可发现，嵌入的 Cohesive 粘结单元类型为 COH2D4P。

7.1.2.2　三维模型

模型部件为边长 20m 的立方体，草图(Sketch)界面中形成边长为 20m 的正方形后进行部件拉伸(拉伸距离为 20m)，模型的二维尺寸与基本拉伸设置如图 7-12(a)所示。部件(Part)构建完成后，根据需要嵌入的 Cohesive 粘结单元的位置区域进行部件体剖分，体剖分后的部件如图 7-12(b)所示，体剖分后部件的内部面建立相应的面集合，面集合的区域分布如图 7-12(c)所示。

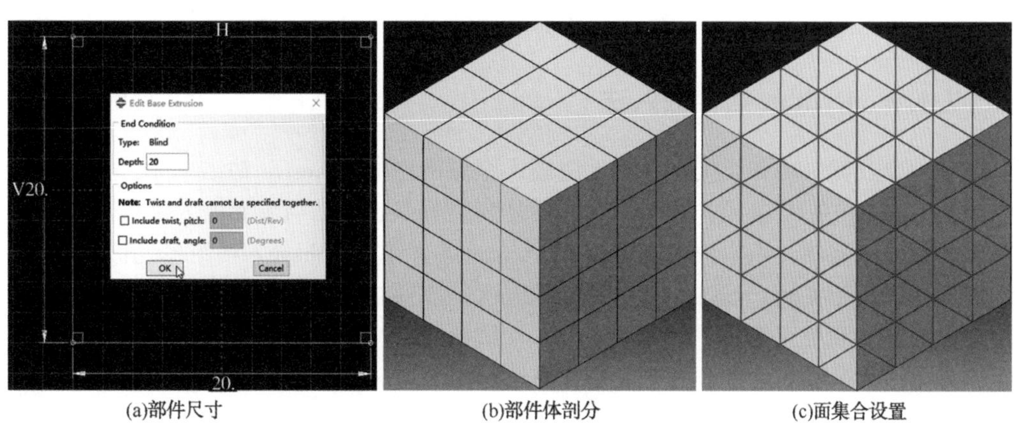

(a)部件尺寸　　(b)部件体剖分　　(c)面集合设置

图 7-12　三维部件构建与体剖分

部件网格种子布置如图 7-13(a)所示，进行相关的设置后，网格分布如图 7-13(b)所示。

利用 Cohesive 粘结单元嵌入功能，选择嵌入位置的面集合，进行零厚度的三维 Cohesive 粘结单元的嵌入。嵌入 Cohesive 粘结单元后的部件和 Cohesive 粘结单元如图 7-14 所示。

嵌入的三维零厚度的 Cohesive 粘结单元默认的单元类型为带孔隙压力的 Cohesive 粘结单元。

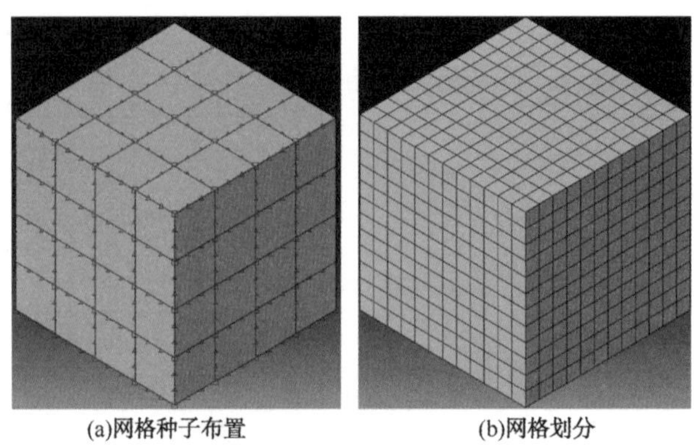

(a)网格种子布置 (b)网格划分

图 7-13 三维部件网格划分

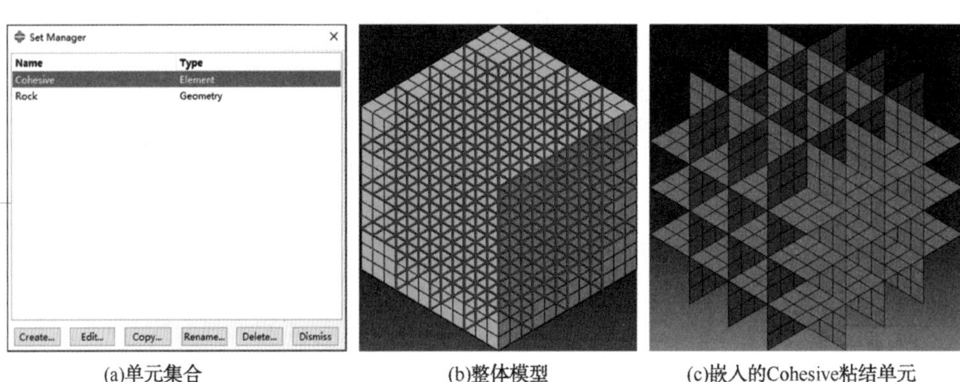

(a)单元集合 (b)整体模型 (c)嵌入的Cohesive粘结单元

图 7-14 Cohesive 粘结单元嵌入

7.1.3 Python 插件嵌入法

利用节点编辑法和直接嵌入法无法嵌入全域网格的 Cohesive 粘结单元，为了形成复杂的 Cohesive 粘结单元，许多用户针对复杂的 Cohesive 粘结单元嵌入进行了研究并形成了相关的插件。用户根据需要采用 Python 语言编制 Cohesive 粘结单元嵌入插件，利用插件进行相关的 Cohesive 粘结单元的嵌入。插件获取需要嵌入 Cohesive 粘结单元的位置的节点和单元信息、生成 Cohesive 粘结单元后，重新进行网格的节点编号和单元编号排列，形成新的部件。下面简要介绍利用 Python 插件进行 Cohesive 粘结单元的插入方法。

7.1.3.1 二维模型

利用 ABAQUS/CAE 建立的二维模型部件[如图 7-15(a)所示]，模型为圆形，半径为 10.0m。Cohesive 粘结单元嵌入前需要进行网格划分，网格划分后的部件如图 7-15(b)所示。

部件网格划分完成后，利用 Python 语言编制的 Cohesive 粘结单元嵌入插件，可进行区域或全域 Cohesive 粘结单元的网格嵌入。嵌入 Cohesive 粘结单元后的部件如图 7-16(a)所示，嵌入的 Cohesive 粘结单元分布如图 7-16(b)所示。

新生成的 Cohesive 粘结单元需要嵌入孔隙压力节点，因此在新生成 Cohesive 粘结单元的过程中同样需要指定单元类型，将新嵌入的 Cohesive 粘结单元设置为孔隙压力 Cohesive 粘结单元(Cohesive Pore Pressure)，二维 Cohesive 粘结单元的代号为 COH2D4P。

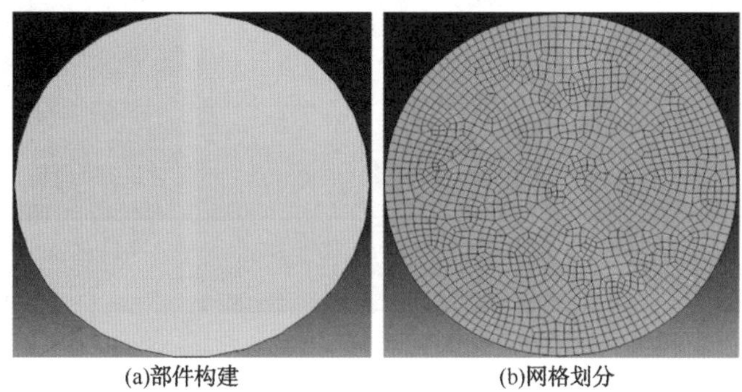

(a)部件构建　　(b)网格划分

图 7-15　部件构建与网格划分

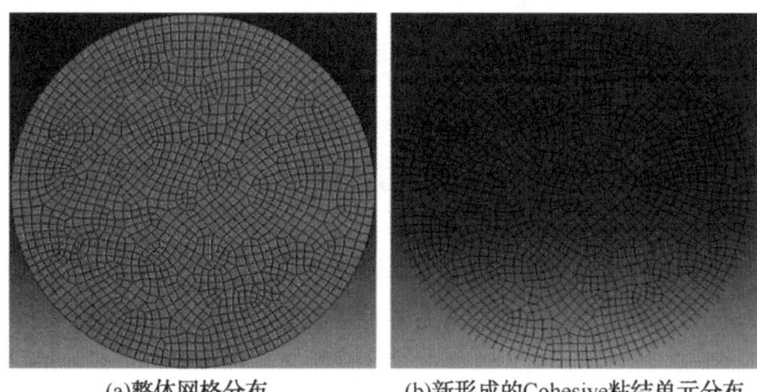

(a)整体网格分布　　(b)新形成的Cohesive粘结单元分布

图 7-16　Cohesive 粘结单元网格生成

7.1.3.2　三维模型

本例模型为三维球体，球体直径 10m。球体部件提前进行体剖分以方便网格划分，体剖分后部件如图 7-17 所示。

通过网格划分控制、网格种子布置与网格划分等步骤，网格划分后的部件如图 7-18 所示。

图 7-17　部件构建

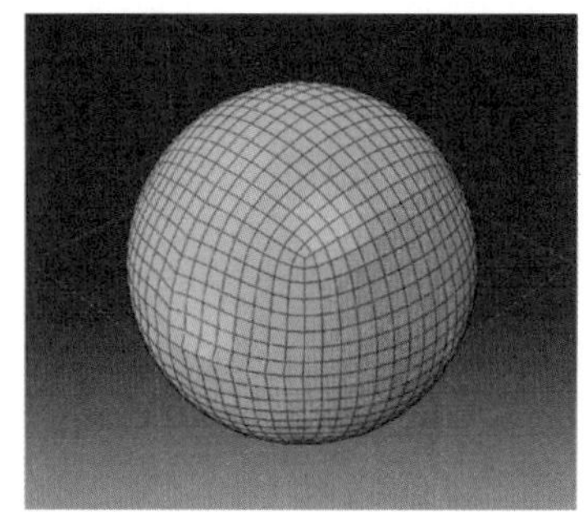

图 7-18　网格分布

利用 Python 插件进行全域 Cohesive 粘结单元的嵌入，球体嵌入 Cohesive 粘结单元后的部件如图 7-19(a)所示，球体的局部网格如图 7-19(b)所示，嵌入的全部的

Cohesive 粘结单元如图 7-19(c)所示。利用插件还可嵌入非零厚度的 Cohesive 粘结单元，本例嵌入的 Cohesive 粘结单元具有一定的厚度。

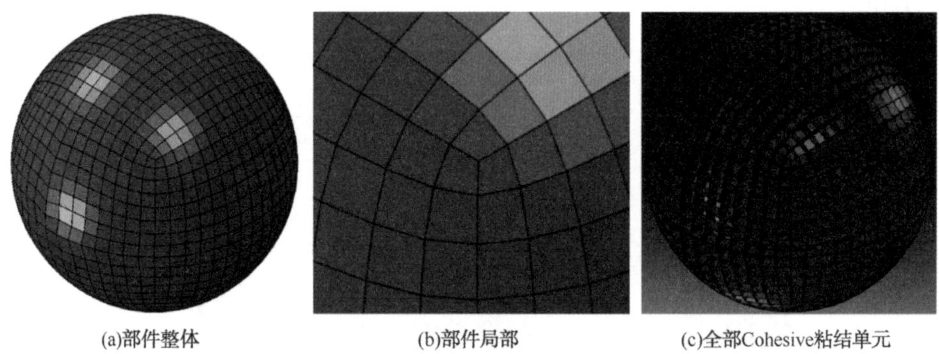

图 7-19　Cohesive 粘结单元网格生成

新嵌入的 Cohesive 粘结单元需要进行单元类型(Element type)选择，选择带孔隙压力的 Cohesive 粘结单元类型(Cohesive Pore Pressure)，相应的单元代号为 COH3D8P。

7.2　二维 Cohesive 粘结单元模拟

7.2.1　问题说明

二维模型整体网格数量较少，相对于三维模型，采用二维模型能够大幅度提升求解速度。目前许多 Cohesive 裂缝扩展模型均采用二维模型进行水力压裂裂缝扩展规律研究。

本例进行二维单一裂缝 Cohesive 粘结单元模拟，模型模拟示意图如图 7-20 所示。模型模拟单翼裂缝，井筒注入点位置(左侧 X 方向)设置为位移对称边界和孔隙压力封闭边界，右侧 X 方向设置 X 方向位移边界条件和孔隙压力边界，上下 Y 方向设置 Y 方向位移边界和孔隙压力边界条件。模型预设单一平直的 Cohesive 粘结单元，注入点位置设置初始失效裂缝单元。流体注入点为压裂的注入点，模拟过程中压裂液从该点注入进入初始裂缝中。

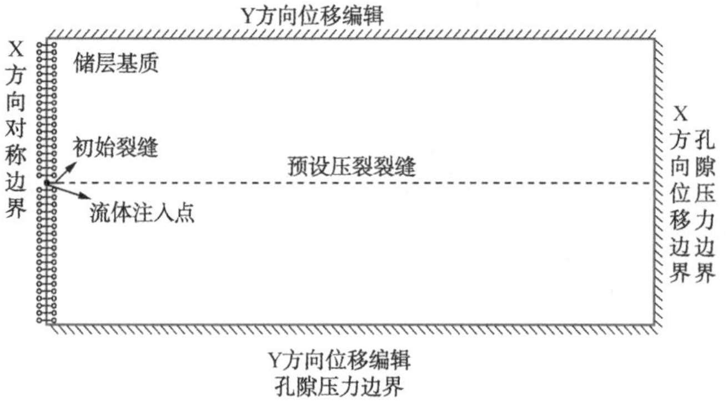

图 7-20　模型示意图

结合图7-20所示的裂缝扩展示意图，模型尺寸以及相关的参数全部采用国际单位制。模型的尺度和施工参数如表7-1所示，模型的长度为200m、宽度为80m，嵌入的Cohesive粘结单元的裂缝总长度为200m，初始失效裂缝长度为1.0m。施工注入时间为3600s，施工排量为0.005m^2/s。

表7-1　模型几何参数和施工参数

序号	参数名称	数值	序号	参数名称	数值
1	储层长度/m	200	4	初始裂缝长度/m	1.0
2	储层宽度/m	80	5	施工排量/(m^2/s)	0.005
3	Cohesive粘结单元长度/m	200	6	施工时间/s	3600

计算模型的材料参数如表7-2所示，模型考虑为线弹性本构材料，模型的计算参数主要包括储层密度、弹性模量、泊松比、渗透系数、孔隙比，Cohesive粘结单元的刚度系数、滤失系数、液体黏度、抗拉强度、断裂能等，同时模拟参数还包括孔隙压力和地应力参数。

表7-2　模型材料参数

序号	参数名称(单位)	数值	序号	参数名称(单位)	数值
1	储层密度/$\times10^3$kg	2.6	8	Cohesive单元切向强度/$\times10^7$Pa	5.0
2	储层弹性模量/$\times10^{10}$Pa	2.5	9	Cohesive单元法向断裂能/J	25
3	储层泊松比(无因次)	0.2	10	Cohesive单元切向断裂能/J	25
4	储层孔隙比(无因次)	0.18	11	Cohesive单元滤失系数/($\times10^{-12}$m/s)	2.0
5	储层渗透系数/($\times10^{-7}$m/s)	3.0	12	Cohesive单元黏度/$\times10^{-5}$Pa·s	1.0
6	Cohesive单元刚度系数/$\times10^{13}$Pa	2.5	13	水平最大主应力/$\times10^7$Pa	3.0
7	Cohesive单元法向强度/$\times10^6$Pa	5.0	14	水平最小主应力/$\times10^7$Pa	2.5

7.2.2　模型建立

7.2.2.1　Part功能模块

模型部件为长方形，几何特征相对简单，部件可直接在Part功能模块中进行几何模型构建与处理。

1. 部件创建

点击左侧工具箱区快捷按钮 (Create Part)或菜单栏Part→Create…，进入部件创建(Create Part)对话框，对话框如图7-21(a)所示，部件名称(Name)输入Rock，模型空间(Modeling Space)选择二维(2D)，类型(Type)选择可变形(Deformable)，基本特征(Base Feature)选择壳面(Shell)，草图尺寸(Approximate size)输入600(表示草图的界面尺寸为600m正方形)。设置完成后，点击部件创建对话框的Continue按钮进入草图(Sketch)界面，在草图界面中，利用 [Create Lines：Rectangle(4 Lines)]命令进行部件线框图绘制，构建的线框图如图7-21(b)所示。退出线框绘制后点击左下角提示区的Done按钮，退出草图(Sketch)界面，形成二维Rock部件，形成的二维平面

Rock 部件如图 7-21(c)所示。

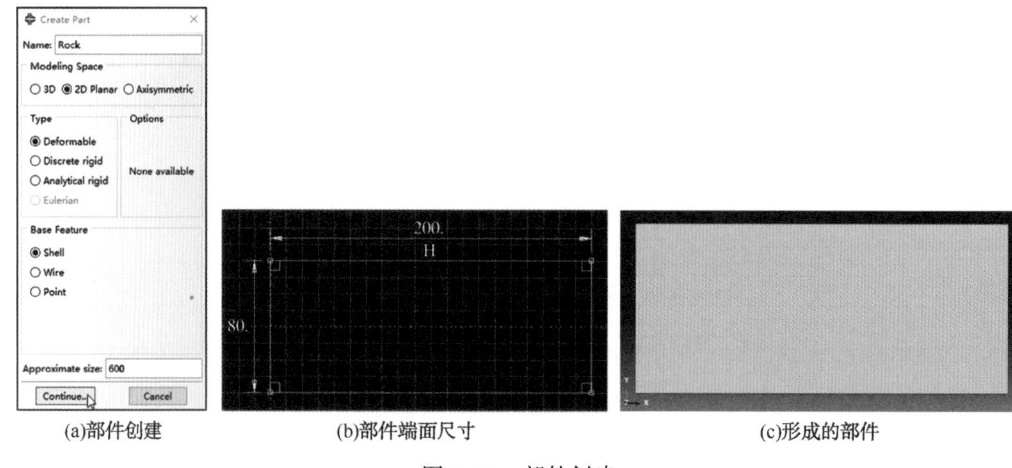

(a)部件创建　(b)部件端面尺寸　(c)形成的部件

图 7-21　部件创建

2. 部件面剖分

本例采用网格节点编辑法形成零厚的 Cohesive 粘结单元，因此，需要在宽度方向的中部剖分形成规则的长方形区域，方便后期网格划分与网格节点编辑。具体的操作流程如下：

点击左侧工具箱区快捷按钮 (Partition Face：Sketch)，在视图区选择部件后，进入草图(Sketch)编辑界面。在草图编辑界面中，在中心位置绘制两条平行直线，具体如图 7-22(a)所示，形成中间宽度为 0.1m 的区域。

草图(Sketch)编辑完成后，退出面剖分草图编辑，面剖分后的部件如图 7-22(b)所示，宽度方向中部位置形成长度 200m×宽度 0.1m 的长方形区域。

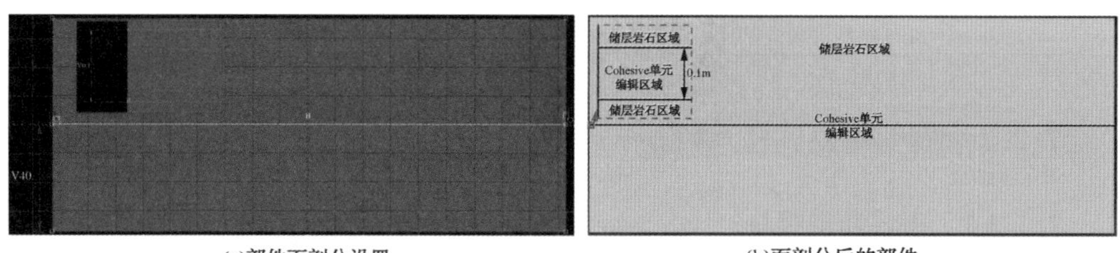

(a)部件面剖分设置　(b)面剖分后的部件

图 7-22　部件草图面剖分设置

7.2.2.2　Mesh 功能模块

Rock 部件完成面剖分后，切换至 Mesh 功能模块进行 Rock 部件网格种子布置、网格划分控制、网格划分、网格质量检测、网格编辑和单元类型选择等设置。

1. 网格种子布置

中间 Cohesive 粘结单元区域的宽度方向只设置 1 个网格种子。基质部分中间区域和注入点区域考虑网格加密。因此，部件网格种子布置采用局部边种子网格布置方式。

点击左侧工具箱区快捷按钮 (Seed Edges)或菜单栏 Seed Edges…，在视图区选择需要网格种子布置的边，点击左下角提示区 Done 按钮，进入局部边种子(Local

Seeds)设置对话框，在对话框中进行所选局部边种子布置。

(1) 部件长度方向：部件长度方向边的网格种子布置如图 7-23 所示，几何边选择如图 7-23(a)所示，采用单一方向网格种子加密，如图 7-23(a)箭头所示。局部边种子(Local Seeds)设置对话框如图 7-23(b)所示，在对话框基本(Basic)界面中，网格种子布置方式(Method)采用通过数量(By number)，网格种子的偏移系数(Bias ratio)为 5.0，布置的网格单元数量(Number of elements)设置为 150。对话框约束(Constraint)界面采用默认设置即可。

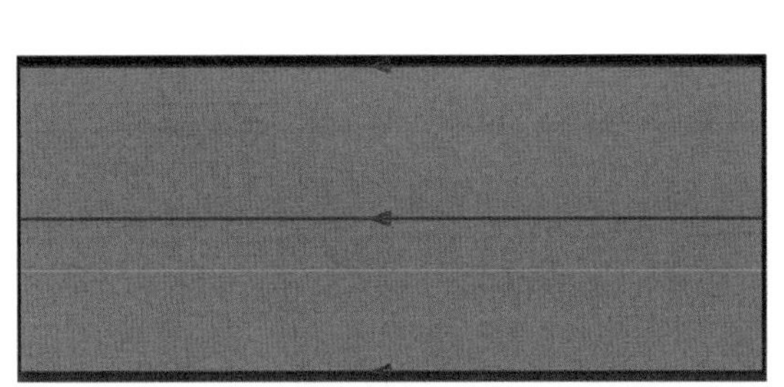

(a)局部边选择

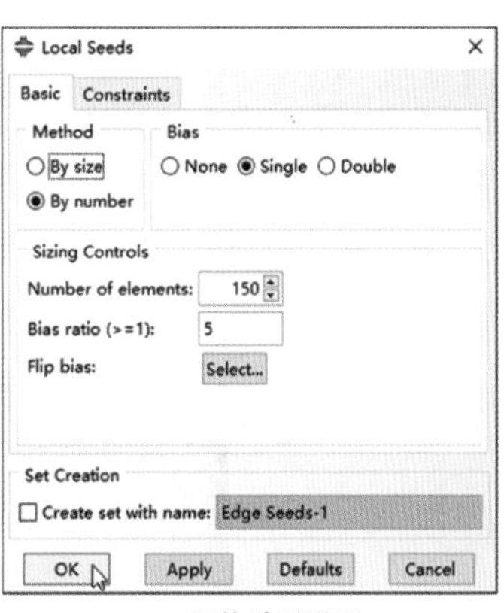

(b)网格种子设置

图 7-23 基质长度方向边种子布置

(2) 部件宽度方向：部件宽度方向局部边网格种子设置如图 7-24 所示，局部边选择和加密方向如图 7-24(a)所示，局部边种子设置对话框如图 7-24(b)所示，网格种子采用通过数量(By number)，采用单一方向网格单元种子加密，网格单元种子的偏移(Bias)方向为 3.0，网格单元数量(Number of elements)设置为 30。

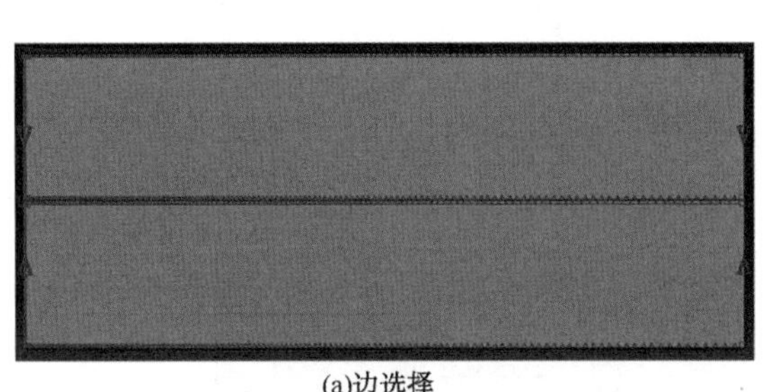

(a)边选择

(b)局部边种子设置

图 7-24 基质宽度方向边种子布置

(3) 中间 Cohesive 单元宽度方向：中间 Cohesive 区域需要设置为单一层零厚度单元，因此 Cohesive 粘结单元设置区域的宽度方向的单元数量须设置为 1，相应的网格种子数量也为 1。具体的网格布置如图 7-25 所示，局部边选择如图 7-25(a)所示，局部边种子(Local Seeds)网格布置如图 7-25(b)所示，网格种子数量为 1。

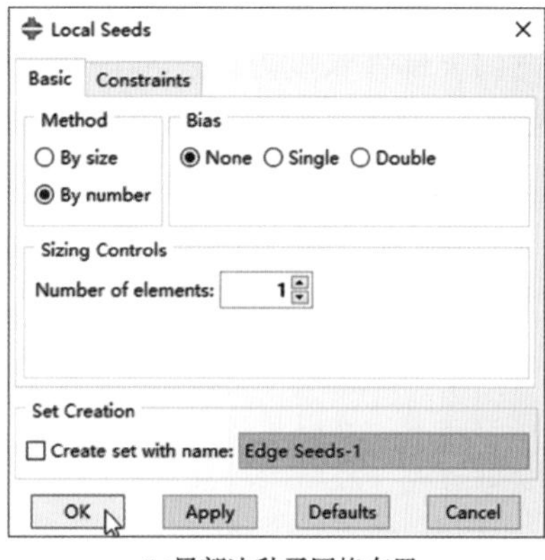

(a)边选择　　(b)局部边种子网格布置

图 7-25　Cohesive 粘结单元区域宽度方向边种子布置

部件所有边网格种子布置完成后，部件的网格种子分布如图 7-26 所示。

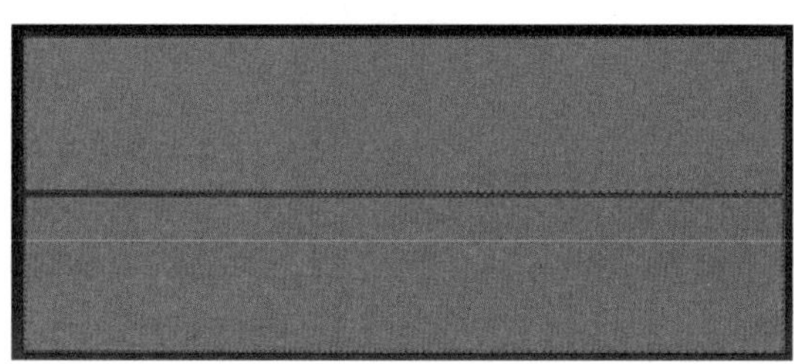

图 7-26　部件网格种子分布

2. 网格划分控制

部件所有边网格种子布置完成后，网格划分前需要进行网格划分控制设置，进行部件网格形状和网格划分技术选择。二维部件默认的网格形状为四边形主导的网格形状，划分技术为自由网格。为了提升模型精度和网格质量，本例部件所有区域网格选用四面体结构化网格划分技术。

3. 网格划分

网格种子布置和网格划分控制设置完成后，采用全域网格划分技术，一次完成部件的所有网格划分。点击左侧工具箱区快捷按钮 (Mesh Part) 或菜单栏 Mesh→Part…，点击左下角提示区 Yes 按钮，完成部件全部区域网格划分。划分完成的部件如图 7-27 所示，其中 Cohesive 粘结单元区域宽度方向只有一个网格。

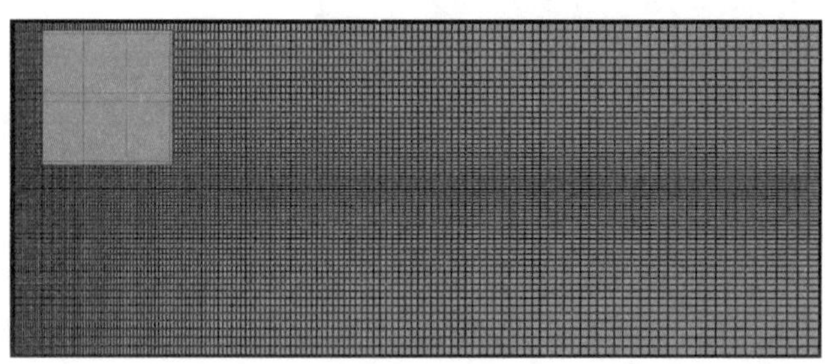

图 7-27　部件网格

4. 网格质量检测

点击左侧工具箱区快捷按钮 (Verify Mesh)或菜单栏 Mesh→Verify…，在视图区选择部件后，点击左下角提示区的 Done 按钮，进入网格质量检测(Verify Mesh)对话框，采用默认设置，点击 Highlight 按钮，完成部件网格质量检测。

本例模型为二维模型，形状简单，采用四边形结构化网格划分技术，形成的网格一般不会出现警告或错误单元。

5. 自由化孤立网格部件生成

由于前面的部件为结构化网格部件(见图 7-28)，无法进行节点编辑，需要转变成自由化孤立网格部件，实现网格节点的自由编辑。具体的操作流程如下：

点击菜单栏 Mesh→Create Mesh Part…，在左下角提示区可以进行新生成的自由化孤立网格部件名称的设置，本例新生成的部件名称选项输入 Rock-1，名称输入完成后，点击 OK 按钮(Mesh part name: Rock-1 OK)，形成新的自由化孤立网格 Rock-1 部件，新生成的 Rock-1 部件如图 7-29 所示。

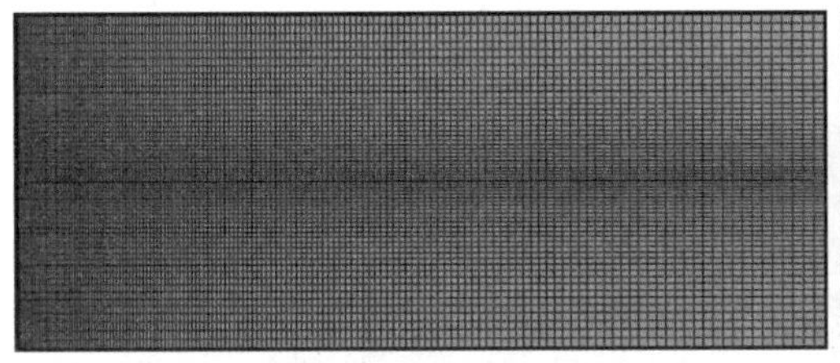

图 7-28　结构化网格部件

图 7-29　自由化孤立网格部件

根据需要建立 Cohesive 粘结单元和 Rock 单元的单元集合，相关的单元集合如图 7-30 所示。

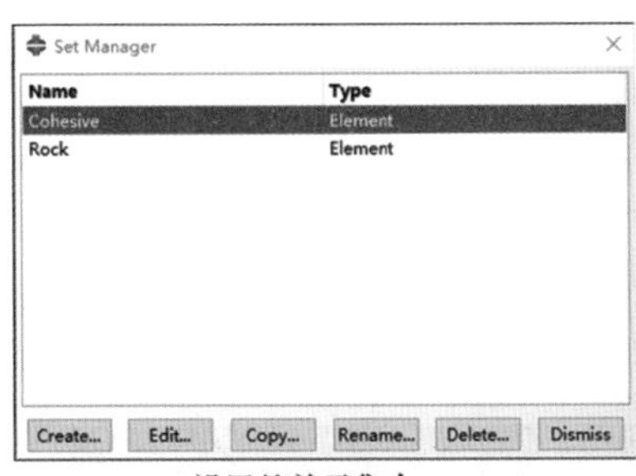

(a)设置的单元集合

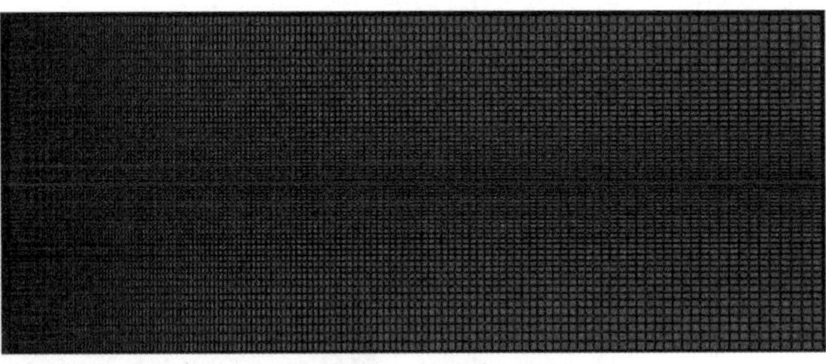

(b)Cohesive粘结单元分布

图 7-30　集合创建

6. Cohesive 粘结单元网格节点编辑

自由化孤立网格部件 Rock-1 形成后(见图 7-29)，在环境栏中 Part 选项右侧的下拉菜单选择 Rock-1(Module: Mesh Model: Model-1 Object: ○ Assembly ◉ Part: Rock-1)，视图区显示 Rock-1 部件，方便进行零厚度 Cohesive 粘结单元的节点编辑。

点击左侧工具箱区快捷按钮 (Edit Mesh)或菜单栏 Mesh→Edit…，进入网格编辑(Edit Mesh)对话框，如图 7-31(a)所示，种类(Category)选择节点(Node)，方式(Method)选择编辑(Edit)，此时视图区的自由化孤立网格部件的节点上会出现一个绿色的标记[见图 7-31(b)]，用户根据需要在视图区选择需要进行网格节点编辑的节点。

(a)网格编辑

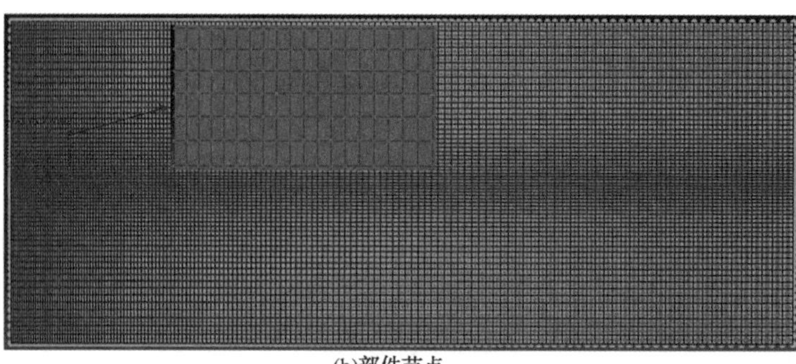
(b)部件节点

图 7-31　Cohesive 粘结单元网格节点编辑

通过视图显示的布尔运算设置，在视图区只显示 Cohesive 粘结单元，然后选择 Cohesive 粘结单元所有的上部节点，节点选择如图 7-32 所示。节点选择完成后，点击左下角提示区的 Done 按钮，进入节点编辑(Edit Nodes)对话框(见图 7-33)。

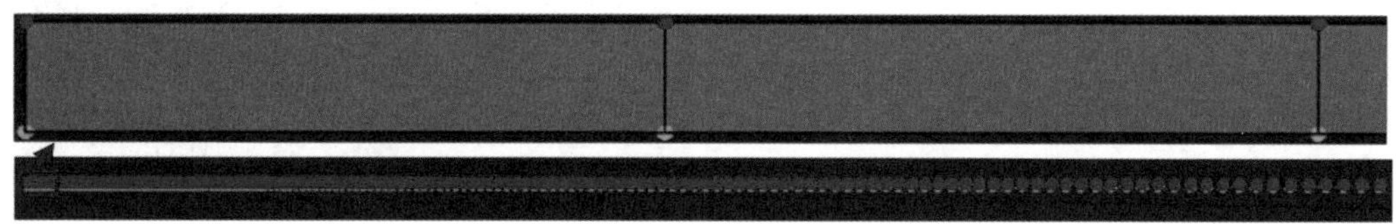

图 7-32　Cohesive 粘结单元上部节点编辑

在图 7-33 所示的对话框中进行选择的节点坐标编辑，首先进行节点位置编辑方式的选择，选择偏移(Offsets)方式进行节点移动，方式确定后输入偏移距离。根据模型，Cohesive 粘结单元网格节点只需要进行 Y 方向移动即可形成零厚度的 Cohesive 粘结单元，目前 Cohesive 粘结单元上下两端的距离为 0.1m，因此在偏移距离设置时，1 位置的框中默认 0，2 位置的框中输入-0.1，表示节点向 Y 方向负方向移动 0.1m。设置完成后，点击 OK 按钮完成设置。

此时生成的零厚度的 Cohesive 粘结单元如图 7-34 所示。

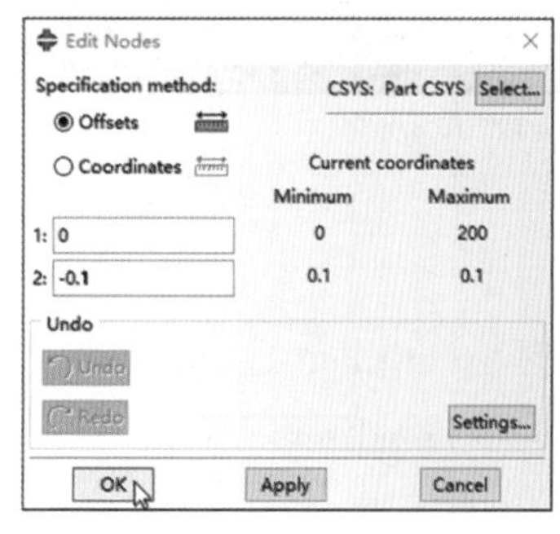

图 7-33　节点位置编辑

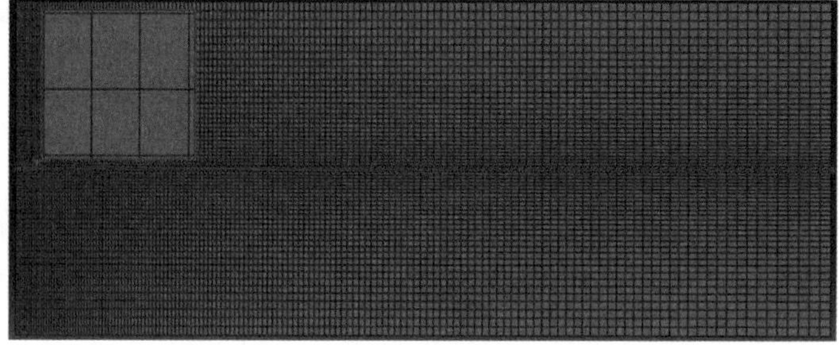
图 7-34　节点编辑后的部件

7. 单元类型选择

储层基质与 Cohesive 粘结单元的单元类型完全不同，需要进行针对性的指定，针对单元类型进行分别设置。

1）Cohesive 粘结单元

点击左侧工具箱区快捷按钮（Assign Element Type）或菜单栏 Mesh→Element Type…，点击右下角提示区 Sets... 按钮，进入区域选择（Region Selection）对话框[见图 7-35（a）]，对话框中选择 Cohesive 粘结单元集合[见图 7-35（a）]，Cohesive 粘结单元集合的位置如图 7-35（b）所示。区域选择后点击图 7-35（a）对话框的 Continue 按钮，进入单元类型（Element Type）对话框[见图 7-35（c）]，选择孔隙压力 Cohesive 粘结单元（Cohesive Pore Pressure），二维 Cohesive 粘结单元的代号为 COH2D4P。

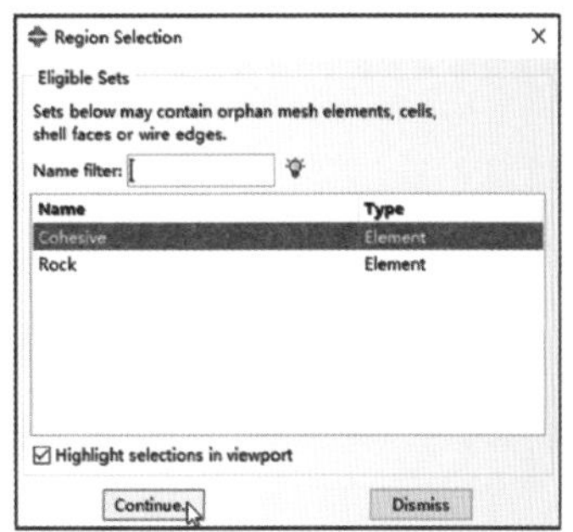

(a)区域选择

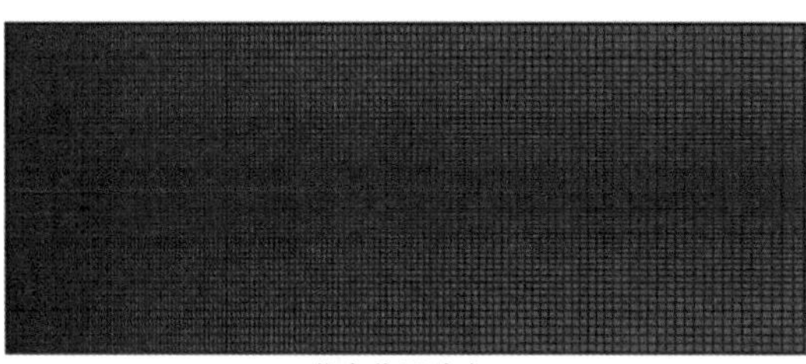

(b)节点位置分布

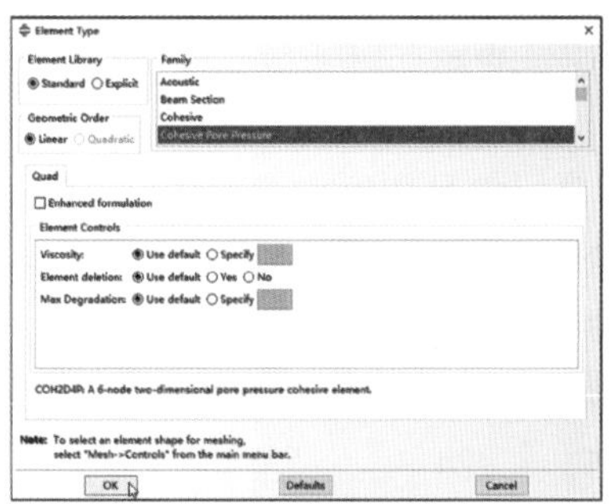

(c)单元类型选择

图 7-35 Cohesive 粘结单元类型选择

Cohesive 粘结单元在 INP 输入文件中显示如下：

****

*Element, type=COH2D4P

**Cohesive 粘结单元组成关键词，单元代号为 COH2D4P，二维 6 节点 Cohesive 粘结单元。

9001, 6, 513, 9, 1,9366,9364

**数据行，分别表示单元编号和节点编号，其中最后两个节点为单元厚度方向中间区域的孔隙压力节点。

9002, 513, 512, 10, 9,9364,9368

9003, 512, 511, 11, 10,9368,9371

9004, 511, 510, 12, 11,9371,9374

9005, 510, 509, 13, 12,9374,9377

```
9006,    509,    508,    14,    13,9377,9380
………………
9145,    370,    369,    153,    152,9794,9797
9146,    369,    368,    154,    153,9797,9800
9147,    368,    367,    155,    154,9800,9803
9148,    367,    366,    156,    155,9803,9806
9149,    366,    365,    157,    156,9806,9809
9150,    365,      5,      2,    157,9809,9812
```

**累计 150 个 Cohesive 粘结单元。

****

2）储层基质

同样采用 (Assign Element Type)功能，区域选择(Region Selection)选择 Rock 单元集合。单元类型(Element Type)选择对话框中选择孔隙压力/应力单元(Pore Pressure/Stress)，单元的类型代号为 CPE4RP。

储层基质的单元类型在 INP 输入文件中的显示如下：

****

```
*Element, type=CPE4RP
```

**单元代号为 CPE4RP，表示二维 4 节点缩减积分孔隙压力/应力单元。

```
1,    1,    9,    721,    364
```

**数据行，分别表示单元编号和组成单元的节点编号。

```
2,     9,    10,    722,    721
3,    10,    11,    723,    722
4,    11,    12,    724,    723
5,    12,    13,    725,    724
6,    13,    14,    726,    725
7,    14,    15,    727,    726
8,    15,    16,    728,    727
…………
8995, 9357, 9358,    547,    548
8996, 9358, 9359,    546,    547
8997, 9359, 9360,    545,    546
8998, 9360, 9361,    544,    545
8999, 9361, 9362,    543,    544
9000, 9362,  542,      7,    543
```

**储层基质累计单元数量 9000 个。

****

7.2.2.3 Propertyt 功能模块

Property 功能模块中主要进行储层基质与 Cohesive 粘结单元的材料参数设置、截面创建与截面属性赋值等步骤，设置步骤顺序不能颠倒。

1. 材料参数编辑

点击左侧工具箱区快捷按钮 (Create Material)或菜单栏 Material→Create…，进入材料编辑(Edit Material)对话框，在材料对话框中设置储层基质和 Cohesive 粘结单元的材料参数。

1) 储层基质

储层基质的材料参数设置如图 7-36 所示，材料的密度为 2600kg/m^3，弹性模量为 2.5×10^{10}Pa，泊松比为 0.2，渗透系数为 3.0×10^{-7}m/s，孔隙比为 0.18。

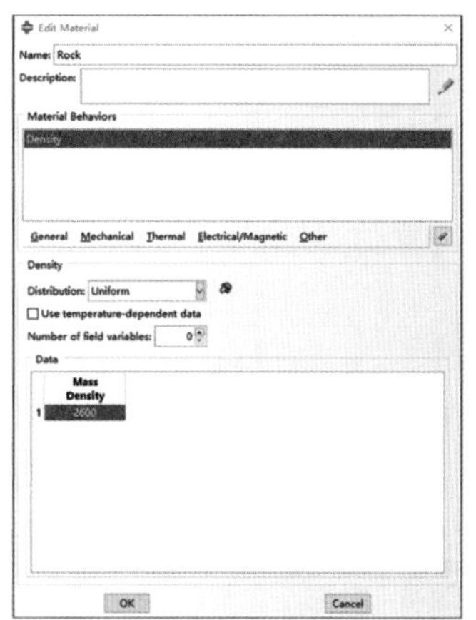

(a)密度参数设置

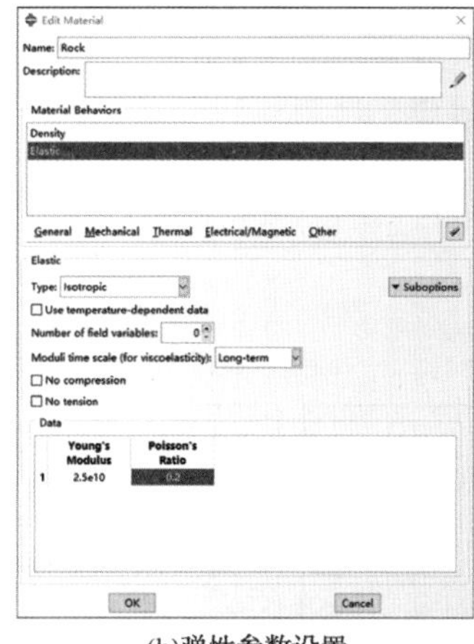

(b)弹性参数设置

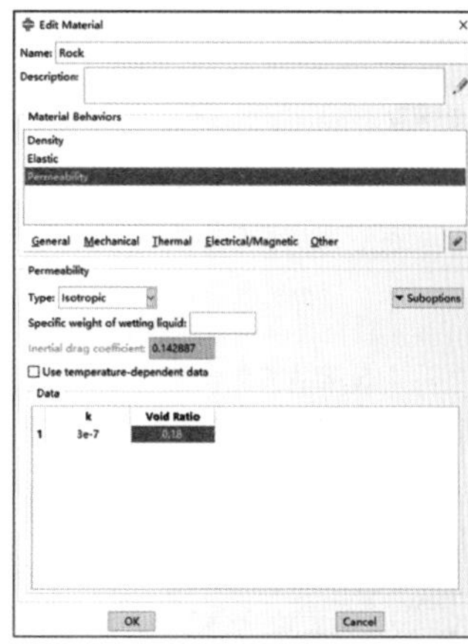

(c)渗透系数设置

图 7-36　储层基质材料参数设置

储层基质材料在 INP 输入文件中的显示如下：

```
*********************************************************
*Material, name=Rock
**储层基质材料设置，材料名称为 Rock。
*Density
**密度设置。
2500.,
*Elastic
**弹性参数设置。
2.5e+10, 0.2
**弹性模量、泊松比。
*Permeability, specific=9800.
**渗透系数设置。
3.0e-07, 0.18
**渗透系数，孔隙比。
*********************************************************
```

2) Cohesive 粘结单元

Cohesive 粘结单元的材料参数设置如图 7-37 所示，材料名称(Name)输入

Cohesive，材料的密度为 2600kg/m^3，弹性刚度系数为 2.5×10^{13}Pa，初始起裂法向抗拉强度为 5.0×10^6Pa，切向强度为 5.0×10^7Pa，损伤演化采用 BK 能量准则，损伤演化法向断裂能为 25J，切向断裂能为 25J，压裂液黏度为 1.0×10^{-5}Pa·s，裂缝滤失系数为 2.0×10^{-12}m/s。

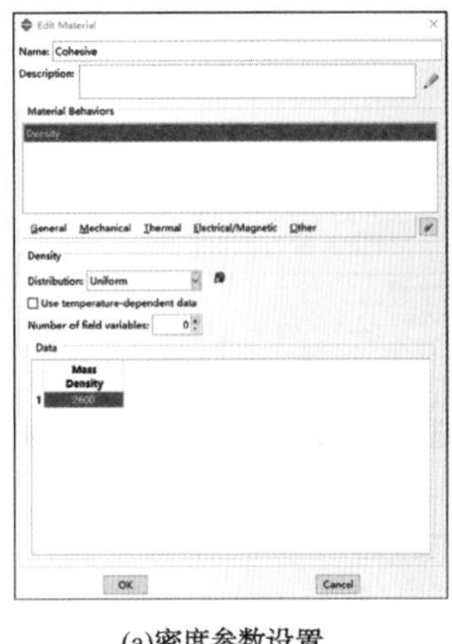

(a)密度参数设置

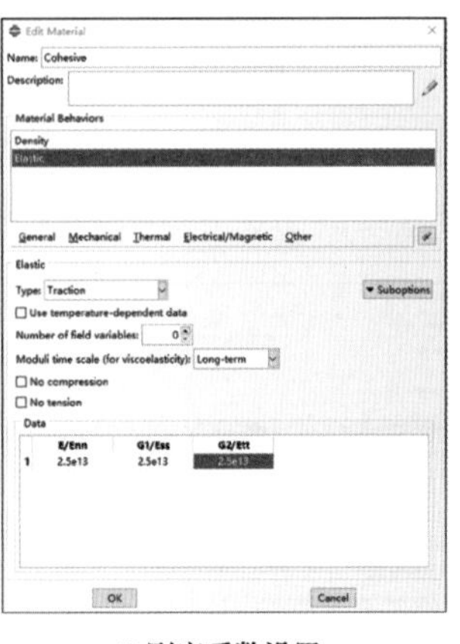

(b)刚度系数设置

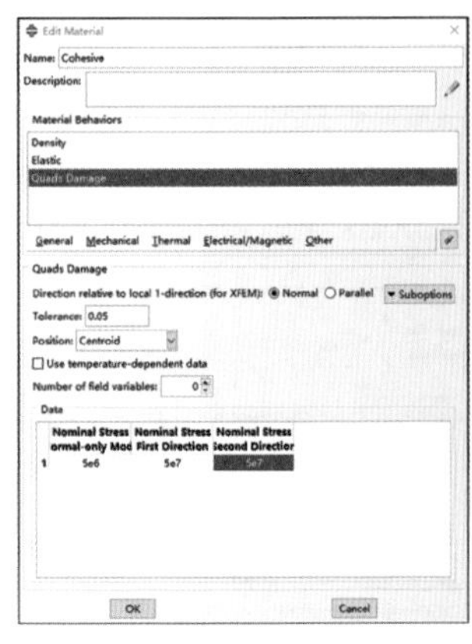

(c)起裂准则选择与参数设置

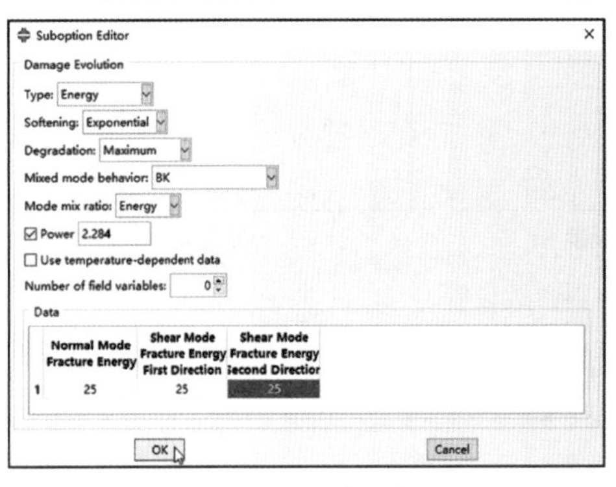

(d)损伤演化准则选择与参数设置

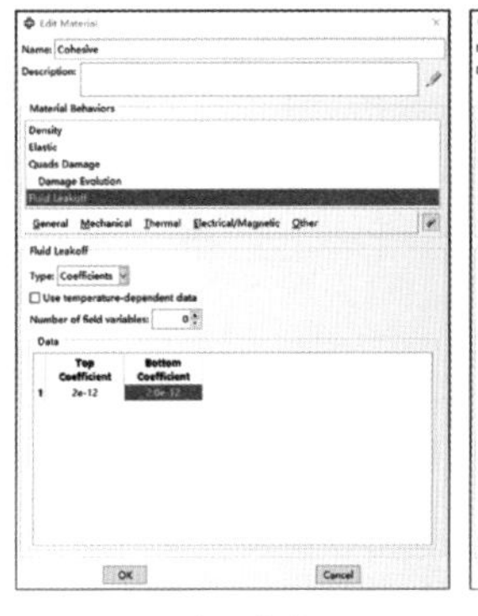

(e)滤失系数设置

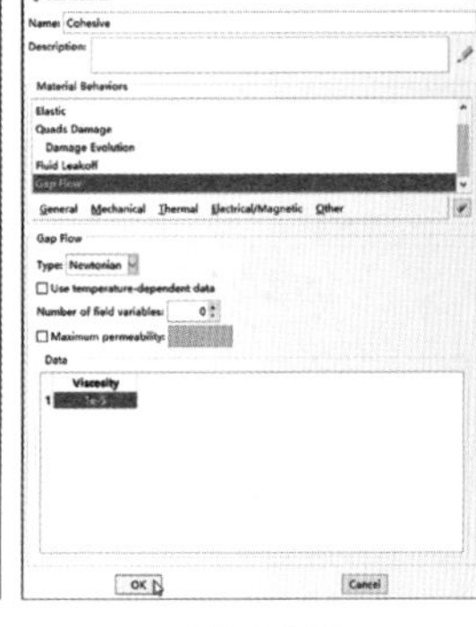

(f)液体黏度设置

图 7-37　Cohesive 粘结单元材料参数设置

Cohesive 粘结单元材料在 INP 输入文件中的显示如下：

****

* Material，name=Cohesive

** Cohesive 粘结单元材料参数设置，材料名称为 Cohesive。

* Density

** 密度设置。

2500.，

* Elastic，type=TRACTION

** Cohesive 粘结单元刚度系数设置。

2.5e+13，2.5e+13，2.5e+13

* Damage Initiation，criterion=QUADS

** 起裂选择设置，“* Damage Initiation”起裂设置关键词，起裂采用复合应力起裂模式。

5e+06, 5e7

** 法向和切向的极限应力。

* Damage Evolution, type = ENERGY, softening = EXPONENTIAL, mixed mode behavior=BK, power=2.284

** 损伤演化设置,“ * Damage Evolution”损伤演化关键词,损伤演化方式采用能量方式,软化方式采用指数方式,混合模式采用 BK 模式,能量系数为 2.284。

25., 25., 25.

* FluidLeakoff

** Cohesive 粘结单元法向面滤失系数设置。

2.0e-12, 2.0e-12

* Gap Flow

* * 切向流体流动设置。

1e-05,

****

2. 截面创建

截面创建流程:点击左侧工具箱区快捷按钮 (Create Section)或菜单栏Section→Create…,进入截面创建(Create Section)对话框,在对话框中进行截面名称输入、截面种类和类型选择,然后进入截面编辑(Edit Section)对话框中进行材料选择与设置。

1)储层基质

储层基质的截面创建设置如图 7-38 所示,截面创建(Create Section)对话框如图 7-38(a)所示,截面种类(Category)选择实体(Solid),类型(Type)为均质材料(Homogeneous)。材料截面编辑(Edit Section)对话框如图 7-38(b)所示,选择的材料名称为 Rock 材料。

(a)截面创建

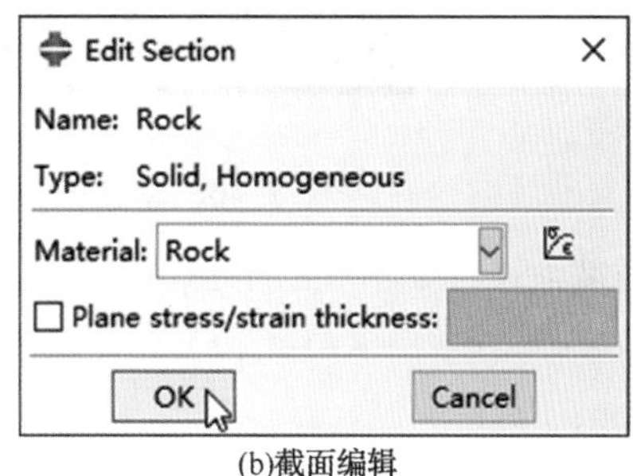

(b)截面编辑

图 7-38 基质岩石截面创建

2)Cohesive 粘结单元

Cohesive 粘结单元截面创建设置如图 7-39 所示,截面创建(Create Section)对话框如图 7-39(a)所示,截面种类(Category)选择其他(Other),类型(Type)选择 Cohesive。材料截面编辑(Edit Section)对话框如图 7-39(b)所示,选择的材料参数名称为 Cohesive 材料,截面的响应(Response)选择牵引-分离(Traction Separation),初始厚度(Initial thickness)选择指定(Specify),厚度设置为 1.0。

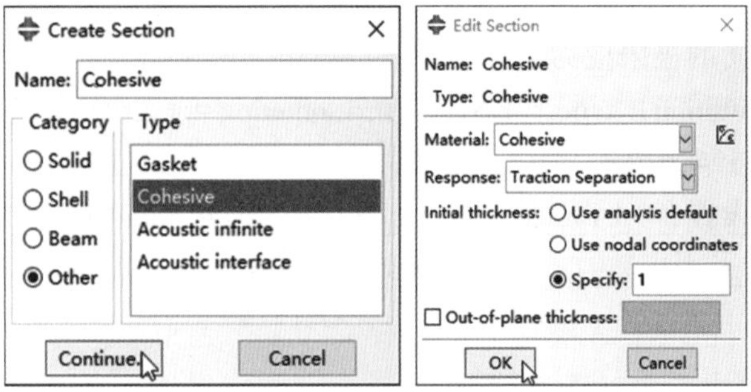

(a)截面创建　　(b)截面编辑

图 7-39　Cohesive 粘结单元截面创建

3. 截面属性赋值

通过环境栏部件显示设置，视图区显示自由化孤立网格 Rock-1 部件。点击左侧工具箱区快捷按钮 (Assign Section)或菜单栏 Assign→Section，在视图区进行区域选择或通过建立的单元集合进行截面属性赋值。

1）储层基质

储层基质的截面属性赋值如图 7-40 所示，材料截面属性赋值采用区域选择(Region Selection)，如图 7-40(a)所示，通过单元集合进行赋值区域选择，Rock 单元集合位置如图 7-40(b)所示。确定赋值区域后进入截面编辑(Edit Section)对话框[见图 7-40(c)]，材料选择 Rock 截面。

(a)区域选择　　(b)区域位置　　(c)截面编辑

图 7-40　储层基质截面属性赋值

储层基质截面属性赋值在 INP 输入文件的中显示如下：

****

** Section：Rock

** 储层基质截面设置。

* Solid Section，elset=Rock-1-1_Rock，material=Rock

** 储层基质采用实体材料截面设置，集合为 Rock-1-1_Rock，材料名称为 Rock。

,

****

2）Cohesive 粘结单元

Cohesive 粘结单元的截面属性赋值如图 7-41 所示，区域选择(Region Selection)对话框如图7-41(a)所示，集合位置如图7-41(b)所示。区域选择后进入截面赋值编辑(Edit Section Assignment)，如图7-41(c)所示，材料截面(Section)选择Cohesive截面，点击OK按钮完成设置。

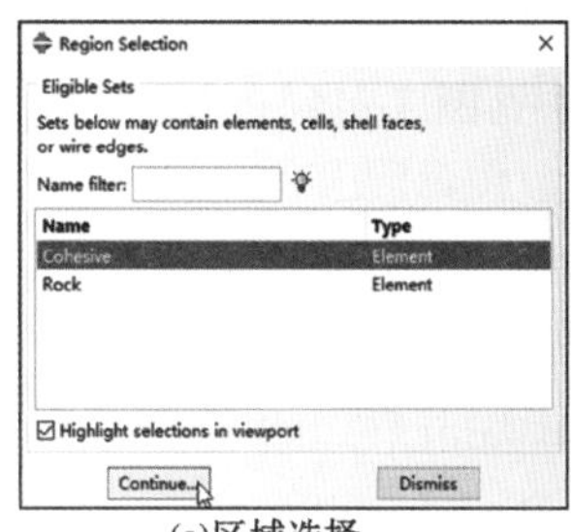

(a)区域选择

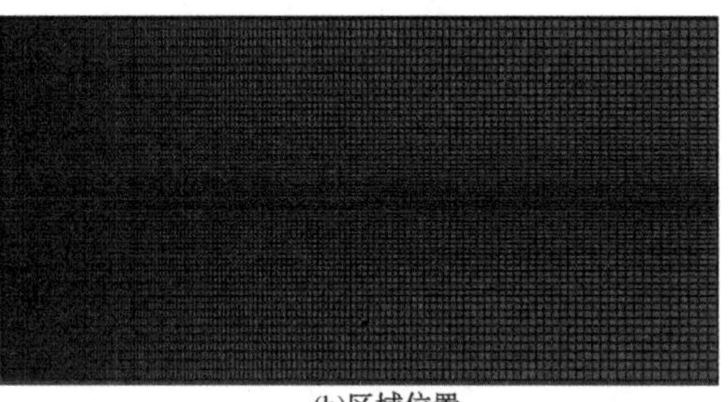

(b)区域位置

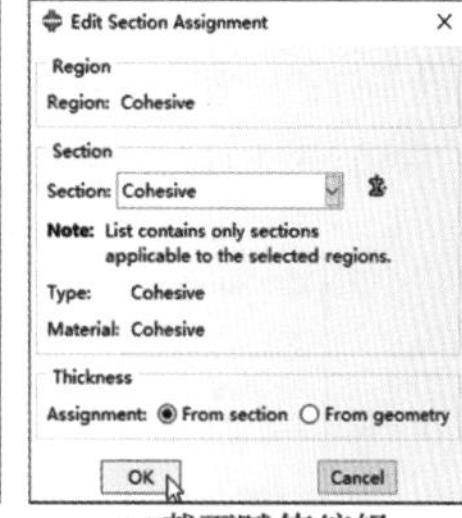

(c)截面赋值编辑

图7-41 Cohesive粘结单元截面属性赋值

Cohesive粘结单元材料截面属性赋值在INP输入文件的中显示如下：

****

** Section：Cohesive

** Cohesive粘结单元材料截面设置。

* Cohesive Section，elset = Rock - 1 - 1 _Cohesive，material = Cohesive，response = TRACTION SEPARATION，thickness=SPECIFIED

**“*Cohesive Section”为Cohesive粘结单元截面属性赋值关键词，单元集合为Rock-1-1_Cohesive，材料名称为Cohesive，响应特征选择牵引-分离，材料厚度设置为自定义。

1.，

** Cohesive粘结单元的初始厚度设置为1.0。

****

7.2.2.4 Assembly功能模块

网格划分设置与材料截面设置完成后，需要将Rock-1部件(Part)映射至Assembly功能模块中形成实例(Instance)，后续主要针对实例进行分析步、边界条件等设置。

1. 实例映射

点击左侧工具箱区快捷按钮 (Create Instance)或菜单栏Instance→Create…，进入实例创建(Create Instance)对话框，如图7-42(a)所示，部件选择生成的自由化孤立网格部件Rock-1，点击OK按钮完成Rock-1部件的实例映射，新形成的实例为Rock-1-1。Assembly功能模块中视图区的实例如图7-42(b)所示。

2. 集合设置

为了方便后期的边界条件、载荷设置，用户可根据需要进行相关的节点集合和单元集合设置。本例建立的集合如图7-43所示。

各个集合的位置如图7-44所示，各个集合的主要作用如下：Iniopen单元集合[见图7-44(a)]主要用于初始失效裂缝设置；Inject节点集合[见图7-44(b)]为最左侧Cohesive粘结单元的中间流体压力节点，主要用于流体注入设置；Cohesive粘结单元集合[见图 7-44(c)]主要用于后续的结果观测；Mid 节点集合[见图 7-44(d)]主要用于初始孔隙压力设置；Xsymm 节点集合[见图 7-44(e)]、U1 节点[见图 7-44(f)]和 U2 节点集合[见图 7-44(g)]主要用于位移边界条件设置，PP 节点集合[见图 7-44(h)]主要用于边界孔隙压力设置，Rock-node 节点集合[见图 7-44(i)]主要用于初始孔隙比、初始孔隙压力、初始饱和度设置，Rock-ele 单元集合[见图 7-44(j)]主要用于初始地应力设置。

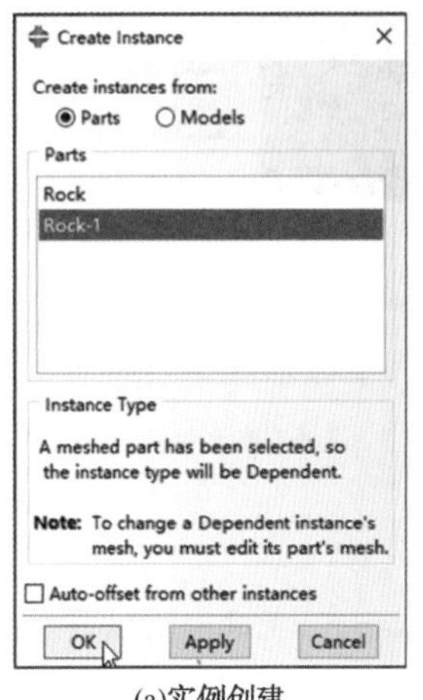

(a)实例创建

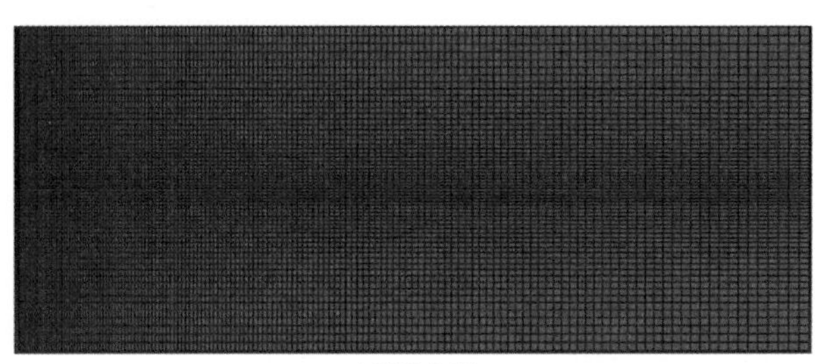

(b)映射的实例

图 7-42　实例映射

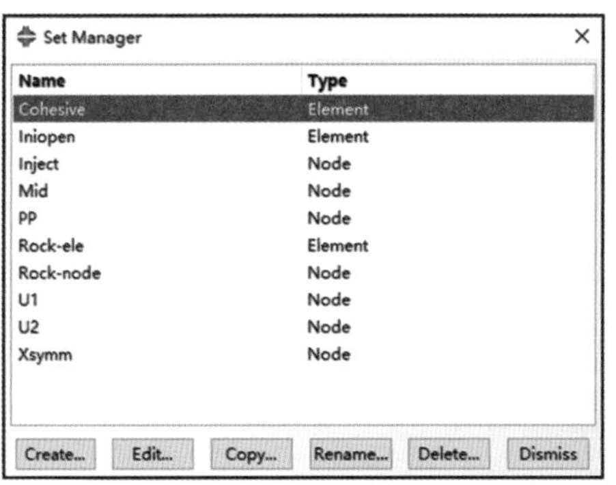

图 7-43　集合设置

7.2.2.5　Step 功能模块

分析步(Step)设置主要包括地应力平衡和水力压裂流体注入分析步相关的设置，其中地应力平衡主要针对设置的初始地应力和孔隙压力进行应力平衡分析，水力压裂流体注入分析步主要模拟压裂液注入过程中的孔隙压力变化引起的有效应力变化和裂缝动态扩展过程。

1. 分析步创建

1) 地应力平衡

点击左侧工具箱区快捷按钮 (Create Step)或菜单栏 Step→Create…，进入分析步创建(Create Step)对话框，分析步名称(Name)输入 Geo-eq，分析步类型(Procedure

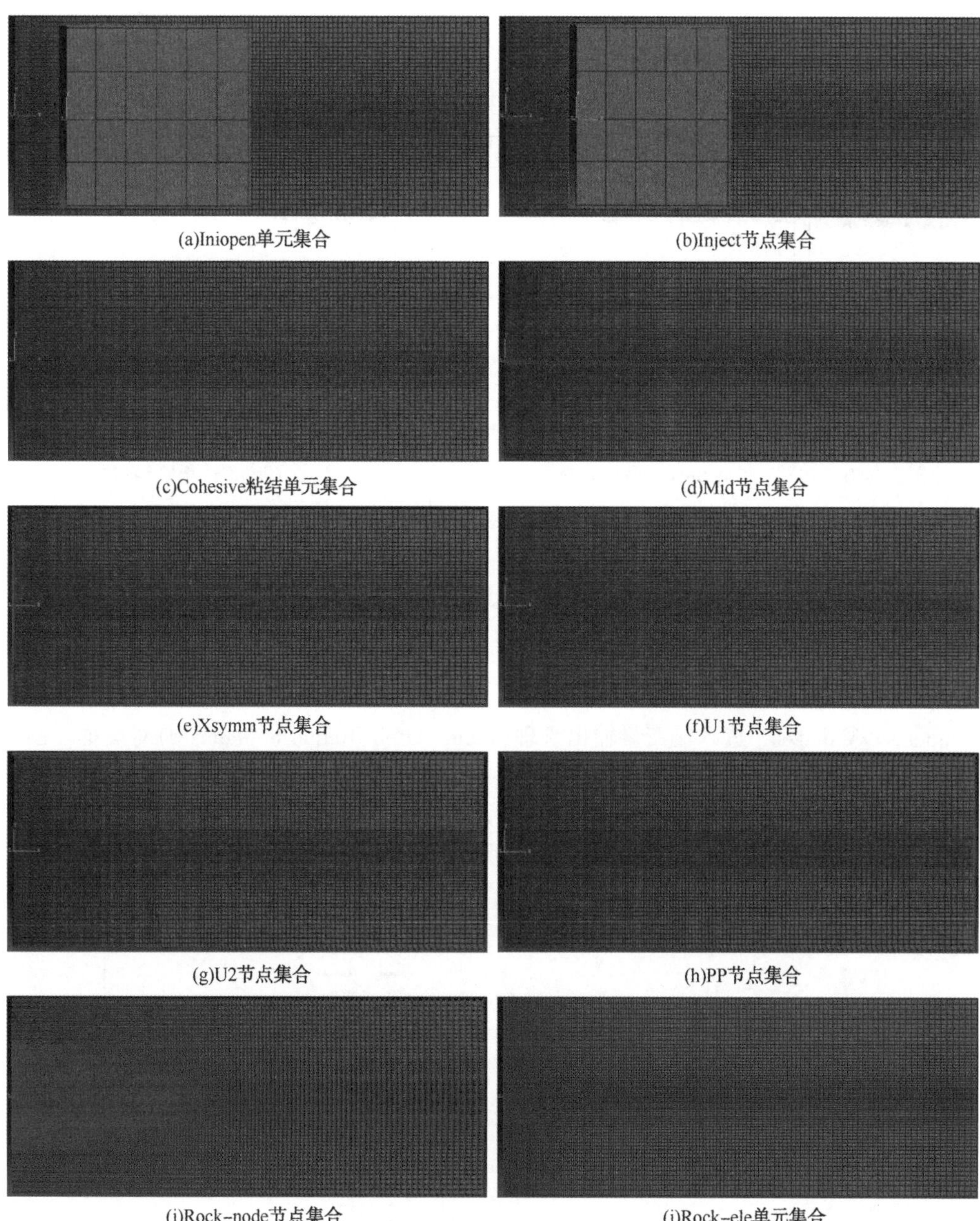

(a)Iniopen单元集合 (b)Inject节点集合

(c)Cohesive粘结单元集合 (d)Mid节点集合

(e)Xsymm节点集合 (f)U1节点集合

(g)U2节点集合 (h)PP节点集合

(i)Rock-node节点集合 (j)Rock-ele单元集合

图 7-44 集合位置显示

type)选择通用(General)、Geostatic，设置完成后点击 Continue 按钮，进入分析步编辑(Edit Step)对话框。在基本(Basic)界面中勾选几何非线性(Nlgeom)，在其他(Other)界面的矩阵存储中勾选非对称矩阵(Unsymmetric)，设置完成后点击 OK 按钮完成设置。

2）水力压裂流体注入

水力压裂流体注入分析步采用土固结(Soils)分析步类型[见图 7-45(a)]，分析步编辑(Edit Step)对话框如图 7-45(b)~图 7-45(d)所示，模拟时间为 3600s[见图 7-45

(b)]，分析步模拟的最大增量步数为5000，初始增量步时间为1.0，最小时间增量步时间为1×10^{-9}，最大增量步时间为10.0s，每个增量步允许的孔隙压力变化值为9×10^{8}Pa[见图7-45(c)]。其他(Other)界面中的矩阵存储采用非对称设置。

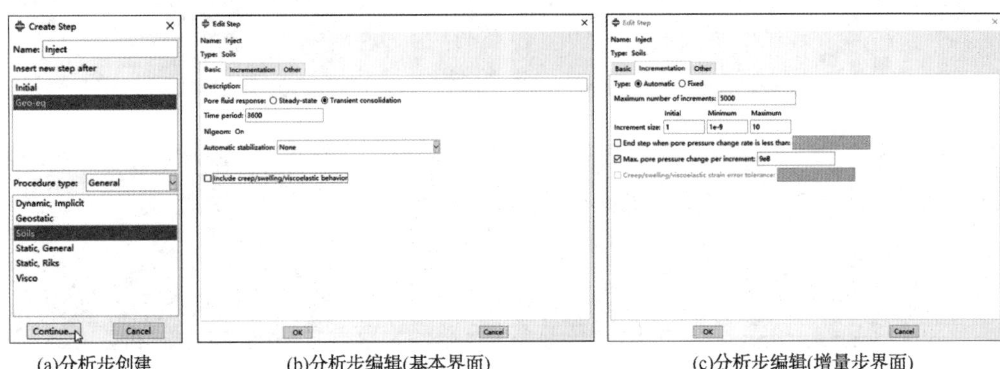

(a)分析步创建　(b)分析步编辑(基本界面)　(c)分析步编辑(增量步界面)

图7-45　水力压裂注入分析步创建

2. 场变量输出

分析步(Step)设置完成后，ABAQUS会默认形成场变量的输出设置。用户可根据需求针对默认的场变量输出设置进行改变。相关的场变量输出设置流程如下：

点击左侧工具箱区 (Field Output Manager)或菜单栏 Output→Field Output Requests→Manager，进入场变量输出管理(Field Output Requests Manager)对话框[见图7-46(a)]，选择Geo-eq分析步，点击右上角Edit按钮，进入场变量输出编辑(Edit Field Output Requests)对话框[见图7-46(b)]，在对话框中进行相关的输出区域、输出频率和输出场变量等方面的设置，点击OK按钮完成设置。具体的场变量输出见后续的INP输入文件相关的显示。

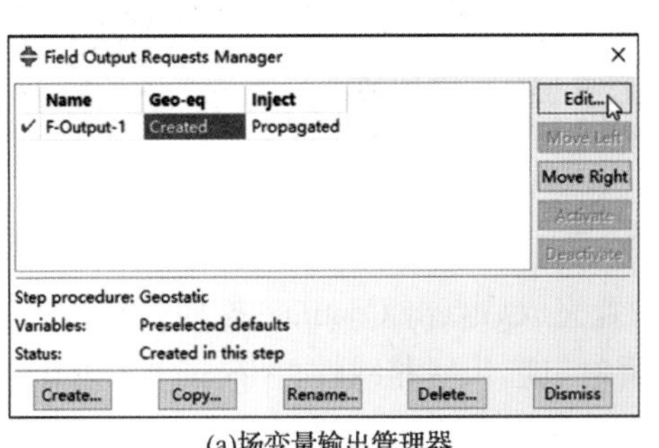

(a)场变量输出管理器　(b)场变量输出

图7-46　地应力平衡分析步场变量输出设置

由于地应力平衡分析步已经设置了场变量的输出，水力压裂分析步会沿用前面分析步的场变量输出设置，因此水力压裂分析步可不进行场变量的输出设置。

3. 历程变量输出设置

历程变量采用默认设置即可。

地应力平衡 Geo-eq 分析步相关的分析步设置、场变量输出设置以及历程变量输出设置在 INP 输入文件中如下所示：

****

** STEP：Geo-eq

** 地应力平衡分析步，分析步名称为 Geo-eq。

* Step，name=Geo-eq，nlgeom=YES，unsymm=YES

** 分析步名称为 Geo-eq，几何非线性、非对称矩阵开启。

* Geostatic

**“ * Geostatic”为地应力平衡分析步关键词。

………………

** OUTPUT REQUESTS

** 输出设置。

* Restart，write，frequency=0

** FIELD OUTPUT：F-Output-1

** 场变量输出，名称为 F-Output-1。

* Output，field

**“ * Output”变量输出关键词，类型为场变量。

* Node Output

** 节点场变量输出。

CF，POR，RF，U

** 节点场变量参数为 CF、POR、RF、U。

* Element Output，directions=YES

** 单元场变量输出，选择变量方向输出。

DAMAGESHR，DAMAGET，LE，S，SAT，SDEG，VOIDR

** 单元场变量输出参数为 DAMAGESHR、DAMAGET、LE、S、SAT、SDEG、VOIDR。

** HISTORY OUTPUT：H-Output-1

** 历程变量输出，名称为 H-Output-1。

* Output，history，variable=PRESELECT

** 历程变量采用默认输出设置。

* End Step

** 地应力平衡分析步结束。

****

水力压裂流体注入分析步的分析步设置、场变量输出等在 INP 输入文件中的显示如下：

****

** STEP：Inject

** 水力压裂流体注入分析步，名称为 Inject。

* Step, name=Inject, nlgeom=YES, inc=5000, unsymm=YES

** 分析步设置，名称为 Inject，几何非线性和非对称存储开启，总的增量步数量为 5000。

* Soils, consolidation, end=PERIOD, utol=9e+8, creep=none

** "* Soils" 土固结分析关键词，类型为土固结，单个增量步孔隙压力最大变化为 9.0×10^{8}Pa。

1., 3600., 1e-09, 10.,

** 初始增量步时间、总时间、最小增量步时间、最大增量步时间。

………………

* Controls, analysis=discontinuous

** 求解控制设置，类型为非连续性求解控制。

* Controls, parameters=time incrementation

** 单个增量步最大迭代次数设置。

,,,,,,, 25,,,

** 单个增量步最大迭代次数为 25。

** OUTPUT REQUESTS

** 输出设置。

* Restart, write, frequency=0

** 重启分析步设置，默认设置，不进行重启设置。

** FIELD OUTPUT: F-Output-1

** 场变量输出，输出名称为 F-Output-1，没有针对水力压裂注入分析步进行特殊设置，默认延续 Geo-eq 分析步的输出。

* Output, field

* Node Output

CF, POR, RF, U

* Element Output, directions=YES

DAMAGESHR, DAMAGET, LE, S, SAT, SDEG, VOIDR, PFOPEN

** HISTORY OUTPUT: H-Output-1

* Output, history, variable=PRESELECT

* End Step

****

7.2.2.6 Load 功能模块

Load 功能模块主要进行位移边界条件、孔隙压力边界条件、初始场变量、压裂液注入等设置。

1. 边界条件

1）位移边界条件

位移边界条件主要是模型四周边界的位移边界设置，包括模型前后和左右 4 条边。其中左侧注入点所在的边采用 X 方向位移对称边界条件，右侧边采用 X 方向固定位移边界条件，上下边界采用 Y 方向固定位移边界条件。位移边界条件设置流程如下：

点击左侧工具箱区快捷按钮 (Create Boundary Condition) 或菜单栏 BC→Create…，进入创建(Create Boundary Condition)对话框，种类(Categary)选择力学(Mechanical)边界条件后，进一步进行边界条件类型选择，然后点击 Continue 按钮，通过前面创建的用于设置位移边界条件的节点集合。选择相关的集合后，进入边界条件编辑(Edit Boundary Condition)对话框，在对话框中进行相关的边界条件设置。

(1) 左侧边 X 方向位移对称边界条件。

模型左侧注入点的 X 方向位移对称边界条件设置如图 7-47 所示，边界条件创建(Create Boundary Condition)对话框如图 7-47(a)所示，名称(Name)输入 Xsymm-1、位移边界类型选择对称/反对称/固定(Symmetry/Antisymmetry/Encastre)，区域选择对话框选择的节点集合为 Xsymm，节点位置分布如图 7-47(b)所示。区域选择后进入边界条件编辑(Edit Boundary Condition)对话框[见图 7-47(c)]，边界条件选择 XSYMM (U1=UR2=UR3=0)。

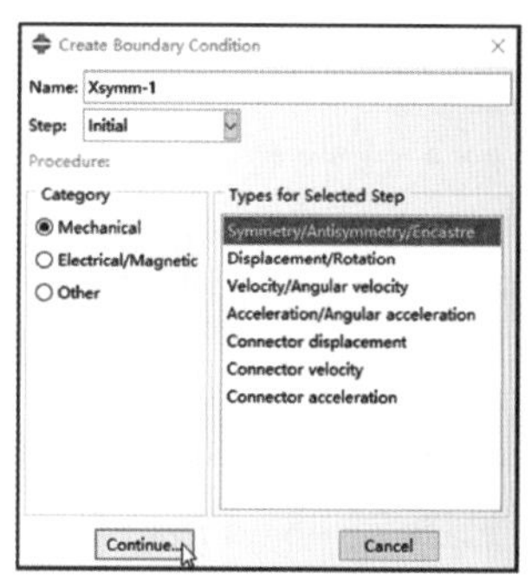

(a)边界条件创建

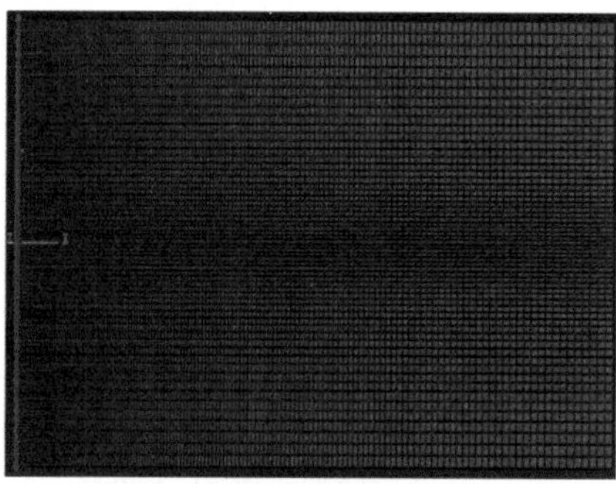
(b)节点位置分布

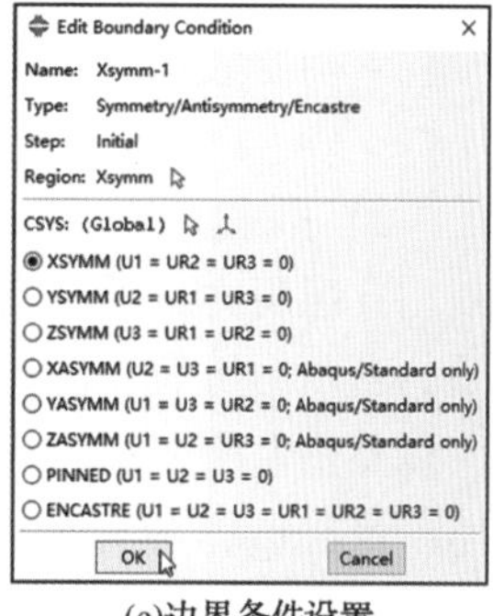

(c)边界条件设置

图 7-47 左侧边 X 方向位移对称边界创建

(2) 右侧边 X 方向固定位移边界条件。

模型右侧固定位移边界条件设置流程如下：边界条件创建(Create Boundary Condition)对话框中分析步(Step)选择初始分析步(Initial)，边界名称(Name)输入 U1，位移边界类型选择位移/旋转(Displacement/Rotation)。区域选择(Region Selection)对话框中选择的节点集合为 U1。边界条件编辑(Edit Boundary Condition)对话框中边界条件设置选择 U1，表示 X 方向位移边界条件固定。

(3) 上下边 Y 方向固定位移边界条件。

上下边 Y 方向固定位移边界条件设置与右侧边 X 方向固定位移边界条件基本一致。边界条件创建(Create Boundary Condition)对话框边界条件名称(Name)输入 U2，分析步可选的位移边界类型(Types for Selected Step)选择位移/旋转(Displacement/Rotation)。边界条件区域选择(Region Selection)对话框选择 U2 节点集合。边界条件编辑(Edit Boundary Condition)对话框中边界条件选择 U2 固定。

相关的位移边界条件在 INP 输入文件中的显示如下：

```
*************************************************************
** BOUNDARY CONDITIONS
```

＊＊Name：Xsymm-1 Type：Symmetry/Antisymmetry/Encastre

＊＊左侧边 X 方向位移对称边界条件，边界条件名称为 Xsymm-1，类型为对称/反对称/固定。

＊Boundary

Xsymm，XSYMM

＊＊Xsymm 表示左侧边节点集合，边界条件类型为 XSYMM。

＊＊Name：U1 Type：Displacement/Rotation

＊＊右侧边 X 方向固定位移边界条件设置，类型为位移/旋转。

＊Boundary

U1，1，1

＊＊U1 表示右侧边节点集合名称，“1，1”表示 1 方向自由度固定。

＊＊Name：U2 Type：Displacement/Rotation

＊＊上下边 Y 方向固定位移边界条件设置，类型为位移/旋转。

＊Boundary

U2，2，2

＊＊U2 表示上下边的节点集合，“2，2”表示 2 方向自由度固定。

＊＊

2）孔隙压力边界条件

孔隙压力边界只能定义于具体的分析步中，孔隙压力在地应力平衡分析步中定义后，若水力压裂分析步的孔隙压力边界条件无改变，则不需要重新设置。

点击左侧工具箱区快捷按钮 (Create Boundary Condition)或菜单栏 BC→Create…，进入边界条件创建(Create Boundary Condition)对话框[见图 7-48(a)]，名称(Name)输入 Pore-pressure，分析步(Step)选择 Geo-eq，种类(Category)选择其他(Other)，分析步可选的边界类型(Types for Selected Step)选择孔隙压力(Pore pressure)，设置完成后点击 Continue 按钮进行边界条件区域选择。区域选择(Region Selection)对话框中选择 PP 节点集合[见图 7-48(b)]，点击 Continue 按钮进入边界条件编辑(Edit Boundary Condition)对话框[见图 7-48(c)]，对话框中输入孔隙压力值 2.5×10^7Pa，设置完成后点击 OK 按钮完成设置。

(a)边界条件创建

(b)节点位置分布

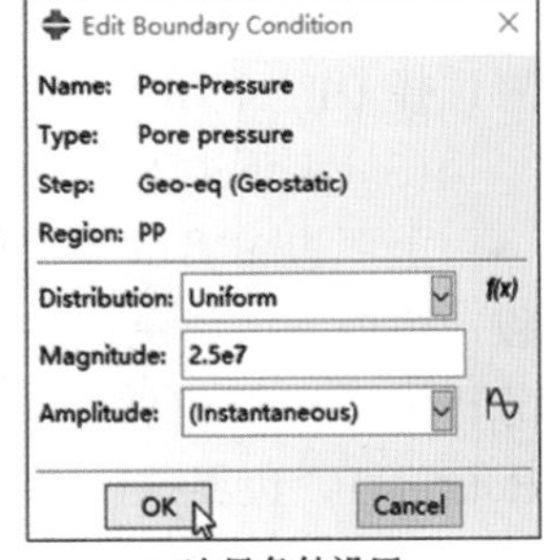

(c)边界条件设置

图 7-48　孔隙压力边界条件设置

注意：孔隙压力值设置只能设置于具体的分析步中。

2. 初始场变量设置

初始场变量主要包括初始地应力、孔隙压力、孔隙比和饱和度等，初始场变量值主要依据储层的实际情况进行设置。

1）初始地应力

模型的初始地应力设置如图 7-49 所示，初始场变量创建(Create Predefined Field)对话框中[见图 7-49(a)]，分析步(Step)选择初始分析步(Initial)，种类(Category)选择力学(Mechanical)，分析步可选的场变量类型(Types for Selected Step)选择应力(Stress)，设置完成后点击 Continue 按钮，点击右下角提示区 Sets... 按钮，进入区域选择(Region Selection)对话框，选择 Rock-ele 单元集合[集合位置分布见图 7-49(b)]后点击 Continue 按钮，进入初始场变量编辑(Edit Predefined Field)对话框[见图 7-49(c)]，对话框中输入相应的地应力值。

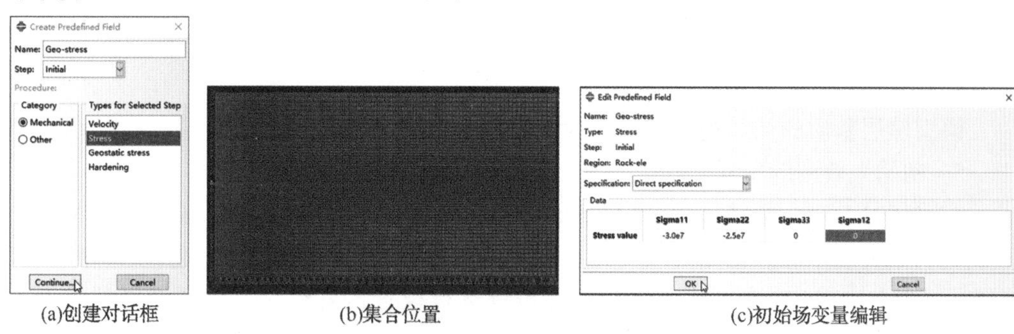

(a)创建对话框　(b)集合位置　(c)初始场变量编辑

图 7-49　储层岩石地应力设置

2）初始孔隙比

模型储层基质的初始孔隙比设置如图 7-50 所示，初始场变量创建(Create Predefined Field)对话框中[见图 7-50(a)]，名称(Name)输入为 Void，分析步(Step)选择初始分析步(Initial)，种类(Category)选择其他(Other)，分析步可选的类型(Types for Selected Step)为孔隙比(Void ratio)。区域选择(Region Selection)对话框中选择 Rock-node 节点集合，节点集合分布如图 7-50(b)所示。初始场变量编辑(Edit Predefined Field)对话框[见图 7-50(c)]，对话框中输入相应的孔隙比值 0.18。

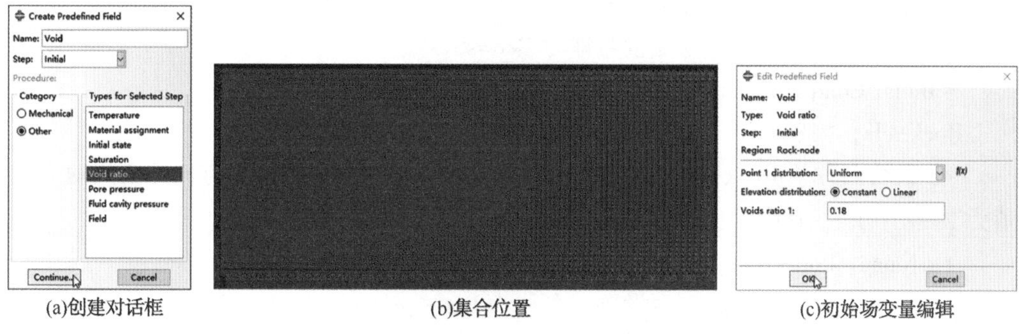

(a)创建对话框　(b)集合位置　(c)初始场变量编辑

图 7-50　储层岩石孔隙比设置

3）初始孔隙压力

(1) 储层岩石基质。

模型储层基质的初始孔隙压力设置为 2.5×10^{7}Pa。

（2）Cohesive 单元孔隙压力节点。

Cohesive 粘结单元中间孔隙压力节点的初始孔隙压力设置如图 7-51 所示，初始孔隙压力设置为 2.5×10^7Pa。

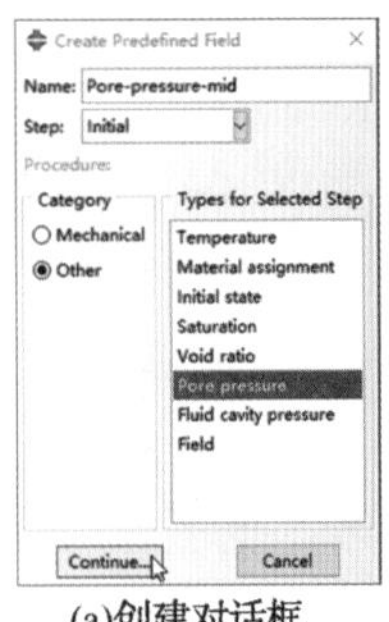

(a)创建对话框

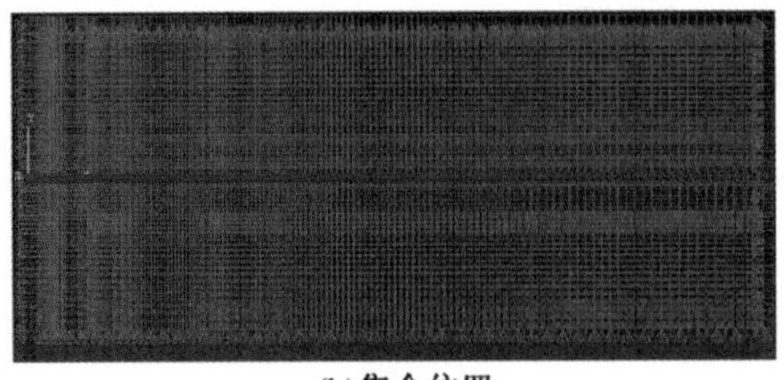

(b)集合位置

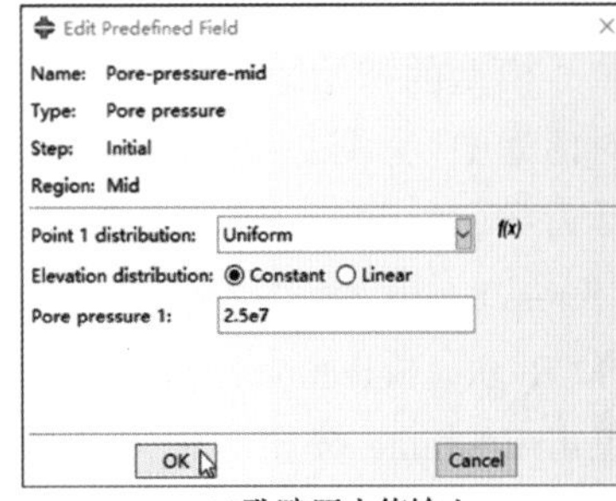

(c)孔隙压力值输入

图 7-51　Cohesive 粘结单元中间节点孔隙压力设置

4）初始饱和度

模型储层基质的初始饱和度设置为 1.0。

5）初始失效裂缝单元

在采用 Cohesive 粘结单元进行裂缝扩展模拟过程中，用户需要根据流体注入点位置设置初始失效单元，初始失效单元表示流体未注入前已经产生损伤的单元。初始失效单元无法在 Load 功能模块中利用功能按键进行设置，需要在关键词编辑器或 INP 输入文件中手动添加。具体的命令语句与设置如下：

设置的关键词命令语句与前面孔隙比、孔隙压力与地应力设置的关键词完全一致，但是初始场变量的类型(Type)选择 INITIAL GAP，相关的关键词以及参数设置为“＊INITIAL CONDITIONS，TYPE＝INITIAL GAP”。数据行中首先选择前面设置的单元集合“Iniopen”，初始损伤值设置为 1.0，整体设置表示为“Iniopen，1”。

相关的初始场变量设置在 INP 输入文件中显示如下：

```
******************************************************
** PREDEFINED FIELDS
** Name：Geo-stress   Type：Stress
** 初始地应力设置，场变量名称为 Geo-stress。
* Initial Conditions，type=STRESS
Rock-ele，-3e+07，-2.5e+07，0.，0.，
** 集合名称为 Rock-ele，X 方向初始应力值为 3.0×10^7Pa，Y 方向的初始地应力值为 2.5×10^7Pa，其中负值表示压应力。
** Name：Pore-pressure-rock   Type：Pore pressure
** 储层基质初始孔隙压力设置，名称为 Pore-pressure-rock。
* Initial Conditions，TYPE=PORE PRESSURE
Rock-node，2.5e+07
** 节点集合为 Rock-node，孔隙压力值为 2.5×10^7Pa。
** Name：Pore-pressure-mid   Type：Pore pressure
```

** Cohesive 粘结单元中间孔隙压力节点初始孔隙压力设置，名称为 Pore-pressure-mid。

* Initial Conditions，TYPE=PORE PRESSURE

Mid，2.5e+07

** 集合为 Mid（Cohesive 粘结单元中间孔隙压力节点），孔隙压力值为 2.5×10^7Pa。

** Name：Sat　Type：Saturation

** 储层基质初始饱和度设置，名称为 Sat。

* Initial Conditions，type=SATURATION

Rock-node，1.

** 储层的初始饱和度设置，初始饱和度值为 1.0。

** Name：Void　Type：Void ratio

* Initial Conditions，TYPE=RATIO

Rock-node，0.18

** 储层基质的初始孔隙比设置，初始孔隙比值为 0.18。

* INITIAL CONDITIONS，TYPE=INITIAL GAP

** 初始失效裂缝单元设置。

Iniopen，1

** Cohesive 粘结单元初始失效裂缝单元设置，Iniopen 为单元集合，初始损伤系数值设定为 1.0。

****

注意：对于水力压裂裂缝扩展模拟，需要考虑流-固耦合设置，必须设置初始地应力、孔隙压力、孔隙比等初始场变量值；对于完全油气饱和的储层，初始饱和度场变量既可设置也可不设置；模型不设置初始饱和度场变量时，默认的初始饱和度为 1.0。

3. 压裂液注入设置

1）幅值曲线设置

根据水力压裂实际施工过程的流体注入参数值变化特征，水力压裂流体注入加载可根据需要进行流体注入排量与时间的关系曲线设置。

幅值曲线设置主要根据水力压裂流体注入的过程设置相关的时间与幅值的关系曲线，方便后期流量注入设置。幅值曲线采用表格形式设置，具体的设置如图 7-52 所示，幅值曲线名称为 Hydraulic-amp，选择表格形式。

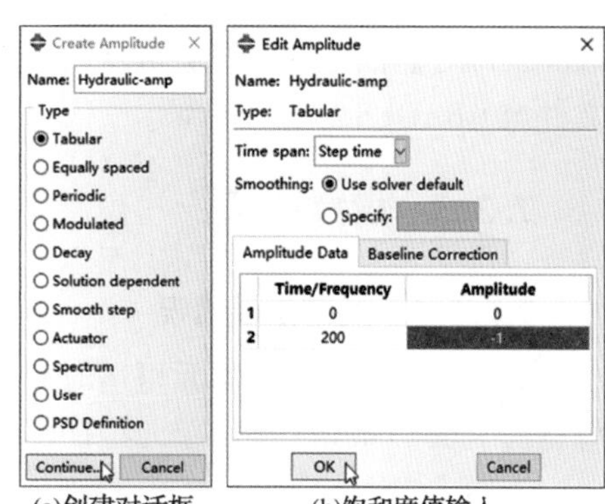

(a)创建对话框　(b)饱和度值输入

图 7-52　流体注入幅值曲线设置

设置的赋值曲线在 INP 输入文件中显示如下：

****

* Amplitude，name=Hydraulic-amp

** 幅值曲线名称为 Hydraulic-amp。

0. ,   0. , 200. ,   -1.
** 时间与曲线幅值。

****

2) 压裂液注入手动设置

压裂液流体注入需要在 INP 输入文件或关键词编辑窗口中进行手动输入，具体的设置如下：

****

* Cflow, amplitude = Hydraulic-amp
** Cflow 为流体注入关键词，amplitude = Hydraulic-amp 为前面建立的赋值曲线。
Inject, , 0.005
** Inject 为流体注入点，一般为 Cohesive 中间孔隙压力节点，0.005 为注入流量。
注意：ABAQUS 默认流体流量为负值表示流体注入，流量为正表示流体采出。

****

7.2.2.7 Job 模块

模型设置完成后，进行作业分析设置，设置相关的模拟分析作业。主要包括作业创建和 INP 输入文件的输出。

点击左侧工具箱区快捷按钮 (Create Job) 或菜单栏 Job→Create…，进入作业创建(Create Job)对话框，对话框中输入作业名称，本例作业名称(Name)输入 Cohesive-2d，其他采用默认设置，点击 Continue 按钮，进入作业编辑(Edit Job)对话框，采用默认设置，点击 OK 按钮完成设置。

点击菜单栏 Model→Edit Attribute→Model-1，进入模型属性编辑(Edit Model Attribute)对话框，勾选 INP 文件中不使用部件和组装信息(Do not use parts and assemblies in input files)。

点击左侧工具箱区 (Job Manager) 或菜单栏 Job→Manager，进入作业管理器(Job Manager)对话框，点击右上角 Write Input 按钮，输出名字为 Cohesive-2d 的 INP 输入文件至 ABAQUS 的工作目录。

7.2.3 模拟计算

7.2.3.1 裂缝扩展情况

利用 Cohesive 粘结单元可适时观测裂缝扩展情况，用户可利用 SDEG 和 PFOPEN 等专门表征 Cohesive 粘结单元特征的参数进行裂缝扩展规律观测。

不同流体注入阶段 Cohesive 粘结单元的损伤(SDEG)分布如图 7-53 所示，注入时间 50.0s 时，Cohesive 粘结单元的损伤如图 7-53(a)所示。压裂裂缝主要为初始裂缝，压裂裂缝扩展的距离较小。随着注入时间的增加，Cohesive 粘结单元持续发生起裂和扩展，压裂裂缝的长度不断增加。注入时间 500.0s 时的 Cohesive 粘结单元的损伤分布如图 7-53(b)所示，压裂裂缝的长度约 71.6m。注入时间 1000.0s 时的 Cohesive 粘结单元的损伤分布如图 7-53(c)所示，裂缝长度为 106.2m。注入时间 2000.0s 时的Cohesive 黏结单元的损伤分布如图 7-53(d)所示，裂缝长度为 135.5m。注入时间 3000.0s 时的 Cohesive 粘结单元的损伤分布如图 7-53(e)所示，裂缝长度为 143.6m。注入时间 3600.0s 时的 Cohesive 黏结单元的损伤分布如图 7-53(f)所示，裂缝长度为 143.6m。

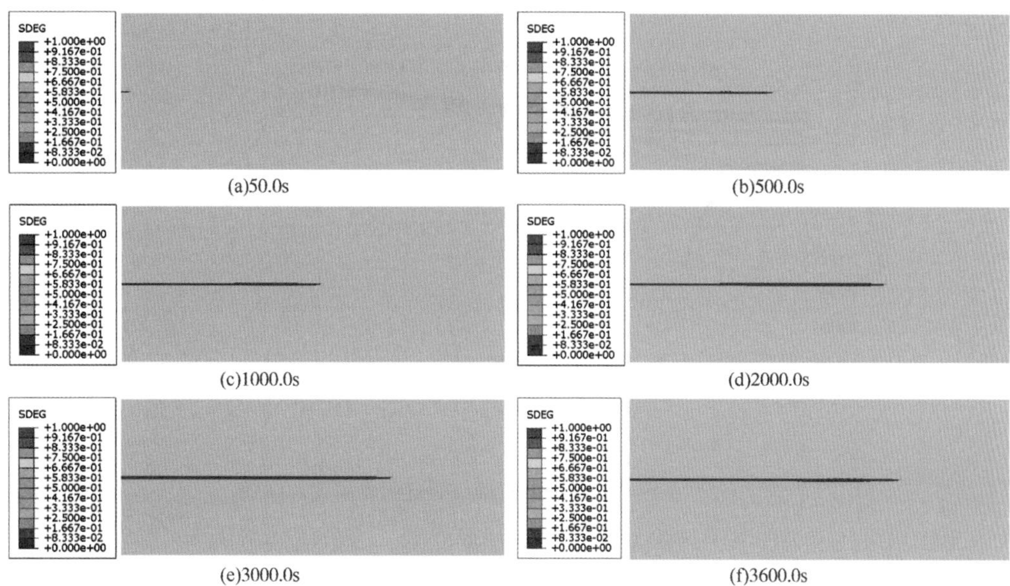

图 7-53　压裂阶段裂缝扩展情况

水力压裂裂缝扩展过程中不同时间段的裂缝宽度(PFOPEN)分布如图 7-54 所示，前期裂缝宽度较小，随着裂缝长度的不断增加，裂缝宽度也不断增加。注入时间 50.0s，最大裂缝宽度为 6.4mm；注入时间 500s，最大裂缝宽度为 14.08mm；注入时间 1000.0s，最大裂缝宽度为 15.03mm；注入时间 2000.0s，最大裂缝宽度为 16.36mm；注入时间 3000.0s，最大裂缝宽度为 16.46mm；注入时间 3600.0s，最大裂缝宽度为 16.51mm。

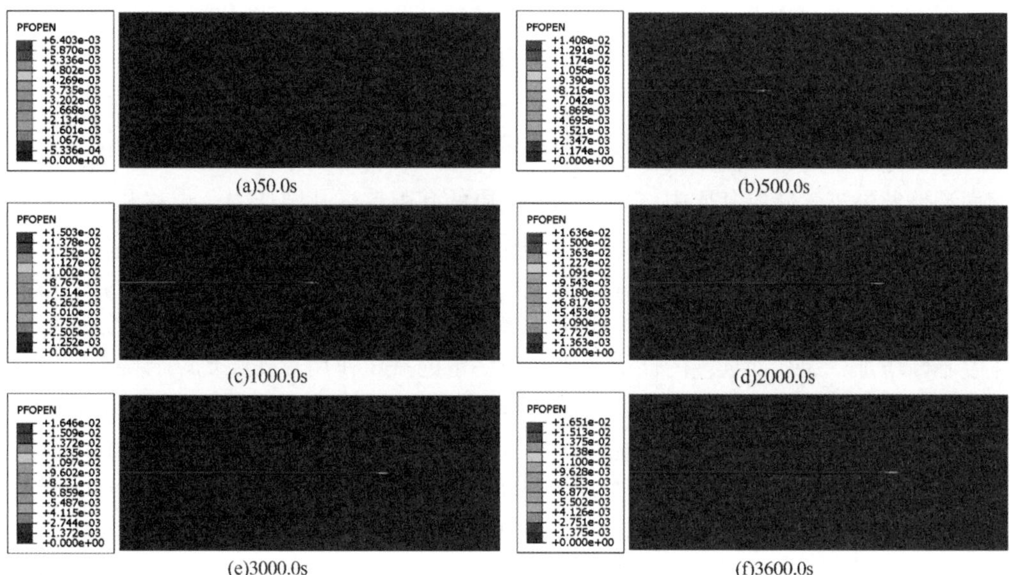

图 7-54　压裂阶段裂缝宽度情况

不同注入时间阶段的裂缝长度与裂缝宽度的关系曲线如图 7-55 所示，注入时间超过 2000.0s 时，裂缝长度与裂缝宽度基本不变，压裂液的注入与裂缝面的滤失量基本达到平衡。

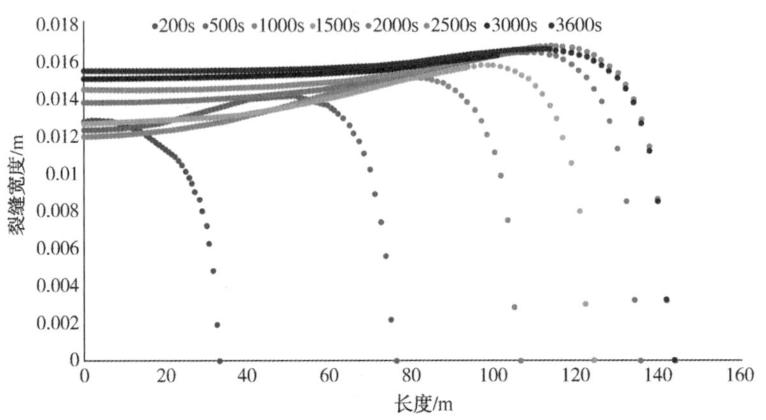

图 7-55　不同时间点裂缝宽度与裂缝长度的变化曲线

MMIXDME 值为压裂裂缝失效方式的表征场变量，变量值的范围为-1.0~1.0，若变量值的范围为-1.0~0.0 时，表示裂缝未失效；若变量值范围为 0.0~0.5 时，表示裂缝失效方式为拉伸失效；相应地，若变量值的范围 0.5~1.0 时，表示压裂裂缝失效方式为剪切失效方式。本例不同时间点压裂裂缝的失效方式如图 7-56 所示，变量值的范围在 0~0.5，表示裂缝的失效方式以拉伸失效为主。

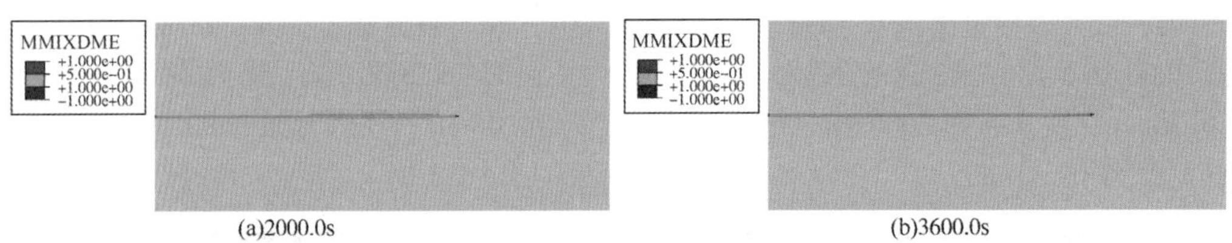

(a)2000.0s　(b)3600.0s

图 7-56　不同注入时间压裂裂缝失效方式

7.2.3.2　岩石基质变化

压裂过程中随着压裂液流体的不断注入，压裂裂缝不断张开向前扩展，同时裂缝壁面流体滤失进入储层基质中，导致储层基质的孔隙比、孔隙压力、位移和应力等不断发生变化。同时，储层基质的应力和位移等变化也会对压裂裂缝尺寸产生影响。

储层基质的孔隙比变化情况如图 7-57 所示，随着压裂裂缝的不断扩展，裂缝壁面和裂缝尖端的孔隙比增大，整体来说，增加幅度较少。随着注入时间的增加，裂缝宽度不断增加，裂缝面远端的储层基质受到一定的挤压作用，孔隙比略有降低。整体来说，储层基质孔隙比的变化特征与储层基质的孔隙压力变化特征具有一定相似性。

不同模拟阶段的储层基质的孔隙压力变化如图 7-58 所示。压裂初期，压裂液流体进入储层基质的量相对较少，储层基质的孔隙压力增加幅度较小。随着大量的流体进入储层基质中，储层基质的孔隙压力逐步增加。模拟 50.0s 阶段的储层孔隙压力分布如图 7-58(a)所示，此时储层基质的最大孔隙压力为 34.5MPa，相对压裂前增加幅度为 9.5MPa。随着压裂液的不断注入，储层基质的孔隙压力持续增加，增加至一定值后，孔隙压力增加会逐步变缓直至基本不变。500.0s 阶段储层最大孔隙压力为 52.79MPa[见图 7-58(b)]，1000.0s 阶段储层基质的最大孔隙压力值为 55.34MPa[见图 7-58(c)]，2000.0s 阶段储层基质的最大孔隙压力值为 57.53MPa[见图 7-58(d)]，3000.0s 阶段储层基质的最大孔隙压力值为 57.44MPa[见图 7-58(e)]，3600.0s 阶段储层基质的最大孔隙压力值为 57.38MPa[见图 7-58(f)]。可以看出，从 2000.0～3600.0s 时间段，储层基质的孔隙压力值变化幅度非常小，甚至有小幅度降低。

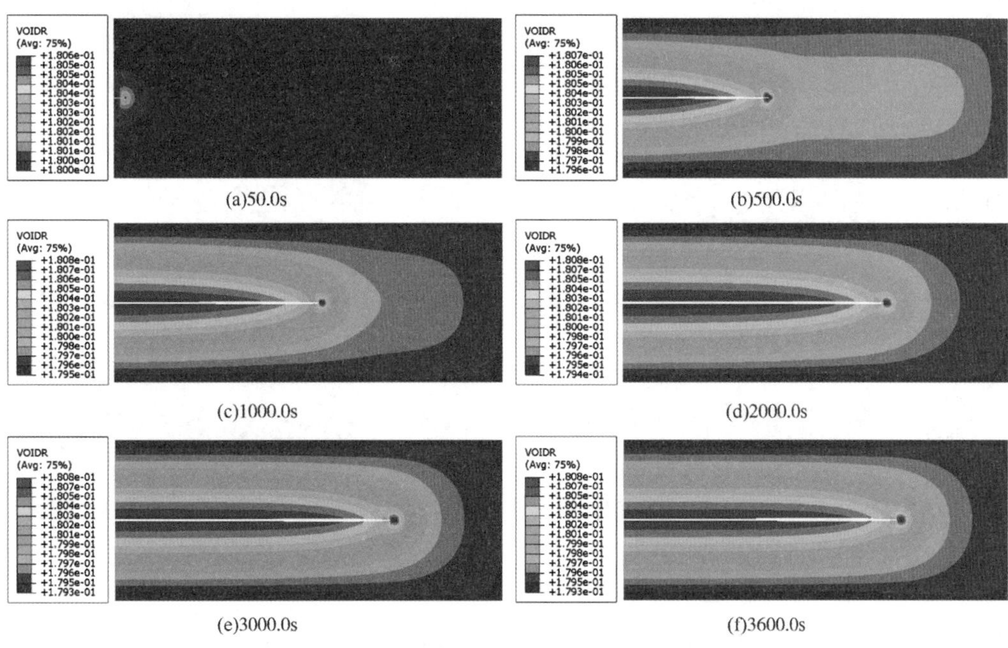

(a)50.0s (b)500.0s (c)1000.0s (d)2000.0s (e)3000.0s (f)3600.0s

图 7-57 不同注入时间点基质孔隙比变化特征

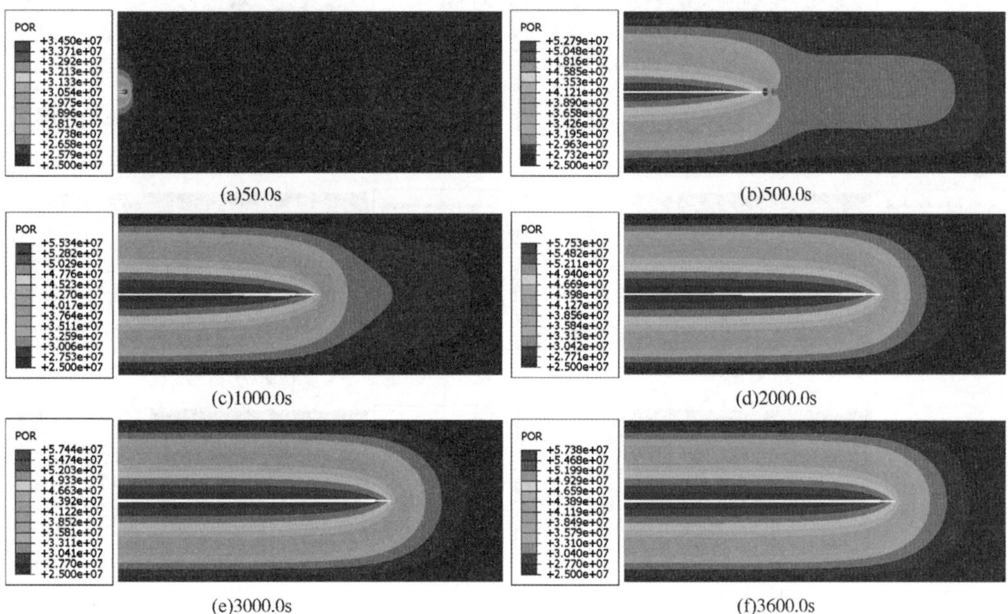

(a)50.0s (b)500.0s (c)1000.0s (d)2000.0s (e)3000.0s (f)3600.0s

图 7-58 不同注入时间点基质孔隙压力变化特征

储层基质的最大主应力和最小主应力的变化特征分别如图 7-59 和图 7-60 所示。

水平最大主应力(实际为最小主应力)变化特征如图 7-59 所示，裂缝尖端为应力集中区域。

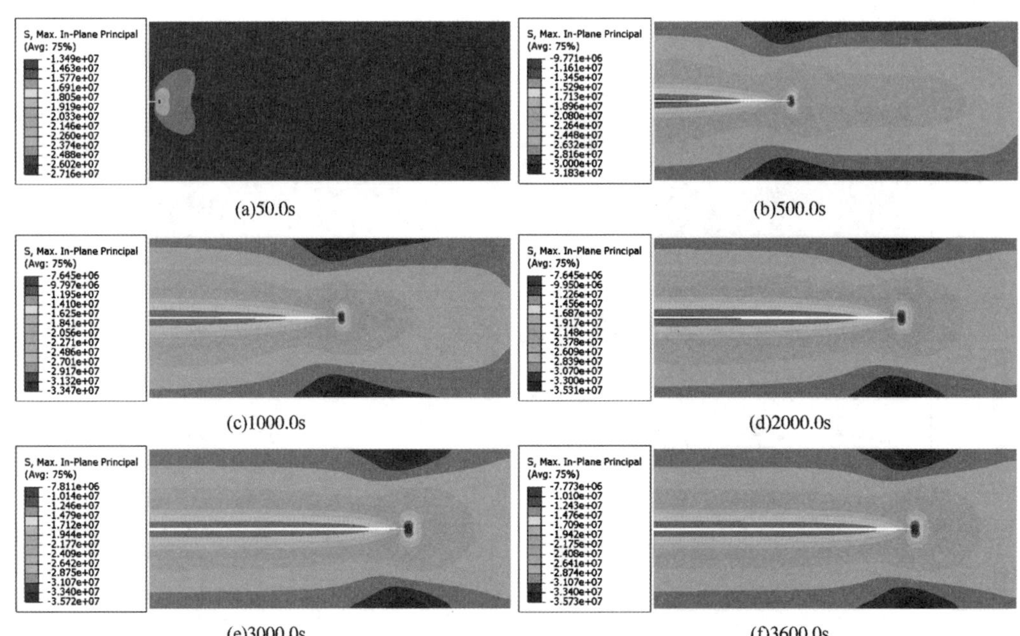

图 7-59　不同注入时间点基质最大主应力变化特征(实际为最小主应力)

水平最小主应力(实际为最大主应力)变化特征如图 7-60 所示。

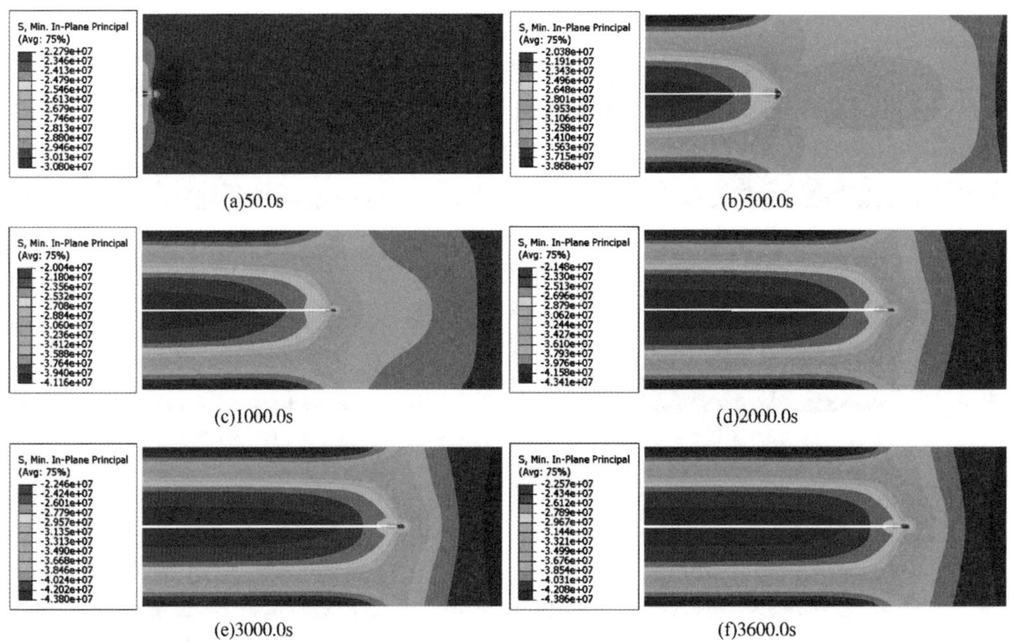

图 7-60　不同注入时间点基质最小主应力变化特征(实际为最大主应力)

储层基质最大主应变和最小主应变的变化特征分别如图 7-61 和图 7-62 所示，最大主应变如图 7-61 所示，最大主应变与最大主应力的变化特征基本一致。最小主应变变化特征如图 7-62 所示，最小主应变变化特征与最小主应力变化特征规律基本一致。

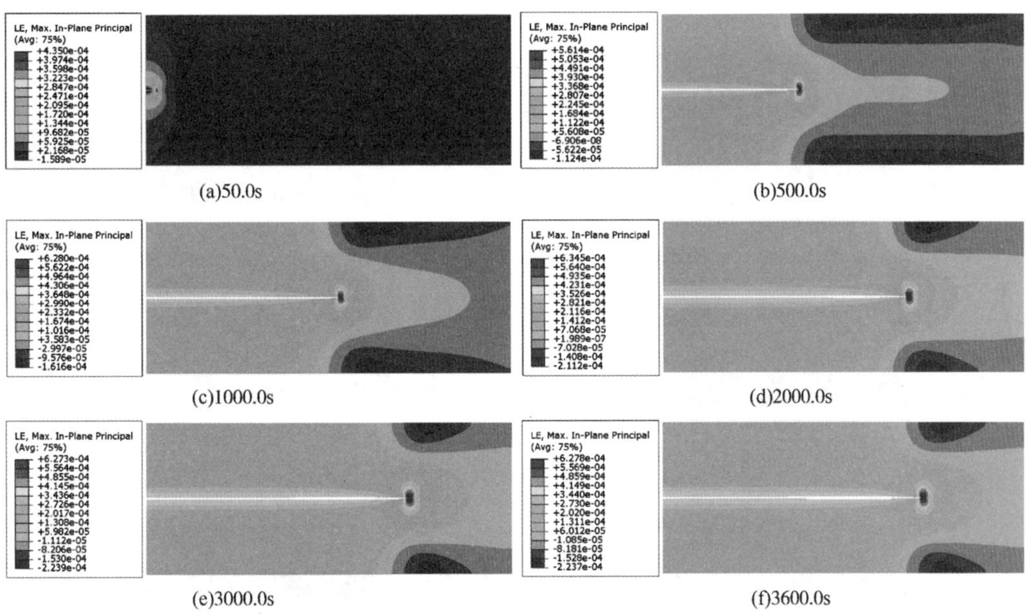

(a)50.0s (b)500.0s (c)1000.0s (d)2000.0s (e)3000.0s (f)3600.0s

图 7-61 不同注入时间点基质最大主应变化特征

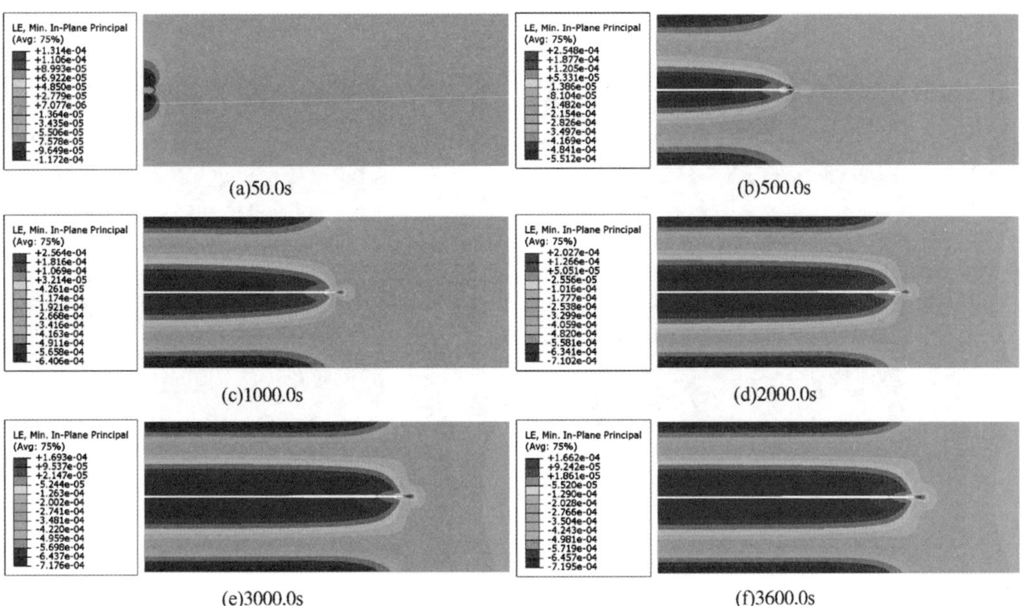

(a)50.0s (b)500.0s (c)1000.0s (d)2000.0s (e)3000.0s (f)3600.0s

图 7-62 不同注入时间点基质最小主应变化特征

压裂过程中储层基质的位移变化特征如图 7-63 和图 7-64 所示，其中图 7-63 为 X 方向的位移变化特征，图 7-64 为 Y 方向的位移变化特征。

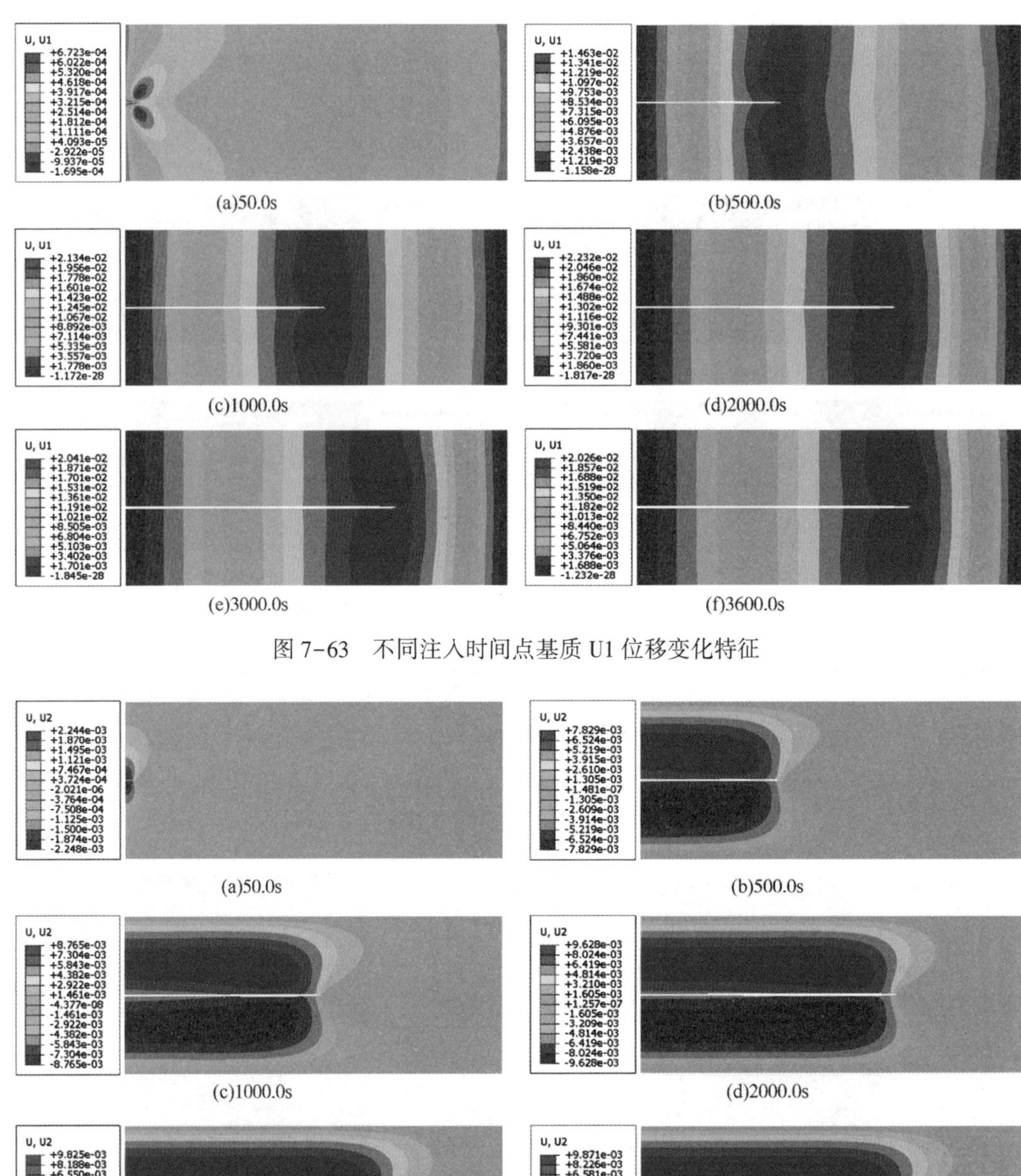

图 7-63　不同注入时间点基质 U1 位移变化特征

图 7-64　不同注入时间点基质 U2 位移变化特征

7.2.3.3　地应力方向

不同模拟时间最大主应力(实际为最小主应力)方向变化如图 7-65 所示。在压裂液注入过程中，随着液体的注入，压裂裂缝逐步向前扩展，裂缝宽度不断增加。流体注入和裂缝宽度的变化，导致储层基质的地应力方向发生改变。注入时间 50.0s 时，最大主应力方向特征如图 7-65(a)所示。由于流体注入量相对较少且裂缝宽度小，除了裂缝周围的最大主应力方向发生变化外，其他区域的最大主应力方向无变化。

图7-65(b)~图7-65(f)所示为最大主应力方向分布特征，随着流体注入和裂缝宽度的变化，最大主应力方向的变化区域逐步增加。

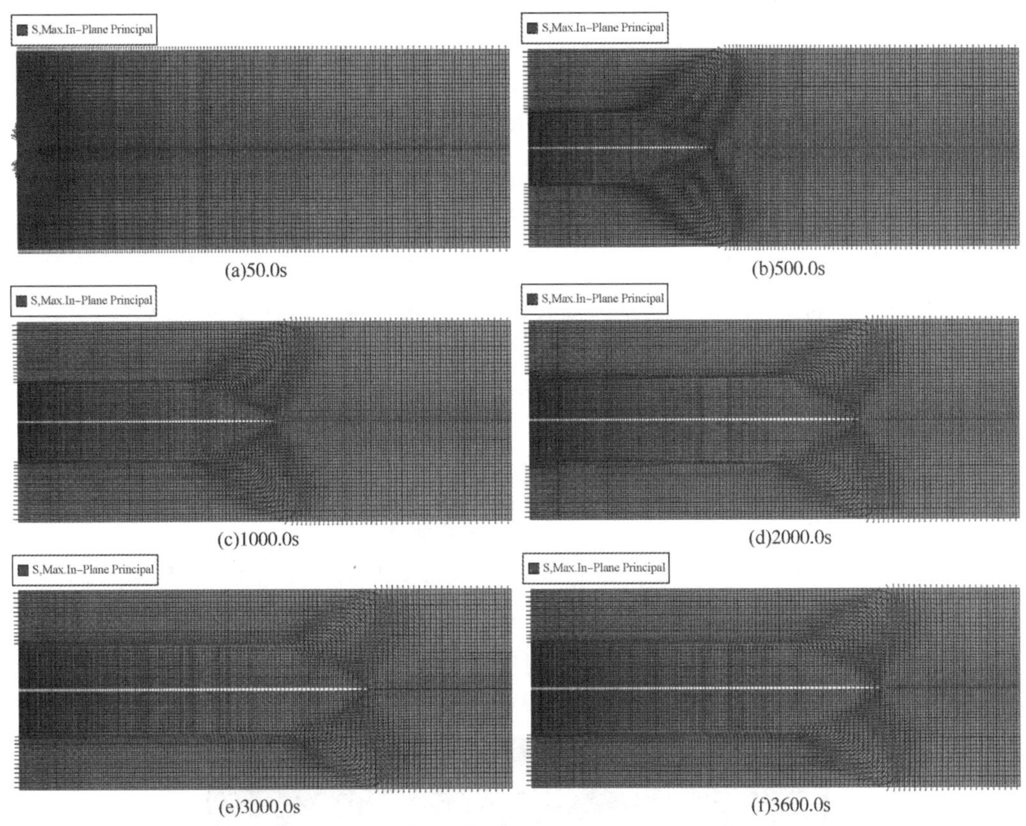

图7-65 不同注入时间点基质水平最大主应力方向变化特征

7.2.3.4 压力变化情况

压裂液注入过程中，部分液体进入储层，部分液体形成压裂裂缝，液体注入导致压裂裂缝和储层基质中的孔隙压力发生变化，不同区域的孔隙压力值具有一定的差异性。为了观测不同区域的孔隙压力变化特征，本例进行了3个不同位置的孔隙压力随时间的变化曲线绘制，3个点的位置如图7-66(a)所示，图中①表示裂缝流体注入点，②表示流体注入点①旁边的基质，③表示左侧边界距离孔隙压力25m处的基质。

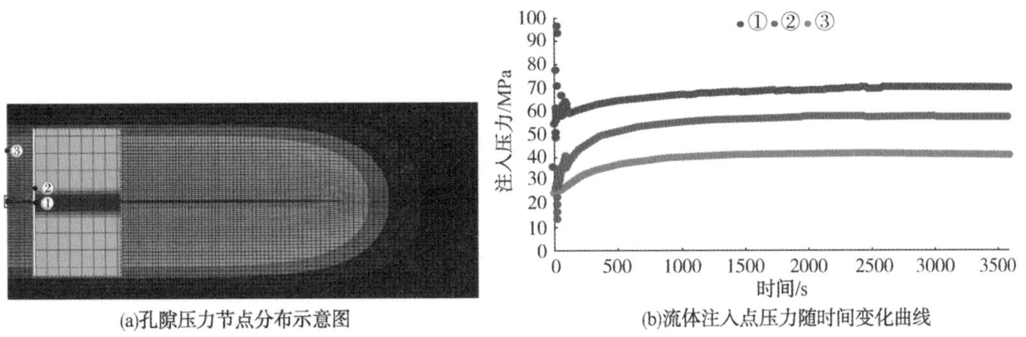

图7-66 不同位置孔隙压力变化曲线

3 个位置的孔隙压力值随时间的变化曲线如图 7-66(b)所示，随着注入时间的增加，压裂裂缝和储层基质中的孔隙压力逐步增大。增加到一定程度后，增加幅度越来越小，直至基本不变。压裂裂缝注入点①的孔隙压力值远大于储层基质②和③位置的。

7.3 三维 Cohesive 粘结单元模拟

二维模型相对简单，模拟计算速度快，但无法真实反映实际储层的压裂裂缝扩展特征。采用三维模型进行裂缝扩展模拟能更真实地反映储层特征和实际的施工情况，但是三维模型网格数量多，且模型的自由度大幅度增加，再加上非线性特征与孔隙压力耦合分析的影响，导致模拟速度大幅度降低。三维裂缝扩展模型对模拟计算机的性能提出了更高的要求。

本例主要介绍三维 Cohesive 粘结单元裂缝扩展模拟的流程，模型几何尺寸和施工参数与实际施工接近。

7.3.1 问题说明

三维 Cohesive 粘结单元压裂裂缝扩展模型示意图如图 7-67 所示，模型考虑储层和上下隔层，储隔层间力学参数、孔隙比以及地应力参数等具有差异性。模型模拟单翼裂缝扩展情况，模型的井筒位置采用位移对称边界，其他区域采用单一方向的位移固定边界条件。压裂液流体注入点在储层 Cohesive 粘结单元的中部位置。

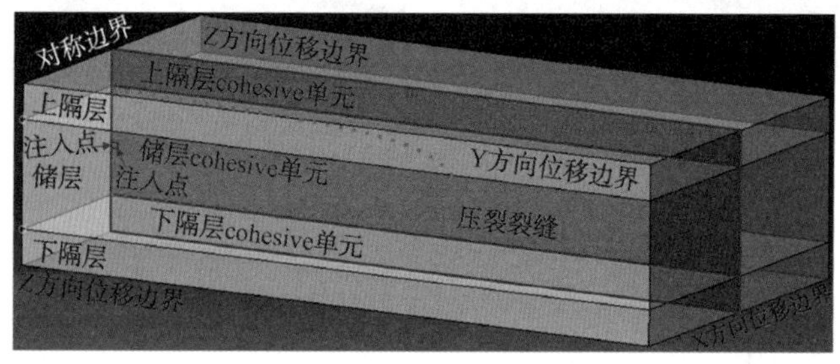

图 7-67　模型示意图

结合图 7-67，模型的尺度、施工参数和材料参数如表 7-3 所示，主要包括模型的尺寸(包括总体尺寸、储层高度和隔层高度)、储层和隔层力学材料参数(包括弹性模量、泊松比、孔隙比和渗透系数、地应力参数)、储层和隔层粘结单元材料参数(包括刚度系数、渗透系数、法向抗拉强度、切向强度、滤失系数等)、液体参数和施工参数等。

表 7-3　模型几何参数和施工参数

序号	参数名称	数值	序号	参数名称	数值
1	模型整体长度/m	200.0	5	上下隔层高度/m	10.0
2	模型整体宽度/m	100.0	6	储层密度/(kg/m^3)	2600.0
3	模型整体高度/m	50.0	7	储层弹性模量/$\times10^{10}$Pa	2.5
4	储层高度/m	30.0	8	储层泊松比(无因次)	0.20

续表

序号	参数名称	数值	序号	参数名称	数值
9	储层孔隙比(无因次)	0.15	25	隔层 Cohesive 切向强度/$\times10^7$Pa	5.0
10	储层渗透系数/($\times10^{-7}$m/s)	3.0	26	隔层 Cohesive 法向断裂能/J	50.0
11	储层 Cohesive 刚度系数/$\times10^{13}$Pa	2.5	27	隔层 Cohesive 切向断裂能/J	50.0
12	储层 Cohesive 法向强度/$\times10^6$Pa	5.0	28	隔层 Cohesive 滤失系数/($\times10^{-13}$m/s)	5.0
13	储层 Cohesive 切向强度/$\times10^7$Pa	5.0	29	隔层 Cohesive 流体黏度/($\times10^{-5}$Pa·s)	1.0
14	储层 Cohesive 法向断裂能/J	25	30	储层水平最大主应力/$\times10^7$Pa	3.2
15	储层 Cohesive 切向断裂能/J	25	31	储层水平最小主应力/$\times10^7$Pa	2.5
16	储层 Cohesive 滤失系数/($\times10^{-12}$m/s)	1.0	32	储层垂向主应力/$\times10^7$Pa	4.0
17	储层 Cohesive 流体黏度/($\times10^{-5}$Pa·s)	1.0	33	储层孔隙压力/$\times10^7$Pa	2.5
18	隔层密度/(kg/m^3)	2600	34	隔层水平最大主应力/$\times10^7$Pa	3.2
19	隔层弹性模量/$\times10^{10}$Pa	3.5	35	隔层水平最小主应力/$\times10^7$Pa	3.0
20	隔层泊松比(无因次)	0.24	36	隔层垂向主应力/$\times10^7$Pa	4.0
21	隔层孔隙比(无因次)	0.10	37	隔层孔隙压力/$\times10^7$Pa	2.5
22	隔层渗透系数/($\times10^{-8}$m/s)	3.0	38	最大流体注入排量/(m^3/s)	0.067
23	隔层 Cohesive 刚度系数/$\times10^{13}$Pa	3.5	39	注入时间/s	3600.0
24	隔层 Cohesive 法向强度/$\times10^7$Pa	1.0			

7.3.2 模型建立

7.3.2.1 Part 功能模块

模型的几何形状为长方体，几何特征相对简单，在 ABAQUS/CAE 的 Part 功能模块中能够完成本例的几何模型构建。

1. 部件创建

点击左侧工具箱区快捷按钮 (Create Part)或菜单栏 Part→Create…，进入部件创建(Create Part)对话框[见图7-68(a)]，部件名称(Name)输入 Rock-3D，部件类型(Type)选择可变形(Deformable)，基本特征(Base Feature)中形状(Shape)选择实体(Solid)，生成类型(Type)选择拉伸(Extrusion)，画布尺寸(Approximate size)输入 600(草图的尺寸为 600m×600m)。部件创建对话框设置完成后点击 Continue 按钮，进入草图(Sketch)界面。在草图(Sketch)界面中绘制如图7-68(b)所示的长方形线框(表示模型的长度 200m、宽度 100m)。绘制完成后退出线框绘制，点击左下角提示区 Done 按钮，进入拉伸编辑(Edit Base Extrusion)对话框，输入拉伸高度 50(表示部件的高度为 50m)，其他默认设置，点击 OK 按钮完成设置，生成的实体部件如图7-68(c)所示。

2. 部件剖分

1) Cohesive 粘结单元嵌入位置体剖分

Cohesive 粘结单元位于端面的中间位置，依据图7-67所示的 Cohesive 粘结单元的位置进行体剖分。

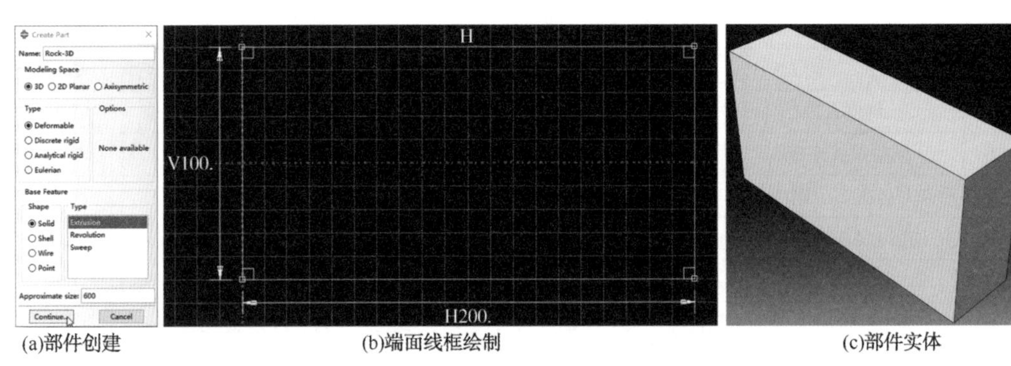

(a)部件创建　(b)端面线框绘制　(c)部件实体

图 7-68　Rock-3D 部件构建

点击左侧工具箱区快捷按钮 (Partition Cell：Define Cutting Plane)，进行部件中心位置的体剖分，剖分后的部件如图 7-69 所示，体剖分形成的面用于嵌入 Cohesive 粘结单元。

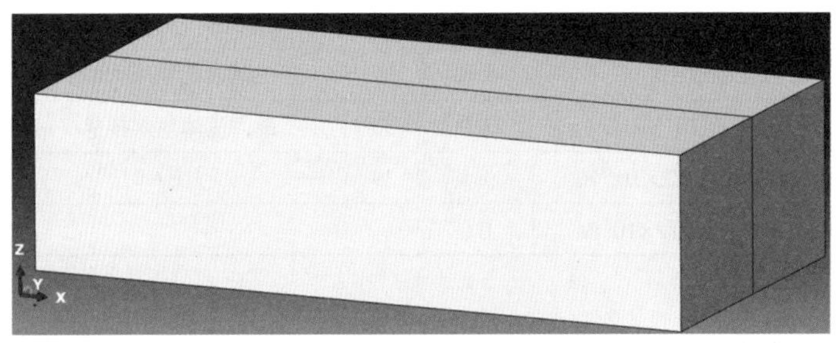

图 7-69　Cohesive 嵌入位置体剖分

2）储层和隔层区域体剖分

根据图 7-67 和表 7-3 所示的储层和上下隔层的厚度尺寸及位置，进行高度方向的体剖分(Partition Cell)，形成上下隔层和中间储层区域。为了确定储隔层厚度，需要基准点创建(Create Datum Point)。

（1）基准点创建。

基准点的创建流程如下：长按左侧工具箱区快捷按钮 (Create Datum Point：Enter Coordinates)，直至出现隐藏的其他基准点创建命令按钮( )，选择 (Create Datum Point：Offset From Point)，基于选择的点进行基准点偏移创建。创建好的基准点如图 7-70 所示，上部基准点距离最上端 10m，下部基准点距离最下端 10m。

图 7-70　高度方向基准点创建

(2) 部件体剖分。

基准点创建完成后，结合创建的基准点进行体剖分，形成上下隔层和储层区域。具体操作流程如下：

① 上部隔层区域体剖分。点击左侧工具箱区快捷按钮 (Partition Cell：Define Cutting Plane)，在视图区选择部件的全部实体(Cells)，点击左下角提示区 Done 按钮后，在左下角提示区点击 Point & Normal 按钮（ How do you want to specify the plane? Point & Normal 3 Points Normal To Edge ），选择如图 7-71(a)所示的基准点后选择剖分面的法向线，点击左下角提示区的 Create Partition 按钮，完成上部隔层区域的体剖分。

② 下部隔层区域体剖分。下部隔层的体剖分步骤与上部隔层体剖分完成一致，只是基准点选择不同，基准点和法向线选择如图 7-71(b)所示。

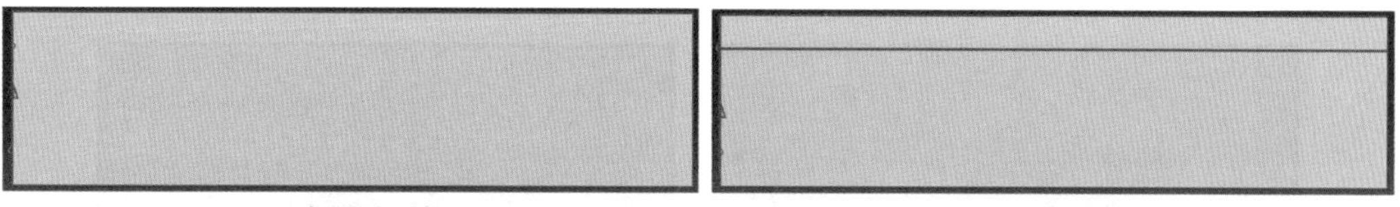

(a)上部隔层区域　　(b)下部隔层区域

图 7-71　高度方向体剖分

完成体剖分后的 Rock-3D 部件如图 7-72 所示。

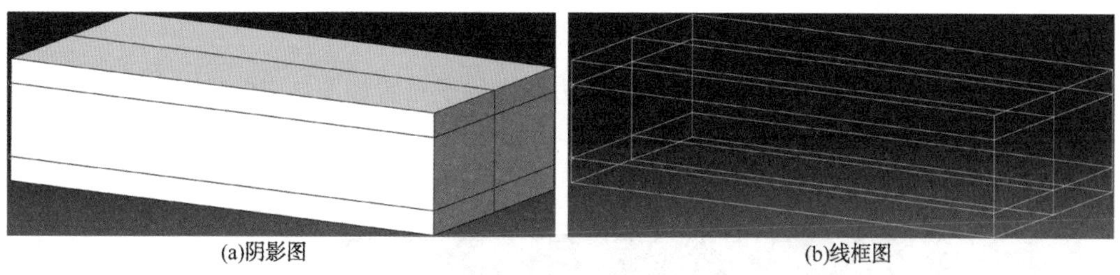

(a)阴影图　　(b)线框图

图 7-72　体剖分后的部件

为了方便后期进行 Cohesive 粘结单元嵌入，进行了 Cohesive 粘结单元嵌入区域的面集合设置。面集合的位置如图 7-73(a)所示，内部面包含褐色和紫色两个方向的面，任意选择一个方向即可，本例选择紫色面[见图 7-73(b)]。

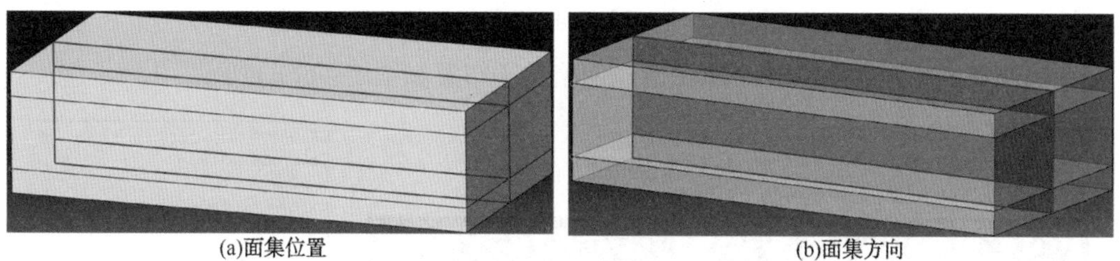

(a)面集位置　　(b)面集方向

图 7-73　中间面集合创建

7.3.2.2　Mesh 功能模块

整体来说，本例的几何模型特征相对简单，模型的前处理与网格设置工作量较小。下面简要介绍 Mesh 功能模块中模型的处理流程。

1. 网格种子布置

网格种子采用边种子设置方式，具体流程如下：

点击左侧工具箱区快捷按钮 (Seed Edges) 或菜单栏 Seed→Edges…，在视图区选择局部边，点击左下角提示区的 Done 按钮后，进入局部边种子(Local Seeds)设置对话框，在对话框中进行单元种子布置。

图 7-74(a)所示的局部边网格种子布置如下：网格数量确定方法(Method)选择按数量(By number)，偏移(Bias)选择单一方向(Single)，尺寸控制(Sizing Controls)中的单元数量(Number of elements)输入 50，偏移系数(Bias ratio)输入 5。

图 7-74(b)所示的局部边网格种子布置如下：网格数量确定方法(Method)选择按数量(By number)，偏移(Bias)选择单一方向(Single)，尺寸控制(Sizing Controls)中的单元数量(Number of elements)输入 18，偏移系数(Bias ratio)输入 4。

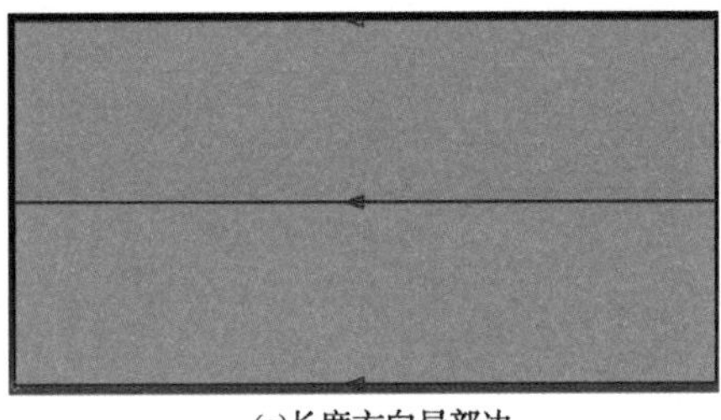

(a)长度方向局部边

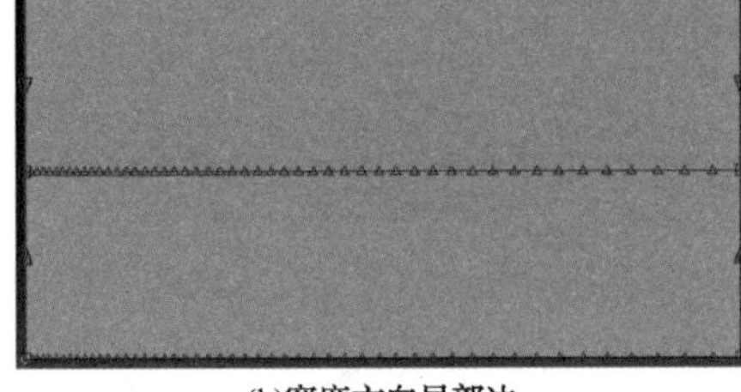

(b)宽度方向局部边

图 7-74　局部边选择

储层高度方向图 7-75(a)所示的局部边网格种子布置如图 7-75(b)所示。

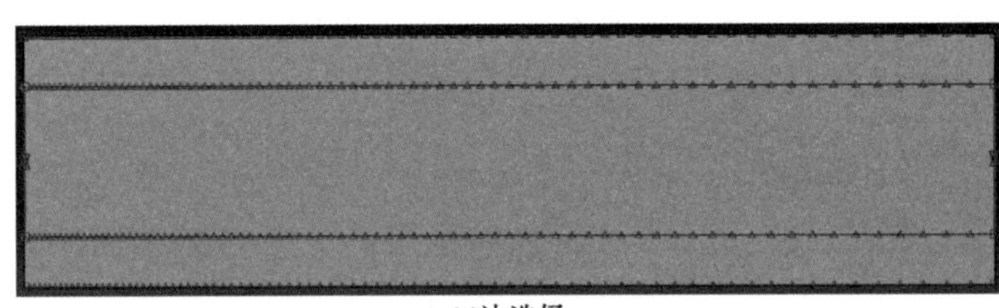

(a)边选择

(b)网格种子布置

图 7-75　储层高度方向网格种子布置

隔层高度方向图 7-76(a)所示的边网格种子布置如图 7-76(b)所示。

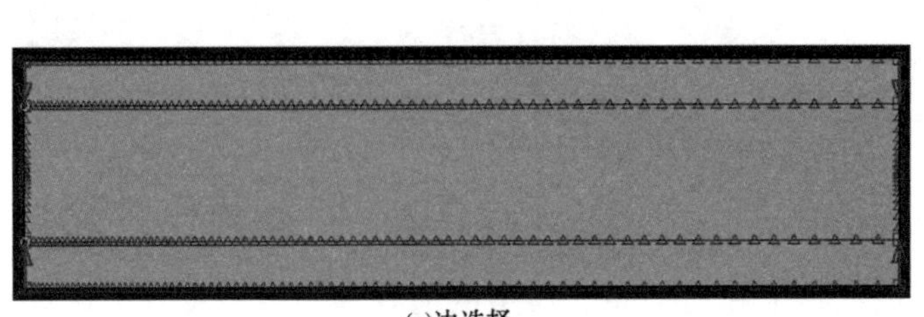

(a)边选择

(b)网格种子布置

图 7-76　隔层高度方向网格种子布置

2. 网格划分控制

Rock-3D 部件的网格划分控制设置对话框中网格采用六面体(Hex)，网格划分采用结构化(Structured)网格划分技术。

3. 网格划分

网格种子设置完成后，进行全域部件网格划分。具体流程如下：点击左侧工具箱区快捷按钮 (Mesh Part)或菜单栏 Mesh→Part…，点击左下角提示区 Yes 按钮，完成网格划分。网格划分后的部件如图 7-77 所示，网格全部为规则的六面体。

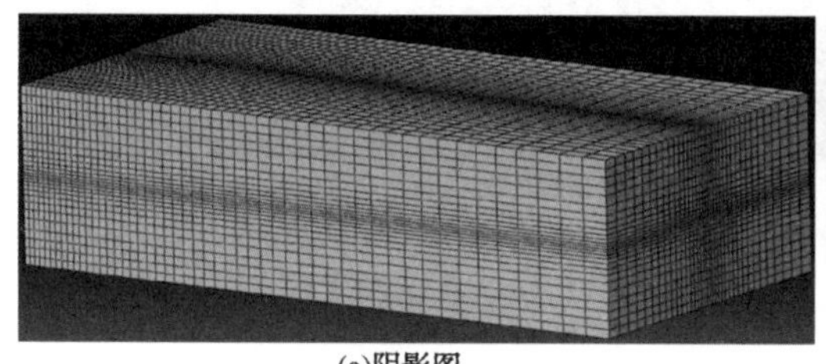

(a)阴影图

(b)线框图

图 7-77 网格分布

4. 网格质量检测

网格划分完成后，进行网格质量检测，了解网格的质量情况，具体的设置流程如下：点击左侧工具箱区快捷按钮 (Verify Mesh)或菜单栏 Mesh→Verify 按钮，在视图区选择部件全部实体(Cells)，点击左下角提示区的 Done 按钮后，进入网格检测(Verify Mesh)对话框。点击对话框左下角 Highlight 按钮，视图区和信息提示区会显示单元质量情况。

信息提示区的网格质量检测结果显示，部件无警告(Warnings)单元或错误(Errors)单元。

5. Cohesive 粘结单元嵌入

储层基质网格划分完成后，用户可进行 Cohesive 粘结单元的嵌入，形成零厚度的三维 Cohesive 粘结单元。

本例利用 ABAQUS 自带的零厚度 Cohesive 网格单元嵌入功能，进行零厚度 Cohesive 网格的插入。利用 ABAQUS 零厚度 Cohesive 粘结单元功能，选择嵌入面[见图 7-78(a)]，然后插入零厚度的 Cohesive 粘结单元，嵌入 Cohesive 粘结单元后的部件如图 7-78(b)所示。

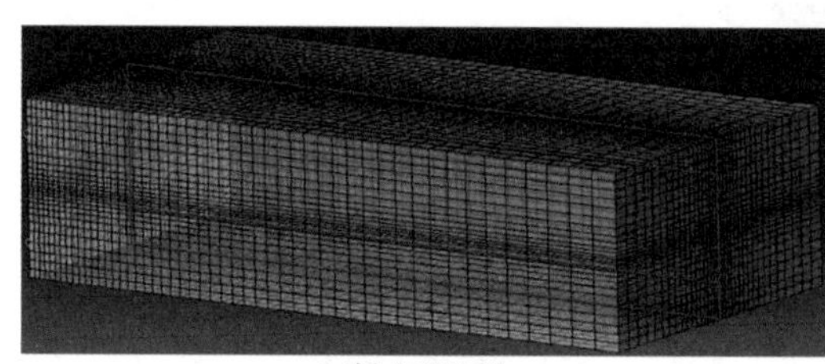

(a)插入面选择

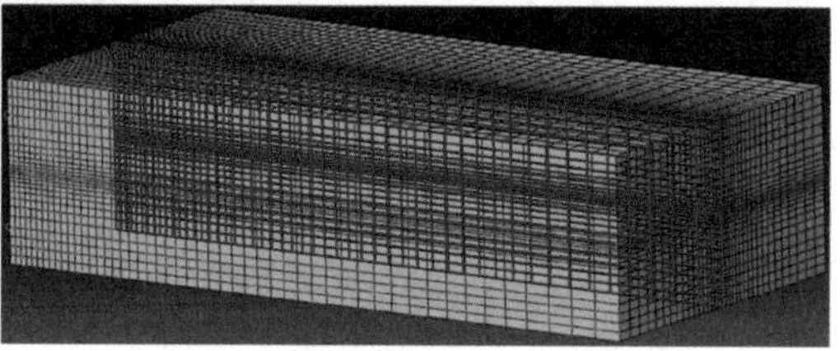

(b)嵌入后的Cohesive粘结单元

图 7-78 Cohesive 粘结单元嵌入

6. 部件类型转化

通过前述的设置进行网格划分的基质单元为结构化网格单元，除了具有网格信息外，还有部件的几何信息，而嵌入零厚度的 Cohesive 粘结单元为自由化孤立网格单元，嵌入的单元只具有网格节点和单元信息而无几何特征信息。嵌入零厚度的 Cohesive 粘结单元后，部件基质部分的网格如图 7-79(a)所示，嵌入的零厚度的 Cohesive 粘结单元的如图 7-79(b)所示，两者的网格为完全不同类型的网格单元。

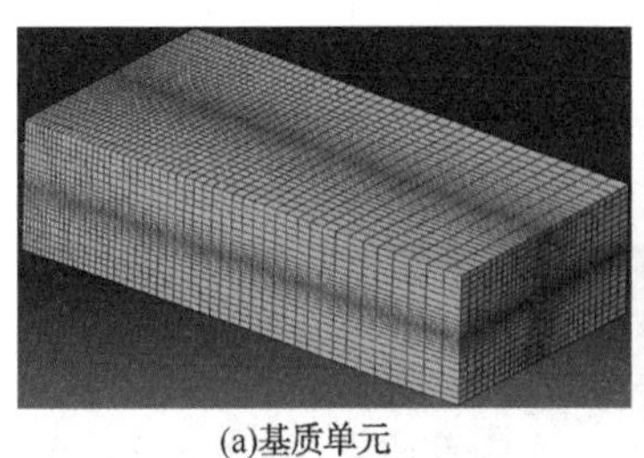
(a)基质单元

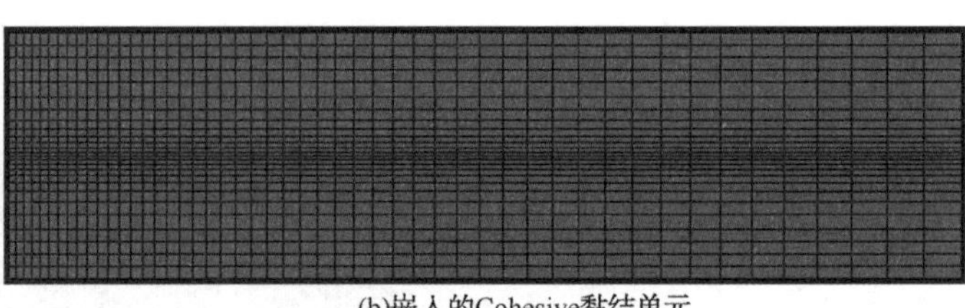
(b)嵌入的Cohesive黏结单元

图 7-79　部件单元

为了方便后期设置与处理，用户可将部件全部转化成自由化孤立网格部件，具体设置流程如下：

点击菜单栏 Mesh→Create Mesh Part…，在左下角提示区可进行新生成部件名称设置，本例的名称采用默认设置，点击左下角提示区的 OK 按钮（Mesh part name: Rock-3D-1 OK），完成自由化孤立网格部件的创建。新生成的 Rock-3D-1 部件如图 7-80 所示。

为了方便后期的材料属性赋值和相关设置，需要进行相关的集合设置，设置的集合如图 7-81 所示。Mid 节点集合为嵌入的 Cohesive 粘结单元的中间孔隙压力节点，Oil 单元集合为储层基质的单元，Oil-cohesive 单元集合为储层区域的 Cohesive 粘结单元，Up-Down 单元集合为上下隔层基质单元，Up-Down-cohesive 单元集合上下隔层区域 Cohesive 粘结单元。

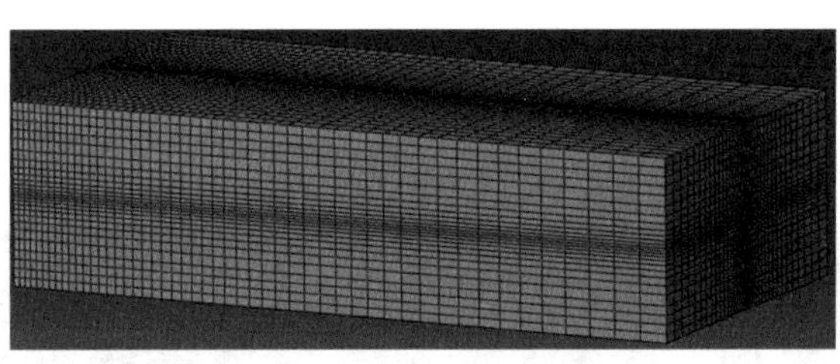
图 7-80　部件网格类型转化

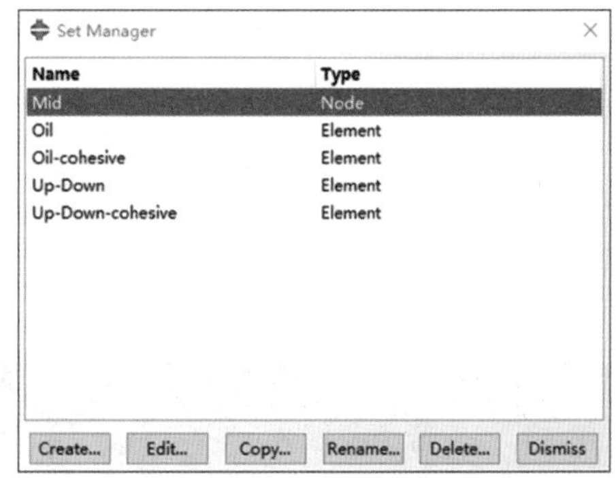

图 7-81　集合设置

7. 单元类型选择

储层基质为需要考虑应力与孔隙压力的流-固耦合模拟单元，Cohesive 粘结单元为考虑孔隙压力/应力的粘结单元，用户需要进行单独设置。具体的设置流程如下：

点击左侧工具箱区快捷按钮（Assign Element Type）或菜单栏 Mesh→Element Type…，点击右下角提示区 Sets... 按钮，进入区域选择（Region Selection）对话框。在对话框中选择 Oil 单元集合和 Up-Down 单元集合，点击对话框 Continue 按钮，进入单元类型(Element Type)对话框，选择孔隙流体/应力单元(Pore Pressure/Stress)，点击 OK 按钮完成设置。储层基质和上下隔层基质的单元代号为 C3D8P，表示为三维 8 节点积分孔隙压力/应力耦合单元。

同样，通过 (Assign Element Type)命令，进入区域选择(Region Selection)对话框后，选择 Oil-Cohesive 单元集合和 Up-Down-Cohesive 单元集合[见图 7-82(a)]，进入单元类型(Element Type)对话框[见图 7-82(b)]后，选择孔隙压力 Cohesive 粘结单元(Cohesive Pore Pressure)，单元代号为 COH3D8P。

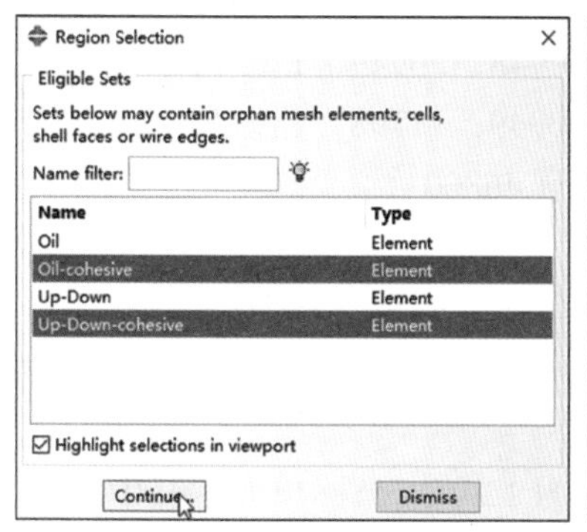

(a)区域选择

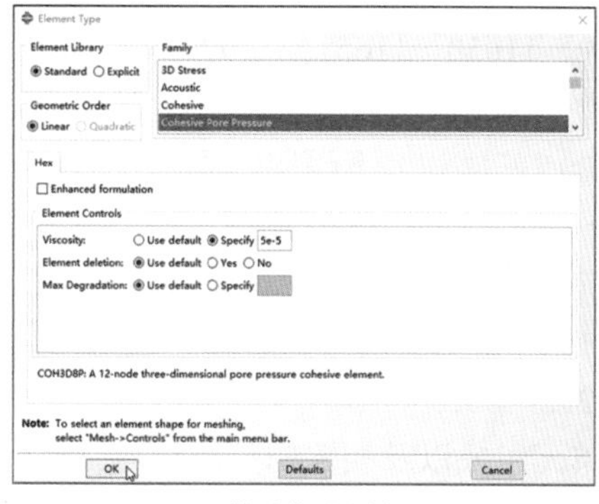

(b)单元类型选择

图 7-82 Cohesive 粘结单元类型选择

模型节点和单元在 INP 输入文件中的显示如下：

```
**************************************************************
* Node
** 节点坐标。
          1,          0.,         50.,         40.
** 分别表示节点编号和三向节点坐标位置。
          2,          0.,          0.,         40.
          3,          0.,          0.,         50.
          4,          0.,         50.,         50.
          5,        200.,          0.,         40.
.........................
      53699,  169.467178,          0.,          0.
      53700,  176.728531,          0.,          0.
      53701,   184.23233,          0.,          0.
      53702,   191.98671,          0.,          0.
      53703,        200.,          0.,          0.
** 模型总计 53703 个节点。
* Element, type=C3D8P
** 储层基质与上下隔层基质的单元组成，单元类型为 C3D8P，表示为三维孔隙压力/应力耦合单元，不采用缩减积分。
```

```
  1,    202,    1419, 12632,    1125,      1,      25,    1023,     64
** 单元编号和单元的节点组成编号。
  2,   1419,    1420, 12633, 12632,     25,      26,    1024,   1023
  3,   1420,    1421, 12634, 12633,     26,      27,    1025,   1024
  4,   1421,    1422, 12635, 12634,     27,      28,    1026,   1025
  5,   1422,    1423, 12636, 12635,     28,      29,    1027,   1026
………………………………
46797, 11648, 11649,   971,   970, 50946, 50947, 12629, 12628
46798, 11649, 11650,   972,   971, 50947, 50948, 12630, 12629
46799, 11650, 11651,   973,   972, 50948, 50949, 12631, 12630
46800, 11651,   954,    24,   973, 50949, 11798,   974, 12631
** 储层基质和上下隔层基质总计单元数量 46800 个。
* Element, type=COH3D8P
** 储层和上下隔层 Cohesive 粘结单元，单元类型为 COH3D8P。
46801,   628,   5980,   318,    10, 50953, 50952, 50951, 50950, 52328,
52327, 52329, 52330
** 单元组成以及相关的节点编号，单元为 12 节点坐标单元，其中最后 4 个节点为孔隙压力节点。
46802,  5980,   5981,   319,   318, 50952, 50955, 50954, 50951, 52327,
52331, 52332, 52329
46803,  5981,   5982,   320,   319, 50955, 50957, 50956, 50954, 52331,
52333, 52334, 52332
46804,  5982,   5983,   321,   320, 50957, 50959, 50958, 50956, 52333,
52335, 52336, 52334
46805,  5983,   5984,   322,   321, 50959, 50961, 50960, 50958, 52335,
52337, 52338, 52336
…………………………
48098,  5042,   5043,   451,   452, 52272, 52273, 52324, 52323, 53649,
53650, 53701, 53700
48099,  5043,   5044,   450,   451, 52273, 52274, 52325, 52324, 53650,
53651, 53702, 53701
48100,  5044,    573,    14,   450, 52274, 52275, 52326, 52325, 53651,
53652, 53703, 53702
** 总计 1300 个 Cohesive 粘结单元。
**********************************************************
```

7.3.2.3 Property 功能模块

Property 功能模块主要进行材料参数设置、截面创建与截面属性赋值。

1. 材料参数编辑

点击左侧工具箱区快捷按钮 (Create Material) 或菜单栏 Material→Create…，进

入材料编辑(Edit Material)对话框，在对话框中进行不同类型的材料设置。材料参数主要包括上下隔层基质、储层基质、隔层 Cohesive 粘结单元和储层 Cohesive 粘结单元 4 种材料，具体的材料参数设置如下：

1）上下隔层基质

上下隔层基质材料参数设置如图 7-83 所示，包括材料的密度、弹性模量、泊松比、渗透系数、孔隙比。上下隔层基质的材料参数如下：密度为 $2600kg/m^3$，弹性模量为 $3.5\times10^{10}Pa$，泊松比为 0.24，渗透系数为 $3.0\times10^{-8}m/s$，孔隙比为 0.1。

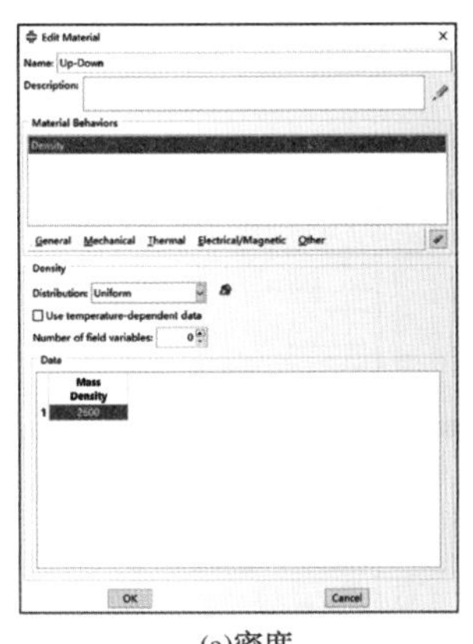

(a)密度

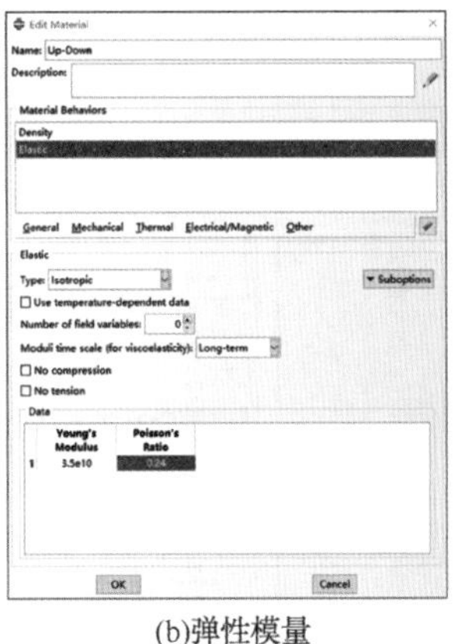

(b)弹性模量

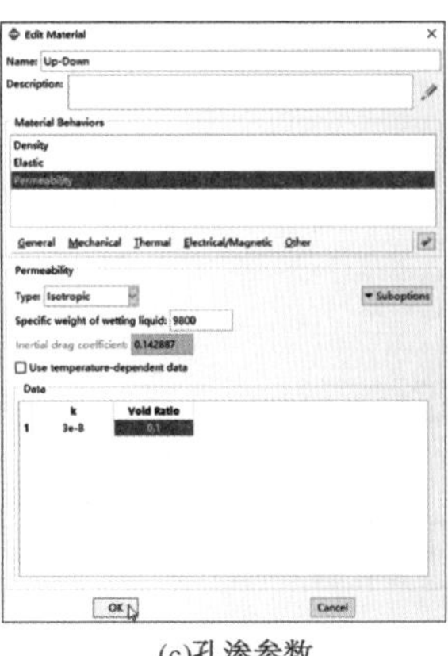

(c)孔渗参数

图 7-83 上下隔层基质材料参数设置

2）储层基质

储层基质材料参数设置如图 7-84 所示，包括材料的密度、弹性模量、泊松比、渗透系数、孔隙比。储层基质材料参数如下：密度为 $2600kg/m^3$，弹性模量为 $2.5\times10^{10}Pa$，泊松比为 0.20，渗透系数为 $3.0\times10^{-7}m/s$，孔隙比为 0.15。

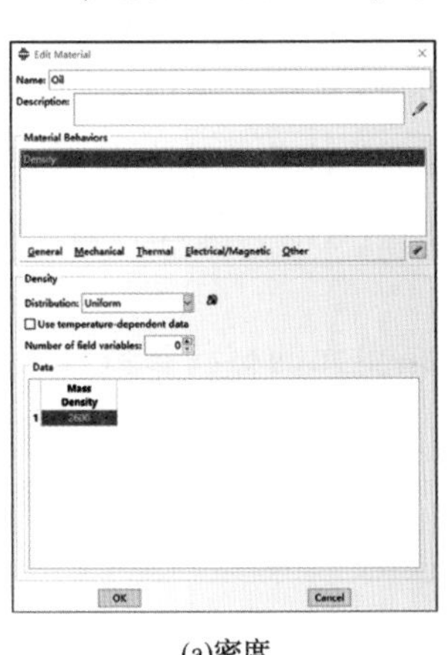

(a)密度

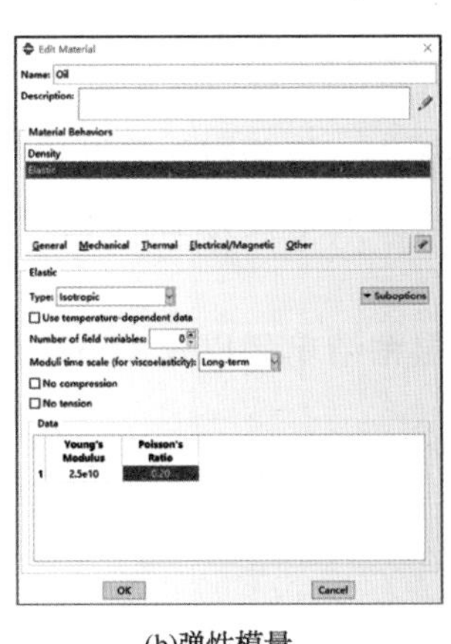

(b)弹性模量

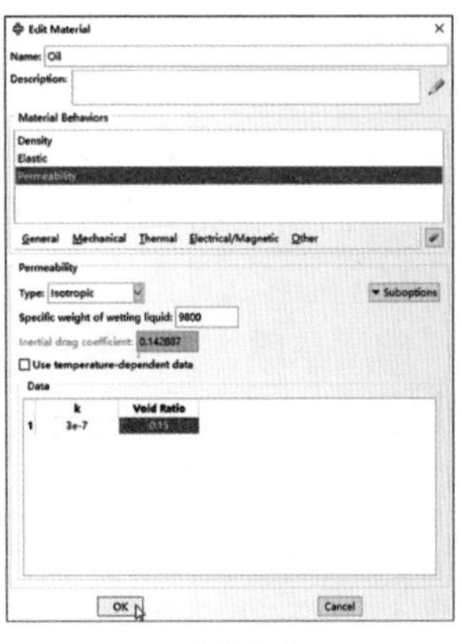

(c)孔渗参数

图 7-84 储层基质材料参数设置

3）上下隔层 Cohesive 粘结单元

上下隔层 Cohesive 粘结单元材料参数设置如图 7-85 所示，材料的密度 $2600kg/m^3$，刚度系数为 $3.5\times10^{13}Pa$。起裂准则选择复合起裂准则，法向起裂强度 $1.0\times10^{7}Pa$，切向强度为 $5.0\times10^{7}Pa$。损伤演化采用 BK 能量损伤演化，法向断裂能为 50J，切向断裂能 50J。裂缝面的滤失系数为 5.0×10^{-13}m/s，压裂液黏度设置为 1.0×10^{-5}Pa·s。

(a)密度设置 (b)弹性参数设置 (c)起裂准则选择与参数设置

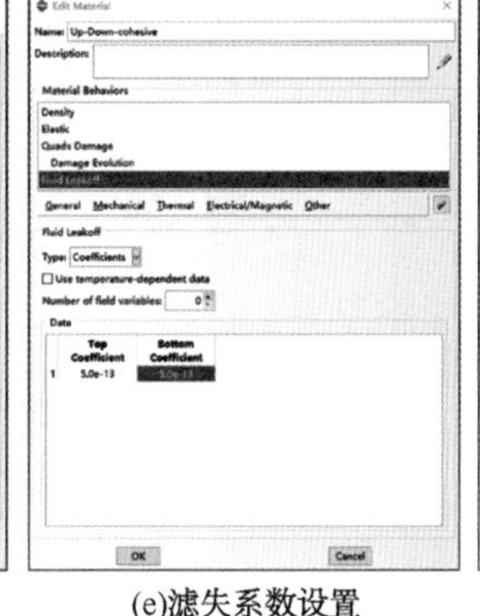

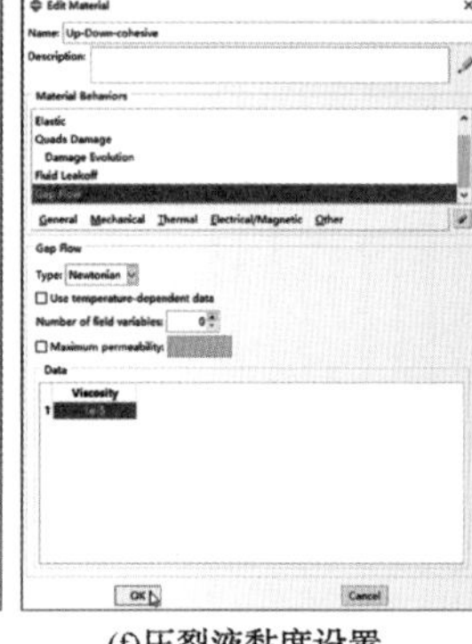

(d)损伤演化准则选择与参数设置 (e)滤失系数设置 (f)压裂液黏度设置

图 7-85 上下隔层 Cohesive 粘结单元材料参数设置

4）储层 Cohesive 粘结单元

中间储层区域 Cohesive 粘结单元材料参数设置如图 7-86 所示，材料的密度 2600kg/m³，刚度系数为 2.5×10^{13}Pa。起裂准则选择复合起裂准则，法向起裂强度 5.0×10^{6}Pa，切向强度为 5.0×10^{7}Pa。损伤演化采用 BK 能量损伤演化，法向断裂能为 25J，切向断裂能 25J。裂缝面的滤失系数为 1.0×10^{-12}m/s，压裂液黏度设置为 1.0×10^{-5}Pa·s。

储层基质、上下隔层、储层粘结单元以及上下隔层粘结单元的材料参数设置在 INP 输入文件中的设置如下：

```
***************************************************************
** MATERIALS
*Material, name=Oil
** 储层基质材料设置，材料名称为 Oil。
*Density
** 储层基质密度设置。
2600.,
*Elastic
** 储层基质弹性参数设置。
```

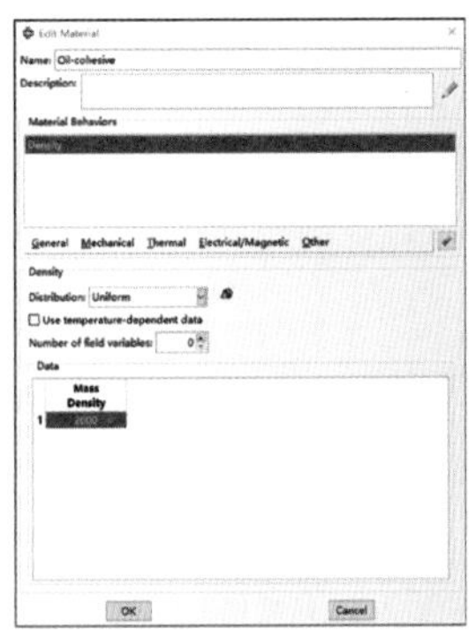

(a)密度设置

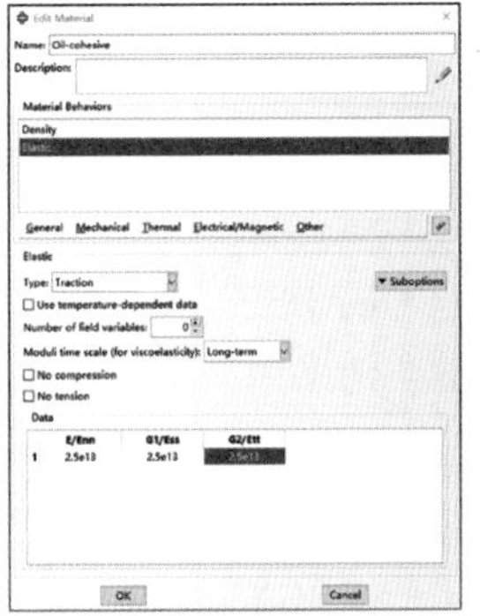

(b)弹性参数设置

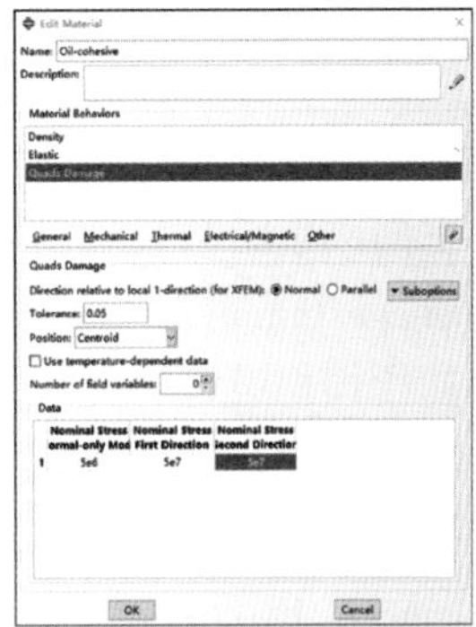

(c)起裂准则选择与参数设置

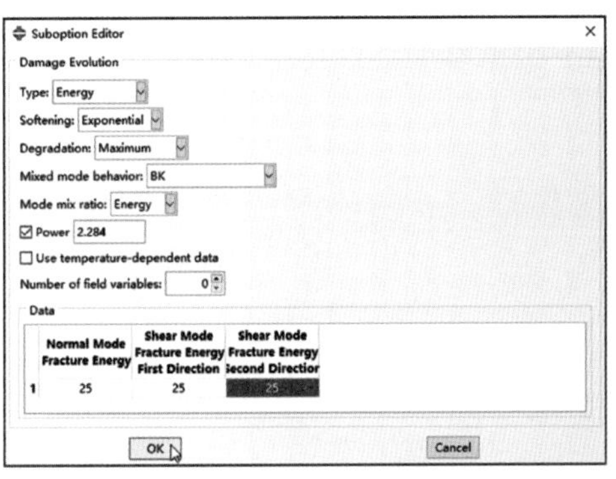

(d)损伤演化准则选择与参数设置

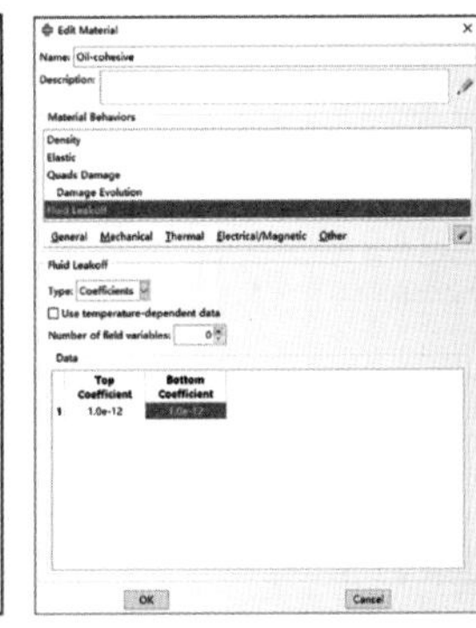

(e)滤失系数设置

(f)压裂液黏度设置

图 7-86 储层 Cohesive 粘结单元材料参数设置

2.5e+10, 0.2

*Permeability, specific=9800.

**储层基质渗透系数设置，重力系数设置为 9800。

3.0e-07, 0.15

*Material, name=Up-Down

**上下隔层基质材料参数设置，材料名称为 Up-Down，设置方式与储层基质完全一致，只是数据存在差异性。

*Density

2600.,

*Elastic

3.5e+10, 0.24

*Permeability, specific=9800.

3.e-08, 0.1

*Material, name=Oil-cohesive

**储层 Cohesive 粘结单元材料设置，名称为 Oil-cohesive。

*Density

**储层 Cohesive 粘结单元密度设置。

2600.,

*Elastic, type=TRACTION

**Cohesive 粘结单元刚度系数设置。

2.5e+13, 2.5e+13, 2.5e+13

**三向刚度系数设置。

*Damage Initiation, criterion=QUADS

**初始损伤设置，初始损伤准则采用三向复合应力准则。

5e+06, 5e+07, 5e+07

**初始损伤参数设置，分别表示法向和切向。

*Damage Evolution, type = ENERGY, softening = EXPONENTIAL, mixed mode behavior=BK, power=2.284

**损伤演化采用能量准则设置，损伤软化采用指数形式，损伤演化采用混合的 BK 模式。

25., 25., 25.

**损伤演化能量设置。

*Fluid Leakoff

**裂缝面法向滤失系数设置。

1e-12, 1e-12

**裂缝法向面滤失系数值。

*Gap Flow

**切向流动设置，流体黏度设置。

1e-05,

**流体黏度设置。

*Material, name=Up-Down-cohesive

**上下隔层 Cohesive 粘结单元材料参数设置，材料名称为 Up-Down-cohesive，相关的设置方式与 Oil-cohesive 粘结单元完全一致，只是数据存在差异性。

*Damage Initiation, criterion=QUADS

1e+07, 5e+07, 5e+07

*Damage Evolution, type=ENERGY, softening=EXPONENTIAL, mixed mode behavior=BK, power=2.284

50., 50., 50.

*Density

2600.,

*Elastic, type=TRACTION

3.5e+13, 3.5e+13, 3.5e+13

*Fluid Leakoff

5e-13, 5e-13

*Gap Flow

1e-05,

****

2. 截面创建

1）上下隔层基质

上下隔层基质截面创建如图 7-87 所示，截面创建(Create Section)对话框如图 7-87(a)所示，截面名称(Name)输入 Up-Down，种类(Category)选择实体(Solid)，类型选择均质(Homogeneous)。截面创建相关的参数选择完成后，点击 Continue 按钮进入截面编辑(Edit Section)对话框[见图 7-87(b)]，对话框中选择 Up-Down 材料，其他采用默认设置，点击 OK 按钮完成设置。

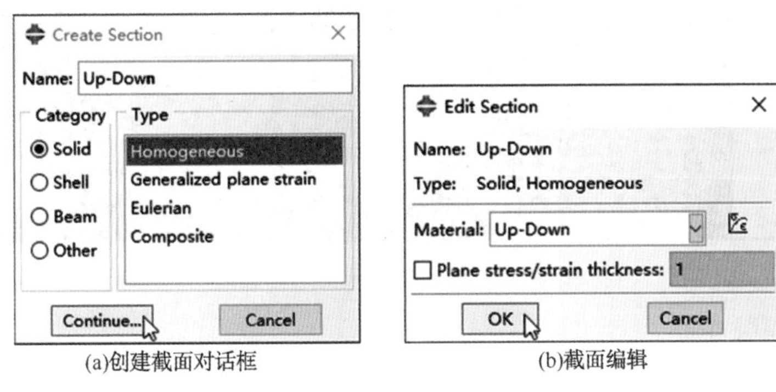

(a)创建截面对话框　(b)截面编辑

图 7-87　上下隔层基质截面设置

2）储层基质

储层基质截面设置与上下隔层基质截面创建设置基本一致。截面创建(Create Section)对话框中截面名称(Name)输入 Oil。截面编辑(Edit Section)对话框中材料(Material)选择 Oil。

3）储层 Cohesive 粘结单元

储层 Cohesive 粘结单元截面创建如图 7-88 所示，截面创建(Create Section)对话框如图 7-88(a)所示，截面名称(Name)输入 Oil-cohesive，种类(Category)选择其他(Other)，类型选择 Cohesive。截面创建相关设置完成后，进入截面编辑(Edit Section)对话框[见图 7-88(b)]，材料(Material)选择 Oil-cohesive，本构响应(Response)选择牵引-分离(Traction Separation)，单元初始厚度(Initial thickness)选择指定(Specify)，指定的初始厚度为 1.0。

(a)创建截面对话框

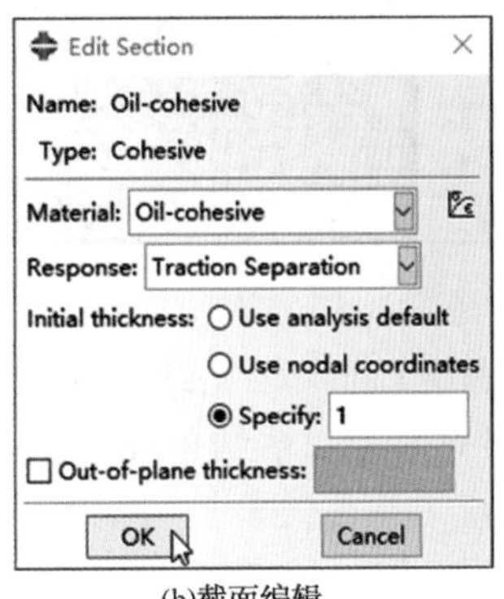

(b)截面编辑

图 7-88　储层 Cohesive 粘结单元截面设置

4）上下隔层 Cohesive 粘结单元

上下隔层 Cohesive 粘结单元截面创建与储层 Cohesive 粘结单元截面设置基本一致。截面名称为 Up-Down-cohesive，截面编辑（Edit Section）对话框中材料（Material）选择 Up-Down-cohesive。

3. 截面属性赋值

1）储层基质

储层基质截面赋值如图 7-89 所示，截面（Section）选择 Oil。

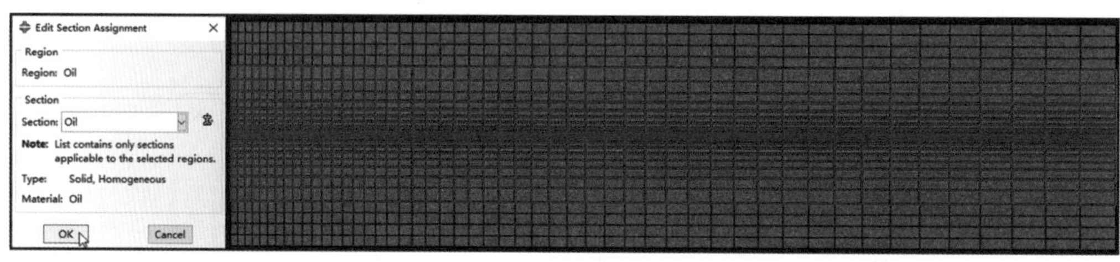

图 7-89　储层基质截面属性赋值

2）上下隔层基质

上下隔层基质截面赋值如图 7-90 所示，截面（Section）选择 Up-Down。

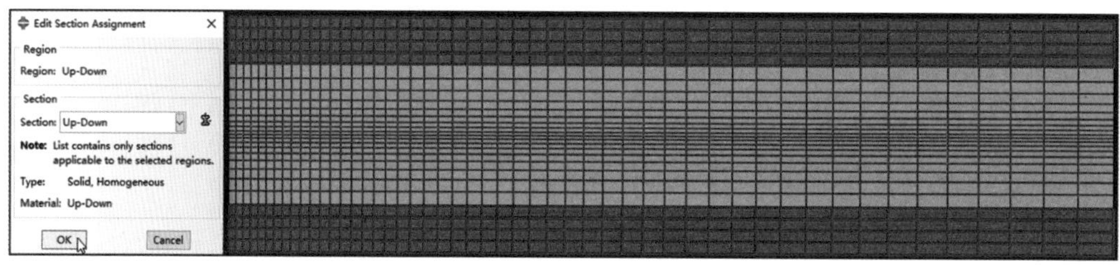

图 7-90　上下隔层基质截面属性赋值

3）储层 Cohesive 粘结单元

储层 Cohesive 粘结单元截面赋值如图 7-91 所示，截面（Section）选择 Oil-cohesive。

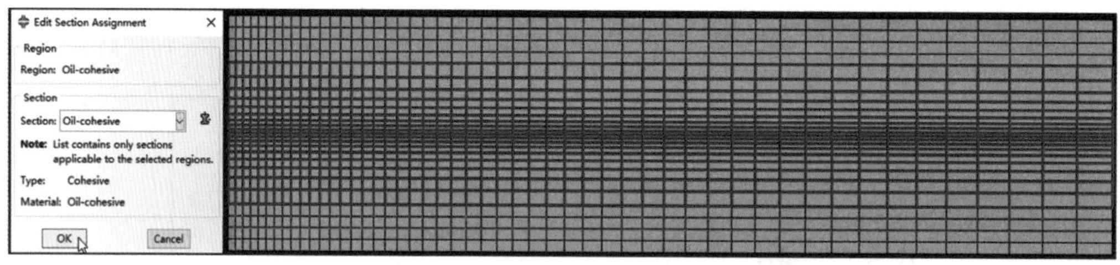

图 7-91　中间储层 Cohesive 粘结单元截面属性赋值

4）上下隔层 Cohesive 粘结单元

上下隔层 Cohesive 粘结单元截面赋值如图 7-92 所示，截面（Section）选择 Up-Down-cohesive。

部件所有区域材料截面属性赋值后如图 7-93 所示。

储层基质、上下隔层基质、储层 Cohesive 粘结单元与上下隔层 Cohesive 粘结单元的截面属性赋值在 INP 输入文件中的显示如下：

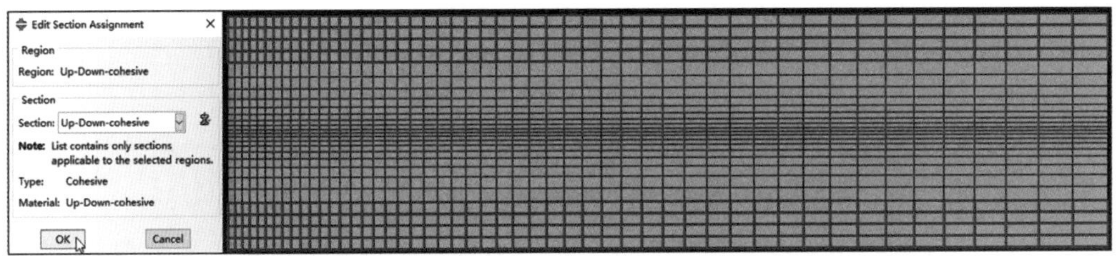

图 7-92　上下隔层 Cohesive 粘结单元截面属性赋值

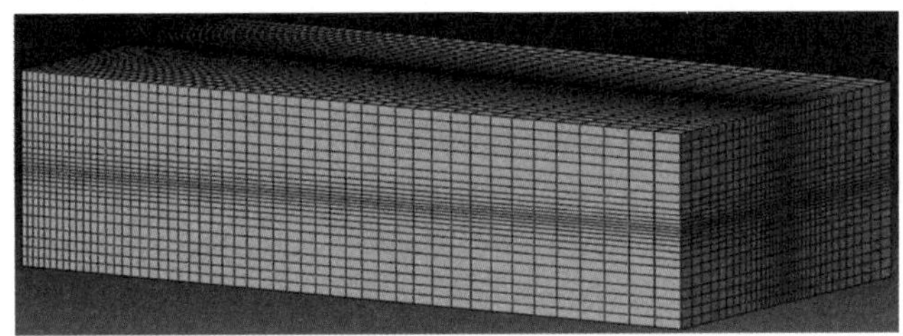

图 7-93　赋值后的 Rock-3D-1 部件

****

** Section: Oil

** 储层基质截面属性赋值设置。

* Solid Section, elset=Rock-3D-1-1_Oil, material=Oil

** 储层基质采用实体截面设置，区域单元集合为 Rock-3D-1-1_Oil，材料为 Oil。

,

** Section: Up-Down

** 上下隔层基质截面属性赋值设置。

* Solid Section, elset=Rock-3D-1-1_Up-Down, material=Up-Down

** 上下隔层基质采用实体截面设置，区域单元集合为 Rock-3D-1-1_Up-Down，材料为 Up-Down。

,

** Section: Oil-cohesive

** 储层 Cohesive 粘结单元截面属性赋值设置。

* Cohesive Section, elset=Rock-3D-1-1_Oil-cohesive, material=Oil-cohesive, response=TRACTION SEPARATION, thickness=SPECIFIED

** 储层裂缝 Cohesive 粘结单元截面属性设置，集合为 Rock-3D-1-1_Oil-cohesive，材料为 Oil-cohesive，响应方式为牵引-分离，初始厚度采用指定方式。

1.,

** 指定的初始厚度为 1.0。

** Section: Up-Down-cohesive

** 上下隔层 Cohesive 粘结单元截面属性赋值设置，设置方式与储层 Cohesive 粘结单元基本相同，只是单元集合和材料选择具有差异性。

*Cohesive Section, elset=Rock-3D-1-1_Up-Down-cohesive, material=Up-Down-cohesive, response=TRACTION SEPARATION, thickness=SPECIFIED

1.,

****

7.3.2.4 Assembly 功能模块

Assembly 功能模块除了进行实例映射后，另外一个重要的设置为相关单元/节点集合的建立。

1. 实例映射

点击左侧工具箱区快捷按钮(Create Instance)或菜单栏 Instance→Create…，进入实例创建(Create Instance)对话框，如图 7-94(a)所示，选择 Rock-3D-1 部件，映射的实例如图 7-94(b)所示，映射形成的实例名称为 Rock-3D-1-1。

结合前期的模型构建，模型形成了两个部件，分别为 Rock-3D 部件和 Rock-3D-1 部件，其中 Rock-3D 为结构化几何部件，部件具有几何信息和网格信息，但不包含 Cohesive 粘结单元；Rock-3D-1 部件为自由化孤立网格部件，为生成了 Cohesive 粘结单元后转化形成的部件。本次映射实例为 Rock-3D-1 部件。

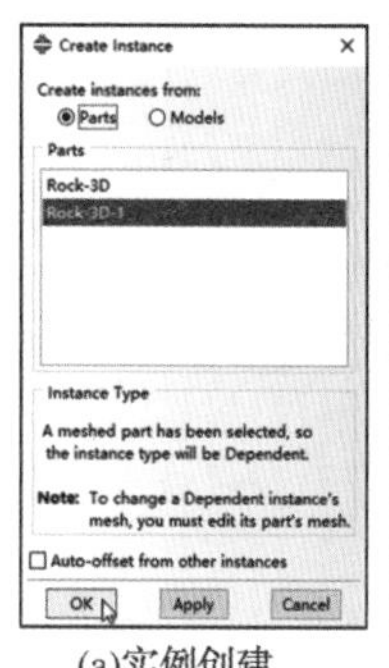

(a)实例创建

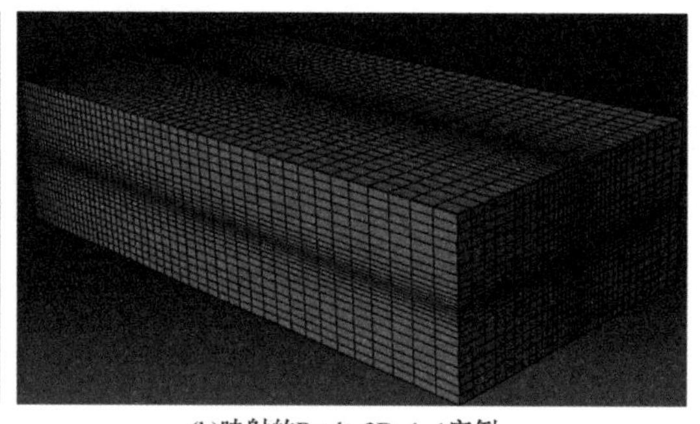

(b)映射的Rock-3D-1-1实例

图 7-94 实例映射

Set Manager

Name	Type
Iniopen	Element
Inject	Node
Oil-cohesive-ele	Element
Oil-ele	Element
Oil-mid	Node
Oil-node	Node
PP	Node
U1	Node
U2	Node
U3	Node
Up-Down-cohesive-ele	Element
Up-Down-ele	Element
Up-Down-mid	Node
Up-Down-node	Node
Xsymm	Node

Create... Edit... Copy... Rename... Delete... Dismiss

图 7-95 集合创建

2. 节点/单元集合创建

为了方便后期的模型设置，用户可基于 Rock-3D-1-1 实例进行相应的单元和节点集合设置，设置的集合名称和类型如图 7-95 所示。

Iniopen 单元集合为初始失效裂缝单元集合，位于注入点位置，主要用于设置初始失效单元。Inject 节点集合为水力压裂注入节点，为 Cohesive 粘结单元的中间孔隙压力节点，主要用于手动设置流体注入过程；Oil-cohesive-ele 单元集合为储层 Cohesive 粘结单元集合，Oil-ele 单元集合为储层基质单元集合，主要用于设置储层初始地应力；Oil-mid 为储层 Cohesive 粘结单元中部的孔隙压力节点集合，主要用于设置 Cohesive 粘结单元的初始孔隙压力；Oil-node 为储层基质的节点集合，主要用于设置初始孔隙压力、初始饱和度、初始孔隙比等参数；PP 为整体模型的孔隙压力边界节点集合，主要用于设置模型的孔隙压力边界。U1 为模型右侧 X 方向的节点集合，主要用于设置 X 方向的位移边界条件；U2 为模型 Y 方向的位移边界节点集合，主要用于设置 Y 方向的位移边界；U3 为模型 Z 方向的位移边界节点集合，主要用于设置 Z 方向的位移边界条件。Up-Down-cohesive-ele 为上下隔层的 Cohesive 粘结单元集合，主要方便模型结果的显示；Up-Down-ele 为上下隔层基质的单元集合，主要用于设置上下隔层的初始地应力；Up-Down-mid 为上下隔层的 Cohesive 粘结单元中间孔隙压力节点集合，主要用于设置孔隙压力；Up-Down-node 为上下隔层基质的节点集合，主要用于设置上下隔层的初始孔隙压力、初始饱和度和孔隙比。Xsymm 集合为模型左侧的位移对称边界条件节点集合，主要用于设置 X 方向的对称位移边界条件。部分集合的相关设置具体见后续介绍。

其中 Up-Down-node 节点集合如图 7-96 所示，由于上下隔层与储层共节点，因此共用节点需要设置属于 Rock-node 集合或 Up-Down-node 集合。本例的共用节点设置属于 Rock-node 节点集合。

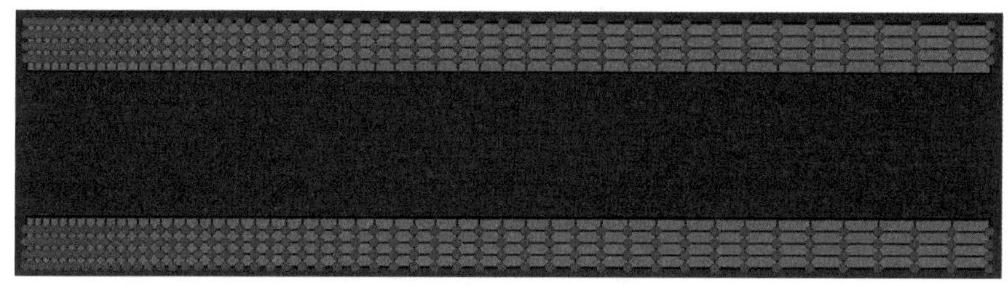

图 7-96　上下隔层节点集合

7.3.2.5　Step 功能模块

模型的分析步主要包括地应力平衡分析步和水力压裂注入分析步。

1. 分析步创建

具体设置流程如下：点击左侧工具箱区快捷按钮 (Create Step) 或菜单栏 Step→Create…，进入分析步创建(Create Step)对话框，对话框中进行分析步名称、分析步类型设置后，点击 Continue 按钮，进入分析步编辑(Edit Step)对话框，在对话框中进行相关的分析步设置。

1）地应力平衡

地应力平衡分析步如图 7-97 所示，分析步创建(Create Step)如图 7-97(a)所示，分析步名称(Name)输入为 Geo-stress-eq，分析步类型(Procedure type)选择 General→Geostatic，设置完成后点击 Continue 按钮，进入分析步编辑(Edit Step)对话框[见图 7-97(b)和图 7-97(c)]，在其他(Other)界面中矩阵存储选择非对称(Unsymmetric)，其他采用默认设置，点击 OK 按钮完成设置。

地应力平衡分析步主要用于初始地应力和孔隙压力进行初始的平衡分析，主要进行模型的应力和孔隙压力的简单传递，地应力平衡分析步为进行流-固耦合固结分析的必要分析步。

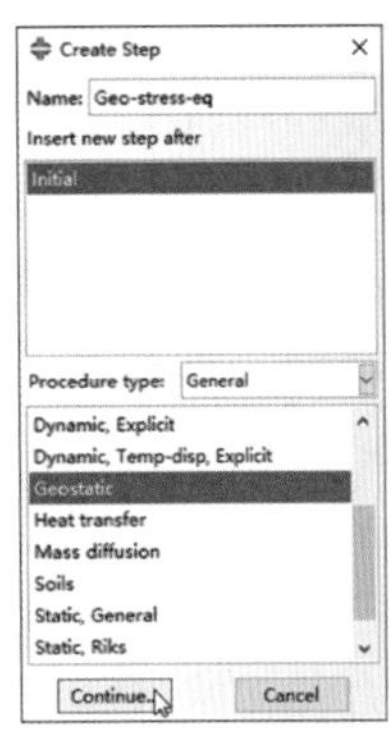

(a)分析步创建

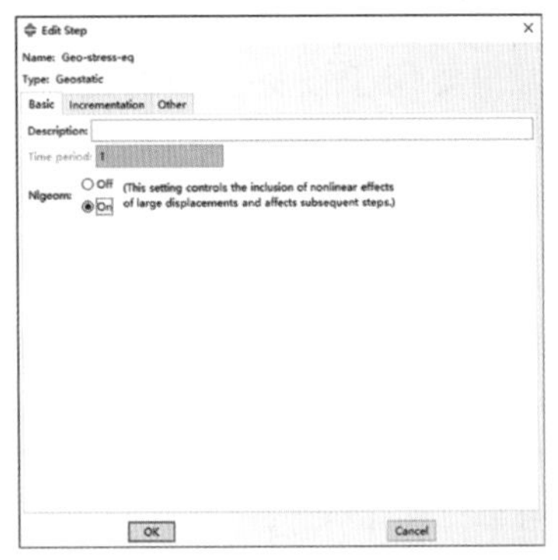

(b)分析步编辑(基本界面)

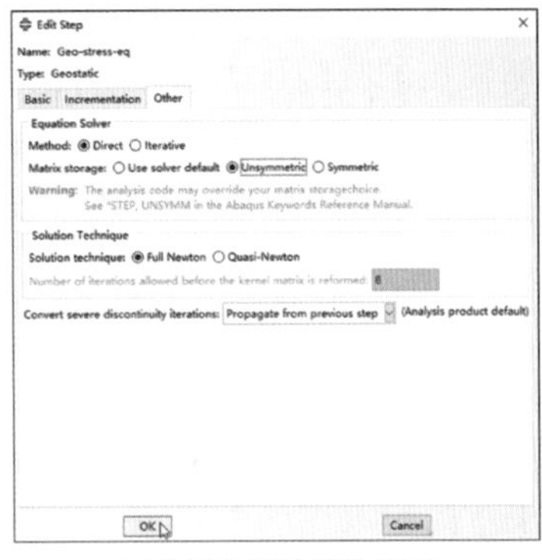

(c)分析步编辑(其他界面)

图 7-97　地应力平衡分析步设置

2）水力压裂流体注入

（1）分析步设置。

水力压裂流体注入分析步的创建与设置如图 7-98 所示，其中分析步的类型选择如图 7-98(a)所示，分析步名称(Name)输入 Hydraulic-fracture，分析步类型(Procedure type)选择常规(General)类型下的土固结(Soil)分析步类型，设置完成后点击 Continue 按钮，进入分析步编辑(Edit Step)对话框[见图 7-98(b)和图 7-98(c)]。分析步的基本(Basic)界面设置如图 7-98(b)所示，该界面的设置如下：流体响应(Pore Fluid response)选择瞬态固结(Transient consolidation)，时间(Time Period)输入 3600(表示模拟时间为 3600s)，其他相关的数据采用默认值即可。分析步编辑的增量步数(Incrementation)界面设置如图 7-98(c)所示，增量步类型(Type)选择 Automatic，最大增量步(Maximum)设置为 10000，增量步尺度(Increment size)中初始增量步时间(Initial)设置为 1.0，最小增量步时间(Minimum)设置为 1×10^{-9}s，最大增量步时间(Maximum)为 10s，单个增量步允许的孔隙压力最大增量为 9.8×10^{8}Pa。其他(Other)设置界面中单元矩阵的存储(Matrix storage)采用非对称存储(Unsymmetric)，点击 OK 按钮完成设置。

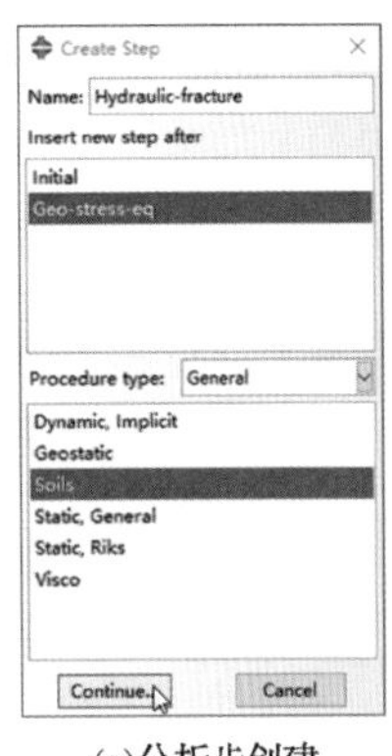

(a)分析步创建

(b)分析步设置(基本界面)

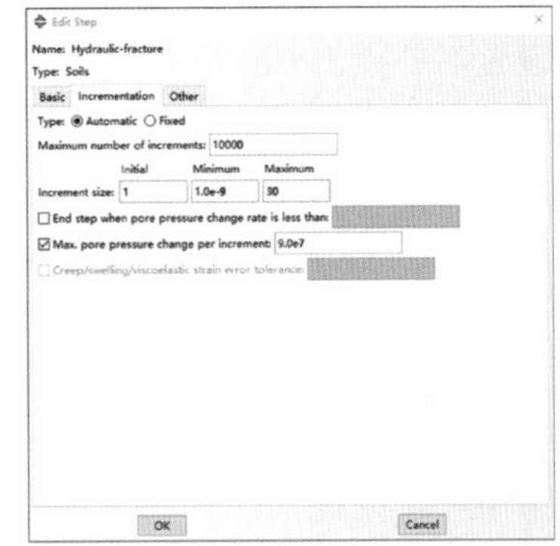

(c)分析步设置(增量步界面)

图 7-98　水力压裂注入分析步设置

（2）收敛性设置。

Cohesive 裂缝扩展模拟过程中，由于存在 Cohesive 粘结单元的动态扩展过程，模拟过程容易不收敛，需要进行收敛设置。点击菜单栏 Other→General Solution Controls→Edit→hydraulic-fractre，进入常规求解控制编辑器(General Solution Controls Editor)，对话框如图 7-99 所示，点击时间增量步(Time Incrementation)，点击勾选非连续分析(Discontinuous analysis)[见图 7-99(a)]，在 Time Incrementation 界面中，点击如图 7-99(b)所示的 More 选项。在 IA 中将 5 修改成 25(用户可根据需要进行修改)。

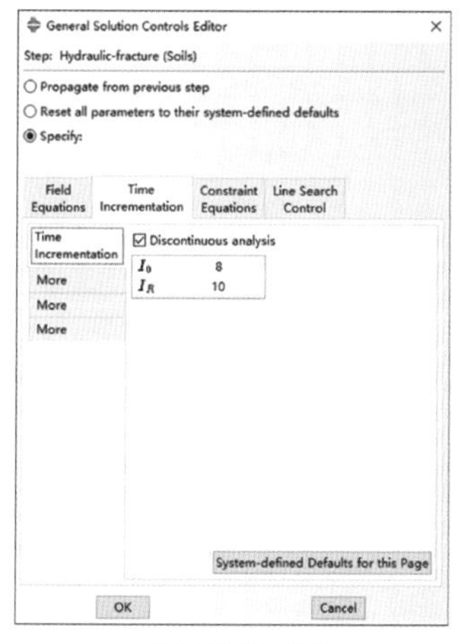

(a)非连续性设置

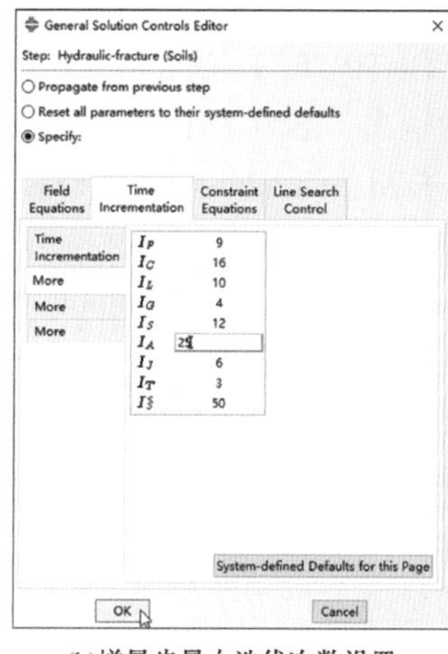

(b)增量步最大迭代次数设置

图 7-99　水力压裂注入分析步收敛性设置

2. 场变量输出

场变量结果输出设置可只针对水力压裂流体注入分析步设置，地应力平衡分析步采用默认的场变量输出设置。具体设置流程如下：

点击左侧工具箱区快捷按钮 (Field Output Manager)或菜单栏 Output→Field Output Requests，进入场变量输出管理器(Field Output Requests Manager)对话框，对话框中选择 Hydraulic-fracture 分析步，点击右上角 Edit 按钮，进入场变量输出编辑(Edit Field Output Requests)对话框，选择 S、LE、U、SDEG、SAT、POR、PFOPEN 变量，点击 OK 按钮完成设置。

3. 历程变量输出

历程变量输出，用户可根据需要进行设置，本例历程变量输出采用默认输出设置。

分析步设置、场变量输出与历程变量输出相关的设置在 INP 输入文件中的显示如下：

****

** STEP：Geo-stress-eq

** 地应力平衡分析步设置。

*Step，name=Geo-stress-eq，nlgeom=YES，unsymm=YES

** 分析步名称为 Geo-stress-eq，几何非线性(nlgeom)与非对称(unsymm)矩阵存储选择开启。

*Geostatic

** “ * Geostatic” 地应力平衡分析步关键词。

……………………

** OUTPUT REQUESTS

** 结果输出设置。

* Restart, write, frequency = 0

** 重启分析步设置，默认不设置重启动。

** FIELD OUTPUT: F-Output-1

** 场变量输出，名称为 F-Output-1。

* Output, field, variable = PRESELECT

** 场变量输出采用默认设置。

** HISTORY OUTPUT: H-Output-1

** 历程变量输出，名称为 H-Output-1。

* Output, history, variable = PRESELECT

** 历程变量输出采用默认设置。

* End Step

** 地应力平衡分析步结束。

****

** STEP: Hydraulic-fracture

** 水力压裂流体注入分析步设置。

* Step, name = Hydraulic-fracture, nlgeom = YES, inc = 10000, unsymm = YES

** 分析步名称为 Hydraulic-fracture，几何非线性(nlgeom)与非对称(unsymm)矩阵存储选择开启，分析步总的增量步数为 10000。

* Soils, consolidation, end = PERIOD, utol = 9.0e8, stabilize = 0.002, allsdtol = 0.05

** “ * Soils” 为土固结分析步关键词，单个增量步最大孔隙压力变化值为 9.0×10^8Pa。

1., 3600., 1e-09, 30.,

** 初始增量步时间 1.0s、总时间 3600s、最小增量步时间为 1.0×10^{-9}s、最大增量步时间为 30s。

………………

** 中间为模型孔隙压力边界条件设置和流体注入设置。

** CONTROLS

** 收敛性设置。

* Controls, reset

* Controls, analysis = discontinuous

** 不连续控制设置。

* Controls, parameters = time incrementation

** 单个增量步最大迭代次数设置。

,,,,,,, 25,,,

```
** OUTPUT REQUESTS
** 模拟结果输出设置。
* Restart, write, frequency=0
** 重启分析步设置，不设置重启动。
** FIELD OUTPUT: F-Output-1
** 场变量输出设置，名称为 F-Output-1。
* Output, field
** 场变量输出设置。
* Node Output
** 节点场变量输出时关键词设置。
POR, U
** 节点场变量输出参数为 POR、U。
* Element Output, directions=YES
** 单元场变量输出设置，同时设置方向输出。
LE, S, SAT, SDEG, VOIDR, PFOPEN, MMIXDME
** 单元场变量输出参数为 LE、S、SAT、SDEG、VOIDR、PFOPEN、MMIXDME。
** HISTORY OUTPUT: H-Output-1
** 历程变量输出设置，名称为 H-Output-1。
* Output, history, variable=PRESELECT
** 历程变量输出为默认设置。
* End Step
** 水力压裂流体注入分析步结束。
****************************************************************
```

7.3.2.6 Load 功能模块

Load 功能模块中主要进行位移边界条件、孔隙压力边界条件、初始场变量与流体注入设置。

1. 边界条件设置

边界条件主要包括位移边界条件和孔隙压力边界条件，位移边界条件主要设置于模型的 6 个端面，孔隙压力边界条件主要设置于模型的 3 个面上，集合为 PP 节点集合。

具体的边界条件设置流程如下：

1）位移边界条件

（1）左侧 X 方向对称位移边界条件。

点击左侧工具箱区快捷按钮（Create Boundary Condition）或菜单栏 BC→Create…，进入边界条件创建（Create Boundary Condition）对话框［见图 7-100（a）］，名称（Name）输入 Xsymm，分析步（Step）选择初始分析步（Initial），种类（Category）选择力学（Mechanical），可选的边界类型（Types for Selected Step）选择对称/反对称/固定（Symmetry/antisymmetry/Encastre），设置完成后点击 Continue 按钮，点击右下角提示区的

Sets... 按钮，进入区域选择(Region Selection)对话框，选择 Xsymm 节点集合，集合位置如图 7-100(b)所示，点击 Continue 按钮，进入边界条件编辑(Edit Boundary Condition)对话框[见图 7-100(c)]，选择 XSYMM(U1=UR2=UR3=0)，点击 OK 按钮完成设置。

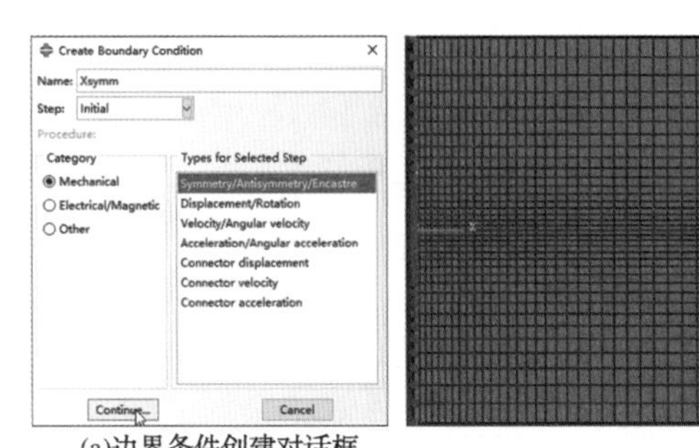

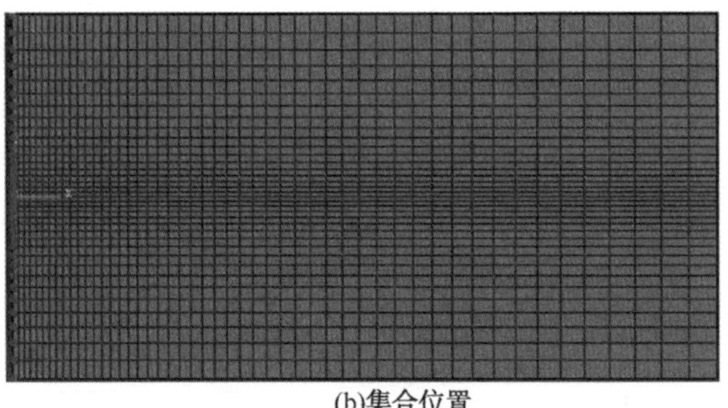

(a)边界条件创建对话框　(b)集合位置　(c)边界条件编辑

图 7-100　左侧 X 方向对称位移边界条件设置

(2) 右侧 X 方向位移边界条件。

右侧 X 方向的位移边界条件设置如下：边界条件创建对话框中，边界条件名称(Name)输入 U1，分析步选择初始分析步(Initial)，种类选择力学(Mechanical)，边界类型(Types for Selected Step)选择位移/旋转(Displacement/Rotation)，设置完成后点击 Continue 按钮进行边界条件区域选择。区域选择对话框中选择 U1 节点集合。区域选择设置完成后点击 Continue 按钮进入边界条件编辑(Edit Boundary Condition)对话框，对话框中边界条件选择 U1，其他默认设置，点击 OK 按钮完成设置。

(3) Y 方向位移边界条件。

Y 方向的位移边界条件设置如图 7-101 所示，边界条件创建(Create Boundary Condition)对话框如图 7-101(a)所示，边界的名称(Name)输入 U2。区域选择(Region Selection)对话框中节点选择 U2 节点集合，节点集合位置如图 7-101(b)所示。边界条件编辑(Edit Boundary Condition)设置对话框如图 7-101(c)所示，勾选 U2，表示位移设置的方向为 Y 方向，即 U2=0。

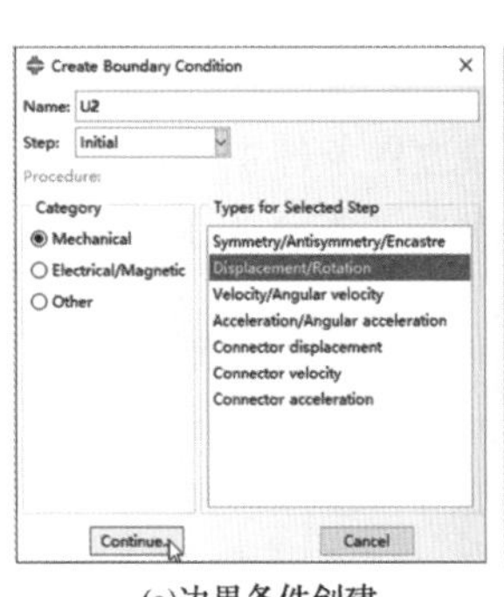

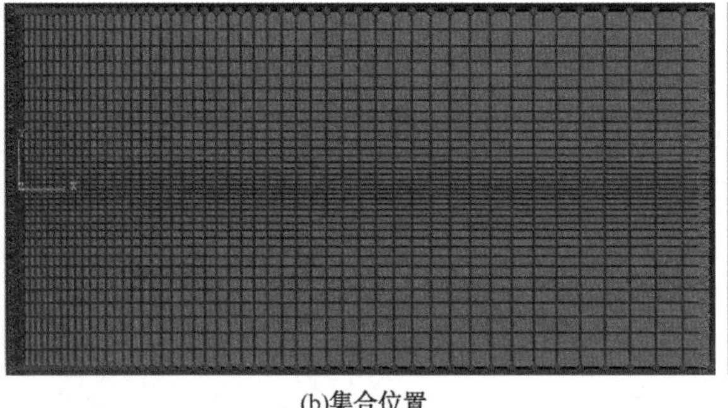

(a)边界条件创建　(b)集合位置　(c)边界条件编辑

图 7-101　Y 方向位移设置

(4) Z 方向的位移边界条件。

Z 方向的位移边界条件设置如图 7-102 所示，边界条件名称(Name)输入为 U3，区域集合选择 U3 节点集合，相应的设置为 U3=0。

(a)边界条件创建

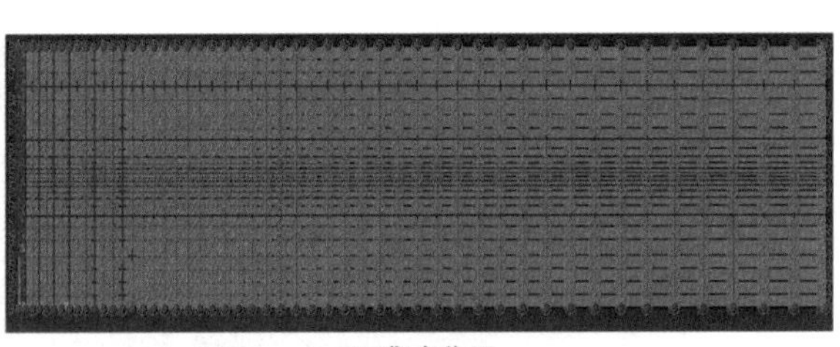

(b)集合位置

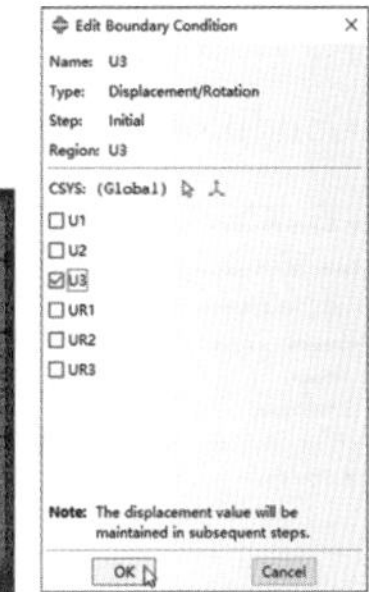

(c)边界条件编辑

图 7-102 Z 方向位移设置

```
*********************************************************
** Name: Xsymm Type: Symmetry/Antisymmetry/Encastre
** 左侧 X 方向对称位移边界条件设置，名称为 Xsymm，类型为对称/反对称/固定。
*Boundary
** “*Boundary”边界条件设置关键词。
Xsymm, XSYMM
** 集合名称，X 方向对称边界条件。
** Name: U1 Type: Displacement/Rotation
** 右侧 X 方向位移边界条件设置，名称为 U1，类型为位移/旋转。
*Boundary
U1, 1, 1
** 集合名称，自由度 1。
** Name: U2 Type: Displacement/Rotation
** Y 方向位移边界条件设置，名称为 U2，类型为位移/旋转。
*Boundary
U2, 2, 2
** 集合名称，自由度 2。
** Name: U3 Type: Displacement/Rotation
** Z 方向位移边界条件设置，名称为 U3，类型为位移/旋转。
*Boundary
U3, 3, 3
** 集合名称，自由度 3。
*********************************************************
```

2）孔隙压力边界条件

孔隙边界压力条件如图 7-103 所示，其中边界条件创建（Create Boundary Condition）对话框如图 7-103（a）所示，边界条件名称（Name）输入 Pore-pressure，分析步（Step）选择 Geo-stress-eq，种类（Category）选择其他（Other），分析步可选的边界类型（Types for Selected Step）选择孔隙压力（Pore Pressure），设置完成后点击 Continue 按钮进入区域选择（Region Selection）对话框，对话框中选择 PP 节点集合，集合位置如

图 7-103(b)所示，选择完成后点击 Continue 按钮，进入边界条件编辑(Edit Boundary Condition)对话框[见图 7-103(c)]，对话框中孔隙压力值输入 2.5×10^{7}Pa。

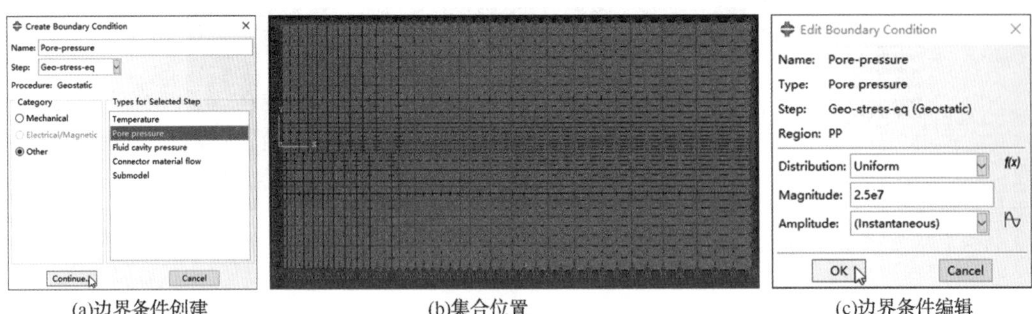

(a)边界条件创建　　(b)集合位置　　(c)边界条件编辑

图 7-103　孔隙压力边界设置

模型全部的边界条件如图 7-104 所示。

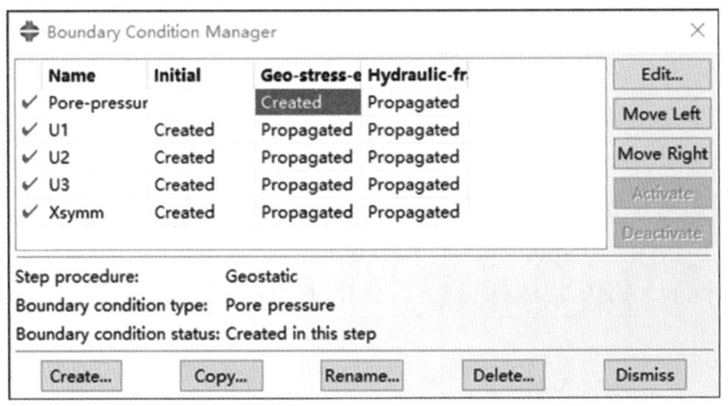

图 7-104　全部边界条件显示

孔隙压力边界条件设置在 INP 输入文件中的显示如下：

```
****************************************************************
** Name: Pore-pressure Type: Pore pressure
** 外边界孔隙压力边界条件设置，名称为 Pore-pressure，类型为孔隙压力。
* Boundary
PP_PP_, 8, 8, 2.5e+07
** 分别表示集合名称，自由度为 8，孔隙压力值为 2.5×10^7Pa。
****************************************************************
```

2. *初始场变量设置*

模型的初始场变量主要包括储层岩石和上下隔层基质的地应力、孔隙压力、孔隙比和饱和度。除了储隔层相关的初始场变量以外，还需要设置储层 Cohesive 粘结单元的初始失效裂缝，便于压裂液流体进入压裂裂缝。相关的初始场变量具体的设置流程如下：

点击左侧工具箱区快捷按钮 (Create Predefined Field)或菜单栏 Predefined Field→Create…，进入初始场变量创建(Create Predefined Field)对话框，对话框中输入场变量名称(Name)，分析步(Step)选择初始分析步(Initial)，确定场变量种类(Category)和分析步可选的场变量类型(Types for Selected Step)后，点击 Continue 按钮，在视图区或通过设置的集合选择场变量设置区域。区域选择后进入初始场变量编辑（Edit Predefined Field）对话框，在对话框中进行场变量参数设置与输入，设置完成后点击 OK 按钮完成初始场变量的设置。不同类型和区域的场变量参数需要单独进行设置，但是设置流程基本一致。

1）初始地应力

初始地应力主要包括储层基质和上下隔层基质的初始地应力，两种岩石的地应力具有差异性。

（1）储层基质。

储层基质的初始地应力设置流程如下：初始场变量创建（Create Predefined Field）对话框中，场变量名称（Name）输入 Geo-stress-oil，分析步（Step）选择初始分析步（Initial），种类（Category）选择力学（Mechanical），分析步可选的类型（Types for Selected Step）选择应力（Stress），点击 Continue 按钮进行场变量区域选择设置。点击右下角提示区 Sets... 按钮，进入区域选择（Region Selection）对话框，对话框中选择 Oil-ele 单元集合。区域选择后进入场变量编辑（Edit Predefined Field）对话框，地应力分别输入-3.2×10^7、-2.5×10^7、-4.0×10^7、0、0、0（储层的初始地应力分别为 X 方向 3.2×10^7Pa、Y 方向 2.5×10^7Pa、Z 方向 4.0×10^7Pa）。

（2）上下隔层基质。

上下隔层基质的初始地应力设置与储层岩石基本的一致。初始场变量的名称为 Geo-stress-Up-down，集合选择 Up-Down-ele 单元集合。区域选择后，进入场变量编辑（Edit Predefined Field）对话框，地应力分别输入-3.3×10^7、-3.0×10^7、-4.0×10^7、0、0、0。

2）初始孔隙压力

储层和上下隔层基质位置相邻，孔隙压力值可以设置成完全相同。模拟过程中，上下隔层的孔隙比和渗透系数远低于储层基质。

（1）储层基质孔隙压力。

储层基质的孔隙压力初始场变量设置如图 7-105 所示，储层基质孔隙压力场变量名称为 Pore-Oil[见图 7-105(a)]，区域集合选择 Oil-node 集合[见图 7-105(b)]，设置的孔隙压力为 2.5×10^7Pa[见图 7-105(c)]。

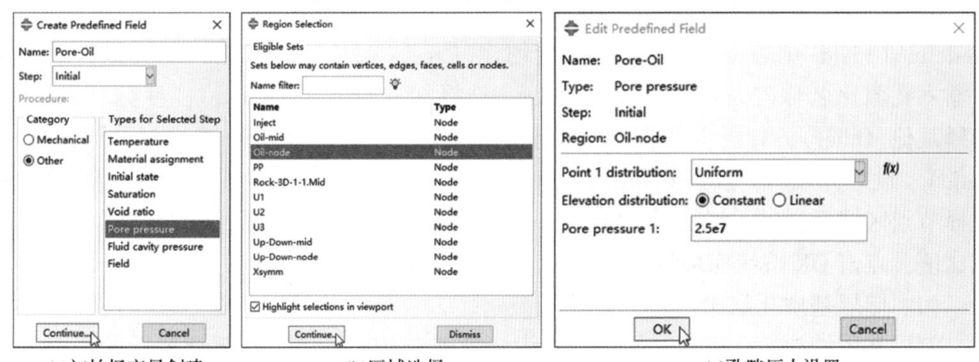

(a)初始场变量创建 (b)区域选择 (c)孔隙压力设置

图 7-105 储层基质初始孔隙压力场变量设置

(2) 上下隔层孔隙压力。

上下隔层基质的孔隙压力初始场变量设置与储层基质的初始孔隙压力值设置一致。孔隙压力初始场变量名称为 Pore-Up-down，初始场变量的区域选择 Up-Down-node 集合，场变量编辑(Edit Predefined Field)对话框设置的孔隙压力为 2.5×10^7Pa。

(3) Cohesive 粘结单元中间孔隙压力节点孔隙压力。

嵌入的 Cohesive 粘结单元的中间孔隙压力节点单元也需要设置初始孔隙压力，主要包括储层的 Cohesive 粘结单元的中间孔隙压力节点和上下隔层的 Cohesive 粘结单元的中间孔隙压力节点。

储层基质嵌入的 Cohesive 粘结单元中间孔隙压力节点的初始孔隙压力场变量设置如图 7-106 所示，储层孔隙压力场变量名称为 Pore-Oil-Cohesive，设置的区域集合选择 Oil-mid 集合，设置的孔隙压力为 2.5×10^7Pa。

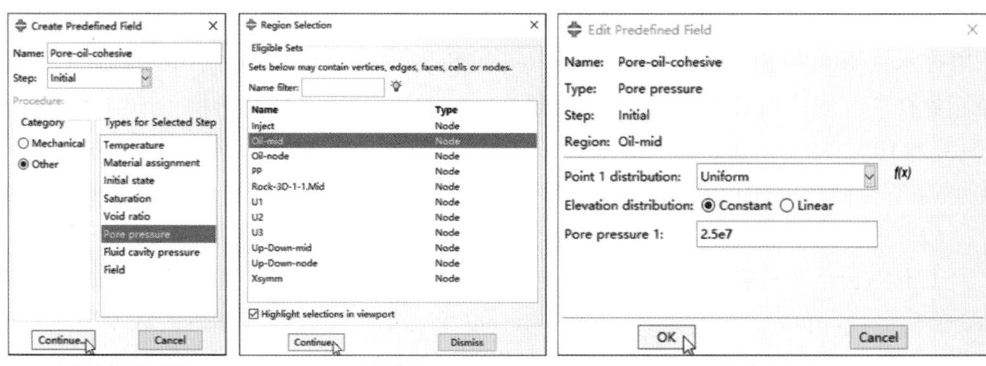

(a)初始场变量创建　　(b)区域选择　　(c)孔隙压力设置

图 7-106　储层 Cohesive 粘结单元中间孔隙压力节点初始孔隙压力场变量设置

上下隔层嵌入的 Cohesive 粘结单元中间孔隙压力节点的初始孔隙压力场变量的名称为 Pore-Up-Down-Cohesive，设置的区域集合选择 Up-Down-mid 集合，设置的孔隙压力为 2.5×10^7Pa。

3) 初始孔隙比

储层和隔层的孔隙比具有一定的差异性，储层孔隙比大于上下隔层孔隙比，设置了初始孔隙比后，压裂改造过程中，孔隙比随着应力变化而改变。具体的孔隙比设置流程如下：点击左侧工具箱区快捷按钮 (Create Predefined Field) 或菜单栏 Predefined Field→Create…，进入场变量创建(Create Predefined Field)对话框，对话框中输入孔隙比名称(Name)，分析步(Step)选择初始步分析(Initial)，种类(Category)选择其他(Other)，分析步可选的场变量类型(Types for Selected Step)选择孔隙比(Void Ratio)。设置完成后，点击 Continue 按钮，在视图区选择场变量设置区域或通过集合选择节点区域后，进入场变量编辑(Edit Predefined Field)对话框，在对话框中输入孔隙比值，点击 OK 按钮完成设置。

(1) 储层基质孔隙比。

储层基质的初始孔隙比初始场变量设置如图 7-107 所示，孔隙比初始场变量名称(Name)输入 Void-Oil[见图 7-107(a)]。区域集合选择 Oil-node 集合后，进入场变量编辑(Edit Predefined Field)对话框中后，输入储层基质的孔隙比 0.15[见图 7-107(b)]。

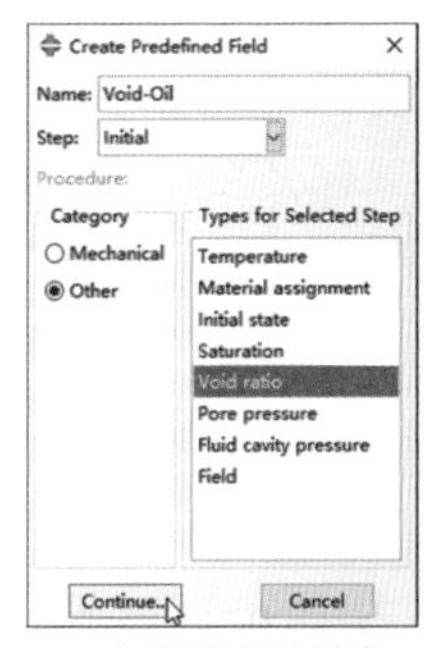

(a)初始场变量创建

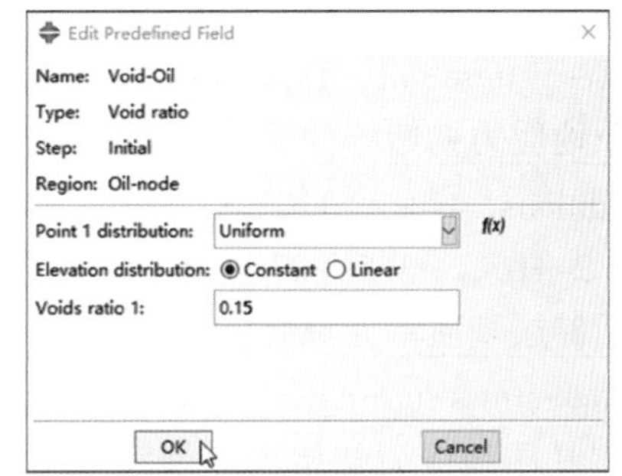

(b)孔隙比设置

图 7-107 储层基质初始孔隙比场变量设置

（2）上下隔层基质孔隙比。

上下隔层的孔隙比初始场变量设置如下：初始孔隙比名称(Name)输入 Void-Up-down，通过区域选择对话框选择 Up-Down-node 集合。区域选择后进入初始场变量编辑(Edit Predefined Field)对话框中，输入储层的孔隙比 0. 10。

4）初始饱和度

模型的初始饱和度设置如下：点击左侧工具箱区快捷按钮 (Create Predefined Field)或菜单栏 Predefined Field→Create…，进入场变量创建(Create Predefined Field)对话框，对话框中输入饱和度场变量名称(Name)，分析步(Step)选择初始分析步(Initial)，种类(Category)选择其他(Other)，分析步可选的场变量类型(Types for Selected Step)选择饱和度(Saturation)。设置完成后，点击 Continue 按钮，在视图区直接选择设置区域的节点或通过区域选择对话框选择节点集合后，进入场变量编辑(Edit Predefined Field)对话框，在对话框中输入初始饱和度值，点击 OK 按钮完成设置。储层基质与上下隔层基质初始饱和度设置为 1. 0。

在 ABAQUS/CAE 中，模型全部的初始场变量设置如图 7-108 所示，针对 Cohesive 粘结单元的初始失效单元的设置无法在 Load 功能模块中设置，需要进行手动设置。

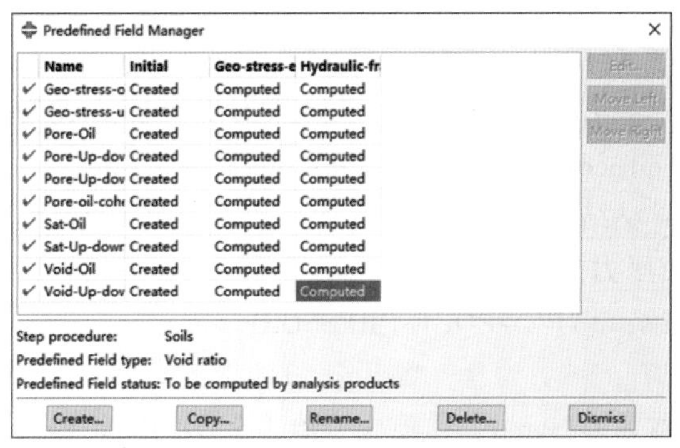

图 7-108 全部初始场变量设置显示

5）初始失效裂缝

初始失效裂缝的单元的设置方法与 7. 2. 2. 6 节中二维 Cohesive 粘结单元初始失效裂缝单元的设置方法完成一致。在此，不进行介绍。

相关的初始场变量设置在 INP 输入文件中的显示如下：

****
** Name: Geo-stress-oil Type: Stress

** 储层基质地应力初始场变量设置，名称为 Geo-stress-oil，类型为应力。

* Initial Conditions, type=STRESS

Oil-ele, -3.2e+07, -2.5e+07, -4.0e+07, 0., 0., 0.

** 分别表示储层基质单元集合，X 方向、Y 方向和 Z 方向的地应力值。

** Name: Geo-stress-up-down Type: Stress

** 上下隔层基质地应力初始场变量设置，名称为 Geo-stress-up-down，类型为应力。

* Initial Conditions, type=STRESS

Up-Down-ele, -3.2e+07, -3.0e+07, -4.0e7, 0., 0., 0.

** Name: Pore-Oil Type: Pore pressure

** 储层基质孔隙压力初始场变量设置，名称为 Pore-Oil，类型为孔隙压力。

* Initial Conditions, TYPE=PORE PRESSURE

Oil-node, 2.5e+07

** 节点集合名称为 Oil-node，孔隙压力值为 2.5×10^7Pa。

** Name: Pore-Up-down Type: Pore pressure

** 上下隔层基质孔隙压力初始场变量设置，名称为 Pore-Up-down，类型为孔隙压力。

* Initial Conditions, TYPE=PORE PRESSURE

Up-Down-node, 2.5e+07

** 节点集合名称为 Up-Down-node，孔隙压力值为 2.5×10^7Pa。

** Name: Pore-Up-down-cohesive Type: Pore pressure

** 上下隔层 Cohesive 粘结单元中间节点孔隙压力初始场变量设置，名称为 Pore-Up-down-cohesive，类型为孔隙压力。

* Initial Conditions, TYPE=PORE PRESSURE

Up-Down-mid, 2.5e+07

** 节点集合名称为 Up-Down-mid，孔隙压力值为 2.5×10^7Pa。

** Name: Pore-oil-cohesive Type: Pore pressure

** 储层 Cohesive 粘结单元中间节点孔隙压力初始场变量设置，名称为 Pore-oil-cohesive，类型为孔隙压力。

* Initial Conditions, TYPE=PORE PRESSURE

Oil-mid, 2.5e+07

** 节点集合名称为 Oil-mid，孔隙压力值为 2.5×10^7Pa。

** Name: Sat-Oil Type: Saturation

** 储层基质饱和度初始饱和度设置，初始场变量名称为 Sat-Oil，类型为饱和度。

* Initial Conditions, type=SATURATION

Oil-node, 1.

** 集合名称为 Oil-node，饱和度为 1.0。

** Name：Sat-Up-down　Type：Saturation

** 上下隔层基质饱和度初始饱和度设置，初始场变量名称为 Sat-Up-down，类型为饱和度。

* Initial Conditions，type=SATURATION

Up-Down-node，1.

** 集合名称为 Up-Down-node，饱和度为 1.0。

** Name：Void-Oil　Type：Void ratio

** 储层基质孔隙比初始场变量设置，名称为 Void-Oil，类型为孔隙比。

* Initial Conditions，TYPE=RATIO

Oil-node，0.15

** 集合名称为 Oil-node，初始孔隙比为 0.15。

** Name：Void-Up-down　Type：Void ratio

** 上下隔层孔隙比初始场变量设置，名称为 Void-Up-down，类型为孔隙比。

* Initial Conditions，TYPE=RATIO

Up-Down-node，0.1

** 集合名称为 Up-Down-node，初始孔隙比为 0.15。

* INITIAL CONDITIONS，TYPE=INITIAL GAP

** 注入点位置初始失效单元手动设置。

iniopen，1

** 初始失效单元集合，初始损伤系数为 1.0。

****

3. 压裂液注入设置

1）幅值曲线设置

根据水力压裂实际施工过程的流体注入参数值变化特征，水力压裂流体注入加载可根据需要进行流体注入排量与时间的关系曲线设置。

幅值曲线设置主要根据水力压裂流体注入过程设置相关的时间与幅值的关系曲线，方便后期流量注入设置。幅值曲线采用表格形式设置，具体的设置如图 7-109 所示，幅值曲线名称为 Inject-amp，选择表格形式。

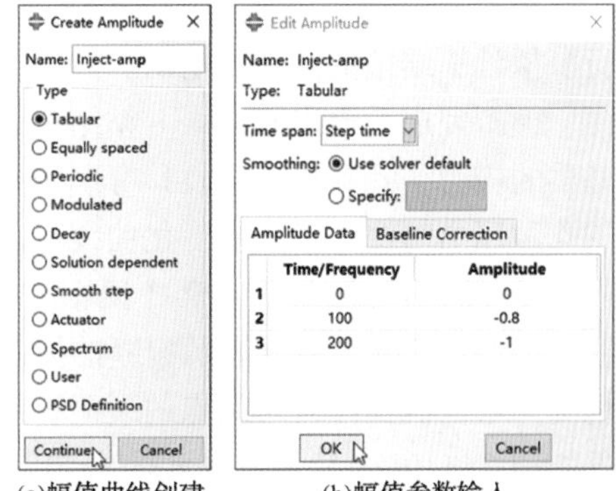

(a)幅值曲线创建　(b)幅值参数输入

图 7-109　流体注入幅值曲线设置

设置的幅值曲线在 INP 输入文件中显示如下：

****

* Amplitude，name=Inject-amp

0.，　0.，100.，　-0.8，100.，　-1.0

****

2）压裂液注入手动设置

压裂液流体注入需要手动在 INP 输入文件或关键词编辑窗口中进行手动输入，具体的设置如下：

```
**********************************************************************
*Cflow, amplitude=Inject-amp
**Cflow 为流体注入关键词，amplitude=Inject-amp 为前面建立的幅值曲线。
Inject,, 0.067
**Inject 为流体注入点，一般为 Cohesive 中间孔隙压力节点，0.067 为注入流量。
**********************************************************************
```

7.3.2.7 Job 功能模块

模型设置完成后，需要进行作业(Job)设置，具体设置如下：点击左侧工具箱区快捷按钮 (Create Job)或菜单栏 Job→Create…，进入作业创建(Create Job)对话框，对话框中作业名称(Name)输入 Cohesive-3d，设置完成后点击 Continue 按钮，进入作业编辑(Edit Job)对话框中，对话框中采用默认设置，点击 OK 按钮完成设置。

点击菜单栏 Model→Edit Attribute→Model-1，进入模型属性编辑(Edit Model Attribute)对话框，对话框中勾选"INP 文件中不使用部件和组装信息(Do not use part and assemblies in input files)"，点击 Ok 按钮完成设置。

点击左侧工具箱区快捷按钮 (Job Manager)，进入作业管理器(Job Manager)对话框，点击右上角 Write input 按钮，输出名称为 Cohesive-3d 的 INP 输入文件。

7.3.3 模拟计算

利用输出的 INP 输入文件采用 ABAQUS/Command 命令提交计算，计算完成后进行模拟计算结果的处理与输出。

模拟完成后输出 Cohesive 粘结单元的损伤系数、裂缝宽度、裂缝失效方式，储层基质的应力、孔隙压力、位移等。用户还可以生成压裂液流体注入位置与储层基质中的孔隙压力与注入时间的变化曲线等。

1. Cohesive 粘结单元裂缝扩展情况

模型的 SDEG 参数表示裂缝的失效情况，根据失效特征可以观测压裂裂缝的扩展情况。不同流体注入时间点的裂缝扩展情况如图 7-110 所示，起裂阶段的裂缝扩展情况如图 7-110(a)所示，单元的失效范围主要为设置的初始失效单元。随着流体的不断注入，裂缝的失效区域不断增加，流体注入 50s 的 Cohesive 粘结单元的失效情况如图 7-110(b)所示，此时的裂缝长度为 8.5m，裂缝高度为 7.9m。模拟 500s 阶段的 Cohesive 粘结单元的失效情况如图 7-110(c)所示，此时失效单元的长度为 41.5m，裂缝高度为 30.0m。1000.0s 阶段的 Cohesive 粘结单元的失效情况如图 7-110(d)所示，此时失效单元的长度为 56.5m，裂缝高度为 30.0m。压裂液注入 2000.0s 阶段的 Cohesive 粘结单元失效情况如图 7-110(e)所示，失效单元的长度为 79.5m，裂缝高度为 30m。模拟阶段 3600.0s 时 Cohesive 粘结单元的失效情况如图 7-110(f)所示，失效单元的裂缝长度为 89.3m，裂缝高度为 30m。压裂液注入前期，裂缝面的流体的滤失量较小，压裂裂缝的扩展速度较快，随着注入时间的不断增加，压裂裂缝面积不断增大，压裂液的滤失量不断增加，液体的造缝效率不断降低，压裂裂缝的扩展速度不断降低。压裂液注入 2000.0～3600.0s，压裂裂缝高度不变，裂缝扩展长度由 79.5m 增加至 89.3m，裂缝长度值只增加了 9.8m。

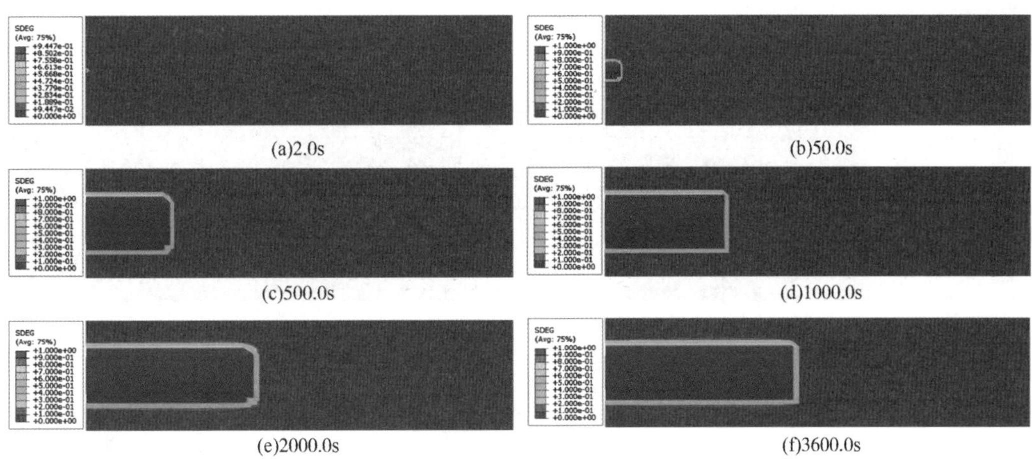

图 7-110　模拟阶段的裂缝扩展情况

不同压裂液注入阶段的失效裂缝的宽度分布如图 7-111 所示，压裂前期失效裂缝的宽度相对较小，随着流体注入时间与注入的流体不断增加，失效单元的裂缝宽度逐步增加。当压裂裂缝扩展至一定范围时，压裂裂缝的滤失量增加，压裂裂缝的宽度可能略有降低。同时，近井筒地带的压裂裂缝宽度可能低于远端裂缝。

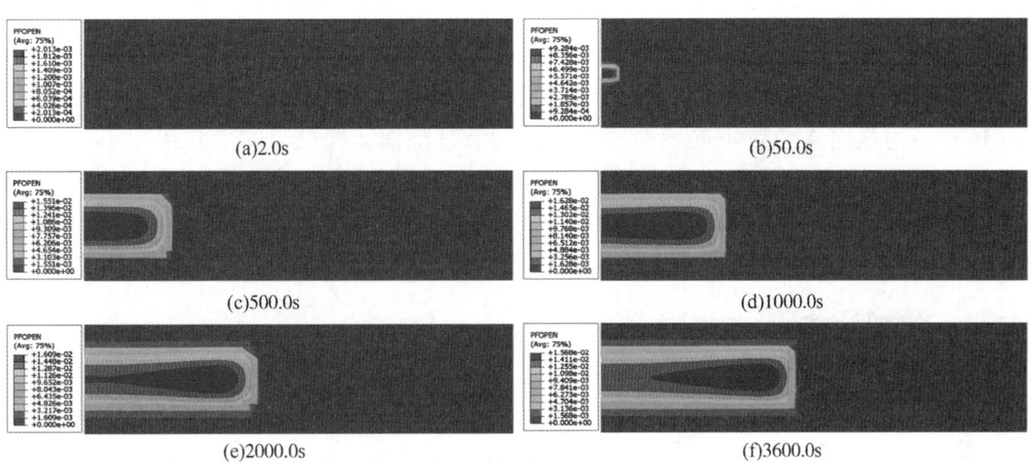

图 7-111　模拟阶段的裂缝宽度分布情况

本例模型为三维裂缝扩展模型，用户可分析不同截面位置、模拟时间条件下的裂缝宽度变化规律。本例进行了不同裂缝单元截面位置的裂缝张开宽度变化特征，本例截面裂缝宽度结果提取的截面位置如图 7-112(a)所示，主要提取裂缝高度方向(分别为 A～E 截面)、裂缝长度方向截面(分别为①～③)。

模拟阶段 3600s 时裂缝高度方向 A～E 截面的裂缝宽度如图 7-112(b)所示，A 截面和 B 截面的裂缝宽度剖面基本一致。截面 D 的裂缝剖面的裂缝宽度最大，截面 E 的裂缝剖面接近裂缝尖端，相应的裂缝宽度最小。

模拟阶段 3600.0s 时裂缝长度方向①~③的裂缝宽度与长度的关系如图 7-112(c)所示，截面①为裂缝高度中位置，同时也为压裂液的注入位置，该截面的裂缝宽度整体最大。截面②的裂缝宽度略小于截面①。截面③靠近最上端的高度方向尖端，裂缝的宽度远小于①和②截面。

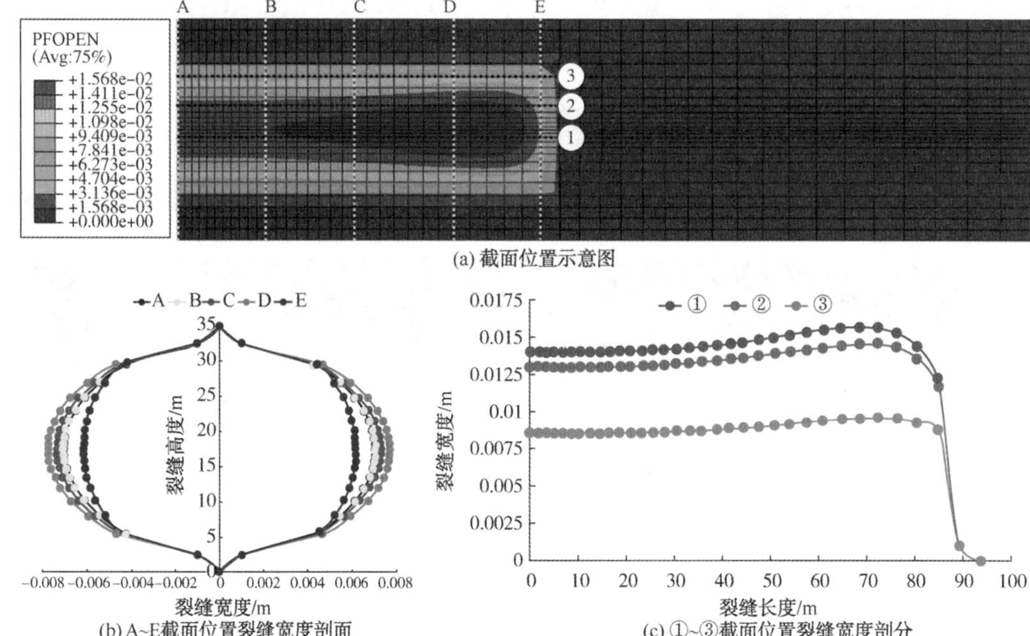

图 7-112　不同位置裂缝宽度变化

截面 A 位置和截面①位置的裂缝宽度随时间的变化曲线如图 7-113 所示，其中图 7-113(a)为截面 A 位置不同模拟时间条件的裂缝剖面，模拟时间 500.0~3600.0s 阶段的裂缝剖面差异性较小。图 7-113(b)为截面①位置所示的裂缝宽度与时间的变化，模拟时间 2000.0~3600.0s 阶段的裂缝剖面差异性较小。

不同模拟时间条件下裂缝失效方式如图 7-114 所示，压裂裂缝全部为拉伸失效。

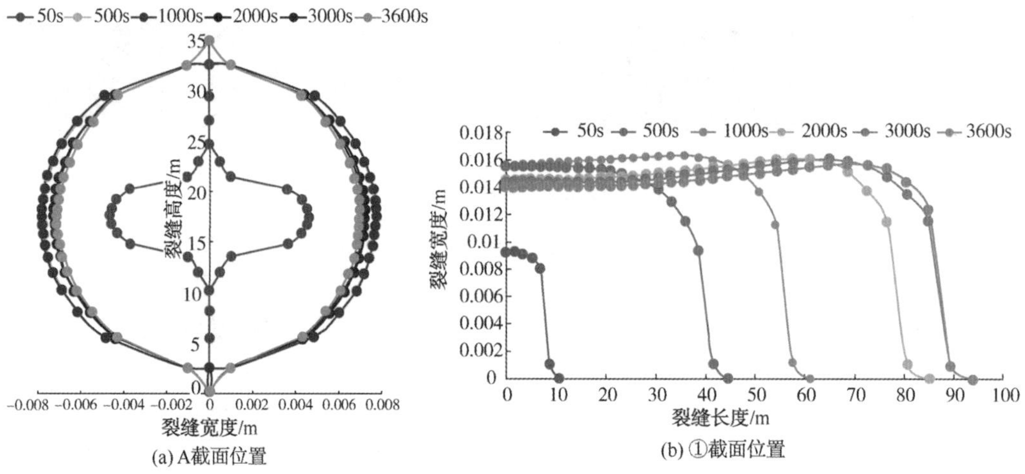

图 7-113　裂缝宽度与时间的变化

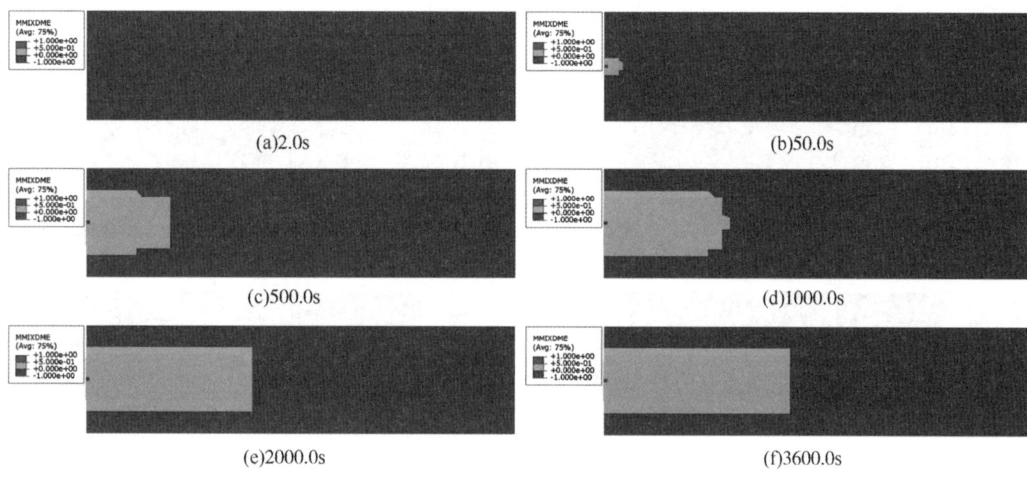
(a)2.0s (b)50.0s (c)500.0s (d)1000.0s (e)2000.0s (f)3600.0s

图 7-114 不同注入时间裂缝失效方式

2. 孔隙压力分布情况

压裂裂缝扩展起裂阶段(模拟时间 2.0s)的孔隙压力分布如图 7-115 所示，模型基质岩石整体孔隙压力分布如图 7-115(a)所示，图 7-115(a)所示的截面 A 的孔隙压力如图 7-115(b)所示，图 7-115(a)所示的截面 B 的孔隙压力分布如图 7-115(c)所示，中部基质裂缝周围的孔隙压力变化范围较小。Cohesive 粘结单元(高度方向)的孔隙压力如图 7-115(d)所示，Cohesive 粘结单元中间节点的孔隙压力远高于储层基质的最大孔隙压力。

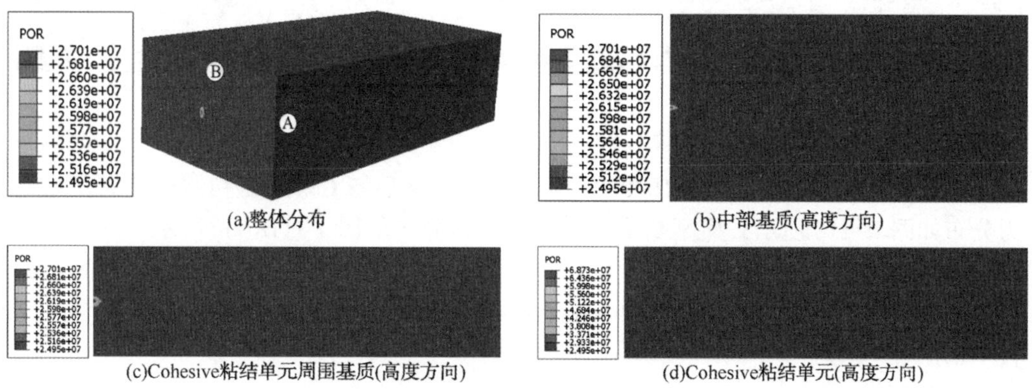

(a)整体分布 (b)中部基质(高度方向) (c)Cohesive粘结单元周围基质(高度方向) (d)Cohesive粘结单元(高度方向)

图 7-115 裂缝扩展初期孔隙压裂分布(模拟时间 2.0s)

裂缝扩展初期(模拟时间 50.0s)阶段的模型基质与 Cohesive 粘结单元的孔隙压力分布如图 7-116 所示，模型基质整体孔隙压力分布如图 7-116(a)所示，图 7-115(a)所示的截面 A 的孔隙压力如图 7-116(b)所示，图 7-115(a)所示的截面 B 的孔隙压力分布如图 7-116(c)所示，压裂裂缝周围的孔隙压力变化范围逐步增加，同时基质中的孔隙压力值也逐步增加。Cohesive 粘结单元(高度方向)的孔隙压力如图 7-116(d)所示，Cohesive 粘结单元中间节点的孔隙压力远高于储层基质的最大孔隙压力。

裂缝扩展初期(模拟时间 500.0s)阶段的模型基质与 Cohesive 粘结单元的孔隙压力分布如图 7-117 所示，模型基质整体孔隙压力分布如图 7-117(a)所示，图 7-115(a)所示的截面 A 的孔隙压力如图 7-117(b)所示，图 7-115(a)所示的截面 B 的孔隙压力分布如图 7-117(c)所示，Cohesive 粘结单元(高度方向)的孔隙压力如图 7-117(d)所示。

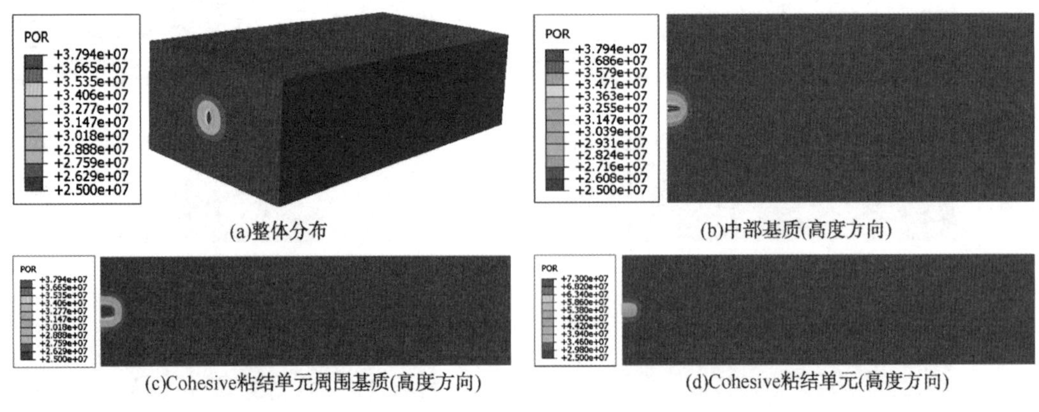

图 7-116　裂缝扩展初期孔隙压裂分布(模拟时间 50.0s)

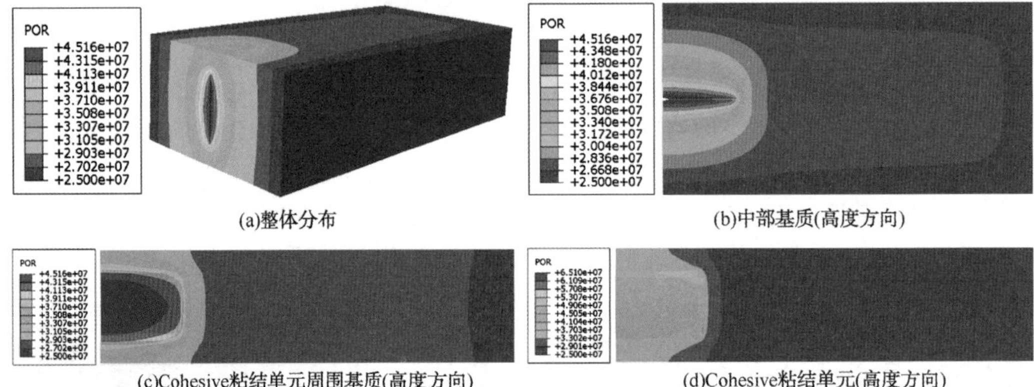

图 7-117　裂缝扩展初期孔隙压裂分布(模拟时间 500.0s)

裂缝扩展初期(模拟时间 1000.0s)阶段的模型基质与 Cohesive 粘结单元的孔隙压力分布如图 7-118 所示，模型基质整体孔隙压力分布如图 7-118(a)所示，图 7-115(a)所示的截面 A 的孔隙压力如图 7-118(b)所示，图 7-115(a)所示的截面 B 的孔隙压力分布如图 7-118(c)所示，Cohesive 粘结单元(高度方向)的孔隙压力如图 7-118(d)所示。

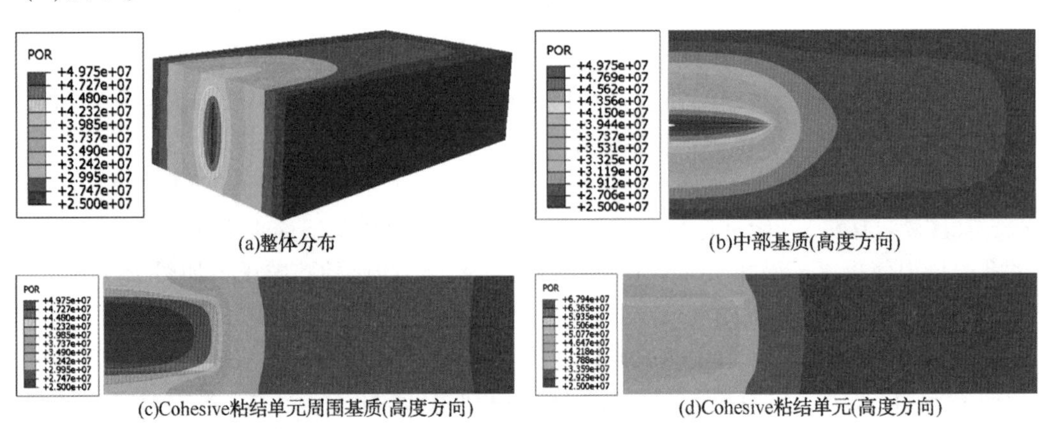

图 7-118　裂缝扩展初期孔隙压裂分布(模拟时间 1000.0s)

裂缝扩展中期(模拟时间 2000.0s)阶段的模型基质与 Cohesive 粘结单元的孔隙压力分布如图 7-119 所示，模型基质整体孔隙压力分布如图 7-119(a)所示，截面 A 的孔隙压力如图 7-119(b)所示，截面 B 的孔隙压力分布如图 7-119(c)所示，Cohesive 粘结单元(高度方向)的孔隙压力如图 7-119(d)所示。

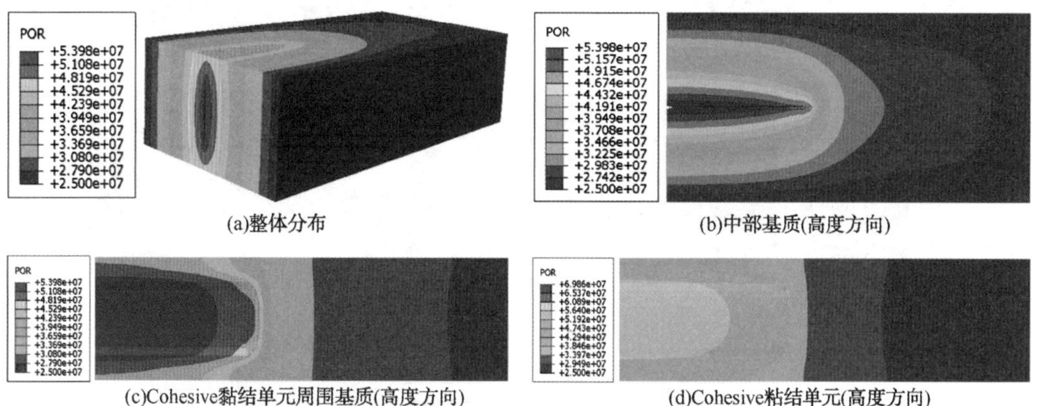

图 7-119 裂缝扩展初期孔隙压裂分布(模拟时间 2000.0s)

模拟结束(时间 3600.0s)后模型的孔隙压力分布如图 7-120 所示。

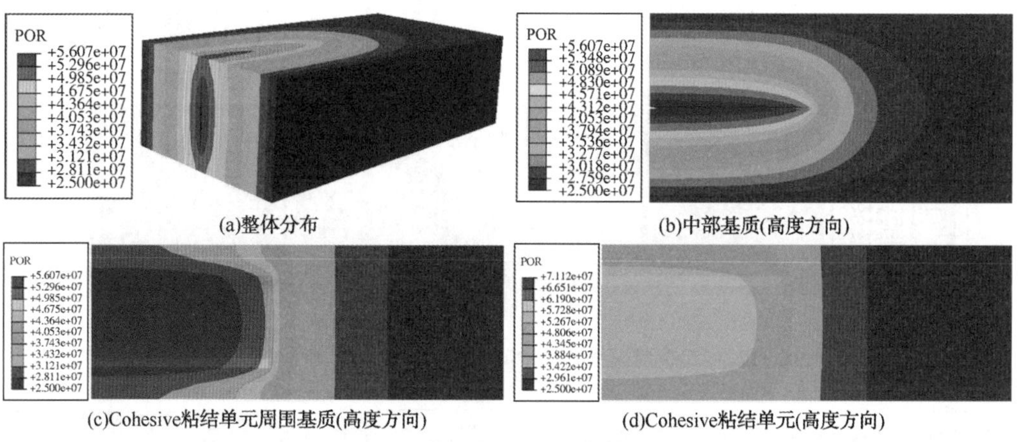

图 7-120 裂缝扩展初期孔隙压裂分布(模拟时间 3600.0s)

3. 主应力分布情况

不同模拟阶段的主应力分布模拟结果如图 7-121～图 7-138 所示，主应力包括最大主应力、中间主应力和最小主应力。主应力的显示位置包括整体岩石基质、图 7-115 所示的 A 截面和 B 截面。具体的模拟结果显示如下：

起裂前(模拟时间 2.0s)模型基质的主应力分布如图 7-121～图 7-123 所示。

起裂前(模拟时间 2.0s)模型基质最大主应力(实际为最小主应力)分布如图 7-121 所示，压裂液注入量较少，最大主应力与初始最大主应力相比，改变范围较小。

起裂前(模拟时间 2.0s)模型基质中间主应力分布如图 7-122 所示。

起裂前(模拟时间 2.0s)模型基质最小主应力(时间为最大主应力)分布如图 7-123 所示，与最大主应力和中间主应力分布特征类似，最小主应力的改变范围相对较小。

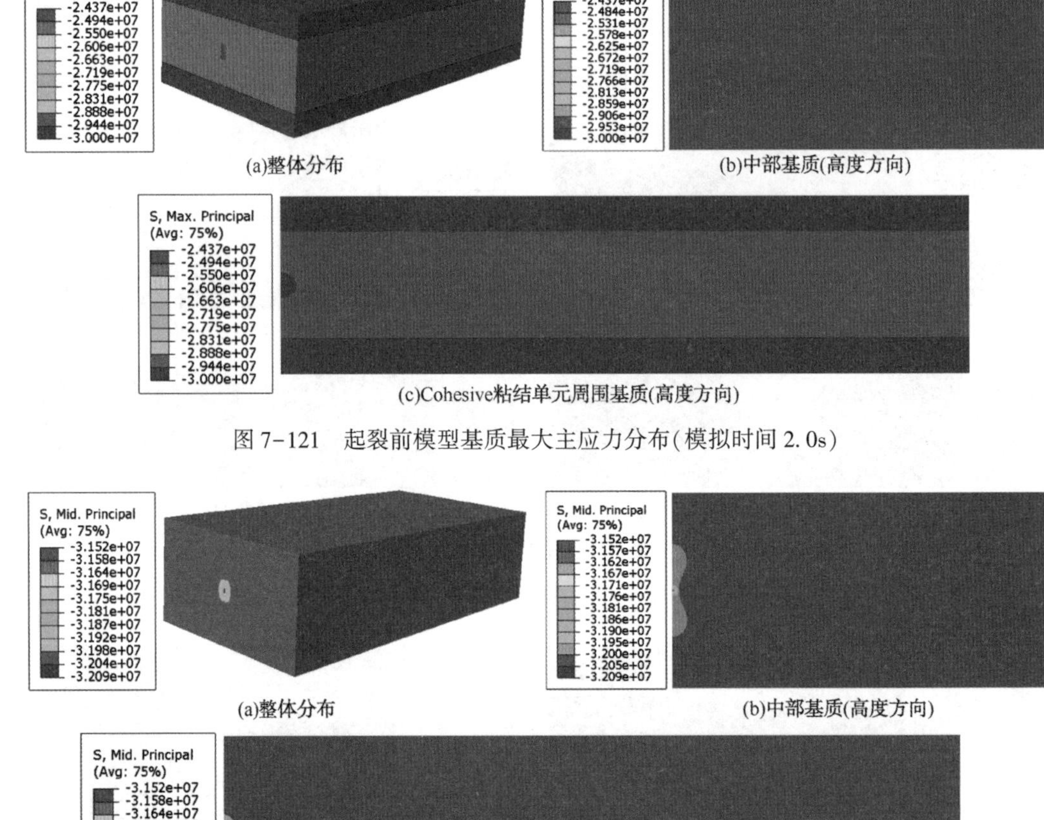

(a)整体分布　(b)中部基质(高度方向)

(c)Cohesive粘结单元周围基质(高度方向)

图 7-121　起裂前模型基质最大主应力分布(模拟时间 2.0s)

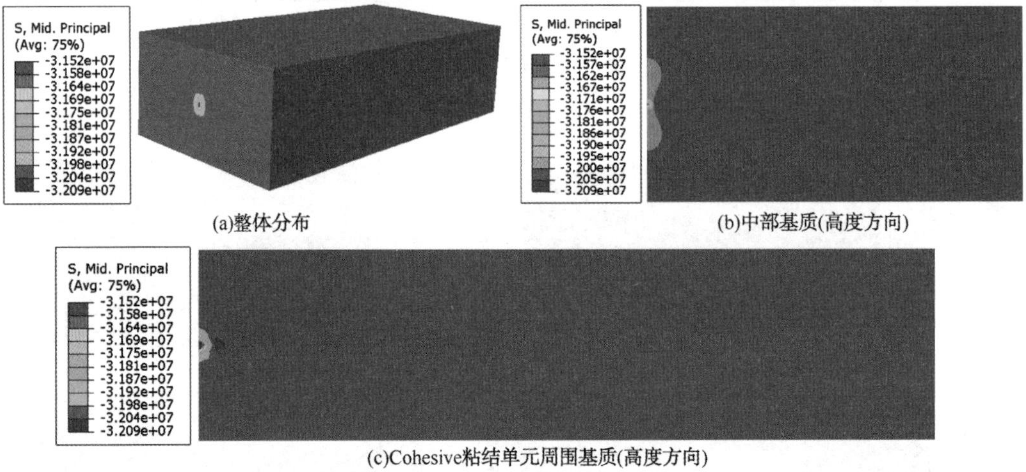

(a)整体分布　(b)中部基质(高度方向)

(c)Cohesive粘结单元周围基质(高度方向)

图 7-122　起裂前模型基质中间主应力分布(模拟时间 2.0s)

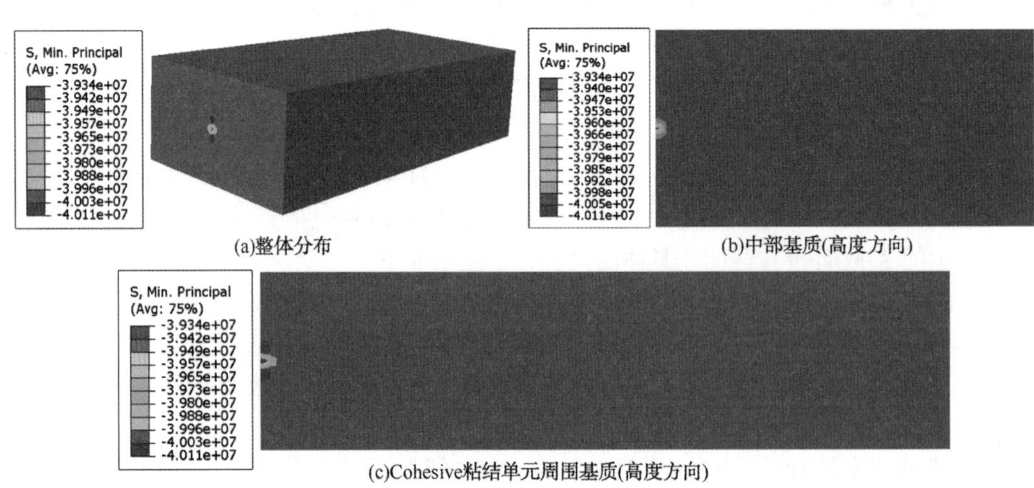

(a)整体分布　(b)中部基质(高度方向)

(c)Cohesive粘结单元周围基质(高度方向)

图 7-123　起裂前模型基质最小主应力分布(模拟时间 2.0s)

压裂裂缝扩展初期(模拟时间 50.0s)模型基质的最大主应力、中间主应力和最小主应力分布如图 7-124~图 7-126 所示。

压裂裂缝扩展初期(模拟时间 50.0s)的模型基质的最大主应力(实际为最小主应力)分布如图 7-124 所示。根据不同位置的应力云图表，裂缝扩展过程中裂缝尖端产生了明显的应力集中，同时应力改变的范围也逐步增加。

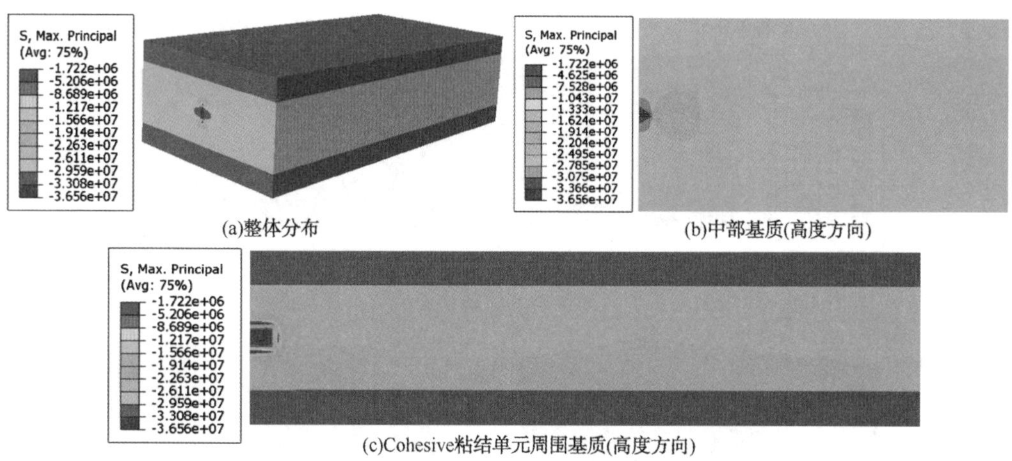

(a)整体分布　(b)中部基质(高度方向)

(c)Cohesive粘结单元周围基质(高度方向)

图 7-124　裂缝扩展初期模型基质最大主应力分布(模拟时间 50.0s)

压裂裂缝扩展初期(模拟时间 50.0s)的模型基质的中间主应力分布如图 7-125 所示，中间主应力的应力分布特征与最大主应力分布特征具有相似性。

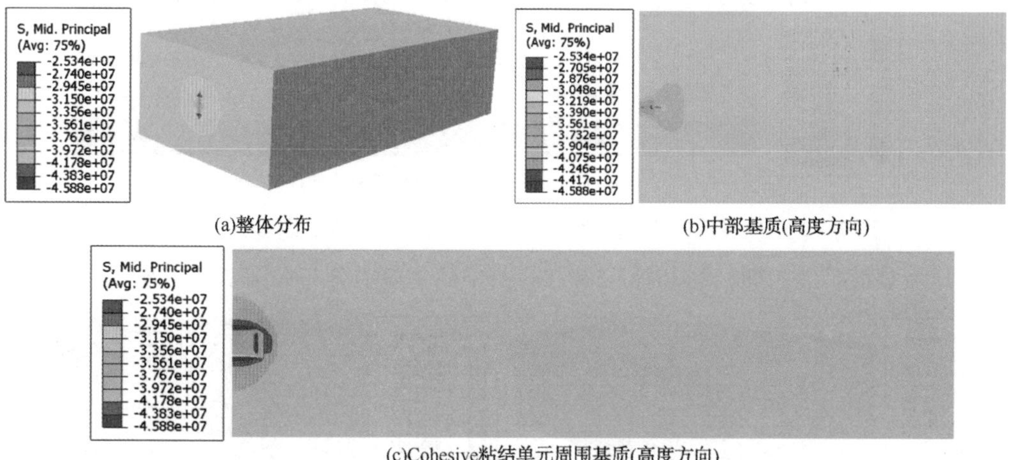

(a)整体分布　(b)中部基质(高度方向)

(c)Cohesive粘结单元周围基质(高度方向)

图 7-125　裂缝扩展初期模型基质中间主应力分布(模拟时间 50.0s)

压裂裂缝扩展初期(模拟时间 50.0s)的模型基质的最小主应力(实际为最大主应力)分布如图 7-126 所示，应力改变范围与压裂裂缝的分步范围相关。

压裂裂缝扩展初期(模拟时间 500.0s)的模型基质的最大主应力、中间主应力和最小主应力分布如图 7-127~图 7-129 所示。

压裂裂缝扩展初期(模拟时间 500.0s)的最大主应力(实际为最小主应力)分布如图 7-127 所示，此时压裂裂缝扩展高度达到 30m，储隔层连接处的应力状态不连续，在隔层中产生了明显的应力集中。

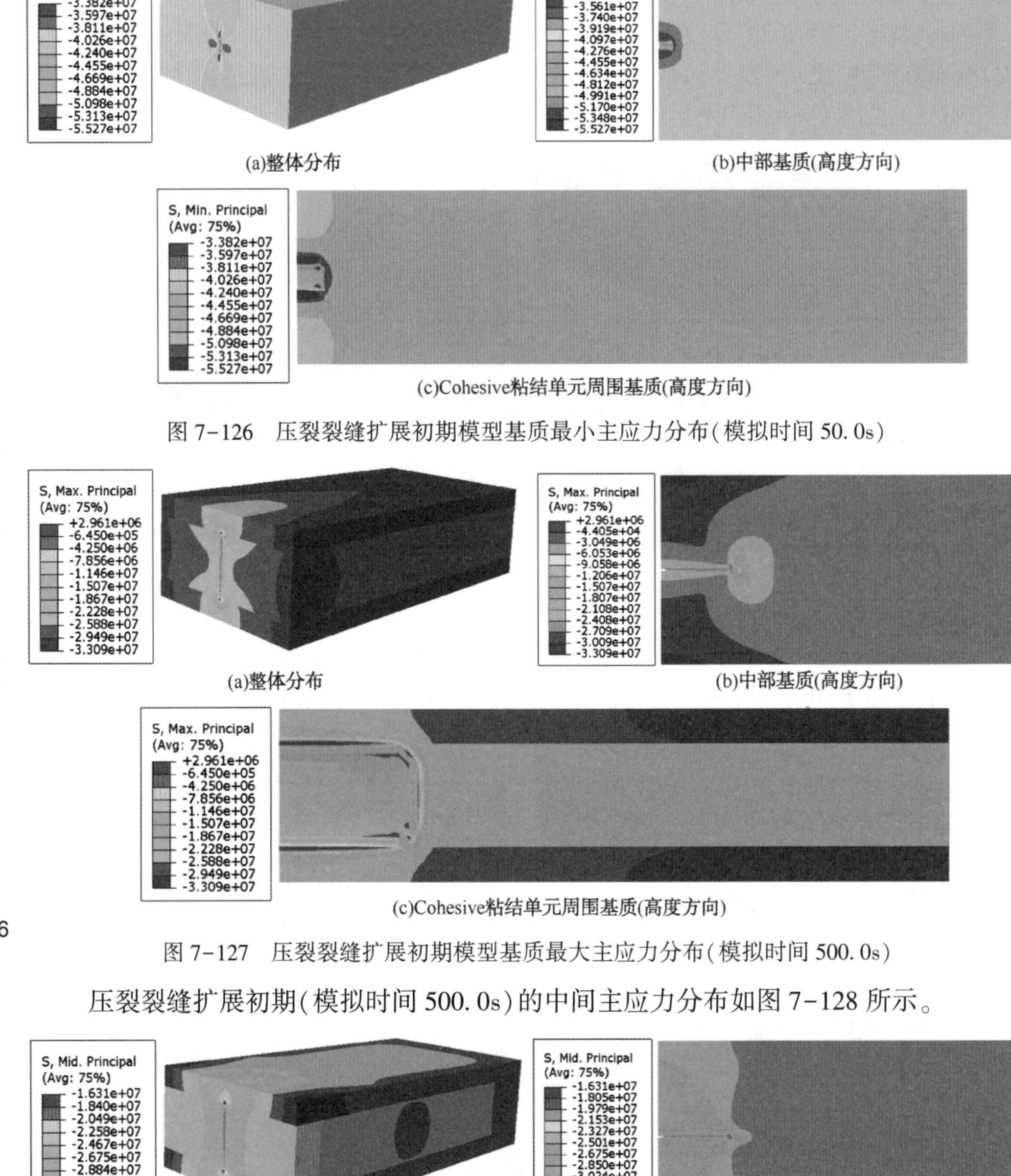

(a)整体分布　　(b)中部基质(高度方向)

(c)Cohesive粘结单元周围基质(高度方向)

图 7-126　压裂裂缝扩展初期模型基质最小主应力分布(模拟时间 50.0s)

(a)整体分布　　(b)中部基质(高度方向)

(c)Cohesive粘结单元周围基质(高度方向)

图 7-127　压裂裂缝扩展初期模型基质最大主应力分布(模拟时间 500.0s)

压裂裂缝扩展初期(模拟时间 500.0s)的中间主应力分布如图 7-128 所示。

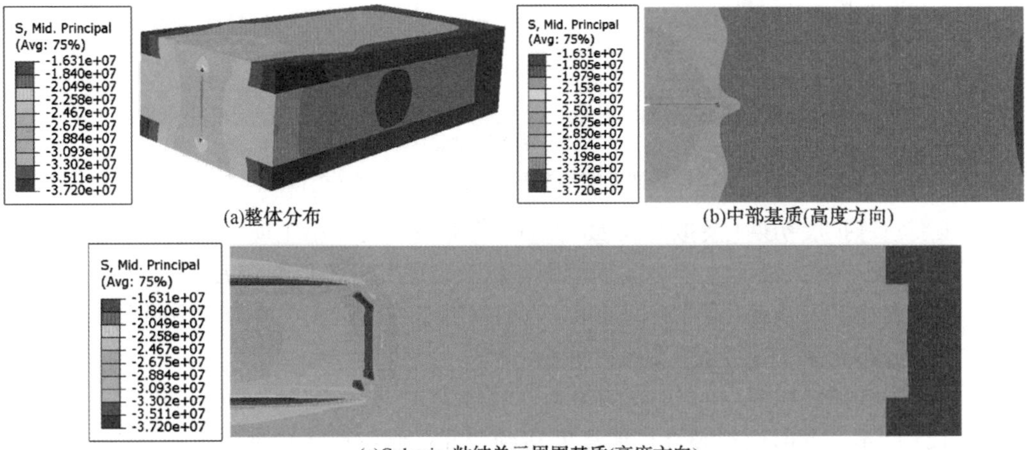

(a)整体分布　　(b)中部基质(高度方向)

(c)Cohesive粘结单元周围基质(高度方向)

图 7-128　压裂裂缝扩展初期模型基质中间主应力分布(模拟时间 500.0s)

压裂裂缝扩展初期(模拟时间 500.0s)的最小主应力(实际为最大主应力)分布如图 7-129 所示，与储层岩石的最大主应力和中间主应力分布特征类似，储隔层连接处的应力状态不连续。

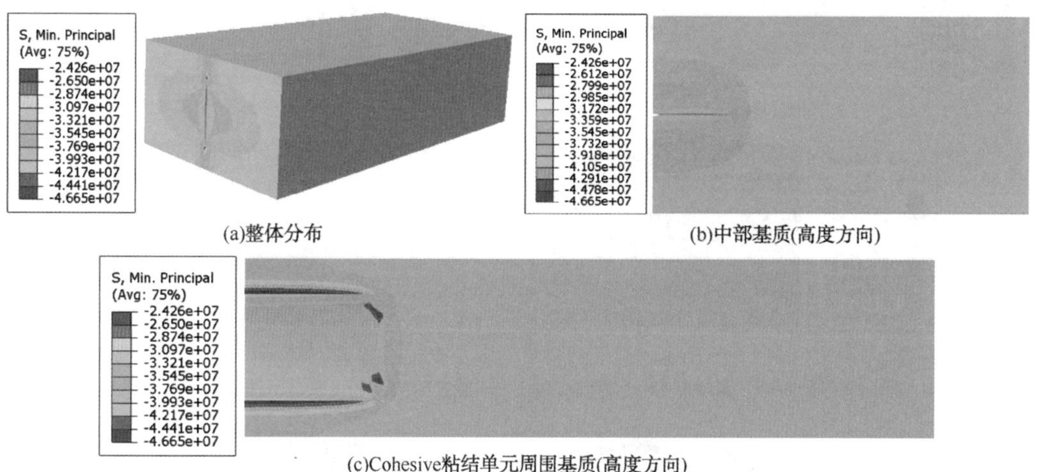

(a)整体分布 (b)中部基质(高度方向)

(c)Cohesive粘结单元周围基质(高度方向)

图 7-129 压裂裂缝扩展初期模型基质最小主应力分布(模拟时间 500.0s)

压裂裂缝扩展初期(模拟时间 1000.0s)的模型基质的最大主应力、中间主应力和最小主应力分布如图 7-130~图 7-132 所示。

压裂裂缝扩展初期(模拟时间 1000.0s)的最大主应力(实际为最小主应力)分布如图 7-130 所示。

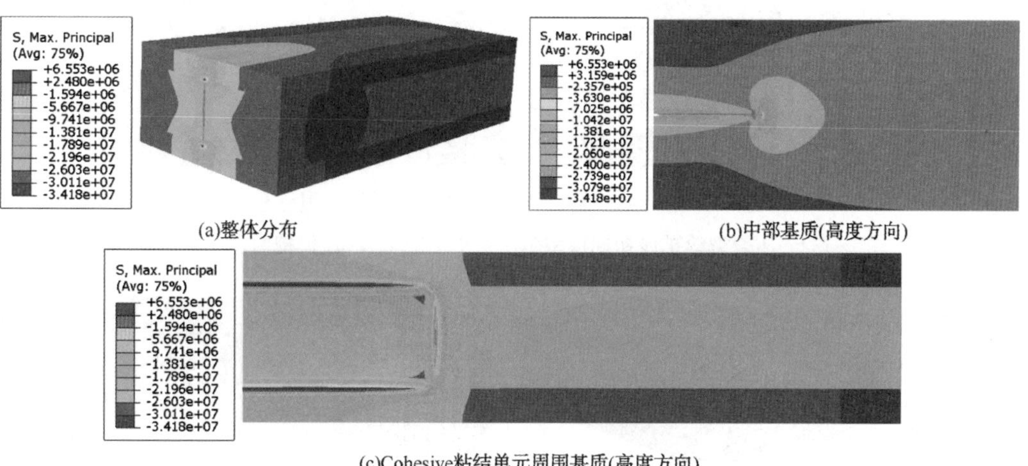

(a)整体分布 (b)中部基质(高度方向)

(c)Cohesive粘结单元周围基质(高度方向)

图 7-130 压裂裂缝扩展初期模型基质最大主应力分布(模拟时间 1000.0s)

压裂裂缝扩展初期(模拟时间 1000.0s)的中间主应力分布如图 7-131 所示。

压裂裂缝扩展初期(模拟时间 1000.0s)的最小主应力(实际为最大主应力)分布如图 7-132 所示。

压裂裂缝扩展中期(模拟时间 2000.0s)的模型基质的最大主应力、中间主应力和最小主应力分布如图 7-133~图 7-135 所示。

压裂裂缝扩展中期(模拟时间 2000.0s)的最大主应力(实际为最小主应力)分布如图 7-133 所示。

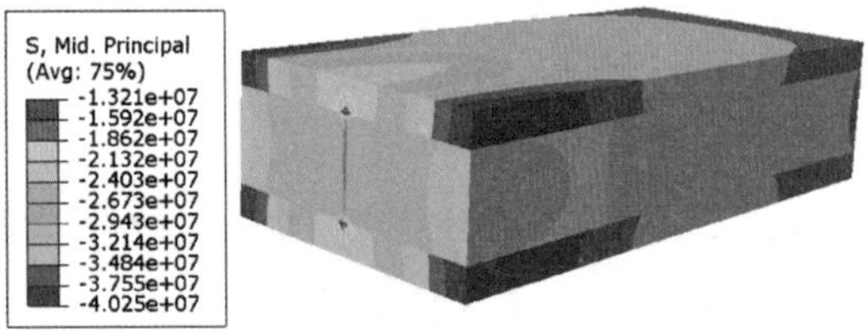

(a)整体分布

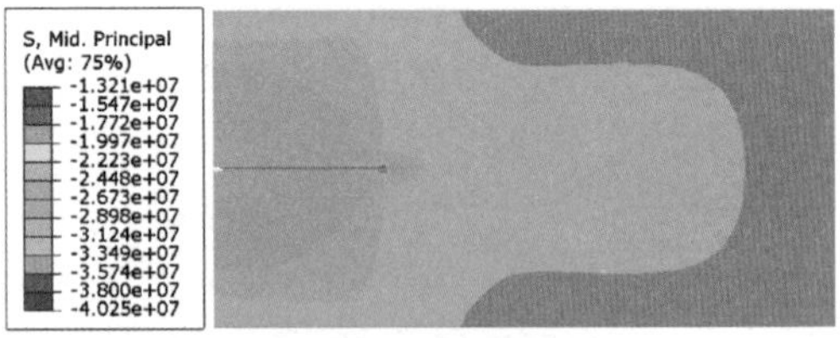

(b)中部基质(高度方向)

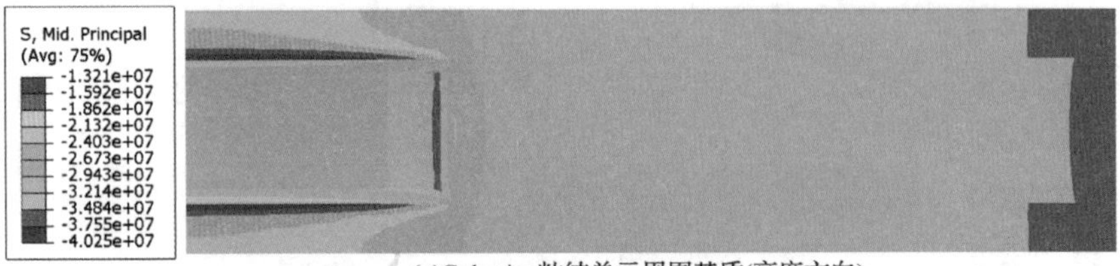

(c)Cohesive粘结单元周围基质(高度方向)

图 7-131 压裂裂缝扩展初期模型基质中间主应力分布(模拟时间 1000.0s)

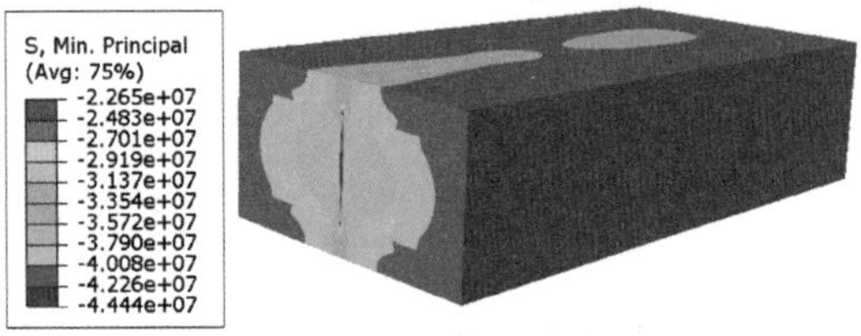

(a)整体分布

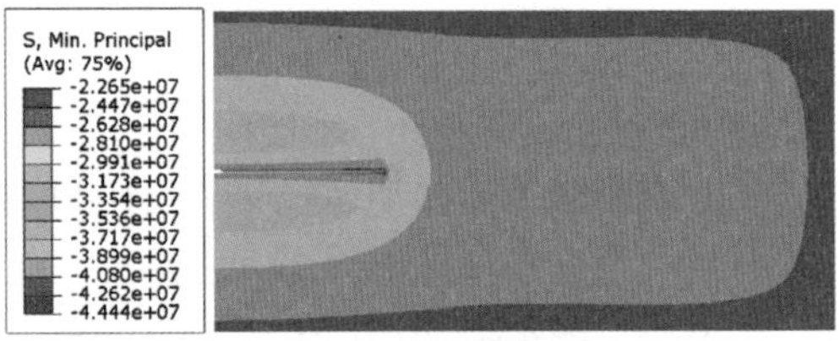

(b)中部基质(高度方向)

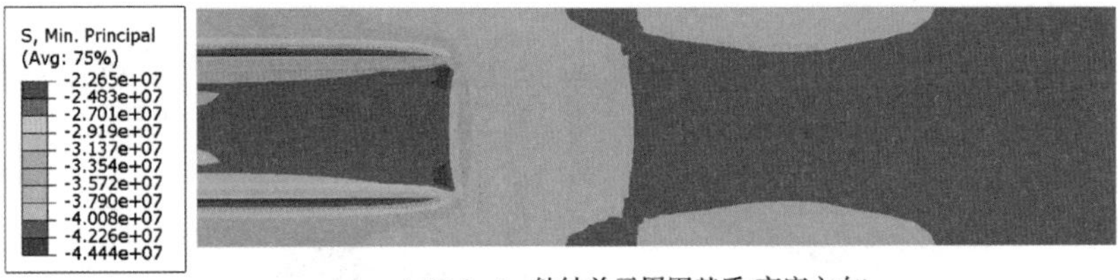

(c)Cohesive粘结单元周围基质(高度方向)

图 7-132 压裂裂缝扩展初期模型基质最小主应力分布(模拟时间 1000.0s)

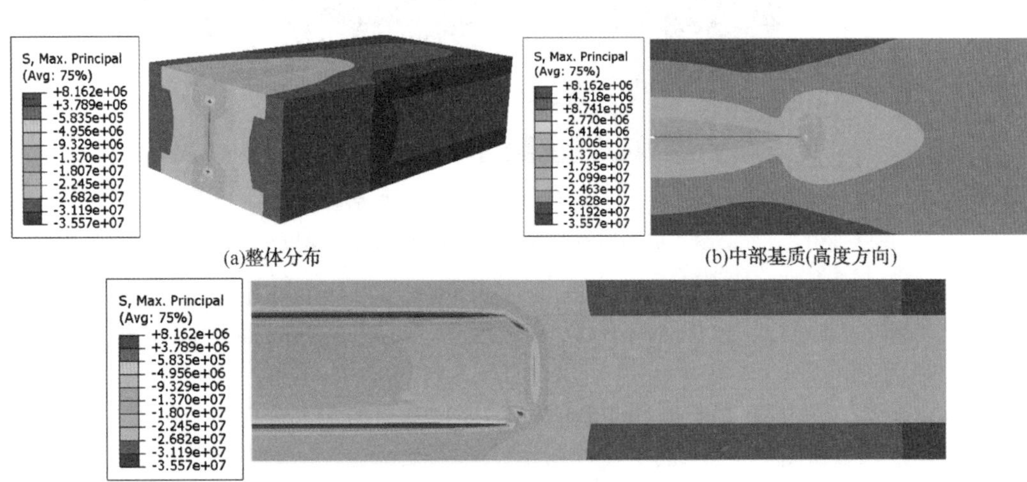

(a)整体分布

(b)中部基质(高度方向)

(c)Cohesive粘结单元周围基质(高度方向)

图 7-133 压裂裂缝扩展中期模型基质最大主应力分布(模拟时间 2000.0s)

压裂裂缝扩展中期(模拟时间2000.0s)的中间主应力分布如图7-134所示。

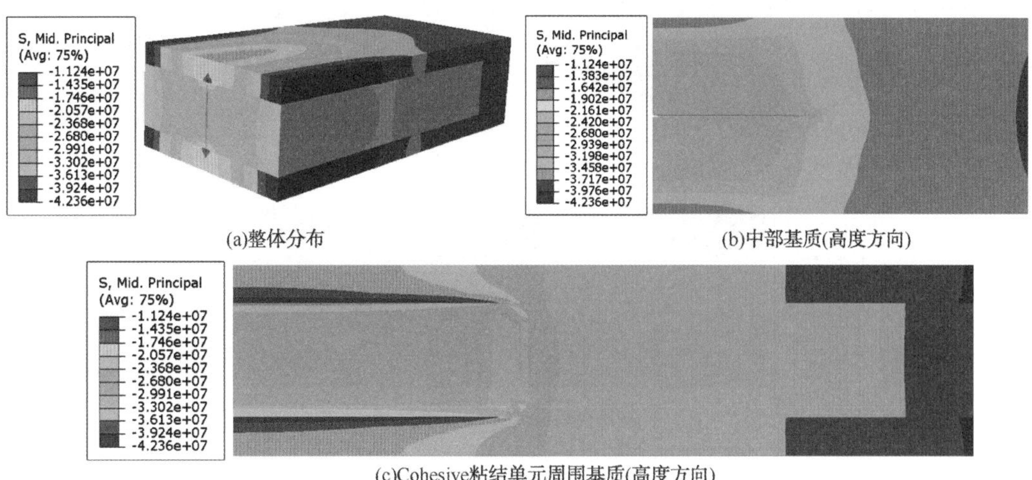

图7-134 压裂裂缝扩展中期模型基质中间主应力分布(模拟时间2000.0s)

压裂裂缝扩展中期(模拟时间2000.0s)的最小主应力(实际为最大主应力)分布如图7-135所示。

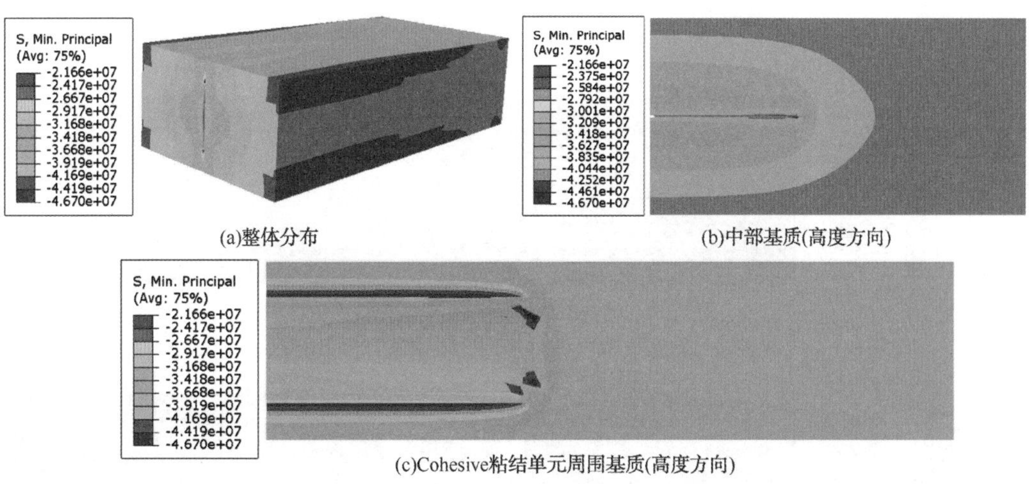

图7-135 压裂裂缝扩展中期模型基质最小主应力分布(模拟时间2000.0s)

压裂裂缝扩展模拟完成阶段(模拟时间3600.0s)的模型基质的最大主应力、中间主应力和最小主应力分布如图7-136~图7-138所示。

压裂裂缝扩展模拟完成阶段(模拟时间3600.0s)的最大主应力(实际为最小主应力)分布如图7-136所示。

压裂裂缝扩展模拟完成阶段(模拟时间3600.0s)的中间主应力分布如图7-137所示。

压裂裂缝扩展模拟完成阶段(模拟时间3600.0s)的最小主应力(实际为最大主应力)分布如图7-138所示。

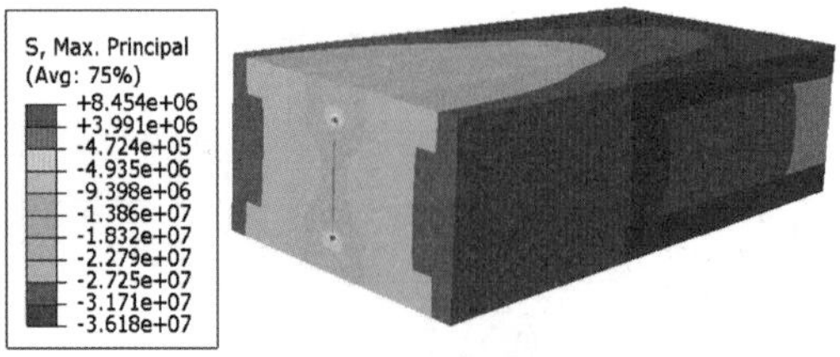

S, Max. Principal
(Avg: 75%)
+8.454e+06
+3.991e+06
-4.724e+05
-4.935e+06
-9.398e+06
-1.386e+07
-1.832e+07
-2.279e+07
-2.725e+07
-3.171e+07
-3.618e+07

(a)整体分布

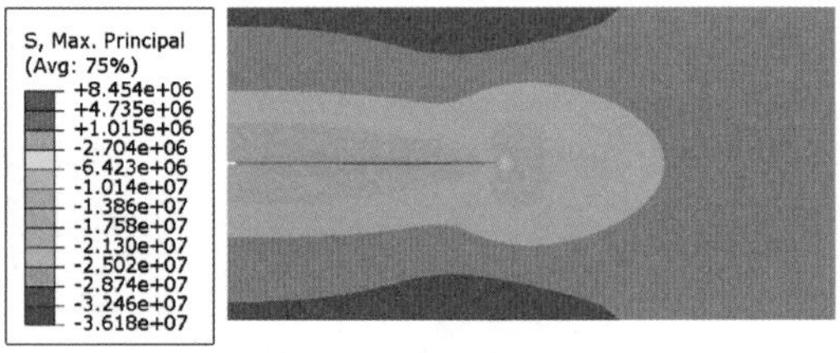

S, Max. Principal
(Avg: 75%)
+8.454e+06
+4.735e+06
+1.015e+06
-2.704e+06
-6.423e+06
-1.014e+07
-1.386e+07
-1.758e+07
-2.130e+07
-2.502e+07
-2.874e+07
-3.246e+07
-3.618e+07

(b)中部基质(高度方向)

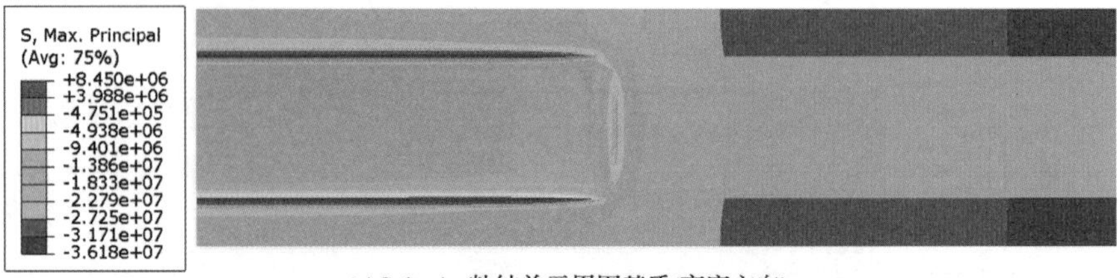

S, Max. Principal
(Avg: 75%)
+8.450e+06
+3.988e+06
-4.751e+05
-4.938e+06
-9.401e+06
-1.386e+07
-1.833e+07
-2.279e+07
-2.725e+07
-3.171e+07
-3.618e+07

(c)Cohesive粘结单元周围基质(高度方向)

图 7-136　压裂裂缝扩展后期模型基质最大主应力分布(模拟时间 3600. 0s)

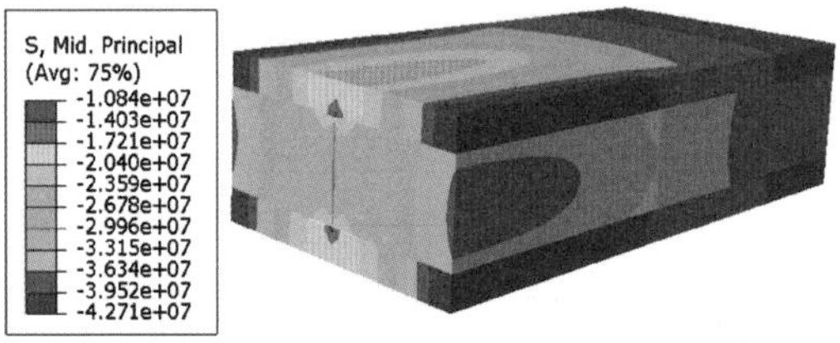

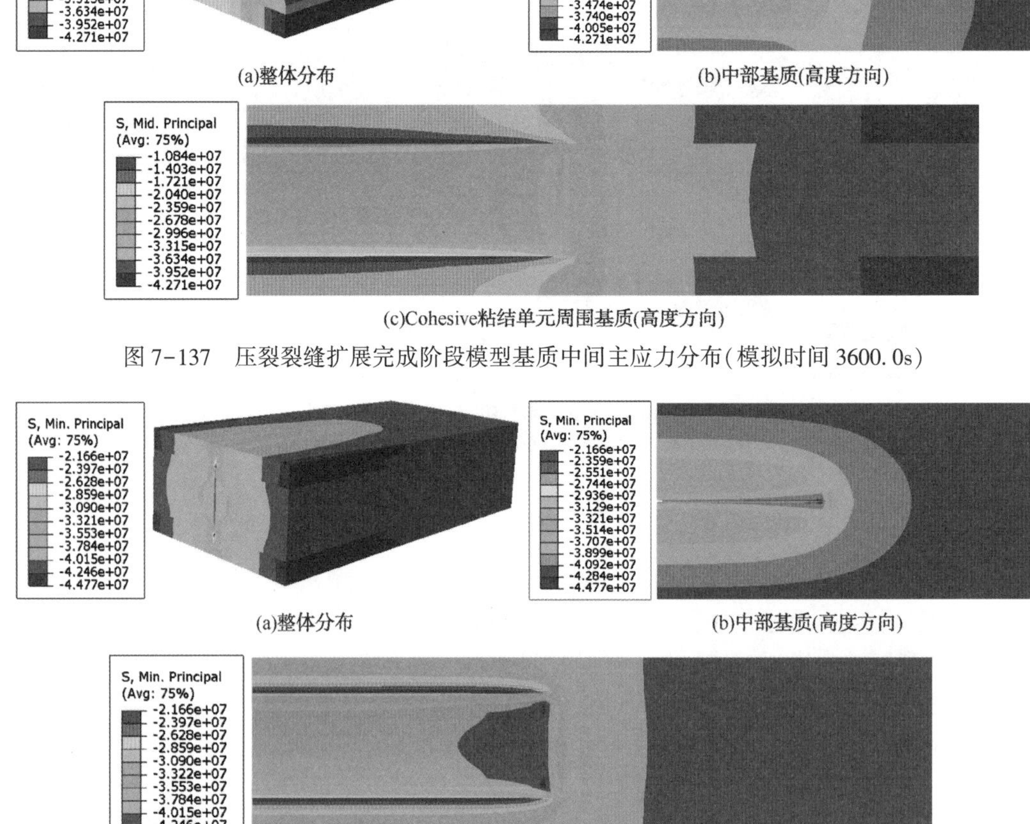

(a)整体分布 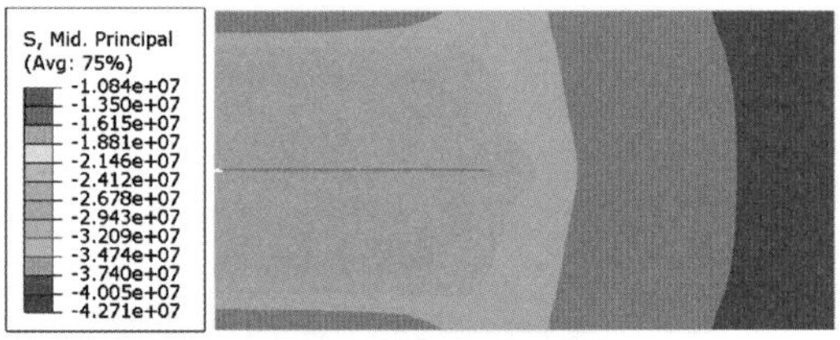　　(b)中部基质(高度方向)

(c)Cohesive粘结单元周围基质(高度方向)

图 7-137　压裂裂缝扩展完成阶段模型基质中间主应力分布(模拟时间 3600. 0s)

(a)整体分布　　(b)中部基质(高度方向)

(c)Cohesive粘结单元周围基质(高度方向)

图 7-138　压裂裂缝扩展完成阶段模型基质最小主应力分布(模拟时间 3600. 0s)

4. 位移分布

如图 7-115(a)所示的 A 截面不同模拟时间条件下 U2 位移变化如图 7-139 所示，最大 U2 位移与模拟时间呈现先增后减的趋势。

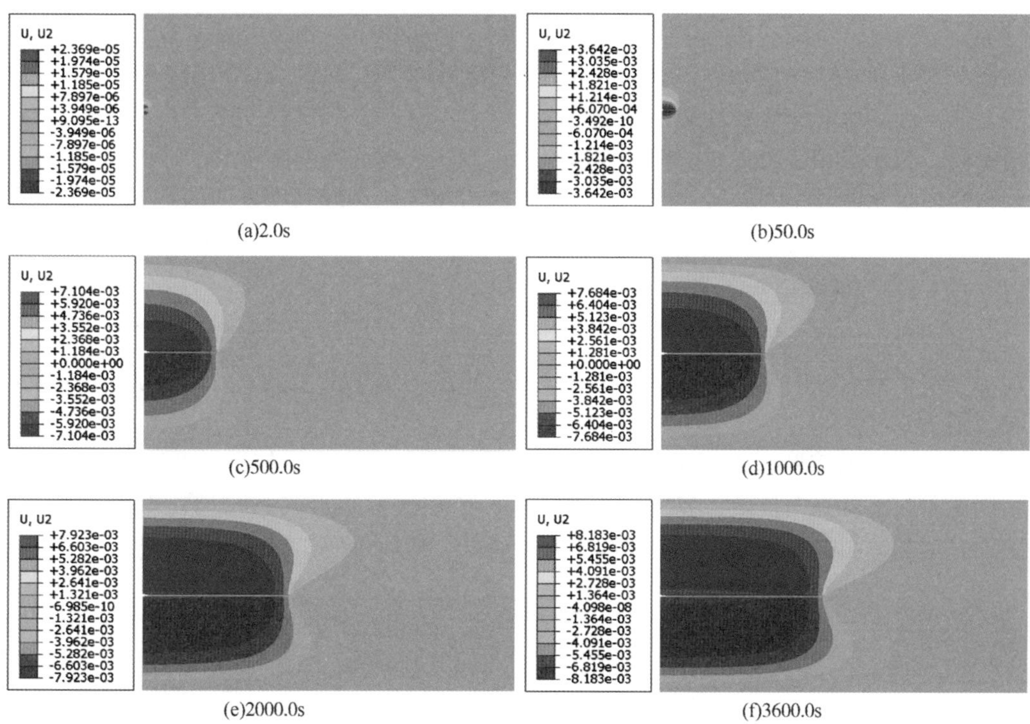

图 7-139 不同模拟时间条件下 U2 位移分布

5. 注入点压力变化历程曲线

左侧 X 方向的边界条件不同位置节点的孔隙压力历程变化曲线如图 7-140 所示，图 7-140(a)为孔隙压力节点位置分布，图 7-140(b)为孔隙压力历程曲线。

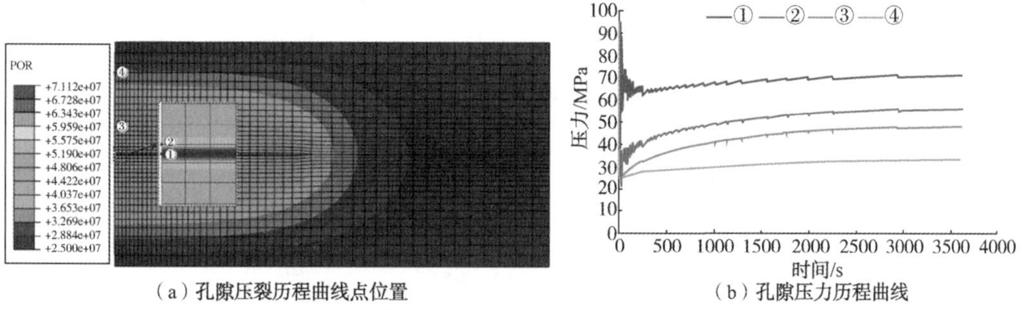

图 7-140 不同位置点孔隙压力历程曲线

7.3.4 单一裂缝扩展规律

利用三维 Cohesive 粘结单元模型建立了包含储隔层的压裂裂缝扩展模型，计算模型只考虑裂缝一翼，模型的总高度为 60m，储层厚度为 30m，上、下隔层的厚度都为 15m，模型的宽度为 200m，长度为 200m。利用模型研究储层弹性模量、储隔层水平最小主应力、孔隙压力、注入排量等对裂缝扩展的影响。

7.3.4.1 弹性模量

主要研究储层弹性模量改变对裂缝几何形态的影响，储层的弹性模量分别为 1.0×10^{10}Pa、2.0×10^{10}Pa、3.0×10^{10}Pa、4.0×10^{10}Pa、5.0×10^{10}Pa 和 6.0×10^{10}Pa，模拟结果如图 7-141 所示。储层的弹性模量增大，裂缝长度增大，裂缝宽度减小。储层的弹性模量低，与隔层的弹性模量相差较小时，裂缝容易穿层，裂缝高度增大；储层的弹性模量高，与隔层相差较大时，裂缝在储层内扩展，裂缝高度基本不变。对于储层和隔层弹性模量相差较小的储层，应该采取必要的措施控制裂缝高度方向的扩展，以达到增加裂缝长度的目的。

7.3.4.2 储隔层水平最小主应力差

主要研究储层、隔层的最小水平主应力差对裂缝几何形态的影响，计算过程垂向应力、水平最大主应力保持不变，改变储层、隔层的水平最小主应力差，水平主应力差分别为 0×10^6Pa、1.5×10^6Pa、3.0×10^6Pa、5.0×10^6Pa、7.0×10^6Pa、8.5×10^6Pa、10×10^6Pa，模拟结果如图 7-142 所示。储、隔层水平主应力差较小，裂缝容易穿层，裂缝主要在高度方向扩展，裂缝长度较小，严重影响压裂经济效益。储、隔层水平主应力差增加，裂缝长度增加，裂缝高度开始降低，最后不变，裂缝宽度降低。

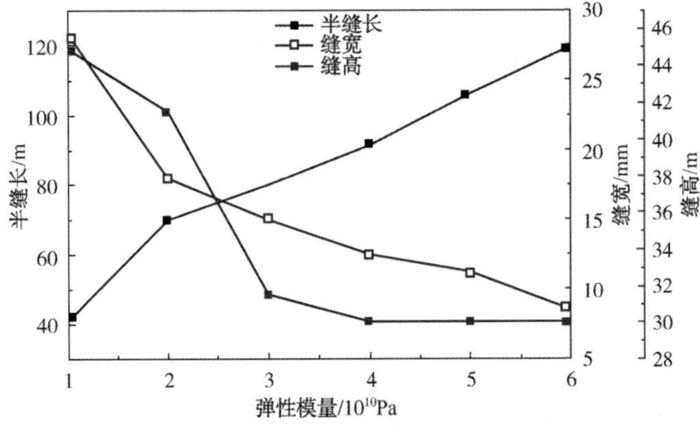

图 7-141　储层弹性模量对裂缝扩展的影响

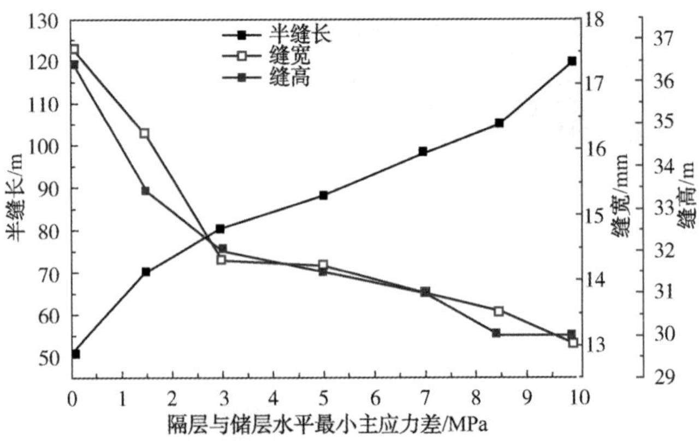

图 7-142　储隔层水平最小主应力差对裂缝扩展的影响

7.3.4.3 储层孔隙压力

通过改变储层孔隙压力，研究孔隙压力变化对裂缝几何形态的影响. 储层孔隙压力分别为 5.0×10⁶Pa、7.0×10⁶Pa、10.0×10⁶Pa、12.0×10⁶Pa、14×10⁶Pa，模拟结果如图 7-143 所示。储层的孔隙压力增大，裂缝长度、宽度、高度都增大，但是裂缝高度增大幅度较小。

7.3.4.4 注入排量

施工排量分别为 2.0m³/min、3.0m³/min、4.0m³/min、5.0m³/min、5.5m³/min、6.0m³/min、7.0m³/min，模拟结果如图 7-144 所示。排量低于某一排量时，随施工排量增大，裂缝长度、宽度增大，高度基本不变；当排量增大到超过某一排量时，裂缝穿透泥岩层，长度急剧降低，宽度增大，高度增大. 对于需要控制裂缝高度的储层，可以通过计算确定施工的极限排量，达到控制裂缝高度的目的。

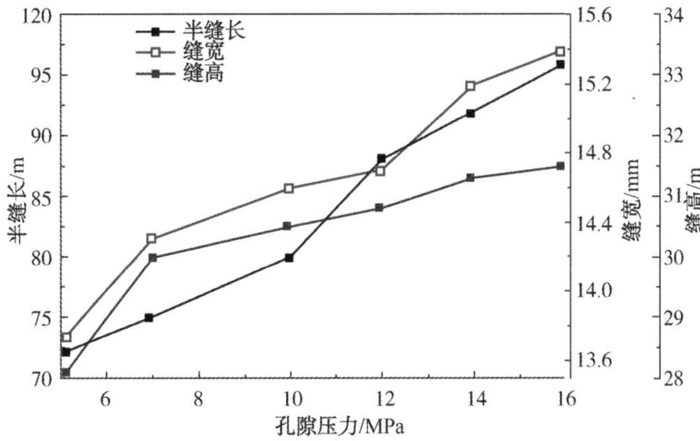

图 7-143 储层孔隙压力对裂缝扩展的影响

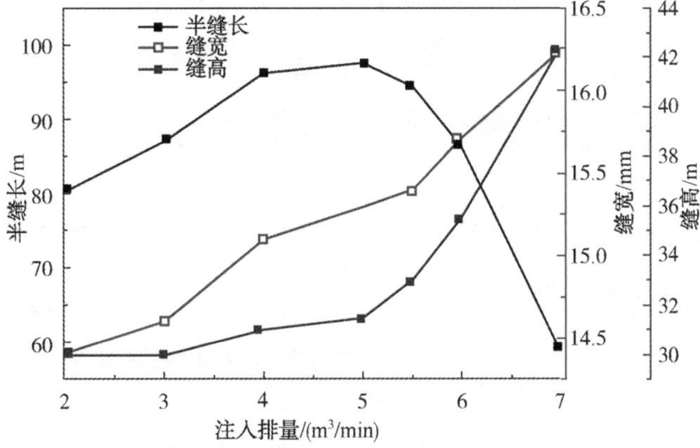

图 7-144 储层注入排量对裂缝扩展的影响

7.3.5 分簇压裂裂缝干扰规律

计算模型只考虑裂缝一翼，模型(如图 7-145 所示)的高度为 60m，储层厚度为 30m，上、下隔层的厚度都为 10m，模型的宽度为 200m，长度为 200m。

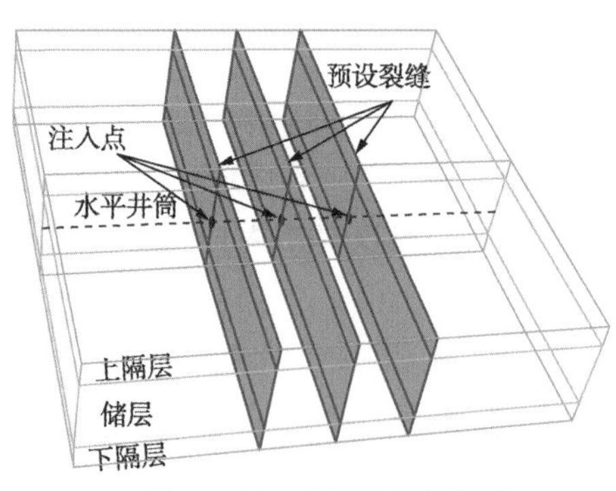

图 7-145　水平井多簇射孔压裂计算模型示意图

水平井“分段多簇”压裂过程中，由于采用多簇射孔，压裂过程中可能形成多条裂缝，施工参数、储层参数、地应力和射孔簇间距等都会对多裂缝的形成产生较大影响，若部分设计和施工参数不合理，可能导致部分射孔簇不能开启或不能形成有效的压裂裂缝，从而降低改造体积，减少压裂施工的效率。利用三维 Cohesive 粘结单元裂缝扩展模型，主要研究了射孔簇数、射孔簇间距、储层参数、施工参数等对裂缝干扰规律的影响。

7.3.5.1　射孔簇数

射孔簇数的设定是水平井“多段分簇”射孔压裂的核心部分，射孔段长度相同时，射孔簇数对压裂裂缝有重要影响。一般来说，射孔簇数越多，中间的射孔簇可能无法压开，无法形成有效裂缝。

利用建立的力学模型模拟了 2 簇射孔、3 簇射孔和 4 簇射孔在不同的射孔簇间距条件下的裂缝扩展，图 7-146 所示的是 3 簇射孔时不同的射孔簇间距条件下的扩展结果。图 7-146(a)为射孔簇间距为 20m 时的裂缝扩展结果，通过该图可以发现，中间的射孔簇只能开启一小段距离后就发生止裂，不能形成有效裂缝；图 7-146(b)所示的是射孔簇间距为 25m 条件下裂缝宽度图，中间的射孔簇产生的压裂裂缝能扩展一段距离，但是裂缝的长度有限，不到两端裂缝的一半；图 7-146(c)所示的是射孔簇间距为 30m 时的裂缝扩展结果，在此射孔间距条件下，中间的裂缝长度只比两端的裂缝略短，形成了有效裂缝。

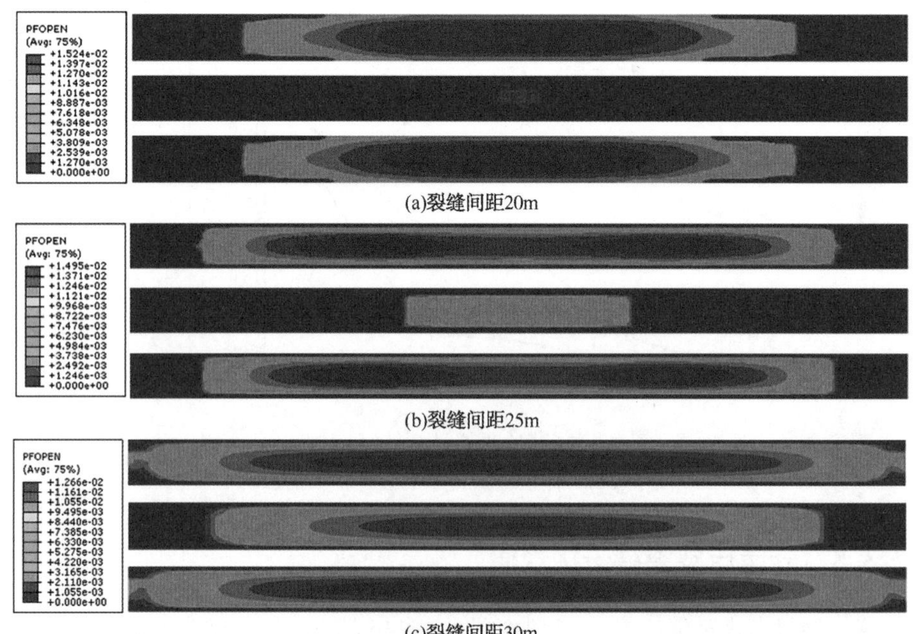

(a)裂缝间距20m

(b)裂缝间距25m

(c)裂缝间距30m

图 7-146　3 簇射孔不同射孔簇间距条件下的裂缝扩展模拟

通过模拟研究发现，单一压裂段的射孔簇数不同，压裂过程中每簇射孔能形成有效裂缝的最小间距与射孔簇数密切相关。单段射孔簇数越多，能形成有效裂缝的最小间距越大，压裂过程中干扰越大，中间的裂缝压裂越难形成有效裂缝。图 7-147 所示的分别为 2 簇、3 簇和 4 簇射孔条件下，所有射孔簇都能形成有效裂缝的极限距离，图 7-147 中蓝线以下表示中间的裂缝不能压裂或者不能形成有效裂缝，红线以上表示所有的射孔簇都能形成有效裂缝。

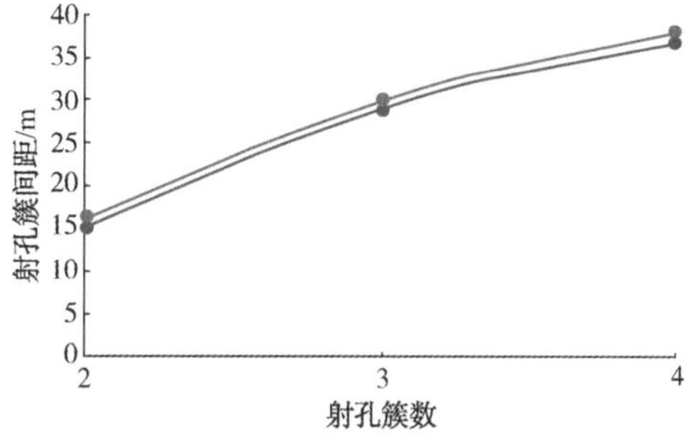

图 7-147 不同射孔簇条件下裂缝扩展结果

从图 7-147 可以看出，射孔簇数增加，形成有效裂缝的极限间距增加，且增加幅度较大。当射孔簇数为 2 簇时，极限干扰距离为 16m；射孔簇数增加到 4 簇时，极限干扰距离增加到 38m。射孔簇数和射孔簇间距是多段分簇压裂中最重要的因素，压裂施工对这两个因素比较敏感，这两个因素是多段分簇压裂首要考虑的问题。

利用模型，研究了不同的射孔簇数条件下的射孔间距，本文获得的射孔间距对于水平井分段多簇压裂的设计与施工具有重要的指导意义。

7.3.5.2 储层参数

储层参数也会对多段分簇压裂的干扰产生一定的影响，本文分别模拟了不同的弹性模量、抗张强度对簇间干扰的影响。

储层的弹性模量增大，压裂过程中裂缝的宽度会降低，这样会降低射孔簇间干扰，能增加中间裂缝的长度。图 7-148 表示的是当弹性模量降低到 5.3×10^{10}Pa 时的裂缝扩展情况，图 7-146(b)所示的是弹性模量为 3.3×10^{10}Pa 时的裂缝扩展情况，通过两个图可以发现：弹性模量增大时，所有裂缝的宽度有一定的降低，但是裂缝宽度降低有助于减少裂缝间的干扰，能增加中间裂缝的裂缝长度。

图 7-148 弹性模量为 5.3×10^{10}Pa 时，3 簇射孔压裂的扩展结果

储层的抗张强度增加，中间裂缝由于会受到两端裂缝的挤压和干扰，会导致中间裂缝的开启难度增大，从而加剧射孔簇间的干扰，导致射孔簇间的极限干扰距离增大。

7.3.5.3 施工参数

压裂过程中，压裂液黏度对裂缝扩展的影响比较小，压裂液黏度增加，压裂裂缝的宽度会发生变化，但是变化不明显，且压裂液黏度的变化对裂缝扩展的长度影响较小。压裂液黏度变化，对多簇射孔压裂的干扰的影响较小，基本上没有影响。

压裂过程中，施工排量的变化对射孔簇间压裂裂缝的影响比较大，施工排量较大，压裂裂缝初期的裂缝宽度增加速度较快，会加剧裂缝间的干扰，特别是射孔簇为 4 簇时，施工排量的影响尤为明显。

图 7-149 所示的是 4 簇射孔，射孔簇间距为 38m，施工排量分别为 12.0m^3/min 和 18.0m^3/min 时的裂缝扩展情况。当施工排量增大时，中间裂缝的缝宽比两端裂缝的缝宽较小，大排量增大了裂缝间的干扰，导致中间的射孔簇不能形成有效裂缝。

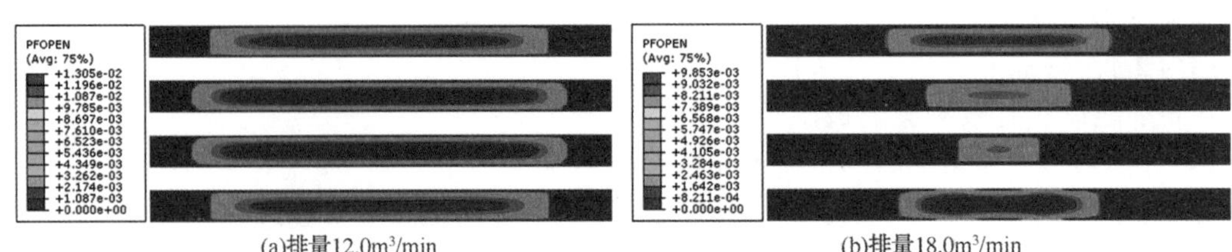

(a)排量12.0m^3/min　(b)排量18.0m^3/min

图 7-149　施工排量对裂缝扩展的影响(4 簇射孔)

7.3.6　水平多缝干扰规律

根据实际施工中常出现的地层条件，建立水平缝多层同步压裂模型如图 7-150 所示。模型包括井筒、储层、隔层、水泥环等；总高度为 30m，半径为 70m，中心位置为井筒，从井筒往外依次为水泥环和储隔层。砂岩储层相对均值，压裂裂缝以平面裂缝为主。因此，计算模型基于以下假设：(1)储层和相应的隔层均为线弹性材料；(2)每个薄层形成只形成一条水平缝，且水平缝为平面裂缝；(3)每个薄层的水平缝位于储层中部位置，预设平面粘结单元模拟压裂裂缝；(4)油层饱和度为 1.0。

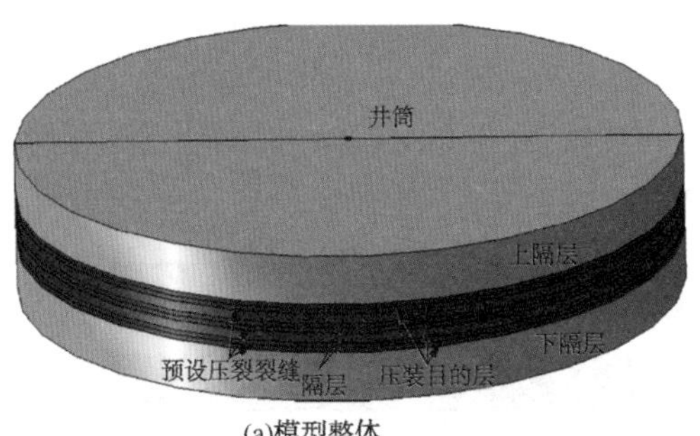

(a)模型整体

上隔层　水泥环　套管　压装目的层　隔层　压装目的层　隔层　压装目的层　下隔层

(b)井筒附近

图 7-150　水平缝多层同步压裂物理模型

水平缝多层同步压裂模型的网格划分如图 7-151 所示。上、下隔层高度大，网格尺寸对计算结果影响相对较小，储层和中间隔层网格尺寸(主要是高度方向的尺寸)对计算结果影响大。因此，模型上、下隔层采用相对较大的网格，中间隔层和储层的网格尺寸较小，在保证计算结果的基础上，尽量减少网格数量，提升计算速度。套管和水泥环采用三维实体单元进行模拟。

7.3.6.1　多裂缝干扰规律分析

多条水平缝同步扩展，压裂裂缝间的干扰作用可能导致裂缝宽度变窄，部分压裂裂缝在延伸过程中发生止裂。判断形成的压裂裂缝是否为有效裂缝，主要根据裂缝宽度和支撑剂粒径进行综合评价。根据文献中建立的判断准则，当裂缝宽度大于 3 倍支撑剂粒径时，压裂裂缝有效，压裂过程中不易发生砂堵。压裂使用的支撑剂最大粒径为0.85mm，确定有效裂缝宽度 w_1 为2. 60mm。

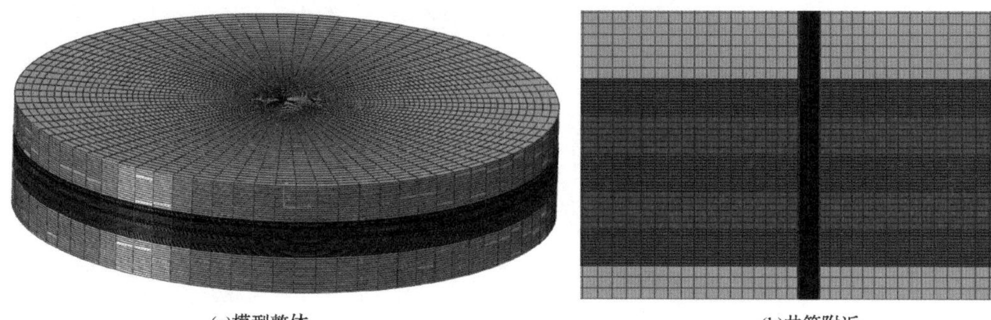

(a)模型整体　　(b)井筒附近

图7-151　水平缝多层同步压裂计算模型的网格划分

当多条水平压裂裂缝同步扩展时，压裂层数、裂缝间距、施工参数及储层参数对压裂裂缝的扩展具有影响，其中压裂层数及间距对裂缝扩展的影响最大。

7.3.6.2　压裂层数及间距

压裂层数越多，裂缝间的干扰作用越大，可能导致部分压裂裂缝无法扩展形成有效压裂裂缝。压裂层数相同，裂缝间距越小，压裂裂缝干扰作用越强。当压裂层数为4层(4条裂缝)、裂缝间距为1.2m(包含中间泥岩隔层)时，水平缝扩展模拟结果见图7-152。图7-152(a)~图7-152(d)为沿井筒垂直方向由浅至深的4条压裂裂缝模拟结果。储层中顶端和底端压裂形成的裂缝宽度较大，最大裂缝宽度为5.70mm，裂缝半径为36.0m[见图7-152(a)和图7-152(d)]；中间两个压裂形成的裂缝宽度较小，最大裂缝宽度为2.77mm，约为两端裂缝最大宽度的50%，形成的压裂裂缝半径约为1.0m，说明中间两个压裂没有形成有效改造，压裂效果较差[见图7-152(b)、图7-152(c)]。

建立压裂层数3~7层(裂缝条数3~7条)、裂缝间距为1.0~2.6m条件下的多裂缝扩展模型，不同压裂层数和裂缝间距条件下的压裂裂缝有效半径(裂缝宽度≥2.60mm)如图7-153所示(考虑压裂裂缝的对称性，图中只显示一半的裂缝扩展结果)。由图7-153可以看出：

(1) 中间射孔层位的裂缝有效半径低于两端裂缝的有效半径，其中，最中间的裂缝受干扰的影响最大，容易受挤压而无法形成有效裂缝。由于多条压裂裂缝同步扩展过程中，裂缝中流体压力主要沿垂向裂缝面方向形成挤压作用，裂缝面所在的储、隔层由于挤压作用产生变形和位移。相邻裂缝间的储、隔层受上、下裂缝同时挤压，相应的位移和变形量大。中间压裂层位可能受多条压裂裂缝的挤压干扰作用，裂缝扩展难度大于上下两端压裂层位。

(2) 压裂层数为3层(3条裂缝)，裂缝间距为1.0m、1.2m、1.3m时，中间裂缝的有效半径分别为1.5m、5.0m和16.0m，中间射孔形成的有效裂缝半径相对较小，改造范围有限；当裂缝间距超过1.4m时，中间裂缝的有效半径超过25.0m[见图7-153(a)]。压裂层数4~7层(4~7条压裂裂缝)条件下的水平缝扩展具有类似的规律。同步压层数一定，压裂裂缝间距对裂缝扩展特别是中间压裂裂缝扩展具有重要影响，裂缝间距越小，中间压裂裂缝扩展难度增大。

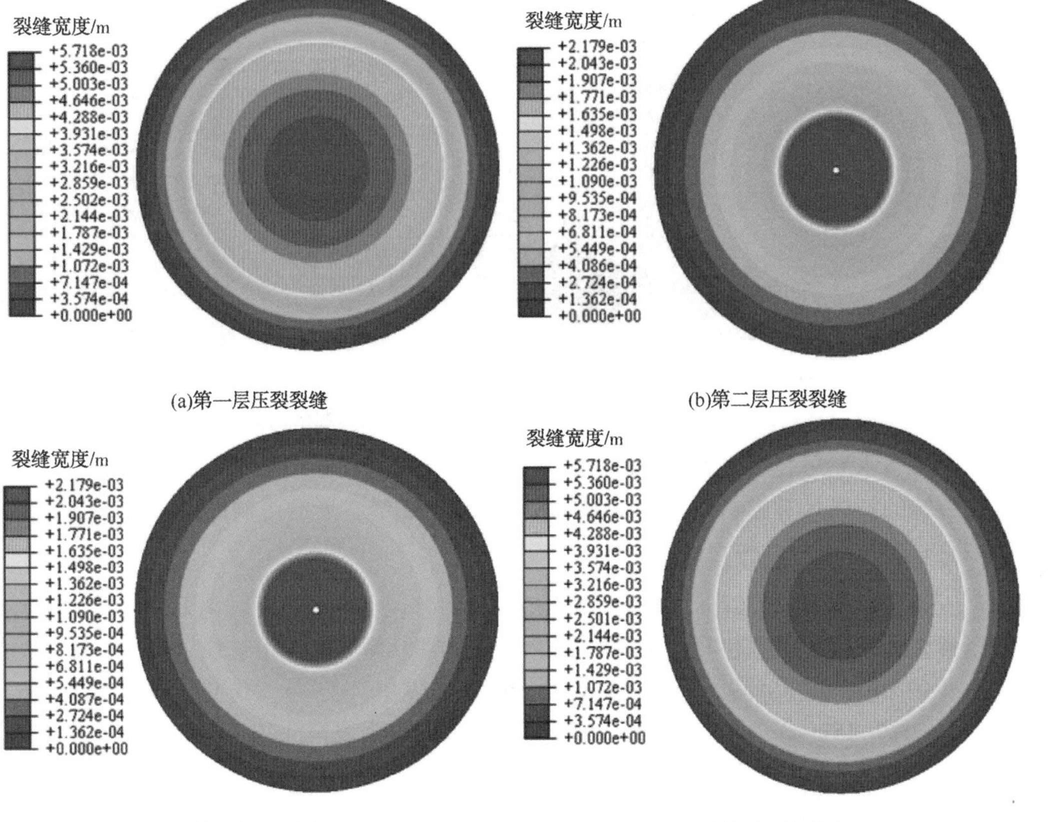

裂缝宽度/m
+5.718e-03
+5.360e-03
+5.003e-03
+4.646e-03
+4.288e-03
+3.931e-03
+3.574e-03
+3.216e-03
+2.859e-03
+2.502e-03
+2.144e-03
+1.787e-03
+1.429e-03
+1.072e-03
+7.147e-04
+3.574e-04
+0.000e+00

(a)第一层压裂裂缝

裂缝宽度/m
+2.179e-03
+2.043e-03
+1.907e-03
+1.771e-03
+1.635e-03
+1.498e-03
+1.362e-03
+1.226e-03
+1.090e-03
+9.535e-04
+8.173e-04
+6.811e-04
+5.449e-04
+4.086e-04
+2.724e-04
+1.362e-04
+0.000e+00

(b)第二层压裂裂缝

裂缝宽度/m
+2.179e-03
+2.043e-03
+1.907e-03
+1.771e-03
+1.635e-03
+1.498e-03
+1.362e-03
+1.226e-03
+1.090e-03
+9.535e-04
+8.173e-04
+6.811e-04
+5.449e-04
+4.087e-04
+2.724e-04
+1.362e-04
+0.000e+00

(c)第三层压裂裂缝

裂缝宽度/m
+5.718e-03
+5.360e-03
+5.003e-03
+4.646e-03
+4.288e-03
+3.931e-03
+3.574e-03
+3.216e-03
+2.859e-03
+2.501e-03
+2.144e-03
+1.787e-03
+1.429e-03
+1.072e-03
+7.147e-04
+3.574e-04
+0.000e+00

(d)第四层压裂裂缝

图 7-152 水平缝扩展模拟结果(压裂层数 4 层、1.2m 间距)

(3) 同步压裂层数 3 层(3 条裂缝), 中间裂缝能够形成接近两端压裂裂缝扩展半径范围的极限间距为 1.4m, 压裂层数 4 层(4 条裂缝)同步压裂的极限间距为 1.6m, 压裂层数 5 层(5 条裂缝)同步压裂的极限间距为 1.9m, 压裂层数 6 层(6 条裂缝)同步压裂的极限间距为 2.1m, 压裂层数 7 层(7 条裂缝)同步压裂的极限间距为 2.4m。同步压裂层数越多, 压裂裂缝间干扰作用越强, 压裂裂缝极限干扰间距越大。

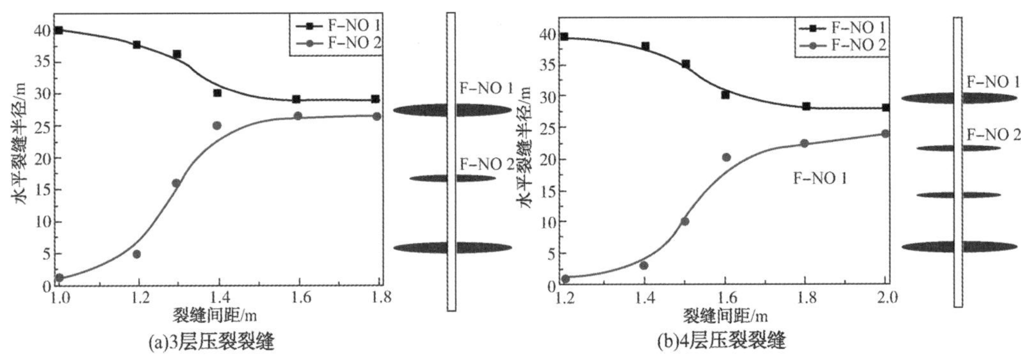

(a)3层压裂裂缝　(b)4层压裂裂缝

图 7-153 不同压裂层数和间距条件下的裂缝半径分布结果

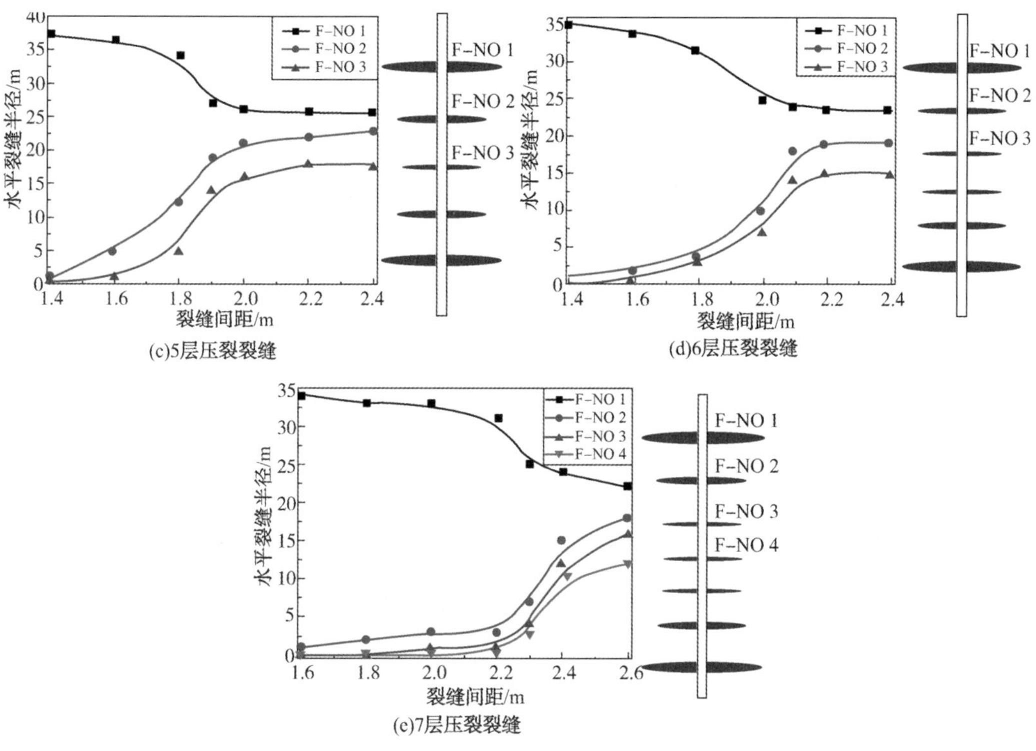

图 7-153 不同压裂层数和间距条件下的裂缝半径分布结果(续)

7.3.6.3 储层渗透率

储层渗透率增加，其他参数和条件相同，压裂过程中液体滤失量增大，液体造缝效率降低。储层渗透率为 $5.0\times10^{-3}\mu m^2$、$10\times10^{-3}\mu m^2$和 $15\times10^{-3}\mu m^2$时，同步压裂 4 条裂缝、间距 1.6m 条件下，不同压裂裂缝宽度与有效裂缝半径的关系曲线如图 7-154 所示。由图 7-154 可以看出，储层渗透率增大，裂缝间干扰效果增加，中间裂缝的有效裂缝半径降低。储层渗透率为 $15\times10^{-3}\mu m^2$时，中间射孔压裂有效裂缝半径只有 8.0m，而储层渗透率为 $5\times10^{-3}\mu m^2$时，中间有效裂缝半径达到 20.0m。

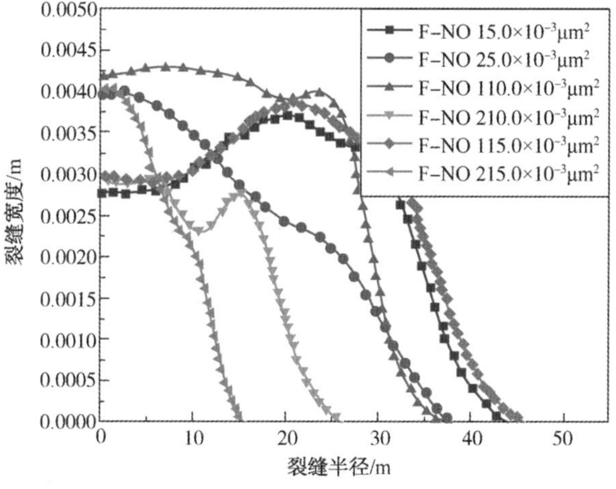

图 7-154 不同渗透率条件下的裂缝宽度

7.3.6.4 储层孔隙压力

压裂层数 4 层(4 条裂缝)，裂缝间距为 1.6m，储层孔隙压力为 8.0 MPa、12.0 MPa 和 16.0 MPa 条件下的同步压裂裂缝扩展结果如图 7-155 所示，储层孔隙压力增大，压裂裂缝间干扰效果增加，中间储层射孔形成的有效压裂裂缝半径降低。储层孔隙压力为 8.0MPa 时，中间层位压裂裂缝的有效半径为 18.0m；当储层孔隙压力增大到 16.0 MPa 时，中间层位有效裂缝半径降低到 4.0m。

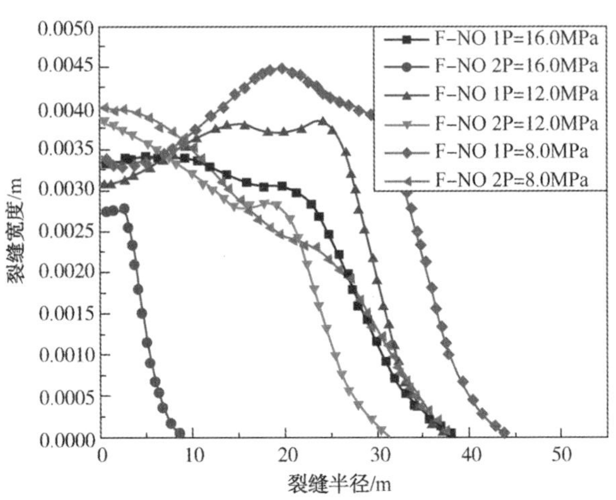

图 7-155 不同孔隙压力条件下的裂缝宽度

7.3.6.5 施工排量

压裂层数 5 层(5 条裂缝)，裂缝间距为 1.8m，施工排量为 $2.5m^3/min$、$3.0m^3/min$、$3.5m^3/min$、$4.0m^3/min$、$4.5m^3/min$ 条件下的压裂裂缝有效半径结果如图 7-156 所示(由于对称性，图中只描绘 3 条压裂裂缝扩展结果)。由图 7-156 可以看出，中间储层的有效压裂裂缝半径对施工排量变化敏感，施工排量增大，裂缝半径呈先增后减的趋势。压裂施工排量较小时，施工排量的增加对中间裂缝扩展起促进作用，中间压裂裂缝半径明显增大。当排量增至某一极限值时，施工排量的增大会加剧裂缝间的干扰作

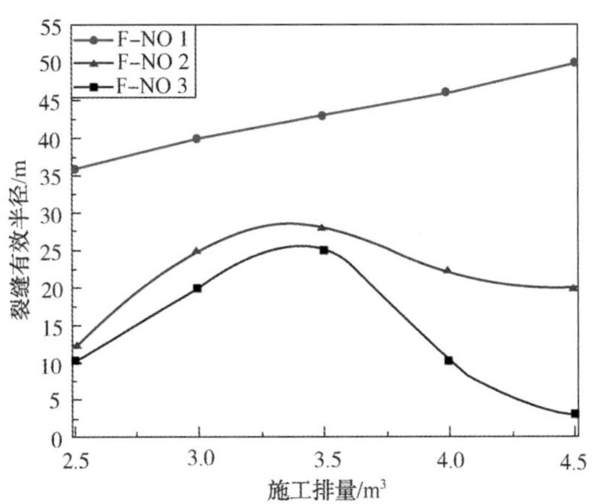

图 7-156 施工排量对压裂裂缝有效半径的影响

用，导致中间层段的压裂裂缝半径急剧降低。同步压裂上下两端的压裂裂缝半径随施工排量的增大而增大，主要是两端裂缝的干扰最小，施工排量增加导致裂缝的扩展速度增加。本文的模拟结果中，极限施工排量为 $3.5m^3/min$，大于此值，中间裂缝的半径急剧降低。

对于水平缝多层同步压裂，储层力学参数、物性参数不同，最优施工排量存在一定差异。因此，为了取得更好的压裂施工效果，在不同压裂层数干扰间距的基础上，需针对实际改造储层的小层分布与储层参数进行裂缝扩展模拟和分析，以确定最优的改造方案和最佳施工排量。

7.4 小结

本章主要介绍了二维 Cohesive 粘结单元裂缝扩展模型和三维 Cohesive 粘结单元裂缝扩展模型的模拟流程与结果输出，利用 Cohesive 粘结单元进行直井垂直裂缝、直井水平裂缝和水平井分簇压裂裂缝扩展规律特征。

第 8 章

水力压裂裂缝扩展 XFEM模拟

ABAQUS 软件中有多种裂缝扩展动态模拟方法，除了可采用 Cohesive 粘结单元方法模拟压裂裂缝扩展外，还可采用扩展有限元法(XFEM)进行水力压裂裂缝扩展动态模拟。扩展有限元法为 1999 年美国西北大学 Beleytachko 提出的一种求解不连续力学问题的数值方法，方法继承了常规有限元法(CFEM)的所有优点，在模拟界面问题、裂缝扩展、复杂流体等不连续问题方面具有优势，近年来发展迅速，在各个领域的应用越来越广泛。扩展有限元法通过独立于网格单元外构建改进的单元形状函数描述不连续性，降低了模拟方法对网格单元的要求。ABAQUS 软件中最初的扩展有限元法主要用于解决常规的断裂力学问题，随着理论的不断发展与进步，逐步发展到适用于水力压裂裂缝扩展的模型。

采用扩展有限元法进行压裂裂缝扩展模拟，不需要提前预设压裂裂缝扩展路径和方向，压裂裂缝依据储层力学特征、非均质性、应力分布和压裂施工条件实现任意方向扩展。ABAQUS 软件中的扩展有限元法可方便地模拟压裂裂缝扩展方向变化规律，但目前还无法模拟复杂裂缝扩展问题。对于复杂工况和三维裂缝扩展问题，ABAQUS 软件中的扩展有限元法收敛性易受裂缝形态和模拟条件的影响，部分情况下模型收敛难度大。

ABAQUS 软件的扩展有限元法理论在第 2 章 2. 8 节进行了阐述，水力压裂扩展有限元法建模过程中需要针对性考虑流-固耦合作用、岩石孔隙比与渗透系数、孔隙压力等特征。

水力压裂裂缝扩展模拟可采用三维和二维模型进行模拟，三维模型整体计算量大，计算速度偏慢，形成非平面的复杂裂缝后收敛性差。二维模型整体计算量小，计算速度块，收敛性相对较好。

下面通过实例进行三维扩展有限元裂缝扩展和二维扩展有限元数值模拟的建模和设置介绍。

8. 1　三维扩展有限元裂缝扩展

8. 1. 1　问题说明

本例主要介绍三维扩展有限元法模拟水力压裂裂缝扩展的建模过程与模拟结果，

模型示意图如图 8-1 所示，模型为长方体，裂缝长度方向的尺寸大于裂缝宽度和高度方向。储层岩石为均质材料，高度方向不考虑隔层影响，同时模型不考虑天然裂缝、层理或材料缺陷等非均质特征。模型模拟单簇单翼压裂裂缝扩展，压裂液注入点为单一注入点，注入点位置设置初始失效裂缝用于模拟射孔作用，注入点和初始失效裂缝的具体位置如图 8-1 所示。模型注入点所在的平面采用 X 方向位移对称边界，其他位置设置位移固定边界条件，具体的边界条件设置如图 8-1 所示。压裂液从图 8-1 所示的注入点进入初始失效裂缝后，压裂液在初始失效裂缝中憋压，当裂缝中的流体压力达到一定值时，初始裂缝向前或上下扩展形成新的压裂裂缝。随着压裂液的不断注入，压裂裂缝持续向前扩展直至压裂液在裂缝中的滤失量与注入量达到平衡后停止扩展。

采用扩展有限元法进行压裂裂缝扩展模拟，模型中只需进行初始裂缝面设置，无须进行后期压裂裂缝扩展的裂缝面方向与形态设置，压裂裂缝面可能为非平面。

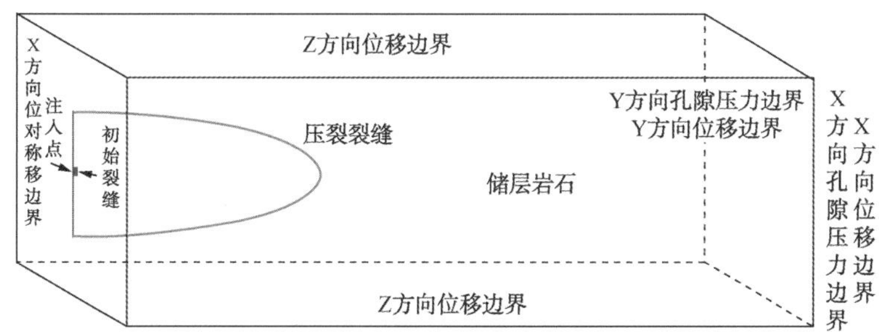

图 8-1 三维扩展有限元裂缝扩展示意图

模型具体的几何、材料施工参数如表 8-1 所示，几何参数包括模型的长宽高、初始裂缝面的长度与高度。模型材料参数主要包括弹性模量、泊松比、抗拉强度断裂能、孔隙比与渗透系数、滤失系数等。初始场变量参数包括三向地应力、孔隙压力、孔隙比和饱和度参数等。

表 8-1 模型几何参数、力学参数和施工参数

序号	参数名称	数值	序号	参数名称	数值
1	储层长度/m	150.0	12	孔隙比(无因次)	0.15
2	储层宽度/m	60.0	13	渗透系数/($\times10^{-7}$m/s)	2.0
3	储层高度/m	40.0	14	滤失系数/($\times10^{-12}$m/s)	1.0
4	初始裂缝高度/m	1.0	15	液体黏度/($\times10^{-5}$Pa·s)	1.0
5	初始裂缝长度/m	1.0	16	垂向应力/$\times10^{7}$Pa	2.5
6	密度/$\times10^{3}$kg	2.6	17	水平最小主应力/$\times10^{7}$Pa	1.5
7	弹性模量/$\times10^{10}$Pa	4.2	18	水平最大主应力/$\times10^{7}$Pa	2.0
8	泊松比(无因次)	0.22	19	孔隙压力/$\times10^{7}$Pa	2.0
9	抗拉强度/$\times10^{7}$Pa	1.0	20	饱和度(无因次)	1.0
10	法向断裂能/J	25.0	21	注入时间/s	3600.0
11	切向断裂能/J	25.0	22	单翼注入排量/(m^3/s)	0.1

8.1.2 模型建立

数值模型主要依据 ABAQUS 软件的构建流程以及水力压裂实际施工情况进行设置，主要包括部件创建、网格划分、材料赋值、实例映射、分析步创建、边界条件设置、载荷加载、作业创建等步骤。外部载荷采用流体注入方式进行加载，压裂液流体进入储层后引起储层有效应力、孔隙压力变化，储层有效应力满足设置的裂缝扩展起裂准则时形成压裂裂缝并持续向前延伸。

8.1.2.1 Part 功能模块

模型部件主要包括储层岩石部件(部件命名为 Rock)和初始失效裂缝辅助设置部件(命名为 XFEM)，其中储层岩石部件为长方体，初始失效裂缝设置辅助部件为三维平面壳面，初始失效裂缝设置辅助部件主要用于 XFEM 设置过程中确定初始失效裂缝单元与初始裂缝位置关系。储层岩石部件构建完成后，进行简单的体剖分以方便后期网格划分与其他设置。

1. 部件创建

模型的部件包括储层岩石和初始失效裂缝辅助设置部件，两个部件需要单独进行部件创建(Create Part)。具体的创建流程如下：

1) 储层岩石部件

点击左侧工具箱区快捷按钮 (Create Part)或菜单栏 Part→Create…，进入部件创建(Create Part)对话框，部件名称(Name)输入 Rock，模型空间(Model Space)选择三维(3D)，类型(Type)选择可变形(Deformable)，基本特征(Base Feature)中形状选择实体(Solid)，创建类型(Type)选择拉伸(Extrusion)，草图界面尺寸(Approximate Size)输入 400(模型的单位为国际单位制，因此输入的 400 表示草图界面的尺寸为 400m)。设置完成后，点击 Continue 按钮，进入草图(Sketch)界面，在草图界面中利用 [Create Lines：Rectangle(4 Lines)]命令绘制宽度 60m、长度 150m 的长方形(见图 8-2)。

在草图(Sketch)界面中，长方形线框绘制完成后退出线框绘制命令，点击左下角提示区 Done 按钮，进入三维实体拉伸编辑(Edit Base Extrusion)对话框(见图 8-2)，对话框中拉伸深度(Depth)输入 40(表示模型的高度为 40m)，其他默认选项，点击 OK 按钮完成 Rock 部件拉伸构建。构建的 Rock 部件如图 8-3 所示，实体部件长度为 150.0m×宽度 60.0m×高度 40.0m。

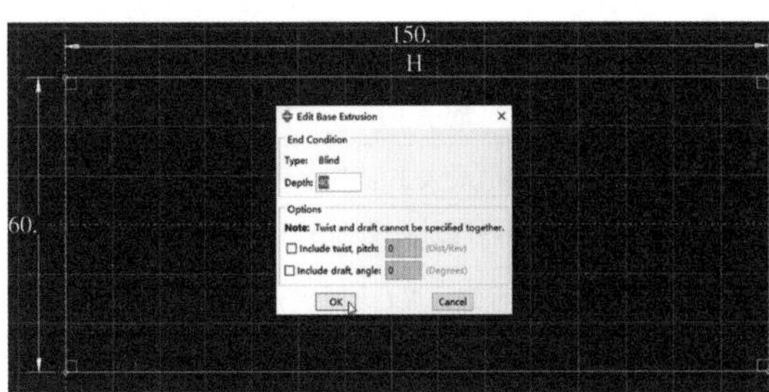

图 8-2　部件几何拉伸

图 8-3　拉伸形成的部件

2）初始失效裂缝辅助设置部件

本例进行水力压裂裂缝扩展模拟时，需要考虑射孔引起的初始失效裂缝，在ABAQUS/CAE 模块中可利用辅助线或面进行初始失效裂缝设置。本例的辅助部件为三维壳平面，尺寸边长为 1.0m 的正方形平面。辅助部件的构建方式如下：

重新进入部件创建(Create Part)对话框[见图 8-4(a)]，部件名称(Name)输入XFEM，基本特征(Base Feature)中形状(Shape)选择壳(Shell)，类型(Type)选择平面(Planar)。设置完成后点击对话框 Continue 按钮，进入草图(Sketch)界面，在草图界面中绘制边长 1.0(表示正方形的边长为 1.0m)的正方形[见图 8-4(b)]，退出线框绘制后点击左下角提示区的 Done 按钮，退出草图界面(Sketch)，形成三维平面壳面[见图 8-4(c)]。

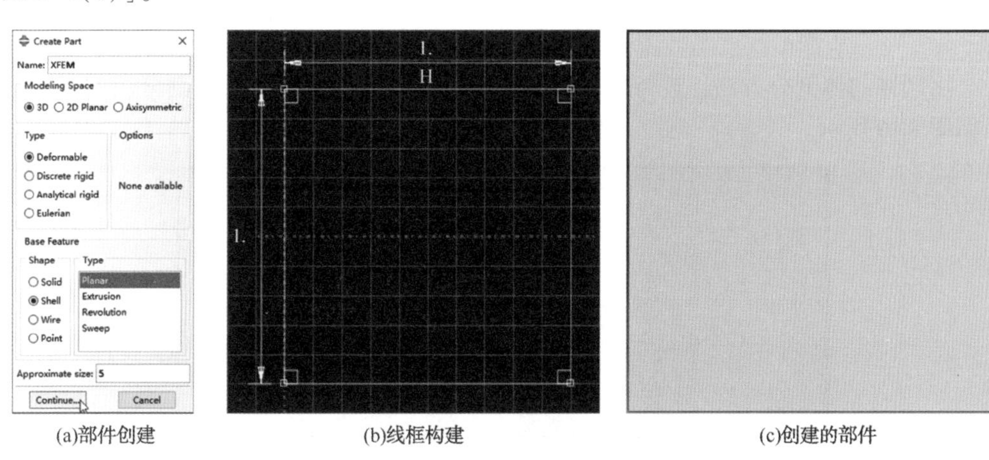

(a)部件创建 (b)线框构建 (c)创建的部件

图 8-4 XFEM 辅助面部件构建

2. 部件体剖分

1）基准点创建

在 Part 模块环境栏 Part Model: Model-1 Part: Rock 中，在 Part 选项下拉菜单中，选择 Rock 部件，视图区显示 Rock 部件。在视图区将部件显示切换至 X-Y 平面，显示上部或下部端面，长按左侧工具箱区快捷按钮(Create Datum Point: Enter Coordinates)直至出现隐藏的其他按钮，选择(Create Datum Point: Offset From Point)，在视图区选择端面的中心点[见图 8-5(a)]，然后点击左下角提示区的 Done 按钮，输入偏移的相对坐标位置(0, 0.5, 0)，输入完成后确认即可。用同样的方法，再次选择如图 8-5(a)的中点，输入相对坐标(0, -0.5, 0)，完成相应的基准点设置，设置完成后的基准点分布如图 8-5(b)所示，两个基准点的坐标的垂直距离为 1.0m。

2）部件体剖分

点击左侧工具箱区快捷按钮(Partition Cell: Define Cutting Plane)，在左下角提示区进行剖分面确定方式选择(How do you want to specify the plane? Point & Normal 3 Points Normal To Edge)，选择 Point & Normal 体剖分方式，将采用点和法向线的方式确定剖分平面。选择前面构建的基准点与相应的法向线，点击左下角提示区的 Create Partition 按钮，完成第一次剖分。

图 8-5 辅助基准点创建

用同样的体剖分方法，进行部件下半部分实体的体剖分，完成体剖分后的部件端面如图 8-6 所示。

图 8-6 体剖分后的部件端面

端面完成体剖分后，将视图切换至 X-Z 平面方向，点击左侧工具箱区快捷按钮 (Partition Cell：Define Cutting Plane)，在视图区选择 Rock 部件的全部实体(Cells)，点击左下角提示区的 Done 按钮后再点击左下角提示区 Point & Normal 按钮，在视图区选择如图 8-7 的点和法向线，点击左下角提示区 Create Partition 按钮，完成高度方向的部件体剖分。

图 8-7 高度方向中线体剖分

部件完成体剖分后如图 8-8 所示。

8.1.2.2 Mesh 功能模块

在 Mesh 功能模块中主要进行网格种子布置、网格划分控制、网格划分与单元类型选择等设置。模型的主要部件为 Rock 部件，需要进行相关的网格划分与单元类型

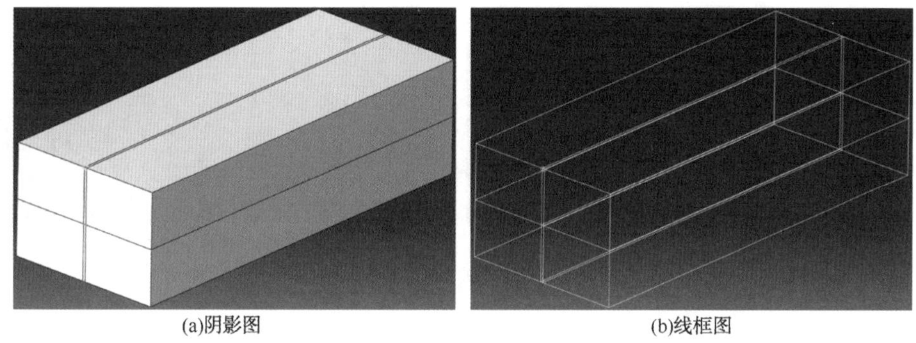
(a)阴影图 (b)线框图

图 8-8 体剖分后的 Rock 部件

选择设置。XFEM 部件主要用于 Rock 部件初始失效裂缝的设置，不参与直接的模拟计算，XFEM 部件不需要进行网格划分设置。

下面主要进行 Rock 部件的网格划分设置，具体的网格划分流程如下。

1. 网格种子布置

在环境栏 Module: Mesh Model: Model-1 Object: ○ Assembly ◉ Part: Rock ，在 Part 选项中选择 Rock 部件，视图区显示 Rock 部件。

点击左侧工具箱区快捷按钮 (Seed Edges) 或菜单栏 Seed→Edges…，进行局部边种子(Local Seeds)布置，在视图区选择 Rock 部件如图 8-9(a)所示的边，点击左下角提示区的 Done 按钮后，进入局部边种子(Local Seeds)布置对话框[见图 8-9(b)]，设置完成后点击 OK 按钮。

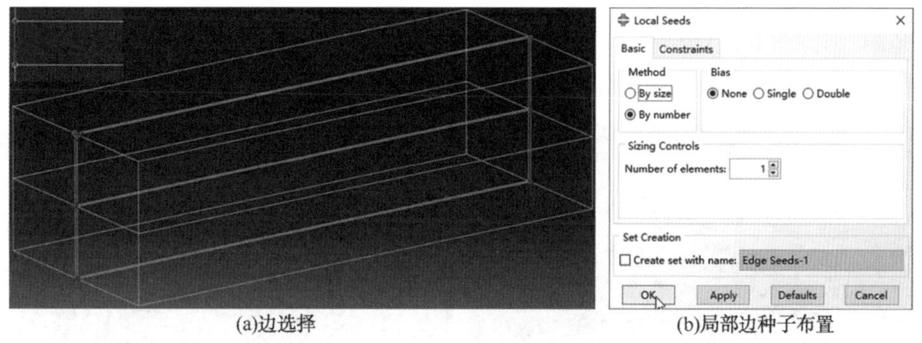

(a)边选择 (b)局部边种子布置

图 8-9 宽度方向中间区域局部边种子布置

上述的局部边种子布置完成后，在局部边种子布置命令条件下，在视图区选择图 8-10(a)所述的边，进行局部边种子(Local Seeds)布置，局部边种子(Local Seeds)对话框中偏移(Bias)设置选择单一方向(Single)偏移设置，种子设置方式(Method)选择按数量(By number)，网格种子尺寸控制(Sizing Controls)选项中单元数量(Number of elements)输入 15，偏移系数(Bias ratio)输入 3，设置完成后点击 OK 按钮完成设置。

部件长度方向的网格种子布置的局部边选择如图 8-10(b)所示，局部边种子设置采用单一偏移方向偏移，网格种子偏移系数(Bias ratio)输入 3，网格种子数量(Number of elements)输入 90，设置完成后点击 OK 按钮完成网格种子布置。

(a)模型宽度方向局部边

(b)模型长度方向局部边

图 8-10　局部边种子网格种子设置局部边选择

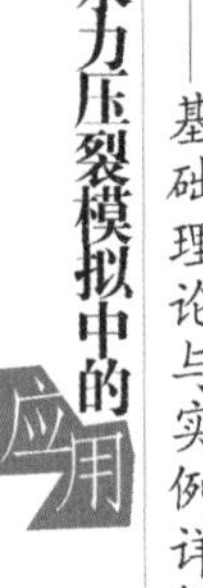

在视图区部件的显示切换至 X-Z 平面，高度方向选择如图 8-11(a)所示的边，确定后进入局部边种子(Local Seeds)布置对话框[见图 8-11(b)]。

(a)局部边选择

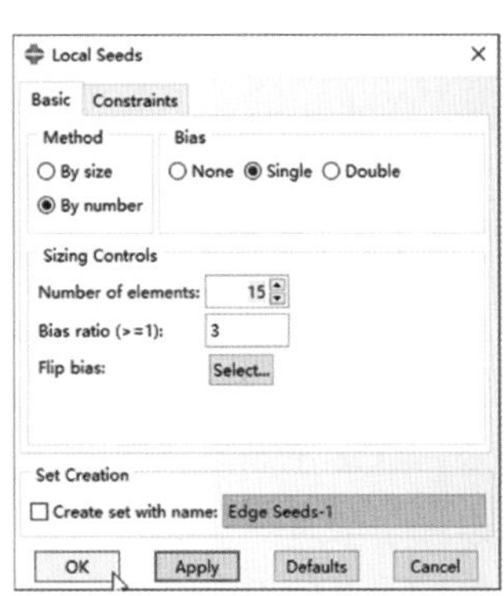

(b)局部边种子布置

图 8-11　高度方向局部边网格种子布置

Rock 部件所有的网格种子分布如图 8-12 所示。整体来说，宽度方向和高度方向的中间区域为网格种子加密区域。

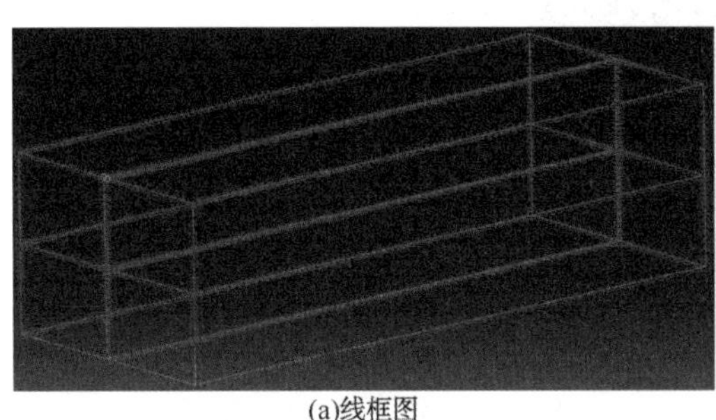

(a)线框图

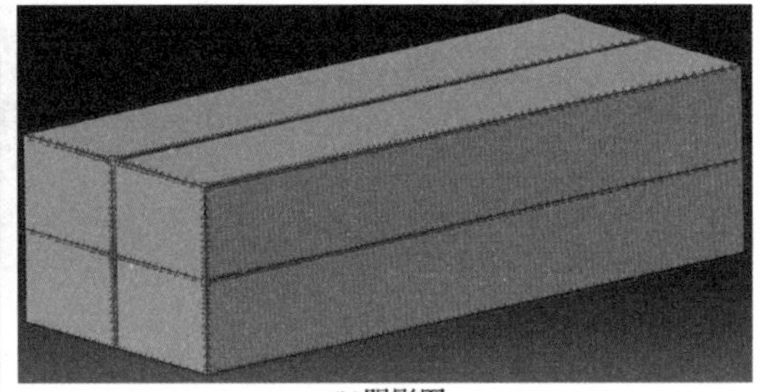

(b)阴影图

图 8-12　整体网格单元种子分布

2. 网格划分控制

Rock 部件的几何特征相对简单，网格划分相对容易。为了增加模型的计算精度，Rock 部件采用六面体网格。具体的网格控制设置如下：点击左侧工具箱区快捷按钮 (Assign Mesh Controls)或菜单栏 Mesh→Controls…，在视图区选择 Rock 部件所有实体(Cells)，点击左下角提示区 Done 按钮，进入网格划分控制(Mesh Controls)对话框，单元形状(Element shape)选择六面体(Hex)，网格划分技术(Technique)选择结构化网格(Structured)，设置完成后点击 OK 按钮完成设置。

3. 网格划分

网格种子布置和网格划分控制设置完成后，进行部件网格划分。部件采用全域部件网格划分方式，点击左侧工具箱区快捷按钮 (Mesh Part)或菜单栏 Mesh→Part…后再次点击左下角提示区 Yes 按钮，完成全域网格划分，Rock 部件的网格分布如图 8-13 所示。

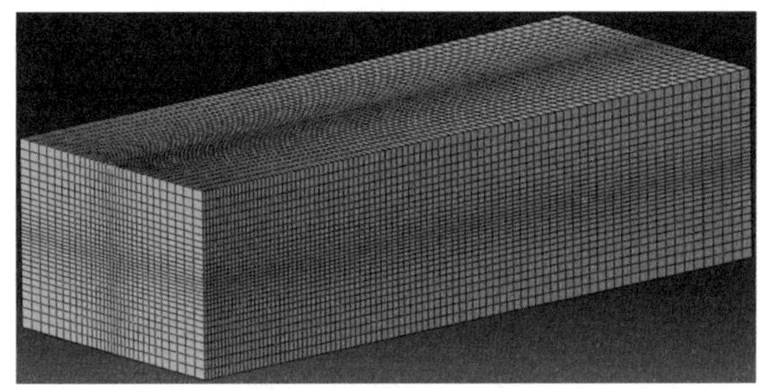

图 8-13 Rock 部件网格分布

4. 网格质量检测

点击左侧工具箱区快捷按钮 (Verify Mesh)或菜单栏 Mesh→Verify…，在视图区选择 Rock 部件的全部实体(Cells)，点击左下角提示区 Done 按钮，进入网格质量检测(Verify Mesh)对话框，对话框中点击 Highlight 按钮，视图区和信息提示区会显示单元质量检测结果。

网格质量检测结果在信息提示区的显示如下：

****

Part: Rock

Hex elements: 83700

Max angle on Quad faces>160: 0(0%)

Average max angle on quad faces: 90.00, Worst max angle on quad faces: 90.00

Number of elements: 83700, Analysis errors: 0(0%), Analysis warnings: 0(0%)

** 表示部件网格质量较好，无警告(Warings)单元或错误(Errors)单元。

****

5. 单元类型选择

利用扩展有限元法进行水力压裂模拟，需要考虑流体压力与有效应力的耦合关系。模型单元类型选择孔隙流体/应力单元。具体的单元类型选择如下：

点击左侧工具箱区快捷按钮 (Assign Mesh Type)或菜单栏 Mesh→Element Type…，在视图区选择部件全部实体(Cells)，点击左下角提示区的 Done 按钮，进入单元类型选择(Element Type)对话框，单元类型选择孔隙流体/应力单元(Pore Fluid/Stress)，单元类型代号为 C3D8P。

网格划分与单元类型选择后，网格节点与单元组成在 INP 输入文件中的显示如下：

```
**********************************************************************
*Node
**网格节点坐标。
            1,          0.,         0.5,        20.
            2,        150.,         0.5,        20.
            3,        150.,         30.,        20.
            4,          0.,         30.,        20.
......................
  27842,  145.066177,  -10.8538532,  35.8185043
  27843,  145.066177,  -13.5464544,  35.8185043
  27844,  145.066177,  -16.7153873,  35.8185043
  27845,  145.066177,  -20.4449177,  35.8185043
  27846,  145.066177,  -24.8342171,  35.8185043
**模型总计27846个节点。
*Element, type=C3D8P
**储层岩石单元组成，单元类型为C3D8P，表示为三维8节点孔隙流体/应力单元，不采用缩减积分。
  1,  282,  2165,  8443,  1967,   1,   25,  889,  144
**分别表示单元编号，8个节点编号。
  2,  2165,  2166,  8444,  8443,   25,   26,  890,  889
  3,  2166,  2167,  8445,  8444,   26,   27,  891,  890
  4,  2167,  2168,  8446,  8445,   27,   28,  892,  891
  5,  2168,  2169,  8447,  8446,   28,   29,  893,  892
......................................
24997,  867,  711,  712,  868, 7608, 6187, 6236, 7657
24998,  868,  712,  713,  869, 7657, 6236, 6285, 7706
24999,  869,  713,  714,  870, 7706, 6285, 6334, 7755
25000,  870,  714,   17,   21, 7755, 6334,  577,  852
**模型总计25000个单元。
**********************************************************************
```

8.1.2.3 Property 功能模块

模型的材料只有储层岩石一种，材料参数、截面创建与属性赋值只针对储层岩石进行设置，压裂裂缝扩展的相关起裂与损伤演化参数同样设置于储层岩石材料参数中。

1. 材料参数编辑

点击左侧工具箱区快捷按钮 (Create Material)或菜单栏 Material→Create…，进入材料编辑(Edit Material)对话框，相关材料参数设置如图8-14所示，材料的密度设置如图8-14(a)所示，弹性模量与泊松比设置如图8-14(b)所示，裂缝初始损伤准则选择与参数设置如图8-14(c)所示，损伤演化与类型设置如图8-14(d)所示，收敛性黏性系数设置如图 8-14(e)所示，渗透系数与孔隙比设置如图 8-14(f)所示，流体黏度设置如图 8-14(g)所示，裂缝面的滤失参数设置如图 8-14(h)所示，设置完成后点击对话框 OK 按钮完成材料参数设置。具体的参数值可见后续的 INP 文本显示。

(a)密度参数设置 (b)弹性参数设置 (c)初始损伤设置

(d)损伤演化设置 (e)黏性系数设置

(f)渗透系数设置 (g)黏度设置 (h)滤失系数设置

图 8-14 Rock 部件材料参数设置

上述的 Rock 部件的材料设置在 INP 输入文件中的显示如下：

```
*************************************************************
*Material, name=Rock
```

** 储层岩石材料参数设置。

* Density

** 材料密度设置。

2600. ,

* Elastic

** 弹性参数设置，包括弹性模量和泊松比。

4. 2e+10，0. 22

* Damage Initiation，criterion = MAXPS

** 压裂裂缝起裂设置，采用最大主应力起裂准则。

1e+07

* Damage Evolution，type = ENERGY，softening = EXPONENTIAL，mixed mode behavior = BK，power = 2. 284

** 损伤演化设置，采用能量演化准则，软化模式选择指数软化，混合模式选择BK，系数设置为 2. 284。

25. 0，25. 0，25. 0

* Damage Stabilization

** 收敛性黏性系数设置。

1e-05

* Permeability，specific = 9800.

** 储层渗透系数设置。

2e-07，0. 15

* Gap Flow

** 压裂液流体黏度设置。

1e-05,

* Fluid Leakoff

** 裂缝面滤失系数设置。

1e-12，1e-12

****

2. 截面创建

Rock 材料参数设置完成后，进行相应的材料截面创建设置。

点击左侧工具箱区快捷按钮 (Create Section)或菜单栏 Section→Create…，进入截面属性创建(Create Section)对话框[见图 8-15(a)]，截面名称(Name)输入 Rock，截面种类(Category)选择实体(Solid)，类型(Type)选择各向同性(Homogeneous)，设置完成后点击 Continue 按钮，进入截面编辑(Edit Section)对话框[见图 8-15(b)]，对话框中材料(Material)选择前面设置 Rock 材料，其他采用默认设置，设置完成后点击 OK 按钮。

3. 截面属性赋值

材料参数和截面类型设置完成后，需要将材料和截面参数赋值于部件上。

在菜单栏 Property Model: Model-1 Part: Rock Part 位置下拉菜单选择 Rock 部件，视图区相应的显示 Rock 部件。

(a)截面创建　　(b)截面编辑

图 8-15　Rock 材料截面创建

点击左侧工具箱区快捷按钮（Assign Section）或菜单栏 Assign→Section，进入材料截面属性赋值设置，在视图区选择 Rock 部件的所有实体（Cells）[见图 8-16（a）]，点击左下角提示区 Done 按钮，进入材料截面赋值编辑（Edit Section Assignment）对话框[见图 8-16（b）]。对话框中截面选择前面设置的 Rock 截面，点击左下角 OK 按钮，完成 Rock 部件的截面属性赋值。Rock 部件截面属性赋值后部件颜色由灰色转变成绿色。

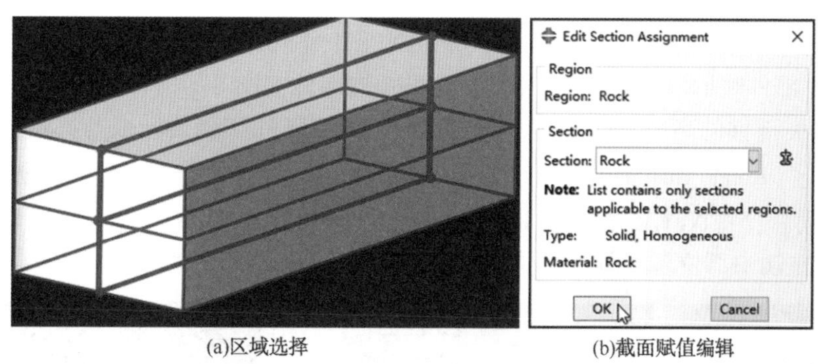

(a)区域选择　　(b)截面赋值编辑

图 8-16　Rock 部件截面属性赋值

截面属性和截面赋值设置在 INP 输入文件中的显示如下：

****

** Section：Rock

** 储层岩石截面属性赋值设置。

* Solid Section，elset=Rock，material=Rock

** “ * Solid Section”实体截面设置关键词，集合名称为 Rock，材料参数选择 Rock。

,

** 平面应力与应变厚度比为默认值。

****

8.1.2.4　Assembly 功能模块

Assembly 功能模块中主要进行 Rock 部件和 XFEM 部件（Part）的映射，映射实例（Instance）的位置调整和相应的集合设置等。

1. 实例映射

点击左侧工具箱区快捷按钮 (Create Instance)或菜单栏 Instance→Create…，进入实例创建(Create Instance)对话框[见图 8-17(a)]，对话框中选择 Rock 部件，点击 OK 按钮，完成 Rock 部件的实例映射，Assembly 模块中映射的实例名称为 Rock-1[见图 8-17(b)]。

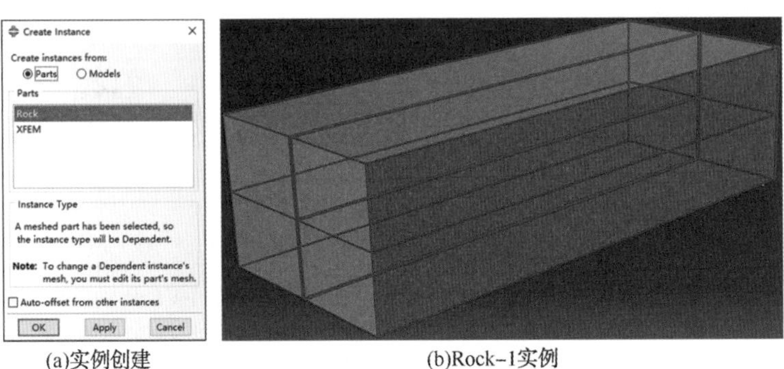

(a)实例创建　　(b)Rock-1实例

图 8-17　Rock 部件映射

在如图 8-17(a)所示的实例创建(Create Instance)对话框中，Parts 选项选择 XFEM 部件，其他默认设置，点击 OK 按钮，完成 XFEM 辅助部件的映射。

XFEM 部件映射后，X-Y 平面视角 XFEM 的部件如图 8-18(a)所示，XFEM 部件平面与 Rock 部件的高度方向垂直，需要将映射的 XFEM 实例旋转成与高度方向平行。经过采用 (Rotate Instance)和 (Translate Instance)命令，将 XFEM 实例进行相应的旋转和移动后，将 XFEM 实例设置成与高度方向平行[见图 8-18(b)]，且实例位于 Rock 实例左端中部位置，具体的位置如图 8-19 所示。

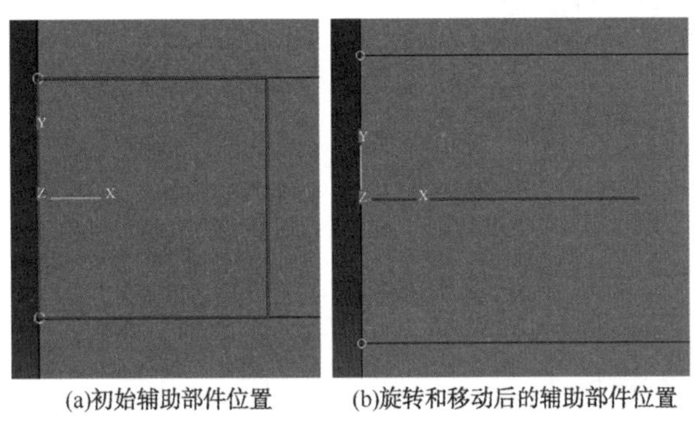
(a)初始辅助部件位置　　(b)旋转和移动后的辅助部件位置

图 8-18　XFEM 辅助部件实例位置调整

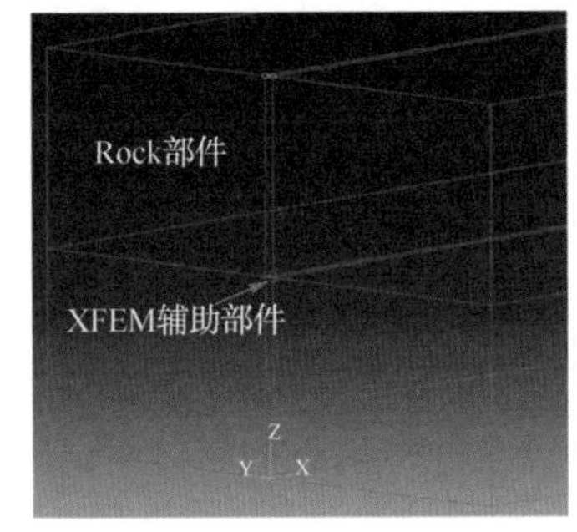

图 8-19　XFEM 辅助部件实例位置

2. 集合设置

为了后续设置，需要构建相应的节点、单元、几何等多种类型集合，方便后续扩展有限元设置、边界条件设置和初始条件加载等。建立的主要集合如图 8-20 所示。

部分集合设置的主要用途介绍如下：PP 为模型外部孔隙压力边界节点集合；U1 为模型 X 方向的位移边界节点集合；U2 为模型的 Y 方向位移边界节点集合；U3 为模型 Z 方向位移边界节点集合；Rock 为扩展有限元设置区域选择的几何集合；XFEM 为设置初始裂缝的几何集合。

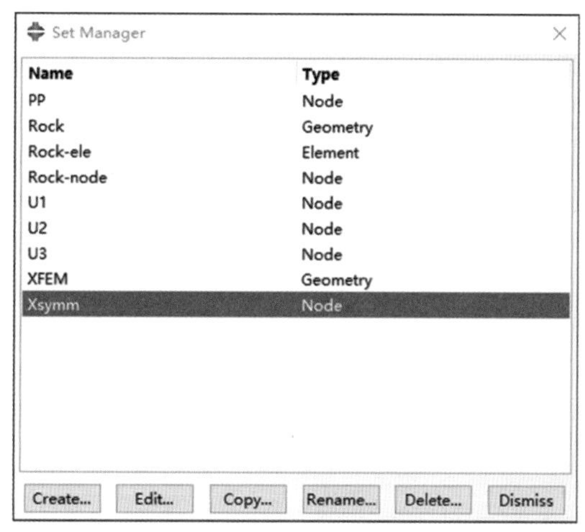

图 8-20 集合设置

8.1.2.5 Step 功能模块

Step 功能模块主要进行模型的分析步创建、场变量与历程变量输出设置。

1. 分析步创建

1）地应力平衡

点击左侧工具箱区快捷按钮 ●→■（Create Step）或菜单栏 Step→Create…，进入分析步创建（Create Step）对话框，分析步名称（Name）输入 Geo-1，分析步类型选择通用（General）、地应力（Geostatic），设置完成后点击对话框左下角 Continue 按钮，进入分析步编辑（Edit Step）对话框，对话框中分为基本设置、增量步设置和其他设置。基本（Basic）界面中勾选 Nlgeom 为 On，其他默认设置。增量步（Incrementation）界面中地应力平衡过程中增量步按默认设置即可。在其他（Other）界面中矩阵存储（Matrix storage）选择非对称（Unsymmetric），其他采用默认设置。点击对话框的 OK 按钮完成设置。

2）水力压裂注入

水力压裂注入分析步创建（Create Step）对话框如图 8-21（a）所示，分析步名称（Name）输入 Hydraulic，分析步类型选择土固结（Soils），设置完成后，点击对话框 Continue 按钮进入分析步编辑（Edit Step）对话框。分析步编辑（Edit Step）对话框如图 8-21（b）、图 8-21（c）所示，基本（Basic）界面如图 8-21（b）所示，分析步总时间设置为 3600，取消勾选 Include creep/swelling/viscoelastic behavior 设置（☐ Include creep/swelling/viscoelastic behavior），其他相关的参数默认值即可。增量步（Incrementation）设置界面如图 8-21（c）所示，最大增量步数输入 10000，初始增量步时间设置为 1，最小增量步时间设置为 1.0×10^{-9}，最大增量步时间设置为 10。其他（Other）界面中矩阵存储（Matrix storage）选择非对称（Unsymmetric）。

2. 分析步迭代设置

水力压裂裂缝扩展过程中存在非连续迭代分析，分析步设置完成后，需要进行常规的求解控制编辑设置，相关的设置如图 8-22 所示，主要包括非连续分析勾选［见图 8-22（a）］和增量步最大迭代次数设置［见图 8-22（b）］。

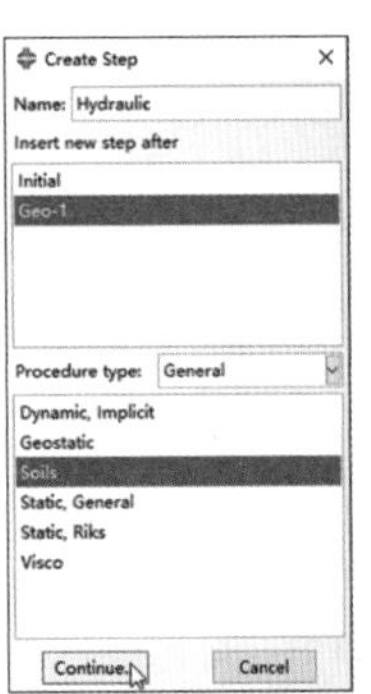

(a)分析步创建

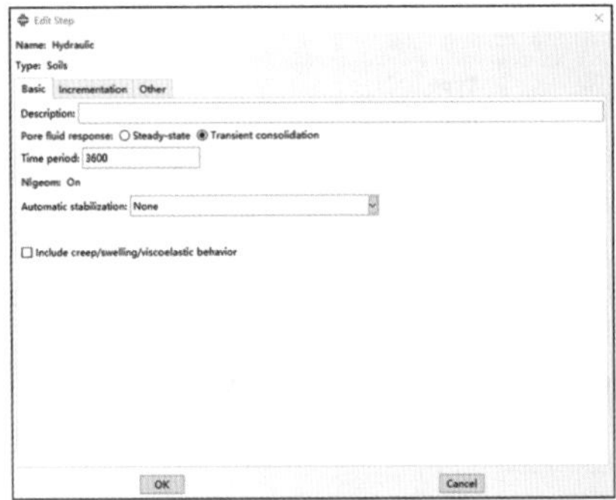

(b)分析步编辑(基本界面)

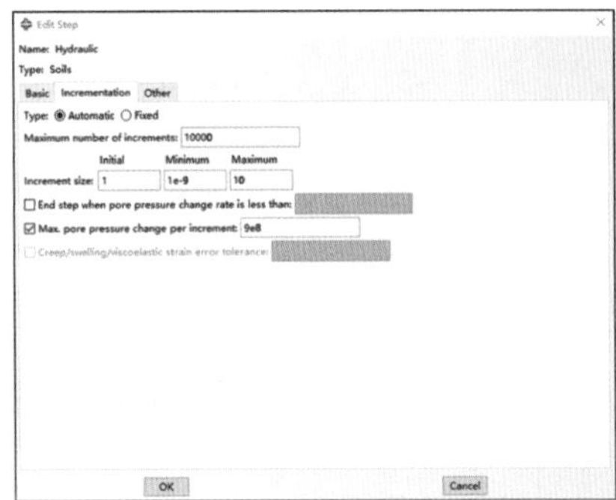

(c)分析步编辑(增量步界面)

图 8-21　水力压裂注入分析步设置

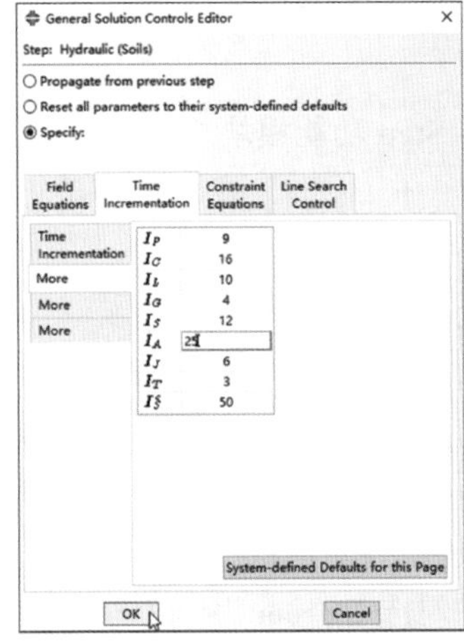

(a)非连续迭代分析设置　　(b)最大迭代次数设置

图 8-22　水力压裂分析步迭代设置

3. 场变量输出设置

分析步设置完成后，ABAQUS 会默认设置相关的结果变量的输出，用户可根据需要进行相关的设置。点击左侧工具箱区快捷按钮 (Field Output Manager)或菜单栏 Output→Field Output Requests→Manager…，进入场变量输出管理器(Field Output Requests Manager)对话框，选择水力压裂分析步(Hydraulic)，点击右上角 Edit 按钮，进入场变量输出编辑(Edit Field Output Requests)对话框，场变量输出选择 E、PHILSM、POR、PSILSM、S、SAT、U 和 VOIRD 等。同时，为了输出裂缝扩展面的参数，模型还需要在 INP 输入文件或关键词编辑中进行裂缝扩展面的集合形成设置和裂缝面相关参数的输出，具体的设置见下面的 INP 输入文件中。

地应力平衡分析步与水力压裂注入分析步相关的设置在 INP 输入的显示如下所示：

```
***************************************************************
** STEP: Geo-1
** 地应力平衡分析步设置。
* Step, name=Geo-1, nlgeom=YES, unsymm=YES
```

** 地应力平衡分析步设置，名称为 Geo-1，几何非线性与非对称矩阵存储开启。

* Geostatic

** “ * Geostatic”为地应力平衡分析步关键词。

……………………

** OUTPUT REQUESTS

** 地应力平衡分析步的场变量和历程变量输出全部采用默认设置。

* Restart，write，frequency=0

** FIELD OUTPUT：F-Output-1

* Output，field，variable=PRESELECT

** HISTORY OUTPUT：H-Output-1

* Output，history，variable=PRESELECT

* End Step

****

** STEP：Hydraulic

** 水力压裂注入分析步设置。

* Step，name=Hydraulic，nlgeom=YES，inc=10000，unsymm=YES

** 水力压裂注入分析步设置，名称为 Hydraulic，几何非线性与非对称矩阵存储开启，分析步的最大增量步数为 10000。

* Soils，consolidation，end=PERIOD，utol=9e+08，creep=none

** “ * Soils”为土固结分析步设置关键词。

1.，3600.，1e-09，10.，

** 初始增量步时间为 1.0s、总时间 3600.0s、最小增量步时间为 1.0×10^{-9}s、最大增量步时间为 10.0s。

…………………………………

** CONTROLS

** 迭代求解控制设置。

* Controls，reset

* Controls，analysis=discontinuous

** 非连续性迭代分析求解控制设置。

* Controls，parameters=time incrementation

,,,,,,,, 25,,,

** 单个增量步最大迭代次数设置。

** OUTPUT REQUESTS

* Restart，write，frequency=0

** 重启分析步设置，采用默认设置。

** FIELD OUTPUT：F-Output-1

** 场变量输出，场变量输出名称为 F-Output-1。

* Output，field

** 场变量输出关键词。

* Node Output

** 节点场变量输出。

PHILSM, POR, PSILSM, U

** 节点场变量输出类型为 PHILSM、POR、PSILSM、U。

* Element Output, directions=YES

** 单元场变量输出，默认输出方向。

E, S, SAT, VOIDR

** 单元场变量类型输出 E、S、SAT、VOIDR。

* contact output, surface=xfem-s

** 扩展有限元裂缝面的接触变量输出，裂缝面名称为 xfem-s。

CSDMG, CRKDISP, PORPRES, PORPRESURF, GFVR, LEAKVR, ALEAKVR

** 表示形成的三维裂缝扩展面的结果变量的输出，输出变量包括 CSDMG、CRKDISP、PORPRES、PORPRESURF、GFVR、LEAKVR、ALEAKVR。

** HISTORY OUTPUT: H-Output-1

* Output, history, variable=PRESELECT

** 历程变量输出采用默认设置。

* End Step

****

8.1.2.6 Interaction 功能模块

1. 相互作用属性创建

扩展有限元模拟裂缝扩展过程中，形成的压裂裂缝需要进行裂缝面的相互作用（接触属性）设置。

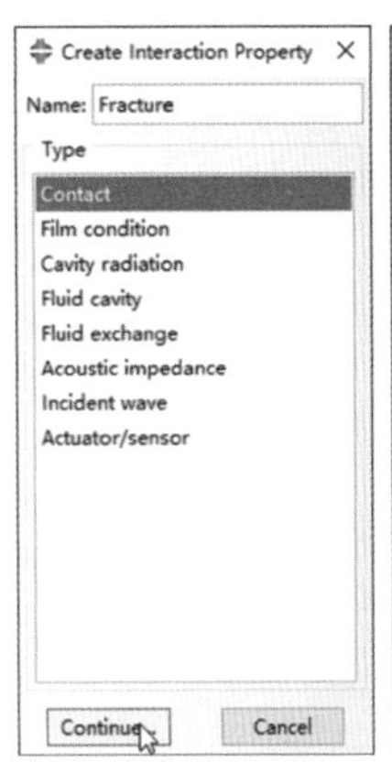

(a)相互作用属性创建

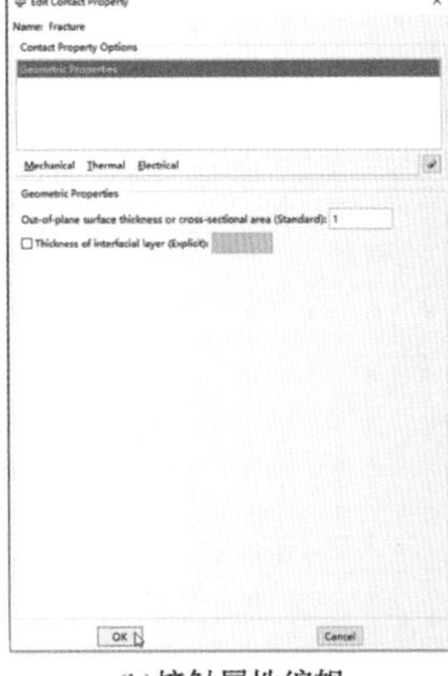

(b)接触属性编辑

图 8-23 接触属性设置

点击左侧工具箱区快捷按钮（Create Interaction Property）或菜单栏 Interaction→Property→Create…，进入相互作用属性创建（Create Interaction Property）对话框［见图 8-23(a)］，相互作用属性名称（Name）输入 Fracture，类型选择接触（Contact），点击 Continue 按钮，进入接触属性编辑（Edit Contact Property）对话框［见图 8-23(b)］，在力学（Mechanical）选项中选择 Geometric Properties，相关的参数选择默认参数，设置完成后点击 OK 按钮。

相关的接触属性设置在 INP 输入文件中显示如下：

****

** INTERACTION PROPERTIES

* Surface Interaction, name=Fracture

1. ,

＊＊裂缝面接触属性默认设置。

＊＊

2. 扩展有限元设置

点击菜单栏 Special→Crack→Create…，进入裂缝创建(Create Crack)对话框[见图 8-24(a)]，对话框中名称输入 XFEM-1，类型(Type)选择 XFEM，点击对话框 Continue 按钮进行裂缝扩展区域选择。点击右下角提示区 Sets... 按钮，进入区域选择(Region Selection)对话框[见图 8-24(b)]，选择 Rock 几何集合(全部 Rock 部件为裂缝扩展区域)，点击区域选择对话框 Continue 按钮，进入裂缝编辑(Edit Crack)对话框，在对话框中勾选初始裂缝位置(Crack location)和指定接触属性(Specify contact property)选项。勾选 Crack location 选项后，点击 Crack location 右侧的 按钮，进行初始裂缝设置辅助面选择，点击右下角提示区 Sets... 按钮后再次进入区域选择(Region Selection)对话框[见图 8-24(c)]，选择 XFEM 几何集合，点击 Continue 按钮后，重新进入裂缝编辑(Edit Crack)对话框[见图 8-24(d)]，指定接触属性(Specify contact property)选项选择 Fracture 接触属性，点击 OK 按钮完成设置。

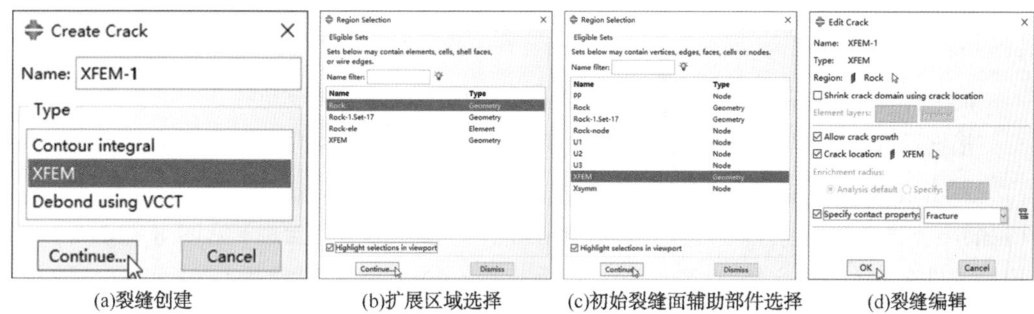

(a)裂缝创建 (b)扩展区域选择 (c)初始裂缝面辅助部件选择 (d)裂缝编辑

图 8-24 XFEM 设置

设置 XFEM 裂缝扩展后的实例如图 8-25 所示。

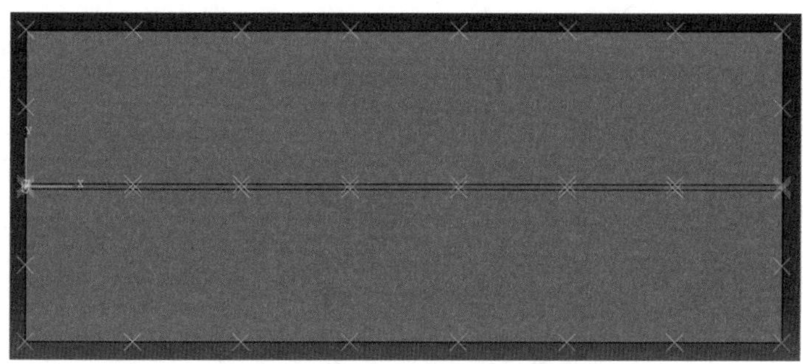

图 8-25 设置 XFEM 属性后的实例

XFEM 裂缝扩展设置在 INP 输入文件中的显示如下所示：

＊＊

＊Enrichment, name=XFEM-1, type=PROPAGATION CRACK, elset=Rock, interaction=Fracture

** 名称为 XFEM-1，类型为裂缝扩展，选择区域为 Rock 集合，接触属性选择 Fracture 接触属性。

* surface，type=xfem，name=xfem-s

XFEM-1

** 输出裂缝扩展面设置，方便裂缝面的观测和裂缝面结果参数的输出。

****

注意：针对三维扩展有限元法进行裂缝扩展模拟时，形成裂缝后若不生成裂缝面集合，形成的三维裂缝显示难度大。因此，需要针对压裂裂缝面进行生成设置，裂缝面生成后可进行压裂裂缝的尺度、裂缝压力、裂缝宽度等场变量输出。目前，裂缝面的生成设置无法在 CAE 界面中利用快捷方式设置，需要在关键词编辑或 INP 输入文件中进行裂缝扩展裂缝面生成手动设置。裂缝面生成后，可在分析步中进行相关的裂缝面中的裂缝宽度、裂缝流体压力等场变量参数的输出。

8.1.2.7 Load 功能模块

1. 边界条件设置

1）位移边界条件

模型边界条件主要包括左侧 X 方向位移对称边界、右侧 X 方向固定边界、Y 方向固定边界和 Z 方向固定边界。

（1）左侧 X 方向位移对称边界条件。

根据示意图 8-1 所示的边界条件，左侧的 X 方向的位移对称边界条件设置流程如下：

点击左侧工具箱区快捷按钮 (Create Boundary Condition) 或菜单栏 BC→Create…，进入边界条件创建(Create Boundary Condition)对话框[见图 8-26(a)]，边界条件名称(Name)输入 Xsymm，分析步(Step)选择初始分析步(Initial)，种类(Category)选择力学(Mechanical)，分析步可选的边界条件类型(Types for Selected Step)选择对称/反对称/固定(Symmetry/Antisymmetry/Encastre)，设置完成后点击对话框左下角 Continue 按钮进行边界条件区域选择。点击右下角提示区 Sets... 按钮，进入区域选择(Region Selection)对话框[见图 8-26(b)]，选择 Xsymm 节点集合后点击 Continue 按钮，进入边界条件编辑(Edit Boundary Condition)对话框[见图 8-26(c)]，边界采用 X 方向对称位移边界(U1=UR2=UR3=0)，点击 OK 按钮完成设置。

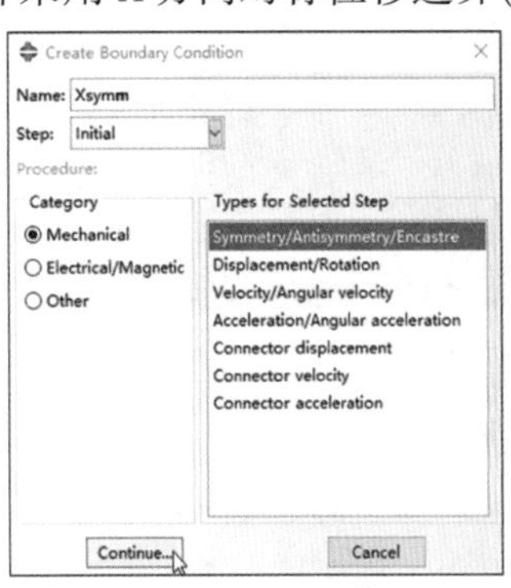

(a)边界条件创建

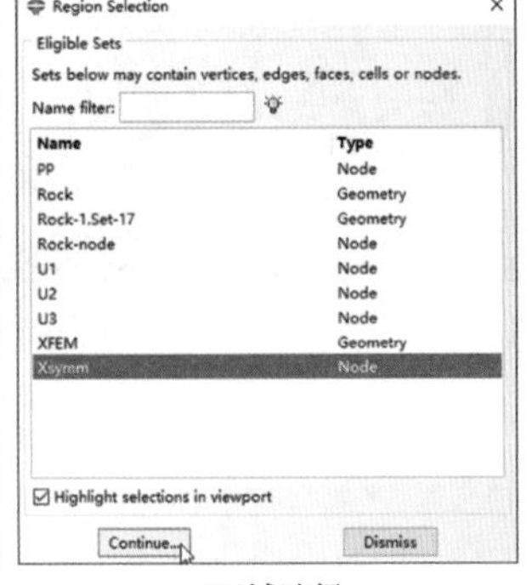

(b)区域选择

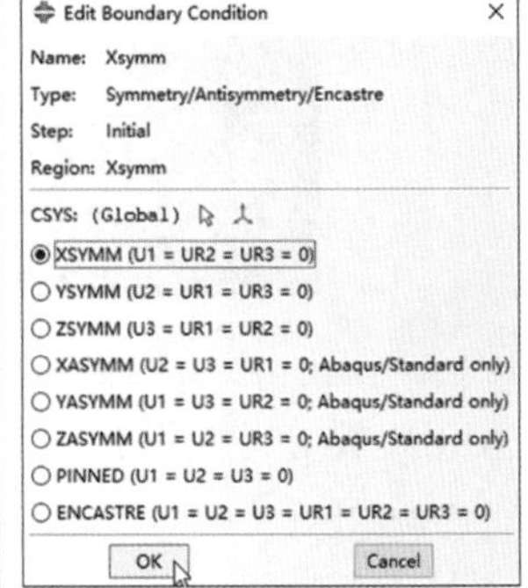

(c)边界条件编辑

图 8-26　左侧 X 方向位移对称边界条件设置

（2）右侧 X 方向位移边界条件。

右侧 X 方向的位移边界条件设置如图 8-27 所示，边界采用 X 方向位移边界条件设置，边界条件创建(Create Boundary Condition)对话框如图 8-27(a)所示，边界条件区域选择如图 8-27(b)所示，边界条件编辑(Edition Boundary Condition)设置如图 8-27(c)所示，位移边界条件为 U1=0。

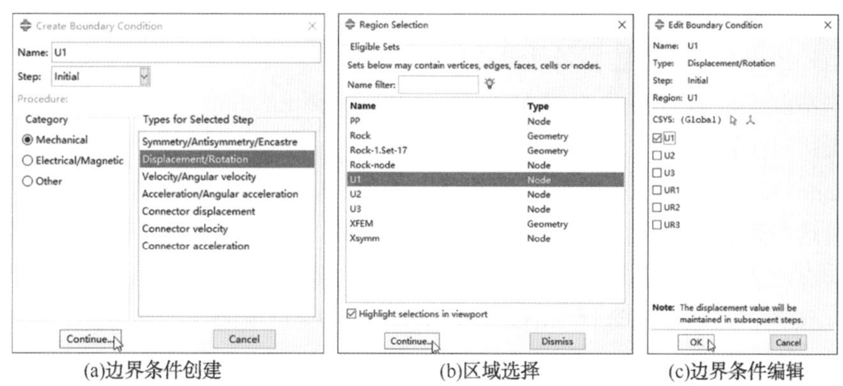

(a)边界条件创建　　(b)区域选择　　(c)边界条件编辑

图 8-27　右侧 X 方向位移边界条件设置

（3）Y 方向位移边界条件。

部件前后 Y 方向的边界条件设置流程如下：边界条件创建(Create Boundary Condition)对话框中边界条件名称(Name)输入 U2。区域选择(Region Selection)对话框中边界条件区域选择 U2 节点集合。边界条件编辑(Edit Boundary Condition)对话框中位移边界条件勾选 U2，位移边界条件为 U2=0。

（4）Z 方向位移边界条件。

部件上下 Z 方向的位移边界条件名称输入 U3，区域节点集合选择 U3，位移边界选择 U3=0。

部件位移边界条件设置完成后，部件的边界条件显示如图 8-28 所示。

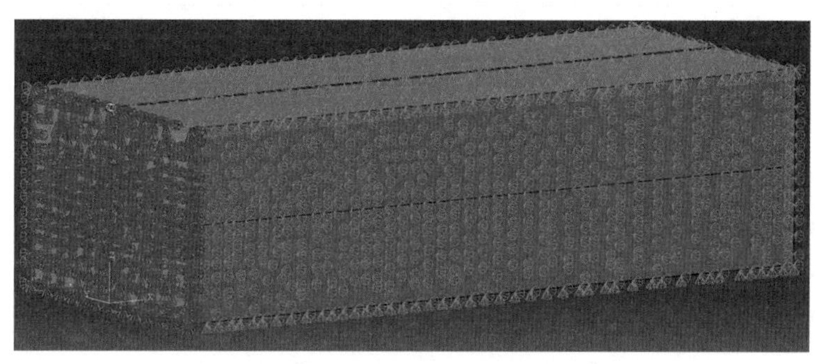

图 8-28　设置边界条件后的实例

（5）初始失效裂缝虚拟节点位移边界条件。

针对左侧 X 方向的位移边界位置，设置初始裂缝过程中在左侧 X 方向的边界区域形成了虚拟节点，虚拟节点也需要进行边界条件设置，相关的边界条件设置无法在 ABAQUS/CAE 中进行设置，需要在关键词编辑或 INP 输入文件中进行文本编辑设置，具体的设置如下：

* Boundary, phantom=node

** "*Boundary"为边界条件设置关键词,"phantom=node"表示虚拟节点边界类型。

Phantom-node, XSYMM

** 分别表示设置的实际节点集合、边界条件类型。

2) 孔隙压力边界条件

模型外边界孔隙压力边界条件设置如下:

点击左侧工具箱区快捷按钮 (Create Boundary Condition)或菜单栏 BC→Create…,进入边界条件创建(Create Boundary Condition)对话框[见图 8-29(a)],边界条件名称(Name)输入 PP,分析步(Step)选择 Geo-1,种类(Category)选择其他(Other),分析步可选的边界条件类型(Types for Selected Step)选择孔隙压力(Pore Pressure)。设置完成后点击对话框左下角的 Continue 按钮后进行边界条件区域选择,点击右下角提示区 Sets... 按钮,进入区域选择(Region Selection)对话框[见图 8-29(b)],选择 PP 节点集合后点击 Continue 按钮,进入边界条件编辑(Edit Boundary Condition)对话框[见图 8-29(c)],孔隙压力值输入 2.0e7(孔隙压力为 2.0×10^7 Pa)。点击 OK 按钮完成设置。

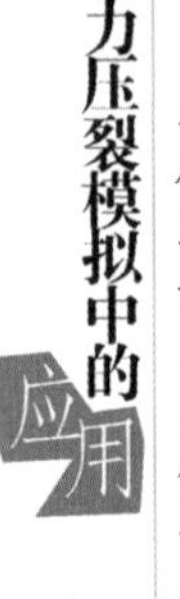

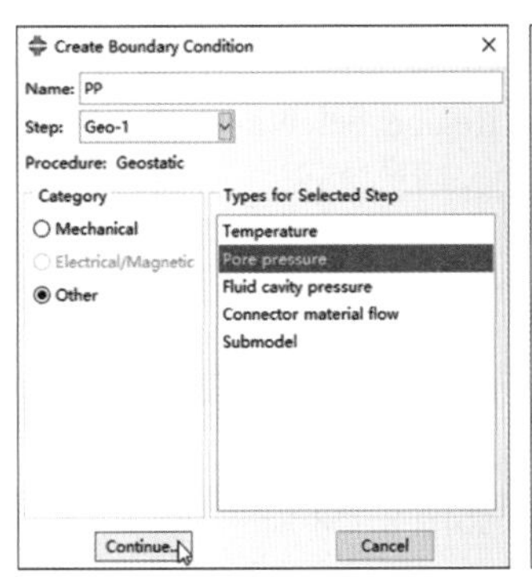

(a)边界条件创建

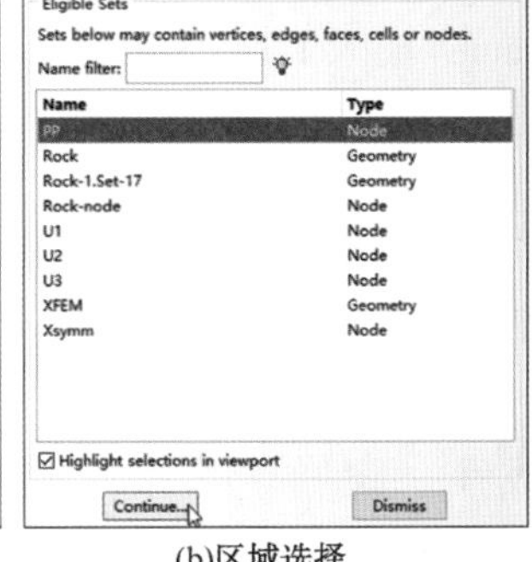

(b)区域选择

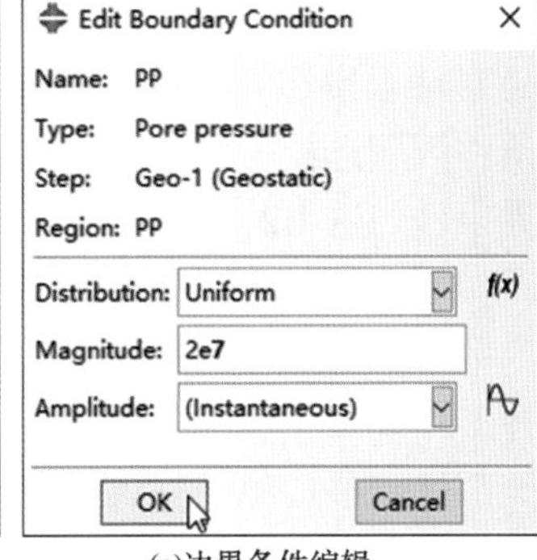

(c)边界条件编辑

图 8-29 孔隙压力边界条件设置

上述边界条件设置后,边界条件设置在 INP 输入文件中的显示如下:

****

** BOUNDARY CONDITIONS

** Name: Xsymm Type: Symmetry/Antisymmetry/Encastre

** 左侧 X 方向位移对称边界条件设置,名称为 Xsymm,类型为对称/反对称/固定。

* Boundary

Xsymm, XSYMM

** 集合名称,边界条件设置。

** Name: U1 Type: Displacement/Rotation

** 右侧 X 方向位移边界条件设置,名称为 U1,类型为位移/旋转。

* Boundary

U1, 1, 1

** 集合名称为 U1, 1 自由度。

** Name: U2 Type: Displacement/Rotation

** Y 方向位移边界条件设置，名称为 U2，类型为位移/旋转。

* Boundary

U2, 2, 2

** 集合名称为 U2, 2 自由度。

** Name: U3 Type: Displacement/Rotation

** Z 方向位移边界条件设置，名称为 U3，类型为位移/旋转。

* Boundary

U3, 3, 3

** 集合名称为 U3, 3 自由度。

* Boundary, phantom=node

** 初始裂缝区域虚拟节点位移边界条件设置。

Phantom-node, XSYMM

** 注入点初始裂缝虚拟节点的对称位移边界条件设置，需要在 INP 输入文件和关键词中编辑。

****

设置的 Geo-1 分析步的孔隙压力边界条件如下所示：

****

** BOUNDARY CONDITIONS

** Name: PP Type: Pore pressure

** Geo-1 分析步孔隙压力边界条件设置，名称为 PP，类型为孔隙压力。

* Boundary

PP_PP_, 8, 8, 2e+07

** 孔隙压力边界条件的集合为 PP_PP_, 8 自由度，孔隙压力值为 2.0×10^7Pa。

****

2. 初始场变量设置

初始场变量主要包括孔隙压力、孔隙比、饱和度、地应力等场变量。

1) 孔隙压力

点击左侧工具箱区快捷按钮 (Create Predefined Field) 或菜单栏 Predefined Field→Create…，进入场变量创建(Create Predefined Field)对话框[见图 8-30(a)]，名称(Name)输入 Pore Pressure，种类(Category)选择其他(Other)，可选的类型(Types for Selected Step)选择孔隙压力(Pore pressure)，设置完成后点击 Continue 按钮进行场变量节点集合选择。点击右下角提示区 Sets... 按钮，进入区域选择(Region Selection)对话框[见图 8-30(b)]，选择 Rock-node 节点集合，点击对话框 Continue 按钮进入场变量编辑(Edit Predefined Field)对话框[见图 8-30(c)]，输入初始的孔隙压力 2.0×10^7Pa，输入完成后点击 OK 按钮。

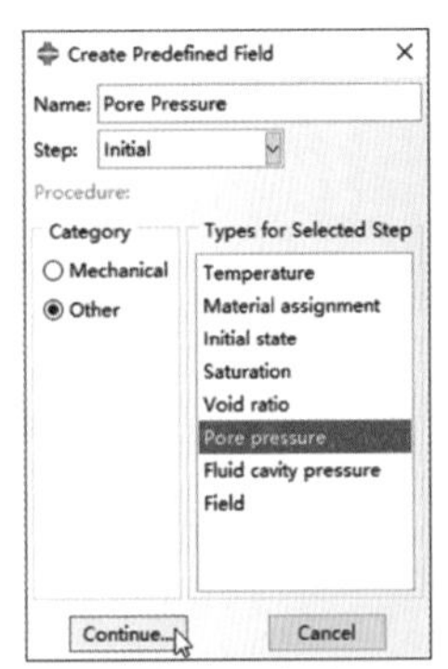

(a)初始场变量创建

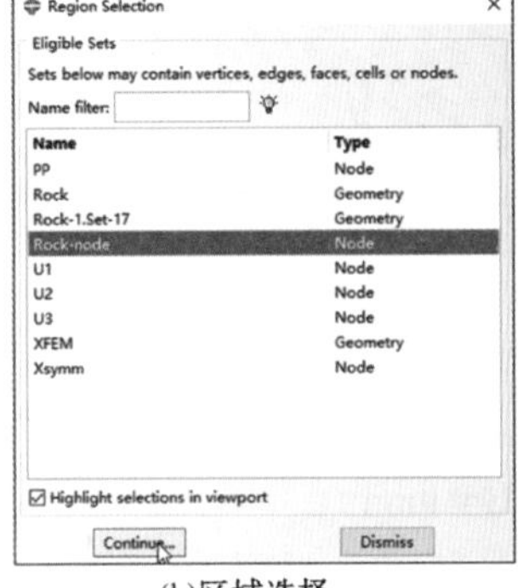

(b)区域选择

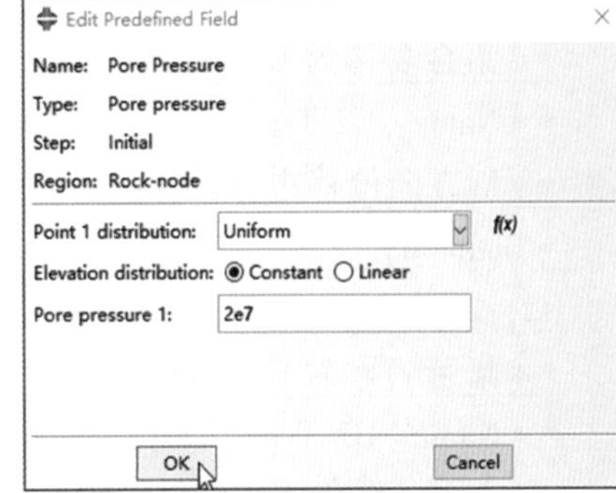

(c)初始场变量编辑

图 8-30 初始孔隙压力场变量设置

2）储层岩石孔隙比

储层岩石初始孔隙比场变量设置如下：场变量创建(Create Predefined Field)对话框中名称(Name)输入 Void，分析步可选的类型选择 Void ratio。区域选择(Region Selection)对话框中选择 Rock-node 节点集合。场变量编辑(Edit Predefined Field)对话框中初始孔隙比输入 0.15，设置完成后点击 OK 按钮。

3）储层岩石饱和度

储层岩石的初始饱和度场变量设置的名称输入 Sat，分析步可选的类型选择 Saturation。区域选择 Rock-node 节点集合，饱和度初始场变量设置为 1.0。

4）储层岩石地应力

储层岩石的地应力初始场变量设置流程如下：点击左侧工具箱区快捷按钮 (Create Predefined Field)或菜单栏 Predefined Field→Create…，进入场变量创建(Create Predefined Field)对话框，场变量名称(Name)输入 GEO-STRESS，分析步(Step)选择初始分析步(Initial)，种类(Category)选择力学(Mechanical)，分析步可选的场变量类型(Types for Selected Step)选择应力(Stress)，设置完成后点击 Continue 按钮进行区域选择。点击右下角提示区 Sets... 按钮，进入区域选择(Region Selection)对话框，选择 Rock-ele 单元集合后，点击 Continue 按钮，进入场变量编辑(Edit Predefined Field)对话框，对话框中输入 -2.0×10^7、-1.5×10^7、-2.5×10^7、0、0、0，点击 OK 按钮，完成设置。

地应力、孔隙压力等初始场变量和初始裂缝在 INP 输入文件中的显示如下：

```
*****************************************************************
** Name: Pore Pressure   Type: Pore pressure
*Initial Conditions, TYPE=PORE PRESSURE
Rock-node, 2e+07
** 初始孔隙压力场变量设置，孔隙压力 2.0×10^7Pa。
** Name: Sat   Type: Saturation
*Initial Conditions, type=SATURATION
Rock-node, 1.
```

```
** 初始饱和度场变量设置，饱和度 1.0。
** Name: Void   Type: Void ratio
* Initial Conditions, TYPE=RATIO
Rock-node, 0.15
** 初始孔隙比场变量设置，孔隙比 0.15。
** Name: GEO-STRESS   Type: Stress
* Initial Conditions, type=STRESS
Rock-ele, -2e+07, -1.5e+07, -2.6e+07, 0., 0., 0.
** 初始地应力场变量设置，分别表示 X 方向-2.0×10^7 Pa、Y 方向-1.5×10^7 Pa 和 Z 方向 2.5×10^7 Pa。
* Initial Conditions, type=ENRICHMENT
** 扩展有限元初始裂缝与裂缝单元的距离，初始裂缝穿透两个单元。
24491, 1, XFEM-1, 0.5, -0.447214
24491, 2, XFEM-1, -0.5, -0.447214
24491, 3, XFEM-1, -0.5, 0.176128
24491, 4, XFEM-1, 0.5, 0.176128
24491, 5, XFEM-1, 0.5, 0.288277
24491, 6, XFEM-1, -0.5, 0.288277
24491, 7, XFEM-1, -0.5, 0.911618
24491, 8, XFEM-1, 0.5, 0.911618
24991, 1, XFEM-1, -0.5, -0.447214
24991, 2, XFEM-1, 0.5, -0.447214
24991, 3, XFEM-1, 0.5, 0.176128
24991, 4, XFEM-1, -0.5, 0.176128
24991, 5, XFEM-1, -0.5, 0.288277
24991, 6, XFEM-1, 0.5, 0.288277
24991, 7, XFEM-1, 0.5, 0.911618
24991, 8, XFEM-1, -0.5, 0.911618
** 初始裂缝单元节点距初始裂缝面的垂直距离，数据行分别表示单元编号、局部节点编号、设置的扩展有限元的名称、方向和距离。
****************************************************************
```

3. 流体注入设置

利用扩展有限元法进行水力压裂裂缝扩展模拟，需要进行流体注入点确认与流体注入设置。进行压裂液流体注入设置需要采用手动编辑设置，无法在 ABAQUS/CAE 中进行设置。

1）流体注入幅值曲线设置

点击菜单栏 Tools→Amplitude→Create…，进入幅值曲线创建（Create Amplitude）对话框，幅值曲线名称（Name）输入 Volumerate，类型（Type）选择表格（Tabular），点击

对话框 Continue 按钮进入幅值曲线编辑(Edit Amplitude)对话框，时间 0.0 时输入幅值 0.0，时间 200.0 时输入幅值-1，设置完成后点击 OK 按钮完成幅值曲线设置。

2）流体注入设置

根据模型尺寸和初始裂缝位置，本例的压裂液注入点位置如图 8-31 所示，流体注入点位于初始裂缝的中点位置。注入点位于单元 24991 和单元 24491 边界线上，相关的单元节点编号为 1 和 9。后续需要利用节点 1 和 9 组成的网格边线进行注入设置，通过关键词编辑或 INP 输入文件中直接手动编辑进行设置。

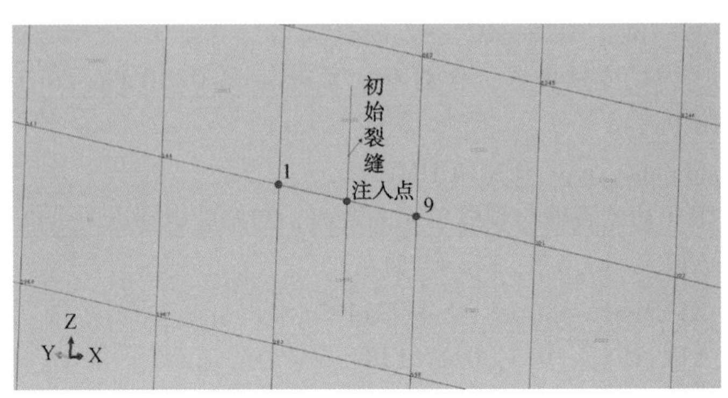

图 8-31　流体注入点位置

流体注入采用点注入，注入设置的关键词为"Cflow"，具体的设置表达如下：

```
******************************************************
*Cflow, amplitude=Volumerate, phantom=edge
** "*Cflow"为流体点注入关键词，幅值曲线为 Volumerate，"phantom=edge"表示类型为虚拟节点边。
1, 9, 0.1
**1 和 9 为网格边的节点，0.1 为流体注入流量，单位为 m³/s。
******************************************************
```


8.1.2.8　Job 功能模块

1. 作业创建

在 Job 功能模块中，进入作业创建(Create Job)对话框，作业名称(Name)输入 Xfem-Hydraulic，设置完成后点击 Continue 按钮，进入作业编辑(Edit Job)对话框，对话框中全部采用默认设置，设置完成后点击 OK 按钮。

2. INP 输入文件输出

INP 输入文件输出前可通过模型属性(Model Attributes)设置，设置后 INP 文件中不单独显示部件和组装信息，具体的设置方式如下：点击菜单栏 Model→Edit Attributes→Model-1(默认名称)，进入名属性编辑(Edit Model Attributes)对话框，勾选 INP 文件中不使用部件和组装信息(Do not use Parts and Assemblies in input files)，点击 OK 按钮完成设置。

点击左侧工具箱区快捷按钮 (Job Manager)或菜单栏 Job→Manager…，进入作业管理器(Job Manager)对话框，点击右上角 Write Input 按钮，此时会弹出 XFEM 部件没有进行任何截面属性赋值的警告对话框，提示是否继续生成 INP 输入文件。点击警告对话框中的 Continue 按钮，生成文件名称为 Xfem-Hydraulic 的 INP 输入文件。

8.1.3 模拟计算

INP 输入文件输出完成后，在 ABAQUS 程序中打开 ABAQUS/Command 命令窗口对话框，在命令窗口对话框中输入 abaqus job = xfem-hydraulic cpus = 12 interactive，确认后进行命令窗口的模拟分析，模拟计算直至设置的时间值。模拟提交使用的 CPU 线程数可根据自身电脑配置进行设置。

模拟计算完成后，利用 ABAQUS/CAE 模块或 ABAQUS/Viewer 模块打开模拟计算的 xfem-hydraulic. odb 文件，可进行相关的模拟结果场变量和历程变量的输出，模拟结果的输出如下：

点击左侧工具箱区快捷按钮 (Plot Contours on Deformed Shape) 或菜单栏 Plot→Contours→on Deformed Shape，模拟结果在视图区显示为变形状态的结果。

在变形状态结果显示条件下，点击左侧工具箱区快捷按钮 (Common Options) 或菜单栏 Options→Common…，进入通用绘图选项 (Common Plot Options) 对话框，对话框中的基本 (Basic) 界面变形缩放系数 (Deformation Scale Factor) 选择一致 (Uniform)，数值 (Value) 输入 100.0，可见边 (Visible Edges) 选择不显示边 (No edges)，设置完成后，点击 OK 按钮。

8.1.3.1 压裂裂缝扩展情况

点击菜单栏 (Create Display Group)，进入显示组创建 (Create Display Group) 对话框 (见图 8-32)，在对话框中项 (Item) 选择面集合 (Surfaces)，对话框中的右侧会显示不同时间点裂缝扩展形成裂缝面，用户可依据需要显示裂缝扩展表面形态与特征。

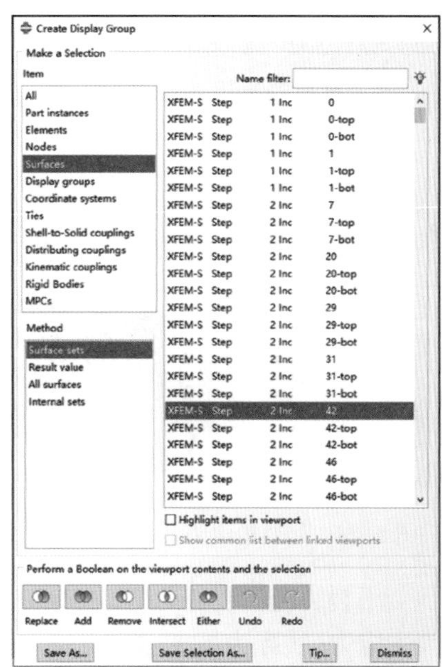

图 8-32 形成的裂缝面选择

结合模拟计算的时间增量步和形成的裂缝面，可以确定三维裂缝面的尺寸，不同时间点的裂缝形态如图 8-33 所示。图 8-33(a) 为压裂液注入 5.0s 时，初始失效裂缝上下形成新的裂缝单元后的裂缝表面，初始裂缝上下各形成一个新的压裂裂缝单元。图 8-33(b) 为流体注入 50.0s 时压裂裂缝面的形态，流体注入过程中形成了一定范围的新压裂裂缝。图 8-33(c)～(g) 为模拟时间 500.0～3600.0s 的压裂裂缝形态，模拟时间 500.0s 时，压裂裂缝高度方向已经扩展至模型的上下端面，裂缝高度为 40.0。压裂裂缝扩展过程中，裂缝长度前期增加幅度较大，随着模拟时间的增加，后续模拟过程中的裂缝长度增加幅度降低。本例模拟过程中，3000.0～3600.0s 的压裂裂缝未向前扩展形成新的压裂裂缝。

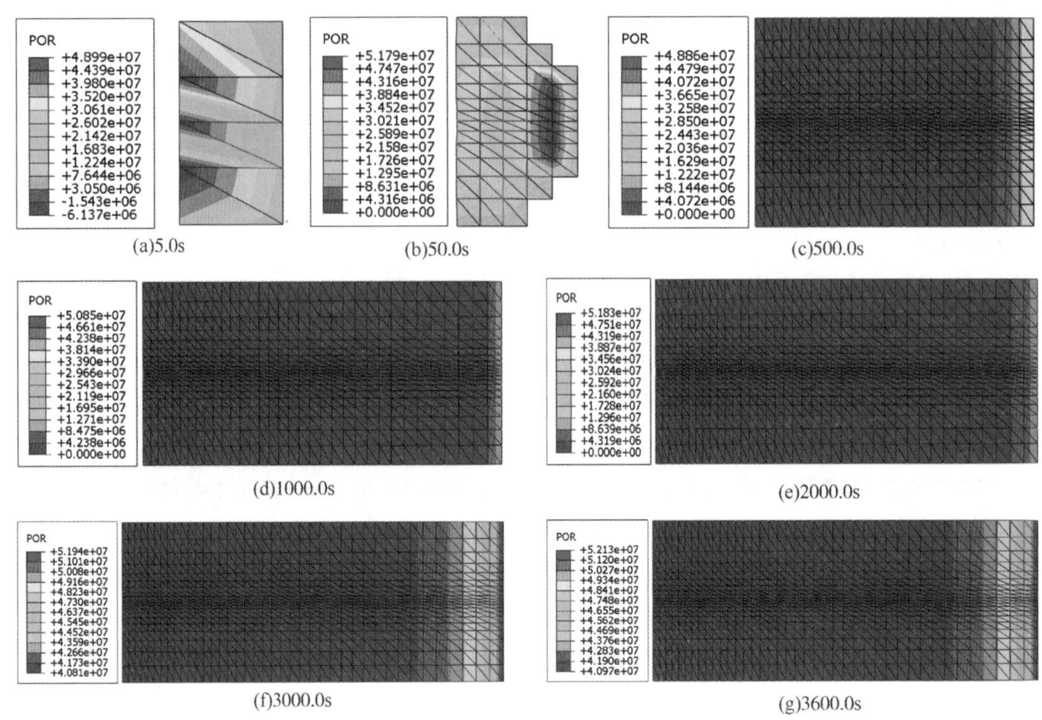

(a)5.0s (b)50.0s (c)500.0s

(d)1000.0s (e)2000.0s

(f)3000.0s (g)3600.0s

图 8-33　裂缝扩展情况

8.1.3.2　储层岩石模拟结果

1. 起裂初期

1）时间 5.0s

压裂裂缝起裂初期（模拟时间 5.0s）的孔隙度云图如图 8-34 所示、孔隙压力如图 8-35 所示，模型的孔隙压力和孔隙比变化范围相对较小。

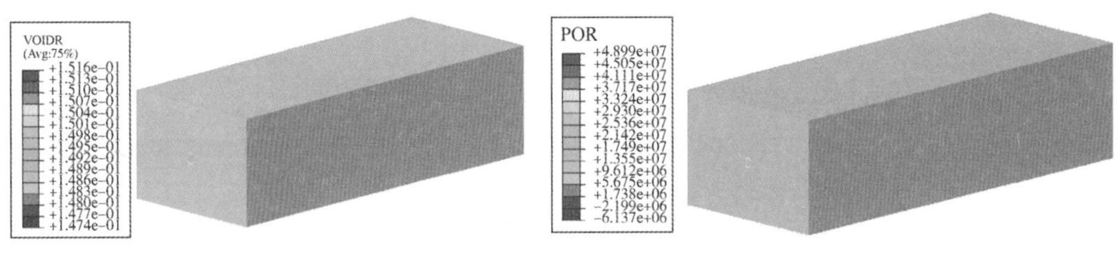

图 8-34　起裂初期储层岩石孔隙比（5.0s）　　图 8-35　起裂初期储层岩石孔隙压力（5.0s）

压裂裂缝起裂初期（模拟时间 5.0s）储层岩石整体的应力分布如图 8-36 所示。最大主应力（实际为最小主应力）[见图 8-36（b）]特征分布显示，部分区域的储层岩石已经由压应力转变为拉应力且超过储层的抗拉强度值，下一增量步可能会形成新的压裂裂缝。

压裂裂缝起裂初期（模拟时间 5.0s）储层岩石整体位移分布云图如图 8-37 所示，模拟时间短，压裂液注入量少，整体的位移量较小。

起裂初期（模拟时间 5.0s），图 8-36（a）所示的 A 截面应力分布如图 8-38 所示，压裂裂缝周围形成了应力集中。

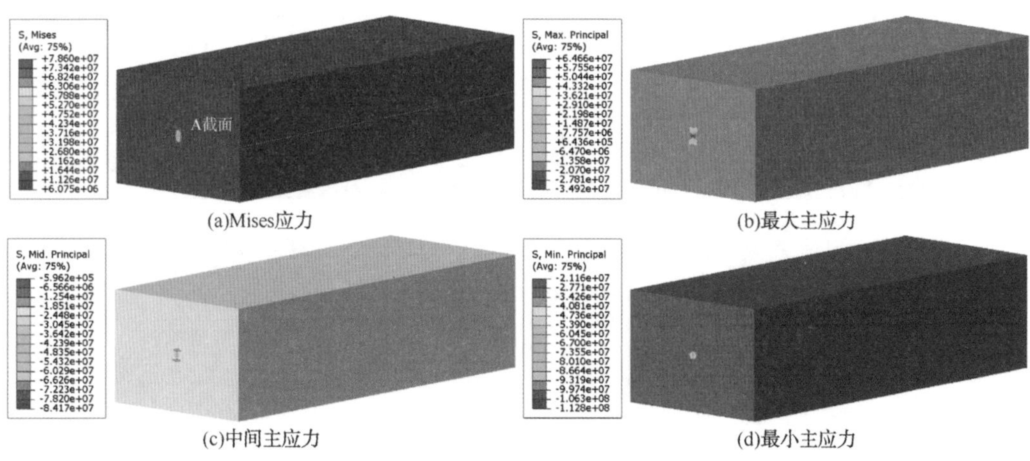

(a)Mises应力　(b)最大主应力　(c)中间主应力　(d)最小主应力

图 8-36　起裂初期储层岩石应力分布(5.0s)

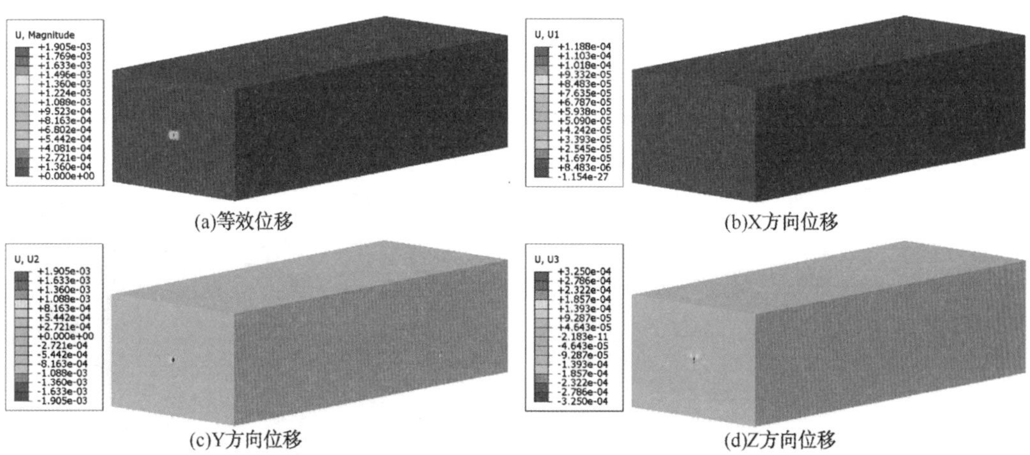

(a)等效位移　(b)X方向位移　(c)Y方向位移　(d)Z方向位移

图 8-37　起裂初期储层岩石位移分布(5.0s)

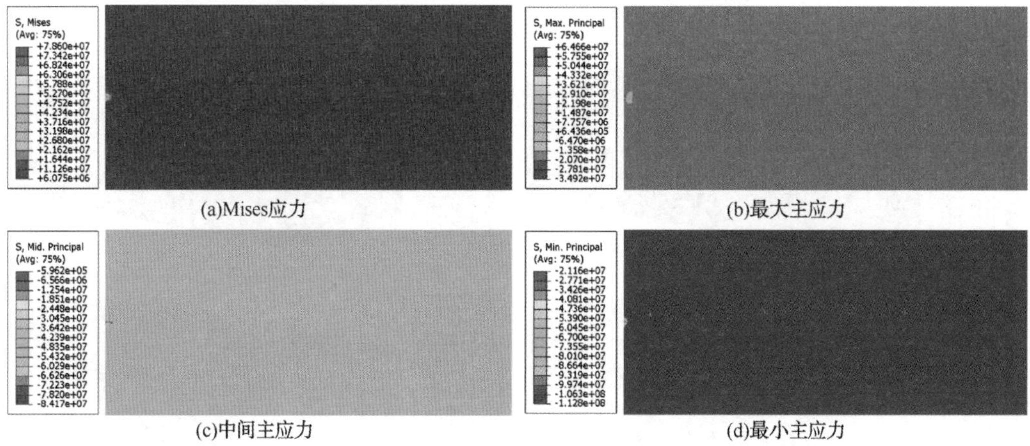

(a)Mises应力　(b)最大主应力　(c)中间主应力　(d)最小主应力

图 8-38　起裂初期高度方向储层岩石中间位置应力分布(5.0s)

起裂初期(模拟时间 5.0s)，图 8-36(a)所示的 A 截面的位移变化云图如图 8-39 所示。

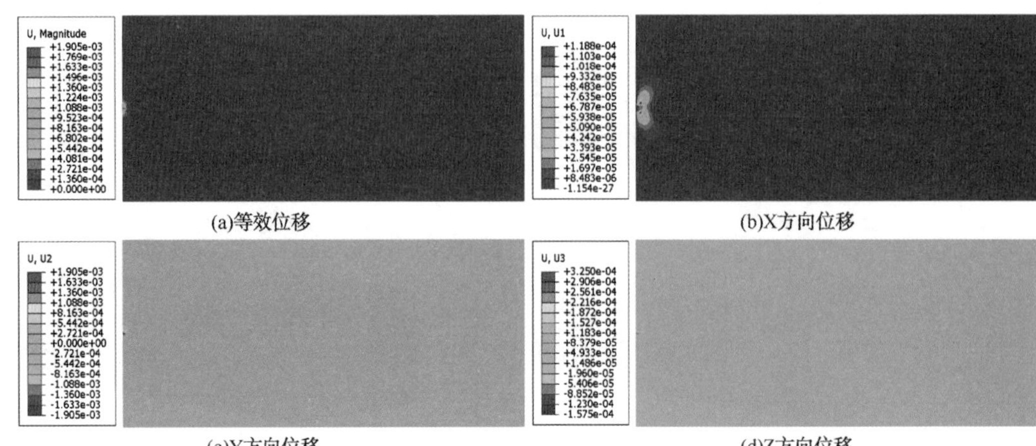

(a)等效位移　(b)X方向位移

(c)Y方向位移　(d)Z方向位移

图 8-39　起裂初期高度方向储层岩石中间位置位移分布(5.0s)

2）时间 50.0s

随着压裂液的不断注入，初始裂缝发生起裂，起裂后裂缝不断向前扩展。水力压裂流体注入 50.0s，储层岩石的孔隙比变化如图 8-40 所示，压裂裂缝周围的孔隙比由于受压缩作用的影响，孔隙比略有降低。储层岩石的孔隙压力变化云图如图 8-41 所示，储层压裂裂缝周围的孔隙压力远大于裂缝远端的储层基质。

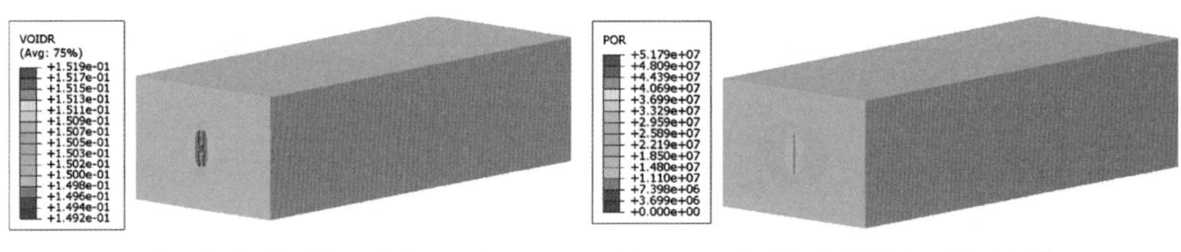

图 8-40　起裂初期储层岩石孔隙比(50.0s)　　图 8-41　起裂初期储层岩石孔隙压力(50.0s)

模拟时间 50.0s 时，储层岩石整体的应力分布如图 8-42 所示。由于压裂裂缝持续向前扩展，储层岩石的应力变化范围逐步增加。

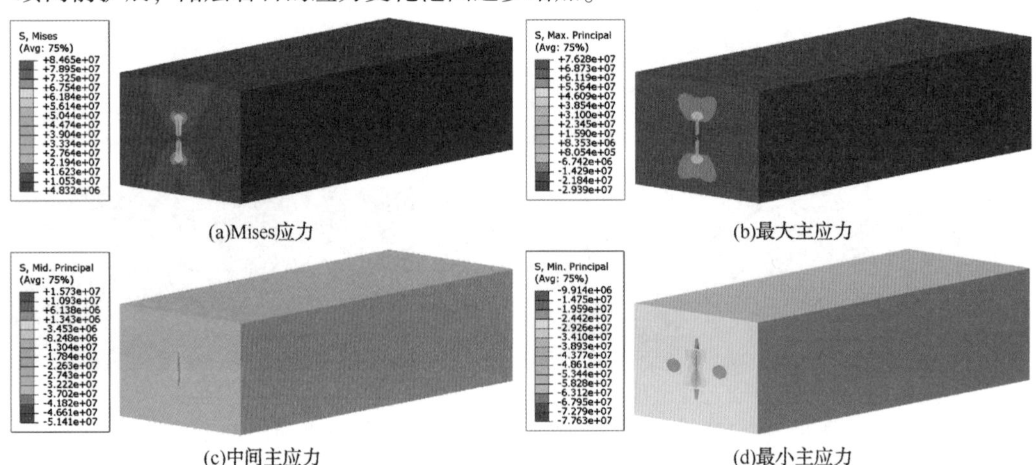

(a)Mises应力　(b)最大主应力

(c)中间主应力　(d)最小主应力

图 8-42　起裂初期储层岩石应力分布(50.0s)

模拟时间 50.0s 时，储层岩石整体的位移分布如图 8-43 所示。随着裂缝宽度的不断增加，裂缝面周围的储层岩石的等效位移和 U2 方向的位移逐步增加。

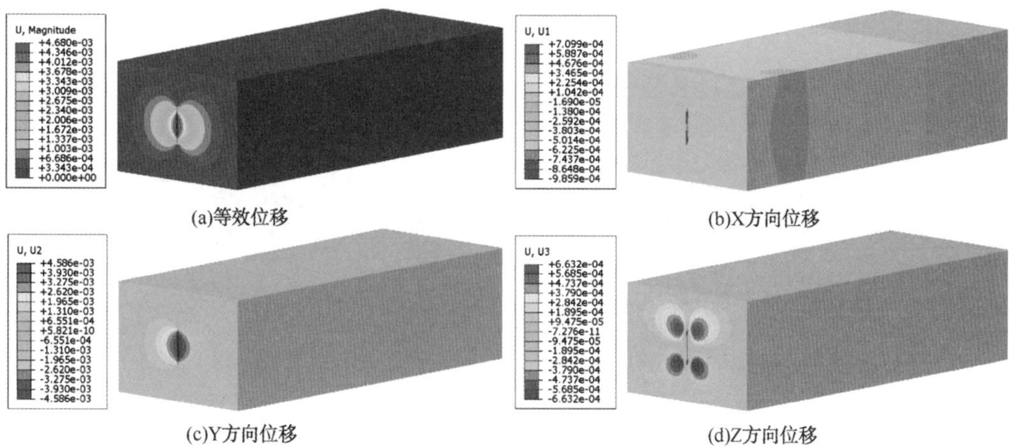

(a)等效位移　(b)X方向位移

(c)Y方向位移　(d)Z方向位移

图 8-43　起裂初期储层岩石位移分布(50.0s)

模拟时间 50.0s 阶段，图 8-36(a)所示的 A 截面的应力变化云图如图 8-44 所示。

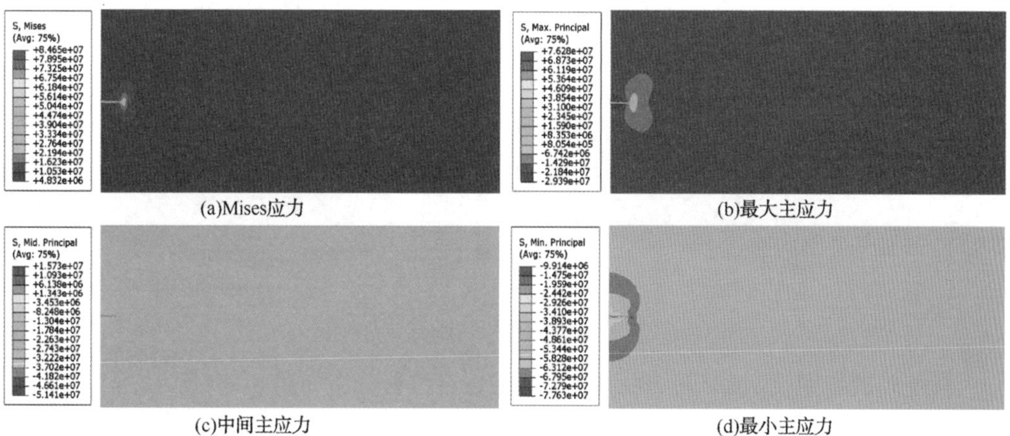

(a)Mises应力　(b)最大主应力

(c)中间主应力　(d)最小主应力

图 8-44　起裂初期高度方向储层岩石中间位置应力分布(50.0s)

模拟时间 50.0s 阶段，图 8-36(a)所示的 A 截面的位移变化云图如图 8-45 所示。

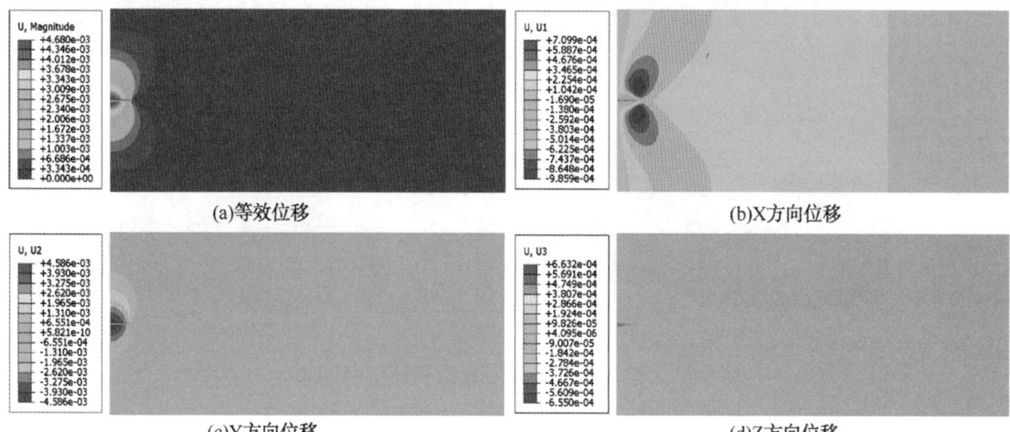

(a)等效位移　(b)X方向位移

(c)Y方向位移　(d)Z方向位移

图 8-45　起裂初期高度方向储层岩石中间位置位移分布(50.0s)

2. 扩展初期

模拟阶段 500. 0s 时，储层岩石的孔隙比变化特征如图 8-46 所示，孔隙比变化区域大幅度增加。储层岩石的孔隙压力分布如图 8-47 所示。

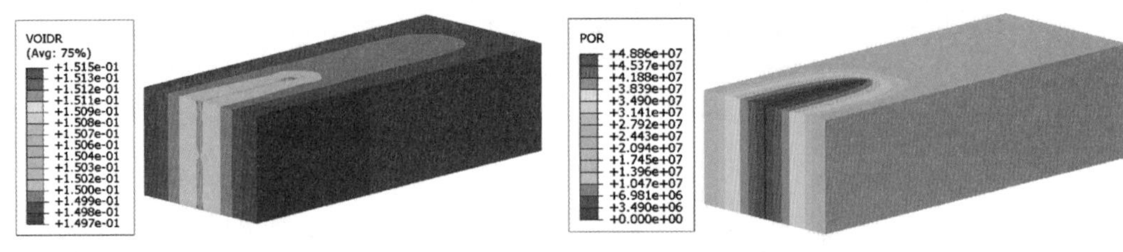

图 8-46　扩展初期储层岩石孔隙比(500. 0s)　　图 8-47　扩展初期储层岩石孔隙压力(500. 0s)

裂缝扩展初期(模拟时间 500. 0s)，储层岩石应力分布如图 8-48 所示。

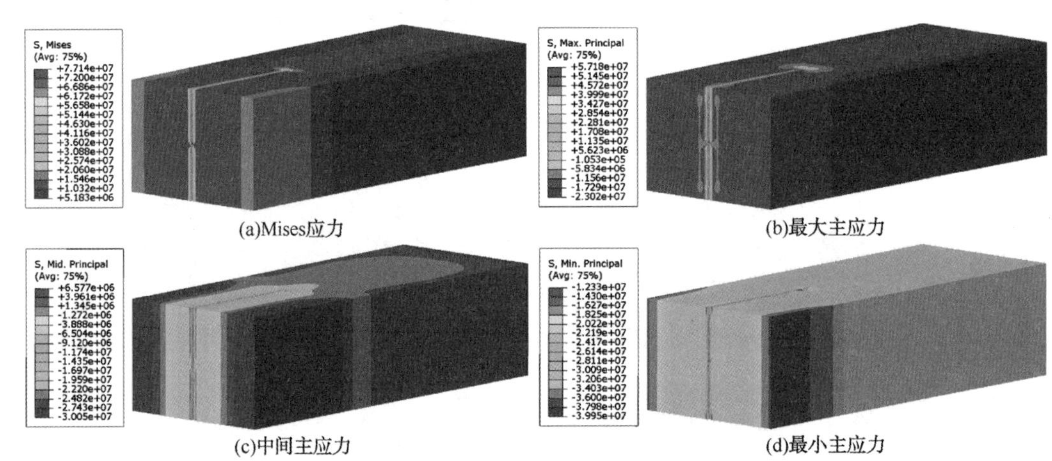

图 8-48　扩展初期储层岩石应力分布(500. 0s)

裂缝扩展初期(模拟时间 500. 0s)，储层岩石位移分布如图 8-49 所示。

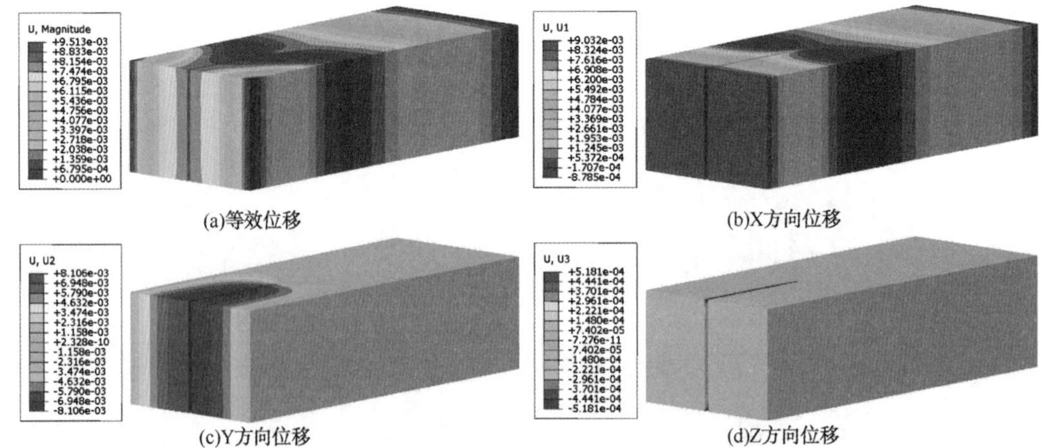

图 8-49　扩展初期储层岩石位移分布(500. 0s)

模拟时间 500. 0s 阶段，图 8-36(a)所示的 A 截面的应力变化云图如图 8-50 所示。

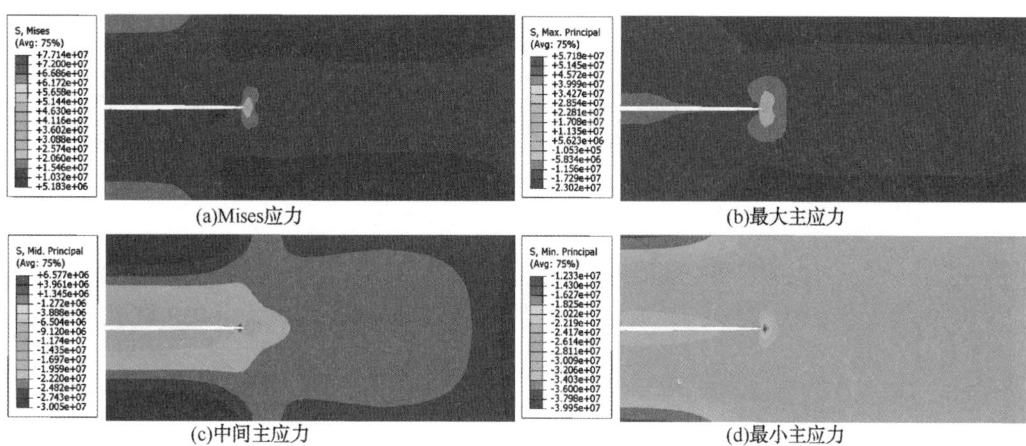
(a)Mises应力 (b)最大主应力

(c)中间主应力 (d)最小主应力

图 8-50 扩展初期高度方向储层岩石中间位置应力分布(500.0s)

模拟时间 500.0s 阶段，图 8-36(a)所示的 A 截面的位移变化云图如图 8-51 所示。

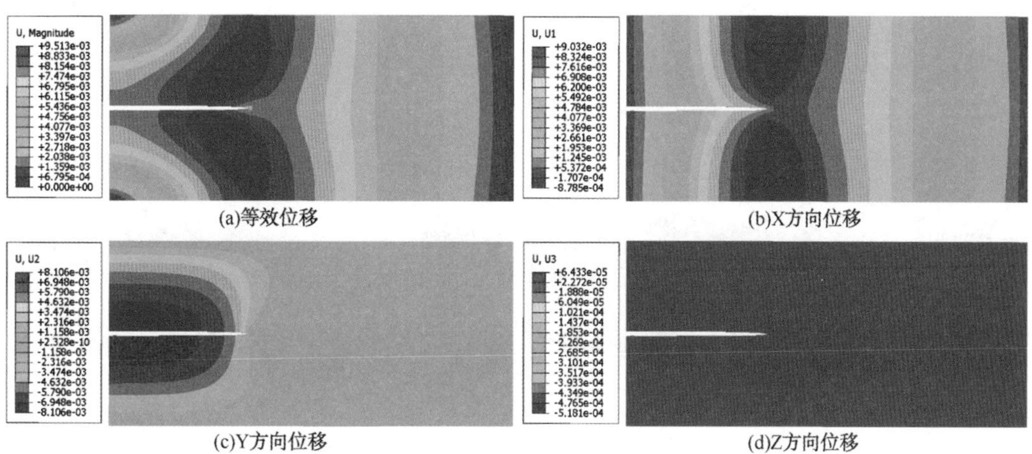
(a)等效位移 (b)X方向位移

(c)Y方向位移 (d)Z方向位移

图 8-51 裂缝扩展初期高度方向储层岩石中间位置位移分布(500.0s)

3. 扩展中期

模拟阶段 2000.0s 时，储层岩石的孔隙比变化特征如图 8-52 所示，储层岩石的孔隙压力分布如图 8-53 所示。

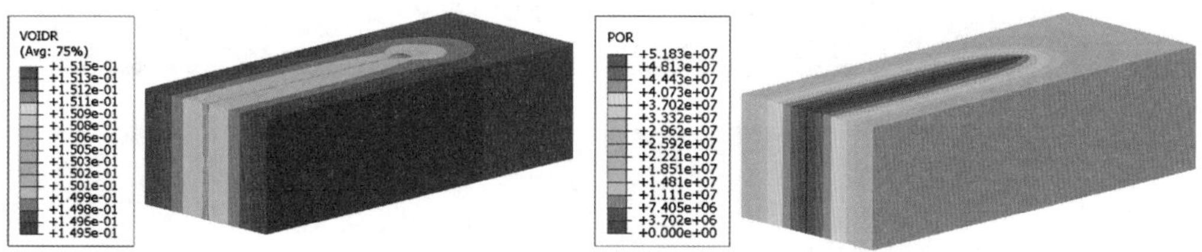
图 8-52 扩展中期储层岩石孔隙比(2000.0s) 图 8-53 扩展中期储层岩石孔隙压力(2000.0s)

裂缝扩展中期(模拟阶段 2000.0s)，储层岩石的整体应力分布特征如图 8-54 所示。

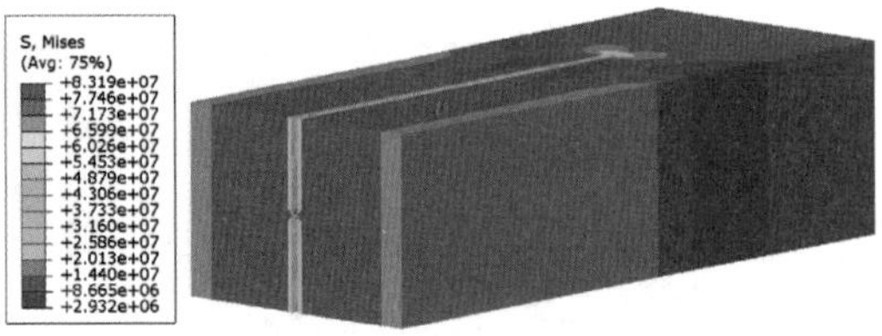

(a)Mises应力 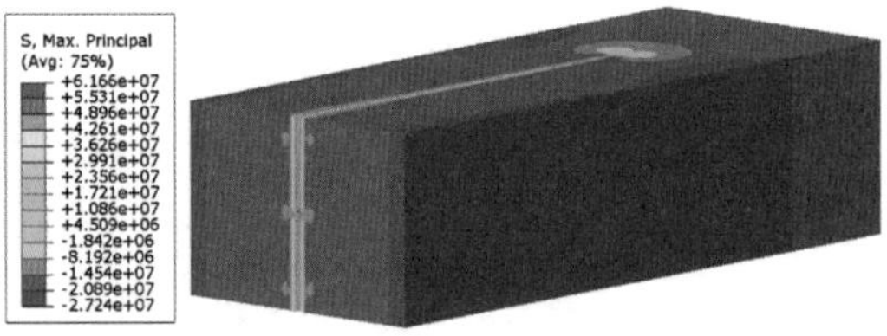　(b)最大主应力

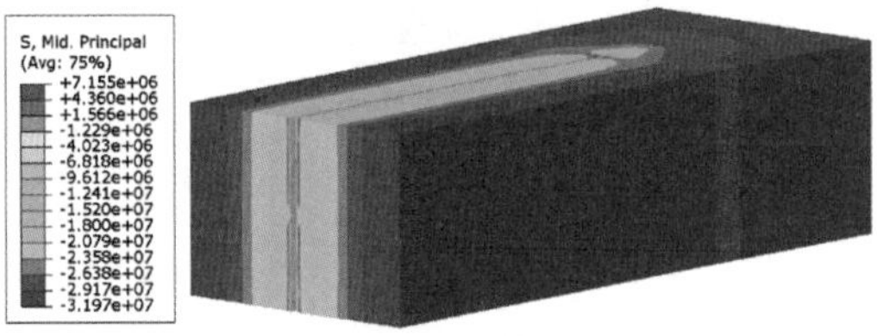

(c)中间主应力 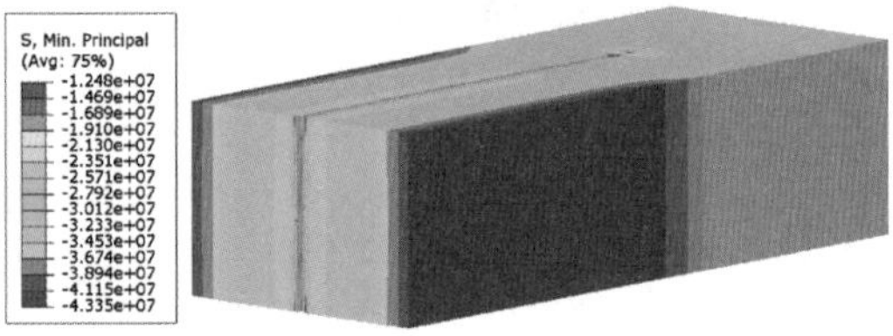　(d)最小主应力

图 8-54　裂缝扩展中期储层岩石应力分布(2000.0s)

裂缝扩展中期(模拟阶段 2000.0s)，储层岩石的整体位移分布特征如图 8-55 所示。

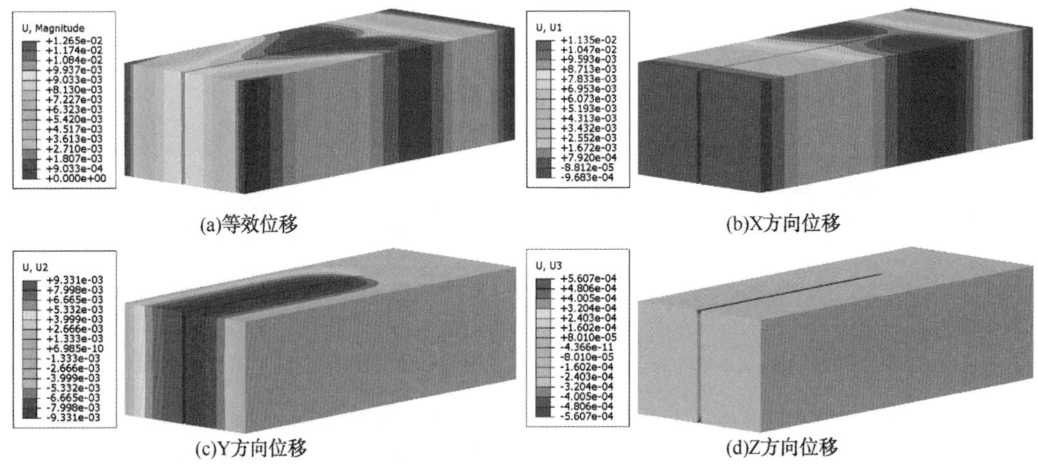

(a)等效位移　(b)X方向位移

(c)Y方向位移　(d)Z方向位移

图 8-55　裂缝扩展中期储层岩石位移分布(2000.0s)

模拟时间 2000.0s 阶段，图 8-36(a)所示的 A 截面的应力变化云图如图 8-56 所示。

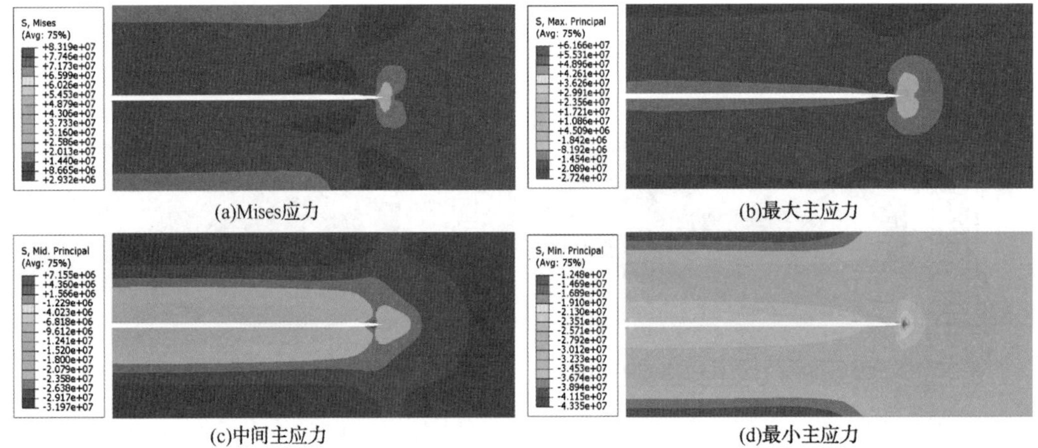

(a)Mises应力　(b)最大主应力

(c)中间主应力　(d)最小主应力

图 8-56　裂缝扩展中期高度方向储层岩石中间位置应力分布(2000.0s)

模拟时间 2000.0s 阶段，图 8-36(a)所示的 A 截面的位移变化云图如图 8-57 所示。

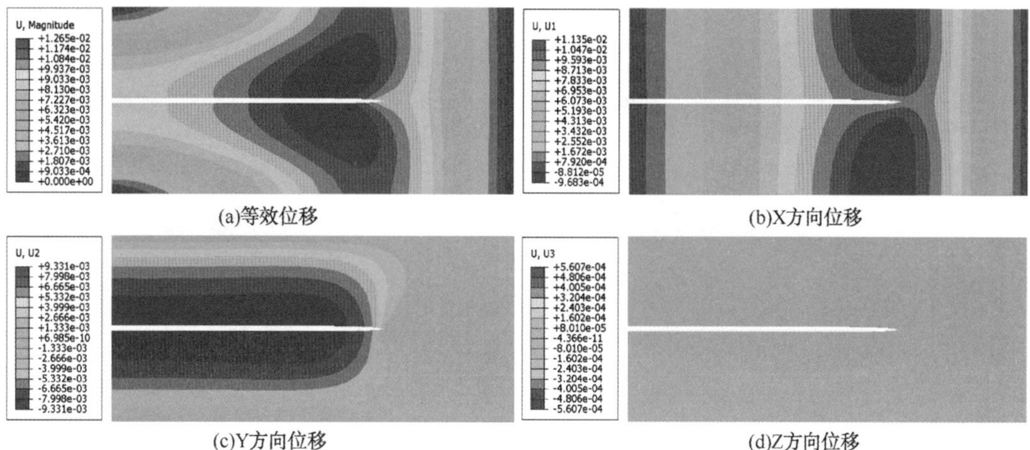

(a)等效位移　(b)X方向位移

(c)Y方向位移　(d)Z方向位移

图 8-57　裂缝扩展中期高度方向储层岩石中间位置位移分布(2000.0s)

4. 扩展后期

压裂液注入后期，压裂裂缝尺度达到一定范围，压裂液在裂缝面的滤失量与压裂液的注入量达到平衡或接近平衡时，压裂裂缝的扩展速度大幅度降低。储层岩石的孔隙比和孔隙压力变化较小。模拟时间 3000.0s 阶段，储层岩石的孔隙比分布如图 8-58 所示，孔隙压力如图 8-59 所示。

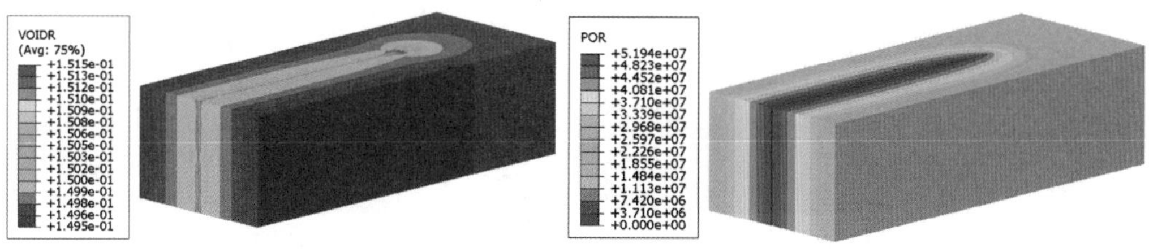

图 8-58　扩展后期储层岩石孔隙比(3000.0s)　图 8-59　扩展后期储层岩石孔隙压力(3000.0s)

模拟时间 3000.0s 时，储层岩石的应力变化云图如图 8-60 所示。

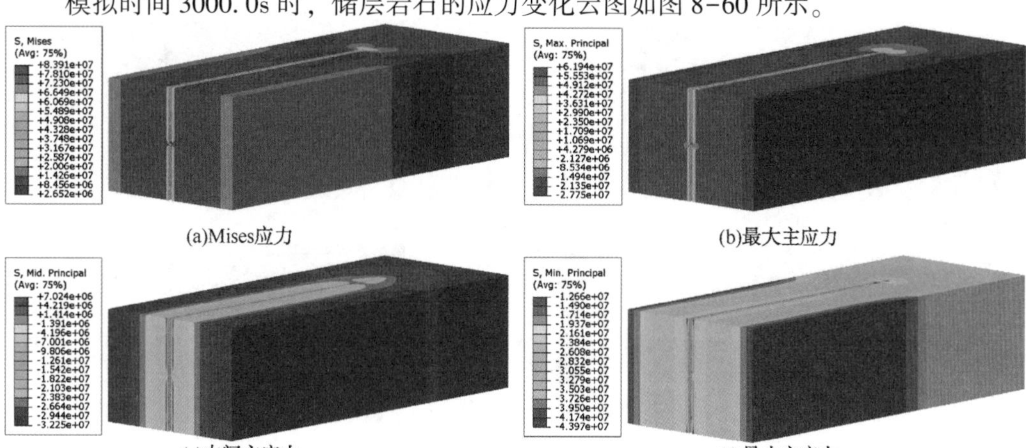

(a)Mises应力　(b)最大主应力

(c)中间主应力　(d)最小主应力

图 8-60　扩展后期储层岩石应力分布(3000.0s)

模拟时间 3000. 0s 时，储层岩石的位移变化云图如图 8-61 所示。

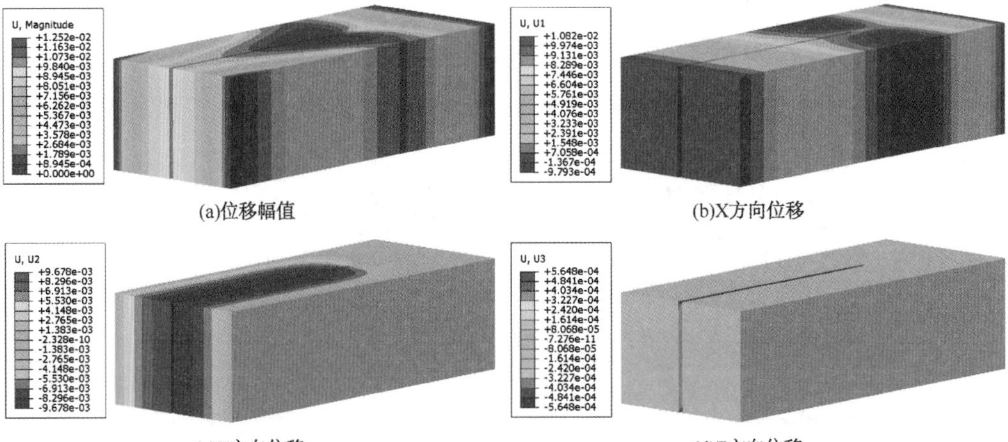

(a)位移幅值

(b)X方向位移

(c)Y方向位移

(d)Z方向位移

图 8-61　扩展后期储层岩石位移分布(3000. 0s)

模拟时间 3000. 0s 阶段，图 8-36(a)所示的 A 截面的应力变化云图如图 8-62 所示。

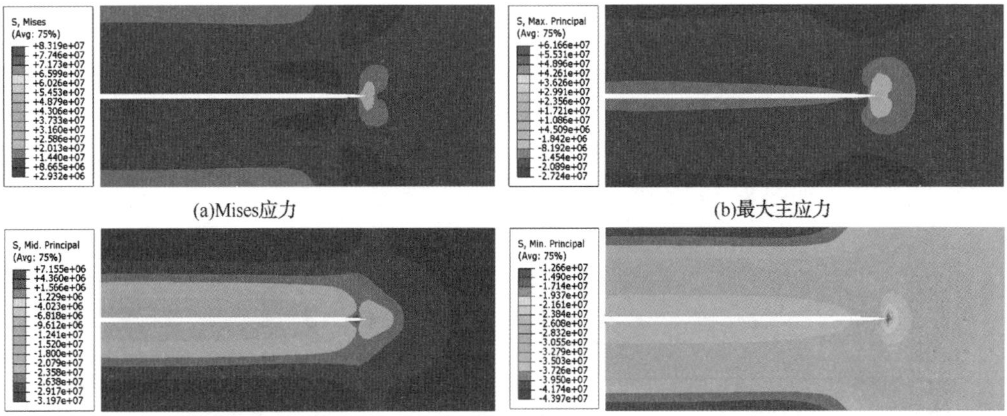

(a)Mises应力

(b)最大主应力

(c)中间主应力

(d)最小主应力

图 8-62　裂缝扩展后期高度方向储层岩石中间位置位移分布(3000. 0s)

模拟时间 3000. 0s 阶段，图 8-36(a)所示的 A 截面的位移变化云图如图 8-63 所示。

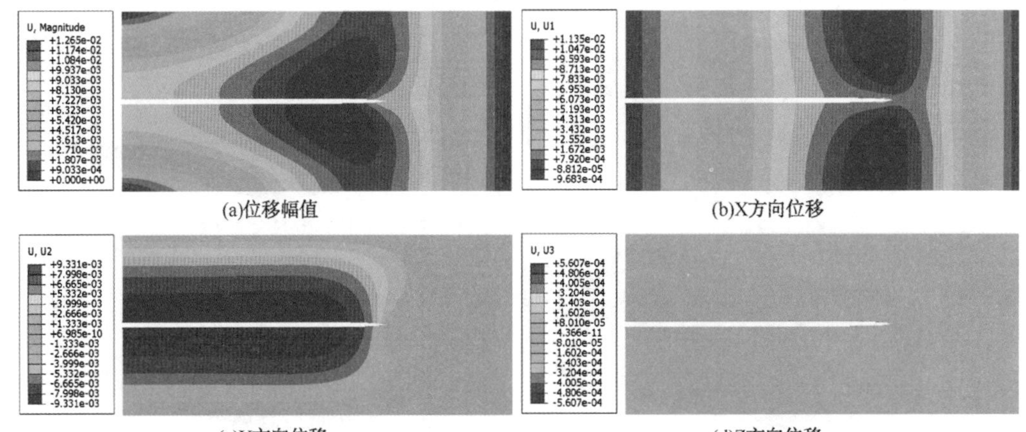

(a)位移幅值

(b)X方向位移

(c)Y方向位移

(d)Z方向位移

图 8-63　裂缝扩展后期高度方向储层岩石中间位置位移分布(3000. 0s)

5. 注入完成后

全部的压裂液注入完成后，模型的孔隙比和孔隙压力值基本不变化，相关的孔隙比如图 8-64 所示，孔隙压力值云图如图 8-65 所示。

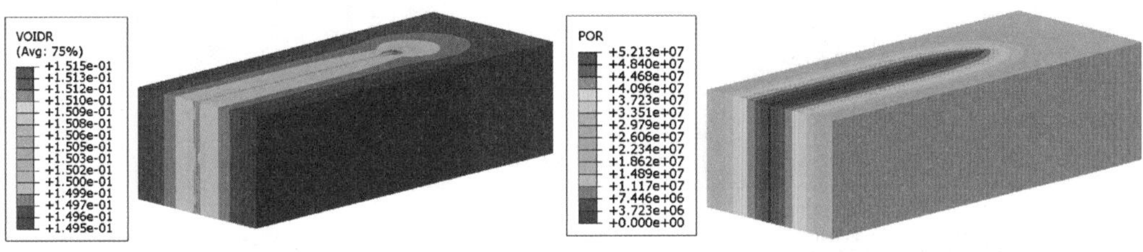

图 8-64　注入完成储层岩石孔隙比(3600.0s)　　　图 8-65　注入完成储层岩石孔隙压力(3600.0s)

压裂模拟注入完成(模拟时间 3600.0s)时，储层岩石的应力变化云图如图 8-66 所示。

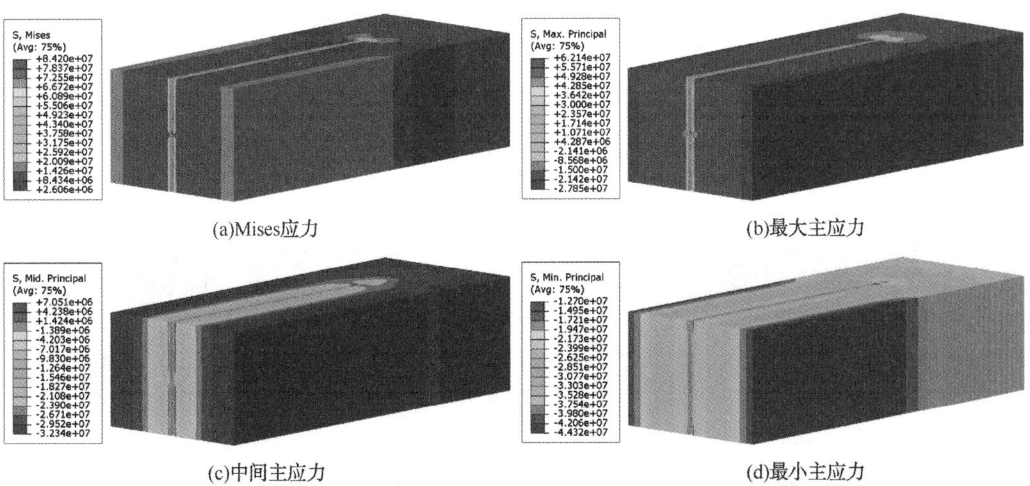

(a)Mises应力　　(b)最大主应力

(c)中间主应力　　(d)最小主应力

图 8-66　注入完成后储层岩石应力分布(3600.0s)

压裂模拟注入完成(模拟时间 3600.0s)时，储层岩石的位移变化云图如图 8-67 所示。

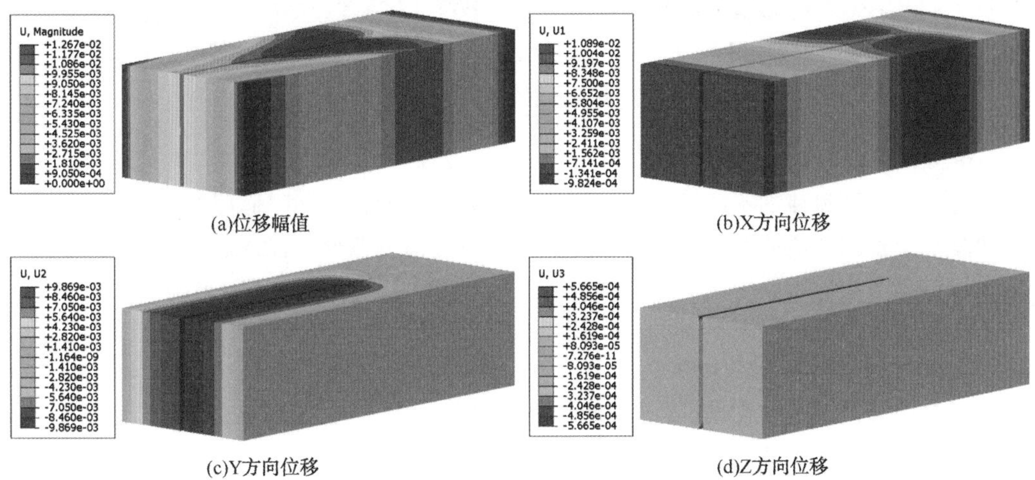

(a)位移幅值　　(b)X方向位移

(c)Y方向位移　　(d)Z方向位移

图 8-67　注入完成后储层岩石位移分布(3600.0s)

压裂液注入完成(模拟时间 3600.0s)阶段，图 8-36(a)所示的 A 截面的应力变化云图如图 8-68 所示。

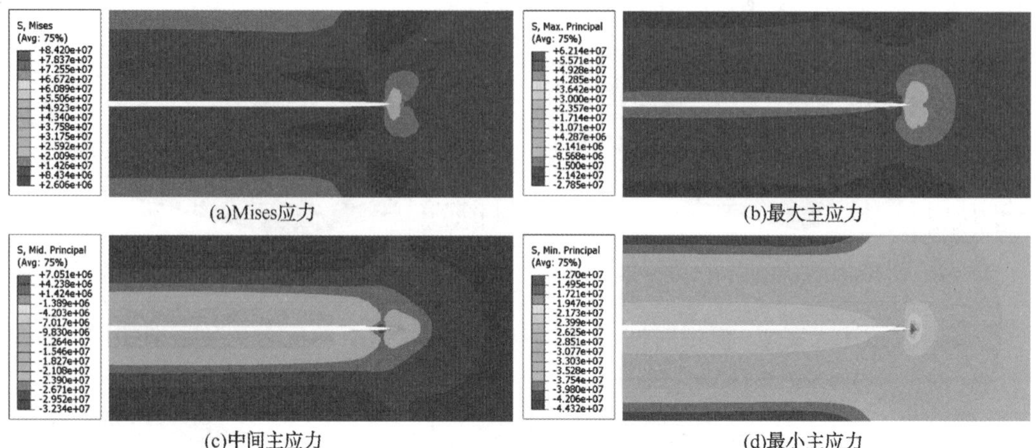

(a)Mises应力　(b)最大主应力

(c)中间主应力　(d)最小主应力

图 8-68　注入完成高度方向储层岩石中间位置位移分布(3600.0s)

压裂液注入完成(模拟时间 3600.0s)阶段，图 8-36(a)所示的 A 截面的位移变化特征如图 8-69 所示。

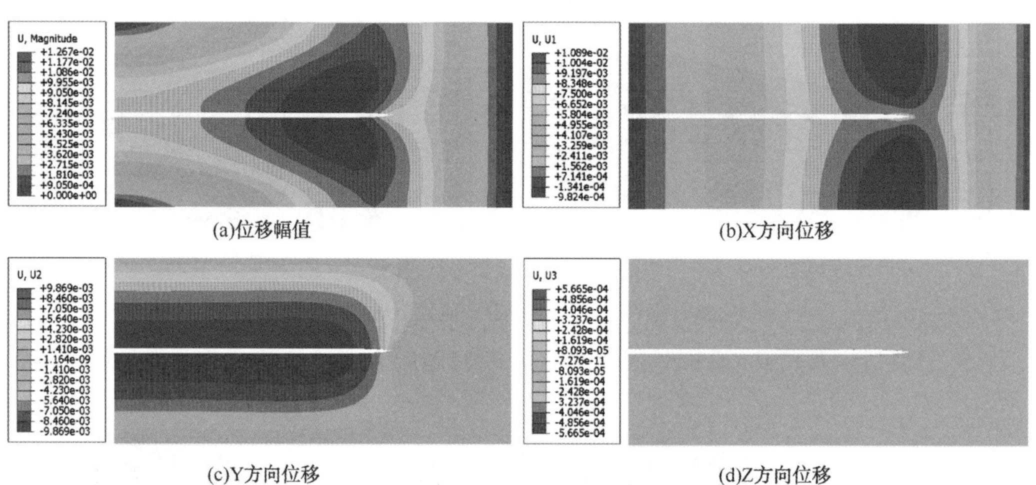

(a)位移幅值　(b)X方向位移

(c)Y方向位移　(d)Z方向位移

图 8-69　注入完成高度方向储层岩石中间位置位移分布(3600.0s)

8.1.3.3　地应力方向变化规律

随着压裂液流体的不断注入，储层孔隙压力发生变化，同时储层的有效应力会发生改变。有效应力值的改变同时可能造成地应力方向的改变。注入点横向平面不同模拟阶段的最大主应力、中间主应力和最小主应力方向变化如图 8-70~图 8-73 所示。

压裂液未注入前(模拟时间 0.0s)的应力方向如图 8-70 所示，地应力平衡后三向主应力的方向与初始主应力的方向一致。

压裂裂缝扩展起裂初期(模拟时间 50.0s)的地应力方向分布如图 8-71 所示，三向主应力方向的变化区域范围较小。

水力压裂裂缝扩展中期(模拟时间 2000.0s)的三向主应力分布如图 8-72 所示，模

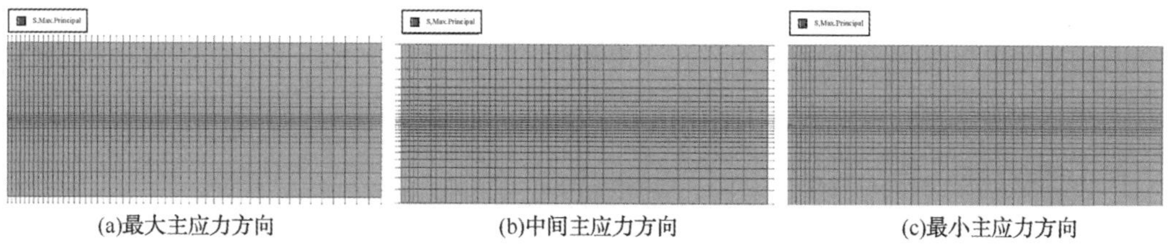

(a)最大主应力方向　(b)中间主应力方向　(c)最小主应力方向

图 8-70　水力压裂注入前储层岩石中部位置地应力方向(0.0s)

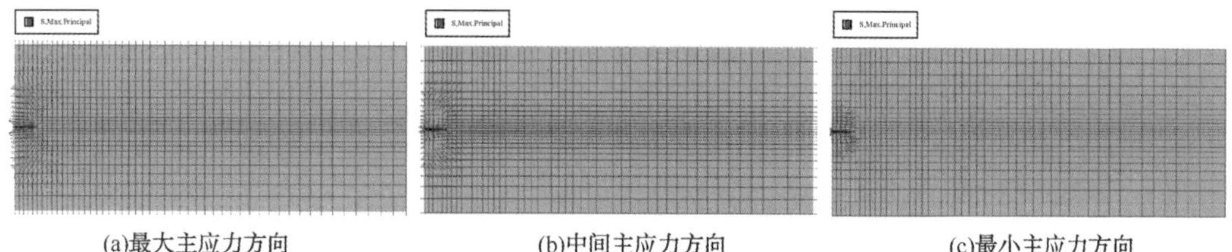

(a)最大主应力方向　(b)中间主应力方向　(c)最小主应力方向

图 8-71　裂缝起裂初期储层岩石中部位置地应力方向(50.0s)

拟结束后的三向主应力方向如图 8-73 所示，两个时间点的三向主应力方向变化非常小。

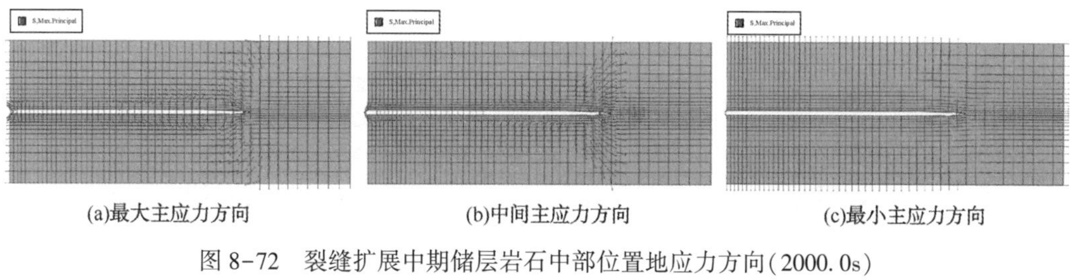

(a)最大主应力方向　(b)中间主应力方向　(c)最小主应力方向

图 8-72　裂缝扩展中期储层岩石中部位置地应力方向(2000.0s)

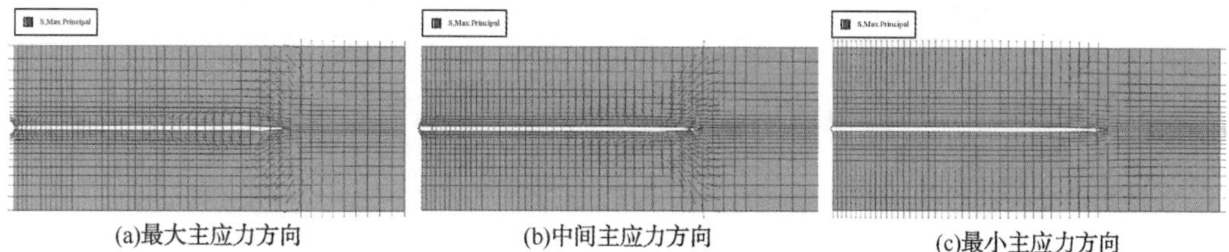

(a)最大主应力方向　(b)中间主应力方向　(c)最小主应力方向

图 8-73　注入完成储层岩石中部位置地应力方向(3600.0s)

8.2　二维同步压裂裂缝扩展

前面例子考虑的为一条裂缝的扩展有限元裂缝动态扩展模拟，裂缝形态为单一裂缝。本例主要模拟两井同步压裂过程中两条压裂裂缝尖端逐步靠近过程中的裂缝扩展特征。

8.2.1　问题说明

模型简化为二维平面应变模型，模型的示意图如图 8-74 所示，模型为长方形，模型的 X 方向采用对称位移边界条件，Y 方向采用位移固定边界条件，初始裂缝设置为X对称边界的两侧(具体见图8-74)。模型两端的初始裂缝处注入压裂液，两端的注入排量完全相同。模型的主要目标为模拟两条压裂裂缝尖端逐步靠近过程中压裂裂缝扩展方向的变化。

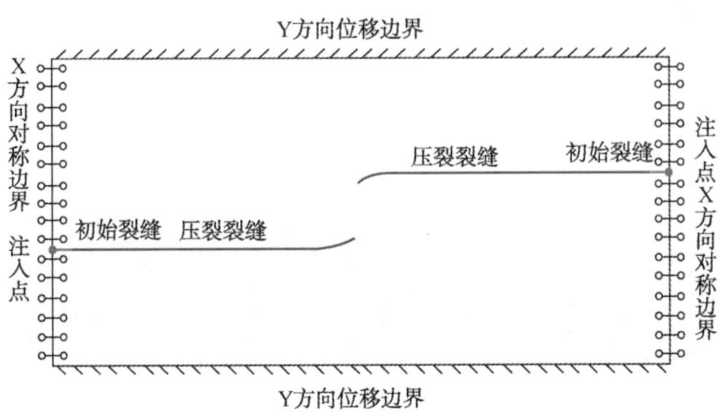

图8-74 同步压裂裂缝模拟示意图

模型采用国际单位制进行建模与分析，模拟模型的长度300m、宽度200m，模型的部分参数如表8-2所示。

表8-2 模型部分计算参数

序号	参数名称	数值	序号	参数名称	数值
1	储层长度/m	300	5	左侧压裂裂缝距离宽度方向重点距离/m	15
2	储层宽度/m	200	6	右侧压裂裂缝距离宽度方向重点距离/m	15.0
3	初始裂缝长度/m	1.0	7	模拟时间/s	3600.0
4	左右压裂裂缝Y方向垂直距离/m	30	8	最大注入排量/(m^2/s)	0.005

模型的材料参数参照8.1节表8-2所示的材料参数，在此不做具体介绍。

8.2.2 模型建立

8.2.2.1 Part功能模块

模型的部件建模过程以及处理方式与前面8.1.2.1节中的建模方法基本类似。

1. *储层岩石*

点击左侧工具箱区快捷按钮(Create Part)或菜单栏Part→Create…，进入部件创建(Create Part)对话框[见图8-75(a)]，名称(Name)输入Rock，模型空间(Model Space)选择二维平面(2D Planar)，类型(Type)选择可变形(Deformable)，基本特征(Base Feature)选择壳(Shell)，草图空间尺寸(Approximate Size)设置为600(表示草图界面的尺寸为600.0m×600.0m)。设置完成后，点击Continue按钮，进入草图(Sketch)界面进行相关的草图线框绘制。

在草图(Sketch)界面中，采用左侧工具箱区快捷按钮[Create Lines：Rectangle(4 Lines)]，输入第一角点坐标(-150，-100)和第二角点坐标(150，100)，形成如图

8-75(b)所示的矩形，矩形的长度 300m、宽度 200m。退出矩形编辑命令后，点击左下角提示区的 Done 按钮，完成矩形壳面的草图编辑，形成长度 300m、宽度 200m 的矩形壳面[见图 8-75(c)]。

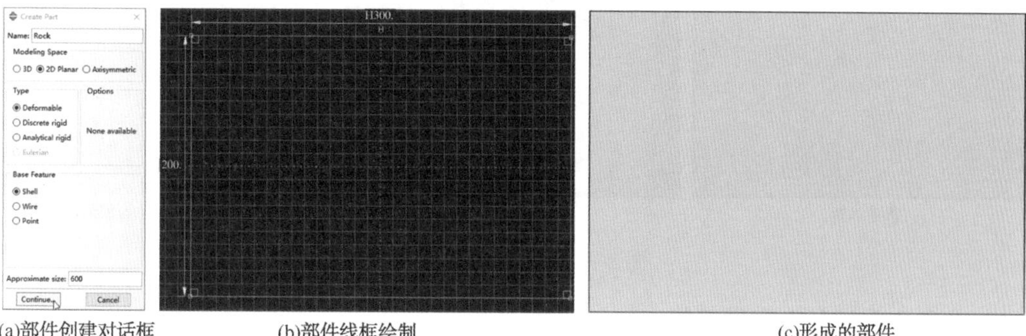

(a)部件创建对话框　(b)部件线框绘制　(c)形成的部件

图 8-75　Rock 部件创建

2. XFEM 辅助线

点击左侧工具箱区快捷按钮 (Create Part)或菜单栏 Part→Create…，进入部件创建(Create Part)对话框[见图 8-76(a)]，部件名称(Name)输入 Xfem-line，模型空间(Model Space)选择二维平面(2D Planar)，类型(Type)选择可变形(Deformable)，基本特征(Base Feature)选择线(Wire)，草图空间尺寸(Approximate Size)设置为 3(表示画布的最大尺寸为 3.0m×3.0m)。设置完成后，点击 Continue 按钮，进入草图(Sketch)界面。在草图(Sketch)界面中，点击左侧工具箱区快捷按钮 (Create lines: Connected)，输入坐标(0，0)和(1，0)，形成如图 8-76(b)所示的直线。在草图界面退出线编辑命令后，点击左下角提示区的 Done 按钮，完成扩展有限元的初始裂缝设置辅助线部件构建。

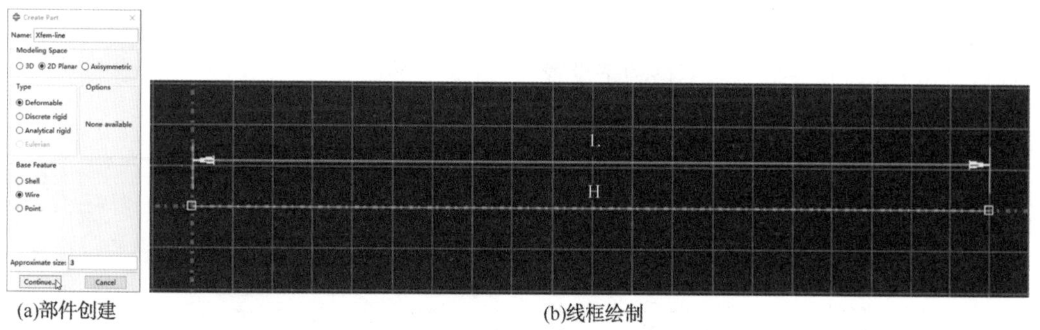

(a)部件创建　(b)线框绘制

图 8-76　Xfem-line 辅助线部件创建

3. 储层岩石部件面剖分

在环境栏按钮中，Module: Part　Model: Model-1　Part: Rock 选择部件(Part)右侧的 Rock 部件，视图区显示的部件由 Xfem-line 转变为 Rock 部件。

点击左侧工具箱区快捷按钮 (Partition Face: Sketch)，进入草图(Sketch)界面[见图 8-77(a)]，在草图(Sketch)界面中利用 (Create lines: Connected)和 (Offset curves)命令进行面剖分线绘制，相关的面剖分线设置和尺寸如图 8-77(b)所示。退出相关的设置后点击左下角提示区的 Done 按钮，退出草图(Sketch)设置，完成 Rock 部件面剖分。面剖分后的 Rock 部件如图 8-77(c)所示。

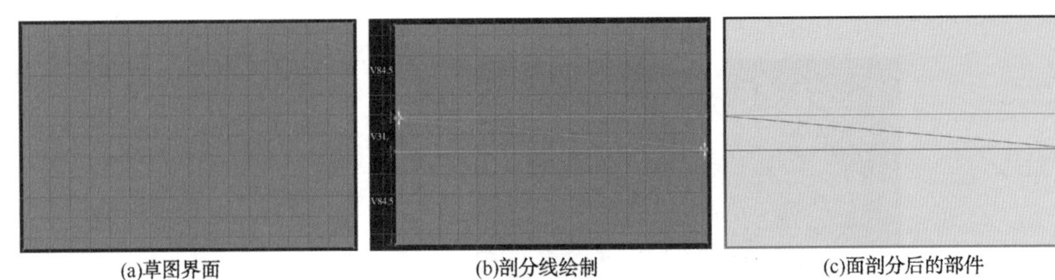

(a)草图界面　　(b)剖分线绘制　　(c)面剖分后的部件

图 8-77　Rock 部件面剖分

8.2.2.2　Mesh 功能模块

该模块中主要进行网格种子布置、网格划分控制、网格划分、网格质量检测和单元类型选择等设置，每个步骤具有一定的先后顺序。

模型包含两个部件，分别为 Rock 部件和 XFEM-line 部件，其中 XFEM-line 部件主要用于 Interaction 模块中进行初始裂缝设置，因此不需要进行网格划分。

在环境栏(Module: Mesh　Model: Model-1　Object: ○ Assembly ◉ Part: Rock)，Part 右侧的下拉菜单选择 Rock 部件，视图区显示 Rock 部件。下面主要针对 Rock 部件进行网格划分设置介绍。

1. 网格种子布置

模型为二维模型，模型整体相对简单，因此，模型的网格种子布置采用全域网格种子布置方法。具体的设置流程如下：

点击左侧工具箱区快捷按钮 (Seed Part)或菜单栏 Seed→Part…，进入全域网格种子(Global Seeds)设置对话框(见图 8-78)，对话框中尺寸控制(Sizing Controls)中的全域网格单元大致尺寸(Approximate global size)输入 1.0，其他采用默认设置，设置完成后点击 OK 按钮完成全域网格种子设置。

Rock 部件的总的网格种子布置如图 8-79 所示。

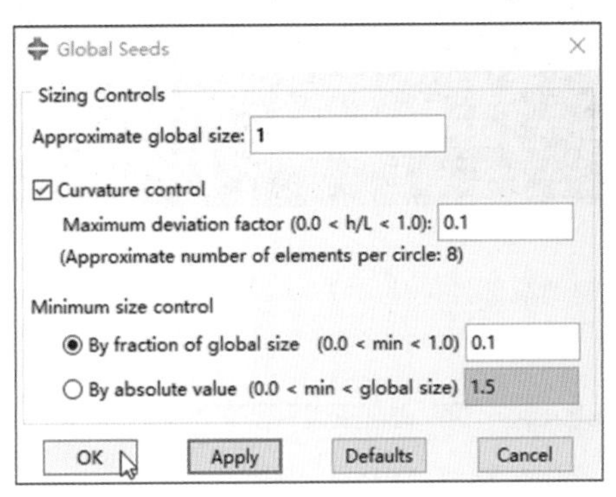

图 8-78　Rock 部件全域网格种子布置

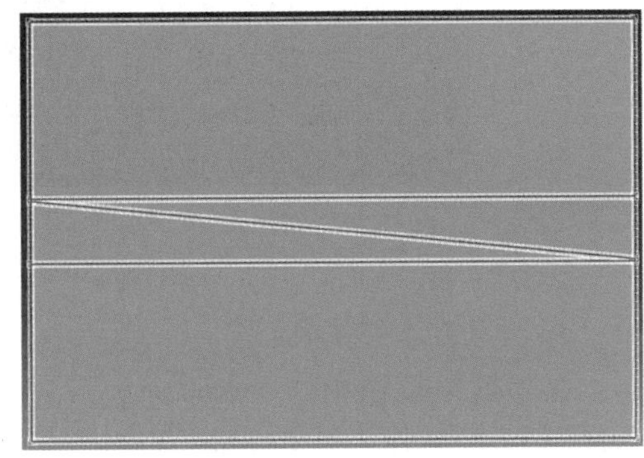

图 8-79　Rock 部件网格种子分布

2. 网格划分控制

Rock 部件的网格种子设置完成后，需要进行相应的网格形状和划分技术设置，确定网格形状和划分技术。本例部件网格采用四边形网格、网格划分技术采用进阶算法，具体流程如下：

点击左侧工具箱区快捷按钮(Assign Mesh Controls)或菜单栏 Mesh→Controls…，在视图区选择 Rock 部件所有的实体(Cells)，点击左下角提示区 Done 按钮，进入网格划分控制(Mesh Controls)对话框，网格形状(Element Shape)选择四边形单元(Quads)，网格划分技术(Technique)选择进阶算法(Advancing front)，同时勾选在合适的位置使用映射网格(Use mapped meshing where appropriate)，设置完成后点击 OK 按钮，完成网格划分控制设置。

3. 网格划分

网格采用全域网格(Mesh Part)划分方法，即单次进行部件全部网格的划分。

点击左侧工具箱区快捷按钮(Mesh Part)或菜单栏 Mesh→Part…，点击左下角提示区 OK to mesh the part? Yes No 的 Yes 按钮，完成 Rock 部件全部区域的网格划分，Rock 部件网格划分后的部件如图 8-80 所示，部件网格尺寸差异性小，尺寸相对均一。

图 8-80 网格分布

4. 网格质量检测

网格质量检测主要目标为检测生成的网格质量，确保部件没有错误(Errors)的网格单元，防止模拟计算由于网格质量问题而出现错误。

点击左侧工具箱区快捷按钮(Verify Mesh)或菜单栏 Mesh→Verify…，在视图区选择 Rock 部件的全部实体(Cells)后，点击左下角提示区的 Done 按钮，进入网格质量检测(Verify Mesh)对话框，点击 Highlight 按钮，检测程序就会完成 Rock 部件的网格质量分析与检查。模型相对简单，部件没有警告(Warnings)或错误(Errors)单元，检测结果同时会在信息提示区显示。

5. 单元类型选择

由于模型考虑流-固耦合模拟问题，网格单元需要选择具有能够考虑流体模拟和应力特征模拟的网格类型。

点击左侧工具箱区快捷按钮(Assign Element Type)或菜单栏 Mesh→Element Type…，在视图区选择 Rock 部件全部的实体(Cells)后，点击左下角提示区 Done 按钮，进入单元类型选择(Element Type)对话框，单元类型选择孔隙流体/应力单元(Pore Fluid/Stress)，单元类型为 CPE4P，选择完成后点击 OK 按钮完成相应的设置。

网格划分相应的设置完成后，输出的 INP 输入文件中会显示网格单元节点坐标、网格类型以及网格对应的节点组成等。

Rock 部件的网格节点和网格单元部分显示如下：

```
*****************************************************************
  *Node
  **节点坐标。
```

```
      1,          -150. ,          15.5
** 分别表示节点编号、XY 坐标值。
      2,          150. ,           15.5
      3,          150. ,           100.
      4,          -150. ,          100.
      5,          150. ,           -15.5
……………………
  62671,    -138.246414,    -3.14468169
  62672,    -99.6576691,    -3.69066525
  62673,    -124.258324,    -2.87367344
  62674,    -119.929527,    -3.52487826
  62675,    -123.441643,    -2.36380005
** 部件总计 62675 个节点。
*******************************************************
*Element, type=CPE4P
** 单元类型为孔隙流体/应力单元，单元类型为 CPE4P。
    1,      1,      11,    1901,    776
** 分别为单元编号和 4 个节点编号
    2,      11,     12,    1902,    1901
    3,      12,     13,    1903,    1902
    4,      13,     14,    1904,    1903
…………………………………
62168, 62663, 62662, 61805, 62638
62169, 58114, 62662, 62663, 61814
62170, 62670, 58037, 61608, 61589
62171, 58045, 61674, 62671, 61515
62172, 62632, 62671, 61674, 61637
62173, 62654, 62653, 61463, 61321
** Rock 部件总计 62173 个网格单元。
*******************************************************
```

8.2.2.3　Property 功能模块

将模块切换至 Property 功能模块，在该模块中进行 Rock 部件的材料设置和截面属性设置。XFEM-line 部件无须进行材料截面属性赋值设置。

在环境栏中（Module: Property　Model: Model-1　Part: Rock），在 Part 右侧下拉菜单选择 Rock 部件，即在视图区显示 Rock 部件。

1. 材料参数编辑

点击左侧工具箱区快捷按钮（Create Material）或菜单栏 Material→Create…，进入材料编辑（Edit Material）对话框（见图 8-81），材料参数主要包括密度、弹性模量、泊松比、抗拉强度、起裂参数、损伤演化方式、断裂能、渗透系数、流体黏度和裂缝面滤失等参数，点击 OK 按钮完成设置。具体材料参数值可见后面 INP 输入文本显示。

(a)密度参数 (b)弹性参数 (c)起裂设置

(d)损伤演化设置 (e)黏性系数设置

(f)渗透系数设置 (g)液体黏度设置 (h)滤失参数设置

图 8-81 Rock 材料参数设置

Rock 部件的材料参数在 INP 输入中的显示如下：

****

* Material, name=Rock

** 储层岩石材料参数设置，材料名称为 Rock。

* Density

** 储层岩石密度设置。

2600.,

*Elastic

**储层岩石弹性参数设置。

4.2e+10, 0.22

*Damage Initiation, criterion=MAXPS

**压裂裂缝起裂方式设置，采用单一主应力起裂判断方式，单元某一方向的主应力超过设置的应力值时，单元发生起裂，即裂缝向前扩展。

1e+07,

**起裂的应力值。

*Damage Evolution, type=ENERGY, softening=EXPONENTIAL, mixed mode behavior=BK, power=2.284

**损伤演化设置，损伤演化方式采用能量判断，软化采用指数形式，混合形式采用 BK 方式，能量指数为 2.284。

25., 25., 25.

**损伤演化断裂能参数。

*Damage Stabilization

**收敛性黏性系数设置。

1e-05

*Permeability, specific=9800.

**储层岩石渗透系数与孔隙比的关系设置。

1e-07, 0.15

**分别为渗透系数、孔隙比，用户可根据需要进行不同渗透系数与孔隙比的关系设置。

*Fluid Leakoff

**裂缝面滤失系数设置。

1e-12, 1e-12

*Gap Flow

**压裂液黏度设置。

1e-05,

****

2. 截面创建

点击左侧工具箱区快捷按钮（Create Section）或菜单栏 Section→Create…，进入截面创建（Create Section）对话框［见图 8-82（a）］，截面名称（Name）输入 Rock，种类（Category）选择实体（Solid），类型（Type）选择各向同性（Homogeneous），设置完成后点击 Continue 按钮，进入截面编辑（Edit Section）对话框［见图 8-82（b）］，选择前面设置的 Rock 材料后，点击 OK 按钮完成截面设置。

3. 截面属性赋值

点击左侧工具箱区快捷按钮（Assign Section）或菜单栏 Assign→Section，在视图区选择 Rock 部件的全部实体（Cells）后［见图 8-83（a）］，点击左下角提示区 Done 按钮，进入截面赋值编辑(Edit Section Assignment)对话框[见图8-83(b)]，截面(Section)选择Rock，点击OK按钮完成截面属性赋值。

(a)截面创建　　(b)截面编辑

图8-82　截面设置

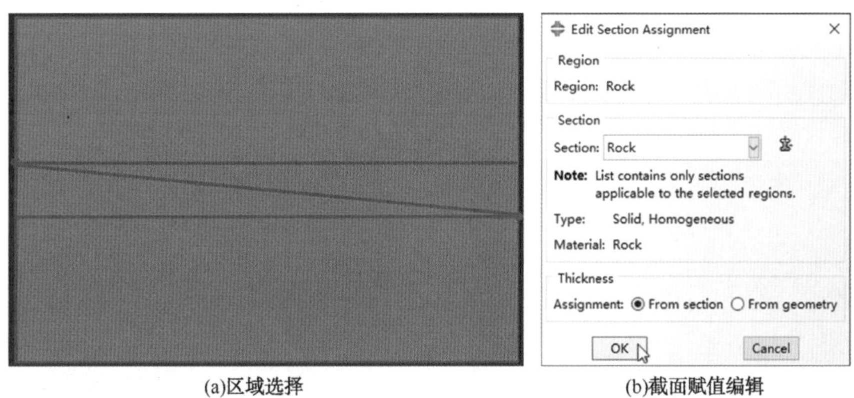

(a)区域选择　　(b)截面赋值编辑

图8-83　Rock部件截面属性赋值

截面设置和截面属性赋值设置在INP输入文件中的显示如下：

```
*******************************************************
** Section: Rock
** Rock 部件截面赋值设置。
*Solid Section, elset=Rock, material=Rock
** Rock 部件截面属性赋值，集合为 Rock，材料参数为 Rock。
1.0,
*******************************************************
```

8.2.2.4 Assembly 功能模块

Assembly功能模块中将构建的部件(Part)映射形成实例(Instance)，组装成模拟计算所需的模型，模型映射包括Rock部件映射和XFEM-line部件映射。XFEM-line部件需要进行两次映射形成XFEM-line-1和XFEM-line-2实例(Instance)。实例映射完成后进行相关的集合设置，方便后期的操作。

1. 实例映射

点击左侧工具箱区快捷按钮(Create Instance)或菜单栏Instance→Create…，进入实例创建(Create Instance)对话框，在对话框中首先选择Rock部件[见图8-84

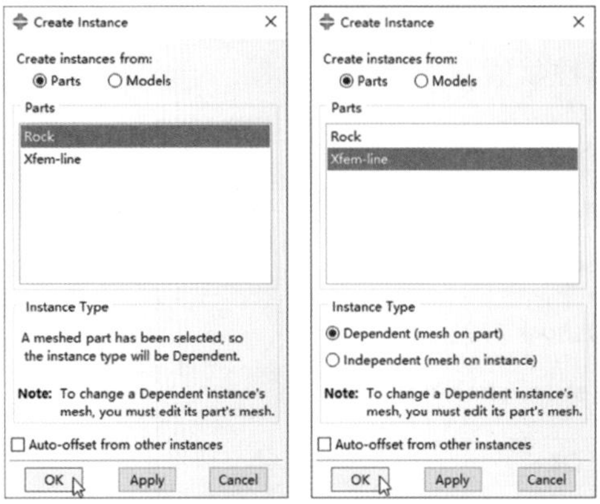

(a)Rock部件映射　(b)Xfem-line辅助部件映射

图 8-84　部件映射

(a)]，点击 OK 按钮，将 Rock 部件映射形成 Rock-1 实例。同样在实例创建(Create Instance)对话框中，部件选择 Xfem-line 部件[见图 8-84(b)]，双击 Apply 按钮形成Xfem-line-1 和 Xfem-line-2 实例(Instance)。

映射的 Xfem-line-1 和 Xfem-line-2 实例与 Rock-1 实例的位置如图 8-85 所示，映射的 Xfem-line-1 和 Xfem-line-2 实例位于原点位置，需要进行相应的移动操作，将 Xfem-line-1 和 Xfem-line-2 实例平移至预定位置。

利用左侧工具箱区快捷按钮 (Translate Instance)或菜单栏 Instance→Translate，在右下角提示区点击 Instance…按钮，选择 Xfem-line-1 或 Xfem-line-2 实例，进行相关的平移设置。平移设置完成后的实例如图 8-86 所示。

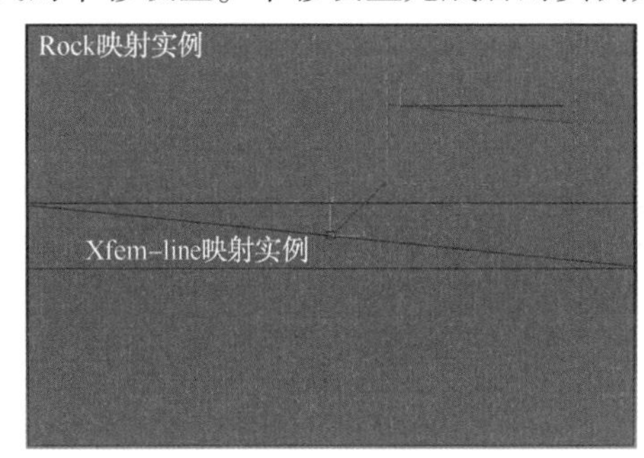

图 8-85　映射后的模型实例

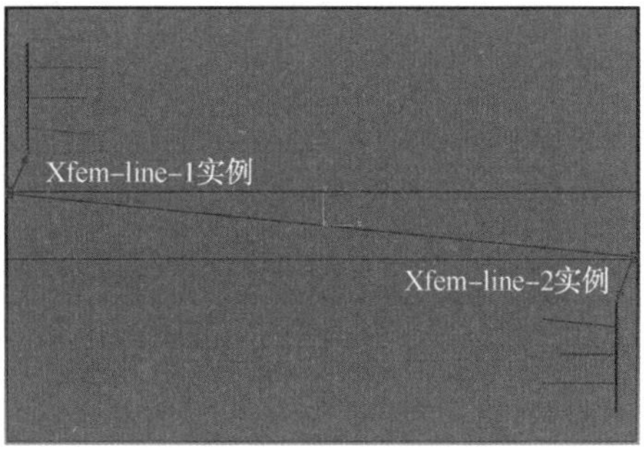

图 8-86　XFEM 实例移动

2. 集合设置

为方便后期进行相关的设置，模型可提前设置相关的集合，设置的集合如图 8-87 所示，主要包括几何集合、节点集合与单元集合，主要用于扩展有限元设置、边界条件设置。

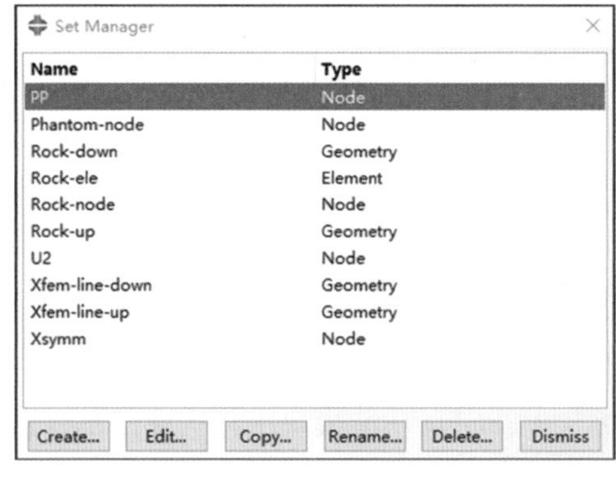

图 8-87　设置的集合

部分主要集合分布如图 8-88 所示，Rock-up 几何集合[见图 8-88(a)]与 Rock-down 几何集合[见图 8-88(b)]主要用于 XFEM 模拟区域设置。Xsymm 节点集合[见图 8-88(c)]与 U2 节点集合[见图 8-88(d)]主要用于位移边界条件设置。PP 节点集合[见图 8-88(d)]与 U2 节点集合完全一致，主要用于孔隙压力边界条件设置。Phantom-node 节点集合[见图 8-88(e)]主要用于初始裂缝形成的虚拟节点进行边界条件设置。Xfem-line-up 几何集合[见图 8-88(h)]和 Xfem-line-down 几何集合[见图 8-88(g)]主要用于扩展有限元初始失效裂缝设置。

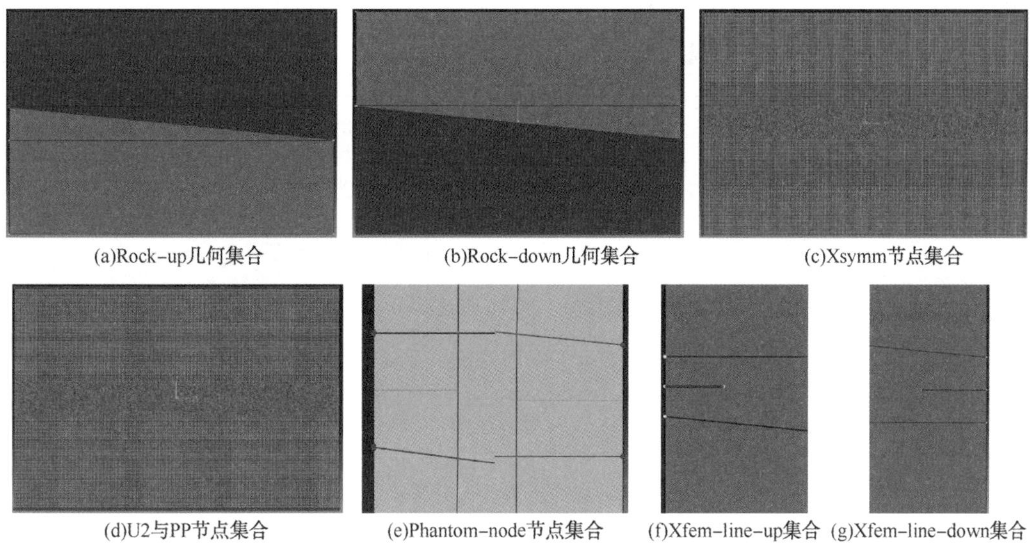

(a)Rock-up几何集合 (b)Rock-down几何集合 (c)Xsymm节点集合

(d)U2与PP节点集合 (e)Phantom-node节点集合 (f)Xfem-line-up集合 (g)Xfem-line-down集合

图 8-88 集合位置分布

8.2.2.5 Step 功能模块

模型的分析步主要包括两个分析：第一个分析步为地应力平衡分析步，用于设置的初始地应力、孔隙压力等平衡作用分析；第二个分析步为水力压裂注入分析步，模拟压裂液注入过程中裂缝动态扩展过程。裂缝扩展过程中存在几何不连续现象，同时孔隙压力的存在导致求解矩阵为非对称矩阵，分析步设置需要开启几何非线性和非对称矩阵存储和求解。

1. 分析步创建

1）地应力平衡

点击左侧工具箱区快捷按钮 (Create Step)或菜单栏 Step→Create…，进入分析步创建(Create Step)对话框，分析步名称(Name)输入 Geo-equilibrium，分析步类型(Procedure type)选择通用(General)、静态地应力(Geostatic)。点击 Continue 按钮，进入分析步编辑(Edit Step)，基本(Basic)界面中勾选开启几何非线性(Nlgeom)，增量步(Incrementation)界面采用默认设置，其他(Other)界面中矩阵存储(Matrix Storage)选择非对称(Unsymmetric)，其他采用默认设置。

2）水力压裂注入

水力压裂注入分析步的创建如图 8-89 所示，分析步创建对话框如图 8-89(a)所示，分析步名称(Name)输入 Hydraulic-Inject，类型(Procedure type)选择土固结(Soils)。分析步编辑(Edit Step)设置如图 8-89(b)、图 8-89(c)所示，其中基本(Basic)界面如图 8-89(b)所示，模拟时间(Time Period)输入 3600，其他默认设置即可。增量步(Incremention)界面如图 8-89(c)所示。模型可能存在收敛性问题，需要进行大量的增量步迭代，因此模型的最大增量步数尽可能设置大，本例的最大增量步数(Maximum number of increment)设置为 10000。增量步时间设置(Increment size)方面，初始增量步时间(Initial)设置 1.0，最小增量步时间(Minimum)设置 1.0×10^{-9}，最大增量步时间(Maximum)输入 10，每个增量步允许的孔隙压力变化值(Max Pore Pressure change per increment)输入 9.0×10^8。模型由于考虑裂缝扩展和孔隙压力，其他(Other)界面中矩阵的存储采用非对称(Unsymmetric)设置。

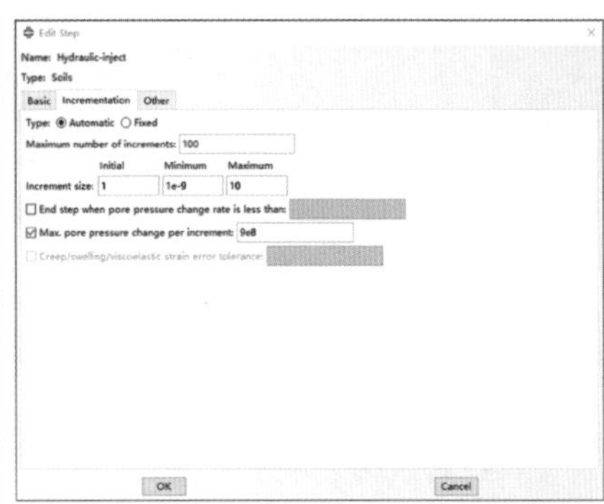

(a)分析步创建　(b)分析步编辑(基本界面)　(c)分析步编辑(增量步界面)

图 8-89　水力压裂注入分析步设置

2. 迭代控制设置

模型裂缝扩展过程中存在不连续现象，因此需要在迭代控制设置中勾选不连续分析。同时，由于裂缝扩展过程中，可能收敛性较差，默认的每个增量步迭代 5 次无法满足收敛性要求，因此需要进行每个增量步的最大迭代次数设置，本例设置的最大迭代次数为 25。具体参考图 8-22 中的设置方式。

3. 场变量输出设置

地应力平衡分析步相关的模拟结果不是关注的重点，分析步设置完成后，相应的场变量输出和历程场变量输出采用默认设置，不改变相关的输出参数。

针对水力压裂注入分析步，需要进行场变量输出设置，具体设置流程如下：

点击左侧工具箱区快捷按钮 (Field Output Manager)或菜单栏 Output→Field Output Requests→Manager，进入场变量输出管理器(Field Output Requests Manager)对话框，在管理器中选择 Hydraulic-inject 分析步，点击左上角的 Edit 按钮，进入场变量输出编辑(Edit Field Output Requests)对话框，相应的输出设置主要包括区域、输出频率、输出参数等，设置完成后点击 OK 按钮完成设置。具体的场变量参数类型见后续的 INP 输入文件文本显示。

所有的分析步相关的设置完成后，分析步设置在 INP 输入文件中的显示如下：

地应力平衡分析步：

```
**********************************************************
** STEP: Geo-equilibrium
** 地应力平衡分析步设置，分析步名称为 Geo-equilibrium。
* Step, name=Geo-equilibrium, nlgeom=YES, unsymm=YES
** 地应力平衡分析步名称为 Geo-equilibrium，几何非线性与非对称矩阵存储开启。
* Geostatic
** "* Geostatic"地应力平衡分析步设置关键词。
..............................
** OUTPUT REQUESTS
```

** 地应力平衡分析步所有的输出采用默认设置。

* Restart, write, frequency=0

** FIELD OUTPUT: F-Output-1

* Output, field, variable=PRESELECT

** HISTORY OUTPUT: H-Output-1

* Output, history, variable=PRESELECT

* End Step

** 地应力平衡分析步结束。

****

水力压裂注入分析步在 INP 输入文件中的显示如下:

****

** STEP: Hydraulic-inject

** 水力压裂注入分析步设置。

* Step, name=Hydraulic-inject, nlgeom=YES, inc=10000, unsymm=YES

** 水力压裂注入分析步设置，名称为 Hydraulic-inject，几何非线性与非对称矩阵设置开启，分析步最大增量步数为 10000。

* Soils, consolidation, end=PERIOD, utol=9e+08, creep=none

** “* Soils”为土固结模拟分析步，单个增量步孔隙压力最大变化值为 9.0×10^{8} Pa，其他采用默认设置。

1., 3600., 1e-09, 10.,

** 分别表示初始增量步时间、分析步总时间、最小增量步时间、最大增量步时间。

……………………………

** CONTROLS

** 模拟迭代设置。

* Controls, reset

** 控制设置复位。

* Controls, analysis=discontinuous

** 非连续性控制设置。

* Controls, parameters=time incrementation

** 单个增量步最大迭代次数设置。

,,,,,,, 25,,,

** 单个增量步最大迭代次数设置为 25 次。

** OUTPUT REQUESTS

** 场变量输出设置。

* Restart, write, frequency=0

** FIELD OUTPUT: F-Output-1

** 场变量输出设置，名称为 F-Output-1。

* Output, field

** 场变量输出。

```
*Node Output
** "*Node Output"为节点场变量输出关键词。
PHILSM, POR, PSILSM, U
**节点场变量为类型 PHILSM、POR、PSILSM、U。
*Element Output, directions=YES
** "*Element Output"为单元场变量输出设置关键词。
E, S, SAT, VOIDR
**单元场变量类型为 E, S, SAT, VOIDR。
*contactoutput, surface=xfem-s1
**左侧注入点形成的压裂裂缝面的场变量结果输出，单元面为 xfem-s1。
CSDMG, CRKDISP, PORPRES, PORPRESURF, GFVR, LEAKVR, ALEAKVR
**相关的裂缝面场变量输出名称。
*contactoutput, surface=xfem-s2
**右侧注入点形成的压裂裂缝面场变量结果输出，单元面为 xfem-s2。
CSDMG, CRKDISP, PORPRES, PORPRESURF, GFVR, LEAKVR, ALEAKVR
**HISTORY OUTPUT: H-Output-1
**历程变量输出设置，名称为 H-Output-1。
*Output, history, variable=PRESELECT
**历程变量采用默认设置。
*End Step
**水力压裂注入分析步结束。
*************************************************************
```


8.2.2.6 Interaction 功能模块

Interaction 功能模块中主要进行压裂裂缝面的接触属性设置与扩展有限元设置，扩展有限元的设置为本例的重点步骤。本例考虑两条裂缝，ABAQUS 目前无法考虑复杂裂缝扩展问题，为了模拟两条裂缝扩展，将模型部件分为上、下两个部分，每个区域内设置一条扩展有限元裂缝扩展，但是裂缝扩展的区域为整个模型区域。

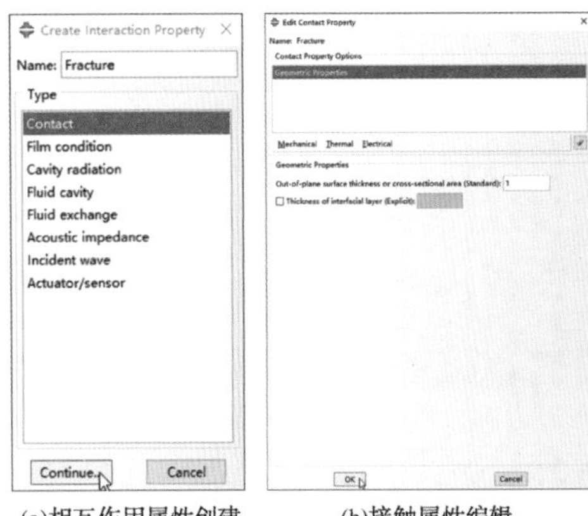

(a)相互作用属性创建　　(b)接触属性编辑

图 8-90　压裂裂缝面间相互作用属性设置

1. 相互作用属性设置

压裂裂缝需要考虑裂缝面间的接触作用，模拟过程中部分压裂裂缝可能受到挤压作用发生闭合从而产生裂缝面间的接触。因此，压裂裂缝扩展过程中需要设置裂缝面间的接触作用。具体的接触设置如下：

点击左侧工具箱区快捷按钮 (Create Interaction Property)或菜单栏 Interaction→Property→Create…，进入相互作用属性创建(Create Interaction Property)对话框[见图 8-90(a)]，相互作用名称(Name)输入 Fracture，类型(Type)选择接触(Contact)，设置完成

后点击 Continue 按钮，进入接触属性编辑(Edit Contact Property)对话框[见图 8-90(b)]，在 Mechanical 下拉菜单中选 Geometric Properties，点击 OK 按钮完成设置。

接触属性设置在 INP 输入文件中的显示如下：

```
*****************************************************************
 * Surface Interaction, name=Fracture
 ** 裂缝面接触属性设置，采用默认设置。
 1.,
*****************************************************************
```

2. XFEM 设置

模型考虑两条压裂裂缝扩展，由于 ABAQUS 自身功能的限制，需要进行单独设置。

1) 左侧压裂裂缝 XFEM 设置

点击菜单栏 Special→Crack→Create…，进入裂缝创建(Create Crack)对话框[见图 8-91(a)]，名称(Name)输入 Hydraulic-fracture-up，类型(Type)选择扩展有限元(XFEM)，点击 Continue 按钮后进行扩展有限元裂缝扩展区域选择。点击右下角提示区 Sets... 按钮，进入区域选择(Region Selection)对话框，对话框中选择 Rock-up 几何集合，选择 Rock-up 几何集合位置如图 8-91(b)所示，点击区域选择对话框的 Continue 按钮，进入裂缝编辑(Edit Crack)对话框，对话框中勾选指定接触属性(Specify contact property)，选择前面设置的相互作用属性 Fracture，同样勾选裂缝定位(Crack location)，然后点击 (Edit)，进行初始裂缝设置辅助线选择。点击右下角提示区 Sets... 按钮，进入区域选择(Region Selection)对话框[见图 8-91(c)]，在对话框中选择 Xfem-line-up 几何集合，点击 Continue 按钮，重新进入裂缝编辑(Edit Crack)对话框[见图 8-91(d)]，点击 OK 按钮完成设置。

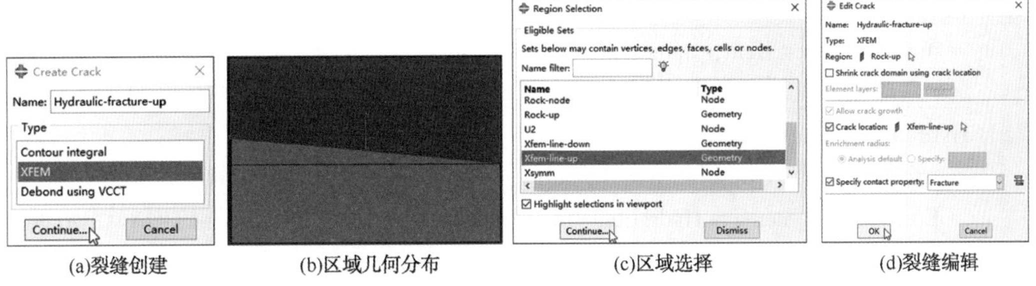

(a)裂缝创建　(b)区域几何分布　(c)区域选择　(d)裂缝编辑

图 8-91　左侧压裂裂缝 XFEM 设置

2) 右侧压裂裂缝 XFEM 设置

根据左侧压裂裂缝扩展有限元的设置方法进行右侧压裂裂缝扩展有限元设置。右侧压裂裂缝扩展有限元相关的设置如图 8-92 所示，裂缝创建(Create Crack)对话框中名称为 Hydraulic-fracture-down，扩展有限元的区域集合选择 Rock-down 几何集合，区域分布如图 8-92(b)所示，裂缝扩展特征勾选指定接触属性(Specify contact property)、裂缝定位(Crack location)，接触属性选择 Fracture。扩展有限元的辅助线选择如图 8-92(c)所示，裂缝编辑对话框如图 8-92(d)所示。

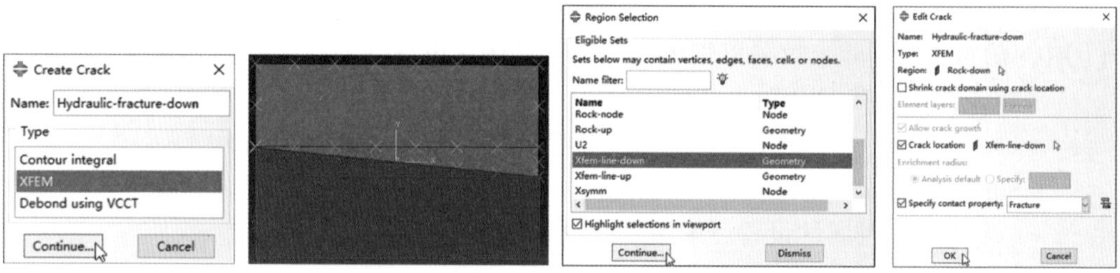

(a)裂缝创建　(b)区域几何分布　(c)辅助线选择　(d)裂缝编辑

图 8-92　右侧压裂裂缝 XFEM 设置

右侧压裂裂缝扩展有限元设置完成后，Rock-1 实例如图 8-93 所示。

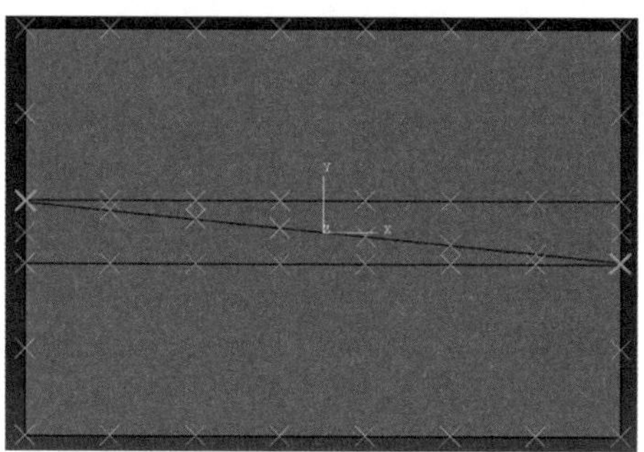

图 8-93　右侧压裂裂缝 XFEM 设置

XFEM 设置在 INP 输入文件中的显示如下：

****

* Enrichment，name=Hydraulic-fracture-up，type=PROPAGATION CRACK，elset=Rock-up，interaction=Fracture

** 左侧压裂裂缝扩展有限元设置，名称为 Hydraulic-fracture-up，类型为裂缝扩展，集合区域为 Rock-up 集合，裂缝面间的相互作用属性名称为 Fracture。

* surface，type=xfem，name=xfem-s1

** 左侧注入点形成的压裂裂缝适时生成裂缝面，裂缝面名称为 xfem-s1。

Hydraulic-fracture-up

** 选择名称为 Hydraulic-fracture-up 的扩展有限元设置生成裂缝面。

* Enrichment，name = Hydraulic - fracture - down，type = PROPAGATION CRACK，elset=Rock-down，interaction=Fracture

** 右侧压裂裂缝扩展有限元设置，相关的设置与左侧压裂裂缝扩展有限元设置完全一致。

* surface，type=xfem，name=xfem-s2

Hydraulic-fracture-down

** 右侧注入点形成的压裂裂缝适时生成裂缝面，裂缝面名称为 xfem-s2。

****

8.2.2.7　Load 功能模块

Load 功能模块主要进行位移边界条件、孔隙压力边界条件、地应力、孔隙压力、孔隙度等初始场变量的添加，同时需要手动进行流体注入设置。

1. 边界条件设置

1) 位移边界条件

(1)左右两侧 X 方向对称边界条件。

点击左侧工具箱区快捷按钮 (Create Boundary Condition)或菜单栏 BC→Create…，进入边界条件创建(Create Boundary Condition)对话框[见图 8-94(a)]，边界条件名称(Name)输入 Xsymm、分析步(Step)选择初始分析步(Initial)，种类(Category)选择力学(Mechanical)，可选的边界条件类型(Types for Selected Step)选择对称/反对称/固定(Symmetry/Antisymmetry/Encastre)，点击对话框 Continue 按钮后进行边界条件设置区域选择。点击右下角提示区 Sets... 按钮，进入区域选择(Region Selection)对话框[见图 8-94(b)]，对话框选择 Xsymm 节点集合后点击 Continue 按钮，进入边界条件编辑(Edit Boundary Condition)对话框[见图 8-94(c)]，选择 XSYMM 边界条件类型，点击 OK 按钮完成设置。

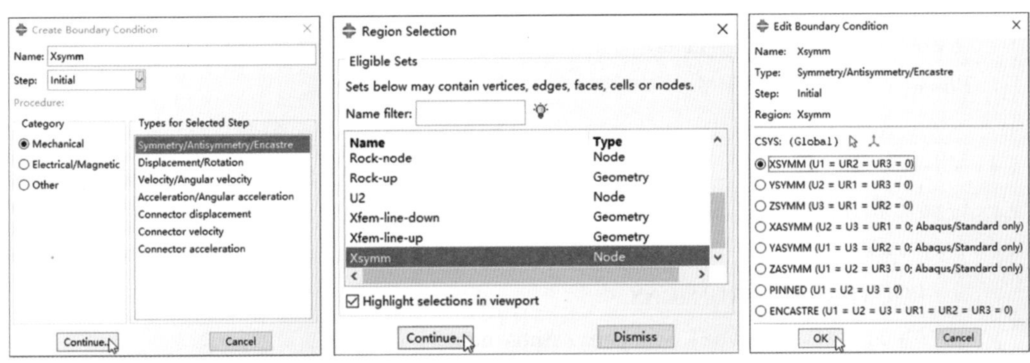

(a)边界条件创建　　(b)区域选择　　(c)边界条件编辑

图 8-94　左右两侧对称边界条件设置

(2)上下边界 Y 方向位移边界条件。

点击左侧工具箱区快捷按钮 (Create Boundary Condition)或菜单栏 BC→Create…，进入边界条件创建(Create Boundary Condition)对话框[见图 8-95(a)]，边界条件名称(Name)输入 U2，分析步(Step)同样选择初始分析步(Initial)，种类(Category)选择力学(Mechanical)，可选的边界类型(Types for Selected Step)选择位移/旋转(Displacement/Rotation)。边界条件区域选择如图 8-95(b)所示，区域选择对话框(Region Selection)中选择 U2 节点集合。边界条件编辑(Edit Boundary Condition)对话框如图 8-95(c)所示，选择 U2 边界条件，点击 OK 按钮完成设置。

(3) 注入点初始裂缝虚拟节点位移边界条件。

模型左右两侧注入点位置形成初始裂缝后，裂缝单元相应地会形成虚拟节点，边界区域的虚拟节点需要进行边界条件设置。虚拟节点的边界条件设置需要采用手动设置，在关键词编辑器区域或 INP 输入文件中手动设置。具体设置如下：

确定注入点所在单元边的节点编号，记录节点编号或形成节点集合，方便后期设置。利用边界条件设置关键词“ * Boundary”进行手动设置，关键词后的参数输入(phantom=node)，表示边界条件针对虚拟节点设置。数据行输入注入点两侧的实际节

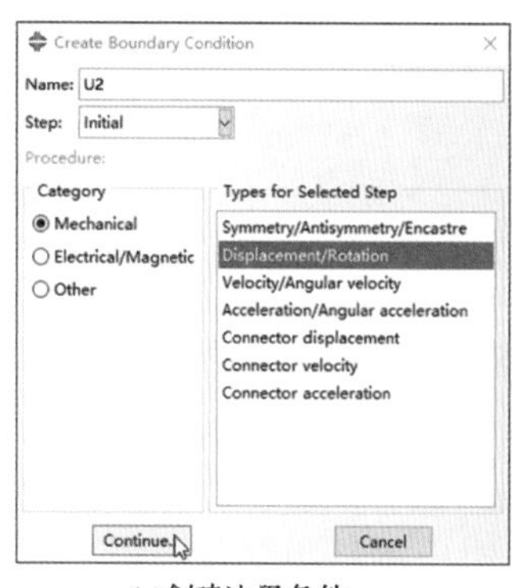

(a)创建边界条件

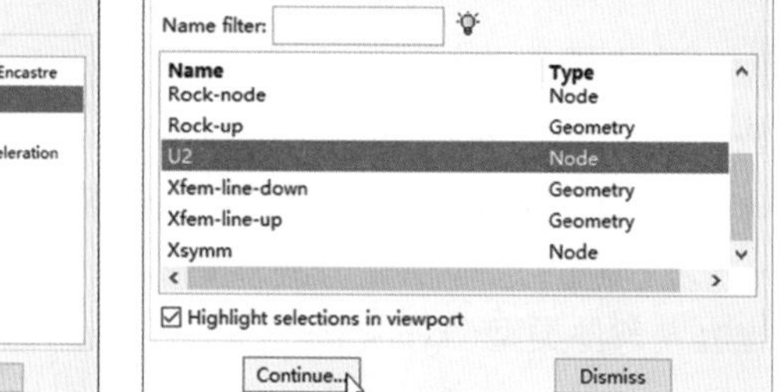

(b)区域选择

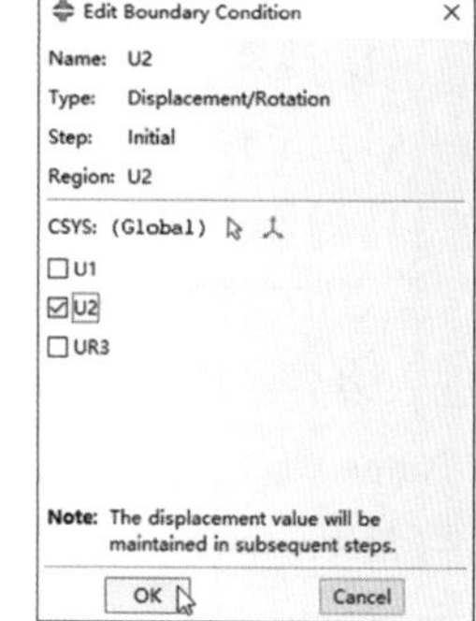

(c)边界条件编辑

图 8-95 U2 方向边界条件设置

点编号或节点集合，其他的边界条件类型根据需要进行设置。本例注入点位置初始裂缝虚拟节点的边界条件具体设置如下：

****

＊Boundary, phantom=node

Phantom-node, XSYMM

＊＊设置的注入点周围实际节点集合，XSYMM 为边界条件类型。

****

位移边界条件在 INP 输入文件中的显示如下：

****

＊＊BOUNDARY CONDITIONS

＊＊Name: Xsymm Type: Symmetry/Antisymmetry/Encastre

＊＊左右两侧 X 方向的位移边界条件设置，名称为 Xsymm，类型为对称/反对称/固定。

＊Boundary

Xsymm, XSYMM

＊＊集合名称与边界条件类型。

＊＊Name: U2 Type: Displacement/Rotation

＊＊上下位移边界条件设置，名称为 U2，类型为位移/旋转。

＊Boundary

U2, 2, 2

＊＊分别表示集合名称和边界类型。

＊Boundary, phantom=node

＊＊左右两侧压力液注入点虚拟节点边界条件设置。

Phantom-node, XSYMM

＊＊注入点位置实际节点集合、边界类型。

****

2）孔隙压力边界条件

点击左侧工具箱区快捷按钮 (Create Boundary Condition)或菜单栏 BC→Create…,

进入边界条件创建(Create Boundary Condition)对话框[见图8-96(a)]，边界条件名称(Name)输入PP，分析步(Step)选择Geo-equilibrium，种类(Category)选择其他(Other)，可选的边界条件类型(Types for Selected Step)选择孔隙压力(Pore Pressure)，点击对话框Continue按钮后点击右下角提示区 Sets... 按钮，进入区域选择(Region Selection)对话框[见图8-96(b)]，选择PP节点集合，点击Continue按钮，进入边界条件编辑(Edit Boundary Condition)对话框[见图8-96(c)]，对话框中输入孔隙压力 2.0×10^{7}，其他采用默认设置，点击OK按钮完成设置。

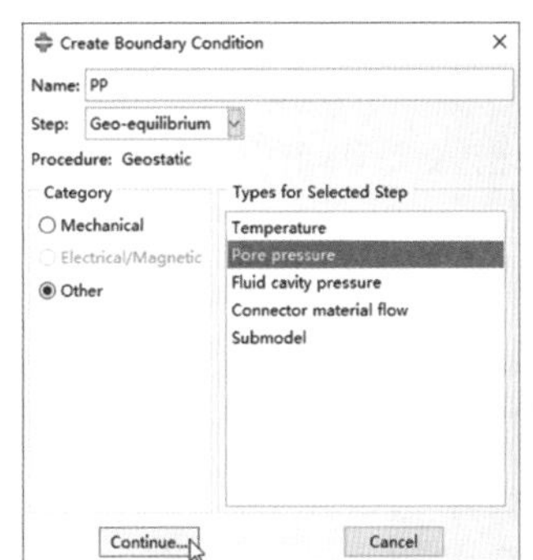

(a)边界条件创建

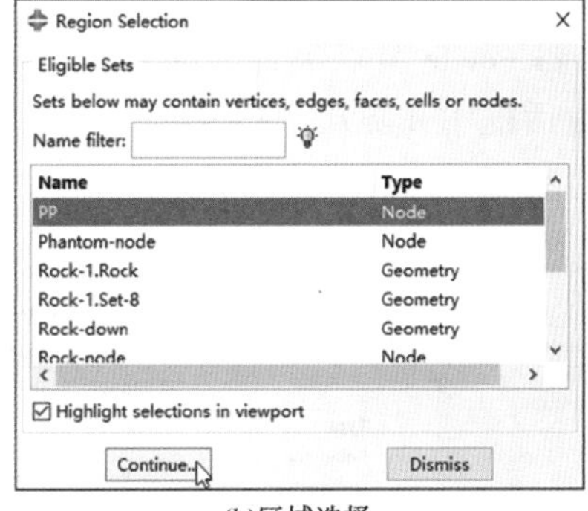

(b)区域选择

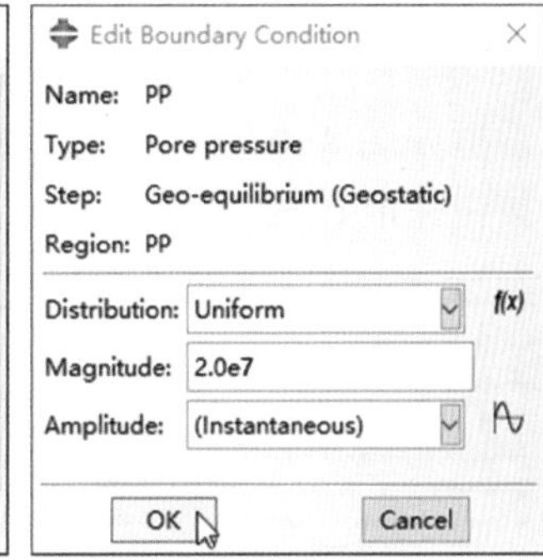

(c)边界条件编辑

图8-96　孔隙压力称边界条件设置

孔隙压力边界只能定义于具体的分析步中，本例的孔隙压力值为常数，两个分析步的孔隙压力边界设置完成后不变。本例的孔隙压力边界设置于地应力平衡分析中，水力压裂注入分析步中的孔隙压力边界条件不变，无须重新设置。

孔隙压力边界条件设置在INP输入文件中的显示如下：

```
*****************************************************************
    ** Name: PP Type: Pore pressure
    ** 上下边界孔隙压力边界设置，边界条件名称为PP，类型为孔隙压力。
    * Boundary
    PP, 8, 8, 2e+07
    ** 分别表示上下边界的节点集合与孔隙压力值。
*****************************************************************
```

2. 初始场变量设置

模型的初始场变量主要包括地应力、孔隙压力、孔隙比、饱和度等变量与初始裂缝距离量，每种场变量都需要单独进行设置。

1)地应力

点击左侧工具箱区快捷按钮 (Create Predefined Field)或菜单栏Predefined Field→Create…，进入场变量创建(Create Predefined Field)对话框，场变量名称(Name)输入Geo-stress，分析步(Step)选择初始分析步(Initial)，种类(Category)选择力学(Mechanical)，分析步可选的类型(Types for Selected Step)选择应力(Stress)，设置完成后点击Continue按钮。点击右下角提示区 Sets... 按钮，进入区域选择(Region Selection)对话框，在对话框中选择Rock-ele单元集合。点击Continue按钮，进入场

变量编辑(Edit Predefined Field)对话框，对话框中输入-2.0×10^7、-1.5×10^7、-2.5×10^7和0，点击OK按钮完成设置。

2）孔隙压力

点击左侧工具箱区快捷按钮(Create Predefined Field)或菜单栏Predefined Field→Create…，进入场变量创建(Create Predefined Field)对话框[见图8-97(a)]，场变量名称(Name)输入Pore Pressure，分析步(Step)选初始分析步(Initial)，种类(Category)选择其他(Other)，分析步可选的初始场变量类型(Types for Selected Step)选择孔隙压力(Pore-Pressure)。场变量区域选择(Region Selection)对话框如图8-97(b)所示，对话框中选择Rock-node节点集合。场变量编辑(Edit Predefined Field)对话框如图8-97(c)所示，对话框中孔隙压力(Pore Pressure)输入2.0×10^7，点击OK按钮完成设置。

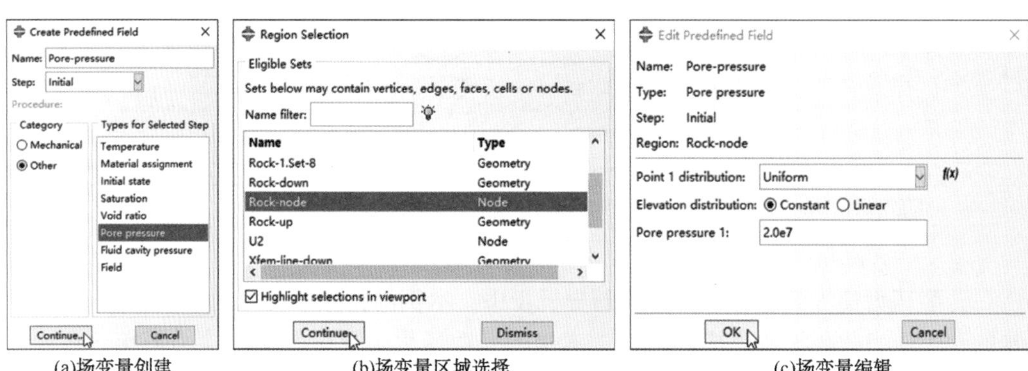

(a)场变量创建　(b)场变量区域选择　(c)场变量编辑

图8-97　孔隙压力初始场变量设置

3）孔隙比

除了设置地应力和孔隙压力外，模型还需要进行初始孔隙比设置，模型初始孔隙比场变量名称输入为Rock-void，区域选择为Rock-node节点集合，初始孔隙比为0.15。

4）饱和度

饱和度初始场变量名称输入Rock-sat，设置模型的初始饱和度为1.0。该初始场变量可不用设置，步设置默认的饱和度为1.0。

所有的场变量设置完成后，实例显示如图8-98所示。

图8-98　初始场变量设置后的实例显示

设置的初始场变量在 INP 输入文件中的显示如下：

```
**********************************************************************
** PREDEFINED FIELDS
** Name: Geo-stress   Type: Stress
** 储层岩石地应力初始场变量设置，名称为 Geo-stress，类型为应力。
*Initial Conditions, type=STRESS
Rock-ele, -2e+07, -1.5e+07, -2.5e+07, 0.,
** 初始地应力设置，X 方向的地应力为-2.0×10^7Pa、Y 方向的地应力为-1.5×10^7Pa、Z 方向的地应力-2.5×10^7Pa、XY 方向的地应力为 0.0。
** Name: Pore-pressure   Type: Pore pressure
** 储层岩石孔隙压力初始场变量设置，名称为 Pore-pressure，类型为孔隙压力。
*Initial Conditions, TYPE=PORE PRESSURE
Rock-node, 2e+07
** 初始孔隙压力设置，集合名称为 Rock-node，孔隙压力值为 2.0×10^7Pa。
** Name: Rock-void   Type: Void ratio
** 储层岩石孔隙比初始场变量设置，名称为 Rock-void，类型为孔隙比。
*Initial Conditions, TYPE=RATIO
Rock-node, 0.15
** 初始孔隙比设置，初始孔隙比为 0.15。
** Name: Rock-sat   Type: Saturation
** 储层岩石饱和度设置，名称为 Rock-sat，类型为饱和度。
*Initial Conditions, type=SATURATION
Rock-node, 1.
** 初始饱和度设置为 1.0。
*Initial Conditions, type=ENRICHMENT
** 右侧压裂裂缝初始裂缝设置，确定裂缝单元的 4 个节点与裂缝面的距离。
57269, 1, Hydraulic-fracture-down, 0.5
** 分别表示单元编号、局部节点编号、扩展有限元名称、距离。
57269, 2, Hydraulic-fracture-down, 0.596346
57269, 3, Hydraulic-fracture-down, -0.5
57269, 4, Hydraulic-fracture-down, -0.5
*Initial Conditions, type=ENRICHMENT
** 左侧压裂裂缝初始裂缝设置，确定裂缝单元的 4 个节点与裂缝面的距离。
51764, 1, Hydraulic-fracture-up, -0.5
51764, 2, Hydraulic-fracture-up, -0.596346
51764, 3, Hydraulic-fracture-up, 0.5
51764, 4, Hydraulic-fracture-up, 0.5
** 左右压裂裂缝注入点位置各设置一个初始裂缝单元。
**********************************************************************
```

3. 流体注入手动设置

扩展有限元压裂裂缝扩展模拟的流体注入需要进行手动设置，用户可在 ABAQUS/CAE 模块中进行关键词编辑器或在 INP 输入文件中进行编辑，设置流体注入参数。

1）流体注入幅值曲线设置

点击菜单栏 Tools→Amplitude→Create…，进入幅值曲线创建(Create Amplitude)对话框，幅值曲线名称设置为 Hydraulic-amp，采用表格形式输入。设置完成后点击 Continue 按钮，进入幅值曲线编辑(Edit Amplitude)对话框，在对话框中输入幅值曲线时间与幅值的对应数据，分别输入(0，0)、(200，-1)，点击 OK 按钮完成设置。

2）流体注入设置

首先进行模型属性设置，设置后 INP 输入文件或关键词编辑中不显示部件或组装部件信息，具体设置流程如下：点击菜单栏 Model→Edit Attribute→Model-1，进入模型属性编辑(Edit Model Attribute)对话框，对话框中勾选输出文件中不使用部件或组装信息(Do not use parts and Assemblies in input files)，点击 OK 按钮完成设置。

将模型切换至 Mesh 功能模块，点击菜单栏 View→Assembly Display Options…，进入组装实例显示选项(Assembly Display Options)对话框，对话框中点击 Mesh 界面，显示 Mesh 界面中的选项后，勾选显示节点编号(Show node labels)和显示单元编号(Show element labels)，点击 OK 按钮完成设置。

设置完成后，Mesh 功能模块中视图区的实例将显示网格单元编号和节点编号，方便后期进行单元和节点编号的查找与记录。

显示单元和节点编号后，确定初始裂缝单元的单元和节点编号，为后续的流体注入手动设置提供数据。左侧压裂裂缝的初始裂缝单元的单元和节点编号如图 8-99(a)所示，初始裂缝单元编号为 51764，相应的节点编号为 1、9、11 和 1543，其中节点 1 和节点 9 为注入点所在边的节点编号。右侧压裂裂缝初始裂缝的单元和节点编号如图 8-99(b)所示，初始裂缝单元的单元编号为 57269，相应的节点编号为 5、10、777 和 1842，注入点所在边的节点编号分别为节点 5 和节点 10。注入点所在边的节点编号确定主要用于压裂裂缝流体注入点设置。

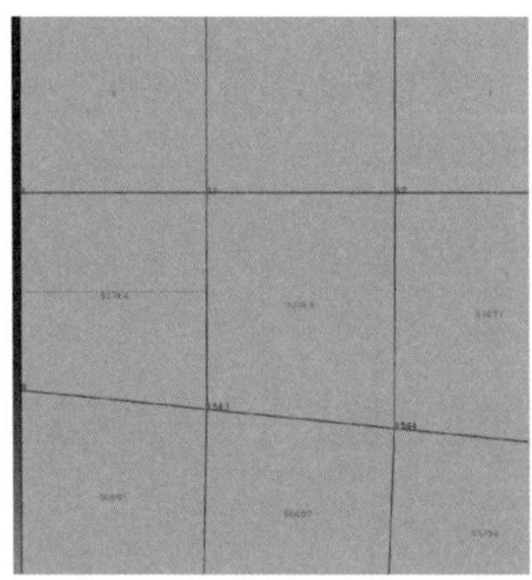

(a)左侧初始裂缝位置单元和节点编号

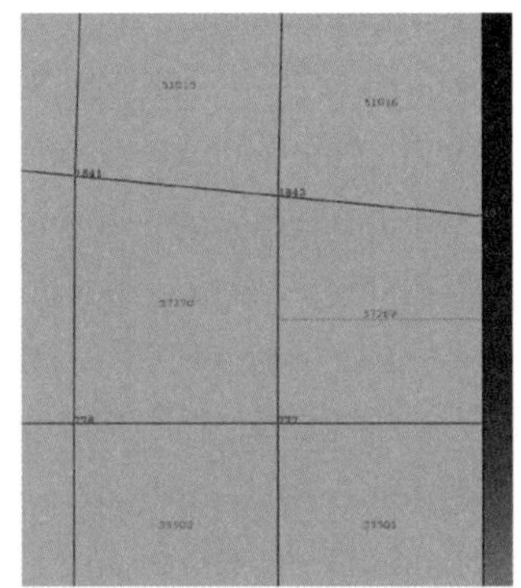

(b)右侧初始裂缝位置单元和节点编号

图 8-99　初始裂缝所在单元和节点

确定注入位置边的节点编号后，进行流体注入手动设置。点击菜单栏 Model→Edit Keywords→Model-1，进入关键词编辑对话框，在水力压裂分析步增量步时间设置的后面，进行关键词设置，具体设置如图 8-100 所示。

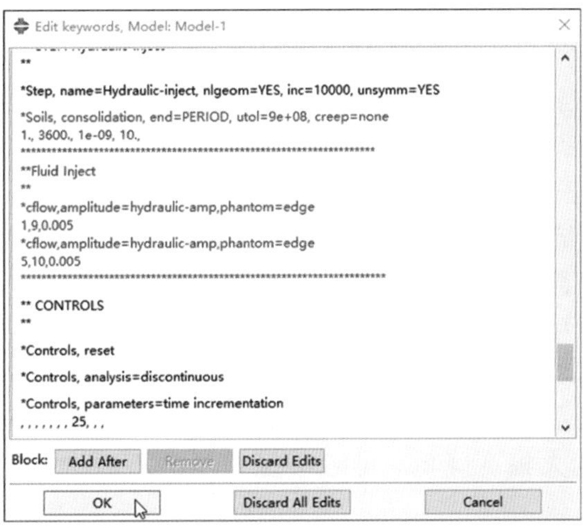

图 8-100 水力压裂流体注入关键词编辑

左右两侧压裂裂缝流体注入设置在 INP 输入文件中的显示如下：

```
*******************************************************************
** Fluid Inject
* cflow, amplitude=hydraulic-amp, phantom=edge
** 左侧压裂裂缝流体注入设置，幅值曲线为 hydraulic-amp，参数设置选择虚拟边。
1, 9, 0.005
** 虚拟边节点编号 1 和 9，注入流量为 0.005m²/s。
* cflow, amplitude=hydraulic-amp, phantom=edge
** 右侧压裂裂缝流体注入设置，幅值曲线为 hydraulic-amp，参数设置选择虚拟边。
5, 10, 0.005
** 虚拟边节点编号 5 和 10，注入流量为 0.005m²/s。
*******************************************************************
```

8.2.2.8 Job 功能模块

进入 Job 功能模块后，进行相关的作业(Job)设置。由于模型计算时间长，计算量相对较大，因此作业输出设置完成后，输出 INP 输入文件，利用 ABAQUS/Command 命令窗口进行模拟计算。

作业创建(Create Job)对话框中输入作业名称为 Xfem-2d，点击 Continue 按钮，进入作业编辑对话框，采用默认设置，点击 OK 按钮完成 Xfem-2d 的作业设置。进入作业管理器(Job Manager)对话框，在对话框中点击右上角 Write Input 按钮，输出名称为 Xfem-2d 的 INP 输入文件用于后期模拟计算。

8.2.3 模拟计算

1. 模拟计算

命名为 Xfem-2d 的 INP 输入文件输出后，打开 ABAQUS/Command 命令窗口，在命令窗口中输入 abaqus job=xfem-2d cpus=12 interactive，进行后台模拟计算分析，模拟计算完成后进行模拟结果的分析。

2. 模拟结果

利用 ABAQUS/CAE 或 ABAQUS/Viewer 功能模块进行 xfem-2d.odb 结果文件加载，根据需要进行压裂裂缝与储层基质相关的结果图件或曲线的输出。

1）裂缝扩展形态

不同时间点的裂缝形态如图 8-101 所示(CRKOPEN 表示裂缝张开宽度)，裂缝扩展前期裂缝形态以平直裂缝为主[见图 8-101(a)~图 8-101(c)]。两条压裂裂缝距离越近，裂缝尖端的相互干扰作用程度逐步加强，压裂裂缝的方向逐步发生改变，相应的裂缝方向变化如图 8-101(d)~图 8-101(f)所示。

根据图 8-101 所示的两条压裂裂缝的扩展长度变化特征，压裂裂缝尖端靠近时，压裂裂缝的扩展速度大幅度降低。随着裂缝扩展的不断进行，压裂裂缝宽度逐步增加。

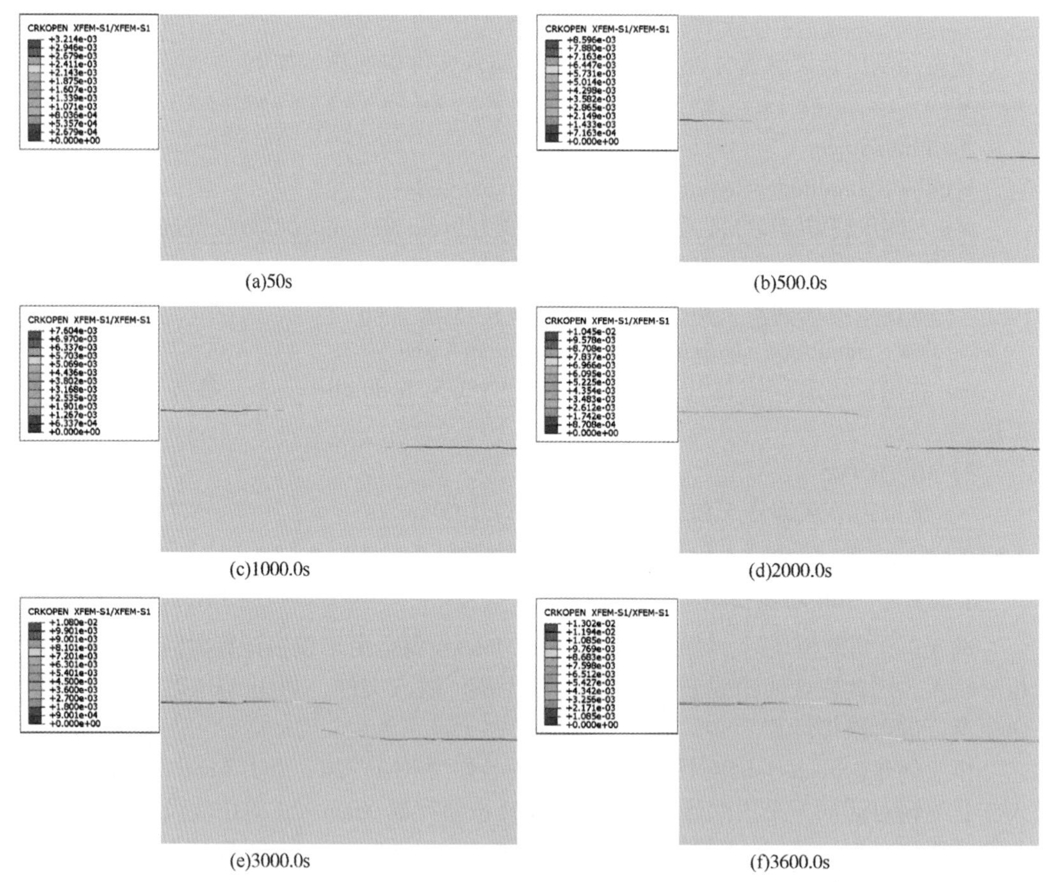

图 8-101 不同时间点裂缝宽度变化特征

不同时间点压裂裂缝长度与裂缝宽度的剖面曲线如图 8-102 所示，左侧压裂裂缝长度与宽度的剖面曲线如图 8-102(a)所示。根据图 8-102(a)所示的裂缝宽度变化特征，裂缝长度 48m 和 70m 位置的裂缝剖面存在两个明显的宽度突变区域，主要原因是裂缝扩展过程中裂缝方向发生较大的改变，裂缝宽度改变幅度较大导致裂缝宽度降低。右侧压裂裂缝长度与宽度的剖面曲线如图 8-102(b)所示，裂缝剖面宽度变化范围较小。

根据压裂裂缝长度与宽度的剖面曲线发现：左侧压裂裂缝的模拟时间 2000.0～3600.0s 阶段，压裂裂缝的长度基本不变，但是压裂裂缝的宽度大幅度增加；右侧压裂裂缝模拟时间 3000.0～3600.0s 阶段，压裂裂缝的长度基本不变。

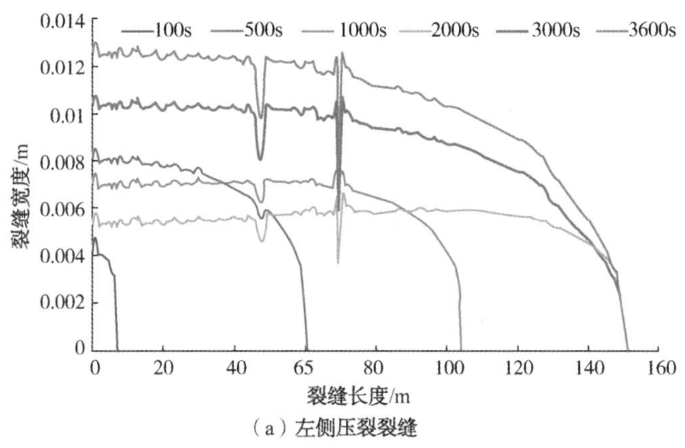

（a）左侧压裂裂缝

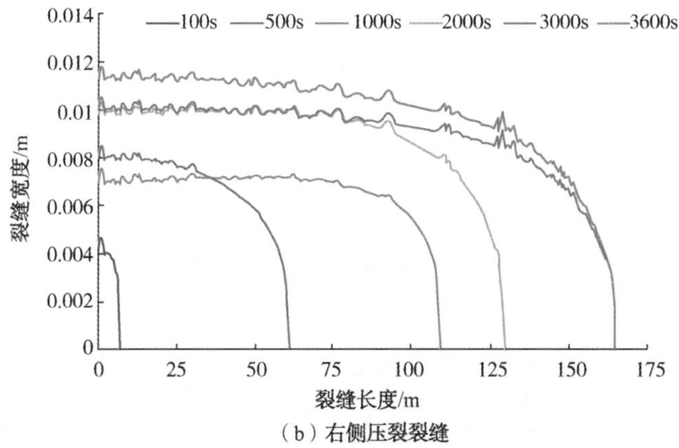

（b）右侧压裂裂缝

图 8-102　不同时间点裂缝长度与裂缝宽度剖面曲线

不同时间点压裂裂缝中的流体压力分布如图 8-103 所示，压裂裂缝起裂阶段裂缝中的流体压力如图 8-103(a)所示，压裂裂缝中的最大流体压力为 6.36×10^{7}Pa。模拟时间 500.0s 最大流体压力为 4.90×10^{7}Pa[见图 8-103(b)]，模拟时间 1000.0s 阶段的裂缝中最大流体压力 5.16×10^{7}Pa，模拟时间 2000.0s 阶段裂缝中的最大流体压力 5.47×10^{7}Pa，模拟时间 3000.0s 阶段裂缝中的最大流体压力 5.5×10^{7}Pa，模拟完成(3600.0s)阶段裂缝中的最大流体压力为 5.57×10^{7}Pa。

2）储层基质模拟结果

（1）基质孔隙比。

不同模拟时间点的基质孔隙比变化如图 8-104 所示，压裂裂缝扩展过程中部分区域储层基质的孔隙比发生一定范围的增加，但是增加幅度相对较小。

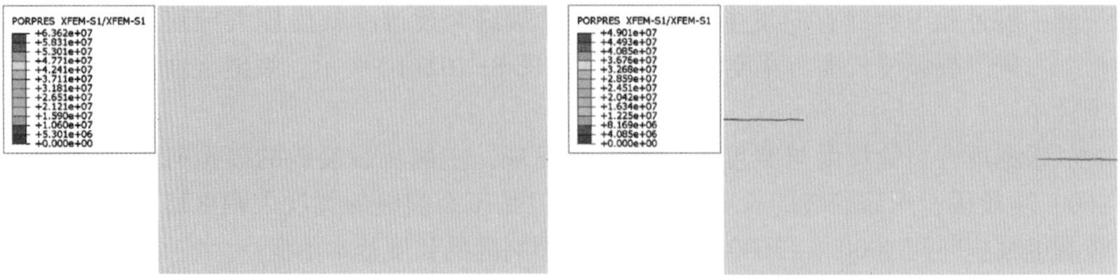

(a)50s

(b)500.0s

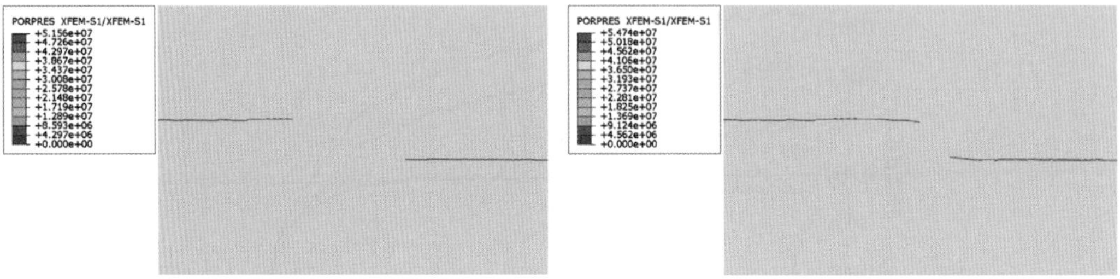

(c)1000.0s

(d)2000.0s

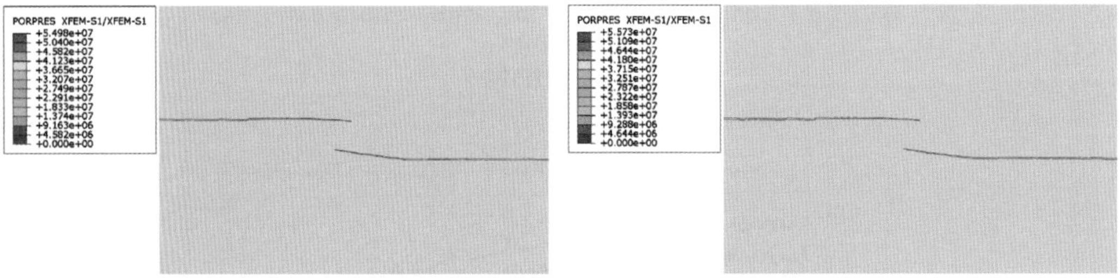

(e)3000.0s

(f)3600.0s

图 8-103　不同时间点裂缝中压力分布

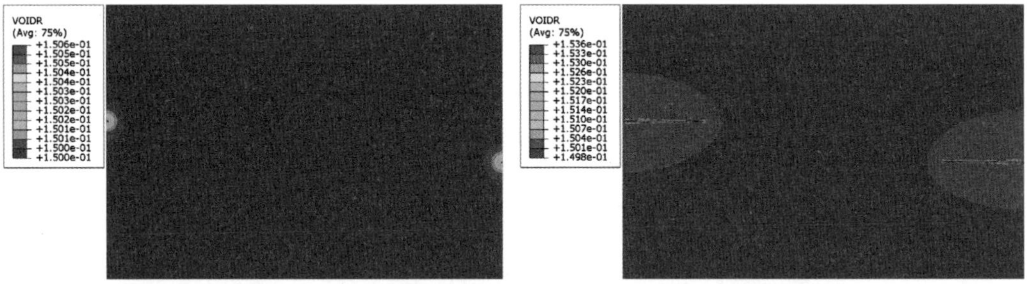

(a)50s

(b)500.0s

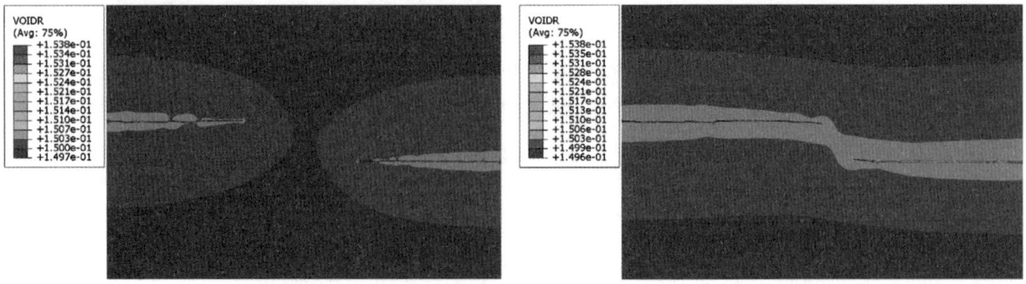

(c)1000.0s

(d)2000.0s

图 8-104　不同时间点储层基质孔隙比变化特征

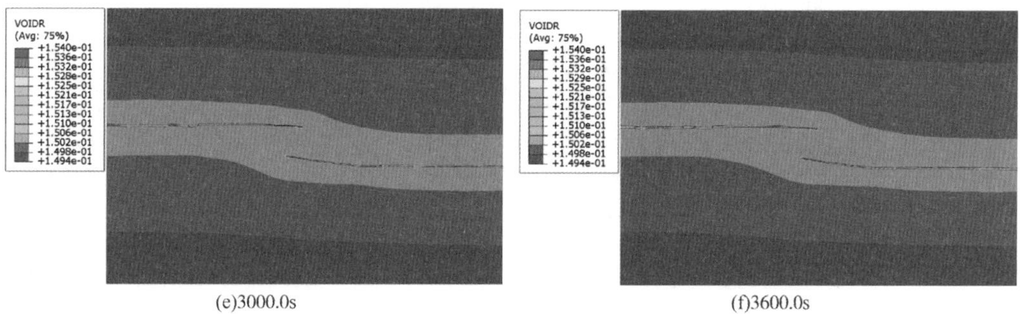

(e)3000.0s (f)3600.0s

图 8-104 不同时间点储层基质孔隙比变化特征(续)

(2) 孔隙压力。

不同模拟时间点的岩石基质孔隙压力变化如图 8-105 所示，压裂裂缝扩展过程中储层基质的孔隙压力整体呈增加趋势。

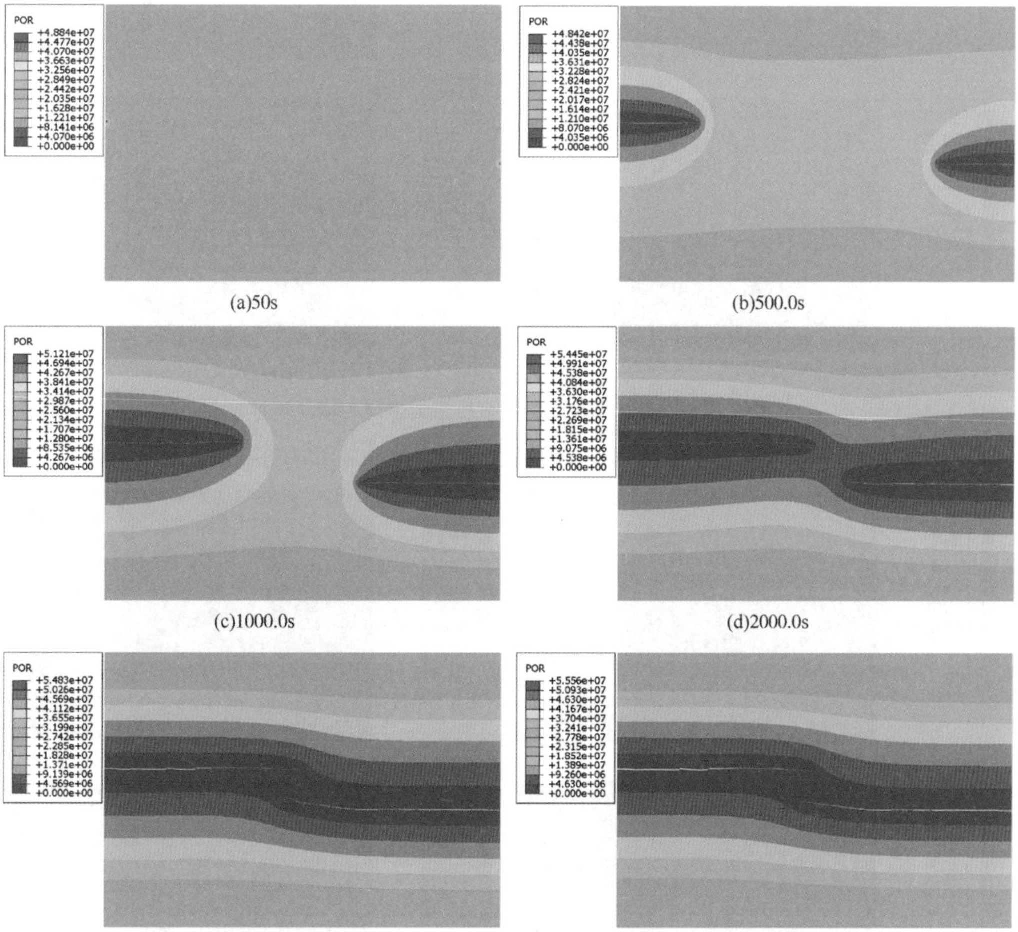

(a)50s (b)500.0s

(c)1000.0s (d)2000.0s

(e)3000.0s (f)3600.0s

图 8-105 不同时间点储层基质孔隙压力变化特征

(3) 应力状态。

压裂裂缝扩展过程中储层基质的最大、最小主应力分布如图 8-106 和图 8-107 所示。

不同注入时间的最大主应力(实际为最小主应力)分布如图 8-106 所示。

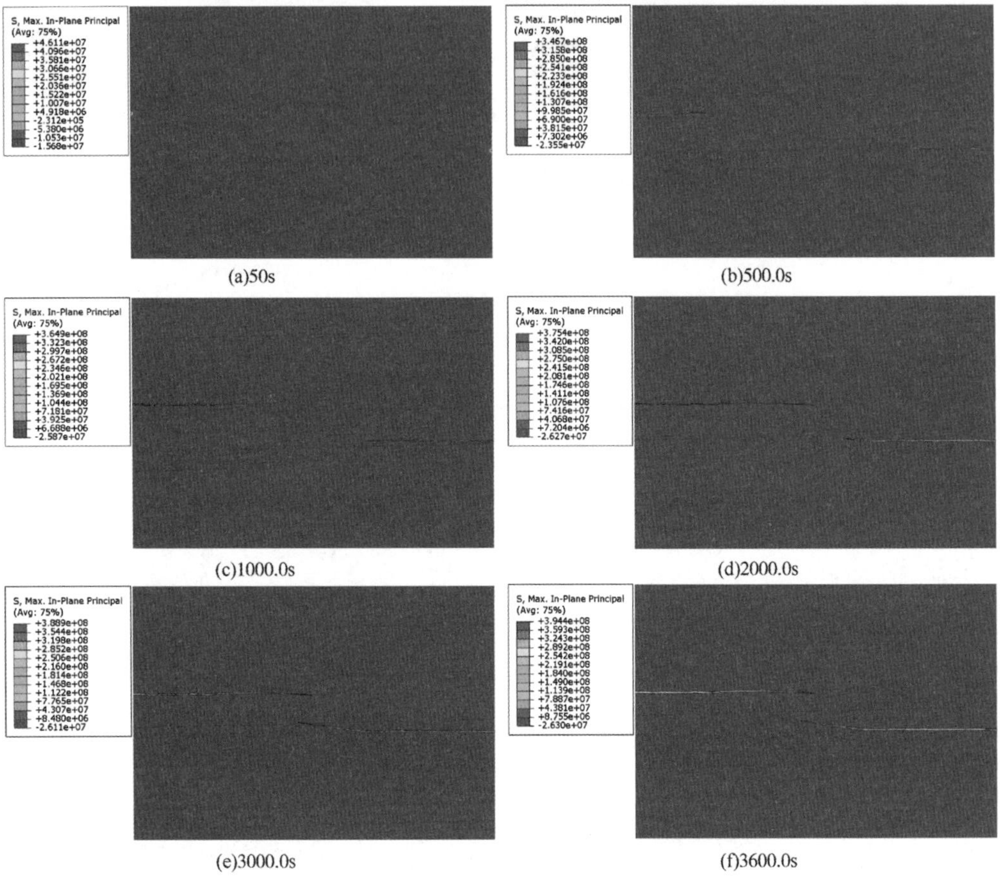

(a)50s　(b)500.0s

(c)1000.0s　(d)2000.0s

(e)3000.0s　(f)3600.0s

图 8-106　不同时间点储层基质最大主应力变化特征

不同注入时间的最小主应力(实际为最大主应力)分布如图 8-107 所示。

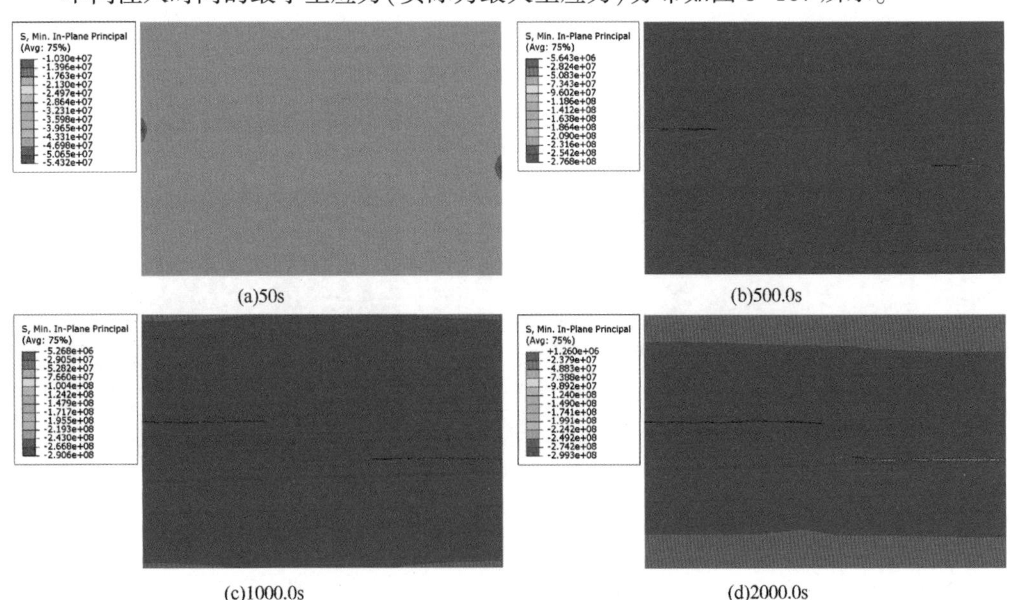

(a)50s　(b)500.0s

(c)1000.0s　(d)2000.0s

图 8-107　不同时间点储层基质最小主应力变化特征

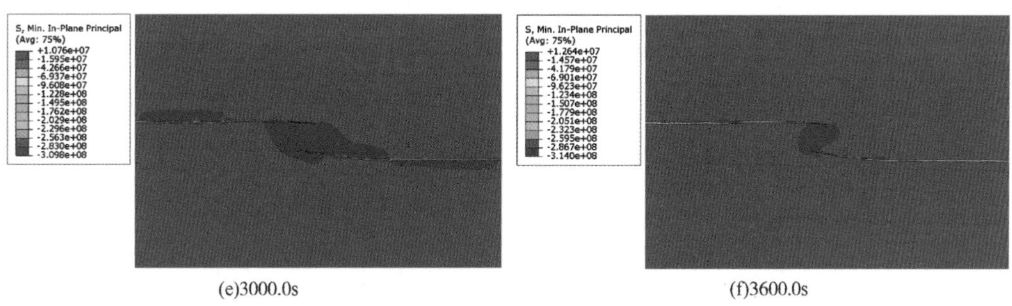

(e)3000.0s (f)3600.0s

图 8-107 不同时间点储层基质最小主应力变化特征(续)

(4) 流体注入压力。

左侧压裂裂缝和右侧压裂裂缝注入点的流体压力曲线如图 8-108 所示，左右两侧流体注入点的压力曲线基本一致。

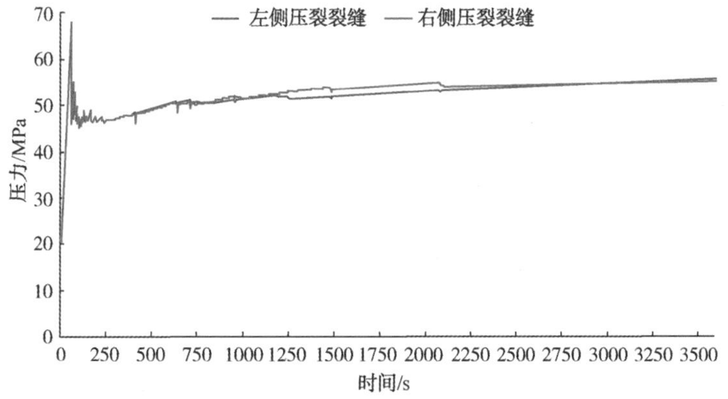

图 8-108 左右两侧压裂裂缝注入点流体压力变化曲线

8.3 小结

本章主要针对扩展有限元法进行压裂裂缝扩展模拟的模型构建、扩展区域设置、虚拟节点边界条件设置、流体注入设置以及裂缝面结果输出等步骤的介绍，形成了针对二维和三维扩展有限元的水力压裂裂缝扩展模拟流程以及结果输出方式。

参 考 文 献

[1] 江丙云，孔祥宏，罗元元. ABAQUS 工程实例详解[M]. 北京：人民邮电出版社，2014.

[2] 石亦平，周蓉. ABAQUS 有限元分析实例详解[M]. 北京：机械工业出版社，2006.

[3] 王金昌，陈页开. ABAQUS 在土木工程中的应用[M]. 浙江杭州：浙江大学出版社，2006.

[4] 王鹰宇. ABAQUS 分析用户手册——材料卷[M]. 北京：机械工业出版社，2018.

[5] 王鹰宇. ABAQUS 分析用户手册——分析卷[M]. 北京：机械工业出版社，2017.

[6] 陈卫忠，伍国军，贾善坡. ABAQUS 在隧道及地下工程中的应用[M]. 北京：中国水利水电出版社，2010.

[7] 费康，张建伟. ABAQUS 在岩土工程中的应用[M]. 北京：中国水利水电出版社，2010.

[8] 王文明. ABAQUS 有限元分析与案例精通——在海洋石油工程中的应用[M]. 北京：机械工业出版社，2017.

[9] DSSimulia. Abaqus 6. 14 Help Documentation[Z]. USA：Dassault Systems Simulia Corp.，2014.

[10] 曹金凤，石亦平. ABAQUS 有限元分析常见问题解答[M]. 北京：机械工业出版社，2009.

[11] 许定江，练章华，林铁军，等. ABAQUS 软件在油气井工程中的应用及分析[J]. 断块油气田，2016(4)：518-522.

[12] 王强，贺甲元. 基于 ABAQUS 的压裂裂缝扩展模拟研究[J]. 油气藏评价与开发，2014(5)：48-51.

[13] 刘泉声，甘亮，吴志军，等. 基于零厚度黏聚力单元的水力压裂裂隙空间分布影响分析[J]. 煤炭学报，2018，043(0z2)：393-402.

[14] 潘林华，张士诚，张劲，等. 基于流-固耦合的压裂裂缝形态影响因素分析[J]. 西安石油大学学报(自然科学版)，2012(3)：76-80.

[15] 张汝生，王强，张祖国，等. 水力压裂裂缝三维扩展 ABAQUS 数值模拟研究[J]. 石油钻采工艺，2012，(6)：69-72.

[16] 赵金洲，赵金，胡永全，等. 水力压裂裂缝应力场变化规律[J]. 天然气地球科学，2019(12)：1677-1683.

[17] 潘林华，程礼军，张烨，等. 页岩水平井多段分簇压裂起裂压力数值模拟[J]. 岩土力学，2015，36(12)：3639-3648.

[18] 潘林华，王海波，贺甲元，李凤霞，周彤，李小龙. 浅层薄差油层水平缝多层同步压裂干扰数值模拟[J]. 东北石油大学学报，2020，44(6)：114-124+12.

[19] 彪仿俊，刘合，张士诚，等. 水力压裂水平裂缝影响参数的数值模拟研究[J]. 工程力学，2011，28(10)：228-235.

[20] 彪仿俊. 水力压裂水平裂缝扩展的数值模拟研究[D]. 合肥：中国科学技术大

学，2011.

[21] 于浩，练章华，林铁军，等. 页岩气体积压裂过程中套管失效机理研究[J]. 中国安全生产科学技术，2016，12(10)：37-43.

[22] 潘林华，程礼军，张烨，等. 页岩水平井多段分簇压裂起裂压力数值模拟[J]. 岩土力学，2015，36(12)：3639-3648.

[23] 潘林华，张士诚，程礼军，陆朝晖，柳凯誉. 水平井“多段分簇”压裂簇间干扰的数值模拟[J]. 天然气工业，2014，34(1)：74-79.

[24] 郭天魁，张士诚，潘林华. 页岩储层射孔水平井水力裂缝起裂数值模拟研究[J]. 岩石力学与工程学报，2015，34(S1)：2721-2731.

[25] 许永华. 储层压实引起的套管损坏机理研究[D]. 西安：西安石油大学：2018.

[26] 田国宏. 页岩气井复杂载荷下套管抗挤能力研究[D]. 成都：西南石油大学，2018.

[27] 王小龙. 扩展有限元法应用于页岩气藏水力压裂数值模拟研究[D]. 合肥：中国科学技术大学，2017.

[28] 张广明. 水平井水力压裂数值模拟研究[D]. 合肥：中国科学技术大学，2010.

[29] 韦堃. 压裂工况下页岩气水平井套管载荷及强度分析[D]. 西安：西安石油大学，2019.

[30] 郭雪利. 页岩气压裂井套管载荷分析及变形机理研究[D]. 北京：中国石油大学(北京)，2019.

[31] 范明涛，李军，柳贡慧，陈晓欣. 页岩气水平井体积压裂过程中套损机理研究[J]. 石油机械，2018，46(04)：82-87.

[32] 邓毅. 深井超深井盐膏层钻井套管损坏研究[D]. 北京：中国石油大学(北京)，2017.

[33] 殷尧. 饱含流体地层蠕变的流固耦合有限元分析[D]. 唐山：河北联合大学，2013.

[34] 刘宇博. 双江口水电站坝址区初始地应力场反演分析[D]. 北京：中国地质大学(北京)，2020.

[35] 何健. 西南地区地应力特征及工程区域地应力反演研究[D]. 重庆：重庆大学，2017.

[36] CruzF，Roehl D，Jr E V. An XFEM implementation in Abaqus to model intersections between fractures in porous rocks[J]. Computers and Geotechnics，2019，112(AUG.)：135-146.

[37] LuoZ，Zhang N，Zhao L，et al. Interaction of a hydraulic fracture with a hole in poroelasticity medium based on extended finite element method[J]. Engineering analysis with boundary elements，2020，115(Jun.)：108-119.

[38] GuoJ，Luo B，Lu C，et al. Numerical Investigation of Hydraulic Fracture Propagation in a Layered Reservoir using the Cohesive Zone Method[J]. Engineering Fracture Mechanics，2017：S0013794417307658.

[39] FeiY，Yang X，Han L，et al. Quantifying the induced fracture slip and casing de-

formation in hydraulically fracturing shale gas wells[J]. Journal of Natural Gas Science and Engineering, 2018, 60.

[40] Adt A, Gc B, Hao Y A, et al. Numerical simulation of hydraulic fracture propagation in naturally fractured formations using the cohesive zone model [J]. Journal of Petroleum Science and Engineering, 2018, 165: 42-57.

[41] Fei Y, Han L H, Yang S Y, et al. Casing deformation from fracture slip in hydraulic fracturing[J]. Journal of Petroleum Science and Engineering, 2018, 166: 235-241.

[42] Xing, Zhao, Enjie, et al. The study of fracture propagation in pre-acidized shale reservoir during the hydraulic fracturing - ScienceDirect[J]. Journal of Petroleum Science and Engineering, 184(C): 106488-106488.

[43] Zhang GM, Liu H, Zhang J, et al. Three-dimensional finite element simulation and parametric study for horizontal well hydraulic fracture [J]. Journal of Petroleum Science & Engineering, 2010, 72(3-4): 310-317.

[44] Bsa B, Vpn C, Wjma B, et al. Pore pressure and stress coupling in closely-spaced hydraulic fracturing designs on adjacent horizontal wellbores[J]. European Journal of Mechanics - A/Solids, 2018, 67: 18-33.

[45] Menetrey P, Willam K J. Triaxial Failure Criterion for Concrete and Its Generalization [J]. ACI Structural Journal, 1995, 92(3): 311-318.

[46] Bear J. Dynamics of Fluids in Porous Media[M]. American Elsevier Publishing Company, Dover, New York, 1972.

[47] Desai CS. Finite Element Methods for Flow in Porous Media[J]. Finite Elements in Fluids, 1975, (1): 157-181.

[48] Tariq SM. Evaluation of Flow Characteristics of Perforations Including Nonlinear Effects With the Finite Element Method[J]. SPE Production Engineering, 1987: 104-112.

[49] Nguyen HV and Durso DF. Absorption of Water by Fiber Webs: an Illustration of Diffusion Transport[J]. Tappi Journal, 1983, 66(12).

[50] Camanho PP and Davila CG. Mixed-Mode Decohesion Finite Elements for the Simulation of Delamination in Composite Materials[J]. NASA/TM-2002-211737, 2002: 1-37.

[51] Benzeggagh M L, Kenane M. Measurement of Mixed-Mode Delamination Fracture Toughness of Unidirectional Glass/Epoxy Composites with Mixed-Mode Bending Apparatus[J]. Composites Science and Technology, 1996, 56(4): 439-449.

[52] Belytschko T. A survey of numerical methods and computer programs for dynamic structural analysis[J]. Nuclear Engineering and Design, 1976, 37(1): 23-34.

[53] Belytschko T, Bindeman L P. Assumed strain stabilization of the eight node hexahedral element[J]. Computer Methods in Applied Mechanics and Engineering, 1993, 105(2): 225-260.

[54] Belytschko T, Lin J I, Chen-Shyh T. Explicit algorithms for the nonlinear dynamics of shells [J]. Computer Methods in Applied Mechanics & Engineering, 1984, 42

(2): 225-251.

[55] Belytschko T, Wong B L, Chiang H Y. Advances in one-point quadrature shell elements[J]. Computer Methods in Applied Mechanics and Engineering, 1992, 96(1): 93-107.

[56] Belytschko T and Black T. Elastic Crack Growth in Finite Elements with Minimal Remeshing[J]. International Journal for Numerical Methods in Engineering, 1999, 45(5): 601-620.

[57] Remmers J, Borst R D, Needleman A. The simulation of dynamic crack propagation using the cohesive segments method[J]. Journal of the Mechanics and Physics of Solids, 2008, 56(1): 70-92.

[58] Song J H, Areias P, Belytschko T. A method for dynamic crack and shear band propagation with phantom nodes[J]. International Journal for Numerical Methods in Engineering, 2010, 67(6): 868-893.

[59] Sukumar N, Huang Z Y, JH Prévost, et al. Partition of unity enrichment for bimaterial interface cracks[J]. International Journal for Numerical Methods in Engineering, 2010, 59(8): 1075-1102.

[60] Sukumar N, and Prevost JH. Modeling quasi-static crack growth with the extended finite element method Part I: Computer implementation[J]. International Journal of Solids and Structures, 2003, 40(26): 7513-7537.

[61] Wu E. M, and Reuter Jr R C. Crack Extension in Fiberglass Reinforced Plastics[J]. University of Illinois, Champaign, 1965.

[62] Müschenborn W and Sonne H. Influence of the Strain Path on the Forming Limits of Sheet Metal[J]. Archiv fur das Eisenhüttenwesen, 1975, 46(9): 597-602.

[63] https://www.sohu.com/a/237843837_722157.

[64] https://www.sohu.com/a/132083977_679932.

[65] https://www.pinlue.com/article/2019/04/0902/568586810209.html.